Technische
Thermodynamik Teil II

Fran Bošnjaković

Technische Thermodynamik Teil II

6., vollständig neubearbeitete und erweiterte Auflage

Von Professor Dr.-Ing. K. F. Knoche
Rheinisch-Westfälische Technische Hochschule Aachen

PROF. DR.-ING. K. F. KNOCHE
Lehrstuhl für Technische Thermodynamik
RWTH Aachen
D-52056 Aachen

Die Deutsche Bibliothek – CIP Einheitsaufnahme

Bošnjaković, Fran:
Technische Thermodynamik / Fran Bošnjaković. Von K. F. Knoche. – Darmstadt : Steinkopff
  Teil 2.–6., vollst. überarb. und erw. Aufl. – 1997
ISBN-13: 978-3-642-64855-7   e-ISBN-13: 978-3-642-61496-5
DOI: 10.1007/978-3-642-61496-5

Dieses Werk ist urheberrechtlich geschützt. Die dadurch begründeten Rechte, insbesondere die der Übersetzung, des Nachdrucks, des Vortrages, der Entnahme von Abbildungen und Tabellen, der Funksendung, der Mikroverfilmung oder der Vervielfältigung auf anderen Wegen und der Speicherung in Datenverarbeitungsanlagen, bleiben, auch bei nur auszugsweiser Verwertung, vorbehalten. Eine Vervielfältigung dieses Werkes oder von Teilen dieses Werkes ist auch im Einzelfall nur in den Grenzen der gesetzlichen Bestimmungen des Urheberrechtsgesetzes der Bundesrepublik Deutschland vom 9. September 1965 in der jeweils geltenden Fassung zulässig. Sie ist grundsätzlich vergütungspflichtig. Zuwiderhandlungen unterliegen den Strafbestimmungen des Urheberrechtsgesetzes.

© 1997 by Dr. Dietrich Steinkopff Verlag, GmbH & Co. KG Darmstadt
Softcover reprint of the hardcover 6th edition
Verlagsredaktion: Dr. Maria Magdalene Nabbe – Herstellung: Heinz J. Schäfer
Umschlaggestaltung: Erich Kirchner, Heidelberg

Vorwort zur 1. Auflage

Der Inhalt dieses Buches wird vielleicht etwas ungewohnt erscheinen. Der Grund liegt darin, daß hier unter anderem wohl zum ersten Male Wärmeprobleme bei Zweistoffgemischen zusammenfassend behandelt werden, von denen viele auf den ersten Blick nichts Gemeinsames haben. Es ist ja merkwürdig, daß so grundverschiedene Erscheinungen wie die Wolkenbildung in der Luft und die Salzablagerungen in Dampfturbinen, oder die luftabsaugenden Dampfstrahlgebläse und die Heizwärmeverluste in den Absorptionskältemaschinen, oder die Bodenzahl, der Wärmeverbrauch und die Nichtumkehrbarkeiten in Läuterungssäulen und die Haltepunktskurven bei Legierungen etwas Gemeinsames haben sollten. Und doch ist es so. Es ist nicht nur gelungen, solche Vorgänge einer einheitlichen Betrachtungsweise unterzuordnen, sondern die dadurch erzielten Vorteile und Ergebnisse — welche ja allein maßgebend für die Berechtigung einer Betrachtungsweise sein können — sind ganz überraschend. Der Grund dafür dürfte in folgendem liegen.

Die benutzten Wärmediagramme erfassen mit ihren drei Koordinaten die drei Naturgesetze, von denen alle Vorgänge beherrscht werden: das Gesetz der Erhaltung der Masse durch die Koordinate der Zusammensetzung, das Gesetz der Erhaltung der Energie (erster Hauptsatz) durch die Koordinate des Wärmeinhaltes und das Gesetz des zweiten Hauptsatzes durch diejenige der Entropie. Es ist verständlich, daß Zustandsdiagramme, deren Koordinaten die drei Naturgesetze verkörpern, sich in umfassender Weise zur Behandlung der verschiedenen Wärmeprobleme eignen werden. Darin liegt auch der grundsätzliche Unterschied gegenüber den anderen Darstellungsweisen, welche mehr monographischer Natur sind, und die als Koordinaten andere Zustandsgrößen, wie z.B. die Temperatur oder den Druck, verwenden.

Hier mag auf noch eine allgemeine Frage hingewiesen werden. Das ist die mit den Entropiediagrammen gegebene Möglichkeit des Vergleiches des wirklichen Wärmeverbrauches einer Anlage mit dem theoretisch erforderlichen. Ist denn dieser Hinweis so wichtig? Bei Kraftmaschinen ist der Kampf um die letzten möglichen Prozente des Wirkungsgrades selbstverständlich. Demgegenüber beachtet man nur wenig, daß der Wirkungsgrad der meisten technologischen Prozesse — ausgedrückt mit der theoretischen und mit der wirklichen Heizwärme — ungemein schlecht, und oft sogar negativ ist. Eine Schätzung der durch Nichtumkehrbarkeiten in der chemischen und metallurgischen Industrie jährlich vergeudeten Wärmeenergie (worin, wohlgemerkt, der Abwärmeverlust oft eine ganz untergeordnete Rolle spielt!) dürfte ein ganz erschreckendes Ergebnis liefern. Bei umkehrbarer Führung der Prozesse könnte ein größerer Teil des Wärmeverbrauchs Deutschlands — ausgenommen desjenigen der Kraft- und Kältemaschinen — gespart werden! Die Zukunftsaufgabe solcher Industrien kann man deswegen wohl in den Mahnruf fassen: Kampf den Nichtumkehrbarkeiten!

In diesem Buch werden nun Wege gezeigt, wie man die einzelnen Nichtumkehrbarkeiten zahlenmäßig erkennen kann, was wohl die erste Voraussetzung für die planmäßige Bekämpfung dieses Übels sein dürfte. Mit Hilfe einiger Linienzüge im Entropiediagramm ist man in der Lage, jeden beliebigen Teil einer entworfenen und vielleicht recht verwickelten Zweistoffanlage — mag es ein Boden einer Läuterungssäule, oder der Kocher einer Absorptionskältemaschine usw. sein — herauszuschälen und zu prüfen, wie vollkommen er die ihm auferlegte Teilaufgabe erfüllt. Er kann zur vollen Verantwortung herangezogen werden, ohne daß die Vorgänge in den übrigen Teilen der Anlage berücksichtigt werden müssen. Der Entwurfsingenieur wird also ersehen können, in welchen Teilen des Prozesses Verbesserungen am nötigsten sind. Die Lösung, wie eine solche Verbesserung technisch erzielt werden kann, wird natürlich sein Erfindergeist suchen müssen.

Zur besseren Unterteilung des Stoffes sind die verschiedenen Problemgruppen wie feuchte Luft, Absorptionskältemaschinen usw. in besonderen Kapiteln möglichst abgeschlossen behandelt worden, um Lesern, welche nur in einer Richtung interessiert sind, das Lesen zu erleichtern.

Dem Buch sind wiederum eine Aufgabensammlung und eine Reihe von Zweistoffdiagrammen beigefügt. Der Verfasser war rein physisch nicht in der Lage Diagramme für noch weitere — vielleicht sehr wünschenswerte — Zweistoffgemische zu entwerfen, trotz der aufopfernden und dankenswerten Hilfe seines Assistenten, Herrn Dipl.-Ing. M Crlenjak. Der mühseligen Berechnung dieser Diagramme ist auch das verspätete Erscheinen des Buches zuzuschreiben.

Die wesentliche Vergrößerung des ursprünglich beabsichtigten Buchumfanges sowie die Aufnahme der nicht geringen Zahl der Abbildungen und Diagramme ist durch das weitgehende Verständnis der Herausgeber und durch das bereitwillige Entgegenkommen des Verlegers ermöglicht worden, wofür ihnen herzlich gedankt sei.

Es mag hier der beiden verstorbenen Forscher gedacht werden, die auch auf dem Gebiete der Behandlung der Zweistoffprozesse in Deutschland bahnbrechend gewirkt haben und deren Gedankengänge in diesem Buche in reichem Maße verwertet und ausgebaut worden sind. Das waren Richard Mollier und Friedrich Merkel. Möge dieses Buch ihrem Gedenken dienen!

Zagreb, im Frühjahr 1937 Fr. Bošnjaković

Vorwort zur 6. Auflage

Seit der ersten Auflage des II. Bandes der „Technischen Thermodynamik" von Bošnjaković sind nunmehr 60 Jahre vergangen. In dieser Zeit hat sich die Thermodynamik in kaum geahnter Weise weiter entwickelt: Durch die Begründung der Thermodynamik irreversibler Prozesse durch Prigogine, Onsager, de Groot u.a., durch die Anwendung statistischer Methoden auf Flüssigkeitsgemische durch Guggenheim und Prausnitz, durch die vorbildliche Darstellung der „Mischphasenthermodynamik" von Haase, durch die Anwendung der kinetischen Gastheorie zur Beschreibung der Transportphänomene (Hirschfelder, Curtiss, Bird und Bird, Stewart, Lightfoot), um nur einige Beispiele zu nennen, welche für die Technische Thermodynamik Bedeutung erlangten. Trotzdem ist vieles, was Bošnjaković damals postulierte, auch heute noch von großer Aktualität. Seine Forderung, bei der Auslegung von Anlagen zur Stoff- und Energieumwandlung nicht nur die Erhaltungssätze der Masse und der Energie zu berücksichtigen, sondern auch die Bedingungen des Zweiten Hauptsatzes der Thermodynamik zu beachten, gilt heute genau so wie damals. In vielen Bereichen der Technik werden diese Bedingungen sogar heute noch eher qualitativ, z.B. in der chemischen Industrie durch „heuristische Regeln" formuliert; erst in einigen Sparten, wie z.B. der Tiefsttemperaturtechnik hat sich die quantitative Bestimmung der Exergieverluste, mit welcher die Irreversibilitäten in den einzelnen Anlageteilen bewertet werden, als Planungshilfe für den Ingenieur durchgesetzt.

Bošnjaković war ein Meister der graphischen Methoden. Er verstand es, mit wenigen Strichen in Zustandsdiagrammen die Besonderheiten eines technischen Prozesses herauszuarbeiten. Sicher war dafür auch die bereits im Vorwort der 1. Auflage erwähnte Auswahl der Enthalpie- und Entropie-Zusammensetzungs-Diagramme wichtig, weil deren Koordinaten die zur Beurteilung wesentlichen Zustandsgrößen der Masse, der Energie und der Entropie verkörpern. Die Eleganz der graphischen Methoden haben auch im Zeitalter der elektronischen Datenverarbeitung nicht an Attraktivität eingebüßt, vielleicht sogar durch die Möglichkeit, rechnergestützt räumliche Zusammenhänge darstellen zu können, gewonnen, weil durch sie die Prozeßabläufe in überaus anschaulicher Weise abgebildet werden können.

Das Konzept für die 6. Auflage des II. Bandes konnte noch mit Prof. Bošnjaković zusammen festgelegt werden. Dabei wurde eingehend erörtert, ob die in früheren Auflagen im I. Band behandelte Einführung in die Wärmeübertragung in Anbetracht der zahlreichen ausgezeichneten Lehrbücher zu dieser Thematik noch beibehalten werden sollte. Schließlich haben wir uns doch dazu entschlossen und die „Einführung in die Lehre von der Wärme- und Stoffübertragung" auf die in diesem Band behandelten Austauschprozesse ausgerichtet. Dabei wurden vor allem auch numerische Verfahren stärker berücksichtigt.

Der Abschnitt „Technische Wärmeübertrager" wurde grundlegend überarbeitet und durch eine Einführung in die „Pinchtechnologie" ergänzt. Neu ist auch der Abschnitt „Wärmeübertragung durch Strahlung", in dem neben der Festkörperstrahlung vor allem auch der Strahlungstransport in Gasen ausführlich behandelt wurde.

Im übrigen haben wir die Gliederung aus den vorangegangenen Auflagen im wesentlichen beibehalten. Als Einführung in die Thermodynamik der Gemische ist der erste Teil des Abschnitts 4 zu verstehen, in dem die Eigenschaften feuchter Luft besprochen werden, sowie die damit zusammenhängenden Probleme des Stoff- und Wärmeaustauschs. Im 4. Abschnitt wird dann noch allgemein das Verhalten von Zweistoffgemischen behandelt, wobei wir uns allerdings zunächst darauf beschränken, die Phänomene zu beschreiben.

Die Trennprozesse Rektifikation, Absorption, Extraktion und Kristallisation im 5. Abschnitt wurden unter einheitlichen thermodynamischen Gesichtspunkten betrachtet, wobei auch hier der Entropieproduktion zur Beurteilung der Güte eines Trennverfahrens eine wesentliche Rolle zugedacht wird.

Gegenüber den früheren Auflagen wurde der Abschnitt über Absorptionskältemaschinen durch eine ausführliche Darstellung der Absorptionswärmepumpen erweitert, wobei auch zweistufige Anlagen mit aufgenommen wurden.

Dafür wurde der Abschnitt 7 „Thermodynamische Grundlagen chemischer Reaktionen" erheblich gekürzt und auf die Darstellung der thermodynamischen Bedingungen für das chemische Gleichgewicht und Berechnungsverfahren für Gasgleichgewichte beschränkt.

Neu aufgenommen wurde der Abschnitt 8 „Gleichgewichtsbedingungen für Mehrstoffsysteme", in dem die Grundlagen der Gibbsschen Thermodynamik, eine Einführung in die Gittertheorie der Flüssigkeitsgemische, sowie die Phasengleichgewichte, hier vor allem Dampf-Flüssigkeits-Gleichgewichte, behandelt werden.

Anders als bei dem 1988 erschienenen Band I hat Prof. Bošnjaković an der Ausarbeitung des Bandes II nicht mehr mitwirken können. Ich habe mich bemüht, seine anschauliche und bildhafte Sprache, soweit es mir möglich war, beizubehalten und so sein Werk in seinem Sinne fortzuführen. Dazu gehört auch der Versuch, die Grundzüge der Statistischen Thermodynamik unter sparsamer Verwendung mathematischer Hilfsmittel einem mehr an der Anwendung interessierten Leserkreis zugänglich zu machen.

Danken möchte ich vor allem Frau M. Keeth, die das ganze Manuskript mit unglaublicher Ausdauer und Geduld in LaTeX erstellte, Herrn Dr.-Ing. H.-J. Koß, der die Gestaltung des Manuskripts und der Bilder vornahm, Frau B. Vogt, welche das Einbinden der Bilder und den Umbruch des Textes besorgte und Herrn T. Ameis, welcher die meisten Bilder zeichnete.

Herrn Prof. Knacke, der Teile des Manuskripts gelesen hat, danke ich für anregende und wertvolle Kritik. Meine derzeitigen und ehemaligen Mitarbeiter, Herr Priv.-Doz. Dr.-Ing. H. Engels, Herr Dr.-Ing. Schreiber, Frau Dipl.-Ing. S. Knopp, Herr Dipl.-Ing. M. Braun, Herr Dr.-Ing. C. Niehörster, Herr Dr.-Ing. P. Rütten, Herr Dr.-Ing. M. Roth, Herr Dipl.-Ing. K. Nölker, Herr Dr.-Ing. T. Westerfeld und Herr Dr.-Ing. H.-J. Koß haben Korrektur gelesen und wertvolle Beiträge geleistet. Ihnen allen sei dafür ganz herzlich gedankt.

Aachen, im Frühjahr 1997   K.-F. Knoche

Inhaltsverzeichnis

1 Einführung in die Lehre von der Wärme- und Stoffübertragung   1

1.1 Anwendungsbereich 1
1.2 Grundformen 2
1.3 Stationäre Wärmeleitung 3
     1.3.1 Stationäre Wärmeleitung durch eine ebene Wand 3
     1.3.2 Wärmewiderstand 5
     1.3.3 Reihen- und Parallelschaltung von Wärmeleitern 6
     1.3.4 Wärmedurchgangskoeffizient k 8
     1.3.5 Rohrwand 10
     1.3.6 Zylinder mit inneren Wärmequellen 11
1.4 Instationäre Wärmeleitung 12
     1.4.1 Fouriersche Wärmeleitungsgleichung für den instationären Fall . 12
     1.4.2 Gleichung von Fourier in dimensionsloser Schreibweise ... 15
     1.4.3 Typische Lösungsmethoden bei Wärmeleitung 16
             Lösungen von Gröber 17
             a) Ebene Platte 17
             b) Der unendlich lange Zylinder und die Kugel 24
             Abkühlungsgeschwindigkeit 29
             Instationäres Aufheizen in einer Heizpresse 29
             Binder-Schmidt-Verfahren 36
             Implizites Verfahren 39
1.5 Konvektiver Wärmeübergang 41
     1.5.1 Grenzschicht und Wärmeübertragung 41
     1.5.2 Ausgebildete laminare Rohrströmung 44
             Konstante Wärmestromdichte als Randbedingung 49
             Konstante Wandtemperatur als Randbedingung 51
     1.5.3 Differentialgleichungen der Strömung und des Wärmeübergangs . 54
             Kontinuitätsgleichung 54
             Stofferhaltungsgleichung 56
             Impulsgleichung 59
             Energiegleichung 63
     1.5.4 Die laminar überströmte ebene Platte 70
             Grenzschichtgleichungen 70

		Eine Näherungslösung der Grenzschichtgleichung	74
		Exakte Lösung der Grenzschichtgleichung	76
		Wandschubspannung.	78
		Temperaturverteilung und Dicke der Temperaturgrenzschicht . .	79
		Wärmeübertragung	84
		Konzentrationsverteilung und Stoffübergang.	87
	1.5.5	Freie Konvektion	91
		Numerische Integration der Differentialgleichungen für die freie Konvektion	97
		Geschwindigkeits- und Temperaturprofile sowie Wärmeübergang bei freier Konvektion	98
	1.5.6	Turbulente Strömung	101
		Kontinuitätsgleichung	102
		Stofferhaltungsgleichung.	103
		Impulsgleichung	104
		Energiegleichung.	107
	1.5.7	Turbulenzmodelle	111
		Prandtlsche Mischungsweghypothese	111
		Transportgleichungen für die Reynoldsschen Terme	113
	1.5.8	Turbulente Grenzschicht bei längs überströmter ebener Platte . .	118
	1.5.9	Numerische Lösung der Grenzschichtgleichungen: Das Verfahren von Patankar und Spalding	120
	1.5.10	Ähnlichkeitstheorem der Wärmeübertragung	125
		Geometrische und physikalische Ähnlichkeit	126
1.6	Wärmeübergang bei Änderung des Aggregatzustandes		130
	1.6.1	Kondensation	131
	1.6.2	Tropfenkondensation	131
	1.6.3	Filmkondensation	132
	1.6.4	Verdampfungsvorgang	135
	1.6.5	Aufgaben der Heizfläche	138
	1.6.6	Bläschenverdampfung und Filmverdampfung	140
	1.6.7	Ausbrennbelastung	142
	1.6.8	Siedekondensation	143

2 Technische Wärmeübertrager 145

2.1	Wärmedurchgang.	145
2.2	Wärmedurchgang durch eine Rohrwand	147
2.3	Gegenseitige Stromführung	149
	2.3.1 Gleichströmer.	151
	2.3.2 Gegenströmer.	156
	2.3.3 Kreuzstromapparat	159
2.4	Einheitlicher Berechnungsgang für Rekuperatoren	163
2.5	Wärmewirkungsgrad	169
2.6	Gütegrad des Wärmeübertragers	171

2.7	Gekoppelte Wärmeübertrager		171
2.8	Günstigste Größe eines Wärmeübertragers		174
	2.8.1	Einsparung von Energieträgern durch Wärmerückgewinnung	174
	2.8.2	Irreversibilität der Wärmeübertragung und Kosten der Wärmeübertrager	179
	2.8.3	Pinch-Technologie	182

3 Wärmeübertragung durch Strahlung 188

3.1	Strahlungsaustausch zwischen festen Körpern		189
	3.1.1	Emissionsverhältnis	190
		Abhängigkeit des Emissionsverhältnisses von der Wellenlänge	190
		Abhängigkeit des Emissionsverhältnisses von der Richtung	191
		Hemisphärisches Emissionsverhältnis	192
	3.1.2	Absorptions- und Reflexionsverhältnis	193
	3.1.3	Strahlungsaustausch zwischen zwei Flächen	194
	3.1.4	Winkelverhältnis oder Einstrahlzahl	195
	3.1.5	Strahlungsaustausch zwischen Oberflächen bei strahlungsdurchlässigem Zwischenraum	198
3.2	Gasstrahlung		201
	3.2.1	Spektrum des atomaren Wasserstoffs, Bohrsches Atommodell	201
	3.2.2	Spektren der Alkaliatome	202
	3.2.3	Absorption, spontane und erzwungene Emission; Übergangswahrscheinlichkeiten	203
	3.2.4	Molekülspektren	206
		Rotations-Schwingungsbanden von CO	208
		Rotations-Schwingungsspektren von CO_2	210
		Rotations-Schwingungsspektren von H_2O	212
	3.2.5	Profilfunktionen	214
		Natürliche Linienbreite	214
		Lorentz-Verbreiterung	215
		Doppler-Verbreiterung	216
		Kombinierte Doppler- und Stoßverbreiterung	217
	3.2.6	Volumenbezogene Strahlungseigenschaften von Gasen	219
		Spektraler Emissionskoeffizient	219
		Spektraler Absorptionskoeffizient	220
	3.2.7	Strahlungstransportgleichung	221
	3.2.8	Strahlungstransport in isothermer Schicht	222
		Isolierte Linien; Äquivalentbreite	223
		Gesamtemissionsgrad bei sich nicht überlappenden Spektrallinien	226
		Rotations-Schwingungsbanden mit sich überlappenden Spektrallinien	228
		Überlagerung der Molekülspektren von Kohlendioxid und Wasserdampf	233
		Strahlungsaustausch mit absorbierenden und emittierenden Gasen	235

4	Stoffgemische		237

4.1 Grundbegriffe ... 237
4.2 Feuchte Luft als Zweistoffgemisch ... 240
    4.2.1 Zustandseigenschaften feuchter Luft ... 240
            h,x-Diagramm von Mollier ... 242
            Dichte feuchter Luft ... 245
    4.2.2 Zustandsänderungen feuchter Luft ... 247
            Abkühlung feuchter Luft ... 247
            Mischen von Luftströmen ... 248
            Mischen mit Wärmezufuhr ... 250
            Zumischung von Wasser oder Wasserdampf ... 250
            Nichtumkehrbarkeit des Mischungsvorgangs ... 252
    4.2.3 Grundlagen der Klimatechnik ... 254
    4.2.4 Verdunstung ... 257
            Adiabater Verdunstungsvorgang ... 260
            Lewisscher Faktor $\sigma c_p/\alpha$ ... 261
            Psychrometerproblem ... 262
            Richtungsänderung des Luftzustandes ... 265
            Psychrometrische Kühlgrenze ... 266
            Wärmeumsatz an der Phasengrenze ... 268
            Adiabate Verdunstung im Gleichstrom ... 272
            Irreversibilität des Verdunstungsvorganges ... 277
            Adiabate Verdunstung im Gegenstrom ... 278
            Entropieproduktion bei Gegenstromverdunstung ... 282
            Der Pinch ... 284
            Bemessung der Austauschfläche ... 290
            Kühlturmberechnung nach Sherwood ... 292
            Nichtadiabate Verdunstung ... 295
            Berieselungskühlung ... 299
            Luftkühlung durch Berieselungsverdampfer ... 301
    4.2.5 Grundzüge der Trocknungstechnik ... 302
            Stufentrocknung ... 306
            Umlufttrocknung ... 307
            Wärmerückgewinnung ... 308
            Trocknungsgeschwindigkeit ... 309
            Nichtumkehrbarkeit des Trocknungsvorganges ... 310
    4.2.6 Feuchte Luft bei verschiedenen Drücken ... 314
            Aufsteigende Luftmassen und Wolkenbildung ... 316
            Kompressorkühlung durch Wassereinspritzung ... 317
            Luftverdichtung im Dampfstrahlgebläse ... 319
4.3 Eigenschaften von Zweistoffgemischen ... 323
    4.3.1 Phänomene beim Mischen ... 323
            Volumenänderung beim Vermischen ... 323
            Temperaturänderung beim Vermischen, Mischungswärme ... 325
            Mischregel und Mischungstemperatur ... 328

		Mischung mit Wärmeumsatz 330
		Integrale und partielle Mischungswärme 331
		Spezifische Wärmekapazität eines Gemisches 335
	4.3.2	Gemische mit mehreren Phasen 336
		Mischbarkeit, Ausbildung von Phasen 336
		Mischungswärme und Mischungslücke 338
		Verdampfung und Kondensation von Zweistoffgemischen 338
		Maximum- und Minimum-Gemische 345
		Verdampfen heterogener Flüssigkeitsgemische 347
		Wärmeerscheinungen beim Verdampfen 348
		Mischungslücke im h, ξ-Diagramm 351
		h, ξ-Diagramm für Gemische mit azeotropischem Punkt 353
		Schmelzen und Gefrieren 354
		h, ξ-Diagramm des Schmelzgebietes 357
		Chemische Bindungen im Bodenkörper 358
		Kältemischungen 360
4.4	Eigenschaften von Dreistoffgemischen 362
	4.4.1	Dreiecksdiagramm 362
		Mischungsregel im Dreiecksdiagramm 363
	4.4.2	Phasengleichgewicht bei Dreistoffgemischen 364

5 Trennung von Gemischen 368

5.1	Destillation von Zweistoffgemischen 368
	5.1.1	Wärmebedarf beim Destillieren 372
	5.1.2	Rückflußkühlung (Dephlegmation) 374
		Gegenstromdephlegmator 377
		Gleichstromdephlegmator 377
		Dephlegmation und Heizbedarf 378
	5.1.3	Kontinuierliche Destillation 380
5.2	Rektifikation (Läuterung) von Zweistoffgemischen 381
	5.2.1	Verstärkungssäule 382
	5.2.2	Läuterung und der Zweite Hauptsatz 386
	5.2.3	Wärmeverbrauch 390
	5.2.4	Wärmeverbrauch und Nichtumkehrbarkeit des Zerlegungsvorganges 392
		Entropieproduktion im adiabaten Teil der Rektifiziersäule 394
		Entropieproduktion im Rückflußkühler 396
		Entropieproduktion in der Blase 398
		Heizwärme q_{rev} 399
	5.2.5	Abtriebssäule 399
		Vorwärmung des Zulaufs 402
		Beispiel eines Trennverfahrens mit Abtriebssäule: Die Konzentration von Schwefelsäure nach Pauling-Plinke 404
	5.2.6	Gekoppelte Läuterungssäule 406

		Mindestwärmebedarf der Trennsäule und die Lage der Pole . . . 408
		Erforderliche Bodenzahl der Säule 412
		Günstigste Einspeisung des Zulaufs. 414
		Entropieproduktion auf dem Zulaufboden 416
		Dephlegmatorkühlung mit dem Zulauf 420
		Wärmeaustausch auf den Böden der Kolonne 421
		Rektifikationskolonne mit Seitenabzug 424
	5.2.7	Adiabate Rektifikation und Dampfkompression 426
		Verdichtung des dampfförmigen Kopfprodukts 426
		Entspannung und Verdampfung des Blasenprodukts 429
		Mindestarbeit bei reversibel-adiabaten Trennprozesses 432
		Nichtumkehrbarkeit und Verdichterleistung bei adiabaten Trenn-
		prozessen 433
	5.2.8	Luftzerlegung 434
		Luftzerlegung mit reiner Abtriebssäule 434
		Mindestarbeit bei reversibler Luftzerlegung und Irreversibilitäts-
		verluste 439
		Luftzerlegung nach Linde 440
		Luftzerlegung nach Claude 447
	5.2.9	McCabe-Thiele-Diagramm 450
		Näherungsweise Bestimmung des Wärmebedarfs 456
		Der Pinch 457
		Bemessung von Füllkörperkolonnen 458
5.3	Rektifikation von Drei- und Mehrstoffgemischen 460
	5.3.1	Mengen- und Energiebilanzen 460
		Verstärkungssäule 460
		Abtriebssäule 462
		Gesamtbilanz 464
	5.3.2	Entropieproduktion bei der Trennung von Mehrstoffgemischen . 467
	5.3.3	Trennung eines Dreistoff-Gemisches aus Benzol, Toluol und m-
		Xylol 469
		Günstigste Einspeisung des Zulaufs. 478
		Minimales Rücklaufverhältnis 479
		Günstigste Verschaltung von Trennkolonnen 482
	5.3.4	Kolonne mit Seitenabzug 486
5.4	Trennung azeotroper Gemische 488
5.5	Extraktion und Absorption 489
		Extraktion von Essigsäure aus Essigsäure-Wassergemischen mit
		Benzol 491
		Adiabate Absorption von Chlorwasserstoff 493
5.6	Kristallisation und Verdampfung 497
	5.6.1	Auflösen und Kristallisation von Salzen 497
	5.6.2	Eindampfen von Salzlösungen 500
		Mehrfachverdampfung im h, ξ-Diagramm 502
	5.6.3	Eindampfen von Zuckerlösungen 505
		Schmelzgebiet 505

Naßdampfgebiet 507
Eindampfen 507
Mehrfachverdampfung im h, x-Diagramm 508
Eindampfen im Schmelzgebiet 511
Kristallkochen 512

6 Absorptionskältemaschinen und Absorptionswärmepumpen ... 514

6.1 Einfache (einstufige) Absorptionsmaschine 515
    6.1.1 Stoffbilanzen 516
    6.1.2 Energiebilanzen 517
        Gesamtbilanz 517
        Wärmebilanz des Austreibers (Generators) 517
        Pumpenleistung 518
        Wärmebilanz des Absorbers 518
        Wärmebilanzen für Kondensator und Verdampfer 519
6.2 Absorptionsprozeß im h, ξ-Diagramm 519
    6.2.1 Läuterung des Austreiberdampfes 522
    6.2.2 Temperaturwechsler 523
6.3 Heizbedarf von Absorptionsmaschinen 525
    6.3.1 Absorptionskältemaschine 525
    6.3.2 Absorptionswärmepumpe 529
6.4 Nichtumkehrbarkeiten in den Anlageteilen 530
    6.4.1 Entropieproduktion in Generator und Absorber 530
    6.4.2 Entropieproduktion in Temperaturwechsler und Drosselventil .. 532
    6.4.3 Entropieproduktion in Verdampfer und Kondensator 534
    6.4.4 Entropieproduktion der Absorptionsmaschine im Vergleich ... 534
6.5 Mehrstufige Absorptionsmaschinen 536
    6.5.1 Zweistufige Absorptionsmaschine mit vergrößertem Temperaturhub (Doppelhub-Anlage) 536
    6.5.2 Zweistufige Absorptionsanlage mit vergrößerter Kälteleistung (Doppeleffekt-Anlage) 538

7 Thermodynamische Grundlagen chemischer Reaktionen 541

7.1 Das chemische Gleichgewicht 545
7.2 Reaktionswärme, Energietönung 547
7.3 Gleichgewichtskonstante der chemischen Reaktion 549
    Einfluß des Druckes und der Temperatur auf die Gleichgewichtskonstante K 550
    Gleichgewichtskonstante zusammengesetzter Reaktionen 551
    Absolute kalorische Daten und Gleichgewichtskonstante 551
7.4 Das Wärmetheorem von Nernst 553

Erreichbarkeit des Nullpunktes und der Temperaturbegriff $T = 0$ K 555
7.5 Berechnung der Gleichgewichtszusammensetzung 556

8 Gleichgewichtsbedingungen für Mehrstoffgemische 562

Außenbedingung $T = $ konst, $V = $ konst 565
Außenbedingung $T = $ konst, $p = $ konst 566
8.1 Gleichgewichtsbedingungen bei homogenen Gemischen 567
    8.1.1 Gibbssche Fundamentalgleichung für homogene Gemische 567
    8.1.2 Gibbs-Duhem-Beziehung 570
    8.1.3 Fundamentalgleichung in der Energiedarstellung 571
    8.1.4 Enthalpie als charakteristische Funktion 572
    8.1.5 Helmholtz-Potential oder die freie Energie 573
    8.1.6 Planck-Funktion 574
    8.1.7 Freie Enthalpie 574
    8.1.8 Molare und partielle molare Zustandsgrößen 576
    8.1.9 Legendre-Transformationen 579
    8.1.10 Ideale Gemische 580
    8.1.11 Reale Gemische 583
        Fugazität und Fugazitätskoeffizient 583
        Aktivitätskoeffizien 587
    8.1.12 Empirische Ansätze für die freie Exzeßenthalpie von Flüssigkeitsgemischen 588
        Ansatz von Porter 588
        Ansatz von Wohl 589
8.2 Das Gittermodell der Flüssigkeitsgemische 593
    8.2.1 Näherungslösung von Guggenheim 595
        Proportionalverteilung gleichgroßer Moleküle 597
        Proportionalverteilung bei nicht gleich großen Molekülen 600
        Quasichemische Verteilung nach Guggenheim 607
    8.2.2 Lückenhafte Gitterbelegung bei Zweistoffgemischen 611
        Der kombinatorische Term 614
        Lokale Zusammensetzung und Residuumsterm 619
    8.2.3 Gittermodell für beliebig viele Komponenten 625
        Proportionalverteilung 627
        Lokale Zusammensetzung 630
        Der Residuumsterm 632
8.3 Phasengleichgewichte 634
    8.3.1 Mischbarkeit und Mischungslücke 636
    8.3.2 Dampf-Flüssigkeitsgleichgewicht in Einkomponentensystemen . . 639
        Dampf-Flüssigkeits-Gleichgewicht in Einkomponentensystemen mit idealem Dampf 641
    8.3.3 Allgemeine Bedingungen für Phasengleichgewichte in Systemen mit mehreren Komponenten 644
        Gibbssche Phasenregel 645

		Differentialgleichungen für koexistierende Phasen 647
		Anwendung auf Zweistoffgemische 651
	8.3.4	Dampf-Flüssigkeitsgleichgewichte in Systemen mit mehreren Komponenten 654
		Dampf-Flüssigkeitsgleichgewicht bei idealer Flüssigkeit und idealem Dampf 655
		Dampf-Flüssigkeitsgleichgewichte bei realer Flüssigkeit und idealem oder schwach realem Dampf 657
		Duhem-Margules-Gleichung und Grenzgesetze bei unendlich großer Verdünnung 658
		Dampf-Flüssigkeitsgleichgewichte bei hohen Drücken 660

Sachwörterverzeichnis 663

1 Einführung in die Lehre von der Wärme- und Stoffübertragung

1.1 Anwendungsbereich

Der wichtigen Aufgabe des Ingenieurs, die Wärmeprozesse mit möglichst geringem Energieaufwand zu führen, stellt sich die ebenso wichtige Forderung entgegen, Wärmeapparate und Maschinen mit minimalem Material- und Fertigungsaufwand auszuführen, sei es aus Gründen des oft sehr kostspieligen Werkstoffes oder Herstellungsverfahrens, sei es aus der Forderung nach dem kleinstmöglichen Gewicht oder Rauminhalt der betreffenden Vorrichtung. Für die Bemessung von Wärmeanlagen ist dabei in erster Linie die Geschwindigkeit des Wärmeüberganges entscheidend. So sind die Abmessungen eines modernen Dampferzeugers vor allem abhängig von den Wärmeübergangsverhältnissen im Feuerraum, an den Heizflächen des Verdampfungsteiles, des Überhitzers, im Luftvorwärmer usw.
Die Wärmeübertragung ist auch auf anderen technischen und nichttechnischen Gebieten von großer Bedeutung. Die meteorologischen Erscheinungen, die so wichtig für die Landwirtschaft sind, wie z.B. die Nebelbildung, der Tauniederschlag, der Frost usw., unterliegen sämtlich den Gesetzen der Wärme- und Stoffübertragung. Die Gefahr des Verglühens von künstlichen Satelliten bei der Rückkehr in die Atmosphäre oder sicherheitstechnische Gesichtspunkte beim Bau und Betrieb von Kraftwerken sind engstens mit den Fragen des Wärmeüberganges verknüpft. Auch der Energiehaushalt bei Mensch und Tier, sogar unsere Gesundheit, werden wesentlich durch die Wärmeübertragung beeinflußt. Der zweckmäßige Wärmeschutz durch Kleidung und der Wärmeschutz von Bauten sind ebenfalls dem Gebiet der Wärmeübertragung zuzurechnen. An diesen wenigen Beispielen erkennt man die weitreichende soziale Bedeutung, die der Wärmeübertragung zukommt.
Der Wärme-Ingenieur wird oft vor die eine oder die andere der folgenden Hauptaufgaben gestellt:

- entweder die Wärmeübertragung durch fördernde Maßnahmen zu unterstützen

- oder sie durch hemmende Maßnahmen zu erschweren

- oder die Temperaturen zur Schonung des Werkstoffes oder des Gutes in zulässigen Grenzen zu halten

- oder die Temperaturfelder in einer Vorrichtung zu ermitteln

- oder die Abkühlgeschwindigkeit vorauszusagen

- oder die Wärmeapparate optimal auszulegen, d.h. die notwendigen Wärmeübertrager in einer komplexen Anlage so zu dimensionieren, daß die Summe der Kapital- und Betriebskosten (hier vor allem die Energiekosten) möglichst gering wird.

1.2 Grundformen

Die Wärmeübertragung findet auf zwei physikalisch grundsätzlich verschiedene Arten statt. Das sind die stoffgebundene Wärmeübertragung durch Leitung und Konvektion und der nicht stoffgebundene Austausch durch Wärmestrahlung.

Die Wärmeübertragung durch Leitung entsteht durch Wechselwirkung zwischen den Atomen und Molekülen. Diese ist um so größer, je höher die Temperatur ist. Bei Flüssigkeiten und Gasen werden die schnelleren Moleküle des wärmeren Körperteils im Durchschnitt verlangsamt, die des kälteren Teiles beschleunigt, so daß ein Temperaturausgleich über alle Körperteile stattfindet. Bei den ortsgebunden schwingenden Atomen der festen Körper findet die Wärmeübertragung bei elektrischen Isolatoren durch longitudinale Schwingungen, bei elektrischen Leitern durch Elektronenbewegung statt. Diese Art des Wärmeüberganges nennt man Wärmeleitung. Sie ist von den physikalischen Eigenschaften des betreffenden Körpers abhängig.

Die Wärmeübertragung in Gasen und Flüssigkeiten kann wesentlich gefördert werden, wenn größere oder kleinere Teile der Flüssigkeit in ungeordneter Mischbewegung hin und her wandern. Die Teilchen sind zwar klein, aber im Vergleich mit den Molekülen noch immer sehr groß. Sie gelangen aus den kälteren Gebieten in wärmere und umgekehrt, so daß sie die Wärme gewissermaßen mitführen (Konvektion), indem sie sich abwechselnd erwärmen und abkühlen. Je stärker die Mischbewegung der Teilchen, um so ausgiebiger wird die konvektive Wärmeübertragung. Diese hängt dabei von der spezifischen Wärmekapazität der Teilchen ab, vor allem aber von der Intensität der Mischbewegung. Dadurch wird die Wärmeübertragung maßgebend durch die Gesetze der Strömungslehre bestimmt.

Die Wärmeübertragung durch Strahlung ist ein Vorgang ganz anderer Art. Strahlung ist nicht stoffgebunden und kann sich deshalb auch im Vakuum ausbreiten, da es sich um eine Wellenerscheinung elektromagnetischer Natur handelt. Der Unterschied äußert sich u.a. auch darin, daß bei stoffgebundenem Austausch der Wärmestrom nur in der Richtung monoton fallender Temperatur fließen kann, die Wärmestrahlung kann dagegen zwischen den wärmeaustauschenden Körpern auch Gebiete niedrigerer Temperatur durchdringen, was z.B. im Weltraum zwischen Sonne und Erde der Fall ist.

1.3 Stationäre Wärmeleitung

1.3.1 Stationäre Wärmeleitung durch eine ebene Wand

Hält man an den beiden Oberflächen einer ebenen Wand, Bild 1.1, die beiden Temperaturen T_1 und T_2 konstant, so strömt nach dem FOURIERschen Erfahrungsgesetz in der Zeit t die Wärme

$$Q = \lambda A \frac{T_1 - T_2}{\delta} t \qquad (1.1)$$

durch die Wand, wobei A in m² die Wandfläche, λ in W/(m K) die Wärmeleitfähigkeit des Wandmaterials, δ in m die Wanddicke und t in s oder h die Zeit bezeichnen. Wenn sich der Temperaturverlauf in der Wand zeitlich nicht ändert, so liegt stationäre Wärmeleitung (Beharrungszustand) vor.

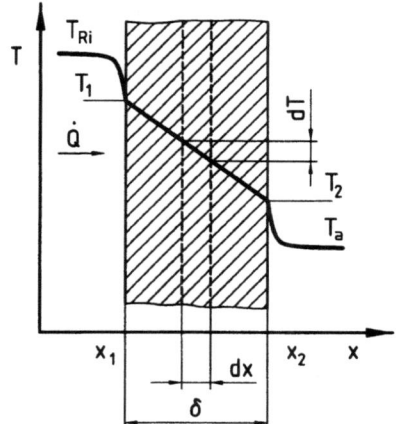

Bild 1.1: Wärmeleitung durch eine ebene Wand
T_{Ri}: Temperatur des Innenraums
T_a: Außentemperatur

Die in der Zeiteinheit strömende Wärme

$$\dot{Q} = \frac{Q}{t} \qquad (1.2)$$

nennen wir Wärmestrom. Der durch die Flächeneinheit fließende Wärmestrom stellt die Wärmestromdichte dar

$$\dot{q} = \frac{\dot{Q}}{A} = \frac{Q}{At} = \lambda \frac{T_1 - T_2}{\delta} \quad \text{in W/m}^2 \,. \qquad (1.3)$$

In einer innerhalb der Wand liegenden sehr dünnen Schicht von der Dicke dx ändert sich die Temperatur um dT, und es ist hier die Wärmestromdichte

$$\dot{q} = -\lambda \frac{dT}{dx} \,. \qquad (1.4)$$

Das negative Vorzeichen berücksichtigt, daß die Wärme in Richtung fallender Temperatur strömt, dT/dx ist der Temperaturgradient in Richtung x.

Der Wärmetransport auf die Innenseite und von der Außenseite der Wand wird durch Wärmeübergangskoeffizienten

$$\alpha_1 = \frac{\dot{q}}{T_{R_i} - T_1} \quad \text{und} \quad \alpha_2 = \frac{\dot{q}}{T_2 - T_a} \tag{1.5}$$

beschrieben, welche sowohl von den Stoffeigenschaften der an die Wand angrenzenden Medien, als auch von den darin vorherrschenden Strömungsverhältnissen bestimmt werden. Dies wird ausführlich im Abschn. 1.5 behandelt.

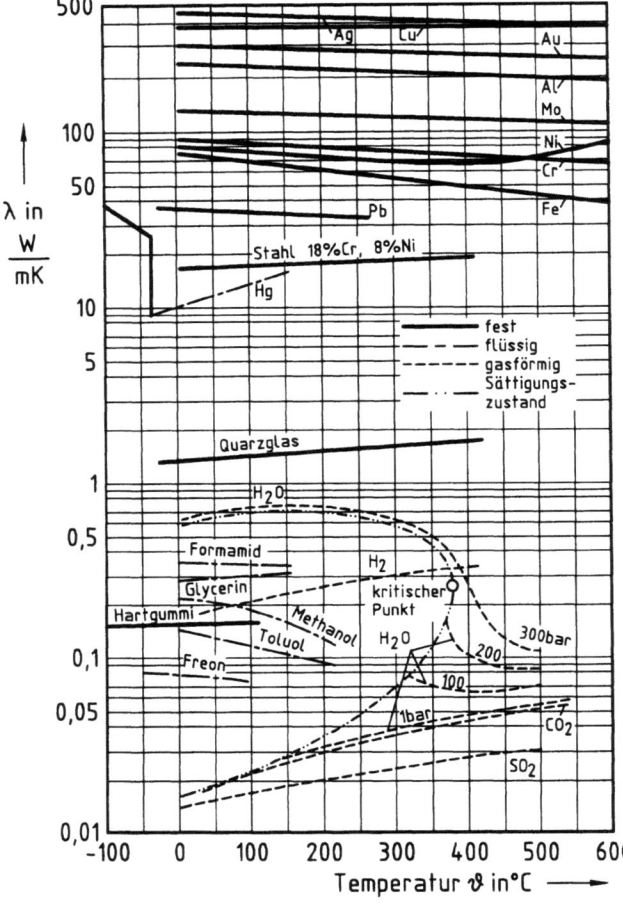

Bild 1.2: Wärmeleitfähigkeit einiger fester, flüssiger und gasförmiger Stoffe in Abhängigkeit von der Temperatur (Nach VDI-Wärmeatlas (1988) 5. Auflage)

Die Wärmeleitfähigkeit λ unterscheidet sich für verschiedene Stoffe z.T. sehr beträchtlich, s. Bild 1.2. Sie ist außerdem von der Temperatur abhängig, gewöhnlich jedoch nicht sehr erheblich, und man kann in einem mäßig weiten Temperaturbereich oft genügend genau mit einem λ-Wert für die mittlere Temperatur rechnen. Bei idealen Gasen hat der Druck keinen Einfluß auf die Wärmeleitfähigkeit, wohl aber bei realen Gasen und Dämpfen, vgl. die Wärmeleitfähigkeit von Wasser in

Bild 1.2. λ kann auch von der betrachteten Richtung des Wärmestromes zur Struktur des Stoffes abhängen. So ist λ bei Holz in der Richtung der Fasern größer als quer dazu.

Zahlenwerte und Methoden zur näherungsweisen Berechnung der Wärmeleitfähigkeit von Feststoffen und Flüssigkeiten finden sich im VDI-Wärmeatlas[1] und darüber hinaus im Buch von REID, SHERWOOD UND PRAUSNITZ[2].

1.3.2 Wärmewiderstand

Für manche Betrachtungen empfiehlt es sich, nach JAKOB den Begriff des Wärmewiderstandes W einzuführen, wonach der Wärmestrom

$$\dot{Q} = \frac{Q}{t} = \frac{T_1 - T_2}{W} \quad \text{bzw.} \quad \dot{Q}W = T_1 - T_2 \tag{1.6}$$

ist, was dem OHMschen Gesetz

$$I\,R = U \tag{1.7}$$

der Elektrizitätslehre entspricht (mit der Stromstärke I, dem Widerstand R und der Spannung U). Mit Gl. (1.3) und (1.6) wird der Wärmewiderstand für eine Wand von der Fläche A und der Dicke δ

$$W = \frac{\delta}{A\lambda} \quad \text{in K/W}, \tag{1.8}$$

wonach der Wärmewiderstand um so größer ist, je dicker die Wand und je kleiner der für die Wärmeleitung zur Verfügung stehende Querschnitt ist. Der Wärmewiderstand W in Gl. (1.8) ist keine Stoffeigenschaft; er kann nämlich mit Materialien verschiedener Wärmeleitfähigkeiten λ und entsprechender Wanddicke δ bzw. Flächenausdehnung A der Wand verwirklicht werden.

Als den spezifischen Wärmewiderstand bezeichnen wir den Wärmewiderstand einer Wand mit einer Querschnittsfläche von $1\,\text{m}^2$

$$w = W\,A = \frac{\delta}{\lambda} \quad \text{in m}^2\text{ K/W} \tag{1.9}$$

und als Wärmewiderstandskoeffizienten

$$\omega = \frac{W\,A}{\delta} = \frac{1}{\lambda} \quad \text{in m K/W} \tag{1.10}$$

den Widerstand einer Wand mit einer Querschnittsfläche $A = 1\,\text{m}^2$ und der Dicke $\delta = 1\,\text{m}$. Dieser ist eine physikalische Eigenschaft des Materials ebenso wie sein Kehrwert λ, die Wärmeleitfähigkeit.

---

[1] VDI-Wärmeatlas (1988) 5. Auflage, VDI-Verlag, Düsseldorf
[2] REID R C, PRAUSNITZ J M, SHERWOOD T K (1977) The Properties of Gases and Liquids, 3rd edition, MacGraw-Hill

1.3.3 Reihen- und Parallelschaltung von Wärmeleitern

Häufig werden mehrere Wärmeleiter gleichzeitig eingesetzt, und es ist nicht gleichgültig, ob sie in Reihe oder parallel geschaltet sind. Es gelten hier die folgenden Anwendungsregeln:

a) Bei hintereinander (in Reihe) geschalteten Wärmeleitern sind die Wärmeströme in allen Schichten gleich groß

$$\dot{Q} = \dot{Q}_1 = \dot{Q}_2 = \ldots = \dot{Q}_n \ , \tag{1.11}$$

und die Wärmewiderstände addieren sich.
So ist für eine aus n verschiedenen Schichten zusammengesetzte Wand der Wärmewiderstand quer zu den Schichten (Reihenschaltung)

$$\begin{aligned} W_{\text{ges}} &= \sum_{i=1}^{n} W_i = \frac{\delta_1}{A\lambda_1} + \frac{\delta_2}{A\lambda_2} + \ldots + \frac{\delta_n}{A\lambda_n} \\ &= \frac{\delta_1\omega_1 + \delta_2\omega_2 + \ldots + \delta_n\omega_n}{A} \quad \text{(Reihenschaltung)} \ , \end{aligned} \tag{1.12}$$

und der Wärmestrom

$$\dot{Q} = \frac{T_1 - T_2}{W_{\text{ges}}} = (T_1 - T_2)\frac{A}{\sum_{i=1}^{n} \delta_i \omega_i} \quad \text{(Reihenschaltung)} \ . \tag{1.13}$$

Der durchschnittliche Wärmewiderstandskoeffizient ω der Wand ist mit

$$\delta_{\text{ges}} = \delta_1 + \delta_2 + \ldots \delta_n \tag{1.14}$$

quer zu den Schichten

$$\omega_q = \frac{\delta_1\omega_1 + \delta_2\omega_2 + \ldots + \delta_n\omega_n}{\delta_{\text{ges}}} \tag{1.15}$$

und die Wärmeleitfähigkeit

$$\begin{aligned} \lambda_q = \frac{1}{\omega_q} &= \frac{\delta_{\text{ges}}}{\delta_1\omega_1 + \delta_2\omega_2 + \ldots \delta_n\omega_n} \\ &= \frac{\delta_{\text{ges}}}{\delta_1/\lambda_1 + \delta_2/\lambda_2 + \ldots + \delta_n/\lambda_n} \ . \end{aligned} \tag{1.16}$$

Nach Gl. (1.12) kann sich der Wärmewiderstand nicht ändern, wenn man die Schichten untereinander vertauscht, weil die Reihenfolge der einzelnen Summanden in Gl. (1.12) ohne Einfluß auf das Resultat ist.

b) Bei nebeneinander (parallel) geschalteten Wärmeleitern addieren sich die Wärmeströme durch die einzelnen Schichten

$$\dot{Q} = \sum_{i=1}^{n} \dot{Q}_i = \sum_{i=1}^{n} \frac{A_i \lambda_i}{\delta} (T_{1,i} - T_{2,i}) \quad \text{(Parallelschaltung)}, \tag{1.17}$$

wobei δ die Dicke der Wand bedeutet.
Der Durchschnittswert der Wärmeleitung längs der Schichtenrichtung wird nach Gl. (1.17), unter der wesentlichen, aber nicht selbstverständlichen Annahme, daß die Oberflächentemperaturen der Wand gleichmäßig und nicht von Schicht zu Schicht verschieden sind

$$T_{1,1} = T_{1,2} = \ldots T_{1,n} = T_1 \quad ; \quad T_{2,1} = T_{2,2} = \ldots T_{2,n} = T_2 \;, \tag{1.18}$$

$$\begin{aligned}\lambda_l &= \frac{A_1 \lambda_1 + A_2 \lambda_2 + \ldots + A_n \lambda_n}{A} \\ &= \frac{\delta_1 \lambda_1 + \delta_2 \lambda_2 + \ldots + \delta_n \lambda_n}{\delta_1 + \delta_2 + \ldots + \delta_n} \quad \text{(Parallelschaltung)}\end{aligned} \tag{1.19}$$

und, wenn δ wieder die Dicke der Wand bedeutet,

$$\dot{Q}_l = \frac{\lambda_l (T_1 - T_2) A}{\delta} \;. \tag{1.20}$$

Hier gilt nicht mehr Gl. (1.13), da die Schichten in Richtung des Wärmestromes liegen.
Es ist von Interesse, wie sich die Wärmeleitung in quer- und in längsgeschichteten Wänden zueinander verhält, wenn die Schichten aus zweierlei Stoffen a und b bestehen. Nach Gl. (1.16) und (1.19) ist

$$\frac{\lambda_l}{\lambda_q} = 1 + \frac{\delta_a}{\delta_a + \delta_b} \frac{\delta_b}{\delta_a + \delta_b} \frac{(\lambda_a - \lambda_b)^2}{\lambda_a \lambda_b} \;, \tag{1.21}$$

worin $\delta_a/(\delta_a + \delta_b)$ und $\delta_b/(\delta_a + \delta_b)$ die Schichtdickenanteile der beiden Stoffe, und λ_l und λ_q die durchschnittlichen Wärmeleitfähigkeiten längs bzw. quer zu den Schichten darstellen. Nach Gl. (1.21) ist die Wärmeleitfähigkeit längs der Schichten immer größer als quer dazu, was wichtig für manche Isolierungen ist, so auch besonders für Textilstoffe. Für diese ist es nicht gleichgültig, wie die Fasern liegen. Bei elektrischen Transformatoren bestehen die Kerne aus geschichteten, gegeneinander isolierten Eisenlamellen; dabei beträgt die Wärmeleitfähigkeit in der Schichtenrichtung ein Vielfaches von derjenigen quer dazu. Der Unterschied zwischen der Längs- und Querleitfähigkeit ist um so größer, je gleichwertiger die Schichtdickenanteile (Höchstwert bei $\delta_a/(\delta_a + \delta_b) = 0,5$) und je verschiedener die beiden Wärmeleitfähigkeiten sind, Bild 1.3.

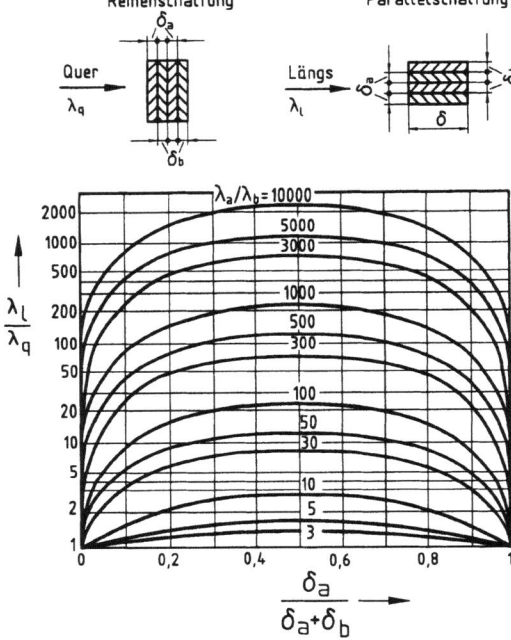

Bild 1.3: Verhältnis der Längs- und Querleitfähigkeit eines geschichteten Materials

1.3.4 Wärmedurchgangskoeffizient k

Bei manchen technischen Aufgaben ist es vorteilhaft, mit dem Begriff des Wärmedurchgangskoeffizienten k in W/(m²K) zu rechnen. An die eine Seite der Wand mag Wärme von der einen Flüssigkeit mit dem Wärmeübergangskoeffizienten α_1 in W/(m²K) abgegeben werden. Die Wärmeleitfähigkeit der Wand sei λ, ihre Dicke δ. Der Wärmeübergangskoeffizient auf der anderen Seite sei α_2. Dann sind die spezifischen Wärmewiderstände w für 1 m² Wandfläche entsprechend Gl. (1.5), (1.6) und (1.9)

$$w_{\alpha_1} = \frac{1}{\alpha_1} \; ; \; w_\lambda = \frac{\delta}{\lambda} \; ; \; w_{\alpha_2} = \frac{1}{\alpha_2} \tag{1.22}$$

und der Gesamtwiderstand ist die Summe der einzelnen Widerstände nach Gl. (1.22)

$$w_{\text{ges}} = \frac{1}{\alpha_1} + \frac{\delta}{\lambda} + \frac{1}{\alpha_2} \; . \tag{1.23}$$

Der Wärmedurchgangskoeffizient k ist der Kehrwert von w_{ges}

$$k = \frac{1}{w_{\text{ges}}} \quad \text{in W/(m}^2\text{K)} \tag{1.24}$$

und mit Gl. (1.23)

$$\frac{1}{k} = \frac{1}{\alpha_1} + \frac{\delta}{\lambda} + \frac{1}{\alpha_2} \; . \tag{1.25}$$

Der Wärmedurchgangskoeffizient k wird u.a. verwendet, um die sog. Transmissionswärmeverluste, das sind die Wärmeverluste durch Außenwände von Gebäuden, aus den Innenraumtemperaturen T_{Ri}, den Außenflächen A_i und der Außentemperatur T_a zu berechnen

$$\dot{Q}_T = \sum_{i=1}^{n} A_i\, k_i (T_{R_i} - T_a) \;, \qquad (1.26)$$

wobei über alle Außenwände eines Gebäudes summiert werden muß.

Zur besseren Gebäudeisolierung werden heute die Außenwände häufig in einer geschichteten Bauweise ausgeführt. Zwischen der tragenden Wand und Außenschale (Klinker) wird eine Isolationsschicht aus Steinwolle und porösen Kunststoffplatten vorgesehen, Bild 1.4. Zur besseren Durchlüftung wird oft noch ein Luftspalt zwischen Isolation und Außenschale gelassen. Obwohl es für den Wärmewiderstand unerheblich ist, ob die Isolationsschicht innen oder außen angebracht wird, bevorzugt man häufig die Anordnung nach Bild 1.4, weil die tragenden Wände gewissermaßen als Wärmespeicher wirken und so zu einer gleichmäßigen Innenraumtemperatur beitragen.

Der Wärmedurchgangskoeffizient der Außenwand kann nach Gl. (1.25) und (1.16) ermittelt werden.

In Bild 1.5 ist der Wärmedurchgangskoeffizient k einer verklinkerten Außenwand in Abhängigkeit von der Dicke δ der Isolationsschicht dargestellt.

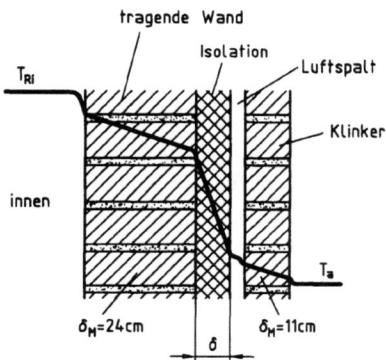
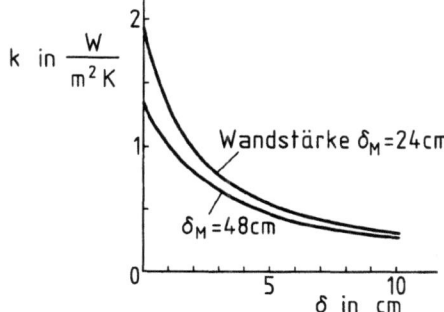

Bild 1.4: Temperaturverteilung in einer gut isolierten Wand

Bild 1.5: Einfluß der Dicke δ einer Isolierschicht auf den Wärmedurchgangskoeffizienten k einer verklinkerten Außenwand

Dabei wurden für die Berechnung folgende Zahlenwerte angenommen

Wärmeübergangskoeffizient innen	α_i	=	8 W/(m²K)
Wärmeübergangskoeffizient außen	α_a	=	20 W/(m²K)
Dicke des Mauerwerks	δ_M	=	24 cm bzw. 48 cm
Wärmeleitfähigkeit des Mauerwerks	λ_M	=	1,05 W/(mK)
Dicke der Verklinkerung	δ_K	=	11,5 cm
Wärmeleitfähigkeit der Klinker	λ_K	=	1,05 W/(mK)
Wärmeleitfähigkeit der Isolierung	λ	=	0,041 W/(mK)

Man erkennt aus Bild 1.5, daß schon eine Isolierschicht von nur 6 cm Stärke ausreicht, um den Wärmedurchgangskoeffizienten — und damit die Transmissionswärmeverluste durch die Außenwand — auf ein Viertel gegenüber einer nichtisolierten Wand zu senken. Bereits 1 cm Isolierung dämmt soviel wie eine doppelt so starke Außenwand!

1.3.5 Rohrwand

Technisch wichtig ist die Kenntnis des Wärmeflusses durch eine zylindrische Rohrwand, wie z.B. bei Rohrisolierungen, Bild 1.6. Durch die konzentrische Zylinderfläche vom Radius r und der Länge L fließt der Wärmestrom

$$\dot{Q} = -\frac{dT}{dr}\lambda A = -\frac{dT}{dr}\lambda 2\pi r L \quad . \tag{1.27}$$

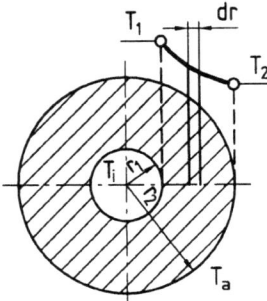

Bild 1.6: Temperaturverlauf in der Rohrwand

Im stationären Zustand muß derselbe Wärmestrom auch durch die innerste und äußerste Zylinderfläche hindurchtreten. Aus Gl. (1.27) wird für $\lambda = $ konst

$$T_1 - T = \frac{\dot{Q}}{2\pi\lambda L}\ln\frac{r}{r_1} \quad . \tag{1.28}$$

Der Temperaturverlauf ist somit eine logarithmische Funktion der Entfernung von der Rohrachse, Bild 1.6. Setzt man für den Außenmantel $r = r_2$ und $T = T_2$, so wird der durch die Zylinderschale tretende Wärmestrom

$$\dot{Q} = 2\pi\lambda L \frac{T_1 - T_2}{\ln(r_2/r_1)} \quad \text{in W} \quad . \tag{1.29}$$

Berücksichtigt man noch den inneren bzw. äußeren Wärmeübergang durch die entsprechenden Wärmeübergangskoeffizienten α_i bzw. α_a, so wird der Wärmestrom

$$\dot{Q} = 2\pi r_1 L \alpha_i (T_i - T_1) = 2\pi r_2 L \alpha_a (T_2 - T_a) \quad . \tag{1.30}$$

Aus Gl. (1.30) und (1.29) lassen sich die Oberflächentemperaturen T_1 und T_2 eliminieren, und wir erhalten für den Wärmestrom

$$\dot{Q} = \frac{2\pi L}{1/(r_1\alpha_i) + (\ln r_2/r_1)/\lambda + 1/(r_2\alpha_a)}(T_i - T_a) \quad . \tag{1.31}$$

1.3.6 Zylinder mit inneren Wärmequellen

Innere Wärmequellen treten z.B. bei Elektroheizungen, bei chemischen Reaktionen und Kernspaltungsprozessen auf. Als Beispiel soll die Temperaturverteilung in den Brennstäben von Kernreaktoren berechnet werden.
Die Brennstoffstäbe von Kernreaktoren bestehen aus Urandioxid, UO_2, welches in Zirkoniumhülsen eingeschlossen ist. Durch Kernreaktionen wird je Volumeneinheit der Wärmestrom Γ (in W/m^3) abgegeben, den wir als vom Radius r unabhängig ansehen wollen. Innerhalb eines Zylinders mit dem Radius r und der Länge L wird insgesamt der Energiestrom

$$\dot{Q}(r) = \pi r^2 L \Gamma \tag{1.32}$$

freigesetzt und aus dem Brennelement nach außen abgeführt, Bild 1.7

$$\dot{Q}(r) = -\frac{dT}{dr} \lambda 2\pi r L \ . \tag{1.33}$$

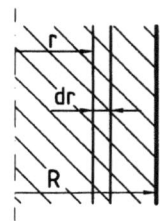

Bild 1.7: Wärmeleitung im Zylinder mit inneren Wärmequellen

Aus Gl. (1.32) und (1.33) folgt

$$\frac{dT}{dr} = -\frac{r\,\Gamma}{2\,\lambda} \tag{1.34}$$

und nach Integration bei konstantem λ

$$T(r) = T(0) - \frac{r^2}{4\,\lambda}\Gamma \ . \tag{1.35}$$

Beim Außenradius R des Brennelements muß die gesamte Wärme an den Wärmeträger WT abgegeben werden

$$\dot{Q}(R) = \pi R^2 L \Gamma = 2\pi RLk\,(T(R) - T_{WT}) \ , \tag{1.36}$$

wobei k den Wärmedurchgangskoeffizienten von der Brennstoffoberfläche durch die Zirkoniumhülse bis zum Wärmeträger bezeichnet.
Die höchste Temperatur $T(0)$ im Kern des Brennelements erhält man nach Gl. (1.35) und (1.36) zu

$$T(0) = \Gamma \frac{R^2}{4\,\lambda}\left(1 + \frac{2\,\lambda}{k\,R}\right) + T_{WT} \ . \tag{1.37}$$

Mit den für den am stärksten belasteten Brennstab von Druckwasserreaktoren typischen Zahlenwerten [3]

$\Gamma = 740\,\mathrm{MW/m^3}$
$R = 0{,}00465\,\mathrm{m}$
$\lambda_{UO_2} = 2{,}0\,\mathrm{W/(m\,K)}$
$k = 6500\,\mathrm{W/(m^2 K)}$
$T_{WT} = 317\,°\mathrm{C}$

wird die höchste Temperatur des Brennelements $T(0) = 2580\,°\mathrm{C}$.

1.4 Instationäre Wärmeleitung

1.4.1 Fouriersche Wärmeleitungsgleichung für den instationären Fall

Ein ungleichmäßig temperierter, isotroper[4] Körper (Bild 1.8) ist bestrebt, seine Temperaturen durch Wärmeleitung auszugleichen. Alle Körperpunkte gleicher Augenblickstemperatur liegen auf einer Niveaufläche gleicher Temperatur. Diese Flächen können zwar beliebig liegen, sie werden sich jedoch weder schneiden noch berühren, sonst müßten in solchen Punkten gleichzeitig zwei Temperaturen herrschen, was physikalisch nicht möglich ist.

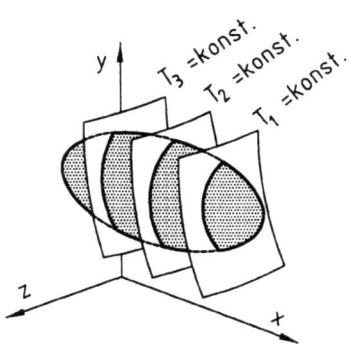
Bild 1.8: Niveauflächen der Temperatur

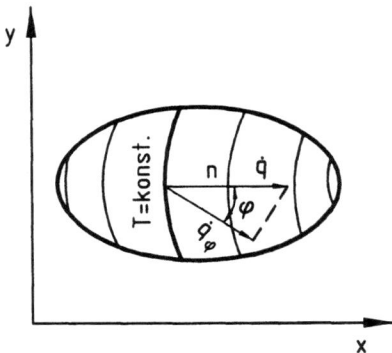
Bild 1.9: Wärmestrom im Körper

Die Wärme fließt in Richtung des größten Temperaturgefälles; die Wärmestromdichte für den betrachteten Punkt ist in dieser Richtung

$$q = -\lambda \frac{\partial T}{\partial n} \quad \text{in W/m}^2 \ . \tag{1.38}$$

---

[3] Mitteilung von Prof. Dr. H. BONKA, RWTH Aachen, 1989
[4] Das ist ein nach allen Richtungen hin gleiche physikalische Eigenschaften aufweisender Körper.

In der Richtung der Niveauflächen ist kein Temperaturgefälle vorhanden, so daß auch keine Wärme strömt. In einer beliebigen Richtung, die mit der Normalen den Winkel φ einschließt, Bild 1.9, ist das Temperaturgefälle

$$-\frac{\partial T}{\partial n}\cos\varphi \tag{1.39}$$

und die in dieser Richtung gemessene Wärmestromdichte bezogen auf die Flächeneinheit der Niveaufläche

$$\dot{q}_\varphi = \dot{q}\cos\varphi = -\lambda\frac{\partial T}{\partial n}\cos\varphi \ . \tag{1.40}$$

Man erhält $\dot{q}_\varphi$ auch, wenn man den Vektor $\dot{q}$ aus der Richtung der Normalen in die neue Richtung projiziert. Auf diese Weise kann man Richtung und Größe einer Wärmestromdichte $\dot{q}$ durch deren drei Projektionen $\dot{q}_x$, $\dot{q}_y$, $\dot{q}_z$, in den Koordinaten darstellen, Bild 1.10.

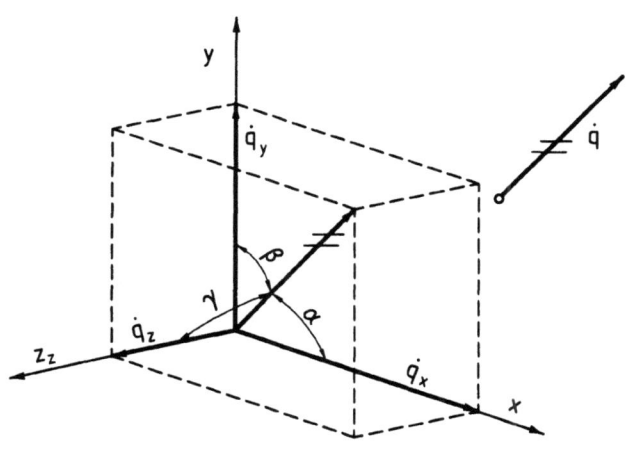

Bild 1.10: Wärmestrom $\dot{q}$ und seine Komponenten $\dot{q}_x$, $\dot{q}_y$, $\dot{q}_z$

Es ist dann

$$\begin{aligned}\dot{q}_x &= -\lambda\frac{\partial T}{\partial x} = \dot{q}\cos\alpha \ , \\ \dot{q}_y &= -\lambda\frac{\partial T}{\partial y} = \dot{q}\cos\beta \ , \\ \dot{q}_z &= -\lambda\frac{\partial T}{\partial z} = \dot{q}\cos\gamma\end{aligned} \tag{1.41}$$

und daraus

$$\dot{q} = \sqrt{\dot{q}_x^2 + \dot{q}_y^2 + \dot{q}_z^2} \ . \tag{1.42}$$

Hier sind $-\partial T/\partial x$, $-\partial T/\partial y$, $-\partial T/\partial z$ die Temperaturgefälle im Körper, und zwar in der Richtung der jeweiligen Koordinatenachse.

Um die zeitliche Temperaturänderung des Körpers zu ermitteln, stellen wir eine Wärmebilanz für ein kleines Volumenelement dV mit den Kantenlängen dx, dy, dz auf. Wegen des Temperaturgefälles in der x-Richtung strömt an einem Ende Wärme durch die Seitenfläche (dy, dz) in das Element hinein, Bild 1.11, am anderen hinaus. In der x-Richtung ist in der Zeitspanne dt der Überschuß an entzogener gegenüber der zugeführten Wärme

$$\left(\dot{q}_x + \frac{\partial \dot{q}_x}{\partial x} dx\right) dy\, dz\, dt - \dot{q}_x\, dy\, dz\, dt = \frac{\partial \dot{q}_x}{\partial x} dx\, dy\, dz\, dt = \frac{\partial \dot{q}_x}{\partial x} dV\, dt \ . \tag{1.43}$$

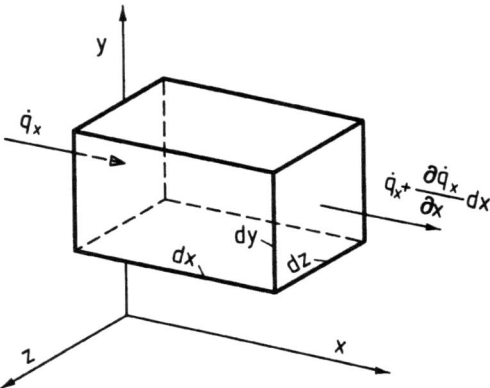

Bild 1.11: Wärmebilanz am Volumenelement

Analoges gilt für die beiden anderen Koordinatenrichtungen. Der Überschuß an entzogener Wärme muß durch die innere Energie im Volumenelement und etwa vorhandene innere Wärmequellen gedeckt werden. Die innere Energie des Elementes ändert sich für das gleiche Zeitintervall dt um

$$c\varrho\, dV\, dT = c\varrho\, dV \frac{\partial T}{\partial t} dt \ , \tag{1.44}$$

wobei c die spezifische Wärmekapazität und ϱ die Dichte bedeuten. Tritt im Volumenelement dV eine Wärmequelle von der spezifischen Ergiebigkeit Γ in W/m^3 auf, etwa als JOULEsche Wärme bei elektrischer Heizung, so wird unter Berücksichtigung der Wärmestromkomponenten aller drei Richtungen die Wärmebilanz

$$\left(\frac{\partial \dot{q}_x}{\partial x} + \frac{\partial \dot{q}_y}{\partial y} + \frac{\partial \dot{q}_z}{\partial z}\right) dV\, dt + c\varrho\, dV \frac{\partial T}{\partial t} dt = \Gamma\, dV\, dt \ . \tag{1.45}$$

Nach Gl. (1.41) ist für $\lambda = $ konst

$$\frac{\partial \dot{q}_x}{\partial x} = -\lambda \frac{\partial^2 T}{\partial x^2} \ ; \ \frac{\partial \dot{q}_y}{\partial y} = -\lambda \frac{\partial^2 T}{\partial y^2} \ ; \ \frac{\partial \dot{q}_z}{\partial z} = -\lambda \frac{\partial^2 T}{\partial z^2} \ , \tag{1.46}$$

so daß für den allgemeinen Fall mit Gl. (1.46) und mit $\lambda = $ konst folgt

$$\frac{\partial^2 T}{\partial x^2} + \frac{\partial^2 T}{\partial y^2} + \frac{\partial^2 T}{\partial z^2} - \frac{\varrho c}{\lambda} \frac{\partial T}{\partial t} = -\frac{\Gamma}{\lambda} \tag{1.47}$$

oder

$$\frac{\partial T}{\partial t} = \frac{\lambda}{\varrho c}\left(\frac{\partial^2 T}{\partial x^2} + \frac{\partial^2 T}{\partial y^2} + \frac{\partial^2 T}{\partial z^2}\right) + \frac{\Gamma}{\varrho c} \ . \tag{1.48}$$

Den Faktor

$$\frac{\lambda}{\varrho c} = a \quad \text{in } m^2/s \tag{1.49}$$

nennt man „Temperaturleitfähigkeit".
Im Beharrungszustand ist $\partial T/\partial t = 0$ und für den Fall, daß keine Wärmequellen vorhanden sind, ist $\Gamma = 0$.

1.4.2 Gleichung von Fourier in dimensionsloser Schreibweise

Den Ausdruck (1.48) kann man auch in anderer Form schreiben, wenn die Koordinaten x, y und z als Vielfache oder Bruchteile einer geeigneten aber sonst beliebig gewählten Bezugslänge l_0 ausgedrückt werden und die Zeit t auf eine beliebig gewählte Zeit t_0 bezogen wird. Bei einer ebenen Wand kann für l_0 z.B. die Wanddicke gewählt werden, bei einer Kugel der Halbmesser usw. Wir schreiben also

$$\xi_x = \frac{x}{l_0} \ ; \ \xi_y = \frac{y}{l_0} \ ; \ \xi_z = \frac{z}{l_0} \ ; \ \psi = \frac{t}{t_0} \ , \tag{1.50}$$

woraus folgt

$$dx = l_0 d\xi_x \ ; \ dy = l_0 d\xi_y \ ; \ dz = l_0 d\xi_z \ ; \ dt = t_0 d\psi$$
$$dx^2 = l_0^2 d\xi_x^2 \ ; \ dy^2 = l_0^2 d\xi_y^2 \ ; \ dz^2 = l_0^2 d\xi_z^2 \ . \tag{1.51}$$

Der Vorteil dieser Schreibweise liegt darin, daß die Koordinaten ξ_x, ξ_y, ξ_z und ψ dimensionslos sind, zum Unterschied von x, y, z und t, welche die Dimension einer Länge bzw. der Zeit haben.
Ähnlich behandeln wir auch die Temperatur und definieren als die dimensionslose Temperatur

$$\Theta = \frac{T - T_0}{T_1 - T_0} \ ; \ dT = (T_1 - T_0)\, d\Theta \ ; \ d^2 T = (T_1 - T_0)\, d^2\Theta \ . \tag{1.52}$$

Hier definiert man Θ unter Hinzuziehung von zwei feststehenden Temperaturen T_0 und T_1, welche man bei dem betreffenden Problem nach Zweckmäßigkeit, sonst aber beliebig gewählt hat. So kann man für T_0 die Umgebungstemperatur oder sogar die des Eispunktes $T_0 = 273K$; $\vartheta_0 = 0°$ C wählen, während man für T_1 eine charakteristische Temperatur des untersuchten Körpers selbst nehmen wird. Eine solche kann die Anfangstemperatur eines definierten Punktes der Körperoberfläche oder ähnliches sein. Man kann Gl. (1.47) unter Berücksichtigung von (1.49), (1.51) und (1.52) auch schreiben

$$\frac{\partial^2 \Theta}{\partial \xi_x^2} + \frac{\partial^2 \Theta}{\partial \xi_y^2} + \frac{\partial^2 \Theta}{\partial \xi_z^2} = \frac{l_0^2}{at_0}\frac{\partial \Theta}{\partial \psi} - \frac{l_0^2 \Gamma}{\lambda(T_1 - T_0)} \tag{1.53}$$

oder für die zeitliche Temperaturänderung

$$\frac{\partial \Theta}{\partial \psi} = \frac{at_0}{l_0^2}\left(\frac{\partial \Theta^2}{\partial \xi_x^2} + \frac{\partial \Theta^2}{\partial \xi_y^2} + \frac{\partial \Theta^2}{\partial \xi_z^2}\right) + \frac{t_0 \Gamma}{\varrho c (T_1 - T_0)} \ . \tag{1.54}$$

Das ist die in dimensionslose Form gebrachte FOURIERsche Differentialgleichung (1.48), wobei t_0 eine für das Problem charakteristische Zeit bedeutet. Neben ψ sind sowohl die veränderlichen Größen $\Theta, \xi_x, \xi_y, \xi_z$ dimensionslos als auch die beiden Faktoren

$$\frac{at_0}{l_0^2} = Fo \quad \text{(FOURIER-Zahl)} \tag{1.55}$$

und

$$\frac{t_0 \Gamma}{\varrho c (T_1 - T_0)} \ . \tag{1.56}$$

Die Vorteile einer solchen Schreibweise werden wir erst später richtig kennenlernen. Zunächst sei nur soviel erwähnt, daß die Lösungen, d.h. die Integrale der partiellen Differentialgleichung (Gl. (1.54)) immer dann gleich sein müssen, wenn bei verschiedenen Aufgaben sowohl die Koeffizienten at_0/l_0^2 und $\Gamma t_0/[\varrho c(T_1-T_0)]$ untereinander gleich sind und dieselben Anfangs- und Randbedingungen gelten. Gleiche Randbedingungen liegen dann vor, wenn die betrachteten Körper geometrisch ähnlich sind und auf dem Rand dieselben Werte von Θ oder $\partial \Theta/\partial \xi_i$ vorliegen. Gleiche Anfangsbedingungen gelten für die partielle Differentialgleichung (1.54) dann, wenn zu Beginn der Zeitzählung $t = \psi = 0$ die Abhängigkeit der dimensionslosen Temperatur Θ_0 von den dimensionslosen Koordinaten $\Theta_0 = \Theta_0(\xi_{x0}, \xi_{y0}, \xi_{z0})$ gleich ist. Die Integrale der Differentialgleichung (1.54) für verschiedene Körper sind identisch, wenn die oben genannten Bedingungen, wie die geometrische Ähnlichkeit und die Gleichheit der Faktoren (1.55) und (1.56), erfüllt sind. Dabei ist es ohne Belang, wie groß eigentlich die Abmessungen x, y, z, die wahren Temperaturen T, die wirklichen Zahlenwerte der physikalischen Eigenschaften c, ϱ, a und die Beobachtungszeiten t sind. Kennt man irgendwie die Lösungen für einen kleinen Körper, so kann man dieselben auch auf einen großen Körper übertragen, soweit dieser geometrisch ähnlich ist und soweit die anderen oben angeführten Bedingungen erfüllt sind. Das ist der Inhalt des Ähnlichkeitstheorems der Wärmeleitung.
Die Gleichheit des Ausdruckes (1.56) ist zum Beispiel in solchen Vergleichsfällen erfüllt, bei denen keine Wärmequellen vorliegen, d.h. für welche $\Gamma = 0$ ist.

1.4.3 Typische Lösungsmethoden bei Wärmeleitung

Um die Grundgleichung der Wärmeleitung (1.54) anwenden zu können, müssen deren Lösungen gefunden werden. Dazu gelangt man entweder durch strenge analytische Integration, durch numerische oder graphische Integration oder durch Versuch.
Analytische Methoden führen nur in einigen wenigen Fällen zum Ziel. Die im Abschn. 1.3 erörterten Beispiele stationärer Wärmeleitung gehören dazu, aber auch

Probleme der instationären Wärmeleitung bei geometrisch einfachen Körpern, die im folgenden besprochen werden.

Bei zahlreichen technischen Problemen werden Körper erwärmt oder abgekühlt, und oft geschieht dies periodisch. Man denke an Werkstücke, die durch schroffe Abkühlung gehärtet werden, oder an Gebäudewände bei unterbrochener Heizung, des weiteren an Regeneratoren (Wärmespeicher), an Zylinderköpfe bei Verbrennungsmotoren usw. Analytische Lösungen existieren nur für die einfachsten Fälle, wodurch jedoch wichtige Schlüsse auch auf verwickeltere Fälle möglich werden.

Lösungen von Gröber[5]

a) Ebene Platte

Eine ebene Platte von der Dicke $2X$ und gleichmäßiger Anfangstemperatur T_c, von bekannten und unveränderlichen physikalischen Eigenschaften (λ, c, ϱ, a) wird plötzlich in die Umgebung der Temperatur T_0 gebracht, Bild 1.12. Der Wärmeübergangskoeffizient α für den Wärmeübergang sei konstant. Es werden das Temperaturfeld und die Wärmeabgabe in Abhängigkeit von der Zeit gesucht. Den Ausdruck (1.54) wenden wir sinngemäß auf die Verhältnisse des Bildes 1.12 an.

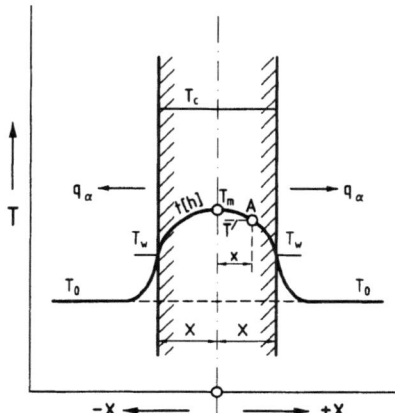

Bild 1.12: Abkühlung einer ebenen Platte

Wegen der vorausgesetzten großen Ausdehnung der Wand in den Richtungen y und z herrscht in diesen Richtungen kein Temperaturgefälle, und es ist

$$\frac{\partial^2 \Theta}{\partial \xi_y^2} = \frac{\partial^2 \Theta}{\partial \xi_z^2} = 0 \ . \tag{1.57}$$

Sind keine inneren Wärmequellen vorhanden, $\Gamma = 0$, so vereinfacht sich der Ausdruck (1.54) mit (1.55) und (1.57) zu

$$\frac{\partial \Theta}{\partial \psi} = Fo \frac{\partial^2 \Theta}{\partial \xi_x^2} \ . \tag{1.58}$$

---
[5] GRÖBER H UND ERK S (1933) Die Grundgesetze der Wärmeübertragung, 2. Auflage. Berlin

In den Gln. (1.50) bis (1.52) wählen wir für die Bezugsgrößen

$$l_0 = X \ , \ T_1 = T_c \ . \tag{1.59}$$

Dann gilt zum Zeitpunkt t für einen Punkt A an irgend einer ebenen Schicht, die parallel zu der Wandoberfläche ist,

$$\xi_x = \xi = \frac{x}{X} \ ; \ \Theta = \frac{T - T_0}{T_c - T_0} \ . \tag{1.60}$$

Im Zeitpunkt $t = 0$ herrscht überall dieselbe dimensionslose Temperatur $\Theta_0 = 1$. Zu einem späteren Zeitpunkt stellt sich in der Wand ein Temperaturprofil etwa entsprechend Bild 1.12 ein. In der Mittelebene mit der Koordinate $\xi_m = 0$ ist $\Theta = \Theta_m$, während an der Wandoberfläche bei $\xi_W = 1$ die Temperatur Θ_W vorgefunden wird. Wählen wir noch als Bezugszeit $t_0 = l_0^2/a$, so wird dafür definitionsgemäß $Fo = 1$ sowie

$$\psi = \frac{at}{X^2} \ , \tag{1.61}$$

und wir erhalten die Wärmeleitungsgleichung (1.58) in der folgenden Form

$$\frac{\partial \Theta}{\partial \psi} = \frac{\partial^2 \Theta}{\partial \xi^2} \ . \tag{1.62}$$

Eine Lösung dieser linearen partiellen Differentialgleichung 2. Ordnung ist

$$\Theta(\psi, \xi) = C_i \exp(-\delta_i^2 \psi) \cos(\delta_i \xi) \ , \tag{1.63}$$

wovon man sich leicht durch Ableitung nach ψ bzw. zweifache Ableitung nach ξ überzeugt. Die δ_i sind die Eigenwerte der Differentialgleichung (1.62).
Wegen der Linearität ist auch jede beliebige Summe von Gl. (1.63)

$$\Theta(\psi, \xi) = \sum_i C_i \exp(-\delta_i^2 \psi) \cos(\delta_i \xi) \tag{1.64}$$

eine Lösung von Gl. (1.62).
Grundsätzlich würde auch ein der Gl. (1.63) bzw. (1.64) entsprechender Ansatz mit der Sinus-Funktion statt der Cosinus-Funktion die Differentialgleichung (1.62) befriedigen, allerdings scheidet diese Möglichkeit für symmetrische Temperaturverteilungen aus.
Die Lösungen der Differentialgleichung (1.64) müssen nun noch so gewählt werden, daß sie die Anfangs- und Randbedingungen erfüllen.
Die Randbedingungen an den Oberflächen der Wand sind dadurch gegeben, daß man in jedem Augenblick der Oberfläche aus dem Inneren denselben Wärmestrom $\dot{q}$ zuführen muß, der von der Oberfläche mit dem Wärmeübergangskoeffizienten α an die Umgebung abgegeben wird. Für die rechte Wandoberfläche gilt dann die Beziehung

$$\dot{q} = -\lambda \left(\frac{\partial T}{\partial x}\right)_W = \alpha(T_W - T_0) \ , \tag{1.65}$$

wobei sich der Index W auf die Wandoberfläche bezieht. Für die linke Wandoberfläche gilt eine symmetrische Bedingung. Unter Beachtung von Gl. (1.51) und (1.52) kann man (1.65) überführen in die dimensionslose Form

$$\left(\frac{\partial \Theta}{\partial \xi}\right)_W + \frac{\alpha X}{\lambda} \Theta_W = 0 \;. \tag{1.66}$$

Hier tritt eine weitere dimensionslose Kennzahl auf, die BIOTsche Kennzahl

$$Bi = \frac{\alpha X}{\lambda} \;. \tag{1.67}$$

Damit eine Lösung (1.63) auch die Randbedingungen (1.66) erfüllt, muß für die rechte Wand ($\xi = +1$) gelten

$$\left(\frac{\partial \Theta}{\partial \xi}\right)_W = -C_i \delta_i \, \exp\left(-\delta_i^2 \psi\right) \sin \delta_i$$

$$= -Bi \, \Theta_W = -Bi \, C_i \, \exp\left(-\delta_i^2 \psi\right) \cos \delta_i \;,$$

d.h.

$$\operatorname{ctg} \delta_i = \frac{\delta_i}{Bi} \;. \tag{1.68}$$

Die Werte von δ_i, welche Gl. (1.68) befriedigen, werden auch als Eigenwerte des Problems bezeichnet. Für gegebene Werte der BIOTschen Kennzahl erhält man sie graphisch entsprechend Bild 1.13 oder numerisch durch Iteration.

Jeder Eigenwert δ_i liegt zwischen $(i-1)\pi$ und $(i-\frac{1}{2})\pi$, bei kleinen BIOTzahlen näher an der linken und bei großen näher an der rechten Grenze. In Bild 1.13 wurden für $Bi = 10$ die ersten fünf Eigenwerte $\delta_1, \delta_2 \ldots \delta_5$ eingetragen.

Wie man aus Bild 1.13 erkennt, gibt es unendlich viele Eigenwerte des Problems. Setzt man diese jeweils in Gl. (1.64) ein, so erfüllt die Summe nach Gl. (1.64) die Randbedingung Gl. (1.66).

Die Lösung (1.64) muß nun noch der Anfangsbedingung

$$T_1 = T(t=0) = T_c$$

bzw.

$$\Theta_0 = \Theta(0, \xi) = 1 \tag{1.69}$$

möglichst gut angepaßt werden, und zwar über die ganze Breite der Platte von ($\xi = -1$) bis ($\xi = +1$). Das ist sicher dann der Fall, wenn der Ausdruck (1.64) für $\psi = 0$ über die ganze Plattenbreite möglichst wenig von $\Theta_0 = 1$ abweicht, d.h. das Integral

$$\int\limits_{-1}^{+1} \left(\Theta_0 - \sum_i C_i \cos(\delta_i \xi)\right)^2 \mathrm{d}\xi$$

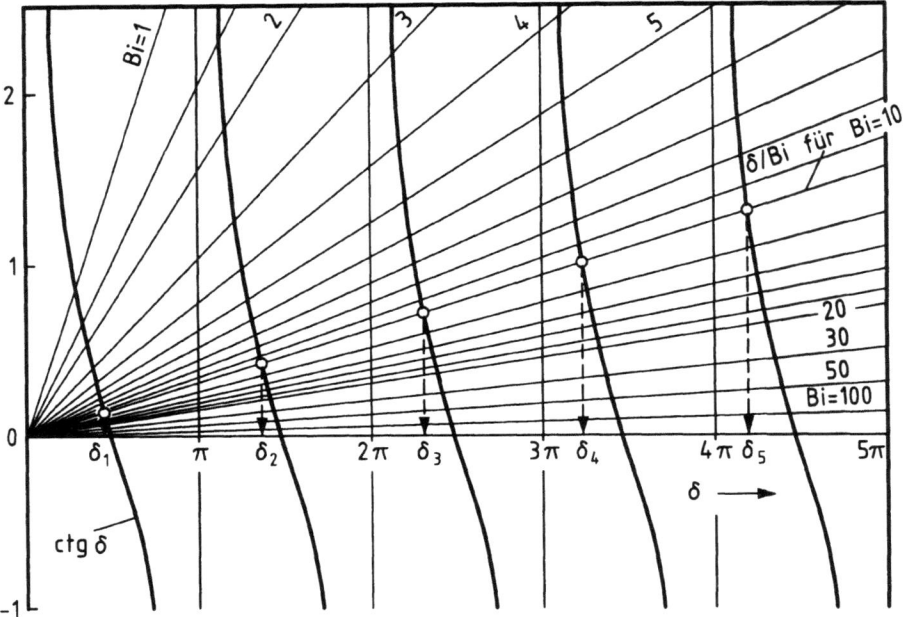

Bild 1.13: Graphische Bestimmung der Eigenwerte δ_i für die instationäre Wärmeleitung in einer ebenen Platte

möglichst klein wird. Mit anderen Worten: Die Konstanten C_i müssen so gewählt werden, daß die Funktion

$$F(C_1, C_2, \ldots) = \int\limits_{-1}^{+1} \left(\Theta_0 - \sum_i C_i \cos(\delta_i \xi) \right)^2 \mathrm{d}\xi$$

ihr Minimum annimmt. Hierfür muß für alle C_j gelten

$$\frac{\partial F}{\partial C_j} = -\int\limits_{-1}^{+1} 2 \left(\Theta_0 - \sum_i C_i \cos(\delta_i \xi) \right) \cos(\delta_j \xi) \, \mathrm{d}\xi = 0 \ . \qquad (1.70)$$

Mit $\Theta_0 = 1$ gilt nach Vertauschen von Summation und Integration

$$\sum_i C_i \int\limits_{-1}^{+1} \cos(\delta_i \xi) \cos(\delta_j \xi) \, \mathrm{d}\xi = \int\limits_{-1}^{+1} -\cos(\delta_j \xi) \mathrm{d}\xi = \frac{2}{\delta_j} \sin \delta_j = b_j \ . \qquad (1.71)$$

Die Integrale auf der linken Seite der Gl. (1.71) sind nur für $i = j$ von null verschieden. Es ist nämlich allgemein für $\delta_i \neq \delta_j$

$$\int \cos(\delta_i \xi) \cos(\delta_j \xi) \, d\xi = \frac{\delta_j \sin(\delta_j \xi) \cos(\delta_i \xi) - \delta_i \sin(\delta_i \xi) \cos(\delta_j \xi)}{\delta_j^2 - \delta_i^2} + \text{konst}, \tag{1.72}$$

wovon man sich leicht durch Differentiation der rechten Seite überzeugt, und daher mit Gl.(1.68)

$$a_{ij} = \int_{-1}^{+1} \cos(\delta_i \xi) \cos(\delta_j \xi) \, d\xi = 2 \frac{\delta_j \sin \delta_j \cos \delta_i - \delta_i \sin \delta_i \cos \delta_j}{\delta_j^2 - \delta_i^2}$$

$$= \frac{2 \cos \delta_j \cos \delta_i}{\delta_j^2 - \delta_i^2} \left(\frac{\delta_j}{\text{ctg } \delta_j} - \frac{\delta_i}{\text{ctg } \delta_i} \right) = 0 \quad (\text{für } i \neq j) \,. \tag{1.73}$$

Für $i = j$ wird dagegen

$$a_{ij} = \int_{-1}^{+1} \cos^2(\delta_j \xi) \, d\xi = \int_{-1}^{+1} \frac{\cos(2 \delta_j \xi) + 1}{2} \, d\xi$$

$$= 1 + \frac{\sin(2 \delta_j)}{2 \delta_j} \,. \tag{1.74}$$

Damit erhält man schließlich für die Konstanten C_j nach Gl. (1.71)

$$C_j = \frac{2 (\sin \delta_j)/\delta_j}{(2 \delta_j + \sin 2 \delta_j)/2 \delta_j} = \frac{2 \sin \delta_j}{\delta_j + \sin \delta_j \cos \delta_j} \tag{1.75}$$

und die allgemeine Lösung des Problems der instationären Wärmeleitung nach Gl. (1.64) wird

$$\Theta = \sum_j \frac{2 \sin \delta_j}{\delta_j + \sin \delta_j \cos \delta_j} \exp(-\delta_j^2 \psi) \cos(\delta_j \xi) \,. \tag{1.76}$$

Da die Eigenwerte δ_j des Problems nur von der BIOTschen Kennzahl (Gl. (1.67)) abhängen, ist das Temperaturfeld Θ in dimensionsloser Schreibweise lediglich eine Funktion der drei dimensionslosen Größen $\xi, \psi = Fo = at/X^2$ und $Bi = \alpha X/\lambda$

$$\Theta = \Theta \left(\xi, \frac{at}{X^2}, \frac{\alpha X}{\lambda} \right) = \Theta(\xi, Fo, Bi) \,. \tag{1.77}$$

Für die Mittelebene, für welche $\xi = \xi_m = 0$ ist, vereinfacht sich Gl. (1.77) zu

$$\Theta_m = \Theta \left(0, \frac{at}{X^2}, \frac{\alpha X}{\lambda} \right) = \Theta_m \left(\frac{at}{X^2}, \frac{\alpha X}{\lambda} \right) = \Theta_m(Fo, Bi) \,, \tag{1.78}$$

und für die Wandoberfläche mit $\xi_x = \xi_W = 1$ gilt

$$\Theta_W = \Theta\left(1, \frac{at}{X^2}, \frac{\alpha X}{\lambda}\right) = \Theta_W\left(\frac{at}{X^2}, \frac{\alpha X}{\lambda}\right) = \Theta_W(Fo, Bi) \ . \tag{1.79}$$

Die Funktionen Θ_m und Θ_W sind nur Sonderfälle der allgemeinen Funktion Θ in Gl. (1.76), aus welcher sie durch Einsetzen von $\xi = 0$, bzw. $\xi = 1$ hervorgehen. Nach Bild 1.13 ist für alle BIOT-Zahlen die Differenz der Eigenwerte

$$\delta_2 - \delta_1 > \frac{3}{4}\pi$$

und deren Summe $\delta_2 + \delta_1 > \pi$. Daher wird für FOURIER-Zahlen $Fo = \psi = 1/2$ oder größer die Exponentialfunktion im zweiten Summanden der Gl. (1.76) höchstens $e^{-(3\pi^2/8)} = 0,025$ mal so groß wie im ersten. Praktisch genügt es daher schon für FOURIERsche Kennzahlen $Fo > 0,5$, nur mit dem ersten Glied von Gl. (1.76) zu rechnen

$$\Theta \approx \exp\left(-\delta_1^2 \psi\right) \cos(\delta_1 \xi) \quad \text{für} \quad Fo > 0,5 \ , \tag{1.80}$$

d.h. nach der Zeit $(t > 0,5\, X^2/a)$ entspricht der Temperaturverlauf in der Platte praktisch einer cos-Funktion, deren Scheitelwert exponentiell abfällt.
In den Bildern 1.14 und 1.15 wurden die Temperatur T_m in Plattenmitte ($\xi = 0$) und die Wandtemperatur $T_W (\xi = 1)$ nach Gl. (1.76) (für große FOURIERsche Kennwerte nach Gl. (1.80)) in dimensionsloser Auftragung als Funktion der Kennzahlen Fo und Bi graphisch dargestellt.

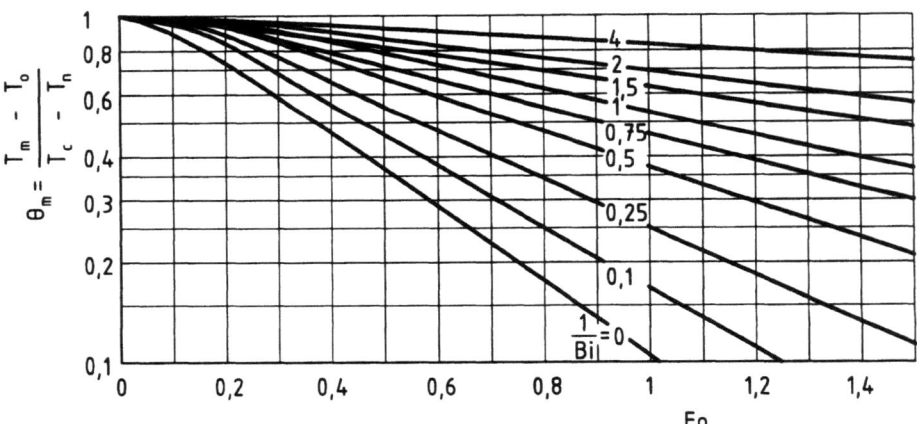

Bild 1.14: Dimensionslose Temperatur Θ_m in der Plattenmitte als Funktion der FOURIERschen Kennzahl $Fo = at/X^2$ und der BIOTschen Kennzahl $Bi = \alpha X/\lambda$
(Nach ARPACI V S (1966) Conduction Heat Transfer. Addison Wesley)

1.4 Instationäre Wärmeleitung

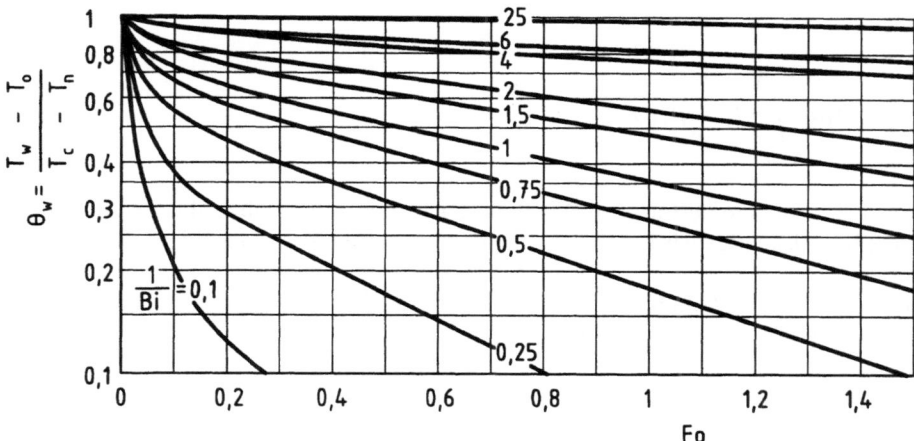

Bild 1.15: Dimensionslose Temperatur Θ_W an der Plattenoberfläche als Funktion der Fourierschen Kennzahl $Fo = at/X^2$ und der BIOTschen Kennzahl $Bi = \alpha X/\lambda$ (Nach ARPACI V S (1966) Conduction Heat Transfer. Addison Wesley)

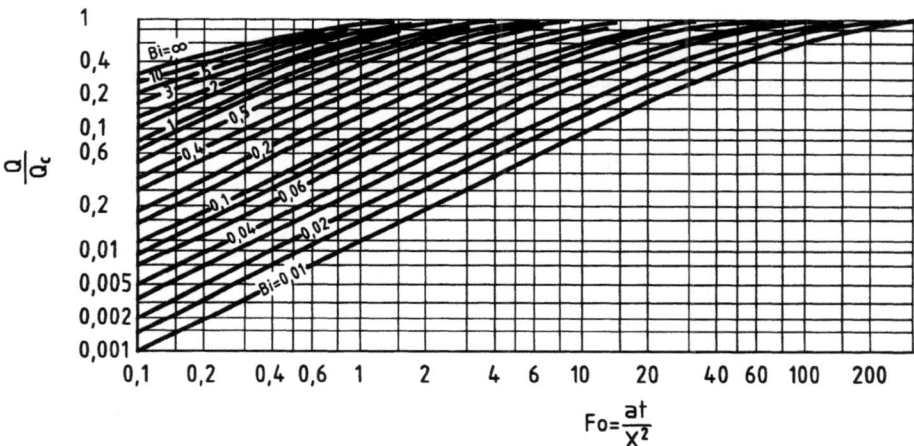

Bild 1.16: Ebene Platte: Wärmeabgabe der Wand Q bis zur Zeit t im Verhältnis zur Wärmeabgabe Q_c bei vollständiger Abkühlung

Bei Zahlenaufgaben hat man aus den Angaben für die ebene Wand zunächst die BIOTsche Kennzahl $\alpha X/\lambda$ zu ermitteln und bei etwa bekannter Abkühlungszeit t auch noch die FOURIERsche at/X^2. Mit diesen Werten sind in den Bildern 1.14 und 1.15 eindeutig die Werte Θ_m bzw. Θ_W festgelegt, und man hat dann nur noch aus Gl. (1.60) die wahren Temperaturen T_m bzw. T_W zu ermitteln, die man im Zeitpunkt t vorfindet.

Bei der Abkühlung wird von der ebenen Wand an die Umgebung eine bestimmte Wärmemenge abgegeben, die der Verringerung der inneren Energie der Wand entspricht. Zwischen dem Zeitpunkt $t = 0$ bis zum Zeitpunkt t ist diese abgegebene

Wärme

$$Q = 2 A \varrho c \int_{x=0}^{x=X} (T_c - T)\, \mathrm{d}x \;, \tag{1.81}$$

worin A in m² die betrachtete Wandoberfläche bedeutet, während durch den Faktor 2 berücksichtigt wird, daß wir im Integral nur die eine Hälfte der Wand erfaßt haben.

Bei vollständiger Abkühlung der Wand auf Umgebungstemperatur, $T = T_0$, muß nach Gl. (1.81) insgesamt die Wärme

$$Q_c = 2 A \varrho (T_c - T_0) X \tag{1.82}$$

abgeführt worden sein.

Aus Gl. (1.81) und (1.82) folgt das Verhältnis

$$\frac{Q}{Q_c} = \int_{x=0}^{x=X} \frac{T_c - T}{T_c - T_0} \frac{\mathrm{d}x}{X} = \int_{\xi=0}^{\xi=1} (1 - \Theta)\, \mathrm{d}\xi \tag{1.83}$$

und daraus mit Einsetzen der Funktion Θ aus Gl. (1.76) und durch Integration

$$\begin{aligned}\frac{Q}{Q_c} &= 1 - \sum_j \frac{2 \sin^2 \delta_j}{\delta_j^2 + \delta_j \sin \delta_j \cos \delta_j} \exp(-\delta_j^2 \psi) \\ &= \phi(Fo, Bi) = \phi\left(\frac{at}{X^2}, \frac{\alpha X}{\lambda}\right) \;. \end{aligned} \tag{1.84}$$

Dieses ist in Bild 1.16 in Abhängigkeit von den Kennzahlen at/X^2 und $\alpha X/\lambda$ dargestellt.

Es sei noch hervorgehoben, daß die Lösung nach GRÖBER nur für eine gleichmäßige Anfangstemperatur T_c, für unveränderliche Umgebungstemperatur T_0, für einen unveränderlichen, beiderseits gleich großen Wärmeübergangskoeffizienten α und für homogenes Wandmaterial unveränderlicher physikalischer Eigenschaften gültig ist.

b) Der unendlich lange Zylinder und die Kugel

Auch für den unendlich langen Zylinder und die Kugel wurden bereits von GRÖBER Lösungen der instationären Wärmeleitungsgleichung gefunden. Hierbei hängt das Temperaturfeld nur von der Zeit t und vom Radius r ab, also in dimensionsloser Schreibweise

$$\Theta = \Theta(\psi, \xi_r) \;, \tag{1.85}$$

wobei entsprechend den Gln. (1.59) bis (1.61) als dimensionslose Temperatur

$$\Theta = \frac{T - T_0}{T_c - T_0} \,, \tag{1.86}$$

als dimensionslose Zeit

$$\psi = \frac{at}{R^2} \tag{1.87}$$

und als dimensionsloser Radius

$$\xi_r = \frac{r}{R} = \begin{cases} \sqrt{\xi_x^2 + \xi_y^2} & \text{(Zylinder)} \\ \sqrt{\xi_x^2 + \xi_y^2 + \xi_z^2} & \text{(Kugel)} \end{cases} \tag{1.88}$$

gesetzt wurden.
Zweimalige Differentiation der Gl. (1.85) nach ξ_x ergibt mit Gl. (1.88)

$$\frac{\partial^2 \Theta}{\partial \xi_x^2} = \frac{\partial}{\partial \xi_x} \left(\frac{\partial \Theta}{\partial \xi_r} \frac{\xi_x}{\xi_r} \right) = \frac{\partial^2 \Theta}{\partial \xi_r^2} \left(\frac{\xi_x}{\xi_r} \right)^2 + \frac{\partial \Theta}{\partial \xi_r} \left(\frac{1}{\xi_r} - \frac{\xi_x^2}{\xi_r^3} \right) \tag{1.89}$$

und analoge Beziehungen für die Ableitungen nach ξ_y bzw. ξ_z. Die allgemeine Wärmeleitungsgleichung (Gl. (1.54)) wird damit, wenn keine inneren Wärmequellen vorhanden sind ($\Gamma = 0$).

$$\frac{\partial \Theta}{\partial \psi} = \frac{at}{R^2} \left(\frac{\partial^2 \Theta}{\partial \xi_r^2} + \frac{n}{\xi_r} \frac{\partial \Theta}{\partial \xi_r} \right) \tag{1.90}$$

mit $n = 1$ für den Zylinder ,
mit $n = 2$ für die Kugel .

Auch hier führt ein Produktansatz ähnlich Gl. (1.63) zu einer Lösung von Gl. (1.90), wenn für den Zylinder in Gl. (1.63) anstelle der Cosinus-Funktion die sog. BESSELfunktionen eingesetzt werden. Damit gelang GRÖBER die Integration der Gl. (1.90). Die Lösungen lassen sich in der Form der Gln. (1.77) bis (1.83) angeben; man muß in diesen Gleichungen nur für $x = r$ und für $X = R$ einsetzen, worin r irgendeinen Radius (mit $r < R$) und R den Radius der Oberfläche dieser Körper bedeuten. Die Zahlenergebnisse sind natürlich für Kugel und Zylinder unterschiedlich und anders als die für eine ebene Wand.
Die entsprechenden Resultate für die Temperatur Θ_m in Zylinder- bzw. Kugelmitte und für die Oberflächentemperatur Θ_W wie auch für die abgegebenen Wärmen Q sind für den Zylinder in den Bildern 1.17 bis 1.19 und für die Kugel in den Bildern 1.20 bis 1.22 dargestellt. Auch diese Zahlenwerte gehen auf GRÖBER[6] zurück. Analoge Lösungen hat man auch für rechteckige Balken, für den Würfel usw. gefunden.

---

[6] GRÖBER H und ERK S (1933) Die Grundgesetze der Wärmeübertragung, 2. Auflage. Berlin

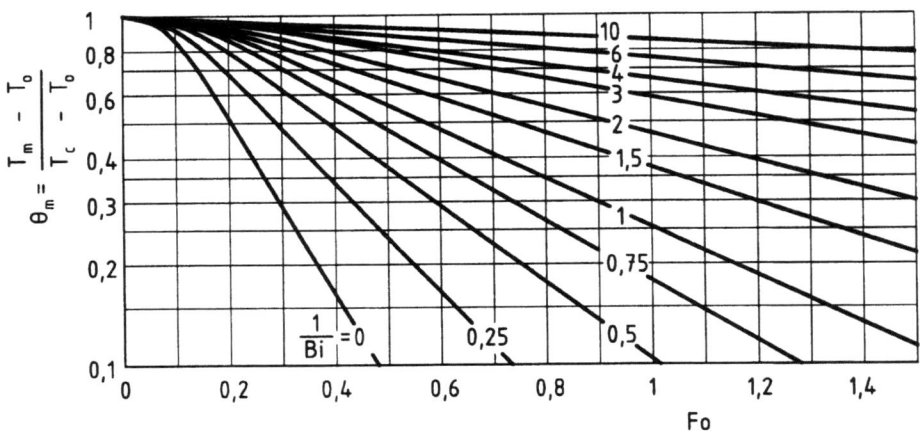

Bild 1.17: Dimensionslose Temperatur Θ_m in der Achse eines Kreiszylinders als Funktion der FOURIERschen Kennzahl $Fo = at/R^2$ und der BIOTschen Kennzahl $Bi = \alpha R/\lambda$ (Nach ARPACI V S (1966) Conduction Heat Transfer, Addison Wesley)

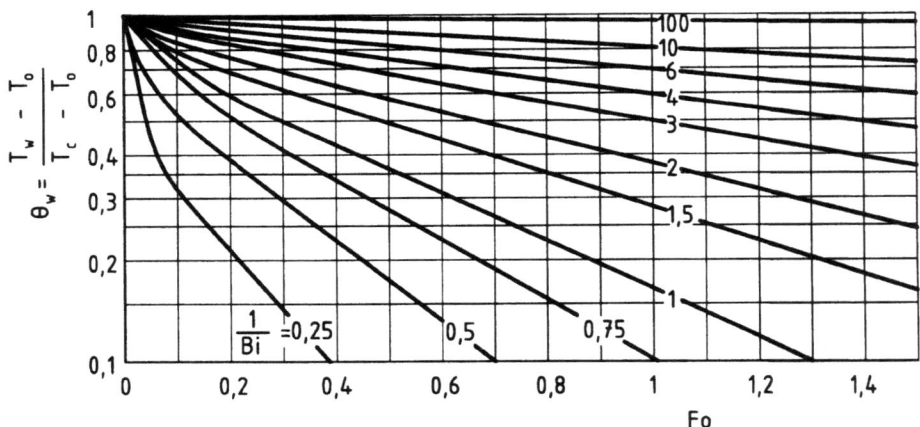

Bild 1.18: Dimensionslose Temperatur Θ_w an der Oberfläche eines Kreiszylinders als Funktion der FOURIERschen Kennzahl $Fo = at/R^2$ und der BIOTschen Kennzahl $Bi = \alpha R/\lambda$ (Nach ARPACI V S (1966) Conduction Heat Transfer, Addison Wesley)

1.4 Instationäre Wärmeleitung 27

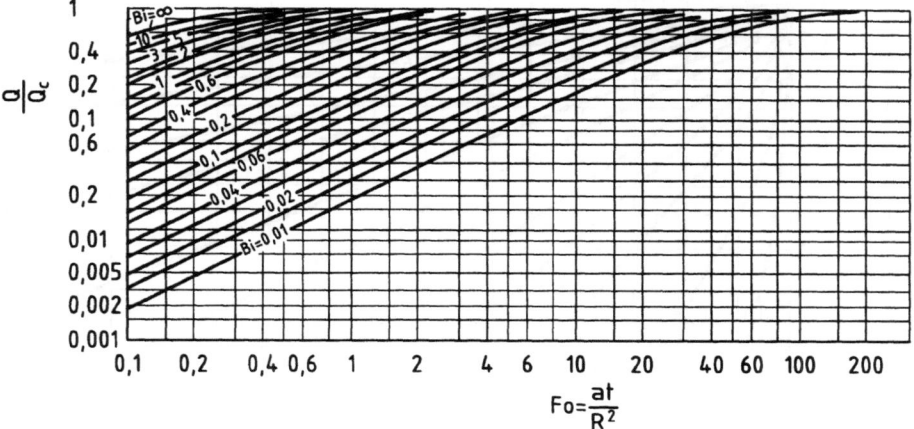

Bild 1.19: Kreiszylinder: Wärmeabgabe Q bis zur Zeit t im Verhältnis zur Wärmeabgabe Q_c bei vollständiger Abkühlung

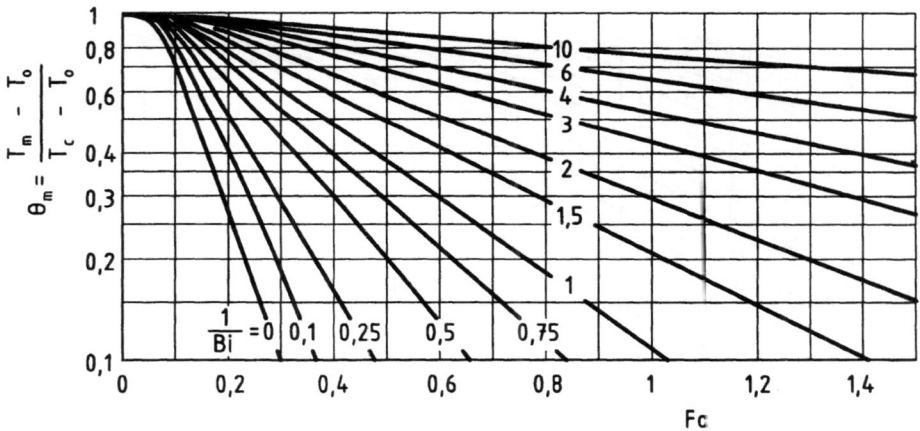

Bild 1.20: Dimensionslose Temperatur Θ_m im Mittelpunkt einer Kugel als Funktion der FOURIERschen Kennzahl $Fo = at/R^2$ und der BIOTschen Kennzahl $Bi = \alpha R/\lambda$
(Nach ARPACI V S (1966) Conduction Heat Transfer, Addison Wesley)

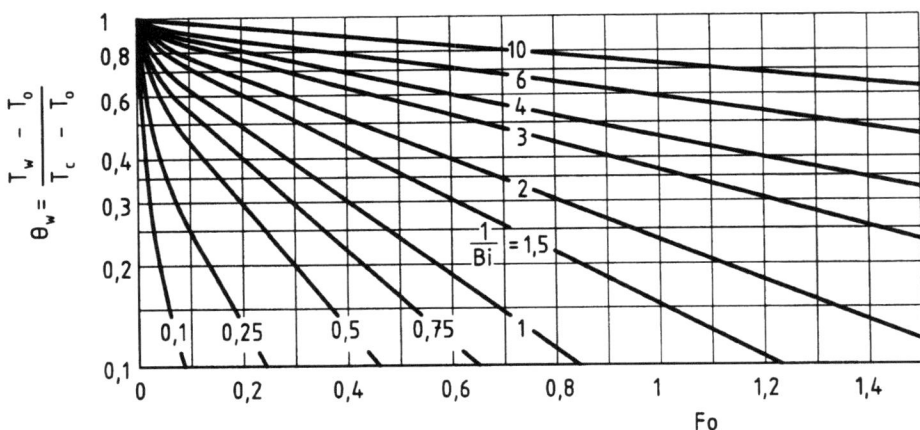

Bild 1.21: Dimensionslose Oberflächentemperatur Θ_w der Kugel als Funktion der FOURIERschen Kennzahl $Fo = at/X^2$ und der BIOTschen Kennzahl $Bi = \alpha X/\lambda$ (Nach ARPACI V S (1966) Conduction Heat Transfer, Addison Wesley)

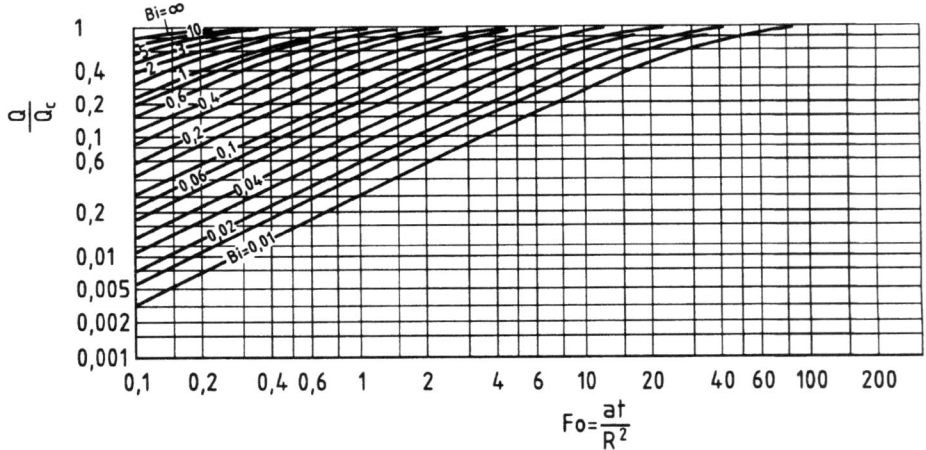

Bild 1.22: Kugel: Wärmeabgabe Q bis zur Zeit t im Verhältnis zur Wärmeabgabe Q_c bei vollständiger Abkühlung

Abkühlungsgeschwindigkeit

Die Abkühlung der ebenen Wand, des Zylinders, der Kugel und anderer Körper auf Umgebungstemperatur erfolgt entsprechend Bild 1.16, 1.19 und 1.22 erst nach unendlich langer Zeit. Die verschiedenen Abkühlungsgeschwindigkeiten kann man somit nicht nach den Zeiten bis zur vollständigen Abkühlung beurteilen. Dazu zieht man vielmehr die Zeit heran, die bis zur Abkühlung eines charakteristischen Körperpunktes auf z.B. den halben Wert seiner Anfangstemperatur verflossen ist

$$(T_{1/2} - T_0) = 1/2 \, (T_c - T_0) \ . \tag{1.91}$$

Die Temperatur $T_{1/2}$ heißt Halbwertstemperatur, die dazu erforderliche Abkühlungszeit $t_{1/2}$ die Halbwertszeit für den betreffenden Körperpunkt. Selbstverständlich ist die Halbwertszeit eines Punktes an der Oberfläche kürzer als diejenige des Körpermittelpunktes, und beim Vergleich muß man erst klarstellen, welche Punkte man betrachten will. Anstelle der Halbwertszeit kann man auch die Abkühlungszeiten bis zu einem anderen Bruchteil der anfänglichen Übertemperatur heranziehen, so z.B. die Einzehntelwertszeit $t_{0,1}$, die bis zur Abkühlung auf die Übergangstemperatur $(T_{0,1} - T_0) = 0,1 \, (T_c - T_0)$ verstreichen würde.

Instationäres Aufheizen in einer Heizpresse

Holzfaserplatten z.B. werden aufgeheizt und dabei gepreßt. Dies geschieht vorzugsweise in kontinuierlich betriebenen Heizpressen, in denen das Gut zwischen endlosen Stahlbändern und Stützrollen durch die Heizpresse geführt und durch feststehende Heizplatten aufgeheizt wird, Bild 1.23. Dabei wird Wärme von den Heizplatten zunächst auf die Stützrollen, von diesen auf das Stahlband und dann auf das Gut übertragen. Die Heizplatten werden mit einem geeigneten Wärmeträger, z.B. einem Wärmeträgeröl, beheizt, dessen Mengenstrom so eingestellt wird, daß sich seine Temperatur nur sehr wenig ändert. Beim Durchgang durch die Heizpresse werden sowohl Stützrollen als auch das Stahlband und schließlich das Gut instationär aufgeheizt.

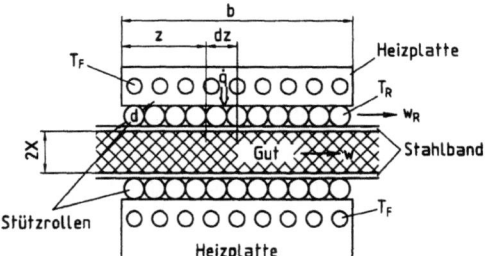

Bild 1.23: Instationäres Aufheizen in einer Heizpresse

Die Wärmebilanz für das Gut führt zu der bereits bekannten Differentialgleichung (1.62). Lediglich die Randbedingungen sind verschieden; sie werden für eine Heizplatte, welche die Übertragungsfläche $b \cdot L$ besitzt[7], entsprechend Bild 1.23 erläutert.

---

[7] L gibt die Länge der Heizplatte in Richtung senkrecht zur Zeichenebene des Bildes 1.23 an.

Die Heizplatte wird vom Wärmeträger der konstant angenommenen Temperatur T_F durchströmt und gibt je Flächeneinheit den Wärmestrom

$$\dot{q} = k_F(T_F - T_R) \tag{1.92}$$

an die Stützrollen ab. Hierbei beschreibt der Wärmedurchgangskoeffizient k_F den Wärmefluß vom Fluid an die Stützrollen, und T_R ist die Temperatur der Stützrollen, welche zwar zeitlich veränderlich, aber über jede Stützrolle selbst gleichmäßig verteilt angenommen wird, d.h. $T_R = T_R(z)$.

Durch den von der Heizplatte abgegebenen Wärmestrom $\dot{q}$ werden sowohl die Stützrollen als auch das Gut aufgeheizt, wobei sich das Gut mit der konstanten Geschwindigkeit w und die Stützrollen mit $w_R = w/2$ durch die Presse bewegen. In einem schmalen Plattenstreifen mit den Abmessungen $dz \cdot L$ wird der Wärmestrom $d\dot{Q} = \dot{q}L dz = Lk_F(T_F - T_R)dz$ vom Wärmeträgerfluid an die Stützrollen übertragen und zwar nach Maßgabe des Wärmedurchgangskoeffizienten k_F, der sowohl den Wärmeübergang vom Fluid an die Heizplatte, die Wärmeleitung in der Heizplatte, als auch den Wärmedurchgang an der Kontaktstelle Heizplatte/Rolle erfaßt.

Durch den Wärmestrom $d\dot{Q}$ werden die Rollen von der Temperatur $T_R(z)$ am Eintritt in den Plattenstreifen bis zur Austrittstemperatur $T_R(z) + (\partial T_R/\partial z)dz$ aufgeheizt, außerdem wird durch den Wärmestrom $d\dot{Q}$ die innere Energie des Gutes erhöht von

$$c \int_{-X}^{X} T(z, x) dx$$

am Eintritt in die Kontrollgrenze bis

$$c \int_{-X}^{X} \left[T(z, x) + \frac{\partial T(z, x)}{(\partial z)} dz \right] dx$$

am Austritt. Dabei ist der Massenstrom der durchlaufenden Rollen

$$\frac{w_R}{d} \frac{\pi d^2}{4} L \varrho_R$$

und der des Gutes $\varrho w L$. Folglich lautet die Energiebilanz

$$d\dot{Q} = \dot{q} L \, dz = L \, k_F (T_F - T_R) dz = \frac{\pi}{4} \varrho_R \, w_R \, L \, d \, c_R \frac{\partial T_R}{\partial z} dz + \varrho \, L \, w \, c \int_0^X \frac{\partial T}{\partial z} dx \, dz \, .$$

(1.93)

Hierin sind ϱ_R und c_R bzw. ϱ und c die Dichte und die spezifische Wärmekapazität der Rollen bzw. des Gutes, sowie d der Durchmesser der Rollen.

Der erste Summand berücksichtigt die Erwärmung der Stützrollen, der letzte Summand beschreibt die Änderung der inneren Energie im Gut. Die Wärmespeicherung

im dünnen Stahlband wird gegenüber der im Gut und in den Rollen vernachlässigt. Außerdem wird vorausgesetzt, daß die Heizwärme von oben und unten gleichmäßig in das Gut einströmt, so daß sich darin ein symmetrisches Temperaturprofil ausbildet. Daher genügt es, die Energiebilanz nach Gl. (1.93) nur bis zur Gutmitte zu erstrecken.
Von den Stützrollen geht der Wärmestrom

$$\dot{q}_R L \, dz = k_R L \, dz [T_R - T(z, X)] = w \varrho c L \int_0^X \frac{\partial T}{\partial z} \, dx \, dz \qquad (1.94)$$

an das Gut über und erhöht dessen innere Energie. Der Wärmedurchgangskoeffizient k_R erfaßt dabei alle Wärmewiderstände von den Stützrollen bis zur Gutoberfläche, an der die Temperatur $T(z, X)$ herrscht. Hierfür sind wesentlich die zwischen Rollen und Stahlband, sowie zwischen Stahlband und Gut sich ausbildenden Berührungsflächen maßgebend, deren Abmessungen vom Außendruck und den Festigkeitseigenschaften von Rollen, Stahlband und Gut abhängen.
Mit der konstanten Fluidtemperatur T_F und einer Bezugstemperatur T_1, mit der das Gut in die Heizpresse eintritt, lassen sich die dimensionslosen Temperaturen

$$\Theta = \frac{T - T_F}{T_1 - T_F} \quad \text{und} \quad \Theta_R = \frac{T_R - T_F}{T_1 - T_F} \qquad (1.95)$$

definieren. Als dimensionslose Ortskoordinate ξ quer zum Gut wird der Abstand x von der Gutmitte, dividiert durch die halbe Gutstärke X gewählt

$$\xi = x/X \, . \qquad (1.96)$$

Beachtet man, daß sich die Rollen nur halb so schnell in z-Richtung bewegen wie das Gut, so läßt sich die FOURIERsche Kennzahl entweder durch die Gutgeschwindigkeit $w = z/t$ oder die Rollengeschwindigkeit $w_R = z/(2t)$ ausdrücken

$$\psi = Fo = \frac{at}{X^2} = \frac{\lambda t}{\varrho c X^2} = \frac{\lambda z}{\varrho c X^2 w} = \frac{\lambda z}{2 \varrho c X^2 w_R} \, . \qquad (1.97)$$

Hierin sind a die Temperaturleitfähigkeit, λ die Wärmeleitfähigkeit und c die spezifische Wärmekapazität des Gutes.
Das Verhältnis der Wärmekapazität von Rollen und Gut wird zweckmäßigerweise durch einen „Rollenparameter"

$$Ro = \frac{\pi d}{8X} \frac{\varrho_R c_R}{\varrho c} \qquad (1.98)$$

beschrieben, welcher berücksichtigt, daß die Stützrollen den Zwischenraum zwischen Platte und Stahlband nicht vollständig ausfüllen; er erfaßt außerdem die unterschiedliche Geschwindigkeit von Gut und Rollen. Damit wird Gl. (1.93)

$$\Theta_R = -\frac{\lambda Ro}{k_F X} \frac{d\Theta_R}{d\psi} - \frac{\lambda}{k_F X} \int_0^1 \frac{\partial \Theta}{\partial \psi} \, d\xi \qquad (1.99)$$

und Gl. (1.94)

$$\Theta_R = \Theta(\psi,1) + \frac{\lambda}{k_R X} \int_0^1 \frac{\partial \Theta}{\partial \psi}\, d\xi \ . \tag{1.100}$$

Differenziert man Gl. (1.100) nach ψ und setzt $d\Theta_R/d\psi$ und Θ_R in Gl. (1.99) ein, so erhält man die Randbedingung für Θ in der folgenden Form

$$\Theta(\psi,1) + \frac{\lambda}{X}\left(\frac{1}{k_F} + \frac{1}{k_R}\right)\int_0^1 \frac{\partial \Theta}{\partial \psi}\, d\xi + \frac{\lambda Ro}{k_F X}\left\{\left(\frac{\partial \Theta}{\partial \psi}\right)_{\xi=1} + \frac{\lambda}{k_R X}\int_0^1 \frac{\partial^2 \Theta}{\partial \psi^2}\, d\xi\right\} = 0 \tag{1.101}$$

Bilden wir hierin die BIOTsche Kennzahl

$$Bi = \frac{kX}{\lambda} = \frac{X}{\lambda\left(\frac{1}{k_F} + \frac{1}{k_R}\right)} \tag{1.102}$$

mit dem Wärmedurchgangskoeffizienten $k = (1/k_F + 1/k_R)^{-1}$, welcher den gesamten Wärmedurchgang vom Fluid bis ans Gut angibt, und verwenden für die Temperaturverteilung im Gut wieder den Ansatz

$$\Theta(\psi,\xi) = \sum_i C_i \exp(-\delta_i^2 \psi)\cos(\delta_i \xi) \ , \tag{1.103}$$

welcher die Differentialgleichung der instationären Wärmeleitung im Gut

$$\frac{\partial \Theta}{\partial \psi} = \frac{\partial^2 \Theta}{\partial \xi^2} \tag{1.104}$$

befriedigt, so erhalten wir für die Randbedingung (1.101) mit Gl. (1.103)

$$\sum_i \frac{C_i \sin \delta_i}{\exp(\delta_i^2 \psi)}\left\{\left(1 - \frac{k}{k_F}\frac{Ro}{Bi}\delta_i^2\right)\operatorname{ctg}\delta_i - \frac{\delta_i}{Bi}\left[1 - \left(1 - \frac{k}{k_F}\right)\frac{k}{k_F}\frac{Ro}{Bi}\delta_i^2\right]\right\} = 0 \ . \tag{1.105}$$

Sie wird sicher erfüllt, wenn

$$\operatorname{ctg}\delta_i = \frac{\delta_i}{Bi}\,\frac{1 - \left(1 - \frac{k}{k_F}\right)\frac{k}{k_F}\frac{Ro}{Bi}\delta_i^2}{1 - \frac{k}{k_F}\frac{Ro}{Bi}\delta_i^2} \ . \tag{1.106}$$

In Bild 1.24 sind zur graphischen Bestimmung der Eigenwerte die linke und rechte Seite der Gl. (1.106) aufgetragen und zwar für $k/k_F = 0{,}5$, $Bi = 10$ und $Ro = 1$. Die Konstanten C_i ermittelt man, indem man die Temperaturverteilung zur Zeit $t = \psi = 0$ möglichst gut an den Anfangswert $\Theta_0 = 1$ anpaßt, d.h. die bereits

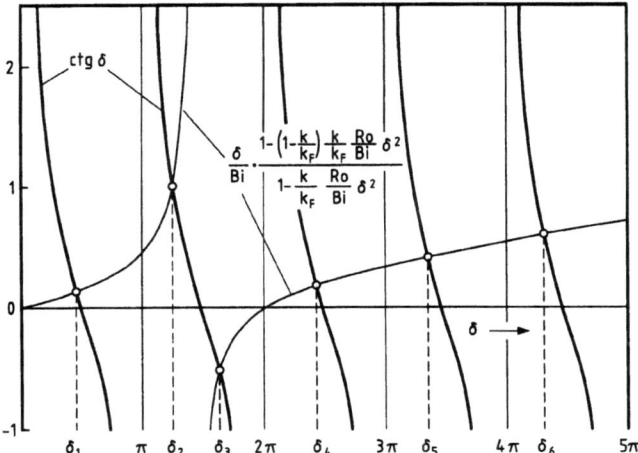

Bild 1.24: Bestimmung der Eigenwerte δ_i für das instationäre Aufheizen in einer Heizpresse mit $Bi = 10$, $Ro = 1$, $k/k_F = 0,5$

im vorigen Abschnitt besprochene Abweichung $[\Theta_0 - \Theta(0,\xi)]^2$, über den ganzen Gutquerschnitt integriert, minimal wird

$$F(C_1, C_2, \ldots) = \int_{-1}^{1} [1 - \Theta(0,\xi)]^2 \mathrm{d}\xi \stackrel{!}{=} \text{Min} \ . \tag{1.107}$$

Als Nebenbedingung muß noch die dimensionslose Temperatur Θ_{Ro} der Stützrollen beim Eintritt in die Presse bekannt sein.
Nach Gl. (1.100), (1.102) und (1.103) ist

$$\begin{aligned}\Theta_{Ro} &= \Theta(0,1) + \left(1 - \frac{k}{k_F}\right) \frac{1}{Bi} \int_0^1 \left(\frac{\partial \Theta}{\partial \psi}\right)_{\psi=0} \mathrm{d}\xi \\ &= \sum_i C_i \left\{\cos \delta_i + \left(1 - \frac{k}{k_F}\right) \frac{\delta_i}{Bi} \sin \delta_i\right\} = \sum_i C_i g_i \end{aligned} \tag{1.108}$$

mit

$$g_i = \cos \delta_i + \left(1 - \frac{k}{k_F}\right) \frac{\delta_i}{Bi} \sin \delta_i \ . \tag{1.109}$$

Diese Extremwertaufgabe mit Nebenbedingung führt mit Gl. (1.70) und dem

LAGRANGEschen Faktor μ zu folgender Beziehung

$$\sum_j \frac{\partial F}{\partial C_j} dC_j + \mu \sum_j g_j \, dC_j$$

$$= \sum_j \left\{ -2 \int_{-1}^{1} \left[1 - \sum_i C_i \cos(\delta_i \xi) \right] \cos(\delta_j \xi) \, d\xi - \mu j_i \right\} dC_j = 0 \ . \tag{1.110}$$

Damit erhält man ein lineares Gleichungssystem für die Konstanten C_i

$$\sum_i a_{ij} C_i = b_j - \frac{\mu}{2} g_j \ , \tag{1.111}$$

mit

$$a_{ij} = \int_{-1}^{1} \cos(\delta_i \xi) \cos(\delta_j \xi) d\xi \quad ; \quad b_j = \int_{-1}^{1} \cos(\delta_j \xi) d\xi \ . \tag{1.112}$$

Allerdings sind im Gegensatz zu Gl. (1.73) die a_{ij} für $i \neq j$ ungleich null. Mit den Koeffizienten a_{ij}^{-1} der invertierten Matrix wird

$$C_i = \sum_j a_{ij}^{-1} b_j - \frac{\mu}{2} \sum_j a_{ij}^{-1} g_j \ , \tag{1.113}$$

wobei der LAGRANGEsche Faktor μ nach Gl. (1.108) bestimmt werden kann

$$\Theta_{Ro} = \sum_i C_i g_i = \sum_i \sum_j a_{ij}^{-1} b_j g_i - \frac{\mu}{2} \sum_i \sum_j a_{ij}^{-1} g_j g_i \ , \tag{1.114}$$

d.h.

$$\frac{\mu}{2} = \frac{\Theta_{Ro} - \sum_i \sum_j a_{ij}^{-1} b_j g_i - 1}{\sum_i \sum_j a_{ij}^{-1} g_j g_i} \ . \tag{1.115}$$

Die Koeffizienten des Gleichungssytems hängen allesamt nur von der dimensionslosen Eintrittstemperatur Θ_{Ro} der Stützrollen, sowie den Kennzahlen Fo, Bi, Ro und k/k_F ab und damit sind auch die Temperaturen von Gut und Rollen ausschließlich eine Funktion dieser dimensionslosen Verhältnisse.
In Bild 1.25 ist für $Ro = 1$, $\Theta_{Ro} = 1$ und $k/k_F = 0,5$ die dimensionslose Guttemperatur in der Plattenmitte $\Theta_m = \Theta(Fo, 0)$ als Funktion der FOURIER-Kennzahl Fo mit der BIOTschen Kennzahl Bi als Parameter dargestellt.
Zum Vergleich wurden für $Bi = 1$ und $Bi = 10$ die Temperaturverläufe in einer direkt beheizten Platte nach Bild 1.14 gestrichelt eingetragen. Da für gleiche BIOT-Zahlen der Wärmewiderstand des Gutes gleich groß ist, läßt sich aus dem horizontalen Abstand zwischen den ausgezogenen und den gestrichelten Linien die Zeitverzögerung ablesen nach der sich — bedingt durch das instationäre Aufheizen

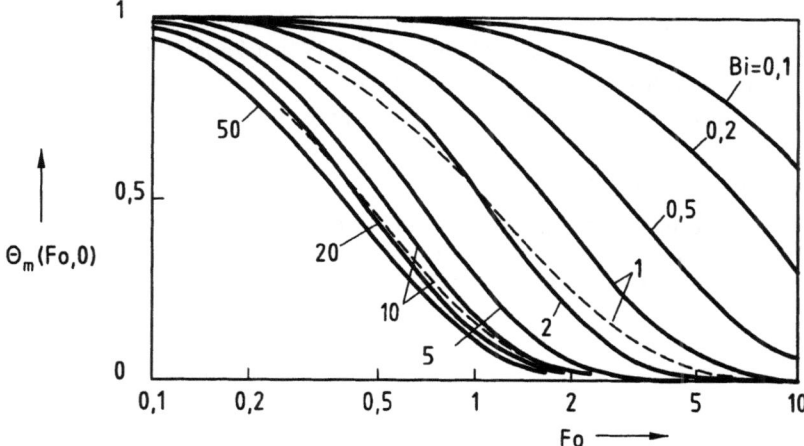

Bild 1.25: Dimensionslose Temperatur $\Theta_m(Fo,0)$ in Plattenmitte in Abhängigkeit von der Fo-Zahl mit der Bi-Zahl als Parameter (Rollenparameter $Ro = 1$, $\Theta_{Ro} = 1$, $k/k_F = 0,5$); zum Vergleich wurden für $Bi = 1$ und $Bi = 10$ die Temperaturverläufe nach Bild 1.14 gestrichelt eingetragen

der Rollen — in Plattenmitte dieselbe Guttemperatur einstellt wie bei einer direkt beheizten Platte. Besonders bei kleinen BIOT-Zahlen wird der Aufheizvorgang sehr verzögert, d.h. wenn entweder die Wärmeleitfähigkeit λ des Gutes hoch, seine Dicke $2X$ klein oder der Wärmedurchgangskoeffizient k klein ist. Bei größeren BIOT-Zahlen (etwa $Bi = 10$) unterscheiden sich die Temperaturverläufe bei direkter und indirekter Heizung über Rollen (für $Ro = 1$) nur wenig.

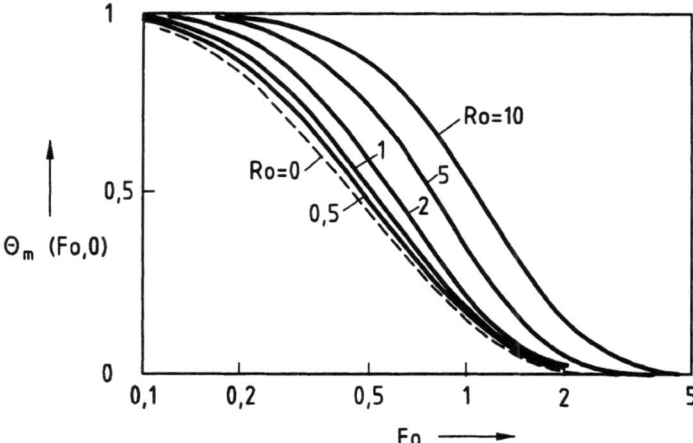

Bild 1.26: Dimensionslose Temperatur $\Theta_m(Fo,0)$ in Plattenmitte in Abhängigkeit von der FOURIER-Zahl für $Bi = 10$, $\Theta_{Ro} = 1$, $k/k_F = 0,5$; Parameter ist der Rollenparameter Ro

Der Einfluß des Rollenparameters Ro kann aus Bild 1.26 ersehen werden. Nach Gl. (1.98) stellt dieser ein Maß für das Verhältnis der Wärmekapazitäten von Rollen und Gut dar. Je größer der Rollenparameter Ro, um so mehr wird der Temperaturausgleich zwischen dem Gut und der Fluidtemperatur verzögert.

Binder-Schmidt-Verfahren

Die instationäre Wärmeleitung in einer Wand kann auch durch numerische Integration der FOURIER-Gleichung berechnet werden. Ohne Wärmequelle gilt bei eindimensionaler Wärmeleitung nach Gl. (1.48) und (1.49)

$$\frac{\partial T}{\partial t} = a \frac{\partial^2 T}{\partial x^2} \ . \tag{1.116}$$

Die TAYLOR-Entwicklung der Temperatur $T(x,t)$ für einen kleinen Zeitschritt Δt ergibt

$$T(x, t + \Delta t) = T(x, t) + \frac{\partial T}{\partial t} \Delta t + \dots \ . \tag{1.117}$$

Setzen wir

$$T(x, t + \Delta t) = T_{n,k+1} \tag{1.118}$$

und

$$T(x, t) = T_{n,k} \ , \tag{1.119}$$

so erhalten wir aus Gl. (1.117), wenn wir die TAYLOR-Entwicklung nach dem ersten Glied abbrechen

$$\frac{\partial T}{\partial t} = \frac{T_{n,k+1} - T_{n,k}}{\Delta t} \ . \tag{1.120}$$

Eine entsprechende Entwicklung in x ergibt

$$T(x + \Delta x, t) = T(x, t) + \frac{\partial T}{\partial x} \Delta x + \frac{1}{2} \frac{\partial^2 T}{\partial x^2} \Delta x^2 + \dots \ , \tag{1.121}$$

$$T(x - \Delta x, t) = T(x, t) - \frac{\partial T}{\partial x} \Delta x + \frac{1}{2} \frac{\partial^2 T}{\partial x^2} \Delta x^2 + \dots \ . \tag{1.122}$$

Mit den Abkürzungen

$$T(x + \Delta x, t) = T_{n+1,k} \ , \tag{1.123}$$

$$T(x - \Delta x, t) = T_{n-1,k} \tag{1.124}$$

ergibt die Addition von Gl. (1.121) und (1.122) bei Vernachlässigung der Glieder höherer Ordnung

$$\frac{\partial^2 T}{\partial x^2} = \frac{T_{n+1,k} + T_{n-1,k} - 2T_{n,k}}{\Delta x^2} \ . \tag{1.125}$$

1.4 Instationäre Wärmeleitung

Indem man die Gl. (1.120) und (1.125) in (1.116) einsetzt, wird die Differentialgleichung (1.116) in die folgende Differenzengleichung umgeformt

$$T_{n,k+1} - T_{n,k} = a \frac{\Delta t}{(\Delta x)^2} (T_{n+1,k} + T_{n-1,k} - 2T_{n,k}) \quad . \tag{1.126}$$

Der Faktor $a\Delta t/(\Delta x)^2$ ist die bereits mit Gl. (1.55) eingeführte FOURIERsche Kennzahl, wenn man dort als charakteristische Zeiten bzw. Längen die Schrittweiten Δt bzw. Δx einsetzt.

Stimmt man für den praktischen Gebrauch die an sich willkürlichen Schrittweiten Δx und Δt gegenseitig so ab, daß in Gl. (1.126)

$$Fo = a \frac{\Delta t}{(\Delta x)^2} = \frac{1}{2} \tag{1.127}$$

wird, so folgt aus Gl. (1.126) für diesen Sonderfall

$$T_{n,k+1} = \frac{1}{2}(T_{n+1,k} + T_{n-1,k}) \quad . \tag{1.128}$$

Daraus ergibt sich die einfache graphische Konstruktion der Temperaturlinie zum Zeitpunkt $(k+1)\Delta t$, wenn die Linie im Zeitpunkt $k\Delta t$ bekannt ist. Man verbindet die Temperaturpunkte $T_{n-1,k}$ und $T_{n+1,k}$ und erhält an der Ordinate beim Abszissenwert n den Temperaturpunkt $T_{n,k+1}$, s. Bild 1.27. Für andere Abszissenwerte verfährt man ebenso. Die so erhaltene Linie stellt das Temperaturfeld nach Ablauf der Zeit Δt, d.h. im Zeitpunkt $(k+1)\Delta t$ dar.

An der Wandoberfläche herrsche die Temperatur T_W, in der Umgebung T_u. Dann wird von der Wandoberfläche an die Umgebung der Wärmestrom

$$\dot{q} = \alpha(T_W - T_u) \tag{1.129}$$

abgegeben. Dieser Wärmestrom muß von der Wand an die Wandoberfläche geliefert werden, s. Bild 1.28

$$\dot{q} = \lambda \left(\frac{\partial T}{\partial x}\right)_W \quad . \tag{1.130}$$

Durch Gleichsetzen folgt der Neigungskoeffizient der Randtangente

$$\left(\frac{\partial T}{\partial x}\right)_W = \frac{\alpha}{\lambda}(T_W - T_u) \quad . \tag{1.131}$$

Trägt man Punkt R in der Entfernung $h = \lambda/\alpha$ von der Wandoberfläche bei der Temperatur T_u auf, Bild 1.28, so muß die Randtangente der Temperaturlinie auf Punkt R zielen. Den Differentialquotienten $(\partial T/\partial x)_W$ an der linken Wand erhält man durch Subtraktion der Gl. (1.121) und (1.122), wenn $\Delta x/2$ anstelle von Δx eingesetzt wird

$$\left(\frac{\partial T}{\partial x}\right)_W = \frac{T\left(x + \frac{\Delta x}{2}, t\right) - T\left(x - \frac{\Delta x}{2}, t\right)}{\Delta x} = \frac{T_{1,k} - T_{0,k}}{\Delta x} \quad . \tag{1.132}$$

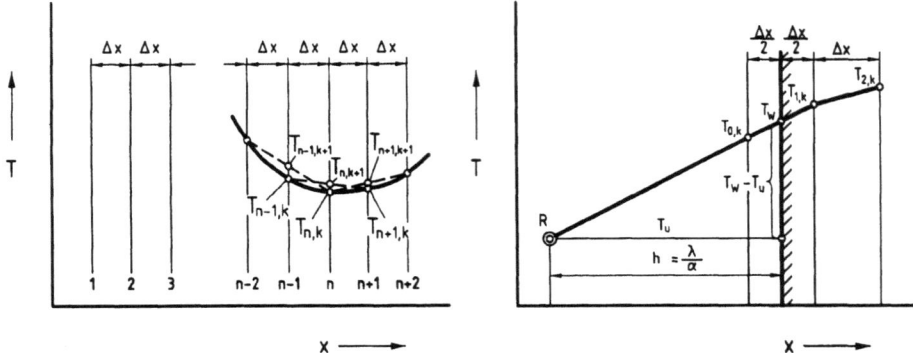

Bild 1.27: Graphische Ermittlung des Temperaturverlaufs in einer Wand nach BINDER-SCHMIDT

Bild 1.28: Berücksichtigung der Randbedingung beim BINDER-SCHMIDT-Verfahren

Mit Gl. (1.132) und der Wandtemperatur

$$T_W = (T_{1,k} + T_{0,k})/2 \tag{1.133}$$

erhält man für die Randbedingung (Gl. (1.131)) nach Umformung

$$\frac{T_{0,k} - T_u}{T_W - T_u} = \frac{\lambda/\alpha - \Delta x/2}{\lambda/\alpha} \quad . \tag{1.134}$$

Eine entsprechende Randbedingung läßt sich für die rechte Seite angeben.

Für den praktischen Gebrauch wähle man Δx und ermittle nach Gl. (1.127) das zugehörige Δt. Man zeichne die Temperaturlinie für die Zeit $t = 0$ ein (diese muß bekannt sein, Bild 1.29), trage im Abstand λ/α von der Wand den Punkt R bei der Temperatur T_u ein. Von der Wandoberfläche trage man links und rechts im Abstand $\Delta x/2$ die Ordinaten 0 und 1 und, im doppelten Abstand Δx, die übrigen Ordinaten ein. Verbindungslinie R mit Punkt T_W liefert Punkt a, $\overline{ac}$ liefert Punkt b', $\overline{bd}$ liefert Punkt c' usw. Die Linie $a'b'c'\ldots$ stellt die Temperaturverteilung im Zeitpunkt Δt, Linie $a''b''c''\ldots$ diejenige im Zeitpunkt $2\Delta t$ usw. dar. Ändert sich mit der Zeit der Wärmeübergangskoeffizient α oder die Außentemperatur T_u, so ermittelt man den dazugehörigen neuen Punkt R und zeichnet weiter.

Dieses elegante zeichnerische Verfahren wurde 1911 von BINDER[8] und 1924 unabhängig von ihm von E. SCHMIDT[9] veröffentlicht. Es eignet sich genauso gut zur numerischen Integration, die für zahlreiche Probleme auf den einfachsten programmierbaren Taschenrechnern durchgeführt werden kann.

Der Vorteil liegt darin, daß weder eine gleichmäßige Anfangstemperatur, noch ein konstanter Wärmeübergangskoeffizient α, noch eine konstante Außentemperatur T_u und auch nicht eine Symmetrie der Vorgänge rechts und links der Wand

---

[8] BINDER L (1911) Über Wärmeübertragung auf ruhige oder bewegte Luft sowie Lüftung und Kühlung elektrischer Maschinen. Halle (Saale)

[9] SCHMIDT E (1924) Über die Anwendung der Differenzenrechnung auf technische Anheiz- und Abkühlungsprobleme. Beiträge zur technischen Mechanik und technischen Physik (Festschrift zum 70. Geburtstag von August Föppl (Berlin))

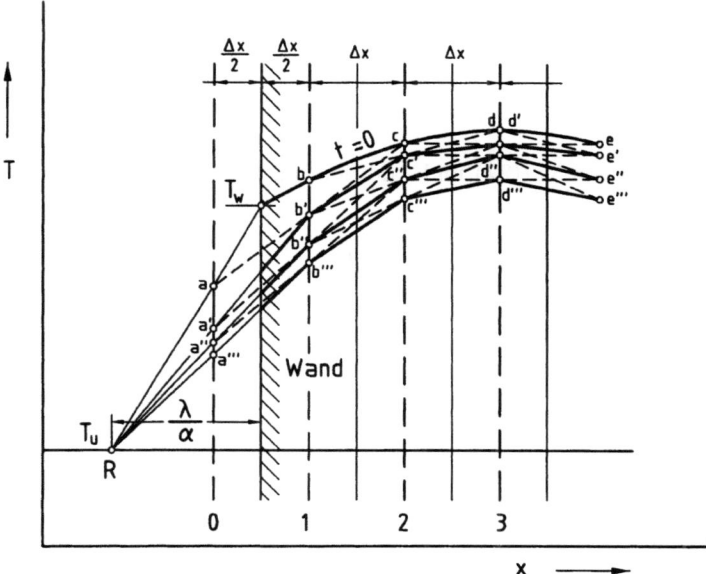

Bild 1.29: Das BINDER-SCHMIDT-Verfahren

vorausgesetzt werden müssen. Das Verfahren kann auch auf geschichtete Wände ausgedehnt werden.

Die Kopplung des Zeitintervalls Δt mit der Schichtdicke Δx nach Gl. (1.127) führt allerdings bei vielen praktischen Problemen zu sehr kleinen Zeitschritten und damit zu einer mühsamen, häufigen Wiederholung des Verfahrens oder zu entsprechend langen Rechenzeiten. Bei numerischen Rechnungen kann aber Δt nicht über den durch Gl. (1.127) gegebenen Wert vergrößert werden, weil sonst das numerische Intergrationsverfahren instabil wird.

Implizites Verfahren

Wesentlich größere Zeitschritte sind mit impliziten numerischen Verfahren möglich. Dabei wird die zweite Ableitung $\partial^2 T/\partial x^2$ nicht zum Zeitpunkt t, sondern für $t+\Delta t$ gebildet. Anstelle der Gl. (1.126) erhält man

$$T_{n,k+1} - T_{n,k} = \frac{a\,\Delta t}{(\Delta x)^2}\left(T_{n+1,k+1} + T_{n-1,k+1} - 2T_{n,k+1}\right) , \qquad (1.135)$$

bzw.

$$-T_{n-1,k+1} + T_{n,k+1}\left(\frac{(\Delta x)^2}{a\,\Delta t} + 2\right) - T_{n+1,k+1} = \frac{(\Delta x)^2}{a\,\Delta t}T_{n,k} . \qquad (1.136)$$

Wird auch die Randbedingung (1.131) für den Zeitpunkt $t+\Delta t$ formuliert, so erhalten wir aus Gl. (1.131), (1.132) und (1.133)

$$T_{0,k+1}\left(1 + \frac{\alpha\Delta x}{2\lambda}\right) - T_{1,k+1}\left(1 - \frac{\alpha\Delta x}{2\lambda}\right) = \frac{\alpha\Delta x}{\lambda}T_u . \qquad (1.137)$$

Andererseits liefert die FOURIER-Gleichung in Differenzenform nach Gl. (1.136) für $n = 1$

$$-T_{0,k+1} + T_{1,k+1}\left(\frac{(\Delta x)^2}{a\,\Delta t} + 2\right) - T_{2,k+1} = \frac{(\Delta x)^2}{a\,\Delta t} T_{1,k} \; .$$

Durch Multiplikation mit $1 + \alpha \Delta x/(2\lambda)$ und Addition mit Gl. (1.137) erhält man die Beziehung

$$T_{1,k+1}\left\{\left(\frac{(\Delta x)^2}{a\,\Delta t} + 2\right)\left(1 + \frac{\alpha \Delta x}{2\lambda}\right) - \left(1 - \frac{\alpha \Delta x}{2\lambda}\right)\right\} - T_{2,k+1}\left(1 + \frac{\alpha \Delta x}{2\lambda}\right)$$
$$= \left(1 + \frac{\alpha \Delta x}{2\lambda}\right)\frac{(\Delta x)^2}{a\,\Delta t} T_{1,k} + \frac{\alpha \Delta x}{\lambda} T_u \; . \tag{1.138}$$

Die Gln. (1.137) und (1.138) haben somit die gleiche Form

$$a_{n-1}T_{n-1,k+1} - b_{n-1}T_{n,k+1} = c_{n-1} \quad n = 1,2 \; , \tag{1.139}$$

wobei die Koeffizienten a_{n-1}, b_{n-1} und c_{n-1} durch die Gl. (1.137) und (1.138) bestimmt sind. Multipliziert man nun Gl. (1.136) mit a_{n-1} und addiert dies zu (1.139), so erhält man

$$a_n T_{n,k+1} - b_n T_{n+1,k+1} = c_n \tag{1.140}$$

mit den Koeffizienten

$$b_n = a_{n-1} \; , \tag{1.141}$$

$$a_n = a_{n-1}\left(\frac{(\Delta x)^2}{a\,\Delta t} + 2\right) - b_{n-1} = a_{n-1}\left(\frac{(\Delta x)^2}{a\,\Delta t} + 2\right) - a_{n-2} \; , \tag{1.142}$$

$$c_n = c_{n-1} + a_{n-1}\frac{(\Delta x)^2}{a\,\Delta t} T_{n,k} \; . \tag{1.143}$$

Dieses Verfahren wird für die nächsten Schichten so lange fortgesetzt, bis der rechte Rand erreicht wird. Dort muß außer der Beziehung (1.140) für $n + 1 = m$ noch die der Gl. (1.137) entsprechende Randbedingung

$$-T_{m-1,k+1}\left(1 + \frac{\alpha \Delta x}{2\lambda}\right) + T_{m,k+1}\left(1 - \frac{\alpha \Delta x}{2\lambda}\right) = -\frac{\alpha \Delta x}{\lambda} T_u \tag{1.144}$$

erfüllt sein. Mit Gl. (1.140) für $n = m$ erhalten wir die Temperatur

$$T_{m,k+1} = \frac{c_{m-1}\left(1 + \frac{\alpha \Delta x}{2\lambda}\right) - a_{m-1}\frac{\alpha \Delta x}{\lambda} T_u}{a_{m-1}\left(1 - \frac{\alpha \Delta x}{2\lambda}\right) - b_{m-1}\left(1 + \frac{\alpha \Delta x}{2\lambda}\right)} \; . \tag{1.145}$$

Ist $T_{m,k+1}$ nach Gl. (1.145) bestimmt, so können dann nach Gl. (1.140) hintereinander zunächst $T_{m-1,k+1}$, dann $T_{m-2,k+1}$ usw. berechnet werden.
Unterschiedliche Wärmeübergangskoeffizienten α oder unterschiedliche Außentemperaturen T_u auf den beiden Seiten der Wand können dadurch berücksichtigt werden, daß in Gl. (1.145) und Gl. (1.137) jeweils die auf der rechten bzw. linken Seite der Wand vorliegenden Werte eingesetzt werden.

1.5 Konvektiver Wärmeübergang

Unter konvektiver Wärmeübertragung versteht man die Wärmeabgabe von einem bewegten Fluid (Flüssigkeit oder Gas) an eine feste Wand und umgekehrt. Die Flüssigkeitsbewegung kann dabei auf zweierlei Arten ausgelöst werden.
Bei freier Strömung oder natürlicher Konvektion erwärmen sich die Teilchen an der warmen Wand und werden dadurch leichter. Sie strömen nach oben und lösen eine Strömung aus, eben die freie Strömung, deren Ursache somit im Wärmeübergang selbst zu suchen ist. Unterbindet man den Wärmeübergang (etwa durch Ausschalten der Heizung), so hört auch die freie Strömung auf.
Bei aufgezwungener Strömung wird die Flüssigkeitsbewegung unabhängig vom Wärmeübergang durch äußere Umstände erzwungen und aufrecht erhalten, so bei einer Strömung im Rohr infolge des aufgezwungenen Druckunterschiedes.
Außerdem unterscheiden wir noch die turbulenten und die laminaren Strömungen. Bei turbulenter Strömung an einer beheizten Wand wandern ständig warme Fluidteilchen von der Wand in den Strömungskern, wo sie sich abkühlen und mit dem kalten Fluid vermischen, während sich zugleich kalte Teilchen aus dem Kern der Strömung zur Wand hin bewegen, um sich dort zu erwärmen.
Bei laminarer Strömung mischen sich die Fluidteilchen nicht. Der Wärmeübergang quer zu den laminaren Schichten kann nur durch reine Wärmeleitung erfolgen, so wie das in einer ruhenden Flüssigkeit der Fall ist. Solchen laminaren Grenzschichten begegnen wir immer in der unmittelbaren Nähe einer umspülten Wand, und wegen ihrer Bedeutung für die Wärmeübertragung lohnt es sich, diese Erscheinungen näher zu betrachten.

1.5.1 Grenzschicht und Wärmeübertragung

Bevor wir die allgemeinen partiellen Differentialgleichungen der Strömung und des Wärmetransportes behandeln, wollen wir noch Informationen über die Grenzschichten heranziehen, wie sie uns die Strömungslehre liefert.

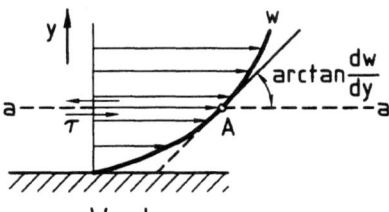

Bild 1.30: Schubspannung τ und Gradient des Geschwindigkeitsprofils in einer Wandgrenzschicht

Bei strömenden Medien üblicher Dichte, bei denen die freie Weglänge der Moleküle sehr klein gegenüber den Kanalabmessungen ist, und bei Strömungsgeschwindigkeiten, die klein gegenüber der Schallgeschwindigkeit sind, finden wir bei einer längs angeströmten, ebenen Wand mit Hilfe von Sondenmessungen ein Geschwindigkeitsprofil etwa nach Bild 1.30 vor.
Genügend nahe der Wandoberfläche, an welcher eine Geschwindigkeit $w_W = 0$

herrscht, ist die Randschicht immer laminar. In etwas größerer Entfernung von der Wand kann diese Schicht auch in eine turbulente Grenzschicht übergehen. Im laminaren Teil wirken zwei mit verschiedenen Geschwindigkeiten gleitende Flüssigkeitsschichten in einer zur Wand parallelen Ebene aa aufeinander, und zwar mit einer Scherkraft oder Schubspannung τ in N/m^2, welche nach NEWTON dem Geschwindigkeitsanstieg quer zur Strömungsrichtung verhältnisgleich ist

$$\tau = \eta \frac{\mathrm{d}w}{\mathrm{d}y} \quad \text{in N/m}^2 \; . \tag{1.146}$$

Hier ist w in m/s die zur Wand parallele Strömungsgeschwindigkeit in der Entfernung y von der Wand und η in Ns/m^2 die dynamische Zähigkeit oder Viskosität. Die dynamische Zähigkeit kann wie die Wärmeleitfähigkeit als eine Stoffgröße angesehen werden. Sie ändert sich mit der Temperatur, aber selbst bei Gasen nur wenig mit dem Druck, bei idealen Gasen ist η wie die Wärmeleitfähigkeit druckunabhängig. In Bild 1.31 sind die dynamischen Zähigkeiten für einige ausgewählte Gase und Flüssigkeiten in Abhängigkeit von der Temperatur dargestellt.

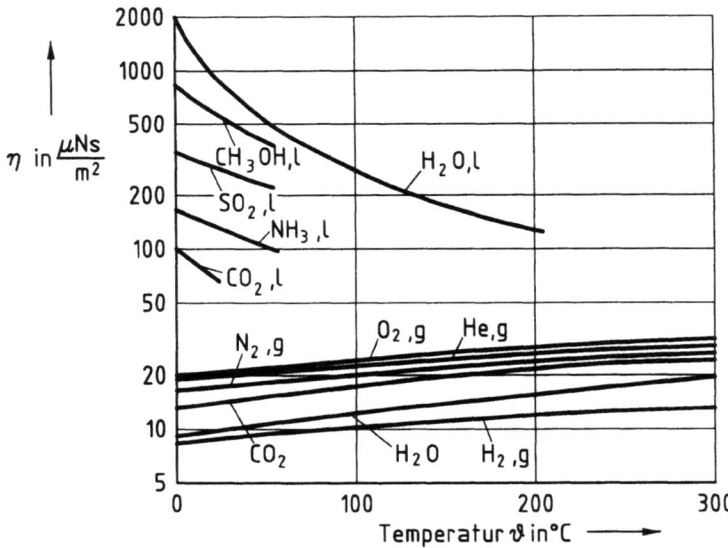

Bild 1.31: Dynamische Zähigkeit einiger Gase und Flüssigkeiten (Zahlenwerte aus VDI-Wärmeatlas (1988) 5. Aufl.)

Zahlenwerte und Methoden zur Abschätzung der dynamischen Viskosität finden sich in der einschlägigen Literatur[10].

Man pflegt anstelle von η häufig mit der kinematischen Viskosität ν zu rechnen, die mit der dynamischen η über die Dichte ϱ verknüpft ist

$$\nu = \frac{\eta}{\varrho} \quad \text{in m}^2/\text{s} \; . \tag{1.147}$$

---
[10] REID R C, PRAUSNITZ J M, SHERWOOD T K (1977) The Properties of Gases and Liquids, 3rd edition. McGraw-Hill

Für die Schubspannung gilt dann

$$\tau = \varrho\nu\frac{\mathrm{d}w}{\mathrm{d}y} \ . \tag{1.148}$$

Nach L. PRANDTL geht die Geschwindigkeit in der dünnen Grenzschicht der Dicke δ vom Wandwert null in die Geschwindigkeit w_∞ über, welche weit entfernt von der Wand herrscht. Im wandnahen Teil der Strömung ist das Geschwindigkeitsgefälle quer zur Strömung sehr steil, weswegen hier die Schubspannungen groß sind. Weiter von der Wand weg ist dieses Gefälle so klein, daß die Zähigkeitskräfte vernachlässigt werden können. Im steilsten Teil des Geschwindigkeitsprofils, unmittelbar an der Wandoberfläche, ist die Strömung laminar, weiter von der Wandung weg kann sie laminar oder turbulent sein.

Der Anlaufteil der Strömung längs einer ebenen Platte ist in Bild 1.32 dargestellt. Bis zu einer Entfernung x_k hinter der Eintrittskante ist die Grenzschicht laminar, wobei mit zunehmender Lauflänge auch die Grenzschichtdicke δ_l zunimmt. Dann beginnt sich der turbulente Teil der Grenzschicht zu entwickeln. Die turbulente Grenzschicht ist erheblich dicker als die laminare, $\delta_{tu} \gg \delta_l$, wobei die laminare Randschicht nur einen verschwindend kleinen Anteil der turbulenten Grenzschicht ausmacht, $\delta_r \ll \delta_{tu}$.

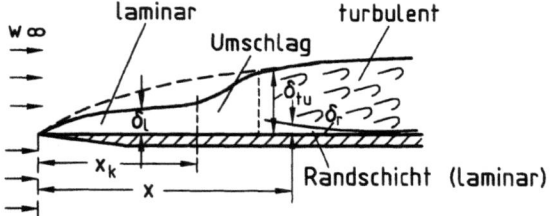

Bild 1.32: Ausbildung der Grenzschicht längs einer angeströmten ebenen Platte

Je größer die Geschwindigkeit, um so kürzer die Anlaufstrecke x_k. Bereits REYNOLDS hat festgestellt, daß der Umschlag laminar-turbulent bei einem bestimmten kritischen Wert des Ausdruckes $w_\infty x_k/\nu$ erfolgt, wie immer auch die Zahlenwerte der einzelnen Größen w_∞, x_k und ν sein mögen. Diesen Ausdruck, der dimensionslos ist, nennt man die REYNOLDSsche Kennzahl, $Re = wx/\nu$. Den Zahlenwert der kritischen REYNOLDSschen Kennzahl $Re_k = w_\infty x_k/\nu$, bei welchem der Umschlag laminar-turbulent stattfindet, kann man durch äußere Maßnahmen beeinflussen, je nachdem, ob man die Strömung an der Eintrittskante künstlich stört oder nicht, ob die Fläche rauh ist oder die Eintrittskante scharfkantig oder abgerundet ist. Für ebene Platten liegen die Zahlenwerte der kritischen REYNOLDS-Zahlen üblicherweise zwischen $10^5 < Re_k < 4 \cdot 10^6$.

In einem durchströmten Rohr entwickelt sich die Grenzschicht ähnlich wie bei einer ebenen Platte, s. Bild 1.33. Sie ist unmittelbar nach dem Einlauf zunächst laminar, wobei ihre Dicke δ_l mit zunehmender Lauflänge monoton zunimmt. Ab einer bestimmten Lauflänge schlägt sie in eine turbulente Grenzschicht der Dicke δ_{tu} um. In unmittelbarer Nähe der Wand findet man in der turbulenten Grenzschicht eine laminare Randschicht, deren Dicke δ_r allerdings gegenüber der Grenzschichtdicke δ_{tu} sehr klein ist. Stromab wird die turbulente Grenzschicht immer dicker, bis sie nach einer bestimmten Einlauflänge L_e den ganzen Rohrquerschnitt erfüllt.

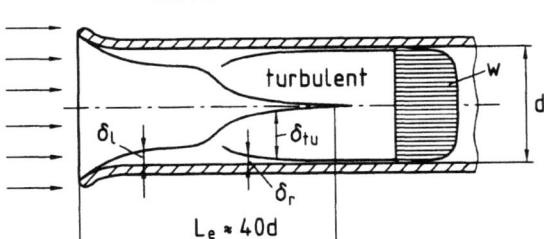

Bild 1.33: Ausbildung der Grenzschichten im durchströmten Rohr

Die Geschwindigkeitsprofile bilden sich verschieden aus, je nachdem, ob man eine laminare oder eine turbulente Strömung hat. Hinter der Einlauflänge L_e ändern sich die Geschwindigkeitsprofile stromabwärts nicht mehr wesentlich; es liegt eine ausgebildete Rohrströmung vor. Die mit dem Rohrdurchmesser d dimensionslos gemachte Einlauflänge L_e/d hängt von der REYNOLDSschen Kennzahl $Re = w_m d/\nu$ ab, die zweckmäßigerweise mit der über dem Rohrquerschnitt gemittelten Strömungsgeschwindigkeit w_m und dem Rohrdurchmesser d gebildet wird. Bei turbulenter Strömung wird eine ausgebildete Strömung nach einer Einlauflänge von etwa $L_e/d \approx 40$ angetroffen.

Die ausgebildete Strömung hinter L_e ist turbulent, wenn die so gebildete REYNOLDSsche Kennzahl einen kritischen Wert Re_k übersteigt, und zwar bei stark gestörtem Einlauf nach SCHILLER etwa den Wert

$$Re_k = \left(\frac{w_m d}{\nu}\right)_k \approx 2300 \ . \tag{1.149}$$

Vermeidet man Einlaufstörungen, so kann der Zahlenwert Re_k wesentlich höher liegen (bis zu 500000). Gerade die Schätzung dieses Umschlagpunktes ist das unsicherste Glied bei der Berechnung des konvektiven Wärmeüberganges. Ein guter Durchschnitt für technische Rechnungen dürfte bei Rohrströmungen der Wert

$$Re_k \approx 3000 \tag{1.150}$$

sein[11].

1.5.2 Ausgebildete laminare Rohrströmung

Wir beschränken die weiteren Betrachtungen zunächst auf stationäre Strömungsvorgänge im zylindrischen Rohr hinter der Einlauflänge L_e, d.h. im Bereich der ausgebildeten Rohrströmung. Stromab ändern sich die Geschwindigkeitsprofile nicht, und die Geschwindigkeit hängt nur vom Radius r ab, dagegen ist der Druck in jedem Querschnitt senkrecht zur Rohrachse vom Radius unabhängig; er ändert sich nur in axialer Richtung

$$w = w(r), \ p = p(x) \ . \tag{1.151}$$

---
[11] siehe z.B. VDI-Wärmeatlas (1988), 5. Aufl., Abschn. A

1.5 Konvektiver Wärmeübergang

Außerdem nehmen wir laminare Strömung an und setzen konstante Stoffwerte des Fluids voraus (ϱ = konst, η = konst, λ = konst).
Auf ein zylinderförmiges Volumenelement, Bild 1.34, mit der Stirnfläche

$$dA_r = 2\pi r dr \tag{1.152}$$

und der inneren Mantelfläche

$$dA_x = 2\pi r dx \tag{1.153}$$

wirken in x-Richtung die Druckkräfte

$$p\, dA_r - \left(p + \frac{dp}{dx} dx\right) dA_r = -\frac{dp}{dx} dA_r\, dx = -\frac{dp}{dx} dV \quad, \tag{1.154}$$

sowie die Scherkräfte

$$-\left(\tau + \frac{d\tau}{dr} dr\right) 2\pi(r + dr)dx + \tau\, 2\pi r\, dx = -dV\left(\frac{\tau}{r} + \frac{d\tau}{dr}\right) \quad, \tag{1.155}$$

wobei die Schubspannung τ nach dem Ansatz von NEWTON dem Geschwindigkeitsgradienten proportional ist

$$\tau = -\eta \frac{dw}{dr} \quad . \tag{1.156}$$

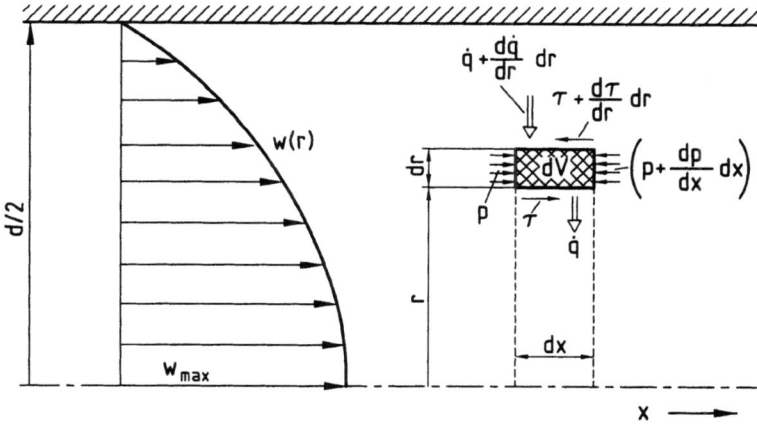

Bild 1.34: Kräftebilanz am Volumenelement in einer ausgebildeten laminaren Rohrströmung

Beschleunigungskräfte treten nicht auf; daher liefert die Kräftebilanz in x-Richtung

$$\frac{dp}{dx} = -\frac{\tau}{r} - \frac{d\tau}{dr} = -\frac{1}{r}\frac{d}{dr}(r\,\tau) = \frac{1}{r}\frac{d}{dr}\left(\eta r \frac{dw}{dr}\right) \quad . \tag{1.157}$$

In radialer Richtung wirken keine Kräfte am Volumenelement, daher ist $\mathrm{d}p/\mathrm{d}x$ unabhängig vom Radius, und Gl. (1.157) läßt sich bei festgehaltenem x über r integrieren

$$\frac{r^2}{2}\frac{\mathrm{d}p}{\mathrm{d}x} = \eta r \frac{\mathrm{d}w}{\mathrm{d}r} + C \; . \tag{1.158}$$

In der Rohrachse ($r=0$) muß aus Gründen der Symmetrie gelten

$$\frac{\mathrm{d}w}{\mathrm{d}r} = 0 \quad \text{für} \quad r = 0 \; , \tag{1.159}$$

weswegen die Integrationskonstante in Gl. (1.158) verschwindet. Eine weitere Integration ergibt für konstante Zähigkeit η

$$w = \frac{1}{\eta}\frac{r^2}{4}\frac{\mathrm{d}p}{\mathrm{d}x} + w_{\max} \; , \tag{1.160}$$

wobei $w_{\max}$ die Maximalgeschwindigkeit in der Rohrachse ($r=0$) bedeutet. An der Rohrwand ($r=d/2$) wird wegen der Haftbedingung die Geschwindigkeit

$$w_W = \frac{1}{\eta}\frac{\mathrm{d}p}{\mathrm{d}x}\frac{d^2}{16} + w_{\max} = 0 \; , \tag{1.161}$$

und wir erhalten schließlich

$$w = w_{\max}\left(1 - 4\frac{r^2}{d^2}\right) = -\frac{d^2}{16\,\eta}\frac{\mathrm{d}p}{\mathrm{d}x}\left(1 - 4\frac{r^2}{d^2}\right) \; . \tag{1.162}$$

Bei ausgebildeter laminarer Strömung eines Fluids mit konstanten Stoffwerten stellt sich somit ein parabelförmiges Geschwindigkeitsprofil ein mit dem Scheitelwert $w_{\max}$ in der Rohrachse, s. Bild 1.35.
Für den durch das Rohr fließenden Mengenstrom ist die mittlere Geschwindigkeit w_m maßgebend. Diese erhält man mit

$$\xi = 2\frac{r}{d} \tag{1.163}$$

durch Integration

$$w_m = \frac{\int\limits_0^{d/2} w\, 2\pi r\, \mathrm{d}r}{\pi\, d^2/4} = 2 w_{\max}\int\limits_0^1 (\xi - \xi^3)\mathrm{d}\xi = \frac{1}{2} w_{\max} \; . \tag{1.164}$$

Sie ist gerade halb so groß wie die maximale Geschwindigkeit $w_{\max}$ und längs der Rohrachse unverändert.
Für ein Rohr der Länge L kann aus Gl. (1.161) und (1.164) der Druckabfall Δp bestimmt werden

$$\Delta p = -\frac{16\,\eta\, L\, w_{\max}}{d^2} = -\frac{32\,\eta\, L\, w_m}{d^2} \; . \tag{1.165}$$

1.5 Konvektiver Wärmeübergang

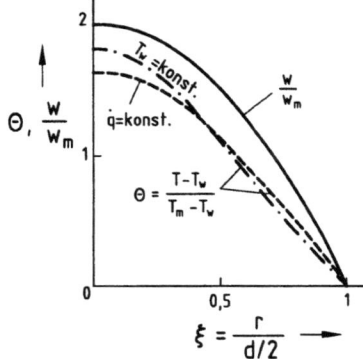

Bild 1.35: Dimensionsloses Geschwindigkeits- und Temperaturprofil bei ausgebildeter laminarer Rohrströmung

Dies ist das bekannte HAGEN-POISEUILLEsche Gesetz für ausgebildete laminare Rohrströmungen, nach dem der Druck proportional zur mittleren Geschwindigkeit w_m und zur Rohrlänge L, aber umgekehrt proportional zum Quadrat des Durchmessers abfällt.

Um bei einem geheizten (oder gekühlten) Rohr das Temperaturprofil zu ermitteln, stellen wir für das Volumenelement in Bild 1.34 die Energiebilanz auf. Die Differenz zwischen der über die äußere Mantelfläche zugeführten Wärme

$$\left(\dot{q} + \frac{d\dot{q}}{dr} dr\right) 2\pi (r + dr) dx \tag{1.166}$$

und der über die innere Mantelfläche abgeführten Wärme

$$\dot{q}\, 2\pi r\, dx \tag{1.167}$$

muß gleich der Enthalpieänderung des Fluids sein

$$d\dot{m} \left(h + \frac{\partial h}{\partial x} dx - h\right) = 2\pi r\, dr\, w\, \varrho \frac{\partial h}{\partial x} dx \;. \tag{1.168}$$

Nach Division durch das Volumen $dV = 2\pi r\, dr\, dx$ erhalten wir die Energiegleichung

$$\frac{d\dot{q}}{dr} + \frac{\dot{q}}{r} = \varrho\, w\, \frac{\partial h}{\partial x} \;. \tag{1.169}$$

Der Wärmeübergang durch die Mantelflächen erfolgt bei ausgebildeter Strömung ausschließlich durch Wärmeleitung. Da der Wärmefluß $\dot{q}$, wie in Bild 1.34 eingetragen, der Radialrichtung r entgegengerichtet ist, gilt nach FOURIER

$$\dot{q} = +\lambda \frac{\partial T}{\partial r} \;. \tag{1.170}$$

Ersetzen wir noch die Enthalpieänderung in Gl. (1.169) durch

$$dh = c_p\, dT \;, \tag{1.171}$$

so erhält man bei konstanten Stoffwerten $\varrho, \lambda, \eta, c_p$ aus Gl. (1.169) und Gl. (1.170) eine partielle Differentialgleichung 2. Ordnung für die Temperatur

$$\lambda \frac{\partial^2 T}{\partial r^2} + \frac{\lambda}{r} \frac{\partial T}{\partial r} - \varrho\, w\, c_p \frac{\partial T}{\partial x} = 0 \; . \tag{1.172}$$

Diese wollen wir zunächst auf eine dimensionslose Form bringen. Dazu verwenden wir die mittlere Fluidtemperatur T_m, die sich hinter dem betrachteten Querschnitt bei vollkommener Mischung aller Fluidteilchen einstellen würde. Wäre das Temperaturprofil bereits bekannt, so könnte man diese durch Integration unter Verwendung von Gl. (1.162), (1.163) und (1.164) ermitteln

$$T_m = \frac{\int_0^{d/2} 2\pi r\, w\, \varrho\, c_p\, T\, \mathrm{d}r}{\pi \frac{d^2}{4} w_m\, \varrho\, c_p} = 4 \int_0^1 \xi(1-\xi^2) T\, \mathrm{d}\xi \; . \tag{1.173}$$

Anstelle der Fluidtemperatur T führen wir eine dimensionslose Temperatur

$$\Theta = \frac{T - T_W}{T_m - T_W} \tag{1.174}$$

ein, welche die mittlere Temperatur T_m und die Wandtemperatur T_W enthält. An der Wand ($r = d/2, T = T_W$) nimmt diese den Wert 0 und auf der Rohrachse ($r = 0$) ihren Maximalwert an. Wenn diese dimensionslose Temperatur Θ nur vom Radius r und nicht von der Lauflänge x abhängt

$$\Theta = \Theta(r) \; , \quad \frac{\mathrm{d}\Theta}{\mathrm{d}x} = 0 \; , \tag{1.175}$$

so liegt eine thermisch ausgebildete Rohrströmung vor.
Dies wird — ähnlich wie bei der Geschwindigkeit — erst ab einer gewissen Einlauflänge stromabwärts der Fall sein, wenn sich die Profile der dimensionslosen Temperatur Θ nicht mehr ändern. Ob sich eine thermisch ausgebildete Rohrströmung überhaupt einstellen kann, hängt außerdem von den Randbedingungen, d.h. von der Art der Rohrbeheizung ab. Für eine thermisch ausgebildete Strömung müssen nach Gl. (1.174) und (1.175) die folgenden Bedingungen erfüllt sein

$$\frac{\partial T}{\partial x} = \frac{\mathrm{d}T_W}{\mathrm{d}x} + \Theta \left(\frac{\mathrm{d}T_m}{\mathrm{d}x} - \frac{\mathrm{d}T_W}{\mathrm{d}x} \right) \tag{1.176}$$

und

$$\frac{\partial T}{\partial r} = (T_m - T_W) \frac{\mathrm{d}\Theta}{\mathrm{d}r} \; . \tag{1.177}$$

Mit der Beziehung

$$\frac{1}{r} \frac{\partial}{\partial r}\left(r \frac{\partial T}{\partial r}\right) = \frac{1}{r} \frac{\partial T}{\partial r} + \frac{\partial^2 T}{\partial r^2} \; , \tag{1.178}$$

1.5 Konvektiver Wärmeübergang

sowie Gl. (1.162), (1.163), (1.164), (1.176) und (1.177) läßt sich die Energiegleichung (1.172) dann auf die folgende Form bringen

$$2\frac{\lambda(T_m - T_W)}{\varrho\, w_m\, c_p\, d^2}\frac{1}{\xi(1-\xi^2)}\frac{\mathrm{d}}{\mathrm{d}\xi}\left(\xi\frac{\mathrm{d}\Theta}{\mathrm{d}\xi}\right) - \frac{\mathrm{d}T_W}{\mathrm{d}x} - \Theta\left(\frac{\mathrm{d}T_m}{\mathrm{d}x} - \frac{\mathrm{d}T_W}{\mathrm{d}x}\right) = 0 \ . \qquad (1.179)$$

Fassen wir die in Gl. (1.179) auftretenden, vom Radius r unabhängigen Größen zu einer weiteren dimensionslosen Kennzahl zusammen, der sog. NUSSELTschen Kennzahl[12]

$$Nu = \frac{\varrho\, w_m\, c_p\, d^2}{4\lambda(T_W - T_m)}\frac{\mathrm{d}T_m}{\mathrm{d}x} \ , \qquad (1.180)$$

so erhält die Energiegleichung (1.179) schließlich die Form

$$\frac{\mathrm{d}}{\mathrm{d}\xi}\left(\xi\frac{\mathrm{d}\Theta}{\mathrm{d}\xi}\right) = 2\,Nu(\xi^3 - \xi)\left[\frac{\mathrm{d}T_W/\mathrm{d}x}{\mathrm{d}T_m/\mathrm{d}x}(1-\Theta) + \Theta\right] \ . \qquad (1.181)$$

Um Gl. (1.181) integrieren zu können, müssen noch die Randbedingungen berücksichtigt werden. Von den zahlreichen Möglichkeiten wollen wir nur zwei technisch bedeutsame Fälle herausgreifen, nämlich den Fall konstanter Wärmestromdichte und konstanter Wandtemperatur.

Konstante Wärmestromdichte als Randbedingung

Wird z.B. die Rohrwand elektrisch beheizt, so ist die Wärmestromdichte $\dot{q}$ längs des Rohres konstant, d.h. unabhängig von x

$$\dot{q} = \lambda\left(\frac{\partial T}{\partial r}\right)_W = \lambda(T_m - T_W)\left(\frac{\mathrm{d}\Theta}{\mathrm{d}r}\right)_W = \mathrm{konst} \ . \qquad (1.182)$$

Da bei ausgebildeter Rohrströmung mit Θ auch $(\mathrm{d}\Theta/\mathrm{d}r)_W$ von der Lauflänge x unabhängig ist, muß wegen Gl. (1.182) auch die Temperaturdifferenz $T_W - T_m$ von x unabhängig, d.h.

$$\frac{\mathrm{d}T_W}{\mathrm{d}x} - \frac{\mathrm{d}T_m}{\mathrm{d}x} = 0 \ , \qquad (1.183)$$

sein. Damit vereinfacht sich Gl. (1.181) zu einer gewöhnlichen Differentialgleichung

$$\frac{\mathrm{d}}{\mathrm{d}\xi}\left(\xi\frac{\mathrm{d}\Theta}{\mathrm{d}\xi}\right) = 2\,Nu(\xi^3 - \xi) \ . \qquad (1.184)$$

Einfache Integration ergibt

$$\xi\frac{\mathrm{d}\Theta}{\mathrm{d}\xi} = Nu\left(\frac{\xi^4}{2} - \xi^2\right) + C_1 \ . \qquad (1.185)$$

---

[12] Hier ist die NUSSELTsche Kennzahl zunächst nur eine formal zweckmäßige Zusammenfassung verschiedener Größen; ihre zentrale Bedeutung für die praktische Berechnung von Wärmeübertragungsproblemen werden wir später kennenlernen.

Auf der Rohrachse ($\xi = 0$) ist auch $d\Theta/d\xi = 0$, weshalb die Integrationskonstante $C_1 = 0$ sein muß. Nach weiterer Integration erhalten wir

$$\Theta = Nu \left(\frac{\xi^4}{8} - \frac{\xi^2}{2} \right) + C_2 \ . \tag{1.186}$$

Die Integrationskonstante C_2 bestimmen wir aus der Randbedingung, nach der an der Rohrwand ($\xi = 1$) das Fluid die Wandtemperatur annehmen muß ($\Theta = 0$), zu

$$C_2 = \frac{3}{8} Nu \ . \tag{1.187}$$

Bilden wir die mittlere Fluidtemperatur T_m nach Gl. (1.173) als dimensionslose Mitteltemperatur Θ_m, so erhalten wir mit Gl. (1.164), (1.186) und (1.187)

$$\begin{aligned}
\Theta_m &= 4 \int_0^1 \xi(1-\xi^2) \, \Theta \, d\xi \\
&= 4 \frac{Nu}{8} \int_0^1 \xi(1-\xi^2)(\xi^4 - 4\xi^2 + 3) d\xi = \frac{11}{48} Nu \ .
\end{aligned} \tag{1.188}$$

Nach Gl. (1.174) muß Θ_m definitionsgemäß gleich eins sein. Somit wird

$$Nu = \frac{48}{11} = 4.36 \quad (\text{für } \dot{q} = \text{konst}) \ . \tag{1.189}$$

Für das dimensionslose Temperaturprofil erhalten wir dann

$$\Theta = Nu \left(\frac{\xi^4}{8} - \frac{\xi^2}{2} + \frac{3}{8} \right) = \frac{6}{11} \xi^4 - \frac{24}{11} \xi^2 + \frac{18}{11} \quad (\text{für } \dot{q} = \text{konst}) \ . \tag{1.190}$$

Es ist in Bild 1.35 zusammen mit dem dimensionslosen Geschwindigkeitsprofil über dem dimensionslosen Radius eingetragen.
Durch Differentiation der Gl. (1.190) bekommt man den Temperaturgradienten für einen beliebigen Radius

$$\frac{d\Theta}{d\xi} = Nu \left(\frac{\xi^3}{2} - \xi \right) \tag{1.191}$$

und speziell für den Temperaturgradienten an der Wand ($\xi = 1$)

$$\left(\frac{d\Theta}{d\xi} \right)_W = -\frac{Nu}{2} \ . \tag{1.192}$$

Setzt man dieses in Gl. (1.182) ein, so läßt sich der in Abschnitt 1.3.1 eingeführte Wärmeübergangskoeffizient α, der als Quotient der Wärmestromdichte $\dot{q}$ und der Temperaturdifferenz $T_W - T_m$ definiert wird, durch die NUSSELTsche Kennzahl ausdrücken

$$\alpha = \frac{\dot{q}}{T_W - T_m} = -\frac{\lambda}{d/2}\left(\frac{d\Theta}{d\xi}\right)_W = \frac{\lambda Nu}{d} = 4.36\frac{\lambda}{d} \quad (\text{für } \dot{q} = \text{konst}) \;. \quad (1.193)$$

Bei thermisch ausgebildeter laminarer Rohrströmung und konstanter Wärmestromdichte ändert sich der Wärmeübergangskoeffizient α proportional mit der Wärmeleitfähigkeit λ des Fluids und umgekehrt proportional zum Rohrdurchmesser d.

Konstante Wandtemperatur als Randbedingung

Eine andere technisch wichtige Randbedingung ist die konstante Wandtemperatur $T_W = $ konst. Diese liegt z.B. dann vor, wenn auf einer Seite des Rohres bei isobarer Verdampfung oder Kondensation eines Stoffes die Temperatur konstant gehalten wird und die Rohrwand sehr dünn und gut wärmeleitend ist. Konstante Wandtemperatur bedeutet, daß

$$\frac{dT_W}{dx} = 0 \quad (1.194)$$

ist, und Gl. (1.181) die folgende Form annimmt

$$2Nu(\xi^3 - \xi)\Theta = \frac{d}{d\xi}\left(\xi\frac{d\Theta}{d\xi}\right) = \frac{d\Theta}{d\xi} + \xi\frac{d^2\Theta}{d\xi^2} \;. \quad (1.195)$$

Zur Lösung dieser gewöhnlichen Differentialgleichung wurde bereits von GRAETZ[13] und später von NUSSELT[14] eine Reihenentwicklung

$$\Theta = \sum_{n=0}^{\infty} a_n \xi^n \quad (1.196)$$

vorgeschlagen. Indem man die ersten und zweiten Ableitungen von Θ nach ξ bildet und in Gl. (1.195) einsetzt, erhält man folgende Bedingungen für die Koeffizienten a_n

$$a_1 = a_3 = a_5 = \ldots = 0 \quad (1.197)$$

$$\frac{a_2}{a_0} = -\frac{Nu}{2} \quad (1.198)$$

$$\frac{a_n}{a_0} = \frac{2Nu}{n^2}\left(\frac{a_{n-4}}{a_0} - \frac{a_{n-2}}{a_0}\right) \quad n = 4, 6, 8, \ldots \;. \quad (1.199)$$

---

[13] GRAETZ L (1883) Über die Wärmeleitfähigkeit von Flüssigkeiten. Ann. Phys. 18:79 und 25:337 (1885)

[14] NUSSELT W (1910) Die Abhängigkeit der Wärmeübergangszahl von der Rohrlänge. Z. VDI 54:1154

An der Rohrwand ($\xi = 1$) muß die Randbedingung $\Theta = 0$ gelten, d.h. für $a_0 \neq 0$

$$\sum_{n=0}^{\infty} \frac{a_n}{a_0} = 0 \ . \tag{1.200}$$

Nach Gl. (1.198) und (1.199) sind die Quotienten a_n/a_0 nur von der NUSSELTschen Kennzahl Nu abhängig, so daß gilt

$$f(Nu) = \sum_{n=0}^{\infty} \frac{a_n}{a_0} = 0 \ . \tag{1.201}$$

Die Funktion $f(Nu)$ läßt sich für jeden Wert der NUSSELTschen Kennzahl mit den Gl. (1.197), (1.198) und (1.199) leicht aufsummieren; das Ergebnis ist in Bild 1.36 dargestellt.

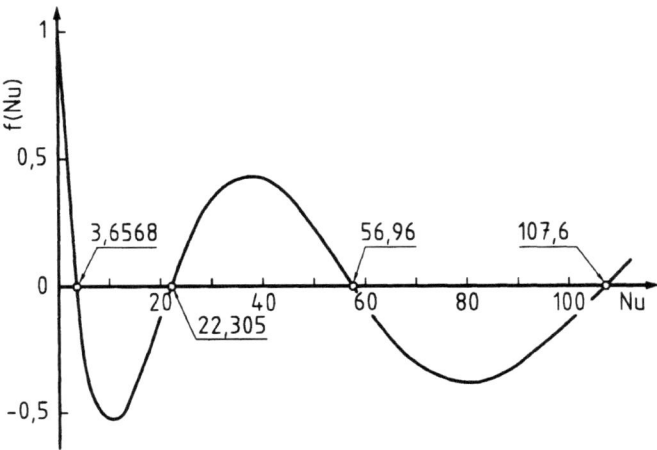

Bild 1.36: Die Funktion $f(Nu)$ nach Gl. (1.201) und ihre Nullstellen

Die Funktion $f(Nu)$ hat unendlich viele Nullstellen, von denen in Bild 1.36 die ersten vier angegeben wurden. Jeder Nullstelle entspricht ein bestimmter Wert der NUSSELTschen Kennzahl und damit kann dieser ein ganz bestimmter Satz von Koeffizienten a_n zugeordnet werden, welcher die Bedingungen (1.197) bis (1.199) erfüllt. Bildet man mit diesen Koeffizienten die Reihe nach Gl. (1.196), so stellt diese eine Lösung der Differentialgleichung (1.195) dar, welche zugleich die Randbedingung (1.200) befriedigt. Die den verschiedenen Nullstellen zuzuordnenden verschiedenen Lösungen der Differentialgleichung unterscheiden sich, wie gleich erläutert wird, durch unterschiedlich steile Wandgradienten.

Integriert man nämlich Gl. (1.195) zwischen den Grenzen $\xi = 0$ und $\xi = 1$, so erhält man mit der dimensionslosen Mitteltemperatur Θ_m entsprechend den Gl. (1.174) und (1.173)

$$-2Nu \int_0^1 \xi(1-\xi^2)\Theta \, d\xi = -2Nu \frac{\Theta_m}{4} = \left(\frac{d\Theta}{d\xi}\right)_{\xi=1} \ . \tag{1.202}$$

Da definitionsgemäß nach Gl. (1.174) die dimensionslose Mitteltemperatur $\Theta_m = 1$ ist, ermittelt man den dimensionslosen Temperaturgradienten an der Wand

$$\left(\frac{d\Theta}{d\xi}\right)_{\xi=1} = -\frac{Nu}{2} \ . \tag{1.203}$$

Die größeren Werte der Nullstellen in Bild 1.36 entsprechen größeren NUSSELT-Zahlen und damit nach Gl. (1.203) größeren Wandgradienten; diese Nullstellen wurden von GRAETZ und NUSSELT dazu verwendet, die Temperaturverteilung bei thermisch nicht ausgebildeter Strömung durch Superposition zu bestimmen. Wie sogleich gezeigt werden wird, werden mit zunehmender Lauflänge x Temperaturprofile bei größerer NUSSELT-Zahl aber viel schneller eingeebnet als bei kleinerer NUSSELT-Zahl. Daher ist für die thermisch ausgebildete Strömung die kleinstmögliche NUSSELT-Zahl, die auch dem kleinstmöglichen Wandgradienten entspricht, maßgebend

$$Nu = 3,6568 \quad \text{(thermisch ausgebildete Strömung für } T_W = \text{konst)} \ . \tag{1.204}$$

Aus der Randbedingung (1.203) erhält man nach Differentiation der Gl. (1.196) eine Bestimmungsgleichung für die noch unbestimmte Konstante a_0

$$\left(\frac{d\Theta}{d\xi}\right)_{\xi=1} = a_0 \sum_{n=0}^{\infty} n \frac{a_n}{a_0} = -\frac{Nu}{2} \ . \tag{1.205}$$

Hierzu werden für die NUSSELT-Zahl $Nu = 3.6568$ die Koeffizienten a_n/a_0 jeweils nach Gl. (1.199) berechnet und, mit n multipliziert, aufsummiert.
Daraus ermittelt man folgenden Zahlenwert für die Summe

$$\sum_{n=0}^{\infty} n \frac{a_n}{a_0} = -1,0143 \ . \tag{1.206}$$

Aus Gl. (1.205) läßt sich dann die Konstante a_0 berechnen

$a_0 = 1,8026$

und mit Gl. (1.198) und (1.199) die übrigen Koeffizienten a_n der Reihe (1.196). Die ersten 9 Koeffizienten sind in Tab. 1.1 aufgeführt.

Tabelle 1.1: Die ersten 9 Koeffizienten der Reihe $\Theta = \sum_{n=0}^{\infty} a_n \xi^n$ für $Nu = 3.6568$

a_0	=	+1,8026	a_2	=	−3,2959	a_4	=	2,3305
a_6	=	−1,1430	a_8	=	0,3969	a_{10}	=	−0,1126
a_{12}	=	0,0259	a_{14}	=	−0,0052	a_{16}	=	0,0009

Die dimensionslose Temperatur Θ nach Gl. (1.196) wurde mit diesen Koeffizienten berechnet und in Bild 1.35 zusammen mit derjenigen für $\dot{q} = \text{konst}$ und dem Geschwindigkeitsprofil als Funktion des dimensionslosen Radius $\xi = 2r/d$ dargestellt. Bei konstanter Wandtemperatur T_W klingt die Temperaturdifferenz $T_W - T_m$ exponentiell mit der Lauflänge x ab. Dies folgt aus der Integration von Gl. (1.180), wenn T_{m_0} die mittlere Temperatur am Beginn der ausgebildeten Strömung und $\dot{m}$ den durch das Rohr fließenden Massenstrom bezeichnen

$$\frac{T_m - T_W}{T_{m_0} - T_W} = e^{-\frac{4\lambda Nu\, x}{\varrho w_m c_p d^2}} = e^{-\frac{\pi \lambda Nu\, x}{\dot{m} c_p}} \quad . \tag{1.207}$$

Man erkennt, daß die mittlere Temperatur T_m des Fluids sich umso schneller der Wandtemperatur T_W angleicht je größer der Zahlenwert der Nusseltschen Kennzahl Nu ist.

Den in einem Rohr der Länge L insgesamt übertragenen Wärmestrom erhalten wir aus Gl. (1.207) für $x = L$ mit $Nu = \alpha d/\lambda$ und der Wärmeübertragungsfläche $A = \pi dL$ zu

$$\dot{Q} = \dot{m} c_p (T_{m_L} - T_{m_0}) = \dot{m} c_p (T_W - T_{m_0}) \left[1 - \exp\left(-\frac{\alpha A}{\dot{m} c_p}\right) \right] \quad . \tag{1.208}$$

Vergrößert man die Wärmeübertragungsfläche A, so vergrößert sich der insgesamt übertragene Wärmestrom höchstens bis zu seinem asymptotischen Grenzwert

$$\dot{Q} = \dot{m} c_p (T_W - T_{m_0}) \quad \text{für } A \to \infty \quad . \tag{1.209}$$

Unter den gegebenen Randbedingungen ist es daher wenig sinnvoll, die Wärmeübertragerfläche A beliebig zu vergrößern, um möglichst viel Wärme übertragen zu können, weil dann die Kosten für den Wärmeübertrager und auch die Druckverluste (Gl. (1.165)) unverhältnismäßig ansteigen würden.

1.5.3 Differentialgleichungen der Strömung und des Wärmeübergangs

Um allgemeinere Fälle untersuchen zu können, wollen wir die Differentialgleichungen aufstellen, welche die Strömung und den Wärmeübergang bestimmen. Es sind dies die Erhaltungsgleichungen für Masse, Stoff, Impuls und Energie.

Kontinuitätsgleichung

Das Gesetz von der Massenerhaltung besagt, daß die zeitliche Änderung der in jedem Volumenelement $dV = dx\, dy\, dz$ enthaltenen Masse $dV\, \partial \varrho / \partial t$ gleich der Differenz der zu- und abfließenden Massenströme sein muß. In x-Richtung strömt dem Volumenelement der Massenstrom

$$\varrho w_x\, dy\, dz$$

zu und der Massenstrom

$$\varrho w_x\, dy\, dz + \frac{\partial}{\partial x}(\varrho w_x) dx\, dy\, dz$$

von ihm ab, entsprechendes gilt für die y- und z-Richtung, Bild 1.37.

1.5 Konvektiver Wärmeübergang

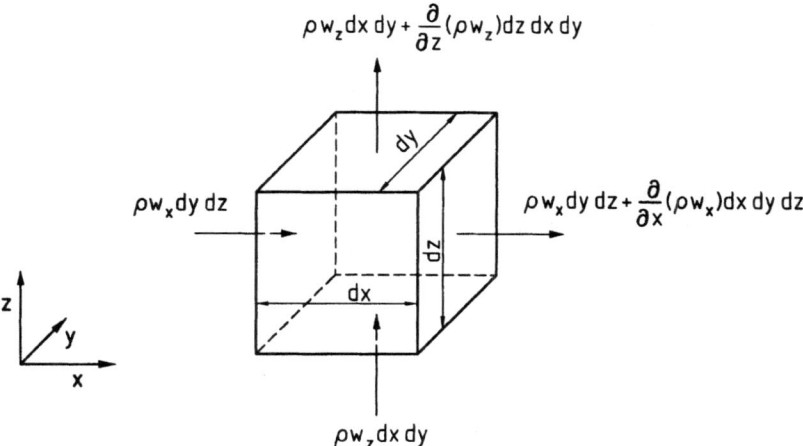

Bild 1.37: Massenbilanz am Volumenelement dV

Damit ist die zeitliche Änderung der im Volumenelement enthaltenen Masse gleich der Differenz der insgesamt zu- und abströmenden Massenströme

$$
\begin{aligned}
\mathrm{d}V \frac{\partial \varrho}{\partial t} \;=\;& \varrho\, w_x\, \mathrm{d}y\, \mathrm{d}z - \varrho\, w_x\, \mathrm{d}y\, \mathrm{d}z - \frac{\partial}{\partial x}(\varrho\, w_x)\mathrm{d}x\, \mathrm{d}y\, \mathrm{d}z \\
&+ \varrho\, w_y\, \mathrm{d}x\, \mathrm{d}z - \varrho\, w_y\, \mathrm{d}x\, \mathrm{d}z - \frac{\partial}{\partial y}(\varrho\, w_y)\mathrm{d}y\, \mathrm{d}x\, \mathrm{d}z \\
&+ \varrho\, w_z\, \mathrm{d}x\, \mathrm{d}y - \varrho\, w_z\, \mathrm{d}x\, \mathrm{d}y - \frac{\partial}{\partial z}(\varrho\, w_z)\mathrm{d}z\, \mathrm{d}x\, \mathrm{d}y \; .
\end{aligned}
\quad (1.210)
$$

Wir erhalten nach Division durch dV = dx dy dz die Kontinuitätsgleichung

$$
\begin{aligned}
&\frac{\partial \varrho}{\partial t} + \frac{\partial}{\partial x}(\varrho w_x) + \frac{\partial}{\partial y}(\varrho w_y) + \frac{\partial}{\partial z}(\varrho w_z) \\
&= \frac{\partial \varrho}{\partial t} + w_x \frac{\partial \varrho}{\partial x} + w_y \frac{\partial \varrho}{\partial y} + w_z \frac{\partial \varrho}{\partial z} + \varrho \left(\frac{\partial w_x}{\partial x} + \frac{\partial w_y}{\partial y} + \frac{\partial w_z}{\partial z} \right) = 0 \; ,
\end{aligned}
\quad (1.211)
$$

welche das Gesetz von der Erhaltung der Masse ausdrückt. Für konstante Dichte (ϱ = konst) vereinfacht sich die Kontinuitätsgleichung zu

$$
\frac{\partial w_x}{\partial x} + \frac{\partial w_y}{\partial y} + \frac{\partial w_z}{\partial z} = 0 \quad (\varrho = \text{konst})
\quad (1.212)
$$

Stofferhaltungsgleichung

Ist das Fluid kein reiner Stoff, sondern ein Gemisch aus n verschiedenen Bestandteilen (Komponenten), so kann dem konvektiven Massentransport ein Stofftransport durch Diffusion überlagert sein, welche durch Konzentrations-, Druck- und/oder Temperaturgradienten hervorgerufen wird.

Dadurch können die Mittelwerte der Teilchengeschwindigkeiten w_{xi}, w_{yi}, w_{zi} der einzelnen Komponenten unterschiedliche Werte annehmen, die sich vom Mittelwert der Strömungsgeschwindigkeit mehr oder weniger unterscheiden. Dieser kann auf verschiedene Weise gebildet werden[15]. Wir wollen hier als Mittelwert die Schwerpunktgeschwindigkeit

$$\vec{w} = \begin{pmatrix} w_x \\ w_y \\ w_z \end{pmatrix} = \frac{1}{\varrho} \sum_{i=1}^{n} \varrho \, \xi_i \begin{pmatrix} w_{xi} \\ w_{yi} \\ w_{zi} \end{pmatrix} \qquad (1.213)$$

wählen, wobei ϱ in kg/m³ die Dichte des Fluids und ξ_i den Massenanteil der Komponente i im Gemisch bezeichnen.

Um die Bilanz der einzelnen Stoffströme aufzustellen, betrachten wir wieder das Volumenelement $dV = dx \, dy \, dz$, Bild 1.37 und 1.38. Darin ist vom Stoff i die Masse $\xi_i \varrho dV$ enthalten; deren zeitliche Änderung ist $\partial(\xi_i \varrho)/\partial t$. Über die sechs Oberflächen des Volumenelements dV werden vom Stoff i die Massenströme

$$\varrho \, \xi_i w_{xi} dy dz - \left[\varrho \, \xi_i w_{xi} + \frac{\partial}{\partial x}(\varrho \, \xi_i w_{xi}) dx\right] dy dz$$

$$+ \varrho \, \xi_i w_{yi} dx dz - \left[\varrho \, \xi_i w_{yi} + \frac{\partial}{\partial y}(\varrho \, \xi_i w_{yi}) dy\right] dx dz$$

$$+ \varrho \, \xi_i w_{zi} dx dz - \left[\varrho \, \xi_i w_{zi} + \frac{\partial}{\partial z}(\varrho \, \xi_i w_{zi}) dz\right] dx dy$$

$$= -dV \left\{ \frac{\partial}{\partial x}(\varrho \, \xi_i w_{xi}) + \frac{\partial}{\partial y}(\varrho \, \xi_i w_{yi}) + \frac{\partial}{\partial z}(\varrho \, \xi_i w_{zi}) \right\} , \qquad (1.214)$$

in das Volumenelement hinein- bzw. aus ihm heraustransportiert. Ist dieser Stoff zudem noch an einer im Volumenelement ablaufenden chemischen Reaktion beteiligt, so erfassen wir die dadurch bedingte Zunahme oder Abnahme seiner Menge durch den Reaktionsterm R_i (in kg des Stoffes i je m³ und s).

Die Stoffbilanz für den Stoff i ergibt

$$\frac{\partial}{\partial t}(\varrho \xi_i) + \frac{\partial}{\partial x}(\varrho \, \xi_i w_{xi}) + \frac{\partial}{\partial y}(\varrho \, \xi_i w_{yi}) + \frac{\partial}{\partial z}(\varrho \, \xi_i w_{zi}) = R_i \quad i = 1, \ldots, n \ . \qquad (1.215)$$

Summiert man Gl. (1.215) über alle Komponenten, so verschwindet auf der rechten Seite die Summe aller Reaktionsterme, weil auch infolge von chemischen Reaktionen

---

[15]siehe z.B. BIRD R B, STEWART W E and LIGHTFOOT E N (1960) Transport Phenomena. J. Wiley & Sons, New York
oder HAASE R (1963) Thermodynamik der irreversiblen Prozesse. Steinkopff, Darmstadt.

1.5 Konvektiver Wärmeübergang

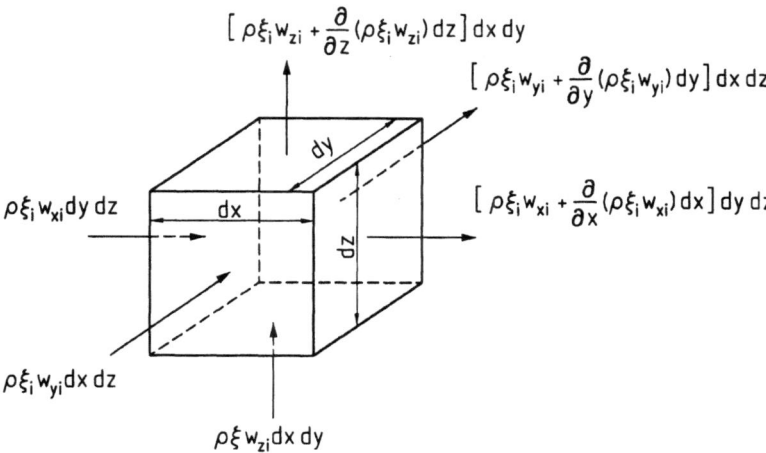

Bild 1.38: Stoffbilanz am Volumenelement dV

Masse weder entstehen noch verschwinden kann. Die Terme auf der linken Seite ergeben mit Gl. (1.213) und $\xi_1+\xi_2+\ldots+\xi_n = 1$ die Kontinuitätsgleichung (1.211), so daß außer dieser nur $n-1$ unabhängige Stofferhaltungsgleichungen der Form (1.215) aufgestellt werden können.

Zur Beschreibung des Stofftransports durch Diffusion werden Begriffe wie Diffusionsgeschwindigkeit und Diffusionsstromdichte verwendet. Diese lassen sich auf verschiedene Weise definieren. Wir wollen hier unter der Diffusionsgeschwindigkeit die Differenz zwischen der mittleren Teilchengeschwindigkeit $\vec{w}_i = (w_{xi}, w_{yi}, w_{zi})$ und der Schwerpunktgeschwindigkeit $\vec{w} = (w_x, w_y, w_z)$ verstehen und unter der Diffusionsstromdichte $\vec{j}_i$ den zugehörigen Massenstrom der Komponente i (in kg je m² und s)

$$\vec{j}_i = \varrho\,\xi_i(\vec{w}_i - \vec{w}) \; . \tag{1.216}$$

Aus Gl. (1.213) folgt sogleich, daß nach der Definition entsprechend Gl. (1.216) die Summe der Diffusionsstromdichten über alle Komponenten verschwinden muß

$$\sum_{i=1}^{n} \vec{j}_i = \sum_{i=1}^{n} \varrho\,\xi_i(\vec{w}_i - \vec{w}) = 0 \; . \tag{1.217}$$

Mit Hilfe des in Gl. (1.216) definierten Diffusionstroms läßt sich die Stoffbilanz für die Komponente i nach Gl. (1.215) auch in der folgenden Form angeben

$$\frac{\partial}{\partial t}(\varrho\,\xi_i) + \frac{\partial}{\partial x}(\xi_i \varrho w_x) + \frac{\partial}{\partial y}(\xi_i \varrho w_y) + \frac{\partial}{\partial z}(\xi_i \varrho w_z) + \frac{\partial j_{xi}}{\partial x} + \frac{\partial j_{yi}}{\partial y} + \frac{\partial j_{zi}}{\partial z} = R_i \; , \tag{1.218}$$

was mit Hilfe der Kontinuitätsgleichung (1.211) geschrieben werden kann

$$\varrho\frac{\partial \xi_i}{\partial t} + \varrho w_x\frac{\partial \xi_i}{\partial x} + \varrho w_y\frac{\partial \xi_i}{\partial y} + \varrho w_z\frac{\partial \xi_i}{\partial z} + \frac{\partial j_{xi}}{\partial x} + \frac{\partial j_{yi}}{\partial y} + \frac{\partial j_{zi}}{\partial z} = R_i \; . \tag{1.219}$$

Für die ersten vier Terme auf der linken Seite von Gl. (1.219) führen wir zur Abkürzung die folgende Schreibweise ein

$$\varrho\frac{\mathrm{d}\xi_i}{\mathrm{d}t} = \varrho\left[\frac{\partial \xi_i}{\partial t} + w_x\frac{\partial \xi_i}{\partial x} + w_y\frac{\partial \xi_i}{\partial y} + w_z\frac{\partial \xi_i}{\partial z}\right] \ . \tag{1.220}$$

Dabei verwenden wir die sog. „substantielle" Ableitung

$$\frac{\mathrm{d}}{\mathrm{d}t} = \frac{\partial}{\partial t} + w_x\frac{\partial}{\partial x} + w_y\frac{\partial}{\partial y} + w_z\frac{\partial}{\partial z} \ , \tag{1.221}$$

welche so zu verstehen ist, daß man die auf der rechten Seite angegebenen Operationen auf die Konzentration ξ_i anwendet. Weil die Geschwindigkeitskomponenten w_x, w_y und w_z die zeitliche Veränderung der Position eines Fluidteilchens angeben, stellt die substantielle Ableitung einer Größe diejenige zeitliche Änderung dieser Größe dar, die ein mit dem Fluid mitschwimmender Beobachter registrieren würde. Mit Gl. (1.220) wird Gl. (1.219)

$$\varrho\frac{\mathrm{d}\xi_i}{\mathrm{d}t} = R_i - \left(\frac{\partial j_{xi}}{\partial x} + \frac{\partial j_{yi}}{\partial y} + \frac{\partial j_{zi}}{\partial z}\right) \ . \tag{1.222}$$

Für die Diffusionsstromdichte $\vec{j}_i$ hat 1855 bereits FICK empirisch das nach ihm benannte Gesetz gefunden, nach dem diese dem Konzentrationsgradienten proportional ist; z.B. ist die Diffusionsstromdichte der Komponente 1 eines Zweistoffgemisches in x-Richtung

$$j_{x1} = -\varrho D_{12}\frac{\partial \xi_1}{\partial x} \ . \tag{1.223}$$

Hierin bedeuten ϱ die Dichte des Gemisches und D_{12} (in m²/s) den Diffusionskoeffizienten der Komponente 1 im Zweistoffgemisch. Nach Gl. (1.215) ist die Diffusionsstromdichte der Komponente 2

$$j_{x2} = -\varrho D_{21}\frac{\partial \xi_2}{\partial x} = -j_{x1} \ . \tag{1.224}$$

Entsprechende Beziehungen gelten für die y- und z-Richtung. Wegen $\xi_1 + \xi_2 = 1$ muß der Diffusionskoeffizient D_{21} der Komponente 2 genau so groß sein wie D_{12}

$$D_{21} = D_{12} = D \ , \tag{1.225}$$

und man kann daher bei Zweistoffgemischen die Indizes am Diffusionskoeffizienten weglassen.
Für ein Gemisch, welches aus n Komponenten besteht, ist nach BIRD, STEWART AND LIGHTFOOT[16] die Diffusionsstromdichte[17] der Komponente i in x-Richtung

$$j_{xi} = \frac{\varrho}{M^2 RT}\sum_{j=1}^{n} M_i M_j D_{ij}\psi_j \sum_{\substack{k=1 \\ l=1}}^{n}\left(\frac{\partial G_{mj}}{\partial \psi_k}\right)_{\substack{T,p,\psi_l \\ l\neq j,k}}\frac{\partial \psi_k}{\partial x} \ . \tag{1.226}$$

---

[16] BIRD R B, STEWART W E, LIGHTFOOT E N (1960) Transport Phenomena. John Wiley & Sons
[17] Außerdem gibt es noch Beiträge zur Diffusionsstromdichte durch Druck- und Temperaturgradienten, sowie durch Massenkräfte.

Hierin sind M_i bzw. M die Molmassen der Komponente i bzw. des Gemisches, ψ_j der Molanteil und G_{mj} die partielle molare freie Enthalpie[18] der Komponente j im Gemisch.

D_{ij} ist der sog. polynäre Diffusionskoeffizient, welcher vom Zustand des Gemisches abhängt. Zahlenwerte und Verfahren zur Berechnung von Diffusionskoeffizienten in Gemischen findet man z.B. in [19],[20] und [21]. [22]

Impulsgleichung

In jedem Raumelement muß außerdem ein Gleichgewicht der Kräfte herrschen, die auf das umfaßte Flüssigkeitsteilchen wirken. Als Kräfte berücksichtigen wir Druckkräfte, die Schwerkraft, Reibungs- und Trägheitskräfte. Andere Kräfte lassen wir bewußt außer Betracht, ungeachtet dessen, daß es technisch bedeutsame Probleme gibt, bei denen hier nicht erfaßte Kräfte, wie z.B. die Oberflächenspannung bei Siedevorgängen oder elektromagnetische Kräfte bei der Strömung elektrisch leitender Medien (Magnetfluiddynamik), eine wichtige Rolle spielen.

Zunächst betrachten wir die Trägheitskräfte, d.h. die Impulsänderungen des Fluids, in x-Richtung, Bild 1.39.

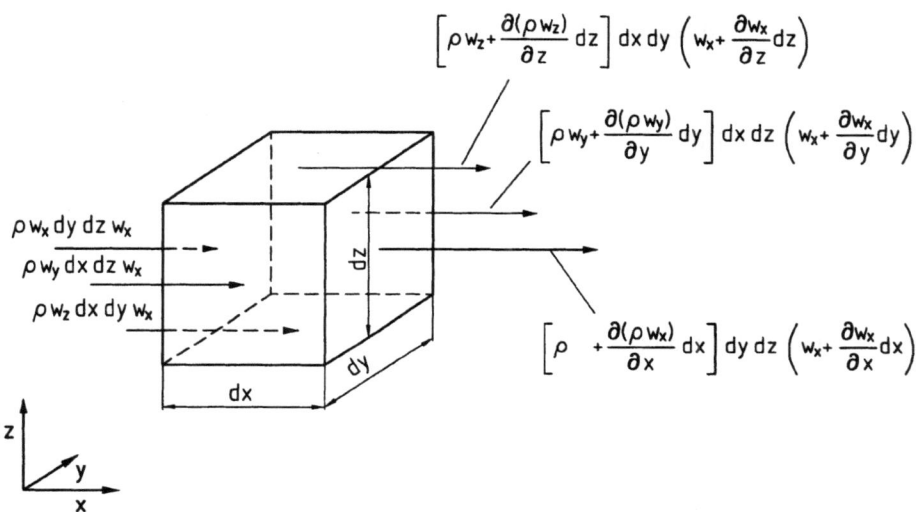

Bild 1.39: Impulsströme durch das Volumenelement in x-Richtung

Im Volumenelement dV ist die Masse ϱdV enthalten, die in x-Richtung infolge ihrer Geschwindigkeit w_x den Impuls $\varrho\,dV\,w_x$ besitzt. Die zeitliche Änderung dieses

---

[18] siehe hierzu Kap. 8, Abschn. 8.1.7
[19] REID R C, PRAUSNITZ J M and SHERWOOD T K (1977) The properties of Gases and Liquids. 3rd ed., McGraw-Hill, New York
[20] BRETSZNAJDER S (1971) Prediction of Transport and other Physical Properties of Fluids. Pergamon Press, Oxford
[21] MERSMANN A (1986) Stoffübertragung. Springer-Verlag
[22] Mersmann, A.

60   1 Einführung in die Lehre von der Wärme- und Stoffübertragung

Impulses ist

$$\mathrm{d}V \, \frac{\partial(\varrho w_x)}{\partial t} \; .$$

In das Volumenelement $\mathrm{d}V = \mathrm{d}x\,\mathrm{d}y\,\mathrm{d}z$ strömt über die linke Seitenfläche $\mathrm{d}y\,\mathrm{d}z$ der Massenstrom $\varrho\,w_x\,\mathrm{d}y\,\mathrm{d}z$ ein. Der zugehörige Impulsstrom ist

$$\varrho\,w_x\,\mathrm{d}y\,\mathrm{d}z\,w_x \; .$$

Über die rechte Seite fließt der Massenstrom

$$\left(\varrho\,w_x + \frac{\partial(\varrho w_x)}{\partial x}\,\mathrm{d}x\right)\mathrm{d}y\,\mathrm{d}z$$

ab mit dem Impulsstrom

$$\left[\varrho\,w_x + \frac{\partial(\varrho w_x)}{\partial x}\,\mathrm{d}x\right]\mathrm{d}y\,\mathrm{d}z \left(w_x + \frac{\partial w_x}{\partial x}\,\mathrm{d}x\right) \; .$$

Außerdem hat auch der über die Vorderfläche $\mathrm{d}x\,\mathrm{d}z$ in y-Richtung eintretende Massenstrom $\varrho\,w_y\,\mathrm{d}x\,\mathrm{d}z$ in x-Richtung einen Impulsstrom

$$\varrho\,w_y\,\mathrm{d}x\,\mathrm{d}z\,w_x \; ,$$

und der über die Hinterfläche $\mathrm{d}x\,\mathrm{d}z$ abströmende Massenstrom in x-Richtung den Impulsstrom

$$\left[\varrho\,w_y + \frac{\partial(\varrho w_y)}{\partial y}\,\mathrm{d}y\right]\mathrm{d}x\,\mathrm{d}z\left(w_x + \frac{\partial w_x}{\partial y}\,\mathrm{d}y\right) \; .$$

Entsprechendes gilt für die über die Bodenfläche $\mathrm{d}x\,\mathrm{d}y$ zu- bzw. über die Deckfläche $\mathrm{d}x\,\mathrm{d}y$ abfließenden Impulsströme

$$\varrho\,w_z\,\mathrm{d}x\,\mathrm{d}y\,w_x \quad \text{(zufliessend)}$$

bzw.

$$\left[\varrho\,w_z + \frac{\partial(\varrho w_z)}{\partial z}\,\mathrm{d}z\right]\mathrm{d}x\,\mathrm{d}y\left[w_x + \frac{\partial w_x}{\partial z}\,\mathrm{d}z\right] \quad \text{(abfliessend)} \; .$$

In x-Richtung ist damit die Summe aller Impulsänderungen

$$\mathrm{d}V\left\{w_x\left[\frac{\partial \varrho}{\partial t} + \frac{\partial(\varrho w_x)}{\partial x} + \frac{\partial(\varrho w_y)}{\partial y} + \frac{\partial(\varrho w_z)}{\partial z}\right] \right.$$
$$\left. + \varrho\left[\frac{\partial w_x}{\partial t} + w_x\frac{\partial w_x}{\partial x} + w_y\frac{\partial w_x}{\partial y} + w_z\frac{\partial w_x}{\partial z}\right]\right\} \; , \qquad (1.227)$$

wobei die erste Zeile in Gl. (1.227) wegen der Kontinuitätsgleichung (1.211) identisch verschwindet.

1.5 Konvektiver Wärmeübergang

Wir wollen uns nun der Kräftebilanz am Volumenelement zuwenden. Als Massenkraft wollen wir lediglich die Schwerkraft berücksichtigen, die sich als Produkt der Masse $\varrho\,dV$ und der Erdbeschleunigung g ergibt und in x-Richtung die Komponente

$$g_x\,\varrho\,dV \tag{1.228}$$

besitzt.

Oberflächenkräfte werden in Fluiden durch den Impulsaustausch zwischen Molekülen verursacht. Schon in ruhenden Fluiden haben wir den Druck zu berücksichtigen, welcher senkrecht zur jeweils betrachteten Oberfläche wirkt. Bei bewegten Fluiden kommen noch Normal- und Schubspannungen hinzu, Bild 1.40.

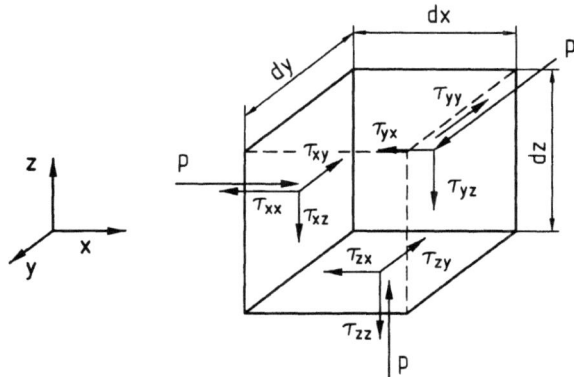

Bild 1.40: Oberflächenkräfte am Volumenelement

Die Indizes an den Schubspannungen wurden so gewählt, daß der erste die Normalenrichtung derjenigen Fläche, auf welche die Spannung einwirkt und der zweite die Richtung der Spannung angibt; so bezeichnet z.B. τ_{yx} die Schubspannung in x-Richtung, die an der Fläche $dx\,dz$ angreift, deren Flächennormale in y-Richtung zeigt. Dabei hat es sich eingebürgert, die Schubspannungen auf den dem Koordinatenursprung zugewandten Seiten des Volumenelements dann positiv zu rechnen, wenn sie den jeweiligen Koordinaten entgegengerichtet sind, und auf den abgewandten Seiten umgekehrt.

In x-Richtung müssen folgende Oberflächenkräfte berücksichtigt werden, Bild 1.40

$$(p - \tau_{xx})dy\,dz + \left(\tau_{xx} + \frac{\partial \tau_{xx}}{\partial x}dx - p - \frac{\partial p}{\partial x}dx\right)dy\,dz = dV\left(\frac{\partial \tau_{xx}}{\partial x} - \frac{\partial p}{\partial x}\right)$$

(linke und rechte Seitenfläche)

$$-\tau_{yx}\,dx\,dz + \left(\tau_{yx} + \frac{\partial \tau_{yx}}{\partial y}dy\right)dx\,dz = dV\,\frac{\partial \tau_{yx}}{\partial y} \quad \text{(Vorder- und Hinterfläche)}$$

$$-\tau_{zx}\,dx\,dy + \left(\tau_{zx} + \frac{\partial \tau_{zx}}{\partial z}dz\right)dx\,dy = dV\,\frac{\partial \tau_{zx}}{\partial z} \quad \text{(Bodenfläche und Deckfläche)} \;.$$

Insgesamt ergibt die Summe aller Oberflächenkräfte in x-Richtung

$$-\mathrm{d}V\left\{-\frac{\partial p}{\partial x}+\frac{\partial \tau_{xx}}{\partial x}+\frac{\partial \tau_{yx}}{\partial y}+\frac{\partial \tau_{zx}}{\partial z}\right\} .$$

Nach dem zweiten NEWTONschen Gesetz muß die Summe aller Impulsänderungen nach Gl. (1.227) gleich der Summe der äußeren Kräfte sein, also in x-Richtung

$$\varrho\left(\frac{\partial w_x}{\partial t}+w_x\frac{\partial w_x}{\partial x}+w_y\frac{\partial w_x}{\partial y}+w_z\frac{\partial w_x}{\partial z}\right)=-\frac{\partial p}{\partial x}+\frac{\partial \tau_{xx}}{\partial x}+\frac{\partial \tau_{yx}}{\partial y}+\frac{\partial \tau_{zx}}{\partial z}+\varrho\, g_x .$$

(1.229)

Der Klammerausdruck ist die substantielle Ableitung der Geschwindigkeitskomponente w_x (vergl. Gl. (1.220))

$$\frac{\mathrm{d}w_x}{\mathrm{d}t}=\frac{\partial w_x}{\partial t}+w_x\frac{\partial w_x}{\partial x}+w_y\frac{\partial w_x}{\partial y}+w_z\frac{\partial w_x}{\partial z} .$$

(1.230)

Damit erhalten wir für die Kräftebilanz in x-Richtung und analog für die y- und z-Richtung

$$\begin{aligned}\varrho\frac{\mathrm{d}w_x}{\mathrm{d}t} &= -\frac{\partial p}{\partial x}+\frac{\partial \tau_{xx}}{\partial x}+\frac{\partial \tau_{yx}}{\partial y}+\frac{\partial \tau_{zx}}{\partial z}+\varrho\, g_x , \\ \varrho\frac{\mathrm{d}w_y}{\mathrm{d}t} &= -\frac{\partial p}{\partial y}+\frac{\partial \tau_{xy}}{\partial x}+\frac{\partial \tau_{yy}}{\partial y}+\frac{\partial \tau_{zy}}{\partial z}+\varrho\, g_y , \\ \varrho\frac{\mathrm{d}w_z}{\mathrm{d}t} &= -\frac{\partial p}{\partial z}+\frac{\partial \tau_{xz}}{\partial x}+\frac{\partial \tau_{yz}}{\partial y}+\frac{\partial \tau_{zz}}{\partial z}+\varrho\, g_z .\end{aligned}$$

(1.231)

Die Schubspannungen τ_{xx}, τ_{xy} erhält man aus der Betrachtung des dreiachsigen Spannungszustandes, wenn man nach STOKES[23] die Spannungen proportional zu den Formänderungsgeschwindigkeiten ansetzt. Fluide, für die diese Annahme zutrifft, nennt man ideal viskose oder NEWTONsche Fluide. Nach STOKES sind die

---

[23] STOKES G G (1845) On the Theories of the Internal Friction of Fluids in Motion. Trans of the Cambr Phil Soc 8
GEORGE GABRIEL STOKES (1819 – 1903), seit 1849 Professor der Mathematik in Cambridge, publizierte grundlegende Arbeiten zur Hydrodynamik, Akustik und Optik.

Schubspannungen[24]

$$\tau_{xx} = \frac{2}{3}\eta\left(2\frac{\partial w_x}{\partial x} - \frac{\partial w_y}{\partial y} - \frac{\partial w_z}{\partial z}\right) \quad ; \tau_{xy} = \tau_{yx} = \eta\left(\frac{\partial w_x}{\partial y} + \frac{\partial w_y}{\partial x}\right) \quad ;$$

$$\tau_{yy} = \frac{2}{3}\eta\left(-\frac{\partial w_x}{\partial x} + 2\frac{\partial w_y}{\partial y} - \frac{\partial w_z}{\partial z}\right) \quad ; \tau_{xz} = \tau_{zx} = \eta\left(\frac{\partial w_x}{\partial z} + \frac{\partial w_z}{\partial x}\right) \quad ;$$

$$\tau_{zz} = \frac{2}{3}\eta\left(-\frac{\partial w_x}{\partial x} - \frac{\partial w_y}{\partial y} + 2\frac{\partial w_z}{\partial z}\right) \quad ; \tau_{yz} = \tau_{zy} = \eta\left(\frac{\partial w_y}{\partial z} + \frac{\partial w_z}{\partial y}\right) \quad , \quad (1.232)$$

oder in zusammenfassender Weise

$$\tau_{ij} = \eta\left(\frac{\partial w_j}{\partial i} + \frac{\partial w_i}{\partial j} - \frac{2}{3}\delta_{ij}\sum_{k=x,y,z}\frac{\partial w_k}{\partial k}\right) \quad i,j = x,y,z \ . \qquad (1.233)$$

Hierin bedeuten η (in kg/s m oder Pa s) die dynamische Zähigkeit und δ_{ij} das KRONECKER-Symbol.
Setzt man die Beziehungen (1.232) in Gl. (1.231) ein, so bekommt man die bekannten NAVIER-STOKESschen Bewegungsgleichungen. Sie stellen zusammen mit der Kontinuitätsgleichung (1.211) ein System partieller Differentialgleichungen dar, das bei Kenntnis der Anfangs- und Randbedingungen die örtliche und zeitliche Änderung des Druckes und der Geschwindigkeit beschreibt. Die Impulsgleichungen (1.231) gelten in gleicher Weise auch für Stoffgemische, wenn nur solche Massenkräfte berücksichtigt werden müssen, die, wie die Schwerkraft, nicht stoffspezifisch sind.

Energiegleichung

Wir wollen nun noch die Energiebilanz für das Volumenelement aufstellen, welche für Probleme der Wärmeübertragung besonders wichtig ist, Bild 1.41.
Die gesamte, im Volumenelement dV enthaltene Energie $\varrho e \, dV$ ist die Summe aus innerer Energie $\varrho u \, dV$, kinetischer Energie $\varrho \, dV w^2/2$ und potentieller Energie

---

[24] STOKES geht bei der Formulierung seines Schubspannungsansatzes von dem linearen Zusammenhang zwischen Spannung und Formänderung bei elastischen festen Körpern aus (STOKESches Gesetz). In Analogie zur Mechanik der elastischen Körper nimmt er für Flüssigkeiten und Gase einen linearen Zusammenhang zwischen Spannungen und Formänderungsgeschwindigkeiten an; außerdem führt er mit der nach ihm benannten Hypothese die sog. Volumenviskosität auf die Scherviskosität η zurück. Alle diese Annahmen liegen den Gln. (1.255) zugrunde und können entweder aus der Theorie der Gase oder mit Hilfe der Thermodynamik der irreversiblen Prozesse begründet werden. Dabei wird u.a. die Volumenviskosität mit Relaxationsprozessen bei der Anregung der inneren Freiheitsgrade der Moleküle in Zusammenhang gebracht. Wir verzichten hier auf eine ausführliche Darstellung dieser Zusammenhänge, gehen stattdessen für die weiteren Betrachtungen von Gl. (1.233) aus und verweisen den interessierten Leser auf eingehendere Darstellungen z.B. in
HIRSCHFELDER J O, CURTISS C F AND BIRD R B (1959) Molecular Theory of Gases and Liquids. Wiley & Sons und HAASE R (1963) Thermodynamik der irreversiblen Prozesse. Steinkopff-Verlag
SCHLICHTING H (1982) Grenzschichttheorie, 8. Auflage, Karlsruhe
MERKER G P (1987) Konvektive Wärmeübertragung. Springer-Verlag
BAEHR H D UND STEPHAN K (1994) Wärme- und Stoffübertragung. Springer-Verlag
JISCHA M (1982) Konvektiver Impuls-, Wärme- und Stoffaustausch. Vieweg-Verlag

64   1 Einführung in die Lehre von der Wärme- und Stoffübertragung

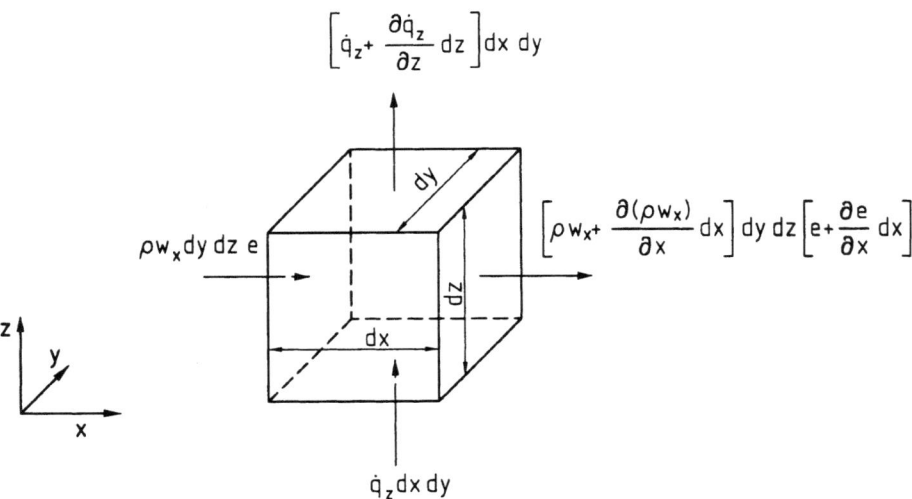

Bild 1.41: Energiebilanz am Volumenelement

$-\varrho \, dV(x \, g_x + y \, g_y + z \, g_z)$, wobei g_x, g_y und g_z die Komponenten der Schwerebeschleunigung in x-, y- und z-Richtung darstellen

$$\varrho \, e \, dV = \varrho \left(u + \frac{w^2}{2} - g_x x - g_y y - g_z z \right) dV \;. \qquad (1.234)$$

Durch die sechs Oberflächen des Volumenelements werden mit den aus- bzw. eintretenden Massenströmen die folgenden Energieströme mitgeführt

$$\left[\varrho w_x + \frac{\partial(\varrho w_x)}{\partial x} dx \right] dy \, dz \left[e + \frac{\partial e}{\partial x} dx \right] - \varrho w_x \, dy \, dz \, e$$

$$+ \left[\varrho w_y + \frac{\partial(\varrho w_y)}{\partial y} dy \right] dx \, dz \left[e + \frac{\partial e}{\partial y} dy \right] - \varrho w_y \, dx \, dz \, e$$

$$+ \left[\varrho w_z + \frac{\partial(\varrho w_z)}{\partial z} dz \right] dx \, dy \left[e + \frac{\partial e}{\partial z} dz \right] - \varrho w_z \, dx \, dy \, e$$

$$= dV \left\{ \frac{\partial(\varrho e w_x)}{\partial x} + \frac{\partial(\varrho e w_y)}{\partial y} + \frac{\partial(\varrho e w_z)}{\partial z} \right\} \;,$$

wobei austretende Energieströme positiv und eintretende negativ gerechnet werden (s. Bild 1.41, in dem zur besseren Übersichtlichkeit nur die Energieströme in x-Richtung eingezeichnet wurden).
Nach dem Ersten Hauptsatz ist die zeitliche Änderung der im Volumenelement dV enthaltenen Energie plus der Differenz der aus- und eintretenden Energieströme

1.5 Konvektiver Wärmeübergang

gleich dem Wärmestrom $\partial \dot{Q}$ und der Leistung $\partial \dot{L}$, die dem Volumenelement zugeführt werden. So erhalten wir mit der Kontinuitätsgleichung (1.211) und der substantiellen Ableitung (1.221)

$$\frac{\partial(\varrho e)}{\partial t} + \frac{\partial(\varrho e w_x)}{\partial x} + \frac{\partial(\varrho e w_y)}{\partial y} + \frac{\partial(\varrho e w_z)}{\partial z} = \varrho \frac{de}{dt} = \frac{\partial \dot{Q} + \partial \dot{L}}{dV} \ . \tag{1.235}$$

Den Wärmestrom $\partial \dot{Q}$ ermittelt man nach Bild 1.41 als Differenz aller über die Oberflächen des Volumenelements zu- bzw. abgeführten Wärmeströme, wobei in Bild 1.41 zur besseren Übersichtlichkeit nur die in z-Richtung eingetragen wurden

$$\begin{aligned}\partial \dot{Q} &= \dot{q}_x \, dy \, dz - \left(\dot{q}_x + \frac{\partial \dot{q}_x}{\partial x} dx\right) dy \, dz + \dot{q}_y \, dx \, dz - \left(\dot{q}_y + \frac{\partial \dot{q}_y}{\partial y} dy\right) dx \, dz \\ &\quad + \dot{q}_z \, dx \, dy - \left(\dot{q}_z + \frac{\partial \dot{q}_z}{\partial z} dz\right) dx \, dy \\ &= -dV \left(\frac{\partial \dot{q}_x}{\partial x} + \frac{\partial \dot{q}_y}{\partial y} + \frac{\partial \dot{q}_z}{\partial z}\right) \ . \end{aligned} \tag{1.236}$$

Die dem Volumenelement zugeführte Leistung $\partial \dot{L}$ erhält man, indem man die an seinen Oberflächen angreifenden Kräfte jeweils mit den an ihrem Angriffspunkt vorliegenden zeitlichen Verschiebungen des Fluids in Richtung der jeweiligen Kräfte, d.h. mit den entsprechenden Geschwindigkeitskomponenten, multipliziert. Für die in x-Richtung wirkenden Kräfte ergibt sich nach der im vorigen Abschnitt aufgestellten Kräftebilanz (s. Gl. (1.231)) der folgende Beitrag zur Leistung

$$w_x(p - \tau_{xx}) \, dy \, dz + \left(\tau_{xx} + \frac{\partial \tau_{xx}}{\partial x} dx - p - \frac{\partial p}{\partial x} dx\right) dy \, dz \left(w_x + \frac{\partial w_x}{\partial x} dx\right)$$

$$-w_x \tau_{yx} \, dx \, dz + \left(\tau_{yx} + \frac{\partial \tau_{yx}}{\partial y} dy\right) dx \, dy \left(w_x + \frac{\partial w_x}{\partial y} dy\right)$$

$$-w_x \tau_{zx} \, dx \, dy + \left(\tau_{zx} + \frac{\partial \tau_{zx}}{\partial z} dz\right) dx \, dy \left(w_x + \frac{\partial w_x}{\partial z} dz\right)$$

$$= dV \left\{\frac{\partial [(\tau_{xx} - p) w_x]}{\partial x} + \frac{\partial (\tau_{yx} w_x)}{\partial y} + \frac{\partial (\tau_{zx} w_x)}{\partial z}\right\} \ .$$

Werden noch die entsprechenden Terme für die y- und die z-Richtung dazu addiert, so bekommt man unter Anwendung der Produktregel schließlich den folgenden Ausdruck für die Leistung

$$
\begin{aligned}
\partial \dot{L} &= \mathrm{d}V \left\{ \frac{\partial[(\tau_{xx}-p)w_x]}{\partial x} + \frac{\partial(\tau_{yx}w_x)}{\partial y} + \frac{\partial(\tau_{zx}w_x)}{\partial z} \right. \\
&\quad + \frac{\partial(\tau_{xy}w_y)}{\partial x} + \frac{\partial[(\tau_{yy}-p)w_y]}{\partial y} + \frac{\partial(\tau_{zy}w_y)}{\partial z} \\
&\quad \left. + \frac{\partial(\tau_{xz}w_z)}{\partial x} + \frac{\partial(\tau_{yz}w_z)}{\partial y} + \frac{\partial[(\tau_{zz}-p)w_z]}{\partial z} \right\} \\
&= \mathrm{d}V \left\{ -\left(w_x \frac{\partial p}{\partial x} + w_y \frac{\partial p}{\partial y} + w_z \frac{\partial p}{\partial z} \right) \right. \\
&\quad + w_x \left(\frac{\partial \tau_{xx}}{\partial x} + \frac{\partial \tau_{yx}}{\partial y} + \frac{\partial \tau_{zx}}{\partial z} \right) + w_y \left(\frac{\partial \tau_{xy}}{\partial x} + \frac{\tau_{yy}}{\partial y} + \frac{\partial \tau_{zy}}{\partial z} \right) \\
&\quad \left. + w_z \left(\frac{\partial \tau_{xz}}{\partial x} + \frac{\partial \tau_{yz}}{\partial y} + \frac{\partial \tau_{zz}}{\partial z} \right) + \varepsilon - p \left(\frac{\partial w_x}{\partial x} + \frac{\partial w_y}{\partial y} + \frac{\partial w_z}{\partial z} \right) \right\} \quad , \quad (1.237)
\end{aligned}
$$

wobei die sog. Dissipationsfunktion ε zunächst rein formal die Produkte aus Schubspannungen und Geschwindigkeitsgradienten zusammenfaßt

$$
\begin{aligned}
\varepsilon &= \tau_{xx}\frac{\partial w_x}{\partial x} + \tau_{yx}\frac{\partial w_x}{\partial y} + \tau_{zx}\frac{\partial w_x}{\partial z} + \tau_{xy}\frac{\partial w_y}{\partial x} + \tau_{yy}\frac{\partial w_y}{\partial y} + \tau_{zy}\frac{\partial w_y}{\partial z} \\
&\quad + \tau_{xz}\frac{\partial w_z}{\partial x} + \tau_{yz}\frac{\partial w_z}{\partial y} + \tau_{zz}\frac{\partial w_z}{\partial z} \quad . \quad\quad\quad\quad\quad\quad\quad\quad (1.238)
\end{aligned}
$$

Nach der Kontinuitätsgleichung (1.211) wird aus dem letzten Summanden der letzten Zeile der Gl. (1.237) mit der substantiellen Ableitung nach Gl. (1.221)

$$
-p \left(\frac{\partial w_x}{\partial x} + \frac{\partial w_y}{\partial y} + \frac{\partial w_z}{\partial z} \right) = \frac{p}{\varrho} \frac{\mathrm{d}\varrho}{\mathrm{d}t} \quad . \tag{1.239}
$$

Führen wir die Total- oder Ruheenthalpie ein (s. Band I, Kap. 13.1.15)

$$
h_t = u + \frac{p}{\varrho} + \frac{w^2}{2} - g_x x - g_y y - g_z z \quad ,
$$

so läßt sich die Energiegleichung (1.235) unter Verwendung der Gl. (1.238), (1.239) und (1.211) und der substantiellen Ableitung des Druckes p nach der Zeit in folgender Form schreiben

$$\varrho \frac{dh_t}{dt} = \frac{\partial p}{\partial t} + w_x \left(\frac{\partial \tau_{xx}}{\partial x} + \frac{\partial \tau_{yx}}{\partial y} + \frac{\partial \tau_{zx}}{\partial z} \right) + w_y \left(\frac{\partial \tau_{xy}}{\partial x} + \frac{\partial \tau_{yy}}{\partial y} + \frac{\partial \tau_{zy}}{\partial z} \right)$$

$$+ w_z \left(\frac{\partial \tau_{xz}}{\partial x} + \frac{\partial \tau_{yz}}{\partial y} + \frac{\partial \tau_{zz}}{\partial z} \right) + \varepsilon - \left(\frac{\partial \dot{q}_x}{\partial x} + \frac{\partial \dot{q}_y}{\partial y} + \frac{\partial \dot{q}_z}{\partial z} \right)$$

$$= \frac{\partial p}{\partial t} + \frac{\partial}{\partial x}(w_x \tau_{xx} + w_y \tau_{xy} + w_z \tau_{xz}) + \frac{\partial}{\partial y}(w_x \tau_{yx} + w_y \tau_{yy} + w_z \tau_{yz})$$

$$+ \frac{\partial}{\partial z}(w_x \tau_{zx} + w_y \tau_{zy} + w_z \tau_{zz}) - \left(\frac{\partial \dot{q}_x}{\partial x} + \frac{\partial \dot{q}_y}{\partial y} + \frac{\partial \dot{q}_z}{\partial z} \right) \quad . \tag{1.240}$$

Die Energieerhaltungsgleichung läßt sich in verschiedener Weise formulieren. Die sog. Energiegleichung der Mechanik bekommt man, indem man die NAVIER-STOKESschen Bewegungsgleichungen (1.231) jeweils mit w_x, w_y und w_z multipliziert und dann addiert

$$\varrho \frac{d}{dt}(e - u) = \frac{\varrho}{2} \frac{d(w_x^2 + w_y^2 + w_z^2)}{dt} - \varrho(w_x g_x + w_y g_y + w_z g_z)$$

$$= - w_x \frac{\partial p}{\partial x} - w_y \frac{\partial p}{\partial y} - w_z \frac{\partial p}{\partial z} + w_x \left(\frac{\partial \tau_{xx}}{\partial x} + \frac{\partial \tau_{yx}}{\partial y} + \frac{\partial \tau_{zx}}{\partial z} \right)$$

$$+ w_y \left(\frac{\partial \tau_{xy}}{\partial x} + \frac{\partial \tau_{yy}}{\partial y} + \frac{\partial \tau_{zy}}{\partial z} \right) + w_z \left(\frac{\partial \tau_{xz}}{\partial x} + \frac{\partial \tau_{yz}}{\partial y} + \frac{\partial \tau_{zz}}{\partial z} \right) \quad .$$

$$\tag{1.241}$$

Multipliziert mit dV ist die rechte Seite der Gl. (1.241) mit den vier ersten Klammerausdrücken der rechten Seite von Gl. (1.237) identisch, d.h. diese stellen dann denjenigen Anteil der am Volumenelement in der Zeiteinheit geleisteten Arbeit dar, welcher der Änderung der kinetischen und potentiellen Energie entspricht.
Aus Gl. (1.235), (1.241) und (1.237) erhält man dann mit der substantiellen Ableitung nach Gl. (1.221) und der statischen Enthalpie $h = u + p/\varrho$ die folgende häufig gebrauchte Form der Energiegleichung

$$\varrho \frac{dh}{dt} = \frac{dp}{dt} + \varepsilon - \left(\frac{\partial \dot{q}_x}{\partial x} + \frac{\partial \dot{q}_y}{\partial y} + \frac{\partial \dot{q}_z}{\partial z} \right) \quad . \tag{1.242}$$

Wenn wir nun noch die thermodynamische Beziehung

$$T ds = du + p dv = du - \frac{p}{\varrho^2} d\varrho = dh - \frac{1}{\varrho} dp \tag{1.243}$$

verwenden, können wir auch die substantielle Änderung der Entropie aus Gl. (1.242) ermitteln

$$\frac{ds}{dt} = \frac{1}{T}\left\{\frac{\varepsilon}{\varrho} - \frac{1}{\varrho}\left(\frac{\partial \dot{q}_x}{\partial x} + \frac{\partial \dot{q}_y}{\partial y} + \frac{\partial \dot{q}_z}{\partial z}\right)\right\} \qquad (1.244)$$

und erkennen daraus die physikalische Bedeutung der Dissipationsfunktion ε. Diese stellt nämlich nichts anderes als die je Volumen- und Zeiteinheit geleistete Reibungsarbeit $\partial \dot{L}_r/dV$ dar, welche für eindimensionale Strömungvorgänge bereits im 13. Kapitel des 1. Bandes besprochen wurde.

Die Energiegleichung (1.240) bzw. (1.242) gilt in gleicher Weise für reine Stoffe und Stoffgemische[25]. Bei reinen Stoffen werden darin die Komponenten $\dot{q}_x, \dot{q}_y$ und $\dot{q}_z$ des Wärmestroms allein durch die FOURIERsche Wärmeleitungsgleichung (1.41) angegeben, während bei Stoffgemischen noch die durch diffusiven Transport bedingten Enthalpieströme hinzu gerechnet werden müssen

$$\dot{q}_x = -\lambda \frac{\partial T}{\partial x} + \sum_{i=1}^{n} j_{xi} h_i \; ,$$

$$\dot{q}_y = -\lambda \frac{\partial T}{\partial y} + \sum_{i=1}^{n} j_{yi} h_i \; , \qquad (1.245)$$

$$\dot{q}_z = -\lambda \frac{\partial T}{\partial z} + \sum_{i=1}^{n} j_{zi} h_i \; .$$

Darin sind $h_i = [\partial H(T,p,m_1,\ldots,m_n)/\partial m_i]_{T,p,m_{k\neq i}}$ die partiellen spezifischen Enthalpien der Komponenten i im Gemisch[26]. In den Wärmeströmen nach Gl. (1.245) ist der sog. Diffusionsthermoeffekt (DUFOUR-Effekt) noch nicht berücksichtigt, ein Wärmetransport aufgrund von Konzentrationsgradienten, der aber in der Regel keinen wesentlichen Einfluß hat. Dagegen können die diffusiven Enthalpieströme am gesamten Wärmestrom einen merklichen Anteil haben.

Mit der spezifischen Enthalpie h des Gemisches hängen die partiellen spezifischen Enthalpien h_i wie folgt zusammen[27]

$$h(T,p,\xi_1,\ldots,\xi_{n-1}) = \frac{H(T,p,m_1,\ldots,m_n)}{m_1 + m_2 + \ldots + m_n} = \sum_{i=1}^{n} \xi_i h_i \; , \qquad (1.246)$$

---

[25] BIRD R B, STEWART W E AND LIGHT E N (1960) Transport Phenomena. John Wiley & Sons
JISCHA M (1982) Konvektiver Impuls-, Wärme- und Stoffaustausch. Vieweg & Sohn, Braunschweig/Wiesbaden
BAEHR H D, STEPHAN K (1994) Wärme- und Stoffübertragung. Springer-Verlag
[26] siehe Kap. 4, Abschn. 4.3.1
[27] siehe Kap. 8, Abschn. 8.1.8; die dort für die molaren Größen angegebenen Zusammenhänge gelten in analoger Weise auch für die spezifischen Größen

und das vollständige Differential der spezifischen Enthalpie des Gemisches ist

$$\begin{aligned} \mathrm{d}h &= \left(\frac{\partial h}{\partial T}\right)_{p,\xi_i} \mathrm{d}T + \left(\frac{\partial h}{\partial p}\right)_{T,\xi_i} \mathrm{d}p + \sum_{i=1}^{n} h_i \mathrm{d}\xi_i \\ &= c_p \mathrm{d}T + \left[v - T\left(\frac{\partial v}{\partial T}\right)_p\right] \mathrm{d}p + \sum_{i=1}^{n} h_i \mathrm{d}\xi_i \;, \end{aligned} \qquad (1.247)$$

wobei $c_p = (\partial h/\partial T)_{p,\xi_i}$ die spezifische Wärmekapazität des Gemisches bedeutet. Mit Gl. (1.247) kann die substantielle Ableitung der Enthalpie in Gl. (1.242) ersetzt werden, und man erhält mit Gl. (1.222) und (1.245) die Energiegleichung in der „Temperaturform"

$$\varrho c_p \frac{\mathrm{d}T}{\mathrm{d}t} =$$

$$-\left(\frac{\partial \ln \varrho}{\partial \ln T}\right)_{p,\xi_i} \frac{\mathrm{d}p}{\mathrm{d}t} - \sum_{i=1}^{n} h_i R_i + \frac{\partial}{\partial x}\left(\lambda \frac{\partial T}{\partial x}\right) + \frac{\partial}{\partial y}\left(\lambda \frac{\partial T}{\partial y}\right) + \frac{\partial}{\partial z}\left(\lambda \frac{\partial T}{\partial z}\right)$$

$$+ \varepsilon - \sum_{i=1}^{n}\left(j_{xi}\frac{\partial h_i}{\partial x} + j_{yi}\frac{\partial h_i}{\partial y} + j_{zi}\frac{\partial h_i}{\partial z}\right) \;. \qquad (1.248)$$

Für ein binäres Gemisch ($n = 2$) vereinfacht sich mit Gl. (1.217), (1.223) bis (1.225) und $R_2 = -R_1$ die Energiegleichung in der „Temperaturform" zu

$$\varrho c_p \frac{\mathrm{d}T}{\mathrm{d}t} =$$

$$-\left(\frac{\partial \ln \varrho}{\partial \ln T}\right)_{p,\xi_i} \frac{\mathrm{d}p}{\mathrm{d}t} + R_1(h_2 - h_1) + \frac{\partial}{\partial x}\left(\lambda \frac{\partial T}{\partial x}\right) + \frac{\partial}{\partial y}\left(\lambda \frac{\partial T}{\partial y}\right) + \frac{\partial}{\partial z}\left(\lambda \frac{\partial T}{\partial z}\right)$$

$$+ \varepsilon - \varrho D \frac{\partial \xi_1}{\partial x}\frac{\partial}{\partial x}(h_2 - h_1) - \varrho D \frac{\partial \xi_1}{\partial y}\frac{\partial}{\partial y}(h_2 - h_1) - \varrho D \frac{\partial \xi_1}{\partial z}\frac{\partial}{\partial z}(h_2 - h_1) \;. \qquad (1.249)$$

Danach sind im allgemeinen die Temperaturänderungen in der Strömung mit etwa auftretenden Druckänderungen und mit den Konzentrationsänderungen gekoppelt. Nur für gleiche Werte der partiellen Enthalpien $h_2 = h_1$ fallen die von den Konzentrationsgradienten und der Reaktion abhängigen Glieder heraus.
Die thermodynamische Beziehung (1.247) kann natürlich auch dazu verwendet werden, in Gl. (1.245) die Temperaturgradienten zu eliminieren. Man erhält dann die

1 Einführung in die Lehre von der Wärme- und Stoffübertragung

Energiegleichung in der „Enthalpieform"

$$\varrho \frac{dh}{dt} = \frac{dp}{dt} + \varepsilon$$

$$+ \frac{\partial}{\partial x} \left\{ \frac{\lambda}{c_p} \left\langle \frac{\partial h}{\partial x} - \frac{1}{\varrho} \left[1 + \left(\frac{\partial \ln \varrho}{\partial \ln T} \right)_{p,\xi_i} \right] \frac{\partial p}{\partial x} - \sum_{i=1}^{n} h_i \left(\frac{\partial \xi_i}{\partial x} + \frac{c_p}{\lambda} j_{xi} \right) \right\rangle \right\}$$

$$+ \frac{\partial}{\partial y} \left\{ \frac{\lambda}{c_p} \left\langle \frac{\partial h}{\partial y} - \frac{1}{\varrho} \left[1 + \left(\frac{\partial \ln \varrho}{\partial \ln T} \right)_{p,\xi_i} \right] \frac{\partial p}{\partial y} - \sum_{i=1}^{n} h_i \left(\frac{\partial \xi_i}{\partial y} + \frac{c_p}{\lambda} j_{yi} \right) \right\rangle \right\}$$

$$+ \frac{\partial}{\partial y} \left\{ \frac{\lambda}{c_p} \left\langle \frac{\partial h}{\partial z} - \frac{1}{\varrho} \left[1 + \left(\frac{\partial \ln \varrho}{\partial \ln T} \right)_{p,\xi_i} \right] \frac{\partial p}{\partial z} - \sum_{i=1}^{n} h_i \left(\frac{\partial \xi_i}{\partial z} + \frac{c_p}{\lambda} j_{zi} \right) \right\rangle \right\}. \quad (1.250)$$

Für Zweistoffgemische wird daraus mit Gl. (1.223) bis (1.225) und

$$\varrho \frac{dh}{dt} = \frac{dp}{dt} + \varepsilon$$

$$+ \frac{\partial}{\partial x} \left\{ \frac{\lambda}{c_p} \left\langle \frac{\partial h}{\partial x} - \frac{1}{\varrho} \left[1 + \left(\frac{\partial \ln \varrho}{\partial \ln T} \right)_{p,\xi_i} \right] \frac{\partial p}{\partial x} + (h_2 - h_1) \left[1 - \frac{c_p \varrho D}{\lambda} \right] \frac{\partial \xi_1}{\partial x} \right\rangle \right\}$$

$$+ \frac{\partial}{\partial y} \left\{ \frac{\lambda}{c_p} \left\langle \frac{\partial h}{\partial y} - \frac{1}{\varrho} \left[1 + \left(\frac{\partial \ln \varrho}{\partial \ln T} \right)_{p,\xi_i} \right] \frac{\partial p}{\partial y} + (h_2 - h_1) \left[1 - \frac{c_p \varrho D}{\lambda} \right] \frac{\partial \xi_1}{\partial y} \right\rangle \right\}$$

$$+ \frac{\partial}{\partial y} \left\{ \frac{\lambda}{c_p} \left\langle \frac{\partial h}{\partial z} - \frac{1}{\varrho} \left[1 + \left(\frac{\partial \ln \varrho}{\partial \ln T} \right)_{p,\xi_i} \right] \frac{\partial p}{\partial z} + (h_2 - h_1) \left[1 - \frac{c_p \varrho D}{\lambda} \right] \frac{\partial \xi_1}{\partial z} \right\rangle \right\}.$$

(1.251)

In dieser Gleichung fallen die von den Konzentrationsgradienten abhängigen Glieder nur dann heraus, wenn entweder $h_2 = h_1$ ist oder $c_p \varrho D/\lambda = 1$. In allen anderen Fällen kann das Enthalpiefeld nicht unabhängig von den Konzentrationsgradienten bestimmt werden.

1.5.4 Die laminar überströmte ebene Platte

Grenzschichtgleichungen

Bei einer ebenen Platte, die von einem Fluid längs angeströmt wird, bildet sich im vorderen Bereich der Platte eine laminare Grenzschicht aus, welche schematisch in Bild 1.32 und (senkrecht zur Wand stark vergrößert) in Bild 1.42 dargestellt ist. Innerhalb dieser Grenzschicht verringert sich die Geschwindigkeit von w_∞ in der ungestörten Strömung bis zum Wert $w_W = 0$ unmittelbar an der Wand. In der ungestörten Strömung bleibt die Geschwindigkeit w_∞ in x-Richtung unverändert,

1.5 Konvektiver Wärmeübergang

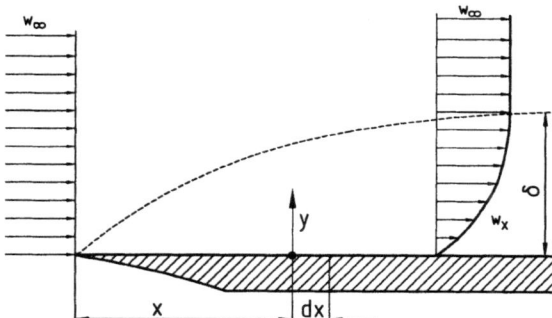

Bild 1.42: Die laminar überströmte ebene Platte

ebenso der Druck p. Auch senkrecht zur Wand gibt es keine merklichen Druckgradienten, weil das strömende Fluid in der Richtung senkrecht zur Wand praktisch nicht beschleunigt oder verzögert wird. Daher muß von der Impulsgleichung (1.231) nur die x-Richtung berücksichtigt werden. Wir wollen uns außerdem auf stationäre Vorgänge und Fluide mit konstanten Stoffeigenschaften beschränken. Von den am Volumenelement angreifenden Schubspannungen müssen wir nur die in x-Richtung erfassen, wobei wir den empirisch begründeten Schubspannungsansatz nach STOKES verwenden

$$\tau_{xy} = \eta \frac{\partial w_x}{\partial y} = \nu \varrho \frac{\partial w_x}{\partial y} \ , \tag{1.252}$$

den man aus Gl. (1.232) erhält, wenn man darin

$$\frac{\partial w_x}{\partial x} = \frac{\partial w_y}{\partial y} = \frac{\partial w_z}{\partial z} = \frac{\partial w_y}{\partial x} = \frac{\partial w_x}{\partial z} = \frac{\partial w_z}{\partial x} = \frac{\partial w_y}{\partial z} = \frac{\partial w_z}{\partial y} = 0$$

setzt. In Gl. (1.252) ist η die dynamische Zähigkeit, ν die kinematische Zähigkeit und ϱ die Dichte.

Wird zwischen Platte und Fluid Wärme ausgetauscht, so setzen wir eine in x-Richtung unveränderliche Wandtemperatur T_W voraus und können uns daher mit dem Wärmestrom in y-Richtung (senkrecht zur Platte) begnügen. Für den Wärmestrom setzen wir die Wärmeleitungsgleichung nach FOURIER Gl. (1.4) an

$$\dot{q}_y = -\lambda \frac{\partial T}{\partial y} \tag{1.253}$$

Nur bei sehr hohen Strömungsgeschwindigkeiten liefert die Dissipationsfunktion ε einen nennenswerten Beitrag zur Energiegleichung. Deswegen können wir sie für Probleme der technischen Wärmeübertragung in der Regel vernachlässigen.
Schließlich verwenden wir noch die bestehende Beziehung zwischen Enthalpie und Temperatur T

$$dh = c_p \, dT \tag{1.254}$$

1 Einführung in die Lehre von der Wärme- und Stoffübertragung

Damit vereinfachen sich die Gln. (1.211), (1.231) und (1.242) zu den sogenannten Grenzschichtgleichungen, die erstmalig von L. PRANDTL[28] aufgestellt wurden, nämlich die

Kontinuitätsgleichung

$$\frac{\partial w_x}{\partial x} + \frac{\partial w_y}{\partial y} = 0 \ , \tag{1.255}$$

die Impulsgleichung

$$w_x \frac{\partial w_x}{\partial x} + w_y \frac{\partial w_x}{\partial y} = \nu \frac{\partial^2 w_x}{\partial y^2} \ , \tag{1.256}$$

und die Energiegleichung

$$w_x \frac{\partial T}{\partial x} + w_y \frac{\partial T}{\partial y} = \frac{\lambda}{\varrho c_p} \frac{\partial^2 T}{\partial y^2} \ . \tag{1.257}$$

Zur Lösung dieser Differentialgleichungen müssen wir noch die Randbedingungen berücksichtigen:

An der Wand ($y = 0$) muß die Geschwindigkeit den Wert null annehmen und die Temperatur der Wandtemperatur entsprechen

$$w_x = w_y = 0 \ ; \ T = T_W \quad \text{für} \quad y = 0 \ . \tag{1.258}$$

Weit außerhalb der Grenzschicht ($y \to \infty$) stellen sich die Geschwindigkeit w_∞ und die Temperatur T_∞ der ungestörten Strömung ein

$$w_x = w_\infty \ ; \ T = T_\infty \quad \text{für} \quad y \to \infty \ . \tag{1.259}$$

Zur Lösung der Differentialgleichungen (1.255) bis (1.257) führen wir zunächst die Stromfunktion $\psi(x, y)$ ein, welche die Kontinuitätsgleichung identisch erfüllt

$$w_x = \frac{\partial \psi}{\partial y} \ ; \ w_y = -\frac{\partial \psi}{\partial x} \ . \tag{1.260}$$

Sodann beziehen wir nach dem Vorschlag von L. PRANDTL den Abstand y senkrecht zur Wand auf eine noch zu bestimmende Funktion $\tilde{\delta}(x)$, welche der Grenzschichtdicke δ proportional ist

$$\tilde{y} = \frac{y}{\tilde{\delta}(x)} \ . \tag{1.261}$$

---

[28]LUDWIG PRANDTL (1875-1953) war Professor für angewandte Mechanik und Direktor des damaligen Kaiser-Wilhelm-Instituts (heute Max-Planck-Institut) für Strömungsforschung in Göttingen. Seine Grenzschichttheorie, seine Arbeiten zur Turbulenz und zur Theorie des Tragflügels sind nur einige Beispiele für die grundlegenden Impulse, die PRANDTL der modernen Strömungsforschung gegeben hat.

1.5 Konvektiver Wärmeübergang

Ist der Quotient aus der lokalen Geschwindigkeit w und der Geschwindigkeit w_∞ in der ungestörten Strömung nur von dieser neuen Ortskoordinate $\tilde{y}$ abhängig und nicht von x, so sprechen wir von ähnlichen Geschwindigkeitsprofilen

$$\frac{w_x}{w_\infty} = f'(\tilde{y}) \; , \tag{1.262}$$

wobei f' die gewöhnliche Ableitung $\mathrm{d}f/\mathrm{d}\tilde{y}$ bedeutet.
Die Stromfunktion erhält man durch Integration der Gl. (1.260) mit Gl. (1.262) und (1.261) zu

$$\psi = w_\infty \tilde{\delta}(x) \int_0^{\tilde{y}} \tilde{f}'(\xi) \mathrm{d}\xi = w_\infty \tilde{\delta}(x) f(\tilde{y}) \; , \tag{1.263}$$

wenn man die Stromfunktion an der Wand willkürlich zu null setzt. Die Geschwindigkeitskomponente w_x ergibt sich aus der Definition nach Gl. (1.262)

$$w_x = w_\infty f'(\tilde{y}) \; , \tag{1.264}$$

und die Geschwindigkeitskomponente w_y erhält man aus der Ableitung der Stromfunktion ψ (Gl. (1.263)) nach x

$$w_y = -\frac{\partial \psi}{\partial x} = -w_\infty \frac{\mathrm{d}\tilde{\delta}(x)}{\mathrm{d}x} \{ f - \tilde{y} f' \} \; . \tag{1.265}$$

Die Ableitungen der Geschwindigkeitskomponente w_x werden dann

$$\frac{\partial w_x}{\partial x} = -w_\infty f'' \tilde{y} \frac{\mathrm{d}\tilde{\delta}(x)}{\tilde{\delta}(x)\mathrm{d}x} \quad ; \quad \frac{\partial w_x}{\partial y} = w_\infty f'' \frac{1}{\tilde{\delta}(x)} \quad ; \tag{1.266}$$

$$\frac{\partial^2 w_x}{\partial y^2} = w_\infty f''' \frac{1}{\tilde{\delta}(x)^2} \tag{1.267}$$

Indem man diese Ausdrücke in die Impulsgleichung nach Gl. (1.256) einsetzt, nimmt diese die folgende Form an

$$2f''' + \frac{w_\infty}{\nu} 2\tilde{\delta}(x) \frac{\mathrm{d}\tilde{\delta}(x)}{\mathrm{d}x} f f'' = 0 \; . \tag{1.268}$$

Eine von x unabhängige Lösung dieser Gleichung und damit ein ähnliches Geschwindigkeitsprofil erhält man nur dann, wenn der Ausdruck

$$\frac{w_\infty}{\nu} 2\tilde{\delta}(x) \frac{\mathrm{d}\tilde{\delta}(x)}{\mathrm{d}x} = \mathrm{konst} \tag{1.269}$$

ist, wobei die Konstante beliebig, z.B. auch gleich 1, gewählt werden kann

$$\frac{w_\infty}{\nu} 2\tilde{\delta}(x) \frac{\mathrm{d}\tilde{\delta}(x)}{\mathrm{d}x} = 1 \; . \tag{1.270}$$

Durch Integration der Gl. (1.270) erhält man für die Grenzschichtfunktion

$$\tilde{\delta}(x) = \sqrt{\frac{\nu x}{w_\infty}} \; . \tag{1.271}$$

Mit der Beziehung (1.270) vereinfacht sich die Differentialgleichung (1.268) zu einer gewöhnlichen Differentialgleichung

$$\boxed{f'''(\tilde{y}) + \frac{1}{2} f(\tilde{y}) \, f''(\tilde{y}) = 0} \tag{1.272}$$

Zu ihrer Lösung müssen noch die Randbedingungen herangezogen werden. Man erhält sie aus Gl. (1.258) und (1.259), wenn noch die Beziehungen (1.263) und (1.264) berücksichtigt werden. Danach ist unmittelbar an der Wand, d.h. für $\tilde{y} = 0$

$$f'(\tilde{y}) = f(\tilde{y}) = 0 \quad \text{für} \quad \tilde{y} = 0 \; . \tag{1.273}$$

Weitab von der Wand, d.h. für $\tilde{y} \to \infty$ wird

$$f'(\tilde{y}) = 1 \quad \text{für} \quad \tilde{y} \to \infty \; . \tag{1.274}$$

Eine Näherungslösung der Grenzschichtgleichung

Eine Näherungslösung der Gl. (1.272) läßt sich nach ECKERT[29] durch Anpassen eines Polynoms dritten Grades an das Geschwindigkeitsprofil finden

$$\frac{w_x}{w_\infty} = f'(\tilde{y}) = a + b\tilde{y} + c\tilde{y}^2 + d\tilde{y}^3 \; . \tag{1.275}$$

Wegen der Randbedingung (1.273) muß $a = 0$ sein. Außerdem wird in Wandnähe das Geschwindigkeitsprofil wegen fehlender Massenkräfte ausschließlich von den Schubspannungen geprägt, was zur Folge hat, daß seine Krümmung in Wandnähe zu null wird

$$f''(0) = c = 0 \; . \tag{1.276}$$

Darüber hinaus soll die Geschwindigkeit w_x am Rande der Grenzschicht, d.h. für $\tilde{y} = \tilde{y}_\delta$, ohne Knick in die Geschwindigkeit w_∞ der ungestörten Strömung übergehen. Daraus folgt

$$f'(\tilde{y}_\delta) = 1 \; , \quad f''(\tilde{y}_\delta) = 0 \; . \tag{1.277}$$

Damit bekommt man schließlich ein Geschwindigkeitsprofil

$$\frac{w_x}{w_\infty} = f'(\tilde{y}) = \frac{3}{2} \frac{\tilde{y}}{\tilde{y}_\delta} - \frac{1}{2} \left(\frac{\tilde{y}}{\tilde{y}_\delta} \right)^3 \; , \tag{1.278}$$

---

[29] ECKERT E R G (1966) Einführung in den Wärme- und Stoffaustausch, 3. Aufl. Springer-Verlag

1.5 Konvektiver Wärmeübergang

welches die Randbedingungen erfüllt. Durch Differentiation bzw. Integration erhalten wir

$$f''(\tilde{y}) = \frac{3}{2\,\tilde{y}_\delta}\left[1 - \left(\frac{\tilde{y}}{\tilde{y}_\delta}\right)^2\right]\;, \tag{1.279}$$

$$f'''(\tilde{y}) = -\frac{3}{\tilde{y}_\delta^3}\,\tilde{y}\;, \tag{1.280}$$

$$f(\tilde{y}) = \frac{3}{4}\frac{\tilde{y}^2}{\tilde{y}_\delta} - \frac{1}{8}\frac{\tilde{y}^4}{\tilde{y}_\delta^3} = f''(0)\frac{\tilde{y}^2}{2}\left[1 - \frac{1}{6}\left(\frac{\tilde{y}}{\tilde{y}_\delta}\right)^2\right] \approx f''(0)\frac{\tilde{y}^2}{2} \tag{1.281}$$

und daraus

$$f'''(\tilde{y}) + \frac{1}{2}f(\tilde{y})f''(\tilde{y}) = -\frac{3}{\tilde{y}_\delta^3}\tilde{y} + \frac{3}{4}\left(\frac{\tilde{y}}{\tilde{y}_\delta}\right)^2\left[1 - \left(\frac{\tilde{y}}{\tilde{y}_\delta}\right)^2\right]\left[\frac{3}{4} - \frac{1}{8}\left(\frac{\tilde{y}}{\tilde{y}_\delta}\right)^2\right]\;. \tag{1.282}$$

Weil das Geschwindigkeitsprofil nach Gl. (1.275) lediglich eine Näherung darstellt, wird man nicht erwarten können, daß Gl. (1.282) für jeden Wert von $\tilde{y}$ zu null wird, wie es nach Gl. (1.272) sein müßte. Wohl aber sollte das Quadrat der Abweichung, über die gesamte Grenzschichtdicke integriert, möglichst klein werden

$$F(\tilde{y}_\delta) = \int_0^{\tilde{y}_d}\left\{-\frac{3}{\tilde{y}_\delta^3}\tilde{y} + \frac{3}{4}\left(\frac{\tilde{y}}{\tilde{y}_\delta}\right)^2\left[1 - \left(\frac{\tilde{y}}{\tilde{y}_\delta}\right)^2\right]\left[\frac{3}{4} - \frac{1}{8}\left(\frac{\tilde{y}}{\tilde{y}_\delta}\right)^2\right]\right\}^2 d\tilde{y} \stackrel{!}{=} \text{Min}\;.$$

$$\tag{1.283}$$

Nach Ausmultiplizieren und gliedweiser Integration erhält man

$$F(\tilde{y}_\delta) = 0,006873\,\tilde{y}_\delta - \frac{0,2578}{\tilde{y}_\delta} + \frac{3}{\tilde{y}_\delta^3}\;. \tag{1.284}$$

Damit $F(\tilde{y}_\delta)$ minimal wird, muß

$$\frac{\mathrm{d}F(\tilde{y}_\delta)}{\mathrm{d}\tilde{y}_\delta} = 0,006873 + \frac{0,2578}{\tilde{y}_\delta^2} - \frac{9}{\tilde{y}_\delta^4} = 0 \tag{1.285}$$

sein. Dies ergibt eine quadratische Gleichung für $\tilde{y}_\delta^2$, die nach $\tilde{y}_\delta$ aufgelöst werden kann. Man erhält für $\tilde{y}_\delta$ den Zahlenwert

$$\tilde{y}_\delta = 4,69\;.$$

Die Grenzschichtdicke δ wird nach Gl. (1.261) und (1.271) ermittelt

$$\delta = \tilde{y}_\delta\,\tilde{\delta}(x) = 4,69\sqrt{\frac{\nu x}{w_\infty}}\;. \tag{1.286}$$

76   1 Einführung in die Lehre von der Wärme- und Stoffübertragung

Sie nimmt mit der Wurzel des Abstandes x vom Plattenanfang zu. Dividiert man Gl. (1.286) durch x, so erhält man die dimensionslose Form

$$\frac{\delta}{x} = \frac{4,69}{\sqrt{w_\infty x/\nu}} = \frac{4,69}{\sqrt{Re_x}} \quad , \tag{1.287}$$

welche die mit dem Abstand x vom Plattenanfang gebildete REYNOLDSsche Kennzahl

$$Re_x = w_\infty x/\nu \tag{1.288}$$

enthält.

Für Luft von 30 °C ($\nu = 0,16 * 10^{-4}$ m²/s), die mit einer Geschwindigkeit von $w_\infty = 0,4$ m/s strömt, ist die Grenzschicht im Abstand $x = 0,1$ m von der Vorderkante

$$\delta = 4,69 \sqrt{\frac{0,16 * 10^{-4} \text{m}^2/\text{s} \, 0,1 \, \text{m}}{0,4 \, \text{m/s}}} = 0,009 \text{ m} \quad \text{(Luft)}$$

dick. Wasser besitzt im Vergleich zu Luft bei 30 °C eine wesentlich kleinere kinematische Zähigkeit, nämlich $\nu = 6 * 10^{-7}$ m²/s. Infolgedessen wird für Wasser die Grenzschicht im Abstand $x = 0,1$ m von der Plattenvorderkante bei vergleichbaren Strömungsbedingungen

$$\delta = 4,69 \sqrt{\frac{6 * 10^{-7} \text{ m}^2/\text{s} \, 0,1 \, \text{m}}{0,4 \, \text{m/s}}} = 0,002 \text{ m} \quad \text{(Wasser)} \, .$$

Exakte Lösung der Grenzschichtgleichung

Eine exakte Lösung der Grenzschichtgleichung (1.272) wurde erstmalig 1908 von BLASIUS[30] angegeben. Er erhielt sie durch Reihenentwicklung. Wesentlich einfacher kann man sie numerisch nach einer von PIERCY und PRESTON[31] angegebenen Methode finden. Indem Gl. (1.272) durch f'' dividiert wird, erhält man nach zweimaliger Integration unter Berücksichtigung der Randbedingungen (1.273) und (1.274)

$$f'(\tilde{y}) = \frac{\int_0^{\tilde{y}} \exp\left[-\frac{1}{2}\int_0^\zeta f(\chi)d\chi\right] d\zeta}{\int_0^\infty \exp\left[-\frac{1}{2}\int_0^\zeta f(\chi)d\chi\right] d\zeta} \quad . \tag{1.289}$$

Die Integrale in Gl. (1.289) lassen sich numerisch leicht bestimmen, wenn man zunächst für die BLASIUS-Funktion f Schätzwerte einsetzt, z.B. $f(\chi) = \chi$, und damit nach Gl. (1.289) eine erste Näherung für $f'(\tilde{y})$ ermittelt. Durch eine weitere numerische Integration wird damit die zunächst geschätzte BLASIUS-Funktion $f(\chi)$

---
[30] BLASIUS H J (1908), Math.u. Phys. 56:1
[31] PIERCY N u. PRESTON G (1936), Phil. Mag. 71:995

1.5 Konvektiver Wärmeübergang

verbessert. Nur wenige Wiederholungen reichen aus, um Konvergenz zu erreichen[32].
In Bild 1.43 sind die BLASIUS-Funktion f und ihre Ableitungen als Funktion des
dimensionslosen Wandabstands $\tilde{y}$ dargestellt. Zum Vergleich mit f' ist auch das
dimensionslose Geschwindigkeitsprofil nach Gl. (1.278) gestrichelt eingetragen.

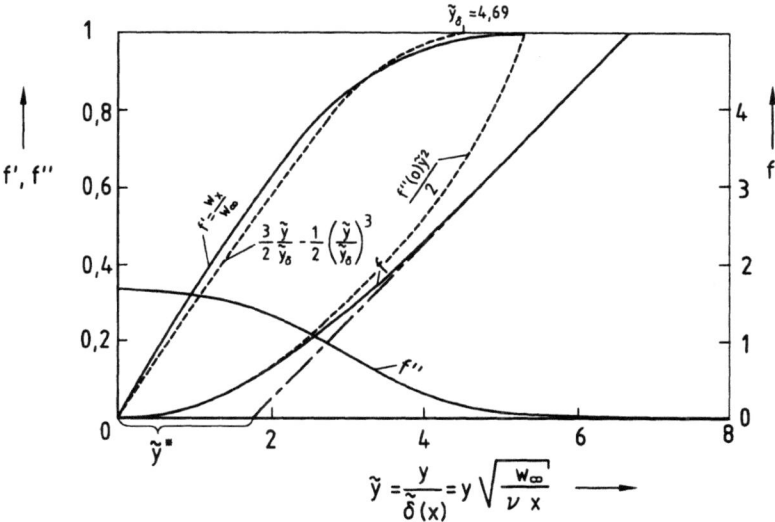

Bild 1.43: BLASIUS-Funktion f, dimensionslose Geschwindigkeit f' und zweite Ableitung
f'' der BLASIUS-Funktion als Funktion des dimensionslosen Plattenabstandes $\tilde{y}$. Zum Vergleich sind auch die Näherungslösungen des Geschwindigkeitsprofils f' nach Gl. (1.278)
und der BLASIUS-Funktion f nach Gl. (1.281) eingetragen.

Gegenüber der Näherung nach Gl. (1.278) wird die Geschwindigkeit w_∞ der ungestörten Strömung erst bei einer dimensionslosen Grenzschichtdicke

$$\tilde{y}_\delta \approx 5$$

erreicht.
Für kleine Werte von $\tilde{y}$ bleibt die zweite Ableitung f'' nahezu konstant, so daß die
BLASIUS-Funktion f in Wandnähe recht gut durch die Parabel

$$f(\tilde{y}) \approx \frac{1}{2} f''(0) \tilde{y}^2 = \frac{1}{2} 0.332 \tilde{y}^2 \quad \text{für} \quad \tilde{y} < 3 \tag{1.290}$$

angenähert wird.
Für große Werte von $\tilde{y}$ ($\tilde{y} > \tilde{y}_\delta$) ist $f' = 1$, und die BLASIUS-Funktion f nimmt linear
mit $\tilde{y}$ zu,

$$f(\tilde{y}) = \int_0^{\tilde{y}_\delta} f'(\chi) d\chi + \tilde{y} - \tilde{y}_\delta = \tilde{y} - \tilde{y}^\star \quad \text{für} \quad \tilde{y} > \tilde{y}_\delta \ . \tag{1.291}$$

---
[32]Dies kann mit jedem programmierbaren Taschenrechner leicht nachvollzogen werden.

78   1 Einführung in die Lehre von der Wärme- und Stoffübertragung

Da die BLASIUS-Funktion nach Gl. (1.263) der Stromfunktion ψ proportional ist, gibt der dimensionslose Wandabstand

$$\tilde{y}^\star = \tilde{y}_\delta - \int_0^{\tilde{y}_\delta} f'(\chi) \mathrm{d}\chi \tag{1.292}$$

an, wie weit die Stromlinien durch die Verzögerung des Fluids in der Grenzschicht von der Wand abgedrängt werden. Nach Bild 1.43 ist

$$\tilde{y}^\star \approx 1,73 \; . \tag{1.293}$$

Die $\tilde{y}^\star$ entsprechende Dicke

$$\delta^\star = \tilde{y}^\star \cdot \tilde{\delta}(x) = 1,73 \sqrt{\frac{\nu x}{w_\infty}} \tag{1.294}$$

wird auch als Verdrängungsdicke bezeichnet.

Wandschubspannung

Die örtliche Wandschubspannung $\tau_W(x)$ ist nach Gl. (1.252) dem Geschwindigkeitsgradienten an der Wand proportional und daher mit Gl. (1.266)

$$\tau_W(x) = \nu \varrho \left(\frac{\partial w_x}{\partial y} \right)_w = \nu \varrho \frac{w_\infty}{\tilde{\delta}(x)} f''(0) = \frac{2 f''(0)}{\sqrt{Re_x}} \varrho \frac{w_\infty^2}{2} \; . \tag{1.295}$$

Häufig wird anstelle der Wandschubspannung τ_W der sog. Widerstandsbeiwert c_F angegeben, den man erhält, indem die Wandschubspannung τ_W durch den Staudruck $\varrho w_\infty^2/2$ der Anströmung geteilt wird. Mit $f''(0)$ aus Bild 1.43 erhält man

$$c_F(x) = \frac{\tau_W(x)}{\varrho w_\infty^2/2} = 2 f''(0) \sqrt{\frac{\nu}{w_\infty x}} = \frac{2 f''(0)}{\sqrt{Re_x}} = 0,664\, Re_x^{-1/2} \; . \tag{1.296}$$

Örtliche Schubspannung $\tau_W(x)$ und örtlicher Widerstandsbeiwert $c_F(x)$ nehmen mit zunehmender Lauflänge x ständig ab.
Den für eine Platte der Länge L maßgeblichen mittleren Widerstandsbeiwert $\overline{c_F}$ erhält man durch Integration über x

$$\overline{c_F} = \frac{1}{L} \int_0^L c_F(x) \mathrm{d}x = 4 f''(0) \sqrt{\frac{\nu}{w_\infty L}} = 1,328\, Re_L^{-1/2} \; . \tag{1.297}$$

Temperaturverteilung und Dicke der Temperaturgrenzschicht

Um bei einer beheizten oder gekühlten Platte den Wärmeübergang ermitteln zu können, müssen wir noch die Temperaturverteilung bestimmen. Hierzu gehen wir von der Energiegleichung (1.257) aus und ersetzen darin die Geschwindigkeiten w_x und w_y durch die Beziehungen (1.264) und (1.265). Außerdem führen wir eine dimensionslose Temperatur

$$\Theta(\tilde{y}) = \frac{T - T_W}{T_\infty - T_W} \qquad (1.298)$$

ein, von der wir ansatzweise annehmen, daß sie lediglich vom dimensionslosen Wandabstand $\tilde{y} = y/\tilde{\delta}(x)$ (Gl. (1.261)) abhängt. Damit erhalten wir für die partiellen Ableitungen

$$\frac{\partial T}{\partial x} = (T_\infty - T_W)\Theta'(\tilde{y})\frac{\partial \tilde{y}}{\partial x} = -(T_\infty - T_W)\,\Theta'(\tilde{y})\frac{\tilde{y}}{\tilde{\delta}(x)}\frac{\mathrm{d}\tilde{\delta}(x)}{\mathrm{d}x} \quad , \qquad (1.299)$$

$$\frac{\partial T}{\partial y} = (T_\infty - T_W)\Theta'(\tilde{y})\frac{\partial \tilde{y}}{\partial y} = (T_\infty - T_W)\Theta'(\tilde{y})\frac{1}{\tilde{\delta}(x)} \quad , \qquad (1.300)$$

$$\frac{\partial^2 T}{\partial y^2} = (T_\infty - T_W)\,\Theta''(\tilde{y})\,\frac{1}{\tilde{\delta}(x)^2} \quad , \qquad (1.301)$$

und die Energiegleichung (1.257) wird mit den Beziehungen (1.264), (1.265), (1.270), (1.299) und (1.300)

$$-w_\infty \tilde{\delta}(x) f' \Theta' \tilde{y}\frac{\mathrm{d}\tilde{\delta}(x)}{\mathrm{d}x} - w_\infty \tilde{\delta}(x)\frac{\mathrm{d}\tilde{\delta}(x)}{\mathrm{d}x}(f - \tilde{y}f')\Theta' = \frac{\lambda}{\varrho c_p}\Theta'' \quad . \qquad (1.302)$$

Mit Gl. (1.270) wird daraus

$$\Theta'' + \frac{1}{2}\frac{\nu \varrho c_p}{\lambda} f \Theta' = 0 \quad . \qquad (1.303)$$

Es hat sich als zweckmäßig herausgestellt, eine weitere dimensionslose Kennzahl, die PRANDTL-Zahl

$$Pr = \frac{\nu}{a} = \frac{\nu}{\lambda/(\varrho c_p)} \qquad (1.304)$$

einzuführen, welche den Quotienten aus der kinematischen Zähigkeit ν und der Temperaturleitfähigkeit

$$a = \frac{\lambda}{\varrho\, c_p} \qquad (1.305)$$

darstellt. Die PRANDTL-Zahl ist eine reine Stoffgröße. Somit erhalten wir für das dimensionslose Temperaturprofil Θ eine gewöhnliche Differentialgleichung

$$\boxed{\Theta'' + \frac{1}{2}Pr\, f\, \Theta' = 0} \qquad (1.306)$$

mit den Randbedingungen (vgl. Gl. (1.258) und (1.259))

$$\Theta = 0 \quad \text{für} \quad \tilde{y} = 0 \;, \tag{1.307}$$

$$\Theta = 1 \quad \text{für} \quad \tilde{y} \to \infty \;. \tag{1.308}$$

Gl. (1.306) kann nach Division durch Θ' integriert werden

$$\Theta'(\tilde{y}) = C_1 \exp\left[-\frac{Pr}{2} \int_0^{\tilde{y}} f(\chi) \mathrm{d}\chi\right] \;. \tag{1.309}$$

Nochmalige Integration über die gesamte Grenzschicht ergibt

$$\Theta(\infty) - \Theta(0) = 1 = C_1 \int_0^{\infty} \exp\left[-\frac{Pr}{2} \int_0^{\tilde{y}} f(\chi) \mathrm{d}\chi\right] \mathrm{d}\tilde{y} \;. \tag{1.310}$$

Indem man die Konstante C_1 in Gl. (1.309) durch (1.310) ersetzt, erhält man den Temperaturgradienten

$$\Theta'(\tilde{y}) = \frac{\exp\left[-\frac{Pr}{2} \int_0^{\tilde{y}} f(\chi) \mathrm{d}\chi\right]}{\int_0^{\infty} \exp\left[-\frac{Pr}{2} \int_0^{\tilde{y}} f(\chi) \mathrm{d}\chi\right] \mathrm{d}\tilde{y}} \tag{1.311}$$

und nach einer weiteren Integration die dimensionslose Temperatur

$$\Theta(\tilde{y}) = \frac{\int_0^{\tilde{y}} \exp\left[-\frac{Pr}{2} \int_0^{\zeta} f(\chi) \mathrm{d}\chi\right] \mathrm{d}\zeta}{\int_0^{\infty} \exp\left[-\frac{Pr}{2} \int_0^{\zeta} f(\chi) \mathrm{d}\chi\right] \mathrm{d}\zeta} \;. \tag{1.312}$$

Die numerische Integration kann bei bekanntem BLASIUS-Profil $f(\chi)$ und vorgegebener PRANDTL-Zahl mit jedem programmierbaren Taschenrechner leicht ausgeführt werden. Das Ergebnis ist in Bild 1.44 dargestellt.

Für $Pr = 1$ fällt das Profil der dimensionslosen Temperatur Θ mit dem der dimensionslosen Geschwindigkeit $f'(\tilde{y}) = w_x/w_\infty$ zusammen (vgl. die Beziehungen (1.312) und (1.289)).

Stoffe mit einer großen PRANDTL-Zahl, die entweder eine hohe Zähigkeit besitzen und/oder eine kleine Wärmeleitfähigkeit, bilden eine Temperaturgrenzschicht aus, die beträchtlich dünner ist als die Strömungsgrenzschicht. Zu diesen Stoffen gehören z.B. Öle, Alkohole, Kältemittel sowie wäßrige Lösungen anorganischer und organischer Stoffe. PRANDTL-Zahlen von Gasen liegen in der Größenordnung von eins. Flüssige Metalle haben sehr kleine PRANDTL-Zahlen und entwickeln daher eine Temperaturgrenzschicht, welche sehr viel dicker ist als ihre Strömungsgrenzschicht.

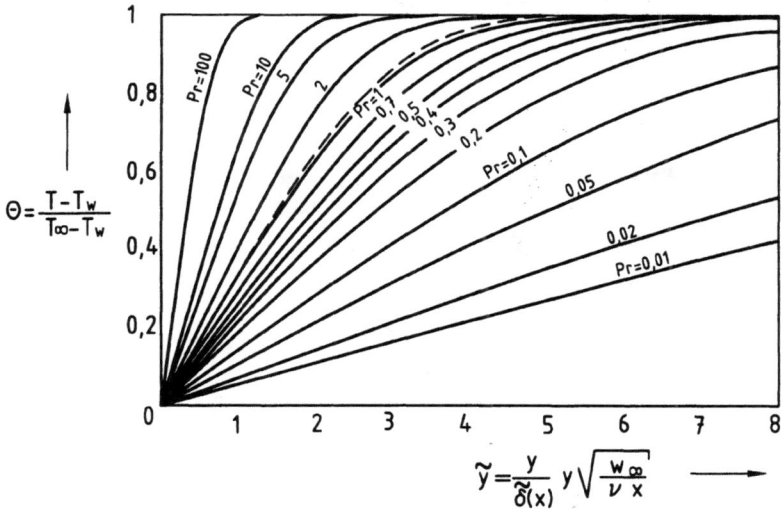

Bild 1.44: Dimensionslose Temperatur Θ als Funktion des dimensionslosen Plattenabstands $\tilde{y}$. Die gestrichelte Kurve wurde für eine PRANDTL-Zahl $Pr = 1$ mit der Näherung der BLASIUS-Funktion nach Gl. (1.290) bestimmt.

Nach Bild 1.43 stellt für $\tilde{y} < 4$ die Gl. (1.290) eine hinreichende Näherung der BLASIUS-Funktion f dar. Da nach Bild 1.44 nahezu das ganze Temperaturprofil für $Pr \geq 1$ im Bereich des dimensionslosen Abstands $\tilde{y} < 4$ liegt, erhält man in guter Näherung für die dimensionslose Temperatur

$$\Theta(\tilde{y}) \approx \frac{\int\limits_0^{\tilde{y}} \exp\left[-\frac{Pr\, f''(0)}{12}\zeta^3\right] d\zeta}{\int\limits_0^{\infty} \exp\left[-\frac{Pr\, f''(0)}{12}\zeta^3\right] d\zeta} \quad \text{für} \quad Pr \geq 1 \;. \tag{1.313}$$

Substituieren wir

$$x = z\frac{\zeta}{\tilde{y}} \quad \text{mit} \quad z(\tilde{y}) = \sqrt[3]{\frac{Pr\, f''(0)}{12}}\,\tilde{y} \;, \tag{1.314}$$

so wird

$$\Theta(\tilde{y}) \approx \frac{\int\limits_0^z e^{-x^3} dx}{\int\limits_0^{\infty} e^{-x^3} dx} \;. \tag{1.315}$$

Die Funktion $\int\limits_0^z e^{-x^3} dx$ kann durch

$$\int\limits_0^z e^{-x^3} dx \approx \sigma \sqrt[3]{1 - e^{-(z/\sigma)^3}} \tag{1.316}$$

angenähert werden, wobei man

$$\sigma = \int_0^\infty e^{-x^3} dx = 0{,}893 \tag{1.317}$$

durch numerische Integration findet. Für PRANDTL-Zahlen $Pr \geq 1$ wird damit das Temperaturprofil näherungsweise

$$\Theta(\tilde{y}) \approx \left[1 - \exp\left(-\frac{Pr\, f''(0)}{12\,\sigma^3}\tilde{y}^3\right)\right]^{1/3} \quad \text{für} \quad Pr \geq 1 \ . \tag{1.318}$$

In Bild 1.44 ist diese Näherung für $Pr = 1$ gestrichelt eingetragen.
Da für $Pr = 1$ die Profile der dimensionslosen Temperatur Θ und der dimensionslosen Geschwindigkeit w_x/w_∞ zusammenfallen, also für diesen Fall auch die Dicke der Temperaturgrenzschicht δ_t gleich der Dicke δ der Geschwindigkeitsgrenzschicht sein muß, wird für PRANDTL-Zahlen $Pr \geq 1$ die Dicke der Temperaturgrenzschicht nach Gl. (1.314) in guter Näherung

$$\delta_t = \delta\, Pr^{-1/3} \quad \text{für} \quad Pr \geq 1 \ . \tag{1.319}$$

Bei kleinen PRANDTL-Zahlen überdeckt das Temperaturprofil Bereiche des dimensionslosen Wandabstandes $\tilde{y} > 4$, in denen die Näherung (1.290) von der BLASIUS-Funktion merklich abweicht. Hier nähern wir die BLASIUS-Funktion f nach Bild 1.43 wie folgt an (s. Gl. (1.290) und (1.291))

$$f(\tilde{y}) = \begin{cases} \frac{1}{2} f''(0)\tilde{y}^2 & \text{für} \quad \tilde{y} \leq 3 \\ \tilde{y} - \tilde{y}^\star & \text{für} \quad \tilde{y} > 3 \end{cases} \ . \tag{1.320}$$

Damit erhalten wir für den Zähler Z aus Gl. (1.312), wenn $\tilde{y} \geq 3$ ist

$$\begin{aligned}
Z(Pr,\tilde{y}) &= \int_0^{\tilde{y}} \exp\left[-\frac{Pr}{2}\int_0^\zeta f(\chi)d\chi\right] d\zeta \\
&= \int_0^3 \exp\left[-\frac{Pr}{2}\int_0^\zeta \frac{f''(0)}{2}\chi^2 d\chi\right] d\zeta \\
&\quad + \int_3^{\tilde{y}} \exp\left[-\frac{Pr}{2}\left\{\int_0^3 \frac{f''(0)}{2}\chi^2 d\chi + \int_3^\zeta (\chi - \tilde{y}^\star)d\chi\right\}\right] d\zeta \\
&= Z_1(Pr) + Z_2(Pr,\tilde{y}) \ . \tag{1.321}
\end{aligned}$$

1.5 Konvektiver Wärmeübergang

Das erste Integral läßt sich mit der Substitution (1.314) vereinfachen und ergibt mit der Näherung nach Gl. (1.316) und $f''(0) = 0,332$ (Gl. (1.290))

$$Z_1(Pr) = \frac{3}{z(3)} \int_0^{z(3)} e^{-x^3} dx = \sqrt[3]{\frac{12\sigma^3}{Pr\, f''(0)} \left(1 - e^{-\frac{Pr\, f''(0)}{12\sigma^3} 3^3}\right)} . \tag{1.322}$$

Für kleine PRANDTL-Zahlen geht dieser Ausdruck gegen den Wert

$$Z_1 \approx 3 \quad \text{für} \quad Pr \to 0 . \tag{1.323}$$

Im zweiten Integral Z_2 führen wir die Integration nach Gl. (1.321) über χ aus und erhalten

$$Z_2(Pr, \tilde{y}) = \exp\left[-\frac{Pr}{4}\{9f''(0) - (3-\tilde{y}^\star)^2\}\right] \int_3^{\tilde{y}} \exp\left[-\frac{Pr}{4}(\zeta - \tilde{y}^\star)^2\right] d\zeta .$$

$$\tag{1.324}$$

Mit den Zahlenwerten $f''(0) = 0,332$ (Gl. (1.290)) und $\tilde{y}^\star = 1,73$ (Gl. (1.293)), sowie der Substitution

$$x = Z \frac{\zeta - \tilde{y}^\star}{\tilde{y} - \tilde{y}^\star} \quad \text{mit} \quad Z(\tilde{y}) = \frac{\sqrt{Pr}}{2}(\tilde{y} - \tilde{y}^\star) \tag{1.325}$$

wird

$$Z_2(Pr, \tilde{y}) = \frac{2}{\sqrt{Pr}} \exp(-0,344\, Pr)_z^z \int_{x(3)}^{\chi(\tilde{y})} e^{-x^2} dx . \tag{1.326}$$

Die in Gl. (1.326) vorkommende GAUSSsche Fehlerfunktion kann mit hinreichender Genauigkeit wie folgt angenähert werden

$$\int_0^{z(\tilde{y})} e^{-x^2} dx \approx \omega \sqrt{1 - e^{-(z/\omega)^2}} , \tag{1.327}$$

wobei

$$\omega = \int_0^\infty e^{-x^2} dx = \frac{\sqrt{\pi}}{2} = 0,886 \tag{1.328}$$

ist.

Damit erhalten wir für das Integral (1.326)

$$Z_2(Pr,\tilde{y}) = \sqrt{\frac{\pi}{Pr}} e^{-0{,}344\,Pr} \left[\sqrt{1 - e^{-\frac{Pr(\tilde{y}-\tilde{y}^\star)^2}{4\omega^2}}} - \sqrt{1 - e^{-\frac{Pr(3-\tilde{y}^\star)^2}{4\omega^2}}}\right]$$

$$= \sqrt{\frac{\pi}{Pr}} e^{-0{,}344\,Pr} \left[\sqrt{1 - e^{0{,}318\,Pr(\tilde{y}-\tilde{y}^\star)^2}} - \sqrt{1 - e^{-0{,}513\,Pr}}\right]. \quad (1.329)$$

Wir wollen die Gl. (1.329) zunächst verwenden, um die Dicke δ_t der thermischen Grenzschicht für kleine PRANDTL-Zahlen zu bestimmen.
Für kleine PRANDTL-Zahlen und große Werte von $\tilde{y}$ geht der Ausdruck (1.328) in

$$Z_2(Pr,\tilde{y}) = \sqrt{\frac{\pi}{Pr}} e^{-0{,}344\,Pr} \sqrt{1 - e^{-\frac{Pr(\tilde{y}-\tilde{y}^\star)^2}{4\omega^2}}}$$

$$\text{für}\quad Pr \ll 1 \quad \text{und}\quad \tilde{y} \gg 3 \qquad (1.330)$$

über. Der Vergleich von Gl. (1.322) und (1.330) zeigt, daß man für kleine PRANDTL-Zahlen und große Werte von $\tilde{y}$ das Integral Z_1 gegenüber Z_2 vernachlässigen kann. Definiert man die dimensionslose Dicke $\tilde{y}_t$ der thermischen Grenzschicht so, daß dort die dimensionslose Temperatur den Wert $\Theta(\tilde{y}_t) = 0{,}99$ erreicht, so wird

$$\Theta(\tilde{y}_t) = 0.99 = \frac{Z_2(Pr,\tilde{y}_t)}{Z_2(Pr,\infty)} = \sqrt{1 - e^{-\frac{Pr(\tilde{y}_t-\tilde{y}^\star)^2}{4\omega^2}}} \qquad (1.331)$$

und daraus schließlich die dimenensionslose Dicke $\tilde{y}_t$ der thermischen Grenzschicht

$$\tilde{y}_t = \frac{\delta_t}{\tilde{\delta}(x)} = \tilde{y}^\star + \frac{2\omega}{\sqrt{Pr}}\sqrt{-\ln(1-0.99^2)} = \tilde{y}^\star + \frac{3.5}{\sqrt{Pr}} \quad \text{für}\quad Pr \ll 1\;. \qquad (1.332)$$

Für kleine PRANDTL-Zahlen ändert sich die Dicke der Temperaturgrenzschicht mit dem Reziprokwert der quadratischen Wurzel der PRANDTL-Zahl, für große PRANDTL-Zahlen mit dem der kubischen Wurzel, Gl. (1.319).

Wärmeübertragung

Der Wärmeübergang von einer beheizten oder gekühlten Wand an das Fluid erfolgt in unmittelbarer Wandnähe nur durch Wärmeleitung. Daher ist die Wärmestromdichte $\dot{q}_W$ an der Wand mit Gl. (1.300)

$$\dot{q}_W = -\lambda \left(\frac{\partial T}{\partial y}\right)_W = \frac{\lambda}{\tilde{\delta}(x)}(T_W - T_\infty)\Theta'(0)\;. \qquad (1.333)$$

1.5 Konvektiver Wärmeübergang

Nach Gl. (1.311) ist der Gradient der dimensionslosen Temperatur an der Wand $\Theta'(0)$ nur von der PRANDTL-Zahl abhängig

$$\Theta'(0) = \frac{1}{\int\limits_0^\infty \exp\left[-\frac{Pr}{2}\int\limits_0^\zeta f(\chi)d\chi\right]d\zeta} \ . \tag{1.334}$$

Für einen vorgegebenen Wert von Pr kann diese Gleichung bei Kenntnis der BLASIUS-Funktion f numerisch integriert werden. Indem man die Zahlenwerte von Pr variiert, erhält man den in Bild 1.45 wiedergegebenen Zusammenhang.

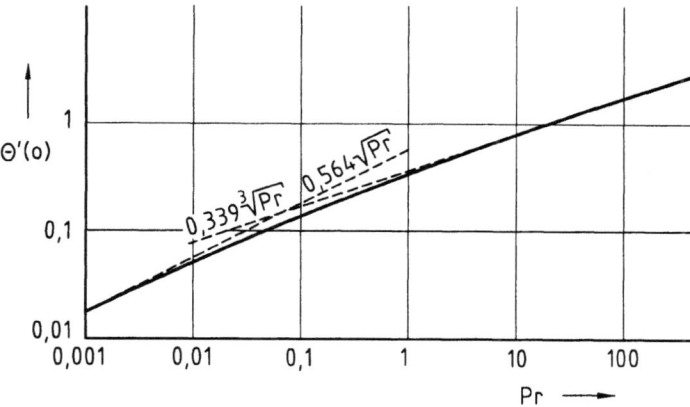

Bild 1.45: Der Wandgradient $\Theta'(0) = Nu/\sqrt{Re}$ der dimensionslosen Temperatur in Abhängigkeit von der PRANDTL-Zahl

In guter Näherung kann dieser auch durch die zuvor beschriebene Integration erhalten werden. Es ist nämlich nach Gl. (1.334) und (1.321)

$$\Theta'(0) = \frac{1}{Z_1(Pr) + Z_2(Pr,\infty)} \ ,$$

wobei die Integrale Z_1 und Z_2 nach Gl. (1.322) und (1.329) bestimmt werden. Damit erhält man folgende Gleichung für den Wandgradienten der dimensionslosen Temperatur

$$\Theta'(0) = \frac{0{,}339\sqrt[3]{Pr}}{\sqrt[3]{1-e^{-1{,}049\,Pr}} + 0{,}6\,Pr^{-1/6}\,e^{-0.344\,Pr}\left[1-\sqrt{1-e^{-0{,}513\,Pr}}\right]} \ . \tag{1.335}$$

Für $Pr \to \infty$ bzw. $Pr \to 0$ geht Gl. (1.335) in die schon von SCHLICHTING[33] angegebenen Grenzbeziehungen über

$$\Theta'(0) = \begin{cases} 0{,}339\sqrt[3]{Pr} & \text{für} \quad Pr \to \infty \\ \sqrt{\frac{Pr}{\pi}} = 0{,}564\sqrt{Pr} & \text{für} \quad Pr \to 0 \ , \end{cases} \tag{1.336}$$

---
[33]SCHLICHTING H (1982) Grenzschichttheorie — 8. Auflage Karlsruhe

und für $Pr = 1$ wird $\Theta'(0) = 0,332$, also gleich $f''(0)$, wie es auch sein muß. Berechnungen des Wärmeübergangs werden in der Praxis mit Hilfe des Wärmeübergangskoeffizienten

$$\alpha = \frac{\dot{q}_W}{T_W - T_\infty} \qquad (1.337)$$

durchgeführt. Dieser ergibt sich aus der Wärmeleitungsgleichung (1.253), dem Temperaturgradienten an der Wand nach Gl. (1.300), der Grenzschichtfunktion $\tilde{\delta}(x)$ nach Gl. (1.271) und der REYNOLDS-Zahl nach Gl. (1.288) zu

$$\alpha(x) = \frac{\lambda}{\tilde{\delta}(x)}\Theta'(0) = \lambda\sqrt{\frac{w_\infty}{\nu x}}\,\Theta'(0) = \frac{\lambda}{x}\sqrt{Re_x}\,\Theta'(0)\;. \qquad (1.338)$$

Der örtliche Wärmeübergangskoeffizient $\alpha(x)$ nimmt mit zunehmender Lauflänge x ab. Daher ist es für einen guten Wärmeübergang günstig, die wärmeübertragenden Flächen möglichst kurz zu halten. Allerdings nimmt mit abnehmender Lauflänge auch der Strömungswiderstand zu, vgl. Gl. (1.295).

Den Mittelwert α_m des Wärmeübergangskoeffizienten für die gesamte Platte erhält man durch Integration des örtlichen Wärmeübergangskoeffizienten über die Plattenlänge

$$\alpha_m = \frac{1}{L}\int_0^L \alpha(x)\mathrm{d}x = 2\,\alpha(L)\;. \qquad (1.339)$$

Nach Gl. (1.338) läßt sich der Wärmeübergangskoeffizient $\alpha(x)$ auch in dimensionsloser Schreibweise angeben. Man erhält dann die NUSSELTsche Kennzahl

$$Nu = \frac{\alpha\,x}{\lambda} = \sqrt{Re}\,\Theta'(0)$$

und mit Gl. (1.335)

$$Nu = \frac{0,339\,\sqrt{Re}\,\sqrt[3]{Pr}}{\sqrt[3]{1 - e^{-1,049\,Pr}} + 0,6\,Pr^{-1/6}\,e^{-0,344\,Pr}\left[1 - \sqrt{1 - e^{-0,513\,Pr}}\right]}\;. \qquad (1.340)$$

Mit einer NUSSELT-Beziehung nach Gl. (1.340) kann der Wärmeübergang auch ohne genaue Kenntnis der Profile von Geschwindigkeit und Temperatur ermittelt werden. Man benötigt dazu nur die Werte der Geschwindigkeit w_∞ in der ungestörten Strömung, die Differenz der Temperaturen T_W und T_∞ zwischen der Wand und dem Fluid in der ungestörten Strömung, sowie die Stoffeigenschaften des Fluids $(\nu, \lambda, c_p, \varrho)$.

1.5 Konvektiver Wärmeübergang

Konzentrationsverteilung und Stoffübergang

An einer überströmten ebenen, aber porösen Platte, welche von einem Medium durchströmt wird, dessen Zusammensetzung von der in der Kernströmung verschieden ist, bildet sich außer der Geschwindigkeits- und Temperaturgrenzschicht auch noch eine Konzentrationsgrenzschicht aus. Die Konzentrationsverteilung kann dabei nach denselben Gesetzmäßigkeiten ermittelt werden wie die Temperaturverteilung. Wir beschränken uns dabei auf Zweistoffgemische ohne chemische Reaktionen und berücksichtigen nach Gl. (1.224) nur die Diffusionsstromdichte senkrecht zur Plattenoberfläche

$$j_{y1} = -j_{y2} = -\varrho D \frac{\partial \xi}{\partial y} \quad \text{z.B. in kg je m}^2 \quad \text{und s} \; . \tag{1.341}$$

Dabei ist ξ der Massenanteil der Komponente 1, ϱ die Dichte des Gemisches und D in m^2/s der binäre Diffusionskoeffizient.

Die Grenzschichtgleichung für die Konzentration ergibt dann nach Gl. (1.219) und (1.224) für stationäre Strömung

$$\varrho w_x \frac{\partial \xi}{\partial x} + \varrho w_y \frac{\partial \xi}{\partial y} = \frac{\partial}{\partial y}\left(\varrho D \frac{\partial \xi}{\partial y}\right) \; . \tag{1.342}$$

Analog zur dimensionslosen Temperatur Θ nach Gl. (1.298) führen wir eine dimensionslose Konzentration

$$\Xi(\tilde{y}) = \frac{\xi - \xi_W}{\xi_\infty - \xi_W} \tag{1.343}$$

ein, von der wir annehmen, daß sie lediglich vom dimensionslosen Wandabstand $\tilde{y}$ abhängt. In Gl. (1.343) bedeuten ξ_W bzw. ξ_∞ die Konzentrationen unmittelbar an der Wand bzw. fernab von der Wand in der ungestörten Strömung.

Nimmt man ϱD als über die Grenzschicht konstant an, so erhält man aus Gl. (1.342) mit Gl. (1.264), (1.265) und (1.270) eine gewöhnliche Differentialgleichung für das dimensionslose Konzentrationsprofil

$$\Xi'' + \frac{1}{2}\frac{\nu}{D} f \Xi' = 0 \; . \tag{1.344}$$

Sie ist von derselben Form wie Gl. (1.303) für das dimensionslose Temperaturprofil Θ. Auch die Randbedingungen sind für das dimensionslose Konzentrationsprofil dieselben, nämlich

$$\Xi = \Theta = 0 \quad \text{für} \quad \tilde{y} = 0 \; ,$$
$$\Xi = \Theta = 1 \quad \text{für} \quad \tilde{y} \to \infty \; . \tag{1.345}$$

Daher sind bei gleichen Werten der Blasius-Funktion f die Profile der dimensionslosen Konzentrationen Ξ und der dimensionslosen Temperatur Θ gleich, wenn man anstelle der PRANDTLschen Kennzahl Pr die SCHMIDTsche Kennzahl[34]

$$Sc = \frac{\nu}{D} \tag{1.346}$$

verwendet.
Aus dem Konzentrationsgradienten an der Wand kann dann nach Gl. (1.261), (1.271), (1.288) und (1.343) die Diffusionsstromdichte an der Wand bestimmt werden

$$j_{y1W} = -\frac{\varrho D}{x}(\xi_\infty - \xi_W)\sqrt{Re_x}\,\Xi'(0) = \varrho\beta(\xi_W - \xi_\infty) \;. \tag{1.347}$$

Wie bei der Wärmeübertragung der Wärmeübergangskoeffizient α können für den Stoffaustausch der Stoffübergangskoeffizient β und eine der NUSSELTschen Kennzahl analoge Kennzahl für den Stoffaustausch, die SHERWOOD-Zahl[35]

$$Sh = \frac{\beta x}{D} = \sqrt{Re_x}\,\Xi'(0) \tag{1.348}$$

definiert werden. Ist der durch die poröse Wand strömende Stoffmengenstrom so klein, daß unmittelbar an der Wand die Geschwindigkeit senkrecht zur Wand vernachlässigbar klein ist, so muß nach Gl. (1.265) dort auch die BLASIUS-Funktion $f \approx 0$ sein. In diesem Fall wird die SHERWOOD-Zahl entsprechend Gl. (1.340)

$$Sh = \frac{0,339\sqrt{Re}\sqrt[3]{Sc}}{\sqrt[3]{1-e^{-1,049\,Sc}} + 0,6\,Sc^{-1/6}e^{-0,344\,Sc}\left[1 - \sqrt{1-e^{-0,513\,Sc}}\right]}$$

$$(\text{für}\quad w_{yW} \approx 0) \;. \tag{1.349}$$

Mit Hilfe der SHERWOOD-Zahl können der Stoffübergangskoeffizient

$$\beta = \frac{D}{x}Sh \tag{1.350}$$

und damit aus der Konzentrationsdifferenz $\xi_W - \xi_\infty$ die Diffusionsstromdichte berechnet werden

$$j_{y1W} = \varrho\beta(\xi_W - \xi_\infty) \;. \tag{1.351}$$

Wir müssen nun noch untersuchen, welchen Einfluß der Stoffaustausch auf die Geschwindigkeits-, Konzentrations- und Temperaturprofile hat. Zunächst betrachten wir die Auswirkungen des Stofftransports auf Geschwindigkeits- und Konzentrationsprofile.

---

[34] SCHMIDT E (1929) Verdunstung und Wärmeübergang, Gesundheits-Ing.52:525.
ERNST SCHMIDT (1892–1975) war Professor der Thermodynamik in Danzig, Braunschweig und München.
[35] Nach T. K. SHERWOOD (1903 – 1976), der von 1930 bis 1969 als Professor am MIT in Boston lehrte.

Durch Massentransport aus der porösen Wand wird die Randbedingung (1.258) geändert: $w_{yW} \neq 0$. Damit ändert sich nach Gl. (1.265) auch die Randbedingung für die BLASIUS-Funktion f. Mit Gl. (1.270), (1.271) und (1.288) wird

$$f(0) = -\frac{w_{yW}/w_\infty}{\dfrac{\mathrm{d}\delta(x)}{\mathrm{d}x}} = -2\frac{w_{yW}}{w_\infty}\sqrt{Re_x} \ . \tag{1.352}$$

Die Auswirkung der so geänderten Randbedingung auf die Lösung der Grenzschichtgleichungen und somit auf die Geschwindigkeits- und Konzentrationsprofile zeigt Bild 1.46.

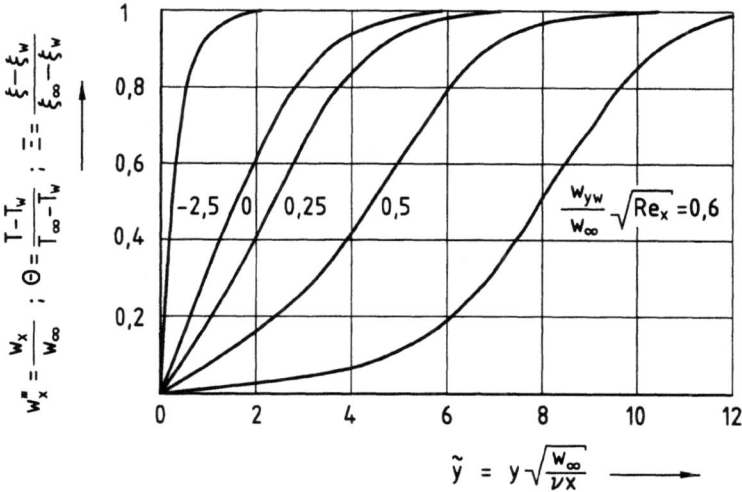

Bild 1.46: Dimensionsloses Geschwindigkeits-, Temperatur- und Konzentrationsprofil in der laminaren Grenzschicht an einer ebenen Platte ($Pr = Sc = 1$) nach ECKERT

Für $Sc = 1$ stimmen die dimensionslosen Geschwindigkeits- und Konzentrationsprofile überein. Man erkennt den beachtlichen Einfluß des durch die Randbedingung $w_{yW} \neq 0$ bestimmten Parameters $\sqrt{Re_x}w_{yW}/w_\infty$ auf die Profile und damit auf die Stoff- und Wärmeübertragung.
Wird ein Massenstrom durch die poröse Platte abgesaugt, $\sqrt{Re_x}w_{yW}/w_\infty < 0$, so wird die Grenzschicht dünner, bei Ausblasen, $\sqrt{Re_x}w_{yW}/w_\infty > 0$, wird sie aufgebläht. Bei $\sqrt{Re_x}w_{yW}/w_\infty >\sim 0,6$ werden die wandnahen Zonen ausschließlich vom aufgeprägten Ausblasestrom geprägt, die Grenzschicht wird sozusagen „weggeblasen". Hierzu genügen oft schon kleine Ausblasegeschwindigkeiten. Strömt beispielsweise Luft mit einer Geschwindigkeit $w_\infty = 4$ m/s, einer Temperatur von $\vartheta = 25$ °C (kinematische Zähigkeit $\nu = 15,8 * 10^{-6}$ m^2/s) und einem Druck von 1 bar an einer porösen Platte vorbei, so ist im Abstand von 0,1 m von der Vorderkante der Platte die REYNOLDSsche Kennzahl $Re_x = 4$ m/s $\cdot$ 0,1 m/(15.8 * 10^{-6} m^2/s)=25320, und der Wert $\sqrt{Re_x}w_{yW}/w_\infty = 0,6$ wird bereits bei $w_{yW} = 0,0038\, w_\infty$ erreicht.
Nun untersuchen wir den Einfluß des Massentransports durch die Wand auf die Energiegleichung. Wir beschränken uns dabei auf Zweistoffgemische ohne chemi-

sche Reaktionen. Mit den Grenzschichtvereinfachungen (konstante Stoffwerte, vernachlässigbare Dissipation, $p = \text{konst}, \dot{q}_x = \dot{q}_z = 0$) erhält man die Energiegleichung in der „Temperaturform" nach Gl. (1.249) zu

$$w_x \frac{\partial T}{\partial x} + w_y \frac{\partial T}{\partial y} = \frac{\lambda}{\varrho c_p} \frac{\partial^2 T}{\partial y^2} - \frac{D}{c_p} \frac{\partial (h_2 - h_1)}{\partial y} \frac{\partial \xi_1}{\partial y} \qquad (1.353)$$

oder in der „Enthalpieform" nach Gl. (1.251) zu

$$w_x \frac{\partial h}{\partial x} + w_y \frac{\partial h}{\partial y} = \frac{1}{\varrho} \frac{\partial}{\partial y} \frac{\lambda}{\varrho c_p} \left\{ \left[\frac{\partial h}{\partial y} + (h_2 - h_1) \left(1 - \frac{\varrho c_p D}{\lambda}\right) \frac{\partial \xi_1}{\partial y} \right] \right\} . \qquad (1.354)$$

Danach läßt sich die Energiegleichung für die Plattengrenzschicht nur dann entkoppelt von der Stofftransportgleichung (1.342) lösen, wenn entweder $h_2 = h_1$ oder $\varrho c_p D/\lambda = 1$ ist. Andernfalls werden die Temperaturprofile noch von der Differenz der partiellen Enthalpien $h_2 - h_1$ und die Enthalpieprofile darüber hinaus von dem dimensionslosen Verhältnis $\varrho c_p D/\lambda$ abhängig.

Für $h_2 = h_1$ stimmt die Energiegleichung für Zweistoffgemische Gl. (1.353) völlig mit der für reine Stoffe (1.257) überein, und deren Lösung ergibt bei bekanntem Verlauf der BLASIUS-Funktion f das dimensionslose Temperaturprofil Θ nach Gl. (1.312), woraus dann auch der Wärmeübergangskoeffizient α nach Gl. (1.338) ermittelt werden kann. Wie sich dabei der Massenstrom durch die Wand auf die Wärme- und Stoffübertragung auswirkt, zeigt Bild 1.47.

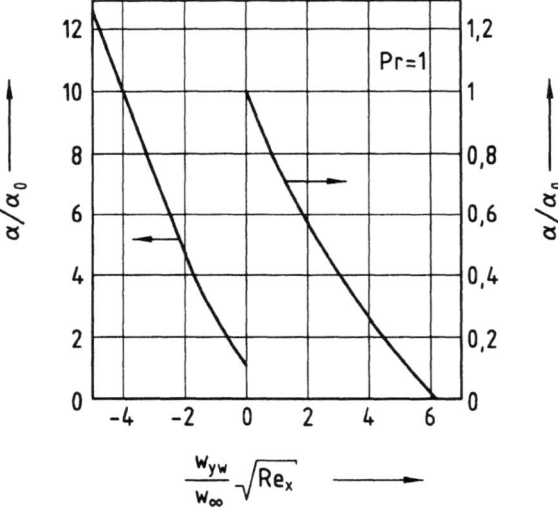

Bild 1.47: Veränderung des Wärmeübergangskoeffizienten durch Absaugen ($w_{yW} < 0$) oder Ausblasen ($w_{yW} > 0$), nach ECKERT

Hierin ist auf der Ordinate das Verhältnis des Wärmeübergangskoeffizienten α bei Grenzschichtabsaugung ($w_{yW} < 0$) bzw. Ausblasen ($w_{yW} > 0$) zum Wert α_0

ohne Massentransport durch die Wand dargestellt und auf der Abszisse die dimensionslose Absauge- bzw. Ausblasegeschwindigkeit $w_{yW}\sqrt{Re_x}/w_\infty$ aufgetragen[36]. Durch Absaugen der Grenzschicht wird der Wärme- und Stoffübergang erheblich gesteigert, während Ausblasen diesen verkleinert. Für $\sqrt{Re_x}\,w_{yW}/w_\infty >\sim 0,6$ wird $\alpha = 0$, d.h. es kann überhaupt keine Wärme mit der Platte ausgetauscht werden. Nun wollen wir noch das Temperaturprofil für den Fall ermitteln, daß die partiellen spezifischen Enthalpien h_1 und h_2 nicht gleich sind. Beschränken wir uns auf ideale Gemische (z.B. ideale Gase), so können wir die Gradienten der partiellen spezifischen Enthalpien in Gl. (1.353) noch durch die spezifischen Wärmekapazitäten der Komponenten c_{p_1} und c_{p_2}, sowie den Temperaturgradienten $\partial T/\partial y$ ersetzen. Mit den dimensionslosen Temperaturen und Konzentrationen nach Gl. (1.298) und (1.343), sowie den Beziehungen (1.261), (1.270) und (1.302), erhalten wir aus Gl. (1.353) wieder eine gewöhnliche Differentialgleichung für die dimensionslose Temperatur Θ

$$\Theta'\left[\frac{Pr}{Sc}\frac{c_{p_2}-c_{p_1}}{c_p}(\xi_{1\infty}-\xi_{1W})\Xi' - \frac{Pr}{2}f\right] = \Theta'' \ , \tag{1.355}$$

welche mit den Randbedingungen (1.307), (1.308) und (1.345) folgende Lösung ergibt

$$\Theta(y) = \frac{\int_0^{\tilde{y}} \exp\left\{\frac{Pr}{Sc}\frac{c_{p_2}-c_{p_1}}{c_p}(\xi_{1\infty}-\xi_{1W})\Xi(\zeta) - \frac{Pr}{2}\int_0^\zeta f(\chi)d\chi\right\}d\zeta}{\int_0^\infty \exp\left\{\frac{Pr}{Sc}\frac{c_{p_2}-c_{p_1}}{c_p}(\xi_{1\infty}-\xi_{1W})\Xi(\zeta) - \frac{Pr}{2}\int_0^\zeta f(\chi)d\chi\right\}d\zeta} \ . \tag{1.356}$$

Allerdings müssen zur numerischen Integration dieser Gleichung nicht nur die BLASIUS-Funktion f, die SCHMIDT-Zahl und die PRANDTL-Zahl bekannt sein, mit denen allein schon das dimensionslose Konzentrationsprofil durch Integration der Gl. (1.344) erhalten werden kann, sondern darüber hinaus auch das Verhältnis der Differenz $c_{p_2} - c_{p_2}$ der spezifischen Wärmekapazität der Komponenten zur spezifischen Wärmekapazität c_p des Gemisches, sowie die Differenz $\xi_{1\infty} - \xi_{1W}$ der Konzentration der Komponente 1 in der ungestörten Strömung und an der Wand.

1.5.5 Freie Konvektion

An warmen Flächen steigen erwärmte und dadurch leichtere Fluidteilchen nach oben, und es bildet sich die „freie Konvektion" aus. Sie hat ihre Ursache im Wärmeübergang selbst und ist nicht von außen aufgezwungen. Es entsteht eine Plattengrenzschicht, die bei senkrecht stehender beheizter Platte an der Plattenunterkante beginnt und deren Dicke nach oben hin zunimmt, Bild 1.48. Ebensogut lassen sich diese Betrachtungen auch für gekühlte Wände anstellen, mit dem einzigen Unterschied, daß dann die Grenzschicht an der Oberkante der Platte beginnt und die Strömung abwärts gerichtet ist.

---
[36] Man beachte, daß bei Ausblasen ($w_{yW} > 0$) wegen der sehr viel kleineren Werte α/α_0 die rechte Skala gilt.

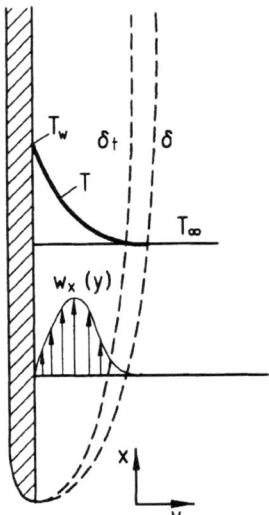

Bild 1.48: Temperatur- und Geschwindigkeitsverlauf an einer beheizten Platte bei freier Konvektion (schematisch)

Um die freie Konvektion rechnerisch erfassen zu können, müssen wir die Dichte als temperaturabhängig ansehen. Wir wollen hier vereinfachend annehmen, daß — wie bei idealen Gasen — das spezifische Volumen sich proportional mit der Temperatur ändert

$$\frac{\varrho_\infty}{\varrho} = \frac{v}{v_\infty} = 1 + \frac{1}{v_\infty}\left(\frac{\partial v}{\partial T}\right)_p (T - T_\infty) = 1 + \beta(T - T_\infty) \ . \tag{1.357}$$

Die rechte Seite in Gl. (1.357) stellt die beiden ersten Glieder einer TAYLOR-Reihe von v/v_∞ dar mit dem isobaren Ausdehnungskoeffizienten

$$\beta = \frac{1}{v_\infty}\left(\frac{\partial v}{\partial T}\right)_p \ . \tag{1.358}$$

Sie ist auch für beliebige Fluide eine gute Näherung für v/v_∞, wenn

$$\beta(T - T_\infty) \ll 1 \tag{1.359}$$

ist, zum Beispiel wenn nur kleine Temperaturunterschiede in der Grenzschicht auftreten. Unter dieser Voraussetzung können die Stoffwerte, mit Ausnahme der Dichteunterschiede $\varrho - \varrho_\infty$, als hinreichend konstant angesehen werden. Setzen wir in der Impulsgleichung (1.231) anstelle der Massenkraft ϱg die in x-Richtung wirkende Auftriebskraft $(\varrho - \varrho_\infty)g$ ein, so erhalten wir die für die freie Konvektion maßgeblichen Differentialgleichungen für Masse, Impuls und Energie in der folgenden Form

$$\frac{\partial w_x}{\partial x} + \frac{\partial w_y}{\partial y} = 0 \ , \tag{1.360}$$

$$w_x \frac{\partial w_x}{\partial x} + w_y \frac{\partial w_x}{\partial y} = \nu \frac{\partial^2 w_x}{\partial y^2} + g\left(\frac{\varrho_\infty}{\varrho} - 1\right) \ , \tag{1.361}$$

$$w_x \frac{\partial T}{\partial x} + w_y \frac{\partial T}{\partial y} = \frac{\lambda}{\varrho c_p} \frac{\partial^2 T}{\partial y^2} \ . \tag{1.362}$$

Unmittelbar an der Wand nehmen die Geschwindigkeit den Wert null und die Temperatur den Wert T_W an

$$w_x = w_y = 0 \quad \text{und} \quad T = T_W \quad \text{für} \quad y = 0 \ . \tag{1.363}$$

In dem ungestörten Fluid fernab der Wand ist dagegen

$$w_x = 0 \quad \text{und} \quad T = T_\infty \quad \text{für} \quad y \to \infty \ . \tag{1.364}$$

Die Gln. (1.363) und (1.364) bilden die Randbedingungen der Differentialgleichungen (1.360) bis (1.362). Indem wir wieder die Stromfunktion ψ verwenden, welche durch die Beziehung (1.260) definiert ist, kann die Kontinuitätsgleichung (1.360) identisch erfüllt werden. Außerdem führen wir noch die dimensionslose Temperatur Θ nach Gl. (1.298) ein und erhalten mit Gl. (1.357) aus Gl. (1.361) und (1.362) die folgenden Differentialgleichungen

$$\frac{\partial \psi}{\partial y}\frac{\partial^2 \psi}{\partial x \partial y} - \frac{\partial \psi}{\partial x}\frac{\partial^2 \psi}{\partial y^2} - \nu \frac{\partial^3 \psi}{\partial y^3} - g\beta(T_W - T_\infty)(1 - \Theta) = 0 \ , \tag{1.365}$$

$$-\frac{\partial \psi}{\partial y}\frac{\partial \Theta}{\partial x} + \frac{\partial \psi}{\partial x}\frac{\partial \Theta}{\partial y} + \frac{\lambda}{\varrho c_p}\frac{\partial^2 \Theta}{\partial y^2} = 0 \ . \tag{1.366}$$

Zur Lösung dieser Differentialgleichungen versuchen wir einen Ähnlichkeitsansatz, indem wir entsprechend Gl. (1.261) die y-Koordinate auf eine zur erwartenden Grenzschichtdicke proportionale Größe $\tilde{\delta}(x)$ beziehen

$$\tilde{y} = y/\tilde{\delta}(x) \tag{1.367}$$

und außerdem für die Stromfunktion ψ den folgenden Produktansatz wählen

$$\psi = f(\tilde{y})\, k(\tilde{\delta}) \ . \tag{1.368}$$

Außerdem nehmen wir für die dimensionslose Temperatur Θ an, daß sie nur von $\tilde{y}$ abhängt

$$\Theta = \frac{T - T_W}{T_\infty - T_W} = \Theta(\tilde{y}) \ . \tag{1.369}$$

94   1 Einführung in die Lehre von der Wärme- und Stoffübertragung

Mit Gl. (1.367) bis (1.369) erhalten wir dann für die partiellen Ableitungen in Gl. (1.365) (Impulsgleichung) und in (1.366) (Energiegleichung)

$$w_x = \frac{\partial \psi}{\partial y} = f'(\tilde{y}) \frac{k(\tilde{\delta})}{\tilde{\delta}} \ ; \quad w_y = -\frac{\partial \psi}{\partial x} = \left[f'(\tilde{y}) \frac{\tilde{y}}{\tilde{\delta}} k(\tilde{\delta}) - f \frac{dk}{d\tilde{\delta}} \right] \frac{d\tilde{\delta}}{dx} \ , \qquad (1.370)$$

$$\frac{\partial w_x}{\partial x} = \frac{\partial^2 \psi}{\partial y \, \partial x} = -f''(\tilde{y}) \frac{\tilde{y}}{\tilde{\delta}^2} \frac{d\tilde{\delta}}{dx} k(\tilde{\delta}) + f'(\tilde{y}) \frac{\frac{dk}{d\tilde{\delta}} \frac{d\tilde{\delta}}{dx} \tilde{\delta} - \frac{d\tilde{\delta}}{dx} k}{\tilde{\delta}^2} \ , \qquad (1.371)$$

$$\frac{\partial w_x}{\partial y} = \frac{\partial^2 \psi}{\partial y^2} = f''(\tilde{y}) \frac{k(\tilde{\delta})}{\tilde{\delta}^2} \ ; \quad \frac{\partial^2 w_x}{\partial y^2} = \frac{\partial^3 \psi}{\partial y^3} = f'''(\tilde{y}) \frac{k(\tilde{\delta})}{\tilde{\delta}^3} \ , \qquad (1.372)$$

$$\frac{\partial T}{\partial x} = -(T_\infty - T_W) \Theta' \frac{\tilde{y}}{\tilde{\delta}} \frac{d\tilde{\delta}}{dx} \ ; \quad \frac{\partial T}{\partial y} = (T_\infty - T_W) \Theta' \frac{1}{\tilde{\delta}} \ , \qquad (1.373)$$

$$\frac{\partial^2 T}{\partial y^2} = (T_\infty - T_W) \Theta'' \frac{1}{\tilde{\delta}^2} \ . \qquad (1.374)$$

In diesen Gleichungen bedeuten die gestrichenen Größen jeweils Ableitungen nach $\tilde{y}$, also $f' = df/d\tilde{y}$, $\Theta' = d\Theta/d\tilde{y}$; außerdem wurde angenommen, daß die Wandtemperatur T_W und die Temperatur T_∞ nicht von x abhängen.

Setzt man die partiellen Ableitungen (1.370) bis (1.374) in die Erhaltungsgleichungen (1.365) und (1.366) ein, so erhält man nach Umformung für die Impulsgleichung

$$\frac{\tilde{\delta}}{\nu} \frac{dk}{dx} \left[f f'' - f'^2 \left(1 - \frac{k}{\tilde{\delta}} \frac{d\tilde{\delta}}{dk} \right) \right] + f'' + \frac{g \beta \tilde{\delta}^3 (T_W - T_\infty)}{\nu k} (1 - \Theta) = 0 \qquad (1.375)$$

und für die Energiegleichung

$$\frac{\tilde{\delta}}{\nu} \frac{dk}{dx} f \Theta' + \frac{\lambda}{\varrho c_p \nu} \Theta'' = 0 \ . \qquad (1.376)$$

Die Funktionen $f(\tilde{y})$ und $\Theta(\tilde{y})$ können nur dann unabhängig von x sein, wenn die in den Gln. (1.375) und (1.376) auftretenden Koeffizienten ebenfalls von x unabhängig, d.h. konstant sind

$$\frac{\tilde{\delta}}{\nu} \frac{dk}{dx} = \text{konst}, \ \frac{k}{\tilde{\delta}} \frac{d\tilde{\delta}}{dk} = \frac{d \ln \tilde{\delta}}{d \ln k} = \text{konst}$$

und $\quad \dfrac{g\beta \tilde{\delta}^3 (T_W - T_\infty)}{\nu k} = \text{konst} \ .$ \hfill (1.377)

Multiplizieren wir die noch unbekannten Funktionen $\tilde{\delta}(x)$ und $k(x)$ mit einem beliebigen Faktor, so ändert sich an den Bedingungen (1.377) nichts, lediglich nehmen die Konstanten andere Werte an. Daher können wir auch über zwei der Konstanten verfügen. So können wir z.B. willkürlich zu eins setzen

$$\frac{g\beta \tilde{\delta}^3 (T_W - T_\infty)}{k\nu} = 1 \ . \qquad (1.378)$$

Daraus folgt

$$k = \frac{g\beta\tilde{\delta}^3(T_W - T_\infty)}{\nu} \tag{1.379}$$

und nach logarithmischer Differentiation

$$\frac{\mathrm{d}\ln\tilde{\delta}}{\mathrm{d}\ln k} = \frac{k}{\tilde{\delta}} \cdot \frac{\mathrm{d}\tilde{\delta}}{\mathrm{d}k} = \frac{1}{3} \ . \tag{1.380}$$

Aus Gl. (1.380) läßt sich auch eine Beziehung für die erste Konstante in Gl. (1.377) ableiten

$$\frac{\tilde{\delta}}{\nu}\frac{\mathrm{d}k}{\mathrm{d}x} = \frac{3g\beta\tilde{\delta}^3(T_W - T_\infty)}{\nu^2}\frac{\mathrm{d}\tilde{\delta}}{\mathrm{d}x} \ . \tag{1.381}$$

Setzen wir diese willkürlich $(\tilde{\delta}/\nu)(\mathrm{d}k/\mathrm{d}x) = 3$, so erhält man durch Integration von Gl. (1.381) die der Grenzschichtdicke proportionale Funktion

$$\tilde{\delta} = \sqrt[4]{\frac{4\nu^2 x}{g\beta(T_W - T_\infty)}} = x\sqrt[4]{\frac{4}{Gr}} \ . \tag{1.382}$$

Als neue dimensionslose Kennzahl haben wir hier die GRASHOFsche Kennzahl Gr eingeführt, welche das Verhältnis der statischen Auftriebskraft zur Zähigkeitskraft beschreibt

$$Gr = \frac{g\beta(T_W - T_\infty)x^3}{\nu^2} \ . \tag{1.383}$$

Mit der PRANDTL-Zahl (Gl. (1.304)) erhält man schließlich aus Gl. (1.375) und (1.376) die gewöhnlichen Differentialgleichungen

$$f''' + 3ff'' - 2f'^2 + 1 - \Theta = 0 \ , \tag{1.384}$$

$$\Theta'' + 3\,Pr\,f\,\Theta' = 0 \ . \tag{1.385}$$

Die zugehörigen Randbedingungen ergeben sich aus den ursprünglichen Randbedingungen (1.363) und (1.364) mit den Beziehungen (1.370) bis (1.373)

$$f(\tilde{y}) = f'(\tilde{y}) = 0 \quad \text{und} \quad \Theta(\tilde{y}) = 0 \quad \text{für} \quad \tilde{y} = 0 \ , \tag{1.386}$$

$$f'(\tilde{y}) = 0 \quad \text{und} \quad \Theta(\tilde{y}) = 1 \quad \text{für} \quad \tilde{y} \to \infty \ . \tag{1.387}$$

Wäre die Funktion $f(\tilde{y})$ bekannt, so ließe sich Gl. (1.385) analytisch integrieren. Hierzu müßte man Gl. (1.385) durch Θ' dividieren und erhielte

$$\frac{\Theta''}{\Theta'} = -3\,Pr\,f \ . \tag{1.388}$$

Nach dem Zweiten Hauptsatz der Thermodynamik kann die Wärme durch die Plattengrenzschicht nur in einer Richtung fließen, nämlich entweder von der Platte weg oder zu ihr hin. Daher muß in jedem Abstand y von der Wand

$$(T_W - T_\infty)\frac{\partial T}{\partial y} < 0 \quad \text{bzw.} \quad \Theta'(\tilde{y}) > 0 \tag{1.389}$$

sein. Außerdem nimmt der Wärmestrom mit zunehmendem Wandabstand ab

$$(T_W - T_\infty)\frac{\partial^2 T}{\partial y^2} > 0 \quad \text{bzw.} \quad \Theta''(\tilde{y}) < 0 \ . \tag{1.390}$$

Nach Gl. (1.388) ergeben daher negative Werte von f für das Temperaturprofil keinen Sinn.
Die Integration der Gl. (1.388) ergibt

$$\ln \Theta'(\tilde{y}) = \ln \Theta'(0) - 3Pr \int_0^{\tilde{y}} f(\chi) \mathrm{d}\chi \tag{1.391}$$

oder

$$\Theta'(\tilde{y}) = \Theta'(0) \exp\left[-3\,Pr \int_0^{\tilde{y}} f(\chi)\mathrm{d}\chi\right] \ . \tag{1.392}$$

Den noch unbekannten Temperaturgradienten an der Wand $\Theta'(0)$ ermittelt man aus den Randbedingungen (1.387) und (1.386), indem man Gl. (1.392) zwischen den Grenzen $\zeta = 0$ und $\zeta \to \infty$ integriert

$$\Theta(\infty) - \Theta(0) = 1 = \Theta'(0) \int_0^\infty \exp\left[-3\,Pr \int_0^\zeta f(\chi)\mathrm{d}\chi\right] \mathrm{d}\zeta \ . \tag{1.393}$$

Setzt man $\Theta'(0)$ nach Gl. (1.393) in Gl. (1.392) ein, so erhält man den Temperaturgradienten an einer beliebigen Stelle $\tilde{y}$

$$\Theta'(\tilde{y}) = \frac{\exp\left[-3\,Pr \int_0^{\tilde{y}} f(\chi)\mathrm{d}\chi\right]}{\int_0^\infty \exp\left[-3\,Pr \int_0^\zeta f(\chi)\mathrm{d}\chi\right] \mathrm{d}\zeta} \tag{1.394}$$

und nach einer weiteren Integration das Temperaturprofil

$$\Theta(\tilde{y}) = \frac{\int_0^{\tilde{y}} \exp\left[-3\,Pr \int_0^\zeta f(\chi)\mathrm{d}\chi\right] \mathrm{d}\zeta}{\int_0^\infty \exp\left[-3\,Pr \int_0^\zeta f(\chi)\mathrm{d}\chi\right] \mathrm{d}\zeta} \ . \tag{1.395}$$

Die noch unbekannte Funktion $f(\tilde{y})$ erhält man aus einer Lösung der Differentialgleichung (1.384), wofür im folgenden Abschnitt ein numerisches Verfahren angegeben wird.

Numerische Integration der Differentialgleichungen für die freie Konvektion

Zur numerischen Integration der Impulsgleichung (1.384) entwickeln wir die Ableitung $f'(\tilde{y})$ nach einer TAYLOR-Reihe, die wir nach dem dritten Glied abbrechen

$$f'(\tilde{y} + \Delta\tilde{y}) = f'(\tilde{y}) + \Delta\tilde{y}\, f''(\tilde{y}) + \frac{1}{2}(\Delta\tilde{y})^2 f'''(\tilde{y}) \;, \tag{1.396}$$

$$f'(\tilde{y} - \Delta\tilde{y}) = f'(\tilde{y}) - \Delta\tilde{y}\, f''(\tilde{y}) + \frac{1}{2}(\Delta\tilde{y})^2 f'''(\tilde{y}) \;. \tag{1.397}$$

Indem wir diese beiden Gleichungen addieren bzw. voneinander abziehen, können wir Näherungen für die zweite und dritte Ableitung $f''(\tilde{y})$ bzw. $f'''(\tilde{y})$ erhalten. Setzt man diese in Gl. (1.384) ein, so ergibt sich folgendes Rechenschema

$$f'(\tilde{y} + \Delta\tilde{y})$$
$$= \frac{2f'(\tilde{y})\left[1 + (\Delta\tilde{y})^2 f'(\tilde{y})\right] - (\Delta\tilde{y})^2 (1 - \Theta) - f'(\tilde{y} - \Delta\tilde{y})\left[1 - \frac{3}{2}\Delta\tilde{y} f(\tilde{y})\right]}{1 + \frac{3}{2}\Delta\tilde{y}\, f(\tilde{y})} \;. \tag{1.398}$$

Die Werte $f(\tilde{y})$ ermittelt man dabei näherungsweise nach der KEPLERschen Faßregel

$$f(\tilde{y} + \Delta\tilde{y}) = f(\tilde{y} - \Delta\tilde{y}) + [f'(\tilde{y} - \Delta\tilde{y}) + 4f'(\tilde{y}) + f'(\tilde{y} + \Delta\tilde{y})] * \Delta\tilde{y}/3 \;, \tag{1.399}$$

während das zunächst in der ersten Iteration noch unbekannte Temperaturprofil durch eine über die gesamte Grenzschicht linear abfallende Funktion angenähert wird

$$1 - \Theta(\tilde{y}) = 1 - \tilde{y}/\tilde{y}_\infty \;. \tag{1.400}$$

Man startet mit den Werten $f'(0) = 0$ und $f(0) = 0$, damit die Randbedingungen (Gl. (1.386)) erfüllt sind. Die Randbedingung $f'(\tilde{y} \to \infty) = 0$ (Gl. (1.387)) ist nicht so leicht zu befriedigen. Man schätzt zunächst zwei Werte für die Steigung der Geschwindigkeitsprofile an der Wand, z.B.

$$f_1''(0) = 0 \quad \text{und} \quad f_2''(0) = 1 \;,$$

bestimmt daraus mit Hilfe der Entwicklung in eine TAYLOR-Reihe (Gl. (1.396) für $f'(\tilde{y})$ und eine entsprechende Beziehung für $f(\tilde{y})$) und den Randbedingungen $f'(0) = f(0) = 0$ (Gl. (1.386)) die weiteren Startwerte

$$f_1'(\Delta\tilde{y}) = f_1''(0)\Delta\tilde{y} \qquad \text{und} \qquad f_2'(\Delta\tilde{y}) = f_2''(0)\,\Delta\tilde{y}$$

$$f_1(\Delta\tilde{y}) = f_1''(0)(\Delta\tilde{y})^2/2 \quad \text{und} \quad f_2(\Delta\tilde{y}) = f_2''(0)\,(\Delta\tilde{y})^2/2$$

und führt mit diesen Startwerten das Rechenschema nach Gl. (1.398) und (1.399) aus. Als Ergebnis erhält man zwei Werte $f_1'(\tilde{y} \to \infty)$ und $f_2'(\tilde{y} \to \infty)$, die zwar nicht die Bedingung $f'(\tilde{y} \to \infty) = 0$ am Rande der Grenzschicht erfüllen, mit denen aber z.B. nach der regula falsi ein neuer Schätzwert für $f''(0)$ gefunden werden kann, nämlich

$$f_3''(0) = \frac{f_1''(0) - f_2''(0)\, f_1'(\tilde{y} \to \infty)/f_2'(\tilde{y} \to \infty)}{1 - f_1'(\tilde{y} \to \infty)/f_2'(\tilde{y} \to \infty)} \ .$$

Das Verfahren wird mit demselben Temperaturprofil so lange wiederholt, bis die Randbedingung $f'(\tilde{y} \to \infty) = 0$ genügend genau getroffen wird. Danach werden mit Hilfe der KEPLERschen Faßregel die Integrale

$$\int_0^{\tilde{y}} f(\chi)\mathrm{d}\chi$$

gebildet und damit ein neues Temperaturprofil nach Gl. (1.395) ermittelt. Damit werden wiederum f' und f in der angegebenen Weise bestimmt. Das Verfahren wird so lange wiederholt, bis sich die Temperaturprofile nicht mehr ändern. Die angegebene Rechenmethode ist zwar einfach aufgebaut, konvergiert aber langsam. Andere numerische Verfahren, wie z.B. die sogenannte Methode der Parameterexpansion führen hier besser zum Ziel[37].

Geschwindigkeits- und Temperaturprofile sowie Wärmeübergang bei freier Konvektion

Die nach dem angegebenen Verfahren für verschiedene PRANDTL-Zahlen ermittelten Geschwindigkeitsprofile wurden in Bild 1.49 als Funktion des dimensionslosen Wandabstands $\tilde{y}$ aufgetragen.

Die Strömungsgeschwindigkeit besitzt ein Maximum, welches umso näher der Wand anzutreffen ist, je größer die PRANDTL-Zahl ist, d.h. je größer das Verhältnis der Zähigkeit ν und der Temperaturleitfähigkeit $a = \lambda/(\varrho c_p)$ ist.

Das Profil der dimensionslosen Temperatur Θ ist in Bild 1.50 dargestellt. Es steigt mit zunehmendem Wandabstand $\tilde{y}$ um so steiler an, je größer die PRANDTL-Zahl des Fluids, d.h. je größer seine Zähigkeit ν und je kleiner seine Temperaturleitfähigkeit a ist. Der Temperaturgradient an der Wand

$$\Theta'(0) = \frac{1}{\int_0^\infty \exp\left[-3\, Pr \int_0^\zeta f(\chi)\mathrm{d}\chi\right]\mathrm{d}\zeta} \tag{1.401}$$

bestimmt nach Gl. (1.253) und (1.373) die Wärmestromdichte

$$q_W = -\lambda \left(\frac{\partial T}{\partial y}\right)_W = \lambda(T_W - T_\infty)\frac{\Theta'(0)}{\tilde{\delta}(x)} = \alpha(T_W - T_\infty) \ . \tag{1.402}$$

---

[37]siehe z.B. SHIH T M (1984) Numerical Heat Transfer. Hemisphere Publishing Corp., distributed by Springer-Verlag.

1.5 Konvektiver Wärmeübergang   99

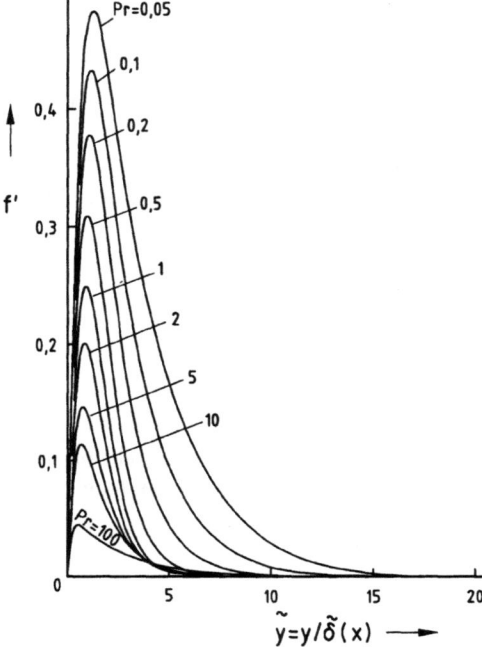

Bild 1.49: Dimensionsloses Geschwindigkeitsprofil f' als Funktion des dimensionslosen Wandabstandes $\tilde{y}$ bei freier Konvektion

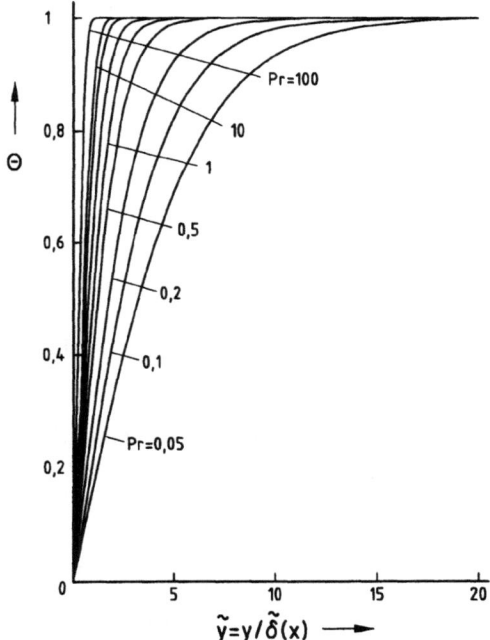

Bild 1.50: Dimensionslose Temperatur Θ als Funktion des dimensionslosen Wandabstandes $\tilde{y}$ bei freier Konvektion

Der Wärmeübergangskoeffizient α oder — in dimensionsloser Form — die NUSSELTsche Kennzahl

$$Nu = \frac{\alpha x}{\lambda} = \frac{\Theta'(0)\, x}{\bar{\delta}(x)} \qquad (1.403)$$

hängt nach Gl. (1.401) und (1.382) lediglich von der PRANDTL-Zahl und der GRASHOF-Zahl ab

$$Nu = Nu(Pr, Gr) = \frac{\sqrt[4]{Gr/4}}{\int\limits_0^\infty \exp\left[-3\,Pr \int\limits_0^\zeta f(\chi)d\chi\right] d\zeta} \,. \qquad (1.404)$$

Die numerische Integration der Grenzschichtgleichungen für freie Konvektion wurde erstmals von OSTRACH[38] durchgeführt, nachdem schon 1938 SQUIRE eine Näherungslösung angegeben hatte[39].

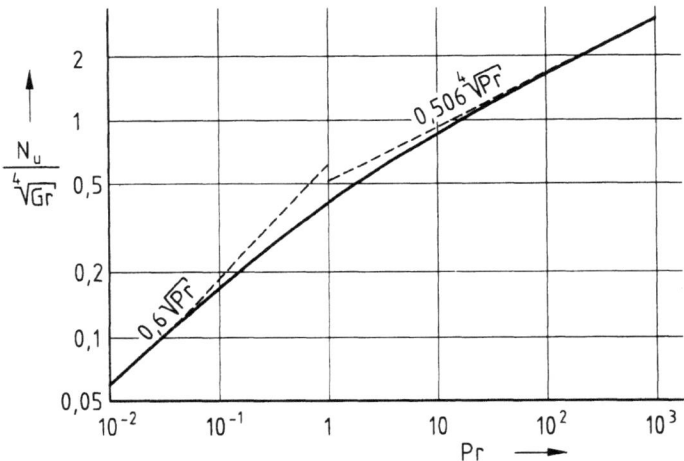

Bild 1.51: Abhängigkeit der NUSSELT-Zahl von der GRASHOF- und PRANDTL-Zahl bei freier Konvektion an einer senkrechten Platte

Als Ergebnis der numerischen Integration erhält OSTRACH für den Quotienten $Nu/\sqrt[4]{Gr}$ den in Bild 1.51 dargestellten Zusammenhang. Nach LE FEVRE[40] wird dessen Abhängigkeit von der PRANDTL-Zahl mit sehr guter Genauigkeit durch die

---

[38] OSTRACH S (1953) An analysis of laminar free convection flow and heat transfer about a flat plate parallel to the direction of the generating body force. NACA TR 1111
[39] siehe z.B. ECKERT E R G (1966) Wärme- und Stoffaustausch, 3. Auflage, Springer-Verlag
[40] LE FEVRE E J (1956) Laminar free convection from a vertical plane surface. 9th Int. Congr. Appl. Mech. Brüssel, S.168

folgende Interpolationsformel wiedergegeben

$$\frac{Nu}{\sqrt[4]{Gr}} = \frac{0{,}6\sqrt{Pr}}{\sqrt[4]{1 + 2{,}006\sqrt{Pr} + 2{,}034\,Pr}} \quad . \tag{1.405}$$

Diese besitzt die Asymptoten

$$Nu/\sqrt[4]{Gr} = 0{,}6\sqrt{Pr} \quad \text{für } Pr \to 0 \;, \tag{1.406}$$

$$Nu/\sqrt[4]{Gr} = 0{,}503\sqrt[4]{Pr} \quad \text{für } Pr \to \infty \;. \tag{1.407}$$

1.5.6 Turbulente Strömung

Bei den bisher behandelten Beispielen wurde eine laminare Strömung vorausgesetzt. Diese Strömungsform ist aber bei Problemen der technischen Wärmeübertragung nicht häufig anzutreffen. In der Regel liegt eher turbulente Strömung vor, diese wird sogar angestrebt, um die Wärmeübertragung zu verbessern.

Bei der Betrachtung zur Plattengrenzschicht, Abschn. 1.5.1, wurde bereits dargelegt, daß beim Überströmen der Platte nur in der Nähe der Plattenvorderkante eine laminare Grenzschicht vorliegt. Diese wird aber mit größerem Abstand von der Vorderkante zunehmend instabil; es bilden sich Wirbel aus, die weiter stromab immer weiter zerfallen und schließlich in eine völlig ungeordnete, eben die turbulente Strömung übergehen[41]. Die kleinsten beobachteten Wirbel haben Durchmesser von etwa 100 μm; sie sind immerhin noch so groß, daß sie viele Milliarden Moleküle enthalten und damit die Gesetze der Kontinuumsmechanik auf sie angewendet werden können. Andererseits sind sie aber so klein, daß es selbst mit den leistungsfähigsten Großrechnern nur mit großem Aufwand möglich ist, die Differentialgleichungen mit einem hinreichend engen Gitterabstand numerisch zu lösen.

Deswegen ist es für praktische Rechnungen unumgänglich, das Verhalten der turbulenten Strömung durch Modellgesetze anzunähern. Nach REYNOLDS zerlegt man die zeitabhängigen Größen, wie z.B. die Geschwindigkeit w_x, in einen Mittelwert $\overline{w_x}$, welchen man durch Mittelung der zeitabhängigen Größe $w_x(t)$ über einen hinreichend großen Zeitraum $\Delta t \to \infty$ erhält[42]

$$\overline{w_x} = \lim_{\Delta t \to \infty} \frac{1}{\Delta t} \int_{0}^{t+\Delta t} w_x(t)\,\mathrm{d}t \tag{1.408}$$

---

[41] Zum Zusammenhang zwischen Stabilität und Turbulenz siehe z.B. H. SCHLICHTING, Entstehung der Turbulenz, Handbuch der Physik, Bd. VIII, 1 (Strömungsmechanik 1), 5:351-450. Weitere Literatur: H. SCHLICHTING (1980) Grenzschichttheorie, 3. Auflage, Karlsruhe; BRADSHAW P (1981) Turbulence. Science Progress 67:185. CEBECI T, BRADSHAW P (1984) Physical and Computational Aspects of Convective Heat Transfer. Springer-Verlag

[42] Bei instationären Vorgängen kann eine Mittelwertbildung nach Gl. (1.408) sinnlos sein und sollte dann durch eine sog. Ensemble-Mittelung über eine große Anzahl von gleichartigen Ereignissen ersetzt werden.

102   1 Einführung in die Lehre von der Wärme- und Stoffübertragung

und eine Schwankungsgröße w'_x, welche die zeitliche Abweichung der Größe von ihrem Mittelwert angibt

$$w_x = \overline{w_x} + w'_x \ . \tag{1.409}$$

Definitionsgemäß sind die Mittelwerte der Schwankungsgrößen gleich null

$$\overline{w'_x} = \overline{w'_y} = \overline{w'_z} = 0 \ . \tag{1.410}$$

Dagegen sind die Mittelwerte von Produkten von Schwankungsgrößen, wie z.B. $\overline{w'_x w'_y}$, im allgemeinen von null verschieden, ebenso wie die sogenannte kinetische Energie der Turbulenz, kurz auch als Turbulenzenergie bezeichnet,

$$k_t = \frac{1}{2}\left(\overline{w'^2_x} + \overline{w'^2_y} + \overline{w'^2_z}\right) \ . \tag{1.411}$$

Kontinuitätsgleichung

Setzt man die Geschwindigkeiten und die Dichte entsprechend dem Ansatz (1.410) in die Kontinuitätsgleichung (1.211) ein, so erhält man

$$\frac{\partial}{\partial t}(\varrho + \varrho') + \frac{\partial}{\partial x}\left[(\varrho + \varrho')(w_x + w'_x)\right]$$
$$+ \frac{\partial}{\partial y}\left[(\varrho + \varrho')(w_y + w'_y)\right] + \frac{\partial}{\partial z}\left[(\varrho + \varrho')(w_z + w'_z)\right] = 0 \ , \tag{1.412}$$

wobei hier und im folgenden die Querstriche bei den Mittelwerten weggelassen werden, wenn ersichtlich ist, daß es sich nicht um die Augenblickswerte, sondern um die Mittelwerte handelt.
Bilden wir nun den zeitlichen Mittelwert, so fallen alle Terme wie $\overline{\varrho w'_x}$, $\overline{w_x \varrho'}$ usw., die nur eine gestrichene Größe enthalten, nach Gl. (1.410) heraus, nicht aber Terme mit Produkten aus Schwankungsgrößen. Die Kontinuitätsgleichung vereinfacht sich zu

$$\frac{\partial \varrho}{\partial t} + \frac{\partial}{\partial x}(\varrho w_x + \overline{\varrho' w'_x}) + \frac{\partial}{\partial y}(\varrho w_y + \overline{\varrho' w'_y}) + \frac{\partial}{\partial z}(\varrho w_z + \overline{\varrho' w'_z}) = 0 \ . \tag{1.413}$$

In Gl. (1.413) treten neben den mittleren Massenströmen ϱw_x, ϱw_y und ϱw_z noch die Zeitmittel der Produkte aus Dichte- und Geschwindigkeitsschwankungen auf, die bei geringen Dichteänderungen allerdings vernachlässigt werden können.
Subtrahiert man Gl. (1.413) von Gl. (1.412), so erhält man für die (ungemittelten) Dichteschwankungen ϱ' nach Gl. (1.412) noch die Beziehung

$$\frac{\partial \varrho'}{\partial t} + \frac{\partial}{\partial x}\left(\varrho' w_x + \varrho w'_x + \varrho' w'_x - \overline{\varrho' w'_x}\right) + \frac{\partial}{\partial y}\left(\varrho' w_y + \varrho w'_y + \varrho' w'_y - \overline{\varrho' w'_y}\right)$$
$$+ \frac{\partial}{\partial z}\left(\varrho' w_z + \varrho w'_z + \varrho' w'_z - \overline{\varrho' w'_z}\right) = 0 \ , \tag{1.414}$$

die für Fluide konstanter Dichte ($\varrho = $ konst) in

$$\frac{\partial w'_x}{\partial x} + \frac{\partial w'_y}{\partial y} + \frac{\partial w'_z}{\partial z} = 0 \tag{1.415}$$

übergeht. Danach können sich bei Fluiden konstanter Dichte zu jedem Zeitpunkt die Komponenten der Schwankungsgeschwindigkeiten räumlich nicht unabhängig voneinander ändern, vielmehr muß jede Änderung der Schwankungsgeschwindigkeit w'_x in x-Richtung augenblicklich durch eine entsprechende Änderung der Schwankungsgeschwindigkeit w'_y bzw. w'_z kompensiert werden.

Stofferhaltungsgleichung

Um bei turbulenter Strömung den Stoffstrom einer Komponente i bilanzieren zu können, ersetzen wir in Gl. (1.218) die Augenblickswerte jeweils durch die Summe aus Mittelwert und Schwankungsgröße und bilden den Mittelwert[43]

$$\begin{aligned}\overline{\varrho \frac{d\xi_i}{dt}} &= \frac{\partial}{\partial t}(\overline{\varrho}\,\overline{\xi_i}) + \frac{\partial}{\partial t}(\overline{\varrho'\xi'_i}) \\ &\quad + \frac{\partial}{\partial x}\left[(\overline{\varrho}\,\overline{w_x} + \overline{\varrho'w'_x})\overline{\xi_i} + \overline{\varrho}\,\overline{w'_x\xi'_i} + \overline{w_x}\,\overline{\varrho'\xi'_i} + \overline{\varrho'w'_x\xi'_i}\right] \\ &\quad + \frac{\partial}{\partial y}\left[(\overline{\varrho}\,\overline{w_y} + \overline{\varrho'w'_y})\overline{\xi_i} + \overline{\varrho}\,\overline{w'_y\xi'_i} + \overline{w_y}\,\overline{\varrho'\xi'_i} + \overline{\varrho'w'_y\xi'_i}\right] \\ &\quad + \frac{\partial}{\partial z}\left[(\overline{\varrho}\,\overline{w_z} + \overline{\varrho'w'_z})\overline{\xi_i} + \overline{\varrho}\,\overline{w'_z\xi'_i} + \overline{w_z}\,\overline{\varrho'\xi'_i} + \overline{\varrho'w'_z\xi'_i}\right] \\ &= R_i + \overline{R'_i} - \frac{\partial \overline{j_{xi}}}{\partial x} - \frac{\partial \overline{j_{yi}}}{\partial y} - \frac{\partial \overline{j_{zi}}}{\partial z} - \frac{\partial \overline{j'_{xi}}}{\partial x} - \frac{\partial \overline{j'_{yi}}}{\partial y} - \frac{\partial \overline{j'_{zi}}}{\partial z}\,. \end{aligned} \tag{1.416}$$

Mit Gl. (1.413) läßt sich (1.416) auf die folgende Form bringen

$$\varrho \frac{\partial \xi_i}{\partial t} + \frac{\partial}{\partial t}(\overline{\varrho'\xi'_i}) + (\varrho w_x + \overline{\varrho'w'_x})\frac{\partial \xi_i}{\partial x} + (\varrho w_y + \overline{\varrho'w'_y})\frac{\partial \xi_i}{\partial y} + (\varrho w_z + \overline{\varrho'w'_z})\frac{\partial \xi_i}{\partial z}$$

$$= R_i + \overline{R'_i} - \frac{\partial j^{(\text{eff})}_{xi}}{\partial x} - \frac{\partial j^{(\text{eff})}_{yi}}{\partial y} - \frac{\partial j^{(\text{eff})}_{zi}}{\partial z}\,. \tag{1.417}$$

Hierin erfaßt die sogenannte „effektive" Diffusionsstromdichte

$$j^{(\text{eff})}_{ki} = j_{ki} + \varrho\overline{w'_k\xi'_i} + w_k\overline{\varrho'\xi'_i} + \overline{\varrho'w'_k\xi'_i} + \overline{j'_{ki}} \quad k = x, y, z \tag{1.418}$$

---

[43] Hierbei bilden wir die Mittelwerte der Diffusionsströme j_{ki} entsprechend Gl. (1.226) ausschließlich mit den Mittelwerten der Dichte, der Temperatur, Konzentration usw. und rechnen alle Terme, die Schwankungsgrößen oder deren Produkte enthalten, den Schwankungsgrößen j'_{ki} zu, mit der Konsequenz, daß die Mittelwerte der so gebildeten Schwankungsgrößen nicht verschwinden. Genauso verfahren wir auch mit den Reaktionstermen R_i.

sowohl die mittleren „molekularen" Diffusionsströme j_{ki} als auch den durch Turbulenz verursachten Stofftransport. Letzterer ist in turbulenten Strömungen mit Ausnahme der wandnahen Zonen beträchtlich größer als die molekulare Diffusion. Diese spielt somit nur in wandnahen Schichten eine Rolle, in denen dann auch keine turbulenten Schwankungen auftreten. Aus diesem Grund kann man die Mittelwerte $\overline{j'_{ki}}$ in Gl. (1.418) weglassen.

Impulsgleichung

Nun wollen wir die Impulsgleichung (1.231) entsprechend umformen. Für die Summe der Impulsänderungen greifen wir dabei auf Gl. (1.227) zurück und schreiben die Impulsgleichung in x-Richtung unter Verwendung der Kettenregel in folgender Form

$$\frac{\partial}{\partial t}[(\bar{\varrho}+\varrho')(\overline{w}_x+w'_x)] + \frac{\partial}{\partial x}[(\bar{\varrho}+\varrho')(\overline{w}_x+w'_x)^2]$$

$$+\frac{\partial}{\partial y}[(\bar{\varrho}+\varrho')(\overline{w}_y+w'_y)(\overline{w}_x+w'_x)] + \frac{\partial}{\partial z}[(\bar{\varrho}+\varrho')(\overline{w}_z+w'_z)(\overline{w}_x+w'_x)]$$

$$= -\frac{\partial}{\partial x}(\bar{p}+p') + \frac{\partial}{\partial x}(\bar{\tau}_{xx}+\tau'_{xx}) + \frac{\partial}{\partial y}(\bar{\tau}_{yx}+\tau'_{yx}) + \frac{\partial}{\partial z}(\bar{\tau}_{zx}+\tau'_{zx}) + (\varrho+\varrho')g_x \ .$$

(1.419)

Die mittleren Schubspannungen $\bar{\tau}_{ij}$, sowie deren Schwankungen τ'_{ij} erhält man dabei aus dem STOKESschen Ansatz (Gl. (1.233)) zu[44]

$$\bar{\tau}_{ij} = \bar{\eta}\left(\frac{\partial \overline{w_j}}{\partial i} + \frac{\partial \overline{w_i}}{\partial j} - \frac{2}{3}\delta_{ij}\sum_{k=x,y,z}\frac{\partial \overline{w_k}}{\partial k}\right) \quad i,j=x,y,z \quad (1.420)$$

und

$$\tau'_{ij} = \eta'\left(\frac{\partial \overline{w_j}}{\partial i} + \frac{\partial \overline{w_i}}{\partial j} - \frac{2}{3}\delta_{ij}\sum_{k=x,y,z}\frac{\partial \overline{w_k}}{\partial k}\right) + \bar{\eta}\left(\frac{\partial w'_j}{\partial i} + \frac{\partial w'_i}{\partial j} - \frac{2}{3}\delta_{ij}\sum_{k=x,y,z}\frac{\partial w'_k}{\partial k}\right)$$

$$+ \eta'\left(\frac{\partial w'_j}{\partial i} + \frac{\partial w'_i}{\partial j} - \frac{2}{3}\delta_{ij}\sum_{k=x,y,z}\frac{\partial w'_k}{\partial k}\right) \quad i,j=x,y,z \ . \quad (1.421)$$

Entsprechende Gleichungen lassen sich für die y- und z-Richtung angeben. Bei zeitlicher Mittelung verschwinden alle Terme, die nur eine gestrichene Größe enthalten,

---

[44] Bei dieser Aufteilung, bei der die Mittelwerte $\bar{\tau}_{ij}$ ausschließlich aus den Mittelwerten der Zähigkeit und der Geschwindigkeit gebildet wurden, wird bewußt in Kauf genommen, daß die Mittelwerte der Schwankungsgrößen nicht verschwinden; sie ermöglicht dafür eine übersichtlichere Mittelung von Produkten aus τ'_{ij} und anderen Schwankungsgrößen, wie z.B. $\partial w'_j/\partial i$ zur Ermittlung der Dissipation.

und Gl. (1.419) reduziert sich zu

$$\frac{\partial}{\partial t}(\varrho w_x + \overline{\varrho' w'_x}) + \frac{\partial}{\partial x}(\varrho w_x^2 + \varrho\overline{w'^2_x} + 2\overline{\varrho' w'_x}w_x + \overline{\varrho' w'^2_x})$$

$$+ \frac{\partial}{\partial y}\left(\varrho w_x w_y + \varrho\overline{w'_x w'_y} + \overline{\varrho' w'_y}w_x + \overline{\varrho' w'_x}w_y + \overline{\varrho' w'_x w'_y}\right)$$

$$+ \frac{\partial}{\partial z}\left(\varrho w_x w_z + \varrho\overline{w'_x w'_z} + \overline{\varrho' w'_z}w_x + \overline{\varrho' w'_x}w_z + \overline{\varrho' w'_x w'_z}\right)$$

$$= -\frac{\partial p}{\partial x} + \frac{\partial \tau_{xx}+\tau'_{xx}}{\partial x} + \frac{\partial \tau_{yx}+\tau'_{yx}}{\partial y} + \frac{\partial \tau_{zx}+\tau'_{zx}}{\partial z} + \varrho g_x \;,\qquad (1.422)$$

oder allgemein

$$\frac{\partial}{\partial t}(\overline{\varrho}\,\overline{w}_i + \overline{\varrho' w'_i}) + \sum_k \frac{\partial}{\partial k}(\overline{\varrho}\,\overline{w}_i\overline{w}_k + \overline{w}_k\overline{\varrho' w'_i} + \overline{\varrho}\,\overline{w'_i w'_k} + \overline{w}_i\overline{\varrho' w'_k} + \overline{\varrho' w'_i w'_k})$$

$$= -\frac{\partial \overline{p}}{\partial i} + \sum_k \frac{\partial}{\partial k}(\overline{\tau_{ki}} + \overline{\tau'_{ki}}) + \overline{\varrho}g_i \quad i = x,y,z \;. \qquad (1.423)$$

Zieht man von Gl. (1.422) die mit dem Mittelwert w_x multiplizierte Kontinuitätsgleichung (1.413) ab, so erhält man nach Umformung die folgende Gestalt der Impulsgleichung in x-Richtung

$$\varrho\frac{\partial w_x}{\partial t} + \frac{\partial(\overline{\varrho' w'_x})}{\partial t} + (\varrho w_x + \overline{\varrho' w'_x})\frac{\partial w_x}{\partial x} + (\varrho w_y + \overline{\varrho' w'_y})\frac{\partial w_x}{\partial y} + (\varrho w_z + \overline{\varrho' w'_z})\frac{\partial w_x}{\partial z}$$

$$= -\frac{\partial p}{\partial x} + \varrho g_x + \frac{\partial}{\partial x}\left(\tau_{xx} + \overline{\tau'_{xx}} - \varrho\overline{w'^2_x} - w_x\overline{\varrho' w'_x} - \overline{\varrho' w'^2_x}\right)$$

$$+ \frac{\partial}{\partial y}\left(\tau_{yx} + \overline{\tau'_{yx}} - \varrho\overline{w'_x w'_y} - w_y\overline{\varrho' w'_x} - \overline{\varrho' w'_x w'_y}\right)$$

$$+ \frac{\partial}{\partial z}\left(\tau_{zx} + \overline{\tau'_{zx}} - \varrho\overline{w'_x w'_z} - w_z\overline{\varrho' w'_x} - \overline{\varrho' w'_x w'_z}\right) \;. \qquad (1.424)$$

Für die y-Richtung erhalten wir entsprechend

$$\varrho\frac{\partial w_y}{\partial t} + \frac{\partial(\overline{\varrho' w'_y})}{\partial t} + (\varrho w_x + \overline{\varrho' w'_x})\frac{\partial w_y}{\partial x} + (\varrho w_y + \overline{\varrho' w'_y})\frac{\partial w_y}{\partial y} + (\varrho w_z + \overline{\varrho' w'_z})\frac{\partial w_y}{\partial z}$$

$$= -\frac{\partial p}{\partial y} + \varrho g_y + \frac{\partial}{\partial x}\left(\tau_{xy} + \overline{\tau'_{xy}} - \varrho\overline{w'_x w'_y} - w_x\overline{\varrho' w'_y} - \overline{\varrho' w'_x w'_y}\right)$$

$$+ \frac{\partial}{\partial y}\left(\tau_{yy} + \overline{\tau'_{yy}} - \varrho\overline{w'^2_y} - w_y\overline{\varrho' w'_y} - \overline{\varrho' w'^2_y}\right)$$

$$+ \frac{\partial}{\partial z}\left(\tau_{zy} + \overline{\tau'_{zy}} - \varrho\overline{w'_y w'_z} - w_z\overline{\varrho' w'_y} - \overline{\varrho' w'_y w'_z}\right) \qquad (1.425)$$

und für die z-Richtung

$$\varrho \frac{\partial w_z}{\partial t} + \frac{\partial(\overline{\varrho' w'_z})}{\partial t} + (\varrho w_x + \overline{\varrho' w'_x})\frac{\partial w_z}{\partial x} + (\varrho w_y + \overline{\varrho' w'_y})\frac{\partial w_z}{\partial y} + (\varrho w_z + \overline{\varrho' w'_z})\frac{\partial w_z}{\partial z}$$

$$= -\frac{\partial p}{\partial z} + \varrho g_z \; + \; \frac{\partial}{\partial x}\left(\tau_{xz} + \overline{\tau'_{xz}} - \varrho\overline{w'_x w'_z} - w_x \overline{\varrho' w'_z} - \overline{\varrho' w'_x w'_z}\right)$$

$$+ \frac{\partial}{\partial y}\left(\tau_{yz} + \overline{\tau'_{yz}} - \varrho\overline{w'_y w'_z} - w_y \overline{\varrho' w'_z} - \overline{\varrho' w'_y w'_z}\right)$$

$$+ \frac{\partial}{\partial z}\left(\tau_{zz} + \overline{\tau'_{zz}} - \varrho\overline{w'^2_z} - w_z \overline{\varrho' w'_z} - \overline{\varrho' w'^2_z}\right) \; . \tag{1.426}$$

Die auf den rechten Seiten der Gln. (1.424) bis (1.426) vorkommenden Mittelwerte der Produkte von Schwankungsgrößen

$$\tau^{(\text{tu})}_{ij} = -\varrho\overline{w'_i w'_j} - w_i \overline{\varrho' w'_j} - \overline{\varrho' w'_i w'_j} \quad i,j = x,y,z \tag{1.427}$$

haben wie τ_{ij} die Dimension einer Schubspannung und werden deshalb auch scheinbare oder REYNOLDSsche Schubspannungen genannt[45].
Nach Gl. (1.427) ist im allgemeinen

$$\tau^{(\text{tu})}_{ij} \neq \tau^{(\text{tu})}_{ji} \; , \tag{1.428}$$

aber nach Gl. (1.423) gilt[46]

$$\overline{w_k}\,\overline{\varrho' w'_i} - \tau^{(\text{tu})}_{ik} = \overline{w_i}\,\overline{\varrho' w'_k} - \tau^{(\text{tu})}_{ki} \; . \tag{1.429}$$

Die REYNOLDSschen Schubspannungen in turbulenten Strömungen sind mit Ausnahme der unmittelbar an feste Wände angrenzenden Schichten in der Regel sehr viel größer als die mittleren molekularen Schubspannungen $\overline{\tau_{ij}}$ und werden mit diesen zu einer effektiven Schubspannung zusammengefaßt

$$\tau^{(\text{eff})}_{ij} = \overline{\tau_{ij}} + \tau^{(\text{tu})}_{ij} = \overline{\tau_{ij}} - \varrho\overline{w'_i w'_j} - w_i \overline{\varrho' w'_j} - \overline{\varrho' w'_i w'_j} \; . \tag{1.430}$$

Hierin können die Mittelwerte $\overline{\tau'_{ij}}$ der Schwankungsgrößen τ'_{ij} nach Gl. (1.421) getrost weggelassen werden, weil im turbulenten Bereich der Strömung die mittleren molekularen Schubspannungen $\overline{\tau_{ij}}$ und $\overline{\tau'_{ij}}$ klein gegenüber den REYNOLDSschen Schubspannungen sind und in den wandnahen Zonen, wo die molekularen Schubspannungen überwiegen, kaum turbulente Schwankungen auftreten können.

---

[45] CEBECI T AND BRADSHAW P (1984) Physical and Computational Aspects of Convective Heat Transfer. Springer-Verlag
[46] Abweichend zu Gl. (1.427) definiert JISCHA (in JISCHA M (1982) Konvektiver Impuls-, Wärme- und Stoffaustausch. Vieweg-Verlag) die Größen $\tau^{(\text{tu})}_{ij} - \overline{w_j}\,\overline{\varrho' w'_i}$ als scheinbare Schubspannung, wonach einige Gleichungen einfacher geschrieben werden können.

1.5 Konvektiver Wärmeübergang

Mit Gl. (1.430) können dann die Impulsgleichungen (1.424) bis (1.426) wie folgt zusammengefaßt werden

$$\varrho \frac{\partial w_i}{\partial t} + \frac{\partial (\overline{\varrho' w'_i})}{\partial t} + (\varrho w_x + \overline{\varrho' w'_x})\frac{\partial w_i}{\partial x} + (\varrho w_y + \overline{\varrho' w'_y})\frac{\partial w_i}{\partial y} + (\varrho w_z + \overline{\varrho' w'_z})\frac{\partial w_i}{\partial z}$$

$$= -\frac{\partial p}{\partial_i} + \varrho g_i + \frac{\partial \tau_{xi}^{(eff)}}{\partial x} + \frac{\partial \tau_{yi}^{(eff)}}{\partial y} + \frac{\partial \tau_{zi}^{(\text{eff})}}{\partial z} \quad i = x, y, z \ . \quad (1.431)$$

Zur Lösung der Impulsgleichungen (1.431) für die Mittelwerte w_i der Geschwindigkeitskomponenten werden noch weitere Beziehungen für die Dichte-Geschwindigkeitskorrelationen $\overline{\varrho' w'_i}$ und die „effektiven" Schubspannungen $\tau_{ki}^{(\text{eff})}$ bzw. die REYNOLDSschen Schubspannungen $\tau_{ki}^{(\text{tu})}$ benötigt.

Für turbulente Strömungen mit konstanter Dichte ist $\varrho' = 0$, und es verschwinden in den obigen Gleichungen die Terme $\overline{\varrho' w'_x}$, $\overline{\varrho' w'_y}$ und $\overline{\varrho' w'_z}$, welche diejenigen Beiträge zum Impulstransport darstellen, die durch Fluktuationen des Massenstroms hervorgerufen werden, außerdem auch alle Terme mit ϱ' in den REYNOLDSschen Schubspannungen. In diesem Fall vereinfachen sich die Impulsgleichungen für stationäre turbulente Strömungen (Gl.(1.424) bis (1.426)) zu

$$\varrho w_x \frac{\partial w_x}{\partial x} + \varrho w_y \frac{\partial w_x}{\partial y} + \varrho w_z \frac{\partial w_x}{\partial z} = -\frac{\partial p}{\partial x} + \varrho g_x + \frac{\partial \tau_{xx}^{(\text{eff})}}{\partial x} + \frac{\partial \tau_{yx}^{(\text{eff})}}{\partial y} + \frac{\partial \tau_{zx}^{(\text{eff})}}{\partial z},$$

$$\varrho w_x \frac{\partial w_y}{\partial x} + \varrho w_y \frac{\partial w_y}{\partial y} + \varrho w_z \frac{\partial w_y}{\partial z} = -\frac{\partial p}{\partial y} + \varrho g_y + \frac{\partial \tau_{xy}^{(\text{eff})}}{\partial x} + \frac{\partial \tau_{yy}^{(\text{eff})}}{\partial y} + \frac{\partial \tau_{zy}^{(\text{eff})}}{\partial z},$$

$$\varrho w_x \frac{\partial w_z}{\partial x} + \varrho w_y \frac{\partial w_z}{\partial y} + \varrho w_z \frac{\partial w_z}{\partial z} = -\frac{\partial p}{\partial z} + \varrho g_z + \frac{\partial \tau_{xz}^{(\text{eff})}}{\partial x} + \frac{\partial \tau_{yz}^{(\text{eff})}}{\partial y} + \frac{\partial \tau_{zz}^{(\text{eff})}}{\partial z},$$

(1.432)

wobei die „effektiven" Schubspannungen sich auf wenige Terme reduzieren

$$\tau_{ij}^{(\text{eff})} = \overline{\eta}\left(\frac{\partial \overline{w_i}}{\partial j} + \frac{\partial \overline{w_j}}{\partial i}\right) - \overline{\varrho w'_i w'_j} \ . \quad (1.433)$$

Energiegleichung

Zur Formulierung der Energiegleichung für turbulente Strömungen gehen wir von Gl. (1.242) aus, addieren die mit h multiplizierte Kontinuitätsgleichung (1.211) dazu und ersetzen darin die Augenblickswerte der Geschwindigkeit, Dichte usw. durch die Summe aus Mittelwerten und Schwankungsgrößen nach Gl. (1.409). Dann

1 Einführung in die Lehre von der Wärme- und Stoffübertragung

bilden wir die zeitlichen Mittelwerte und erhalten mit Gl. (1.238)

$$\frac{\partial(\varrho h + \overline{\varrho' h'})}{\partial t} + \frac{\partial}{\partial x}\left[(\varrho w_x + \overline{\varrho' w'_x})h + \varrho \overline{w'_x h'} + w_x \overline{\varrho' h'} + \overline{\varrho' w'_x h'}\right]$$

$$+ \frac{\partial}{\partial y}\left[(\varrho w_y + \overline{\varrho' w'_y})h + \varrho \overline{w'_y h'} + w_y \overline{\varrho' h'} + \overline{\varrho' w'_y h'}\right]$$

$$+ \frac{\partial}{\partial z}\left[(\varrho w_z + \overline{\varrho' w'_z})h + \varrho \overline{w'_z h'} + w_z \overline{\varrho' h'} + \overline{\varrho' w'_z h'}\right]$$

$$= \frac{\partial p}{\partial t} + w_x \frac{\partial p}{\partial x} + w_y \frac{\partial p}{\partial y} + w_z \frac{\partial p}{\partial z} + \overline{w'_x \frac{\partial p'}{\partial x}} + \overline{w'_y \frac{\partial p'}{\partial y}} + \overline{w'_z \frac{\partial p'}{\partial z}}$$

$$+ \sum_{i,j} \overline{(\tau_{ij} + \tau'_{ij}) \frac{\partial(w_j + w'_j)}{\partial i}} - \frac{\partial \dot{q}_x}{\partial x} - \frac{\partial \dot{q}_y}{\partial y} - \frac{\partial \dot{q}_z}{\partial z} \quad i,j = x,y,z. \quad (1.434)$$

Mit der Kontinuitätsgleichung (1.413) läßt sich die Energiegleichung auf die folgende Form bringen

$$\varrho \frac{\partial h}{\partial t} + \frac{\partial}{\partial t}\overline{(\varrho' h')} + (\varrho w_x + \overline{\varrho' w'_x}) \frac{\partial h}{\partial x} + (\varrho w_y + \overline{\varrho' w'_y}) \frac{\partial h}{\partial y} + (\varrho w_z + \overline{\varrho' w'_z}) \frac{\partial h}{\partial z}$$

$$= -\frac{\partial}{\partial x}\left[\dot{q}_x + \varrho \overline{w'_x h'} + w_x \overline{\varrho' h'} + \overline{\varrho' w'_x h'}\right]$$

$$-\frac{\partial}{\partial y}\left[\dot{q}_y + \varrho \overline{w'_y h'} + w_y \overline{\varrho' h'} + \overline{\varrho' w'_y h'}\right]$$

$$-\frac{\partial}{\partial z}\left[\dot{q}_z + \varrho \overline{w'_z h'} + w_z \overline{\varrho' h'} + \overline{\varrho' w'_z h'}\right]$$

$$+ w_x \frac{\partial p}{\partial x} + w_y \frac{\partial p}{\partial y} + w_z \frac{\partial p}{\partial z} + \overline{w'_x \frac{\partial p'}{\partial x}} + \overline{w'_y \frac{\partial p'}{\partial y}} + \overline{w'_z \frac{\partial p'}{\partial z}} + \varepsilon + \varepsilon' \ . \quad (1.435)$$

Die mittlere Dissipationsfunktion ε ist mit Gl. (1.238) identisch, wenn man dort die Mittelwerte der Schubspannungen und der Geschwindigkeitsgradienten einsetzt; sie wird auch als „direkte" Dissipation bezeichnet[47] und beschreibt die mittlere Reibungsleistung infolge der mittleren NEWTONschen Schubspannungen. Die verbleibenden Mittelwerte der gestrichenen Größen stellen die Dissipation der Turbulenzenergie dar

$$\varepsilon' = \overline{\tau'_{xx} \frac{\partial w'_x}{\partial x}} + \overline{\tau'_{yx} \frac{\partial w'_x}{\partial y}} + \overline{\tau'_{zx} \frac{\partial w'_x}{\partial z}} + \overline{\tau'_{xy} \frac{\partial w'_y}{\partial x}} + \overline{\tau'_{yy} \frac{\partial w'_y}{\partial y}} + \overline{\tau'_{zy} \frac{\partial w'_y}{\partial z}}$$

$$+ \overline{\tau'_{xz} \frac{\partial w'_z}{\partial x}} + \overline{\tau'_{yz} \frac{\partial w'_z}{\partial y}} + \overline{\tau'_{zz} \frac{\partial w'_z}{\partial z}} \ . \quad (1.436)$$

---
[47]JISCHA M (1982) Konvektiver Impuls-, Wärme- und Stoffaustausch. Vieweg-Verlag
MERKER G P (1987) Konvektive Wärmeübertragung. Springer-Verlag

1.5 Konvektiver Wärmeübergang 109

Sie ist die wesentliche Ursache dafür, daß in den kleinsten Turbulenzwirbeln die Turbulenzenergie in innere Energie umgewandelt wird.

In turbulenten Strömungen ist die „turbulente" Dissipation ε' bei weitem größer als die direkte Dissipation ε [48]. Lediglich in wandnahen Schichten kann bei abklingender Turbulenz die direkte Dissipation ε vorherrschen. Dort sind aber die mittleren Schwankungen der Schubspannungen $\overline{\tau'_{ij}}$ sehr klein, so daß die Terme $\overline{\tau'_{ij} \partial \overline{w_j}/\partial i}$, welche bei der Mittelung der Dissipation ε nach Gl. (1.238) noch auftreten, immer vernachlässigt werden können, entweder in wandnahen Schichten gegenüber der direkten Dissipation ε oder sonst gegenüber der „turbulenten" Dissipation ε'.

In der Energiegleichung spielt die Dissipation ohnehin erst bei sehr hohen Strömungsgeschwindigkeiten von mehreren hundert Metern pro Sekunde, bei denen erst eine merkliche Aufheizung des Fluids durch Reibung beobachtet wird, eine Rolle.

Die in der zweiten bis vierten Zeile von Gl. (1.435) zur Wärmestromdichte $\dot{q}_k$ hinzugekommenen Glieder beschreiben den durch turbulente Schwankungen hervorgerufenen Energietransport, die sogenannte „turbulente Wärmestromdichte". Wir fassen sie mit der Wärmestromdichte $\dot{q}_k$ nach Gl.(1.245) zur sogenannten „effektiven" Wärmestromdichte

$$\dot{q}_k^{(\text{eff})} = -\lambda \frac{\partial T}{\partial k} + \sum_i j_{ki} h_i + \varrho \overline{w'_k h'} + w_k \overline{\varrho' h'} + \overline{w'_k \varrho' h'} \quad i,k = x,y,z \qquad (1.437)$$

zusammen, die im turbulenten Bereich der Strömung überwiegend durch die „turbulenten" Austauschgrößen $\varrho \overline{w'_k h'}, \overline{w_k \varrho' h'}$ und $\overline{w'_k \varrho' h'}$ bestimmt wird, während die molekulare Wärmeleitung $\lambda(\partial T/\partial k)$ und der durch molekulare Diffusion transportierte Enthalpiestrom $\sum j_{ki} h_i$ nur in wandnahen Schichten eine Rolle spielt, wo wiederum die entsprechenden Schwankungsgrößen vernachlässigt werden können. Insofern ist es völlig ausreichend, in Gl. (1.437) die lediglich mit den Mittelwerten gebildeten Ströme $\lambda(\partial T/\partial k)$ und $\sum_i j_{ki} h_i$ zu berücksichtigen.

Häufig werden auch die „turbulenten" Austauschgrößen in Gl. (1.435) zusammen mit der Wärmeleitfähigkeit λ zu einer sog. „effektiven" Wärmeleitfähigkeit

$$\lambda^{(\text{eff})} = \lambda - \frac{\varrho \overline{w'_k h'} + w_k \overline{\varrho' h'} + \overline{w'_k \varrho' h'}}{\partial T/\partial k} \quad k = x,y,z \qquad (1.438)$$

zusammengefaßt, so daß die „effektive" Wärmestromdichte

$$\dot{q}_k^{(\text{eff})} = -\lambda^{(\text{eff})} \frac{\partial T}{\partial k} + \sum j_{ki} h_i \qquad (1.439)$$

wird.

Die „Temperaturform" der Energiegleichung (1.248) wird bei turbulenten Strömungen recht verwickelt, wenn auch die Schwankungen der Stoffwerte berücksichtigt

---

[48] ROTTA J C (1972) Turbulente Strömungen. B G Teubner, Stuttgart

werden. Man erhält für stationäre Strömung

$$\overline{c_p}\left[(\overline{\varrho\,w_x} + \overline{\varrho'w'_x})\frac{\partial \overline{T}}{\partial x} + (\overline{\varrho\,w_y} + \overline{\varrho'w'_y})\frac{\partial \overline{T}}{\partial y} + (\overline{\varrho\,w_z} + \overline{\varrho'w'_z})\frac{\partial \overline{T}}{\partial z}\right]$$

$$= -\overline{c_p}\left\{\frac{\partial}{\partial x}\left[\overline{T'(\overline{\varrho}w'_x + \varrho'\overline{w_x} + \varrho'w'_x)}\right] + \frac{\partial}{\partial y}\left[\overline{T'(\overline{\varrho}w'_y + \varrho'\overline{w_y} + \varrho'w'_y)}\right]\right.$$

$$\left. + \frac{\partial}{\partial z}\left[\overline{T'(\overline{\varrho}w'_z + \varrho'\overline{w_z} + \varrho'w'_z)}\right]\right\}$$

$$- \overline{c'_p\frac{\partial}{\partial x}\left[T'(\overline{\varrho\,w_x} + \varrho'w'_x + \overline{\varrho'w'_x} + \overline{\varrho}w'_x) + \overline{T}(\varrho'w'_x + \varrho'\overline{w_x} + \overline{\varrho}w'_x)\right]}$$

$$- \overline{c'_p\frac{\partial}{\partial y}\left[T'(\overline{\varrho\,w_y} + \varrho'w'_y + \overline{\varrho'w'_y} + \overline{\varrho}w'_y) + \overline{T}(\varrho'w'_y + \varrho'\overline{w_y} + \overline{\varrho}w'_y)\right]}$$

$$- \overline{c'_p\frac{\partial}{\partial z}\left[T'(\overline{\varrho\,w_z} + \varrho'w'_z + \overline{\varrho'w'_z} + \overline{\varrho}w'_z) + \overline{T}(\varrho'w'_z + \varrho'\overline{w_z} + \overline{\varrho}w'_z)\right]}$$

$$- \overline{\frac{\partial \ln(\overline{\varrho} + \varrho')}{\partial \ln(\overline{T} + T')}} \left(\overline{w_x}\frac{\partial \overline{p}}{\partial x} + \overline{w_y}\frac{\partial \overline{p}}{\partial y} + \overline{w_z}\frac{\partial \overline{p}}{\partial z} + \overline{w'_x\frac{\partial p'}{\partial x}} + \overline{w'_y\frac{\partial p'}{\partial y}} + \overline{w'_z\frac{\partial p'}{\partial z}}\right)$$

$$- \sum_{i=1}^{n} \overline{h_i R_i} + \frac{\partial}{\partial x}\left(\overline{\lambda}\frac{\partial \overline{T}}{\partial x} + \overline{\lambda'\frac{\partial T'}{\partial x}}\right) + \frac{\partial}{\partial y}\left(\overline{\lambda}\frac{\partial \overline{T}}{\partial y} + \overline{\lambda'\frac{\partial T'}{\partial y}}\right)$$

$$+ \frac{\partial}{\partial z}\left(\overline{\lambda}\frac{\partial \overline{T}}{\partial z} + \overline{\lambda'\frac{\partial T'}{\partial z}}\right) + \overline{\varepsilon} + \varepsilon' - \sum_{i=1}^{n}\left(\overline{j_{xi}\frac{\partial h_i}{\partial x}} + \overline{j_{yi}\frac{\partial h_i}{\partial y}} + \overline{j_{zi}\frac{\partial h_i}{\partial z}}\right).$$

(1.440)

Hierin sind $\overline{\varepsilon}$ und ε' die in Gl.(1.435) angegebene Dissipation. Die Mittelung $\sum h_i R_i$ kann bei komplexeren chemischen Reaktionen recht aufwendig werden, ähnlich wie die Mittelung der Diffusionsterme, allerdings mit dem entscheidenden Unterschied, daß beim Auftreten chemischer Reaktionen der Term $\sum h_i R_i$ oft merklich, wenn nicht sogar wesentlich, zur Temperaturänderung beiträgt und daher nicht vernachlässigt werden kann, was für die Diffusionsterme nur in weit geringerem Maße gilt.

Inwieweit Schwankungen der Stoffwerte, vor allem Schwankungen der spezifischen Wärmekapazität, sich auf die Mittelwerte der Temperatur und Geschwindigkeiten auswirken, ist noch wenig untersucht worden. Immerhin werden in Diffusionsflammen Temperaturschwankungen von mehreren hundert Grad beobachtet[49], so daß die spezifische Wärmekapazität, zumindest der drei- und mehratomigen Moleküle, sich in der Flamme örtlich und zeitlich merklich ändern müssen.

---

[49] BRÜGGEMANN D, STIEBELS B, HAUG M (1995) ISTP-8, San Francisco

Bei Abwesenheit von chemischen Reaktionen, bei konstanten Stoffwerten sowie bei der Vernachlässigung des Enthalpietransports durch molekulare Diffusion geht Gl. (1.435) in die häufig verwendete Form

$$w_x \frac{\partial T}{\partial x} + w_y \frac{\partial T}{\partial y} + w_z \frac{\partial T}{\partial z} = \frac{1}{\varrho c_p}\left[\frac{\partial}{\partial x}\left(\lambda\frac{\partial}{\partial x}\right) + \frac{\partial}{\partial y}\left(\lambda\frac{\partial}{\partial y}\right) + \frac{\partial}{\partial z}\left(\lambda\frac{\partial}{\partial z}\right)\right]$$

$$- \frac{\partial (\overline{T'w'_x})}{\partial x} - \frac{\partial (\overline{T'w'_y})}{\partial y} - \frac{\partial (\overline{T'w'_z})}{\partial z} + \frac{\varepsilon + \varepsilon'}{\varrho c_p} \quad (1.441)$$

über[50]. Die Ausdrücke $\varrho c_p \overline{T'w'_k}$ haben die Dimension und die Bedeutung einer Wärmestromdichte, weswegen sie auch als REYNOLDSsche Wärmestromdichten bezeichnet werden. Auch hierfür müssen noch Modellvorstellungen entwickelt werden, bevor die Energiegleichung (1.441) gelöst werden kann.

1.5.7 Turbulenzmodelle

Wie schon verschiedentlich erwähnt, müssen zur Lösung der Differentialgleichungen noch Annahmen hinsichtlich der Turbulenz getroffen werden. Es geht dabei darum, die in den Erhaltungsgleichungen auftretenden Mittelwerte der Produkte von Schwankungsgrößen durch einigermaßen realitätsbezogene Modelle zu beschreiben. Zwar besteht grundsätzlich die Möglichkeit, aus den NAVIER-STOKES-Gleichungen neue Differentialgleichungen für Größen wie $\overline{w'_x w'_y}$ usw. abzuleiten, doch treten darin dann Dreierprodukte wie z.B. $\overline{w'^2_x w'_y}$ auf, für die dann ihrerseits Annahmen getroffen werden müßten. Das Problem ist damit nur verlagert, nicht gelöst.

Prandtlsche Mischungsweghypothese

Das älteste Turbulenzmodell, das vielfach auch heute noch angewendet wird, wurde 1925 von PRANDTL entwickelt[51]. Es geht von folgender Vorstellung aus, Bild 1.52: Ein Fluidteilchen, welches in einer Scherströmung durch turbulenten Austausch von einer Ebene im Abstand $y + l$ von der Wand in eine andere Ebene bewegt wird, die sich im Abstand y von der Wand befindet, hat in dieser neuen Ebene eine Geschwindigkeit, die um $w'_x = l(\partial w_x/\partial y)$ größer ist als der dort vorherrschende Mittelwert w_x. Entsprechend hat ein Teilchen, welches aus einer Ebene im Abstand $y - l$ von der Wand in die betrachtete Ebene gelangt, eine um $w'_x = l(\partial w_x/\partial y)$ kleinere Geschwindigkeit als die mittlere. Stellt man sich vor, daß eine turbulente Strömung aus einer Vielzahl von zwar verschieden großen, aber in etwa rotationssymmetrischen Wirbeln besteht, so kann man in erster Näherung annehmen, daß die Geschwindigkeitsschwankungen in y-Richtung ihrem Betrage nach ungefähr genauso groß sind, wie die in x-Richtung

$$\left|w'_y\right| \approx \left|w'_x\right| \ .$$

---

[50] CEBECI T AND BRADSHAW P (1984) Physical and Computational Aspects of Convective Heat Transfer. Springer-Verlag
[51] PRANDTL L (1925) Über die ausgebildete Turbulenz. Z ang Math Mech 5:136

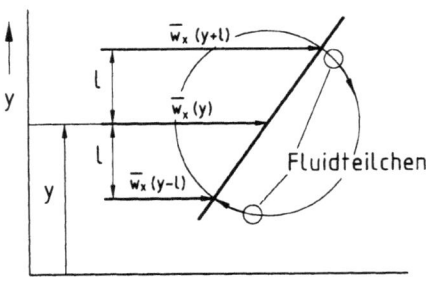

Bild 1.52: Modell der PRANDTLschen Mischungsweghypothese

Damit erhält man für die REYNOLDSsche Schubspannung

$$\varrho \overline{w'_x w'_y} = -\varrho\, l^2 \left|\frac{\partial w_x}{\partial y}\right| \frac{\partial w_x}{\partial y} \ . \tag{1.442}$$

Die Größe l beschreibt näherungsweise den Radius der Turbulenzwirbel. Das ist der Weg, auf dem die turbulente Durchmischung erfolgt; l wird deshalb auch als Mischungsweglänge bezeichnet. Für die turbulente Plattengrenzschicht erhält man durch Anpassen berechneter Geschwindigkeitspofile an experimentelle Werte folgende empirische Beziehung[52]

$$l = \begin{cases} 0{,}44\,y & \text{für} \quad y < 0{,}23\,\delta \\ 0{,}09\,\delta & \text{für} \quad y \geq 0{,}23\,\delta \end{cases} . \tag{1.443}$$

Danach nimmt die Mischungsweglänge l zunächst proportional zum Wandabstand y zu, bis sie bei etwas weniger als 1/4 der Grenzschichtdicke δ den Wert $0{,}09\,\delta$ erreicht hat und danach für den restlichen Bereich der Grenzschicht konstant bleibt.
Die in der Energiegleichung (1.435) bzw. (1.440) vorkommenden Terme $\overline{w'_y h'}$ bzw. $\overline{w'_y T'}$ lassen sich auf ähnliche Weise bestimmen. Nach Bild 1.52 haben Teilchen, die aus der im Abstand $y + l$ von der Wand gelegenen Ebene durch turbulenten Austausch in die im Abstand y befindliche Ebene gelangen, eine um $T' = l(\partial T/\partial y)$ höhere Temperatur als der Mittelwert T. Dagegen haben Teilchen, welche aus der Ebene im Abstand $y - l$ in die im Abstand y gelegene Ebene aufsteigen, eine um $T' = l(\partial T/\partial y)$ niedrigere Temperatur als der Mittelwert. Da nach den vorstehenden Überlegungen

$$|w'_y| = |w'_x| = l\,|\partial w_x/\partial y|$$

sein muß, erhalten wir für die durch turbulenten Austausch hervorgerufenen Wärmestromdichte nach der PRANDTLschen Mischungsweghypothese

$$-\varrho \overline{w'_y h'} = -\varrho c_p \overline{w'_y T'} = \lambda^{(\text{tu})} \frac{\partial T}{\partial y} = \varrho c_p l^2 \left|\frac{\partial w_x}{\partial y}\right| \frac{\partial T}{\partial y} \ . \tag{1.444}$$

---

[52] PATANKAR S V, SPALDING D B (1970) Heat and Mass Transfer in Boundary Layers, 2. Aufl., Intertext Books, London

Der Vergleich von Gl. (1.442) und (1.444) zeigt, daß die nach der Mischungsweghypothese mit der „turbulenten" Wärmeleitfähigkeit

$$\lambda^{(\text{tu})} = -\frac{\varrho c_p \overline{w'_y T'}}{\partial T/\partial y}$$

und der „turbulenten" Zähigkeit

$$\eta^{(\text{tu})} = -\frac{\varrho \overline{w'_x w'_y}}{\partial \overline{w_x}/\partial y}$$

gebildete „turbulente" PRANDTL-Zahl

$$Pr_t = \frac{\eta^{(\text{tu})}/\varrho}{\lambda^{(\text{tu})}/(\varrho c_p)} = \frac{\overline{w'_x w'_y}/(\partial w_x/\partial y)}{\overline{w'_y T'}/(\partial T/\partial y)} = 1 \tag{1.445}$$

sein sollte. In Wirklichkeit trifft dies annähernd nur bei sehr hohen Strömungsgeschwindigkeiten zu. Üblicherweise liegen turbulente PRANDTL-Zahlen zwischen etwa 0,7 und 1.

Obwohl die PRANDTLsche Mischungsweghypothese die Turbulenz nur in grober Näherung beschreibt, hat sie sich doch für viele praktische Probleme als brauchbar erwiesen.

Transportgleichungen für die Reynoldsschen Terme

Turbulenzmodelle höherer Ordnung gehen von Bilanzgleichungen für die REYNOLDSschen Schubspannungen aus, die aus den Impulsgleichungen abgeleitet werden können. Hierzu multiplizieren wir die Impulsgleichung (1.231) für den Augenblickswert der Geschwindigkeitskomponente w_i

$$\varrho \frac{dw_i}{dt} = -\frac{\partial p}{\partial i} + \sum_k \frac{\partial \tau_{ki}}{\partial k} + \varrho g_i \quad i,k = x,y,z \tag{1.446}$$

mit dem Augenblickswert der Schwankungsgeschwindigkeit w'_j, die entsprechende Gleichung für die Geschwindigkeitskomponente w_j mit dem Augenblickswert der Schwankungsgeschwindigkeit w'_i, addieren beide Gleichungen und bilden den zeitlichen Mittelwert. Mit der REYNOLDSschen Schubspannung nach Gl. (1.427) und der Kontinuitätsgleichung (1.211) erhalten wir

$$\overline{\varrho \left(w'_j \frac{dw_i}{dt} + w'_i \frac{dw_j}{dt} \right)} = \overline{\varrho w'_j}\frac{\partial \overline{w_i}}{\partial t} + \overline{\varrho w'_i}\frac{\partial \overline{w_j}}{\partial t} - \sum_k \tau^{(\text{tu})}_{kj} \frac{\partial \overline{w_i}}{\partial k} - \sum_k \tau^{(\text{tu})}_{ki} \frac{\partial \overline{w_j}}{\partial k}$$

$$+ \frac{\partial}{\partial t}(\overline{\varrho w'_i w'_j}) + \sum_k \frac{\partial}{\partial k}(\overline{\varrho w_k w'_i w'_j})$$

$$= -\overline{w'_j \frac{\partial p'}{\partial i}} - \overline{w'_i \frac{\partial p'}{\partial j}} + \sum_k \overline{w'_j \frac{\partial \tau'_{ki}}{\partial k}} + \sum_k \overline{w'_i \frac{\partial \tau'_{kj}}{\partial k}}$$

$$+ \overline{\varrho' w'_j} g_i + \overline{\varrho' w'_i} g_j \quad i,j = x,y,z \ . \tag{1.447}$$

Nun ist aber nach Gl. (1.427)

$$\overline{\varrho w'_i w'_j} = \overline{\varrho}\,\overline{w'_i w'_j} + \overline{\varrho' w'_i w'_j} = -\tau_{ij}^{(\mathrm{tu})} - \overline{w_i}\,\overline{\varrho' w'_j} = -\tau_{ji}^{(\mathrm{tu})} - \overline{w_j}\,\overline{\varrho' w'_i} \qquad (1.448)$$

und

$$\begin{aligned}\overline{\varrho w_k w'_i w'_j} &= \overline{w_k}(\overline{\varrho}\,\overline{w'_i w'_j} + \overline{\varrho' w'_i w'_j}) + \overline{\varrho}\,\overline{w'_i w'_j w'_k} + \overline{\varrho' w'_i w'_j w'_k} \\ &= -\overline{w_k}(\tau_{ij}^{(\mathrm{tu})} + \overline{w_i}\,\overline{\varrho' w'_j}) + \overline{\varrho}\,\overline{w'_i w'_j w'_k} + \overline{\varrho' w'_i w'_j w'_k}\ .\end{aligned} \qquad (1.449)$$

Damit erhält man aus Gl. (1.447) insgesamt 6 Differentialgleichungen für die REYNOLDSschen Schubspannungen $\tau_{ij}^{(\mathrm{tu})}$ bzw. die Größen $\tau_{ij}^{(\mathrm{tu})} + \overline{w_i}\,\overline{\varrho' w'_j}$

$$\underbrace{\frac{\partial}{\partial t}\left(\tau_{ij}^{(\mathrm{tu})} + \overline{w_i}\,\overline{\varrho' w'_j}\right) - \overline{\varrho' w'_j}\frac{\partial \overline{w_i}}{\partial t} - \overline{\varrho' w'_i}\frac{\partial \overline{w_j}}{\partial t}}_{\text{lokale Änderung}} + \underbrace{\sum_k \frac{\partial}{\partial k}\left[\overline{w_k}\left(\tau_{ij}^{(\mathrm{tu})} + \overline{w_i}\,\overline{\varrho' w'_j}\right)\right]}_{\text{Konvektion}}$$

$$+ \underbrace{\sum_k\left(\tau_{kj}^{(\mathrm{tu})}\frac{\partial \overline{w_i}}{\partial k} + \tau_{ki}^{(\mathrm{tu})}\frac{\partial \overline{w_j}}{\partial k}\right)}_{\text{Produktion}} - \underbrace{\sum_k\left(\overline{\tau'_{ki}\frac{\partial w'_j}{\partial k}} + \overline{\tau'_{kj}\frac{\partial w'_i}{\partial k}}\right)}_{\text{Dissipation}} + \underbrace{\overline{p'\left(\frac{\partial w'_j}{\partial i} + \frac{\partial w'_i}{\partial j}\right)}}_{\text{Druck-Scher-Korr.}}$$

$$- \underbrace{\sum_k \frac{\partial}{\partial k}\left(\overline{\varrho}\,\overline{w'_i w'_j w'_k} + \overline{\varrho' w'_i w'_j w'_k} - \overline{w'_i \tau'_{kj}} - \overline{w'_j \tau'_{ki}}\right)}_{\text{Diffusion}} - \frac{\partial(\overline{p' w'_j})}{\partial i} - \frac{\partial(\overline{p' w'_i})}{\partial j}$$

$$+ \overline{\varrho' w'_j} g_i + \overline{\varrho' w'_i} g_j = 0 \quad i,j,k = x,y,z\ . \qquad (1.450)$$

Diese Gleichungen sind den Erhaltungsgleichungen für Stoff, Impuls und Energie formal völlig gleich. Der erste Term in Gl. (1.450) beschreibt bei instationären Vorgängen die lokale Änderung der REYNOLDSschen Schubspannungen mit der Zeit und die zeitliche Änderung der mit $\overline{\varrho' w'}$ multiplizierten mittleren Geschwindigkeit; der zweite Term erfaßt den Transport, der dritte die Erzeugung dieser Größen. Die Produktion der REYNOLDSschen Schubspannungen und damit der Turbulenz muß man sich etwa so vorstellen, daß aufgrund der durch die geometrischen Verhältnisse aufgeprägten Geschwindigkeitsgradienten zunächst sehr große Wirbel (von der Ausdehnung etwa der Zone größter Gradienten) gebildet werden. Diese großen Wirbel beziehen ihre kinetische Energie aus der Hauptströmung. Sie sind aber nicht stabil und zerfallen in kleinere Wirbel, diese in noch kleinere, bis schließlich in den kleinsten Wirbeln deren kinetische Energie dissipiert, d.h. in innere Energie umgewandelt wird. Diese Dissipation wird durch den Dissipationsterm erfaßt. Die Transformation der kinetischen Energie der Turbulenz von den großen Wirbeln auf die allerkleinsten geht mit einer Umorientierung der Richtung einher: Ist die Richtung der großen Wirbel noch weitgehend durch die Hauptströmungsrichtung bestimmt, so weichen die kleineren Sekundärwirbel schon merklich davon ab, und am Ende dieser als „Energiekaskade" bezeichneten Transformation sind die Drehrichtungen der kleinsten Wirbel völlig regellos; wir sprechen dann von isotroper Turbulenz.

Diffusion und Druck-Scher-Korrelation sind Prozesse, welche zur Umverteilung der Turbulenz beitragen, wobei die Druck-Scher-Korrelation von weit geringerer Bedeutung ist als die Diffusion und daher meist vernachlässigt wird.

Dichteänderungen und Dichte-Geschwindigkeits-Korrelationen $\overline{\varrho' w'_j}$ spielen für die REYNOLDSschen Schubspannungen nur dann eine Rolle, wenn entweder sehr große Temperaturgradienten, wie z.B. in Flammen, oder sehr hohe Strömungsgeschwindigkeiten auftreten[53]. Durch deren Vernachlässigung vereinfachen sich die Differentialgleichungen (1.450) erheblich

$$\frac{\partial \tau_{ij}^{(tu)}}{\partial t} + \sum_k \frac{\partial}{\partial k}\left(\overline{w_k}\, \tau_{ij}^{(tu)}\right) + \sum_k \left(\tau_{kj}^{(tu)} \frac{\partial \overline{w_i}}{\partial k} + \tau_{ki}^{(tu)} \frac{\partial \overline{w_j}}{\partial k} - \overline{\tau'_{ki} \frac{\partial w'_j}{\partial k}} - \overline{\tau'_{kj} \frac{\partial w'_i}{\partial k}}\right)$$

$$= -\overline{p'\left(\frac{\partial w'_j}{\partial i} + \frac{\partial w'_i}{\partial j}\right)} + \sum_k \frac{\partial}{\partial k}\left(\overline{\varrho\, w'_i w'_j w'_k} - \overline{w'_i \tau'_{kj}} - \overline{w'_j \tau'_{ki}}\right) + \frac{\partial (\overline{p' w'_j})}{\partial i} + \frac{\partial (\overline{p' w'_i})}{\partial j}.$$

(1.451)

Diese enthalten allerdings noch Terme wie $\overline{p' \partial w'_j / \partial i}$ oder $\overline{\tau'_{kj} \partial w'_i / \partial j}$, sowie Tripelkorrelationen der Form $\overline{\varrho\, w'_i w'_j w'_k}$, für die man zwar wiederum Differentialgleichungen der Form (1.449) aus den NAVIER-STOKES-Gleichungen ableiten könnte, die aber dann ihrerseits noch höhere Korrelationen, etwa der Form $\overline{\varrho' w'_j w'_k w'_l}$ enthalten würden. Es hat sich herausgestellt, daß diese höheren Korrelationen in der Regel nicht vernachlässigbar klein sind. Auch eine Wiederholung dieser Vorgehensweise, bei der dann noch höhere Korrelationen auftreten würden, führt nicht zum Ziel. Deswegen führt man empirische Modellansätze ein, um das System von Differentialgleichungen zu schließen.

Gl. (1.451) enthält auch den Sonderfall einer Transportgleichung für die Turbulenzenergie

$$k^{(tu)} = \frac{1}{2}\left(\overline{w'^2_x} + \overline{w'^2_y} + \overline{w'^2_z}\right) \; .$$

(1.452)

Hierzu setzen wir in Gl. (1.451) die Indizes $i = j$ und summieren i über x, y und z; das ergibt mit Gl. (1.415), (1.436) und der Kontinuitätsgleichung (1.413)

---

[53] siehe z.B. CEBECI T, BRADSHAW P (1984) Physical and Computational Aspects of Convective Heat Transfer. Springer-Verlag

bei Vernachlässigung der Dichte-Geschwindigkeitskorrelationen $\overline{\varrho' w_i'}$

$$\underbrace{\frac{\partial k^{(\mathrm{tu})}}{\partial t}}_{\text{lokale Änderung}} + \underbrace{\sum_j \overline{w_j}\frac{\partial k^{(\mathrm{tu})}}{\partial j}}_{\text{Konvektion}} + \underbrace{\sum_{i,j} \overline{w_i' w_j'}\frac{\partial \overline{w_j}}{\partial i}}_{\text{Produktion}} + \underbrace{\frac{\varepsilon'}{\varrho}}_{\text{Dissipation}}$$

$$= \underbrace{-\sum_j \frac{\partial}{\partial j}\left[\overline{k^{(\mathrm{tu})} w_j'} + \frac{1}{\varrho}\overline{p' w_j'} - \frac{1}{\varrho}\sum_i \overline{w_i' \tau_{ji}'}\right]}_{\text{Diffusion}} . \qquad (1.453)$$

Ersetzen wir hierin die Schwankungsgrößen der Schubspannungen τ_{ij}' nach Gl. (1.421) für konstante Dichte ϱ und Zähigkeit η, so erhalten wir mit Gl. (1.415)

$$\frac{1}{\varrho}\sum_i \overline{w_i' \tau_{ji}'} = \bar{\nu}\sum_i \overline{w_i'\left(\frac{\partial w_i'}{\partial j} + \frac{\partial w_j'}{\partial i}\right)} = \bar{\nu}\sum_i \frac{\partial}{\partial i}(\overline{w_i' w_j'}) + \nu\frac{\partial k^{(\mathrm{tu})}}{\partial j} . \qquad (1.454)$$

Üblicherweise werden die im Produktionsterm vorkommenden Produkte der Schwankungsgeschwindigkeiten durch einen auf BOUSSINESQ[54] zurückgehenden Ansatz modelliert[55]

$$-\overline{w_i' w_j'} = \varepsilon_\tau \left(\frac{\partial \overline{w_i}}{\partial j} + \frac{\partial \overline{w_j}}{\partial i}\right) - \frac{2}{3}\delta_{ij} k^{(\mathrm{tu})} . \qquad (1.455)$$

Dabei wurde der Ansatz (1.455) so gewählt, daß für $i = j$ und nach Summation über x, y, z wegen der Kontinuitätsgleichung die Definitionsgleichung der Turbulenzenergie (1.452) befriedigt wird. Der Faktor ε_τ hat wie die kinematische Zähigkeit $\nu = \eta/\varrho$ die Dimension einer Fläche pro Zeit. Deswegen und wegen der analogen Form der Gln. (1.455) und (1.420) wird ε_τ als „Wirbelviskosität" bezeichnet.
Hierfür haben KOLMOGOROV[56] und PRANDTL[57] einen Ansatz zugrunde gelegt, in welchem ε_τ als Produkt einer Geschwindigkeit, wofür sie die Wurzel aus der Turbulenzenergie wählten, und einer für den turbulenten Transport charakteristischen Länge L erscheint

$$\varepsilon_\tau = C_\tau L \sqrt{k^{(\mathrm{tu})}} . \qquad (1.456)$$

Mit Hilfe der Turbulenzenergie $k^{(\mathrm{tu})}$ und der charakteristischen Länge L wird auch eine „turbulente" REYNOLDS-Zahl definiert

$$Re^{(tu)} = \frac{\sqrt{k^{(\mathrm{tu})}} L}{\nu} = \frac{\varepsilon_\tau}{\nu C_\tau} . \qquad (1.457)$$

---

[54] BOUSSINESQ J (1877) Essai sur la théorie des eaux courantes. Mem. Pres. Acad. Sci XXIII:46
[55] MERKER G P (1987) Konvektive Wärmeübertragung. Springer-Verlag
[56] KOLMOGOROV A N (1956) Equations of Turbulent Motion of an Incompressible Fluid. Izv. Akad. Nauk SSSR, Ser. Fiz. VI:56
[57] PRANDTL L (1945) Über ein neues Formelsystem für die ausgebildete Turbulenz. Nachr. Akad. Wiss., Göttingen

1.5 Konvektiver Wärmeübergang

Den Ausdruck im Diffusionsterm der Gl. (1.453) setzt PRANDTL proportional zum Gradienten der Turbulenzenergie

$$\overline{k^{(\text{tu})}w'_j} + \frac{1}{\varrho}\overline{p'w'_j} - \bar{\nu}\sum_i \frac{\partial}{\partial i}(\overline{w'_i w'_j}) - \nu \frac{\partial k^{(\text{tu})}}{\partial j} = C\,\varepsilon_\tau \sum_j \frac{\partial k^{(\text{tu})}}{\partial j} \qquad (1.458)$$

und schließlich den Dissipationsterm

$$\frac{\varepsilon'}{\varrho} = C_D \frac{k^{(\text{tu})\,3/2}}{L} \; . \qquad (1.459)$$

Damit erhält er als Differentialgleichung für die Turbulenzenergie $k^{(\text{tu})}$

$$\frac{\partial k^{(\text{tu})}}{\partial t} + \sum_i w_j \frac{\partial k^{(\text{tu})}}{\partial j} = \varepsilon_\tau \sum_{i,j}\left(\frac{\partial \overline{w_i}}{\partial j} + \frac{\partial \overline{w_j}}{\partial i}\right)\frac{\partial \overline{w_j}}{\partial i}$$

$$-C_D \frac{k^{(\text{tu})\,3/2}}{L} + \sum_j \frac{\partial}{\partial j}\left(C\,\varepsilon_\tau \sum_i \frac{\partial k^{(\text{tu})}}{\partial i}\right) \; , \quad (1.460)$$

deren Konstanten durch Anpassung an Experimente gewonnen werden müssen. Leider zeigt sich, daß diese Konstanten keine allgemeine Gültigkeit besitzen, sondern je nach Problemstellung verschieden ausfallen können.
JONES UND LAUNDER[58] haben deshalb einen etwas anderen Weg eingeschlagen, indem sie für die Dissipationsfunktion ε' aus den NAVIER-STOKES-Gleichungen eine weitere Differentialgleichung ableiteten und dafür den Gln. (1.456) bzw. (1.459) entsprechende Schließungsannahmen vorschlugen. Dieses sogenannte k, ε-Modell ist weit verbreitet und für viele Probleme erfolgreich angewendet worden. Leider sind auch die darin enthaltenen Konstanten nicht universell.
Auch für die in der Energiegleichung (1.441) auftretenden REYNOLDSschen Wärmestromdichten lassen sich den Gln. (1.450) bzw. (1.451) analoge Beziehungen aus der Energiegleichung (1.248) und der Impulsgleichung (1.231) ableiten. Dies wurde von JISCHA UND RIEKE für Strömungen mit Grenzschichtcharakter durchgeführt[59]. Mit ähnlichen Schließungsansätzen wie in Gl. (1.456) bis (1.459) erhalten sie schließlich einen Zusammenhang zwischen der „turbulenten" PRANDTL-Zahl Pr_t und der „turbulenten" REYNOLDS-Zahl nach Gl. (1.457)

$$Pr_t = \frac{\overline{w'_x w'_y}/(\partial w_x/\partial y)}{\overline{T'w'_y}/(\partial T/\partial y)} = \frac{C_\tau}{C_p}\left(C_D \frac{1}{Pr\,Re^{(\text{tu})}} + C_U\right) \; , \qquad (1.461)$$

wobei C_τ und C_D die bereits mit den Gln. (1.456) und (1.459) eingeführten und C_p und C_u die zur Schließung der hinzugekommenen Gleichungen zusätzlich notwendigen Konstanten bedeuten.

---
[58] JONES W AND LAUNDER B E (1972) The Prediction of Laminarization with a Two-Equation Model of Turbulence. Int J of Heat and Mass Transfer 15:301
[59] siehe in JISCHA M (1982) Konvektiver Impuls-, Wärme- und Stoffaustausch. Vieweg-Verlag

1.5.8 Turbulente Grenzschicht bei längs überströmter ebener Platte

Wir betrachten im folgenden die stationäre, zweidimensionale Strömung über eine ebene Platte, Bild 1.32. In x-Richtung können wir einen Druckgradienten nur dann erwarten, wenn er von außen aufgezwungen wird. Das ist der Fall, wenn die Platte zugleich die Begrenzung eines Strömungskanals darstellt, in dem der Druck durch Erweiterung oder Verengung des Querschnitts zu- bzw. abnimmt. Es wird außerdem vorausgesetzt, daß die vorkommenden Strömungsgeschwindigkeiten klein gegen die Schallgeschwindigkeit sind. Nennenswerte Dichteschwankungen ϱ können überhaupt nur bei Gasen auftreten und sind bei Gültigkeit des Gasgesetzes mit den Temperaturschwankungen gekoppelt

$$\frac{\varrho'}{\varrho} = \frac{T}{T'} \quad (p = \text{konst}) \; . \tag{1.462}$$

Bei Problemen der technischen Wärmeübertragung können die Temperaturschwankungen höchstens gleich der Temperaturdifferenz zwischen Wand und Kernströmung sein, d.h. sie betragen in der Regel weit weniger als 10 % der absoluten Temperatur T.

Deswegen kann auch die Dichteschwankung nur weit weniger als 10 % der mittleren Dichte ausmachen, und wir können alle zeitlichen Mittelwerte mit ϱ', wie z.B. $\overline{\varrho' w'_x}$, $\overline{\varrho' w'_y}$, $\overline{\varrho' w'_x w'_y}$, $\overline{\varrho' w'_x h'}$ gegen die entsprechenden Terme mit $\overline{\varrho}$ vernachlässigen.

In x-Richtung, d.h. parallel zur Wand, ändern sich alle Geschwindigkeiten und andere Zustandsgrößen sehr viel langsamer als quer dazu in y-Richtung. Deswegen sind die Terme $\partial^2 w_x / \partial x^2$ klein im Vergleich zu $\partial^2 w_x / \partial y^2$ und $\partial(\overline{\varrho w'^2_x})/\partial x$ klein gegen $\partial(\overline{\varrho w'_x w'_y})/\partial y$, zumal durch Experimente nachgewiesen werden konnte, daß $\overline{w'_x w'_y}$ und $\overline{w'^2_x}$ von derselben Größenordnung sind.

Die Kontinuitätsgleichung (1.413) kann damit für die ebene Plattengrenzschicht wie folgt vereinfacht werden

$$\frac{\partial}{\partial x}(\varrho w_x) + \frac{\partial}{\partial y}(\varrho w_y) = 0 \; . \tag{1.463}$$

Mit der „effektiven" Schubspannung nach Gl. (1.430)

$$\tau^{(\text{eff})}_{yx} = \eta^{(\text{eff})} \frac{\partial w_x}{\partial y} \tag{1.464}$$

und der „effektiven" Zähigkeit

$$\eta^{(\text{eff})} = \eta - \frac{\varrho \overline{w'_x w'_y}}{\partial w_x / \partial y} \tag{1.465}$$

wird die Impulsgleichung (1.424) in x-Richtung

$$\begin{aligned}
\varrho w_x \frac{\partial w_x}{\partial x} + \varrho w_y \frac{\partial w_x}{\partial y} &= -\frac{\partial p}{\partial x} + \varrho g_x + \frac{\partial}{\partial y}(\tau_{yx} - \varrho \overline{w'_x w'_y}) \\
&= -\frac{\partial p}{\partial x} + \varrho g_x + \frac{\partial}{\partial y}\left(\eta^{(\text{eff})} \frac{\partial w_x}{\partial y}\right) \; .
\end{aligned} \tag{1.466}$$

Bei einer längs angeströmten Platte ist die mittlere Geschwindigkeit $\overline{w_y}$ in y-Richtung sehr klein; infolgedessen können die Trägheitskräfte in y-Richtung, also alle Terme auf der linken Seite der Impulsgleichung (1.425), vernachlässigt werden. Auf der rechten Seite der Gl. (1.425) können wir die Gradienten in x- und z-Richtung als klein gegen die in y-Richtung ansehen und bei geringen Dichteänderungen die Terme mit ϱ' sowie nach Gl. (1.420) auch die mittlere Schubspannung $\overline{\tau_{yy}}$ unberücksichtigt lassen. Dann bleibt als Bestimmungsgleichung für den mittleren Druck

$$\frac{\partial(p + \varrho\overline{w_y'^2})}{\partial y} = 0 \ . \tag{1.467}$$

Wenn sowohl an der Wand ($y = 0$) als auch in der ungestörten Außenströmung ($y \to \infty$) die Schwankungen w_y' gegen null gehen, so wird nach Integration der Gl. (1.467) der mittlere Druck

$$p + \varrho w_y'^2 = p_W = p_\infty \ . \tag{1.468}$$

In einer turbulenten Grenzschicht ist also der Druck senkrecht zur Wand nicht konstant wie bei einer laminaren Grenzschicht, sondern nimmt mit zunehmender Schwankungsgeschwindigkeit w_y' zunächst ab und steigt dann wieder an in dem Maße, wie die Geschwindigkeitsschwankungen beim Übergang von der äußeren Grenzschicht in die ungestörte Außenströmung abnehmen.

Mit den gleichen Vernachlässigungen wie bei der Kontinuitäts- und Impulsgleichung erhalten wir die Energiegleichung (1.435) mit der „effektiven" Wärmestromdichte $\dot{q}_j^{(\text{eff})}$ nach Gl. (1.437) in folgender Form

$$\varrho w_x \frac{\partial h}{\partial x} + \varrho w_y \frac{\partial h}{\partial y} = -\frac{\partial}{\partial y} \dot{q}_y^{(\text{eff})} + w_x \frac{\partial p}{\partial x} + \varepsilon + \varepsilon' \ , \tag{1.469}$$

wobei die Dissipationsfunktionen ε und ε' in der Energiegleichung vernachlässigt werden können, wenn die Strömungsgeschwindigkeiten sehr viel kleiner als die Schallgeschwindigkeit sind.

Die „effektive" Wärmestromdichte $\dot{q}_j^{(\text{eff})}$ drücken wir durch Gl. (1.439) aus, ersetzen darin den Temperaturgradienten entsprechend Gl. (1.247) und erhalten

$$\dot{q}_j^{(\text{eff})} = -\frac{\lambda^{(\text{eff})}}{c_p} \left\{ \frac{\partial h}{\partial y} - \sum_{i=1}^{n} h_i \frac{\partial \xi_i}{\partial y} \right\} + \sum_i j_{yi} h_i \ , \tag{1.470}$$

wobei nur die Mittelwerte der Größen berücksichtigt und die Druckänderung senkrecht zur Wand vernachlässigt wurden. Damit wird die Energiegleichung für die Plattengrenzschicht

$$\varrho w_x \frac{\partial h}{\partial x} + \varrho w_y \frac{\partial h}{\partial y} = \frac{\partial}{\partial y} \left\{ \frac{\lambda^{(\text{eff})}}{c_p} \left[\frac{\partial h}{\partial y} - \sum_i h_i \left(1 - \frac{j_{yi} c_p}{\lambda^{(\text{eff})} \partial \xi_i/\partial y}\right) \frac{\partial \xi_i}{\partial y} \right] \right\} + w_x \frac{\partial p}{\partial x} \ . \tag{1.471}$$

120   1 Einführung in die Lehre von der Wärme- und Stoffübertragung

Für die Konzentration der i-ten Komponente stehen noch die Stofferhaltunsgleichungen (1.417) zur Verfügung

$$\varrho w_x \frac{\partial \xi_i}{\partial x} + \varrho w_y \frac{\partial \xi_i}{\partial y} = -\frac{\partial}{\partial y}\left(j_{yi}^{(\mathrm{eff})}\right) + \overline{R_i} \; . \tag{1.472}$$

Schließlich benötigt man die Differentialgleichungen für die Turbulenzenergie k und die Dissipation ε oder andere Turbulenzmodelle, um das System der Differentialgleichungen zu lösen.

1.5.9 Numerische Lösung der Grenzschichtgleichungen: Das Verfahren von Patankar und Spalding

Ein allgemein gültiges und vielfach bewährtes numerisches Verfahren zur Lösung zweidimensionaler laminarer und turbulenter Grenzschichtgleichungen wurde von PATANKAR UND SPALDING[60] entwickelt. Es verwendet ein der Grenzschicht angepaßtes Gitternetz, das durch eine sog. VON-MISES-Transformation erhalten wird. Dazu wird anstelle der Ortskoordinate y senkrecht zur Wand eine neue unabhängige Veränderliche, die dimensionslose Stromfunktion

$$\omega = \frac{\psi - \psi_I}{\psi_E - \psi_I} \tag{1.473}$$

eingeführt, welche die Stromfunktion ψ in Beziehung zur Stromfunktion ψ_I der „inneren" Begrenzung, d.h. der Wand, und außerdem zur Stromfunktion ψ_E an der „externen" Begrenzung, nämlich beim Übergang in das ungestörte Fluid, angibt, Bild 1.53. Die Stromfunktion als veränderliche Größe zu verwenden, hat u.a. den Vorteil, daß die Kontinuitätsgleichung (1.413) identisch erfüllt wird

$$\varrho w_x = \frac{\partial \psi}{\partial y} \; ; \; \varrho w_y = -\frac{\partial \psi}{\partial x} \; . \tag{1.474}$$

Die Stofferhaltungsgleichungen (1.472), die Impulsgleichung (1.466) und die Energiegleichung (1.471) haben den gleichen formalen Aufbau. Wir fassen sie daher formal zu einer Gleichung zusammen, indem wir als neue abhängige Veränderliche die Größe

$$\Phi = \begin{cases} \overline{\xi_i} & \text{(Stofferhaltungsgleichung für die i-te Komponente)} \\ \overline{w_x} & \text{(Impulsgleichung in x-Richtung)} \\ \overline{h} & \text{(Energiegleichung)} \end{cases} \tag{1.475}$$

einführen. Damit schreiben sich Gl. (1.472), (1.466) und (1.471) wie folgt

$$\varrho w_x \frac{\partial \Phi}{\partial x} + \varrho w_y \frac{\partial \Phi}{\partial y} = \frac{\partial}{\partial y}\left[c^\star \frac{\partial \Phi}{\partial y}\right] + d^\star \; , \tag{1.476}$$

---

[60]PATANKAR S V, SPALDING D B (1970) Heat and Mass Transfer in Boundary Layers, 2nd ed. Intertext, London

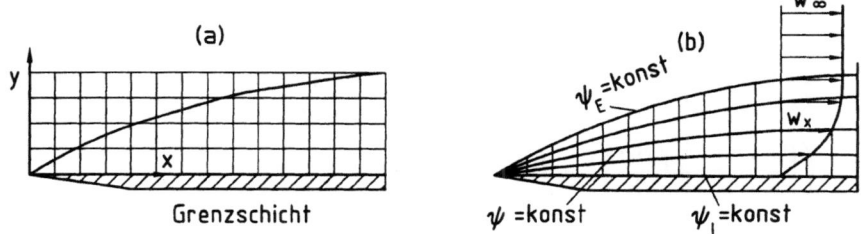

Bild 1.53: Verteilung der Gitterpunkte bei der numerischen Integration der Grenzschichtgleichungen
a) gleichmäßige Verteilung in der x-y-Ebene
b) den Stromlinien angepaßtes Gitter
Die Grenzschicht ist in y-Richtung stark vergrößert eingezeichnet

mit

$$c^\star = \begin{cases} -\dfrac{j_{yi}^{(\text{eff})}}{\partial \xi_i / \partial y} \\ \eta^{(\text{eff})} \\ \dfrac{\lambda^{(\text{eff})}}{c_p} \left[1 - \sum_i h_i \left(1 - \dfrac{j_{yi} c_p}{\lambda^{(\text{eff})} \partial \xi / \partial y} \right) \dfrac{\partial \xi_i / \partial y}{\partial h / \partial y} \right] \end{cases} \qquad (1.477)$$

und

$$d^\star = \begin{cases} \overline{R_i} \\ \varrho g_x - \partial p / \partial x \\ w_x \dfrac{\partial p}{\partial x} \end{cases} .$$

Wenn wir die neue Variable Φ als Funktion von x und ω verstehen

$$\Phi = \Phi(x, \omega) \quad ; \quad d\Phi = \left(\frac{\partial \Phi}{\partial x} \right)_\omega dx + \left(\frac{\partial \Phi}{\partial \omega} \right)_x d\omega \; , \qquad (1.478)$$

so erhalten wir für die alten partiellen Ableitungen

$$\left(\frac{\partial \Phi}{\partial x} \right)_y = \left(\frac{\partial \Phi}{\partial x} \right)_\omega + \left(\frac{\partial \Phi}{\partial \omega} \right)_x \left(\frac{\partial \omega}{\partial x} \right)_y \qquad (1.479)$$

und

$$\left(\frac{\partial \Phi}{\partial y} \right)_x = \left(\frac{\partial \Phi}{\partial \omega} \right)_x \left(\frac{\partial \omega}{\partial y} \right)_x . \qquad (1.480)$$

Auch die Stromfunktion ψ können wir in Abhängigkeit von x und ω angeben

$$\psi = \psi(x, \omega) \; ; \; d\psi = \left(\frac{\partial \psi}{\partial x} \right)_\omega dx + \left(\frac{\partial \psi}{\partial \omega} \right)_x d\omega \; . \qquad (1.481)$$

Die Massenströme schreiben sich dann mit Gl. (1.473) in den neuen Koordinaten

$$\varrho w_x = \left(\frac{\partial \psi}{\partial y}\right)_x = \left(\frac{\partial \psi}{\partial \omega}\right)_x \left(\frac{\partial \omega}{\partial y}\right)_x = (\psi_E - \psi_I)\left(\frac{\partial \omega}{\partial y}\right)_x \quad , \tag{1.482}$$

$$\varrho w_y = -\left(\frac{\partial \psi}{\partial x}\right)_y = -\left(\frac{\partial \psi}{\partial x}\right)_\omega - \left(\frac{\partial \psi}{\partial \omega}\right)_x \left(\frac{\partial \omega}{\partial x}\right)_y$$

$$= -\left\{\left(\frac{\partial \psi_I}{\partial x}\right)_\omega + \omega\left[\left(\frac{\partial \psi_E}{\partial x}\right)_\omega - \left(\frac{\partial \psi_I}{\partial x}\right)_\omega\right]\right\} - (\psi_E - \psi_I)\left(\frac{\partial \omega}{\partial x}\right)_y \quad . \tag{1.483}$$

Setzen wir die Beziehungen (1.482) und (1.483) in die allgemeine Erhaltungsgleichung Gl. (1.476) ein, so bekommt man nach einigen Umformungen

$$\left(\frac{\partial \Phi}{\partial x}\right)_\omega + [a + b\omega]\left(\frac{\partial \Phi}{\partial \omega}\right)_x = \frac{\partial}{\partial \omega}\left[c\,\frac{\partial \Phi}{\partial \omega}\right] + d \quad . \tag{1.484}$$

Hierin ist

$$a = -\frac{(\partial \psi_I/\partial x)_\omega}{\psi_E - \psi_I} \quad , \tag{1.485}$$

$$b = \frac{(\partial \psi_I/\partial x)_\omega - (\partial \psi_E/\partial x)_\omega}{\psi_E - \psi_I} \quad , \tag{1.486}$$

$$c = c^\star \frac{\varrho w_x}{\psi_E - \psi_I} \tag{1.487}$$

und

$$d = \frac{d^\star}{\varrho w_x} \quad . \tag{1.488}$$

Die Ableitungen

$$-(\partial \psi_I/\partial x)_\omega = \dot{m}_I \tag{1.489}$$

und

$$-(\partial \psi_E/\partial x)_\omega = \dot{m}_E \tag{1.490}$$

sind nach der Definition der Stromfunktion ψ diejenigen auf die Flächeneinheit bezogenen Massenströme, welche an der „inneren" bzw. der „externen" Begrenzung der Grenzschicht ein- bzw. ausströmen.

Zur numerischen Lösung der Differentialgleichung (1.484) können verschiedene Methoden verwendet werden, von denen wir hier nur die der Zentraldifferenzen besprechen wollen. Dabei werden die Differentialquotienten in Gl. (1.484) nach einer TAYLOR-Entwicklung durch folgende Differenzenquotienten ersetzt

$$\left(\frac{\partial \Phi}{\partial x}\right)_\omega = \frac{\Phi_n - \Phi_{n,k}}{\Delta x} \quad ; \quad \left(\frac{\partial \Phi}{\partial \omega}\right)_x = \frac{\Phi_{n+1} - \Phi_{n-1}}{2\Delta \omega} \quad ; \tag{1.491}$$

1.5 Konvektiver Wärmeübergang

$$\left(\frac{\partial^2 \Phi}{\partial \omega^2}\right) = \frac{\Phi_{n+1} + \Phi_{n-1} - 2\Phi_n}{(\Delta \omega)^2} \quad ; \tag{1.492}$$

$$\frac{\partial}{\partial \omega}\left(c\frac{\partial \Phi}{\partial \omega}\right) = c\frac{\partial^2 \Phi}{\partial \omega^2} + \frac{\partial c}{\partial \omega}\frac{\partial \Phi}{\partial \omega}$$

$$= \frac{\Phi_{n+1}\left(c_n + \frac{c_{n+1} - c_{n-1}}{4}\right) - 2\Phi_n c_n + \Phi_{n-1}\left(c_n - \frac{c_{n+1} - c_{n-1}}{4}\right)}{(\Delta \omega)^2} \quad . \tag{1.493}$$

In den Gln. (1.491) bis (1.493) wurden dabei die folgenden Abkürzungen verwendet:

$\Phi_n = \Phi(x, \omega) \quad ; \quad \Phi_{n,k} = \Phi(x - \Delta x, \omega) \quad ;$

$\Phi_{n+1} = \Phi(x, \omega + \Delta \omega) \quad ; \quad \Phi_{n-1} = \Phi(x, \omega - \Delta \omega) \quad ;$

$c_n = c(x, \omega) \quad ; \quad c_{n+1} = c(x, \omega + \Delta \omega) \quad ; \quad c_{n-1} = c(x, \omega - \Delta \omega) \quad .$

Setzt man die Ausdrücke (1.491) bis (1.493) anstelle der Differentialquotienten in Gl. (1.484) ein, so erhält man nach einigen Umformungen das folgende Rechenschema

$$A_n \Phi_{n-1} + B_n \Phi_n + C_n \Phi_{n+1} = D_n \quad n = 1, \ldots, N-1 \tag{1.494}$$

mit den Koeffizienten

$$A_n = -\frac{\omega \dot{m}_E + (1-\omega)\dot{m}_I}{2\,\Delta\omega(\psi_E - \psi_I)} - \frac{c_n - \frac{c_{n+1} - c_{n-1}}{4}}{(\Delta\omega)^2} \quad , \tag{1.495}$$

$$B_n = \frac{1}{\Delta x} + \frac{2\,c_n}{(\Delta\omega)^2} \quad , \tag{1.496}$$

$$C_n = \frac{\omega \dot{m}_E + (1-\omega)\dot{m}_I}{2\,\Delta\omega(\psi_E - \psi_I)} - \frac{c_n + \frac{c_{n+1} - c_{n-1}}{4}}{(\Delta\omega)^2} \quad , \tag{1.497}$$

$$D_n = d_n + \frac{\Phi_{n,k}}{\Delta x} \quad . \tag{1.498}$$

Die Massenströme $\dot{m}_I$ und $\dot{m}_E$, sowie die Stromfunktion ψ_I und ψ_E an der inneren bzw. äußeren Begrenzung der Grenzschicht müssen bekannt sein, wenn die Profile der Geschwindigkeit, der Konzentration und der Enthalpie nach dem angegebenen Schema ermittelt werden sollen. Ist eine dieser Begrenzungen eine Symmetrielinie oder eine feste, massenundurchlässige Wand, so wird der entsprechende Massenfluß natürlich null. Anders z.B. an der äußeren Begrenzung einer Plattengrenzschicht, in welche stromabwärts ständig neue Fluidteilchen aus der ungestörten Strömung von der wachsenden Grenzschicht aufgenommen werden. Bei bekanntem Geschwindigkeitsprofil für den benachbarten, stromaufwärts gelegenen Rechenschritt läßt sich der Massenstrom $\dot{m}_E$ aus der Impulsgleichung (1.484) mit $\phi = \overline{w_x}$ und den

Gln. (1.482) bis (1.483) berechnen

$$\dot m_E = -\dot m_I \frac{1-\omega}{\omega} + \left[\frac{\frac{\partial}{\partial \omega}\left\{\frac{\eta^{(\text{eff})}\varrho\,\partial(w_x^2/2)/\partial\omega}{\psi_E - \psi_I}\right\}}{\omega(\partial w_x/\partial\omega)}\right]$$

$$+ \frac{\psi_E - \psi_I}{\omega(\partial w_x/\partial\omega)}\frac{\varrho g_x - \left(\frac{\partial p}{\partial x} + \varrho\frac{\partial(w_x^2/2)}{\partial x}\right)}{\varrho w_x} \quad . \tag{1.499}$$

Der so bestimmte Wert $\dot m_E$ wird dann in Gl. (1.495) und (1.497) eingesetzt. Um aus Gl. (1.494) das Geschwindigkeitsprofil an der Stelle x ermitteln zu können, benötigen wir noch die Differenz der Stromfunktion $\psi_E - \psi_I$, die man aus dem benachbarten stromabwärts gelegenen x-Wert durch Integration der Gl. (1.489) und (1.490) bestimmt

$$\psi_E(x) - \psi_I(x) = \psi_E(x-\Delta x) - \psi_I(x-\Delta x) + \Delta x(\dot m_I - \dot m_E) \quad . \tag{1.500}$$

Eine Iteration von $\dot m_E$ und $\psi_E - \psi_I$ ist im allgemeinen nicht erforderlich.
Die „externe" Begrenzung E legt man zweckmäßigerweise so, daß dort die Geschwindigkeit der freien Strömung nicht ganz, aber nahezu erreicht wird, z.B. zu 99 %. Dann ist dort auch der Gradient $\partial w_x/\partial\omega$ zwar klein, aber nicht null. So können Singularitäten in Gl. (1.499) umgangen werden.
Sind die Randwerte der abhängigen Veränderlichen Φ an der „inneren" und an der „äußeren" Begrenzung bekannt, Φ_0 bzw. $\Phi_N = \Phi_E$, so läßt sich das Gleichungssystem mit Hilfe des sog. THOMAS-Algorithmus lösen. Es ist nämlich nach Gl. (1.494) für $n = 1$

$$E_n \Phi_n + F_n \Phi_{n+1} = G_n \quad , \tag{1.501}$$

mit

$$E_1 = B_1,\ F_1 = C_1 \text{ und } G_1 = D_1 - A_1 \Phi_0 \quad . \tag{1.502}$$

Setzen wir in Gl. (1.494) $n+1$ anstelle von n ein, multiplizieren diese Gleichung mit dem Kehrwert von A_{n+1} und ziehen sie von der mit E_n^{-1} multiplizierten Gleichung (1.501) ab, so erhalten wir

$$E_{n+1}\Phi_{n+1} + F_{n+1}\Phi_{n+2} = G_{n+1} \quad , \tag{1.503}$$

mit

$$E_{n+1} = E_n^{-1} F_n - A_{n+1}^{-1} B_{n+1} \quad , \tag{1.504}$$

$$F_{n+1} = -A_{n+1}^{-1} C_{n+1} \quad , \tag{1.505}$$

$$G_{n+1} = E_n^{-1} G_n - A_{n+1}^{-1} D_{n+1} \quad . \tag{1.506}$$

Dieses Schema läßt sich bis $n + 2 = N$ fortsetzen

$$E_{N-1}\, \Phi_{N-1} + F_{N-1}\, \Phi_N = G_{N-1} \; . \tag{1.507}$$

Da Φ_N als Randwert bekannt sein sollte, lassen sich nach Gl. (1.507) zunächst Φ_{N-1} und danach alle anderen Φ_n berechnen

$$\Phi_n = E_n^{-1}\, G_n - E_n^{-1}\, F_n\, \Phi_{n+1} \quad n = N - 1, \ldots, 1 \; . \tag{1.508}$$

Das angegebene Berechnungsschema läßt sich grundsätzlich auf lineare Gleichungssysteme mit einer sog. Tridiagonalmatrix, d.h. einer Matrix mit nur jeweils einem Glied rechts und links der Hauptdiagonalen, anwenden. Im allgemeinen genügt es, für jeden Wert von x die Profile der abhängigen Variablen Φ nacheinander zu berechnen. Man beginnt zweckmäßigerweise mit dem Geschwindigkeitsprofil und ermittelt danach das Temperaturprofil. Sind die abhängigen Variablen Φ stark gekoppelt, so kann es zweckmäßig sein, die Profile der abhängigen Variablen Φ gleichzeitig zu ermitteln. Der Lösungsalgorithmus ist dabei derselbe, wenn man in den Gln. (1.494) bis (1.498), (1.501) bis (1.508) Φ als Vektor (bestehend aus allen abhängigen Variablen Φ_i) und die Größen A bis E als Matrizen auffaßt. Das kann für komplexere Probleme, bei denen chemische Reaktionen und Diffusion wichtig sind, nützlich sein[61].

Mit dem angegebenen Berechnungsschema lassen sich die Profile der Geschwindigkeit und der Enthalpie in Abhängigkeit der neuen unabhängigen Variablen ω angeben. Die ursprüngliche Koordinate y bestimmen wir, indem wir Gl. (1.482) numerisch integrieren.

$$y = (\psi_E - \psi_I) \int_0^\omega \frac{d\omega}{\varrho w_x} \; . \tag{1.509}$$

Das Verfahren von PATANKAR UND SPALDING hat sich für die Lösung zahlreicher Probleme, die durch sog. parabolische Differentialgleichungen beschrieben werden, außerordentlich bewährt.

1.5.10 Ähnlichkeitstheorem der Wärmeübertragung

Neben der analytischen und neben der schrittweisen numerischen Methode für die Lösung der partiellen Differentialgleichungen besteht noch die Möglichkeit, die Gesetzmäßigkeiten der Wärmeübertragung experimentell zu finden. In einem Versuchsapparat von zweckmäßigen Abmessungen, wie z.B. in einem Rohr, stellen wir die gewünschten Betriebsbedingungen der Strömung und des Wärmeübergangs ein und messen die uns interessierenden Größen.

Dabei benötigen wir im allgemeinen nicht die vollständigen Geschwindigkeits-, Temperatur- und Druckfelder, sondern können uns auf die für die Reibung und den Wärmeübergang charakteristischen Gradienten an der Wand beschränken. Mit Hilfe des Ähnlichkeitstheorems lassen sich die an einer Versuchsapparatur erhaltenen Resultate verallgemeinern und auf andere Fälle anwenden.

---

[61] siehe JOST W (1971) Dissertation RWTH Aachen

Geometrische und physikalische Ähnlichkeit

Eine zweite Versuchsanlage kleinerer Dimensionen, die wir als Modell bezeichnen wollen, wird von einer Flüssigkeit mit anderen Eigenschaften durchflossen. Deren Abmessungen, Geschwindigkeiten usw. wollen wir mit einem Stern versehen $l_0^\star, x^\star, y^\star, z^\star, w_0^\star, w^\star, \vartheta^\star, a^\star, \varrho^\star$ usw., s. Bild 1.54, zum Unterschied von der zuvor erwähnten Ausführung, deren Größen $l_0, x, y, z,$ usw. ungekennzeichnet bleiben mögen. Führen wir das Modell und die Ausführung geometrisch ähnlich aus, so müssen alle an Modell und Ausführung entsprechenden Strecken jeweils in einem konstanten Verhältnis zueinander stehen.

$$\xi_l = \frac{l_1^\star}{l_1} = \frac{l_2^\star}{l_2} = \frac{x^\star}{x} = \frac{y^\star}{y} \ . \tag{1.510}$$

Geometrische Ähnlichkeit ist zwar notwendig, aber nicht hinreichend dafür, daß sich die am Modell erhaltenen Versuchsergebnisse auf die Ausführung übertragen lassen. Das ist erst dann möglich, wenn auch physikalische Ähnlichkeit vorliegt, d.h. wenn nicht nur alle Strecken, sondern auch alle anderen sich in Modell und Ausführung entsprechenden Größen in jeweils konstanten Verhältnissen zueinander stehen.

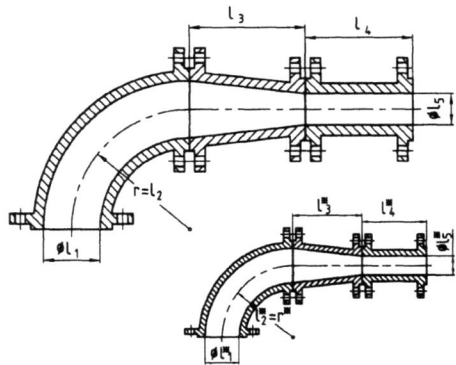

Bild 1.54: Ähnliche Rohrleitungen

So müssen an sich entsprechenden Orten in Modell und Ausführung alle Geschwindigkeiten, Stoffgrößen, usw. in demselben Verhältnis stehen, z.B.

$$\xi_w = \frac{w_x^\star}{w_x} = \frac{w_y^\star}{w_y} = \frac{w_z^\star}{w_z} \quad ; \quad \xi_\eta = \frac{\eta^\star}{\eta} \ldots \tag{1.511}$$

Wir wollen die Differentialgleichungen für turbulente Strömungen, Gl. (1.413), (1.424) und (1.441) auf das Modell anwenden. Zur Vereinfachung wollen wir aber voraussetzen, daß —bis auf geringfügige Dichteunterschiede infolge von Heizung oder Kühlung — das Fluid als inkompressibel angesehen werden kann (ϱ = konst, $\varrho^\star$ = konst). Außerdem wollen wir voraussetzen, daß die Stoffeigenschaften, wie z.B. die Viskosität oder Wärmeleitfähigkeit, aber auch strömungsabhängige Größen, wie z.B. die „turbulente" Zähigkeit oder die „turbulente" PRANDTL-Zahl, konstant sind. Drücken wir die mit einem * gekennzeichneten Zustandsgrößen für das Modell nach Gl. (1.511) durch die jeweiligen Produkte aus den Zustandsgrößen für die

Ausführung und den entsprechenden Maßstabsfaktoren aus, so erhalten wir aus den Differentialgleichungen für das Modell (mit * versehene Größen) die folgenden Differentialgleichungen für die Ausführung, nämlich die

Kontinuitätsgleichung:

$$\frac{\partial w_x}{\partial x} + \frac{\partial w_y}{\partial y} + \frac{\partial w_z}{\partial z} = 0 \;, \tag{1.512}$$

die Impulsgleichung in x-Richtung:

$$w_x \frac{\partial w_x}{\partial x} + w_y \frac{\partial w_y}{\partial y} + w_z \frac{\partial w_z}{\partial z} = -\frac{\xi_l}{\xi_w^2} \frac{\xi_{\Delta p}}{\xi_\varrho \xi_l} \frac{1}{\varrho} \frac{\partial p}{\partial x} + \frac{\xi_l}{\xi_w^2} \frac{\xi_{\Delta \varrho}}{\xi_\varrho} \xi_g \frac{\varrho - \varrho_\infty}{\varrho} g_x$$

$$+ \frac{\xi_\eta}{\xi_w \xi_\varrho \xi_l} \frac{1}{\varrho} \left\{ \frac{\partial}{\partial x} \left(\tau_{xx} - \frac{\xi_\varrho \, \xi_l \, \xi_{\overline{w'^2}}}{\xi_\eta \xi_w} \varrho \overline{w_x'^2} \right) \right.$$

$$+ \frac{\partial}{\partial y} \left(\tau_{yx} - \frac{\xi_\varrho \, \xi_l \, \xi_{\overline{w_x' w_y'}}}{\xi_\eta \, \xi_w} \varrho \overline{w_x' w_y'} \right)$$

$$\left. + \frac{\partial}{\partial z} \left(\tau_{zx} - \frac{\xi_\varrho \, \xi_l \, \xi_{\overline{w_x' w_z'}}}{\xi_\eta \, \xi_w} \varrho \overline{w_x' w_z'} \right) \right\} \tag{1.513}$$

und die Energiegleichung:

$$w_x \frac{\partial T}{\partial x} + w_y \frac{\partial T}{\partial y} + w_z \frac{\partial T}{\partial z} = \frac{\xi_l}{\xi_w \, \xi_{\Delta T}} \frac{\xi_\lambda \, \xi_{\Delta T}}{\xi_{c_p} \xi_l^2 \xi_\varrho} \frac{\lambda}{\varrho \, c_p} \left(\frac{\partial^2 T}{\partial x^2} + \frac{\partial^2 T}{\partial y^2} + \frac{\partial^2 T}{\partial z^2} \right) - \frac{\xi_l}{\xi_w \, \xi_{\Delta T}}$$

$$\left\{ \frac{\xi_{\overline{T' w_x'}}}{\xi_l} \frac{\partial \overline{T' w_x'}}{\partial x} + \frac{\xi_{\overline{T' w_y'}}}{\xi_l} \frac{\partial \overline{T' w_y'}}{\partial y} + \frac{\xi_{\overline{T' w_z'}}}{\xi_l} \frac{\partial \overline{T' w_z'}}{\partial z} \right\}$$

$$+ \frac{\xi_l}{\xi_w \xi_{\Delta T}} \cdot \frac{1}{\xi_\varrho \xi_{cp}} \left\{ \frac{\xi_\eta \xi_w^2}{\xi_l^2} \varepsilon + \xi_{\varepsilon'} \varepsilon' \right\} \tag{1.514}$$

Damit die Differentialgleichungen für die Ausführung (nicht gekennzeichnete Größen) mit denen des Modells übereinstimmen, müssen sämtliche Maßstabsfaktoren auf den rechten Seiten zu eins werden, also

$$\frac{\xi_{\Delta p}}{\xi_\varrho \xi_w^2} = 1 \quad \text{oder} \quad Eu = \frac{\Delta p}{\varrho w^2} = \frac{\Delta p^\star}{\varrho^\star \, w^{\star 2}} = Eu^\star \;, \tag{1.515}$$

$$\frac{\xi_l}{\xi_\varrho} \frac{\xi_{\Delta \varrho}}{\xi_w^2} \xi_g = 1 \quad \text{oder} \quad \frac{g_x x}{w^2} \frac{\varrho - \varrho_\infty}{\varrho} = \frac{g_x^\star x^\star}{w^{\star 2}} \frac{\varrho^\star - \varrho_\infty^\star}{\varrho^\star} \;, \tag{1.516}$$

$$\frac{\xi_\eta}{\xi_w \, \xi_\varrho \, \xi_l} = 1 \quad \text{oder} \quad Re = \frac{wx}{\eta/\varrho} = \frac{w^\star x^\star}{\eta^\star/\varrho^\star} = Re^\star \;, \tag{1.517}$$

$$\frac{\xi_\varrho \xi_l \cdot \xi_{\overline{w_x'^2}}}{\xi_\eta \xi_w} = \frac{\xi_\varrho \xi_l \xi_{\overline{w_x' w_y'}}}{\xi_\eta \xi_w} = \frac{\xi_\varrho \xi_l \xi_{\overline{w_x' w_z'}}}{\xi_\eta \xi_w} = 1 \;, \qquad (1.518)$$

$$\frac{\xi_\lambda}{\xi_w \, \xi_l \, \xi_{c_p} \, \xi_\varrho} = 1 \quad \text{oder} \quad Pe = \frac{w \varrho c_p}{\lambda / x} = \frac{w^\star \varrho^\star c_p^\star}{\lambda^\star / x^\star} = Pe^\star \;, \qquad (1.519)$$

$$\frac{\xi_\eta \, \xi_w}{\xi_{\Delta T} \, \xi_l \, \xi_\varrho \, \xi_{c_p}} = 1 \quad \text{oder} \quad \frac{w \, \eta / \varrho}{x \, c_p \, \Delta T} = \frac{w^\star \, \eta^\star / \varrho^\star}{x^\star \, c_p^\star \Delta T^\star} \;, \quad \text{usw.} \qquad (1.520)$$

Sollen die Verhältnisse bei Ausführung und Modell physikalisch ähnlich sein, so müssen alle dimensionslosen Kennzahlen bei Modell und Ausführung gleich sein. Man erkennt aus den Gln. (1.515) bis (1.520), daß i.a. sehr viele Kennzahlen bei Ausführung und Modell übereinstimmen müssen, damit die am Modell erhaltenen Ergebnisse vollständig auf die Großausführung übertragen werden können. Häufig genügen aber schon wenige Kennzahlen, um für technisch wichtige Fragestellungen hinreichend genaue Aussagen zu erhalten, weil entweder bestimmte, durch eigene Kennzahlen charakterisierbare Einflüsse von untergeordneter Bedeutung für das Problem sind, wie z.B. die Dissipation bei kleinen Strömungsgeschwindigkeiten, oder weil Abhängigkeiten zwischen Kennzahlen bestehen, wie z.B. bei Kennzahlen für die turbulenten Fluktuationen und den die mittleren Strömungsparameter erfassenden Kennzahlen.

Es hat sich eingebürgert, die dimensionslosen Kennzahlen mit den Abkürzungen der Namen verdienstvoller Forscher auf diesem Gebiet zu bezeichnen.

So wird die Kennzahl Eu nach Gl. (1.515) EULER[62]-Zahl genannt. Sie wird für wärmetechnische Rechnungen nicht benötigt, weil nach der Energiegleichung der Mechanik der Druckabfall durch Geschwindigkeiten und Massenkräfte eindeutig bestimmt ist.

Die REYNOLDS[63]-Zahl nach Gl. (1.517) kennzeichnet das Verhältnis von Trägheitskraft zur Reibungskraft. Sie ist auch maßgebend für den Umschlag einer laminaren in eine turbulente Strömung.

Nach Gl. (1.519) beschreibt die PECLET[64]-Zahl die Änderung des mit der Strömung mitgeführten Enthalpiestromes im Verhältnis zum Wärmestrom, der durch Wärmeleitung übertragen wird. Teilt man die PECLET-Zahl durch die REYNOLDS-Zahl, so erhält man die schon aus Abschn. 1.5.4 bekannte PRANDTL-Zahl

$$Pr = \frac{Pe}{Re} = \frac{\eta \, c_p}{\lambda} = \frac{\nu}{a} \;, \qquad (1.521)$$

welche nur Stoffeigenschaften (dynamische Zähigkeit, spezifische Wärmekapazität c_p, Wärmeleitfähigkeit λ, kinematische Zähigkeit ν, Temperaturleitfähigkeit a) enthält. Sie kann als Verhältnis des molekularen Impuls- und Wärmetransports interpretiert werden.

---

[62] Nach LEONHARD EULER (1707—1783), Mathematiker und Physiker, welcher u.a. die Hydrodynamik mitbegründete.

[63] Benannt nach OSBORNE REYNOLDS (1842—1912), Ingenieur und Physiker, der grundlegende Arbeiten zur Strömungsmechanik und zur Wärmeübertragung veröffentlichte.

[64] JEAN CLAUDE PÉCLET (1793—1857) war Physiker und veröffentlichte u.a. ein sehr bekanntes Lehrbuch über die Wärmelehre.

Die durch Gl. (1.516) beschriebene dimensionslose Kennzahl stellt ein Maß für das Verhältnis von Auftriebskräften zu Trägheitskräften dar. Da bei Problemen der freien Konvektion das Geschwindigkeitsfeld — und damit die Trägheitskräfte von den Auftriebskräften abhängen, hat man für den Ausdruck (1.516) selbst keine eigene Kennzahl gebildet, sondern die Geschwindigkeit durch die REYNOLDS-Zahl ausgedrückt. Man erhält dann den Ausdruck (1.516) in folgender Form

$$\frac{g_x\, x}{w^2}\frac{\varrho-\varrho_\infty}{\varrho} = \frac{Ar}{Re^2} \quad \text{mit} \quad \frac{g_x\, x^3}{\nu^2}\frac{\varrho-\varrho_\infty}{\varrho} = Ar \; . \tag{1.522}$$

Hier erscheint als neue dimensionslose Kennzahl die ARCHIMEDES-Zahl Ar, die in engem Zusammenhang mit der GRASHOF[65]-Zahl steht, welche wir schon früher in Abschn. 1.5.5 kennenlernten.

Der Ausdruck nach Gl. (1.520) kennzeichnet das Verhältnis der Reibungsarbeit zur Enthalpie der Strömung. Mit der REYNOLDS-Zahl läßt er sich auf die Form

$$\frac{\eta/\varrho}{w\, x}\frac{w^2}{c_p\, \Delta T} = \frac{Ec}{Re} \tag{1.523}$$

bringen. Hierdurch wird die ECKERT[66]-Zahl

$$Ec = \frac{w^2}{c_p\, \Delta T} \tag{1.524}$$

definiert, welche die kinetische Energie der Strömung zu deren Enthalpiedifferenz ins Verhältnis setzt. Die ECKERT-Zahl hat erst bei sehr großen Strömungsgeschwindigkeiten einen merklichen Einfluß auf den Wärmeübergang.

Zur Berechnung des Wärmeübergangs wird oft der Wärmeübergangskoeffizient verwendet. Dieser ist definiert als der Quotient der Wärmestromdichte und einer einfach zu bestimmenden Temperaturdifferenz im Fluid, wie z.B. der Differenz zwischen einer Wandtemperatur T_W und der Temperatur T_∞ in der Kernströmung (s. auch die Abschnitte 1.5.4 und 1.5.5.)

$$\alpha = \frac{\dot q}{T_W - T_\infty} \; . \tag{1.525}$$

Andererseits kann die Wärmestromdichte bei Kenntnis des Temperaturfeldes aus der Wärmeleitfähigkeit λ und dem Temperaturgradienten an der Wand in Richtung des Flächennormalen $(\partial T/\partial n)_W$ ermittelt werden

$$\dot q = \alpha(T_W - T_\infty) = -\lambda\left(\frac{\partial T}{\partial n}\right)_W \; . \tag{1.526}$$

Bei physikalischer Ähnlichkeit der Strömung und des Wärmeübergangs muß gelten

$$\frac{\xi_\lambda\, \xi_{\Delta T}}{\xi_\alpha\, \xi_{\Delta T}\, \xi_l} = 1 \quad \text{oder} \quad \frac{\alpha\, x}{\lambda} = \frac{\alpha^\star\, x^\star}{\lambda^\star} = Nu \; . \tag{1.527}$$

---

[65] Nach FRANZ GRASHOF (1826—1893), Ingenieur und Professor für Angewandte Mechanik und Maschinenwesen an der damaligen Technischen Hochschule Karlsruhe; Mitbegründer des Vereins Deutscher Ingenieure.
[66] ERNST ECKERT *1904 Professor für Wärmeübertragung an der University of Minnesota.

130   1 Einführung in die Lehre von der Wärme- und Stoffübertragung

Hierdurch ist die NUSSELT[67]-Zahl definiert, die den konvektiven Wärmeübergang im Verhältnis zur reinen Wärmeleitung beschreibt.
Die Produkte und Quotienten in den Gln. (1.512) bis (1.514), welche Mittelwerte von Schwankungsgrößen enthalten, werden gewöhnlich gleich eins angenommen, obwohl dies auch bei sonstiger physikalischer Ähnlichkeit durchaus nicht zutreffen muß. Dies sei am Beispiel der Maßstabsfaktoren für die REYNOLDSschen Schubspannungen in Gl. (1.513) erläutert. Vollkommene physikalische Ähnlichkeit würde auch hier verlangen, daß

$$\xi_{\overline{w'^2}} = \xi_w^2 \tag{1.528}$$

ist. Nimmt man an, daß die REYNOLDSsche Schubspannung durch die Mischungsweghypothese beschrieben werden kann, so gilt für das Modell

$$\varrho \overline{w'_x w'_g} = -\frac{\xi_{l_t}^2}{\xi_l^2}\frac{\xi_w^2}{\xi_{\overline{w'^2}}} \varrho l_t^2 \left|\frac{\partial w_x}{\partial y}\right|\frac{\partial w_x}{\partial y} \ . \tag{1.529}$$

Danach müßte bei Berücksichtigung der Gl. (1.528) der Maßstabsfaktor für die turbulente Mischungsweglänge l_t gleich dem geometrischen Maßstabsfaktor sein, d.h.

$$\frac{\xi_{l_t}}{\xi_l} = 1 \quad \text{oder} \quad \frac{l_t}{x} = \frac{l'_t}{x'} \tag{1.530}$$

Nun ist aber die turbulente Mischungsweglänge nach experimentellen Ergebnissen für den größten Teil der Grenzschicht proportional zur Grenzschichtdicke (s. Gl. (1.443)). Danach müßte dann die Dicke δ der turbulenten Grenzschicht

$$\frac{\delta}{x} = \frac{\delta'}{x'} \tag{1.531}$$

proportional zur Lauflänge ansteigen, was nicht mit experimentellen Ergebnissen in Einklang steht, wonach die turbulente Grenzschicht verhältnisgleich mit $x^{0.8}$ wächst[68].

1.6 Wärmeübergang bei Änderung des Aggregatzustandes

Beim Wärmeübergang, der durch Kondensation oder Verdampfungserscheinungen begleitet wird, treten an der Grenzfläche der Phasen Diskontinuitäten auf. Diese müssen bei der Untersuchung der Wärmeübertragungsverhältnisse berücksichtigt werden.

---
[67] WILHELM NUSSELT (1882—1957) war Professor in Karlsruhe und München. Er hat u.a. die Ähnlichkeitstheorie in die Wärmeübertragung eingeführt.
[68] SCHLICHTING H (1980) Grenzschicht-Theorie, 3. Aufl., Karlsruhe

1.6.1 Kondensation

Ist die Temperatur der Wandoberfläche höher als die dem Dampfdruck entsprechende Sättigungstemperatur, so findet der Wärmeübergang zwischen Wand und Dampf wie bei einem gewöhnlichen Gas statt. Ist die Wandtemperatur dagegen tiefer, so setzt eine Kondensation ein, gleichviel, ob der Dampf gesättigt oder überhitzt ist.

Wird die Wand vom Kondensat gut benetzt, so bildet sich an der Wand ein Flüssigkeitsfilm, und es liegt die „Filmkondensation" vor. In diesem Film fließt die Flüssigkeit nach unten ab oder sie wird vom Dampfstrom weggefegt, während immer neuer Dampf niedergeschlagen wird.

Wird die Wand von der Flüssigkeit schlecht benetzt, so zieht sich das Kondensat sofort zu winzigen Tröpfchen zusammen (Taubildung), die schnell wachsen und dann abfließen oder evtl. von der Strömung weggeblasen werden. Zwischen den Tröpfchen kommt immer wieder die blanke Wandoberfläche zum Vorschein, die sich dem Dampf unmittelbar darbietet, man spricht von „Tropfenkondensation".

1.6.2 Tropfenkondensation

Hierüber lagen erstmalig Versuchsergebnisse von SCHMIDT, SCHURRIG UND SELLSCHOPP[69] vor.

Der Wärmeübergangskoeffizient (beim Kondensieren von Sattdampf liegt bei Tropfenkondensation in der Größenordnung von 40000 $W/(m^2\ K)$ bezogen auf den Temperaturunterschied zwischen Dampf und Kühlwasser, im Vergleich mit etwa 6000 $W/(m^2\ K)$ bei Filmkondensation.

Ob unter den jeweils vorliegenden Bedingungen Tropfenkondensation auftritt, hängt im wesentlichen von der Beschaffenheit der Oberfläche, insbesondere ihrer Benetzbarkeit, ab. Schon geringe Mengen an Verunreinigungen können die Benetzbarkeit der Oberfläche soweit herabsetzen, daß Tropfenkondensation auftreten kann. Andererseits ist es schwierig, durch gezielte Verwendung von Zusatzstoffen, Promotoren genannt, den erhöhten Wärmeübergang bei der Tropfenkondensation technisch zu nutzen, weil durch Abwaschen und andere wenig vorhersehbare Einflüsse Tropfenkondensation im Betrieb in die weniger intensive Filmkondensation umschlagen kann.

Über die Frage, wo sich bei Tropfenkondensation die eigentliche Verflüssigung vollzieht, gehen die Meinungen auseinander. Nach EUCKEN[70] werden an der blanken und unterkühlten Wandfläche zwischen den Tropfen, unterstützt durch Kondensationskerne, Dampfmolekel in einer monomolekularen Schicht adsorbiert. Daraus entstehen die ersten Kondensattropfen. Entlang der Oberfläche diffundieren ständig Moleküle in den Rand des Tropfens hinein, wodurch der Tropfen vergrößert wird. Der Tropfen saugt gewissermaßen wie eine Senke die sich immer wieder erneuernde monomolekulare Schicht auf. Darüber hinaus findet eine zusätzliche Verflüssigung des Dampfes direkt aus dem Dampfraum am Saume des Tropfens statt, wo

---

[69] SCHMIDT E, SCHURRIG W UND SELLSCHOPP W (1930) Techn Mech Thermodyn 1:53
[70] EUCKEN A (1937) Energie- und Stoffaustausch an Grenzflächen. Naturw 25:209-218

innerhalb des Flüssigkeitsgebietes der geringste Wärmewiderstand zur Wandung herrscht.

Nach einer anderen Vorstellung findet die Verflüssigung in Ermangelung anderweitiger Kondensationskerne nur an der Tropfenoberfläche statt, wobei die Kondensationswärme infolge Wärmeableitung durch den flüssigen Tropfen zur kälteren Wandung hin transportiert wird (Bild 1.55). Dieser Vorgang wird noch dadurch unterstützt, daß ablaufenden Tropfen die Rolle der Anlaufstrecke einer hydrodynamischen Grenzschicht der Flüssigkeit zukommt, was sehr hohe örtliche Wärmestromdichten ermöglicht.

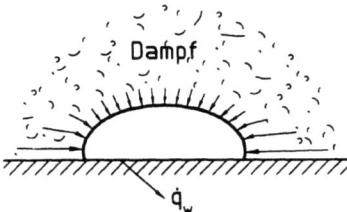

Bild 1.55: Kondensation an einem Tropfen

Die hier erwähnten Deutungen dürften wohl alle etwas für sich haben. Deswegen lautet die Frage nicht so sehr, welche von den Deutungen die bessere sei, als vielmehr, mit welchem Anteil die einzelnen Teilvorgänge am Gesamtergebnis der Tropfenkondensation beteiligt sind.

Obwohl der Wärmeübergang bei der Tropfenkondensation um mindestens eine Größenordnung besser ist als bei der Filmkondensation, werden technische Apparate für Filmkondensation ausgelegt, weil es unter üblichen Betriebsbedingungen nicht möglich ist, Tropfenkondensation über einen längeren Zeitraum aufrecht zu erhalten.

1.6.3 Filmkondensation

Eine einfache und erfolgreiche rechnerische Behandlung liegt nur für die Filmkondensation vor, für die NUSSELT[71] seine Wasserhauttheorie aufgestellt hat, die durch Versuche gut bestätigt wurde.

Das Abfließen des Films wird wegen seiner geringen Dicke laminar verlaufen, wenn die Wand nicht zu hoch ist. Bei hoher Wand oder langen senkrechten Rohren kann im unteren Teil turbulente Filmbewegung vorkommen, welche die nachfolgenden Ergebnisse wesentlich ändern kann.

An der Wand ist die Geschwindigkeit $w = 0$, an der Filmoberfläche ($y = \delta$) ist $w = w_{\max}$ und $(\partial w/\partial y)_\delta = 0$, Bild 1.56.

NUSSELT setzte voraus, daß die Geschwindigkeit im Film so gering ist, daß die Trägheitskräfte in der Impulsgleichung (1.231) keine Rolle spielen, ebensowenig die Druckkräfte. Für den Dampf wird angenommen, daß er eine so kleine Geschwindigkeit hat, daß die Form des Films dadurch nicht beeinträchtigt wird. Damit reduziert

---

[71] NUSSELT (1916) Z VDI 60:54

1.6 Wärmeübergang bei Änderung des Aggregatzustandes

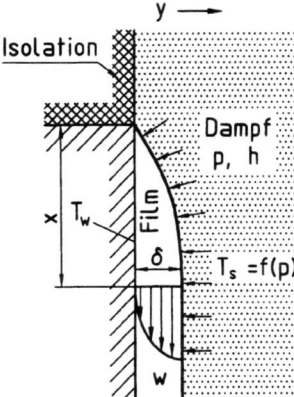

Bild 1.56: Kondensation des Dampfes an einer Wand

sich die Kräftebilanz auf das Gleichgewicht zwischen Schubkraft und Schwerkraft

$$\partial \tau/\partial y + (\varrho - \varrho_d)g = 0 \ . \tag{1.532}$$

Hier ist $\varrho - \varrho_d$ die Differenz der Flüssigkeits- und Dampfdichte, wodurch dem meist sehr geringen Auftrieb des Kondensatfilms in der Dampfatmosphäre Rechnung getragen wird. Legt man für die Schubspannung den STOKESchen Ansatz z.B. Gl. (1.156)

$$\tau = -\eta \frac{\partial w}{\partial y} \tag{1.533}$$

zugrunde und berücksichtigt die obigen Randbedingungen, so ergibt die Integration der Gl. (1.532)

$$w = \frac{g(\varrho - \varrho_d)}{\eta} y(\delta - y/2) \ . \tag{1.534}$$

Hat der Film senkrecht zur Zeichenebene (in z-Richtung) die Breite b, so ist der an der Stelle x abfließende Massenstrom

$$\dot{m}(x) = b\varrho \int_0^\delta w \, dy = b\varrho(\varrho - \varrho_d)\frac{g}{\eta}\frac{\delta^3}{3} \ . \tag{1.535}$$

Etwas weiter filmabwärts hat dieser um

$$\frac{\partial \dot{m}}{\partial x}dx = b(\varrho - \varrho_d)\frac{g}{\nu}\delta^2 d\delta \tag{1.536}$$

zugenommen und zwar durch kondensierenden Dampf, wobei die Verdampfungswärme r an der Filmoberfläche bei der Sättigungstemperatur T_s frei wird und durch den Film ausschließlich durch Wärmeleitung an die Wand übertragen wird. Daher ist die lokale Wärmestromdichte

$$\dot{q}(x) = \lambda(T_s - T_W)/\delta = \frac{1}{b}\frac{\partial \dot{m}}{\partial x}r = r(\varrho - \varrho_d)\frac{g}{\nu}\delta^2\frac{d\delta}{dx} \ . \tag{1.537}$$

Durch Integration der Gl. (1.537) erhält man die Filmdicke

$$\delta = \sqrt[4]{\frac{4\nu\lambda(T_s - T_W)x}{(\varrho - \varrho_d)rg}} \qquad (1.538)$$

und daraus dann die lokale Wärmestromdichte

$$\dot{q}(x) = \sqrt[4]{\frac{(\varrho - \varrho_d)rg\lambda^3(T_s - T_W)^3}{4\nu x}} \ . \qquad (1.539)$$

Definiert man

$$\alpha(x) = \frac{\dot{q}(x)}{T_s - T_W} \ ,$$

so wird in der Höhe x der örtliche Wärmeübergangskoeffizient

$$\alpha(x) = \sqrt[4]{\frac{(\varrho - \varrho_d)rg\lambda^3}{4\nu x(T_s - T_W)}} \ . \qquad (1.540)$$

Die mittleren Werte für die ganze Höhe $x = X$ sind

$$\alpha_m = \frac{1}{X}\int_0^X \alpha(x)\mathrm{d}x = \frac{4}{3}\sqrt[4]{\frac{(\varrho - \varrho_d)rg\lambda^3}{4\nu X(T_s - T_W)}} = \frac{4}{3}\alpha(x) \qquad (1.541)$$

und

$$\dot{q}_m = \frac{4}{3}\sqrt[4]{\frac{(\varrho - \varrho_d)rg\lambda^3(T_s - T_W)^3}{4\nu X}} \ . \qquad (1.542)$$

Die Größenordnung von α_m ist bei Wasserdampf 10^4 W/(m^2 K).
Die Stoffwerte ϱ, λ, ν beziehen sich auf die Flüssigkeit im Film und nicht etwa auf den Dampf! Außerdem bezeichnet g überall die größte, in die Ebene der Wand fallende Komponente der Beschleunigung des örtlich wirkenden Beschleunigungsfeldes (Erdschwerefeld, Zentrifugalkraft einer Zentrifuge usw.). In der gleichen Richtung wird auch die Koordinate x gezählt. Die Überlegungen gelten somit auch für die Filmkondensation an einer geneigten Wand, wenn für g nicht die volle Erdbeschleunigung, sondern nur deren Komponente in der Neigungsrichtung der Wand eingesetzt wird.
Bringt man Gl. (1.540) durch Multiplikation mit x/λ in dimensionslose Form, so wird die örtliche NUSSELT-Zahl

$$Nu(x) = \frac{\alpha(x) \cdot x}{\lambda} = \sqrt[4]{\frac{r(\varrho - \varrho_d)gx^3}{4\lambda\nu(T_s - T_W)}} \ . \qquad (1.543)$$

In der Nähe des kritischen Punktes eines Stoffes werden sowohl $\varrho \approx \varrho_d$ als auch $r \approx 0$, so daß der Wärmeübergang der Filmkondensation bei freier Konvektion am kritischen Punkt sehr schlecht wird.

1.6 Wärmeübergang bei Änderung des Aggregatzustandes

Für überhitzten Dampf ist in Gl. (1.540) und (1.542) anstelle der Verdampfungswärme r die Größe $h-h'$ einzusetzen, wobei h und h' die Enthalpien des überhitzten Dampfes bzw. des siedenden Wassers für gleichen Druck darstellen. Da $h - h' > r$ ist, gibt kondensierender überhitzter Dampf mehr Wärme ab als gesättigter Dampf gleichen Druckes. Das gilt natürlich nur für den Fall, daß der Dampf wirklich kondensiert. Andernfalls spielt sich ein trockener Wärmeübergang zwischen Dampf und Wandung ab wie bei einem nichtkondensierenden Gas, was den Wärmeübergang sehr verschlechtert.

Tritt bei größeren Wandhöhen in der Filmströmung die oben erwähnte Turbulenz auf, so können α-Werte erreicht werden, die um 50 % größer sind als nach der NUSSELTschen Formel[72].

1.6.4 Verdampfungsvorgang

Im Sättigungszustand sind die Temperaturen des Dampfes und des Wassers untereinander gleich, soweit sie im gegenseitigen Gleichgewicht stehen. Man kann einen solchen Zustand auch als statischen Siedezustand bezeichnen. In diesem Falle entspricht die herrschende Temperatur der Sättigungstemperatur für den gegebenen Druck. Demgegenüber ist ein Verdampfungsvorgang ein dynamischer Prozeß, bei welchem dem Ort der Phasenumwandlung, d.h. der Stelle, wo die Umwandlung des Wassers in Dampf stattfindet, die erforderliche Verdampfungswärme zugeführt werden muß. Für eine solche Wärmezufuhr sind, wie für jeden anderen Wärmeübergang, endliche, wenn auch noch so kleine Temperaturgefälle erforderlich. Das ist der Grund, weswegen beim dynamischen Verdampfungsvorgang die Temperaturen des Wassers und des Dampfes nicht mehr gleich sein können. Die Erscheinungen beim Verdampfungsvorgang sind somit verwickelter als im statischen Sättigungszustand[73].

Die Verdampfung des Wassers oder einer anderen Flüssigkeit erfolgt immer an der Phasengrenzfläche zwischen Flüssigkeit und Dampf. Die Phasengrenzfläche tritt gewöhnlich in Form von Blasen auf. Die Beobachtung des Siedevorgangs in einem offenen Glasgefäß zeigt uns, daß die Dampfblasen an einigen bevorzugten Stellen der Heizfläche entstehen, die wir als Keimstellen der Blasenbildung bezeichnen wollen. Nachdem die Bläschen die Größenordnung von etwa 1 mm erreicht haben, lösen sie sich von der Heizfläche ab und steigen zur Wasseroberfläche hoch (Bild 1.57). Beim Hochsteigen im Wasser wachsen die Dampfblasen auf das Vielfache ihres Abreißvolumens an, indem der Verdampfungsvorgang an der inneren Blasenoberfläche fortgesetzt wird. Die weitaus größte Dampfmenge entsteht nicht während des Haftens der kleinen Dampfblasen an der Heizfläche, sondern gerade während des Durchwanderns der Dampfblasen durch die Flüssigkeitssäule. Die

---

[72] DREW UND MUELLER (1937) Trans Amer Inst Chem Eng 33:449. Zusammenfassende Darstellung über Verdampfen und Kondensieren von W. FRITZ (1943) Z VDI Beiheft Verfahrenstechnik 1.

[73] BOŠNJAKOVIĆ F (1930) Forsch Ing Wes (Techn Mech Thermod)1:358 — JAKOB M U. FRITZ W (1932) Z d VDI 76:1161 — DREW U. MUELLER (1937) Trans Amer Inst Chem Eng 33:449. — FRITZ W (1936) Grundlagen der Wärmeübertragung beim Verdampfen von Flüssigkeiten. Chemie-Ingenieur-Technik 35:753.

136   1 Einführung in die Lehre von der Wärme- und Stoffübertragung

Größe der Dampfblase im Augenblick des Abreißens von der Heizfläche hängt einerseits von den Oberflächenspannungen zwischen Flüssigkeit, Dampf und Heizfläche ab, die die Benetzbarkeit bedingen, und andererseits vom Auftrieb der Blase in der Flüssigkeit, der wiederum von der Dichte des Dampfes und der Flüssigkeit und vom Blasenvolumen abhängt.

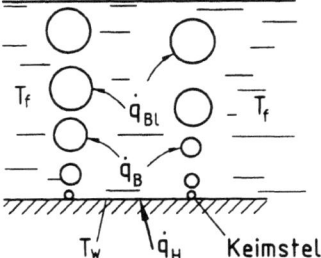

Bild 1.57: Hochsteigen und Wachsen von Dampfblasen an einer Heizfläche

Die Benetzbarkeit einer Fläche ist durch die Eigenschaften der betrachteten Flüssigkeit, aber auch in hohem Maße von den Oberflächeneigenschaften der Wand bestimmt, wobei auch geringfügige Verunreinigungen eine große Rolle spielen können. So zum Beispiel benetzt das Wasser eine saubere Oberfläche ganz anders, als wenn diese Oberfläche durch Spuren von Öl verunreinigt, z.B. fettig ist.

Nach Abreißen der Blasen von der Heizfläche entstehen an derselben Stelle immer wieder neue Blasen. Die Blasenentstehungsfrequenz hängt ab von der Heizflächenbelastung und vom eben erwähnten Abreißvolumen, dessen Größe von den Oberflächenspannungen und vom Auftrieb abhängt.

Die spontane Blasenentstehung an irgend einer Stelle der Flüssigkeitssäule fern von der Wandung ist durch die Wirkung, welche die Oberflächenspannung auf den Innendruck der kleinsten Blasen ausübt, sehr erschwert. Liegt an der betrachteten Stelle in der Flüssigkeit der Flüssigkeitsdruck p vor, so muß im Kräftegleichgewicht im Dampfraum der Blase ein höherer Druck $p + \Delta p_\sigma$ herrschen, weil durch die Oberflächenspannung σ die Wasserhaut um die Blase wie eine pralle Hülle wirkt, die durch den Überdruck Δp_σ im Innern aufgeblasen bleibt. Bei kleinen Blasen ist die Kugelform genügend genau gewahrt. Die Oberflächenspannung sucht die Blase zu verkleinern, indem sie entlang eines jeden Großkreises angreift und senkrecht zu diesem Kreis mit einer Kraft σ je Längeneinheit des Kreises wirkt. Diese Kraft hat somit die Dimension einer auf die Längeneinheit bezogenen Kraft σ in N/m. Nach Bild 1.58 muß dann im statischen Kräftegleichgewicht die am Umfang des horizontalen Großkreises wirkende Zugkraft $2R\pi\sigma$ gerade aufgewogen werden durch den auf den Kreisquerschnitt wirkenden inneren Überdruck $R^2\pi\Delta p_\sigma$. Daraus folgt

$$\Delta p_\sigma = \frac{2\sigma}{R} \ . \tag{1.544}$$

Während ihres Wachstums werden also in der Blase verschiedene Überdrücke Δp_σ des Dampfes gegenüber dem Druck der umgebenden Flüssigkeit durchlaufen. Insbesondere in der Entstehungsphase der Blase, wenn der Radius noch molekulare Abmessungen haben müßte, $R \approx 0$, wären außerordentlich hohe Überdrücke in der

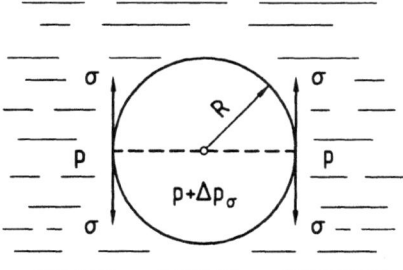

Bild 1.58: Oberflächenspannung und Überdruck in einer Dampfblase

Blase erforderlich, um die Oberflächenspannung zu überwinden und die Blase zum Wachsen zu veranlassen.

Nun zeigt aber die Beobachtung, daß auch beim dynamischen Verdampfungsvorgang der gebildete Dampf genau die Temperatur der Sättigung besitzt, die dem herrschenden Siededruck entspricht. Somit wird sowohl der Dampf in der Blase als auch die flüssige Blasenoberfläche die Sättigungstemperatur aufweisen, die dem Dampfdruck in der Blase entspricht. Im Augenblick der Blasenentstehung in der Flüssigkeit wäre theoretisch ein außerordentlich hoher Dampfdruck erforderlich, wozu an der betreffenden Stelle die Flüssigkeit entsprechend hoch überhitzt werden müßte, um den erforderlichen Dampfdruck erzeugen zu können. Wenn es in der Flüssigkeit Stellen gibt, wo die Bedingung eines endlich großen Krümmungsradius R erfüllt ist, noch bevor die Blasen gebildet werden, ist zu erwarten, daß sich die ersten Blasen bevorzugt an solchen Stellen bilden werden. In der Tat beobachtet man die Blasenentstehung immer an der festen Heizfläche, wo durch die mikroskopische Rauhigkeit und Zerklüftung der Oberfläche die Bedingung der endlich großen Anfangskrümmung erfüllt ist. Mit zunehmendem Durchmesser der wachsenden Blase nimmt der durch Oberflächenspannung bedingte Dampfüberdruck im Innern der Blase sehr schnell ab und verschwindet praktisch bereits bei Blasendurchmessern von Bruchteilen von Millimetern.

Nun ist aber die Kugelform nicht die einzig mögliche Anfangsform eines Dampfkeimes. Auch an ganz glatten Heizflächen kann es katalytisch bevorzugte Stellen geben, die den angrenzenden Flüssigkeitsteilchen genügend Anregungsenergie vermitteln, um sie örtlich in den Dampfzustand zu versetzen. Wenn ein solcher Dampfkeim nicht kugelförmig ist, sondern als ein uhrglasförmiges, winziges und dünnes Dampfkissen von nur wenigen Moleküllagen Dicke an der glatten Heizfläche anliegt, so weist er schon bei seiner Entstehung eine endlich große Krümmung in der Phasengrenzfläche auf. Zur Dampfbildung ist kein unendlich großer innerer Überdruck nach Gl. (1.544) erforderlich, weswegen hier auch nur eine mäßig hohe Überhitzung der Heizfläche ausreicht. Einmal gebildet, breitet er sich rasch aus und ballt sich zuletzt infolge Oberflächenspannung zu einer winzigen kugelförmigen Blase zusammen. Dazu muß aber die Dampfmenge bereits so stark angewachsen sein, daß sie bei der vorliegenden Flüssigkeitsüberhitzung eine stabile Blasengröße liefert. Andernfalls würde die große Oberflächenspannung den bereits gebildeten Dampf zusammendrücken und ihn wieder zurück in Flüssigkeit verwandeln.

Danach stellt die Rauhigkeit einer Heizfläche keine notwendige Bedingung für die Dampfblasenbildung dar. Das deckt sich auch mit der Beobachtung, daß sich

Dampfblasen auch an der vollkommen glatten und unzerklüfteten Quecksilberoberfläche bei mäßiger Überhitzung derselben bilden können, falls das Quecksilber mit einer siedenden Flüssigkeit bedeckt ist. Eine vorhandene Wandrauhigkeit kann jedoch durch ihre mikroskopischen Unebenheiten die Dampfbildung unterstützen, sei es durch die endlichen Krümmungsradien, sei es durch die erhöhte katalytische Wirkung an den scharfen Kanten.

Aber auch bei vorhandener Rauhigkeit an der Heizfläche sind die anfänglichen Krümmungsradien so gering, daß wesentliche Überhitzungen der Flüssigkeit über die Sättigungstemperatur erforderlich sind, um die Blasenerzeugung und somit den Siedevorgang zu gewährleisten. Beim stationären Siedevorgang in einem Gefäß mit beheizter Bodenplatte findet man eine Temperaturverteilung in der Flüssigkeitssäule etwa wie in Bild 1.59 dargestellt. Eingetragen ist der Verlauf der Sättigungstemperatur T_s, die sich entsprechend dem örtlich herrschenden Druck einstellen müßte. Im Dampfraum oberhalb der Wasseroberfläche deckt sich die Dampftemperatur mit der Sättigungstemperatur T_s. Der Druck in der Flüssigkeitssäule nimmt nach unten zu, so daß auch die örtliche Siedetemperatur mit der Tiefe etwas zunehmen muß.

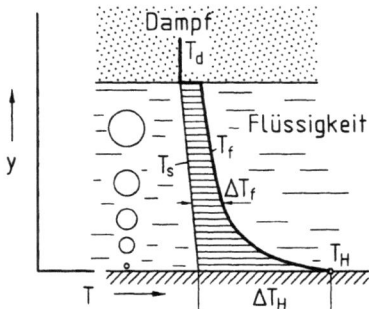

Bild 1.59: Temperaturverteilung in der Flüssigkeit beim Siedevorgang

Die Flüssigkeit hat aber beim dynamischen Siedevorgang eine Temperatur T_f, die höher ist als die Siedetemperatur T_s, so daß die Flüssigkeit um den Betrag $(T_f - T_s)$ über die Siedetemperatur erhitzt ist. Bei mäßiger Verdampfungsgeschwindigkeit von Wasser bei Umgebungsdruck beträgt diese Flüssigkeitsüberhitzung etwa 0,3 bis 0,5 K. In der Flüssigkeitsgrenzschicht dicht an der Heizfläche ist die Überhitzung wesentlich größer und erreicht auch bei mäßigem Verdampfungsvorgang Werte von 5 bis 10 K.

1.6.5 Aufgaben der Heizfläche

Die Heizfläche erfüllt zwei völlig verschiedene Aufgaben, einmal als Stätte für die Keimung von Dampfblasen, die nur hier entstehen, um als noch winzigere Bläschen von der Heizplatte abzureißen und beim Hochsteigen in die Flüssigkeitssäule zu wachsen; zum anderen dient die Heizfläche dazu, Wärme an die Flüssigkeitsgrenzschicht abzugeben, von der sie dann durch Leitung und Konvektion in die darüberliegende Flüssigkeitssäule weiterbefördert wird. Bei jeder Blasenverdampfung wird somit der weitaus überwiegende Teil des Wärmestromes zunächst an die Flüssigkeit abgegeben, um erst später an der Blasenoberfläche irgendwo in der Flüssigkeitssäule für die Verdampfung zur Verfügung zu stehen. An der Heizfläche selbst wird nur ein verschwindender Bruchteil des Wärmestromes unmittelbar als Verdampfungswärme umgesetzt, und zwar nur an den Stellen der keimenden Blasen. Nahezu der ganze Dampf entsteht an der Oberfläche der zahlreichen aufsteigenden Blasen und nicht an der Heizfläche. Trotz der Volumenzunahme der Blase kann man den Verdampfungsvorgang als quasi stationär betrachten, wenn man bedenkt, daß die Verdampfungswärme der verdampfenden Blasenoberfläche durch eine dünne Temperaturgrenzschicht aus der umgebenden überhitzten Flüssigkeit zugeleitet werden muß. Setzt man in erster Näherung an, daß die Temperatur linear durch die Grenzschicht δ_T der Blase abnimmt, s. Bild 1.60 und 1.61,

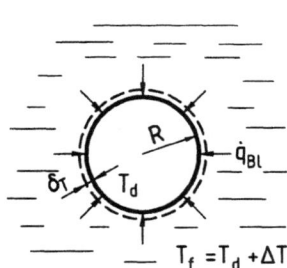

Bild 1.60: Wärmezufuhr zur verdampfenden Blasenoberfläche

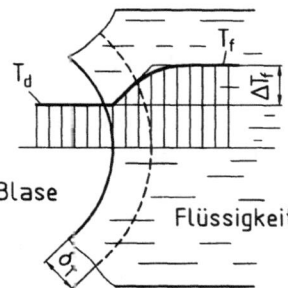

Bild 1.61: Temperaturgrenzschicht der Flüssigkeit an der verdampfenden Blasenoberfläche

so wird der Blase in der kurzen Zeit $\mathrm{d}t$ die Wärme $\mathrm{d}Q_{Bl}$ zugeführt, wobei der Blasenradius um $\mathrm{d}R$ zunimmt, um die neu gebildete Dampfmenge aufnehmen zu können

$$\mathrm{d}Q_{\mathrm{Bl}} = 4\pi R^2 \dot{q}_{\mathrm{Bl}} \mathrm{d}t = 4\pi R^2 \frac{\lambda}{\delta_T} \Delta T_f \mathrm{d}t = 4\pi R^2 r \varrho_d \mathrm{d}R \quad . \tag{1.545}$$

Hier stellt der vorletzte Ausdruck die durch die Temperaturgrenzschicht der Blasenoberfläche durch Wärmeleitung zugeführte Wärme dar, während der letzte Ausdruck die zur Dampferzeugung benötigte Verdampfungswärme ist. Daraus folgt zum Beispiel

$$\frac{\mathrm{d}R}{\mathrm{d}t} = \frac{\lambda}{\delta_T} \frac{\Delta T_f}{r \varrho_d} \tag{1.546}$$

oder mit Einführung der Steiggeschwindigkeit der Blase

$$w = \frac{\mathrm{d}y}{\mathrm{d}t} \tag{1.547}$$

die Beziehung

$$\alpha_{\mathrm{Bl}} = \frac{\lambda}{\delta_T} = r\varrho_d \frac{w}{\Delta T_f} \frac{\mathrm{d}R}{\mathrm{d}y} \quad . \tag{1.548}$$

140   1 Einführung in die Lehre von der Wärme- und Stoffübertragung

Hier ist ϱ_d die Dampfdichte, r die Verdampfungswärme, y die Höhenlage der Blase und α_{Bl} der Wärmeübergangskoeffizient, mit der die Wärme aus der überhitzten Flüssigkeit an die Blasenoberfläche gebracht wird. Dieser Wärmeübergangskoeffizient ist wohl zu unterscheiden von demjenigen α_H, der zwischen Heizfläche und der siedenden Flüssigkeit herrscht. Aus Beobachtung der Steiggeschwindigkeit w der Blasen, dem Wachstum dR/dy der Blase mit der Höhe sowie der Flüssigkeitsüberhitzung ΔT_f und bei Kenntnis der Stoffeigenschaften ϱ_d und r des Dampfes sowie der Wärmeleitfähigkeit λ der Flüssigkeit kann man den Wärmeübergangskoeffizienten an der Blase α_{Bl}, bzw. die Dicke der Temperaturgrenzschicht δ_T ermitteln. Für Wasser wurden durch Versuche von JAKOB und FRITZ bei Umgebungsdruck Durchschnittswerte von etwa $\alpha_{Bl} \approx 20$ kW/(m² K) ermittelt, was einer Temperaturgrenzschicht der Wasserhaut um die Blase von etwa $\delta_T \approx 0{,}05$ mm entspricht.

1.6.6   Bläschenverdampfung und Filmverdampfung

Der Wärmetransport bei der Verdampfung ist nicht einfach zu beschreiben. Wärme wird zunächst von der Heizfläche an die anliegende Flüssigkeitsgrenzschicht abgegeben und von dieser durch Leitung und Konvektion in die wandferne, etwas überhitzte Flüssigkeit weitergeleitet. In dieser kann der eigentliche Verdampfungsvorgang nur dann stattfinden, wenn und soweit Verdampfungsflächen in Form von Blasen oder sonstwie angeboten werden. Dies hängt aber von der Anzahl und Ergiebigkeit der Keimstellen an der Heizfläche ab. Wird die Heizflächenbelastung gesteigert, so nimmt die Temperatur der Heizfläche und der anliegenden Flüssigkeitsgrenzschicht zu. Die Frequenz der Blasenbildung an den vorhandenen Keimstellen erhöht sich und zugleich werden neue Keimstellen erschlossen, die erst bei dieser erhöhten Heizflächentemperatur aktiv geworden sind. Die größere Zahl der Blasensäulen sowie die höhere Blasenfrequenz unterstützen den Rührvorgang und die damit verknüpfte konvektive Wärmeübertragung in der Flüssigkeit.
Die Vorgänge sind offenbar so verwickelt, daß es bis heute noch keine vollständige, in sich geschlossene Theorie hierzu gibt, wohl aber Modellvorstellungen über einzelne Teilprozesse, die nur z.T. gut mit Meßwerten übereinstimmen[74]. Nicht zuletzt wegen dieser Unsicherheiten werden die Richtwerte für die Verdampfungsleistung nicht etwa auf die gewöhnlich unbekannte eigentliche Verdampfungsoberfläche der Dampfblasen bezogen, sondern auf die meist bekannte Größe der Heizfläche, wo zwar praktisch keine Verdampfung stattfindet, aber wo der zur Verdampfung benötigte Wärmestrom hindurchtreten muß. Man spricht von der spezifischen Heizflächenbelastung $\dot{q}_H$ in W/m² und von einem Wärmeübergangskoeffizienten α_H, die sich immer auf 1 m² Heizfläche und auf die Übergangstemperatur ΔT_H der Heizoberfläche gegenüber der Sättigungstemperatur T_s der Flüssigkeit bei dem betreffenden Druck beziehen. JAKOB und LINKE[75] haben bereits auf den großen Einfluß der Heizflächenübertemperatur beim Verdampfungsvorgang hingewiesen. Für den Siedevorgang von Wasser über einer waagerechten Heizfläche sind

---
[74]STEPHAN K (1988) Wärmeübergang beim Kondensieren und beim Sieden. Springer-Verlag
BAEHR H D UND STEPHAN K (1996) Wärme- und Stoffübertragung, 2. Aufl., Springer-Verlag
[75]JAKOB M UND LINKE W (1933) Der Wärmeübergang von einer waagerechten Platte an siedendes Wasser. Forsch Ing Wes 4:75-81

1.6 Wärmeübergang bei Änderung des Aggregatzustandes

die Wärmeübergangskoeffizienten α_H in Abhängigkeit von der Heizflächenübertemperatur ΔT_H in Bild 1.62 in logarithmischen Koordinaten aufgetragen.

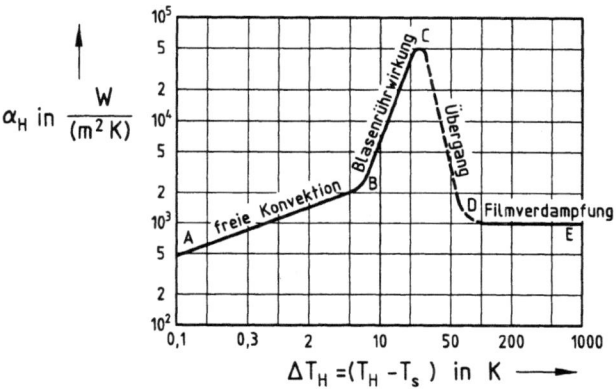

Bild 1.62: Wärmeübergangskoeffizient a_H und Heizflächenüberhitzung beim Behältersieden von Wasser

Die darin vorkommenden Abschnitte des gebrochenen Linienzuges entsprechen verschiedenen Mechanismen der Wärmeübertragung beim Verdampfungsvorgang. Bei Heizflächenübertemperaturen bis zu 6 Grad, was dem linken flachen Ast AB entspricht, zeigt die Beobachtung, daß keine oder nur wenige Dampfblasen entstehen und die Verdampfung vorwiegend vom freien Flüssigkeitsspiegel in den darüberliegenden Dampfraum erfolgt. Der Wärmetransport zwischen Heizfläche und Flüssigkeitsspiegel findet überwiegend durch die freie Konvektion der Flüssigkeit statt. Bei Steigerung der Heizflächenbelastung nimmt die Übertemperatur der Heizfläche und damit die Blasenbildung zu, was sich in einer erzwungenen Umrührung der siedenden Flüssigkeit auswirkt. Das Ergebnis ist eine Zunahme des Wärmeübergangskoeffizienten entlang des viel steileren Kurvenzweiges BC. Bald wird die Blasenerzeugung aber so reichlich, daß die Blasen infolge der beschränkten Steiggeschwindigkeit in der Flüssigkeit allmählich die ganze Heizfläche überdecken und sich der Übergang von der Blasenverdampfung zur Filmverdampfung vollzieht, Zweig CD. Infolge des durch den Dampffilm unterbundenen Kontaktes zwischen der Flüssigkeit und der Heizfläche verschlechtert sich der Wärmeübergang ganz wesentlich, und der Wärmeübergangskoeffizient nimmt um eine Größenordnung ab. Im Bereich der Heizflächenübertemperaturen entlang des Kurvenzweiges DE hat sich der Dampffilm voll ausgebildet und stellt ein mehr oder weniger geschlossenes Kissen zwischen Flüssigkeit und Heizfläche dar, welches wegen der schlechten Wärmeleitfähigkeit des Dampfes wärmeisolierend wirkt. Diese Erscheinung ist auch die Ursache für das bereits im 18. Jahrhundert entdeckte LEIDENFROSTsche Phänomen[76].
Das Dampfkissen ist unstabil, und es lösen sich dauernd große Dampfblasen ganz unregelmäßiger Form ab, die in der Flüssigkeit hochsteigen. Die Verdampfung fin-

---
[76] JOHANN GOTTLOB LEIDENFROST (1715-1794) beschrieb 1756 erstmals das nach ihm benannte Phänomen, daß Wasser, auf eine glühende Platte gebracht, Tropfen bildet, die nur langsam verdampfen, weil eine isolierende Dampfschicht zwischen Platte und Tropfen die Wärmeübertragung erschwert.

det hauptsächlich an der unteren, der Heizfläche zugekehrten und sich in Wallung befindlichen Wasserunterfläche statt. Die Verdampfungswärme muß von der Heizfläche durch den schlecht leitenden Dampffilm herangeführt werden, was große Überhitzung der Heizfläche bedingt. Wegen der großen Temperaturunterschiede gewinnt hier der Wärmetransport durch Wärmestrahlung von der Heizfläche an die verdampfende Wasserunterfläche an Bedeutung.

1.6.7 Ausbrennbelastung

Das eben besprochene Auftreten eines scharfen Maximums des Wärmeübergangskoeffizienten (man beachte, daß es sich hier um logarithmische Darstellung handelt und die lineare Auftragung viel krassere Unterschiede zeigen würde!) ist in der Technik bei hochbelasteten Heizflächen von Bedeutung, die nahe der für das Material höchst zulässigen Temperatur betrieben werden. Zum besseren Verständnis ist in Bild 1.63 die Heizflächenbelastung $\dot{q}_H$ in Abhängigkeit von der Heizflächenübertemperatur $\Delta T_H = T_H - T_s$ aufgetragen. Man erkennt bei der Heizflächenbelastung dieselben charakteristischen Kurvenzweige, wie wir sie bereits beim Wärmeübergangskoeffizienten α_H gesehen haben. Auch hier verläuft der Kurvenzweig CD abfallend, so daß in diesem Bereich außer α_H auch $\dot{q}_H$ mit zunehmendem ΔT_H abnimmt. Der Verdampfungsvorgang wird dann unstabil, wie im folgenden kurz erläutert wird.

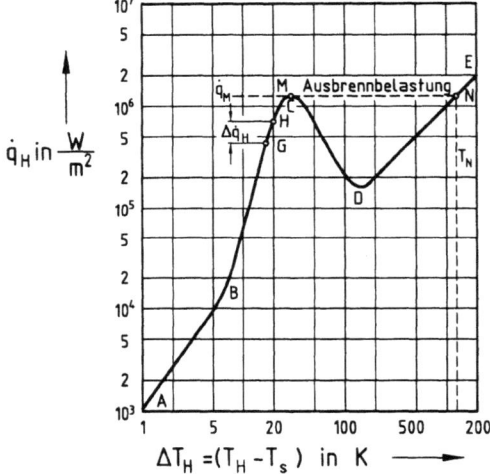

Bild 1.63: Ausbrennbelastung bedingt durch Einsetzen der Filmverdampfung

Der normale Betriebszustand der hochbelasteten Heizfläche liegt bei den Betriebspunkten G und H. Die Belastungsspanne $\Delta \dot{q}_H$ bezeichnet die unvermeidlichen Belastungsschwankungen. Werden die Schwankungen größer, so daß der Punkt H über den Punkt M hinausschießt, so sieht man, daß die Überschreitung einer Heizflächenbelastung $\dot{q}_M$ des Betriebszustandes M nur durch Überspringen in den Betriebspunkt N des Kurvenzweiges DE erfüllt werden kann. Die Heizflächentemperatur erhöht sich sprunghaft auf T_N, in der Abbildung um viele hundert Grade, wo-

1.6 Wärmeübergang bei Änderung des Aggregatzustandes 143

durch die Heizfläche oder andere wesentliche Teile „durchbrennen" können. Der Zustand M entspricht somit dem Ausbrennpunkt des Betriebes.

1.6.8 Siedekondensation

Bei den bisherigen Betrachtungen haben wir stillschweigend angenommen, daß der Siedevorgang in einem Behälter stattfindet (Behältersieden). Bei technischen Ausführungen erfolgt demgegenüber der Siedevorgang oft in steilen Rohren, wobei die Rohrwand selbst als Fläche dient. Die Blasen erzwingen einen mehr oder weniger lebhaften Wasserumlauf durch das Rohr. Das wirft zusätzliche strömungstechnische und sonstige Fragen auf, die den Rahmen dieser Betrachtung sprengen würden. Die andere Annahme betraf die Temperaturverteilung, wonach in Bild 1.59 die Flüssigkeit zwar keine gleichmäßige, jedoch überall eine höhere Temperatur hatte als die entsprechende Sättigungstemperatur. Das ist aber durchaus nicht immer der Fall. In Bild 1.64 ist z.B. die Heizfläche wesentlich heißer, die wandferne Flüssigkeit wesentlich kälter als die zugehörige Sättigungstemperatur.

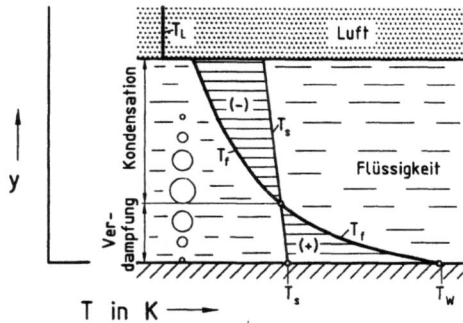

Bild 1.64: Temperaturverlauf in der Nähe der Heizfläche bei Siedekondensation (schematisch)

Die Flüssigkeitsüberhitzung $\Delta T_f = (T_f - T_s)$ ist in den wandnahen Schichten positiv, in den wandfernen Schichten negativ. Das hat zur Folge, daß Dampfblasen, die an der Heizfläche entstehen, beim Vordringen in das kältere Flüssigkeitsinnere nur so lange weiter wachsen, solange sie sich im Gebiet der positiven Flüssigkeitsüberhitzung $\Delta T_f > 0$ bewegen. Beim Eintreten in die kälteren Flüssigkeitsschichten setzt eine Rückkondensation der Dampfblasen ein, die um so lebhafter ist, je tiefer die Unterkühlung der Flüssigkeit gegenüber der Sättigungstemperatur ist. Die Blasen stürzen hier regelrecht ein. Nach einer neueren Beobachtung soll das starke Siedegeräusch angeblich nicht durch einstürzende, sondern vielmehr durch explosionsartig entstehende Bläschen hervorgerufen werden. Kaum daß der Dampf an der Heizfläche erzeugt wurde, wird er schon wieder in den kälteren Flüssigkeitsschichten verflüssigt, weswegen man den Vorgang als „rückläufige Verdampfung" oder „Siedekondensation" bezeichnen könnte[77]. Die Siedekondensation ist für besonders hohe Heizflächenbelastungen geeignet, und zwar aus folgenden Gründen:
Infolge der niedrigen Flüssigkeitstemperatur sind steilere Temperaturgradienten an der Heizfläche zu erwarten, als wenn die wandferne Flüssigkeit bereits auf Siedetem-

---

[77] Im angelsächsischen Schrifttum wird diese Art des Siedens "Subcooled boiling" genannt.

peratur oder darüber erhitzt wäre. Die auf die Verdampfung unmittelbar folgende Kondensation erschwert die Ausbildung eines Dampffilmes, und man kann die Heizflächentemperatur sehr viel höher treiben, ohne daß Filmverdampfung eintritt. Beides bedeutet aber, daß der Punkt M in Bild 1.63 viel weiter nach rechts oben rückt, wodurch bei noch erträglichen Heizflächentemperaturen sehr hohe Heizflächenbelastungen erreicht werden können. Ein weiterer, den Wärmeübergang stark fördernder Vorgang dürfte das Einstürzen der Blasen in der Flüssigkeit sein. Wenn der Vorzeichenwechsel der Flüssigkeitsüberhitzung aus Bild 1.64 in einer Entfernung von der Heizfläche liegt, die kleiner ist als der Durchmesser der Blasen bei deren Abreißen, so ist zu erwarten, daß die Blasen schon einstürzen, noch bevor sie die Heizfläche verlassen haben. Im Sturz durch die Blase prallt die kalte wandferne Flüssigkeit unmittelbar auf die heiße Heizfläche, was den Wärmeübergang außerordentlich fördern muß. Durch solche schwingende Bewegung wird die wandnahe Grenzschicht laufend aufgerissen, was an der Heizfläche Wärmeübergangsverhältnisse schaffen kann, die jenen einer völlig unausgebildeten Temperaturgrenzschicht ähnlich sind.

Siedekondensation wird unter anderem auch zur wirkungsvollen Kühlung der hochbelasteten Brennkammern von Raketen verwertet. Diese werden mit Kühlrohren ummantelt, die vom kalten flüssigen Treibmittel durchströmt werden, welches wiederum einer Siedekondensation ausgesetzt wird. Auf diese Weise ist man in der Lage, Heizflächenbelastungen von etlichen 10^7 W/m^2 abzufangen. Noch höhere Heizflächenbelastungen bei der Siedekondensation wurden von W. SPRINGE[78] in einem wassergekühlten Kupferröhrchen gemessen, welches außen von einem Lichtbogen beheizt wurde. Im stationären Zustand wurden dabei Werte von $1,6 \cdot 10^8$ W/m^2 erreicht. Bei Versuchen, bei denen allerdings das Röhrchen durchbrannte, konnten kurzfristig Heizflächenbelastungen erreicht werden, die auf das Mehrfache des genannten Betrages geschätzt wurden.

Im schwerelosen Raum mit $g \approx 0$ findet nach Versuchen von SIEGEL UND USISKIN[79] kein Bläschensieden statt. Es bilden sich vielmehr große, ruhende Dampfkissen an der Heizfläche, die nur durch besondere Maßnahmen entfernt werden können, um frische Flüssigkeit zur Heizfläche zu bringen. Aber bereits ganz schwache Schwerefelder von weniger als 0,1 g sollen wieder regelrechte Bläschenverdampfung hervorrufen.

---

[78] SPRINGE W (1960), Wärmeübergang an ein gekühltes Rohr im Lichtbogenplasma, Dissertation T.H. Braunschweig
[79] SIEGEL R UND USISKIN C M (1959) Photographic Study of Boiling in Absence of Gravity. J Heat Transfer 81:3

2 Technische Wärmeübertrager

2.1 Wärmedurchgang

Zur Berechnung verschiedener technischer Aufgaben benutzt man oft den Wärmedurchgangskoeffizienten k. Dieser umfaßt mehrere, nacheinander liegende Wärmewiderstände, so z.B. bei einer Wand den Wärmeübergang vom wärmeabgebenden Fluid an die eine Seite der Wand, die Wärmeleitung in der Wand selbst und den Wärmeübergang auf der anderen Seite. Im Beharrungszustand ist der Wärmestrom

$$\dot{Q} = k(T_1 - T_2)\, A \;, \tag{2.1}$$

worin k in $W/(m^2 K)$ den Wärmedurchgangskoeffizienten, $(T_1 - T_2)$ den gesamten Temperaturunterschied zwischen den Fluiden vor und hinter der Wand und A die Fläche des Wärmedurchgangs bedeuten. Auf diese Weise muß man die oft uninteressanten Zwischentemperaturen, die aber trotzdem im Bedarfsfalle leicht ermittelt werden können. Nach Gl. (1.6) war bei Einführung des Wärmewiderstandes

$$\dot{Q} = (T_1 - T_2)\, \frac{1}{W} \;, \tag{2.2}$$

woraus

$$k = \frac{1}{A\, W} \tag{2.3}$$

folgt. Für hintereinandergeschaltete Widerstände erhält man entsprechend der Gl. (1.23) unter der Berücksichtigung, daß noch Widerstände des konvektiven Wärmeüberganges vorkommen, bei einer aus mehreren Schichten der Dicke $\delta_a, \delta_b, \ldots$ bestehenden ebenen Wand, Bild 2.1

$$W = \frac{1}{A}\left\{\frac{1}{\alpha_1} + \frac{\delta_a}{\lambda_a} + \frac{\delta_b}{\lambda_b} + \ldots + \frac{1}{\alpha_2}\right\} \;. \tag{2.4}$$

Damit wird der Wärmedurchgangskoeffizient

$$k = \frac{1}{\frac{1}{\alpha_1} + \frac{\delta_a}{\lambda_a} + \frac{\delta_b}{\lambda_b} + \ldots + \frac{1}{\alpha_2}} \quad \text{in} \quad W/(m^2\, K) \tag{2.5}$$

oder

$$\frac{1}{k} = \frac{1}{\alpha_1} + \frac{\delta_a}{\lambda_a} + \frac{\delta_b}{\lambda_b} + \ldots + \frac{1}{\alpha_2} \quad \text{in} \quad \frac{m^2\, K}{W} \;. \tag{2.6}$$

146 2 Technische Wärmeübertrager

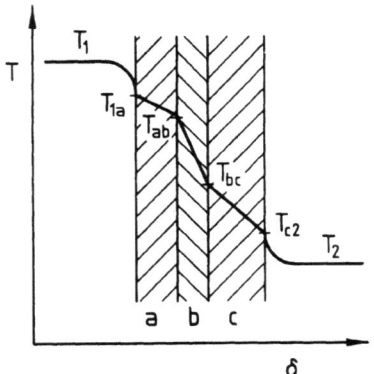

Bild 2.1: Temperaturverlauf in einer geschichteten Wand

Hier ist $1/k$ der spezifische Gesamtwärmewiderstand der Wand, einschließlich der Wärmeübergangswiderstände, s. auch Gl. (1.25).

Man sieht, daß für k und somit zur Berechnung von $\dot{Q}$ die Kenntnis der Zwischentemperaturen gar nicht erforderlich ist. Allerdings muß man die äußeren Temperaturen T_1 und T_2, sowie die Wärmeübergangskoeffizienten α_1 und α_2 und die Zusammensetzung der Wand kennen.

Der Gesamtwiderstand $1/k$ setzt sich aus einzelnen Gliedern zusammen, die sehr verschieden groß sein können. Wenn man den Gesamtwiderstand merklich verringern will, muß man den größten unter den Teilwiderständen zu verkleinern trachten. So liegt z.B. bei Luftkühlern der größte Widerstand im Wärmeübergang zwischen Luft und Wand, so daß die Wahl des Wandmaterials nur von untergeordneter Bedeutung für den Gesamtwiderstand ist.

Beim Beheizen von Wasser in Dampferzeugern ist der weitaus größte Wärmewiderstand auf der Seite der Verbrennungsgase und nicht auf der Wasserseite zu finden. Bei Maßnahmen zur Verbesserung des Wärmedurchgangs werden nur solche zum Erfolg führen, mit denen der gasseitige Wärmeübergang verbessert wird. Eine weitere Verbesserung des sowieso guten wasserseitigen Wärmeübergangs bleibt für den Gesamtübergang nahezu wirkungslos.

Um die Wandtemperaturen $T_{1a}, T_{ab}, T_{bc} \ldots T_{c2}$, Bild 2.1, zu ermitteln, überlege man, daß im Beharrungszustand durch alle Schichten derselbe Wärmestrom fließen muß.

Je m² Übertragerfläche ist der Wärmestrom

$$\dot{q} = \frac{\dot{Q}}{A} = k(T_1 - T_2) = \alpha_1(T_1 - T_{1a})$$
$$= \frac{\lambda_a}{\delta_a}(T_{1a} - T_{ab}) = \frac{\lambda_b}{\delta_b}(T_{ab} - T_{bc}) = \ldots = \alpha_2(T_{c2} - T_2) \ . \tag{2.7}$$

Das sind so viel Gleichungen wie es unbekannte Zwischentemperaturen gibt, so daß man diese ermitteln kann. Die Zwischentemperaturen kann man auch rein zeichnerisch bestimmen, indem man die letzte Gleichung durch Dividieren mit k

etwas umgeformt in

$$T_1 - T_2 = \frac{T_1 - T_{1a}}{\frac{k}{\alpha_1}} = \frac{T_{1a} - T_{ab}}{\frac{k\delta_a}{\lambda_a}} = \frac{T_{ab} - T_{cb}}{\frac{k\delta_b}{\lambda_b}} = \ldots = \frac{T_{c2} - T_2}{\frac{k}{\alpha_2}} \ . \tag{2.8}$$

Man trägt in ein Diagramm, Bild 2.2, als Abszissen der Reihe nach die Nenner der obigen Gleichungen und als Ordinaten die Temperaturen T_1 und T_2 ein und liest an der Verbindungsgeraden der Punkte 1 und 2 sofort die entsprechenden Temperaturen ab. Zur Kontrolle: Die Summe der Nenner ist gleich 1.

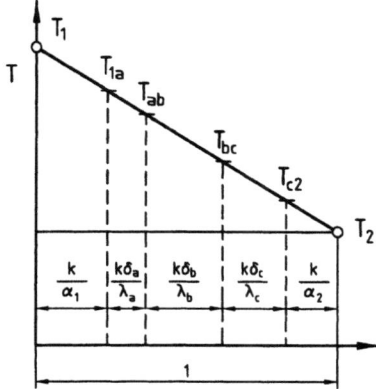

Bild 2.2: Ermittlung der Oberflächentemperaturen der Schichten in Bild 2.1

2.2 Wärmedurchgang durch eine Rohrwand

Der Wärmedurchgang durch eine Rohrwand setzt sich zusammen aus dem Wärmeübergang an die kleinere innere Zylinderfläche vom Radius r_1, Bild 2.3, aus der Wärmeleitung durch die Rohrwand und aus dem Wärmeübergang an der größeren äußeren Zylinderfläche vom Radius r_2. Die Fluidtemperaturen innen und außen seien T_1 und T_2, die Wandoberflächentemperaturen T_{W1} und T_{W2}.

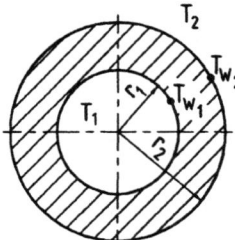

Bild 2.3: Rohrwand

Dann ist der im Beharrungszustand von innen nach außen gehende, auf die Rohrlänge L bezogene Wärmestrom, siehe auch Gl. (1.31)

$$\frac{\dot{Q}}{L} = 2r_1\pi\alpha_1(T_1 - T_{W1}) = \frac{2\pi\lambda}{\ln\frac{r_2}{r_1}}(T_{W1} - T_{W2}) = 2r_2\pi\alpha_2(T_{W2} - T_2) \ . \qquad (2.9)$$

Man kann aus diesen Gleichungen die Wandtemperaturen eliminieren und erhält

$$\frac{\dot{Q}}{L} = \frac{2\pi}{\frac{1}{r_1\alpha_1} + \frac{1}{r_2\alpha_2} + \frac{1}{\lambda}\ln\frac{r_2}{r_1}}(T_1 - T_2) \quad \text{in} \quad \text{W/m} \ . \qquad (2.10)$$

Bei technischen Wärmeübertragern hat man es oft mit verhältnismäßig dünnwandigen Metallrohren ($r_2/r_1 \approx 1$) guter Wärmeleitfähigkeit zu tun. Hier kann man das Glied $\lambda^{-1}\ln(r_2/r_1)$ im Nenner vernachlässigen. Die letzte Gleichung läßt sich dann vereinfachen und in der Form schreiben

$$\frac{\dot{Q}}{L} \approx \frac{2r_1\pi\alpha_1}{1 + \frac{r_1\alpha_1}{r_2\alpha_2}}(T_1 - T_2) \qquad (2.11)$$

oder

$$\frac{\dot{Q}}{L} \approx \frac{2r_2\pi\alpha_2}{1 + \frac{r_2\alpha_2}{r_1\alpha_1}}(T_1 - T_2) \ . \qquad (2.12)$$

Für den wichtigen Fall, daß der eine Wärmeübergangskoeffizient gegenüber dem anderen sehr klein ist (z.B. innen Luft gegenüber außen kondensierendem Dampf), wird

$$\frac{\dot{Q}}{L} \approx 2r_1\pi\alpha_1(T_1 - T_2) \quad \text{für} \quad \alpha_1 \ll \alpha_2 \qquad (2.13)$$

oder, wenn der Wärmedurchgangskoeffizient außen klein gegenüber dem an der Innenseite ist,

$$\frac{\dot{Q}}{L} \approx 2r_2\pi\alpha_2(T_1 - T_2) \quad \text{für} \quad \alpha_2 \ll \alpha_1 \ . \qquad (2.14)$$

Für den Wärmedurchgang ist also derjenige Radius ausschlaggebend, wo der schlechtere Wärmeübergangskoeffizient herrscht. Für den Fall, daß innen und außen der Wärmeübergang gleich gut ist ($\alpha_1 = \alpha_2 = \alpha$), wird

$$\frac{\dot{Q}}{L} \approx \frac{2r_1r_2\pi\alpha}{r_1 + r_2}(T_1 - T_2) \approx r_m\pi\alpha(T_1 - T_2) \ , \qquad (2.15)$$

worin bei dünnen Wandungen $r_m = (r_1 + r_2)/2$ den mittleren Radius der Rohrwand darstellt.

Für isolierte Rohre, bei denen die Isolation einen wesentlichen Teil des Wärmewiderstandes darstellt, und deren Dicke gegenüber dem Radius nicht zu vernachlässigen ist, muß man die genaue Gl. (2.10) verwenden.

2.3 Gegenseitige Stromführung

Die wichtigste Aufgabe der technischen Wärmeübertrager ist, Wärme von einem strömenden Medium an ein anderes, welches vom ersten durch eine feste Wand getrennt ist, abzugeben. Oft werden solche Apparate in der Form von konzentrischen Rohren gemäß Bild 2.4 und 2.7 ausgeführt (Doppelrohrrekuperatoren). Es gibt aber auch Wärmeübertrager mit berippten oder unberippten Rohrregistern, durch deren Rohre das eine Medium und quer zu den Rohren das andere Medium strömt. Unter der großen Zahl der mannigfaltigen Konstruktionen sind auch sog. Plattenrekuperatoren üblich, bei denen die Trennwände als ebene Platten ausgeführt sind.

Neben den bisher erwähnten Rekuperatoren, in denen Wärme zwischen den beiden Medien kontinuierlich übertragen wird, gibt es die Regeneratoren, bei denen die Wärmeübertragung nicht kontinuierlich erfolgt. Bei diesen sind jeweils mindestens zwei Behälter erforderlich, welche mit einer wärmespeichernden Masse möglichst großer Übertragerfläche gefüllt sind. Diese Behälter werden abwechselnd mit dem warmen und mit dem kalten Strom beschickt, wobei sich die Speichermasse jeweils erwärmt bzw. abkühlt. Solche Regeneratoren werden z.B. als große COWPER-Lufterhitzer in Hochofenanlagen oder als Luft- und Gaserhitzer in Glas-Öfen gebaut. Eine Filigranausführung solcher Regeneratoren wurde für die PHILIPS-Luftverflüssigungsmaschine entwickelt[1]. Die Theorie solcher Regeneratoren beruht auf ähnlichen Überlegungen wie die GRÖBERsche Berechnung der zeitlichen Abkühlung einer ebenen Wand im Abschn. 1.4.3 „Typische Lösungsmethoden bei Wärmeleitung". Infolge von weiteren Einflußgrößen wird diese Theorie aber wesentlich verwickelter. Eine ausgezeichnete und den Ingenieur ansprechende Darstellung findet man bei H. HAUSEN[2]. Wenn wir uns auch in den folgenden Ausführungen auf Rekuperatoren beschränken, so bleiben viele Überlegungen auch auf Regeneratoren übertragbar.

Für die Güte der Wärmeübertragung ist unter anderem die gegenseitige Strömungsrichtung der beiden Medien von großer Bedeutung, die wir nun in der Folge untersuchen wollen. Besonderes Augenmerk werden wir dabei drei wichtigen Fällen widmen. Das ist die gegenseitige Führung der Medien im Gleichstrom, im Gegenstrom und im Kreuzstrom.

Bei Gleichstrom treten die beiden Ströme an der gleichen Seite des Wärmeübertragers ein, der eine heiß und der andere kalt, und gleichen ihre Temperaturen bis zum Austritt aus dem Apparat auf eine dazwischenliegende Temperatur an.

Beim Gegenstrom treten die beiden Ströme an entgegengesetzten Seiten der Apparate ein, begegnen sich und vertauschen sozusagen „heiß" und „kalt", indem der ursprünglich heiße Strom am hinteren Ende kalt und der ursprünglich kalte Strom am vorderen Ende des Apparates warm heraustritt.

Beim Kreuzstrom werden die beiden Ströme unter einem rechten Winkel aneinander vorbeigeführt.

---

[1] siehe Band I. Abschn. 15.8
[2] HAUSEN H (1976) Wärmeübertragung im Gegenstrom, Gleichstrom und Kreuzstrom. Springer-Verlag, Berlin Heidelberg New York

Die konstruktiven Ausführungsmöglichkeiten jeder dieser drei Hauptgruppen sind sehr mannigfaltig.

Bei dem Entwurf werden gewöhnlich die beiden Eintrittstemperaturen T_1' und T_2' gegeben sein. Die Indizes 1 und 2 beziehen sich auf den ersten und zweiten Strom, während die Striche ' bzw. " den Eintrittszustand bzw. den Austrittszustand des betreffenden Stroms kennzeichnen. Oft wird nach der Größe des Wärmeübertragers gefragt, wenn der noch zulässige Unterschied der Temperaturen $(T_1 - T_2)$ an dem einen oder anderen Ende des Wärmeübertragers vorgegeben ist.

Mit $\dot{W}_1$ bzw. $\dot{W}_2$ wollen wir die Wärmekapazitätsströme der beiden Medien bezeichnen. Wenn $\dot{m}_1$ und $\dot{m}_2$ in kg/s deren Massenströme sind und c_1 und c_2 deren spezifische Wärmekapazität, so ist

$$\dot{W}_1 = \dot{m}_1 c_1 \; ; \; \dot{W}_2 = \dot{m}_2 c_2 \; . \tag{2.16}$$

Wir gehen von der wesentlichen Voraussetzung aus, daß die Ströme beim Eintritt in den Wärmeübertrager gleichmäßig durchtemperiert sind. Beim Austritt aus dem Wärmeübertrager brauchen sie das nicht mehr zu sein, wie wir das z.B. beim Kreuzstrom-Wärmeübertrager sehen werden. Des weiteren wird angenommen, daß der Wärmedurchgangskoeffizient k für die ganze Fläche des Wärmeübertragers konstant bleibt. Bei Wärmeübertragern mit ebener Übertragerfläche und bei Rohren, deren Wanddicke δ klein ist gegenüber dem Rohrdurchmesser, gilt die Beziehung

$$\frac{1}{k} = \frac{1}{\alpha_1} + \frac{\delta}{\lambda} + \frac{1}{\alpha_2} \; . \tag{2.17}$$

Ein konstanter Wärmedurchgangskoeffizient setzt auch konstante Strömungsgeschwindigkeiten der beiden Medien und konstante Stoffwerte λ, c, ν, ϱ voraus. Wenn sich auch diese Werte entlang des Apparates ohne Zweifel etwas ändern werden, da sich ja auch die Temperaturen der Medien ändern, so wird diese Annahme doch oft befriedigen, insbesondere wenn man die Stoffwerte für eine mittlere Temperatur zwischen dem Eintritts- und Austrittszustand des betreffenden Mediums verwendet.

Der für die Auslegung des Rekuperators wichtigste Parameter ist die für die Wärmeübertragung maßgebende Übertragerfläche A_0 in m². Der Temperaturverlauf hängt von den Größen $\dot{W}_1, \dot{W}_2, k, A_0$ ab. Aus diesen Größen kann man zwei voneinander unabhängige Kennzahlen bilden, z.B. $\dot{W}_1/\dot{W}_2$ und $kA_0/\dot{W}_1$. Die dritte Kennzahl $kA_0/\dot{W}_2$ ist in den ersten beiden schon mitenthalten, da sie ja als deren Produkt gewonnen werden kann und somit nicht mehr unabhängig ist. Wie wir noch zeigen werden, hängt der Temperaturverlauf nur von diesen beiden unabhängigen Kennzahlen ab, und zwar in der Form einer Funktion $\phi\left(\frac{kA_0}{\dot{W}_1}, \frac{\dot{W}_1}{\dot{W}_2}\right)$, deren Zusammenhang verschieden ist, je nachdem, ob man es mit Gleichstrom, mit Gegenstrom, mit Kreuzstrom oder mit einer anderen Art der gegenseitigen Führung der Medien zu tun hat. Mit Hilfe von ϕ kann man all die verschiedenen Stromführungen in einheitlicher Berechnungsweise berücksichtigen, sobald nur die Form dieser Funktion analytisch oder als Diagramm vorliegt. Für die drei besonders erwähnten Stromführungen wollen wir die Form dieser Funktion im folgenden wiedergeben.

2.3.1 Gleichströmer

In einem beliebigen schmalen Ausschnitt des Wärmeübertragers, Bild 2.4, wird durch das kleine Flächenelement dA der infinitesimal kleine Wärmestrom d$\dot{Q}$ übertragen. Der Temperaturunterschied beider Ströme ist an dieser Stelle $(T_1 - T_2)$. Bei Gleichstrom kühlt sich der Strom $\dot{W}_1$ in dessen Stromrichtung ab, so daß seine Temperaturzunahme negativ ist, d$T_1 < 0$. Der dabei übertragene differentielle Wärmestrom ist

$$-\dot{W}_1 dT_1 = k(T_1 - T_2)\, dA \ . \tag{2.18}$$

Der Strom $\dot{W}_2$ erwärmt sich infolgedessen um dT_2

$$\dot{W}_2 dT_2 = k(T_1 - T_2)\, dA \ . \tag{2.19}$$

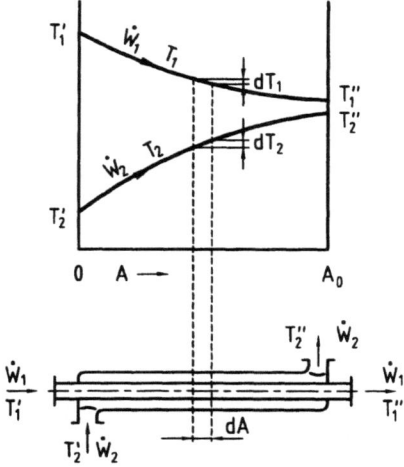

Bild 2.4: Gleichstromapparat

Die Fläche A zählen wir von der linken Seite des Wärmeübertragers, und zwar von $A = 0$ bis $A = A_0$. Außerdem führen wir für die Fläche A noch die auf die Gesamtfläche A_0 bezogene Fläche

$$x = A/A_0 \tag{2.20}$$

ein und y für den Temperaturunterschied zwischen den beiden Strömen

$$T_1 - T_2 = y \ . \tag{2.21}$$

Unter der Voraussetzung, daß sowohl die spezifischen Wärmekapazitäten der beiden Ströme als auch der Wärmedurchgangskoeffizient k nicht von x abhängen, erhält man aus Gl. (2.18) und (2.19) folgende lineare homogene Differentialgleichung erster Ordnung

$$\frac{dy}{dx} + \left(\frac{k A_0}{\dot{W}_1} + \frac{k A_0}{\dot{W}_2}\right) y = 0 \ . \tag{2.22}$$

Unter Berücksichtigung der Randbedingungen, wonach

für $x = 0 \, (A = 0)$ die Temperaturen $T_1 = T_1', T_2 = T_2'$

sind, erhält man als Lösung der Gl. (2.22)

$$y = T_1 - T_2 = (T_1' - T_2') \exp\left[-\left(\frac{k\,A_0}{\dot{W}_1} + \frac{k\,A_0}{\dot{W}_2}\right) x\right] \;. \tag{2.23}$$

Für $x = 1 \, (A = A_0)$ sind die Temperaturen

$$T_1 = T_1'', T_2 = T_2'' \;, \tag{2.24}$$

nach Gl. (2.23) die Temperaturdifferenz am Austritt aus dem Wärmeübertrager, d.h. für $(x = 1)$

$$T_1'' - T_2'' = (T_1' - T_2') \exp\left[-\left(\frac{k\,A_0}{\dot{W}_1} + \frac{k\,A_0}{\dot{W}_2}\right)\right] \;. \tag{2.25}$$

Der insgesamt im Gleichströmer übertragene Wärmestrom ist

$$\dot{Q} = \dot{W}_1 (T_1' - T_1'') = \dot{W}_2 (T_2'' - T_2') \;. \tag{2.26}$$

Damit erhält man aus Gl. (2.25) schließlich die dimensionslosen Temperaturänderungen der beiden Ströme

$$\phi_1 = \frac{T_1' - T_1''}{T_1' - T_2'} = \frac{1 - \exp\left[-\left(\frac{k\,A_0}{\dot{W}_1} + \frac{k\,A_0}{\dot{W}_2}\right)\right]}{1 + \frac{\dot{W}_1}{\dot{W}_2}} = \frac{1 - \exp\left[-\left(1 + \frac{\dot{W}_1}{\dot{W}_2}\right)\frac{k\,A_0}{\dot{W}_1}\right]}{1 + \frac{\dot{W}_1}{\dot{W}_2}}$$

$$\tag{2.27}$$

und

$$\phi_2 = \frac{T_2'' - T_2'}{T_1' - T_2'} = \frac{\dot{W}_1}{\dot{W}_2} \cdot \frac{T_1' - T_1''}{T_1' - T_2'} = \frac{\dot{W}_1}{\dot{W}_2} \phi_1 \;. \tag{2.28}$$

Die Größe ϕ nennt man „Betriebscharakteristik" oder „Wirkungsgrad" des Wärmeübertragers. Sie kann bei einem Gleichströmer höchstens den Wert $\phi_1 = 1/(1 + \dot{W}_1/\dot{W}_2)$ bzw. $\phi_2 = 1/(1 + \dot{W}_2/\dot{W}_1)$ erreichen, nämlich für unendlich große Flächen des Wärmeübertragers ($A_0 \to \infty$), wobei die beiden Austrittstemperaturen sich angleichen ($T_2'' \approx T_1''$). Drückt man den übertragenen Wärmestrom $\dot{Q}$ durch die Differenz ΔT_m geeigneter Mitteltemperaturen T_{m_1} und T_{m_2} der beiden Ströme aus

$$\dot{Q} = k\,A_0 (T_{m_1} - T_{m_2}) = k\,A_0 \Delta T_m \;, \tag{2.29}$$

so erhält man mit Gl. (2.26) noch folgende dimensionslose Kennzahlen

$$\psi_1 = \frac{T_1' - T_1''}{\Delta T_m} = \frac{k\,A_0}{\dot{W}_1} \quad ; \quad \psi_2 = \frac{T_2'' - T_2'}{\Delta T_m} = \frac{k\,A_0}{\dot{W}_2} \;. \tag{2.30}$$

Sie geben das Verhältnis der Temperaturänderungen des Heiz- bzw. Kühlmittelstroms zur mittleren Temperaturdifferenz zwischen diesen beiden Strömen an und werden deshalb auch als Übertragungszahlen[3] bezeichnet.

Zwischen den verschiedenen Kennzahlen bestehen nach der Gl. (2.27) bis (2.30) die folgenden Beziehungen

$$\frac{\phi_1}{\phi_2} = \frac{\psi_1}{\psi_2} = \frac{\dot{W}_2}{\dot{W}_1} = \frac{T_1' - T_1''}{T_2'' - T_2'} \qquad (2.31)$$

und für die dimensionslose mittlere Temperaturdifferenz

$$\Theta_m = \frac{\Delta T_m}{T_1' - T_2'} = \frac{\phi_1}{\psi_1} = \frac{\phi_2}{\psi_2} \ , \qquad (2.32)$$

die mit Gl. (2.27), (2.28) und (2.30) noch wie folgt umgeformt werden kann

$$\Theta_m = -\frac{\phi_1 + \phi_2}{\ln(1 - \phi_1 - \phi_2)} = \frac{\dfrac{T_1'' - T_2'' - (T_1' - T_2')}{T_1' - T_2'}}{\ln \dfrac{T_1'' - T_2''}{T_1' - T_2'}} \ . \qquad (2.33)$$

Der Zusammenhang nach Gl. (2.27) ist in Bild 2.5 dargestellt.

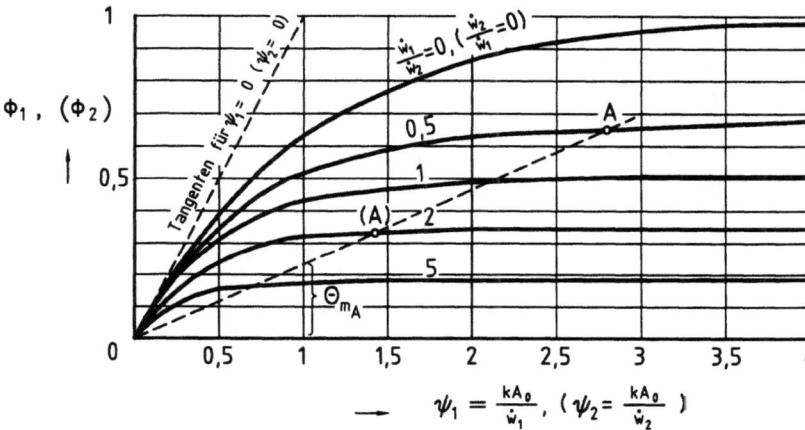

Bild 2.5: Betriebscharakteristik ϕ_1 des Gleichstromrekuperators in Abhängigkeit von der Übertragungszahl ψ_1

Für große Übertragerflächen $A_0 \to \infty$ nähern sich die Kurven $\dot{W}_1/\dot{W}_2 = \text{konst}$ asymptotisch dem jeweiligen Grenzwert

$$\phi_{\text{grenz}} = \frac{1}{1 + \dfrac{\dot{W}_1}{\dot{W}_2}} \quad (\text{für } \psi \to \infty) \ .$$

---

[3]In Englisch: NTU, d.h. Number of Transfer Units

Die Abkühlung des Heizstroms bzw. die Erwärmung des Kühlstroms kann daher höchstens bis zu den Grenztemperaturen $T''_{1\,\text{grenz}}$ bzw. $T''_{2\,\text{grenz}}$ erfolgen, welche dem Grenzwert ϕ_{grenz} der Betriebscharakteristik entsprechen. Dafür müßten aber unendlich große Wärmeübertragerflächen vorgesehen werden. Wie man unmittelbar aus Bild 2.5 entnehmen kann, wirkt sich eine Vergrößerung der Heizfläche für $\dot{W}_1/\dot{W}_2 = 0{,}5$ schon ab $\psi_1 = 3$ und für $\dot{W}_1/\dot{W}_2 = 2$ bereits ab $\psi_1 = 1{,}3$ kaum noch auf die Austrittstemperaturen T''_1 und T''_2 aus.

Im Koordinatenursprung $\phi_1 = \psi_1 = 0$ besitzen alle Kurven $\dot{W}_1/\dot{W}_2 = \text{konst}$ die gemeinsame Tangente

$$\left(\frac{\mathrm{d}\phi}{\mathrm{d}\psi}\right)_{\psi=0} = 1 \ ,$$

wovon man sich durch Differenzieren der Gl. (2.27) leicht überzeugt. Bei kleinen Übertragerflächen ändern sich demnach die Austrittstemperaturen proportional zur Übertragerfläche A_0, unabhängig vom jeweils eingestellten Verhältnis der Wärmekapazitätsströme.

Aus dem Diagramm 2.5 können auch die dimensionslosen mittleren Temperaturdifferenzen Θ_m ohne Schwierigkeit entnommen werden. Nach Gl. (2.32) muß man lediglich den Betriebspunkt, z.B. Punkt A in Bild 2.5, mit dem Koordinatenursprung durch eine Gerade verbinden und kann dann Θ_m sofort bei $\psi_1 = 1$ abgreifen.

An den Kurvenverläufen in Bild 2.5 ändert sich nach Gl. (2.27) überhaupt nichts, wenn man anstelle von ϕ_1 über ψ_1 nunmehr die Betriebscharakteristik ϕ_2 über der Übertragungszahl ψ_2 aufträgt und dabei auch den Parameter $\dot{W}_1/\dot{W}_2$ durch $\dot{W}_2/\dot{W}_1$ ersetzt. Diese Modifikation ist in Bild 2.5 durch die Werte in Klammern angedeutet.

Somit können alle durch die Gl. (2.27) bis (2.32) bestimmten dimensionslosen Kennzahlen des Gleichstrom-Wärmeübertragers aus Bild 2.5 unmittelbar entnommen werden.

Obwohl das Diagramm nach Bild 2.5 alle Informationen enthält, die sich aus den Bestimmungsgleichungen (2.27) bis (2.32) ergeben, hat sich zur Darstellung dieser Zusammenhänge in den letzten Jahren eine etwas andere graphische Form durchgesetzt, welche bereits auf SMITH[4] zurückgeht und die für Gleichströmer in Bild 2.6 wiedergegeben wird.

Hier ist die Betriebscharakteristik ϕ_1 über ϕ_2 aufgetragen. Die Gl. (2.28) wird durch ein Strahlenbündel durch den Koordinatenursprung repräsentiert, von dem der Übersichtlichkeit halber nur der Strahl $\dot{W}_1/\dot{W}_2 = 0{,}5$ eingezeichnet wurde, während jeder beliebige andere mit Hilfe des Randmaßstabs leicht nachgetragen werden kann.

Für jeden Wert der Übertragungszahl ψ_1 können die Werte der Betriebscharakteristik ϕ_1 in Abhängigkeit von $\dot{W}_1/\dot{W}_2$ nach Gl. (2.27) und (2.30) bestimmt und so die Linien konstanter Übertragungszahl $\psi_1 = \text{konst}$ in Bild 2.6 eingezeichnet werden.

Schließlich kann auch noch die dimensionslose mittlere Temperaturdifferenz Θ_m als Parameter in Bild 2.6 eingetragen werden. Nach Gl. (2.33) verlaufen die Lini-

---

[4] SMITH D M (1934) Mean Temperature-Difference in Cross-Flow. Engng.478-81,606-608

en Θ_m = konst als eine Schar paralleler unter 45° gegen die Ordinate geneigter Geraden.

Statt die Betriebscharakteristik ϕ_1 über ϕ_2 aufzutragen, hätte man ebenso gut ϕ_2 über ϕ_1 darstellen können. An den Kurvenverläufen des Bildes 2.6 ändert sich dadurch überhaupt nichts, nur gelten die gestrichelten Linien konstanter Übertragungszahl dann nicht für ψ_1, sondern für ψ_2 = konst. Auch die Verhältnisse der Wärmekapazitätsströme am Randmaßstab müssen durch die entsprechenden Reziprokwerte ersetzt werden. In Bild 2.6 ist diese Modifizierung durch die Werte in Klammern angedeutet.

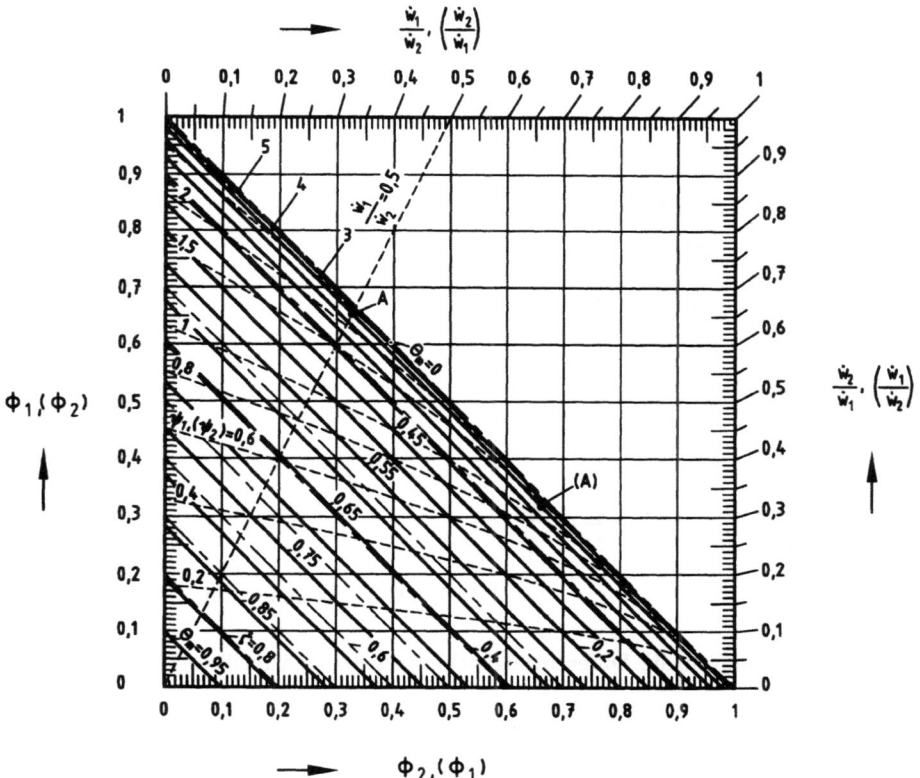

Bild 2.6: ϕ_1, ϕ_2-Diagramm für Gleichstromrekuperator nach VDI-Wärmeatlas
Parameter:
Übertragungszahl ψ - gestrichelte Kurven
dimensionslose mittlere Temperaturdifferenz Θ_m - ausgezogene Kurven
optimale Betriebspunkte bei gegebener Kostenkennzahl ζ (Abschn. 2.8) - strichpunktiert
Die Punkte A und (A) entsprechen den Punkten in Bild 2.5

Mit Hilfe des Bildes 2.6 lassen sich praktisch alle für die Dimensionierung von Gleichstromapparaten wichtigen Fragen beantworten. Bevor dies in Abschnitt 2.4 an einigen Beispielen erläutert wird, sollen aber noch der Gegenstrom- und der Kreuzstromrekuperator besprochen werden, weil diese für die Technik eine min-

156 2 Technische Wärmeübertrager

destens ebenso große Bedeutung besitzen wie der Gleichstromapparat und weil — wie wir noch sehen werden — alle nach einem einheitlichen Berechnungsgang dimensioniert werden können.

2.3.2 Gegenströmer

Vom Gleichströmer unterscheidet sich der Gegenströmer dadurch, daß die beiden Wärme austauschenden Ströme nicht gleichsinnig durch den Wärmeübertrager geführt werden, sondern — wie der Name sagt — in entgegengesetzter Richtung. Dadurch kann der Wärme aufnehmende Strom über die Austrittstemperatur des Wärme abgebenden hinaus aufgeheizt werden, was bei Gleichstrom nicht möglich wäre.

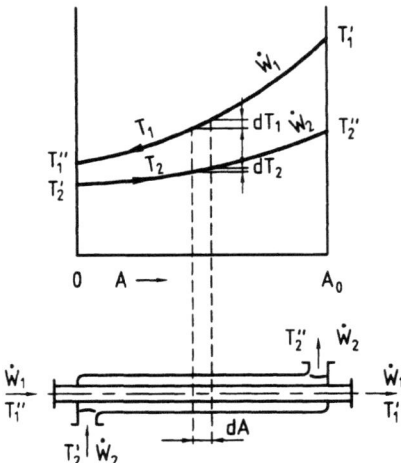

Bild 2.7: Gegenstromapparat

Nach Bild 2.7 lauten die Differentialgleichungen der Wärmeübertragung für Gegenstrom

$$\dot{W}_1 dT_1 = k(T_1 - T_2) dA \; , \tag{2.34}$$

$$\dot{W}_2 dT_2 = k(T_1 - T_2) dA \; , \tag{2.35}$$

was man mit Gl. (2.20) und (2.21) umschreiben kann in

$$\frac{dy}{dx} + \left(\frac{k A_0}{\dot{W}_2} - \frac{k A_0}{\dot{W}_1} \right) y = 0 \; . \tag{2.36}$$

Die Randbedingungen für den Gegenströmer lauten:

für $x = 0$ ($A = 0$) sind die Temperaturen $T_1 = T_1''$, $T_2 = T_2'$. $\tag{2.37}$

2.3 Gegenseitige Stromführung

Auch hier wollen wir die Übertragerfläche A vom linken Ende des Gegenstromapparats messen. Die Integration der Gl. (2.36) liefert mit den Randbedingungen (2.37)

$$y = T_1 - T_2 = (T_1'' - T_2') \exp\left[-\left(\frac{k\,A_0}{\dot{W}_2} - \frac{k\,A_0}{\dot{W}_1}\right)x\right] \; . \tag{2.38}$$

Daraus erhält man für $x = 1$

$$T_1' - T_2'' = (T_1'' - T_2') \exp\left[-\left(\frac{k\,A_0}{\dot{W}_2} - \frac{k\,A_0}{\dot{W}_1}\right)\right] \; . \tag{2.39}$$

Natürlich muß auch beim Gegenströmer der von dem einen Medium abgegebene Wärmestrom genauso groß sein, wie der vom anderen Medium aufgenommene, d.h. es ist $\dot{Q} = W_1(T_1' - T_1'') = W_2(T_2'' - T_2')$, Gl. (2.26), und damit die Betriebscharakteristik

$$\phi_2 = \frac{T_2'' - T_2'}{T_2' - T_1'} = \frac{\dot{W}_1}{\dot{W}_2}\phi_1 \; . \tag{2.40}$$

Daraus und mit Gl. (2.39) ergibt sich die Betriebscharakteristik ϕ_1 für den Gegenströmer

$$\phi_1 = \frac{T_1' - T_1''}{T_1' - T_2'} = \frac{1 - \exp\left[-\left(\frac{k\,A_0}{\dot{W}_2} - \frac{k\,A_0}{\dot{W}_1}\right)\right]}{\frac{\dot{W}_1}{\dot{W}_2} - \exp\left[-\left(\frac{k\,A_0}{\dot{W}_2} - \frac{k\,A_0}{\dot{W}_1}\right)\right]}$$

$$= \frac{1 - \exp\left[-\left(1 - \frac{\dot{W}_1}{\dot{W}_2}\right)\frac{k\,A_0}{\dot{W}_1}\right]}{1 - \frac{\dot{W}_1}{\dot{W}_2}\exp\left[-\left(1 - \frac{\dot{W}_1}{\dot{W}_2}\right)\frac{k\,A_0}{\dot{W}_1}\right]} \quad \text{(für } \frac{\dot{W}_1}{\dot{W}_2} \neq 1\text{)} \tag{2.41}$$

bzw.

$$\phi_1 = \frac{k\,A_0/\dot{W}_1}{1 + k\,A_0/\dot{W}_1} \quad \text{(für } \frac{\dot{W}_1}{\dot{W}_2} = 1\text{)} \; . \tag{2.42}$$

Die in Gl. (2.30) für den Gleichströmer angegebenen Übertragungszahlen ψ_1 und ψ_2 gelten in gleicher Weise für den Gegenströmer, ebenso die Gl. (2.31) und (2.32). Das ϕ_1, ϕ_2-Diagramm des Gegenströmers zeigt Bild 2.8. Mit zunehmender Übertragungszahl ψ, d.h. mit zunehmender Übertragerfläche A_0 des Wärmeübertragers strebt die Betriebscharakteristik ϕ des schwächeren Stroms (kleinerer Wärmekapazitätsstrom $\dot{W}_k$) gegen den Grenzwert 1, während die Betriebscharakteristik des stärkeren Stroms ($\dot{W}_g > \dot{W}_k$) höchstens den Grenzwert $\dot{W}_k/\dot{W}_g$ erreichen kann.

158   2 Technische Wärmeübertrager

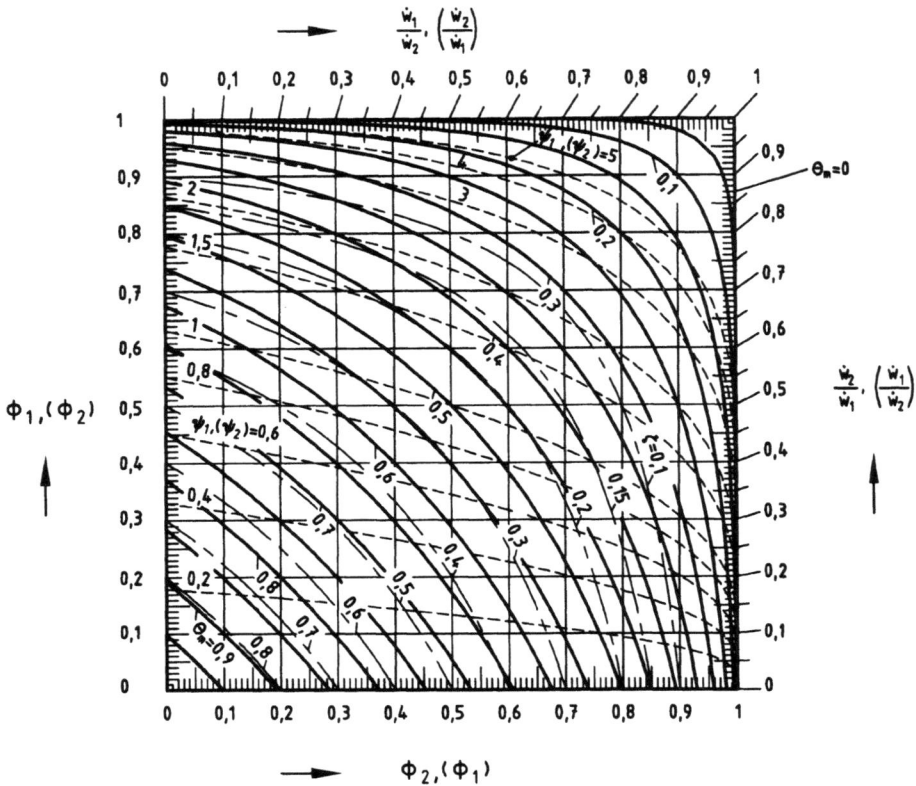

Bild 2.8: ϕ_1/ϕ_2-Diagramm für Gegenstromrekuperator nach VDI-Wärmeatlas
Parameter:
Übertragungszahl ψ - gestrichelte Kurven
dimensionslose mittlere Temperaturdifferenz Θ_m - ausgezogene Kurven
optimale Betriebspunkte bei gegebener Kostenkennzahl ζ (Abschn. 2.8) - strichpunktiert

Für die dimensionslose mittlere Temperaturdifferenz erhält man aus Gl. (2.32) und (2.42) bzw. (2.40)

$$\Theta_m = \frac{\phi_1 - \phi_2}{\ln\frac{1-\phi_2}{1-\phi_1}} = \frac{\frac{T_1' - T_2'' - (T_1'' - T_2')}{T_1' - T_2'}}{\ln\frac{T_1' - T_2''}{T_1'' - T_2'}} \quad \text{(für} \quad \frac{\dot{W}_1}{\dot{W}_2} \neq 1\text{)}$$

bzw.

$$\Theta_m = 1 - \phi_1 = \frac{T_1'' - T_2'}{T_1' - T_2'} \quad \text{(für} \quad \frac{\dot{W}_1}{\dot{W}_2} = 1\text{)} \, . \tag{2.43}$$

Im ϕ_1, ϕ_2-Diagramm des Gegenströmers, Bild 2.8, sind die Linien $\Theta_m =$ konst im Gegensatz zum Gleichströmer gekrümmt.

2.3.3 Kreuzstromapparat

Beim Kreuzstrom-Rekuperator werden die beiden Ströme so durch den Wärmeübertrager geführt, daß sie sich kreuzen. Das macht man oft aus Konstruktionsgründen, man kann dabei aber unter Umständen auch eine beträchtliche Steigerung der Wärmedurchgangskoeffizienten k erreichen.

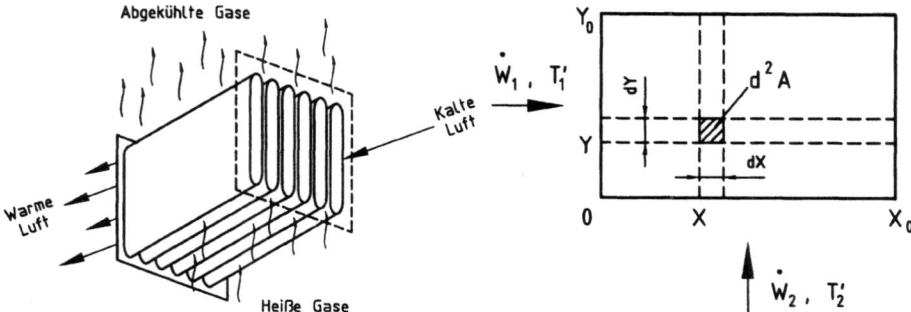

Bild 2.9: Kreuzstromapparat   Bild 2.10: Trennwand des Kreuzstromapparates aus Bild 2.9

Eine Ausführung ist in Bild 2.9 gezeigt; dieser Apparat besteht aus einer Anzahl ebener verschweißter Taschen, die im Innern von kalter Luft und in den äußeren Zwischenräumen von heißen Rauchgasen bespült werden. Die Wärme wird durch die Trennwand der Fläche $A_0 = X_0 Y_0$ übertragen, die als rechteckige Platte mit den Seitenlängen X_0, Y_0 ausgeführt ist. Die Temperaturen T_1 und T_2 der beiden Ströme ändern sich entlang der Trennwand ungleichmäßig, indem sie von zwei Veränderlichen abhängen[5]

$$T_1 = T_1(X, Y); \; T_2 = T_2(X, Y) \; . \tag{2.44}$$

Bild 2.10 zeigt die Aufsicht auf eine solche Trennwand. Das Medium mit dem Wärmekapazitätsstrom $\dot{W}_1$ strömt in Richtung X und das Medium mit dem Wärmekapazitätsstrom $\dot{W}_2$ in der Richtung Y senkrecht zu X.
Im Beharrungszustand wird durch das Flächenelement $d^2 A = dX\, dY$ mit den Koordinaten X, Y der Wärmestrom

$$d^2 \dot{Q} = k(T_1 - T_2)\, dX\, dY \tag{2.45}$$

übertragen, wobei T_1 und T_2 die örtlichen Temperaturen bedeuten. Der Wärmestrom wird von demjenigen Stromfaden des Mediums 1 mit dem Wärmekapazitätsstrom $\dot{W}_1$ abgegeben, der gerade an dem Flächenelement $d^2 A$ vorbeiströmt. Der differentielle Wärmekapazitätsstrom dieses Stromfadens ist bei gleichmäßiger Durchströmung des Kanals

$$d\dot{W}_1 = \frac{\dot{W}_1}{Y_0} dY \; . \tag{2.46}$$

---
[5] Daß bei ungleichmäßigem Strömungsprofil der heißen Gase noch eine Abhängigkeit von der dritten Raumkoordinate hinzukommen kann, wollen wir bei den folgenden Betrachtungen außer acht lassen.

Der Stromfaden kühlt sich beim Vorbeiströmen am Flächenelement d^2A um die Temperaturdifferenz $-dT_1 = -\frac{\partial T_1}{\partial X}dX$ ab, und es ist

$$d^2\dot{Q} = -d\dot{W}_1 \frac{\partial T_1}{\partial X} dX = -\frac{\dot{W}_1}{Y_0} \frac{\partial T_1}{\partial X} dX\, dY \ . \tag{2.47}$$

Die gleiche Wärmemenge wird dem Stromfaden mit dem differentiellen Wärmekapazitätsstrom $d\dot{W}_2$ an der anderen Seite der Trennwand zugeführt, und es ist analog

$$d^2\dot{Q} = \frac{\dot{W}_2}{X_0} \frac{\partial T_2}{\partial Y} dX\, dY \ . \tag{2.48}$$

Es ist zweckmäßig, hier dimensionslose Ausdrücke einzuführen

$$x = \frac{kY_0 X}{\dot{W}_1}; \quad ; \quad y = \frac{kX_0 Y}{\dot{W}_2} \quad ; \quad \Theta = \frac{T - T_2'}{T_1' - T_2'} \ , \tag{2.49}$$

worin nach Bild 2.10 $x = 0$ der linken, $x = \psi_1 = kY_0 X_0/\dot{W}_1 = kA_0/\dot{W}_1$ der rechten, $y = 0$ der unteren und $y = \psi_2 = kA_0/\dot{W}_2$ der oberen Kante der Wärmeübertragerfläche entsprechen. Die Temperaturen T_1' und T_2' sind die der eintretenden Ströme, wobei eine über den jeweiligen Eintrittsquerschnitt konstante Temperatur angenommen wird. Aus den Gln. (2.45), (2.47) und (2.48) erhält man dann die Differentialgleichungen des Kreuzstroms

$$\Theta_1 - \Theta_2 = -\frac{\partial \Theta_1}{\partial x} \ , \tag{2.50}$$

$$\Theta_1 - \Theta_2 = \frac{\partial \Theta_2}{\partial y} \ , \tag{2.51}$$

mit den Randbedingungen

$$\Theta_1 = 1 \quad \text{für} \quad x = 0 \ , \tag{2.52}$$

$$\Theta_2 = 0 \quad \text{für} \quad y = 0 \ . \tag{2.53}$$

Für diese gekoppelten partiellen Differentialgleichungen hat NUSSELT Lösungen in Form von unendlichen Reihen gefunden[6]

$$\Theta_1(x,y) = 1 - e^{-(x+y)} \left[x + \frac{x^2}{2!}(1+y) + \ldots + \frac{x^n}{n!}\left(1 + y + \ldots + \frac{y^{n-1}}{(n-1)!}\right) + \ldots \right], \tag{2.54}$$

$$\Theta_2(x,y) = 1 - e^{-(x+y)} \left[1 + x(1+y) + \ldots + \frac{x^n}{n!}\left(1 + y + \ldots + \frac{y^n}{n!}\right) + \ldots \right]. \tag{2.55}$$

---

[6] NUSSELT W (1930) Eine neue Formel für den Wärmedurchgang im Kreuzstrom. Forsch Gebiete Ingenieurwes (Technische Mechanik und Thermodynamik) 1:417-422

Man überzeugt sich leicht, daß die Gln. (2.54) und (2.55) sowohl die Differentialgleichungen (2.50) und (2.51) als auch die Randbedingungen (2.52) befriedigen. Uns interessiert weniger das Temperaturfeld über der Übertragerfläche, das in Bild 2.11 dargestellt ist, als vielmehr die durchschnittlichen Austrittstemperaturen der beiden Ströme. Für die Dimensionierung der Wärmeübertrager genügt es nämlich, die durchschnittliche Austrittstemperatur T_1'' des Stroms 1 und diejenige T_2'' des Stroms 2 zu kennen.

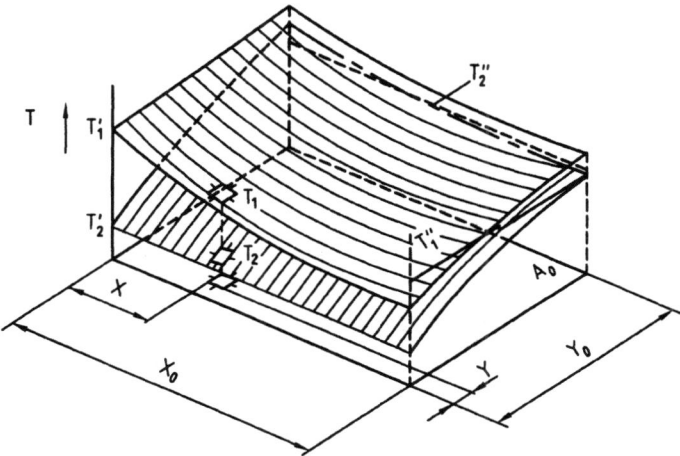

Bild 2.11: Temperaturfelder der beiden Ströme eines Kreuzstromapparates, aufgetragen über der Fläche des Wärmeübertragers nach Bild 2.10

Die durchschnittliche Austrittstemperatur T_1'' bzw. T_2'' ist diejenige, die das Medium 1 bzw. das Medium 2 annehmen würde, wenn man es nach dem Austritt aus dem Wärmeübertrager gut durchrühren würde. Man erhält sie, indem man den differentiellen Wärmekapazitätsstrom $d\dot{W}_1$ bzw. $d\dot{W}_2$ mit der zugehörigen Temperatur $T_1(X_0, Y)$ bzw. $T_2(X, Y_0)$ multipliziert, über die Breite Y_0 bzw. X_0 des Kreuzstromapparates integriert und schließlich durch den gesamten Wärmekapazitätsstrom $\dot{W}_1$ bzw. $\dot{W}_2$ dividiert.

Die mit T_1'' und T_2'' gebildeten dimensionslosen Temperaturen Θ_1'' bzw. Θ_2'' am Austritt aus dem Wärmeübertrager lassen sich daher durch Integration der Gl. (2.54) bzw. (2.55) berechnen

$$\frac{T_1'' - T_2'}{T_1' - T_2'} = \Theta_1''(\psi_1, \psi_2) = \frac{1}{\psi_2} \int_0^{\psi_2} \Theta_1(\psi_1, y) dy \quad , \tag{2.56}$$

$$\frac{T_2'' - T_2'}{T_1' - T_2'} = \Theta_2''(\psi_1, \psi_2) = \frac{1}{\psi_1} \int_0^{\psi_1} \Theta_2(\psi_2, x) dx \quad . \tag{2.57}$$

Durch geringfügige Umformung erhält man aus Gl. (2.56)

$$\phi_1(\psi_1, \psi_2) = \frac{T_1' - T_1''}{T_1' - T_2'} = 1 - \Theta_1''(\psi_1, \psi_2) = \phi_1\left(\frac{k A_0}{\dot{W}_1}, \frac{\dot{W}_1}{\dot{W}_2}\right) \quad (2.58)$$

und aus Gl. (2.57) mit Gl. (2.26), die auch für Kreuzstrom gelten muß

$$\phi_2(\psi_1, \psi_2) = \frac{T_2'' - T_2'}{T_1' - T_2'} = \Theta_2''(\psi_1, \psi_2) = \frac{\dot{W}_1}{\dot{W}_2}\phi_1 \quad . \quad (2.59)$$

Das sind grundsätzlich dieselben Beziehungen, wie wir sie bei den Gleichstrom- und Gegenstrom-Apparaten kennengelernt haben, nur daß die Form der Funktion ϕ spezifisch für den Kreuzstrom ist.

In Bild 2.12 ist für Kreuzstrom-Rekuperatoren ϕ_1 in Abhängigkeit von ϕ_2 dargestellt mit der Übertragungszahl $\psi_1 = k A_0 / \dot{W}_1$ und der mittleren dimensionslosen

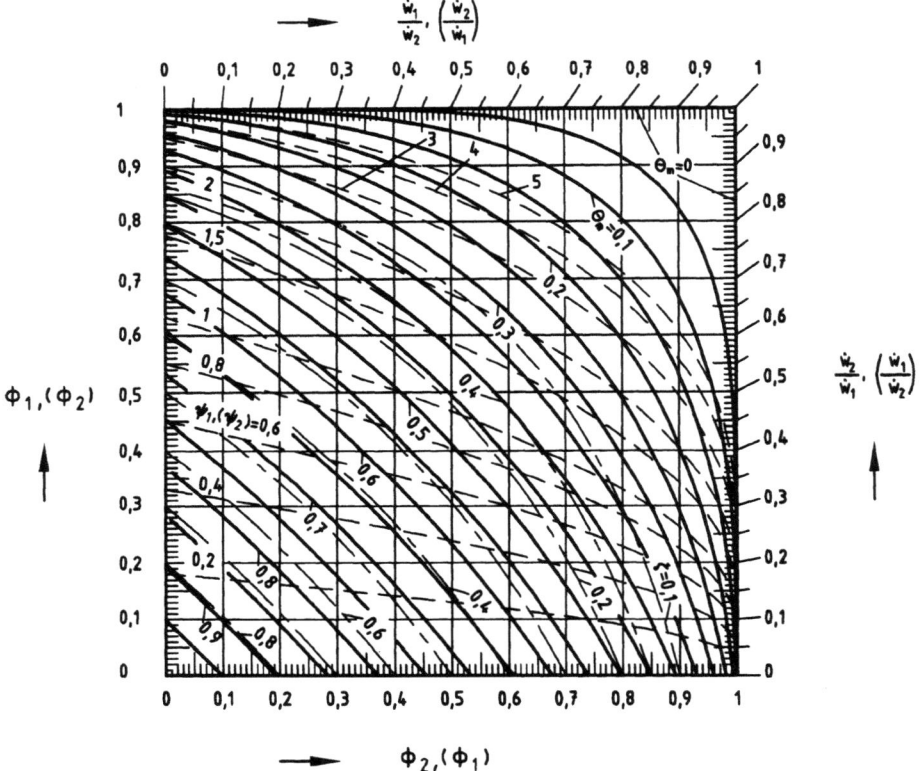

Bild 2.12: ϕ_1/ϕ_2-Diagramm für reinen Kreuzstromrekuperator nach VDI-Wärmeatlas Parameter:
Übertragungszahl ψ - gestrichelte Kurven
dimensionslose mittlere Temperaturdifferenz Θ_m - ausgezogene Kurven
optimale Betriebspunkte bei gegebener Kostenkennzahl ζ (Abschn. 2.8) - strichpunktiert

Temperaturdifferenz

$$\Theta_m = \frac{\Delta T_m}{T_1' - T_2'} = \frac{\phi_1}{\psi_1} = \frac{\phi_2}{\psi_2} \qquad (2.60)$$

als Parameter.

Das Diagramm ähnelt sehr demjenigen für Gegenstrom, Bild 2.8. Allerdings sind bei gleichen Übertragungszahlen ψ_1, ψ_2 die Betriebscharakteristiken des Kreuzströmers durchweg etwas kleiner als die des Gegenströmers.

2.4 Einheitlicher Berechnungsgang für Rekuperatoren

Der im voranstehenden Abschn. 2.3 dargelegte einheitliche Berechnungsgang für Gleichstrom-, Gegenstrom- und Kreuzstrom-Rekuperatoren läßt sich auf beliebige andere Formen der Stromführung übertragen[7]. Entsprechende Diagramme sind für zahlreiche Anordnungen und Schaltungen im VDI-Wärmeatlas[8] wiedergegeben.

Bei praktischen Problemen wird gewöhnlich entweder die Übertragerfläche des Apparates gegeben sein und der übertragene Wärmestrom und die erreichten Temperaturen gesucht werden, oder es werden die Temperaturen bzw. deren Unterschiede bekannt sein und gesucht wird die Übertragerfläche des Apparates. Dabei werden meistens die Wärmekapazitätsströme $\dot{W}_1$ und $\dot{W}_2$ und die Eintrittstemperaturen T_1' und T_2' beider Medien vorgegeben. Auch der Wärmedurchgangskoeffizient k soll bekannt sein.

Der Wärmestrom $\dot{Q}$ bewirkt die Erwärmung des einen bzw. Abkühlung des anderen Stroms. Es ist

$$\dot{Q} = \dot{W}_1(T_1' - T_1'') = \dot{W}_2(T_2'' - T_2') = k\,A_0\,\Delta T_m \;, \qquad (2.61)$$

worin der übertragene Wärmestrom auch mit Hilfe eines mittleren Temperaturunterschiedes ΔT_m zwischen beiden Strömen berechnet werden kann.

Durch die Beziehungen

$$\phi_1 = \frac{\dot{Q}}{\dot{W}_1(T_1' - T_2')} \quad ; \quad \phi_2 = \frac{\dot{Q}}{\dot{W}_2(T_1' - T_2')} \qquad (2.62)$$

werden dimensionslose „Betriebscharakeristiken" ϕ definiert, welche für den Apparat und seine Betriebsweise charakteristisch sind. Mit den Übertragungszahlen

$$\psi_1 = k\,A_0/\dot{W}_1 \quad ; \quad \psi_2 = k\,A_0/\dot{W}_2 \qquad (2.63)$$

---

[7] BOŠNJAKOVIĆ F, VILIČIĆ M, SLIPČEVIĆ B (1951) Einheitliche Berechnung von Rekuperatoren. VDI-Forschungsheft 432

[8] VDI-Wärmeatlas (1991) Abschnitt C: Berechnung von Wärmeübertragern. VDI-Verlag, Düsseldorf

164   2 Technische Wärmeübertrager

ergeben sich allgemein die in Gl. (2.31) bereits für Gleichströmer angegebenen Verhältnisse

$$\frac{\phi_1}{\phi_2} = \frac{\dot{W}_2}{\dot{W}_1} = \frac{\psi_1}{\psi_2} = \frac{T'_1 - T''_1}{T''_2 - T'_2} \; . \tag{2.64}$$

Aus Gl. (2.61) in Verbindung mit Gl. (2.62) erhält man

$$\begin{aligned}
\dot{Q} &= \dot{W}_1(T''_1 - T''_2)\frac{\phi_1}{1 - \left(1 + \frac{\dot{W}_1}{\dot{W}_2}\right)\phi_1} \\
&= \dot{W}_1(T''_1 - T'_2)\frac{\phi_1}{1 - \phi_1} = \dot{W}_1(T'_1 - T''_2)\frac{\phi_1}{1 - \frac{\dot{W}_1}{\dot{W}_2}\phi_1} \; ,
\end{aligned} \tag{2.65}$$

sowie mit Gl. (2.61), (2.62) und den Übertragungszahlen ψ_1 und ψ_2

$$\frac{T'_1 - T''_1}{T'_1 - T'_2} = \phi_1 = \frac{\dot{W}_2}{\dot{W}_1}\phi_2 = \psi_1 \frac{\Delta T_m}{T'_1 - T'_2} \; , \tag{2.66}$$

$$\frac{T''_2 - T'_2}{T'_1 - T'_2} = \frac{\dot{W}_1}{\dot{W}_2}\phi_1 = \phi_2 = \psi_2 \frac{\Delta T_m}{T'_1 - T'_2} \; , \tag{2.67}$$

$$\frac{T''_1 - T''_2}{T'_1 - T'_2} = 1 - \phi_1 - \phi_2 = 1 - \phi_1\left(1 + \frac{\dot{W}_1}{\dot{W}_2}\right) = 1 - \phi_2\left(1 + \frac{\dot{W}_2}{\dot{W}_1}\right) \; , \tag{2.68}$$

$$\frac{T''_1 - T'_2}{T'_1 - T'_2} = 1 - \phi_1 = 1 - \frac{\dot{W}_2}{\dot{W}_1}\phi_2 \; , \tag{2.69}$$

$$\frac{T'_1 - T''_2}{T'_1 - T'_2} = 1 - \frac{\dot{W}_1}{\dot{W}_2}\phi_1 = 1 - \phi_2 \; . \tag{2.70}$$

So haben wir alle in Frage kommenden Temperaturen bzw. ihre Unterschiede erfaßt und sie mit Hilfe der Eintrittstemperaturen und den Betriebscharakteristiken ϕ_1 und ϕ_2 ausgedrückt.

Beim Entwurf von Wärmeübertragern rechnet man oft mit einem mittleren Temperaturunterschied ΔT_m, der so definiert ist, daß er den Ansatz in Gl. (2.61) befriedigt. Wegen der veränderlichen Temperaturen stellt ΔT_m keinen arithmetischen Mittelwert der Temperaturunterschiede dar. Diese Größe findet man in der Literatur für verschiedene Bauarten von Wärmeübertragern fertig berechnet, manchmal in recht unhandlicher Form. Mit Bezug auf (2.61) und (2.62) gilt

$$\frac{\Delta T_m}{T'_1 - T'_2} = \frac{\phi_1}{\psi_1} = \frac{\phi_2}{\psi_2} \; . \tag{2.71}$$

2.4 Einheitlicher Berechnungsgang für Rekuperatoren

Nützlich können die folgenden Beziehungen sein

$$\psi_1 = \frac{k\,A_0}{\dot{W}_1} = \frac{T_1' - T_1''}{\Delta T_m} \;, \tag{2.72}$$

$$\psi_2 = \frac{k\,A_0}{\dot{W}_2} = \frac{T_2'' - T_2'}{\Delta T_m} \;, \tag{2.73}$$

$$\frac{\psi_2}{\psi_1} = \frac{\dot{W}_1}{\dot{W}_2} = \frac{T_2'' - T_2'}{T_1' - T_1''} = \frac{\phi_2}{\phi_1} \;. \tag{2.74}$$

Weiterhin gilt allgemein[9], daß die Betriebscharakteristik ϕ_1 für $\dot{W}_1/\dot{W}_2 = 0$ bei allen Wärmeübertragern und beliebiger Stromführung gleich ist, und zwar

$$\phi_1 = 1 - e^{-\psi_1} = 1 - \exp\left(-\frac{kA_0}{\dot{W}_1}\right) \quad \left(\frac{\dot{W}_1}{\dot{W}_2} = 0\right) \;. \tag{2.75}$$

Dieses bedeutet, daß es beim Betrieb mit $\dot{W}_1/\dot{W}_2 = 0$ für das Ergebnis gleichgültig ist, ob man die Medien im Gleichstrom oder im Gegenstrom oder sonstwie führt. Der Fall $\dot{W}_1/\dot{W}_2 = 0$ tritt ein, wenn das Medium $\dot{W}_2$ entweder kondensierender Dampf oder siedende Flüssigkeit bei $p = $ konst ist, weil dann $c_p = \infty$ ist.

Die zweite gemeinsame Eigenschaft für Stromführungen beliebiger Art ist die Ableitung der Betriebscharakteristik ϕ_1 nach der Übertragungszahl ψ_1 für $\psi_1 = 0$, die für alle Bauarten und Stromführung den Wert eins annimmt

$$\left[\frac{d\phi_1}{d\psi_1}\right]_{\psi_1 = 0} = 1 \;. \tag{2.76}$$

Im folgenden soll anhand einiger Beispielfälle das Arbeiten mit den Wärmeübertrager-Kennzahlen erläutert werden.

a) Gegeben sei die Übertragerfläche A_0

Es mögen die beiden Wärmekapazitätsströme $\dot{W}_1$ und $\dot{W}_2$ mit den Eintrittstemperaturen T_1' und T_2' sowie der Wärmedurchgangskoeffizient k gegeben sein. Außerdem sei auch die Übertragerfläche A_0 bekannt. Als erstes ermittelt man die dimensionslosen Größen $\dot{W}_1/\dot{W}_2$ und $kA_0/\dot{W}_1$. Mit diesen Werten geht man in das zugehörige ϕ-Diagramm ein und liest den Betrag der Funktion ϕ ab. Mit diesem und mit Hilfe der oben angegebenen Gleichungen kann man die ausgetauschte Wärme $\dot{Q}$ und die Austrittstemperaturen T_1'' und T_2'' berechnen.

b) Gesucht sei die Übertragerfläche A_0

Eine andere, häufig wiederkehrende Aufgabe ist die Ermittlung der Übertragerfläche A_0, wenn außer $k, \dot{W}_1, \dot{W}_2$ und außer den Eintrittstemperaturen T_1' und T_2' noch eine Angabe über die Austrittstemperaturen vorliegt, wie z.B. T_1'' oder T_2''.

---

[9]BOŠNJAKOVIĆ F, VILIČIĆ M, SLIPČEVIĆ B (1951) Einheitliche Berechnung von Rekuperatoren. VDI-Forschungsheft 432

Sobald diese bekannt ist, kann man aus Gl. (2.69) oder (2.70) den Wert von ϕ_1 berechnen und mit $\dot{W}_1/\dot{W}_2$ aus dem Diagramm den Wert $kA_0/\dot{W}_1$ ablesen. Da die Größen k und $\dot{W}_1$ gegeben sind, kann man die Übertragerfläche aus $kA_0/\dot{W}_1$ ermitteln. Oft werden weder die Austrittstemperatur des Stroms $\dot{W}_1$ noch diejenige des anderen Stroms gegeben sein, sondern es wird außer den Eintrittstemperaturen T_1' und T_2' vielleicht eine nicht zu überschreitende Temperaturdifferenz ΔT_0 vorgeschrieben sein, die als die kleinste auftretende Differenz zumindest an einem Ende des Wärmeübertragers erreicht werden soll.

Bei Gleichstrom tritt als kleinste Temperaturdifferenz diejenige der Austrittstemperaturen auf

$$\Delta T_0 = T_1'' - T_2'' \ . \tag{2.77}$$

Beim Gegenstrom nach Bild 2.7 kann sich der kleinste Temperaturunterschied entweder am linken oder am rechten Ende des Wärmeübertragers einstellen. Ist z.B. $\dot{W}_1$ der schwächere Wärmekapazitätsstrom, $\dot{W}_1 < \dot{W}_2$, so wird dieser einer stärkeren Temperaturänderung unterworfen als $\dot{W}_2$, d.h. $(T_1' - T_1'') > (T_2'' - T_2')$. Ist dagegen der Wärmekapazitätsstrom $\dot{W}_2$ kleiner als $\dot{W}_1$, so wird $(T_2'' - T_2') > (T_1' - T_1'')$. In jedem Falle stellt sich der kleinste Temperaturunterschied ΔT_0 an der Austrittsseite des schwächeren Stroms ein. Das ist zugleich die Seite für den Eintritt des stärkeren Stroms, und es ist

$$\Delta T_0 = T_1'' - T_2' \quad \text{für Gegenstrom mit} \quad \dot{W}_1 < \dot{W}_2$$

bzw.

$$\Delta T_0 = T_1' - T_2'' \quad \text{für Gegenstrom mit} \quad \dot{W}_2 < \dot{W}_1 \ . \tag{2.78}$$

Dasselbe gilt auch für Kreuzstrom.

Ist die kleinste Temperaturdifferenz ΔT_0 gegeben, so trage man für $\dot{W}_2/\dot{W}_1 > 1$ im ϕ_1,ϕ_2-Diagramm die Strecke $\Delta T_0/(T_1' - T_2')$ an der Ordinatenachse von $\phi_1 = 1$ aus nach unten ab, Bild 2.13. Für Gegenstrom und Kreuzstrom mit $\dot{W}_2/\dot{W}_1 > 1$ ist dadurch schon die Betriebscharakteristik ϕ_1 entsprechend Gl. (2.69) eindeutig bestimmt

$$\phi_1 = 1 - \frac{T_1'' - T_2'}{T_1' - T_2'} = 1 - \frac{\Delta T_0}{T_1' - T_2'} \quad \text{(Gegenstrom und Kreuzstrom)} \ . \tag{2.79}$$

Am Schnittpunkt A der Linie $\phi_1 = $ konst mit dem Strahl $\dot{W}_2/\dot{W}_1 = $ konst liest man im Bild 2.13 die Übertragungszahl $\psi_1 = kA_0/\dot{W}_1$ ab, aus der die gesamte Übertragerfläche A_0 sofort ermittelt werden kann.

Für $\dot{W}_2/\dot{W}_1 < 1$ ist die rechte Seite der Gl. (2.79) nach (2.78) und (2.70) gleich der Betriebscharakteristik ϕ_2. In diesem Fall muß $\Delta T_0/(T_1' - T_2')$ von $\phi_2 = 1$ aus auf der Abszisse nach links abgetragen und $\phi_2 = 1 - \Delta T_0/(T_1' - T_2')$ mit $\dot{W}_2/\dot{W}_1$ zum Schnitt gebracht werden, Punkt B in Bild 2.13.

Besonders einfach wird die Berechnung bei Gegenstrom, wenn die Wärmekapazitätsströme beider Apparate gleich sind, $\dot{W}_1 = \dot{W}_2$. Hier gilt dann nach Gl. (2.42)

$$\phi_1 = \frac{\psi_1}{1 + \psi_1} \tag{2.80}$$

2.4 Einheitlicher Berechnungsgang für Rekuperatoren

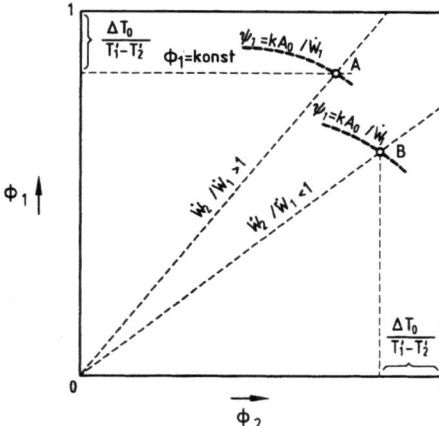

Bild 2.13: Ermittlung der Übertragerfläche A_0 bei Gegenstrom und Kreuzstrom, wenn außer den Eintrittstemperaturen T_1' und T_2' sowie den Kapazitätsströmen $\dot{W}_1$ und $\dot{W}_2$ noch die kleinste Temperaturdifferenz $\Delta T_0 = T_1'' - T_2'$ (für $\dot{W}_2/\dot{W}_1 > 1$) bzw. $\Delta T_0 = T_1' - T_2''$ (für $\dot{W}_2/\dot{W}_1 < 1$) vorgegeben ist

bzw.

$$\psi_1 = \frac{k\,A_0}{\dot{W}_1} = \frac{\phi_1}{1-\phi_1} = \frac{T_1' - T_2'}{\Delta T_0} - 1 \quad \text{(Gegenstrom mit}\quad \dot{W}_1 = \dot{W}_2)\,. \tag{2.81}$$

Bei Gleichstrom ist nach Gl. (2.77) und (2.68)

$$\frac{\Delta T_0}{T_1' - T_2'} = \frac{T_1'' - T_2''}{T_1' - T_2'} = 1 - \phi_1 - \phi_2 \tag{2.82}$$

bzw.

$$\phi_1 = 1 - \frac{\Delta T_0}{T_1' - T_2'} - \phi_2\,. \tag{2.83}$$

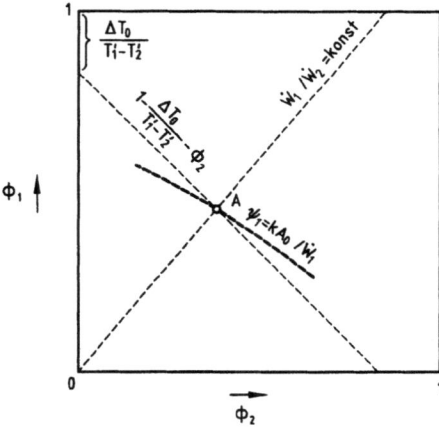

Bild 2.14: Ermittlung der Übertragerfläche A_0 bei Gleichstrom, wenn außer den Eintrittstemperaturen T_1' und T_2' sowie den Kapazitätsströmen $\dot{W}_1$ und $\dot{W}_2$ noch die kleinste einzuhaltende Temperaturdifferenz $\Delta T_0 = T_1'' - T_2''$ vorgegeben ist

Um A_0 zu bestimmen, trage man im ϕ_1, ϕ_2-Diagramm auf der Ordinate von $\phi = 1$ aus die Strecke $\Delta T_0/(T_1' - T_2')$ nach unten ab; von dort zeichne man unter dem Winkel von 45° die Gerade $1 - \Delta T_0/(T_1' - T_2') - \phi_2$ ein und bringe diese mit $\dot{W}_1/\dot{W}_2$ zum Schnitt, Punkt A in Bild 2.14. Dort lese man $\psi_1 = k\,A_0/\dot{W}_1$ ab und ermittle daraus A_0.

c) Gesucht wird der Wärmekapazitätsstrom $\dot{W}_1$ oder $\dot{W}_2$

Gegeben seien $A_0, k, T_1', T_2', \dot{W}_1$ und die kleinste Temperaturdifferenz ΔT_0 an einem Ende des Wärmeübertragers. Gesucht werden $\dot{W}_2$ und $T_1'', T_2'', \dot{Q}$. Zunächst weiß man noch nicht, ob der gegebene Wärmekapazitätsstrom $\dot{W}_1$ schwächer als der gesuchte $\dot{W}_2$ ist oder umgekehrt. Den Gleichstrom wollen wir getrennt vom Gegenstrom betrachten, da die Bedeutung von ΔT_0 nach (2.77) und (2.78) verschieden ist.

α) Gleichstrom-Wärmeübertrager

In diesem Fall zeichnet man, wie bei *b)* nach Gl. (2.83), zunächst die Gerade $\phi_1 = 1 - \phi_2 - \Delta T_0/(T_1' - T_2')$ und bringt diese mit $\psi_1 = k\,A_0/\dot{W}_1$ zum Schnitt. Je nach der Lage des Schnittpunktes ist entweder $\dot{W}_2/\dot{W}_1 > 1$ oder $\dot{W}_2/\dot{W}_1 < 1$. Die zugehörigen Betriebscharakteristiken ϕ_1 und ϕ_2 können dann an der Ordinate bzw. Abszisse abgelesen und damit können die Austrittstemperaturen T_1'' und T_2'' bestimmt werden. Der übertragene Wärmestrom wird dann nach Gl. (2.61) berechnet.

β) Gegenstrom- und Kreuzstrom-Wärmeübertrager

Aus den Angaben berechnet man zunächst $k\,A_0/\dot{W}_1$ und dann wie bei *b)* die Betriebscharakteristiken ϕ_1 und ϕ_2 nach Gl. (2.79). Diese trägt man auf der Ordinate bzw. Abszisse ab, s. Bild 2.15. Nach Bild 2.13 sucht man die Schnittpunkte der Linien $\phi_1 = \phi_2 = $ konst und $\psi_1 = k\,A_0/\dot{W}_1$.

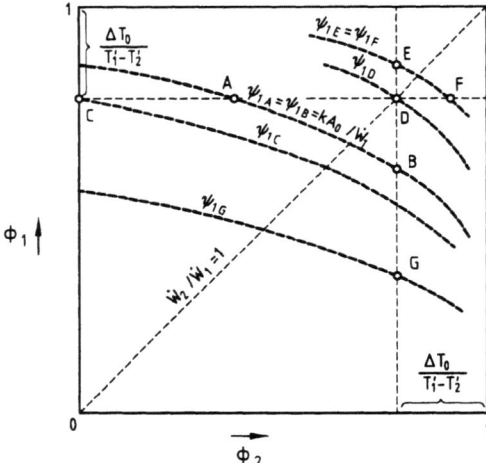

Bild 2.15: Gesucht ist der Wärmekapazitätsstrom $\dot{W}_2$ bei Gegenstrom

Für $\psi_{1C} \leq \psi_1 < \psi_{1D}$, sowie für $\psi_1 > \psi_{1D}$, Bild 2.15, bekommt man als Ergebnis zwei Punkte A und B, bzw. E und F, die Lösung ist somit zweideutig.
Für $\psi_1 = \psi_{1D}$ und $\psi_1 < \psi_{1C}$ erhält man dagegen nur eine Lösung (Punkte D und G in Bild 2.15).

2.5 Wärmewirkungsgrad

In einem idealen[10] Gegenstromapparat mit unendlich großer Übertragerfläche sollte sich die Ablauftemperatur des schwächeren Stroms mit der Einlauftemperatur des stärkeren Stroms ausgleichen

$$T_1'' = T_2' \quad \text{für} \quad \dot{W}_1 \leq \dot{W}_2 \, , \tag{2.84}$$

$$T_1' = T_2'' \quad \text{für} \quad \dot{W}_1 \geq \dot{W}_2 \, . \tag{2.85}$$

Der schwächere Strom würde sich in diesem Fall um den Betrag $(T_1' - T_2')$ erwärmen oder abkühlen, und der übergegangene Wärmestrom wäre

$$\dot{Q}_\infty = \dot{W}_1(T_1' - T_2') \quad \text{für} \quad \dot{W}_1 \leq \dot{W}_2 \tag{2.86}$$

bzw.

$$\dot{Q}_\infty = \dot{W}_2(T_1' - T_2') \quad \text{für} \quad \dot{W}_1 \geq \dot{W}_2 \, . \tag{2.87}$$

Der Index ∞ weist darauf hin, daß ein solcher Temperaturausgleich nur bei einer unendlich großen Übertragerfläche des Apparates, $A_0 \to \infty$, möglich wäre.

Beim Gleichstromapparat mit unendlich großer Übertragerfläche, $A_0 \to \infty$, wird die Austrittstemperatur $T_1'' = T_2''$ irgendwo zwischen T_1' und T_2' liegen, Bild 2.4, und der Wärmestrom wird wesentlich kleiner sein als bei einem Gegenstromapparat, was einer der Mängel dieser Ausführung ist.

Bei Apparaten mit einer endlich großen Übertragerfläche A_0 wird nur ein Wärmestrom $\dot{Q}$ ausgetauscht, der geringer ist als $\dot{Q}_\infty$. Das Verhältnis dieser Wärmeströme bezeichnen wir als Wärmewirkungsgrad für den betreffenden Betriebszustand des Apparates

$$\varepsilon = \frac{\dot{Q}}{\dot{Q}_\infty} \, . \tag{2.88}$$

Aus den Gln. (2.61), (2.86) und (2.88) folgt, daß der Wärmewirkungsgrad ε immer der Betriebscharakteristik ϕ des schwächeren Wärmekapazitätsstroms entspricht

$$\varepsilon = \begin{cases} \phi_1 & \text{für} \quad \dot{W}_1 \leq \dot{W}_2 \\ \phi_2 & \text{für} \quad \dot{W}_1 \geq \dot{W}_2 \end{cases} \, . \tag{2.89}$$

Nach Gl. (2.66) bzw. (2.67) stellt aber dieser Wärmewirkungsgrad auch das Verhältnis der erreichten Temperaturänderung des schwächeren Stroms zum ursprünglichen Temperaturunterschied $(T_1' - T_2')$ der zugeführten Ströme dar.

In Bild 2.16 ist der Verlauf der Wärmewirkungsgrade $\varepsilon_{gl}, \varepsilon_k$ und ε_{gn} für Gleichstrom, Kreuzstrom und Gegenstrom in Abhängigkeit von $k\,A_0/\dot{W}_k$ gezeigt. Hierin

---

[10] „Ideal" ist hier nicht im Sinne von „reversibel", sondern im Sinne des vollen Temperaturausgleichs an einem Ende des Übertragers gemeint.

170   2 Technische Wärmeübertrager

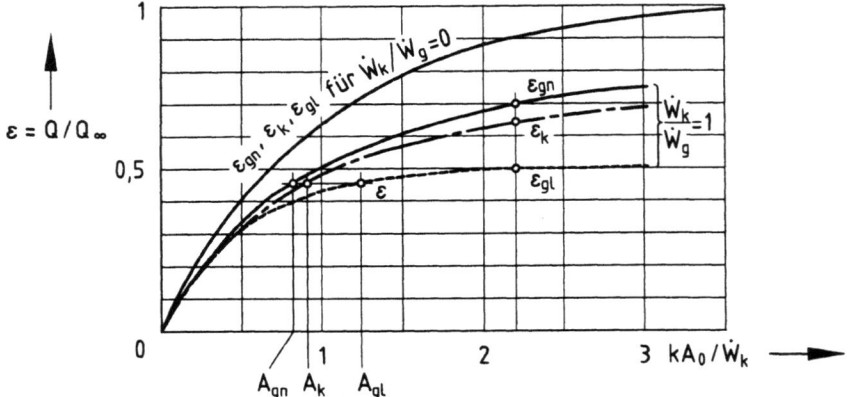

Bild 2.16: Wärmewirkungsgrade $\varepsilon_{gl}, \varepsilon_k$ und ε_{gn} bei Gleichstrom, Kreuzstrom und Gegenstrom

bedeuten $\dot{W}_k$ den kleineren und $\dot{W}_g$ den größeren der beiden Wärmekapazitätsströme, $\dot{W}_k \leq \dot{W}_g$; beim Betrieb mit $\dot{W}_k/\dot{W}_g = 0$ besteht bezüglich des Wärmewirkungsgrades kein Unterschied zwischen den drei erwähnten Apparaten. Diesem Fall begegnet man z.B. bei Heizkörpern, die mit gesättigtem Dampf beheizt werden, da die spezifische Wärme des gesättigten Dampfes, wie früher gezeigt wurde, $c_p = \infty$ ist und damit auch $\dot{W}_g = \infty$ wird.

Den kleinsten Wert des Wärmewirkungsgrades erhält man für $\dot{W}_k/\dot{W}_g = 1$ und zwar unterschiedlich für Gegenstrom, Kreuzstrom und Gleichstrom.

Die schlechteste Wärmeausnützung zeigt bei sonst gleichen äußeren Bedingungen ($\dot{W}_1, \dot{W}_2, k, A_0$) der Gleichstromrekuperator; besser ist der Kreuzstromrekuperator und am besten der Gegenstromrekuperator. Bei Kreuzstrom und Gegenstrom nähert sich bei Vergrößerung der Übertragerfläche A_0 der Wärmewirkungsgrad ε asymptotisch dem Wert 1. Deswegen kann man bei Kreuzstrom denselben Effekt wie bei Gegenstrom erzielen, allerdings um den Preis einer unter Umständen wesentlich größeren Übertragerfläche als beim Gegenstromapparat. Um den gleichen Wärmewirkungsgrad ε zu erreichen, kann beim gleichen Wärmedurchgangskoeffizienten k die Übertragerfläche A_{gn} bei Gegenstrom wesentlich kleiner sein als A_k bei Kreuzstrom. Deswegen würde bei ähnlicher Konstruktion der Gegenstromapparat in der Anschaffung billiger als der Kreuzstromapparat sein.

Häufig lassen sich aber Kreuzstromapparate selbst bei größerer Übertragerfläche billiger herstellen als Gegenstromapparate. Das ist der Grund dafür, daß Kreuzstromrekuperatoren in der Praxis, z.B. als Plattenwärmeübertrager, so häufig anzutreffen sind.

Bei Gleichstrom wird für $A_0 \to \infty$ außer für $\dot{W}_k/\dot{W}_g = 0$ nie der Grenzwert 1, sondern höchstens $\varepsilon_\infty = 1/(1 + \dot{W}_k/\dot{W}_g)$ erreicht. Deswegen ist für Gleichstrom der Wärmewirkungsgrad ε außer für $\dot{W}_k/\dot{W}_g = 0$ immer wesentlich kleiner als für Kreuz- und Gegenstrom.

2.6 Gütegrad des Wärmeübertragers

Als Gütegrad η des Wärmeübertragers wollen wir hier das Verhältnis des erreichten Wärmewirkungsgrades ε zu dem Wärmewirkungsgrad ε_∞ bezeichnen, der sich mit einem Wärmeübertrager gleicher Art, aber mit einer unendlich großen Übertragungsfläche $A_0 = \infty$ erreichen ließe,

$$\eta = \frac{\varepsilon}{\varepsilon_\infty} \ . \tag{2.90}$$

Da für Gegenstrom und Kreuzstrom $\varepsilon_\infty = 1$ wird, ist für diese Apparate der Gütegrad η mit dem Wärmewirkungsgrad ε identisch und gleich der Betriebscharakteristik ϕ_k des kleineren Wärmekapazitätsstroms $\dot{W}_k$

$$\eta = \varepsilon = \phi_k \quad \text{(für Gegenstrom und Kreuzstrom)} \ . \tag{2.91}$$

Dagegen ist für Gleichstrom nach Gl. (2.89), (2.90), (2.66) und $\varepsilon_\infty = 1/(1+\dot{W}_k/\dot{W}_g)$

$$\eta_{gl} = \left(1 + \frac{\dot{W}_k}{\dot{W}_g}\right) \varepsilon = \phi_k + \phi_g \quad \text{(Gleichstrom)} \ . \tag{2.92}$$

Die obere Grenze des Gütegrades ist bei jedem Wärmeübertrager $\eta_{\max} = 1$, die nur bei einer unendlich großen Oberfläche erreicht werden kann. Mit Rücksicht auf die Anschaffungskosten wird man sich mit einem kleineren Apparat begnügen und man wird einen solchen Gütegrad η_{opt} anstreben, bei dem sich unter Berücksichtigung der Anschaffungs- und der Betriebskosten die günstigsten Gesamtkosten ergeben. Je nach den Umständen kann der optimale Gütegrad η_{opt} wesentlich kleiner als 1 sein.

2.7 Gekoppelte Wärmeübertrager

Zwei oder mehr Apparate verschiedener Bauart und mit verschiedenen Betriebscharakteristiken $\phi_{1,i}$ bzw. $\phi_{2,i}$ können durch Leitungen untereinander zu einem Gesamtapparat mit den Charakteristiken $\phi_{1,ges}$ bzw. $\phi_{2,ges}$ gekoppelt werden. Eine solche Koppelung kann im Gleichsinn erfolgen, indem beide Ströme zuerst den ersten Apparat, dann beide Ströme den zweiten Apparat und so der Reihe nach die weiteren Apparate durchströmen. Sie können aber auch im Gegensinn gekoppelt werden, indem der eine Strom zuerst den ersten Apparat, der zweite Strom zuerst den letzten Apparat durchströmt und so die beiden Ströme im Gegensinn durch verschiedene Apparate geführt werden. In beiden Fällen können jedoch die Einzelapparate sowohl im Gleichstrom als auch im Gegenstrom oder in einer beliebigen anderen Stromführung arbeiten, weswegen wohl zu unterscheiden ist zwischen der Gleichsinn- und der Gegensinnkoppelung mehrerer Apparate und Gleichstrom- und

172   2 Technische Wärmeübertrager

Gegenstromführung innerhalb eines einzelnen Teilapparates. Außerdem können sogar gemischte Koppelungen vorkommen, bei denen einige Apparate im Gleichsinn, die anderen im Gegensinn geschaltet sind.

Die Übertragungszahlen $\psi_{1,i} = k_i A_{0i}/\dot{W}_1$ und $\psi_{2,i} = k_i A_{0i}/\dot{W}_2$ der Einzelapparate addieren sich — wie die Übertragerflächen — zu den Übertragungszahlen $\psi_{1,\text{ges}}$ bzw. $\psi_{2,\text{ges}}$ des Gesamtapparates

$$\psi_{1,\text{ges}} = \sum_{i=1}^{n} \psi_{1,i} = \sum_{i=1}^{n} k_i A_{0i}/\dot{W}_1 \quad , \tag{2.93}$$

$$\psi_{2,\text{ges}} = \sum_{i=1}^{n} \psi_{2,i} = \sum_{i=1}^{n} k_i A_{0i}/\dot{W}_2 \quad . \tag{2.94}$$

Weil die von dem einen Strom abgegebene Wärme bei nach außen adiabatem Gesamtapparat genauso groß ist wie die vom anderen Strom aufgenommene Wärme, muß auch das Verhältnis der Betriebscharakteristiken des Gesamtapparates gleich dem reziproken Verhältnis der entsprechenden Wärmestromkapazitäten und damit gleich dem Verhältnis der Übertragungszahlen und dem der Betriebscharakteristik der Einzelapparate sein

$$\frac{\phi_{1,\text{ges}}}{\phi_{2,\text{ges}}} = \frac{\dot{W}_2}{\dot{W}_1} = \frac{\psi_{1,\text{ges}}}{\psi_{2,\text{ges}}} = \frac{\psi_{1,i}}{\psi_{2,i}} = \frac{\phi_{1,i}}{\phi_{2,i}} \quad . \tag{2.95}$$

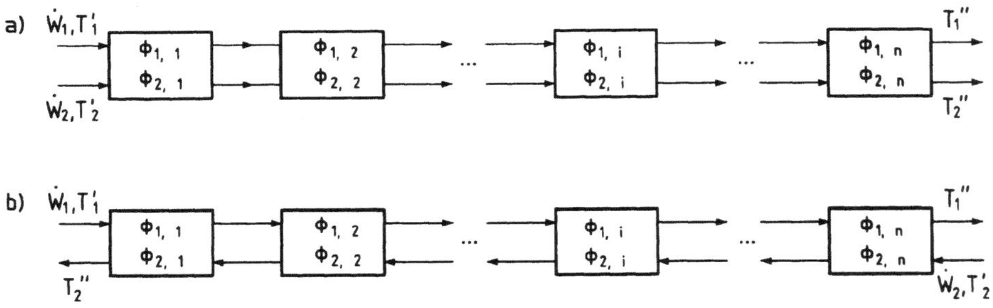

Bild 2.17: Gekoppelte Wärmeübertrager, a) im Gleichsinn geschaltet b) im Gegensinn geschaltet

Bei Gleichsinnschaltung erhält man nach Bild 2.17a und Gl. (2.68) für die Betriebscharakteristiken $\phi_{1,\text{ges}}$ und $\phi_{2,\text{ges}}$

$$1 - \phi_{1,\text{ges}} - \phi_{2,\text{ges}} = \prod_{i=1}^{n}(1 - \phi_{1,i} - \phi_{2,i}) \quad \text{(Gleichsinn)} \tag{2.96}$$

oder mit Gl. (2.95)

$$\phi_{1,\text{ges}} = \frac{1 - \prod\limits_{i=1}^{n}\left[1 - \phi_{1,i}\left(1 + \frac{\dot{W}_1}{\dot{W}_2}\right)\right]}{1 + \frac{\dot{W}_1}{\dot{W}_2}} \quad \text{(Gleichsinn)} \quad . \tag{2.97}$$

2.7 Gekoppelte Wärmeübertrager

Bei Gegensinnschaltung gilt für die Betriebscharakteristiken des Gesamtapparates nach Bild 2.17b, Gl. (2.70) und (2.69)

$$\frac{1-\phi_{2,\text{ges}}}{1-\phi_{1,\text{ges}}} = \prod_{i=1}^{n} \frac{1-\phi_{2,i}}{1-\phi_{1,i}} \quad (\text{Gegensinn},\ \dot{W}_1/\dot{W}_2 \neq 1) \tag{2.98}$$

oder mit Gl. (2.95)

$$\frac{1}{1-\phi_{1,\text{ges}}} = \frac{\prod_{i=1}^{n}\left[1+\frac{\phi_{1,i}}{1-\phi_{1,i}}\left(1-\frac{\dot{W}_1}{\dot{W}_2}\right)\right] - \frac{\dot{W}_1}{\dot{W}_2}}{1 - \frac{\dot{W}_1}{\dot{W}_2}} \quad (\text{Gegensinn},\ \dot{W}_1/\dot{W}_2 \neq 1)\ . \tag{2.99}$$

Für $\dot{W}_1/\dot{W}_2 \to 1$ ergibt dies allerdings einen unbestimmten Ausdruck, den man durch Ausmultiplizieren des Produkts in

$$\frac{1}{1-\phi_{1,\text{ges}}} = 1 + \sum_{i=1}^{n} \frac{\phi_{1,i}}{1-\phi_{1,i}} \quad (\text{Gegensinn},\ \dot{W}_1/\dot{W}_2 = 1) \tag{2.100}$$

überführen kann.

Die Betriebscharakteristiken $\phi_{1,\text{ges}}$ bzw. $\phi_{2,\text{ges}}$ des Gesamtapparates lassen sich somit auf einfache Weise aus den Betriebscharakteristiken $\phi_{1,i}$ bzw. $\phi_{2,i}$ der i Teilapparate ermitteln, wonach dann die Gesamtanlage wie ein neuer Wärmeübertrager nach den besprochenen Regeln berechnet werden kann[11].

Wir wollen hier noch erwähnen, daß man allgemein beweisen kann, daß es für das Verhalten der gekoppelten Wärmeübertrager belanglos ist, in welcher Reihenfolge die Einzelapparate geschaltet werden, soweit deren individueller Schaltungssinn gewahrt bleibt (Kommutationsregel); des weiteren, daß die Gegensinnschaltung beliebiger Wärmeübertrager in Bezug auf die gesamte Betriebscharakteristik ϕ immer günstiger als die Gleichsinnschaltung derselben Apparate ist. Nur für $\dot{W}_1/\dot{W}_2 = 0$ werden beide Schaltungen gleichwertig.

Auch das merkwürdige Ergebnis soll erwähnt werden, daß die gleichsinnige Koppelung einer geraden Anzahl an sich sehr guter und gleichwertiger Teilapparate mit $\phi_{1,i} \approx 1$ einen Wirkungsgrad der Gesamtanlage liefert, der nicht nur schlechter, sondern nahezu $\phi_1 \approx 0$ wird, weil dann der nachgeschaltete Apparat immer die Austauschwirkung des vorangegangenen Apparates aufhebt. Der Strom, der im ersten Apparat erwärmt wurde, wird im nächsten ebenso gründlich abgekühlt, und die gekoppelte Gleichsinnanlage versagt. Das gilt nicht für eine ungerade Anzahl von Teilapparaten und natürlich nicht für Gegensinnschaltung.

---

[11] BOŠNJAKOVIĆ F, VILIČIĆ M, SLIPČEVIĆ B (1951) Einheitliche Berechnung von Rekuperatoren. VDI-Forschungsheft 432

2.8 Günstigste Größe eines Wärmeübertragers

Die günstigste Größe eines Wärmeübertragers wird in der Technik durch wirtschaftliche Überlegungen bestimmt. Obwohl es sich dabei nicht um ein ausschließliches Wärmeproblem handelt, sollen die entsprechenden Gedankengänge doch berührt werden, da der Ingenieur oft vor der Aufgabe steht, die Größe der Übertragerfläche A_0 zu bestimmen, bzw. sich für gewisse kleinste Temperaturdifferenzen an dem einen oder anderen Apparateende zu entscheiden.

Je nach der zu erfüllenden Aufgabe des Wärmeübertragers wird die Beurteilung der günstigsten Verhältnisse von sehr verschiedenen Gesichtspunkten ausgehen müssen. Aber in den meisten Fällen berechnet man als Kosten die Abschreibung und die Verzinsung des Anlagewertes, welcher in erster Näherung der Größe der Übertragerfläche verhältnisgleich ist. Diesen Kosten steht gegebenenfalls ein Gewinn gegenüber, den man erwartet, wenn man die im Wärmeübertrager ausgenützte Wärme einer bestimmten Aufgabe zuführt. In anderen Fällen aber können sich zu den erwähnten Unkosten noch andere in der Form eines Gewinnausfalles gesellen. Arbeitet beispielsweise in einer Dampfkraftanlage der Kondensator als Wärmeübertrager unvollkommen, so erleidet man eine Einbuße an erzeugter Arbeitsleistung. Die Kriterien für die Unkosten wie für die Ersparnisse muß man eben von Fall zu Fall studieren und abschätzen. Im folgenden sollen einige Beispiele eingehender erläutert werden.

2.8.1 Einsparung von Energieträgern durch Wärmerückgewinnung

Wärmerückgewinnung aus heißen Abgasen bzw. sonstigen noch heißen Nutz- und Abfallstoffen stellt eine wichtige Maßnahme zum sparsamen Umgang mit Energieträgern dar. Kann die rückgewonnene Wärme innerhalb oder außerhalb des betreffenden Betriebes genutzt werden, so erspart sie eine entsprechende Menge Brennstoff, so daß hier ein ganz bestimmter Preis je übertragener Wärmeeinheit, d.h. c_Q in DM/kJ aufgrund des Brennstoffpreises angegeben werden kann. Es seien

c_Q	in	DM/kJ	der Wärmepreis
C_B	in	DM/h	die Betriebskosten (für Ventilatorarbeit u.ä.)
I	in	DM	die Investitionskosten der Anlage zur Wärmerückgewinnung
a	in	1/a	jährlicher Abschreibungsfaktor einschließlich der Verzinsung des Anlagewertes
n	in	h/a	Anzahl der Betriebsstunden pro Jahr, in denen die Wärmerückgewinnung im Vollastbetrieb läuft.

In einem Wärmeübertrager mit dem Wärmeumsatz von $\dot{Q}$ kJ/h wird der Wert der jährlich verwerteten Wärme $\dot{Q}\, n\, c_Q$ in DM/a sein, wenn sich die Anlage n Stunden jährlich im Vollastbetrieb befindet.

Die Anlagekosten belasten die Ausgaben mit dem Jahresbetrag $a \cdot I$ und die Betriebskosten[12] mit $n\, C_B$. Der Unterschied zwischen dem Gegenwert der im Wär-

---

[12] Daß die Betriebskosten nicht der Anzahl der Vollaststunden, sondern eher der Gesamtzahl

2.8 Günstigste Größe eines Wärmeübertragers

meübertrager jährlich übertragenen Wärme und der Höhe der zuletzt erwähnten Ausgaben gibt die jährliche Einsparung E in DM/a

$$E = \dot{Q}\, n\, c_Q - (a\, I + n\, C_B) \quad \text{in} \quad \text{DM/a} . \tag{2.101}$$

Mit Gl. (2.62) und mit Gl. (2.101) erhält man, wenn $\dot{W}_k$ den kleinen Wärmekapazitätsstrom und ϕ_k die zugehörige Betriebscharakteristik bedeuten

$$E = n\, c_Q\, \dot{W}_k (T_1' - T_2') \left(\phi_k - \zeta \frac{k A_0}{\dot{W}_k} \right) . \tag{2.102}$$

Hier ist die Kostenkennzahl

$$\zeta = \frac{(a\, I + n\, C_B)/A_0}{n\, c_Q\, k\, (T_1' - T_2')} \tag{2.103}$$

das Verhältnis der Abschreibungs-, Verzinsungs- und Betriebskosten der Anlage zu dem Preis derjenigen Wärmemenge, die man in der Anlage während der jährlichen Betriebsstunden bei einer Temperaturdifferenz $(T_1' - T_2')$ umsetzen würde.

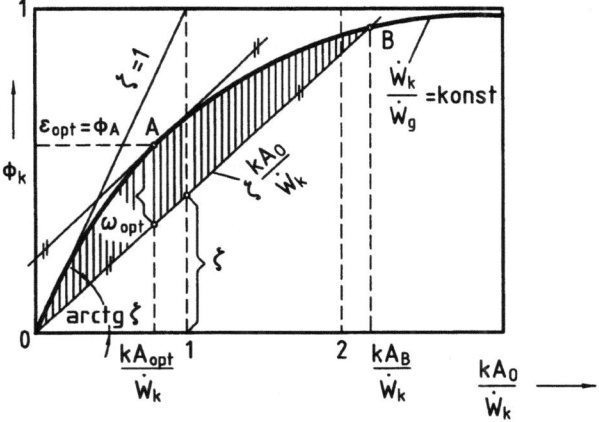

Bild 2.18: Die Kostenkennzahl ζ bestimmt die optimale Größe des Wärmeübertragers $A_{\text{opt}} = A_A$

Unter der Voraussetzung, daß die Investitions- und Betriebskosten in etwa proportional zur Übertragerfläche wachsen, ist die Kostenkennzahl ζ nach Gl. (2.103) in erster Näherung konstant und bei bekannten Preisen und anderen Bedingungen (n, k, T_1', T_2') auch bekannt. In diesem Fall wird der Ausdruck

$$\omega = \phi_k - \zeta \frac{k A_0}{\dot{W}_k} \tag{2.104}$$

---

der Betriebsstunden proportional sind, muß gegebenenfalls durch einen Korrekturfaktor berücksichtigt werden.

dem ϕ-Diagramm, Bild 2.18, entnommen und zwar als die Differenz der Ordinate der ϕ-Linie für $\dot{W}_k/\dot{W}_g = $ konst und der Geraden $\zeta\, k\, A_0/\dot{W}_k$, die man in das ϕ-Diagramm so einzeichnet, daß man bei $k\, A_0/\dot{W}_1 = 1$ die Größe ζ aufträgt. Man sieht sofort, daß der Ausdruck $\left(\phi_k - \zeta \frac{kA_0}{\dot{W}_k}\right)$ und mit ihm auch die Jahresersparnis E zunächst mit zunehmender Fläche A_0 zunimmt, und zwar bis zum Punkt A. Hier ist der Größtwert ω_{opt} dieser Differenz erreicht, die bei einer weiteren Zunahme der Übertragungsfläche kleiner wird. In Punkt B sind die Investitionskosten wegen der großen Übertragungsfläche A_B schon so angewachsen, daß deren Amortisation und Verzinsung die ganzen Einsparungen auffressen, $\omega_E = 0$.
Die größten Ersparnisse verspricht der Betriebszustand, der mit dem Punkt A gekennzeichnet ist, und es ist die optimale Größe

$$A_{\text{opt}} = A_A \,. \tag{2.105}$$

Den Punkt A ermittelt man mit Hilfe der Tangente, die parallel zu der Geraden $\zeta\, k\, A_0/\dot{W}_k$ verläuft. Ein Apparat mit dieser Übertragerfläche A_{opt} gibt die größten Jahresersparnisse

$$E_{\max} = n\, c_Q\, \dot{W}_k (T_1' - T_2')\, \omega_{\text{opt}} \,. \tag{2.106}$$

Die Vergrößerung der Übertragerfläche über diesen optimalen Wert A_{opt} würde unwirtschaftlich sein. Der Betrag von ϕ_k stellt auch den Wärmewirkungsgrad ε dar. Der optimale Wärmewirkungsgrad $\varepsilon_{\text{opt}} = \varepsilon_A$ und damit auch der optimale Gütegrad $\eta_{\text{opt}} = \eta_A$ des wirtschaftlichsten Wärmeübertragers hängt wesentlich von den Investitionskosten, vom Wärmepreis und besonders vom zeitlichen Nutzungsfaktor n ab. Er kann merklich kleiner als 1 sein.
In den ϕ_1, ϕ_2-Diagrammen läßt sich die optimale Übertragerfläche A_{opt} nicht so einfach bestimmen wie im ϕ_1, ψ_1-Diagramm des Bildes 2.18. Man kann aber im Optimum die Steigung $\zeta = (\partial \phi_1/\partial \psi_1)_{\dot{W}_1/\dot{W}_2}$ ermitteln und die Linien konstanter Steigung $\zeta = (\partial \phi_1/\partial \psi_1)_{\dot{W}_1/\dot{W}_2}$ in die ϕ_1, ϕ_2-Diagramme übertragen.
Nach Gl. (2.27), (2.28) und (2.30) erhält man für Gleichstrom

$$\zeta_{\text{opt}} = \left(\frac{\partial \phi_1}{\partial \psi_1}\right)_{\dot{W}_1/\dot{W}_2} = \exp\left[-\left(1 + \frac{\dot{W}_1}{\dot{W}_2}\right)\psi_1\right] = 1 - \phi_1 - \phi_2 \,, \tag{2.107}$$

bzw.

$$\phi_1 = 1 - \zeta - \phi_2 \quad \text{(Optimum bei Gleichstrom)} \,. \tag{2.108}$$

Danach liegen die wirtschaftlich optimalen Betriebszustände bei gegebener Kostenkennzahl ζ für Gleichstrom auf einer Geraden, die von der Ordinate $1 - \zeta$ ausgehend parallel zu den Θ_m-Linien verläuft. Sie läßt sich bei gegebener Kostenkennzahl leicht in Bild 2.6 eintragen. Den wirtschaftlich optimalen Betriebspunkt findet man dann z.B. als Schnittpunkt der Geraden $\zeta = $ konst und $\dot{W}_1/\dot{W}_2 = $ konst.
Bei Gegenstrom bekommt man durch Differentiation der Gl. (2.41) unter Verwendung von Gl. (2.30), (2.69) und (2.70) als Bedingung für den wirtschaftlich optimalen Betriebspunkt

$$\zeta_{\text{opt}} = \left(\frac{\partial \phi_1}{\partial \psi_1}\right)_{\dot{W}_1/\dot{W}_2} = (1 - \phi_1)(1 - \phi_2) = (1 - \phi_1)(1 - \frac{\dot{W}_1}{\dot{W}_2}\phi_1) \,, \tag{2.109}$$

2.8 Günstigste Größe eines Wärmeübertragers

bzw.

$$\phi_1 = 1 - \frac{\zeta}{1 - \phi_2} \quad \text{(Optimum bei Gegenstrom)}. \tag{2.110}$$

Linien konstanter Kostenkennzahl ζ wurden in Bild 2.8 für Gegenstrom und (als Ergebnis einer numerischen Berechnung[13]) für Kreuzstrom in Bild 2.12 als strichpunktierte Linien aufgenommen.

Für eine konstante Kostenkennzahl ζ und vorgegebenes Verhältnis der Wärmekapazitätsströme $\dot{W}_1/\dot{W}_2$ können die Betriebscharakteristik $\phi_{1,\text{opt}}$ und die Übertragungszahl $\psi_{1,\text{opt}}$ für den wirtschaftlichsten Betriebspunkt direkt aus den Diagrammen abgelesen werden. Aus der optimalen Übertragungszahl $\psi_{1,\text{opt}}$ kann dann unmittelbar die optimale Übertragerfläche $A_{0,\text{opt}}$ bestimmt werden.

Bei der Wahl eines Wärmeübertragers wird man verschiedene Ausführungsarten zum Vergleich heranziehen. Als Vergleichsgröße eignet sich gut die optimale Wirtschaftlichkeitskennzahl ω_{opt} entsprechend dem Ausdruck in Gl. (2.104). Sie gibt denjenigen Anteil der jährlich höchstens einzusparenden Heizkosten $n\,c_Q\,\dot{W}_k\,(T_1' - T_2')$ an, der bei wirtschaftlich optimalen Bedingungen tatsächlich eingespart wird.

Man kann für jede Ausführung denjenigen Wert ω_{opt} ermitteln, der die größtmöglichen Jahresersparnisse verspricht. In Bild 2.19 sind ω_{opt}-Linien in Abhängigkeit vom ζ-Wert für einige Ausführungen von Wärmeübertragern zum Vergleich eingezeichnet, wie sie sich aus den ϕ-Diagrammen ergeben. Danach wird der reine Gegenstromapparat nur solange den anderen Ausführungen überlegen sein, wie man sie bei gleicher Kostenkennzahl ζ vergleicht. Die auf die Übertragerfläche bezogenen Investitionskosten sind für die verschiedenen Ausführungsarten unterschiedlich hoch. Ähnliches gilt auch für die Wärmedurchgangskoeffizienten, welche z.B. bei Kreuzstrom merklich besser als bei Gegenstrom sein können, was einen geringeren Wert der Kostenkennzahl ζ zur Folge hat.

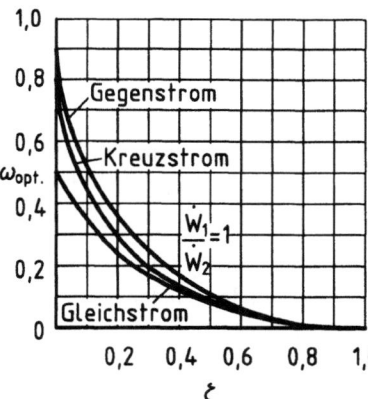

Bild 2.19: Die bei Gleich-, Kreuz- und Gegenstrom optimal erzielbare Wirtschaftlichkeitskennzahl ω_{opt}, nach Gl. (2.104) abhängig von der Kostenkennzahl ζ nach Gl. (2.103)

In Bild 2.19 sieht man, daß mit der Kreuzstromausführung ein günstigerer Wert ω_{opt} erzielt werden kann als bei Gegenstrom, obwohl die Linie für Kreuzstrom niedriger

---
[13] Die Berechnung verdanken wir Frau Dipl.-Ing. S. KNOPP, Aachen

liegt als diejenige für Gegenstrom. Das ist ein Grund, die Kreuzstromausführung dem Gegenstrom vorzuziehen.

Je größer die Kostenkennzahl ζ ist, um so kleiner wird allerdings auch die dazugehörige optimale Größe des Wärmeübertragers und um so kleiner werden ω_{opt} und damit nach Gl. (2.106) auch die jährlich bestenfalls erzielbaren Einsparungen; für $\zeta = 1$ werden $\omega_{\text{opt}} = 0$, $A_{\text{opt}} = 0$ und $E_{\text{max}} = 0$. Für einen solchen Betrieb würde es sich nicht mehr lohnen, eine Anlage zur Wärmerückgewinnung einzusetzen.

Praktisch liegt die Grenze für einen sinnvollen Einsatz deutlich unterhalb $\zeta = 1$, denn nach Bild 2.19 beträgt für alle Kostenkennzahlen $\zeta > 0,5$ die unter optimalen Bedingungen mögliche Einsparung an Heizkosten weniger als 10% der maximal möglichen.

Man sieht somit aus Bild 2.19, daß der Einsatz einer Anlage zur Wärmerückgewinnung nur dann wirtschaftliche Vorteile zu bringen vermag, d.h. nur dann technisch sinnvoll ist, wenn die Kostenkennzahl $\zeta \leq 0,5$ ist. Diese Bedingung, auf Gl. (2.103) angewendet, liefert das Ergebnis, daß der Einsatz des Wärmeübertragers nur dann sinnvoll ist, wenn sich die Einlauftemperaturen der beiden Medien mindestens um den Betrag

$$T_1' - T_2' \geq 2 \cdot \frac{a\,I + n\,C_B}{n\,c_Q\,k\,A_0} \qquad (2.111)$$

voneinander unterscheiden. Andernfalls würde bei festliegendem Wärmepreis, Flächenpreis des Wärmeübertragers, Abschreibungs- und Verzinsungsquote, Wärmedurchgangskoeffizienten und zeitlichem Ausnutzungsfaktor der Wert der rückgewinnbaren Wärme im Vergleich zu den Kosten, die durch die Anschaffung und Inbetriebhaltung des Wärmeübertragers anfallen, so gering, daß sich der Betrieb der Anlage nicht lohnt.

Wir können noch den Ausdruck in Gl. (2.111) in solche Größen trennen, die vorwiegend von der Art des Wärmeübertragers und in solche, die nur von der Marktlage abhängig sind. Dann bekommt man etwa den Ausdruck

$$(T_1' - T_2')\frac{n\,c_Q}{a} \geq 2\left(\frac{I}{k\,A_0} + \frac{n\,C_B}{a\,k\,A_0}\right) \; . \qquad (2.112)$$

Auf der linken Seite findet man Angaben über die wärmewirtschaftliche Situation, in der man erwägt, einen Wärmeübertrager einzuschalten oder nicht. Das ist der Wärmepreis c_Q des freien Marktes, der Abschreibungs- und Verzinsungsfaktor a, die Zahl der Betriebsstunden n und die zur Verfügung stehende Differenz der Einlauftemperaturen, alles Größen, die kaum von der Wahl des Wärmeübertragers beeinflußbar sind[14]. Auf der rechten Seite haben wir dagegen den Flächenpreis I/A_0 des Wärmeübertragers, der bei verschiedenen Konstruktionen oder verschiedenen Fertigungsverfahren verschieden ausfallen kann. Ebenso werden der Wärmedurchgangskoeffizient k und die Betriebskosten C_B wesentlich durch die Auswahl des Wärmeübertragers und damit durch die Geschicklichkeit des Entwurfsingenieurs beeinflußt. Bei den bisherigen und folgenden Wirtschaftlichkeitsüberlegungen darf

---

[14]Der Abschreibungsfaktor a wird meist durch die Lebensdauer der Gesamtanlage vorgegeben, es sei denn, daß die Lebensdauer des Wärmeübertragers infolge von Korrosionserscheinungen für viel kürzer gehalten wird.

nicht übersehen werden, daß einige der maßgebenden Größen gewöhnlich nur mit einer sehr mäßigen Zuverlässigkeit bekannt sind. So z.B. kann man den Wärmedurchgangskoeffizienten k mit Hilfe von Wärmeübergangsgleichungen aus der Literatur recht gut und zuverlässig berechnen für den Fall, daß die Übertragerflächen sauber sind. Im Betrieb werden aber oft durch Ablagerungen die Strömungs- und Wärmedurchgangsverhältnisse so stark verändert, daß die Leistung der Apparate auf die Hälfte und mehr sinken kann. Durch regelmäßige Reinigung und durch Überdimensionierung des Wärmeübertragers kann man diesem Nachteil begegnen und damit die Unzuverlässigkeit des Wärmedurchgangskoeffizienten einschränken. Viel unzuverlässiger wird oft die Aussage über die Zahl der Betriebsstunden n sein, weil die Betriebsdauer über mehrere Jahre hinaus nur schlecht vorausgesagt werden kann, und die Anlage durchaus nicht immer voll belastet sein wird.
Wenn aber die Unterlagen unzuverlässig sind, so kann man auch bei den Ergebnissen nicht einen hohen Grad von Zuverlässigkeit erwarten und kann auch nicht die optimale Größe des Wärmeübertragers auf Dezimalstellen genau festlegen wollen. Man muß vielmehr bei der optimalen Auslegung eines Wärmeübertragers reichlich Spielraum lassen.

2.8.2 Irreversibilität der Wärmeübertragung und Kosten der Wärmeübertrager

Im vorangegangenen Abschnitt wurde die Frage behandelt, welche Aufwendungen sich betriebwirtschaftlich lohnen, um Wärme zurückzugewinnen, die sonst nutzlos an die Umgebung abgegeben würde. Eine für die Auslegung technischer Anlagen ebenso wichtige Frage ist die zweckmäßige Dimensionierung der in diese Anlagen zu installierenden Wärmeübertrager. Werden die Übertragungsflächen zu groß bemessen, so erhöhen sich einerseits die erforderlichen Kapitalkosten, andererseits verkleinern sich die Temperaturdifferenzen zwischen den Wärme austauschenden Strömen und dadurch die Irreversibilitätsverluste der Wärmeübertragung.
Läßt man die Druckverluste im Wärmeübertrager unberücksichtigt, so erhält man für die Entropieproduktion der Wärmeübertragung als Maß der Irreversibilitätsverluste [15]

$$\dot{S}_{pr} = \dot{W}_1 \ln \frac{T_1''}{T_1'} + \dot{W}_2 \ln \frac{T_2''}{T_2'} \ . \tag{2.113}$$

Für die beiden Ströme wurde dabei eine jeweils konstante spezifische Wärmekapazität vorausgesetzt. Aus Gl. (2.110) erhält man mit Gl. (2.66) und (2.67) die Entropieproduktion

$$\dot{S}_{pr} = \dot{W}_1 \left\{ \ln \left[1 - \phi_1 \left(1 - \frac{T_2'}{T_1'} \right) \right] + \frac{\dot{W}_2}{\dot{W}_1} \ln \left[1 + \frac{\dot{W}_1}{\dot{W}_2} \phi_1 \left(\frac{T_1'}{T_2'} - 1 \right) \right] \right\} \ . \tag{2.114}$$

Diese hängt nur von den Wärmekapazitätsströmen $\dot{W}_1$ und $\dot{W}_2$, den Eintrittstemperaturen T_1' und T_2' und der Betriebscharakteristik ϕ_1 ab. Letztere läßt sich in

---
[15] siehe Band I, Abschn. 6.12

Abhängigkeit von der Übertragungsfläche A mit Hilfe der Übertragungszahlen ψ, Gl. (2.63) aus dem ϕ_1, ϕ_2-Diagramm ermitteln. Ist anstelle des Wärmekapazitätsstroms $\dot{W}_1$ der Wärmestrom $\dot{Q}$ gegeben, so erhält man mit Gl. (2.62)

$$\dot{S}_{pr} = \frac{\dot{Q}}{\phi_1(T_1' - T_2')} \left\{ \ln\left[1 - \phi_1\left(1 - \frac{T_2'}{T_1'}\right)\right] + \frac{\dot{W}_2}{\dot{W}_1} \ln\left[1 + \frac{\dot{W}_1}{\dot{W}_2}\phi_1\left(\frac{T_1'}{T_2'} - 1\right)\right] \right\} \; . \tag{2.115}$$

In diesem Falle bestimmt man aus $\dot{Q}, T_1'$ und T_2' zunächst die dimensionslose mittlere Temperaturdifferenz Θ_m entsprechend Gl. (2.62) und (2.39) und danach aus den ϕ_1, ϕ_2-Diagrammen die Betriebscharakteristik ϕ_1.

Mit der Umgebungstemperatur T_u multipliziert erhält man aus der Entropieproduktion den Exergieverlust des Wärmeübertragers, d.h. denjenigen Teil der arbeitsfähigen Energie, der infolge von Irreversibilitäten durch Wärmeübertragung unwiderruflich entwertet wurde und daher zwangsläufig als nicht mehr nutzbare Abwärme an die Umgebung abgegeben werden muß. Dieser Exergieverlust kennzeichnet damit die durch die Nichtumkehrbarkeit der Wärmeübertragung unwiderruflich verursachten jährlichen Energiekosten:

$$E = n \frac{c_E}{EQ} T_u \dot{S}_{pr} \; . \tag{2.116}$$

Hierin sind n in h/a die Zahl der Betriebsstunden pro Jahr, c_E in DM/kWh die Kosten des eingesetzten Energieträgers bezogen auf seinen Energieinhalt[16] und EQ der sog. „Energiequalitätsgrad", der den Anteil der arbeitsfähigen Energie am Energieinhalt des Energieträgers kennzeichnet[17].

Die nach dem „Verursacherprinzip" ermittelten, zur Entropieproduktion proportionalen Energiekosten E nehmen nach Gl. (2.115) mit zunehmender Betriebscharakteristik ϕ_1, d.h. mit zunehmendem Gütegrad, ab. Da für alle Arten von Wärmeübertragern der Gütegrad mit zunehmender Übertragungsfläche nur langsam zunimmt, andererseits die aufzuwendenden Investitionskosten in etwa proportional dazu ansteigen, muß es einen optimalen Auslegungspunkt für den Wärmeübertrager geben. Dieser kann gefunden werden, wenn man in einem Diagramm die Investitionskosten I über den Exergieverlusten $\dot{E}_v$ aufträgt, Bild 2.20.

Die Investitionskosten in Bild 2.20 wurden nach einer von CORRIPIO, CHRIEN und EVANS[18] angegebenen Kostenfunktion in Abhängigkeit von der Übertragerfläche ermittelt. Die Energiekosten werden nach Gl. (2.116) für einen Gegenströmer mit einer Wärmeleistung $\dot{Q} = 1$ MW und einem Verhältnis der Wärmekapazitätsströme $\dot{W}_1/\dot{W}_2 = 1$ ebenfalls als Funktion der Übertragungsfläche A bestimmt. Die sich daraus ergebenden „Auslegungskurven" sind für zwei verschiedene Wertepaare der Eintrittstemperaturen, nämlich $T_1' = 400$ K, $T_2' = 300$ K bzw. $T_1' = 300$ K, $T_2' = 100$ K in Bild 2.20 eingetragen.

---

[16] Unter dem „Energieinhalt" versteht man die maximal freigesetzte Energie, welche man bei der für den Energieträger charakteristischen Energieumwandlung erhält.
[17] Für die meisten fossilen Brennstoffe ist der Energiequalitätsgrad ungefähr gleich eins.
[18] CORRIPIO A, CHRIEN K, EVANS L (1982) Chem Eng (N.Y.) 125-127

2.8 Günstigste Größe eines Wärmeübertragers 181

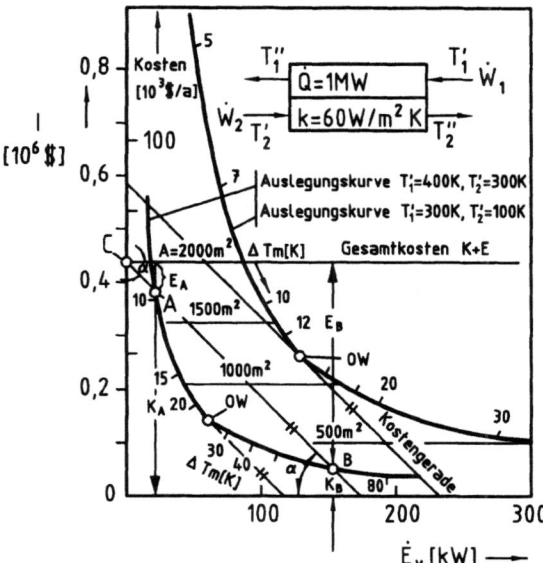

Bild 2.20: Optimaler Betriebspunkt OW eines Gegenströmers mit einer Wärmeleistung $\dot{Q} = 1$ MW und bei einem Verhältnis der Wärmekapazitätsströme $\dot{W}_1/\dot{W}_2 = 1$
Betriebsstunden: $n = 7000$ h/a
Kosten des Energieträgers: $c_E = 0,05$ \$/kWh
Abschreibung und Verzinsung: $a = 0,15$ /a

Die aus den Investitionskosten I resultierenden jährlichen Kapitalkosten

$$K = a \cdot I \tag{2.117}$$

wurden auf der inneren Skala der Ordinate abgetragen, wobei ein jährlicher Abschreibungsfaktor von $a = 0,15$ angenommen wurde.
Die auf einer Auslegungskurve bei einem beliebigen Auslegungspunkt A oder B anfallenden Energiekosten lassen sich auf der Kostenskala ablesen, wenn man durch den betreffenden Auslegungspunkt A oder B eine „Kostengerade" mit der Steigung

$$\tan \alpha = n\, c_E / EQ \tag{2.118}$$

einzeichnet. Diese schneidet die Ordinate im Punkt C, in dem auf der inneren Skala der Ordinate die Summe aus Kapital- und Energiekosten $K + E$ abgelesen werden können, wobei sich nach Gl. (2.116) und (2.118) die Energiekosten

$$E = \dot{E}_v \tan \alpha = T_u \dot{S}_{pr} \tan \alpha \tag{2.119}$$

als senkrechter Abstand des Auslegungspunktes (A oder B) zu den auf der Ordinate abgetragenen Gesamtkosten $E + K$ ergeben. Wie man aus Bild 2.20 erkennt, kann i.a. dieselbe Summe aus Kapital- und Energiekosten durch zwei Auslegungspunkte A und B realisiert werden, nämlich entweder mit geringen Kapital-, dafür aber sehr hohen Energiekosten (Punkt B) oder mit hohen Kapital-, aber geringen Energiekosten (Punkt A). Minimale Gesamtkosten ergeben sich für die Punkte OW, in denen die Kostengerade die Auslegungskurven gerade berührt. Aus Bild 2.20 wird auch deutlich, daß die Exergieverluste bei tiefen Temperaturen größer sind als bei höheren Temperaturen. Deshalb wird bei optimaler Auslegung für tiefe Temperaturen eine größere Übertragerfläche als für hohe Temperaturen benötigt.

Bei diesen Überlegungen darf nicht außer Acht gelassen werden, daß ein Wärmeübertrager selten für sich allein optimal ausgelegt werden muß. Vielmehr kommt es darauf an, daß die gesamte Anlage, von der der Wärmeübertrager nur ein Teilstück darstellt, möglichst geringe Kapital- und Energiekosten verursacht. Keineswegs stellt die Summe optimal ausgelegter Einzelaggregate eine optimal arbeitende Gesamtanlage dar!

2.8.3 Pinch-Technologie

Größere verfahrenstechnische Anlagen bestehen in der Regel aus einer sehr großen Anzahl von Apparaten, zwischen denen Stoffströme der Ausgangsstoffe, sowie der Zwischen- und Endprodukte bewegt werden. Um in den Apparaten jeweils die günstigsten Reaktionsbedingungen einhalten zu können, müssen einige dieser Stoffströme gekühlt, andere dagegen aufgeheizt werden. In vielen Fällen sind dabei die Wärmekapazitätsströme und die Ein- bzw. Austrittstemperaturen der Stoffströme durch die Randbedingungen des Gesamtprozesses vorgegeben.

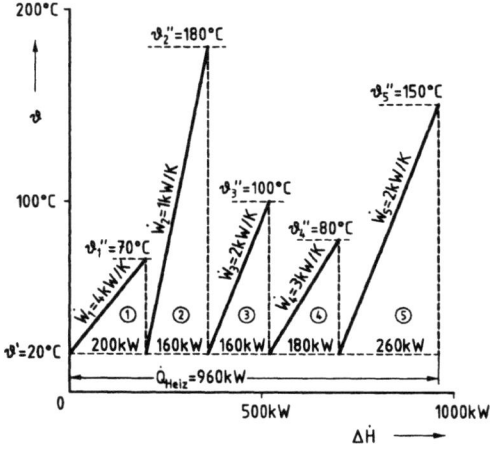
Bild 2.21: Aufzuheizende Ströme $\dot{W}_1$ bis $\dot{W}_5$

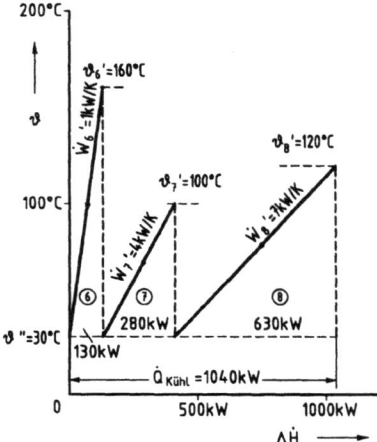
Bild 2.22: Zu kühlende Ströme $\dot{W}_6$ bis $\dot{W}_8$

Bild 2.21 zeigt als Beispiel fünf Ströme unterschiedlicher Wärmekapazität $\dot{W}_1$ bis $\dot{W}_5$, die von der Umgebungstemperatur auf jeweils vorgegebene Endtemperaturen aufgeheizt werden, Bild 2.22 zeigt drei Ströme unterschiedlicher Wärmekapazität $\dot{W}_6$ bis $\dot{W}_8$, welche von gegebenen Eintrittstemperaturen $\vartheta'_6, \vartheta'_7$ und ϑ'_8 auf die Austrittstemperatur ϑ'' gekühlt werden sollen. Die Ströme $\dot{W}_1$ bis $\dot{W}_5$ können

2.8 Günstigste Größe eines Wärmeübertragers

entweder ausschließlich durch äußere Wärmequellen beheizt und die Ströme $\dot{W}_6$ bis $\dot{W}_8$ ausschließlich durch äußere Kühlung gekühlt werden, oder es kann eine interne Wärmeübertragung zwischen den zu heizenden und den zu kühlenden Strömen vorgesehen werden. Dabei gibt es sehr viele Verschaltungsmöglichkeiten, und es besteht die Aufgabe, unter diesen die günstigste zu finden.

Diese Aufgabe wird nach einem Vorschlag von LINNHOFF[19] so gelöst, daß zunächst alle Wärme aufnehmenden Ströme zu einer „zusammengesetzten Aufheizkurve" (im Englischen als "composite cold profile" bezeichnet) und alle Wärme abgebenden Ströme zu einer „zusammengesetzten Abkühlkurve" (im Englischen "composite hot profile") zusammengefaßt werden. Für die Verhältnisse nach Bild 2.21 und 2.22 wurden in Bild 2.23 diese zusammengesetzten Kurven dargestellt und die Grenztemperaturen markiert, zwischen denen die einzelnen Wärmeströme zum jeweiligen Profil beitragen.

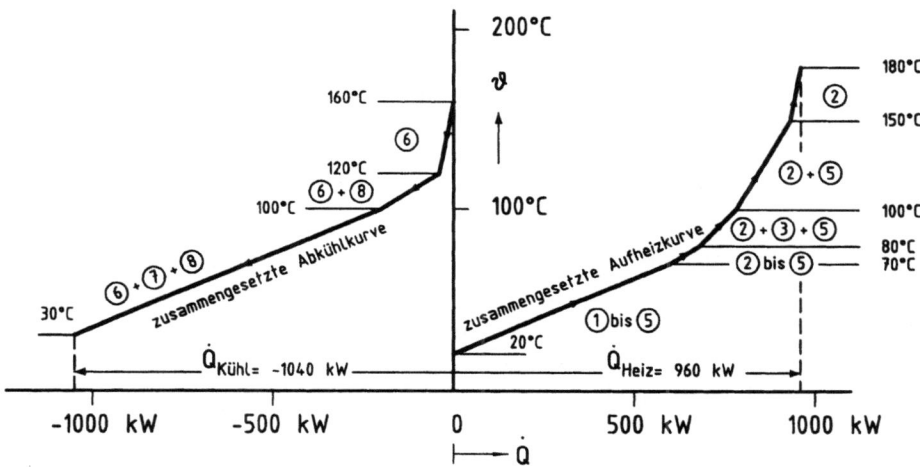

Bild 2.23: Zusammenfassung der Wärme abgebenden Ströme nach Bild 2.22 zu einer „zusammengesetzten Abkühlkurve" und der Wärme aufnehmenden Ströme zu einer „zusammengesetzten Aufheizkurve"

Werden Abkühlkurve und Aufheizkurve so wie in Bild 2.23 aneinandergefügt, daß sie sich nicht überlappen, so müssen alle Wärme aufnehmenden Ströme von außen beheizt und alle Wärme abgebenden Ströme von außen gekühlt werden. Eine solche Schaltung würde die größten Mengen an Energieträgern und Kühlwasser erfordern. Energiewirtschaftlich günstiger ist die Schaltung nach Bild 2.24, bei der die abzukühlenden Stoffe Wärme an die aufzuheizenden abgeben. Durch diese „interne Wärmerückgewinnung" läßt sich die von außen zuzuführende Heizwärme $\dot{Q}_{Heiz}$ auf einen Bruchteil von der nach Bild 2.23 reduzieren. Entsprechend verringert

---

[19] LINNHOFF B, AHMAD S (1986) Optimum Synthesis of Energy Management Systems. In Gaggioli (ed) Computer-Aided Engineering of Energy Systems, Vol 1 - Optimization. The Winter Annual Meeting of the American Society of Mechanical Engineers, Anaheim
LINNHOFF B, SAHDEV V (1989) Pinch Technology in Ullmanns Encyclopedia of Industrial Chemistry, Vol.3 (Unit operations II), Kap. 13

sich auch die Kühlwassermenge. Die Engstelle mit der kleinsten Temperaturdifferenz $\Delta T_{\min}$ nennt man den Pinch[20]. Je enger der Pinch, um so kleiner werden die Heizleistung $\dot{Q}_{\text{Heiz}}$ und die Kühlleistung $\dot{Q}_{\text{Kühl}}$. Die kleinstmöglichen Werte erhält man, wenn sich Aufheiz- und Abkühlkurve im Pinch gerade berühren, $\Delta T_{\min} = 0$, Bild 2.24. In diesem Grenzfall müßten allerdings Wärmeübertrager mit unendlich großen Übertragerflächen vorgesehen werden.

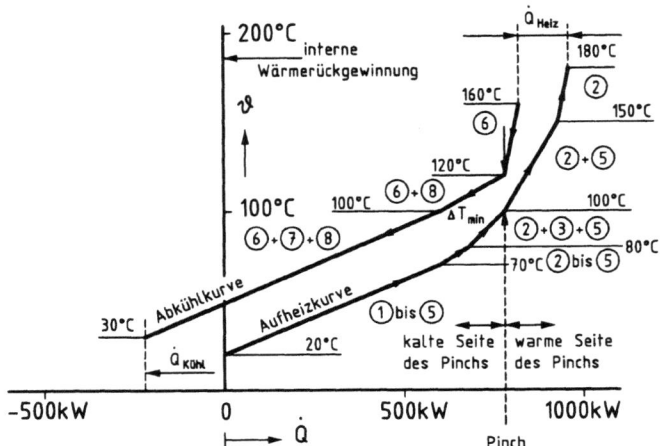

Bild 2.24: Interne Wärmerückgewinnung durch Überlappen der Abkühlkurve und der Aufheizkurve

Die Anordnung nach Bild 2.25 stellt zugleich diejenige mit der geringsten Entropieproduktion dar. Dies erkennt man, wenn man anstelle der Celsiustemperaturen in Bild 2.24 die Reziprokwerte der Kelvintemperaturen über der übertragenen Wärmeleistung aufträgt, Bild 2.26. In dieser Darstellung stellen die Fläche unter der Aufheizkurve die Entropiezunahme der aufzuheizenden Ströme, die Fläche unter der Abkühlkurve die Entropieabnahme der abzukühlenden Ströme dar. Das Rechteck DEFG beschreibt die Entropieabnahme des zur Beheizung verwendeten Sattdampfes, wenn dieser bei einer Temperatur von 198 °C kondensiert, und das Rechteck ABOC die Entropiezunahme der Umgebung, wenn ihr die Kühlleistung $\dot{Q}_{\text{Kühl}}$ bei der Umgebungstemperatur $\vartheta_u = 20\,°C$ zugeführt wird. Die schraffierte Fläche ist dann die Differenz aller Entropiezunahmen und -abnahmen, also die Entropieproduktion der Wärmeübertragung. Diese nimmt ihren kleinstmöglichen Wert an, wenn Aufheizkurve und Abkühlkurve sich im Pinch gerade berühren.

Wollte man die interne Wärmerückgewinnung, wie in Bild 2.24 angegeben, technisch realisieren, so müßte Wärme zwischen mehreren Strömen gleichzeitig übertragen werden, bei tieferen Temperaturen sogar von allen abzukühlenden Strömen 6 bis 8 auf alle aufzuheizenden 1 bis 5. Dies ist technisch aufwendig und wird deshalb auch nur in Ausnahmefällen, z.B. in der Tiefsttemperaturtechnik angewendet. In der Verfahrenstechnik verwendet man dagegen vorwiegend Wärmeübertrager mit jeweils nur zwei Strömen, einem Wärme aufnehmenden und einem Wärme abgebenden Strom.

---
[20]Vom Englischen: pinch - das Kneifen, die Klemme

2.8 Günstigste Größe eines Wärmeübertragers

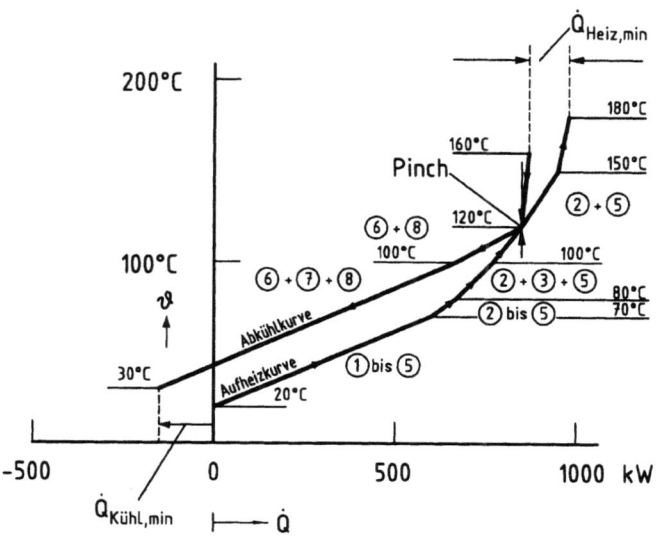

Bild 2.25: Minimale Heiz- und Kühlleistung $\dot{Q}_{Heiz,min}$ bzw. $\dot{Q}_{Kühl,min}$, wenn Aufheiz- und Abkühlkurve sich im Pinch gerade berühren

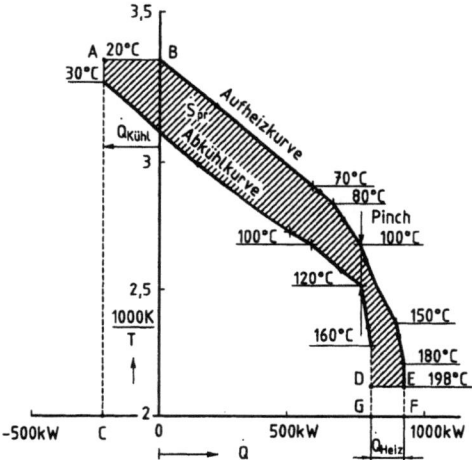

Bild 2.26: Entropieproduktion $\dot{S}_{pr}$ bei der Anordnung nach Bild 2.24

Es stellt sich dabei die Frage, ob mit einer ausschließlich paarweisen Verschaltung Wärme aufnehmender und Wärme abgebender Ströme eine interne Wärmerückgewinnung, wie in Bild 2.24, überhaupt realisiert werden kann. Dies ist nur dann möglich, wenn die folgenden einfachen Regeln für die Verknüpfung zweier Ströme beachtet werden:

1. Keine Wärmeübertragung von einer Seite des Pinches zur anderen!
2. Keine äußere Kühlung auf der warmen Seite des Pinches!
3. Keine äußere Heizung auf der kalten Seite des Pinches!

186   2 Technische Wärmeübertrager

Jeder Verstoß gegen eine dieser Regeln hätte nämlich eine Vergrößerung der Entropieproduktion zur Folge mit der Konsequenz, daß die intern zurückgewinnbare Wärme verringert, dafür aber äußere Heizleistung $\dot{Q}_{\text{Heiz}}$ und äußere Kühlleistung $\dot{Q}_{\text{Kühl}}$ vergrößert werden müßten.

Beachtet man die erste der drei Regeln, so müssen die Ströme auf der warmen Seite des Pinches unabhängig von denen auf der kalten Seite miteinander verbunden werden. Besonders zweckmäßig ist hierfür die von LINNHOFF vorgeschlagene Darstellung nach Bild 2.27. Hier sind alle Wärme aufnehmenden Ströme in einer Richtung (in Bild 2.27 von links nach rechts) und alle Wärme abgebenden in entgegengesetzter Richtung (in Bild 2.27 von rechts nach links) aufgetragen.

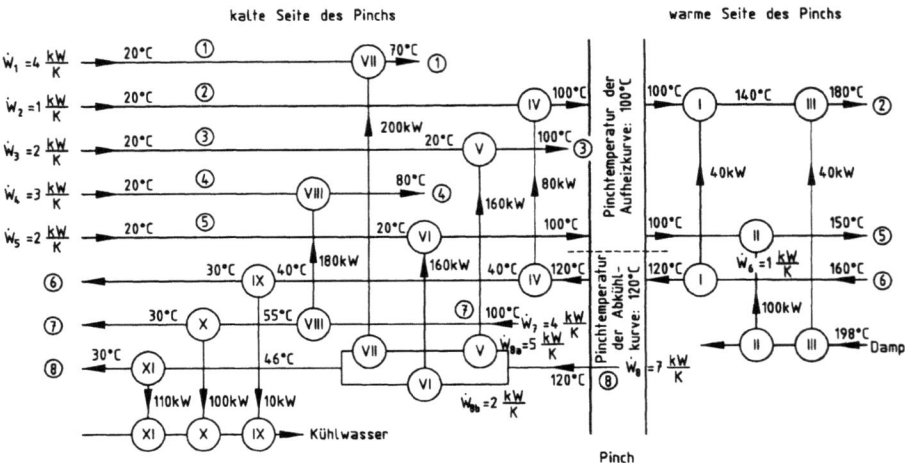

Bild 2.27: Paarweise Verschaltung der Ströme nach Bild 2.24

Der Pinch unterteilt diese in eine warme und eine kalte Seite, wobei für das angegebene Beispiel nach Bild 2.24 auf der warmen Seite nur der Strom 6 eine höhere Temperatur als die Pinchtemperatur der Abkühlkurve (120 °C) besitzt. Von den Wärme aufnehmenden Strömen werden dagegen nur die Ströme 2 und 5 über die Pinchtemperatur der Aufheizkurve (100 °C) hinaus erwärmt, vgl. auch Bild 2.24. Auf der warmen Seite des Pinches ist daher überhaupt nur eine Wärmeübertragung von Strom 6 an die Ströme 2 und 5 zu berücksichtigen. Wird der Strom 6 bis auf die Pinchtemperatur der Abkühlkurve (120 °C) gekühlt, so muß er bei einer Eintrittstemperatur von 160 °C und einem Wärmekapazitätsstrom $\dot{W}_6 = 1$ kW/K einen Wärmestrom von 40 kW abgeben. Damit läßt sich entweder der Strom 2 auf 140 °C (in Bild 2.27 durch den Wärmeübertrager I dargestellt) oder der Strom 5 auf 120 °C aufheizen. Eine Aufteilung der übertragenen Wärme auf beide Ströme 2 und 5 wäre zwar auch möglich, ist aber nicht zweckmäßig, weil dann außer I noch ein zweiter Wärmeübertrager notwendig wäre. Um die angenommenen Austrittstemperaturen $\vartheta_2'' = 180$ °C und $\vartheta_5'' = 150$ °C erreichen zu können, müssen die Ströme 2 und 5 noch von außen beheizt werden (Wärmeübertrager II und III in Bild 2.27).

Um die angestrebten Temperaturen der Ströme auf der warmen Seite des Pinches auch einstellen zu können, sind somit die drei Wärmeübertrager I, II und III erforderlich. Dies ist zugleich die kleinstmögliche Anzahl paarweiser Verbindungen, wenn jeder Strom mit jedem anderen (direkt oder indirekt) gekoppelt werden soll[21]. Auf der kalten Seite geht man vom Pinch aus und versucht, die Ströme so zu kombinieren, daß bei mindestens einem die vorgegebene Eintritts- oder Austrittstemperatur erreicht werden kann. In Bild 2.27 können so die Ströme 2 und 6 „abgearbeitet" werden (Wärmeübertrager IV). Zum Aufheizen der Ströme 3 und 5 auf die Pinchtemperatur steht dann nur noch der Strom 8 zur Verfügung, der dazu in zwei Teilströme 8a und 8b aufgeteilt werden muß, wobei der Wärmekapazitätsstrom $\dot{W}_{8a}$ so groß gewählt werden muß, daß nach Erwärmung des Stroms 3 noch der Strom 1 aufgeheizt werden kann. Schließlich kann der Strom 7 noch mit Strom 4 abgeglichen werden. Mit der Schaltung nach Bild 2.27 können dieselbe Heizleistung und die dieselbe Kühlleistung realisiert werden wie nach Bild 2.24. Außer der angegebenen sind auch noch andere gleichwertige Schaltungsvarianten möglich.

Die Pinchtechnologie stellt eine einfach zu handhabende Methode dar, komplizierte Wärmeübertragernetze optimal zu verschalten. In einer verfahrenstechnischen Anlage ist dies ein wichtiger Teilaspekt einer allgemeinen Optimierung des Prozesses. Allerdings müssen dann auch alle anderen Apparate in die Optimierung mit einbezogen werden. Keineswegs ergibt die Summe in sich optimierter Anlagenteile eine insgesamt optimal arbeitende Anlage.

---

[21] Bei n Strömen ist diese kleinstmögliche Anzahl $n - 1$. Mit einer kleineren Anzahl von Wärmeübertragern kommt man nur in Ausnahmefällen aus. Z.B. würden zwei Wärmeübertrager genügen, wenn in Bild 2.27 der Strom 2 auf 140°C aufgeheizt werden müßte.

3 Wärmeübertragung durch Strahlung

Neben der Wärmeleitung und dem konvektiven Wärmeübergang leistet der Wärmetransport durch Strahlung vor allem bei hohen Temperaturen einen wichtigen, unter zahlreichen Betriebsbedingungen sogar vorherrschenden Beitrag zum gesamten Energieaustausch. Der Strahlungsaustausch zwischen der Sonne und der Erde, sowie zwischen der Erde und dem Weltraum ist als natürlicher Vorgang eine Voraussetzung für die klimatischen Bedingungen und damit für das Leben auf unserer Erde. Er wird wesentlich durch die Strahlungseigenschaften der Erdatmosphäre und hierin fast ausschließlich durch die nur in Spuren vorkommenden Stoffe Wasserdampf und Kohlendioxid beeinflußt.

Die Thermodynamik der Wärmestrahlung wurde bereits im ersten Band behandelt. In diesem Kapitel wollen wir uns ausschließlich mit Fragen des Strahlungsaustausches befassen. Dabei müssen wir zwischen dem Strahlungsverhalten fester und gasförmiger Stoffe deutlich unterscheiden; flüssige Stoffe verhalten sich in der Regel ähnlich wie feste, gelegentlich wie gasförmige Körper. Der entscheidende Unterschied zwischen der Strahlung fester und gasförmiger Körper besteht darin, daß bei festen Körpern Strahlung in einer äußerst dünnen Schicht unter der Oberfläche emittiert und absorbiert wird. Man spricht deshalb von Oberflächenstrahlern, deren Strahlungseigenschaften von der physikalischen und chemischen Beschaffenheit der Schichten unmittelbar unter der Körperoberfläche bestimmt werden. In gasförmigen Strahlern kann die Strahlung zum Teil große Strecken zurücklegen und wird dabei teils durch Absorption und Streuung geschwächt, teils durch Emission verstärkt. Gasförmige Strahler nennt man daher Volumenstrahler, weil das strahlende Gas im gesamten Volumen an der Entstehung und Veränderung der Strahlung beteiligt ist.

Darüber hinaus unterscheidet sich Strahlung fester und gasförmiger Stoffe noch dadurch, daß sie sich in unterschiedlicher Weise mit der Wellenlänge ändert. Feste Körper sind sog. kontinuierliche Strahler, die ihre Strahlungseigenschaften in Abhängigkeit von der Wellenlänge nur langsam ändern. Demgegenüber strahlen Gase nur in engen, für die Art des Gases charakteristischen Wellenlängenbereichen, den sog. Banden und Linien.

Wir wollen uns zunächst der Strahlung und dem Strahlungsaustausch bei festen Körpern zuwenden und danach die Gasstrahlung behandeln.

3.1 Strahlungsaustausch zwischen festen Körpern

Der von einem Element dA der Oberfläche eines festen Körpers in Richtung des Winkels Θ zur Flächennormalen in das Raumwinkelelement dΩ ausgesandte Strahlungsfluß ist für einen Wellenlängenbereich dλ, Bild 3.1

$$d\phi_\lambda = L_\lambda\, dA \cos\Theta\, d\Omega\, d\lambda = L_\lambda dA \cos\Theta\, \sin\Theta\, d\Theta\, d\psi\, d\lambda \ . \tag{3.1}$$

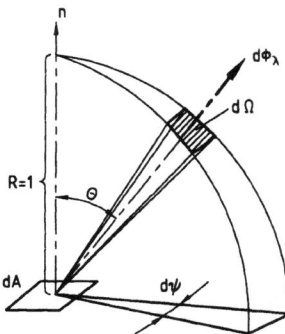

Bild 3.1: Strahlungsfluß in Richtung des Raumwinkelelements d$\Omega = \sin\Theta\, d\Theta\, d\psi$

Dies ist zugleich die Definitionsgleichung der Strahldichte L_λ, die demnach den Strahlungsfluß darstellt, der durch die Projektion des betrachteten Flächenelements dA in eine Ebene senkrecht zur Strahlrichtung in das Raumwinkelelement dΩ abgestrahlt wird. L_λ umfaßt die gesamte Strahlung, sowohl die vom festen Körper emittierte, als auch die von seiner Oberfläche in die betrachtete Richtung reflektierte Strahlung.

Bei einem schwarzen Strahler wird keine Strahlung reflektiert, und seine emittierte Strahlung wird durch das PLANCKsche Strahlungsgesetz[1]

$$L_{\lambda,s} = \frac{2\,hc^2}{\lambda^5} \frac{1}{\exp\left(\frac{hc}{\lambda kT}\right) - 1} \tag{3.2}$$

beschrieben. Wirkliche Strahler emittieren Strahlung, deren Strahldichte deutlich kleiner als die Strahldichte eines schwarzen Strahlers derselben Temperatur ist. Integriert man die Strahldichte $L_{\lambda,s}$ des schwarzen Strahlers über alle Wellenlängen, so erhält man das STEFAN-BOLTZMANNsche Strahlungsgesetz (s. Band I, Abschn. 17.2.7)

$$\int_0^\infty L_{\lambda,s} d\lambda = \frac{\dot{E}_s}{\pi} = \frac{\sigma}{\pi} T^4 = \frac{C_s}{\pi}\left(\frac{T}{100}\right)^4 \tag{3.3}$$

---
[1] siehe Band I, Abschn. 17

3.1.1 Emissionsverhältnis

Das Emissionsverhältnis eines realen Körpers, auch Emissionsgrad genannt, gibt das Verhältnis der von ihm emittierten Strahldichte zur Strahldichte eines schwarzen Körpers gleicher Temperatur an. Es ist eine Funktion der Temperatur, der Oberflächenbeschaffenheit, der Wellenlänge λ, der Richtung (z.B. durch den Raumwinkel Ω oder den Neigungswinkel Θ gegenüber der Flächennormalen gekennzeichnet) und des Stoffes:

$$\varepsilon_\lambda(T,\Omega) = \frac{L_\lambda}{L_{\lambda,s}} \ . \tag{3.4}$$

Abhängigkeit des Emissionsverhältnisses von der Wellenlänge

Das Emissionsverhältnis hängt je nach Strahler in unterschiedlicher Weise von der Wellenlänge ab. Körper mit einem von der Wellenlänge unabhängigen Emissionsverhältnis nennt man graue Strahler. Manche Körper, wie z.B. der Heizleiterwerkstoff Siliciumcarbid (SiC) sind nahezu graue Strahler, Bild 3.2. Bei SiC ändert sich das Emissionsverhältnis zudem noch kaum mit der Temperatur. Andere Stoffe wiederum zeigen eine sehr starke Abhängigkeit des Emissionsverhältnisses mit der Wellenlänge. Viele (helle) Baustoffe und Lacke haben im Bereich des sichtbaren Lichts kleine Werte von ε (sie reflektieren die auffallende sichtbare Strahlung recht gut), dagegen Werte nahe eins im Bereich der infraroten Wärmestrahlung. Auch Eis und Schnee verhalten sich so; deswegen kühlen schneebedeckte Landstriche im Winter besonders stark aus.

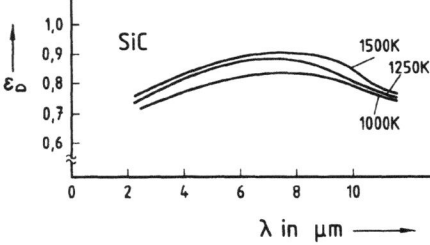

Bild 3.2: Temperatur- und Wellenlängenabhängigkeit des Emissionsverhältnisses von SiC

Für Solarkollektoren beschichtet man die Oberfläche häufig mit Stoffen, deren Emissionsverhältnis im Bereich des sichtbaren Lichts groß ist ($\varepsilon = \alpha \approx 1$) und im Bereich der Infrarotstrahlen klein ($\varepsilon = \alpha \approx 0$), sog. selektive Schichten.
Dadurch wird die Sonnenstrahlung im Wellenlängenbereich des sichtbaren Lichts und der anschließenden Infrarotstrahlung (bis etwa 1 μm) nahezu vollständig absorbiert, die Emission von Wärmestrahlung mit Wellenlängen $\lambda > 1,5$ μm wird aber weitgehend unterbunden. Durch selektive Beschichtung können die Wärmeverluste von Solarkollektoren merklich verringert werden.
Eine andere Möglichkeit besteht darin, selektive Schichten auf die Abdeckscheiben von Kollektoren aufzudampfen. Hier strebt man eine hohe Lichtdurchlässigkeit der Beschichtung an bei gleichzeitig hohem Reflexionsvermögen für Infrarotstrahlung. Ein Beispiel hierfür ist in Bild 3.3 wiedergegeben.

3.1 Strahlungsaustausch zwischen festen Körpern

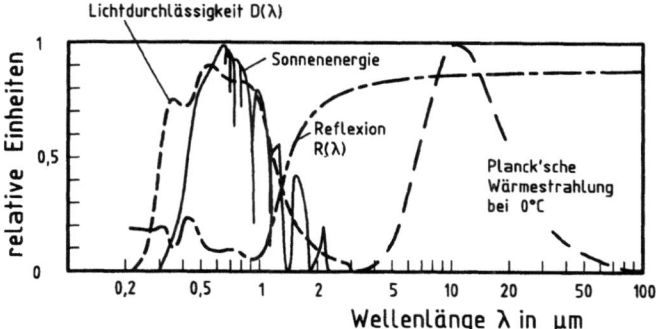

Bild 3.3: Spektrale Durchlässigleit und Reflexion einer In_2O_3-Schicht auf Glas (Philips-Labor, Aachen)

Selektive Schichten dieser Art findet man häufig auf den Fensterflächen großer Gebäude. Hier haben sie die Aufgabe, von der außen anfallenden Sonnenstrahlung möglichst nur Strahlung im sichtbaren Bereich durchzulassen und die Wärmestrahlung möglichst vollständig zu reflektieren.

Bei vielen technischen Problemen möchte man nur die im gesamten Wellenlängenbereich emittierte Strahlung berechnen. In solchen Fällen ist es zweckmäßig, über die Wellenlängen gemittelte Emissionsverhältnisse zu verwenden.

Abhängigkeit des Emissionsverhältnisses von der Richtung

Die Richtungsabhängigkeit des Emissionsverhältnisses ε ist für verschiedene elektrische Nichtleiter in Bild 3.4 und für elektrische Leiter in Bild 3.5 dargestellt[2].

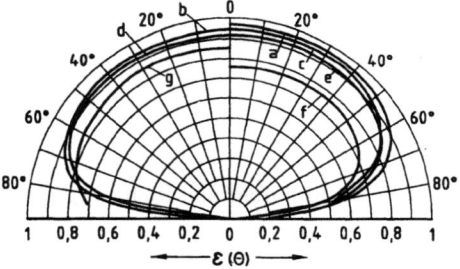

Bild 3.4: Richtungsabhängigkeit des Emissionsverhältnisses einiger Nichtleiter nach ECKERT
a = Eis; b = Holz; c = Glas; d = Papier; e = Ton; f = Cu-Oxid; g = grauer Korund

Danach unterscheiden sich metallische Leiter und Nichtleiter ganz beträchtlich in ihrem Strahlungsverhalten. Nichtleiter emittieren Strahlung vorwiegend in Richtung ihrer Flächennormalen mit Emissionsverhältnissen von zum Teil 90 % und

---

[2]Entnommen aus ECKERT E R G (1966) Einführung in den Wärme- und Stoffaustausch. Springer-Verlag, Berlin, Heidelberg, New York

darüber (Bild 3.4). Bis zu Abstrahlungswinkeln $\Theta = 60°$ bleibt das Emissionsverhältnis konstant und fällt für $\Theta > 60°$ mit zunehmendem Winkel steil ab. Metallische Leiter haben in Richtung ihrer Flächennormalen sehr kleine Emissionsverhältnisse, die dann allerdings mit größer werdendem Abstrahlwinkel Θ zunehmen (Bild 3.5). Nach theoretischen Überlegungen[3] strebt das Emissionsverhältnis für Abstrahlungswinkel $\Theta \to 90°$ gegen den Wert null.

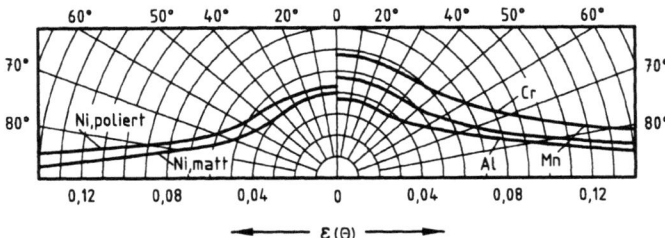

Bild 3.5: Richtungsabhängigkeit des Emissionsverhältnisses einiger Metalle mit glatter Oberfläche nach ECKERT

Bei metallischen Leitern können schon geringe Oxidschichten auf der Oberfläche das Emissionsverhältnis auf ein Vielfaches des Wertes für metallische Oberflächen ansteigen lassen.

Hemisphärisches Emissionsverhältnis

Der in den gesamten Halbraum in der Zeiteinheit ausgesandte spektrale Strahlungsfluß ist

$$\begin{aligned}
d\phi_\lambda = dA\, \dot{E}_\lambda &= dA\, d\lambda \int_\cap L_\lambda \cos\Theta\, d\Omega = dA\, d\lambda\, L_{\lambda,s} \int_\cap \varepsilon_\lambda(\Theta) \cos\Theta\, d\Omega \\
&= dA\, d\lambda\, L_{\lambda,s} \int_{\psi=0}^{2\pi} \int_{\Theta=0}^{\pi} \varepsilon_\lambda(\Theta) \cos\Theta \sin\Theta\, d\Theta\, d\psi\ . \qquad (3.5)
\end{aligned}$$

Das Zeichen $\cap$ soll hier darauf hinweisen, daß das Integral über alle Richtungen des Halbraums erstreckt werden soll.

Der integrale Mittelwert des Emissionsverhältnisses über dem Halbraum wird hemisphärisches Emissionsverhältnis $\varepsilon_\cap$ genannt

$$\varepsilon_{\cap,\lambda} = \frac{\int_\cap \varepsilon_\lambda(\Theta) \cos\Theta\, d\Omega}{\int_\cap \cos\Theta\, d\Omega} = \frac{\int_{\psi=0}^{2\pi} \int_{\Theta=0}^{\pi} \varepsilon_\lambda(\Theta) \cos\Theta \sin\Theta\, d\Theta\, d\psi}{\int_{\psi=0}^{2\pi} \int_{\Theta=0}^{\pi} \cos\Theta \sin\Theta\, d\Theta\, d\psi} = \frac{1}{\pi} \int_\cap \varepsilon_\lambda \cos\Theta\, d\Omega\ .$$

(3.6)

---

[3]siehe z.B. SPARROW E M and CESS R D (1978) Radiation Heat Transfer. McGraw Hill

3.1.2 Absorptions- und Reflexionsverhältnis

Fällt Strahlung der Strahldichte L_λ, die den Raumwinkel $d\Omega$ ausfüllt, auf das Flächenelement dA einer Körperoberfläche, so wird vom ankommenden spektralen Strahlungsfluß

$$d\phi_\lambda = L_\lambda \, dA \cos\Theta \, d\Omega \, d\lambda \qquad (3.7)$$

ein Anteil $\alpha \, d\phi_\lambda$ absorbiert und ein Anteil $\varrho \, d\phi_\lambda$ reflektiert, Bild 3.6. Dabei beschränken wir uns auf strahlungsundurchlässige Körper.

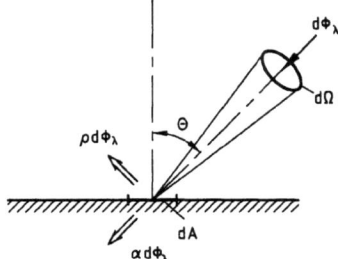

Bild 3.6: Absorbierter und reflektierter Anteil des auf das Flächenelement dA auftreffenden Strahlungsflusses $d\phi_\lambda$

Das Absorptionsverhältnis α (auch Absorptionsgrad) hängt analog zum Emissionsverhältnis von der Oberflächenbeschaffenheit des bestrahlten Körpers, seiner Temperatur T, der Einstrahlungsrichtung Θ, sowie von der Wellenlänge ab.
Nach dem KIRCHHOFFschen Satz (s. Band I, Abschn. 17.1.4) ist das spektrale, richtungsabhängige Absorptionsverhältnis α_λ gleich dem spektralen, richtungsabhängigen Emissionsverhältnis

$$\alpha_\lambda = \varepsilon_\lambda \; . \qquad (3.8)$$

Analog zum hemisphärischen Emissionsverhältnis, Gl. (3.6) kann auch ein hemisphärisches Absorptionsverhältnis gebildet werden und zwar als Quotient der vom Flächenelement im Wellenlängenbereich $d\lambda$ absorbierten und der aus allen Richtungen des Halbraums auffallenden Strahlung

$$\alpha_{\cap,\lambda} = \frac{\int_\cap \alpha_\lambda L_\lambda \cos\Theta \, d\Omega}{\int_\cap L_\lambda \cos\Theta \, d\Omega} \; . \qquad (3.9)$$

Für das hemisphärische Absorptionsverhältnis und das hemisphärische Emissionsverhältnis kann nicht ohne weiteres angenommen werden, daß diese, wie die spektralen richtungsabhängigen Größen, dem KIRCHHOFFschen Satz genügen. Nur, wenn entweder α oder L_λ richtungsunabhängig sind, folgt dies zwingend aus Gl. (3.6) und (3.9).
Das oben eingeführte Reflexionsverhältnis ϱ ist wie das Absorptionsverhältnis eine Funktion der Oberflächenbeschaffenheit und der Temperatur des bestrahlten Körpers, sowie des Einstrahlwinkels Θ und der Wellenlänge λ der Strahlung. Es gibt an, wieviel der einfallenden Strahlung reflektiert wird, sagt aber nichts darüber aus,

194   3 Wärmeübertragung durch Strahlung

in welche Richtung die reflektierte Strahlung zurückgeworfen wird. Dies hängt im wesentlichen wiederum von der Oberflächenbeschaffenheit des bestrahlten Körpers sowie von der Wellenlänge der einfallenden Strahlung ab.
Sehr gut polierte glatte Oberflächen reflektieren spiegelnd. Trifft nämlich ein dünnes Strahlenbündel unter dem Einfallwinkel Θ gegenüber der Normalen auf eine solche Oberfläche, so wird es unter einem Ausfallwinkel Θ' zurückgeworfen, der genauso groß ist wie sein Einfallwinkel Θ. Die Strahldichteverteilung innerhalb des reflektierten Strahlenbündels ist dabei gegenüber derjenigen im einfallenden unverändert, Bild 3.7a.

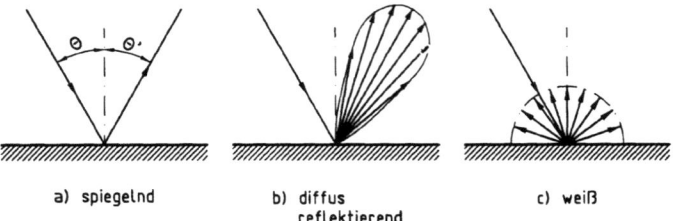

a) spiegelnd   b) diffus reflektierend   c) weiß

Bild 3.7: Reflexionseigenschaften von Oberflächen

Rauhe Oberflächen reflektieren einfallende Strahlung diffus, d.h. in verschiedene Richtungen, Bild 3.7b und 3.7c.
Eine Oberfläche kann sich gegenüber Strahlung verschiedener Wellenlängen λ unterschiedlich verhalten. Eine Oberfläche, die langwellige Strahlung spiegelnd reflektiert, kann für kurzwellige diffus reflektierend sein.
Ist die Strahldichte der reflektierten Strahlung in alle Richtungen gleich verteilt, unabhängig von der Wellenlänge der Strahlung, so nennt man eine solche Oberfläche weiß, Bild 3.7c. Weiße Oberflächen besitzen die Eigenschaft, daß sie nach der Reflexion die Vorgeschichte der einfallenden Strahlung gewissermaßen „verschmiert" haben.

3.1.3 Strahlungsaustausch zwischen zwei Flächen

Der spektrale Strahlungsfluß von einem Flächenelement dA_i einer Strahlung abgebenden Körperoberfläche zu einem Flächenelement dA_j einer bestrahlten Körperoberfläche hängt von der Strahldichte, $L_{\lambda,i}$ vom Abstand der Flächenelemente dA_i und dA_j, sowie deren geometrischer Anordnung ab. Sind n_i und n_j die Flächennormalen von dA_i und dA_j, so stellen die Projektionen $dA_i \cos\Theta_i$ bzw. $dA_j \cos\Theta_j$ dieser Flächen in Ebenen senkrecht zur Verbindungslinie r die maximalen Durchlaßquerschnitte für die zwischen dA_i und dA_j ausgetauschte Strahlung dar, Bild 3.8. Der von dA_i nach dA_j übertragene spektrale Strahlungsfluß ist

$$d\phi_{\lambda,i\to j} = L_{\lambda,i} \, dA_i \cos\Theta_i \, d\Omega_i \, d\lambda \ . \tag{3.10}$$

Hierin ist

$$d\Omega_i = \frac{dA_j \cos\Theta_j}{r^2} \tag{3.11}$$

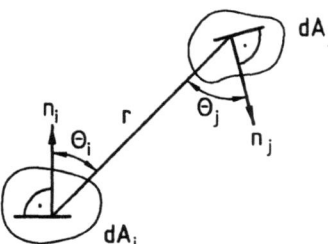

Bild 3.8: Strahlungsaustausch zwischen zwei Flächenelementen dA_i und dA_j

der Raumwinkel (s. Band I, Abschn. 17.2.1), welcher das von dA_i ausgehende Strahlenbündel am Empfangsort durch die Ausdehnung des Flächenelements dA_j begrenzt.

Die Strahldichte $L_{\lambda,i}$ der von der Fläche dA_i ausgehenden Strahlung setzt sich aus dem Anteil $L_{\lambda,e}$ emittierter Strahlung und dem Anteil $L_{\lambda,\varrho}$ der an der Körperoberfläche reflektierten Strahlung zusammen.

Wenn wir darüber hinaus noch vereinfachend annehmen, daß auch die emittierte Strahlung richtungsunabhängig ist, was sowohl für elektrische Leiter als auch elektrische Nichtleiter für Winkel bis 60° aus der Normalen einigermaßen zutrifft, so gehorcht diese Strahlung dem LAMBERTschen Kosinusgesetz, wonach sich der Strahlungsfluß proportional mit dem Kosinus des Ausfallwinkels Θ_i ändert

$$d\phi_{i \to j} \sim \cos \Theta_i \ . \tag{3.12}$$

Die meisten Strahlungsaustauschrechnungen werden unter dieser Annahme durchgeführt, was streng genommen natürlich nicht richtig ist. Dadurch läßt sich aber der Rechenaufwand erheblich reduzieren.

3.1.4 Winkelverhältnis oder Einstrahlzahl

Der Strahlungsfluß $d\phi_{i \to j}$ von einem Flächenelement dA_i einer strahlenden Körperoberfläche auf eine endliche Fläche A_j ist

$$d\phi_{i \to j} = dA_i \int_\lambda \int_{\Omega_i} L_{\lambda,i} \cos \Theta_i \, d\Omega_i \, d\lambda \ . \tag{3.13}$$

Hierin erfaßt der endliche Raumwinkel Ω_i alle diejenigen Strahlen, die zugleich durch das Flächenelement dA_i und die Fläche A_j gehen.

Vom Flächenelement dA_i wird in den darüber liegenden Halbraum insgesamt der Strahlungsfluß

$$d\phi_i = dA_i \int_\lambda \int_\cap L_{\lambda,i} \cos \Theta_i \, d\Omega_i \, d\lambda \tag{3.14}$$

abgegeben. Der Integralausdruck

$$B_i = \int_\lambda \int_\cap L_{\lambda,i} \cos \Theta_i \, d\Omega_i \, d\lambda \tag{3.15}$$

wird Flächenhelligkeit genannt und stellt denjenigen Strahlungsfluß dar, der bezogen auf die Flächeneinheit in den Halbraum abgestrahlt wird.

Dividiert man den vom Flächenelement dA_i in Richtung der Fläche A_j übertragenen Strahlungsfluß $\phi_{i \to j}$ durch den insgesamt von dA_i in den Halbraum ausgesandten Strahlungsfluß, so erhält man die sog. Einstrahlzahl zwischen dem Flächenelement dA_i und der endlichen Fläche A_j

$$\psi_{dA_i \to A_j} = \frac{\int\limits_\lambda \int\limits_{\Omega_i} L_{\lambda,i} \cos \Theta_i \, d\Omega_i \, d\lambda}{\int\limits_\lambda \int\limits_{\cap} L_{\lambda,i} \cos \Theta_i \, d\Omega_i \, d\lambda} = \frac{1}{B_i} \int\limits_\lambda \int\limits_{\Omega_i} L_{\lambda,i} \cos \Theta_i \, d\Omega_i \, d\lambda \ . \quad (3.16)$$

Ist die Strahldichte $L_{\lambda,i}$ richtungsabhängig, so können die Einstrahlzahlen nur mit großem Aufwand berechnet werden, weil hierzu die Strahldichteverteilung L_λ an allen Orten und für alle Richtungen bekannt sein muß.

Zur Vereinfachung von Strahlungsaustauschrechnungen wird deshalb in der Regel angenommen, daß das LAMBERTsche Kosinusgesetz, Gl. (3.12) gilt, d.h. die Strahldichte $L_{\lambda,i}$ der von dA_i ausgehenden Strahlung richtungsunabhängig ist. Dann vereinfacht sich die Einstrahlzahl $\psi_{dA_i \to A_j}$ zu einer rein geometrischen Größe

$$\psi_{dA_i \to A_j} = \frac{\int\limits_{\Omega_i} \cos \Theta_i \, d\Omega_i}{\int\limits_{\cap} \cos \Theta_i \, d\Omega_i} = \frac{1}{\pi} \int\limits_{\Omega_i} \cos \Theta_i \, d\Omega_i \ . \quad (3.17)$$

Hierfür wird auch die Bezeichnung „Winkelverhältnis" oder „Sichtfaktor", engl. "angle factor" oder "view factor" verwendet.

Das Winkelverhältnis kann auf einfache Weise geometrisch gedeutet werden, Bild 3.9. Beschreibt man nämlich über dem Flächenelement dA_i eine Halbkugel mit dem Einheitsradius $r = 1$, so schneiden alle durch A_j gehenden Strahlen auf der Kugeloberfläche den Raumwinkel Ω_i aus. Dessen Projektion in die Ebene des Flächenelements dA_i ergibt die Fläche $\Omega_i \cos \Theta_i$ und deren Verhältnis zur Gesamtfläche $\pi r^2 = \pi$ das gesuchte Winkelverhältnis[4].

Das Flächenelement dA_i, für welches wir unsere bisherigen Betrachtungen angestellt haben, ist in der Regel Bestandteil einer endlichen Fläche. Diese sollte derart ausgewählt werden, daß sowohl die Eigenschaften ihrer Oberfläche als auch die Strahlungseigenschaften über die ganze Fläche A_i einigermaßen konstant angenommen werden können. Falls dies zunächst nicht möglich sein sollte, läßt es sich sicher durch weitere Unterteilung der Fläche A_i erreichen.

Hier ist unter der Einstrahlzahl[5] $\psi_{i \to j}$ folgendes zu verstehen: Sie ist das Verhältnis der Strahlung, die von der Fläche A_i ausgeht und auf A_j trifft zu der von A_i ausgehenden Strahlung, die in den gesamten Halbraum abgegeben wird. Unter der Voraussetzung, daß die Strahldichte der von der Fläche A_i ausgehenden und reflektierten Strahlung richtungsunabhängig ist, d.h. dem LAMBERTschen Kosinusgesetz

---

[4]Hierauf beruhen einige experimentelle Methoden, mit denen früher Winkelverhältnisse mechanisch oder photographisch bestimmt wurden.

[5]Zur Vereinfachung schreiben wir anstelle von $\psi_{A_i \to A_j}$ einfach $\psi_{i \to j}$.

3.1 Strahlungsaustausch zwischen festen Körpern

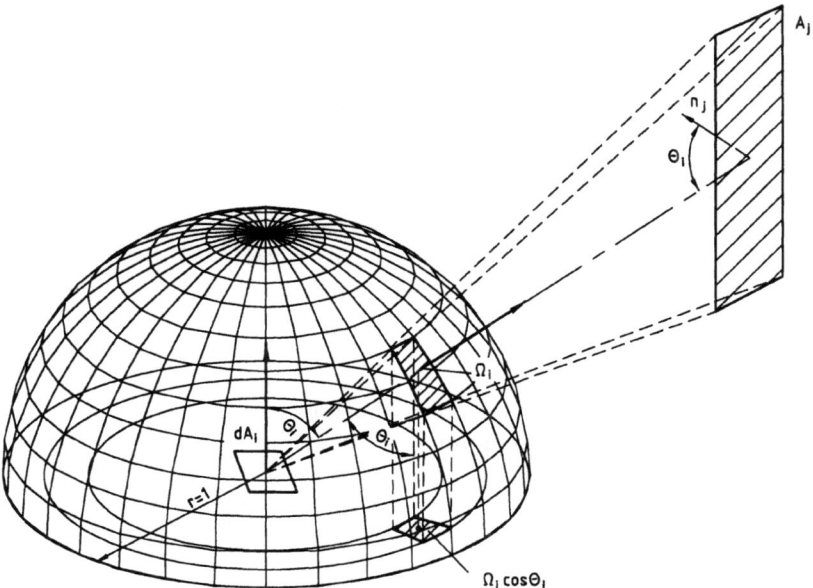

Bild 3.9: Darstellung des Winkelverhältnisses (Einstrahlzahl)

gehorcht, ist die Einstrahlzahl

$$\psi_{i \to j} = \frac{1}{\pi A_i} \int\limits_{A_i} \int\limits_{\Omega_i} \cos\Theta_i \, d\Omega_i \, dA_i \;. \tag{3.18}$$

Ersetzen wir hierin den Raumwinkel $d\Omega_i$ durch dessen Definitionsgleichung

$$d\Omega_i = \frac{\cos\Theta_j \, dA_j}{r^2} \;, \tag{3.19}$$

so wird

$$A_i \, \psi_{i \to j} = \frac{1}{\pi} \int\limits_{A_i} \int\limits_{A_j} \frac{\cos\Theta_i \cos\Theta_j}{r^2} dA_j \, dA_i \;. \tag{3.20}$$

Der Integralausdruck bleibt völlig unverändert, wenn man die Indizes i und j vertauscht, woraus sich die wichtige Reziprozitätsbeziehung

$$A_i \, \psi_{i \to j} = A_j \, \psi_{j \to i} \tag{3.21}$$

ableitet.
Kann man sich eine Fläche A_j aus mehreren Teilflächen zusammengesetzt denken

$$A_j = \sum_k A_k \;, \tag{3.22}$$

so gilt nach Gl. (3.20) für die entsprechenden Winkelverhältnisse

$$\psi_{i \to j} = \sum_k \psi_{i \to k} \ . \tag{3.23}$$

Danach lassen sich in einfacher Weise Winkelverhältnisse für komplizierte Flächen durch Summen- und Differenzbildung aus einfacheren Geometrien bestimmen.
Für eine große Zahl von Anordnungen sind Winkelverhältnisse tabelliert. Die analytische Integration nach Gl. (3.20) führt selbst bei einfachen Geometrien zu recht länglichen algebraischen Ausdrücken, so daß in der Regel numerischen Verfahren der Vorzug zu geben ist[6].

3.1.5 Strahlungsaustausch zwischen Oberflächen bei strahlungsdurchlässigem Zwischenraum

Die Gase Sauerstoff, Stickstoff und Wasserstoff sind für Wärmestrahlung völlig durchlässig. Daher findet in Industrieöfen, welche ausschließlich Luft oder andere transparente Gase enthalten, der Strahlungsaustausch ausschließlich zwischen denjenigen Wänden statt, welche den Gasraum einschließen.
Ein anderes Beispiel für den in diesem Abschnitt behandelten Strahlungsaustausch sind Oberflächenstrahler, welche z.B. in Brennern, Trocknern oder in Anlagen zur Oberflächenbehandlung eingebaut sind. Oberflächenstrahler werden z.B. auch zum Beheizen von Werkshallen u.ä. eingesetzt.
Um derartige Anlagen richtig auslegen zu können, kommt es darauf an, die durch Strahlung übertragenen Energieströme zu ermitteln oder z.B. die Oberflächentemperaturen zu bestimmen, welche sich an den strahlenden oder bestrahlten Flächen einstellen.
Hierzu denken wir uns einen mit Strahlung erfüllten Raum von insgesamt N Flächen A_1 bis A_N begrenzt, Bild 3.10, für die wir die Strahlungsströme bilanzieren wollen. Diese Flächen können entweder die Oberflächen fester Begrenzungswände sein, aber auch — bei offenen Einrichtungen — einfache Bilanzflächen, über die wir die Energieströme registrieren. In jedem Fall müssen die N Flächen den durchstrahlten Raum vollständig umfassen.

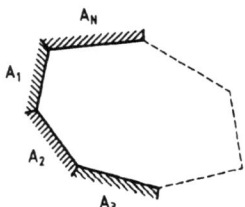

Bild 3.10: Zur Bilanz der Strahlungsströme bei strahlungsdurchlässigem Zwischenraum

Kann die Strahldichte $L_{\lambda,i}$ der von jeder Fläche A_i ausgehenden Strahlung als richtungsunabhängig angesehen werden (LAMBERTsches Kosinusgesetz) und zudem

---
[6]siehe z.B. VDI-Wärmeatlas (1988) VDI-Verlag
ROHSENOW W M and HARTNETT J P (1973) Handbook of Heat Transfer. McGraw Hill

3.1 Strahlungsaustausch zwischen festen Körpern

über die Fläche A_i als hinreichend konstant, was immer durch eine entsprechend feine Unterteilung der Flächen erreicht werden kann, so läßt sich der Strahlungsfluß

$$\phi_{i \to j} = \int_\lambda L_{\lambda,i} \int_{A_i} \int_{\Omega_i} \cos\Theta_i d\Omega_i \, dA_i \, d\lambda \tag{3.24}$$

durch das in Gl. (3.18) definierte Winkelverhältnis beschreiben

$$\phi_{i \to j} = A_i \, \psi_{i \to j} \, \pi \int_\lambda L_{\lambda,i} \, d\lambda \ . \tag{3.25}$$

Die Flächenhelligkeit stellt nach Gl. (3.15) den auf die Fläche bezogenen, von A_i in den Halbraum abgestrahlten Energiestrom dar.
Der Strahlungsfluß, welcher von der Fläche A_i ausgeht und auf die Fläche A_j trifft, ist damit

$$\phi_{i \to j} = B_i \, A_i \, \psi_{i \to j} \ . \tag{3.26}$$

Der in umgekehrter Richtung von j nach i übertragene Strahlungsfluß ist, wenn noch das Reziprozitätsgesetz verwendet wird

$$\phi_{j \to i} = B_j \, A_j \, \psi_{j \to i} = B_j \, A_i \, \psi_{i \to j} \ . \tag{3.27}$$

Insgesamt wird von der Fläche A_i in den Halbraum der Energiestrom

$$\phi_i = B_i A_i \sum_j \psi_{i \to j} = B_i A_i \tag{3.28}$$

abgestrahlt. Dieser setzt sich aus der emittierten und der reflektierten Strahlung zusammen

$$\phi_i = A_i \varepsilon_i C_s \left(\frac{T_i}{100}\right)^4 + \varrho_i \sum_j \phi_{j \to i} \ , \tag{3.29}$$

wobei die emittierte Strahlung aus dem STEFAN-BOLTZMANNschen Strahlungsgesetz und einem Emissionsverhältnis ε_i bestimmt wird, welches aus dem spektralen Emissionsverhältnis $\varepsilon_{\lambda,i}$ mit der Strahldichte der Hohlraumstrahlung $L_{\lambda,s}$ gemittelt wird. Das ergibt mit Gl. (3.27)

$$\phi_i = A_i \left[\varepsilon_i C_s \left(\frac{T_i}{100}\right)^4 + \varrho_i \sum_j B_j \psi_{i \to j}\right] = B_i A_i \ . \tag{3.30}$$

Kürzt man durch A_i und schreibt sämtliche Flächenhelligkeiten auf die linke Seite der Gleichung, so erhält man

$$B_i - \varrho_i \sum_j B_j \psi_{i \to j} = \varepsilon_i C_s \left(\frac{T_i}{100}\right)^4 \ . \tag{3.31}$$

Wären die Temperaturen T_i aller Flächen bekannt, so könnte man das durch Gl. (3.31) gegebene System linearer Gleichungen nach den unbekannten Flächenhelligkeiten B_i bzw. B_j auflösen, da ebensoviel Temperaturen T_i gegeben wären, wie B_i gesucht sind.

Nun wird es unter den im Strahlungsaustausch stehenden Oberflächen A_i auch solche geben, deren Temperaturen T_i nicht bekannt sind, sondern stattdessen andere Größen, wie z.B. ein der Fläche zugeführter Wärmestrom $\dot{Q}_i$.

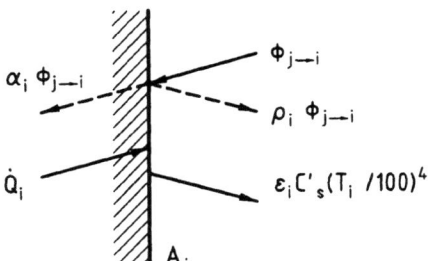

Bild 3.11: Energiebilanz der Körperoberfläche A_i

Nach der Energiebilanz, Bild 3.11, muß der der Fläche A_i zugeführte Wärmestrom $\dot{Q}_i$ der Differenz aus emittierter und absorbierter Strahlung entsprechen

$$\dot{Q}_i = A_i \varepsilon_i C_s \left(\frac{T_i}{100}\right)^4 - \alpha_i \sum_j \phi_{j\to i} \ . \tag{3.32}$$

Ersetzt man hierin den Strahlungsfluß $\phi_{j\to i}$ nach Gl. (3.27) und dividiert durch A_i, so ergibt das

$$\frac{\dot{Q}_i}{A_i} = \varepsilon_i C_s \left(\frac{T_i}{100}\right)^4 - \alpha_i \sum_j B_j \psi_{i\to j} \ , \tag{3.33}$$

eine Beziehung, mit der noch unbekannte Temperaturen T_i durch die Wärmeströme $\dot{Q}_i$ ersetzt werden können. Zieht man nämlich Gl. (3.31) von (3.33) ab, so heben sich die Temperaturen T_i heraus, und wir erhalten mit $\alpha_i + \varrho_i = 1$ (strahlungsundurchlässige Wände)

$$B_i - \sum_{j=1}^{N} B_j \psi_{i\to j} = \frac{\dot{Q}_i}{A_i} \ . \tag{3.34}$$

Gl. (3.31) und (3.34) ergeben zusammen N lineare Gleichungen, die nach den unbekannten Flächenhelligkeiten B_i aufgelöst werden können. Indem aus der Gl. (3.33) mit (3.31) die letzte Summe eliminiert wird, erhält man auch

$$\frac{\dot{Q}_i}{A_i} = \varepsilon_i C_s \left(1 + \frac{\alpha_i}{\varrho_i}\right) \left(\frac{T_i}{100}\right)^4 - \left(\frac{\alpha_i}{\varrho_i}\right) B_i \ . \tag{3.35}$$

Mit Hilfe dieser Beziehung können, nachdem aus den Gln. (3.31) und (3.34) die Flächenhelligkeiten B_i berechnet wurden, entweder die Temperaturen T_i bei bekannten Wärmeströmen $\dot{Q}_i$ oder die Wärmeströme $\dot{Q}_i$ bei bekannten Temperaturen T_i ermittelt werden.

3.2 Gasstrahlung

Wie schon zu Beginn des Kapitels erläutert, wird Strahlung von gasförmigen Stoffen nur bei diskreten Wellenlängen emittiert oder absorbiert, in sog. Linien- oder Bandenspektren. Deren Wellenlängen sind von Gas zu Gas sehr verschieden und hängen vom inneren Aufbau der Atome und Moleküle ab.

3.2.1 Spektrum des atomaren Wasserstoffs, Bohrsches Atommodell

Beim einatomigen Wasserstoff umkreist ein einziges Elektron den Kern. Deshalb sind hier die Verhältnisse besonders einfach. Nach J.R. RYDBERG wird nämlich die Frequenz der Strahlung durch die sog. Serienformel des Wasserstoffs wiedergegeben

$$\nu = \frac{c}{\lambda} = R_y \left[\frac{1}{n^2} - \frac{1}{m^2} \right] \tag{3.36}$$

mit der RYDBERG-Konstanten $R_y = 3{,}2869 \cdot 10^{15}$ s^{-1} und der Lichtgeschwindigkeit $c = 3 \cdot 10^8$ m/s; m und n sind natürliche Zahlen, von denen $m > n$ ist; sie werden Hauptquantenzahlen genannt.

Für $n = 1$ erhält man die Linien der LYMAN-Serie, welche im Ultraviolett anzutreffen sind; für $n = 2$ die bereits 1885 von BALMER beschriebene BALMER-Serie.

Die Linien der BALMER-Serie liegen im Sichtbaren; $m = 3$ entspricht der Linie H_α bei einer Wellenlänge von 656,307 nm, $m = 4$ der Linie H_β bei 486,132 nm, $m = 5$ der Linie H_γ bei 434,047 nm, usw.

Neben den Serien im sichtbaren Spektralbereich (BALMER-Serie) und im ultravioletten (LYMAN-Serie) wurden auch im infraroten noch weitere Serien entdeckt, nämlich die PASCHEN-Serie ($n = 3$), die BRACKETT-Serie ($n = 4$) und die PFUND-Serie ($n = 5$).

Nach der BOHRschen Atomtheorie (1913) umkreisen die Elektronen die Atomkerne in festen „Bahnen", sog. Quantenzuständen, denen jeweils ein bestimmter Wert der Energie zugeordnet werden kann. Ordnet man die jeder Elektronenbahn zuzuordnende Energie nach ansteigenden Werten, so erhält man das sog. Termschema des atomaren Wasserstoffs, Bild 3.12.

In Bild 3.12 wurde die Energie des höchstmöglichen Quantenzustandes ($n \to \infty$) willkürlich zu null festgelegt. Somit besitzen alle diskreten Quantenzustände einen negativen Wert der Energie. Jedem Energiezustand entspricht zudem eine ganz bestimmte Hauptquantenzahl n (linke Skala in Bild 3.12).

Nach der BOHRschen Theorie wird bei einem Strahlungsübergang von einem Zustand höherer Energie E_m auf einen Zustand niedriger Energie $E_n < E_m$ Strahlung der Frequenz

$$\nu = \frac{(E_m - E_n)}{h} = R_y \left(\frac{1}{n^2} - \frac{1}{m^2} \right) \tag{3.37}$$

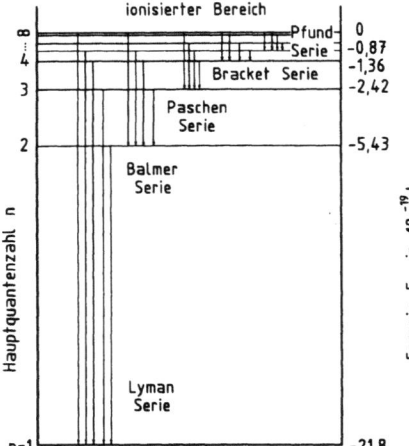

Bild 3.12: Termschema des atomaren Wasserstoffs

emittiert, wobei $h = 6,6 \cdot 10^{-34}$ Js das PLANCKsche Wirkungsquantum ist. Umgekehrt können durch Absorption von Strahlung der Wellenlänge

$$\lambda = \frac{c}{\nu} = \frac{c\,n^2 m^2}{R_y(m^2 - n^2)} \tag{3.38}$$

Wasserstoffatome vom Zustand niedrigerer Energie E_n in einen Zustand höherer Energie E_m gebracht werden.

3.2.2 Spektren der Alkaliatome

Die Spektren von Atomen mit mehreren Elektronen sind nicht so regelmäßig wie die des Wasserstoffs. Relativ einfach strukturiert sind die Spektren der Alkaliatome, welche noch durch die der RYDBERG-Formel ähnliche Serienformel beschrieben werden können, da sie ein einzelnes Elektron auf der äußersten Schale besitzen und somit dem Wasserstoff ähneln,

$$\nu = R_y \left[\frac{1}{(n+s)^2} - \frac{1}{(m+p)^2} \right] \quad . \tag{3.39}$$

Hier treten neben den ganzzahligen Hauptquantenzahlen n,m additive, nichtganzzahlige Konstanten s,p,d,f auf, welche den Einfluß der inneren Elektronenschalen berücksichtigen. Sie hängen von der aus der Quantentheorie bekannten Nebenquantenzahl l ab, welche den Drehimpuls der Elektronenbahnen kennzeichnet; l kann die Werte $0,1,\ldots,n-1$ annehmen. Bild 3.13 zeigt das Termschema des Kaliumatoms mit eingezeichneten Strahlungsübergängen. Die Energieniveaus sind nach Hauptquantenzahl n und Nebenquantenzahl l geordnet. Die Bezeichnungen S,P,D,F sind historisch zu verstehen: P mit dem Bahndrehimpuls $l=1$ bedeutet Prinzipal(Haupt-)serie, S ($l=0$) und D ($l=2$) scharfe bzw. diffuse Nebenserie (nach dem Erscheinungsbild der Spektren) und F die Fundamentalserie. Außer dem

Bahndrehimpuls besitzt jedes Elektron noch einen Drehimpuls, den Elektronenspin, der durch die Quantenzahlen $+\frac{1}{2}$ und $-\frac{1}{2}$ gekennzeichnet ist. Bahndrehimpuls und Spin ergeben den Gesamtdrehimpuls, dessen Quantenzahl

$$j = l \pm \frac{1}{2}$$

als Index an die Buchstaben S, P, D, F geschrieben wird. Nach den quantenmechanischen Auswahlregeln sind Übergänge immer nur zwischen benachbarten Serien möglich.

Bei Atomen mit mehreren äußeren Elektronen werden die Termschemata zunehmend komplizierter und lassen sich nicht mehr in eine einfache Systematik einordnen.

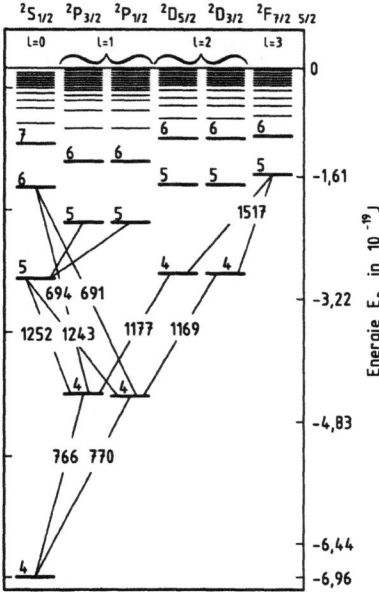

Bild 3.13: Termschema[8] des K-Atoms nach POHL

3.2.3 Absorption, spontane und erzwungene Emission; Übergangswahrscheinlichkeiten

Die Anzahl der in der Zeiteinheit zwischen einem oberen Energieniveau E' und einem Niveau niedrigerer Energie E'' übergehender Teilchen bestimmt die Strahlungsleistung. Dabei unterscheidet man nach A. EINSTEIN drei grundsätzlich verschiedene Übergänge, nämlich die spontane Emission, die Absorption und die erzwungene oder induzierte Emission.

---

[8] Die Wellenlängen der einem Übergang zwischen zwei Niveaus zuzuordnenden Spektrallinien sind in nm angegeben.

Bei der spontanen Emission hängt die Anzahl der Übergänge je Zeiteinheit nur von der Anzahl $N'\mathrm{d}V$ der Teilchen[9] im oberen Energiezustand E' und der sog. Übergangswahrscheinlichkeit $A^{'\to''}$ ab. Diese gibt an, welcher Anteil der im Energieniveau E' befindlichen Teilchen in der Zeiteinheit spontan auf das Energieniveau E'' übergeht.

Der aus einem Volumenelement in alle Richtungen emittierte Strahlungsfluß ist gleich der Anzahl $N' A^{'\to''}\,\mathrm{d}V$ der in der Zeiteinheit übergehenden Teilchen, multipliziert mit der Energie $h\nu = E' - E''$ des Übergangs

$$\mathrm{d}\phi_e = N' A^{'\to''} h\nu\,\mathrm{d}V\ . \tag{3.40}$$

Er wird bei der für den Übergang charakteristischen Wellenlänge abgegeben. Da eine streng monochromatische (einfarbige) Strahlung keine Energie mit sich führen kann, muß die emittierte Strahlung einen schmalen, aber endlichen Wellenlängenbereich überdecken. Beziehen wir den in alle Richtungen strömenden Strahlungsfluß $\mathrm{d}\phi_e$ auf das Volumenelement $\mathrm{d}V$ und die Raumwinkeleinheit, so erhalten wir als Maß für die bei einem Übergang vom Energieniveau E' in die Raumwinkeleinheit emittierte Strahlungsleistung den Linienemissionskoeffizienten

$$e_L = \frac{A^{'\to''}}{4\pi} N' h\nu\ . \tag{3.41}$$

Die Strahlung wird in dem sehr schmalen, aber endlichen Wellenlängenbereich einer Spektrallinie abgestrahlt. Über die tatsächliche Breite dieser Spektrallinie ist damit noch nichts ausgesagt, wir werden uns damit im Abschn. 3.2.5 beschäftigen.

Strahlungsabsorption entspricht einem Übergang von einem Zustand niedriger Energie E'' auf einen solchen der höheren Energie E'. Die Anzahl der Absorptionsvorgänge je Zeiteinheit ist der Zahl der Teilchen $N''\,\mathrm{d}V$ im unteren Energiezustand und der Zahl der Photonen, d.h. der spektralen Energiedichte u_ν proportional. Daher ist die in der Zeiteinheit im Volumen $\mathrm{d}V$ absorbierte Strahlungsenergie

$$\mathrm{d}\phi_a = N'' B^{''\to'}\,\mathrm{d}V u_\nu h\nu\ . \tag{3.42}$$

Schließlich kann Strahlung noch durch die sog. erzwungene oder induzierte Emission abgegeben werden, bei der Teilchen unter dem Einfluß einfallender Strahlung vom energiereicheren Niveau (') auf das energieärmere ('') übergehen; der entsprechende Fluß ist

$$\mathrm{d}\phi_i = N' B^{'\to''}\,\mathrm{d}V u_\nu h\nu\ . \tag{3.43}$$

Sowohl die Absorption als auch die induzierte Emission hängen von der Energiedichte u_ν und damit vom Strahlungsfeld ab; experimentell sind sie nicht zu unterscheiden, deshalb werden sie zusammengefaßt,

$$\mathrm{d}\phi_{ai} = (N'' B^{''\to'} - N' B^{'\to''}) u_\nu\,h\nu\,\mathrm{d}V\ . \tag{3.44}$$

$B^{'\to''}$ und $B^{''\to'}$ sind die entsprechenden Übergangswahrscheinlichkeiten für die Absorption und die erzwungene Emission.

---
[9] Wenn mit N die Anzahl der Teilchen in der Volumeneinheit bezeichnet wird.

Für den Fall des Strahlungsgleichgewichtes müssen die absorbierte und emittierte Energie gleich sein

$$A^{'\to''} N' h\nu = (N'' B^{''\to'} - N' B^{'\to''}) u_{\nu,s} h\nu \;, \qquad (3.45)$$

und es stellt sich die spektrale Energiedichte der Gleichgewichtsstrahlung (schwarze Hohlraumstrahlung) ein

$$u_\nu = u_{\nu,s} = \frac{\dfrac{A^{'\to''}}{B^{'\to''}}}{\dfrac{N''}{N'}\dfrac{B^{''\to'}}{B^{'\to''}} - 1} \;. \qquad (3.46)$$

Die Zahl der Teilchen N' und N'' in den Energieniveaus E' und E'' entsprechen bei Gleichgewicht einer BOLTZMANN-Verteilung (s. Band I, Abschn. 9.4.5)

$$\frac{N''}{N'} = \frac{g''}{g'} \exp\left(\frac{E' - E''}{kT}\right) = \frac{g''}{g'} \exp\left(\frac{h\nu}{kT}\right) \;, \qquad (3.47)$$

wobei g'', g' die statistischen Gewichte der Energiezustände E'' und E' sowie k die BOLTZMANN-Konstante bedeuten.

Im Strahlungsgleichgewicht muß die Strahlung isotrop, d.h. richtungsunabhängig sein; dann besteht zwischen der spektralen Energiedichte $u_{\nu,s}$ und der Strahldichte $L_{\nu,s}$ der Gleichgewichtsstrahlung der Zusammenhang (s. Band I, Abschn. 17.2.2)

$$u_{\nu,s} = \frac{4\pi}{c} L_{\nu,s} \;. \qquad (3.48)$$

Für die spektrale Strahldichte der Gleichgewichtsstrahlung gilt das PLANCKsche Strahlungsgesetz

$$L_{\lambda,s} = \frac{hc^2}{\lambda^5} \frac{2}{\exp\left(\dfrac{hc}{\lambda kT}\right) - 1} \;. \qquad (3.49)$$

Wird die spektrale Strahldichte nicht in der Wellenlängenskala, sondern in der Frequenzskala angegeben, so ist mit $\lambda = c/\nu$ und $d\lambda = -d\nu\, c/\nu^2$

$$L_{\nu,s} = -L_{\lambda,s}\frac{d\lambda}{d\nu} = \frac{2h\nu^3}{c^2} \frac{1}{\exp\left(\dfrac{h\nu}{kT}\right) - 1} \;. \qquad (3.50)$$

Die Energiedichte der Strahlung nach Gl. (3.48) wird zu

$$u_{\nu,s} = \frac{8\pi h\nu^3}{c^3} \frac{1}{\exp\left(\dfrac{h\nu}{kT}\right) - 1} \;. \qquad (3.51)$$

Vergleicht man diese Beziehung mit Gl. (3.46), so bestehen für die Übergangswahrscheinlichkeiten folgende Zusammenhänge

$$\frac{g'' B^{''\to'}}{g' B^{'\to''}} = 1 \;, \qquad (3.52)$$

$$\frac{A^{'\to''}}{B^{'\to''}} = \frac{8\pi h\nu^3}{c^3} \;. \qquad (3.53)$$

3 Wärmeübertragung durch Strahlung

Die Übergangswahrscheinlichkeiten $A'^{\to''}$, $B'^{\to''}$ und $B''^{\to'}$ sind ausschließlich durch die Struktur der Atome bzw. Moleküle bestimmt und hängen deswegen nicht von Zustandsgrößen, wie Temperatur und Druck ab. Sie können grundsätzlich mit Methoden der Quantenmechanik berechnet werden. Für komplizierte Moleküle kann dies jedoch zu einem unüberwindlichen Rechenaufwand führen, weshalb man häufig auf experimentell ermittelte Werte zurückgreift.

3.2.4 Molekülspektren

Molekülgase emittieren und absorbieren Strahlung in Form von Molekülbanden. Neben der Elektronenanregung gibt es bei Molekülen andere Anregungsmöglichkeiten. So können z.B. die einzelnen Atome im Molekül gegeneinander schwingen und um die gemeinsamen Trägheitsachsen rotieren. Schwingungs- und Rotationsenergien sind ebenso wie die Elektronenanregung gequantelt.

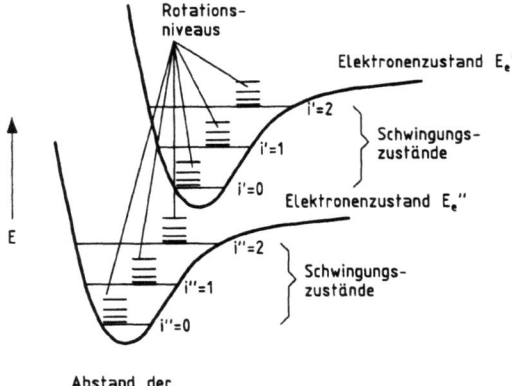

Bild 3.14: Elektronenanregungs, Schwingungs- und Rotationszustände eines Moleküls

Dies sei anhand von Bild 3.14 erläutert. Dargestellt sind die sog. Potentialkurven, welche die Abhängigkeit der potentiellen Energie der schwingenden Atomkerne von ihrem Abstand im Molekül darstellen. Es sind die Potentialkurven für zwei verschiedene Zustände der Elektronenanregung eingetragen, nämlich für den Elektronenanregungszustand mit der höheren Anregungsenergie E' und für den mit der niedrigeren Anregungsenergie E''. Jedem dieser Elektronenanregungszustände E' und E'' ist eine Folge von Schwingungszuständen überlagert, die sich jeweils in einzelne Rotationszustände gliedern.

Die Zustände der Elektronenanregung werden bei Molekülen analog zu den S, P, D, F-Termen der Atome mit Σ, Π, Δ usw. gekennzeichnet, wobei diese wie bei den Atomen den Bahndrehimpuls symbolisieren. Die Einstellmöglichkeiten des Elektronenspins werden durch eine hochgestellte Zahl angegeben, z.B. $^2\Pi$. Der Zustand der Elektronenanregung wird durch die vorgestellten Großbuchstaben $X, A, B, C \ldots$ gekennzeichnet, wobei X den Grundzustand A, B usw. die Anregungszustände bedeuten, z.B. $X\,^2\Pi$. Für die Schwingungszustände werden ihre Schwingungsquantenzahlen i', i'' und für die Rotationszustände ihre Rotationsquantenzahl[10] n', n'' angegeben. Die Zahl der möglichen Übergänge zwischen zwei Energieniveaus wird durch quantenmechanische Auswahlregeln eingeschränkt. Danach dürfen sich die Rotationsquantenzahlen des oberen und des unteren Energiezustandes höchstens um 1 unterscheiden. Ist die Rotationsquantenzahl des oberen Energiezustandes um 1 größer als die des unteren, so ergeben sich die Linien des sog. R-Zweiges der Molekülbande. Unterscheiden sie sich nicht, so erhalten wir den Q-Zweig. Der P-Zweig stellt die Übergänge dar, bei welchen die Rotationsquantenzahlen des oberen Zustandes um 1 kleiner sind als die des unteren.

Bleiben bei einem Übergang Schwingungs- und Elektronenanregung unverändert, so entstehen reine Rotationsbanden. Aufgrund der geringen Energieunterschiede findet man diese im fernen Infrarot. Reine Rotationsbanden haben für die technische Wärmestrahlung im allgemeinen keine Bedeutung.

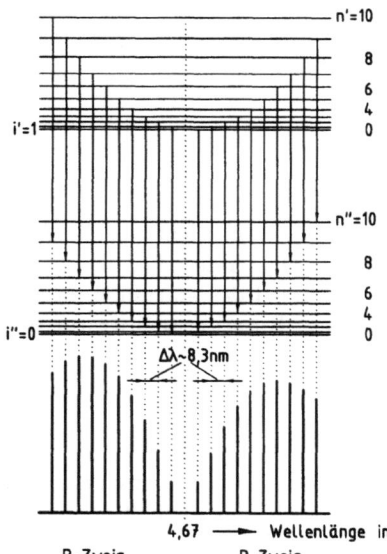

Bild 3.15: Übergänge in einer Rotations-Schwingungsbande von CO

Die im infraroten Spektralbereich beobachtbaren Rotations-Schwingungsbanden entsprechen ausschließlich Übergängen zwischen verschiedenen Schwingungs- und Rotationsniveaus ohne Elektronensprung. In diesem Fall verbieten die quantenmechanischen Auswahlregeln bei einigen Molekülen, wie z.B. CO, die Existenz eines Q-Zweiges, Bild 3.15. In der Mitte der Bande entsteht entsprechend eine Lücke.

In der Verbrennungstechnik sind vor allem die Rotationsschwingungsspektren der Gase CO_2, H_2O und CO für den Strahlungsaustausch von großer Bedeutung. Obwohl diese im Vergleich zum Stickstoff mit nur relativ kleinen Konzentrationen in den Verbrennungsgasen anzutreffen sind, bestreiten sie nahezu den gesamten Strahlungsaustausch, bei hohen Temperaturen sogar nahezu den gesamten Wärmeübergang.

---

[10]Nicht zu verwechseln mit der Hauptquantenzahl beim Wasserstoff- oder Alkaliatom!

Rotations-Schwingungsbanden von CO

Das Rotations-Schwingungsspektrum des zweiatomigen Moleküls CO ist relativ einfach aufgebaut. Die Energieniveaus der Schwingung und Rotation zweiatomiger Moleküle lassen sich durch die folgende Beziehung recht genau wiedergeben[11]

$$\frac{E(i,n)}{hc} = \omega_e \left(i + \frac{1}{2}\right) - \omega_e x_e \left(i + \frac{1}{2}\right)^2 + \omega_e y_e \left(i + \frac{1}{2}\right)^3 + \ldots$$
$$+ B_e n(n+1) - \alpha_e \left(i + \frac{1}{2}\right) n(n+1)(+\ldots) - D_e n^2(n+1)^2 \; , \quad (3.54)$$

wobei die Schwingungsquantenzahl i und die Rotationsquantenzahl n alle positiven ganzen Zahlen (einschließlich null) einnehmen können. Die erste Zeile in Gl. (3.54) beschreibt die Energieniveaus der Schwingung, davon das erste Glied die Schwingungsenergie nach dem Modell des harmonischen Oszillators (s. Band I, Abschn. 9.8). Dabei ist ω_e wie die charakteristische Schwingungstemperatur Θ_s (s. Band I) ein Maß für die Schwingungsfrequenz

$$\nu = \frac{k\Theta_s}{h} = c\,\omega_e \; . \quad (3.55)$$

Die restlichen Terme in der ersten Zeile von Gl. (3.54) berücksichtigen die Abweichungen vom Modell des harmonischen Oszillators. Das erste Glied der zweiten Zeile beschreibt die Rotationsenergie nach dem Modell des starren Rotators (s. Band I, Abschn 9.8). B_e ist wie die charakteristische Rotationstemperatur Θ_r ein Maß für das Trägheitsmoment I des Moleküls

$$B_e = \frac{h}{8\pi^2 cI} = \frac{k}{hc}\Theta_r \; . \quad (3.56)$$

Das zweite Glied der zweiten Zeile berücksichtigt, daß das mittlere Trägheitsmoment sich mit zunehmender Schwingung vergrößert, und schließlich erfaßt das letzte Glied der zweiten Zeile die Dehnung des Moleküls infolge der Zentrifugalkraft.
Die Konstanten in Gl. (3.54) wurden für zahlreiche zweiatomige Gase aus ihren Rotations-Schwingungsspektren bestimmt und tabelliert. Für CO haben sie die folgenden Zahlenwerte

$$\omega_e = 2170,21 \text{ cm}^{-1}$$
$$B_e = 1,9313 \text{ cm}^{-1}$$
$$\alpha_e = 0,01748 \text{ cm}^{-1}$$
$$D_e = 3,168 \cdot 10^{-6} \text{ cm}^{-1}$$
$$\omega_e x_e = 13,461 \text{ cm}^{-1}$$
$$\omega_e y_e = 0,010 \text{ cm}^{-1} \; .$$

---

[11] siehe z.B. HERZBERG G (1950) Molecular spectra and molecular structure I, Spectra of diatomic molecules. Van Nostrand, New York
PENNER S S (1959), Quantitative molecular spectroscopy and gas emissivities. Addison-Wesley, Reading, Mass.
SPONER H (1936) Molekülspektren. Springer, Berlin

Heute werden sie u.a. benötigt, um die Bandenstrahlung der Moleküle wirklichkeitsnah zu simulieren. Die sog. Fundamentalbande des CO entspricht nämlich einem Übergang vom ersten Anregungszustand der Schwingung ($i' = 1$) auf den Grundzustand ($i'' = 0$).

Sie besitzt einen P-Zweig ($n' = n'' - 1$) und einen R-Zweig ($n' = n'' + 1$). Für die Wellenzahlen der einzelnen Rotationslinien ergibt sich aus Gl. (3.54)

$$\bar{\nu} = \frac{1}{\lambda} = \frac{E(i', n') - E(i'', n'')}{hc} \tag{3.57}$$

Man erhält für den P-Zweig

$$\bar{\nu} = \omega_e - 2\omega_e x_e + 3{,}25\omega_e y_e - 2n'' B_e - n''(n'' - 2)\alpha_e + 4n''^3 D_e$$

und für den R-Zweig

$$\bar{\nu} = \omega_e - 2\omega_e x_e + 3{,}25\omega_e y_e + 2(n'' + 1) B_e - (n'' + 1)(n'' + 3)\alpha_e - 4(n'' + 1)^3 D_e \; .$$

Mit den angegebenen Zahlenwerten erhalten wir für den P-Zweig

$$\bar{\nu} = 2143{,}27 - 3{,}826 n'' - 0{,}01754 n''(n'' - 2) + 0{,}0000238 n''^3$$

und für den R-Zweig

$$\bar{\nu} = 2143{,}27 + 3{,}826(n'' + 1) - 0{,}01754(n'' + 1)(n'' + 3) - 0{,}0000238(n'' + 1)^3 \; .$$

Das Zentrum der Molekülbande liegt bei einer Wellenzahl $\bar{\nu}_0 = 2143$ cm^{-1}; dies entspricht einer Wellenlänge von 4,666 μm. Die einzelnen Rotationslinien gruppieren sich nahezu äquidistant um das Zentrum und zwar mit einer bei steigender Rotationsquantenzahl n'' zunehmenden Wellenlänge im P-Zweig bzw. abnehmenden im R-Zweig, s. Bild 3.15. Der Abstand der Rotationslinien voneinander ist etwa $\Delta\bar{\nu} = 3{,}8$ cm^{-1} oder $\Delta\lambda = 0{,}0083$ μm.

Um für jede Spektrallinie die in der Zeiteinheit emittierte bzw. absorbierte Energie berechnen zu können, greifen wir auf Gl. (3.40) und auf Gl. (3.42) zurück. Darin bestimmen wir die Besetzungsdichten N' bzw. N'' entsprechend der BOLTZMANN-Verteilung (s. Band I, Abschn. 9.4.5). Für die Übergangswahrscheinlichkeiten $A^{'\to''}$, $B^{'\to''}$ und $B^{''\to'}$ werden meistens experimentell ermittelte Werte verwendet, da quantenmechanische Berechnungen nicht nur aufwendig sind, sondern auch sehr detaillierte Kenntnisse über die Kraftfelder zwischen den Teilchen des Moleküls erfordern, die meist nicht mit der notwendigen Genauigkeit vorliegen.

Innerhalb einer Rotationsschwingungsbande können bei linearen Molekülen die Übergangswahrscheinlichkeiten für die einzelnen Rotationsübergänge proportional entweder zu $n/(2n + 1)$ oder $(n + 1)/(2n + 1)$ angesehen werden, je nachdem ob $\Delta n \pm 1$ ist. In jedem Fall gehen diese für hohe Rotationsquantenzahlen n in

einen nahezu konstanten Wert über[12]. Dann werden die im unteren Teil des Bildes 3.15 angegebenen Strahlungsübergänge fast ausschließlich durch die Besetzung der Energiezustände bestimmt, welche mit zunehmender Rotationsquantenzahl n zunächst proportional zu $2n+1$ zunimmt und bei höheren Rotationsquantenzahlen mit $\exp(-n(n+1)\Theta r/T)$ exponentiell abnimmt (vgl. Bild 9.19 in Band I).
Mit zunehmender Temperatur gelangen immer mehr Teilchen in die oberen Energieniveaus. Dadurch wird die Rotationsschwingungsbande breiter, und die Maxima verlagern sich nach außen.
Außer der Fundamentalbande können bei CO noch Oberschwingungen auftreten; die erste Oberschwingung entspricht einem Schwingungsübergang $i' = 2 \to i'' = 0$ bei einer Wellenzahl $\bar{\nu}_0 = 4260$ cm^{-1} bzw. einer Wellenlänge $\lambda_0 = 2{,}35\,\mu$m.

Rotations-Schwingungsspektren von CO_2

Bild 3.16 zeigt die Absorptionsbanden des CO_2 im Wellenlängenbereich von 1,6 bis etwa 20 μm nach Messungen von ECKERT[13]

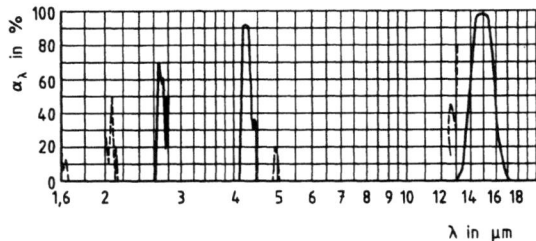

Bild 3.16: Absorptionsbanden des Kohlendioxids nach ECKERT. Die ausgezogenen Linien gelten für 5 cm Schichtdicke, die gestrichelten wurden erst bei 100 cm Schichtdicke als schwache Banden bemerkbar. Alle Messungen wurden bei atmosphärischem Druck und bei Raumtemperatur ausgeführt.

CO_2 besitzt als dreiatomiges Molekül wesentlich mehr Schwingungsfreiheitsgrade als CO. So können z.B. die beiden Sauerstoffatome in Richtung ihrer Verbindungsachse symmetrisch um das Kohlenstoffatom schwingen; die zugehörige charakteristische Schwingungskonstante ist[14] $\omega_{e1} = 1285{,}8$ cm^{-1}, Bild 3.17. Weil das CO_2-Molekül bei dieser Schwingungsform immer seine Symmetrie beibehält und deswegen sich beim Übergang von einem Schwingungszustand in einen anderen das Dipolmoment nicht ändert, kann bei dieser symmetrischen Schwingung keine Strahlung emittiert oder absorbiert werden.

---

[12] HERZBERG G (1950) Spectra of diatomic molecules. Van Nostrand, Princeton, Toronto, London, New York
GOODY R M (1964) Atmospheric radiation, Oxford
PENNER S S (1964) Quantitative molecular spectroscopy and gas emissivities. Addison-Wesley, Reading, Mass. and London
[13] ECKERT E R G (1966) Einführung in den Wärme- und Stoffaustausch. Springer-Verlag, Berlin, Heidelberg, New York.
[14] SPONER H (1935) Molekülspektren, Bd. I. Springer, Berlin

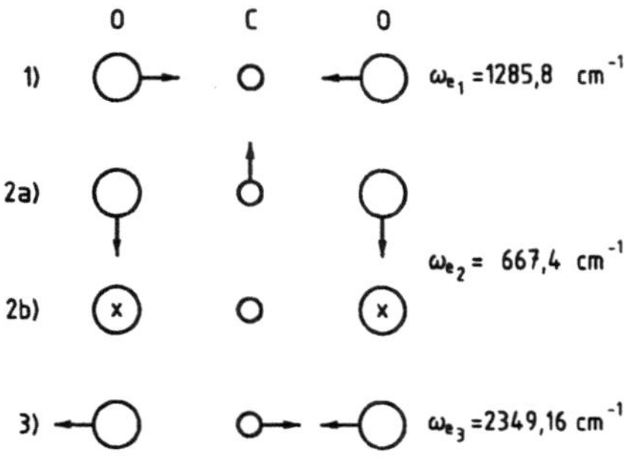

Bild 3.17: Schwingungsformen des CO_2-Moleküls

Bei der unsymmetrischen linearen Schwingung, Bild 3.17 ändert sich das Dipolmoment, und beim Übergang vom Grundzustand in den ersten Anregungszustand wird Bandenstrahlung mit einer Zentralwellenlänge

$$\lambda_3 = \frac{1}{\omega_{e_3}} = \frac{1}{2349,16} = 4,26\,\mu m$$

absorbiert. Diese sehr starke Bande ist noch überlagert von der entsprechenden Rotations-Schwingungsbande des $C^{13}O_2^{16}$-Moleküls, welches mit etwa 1 % im natürlichen Kohlendioxid enthalten ist und eine charakteristische Schwingungskonstante $\omega_e = 2283$ cm^{-1} besitzt[15]. Außerdem fällt in denselben Wellenlängenbereich noch die Absorptionsbande des Schwingungsübergangs

$$i_1'' = 0\,;\ i_2'' = 2;\, i_3'' = 0 \rightarrow i_1' = 1\,;\ i_2' = 0\,;\ i_3' = 1\ ,$$

abgekürzt geschrieben 020 → 101, mit einer charakteristischen Schwingungskonstanten $\omega_e = 2429.37$ cm^{-1}.

Bei höheren Temperaturen kommen noch Übergänge zu höheren Schwingungsniveaus hinzu[16].

Die Rotationsschwingungsbanden bei 2,7 μm Wellenlänge entsprechen Absorptionsübergängen 000 → 021 und 000 → 101, denen Banden aus höheren Anregungszuständen überlagert sind. Die starken Rotations-Schwingungsbanden des CO_2 im Wellenlängenbereich um etwa 15 μm werden hauptsächlich durch Übergänge der Form 000 → 010 zwischen den Zuständen der Biegeschwingung 2a und 2b, Bild 3.17, und dem Grundzustand hervorgerufen, denen noch weitere überlagert sind, wie z.B. 010 → 020, 010 → 100, 010 → 020. Die stärksten Strahlungsübergänge der CO_2-Isotope sind in Tabelle 3.1 dargestellt.

---

[15] GOODY R M (1964) Atmospheric radiation. Oxford

[16] EDWARDS D K (1960) Absorption of Infrared bands of carbon-dioxide gas at elevated measures to temperatures. J Opt Soc Am 50:617

Tabelle 3.1: Absorptionsbanden des Kohlendioxids im Infrarot nach ROTHMAN[17]

Isotop	Übergang[18]	Bandenzentrum [µm]	[cm^{-1}]
$^{12}C^{16}O_2$	010 → 100	16,180	618,03
	000 → 010	14,984	667,38
	010 → 020	14,976	667,75
	010 → 100	13,873	720,80
	020 → 021	4,303	2324,14
	100 → 101	4,298	2326,60
	100 → 101	4,297	2327,43
	010 → 011	4,280	2336,63
	000 → 001	4,257	2349,14
	000 → 101	2,768	3612,84
	000 → 101	2,692	3714,78
	010 → 111	2,685	3723,25
$^{13}C^{16}O_2$	000 → 001	4,379	2283,49
$^{16}O^{12}C^{18}O$	000 → 001	4,289	2332,11

Rotations-Schwingungsspektren von H_2O

Die Absorptionsbanden von H_2O sind in Bild 3.18 für Wellenlängen zwischen 0,8 und 34 µm angegeben. Das Wassermolekül besitzt drei Schwingungsfreiheitsgrade, eine symmetrische Dehnung bzw. Stauchung mit $\omega_{e1} = 3657,05$ cm^{-1} und eine asymmetrische mit $\omega_{e3} = 3755,92$ cm^{-1} sowie eine Biegeschwingung mit $\omega_{e2} = 1594,78$ cm^{-1}, Bild 3.19. Die Fundamentalbande dieser Biegeschwingung hat ihr Zentrum bei 6,27 µm. Die Rotationsschwingungsspektren bei $\lambda \approx 2,7$ µm, welche durch Übergänge zwischen dem Grundzustand und den Energieniveaus der Dehnungsschwingungen ω_{e1} und ω_{e3} entstehen, fallen nahezu zusammen und sind zusätzlich noch von 000 → 020 Übergängen überlagert.
Im nahen Infrarot gibt es noch schwächere Rotations-Schwingungsbanden bei 0,95 µm, 1,14 µm, 1,38 µm und 1,9 µm. Die stärksten Strahlungsübergänge des Wasserdampfs sind in Tabelle 3.2 dargestellt. Die „Bande" 000 → 000 bezeichnet dabei den Bereich der reinen Rotationsübergänge.

Tabelle 3.2: Absorptionsbanden des Wasserdampfes im Infrarot nach ROTHMAN[19]

Übergang	Bandenzentrum [µm]	[cm^{-1}]
000 → 000	∼ 20	∼ 500
010 → 000	6,271	1594,75
100 → 000	2,734	3657,05
001 → 000	2,662	3755,93
101 → 000	1,379	7249,81

---

[17] ROTHMAN L S UND MITARBEITER (1992) "The HITRAN Molecular Database: Editions of 1991 and 1992". J Quant Spectrosc and Rad Transfer 48:469
[18] Übergangs-Notation: $(i_1 i_2 i_3)' \to (i_1 i_2 i_3)''$
[19] ROTHMAN L S UND MITARBEITER (1992) "The HITRAN Molecular Database: Editions of 1991 and 1992". J Quant Spectrosc and Rad Transfer 48:469

3.2 Gasstrahlung   213

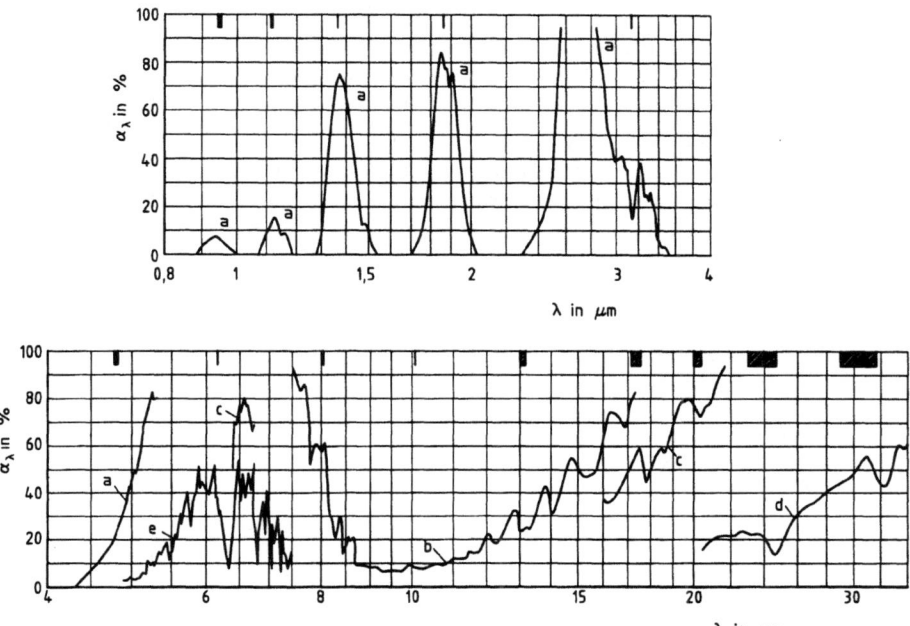

Bild 3.18: Absorptionsbanden für Wasserdampf nach ECKERT;
Oben für Wellenlängen von 0,8 bis 4 μ bei 127 °C und 100 cm Schichtdicke, unten für Wellenlängen von 4 bis 34 μ und zwar a) bei 127 °C und 109 cm Schichtdicke, b) bei 127 °C und 104 cm Schichtdicke, c) bei 127 °C und 32,4 cm Schichtdicke, d) bei 81 °C und 32,4 cm Schichtdicke Wasserdampf-Luft-Gemisch, entsprechend etwa 4 cm reiner Wasserdampfschicht, e) bei 20 °C und 220 cm dicker Schicht feuchter Zimmerluft entsprechend etwa 7 cm reiner Wasserdampfschicht von Atmosphärendruck. Die kleinen schraffierten Rechtecke am oberen Rand geben die Breite des jeweils benutzten Spektrometerspaltes im Maßstab der Wellenlängen an. Alle Messungen wurden bei atmosphärischem Druck ausgeführt.

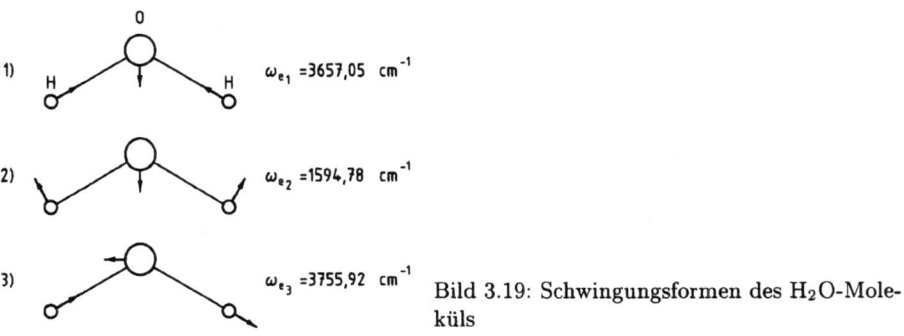

Bild 3.19: Schwingungsformen des H_2O-Moleküls

3.2.5 Profilfunktionen

Die Energieniveaus sind allein schon wegen der endlichen Lebensdauer der angeregten Zustände (HEISENBERGsche Unschärferelation) nicht streng diskret, sondern überdecken ein zwar äußerst schmales, aber doch endliches Energieband. Darüber hinaus werden durch Wechselwirkung zwischen verschiedenen Molekülen die Energieniveaus weiter verbreitert. Infolgedessen haben auch die Spektrallinien, die dem Strahlungsübergang zwischen zwei verbreiterten Energieniveaus entsprechen, eine endliche Linienbreite. Ihre Form wird durch eine Profilfunktion P_λ beschrieben (Bild 3.20).

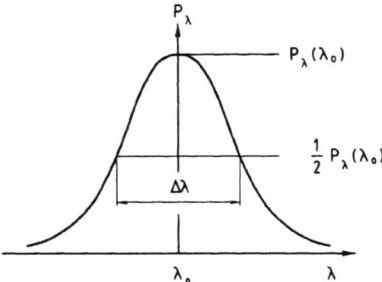

Bild 3.20: Profilfunktion einer Spektrallinie

Die Profilfunktion ist so normiert, daß das Integral über die gesamte Linienbreite

$$\int_{\text{Linienbreite}} P_\lambda \, d_\lambda = 1 \qquad (3.58)$$

ergibt.

Natürliche Linienbreite

Die natürliche Linienbreite hat ihre Ursache in der Unbestimmtheit der Energieniveaus (HEISENBERGsche Unschärferelation), wonach

$$\Delta E \, \Delta t \approx \frac{h}{2\pi} \qquad (3.59)$$

wird. Δt ist hierin die Aufenthaltsdauer des betrachteten Teilchens im oberen Energiezustand und ΔE die Unschärfe des Energieniveaus. Entsprechend unscharf ist auch das untere Energieniveau. Daher ist auch die Frequenz der bei einem Übergang zwischen zwei Energiezuständen emittierten Strahlung nicht konstant, sondern überdeckt den endlichen Bereich

$$\Delta \nu_N = \Delta E / h \approx 1/2\pi \Delta t \quad , \qquad (3.60)$$

wobei der Index N auf die natürliche Linienbreite hinweisen soll. Die Aufenthaltsdauer Δt im angeregten Energieniveau beträgt etwa 10^{-8} s. Damit wird die Unschärfe für die Wellenlänge $\lambda = 300$ nm

$$\Delta \lambda_N = \frac{\lambda^2}{c} \Delta \nu_N \approx \frac{(0,3 \cdot 10^{-6} \text{m})^2}{3 \cdot 10^8 \text{m/s}} \frac{1}{2\pi \, 10^{-8} \text{s}^{-1}} \approx 5 \cdot 10^{-15} \text{ m} = 5 \cdot 10^{-6} \text{ nm} \quad .$$

Die natürliche Linienbreite ist sehr klein und deshalb gegenüber anderen Verbreiterungsmechanismen meist zu vernachlässigen. Das zugehörige Linienprofil wurde von WEISSKOPF und WIGNER nach der Strahlungstheorie von DIRAC ermittelt

$$P_N(\lambda - \lambda_0) = \frac{1}{\pi} \frac{\Delta\lambda_N/2}{(\lambda - \lambda_0)^2 + (\Delta\lambda_N/2)^2} \ . \tag{3.61}$$

$\Delta\lambda_N$ ist hierin die Halbwertbreite, d.h. die Breite der Spektrallinie bei halber Profilhöhe. Für die Linienmitte ($\lambda = \lambda_0$) nimmt die Profilfunktion den Wert

$$P_N(0) = \frac{2}{\pi \Delta\lambda_N} \approx \frac{0{,}64}{\Delta\lambda_N}$$

an. Durch den Faktor $1/\pi$ ist sichergestellt, daß das Integral der Profilfunktion über die ganze Linienbreite erstreckt den Wert eins ergibt

$$\int_{\text{Linienbreite}} P_N(\lambda - \lambda_0) d\lambda = 1 \ .$$

Lorentz-Verbreiterung

Mit steigendem Druck nimmt die Häufigkeit der Stöße zwischen den Atomen bzw. Molekülen eines Gases zu. Es kommt zu einer Wechselwirkung zwischen den sich stoßenden Teilchen, wodurch die Energieniveaus verschoben und im statistischen Mittel verbreitert werden. Die Folge ist eine entsprechende Druckverbreiterung der Spektrallinien.
Die entsprechende Profilfunktion wird LORENTZ-Profil genannt

$$P_L(\lambda - \lambda_0) = \frac{\Delta\lambda_L}{2\pi} \cdot \frac{1}{(\lambda - \lambda_0)^2 + (\Delta\lambda_L/2)^2} \ . \tag{3.62}$$

In der Linienmitte ($\lambda = \lambda_0$) ist dann wie bei der natürlichen Linienverbreiterung

$$P_L(0) = \frac{2}{\pi \Delta\lambda_L} \approx \frac{0{,}64}{\Delta\lambda_L} \ .$$

Die LORENTZ-Halbwertbreite ist in erster Näherung dem Druck p und dem Kehrwert der Wurzel aus der absoluten Temperatur T proportional

$$\Delta\lambda_L \sim \frac{p}{\sqrt{T}} \ . \tag{3.63}$$

Typische Werte der LORENTZ-Halbwertbreite liegen bei etwa 0,01 bis 0,1 nm.

Doppler-Verbreiterung

Die Atome oder Moleküle eines absorbierenden oder emittierenden Gases befinden sich nicht in Ruhe, sondern besitzen unterschiedliche Geschwindigkeiten (MAXWELLsche Geschwindigkeitsverteilung, s. Band I, Abschn. 9.7). Dadurch registriert ein ruhender Beobachter die von bewegten Teilchen emittierte Strahlung bei einer etwas verschobenen Frequenz oder Wellenlänge. Man nennt diese zuerst bei der Ausbreitung von Schallwellen beobachtete Erscheinung auch Doppler-Effekt. Die Wellenlänge λ der vom ruhenden Beobachter registrierten Strahlung ist

$$\lambda = \lambda_0 \left(1 + \frac{v}{c}\right) \ . \tag{3.64}$$

Hierin ist λ_0 die Wellenlänge der Strahlung, die ein ruhender Beobachter von nicht bewegten Molekülen empfangen würde, λ die Wellenlänge, welche derselbe Beobachter registriert, wenn sich die Moleküle mit der Geschwindigkeit v von ihm weg bewegen. Da die Molekülgeschwindigkeit v im allgemeinen sehr klein gegen die Lichtgeschwindigkeit c ist, ändert sich die Wellenlänge λ gegenüber λ_0 nur sehr wenig.

Nach der MAXWELL-BOLTZMANNschen Geschwindigkeitsverteilung (s. Band I, Abschn. 9.7) erhalten wir die Wahrscheinlichkeit dW, Teilchen im Geschwindigkeitsbereich zwischen v und $v + dv$ anzutreffen, zu

$$dW = \sqrt{\frac{m}{2\pi kT}} \exp\left(-\frac{m}{2kT}v^2\right) dv \ . \tag{3.65}$$

Diese ist zugleich auch die Wahrscheinlichkeit dafür, daß ein ruhender Beobachter Strahlung der Wellenlänge λ_0 eines mit der Geschwindigkeit v fliegenden Strahlers zwischen den Wellenlängen λ und $\lambda + d\lambda$ registriert.

Mit Gl. (3.64) und (3.65) erhalten wir die Profilfunktion der Dopplerverbreiterung

$$P_D(\lambda - \lambda_0) = \frac{dW}{dv}\frac{dv}{d\lambda} = \frac{c}{\lambda_0}\sqrt{\frac{m}{2\pi kT}} \exp\left[-\frac{mc^2}{2kT\lambda_0^2}(\lambda - \lambda_0)^2\right] \ . \tag{3.66}$$

Man überzeugt sich leicht, daß diese Profilfunktion der Normierungsbedingung

$$\int_{-\infty}^{\infty} P_D(\lambda - \lambda_0) d\lambda = 1$$

genügt. Den Maximalwert der Profilfunktion erhält man für $\lambda = \lambda_0$

$$P_D(0) = \frac{c}{\lambda_0}\sqrt{\frac{m}{2\pi kT}} \ . \tag{3.67}$$

Bei der halben Höhe des Maximalwerts $P_D(0)/2 = P_D(\Delta\lambda_0/2)$ bestimmt man die Doppler-Halbwertsbreite

$$\Delta\lambda_D = 2\sqrt{\ln 2}\,\frac{\lambda_0}{c}\sqrt{\frac{2kT}{m}} \ . \tag{3.68}$$

3.2 Gasstrahlung

Damit kann die Profilfunktion des Dopplerprofils in folgender Form angegeben werden

$$P_D(\lambda - \lambda_0) = 2\sqrt{\frac{\ln 2}{\pi}} \frac{1}{\Delta\lambda_D} \exp\left[-4\ln 2 \left(\frac{\lambda - \lambda_0}{\Delta\lambda_D}\right)^2\right] . \tag{3.69}$$

Beispiel: Für Wasserdampf ($m = 29 \cdot 10^{-27}$ g) wird die Dopplerbreite bei $\lambda_0 = 6\,\mu\text{m}$ und $T = 1500$ K

$$\Delta\lambda_D = 2\sqrt{\ln 2}\, \frac{6 \cdot 10^{-6}\text{m}}{3 \cdot 10^8\,\text{m/s}} \sqrt{\frac{2 \cdot 1{,}38 \cdot 10^{-23}\,\text{J/K}\,1500\text{K}}{29 \cdot 10^{-27}\,\text{kg}}}$$

$$\approx 4 \cdot 10^{-11}\text{ m} = 4 \cdot 10^{-5}\,\mu\text{m} .$$

Die LORENTZbreite beträgt unter denselben Randbedingungen etwa $10^{-4}\,\mu\text{m}$.

Kombinierte Doppler- und Stoßverbreiterung

In Gasen ist die Form der Spektrallinien meist sowohl durch Doppler- als auch Stoßverbreiterungen beeinflußt. Die Überlagerung dieser beiden Effekte wollen wir nun untersuchen.

Hierzu betrachten wir die Wellenlänge λ' einer stoßverbreiterten Spektrallinie (Bild 3.21).

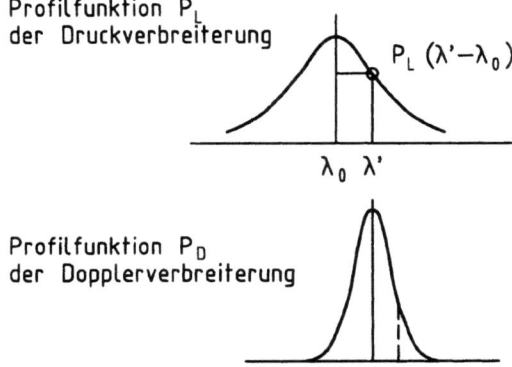

Bild 3.21: Überlagerung von Profilfunktionen

Die Teilchen, welche durch Wechselwirkung mit anderen Teilchen zur Strahlungsemission bei λ' beitragen, bewegen sich entsprechend der MAXWELLschen Geschwindigkeitsverteilung mit verschiedenen Geschwindigkeiten auf einen ruhenden Beobachter zu bzw. von ihm weg. Dadurch registriert dieser bei einer beliebig vorgegebenen Wellenlänge λ nur den Anteil $P_D(\lambda - \lambda')$ aller bei λ' emittierten Strahlung. Diese wiederum würde bei unbewegten Teilchen entsprechend einem LORENTZ-Profil $P_L(\lambda' - \lambda_0)$ verteilt sein. Die gesamte, dem Beobachter bei der Wellenlänge λ erscheinende Strahlung erhält man, indem man die Beiträge

$$P_L(\lambda' - \lambda_0)\, P_D(\lambda - \lambda') ,$$

der bei λ' emittierten Strahlung über alle Wellenlängen λ' des LORENTZ-Profils integriert. Man erhält damit die Profilfunktionen der Kombination aus Stoß- und Dopplerverbreiterung.

$$P_{L+D}(\lambda - \lambda_0) = \int_{\text{Linienbreite}} P_L(\lambda' - \lambda_0) P_D(\lambda - \lambda') d\lambda' \ . \qquad (3.70)$$

Die durch Gl. (3.70) angegebene Rechenvorschrift nennt man auch „Faltung" von Stoß- und Dopplerprofil.
Da die Profilfunktionen für reine Stoß- bzw. reine Dopplerverbreiterung jeweils auf „eins" normiert sind, muß das auch für die „gefaltete" Profilfunktion gelten

$$\int_{\text{Linienbreite}} P_{L+D}(\lambda - \lambda_0) d\lambda = \int P_L(\lambda' - \lambda_0) \underbrace{\int P_D(\lambda - \lambda') d\lambda}_{1} d\lambda' = 1 \ . \qquad (3.71)$$

Setzt man in Gl. (3.70) die Profilfunktionen für die Doppler- und die LORENTZ-Verbreiterung ein, so kann die Profilfunktion $P_{L+D}(\lambda - \lambda_0)$ noch in die folgende Form gebracht werden

$$P_{L+D}(\lambda - \lambda_0) = \frac{2\sqrt{\ln 2}}{\sqrt{\pi}\Delta\lambda_D} H(\alpha, y) \ , \qquad (3.72)$$

mit der sog. VOIGT-Funktion

$$H(\alpha, y) = \frac{\alpha}{\pi} \int_{-\infty}^{\infty} \frac{\exp(-x^2)}{(x-y)^2 + \alpha^2} dx \ . \qquad (3.73)$$

Hierbei wurden folgende Abkürzungen verwendet

$$y = \frac{\lambda_0 - \lambda}{\frac{\Delta\lambda_D}{2\sqrt{\ln 2}}} \ ; \ x = \frac{\lambda' - \lambda}{\frac{\Delta\lambda_D}{2\sqrt{\ln 2}}} \ ; \ \alpha = \frac{\Delta\lambda_L}{\Delta\lambda_D}\sqrt{\ln 2} \ . \qquad (3.74)$$

Die VOIGT-Funktion $H(\alpha, y)$ ist in Bild 3.22 dargestellt.

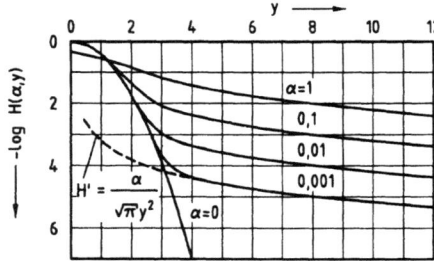

Bild 3.22: Profilfunktion der kombinierten Stoß- und Dopplerverbreiterung nach UNSÖLD[21]

---

[21] A. UNSÖLD (1954) Physik der Sternatmosphären, 2. Aufl. Springer-Verlag

Hier entspricht $\alpha = 0$ dem reinen Doppelprofil. Ist α dagegen sehr groß, so geht die Profilfunktion P_{L+D} in die des reinen Stoßprofils über. Für $y \gg 1$ besitzt die Voigtfunktion eine Asymptote $H' = \alpha/(\sqrt{\pi}y^2)$, vergl. Bild 3.22. Danach klingt die Profilfunktion in den Linienflügeln umgekehrt proportional zum Quadrat des Abstands der Wellenlänge λ zur Zentralwellenlänge λ_0 ab.

3.2.6 Volumenbezogene Strahlungseigenschaften von Gasen

Spektraler Emissionskoeffizient

Während bei Festkörpern Strahlung unmittelbar an der Oberfläche emittiert und absorbiert wird, das Innere des Festkörpers also höchstens insofern am Strahlungsvorgang beteiligt ist, als durch Wärmeleitung der Energietransport von und zur Oberfläche erfolgt, ist dies bei Gasen grundsätzlich anders. Hier ist das ganze Gasvolumen an der Emission und Absorption der Strahlung beteiligt. Voraussetzung ist allerdings, daß das Gas im interessierenden Wellenlängenbereich überhaupt strahlt und nicht transparent ist. Nach dem vorher Gesagten ist es sinnvoll, die für die Strahlung wichtigen Eigenschaften eines Gases auf das Volumen und nicht auf seine Oberfläche zu beziehen. Aus einem Volumenelement dV eines Gases wird in Richtung des Raumwinkelelements $d\Omega$ im Wellenlängenbereich $d\lambda$ der Strahlungsfluß

$$d\phi_{\lambda,e,\Omega} = e_\lambda \, dV \, d\Omega \, d\lambda \qquad (3.75)$$

emittiert, Bild 3.23.

Bild 3.23: Strahlungsemission aus einem Volumenelement dV in Richtung des Raumwinkelelements $d\Omega$

Hierbei ist der sog. spektrale Emissionskoeffizient

$$e_\lambda = e_\lambda(T,p) \quad \text{in} \quad \frac{\text{W}}{\text{m}^3 \mu\text{m sr}} \qquad (3.76)$$

der Strahlungsfluß, der je m³ des strahlenden Gases je Wellenlängen- und Raumwinkeleinheit emittiert wird.

Er hängt von den Eigenschaften des strahlenden Gases, insbesondere von seiner Temperatur T und seinem Druck p, aber auch in sehr starkem Maße von der Wellenlänge ab.

Mit Hilfe der Profilfunktion P_λ nach Bild 3.20 kann der Zusammenhang zwischen dem spektralen Emissionskoeffizienten e_λ und dem Linienemissionskoeffizienten e_L nach Gl. (3.41) hergestellt werden

$$e_\lambda = P(\lambda) \cdot e_L \; . \qquad (3.77)$$

Weil die Strahlung aus einem Gas in alle Richtungen gleichmäßig emittiert wird, ist der über alle Richtungen integrierte spektrale Strahlungsfluß nach Gl. (3.75)

$$d\phi_{\lambda,e} = \int_\Omega d\phi_{\lambda,e,\Omega} = 4\pi\, e_\lambda\, dV\, d\lambda \ . \tag{3.78}$$

Hier soll auf einen ebenfalls bemerkenswerten Unterschied zwischen Gas- und Festkörperstrahlung hingewiesen werden: Während Festkörper Strahlung nur in den oberhalb ihrer Oberfläche liegenden Halbraum abgeben können, erfolgt die Strahlungsemission bei Gasen gleichmäßig in alle Richtungen.
Natürlich behalten der Begriff der Strahldichte und daraus abgeleitete Größen auch für die Gasstrahlung ihren Sinn. Der Strahlungsfluß wird dann lediglich auf eine beliebig verlegte Kontrollfläche bezogen.

Spektraler Absorptionskoeffizient

In einem Volumenelement $dV = dA\, ds$ der Querschnittsfläche dA und der Länge ds nimmt erfahrungsgemäß die Strahldichte infolge von Strahlungsabsorption proportional zur Strahldichte L_λ der einfallenden Strahlung ab

$$dL_\lambda = -k_\lambda L_\lambda ds \ , \tag{3.79}$$

s. Bild 3.24.

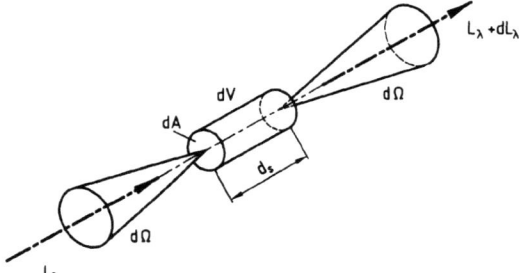

Bild 3.24: Änderung der Strahldichte in einem Volumenelement

Durch Gl. (3.79) wird der Absorptionskoeffizient k_λ definiert, der nach Erfahrung für die meisten Stoffe vom Strahlungsfeld unabhängig und damit eine Zustandsgröße der Materie ist.
Im Strahlungsgleichgewicht, $L_\lambda = L_{\lambda,s}$, muß nach dem Zweiten Hauptsatz der Thermodynamik gelten

$$\frac{e_\lambda}{k_\lambda} = L_{\lambda,s} \quad \text{(Kirchhoffscher Satz)} \ . \tag{3.80}$$

Hierin bedeutet $L_{\lambda,s}$ die Strahldichte der im Strahlungsgleichgewicht im Volumenelement dV enthaltenen Strahlung. Diese ist mit der Hohlraumstrahlung (Schwarzkörperstrahlung) identisch.
Obwohl der Kirchhoffsche Satz nur für Gleichgewichtsstrahlung aus dem Zweiten Hauptsatz der Thermodynamik abgeleitet werden kann, behält er für beliebige

Nichtgleichgewichtsstrahlung seine Gültigkeit, wenn der spektrale Emissionskoeffizient e_λ und der spektrale Absorptionskoeffizient k_λ reine Materialeigenschaften sind, d.h. vom bestehenden Strahlungsfeld unabhängig sind.

Ersetzt man in Gl. (3.77) den Emissionskoeffizienten e_λ durch die Profilfunktion P_λ und den Linienemissionskoeffizienten e_L nach Gl. (3.41), so erhalten wir mit den Gln. (3.45), (3.48), (3.49), (3.50) und (3.80)

$$k_\lambda = P(\lambda)(N'' B''^{\to'} - N' B'^{\to''}) \frac{h\lambda}{c} = P(\lambda) k_L \qquad (3.81)$$

wobei in Analogie zu Gl. (3.41) der Linienabsorptionskoeffizient

$$k_L = (N'' B''^{\to'} - N' B'^{\to''}) \frac{h\lambda}{c} \qquad (3.82)$$

definiert ist.

3.2.7 Strahlungstransportgleichung

Normalerweise sind sowohl die Zustandseigenschaften der strahlenden bzw. absorbierenden Materie als auch die Strahlung von Ort zu Ort verschieden. Uns interessiert dabei die Frage, wie sich beim Durchgang durch ein inhomogenes strahlendes Gas die Strahldichte L_λ ändert. Berücksichtigt man lediglich Absorption und Emission, d.h. vernachlässigt man die Lichtstreuung, so ändert sich die Strahldichte L_λ längs eines differentiellen Weges ds nach Bild 3.24

$$dL_\lambda(s) = [e_\lambda(s) - k_\lambda(s) \cdot L_\lambda(s)] ds \ . \qquad (3.83)$$

Im allgemeinen sind $e_\lambda(s)$ und $k_\lambda(s)$ unabhängig vom Strahlungsfeld, so daß wir für $L_\lambda(s)$ eine inhomogene Differentialgleichung erster Ordnung erhalten

$$\frac{dL_\lambda(s)}{ds} = -k_\lambda(s) L_\lambda(s) + e_\lambda(s) \ , \qquad (3.84)$$

die mit der Randbedingung $L_\lambda(s) = L_\lambda(0)$ für $s = 0$ folgende allgemeine Lösung besitzt

$$\boxed{L_\lambda(X) = L_\lambda(0) \exp\left(-\int_0^X k_\lambda(s) \, ds\right) + \int_0^X e_\lambda(s) \left[\exp\left(-\int_s^X k_\lambda(\xi) d\xi\right)\right] ds} \qquad (3.85)$$

Dies ist bei Vernachlässigung der Streuung die allgemeine Form der Strahlungstransportgleichung, aus der bei Kenntnis von $e_\lambda(s)$ und $k_\lambda(s)$ die Strahldichte $L_\lambda(X)$ an jedem Ort im Strahlungsraum ermittelt werden kann. Allerdings muß die Integration für jede Wellenlänge getrennt durchgeführt werden.

Der erste Summand in Gl. (3.85) stellt den Beitrag der auf dem durchlaufenen Weg geschwächten Fremdstrahlung der Ausgangsstrahldichte $L_\lambda(0)$ und der zweite den Beitrag der Eigenstrahlung dar.

Ist das strahlende Gas homogen, so sind auch k_λ und e_λ längs des durchstrahlten Weges konstant und man erhält dann durch Integration der Gl. (3.85)

$$L_\lambda(X) = L_\lambda(0) \exp(-X k_\lambda) + \frac{e_\lambda}{k_\lambda}[1 - \exp(X k_\lambda)] \ . \tag{3.86}$$

Mit dem KIRCHHOFFschen Satz (Gl. (3.80)) wird daraus

$$\boxed{L_\lambda(X) = L_\lambda(0) \exp(-X k_\lambda) + L_{\lambda,s}[1 - \exp(-X k_\lambda)]} \tag{3.87}$$

Für große optische Schichtdicken ($X k_\lambda \gg 1$) strebt die Exponentialfunktion gegen null, und die Strahldichte $L_\lambda(X)$ geht in $L_{\lambda,s}$ über, für kleine optische Schichtdicken ($X k_\lambda \ll 1$) wird dagegen

$$L_\lambda(X) = L_\lambda(0) + X e_\lambda \ . \tag{3.88}$$

Für kleine optische Schichtdicken nimmt also die Strahldichte proportional zur Schichtdicke zu, während bei großen Schichtdicken der Grenzwert der Gleichgewichtsstrahlung erreicht wird, der nicht überschritten werden kann.

3.2.8 Strahlungstransport in isothermer Schicht

Wir wollen uns bei den folgenden Überlegungen zunächst auf isotherme Gasschichten beschränken. Die Strahlungstransportgleichung für isotherme Schichten ($e_\lambda, k_\lambda =$ konst) ist nach Gl. (3.86)

$$\begin{aligned} L_\lambda(X) &= L_\lambda(0) \exp(-X k_\lambda) + \frac{e_\lambda}{k_\lambda}[1 - \exp(-X k_\lambda)] \\ &= \tau_\lambda L_\lambda(0) + \alpha_\lambda \frac{e_\lambda}{k_\lambda} = \tau_\lambda L_\lambda(0) + \alpha_\lambda L_{\lambda,s} \ . \end{aligned} \tag{3.89}$$

Darin kann der Ausdruck

$$\exp(-X k_\lambda) = \tau_\lambda \tag{3.90}$$

als spektraler Transmissionsgrad und

$$1 - \exp(-X k_\lambda) = \alpha_\lambda \tag{3.91}$$

als spektraler Absorptionsgrad aufgefaßt werden. Danach ist

$$\alpha_\lambda + \tau_\lambda = 1 \ . \tag{3.92}$$

Mit zunehmender Schichtdicke geht der Transmissionsgrad $\tau_\lambda \to 0$ und der Absorptionsgrad $\alpha_\lambda \to 1$, so daß die Strahldichte $L_\lambda(X)$ sich mit zunehmender Schichtdicke der Gleichgewichtsstrahlung $L_{\lambda,s}$ annähert

$$\left. \begin{aligned} L_\lambda(X) &\to L_{\lambda,s} \\ \alpha &\to 1 \\ \tau_\lambda &\to 0 \end{aligned} \right\} \quad \text{für} \quad X \to \infty ,$$

Fehlt die Fremdstrahlung, $L_\lambda(0) = 0$, so stellt der Ausdruck

$$L_\lambda(X) = \frac{e_\lambda}{k_\lambda}(1 - \exp(-X\Omega_\lambda)] = \alpha_\lambda L_{\lambda,s} \qquad (3.93)$$

die Strahldichte der aus einer Schicht der Dichte X emittierten Strahlung dar; α_λ kann daher auch als spektraler Emissionsgrad

$$\varepsilon_\lambda = \alpha_\lambda \qquad (3.94)$$

der strahlenden Gasschicht aufgefaßt werden, vgl. Abschn. 3.1.1.

Isolierte Linien; Äquivalentbreite

Bei Linienstrahlung wird mit zunehmender Schichtdicke X der Grenzwert der Gleichgewichtsstrahlung zunächst in der Linienmitte erreicht, während die Strahldichte zu den Linienflügeln hin abfällt, Bild 3.25. Bei größeren Schichtdicken verbreitert sich der Wellenlängenbereich, in dem Gleichgewichtsstrahlung vorliegt, zunehmend.

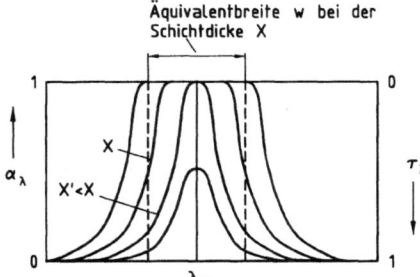

Bild 3.25: Wachstumskurven als Funktion der Schichtdicke X

Die Strahldichte $L_{\lambda,s}$ der Schwarzkörperstrahlung ist im Vergleich zum spektralen Absorptionsgrad α_λ einer Spektrallinie nur wenig von der Wellenlänge abhängig. Integriert man die Strahldichte $L_\lambda(X)$ nach Gl. (3.93) über den gesamten Wellenlängenbereich $\Delta\lambda$, der von einer isolierten Spektrallinie merklich überdeckt wird, so erhält man die „mittlere Strahldichte im Wellenlängenbereich der Spektrallinie"

$$L_L(X) = \int_{\Delta\lambda} L_\lambda(X)\,d\lambda = w(X)\,L_{\lambda,s} \; . \qquad (3.95)$$

Dabei ist

$$w(X) = \int_{\Delta\lambda} \alpha_\lambda\,d\lambda = \int_{\Delta\lambda} [1 - \exp(-k_\lambda X)]\,d\lambda \; , \qquad (3.96)$$

die sog. Äquivalentbreite. Nach Gl. (3.95) stellt die Äquivalentbreite $w(X)$ denjenigen Wellenlängenbereich dar, in dem ein schwarzer Körper ($\alpha = 1$) ebensoviel Strahlung emittieren würde wie das isotherme Gas im gesamten Wellenlängenbereich $\Delta\lambda$ der Spektrallinie.

Ist die sog. optische Schichtdicke, d.h. das Produkt aus Schichtdicke X und Absorptionskoeffizient k_λ in Linienmitte ($k_\lambda = k_{\lambda_0}$) klein gegen eins,

$$X_0 = k_{\lambda_0} X \ll 1 \;,$$

so gilt für die gesamte Spektrallinie

$$\exp(-k_\lambda X) \approx 1 - k_\lambda X \;,$$

und man erhält mit Gl. (3.96) und (3.81)

$$w(X) = k_L X \quad \text{(optisch dünn)} \;. \tag{3.97}$$

In der Regel ist die optische Schichtdicke aber nicht klein gegen eins. Dann muß man die Integration nach Gl. (3.96) mit Hilfe der Profilfunktion $P(\lambda - \lambda_0)$ ausführen. Ersetzen wir in Gl. (3.96) den spektralen Absorptionskoeffizienten k_λ mit Hilfe der Gl. (3.81) durch Absorptionskoeffizienten k_{λ_0} in Linienmitte und die Profilfunktion $P(\lambda - \lambda_0)$, so wird

$$w(X) = \int_{-\infty}^{\infty} \left\{ 1 - \exp\left[-k_{\lambda_0} X \frac{P(\lambda - \lambda_0)}{P(0)} \right] \right\} d\lambda \;, \tag{3.98}$$

wobei man wegen der steil abfallenden Profilfunktionen die Integration anstatt über $\Delta\lambda$ auch von $-\infty$ bis $+\infty$ erstrecken kann.

Für die VOIGT-Funktion nach Gl. (3.73) (kombiniertes Doppler- und LORENTZ-Profil) erhalten wir mit Gl. (3.74) und (3.89)

$$w(X) = \frac{\Delta\lambda_D}{2\sqrt{\ln 2}} \int_{-\infty}^{\infty} \left\{ 1 - \exp\left[-k_{\lambda_0} X \frac{H(\alpha, y)}{H(\alpha, 0)} \right] \right\} dy \;. \tag{3.99}$$

Die Integration der Gl. (3.99) wurde bereits von VAN DER HELD[22] ausgeführt. Will man die Äquivalentbreite w nicht auf die Breite des Dopplerprofils $\Delta\lambda_D$, sondern auf die des VOIGT-Profils

$$\Delta\lambda_{D+L} = y_{D+L} \frac{\Delta\lambda_D}{2\sqrt{\ln 2}}$$

beziehen, so muß y_D für jedes Verhältnis $\alpha = \sqrt{\ln 2}\, \Delta\lambda_L / \Delta\lambda_{D+L}$ aus

$$H(\alpha, y_{D+L}) = \frac{1}{2} H(\alpha, 0)$$

iterativ bestimmt und damit dann $\Delta\lambda_D$ in Gl. (3.99) durch $\Delta\lambda_{D+L}$ ersetzt werden. Auf diese Weise wurden die auf die Halbwertbreite $\Delta\lambda_{D+L}$ bezogenen Äquivalentbreiten neu berechnet und in Bild 3.26 als Funktion der optischen Schichtdicke $X_0 = k_{\lambda_0} X$ aufgetragen[23].

---

[22] VAN DER HELD E M F (1931) Z. Phys. 70:508, s. auch UNSÖLD A (1954) Physik der Sternatmosphären. 2. Aufl. Springer-Verlag
[23] Dies wurde von Herrn Dipl.-Ing. C. NIEHÖRSTER ausgeführt, wofür ich ihm herzlich danke.

3.2 Gasstrahlung   225

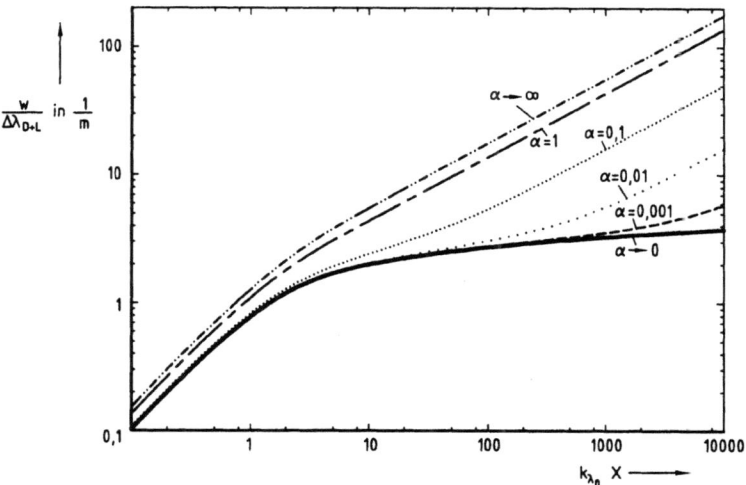

Bild 3.26: Äquivalentbreite w einer isolierten Spektrallinie bei kombinierter Doppler- und LORENTZ-Verbreiterung als Funktion der optischen Schichtdicke $X_0 = k_{\lambda_0} X$ in Linienmitte (Halbwertbreite $\Delta\lambda_{D+L}$). Der Parameter α gibt das Verhältnis der Halbwertbreiten von LORENTZ- und Dopplerverbreiterung an.

Für $\alpha \to 0$ erhält man die auf die Doppler-Halbwertbreite bezogene Äquivalentbreite für das reine Dopplerprofil mit $x = 2\sqrt{\ln 2}\,(\lambda - \lambda_0)/\Delta\lambda_D$

$$\frac{w}{\Delta\lambda_D} = \frac{1}{2\sqrt{\ln 2}} \int_{-\infty}^{\infty} \left\{1 - \exp\left[-k_{\lambda_0} X \exp(-x^2)\right]\right\} dx \qquad (3.100)$$

und für $\alpha \to \infty$ die auf die LORENTZ-Halbwertbreite bezogene Äquivalentbreite für das reine LORENTZ-Profil

$$\frac{w}{\Delta\lambda_L} = \frac{1}{2} \int_{-\infty}^{\infty} \left\{1 - \exp\left[-\frac{k_{\lambda_0} X}{1 + z^2}\right]\right\} dz \qquad (3.101)$$

mit $z = 2(\lambda - \lambda_0)/\Delta\lambda_L$. Dieses Integral konnte von LADENBURG UND REICHE[24] auf BESSELfunktionen nullter oder erster Ordnung zurückgeführt werden[25]

$$\frac{w}{\Delta\lambda_L} = \frac{\pi}{2} k_{\lambda_0} X \exp\left(\frac{-k_{\lambda_0} X}{2}\right) \left\{ J_0\left(i\frac{k_{\lambda_0} X}{2}\right) - iJ_1\left(i\frac{k_{\lambda_0} X}{2}\right) \right\} . \qquad (3.102)$$

Nach Gl. (3.97) nimmt die Äquivalentbreite w für optisch dünne Schichten unabhängig von der Form des Profils nur mit dem Produkt aus Schichtdicke X und Linienabsorptionskoeffizient k_L zu.

---
[24] LADENBURG R UND REICHE F (1913) Ann. Physik 42:181
[25] Die Ableitung hierzu findet sich in PENNER S S (1959) Quantitative molecular spectroscopy and gas emissivities, Chapter 4. Addison-Wesley, Reading Mass., London

Ist dagegen die optische Schichtdicke in Linienmitte X_0 nicht klein gegen eins, so nimmt die Äquivalentbreite w zwar auch mit der optischen Schichtdicke zu, aber bei Doppler-Profilen, deren Linienflügel mit zunehmender Entfernung von der Linienmitte nach einer Exponentialfunktion abfallen, steigt die Äquivalentbreite mit zunehmender optischer Dicke nur sehr langsam. Bei LORENTZ- und VOIGT-Profilen mit Linienflügeln, welche mit dem Quadrat des Abstandes von der Linienmitte abnehmen, nimmt die Äquivalentbreite für große optische Schichtdicken mit $\sqrt{X_0}$ zu, Bild 3.26.

Gesamtemissionsgrad bei sich nicht überlappenden Spektrallinien

Die Spektrallinien in den Rotations-Schwingungsbanden des Wasserdampfs können weitgehend als isolierte Linien angesehen werden. Selbst bei der Fundamentalbande (s. Bild 3.18), deren Linien bei mäßiger Auflösung weitgehend überlappt erscheinen, können sehr viele Rotationslinien als isoliert angesehen werden, wie das in Bild 3.27 zu erkennen ist. Als Ursache dafür sind die im Vergleich zu anderen Molekülen relativ großen Abstände der Rotationslinien voneinander zu sehen, was durch das vergleichsweise kleine Trägheitsmoment des Wassermoleküls bedingt ist.

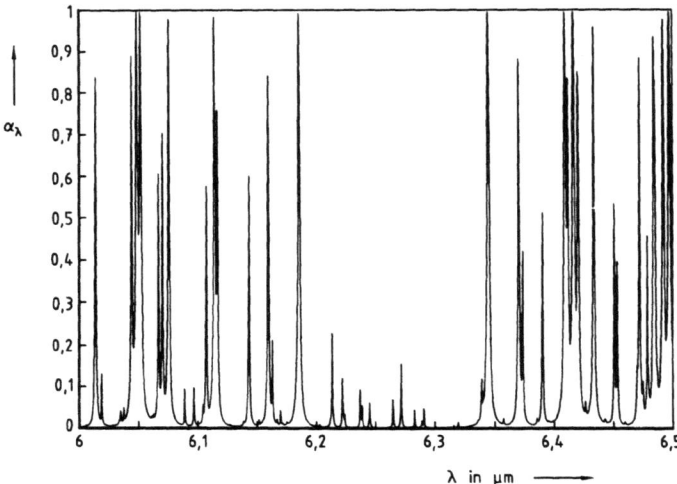

Bild 3.27: Ausschnitte aus der Fundamentalbande des Wasserdampfs bei der Zentralwellenlänge $\lambda = 6{,}27\,\mu$m in hoher spektraler Auflösung
$p_{H_2O} = 0{,}1$ bar, Schichtdicke $X = 3$ cm, Temperatur $T = 300$ K

Bei sich nicht überlappenden Spektrallinien erhält man den Gesamt-Emissionsgrad einer isothermen Gasschicht aus Gl. (3.93), (3.94) und (3.101) zu

$$\varepsilon = \frac{\int\limits_0^\infty L_\lambda d\lambda}{\int\limits_0^\infty L_{\lambda,s} d\lambda} = \frac{\pi}{\sigma T^4} \sum_i w_i L_{\lambda,s,i} \quad \text{(nur nicht überlappende Spektrallinien)},$$

(3.103)

wobei die Summe über alle auftretenden Spektrallinien zu erstrecken ist. Innerhalb einer Rotations-Schwingungsbande ändert sich die Strahldichte $L_{\lambda,s,i}$ des schwarzen Körpers nur wenig mit der Wellenlänge, so daß diese bei der Summation über die Linien <u>einer</u> Bande vor das Summenzeichen gerückt werden kann

$$\varepsilon = \frac{\pi}{\sigma T^4} \sum_j L_{\lambda,s,j} w_j \quad \text{(nur nicht überlappende Spektrallinien)} \tag{3.104}$$

mit

$$w_j = \sum_i w_{i,j} \tag{3.105}$$

Es genügt also, die Äquivalentbreiten $w_{i,j}$ aller Spektrallinien i innerhalb einer Bande j zu addieren, diese Summe mit den Spektraldichten $L_{\lambda,s,j}$ des schwarzen Körpers im Wellenlängenbereich der Bande zu multiplizieren und die Beiträge aller Banden zu addieren.

Nach Bild 3.26 hängen die Äquivalentbreiten $w_{i,j}$ der einzelnen Spektrallinien außer von der Schichtdicke X und dem Absorptionskoeffizienten $k_{\lambda_0,i,j}$ in Linienmitte noch vom Verhältnis α der LORENTZ- zur Dopplerverbreiterung der einzelnen Spektrallinien ab. Letzteres ist nach Gl. (3.63) eine Funktion des Gesamtdruckes (und nicht des Partialdruckes des strahlenden Gases). Der Absorptionskoeffizient $k_{\lambda_0,i,j}$ wird durch die Besetzungsdichte des unteren Energieniveaus, die Übergangswahrscheinlichkeit und die Form des Linienprofils bestimmt, ist damit also im wesentlichen von der Temperatur T und der Teilchendichte des strahlenden Gases (gewöhnlich durch dessen Partialdruck ausgedrückt) abhängig. Über die Profilfunktion wird $k_{\lambda_0,i,j}$ auch noch etwas durch den Gesamtdruck p beeinflußt.

Demnach kann das Gesamt-Emissionsverhältnis recht gut als Funktion des Produkts $p_k X$ aus Partialdruck p_k der strahlenden Komponente und der Schichtdicke X, der Temperatur T und des Gesamtdruckes p dargestellt werden, wie z.B. in Bild 3.28 für Wasserdampf. Derartige Zusammenhänge wurden bereits in den dreißiger Jahren insbesondere von ECKERT[26] sowie HOTTEL und Mitarbeitern[27] aus Messungen abgeleitet, und von T. WOLF[28] auf der Grundlage heute existierender spektroskopischer Daten für die einzelnen Spektrallinien des Wasserdampfs berechnet, Bild 3.28. Die Emissionsgrade nach LECKNER[29] resultieren aus Berechnungen auf der Basis eines statistischen Bandenmodells; sie wurden in der Form von Polynomansätzen angegeben, deren Koeffizienten bei großen optischen Schichtdicken an die Meßergebnisse von HOTTEL[27] angepaßt wurden[30].

Eine detaillierte Darstellung, sowie Korrekturfaktoren zur Berechnung des Gesamt-Emissionsgrades für andere Drücke finden sich im VDI-Wärmeatlas[31].

---

[26] ECKERT E R G (1937) VDI-Forsch-Heft 387; s. auch ECKERT E R G (1966) Einführung in den Wärme- und Stoffaustausch. Springer-Verlag, Berlin, Heidelberg, New York
[27] HOTTEL H C UND MANGELSDORF H G M (1935) Trans Amer Inst Chem Engrs, 31:517
[28] WOLF Dissertation (1994) RWTH Aachen
[29] LECKNER B (1972) Combustion and Flame 19:33-48
[30] Die Polynomansätze bei kleinen optischen Schichtdicken zu verwenden, kann zu Fehlern führen.
[31] VDI-Wärmeatlas (1988) 5. Auflage. VDI-Verlag, Düsseldorf

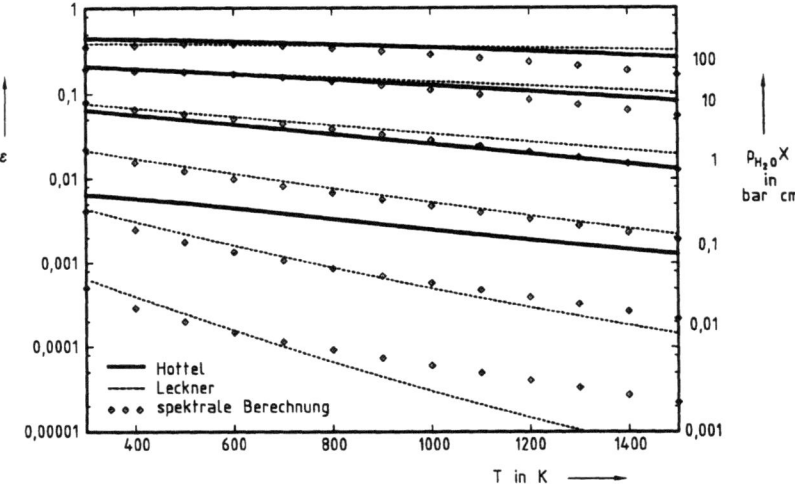

Bild 3.28: Gesamtemissionsgrad für Wasserdampf als Funktion der Temperatur und dem Produkt aus Schichtdicke und Wasserdampfpartialdruck bei einem Gesamtdruck $p = 1$ bar

Die spektrale Berechnung des Emissionsgrades nach WOLF ist der direkten Messung nach HOTTEL überlegen; allerdings enthält die HITRAN-database noch nicht die sog. "hotbands", die für den Emissionsgrad bei hohen Temperaturen an Bedeutung gewinnen. Das erklärt, warum bei hohen Temperaturen der berechnete Emissionsgrad gegenüber den Meßwerten nach HOTTEL zu klein ausfällt.

Rotations-Schwingungsbanden mit sich überlappenden Spektrallinien

Bei Molekülen mit einem größeren Trägheitsmoment als die wasserstoffhaltigen, wie H_2O, haben die Rotationslinien im Rotationsschwingungsspektrum kleinere Abstände und es kommt insbesondere durch die Druckverbreiterung zu einer mehr oder weniger ausgeprägten Überlappung der einzelnen Spektrallinien. In Bild 3.29 wird dies für die bereits in Bild 3.15 gezeigte Fundamentalbande des CO erläutert[32]. Für alle drei in Bild 3.29 untersuchten Fälle wurde der spektrale Absorptionsgrad für dieselben Werte der Temperatur T, des Partialdruckes p_{CO} und der Schichtdicke X berechnet. Lediglich der Gesamtdruck p wurde verändert, was man durch verschiedene Mischungen des Kohlenmonoxids mit strahlungsinaktiven Gasen, wie z.B. Stickstoff, erreichen kann.

Bei einem Gesamtdruck von 1 bar sind die einzelnen Linien des P-Zweiges und des R-Zweiges noch weitgehend isoliert (Bild 3.29 oben), bei 10 bar bereits merklich überlappt (Mitte) und bei 50 bar bereits so verschmiert, daß die Struktur der Bande nicht mehr zu erkennen ist (unten).

Eine weitere Steigerung des Gesamtdruckes würde das Profil der Rotations-Schwingungsbande nicht verändern.

---

[32] Die Bilder 3.29 bis 3.34 wurden von Herrn Dipl.-Ing. C.NIEHÖRSTER unter Verwendung der HITRAN-database (s. ROTHMAN UND MITARBEITER, Tabelle 3.1 und Tabelle 3.2) mit reiner VOIGT-Verbreiterung gerechnet. Für jede Wellenlänge wurden die Beiträge sich überlappender benachbarter Spektrallinien berücksichtigt, wenn sie zum Absorptionskoeffizienten mehr als 1°/°° beitragen.

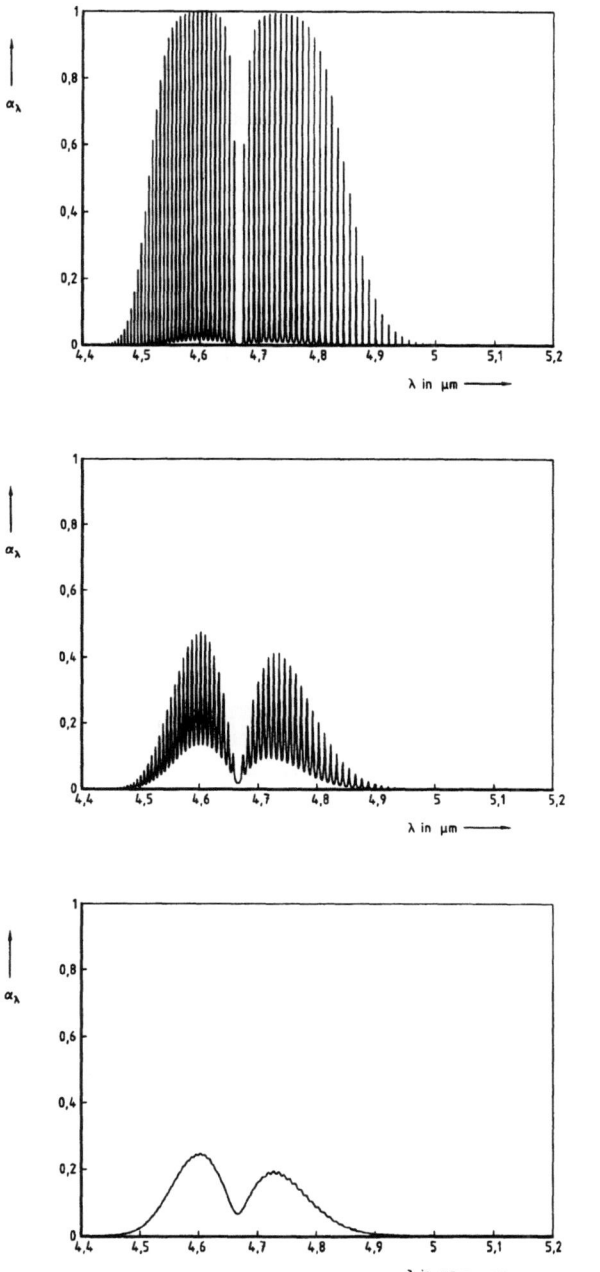

Bild 3.29: Absorptionsspektrum von CO bei $T = 300$ K, einer Schichtdicke von 1 cm und einem CO-Partialdruck $p_{CO} = 0,1$ bar (Rest: N_2);
oben: $p_{ges} = 1$ bar; Mitte: $p_{ges} = 10$ bar; unten: $p_{ges} = 50$ bar

Bild 3.30 zeigt die Absorptionsbanden von CO für denselben CO-Partialdruck und dieselbe Schichtdicke wie in Bild 3.29, aber für eine Temperatur von 900 K. Im unteren Bildteil b sind nun auch bei einem Gesamtdruck von 50 bar noch einzelne Rotationslinien zu erkennen. Dies hängt damit zusammen, daß die LORENTZ-Verbreiterung nach Gl. (3.63) mit zunehmender Temperatur abnimmt.

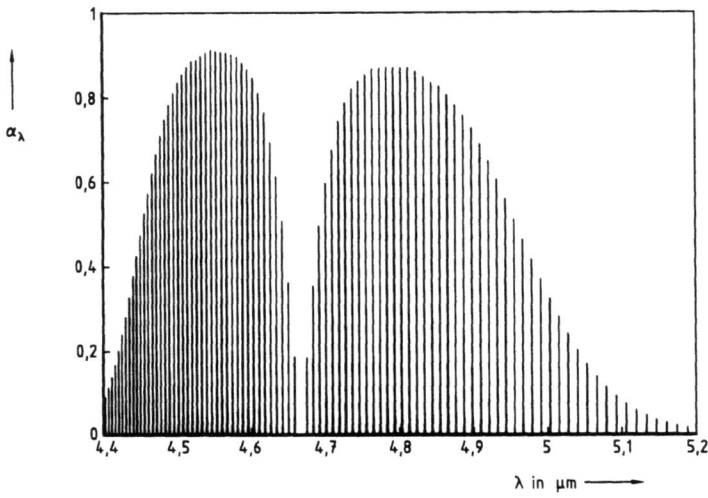

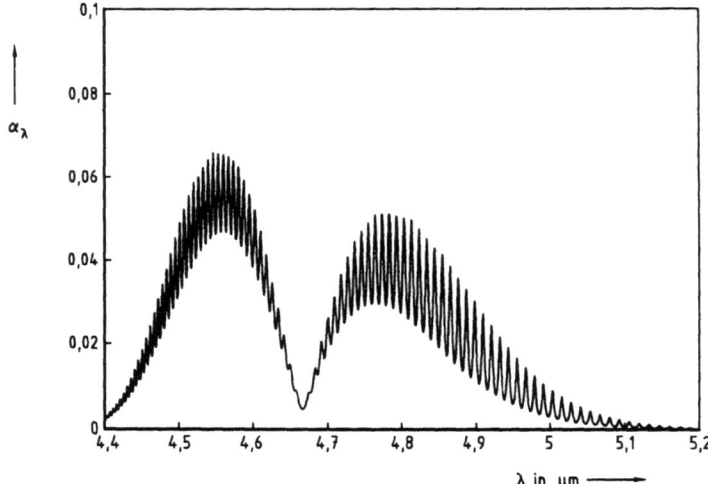

Bild 3.30: Spektraler Absorptionsgrad α_λ von CO bei einer Zentralwellenlänge von $\lambda = 4,67\,\mu\text{m}$ bzw. einer entsprechenden Wellenzahl $\bar{\nu} = 2143\,\text{cm}^{-1}$. Partialdruck des Kohlenmonoxids $p_{CO} = 10$ mbar, Schichtdicke $X = 0,1$ m, Temperatur 900 K. Gesamtdruck a) 1 bar (obere Bildhälfte) b) 50 bar (untere Bildhälfte)

Insgesamt überdeckt das Absorptionsspektrum bei höheren Temperaturen einen größeren Wellenlängenbereich, weil mehr Rotationslinien zum Spektrum beitragen. Bei höheren Temperaturen befinden sich nämlich nach der BOLTZMANNschen Energieverteilung (s. Band I, Abschn. 9.4.5) mehr Teilchen in den höher angeregten Rotationszuständen des unteren Schwingungsniveaus als bei tieferen Temperaturen und können somit stärker zur Absorption beitragen; entsprechendes gilt auch für die Emission.

Das Phänomen der Verbreiterung der Rotations-Schwingungsbanden bei höheren Temperaturen ist vor allem für den Strahlungstransport durch Gasschichten unterschiedlicher Temperatur von Bedeutung, denn für die in den Bandenflügeln bei hoher Temperatur emittierte Strahlung sind kältere Schichten mehr oder weniger transparent. Aus diesem Grund ist bei der Berechnung des Strahlungsaustausches mit Hilfe des Gesamtemissionsgrades bei nichtisothermen Gasschichten Vorsicht geboten.

In der CO_2-Bande bei 15 µm, die beim Übergang vom Grundzustand in den ersten Anregungszustand der Biegeschwingung beobachtet wird (000 → 010 in Tabelle 3.1), tritt neben dem P-Zweig und dem R-Zweig auch noch der Q-Zweig auf (Differenz der Rotationsquantenzahl $\Delta n = 0$, Bild 3.31). Dessen Rotationslinien liegen so dicht beieinander, daß sie sich vollständig zu einem sehr schmalen, aber dafür intensiv strahlenden (bzw. absorbierenden) Bandenzweig überlagern.

Bei 300 K wirkt sich die Druckverbreiterung der Spektrallinien wegen deren starker Überlappung praktisch nicht auf die Profilform des Q-Zweiges der Rotations-Schwingungsbande aus, Bild 3.31 oben, wohl aber bei 900 K, Bild 3.31 unten.

Das Bandensystem des CO_2 bei 4,3 µm (s. Bild 3.33) wird im wesentlichen durch die asymmetrische Schwingung bestimmt (000 → 001 in Tabelle 3.1), das Bandensystem bei 2,7 µm durch den Übergang vom Grundzustand in den jeweils ersten Anregungszustand der Biegeschwingung und der asymmetrischen Schwingung (000 → 101 in Tabelle 3.1). Beide Banden bestehen nur aus einem P-Zweig und einem R-Zweig; in beiden sind die Rotationslinien schon bei einem Gesamtdruck $p = 1$ bar beträchtlich überlappt.

Integriert man die Strahldichte der CO_2-Banden über alle Wellenlängen, so erhält man den Gesamt-Emissionsgrad von Kohlendioxid, welcher in Bild 3.32 dargestellt ist[33].

Eine detailliertere Wiedergabe mit Korrekturfaktoren zur Umrechnung auf andere Drücke findet man im VDI-Wärmeatlas[34].

---

[33] In Bild 3.32 sind die von HOTTEL UND MITARBEITER gemessenen Emissionsgrade, sowie die von LECKNER aus Bandenmodellen bestimmten und die von WOLF berechneten Emissionsgrade dargestellt, s. hierzu auch die Erläuterungen zu Bild 3.28.

[34] VDI-Wärmeatlas (1988) 5. Auflage. VDI-Verlag, Düsseldorf

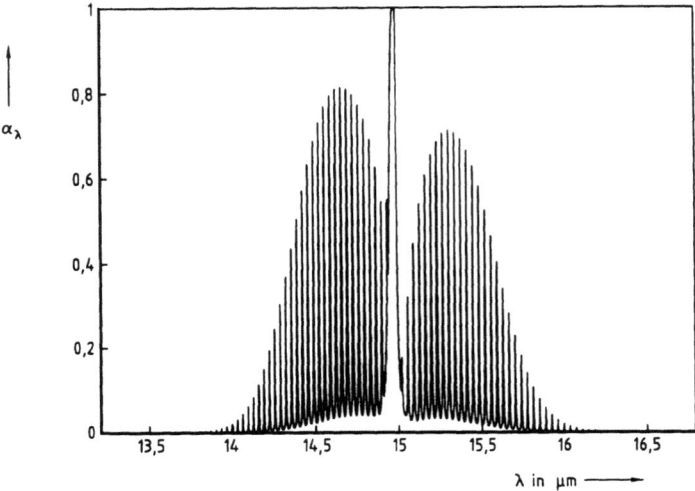

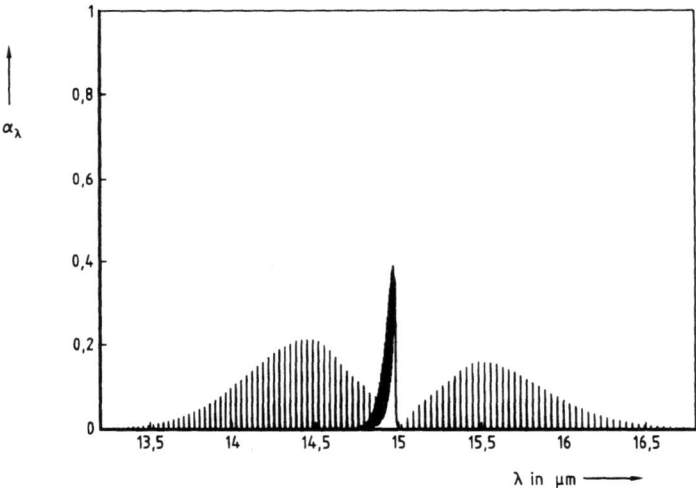

Bild 3.31: Absorptionsspektren des CO_2 bei etwa 15 μm, Gesamtdruck $p = 1$ bar, CO_2-Partialdruck $p_{CO_2} = 0,01$ bar, Schichtdicke $x = 0,1$ m, Temperatur $T = 300$ K (oben) und $T = 900$ K (unten)

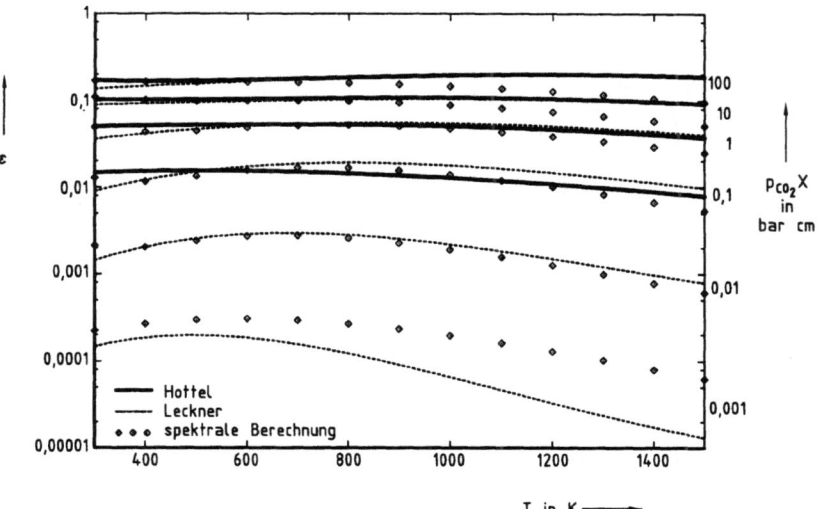

Bild 3.32: Gesamtemissionsgrad für Kohlendioxid als Funktion der Temperatur und dem Produkt aus Schichtdicke und Kohlendioxidpartialdruck bei einem Gesamtdruck $p = 1$ bar. Die ausgezogenen Kurven stellen die von HOTTEL UND MANGELSDORF[25] gemessenen Werte dar, die gestrichelten Kurven Ergebnisse nach LECKNER und die spektralen Berechnungen resultieren aus Arbeiten von WOLF.

Überlagerung der Molekülspektren von Kohlendioxid und Wasserdampf

In Verbrennungsgasen liegen die für die Wärmestrahlung maßgeblichen Bestandteile Wasserdampf und Kohlendioxid meistens im Gemisch vor. Dabei überlappen sich die Rotationsschwingungsbanden von Wasserdampf und Kohlendioxid zumindest teilweise, was bei Strahlungsaustauschrechnungen berücksichtigt werden muß. Als ein Ergebnis ist in Bild 3.33 das spektrale Absorptionsverhältnis α_λ für eine äquimolare Mischung aus Wasserdampf und Kohlendioxid aufgetragen und in Bild 3.34 die spektrale Strahldichte bei Emission (für eine Temperatur von 900 K).

Aus diesen Bildern ist zu erkennen, daß die drei stärksten Banden des CO_2 alle mehr oder weniger von Rotations-Schwingungsbanden des Wasserdampfs überlagert sind, diese aber wesentlich ergänzen. Wegen der starken Überlappung der H_2O- und CO_2-Banden kann der Gesamtemissionsgrad von Kohlendioxid/Wasserdampf-Gemischen nicht etwa aus der Summe der Emissionsgrade von Wasserdampf und Kohlendioxid gebildet werden, sondern diese Summe muß noch mit einem vom Mischungsverhältnis und dem Produkt $X(p_{H_2O} + p_{CO_2})$ abhängigen Korrekturfaktor korrigiert werden. Zahlenwerte hierfür finden sich im VDI-Wärmeatlas[35].

---

[35] VDI-Wärmeatlas (1988) 5. Auflage. VDI-Verlag, Düsseldorf

234   3 Wärmeübertragung durch Strahlung

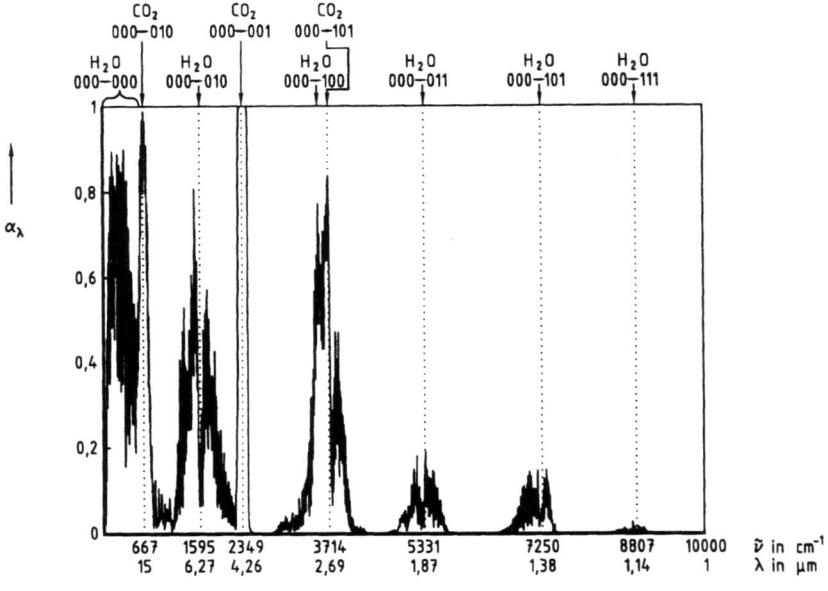

Bild 3.33: Absorptionsspektrum einer Mischung von CO_2 und H_2O in nicht allzu hoher Auflösung. Gesamtdruck $p = 1$ bar, Partialdruck von Kohlendioxid und Wasserdampf $p_{CO_2} = p_{H_2O} = 0,1$ bar, Schichtdicke $X = 1$ m, Temperatur $T = 1000$ K.

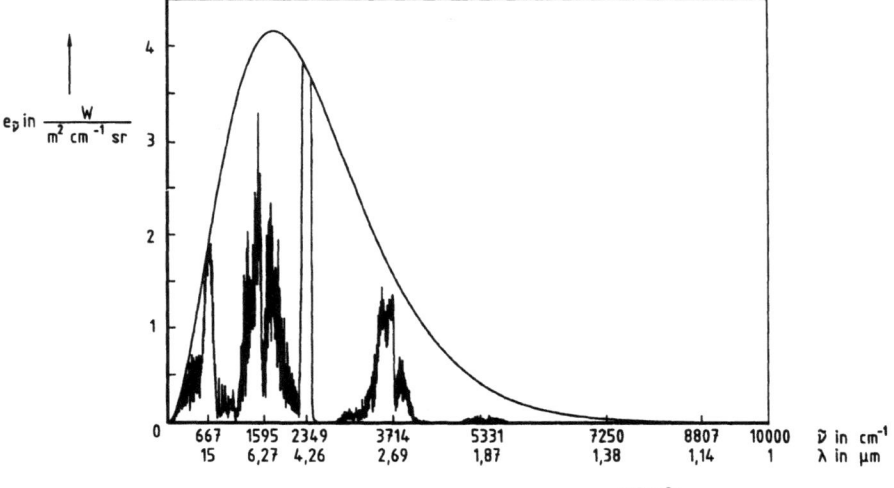

Bild 3.34: Emissionsspektrum einer Mischung von CO_2 und H_2O in nicht allzu hoher spektraler Auflösung. Dargestellt ist die Strahldichte einer isothermen Schicht der Dicke 1 m bei einem Gesamtdruck $p = 1$ bar, einem Partialdruck von Kohlendioxid und Wasserdampf $p_{CO_2} = p_{H_2O} = 0,1$ bar und bei einer Temperatur $T = 900$ K. Die ausgezogene Linie entspricht der Schwarzkörperstrahlung bei einer Temperatur $T = 900$ K.

Strahlungsaustausch mit absorbierenden und emittierenden Gasen

In Abschn. 3.1.5 hatten wir den Strahlungsaustausch zwischen Oberflächen bei strahlungsdurchlässigem Zwischenraum behandelt. Die Berechnung des Strahlungsaustausches mit absorbierenden und emittierenden Gasen wird einerseits durch die in den vorangegangenen Abschnitten behandelte Wellenlängenabhängigkeit der Gasstrahlung erschwert und zum anderen dadurch, daß die Temperatur- und Konzentrationsverteilung im durchstrahlten Raum gleichzeitig durch die Strömungsvorgänge und den dadurch bedingten Wärme- und Stoffaustausch, sowie durch die im Gasraum etwa ablaufenden chemischen Reaktionen und deren Einfluß auf den Strahlungsaustausch bestimmt wird.

Simulationsprogramme zur numerischen Berechnung des Strahlungsaustauschs müssen daher mit solchen zur Strömungsberechnung gekoppelt und mit diesen zusammen auch auf kompliziertere geometrische Randbedingungen angepaßt werden können. Außerdem sollten sie so aufgebaut sein, daß die für die Berechnung des Strahlungsaustauschs in jedem Fall notwendige Vereinfachung des Rechengangs für den Benutzer noch durchschaubar bleibt.

Ein Verfahren, welches diesen Anforderungen besonders gerecht wird, ist die diskrete Transfer-Methode von LOCKWOOD UND SHAH [36]. Dieses soll hier exemplarisch behandelt werden[37].

Die den Strahlungsraum begrenzenden Wände werden wie in Abschn. 3.1.5 so aufgeteilt, daß über jede Teilfläche die Strahlungseigenschaften hinreichend genau konstant angesehen werden können. Zusätzlich wird der Strahlungsraum noch in eine hinreichend große Anzahl von Volumenelementen unterteilt, die entweder der Größe der Gitterstellen für die Strömungsberechnungen entsprechen oder mehrere davon zusammenfassen, s. Bild 3.35.

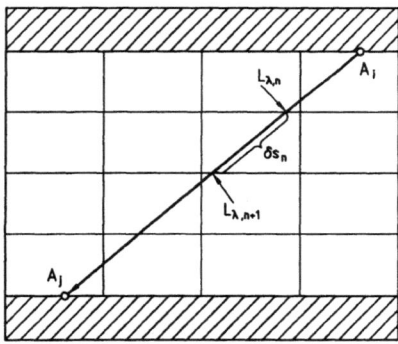

Bild 3.35: Aufteilung des durchstrahlten Volumens und der Begrenzungswände für die diskrete Transfer Methode

---

[36] LOCKWOOD F C AND SHAH N G (1981) A new Radiation Solution Method for Incorporation in General Combustion Prediction Procedures. 18th Symposium (International) on Combustion. The Combustion Institute, Pittsburgh

[37] Hinsichtlich anderer Verfahren, wie z.B. die bekannte HOTTELsche Zonenmethode oder das Monte-Carlo-Verfahren sei auf die einschlägige Literatur verwiesen; wie z.B. HOTTEL H C AND SAROFIM A F (1967) Radiative Transfer. McGraw Hill, New York; SIEGEL R AND HOWELL J R (1981) Thermal radiation heat transfer. McGraw Hill, New York ; MODEST M F (1993) Radiative Heat Transfer, McGraw Hill, New York

Auf dem Weg von der Begrenzungsfläche A_i zur Begrenzungsfläche A_j des Strahlungsraumes wird die Strahldichte der von A_i ausgehenden Strahlung nach Maßgabe der Strahlungstransportgleichung, Gl. (3.85), durch Absorption geschwächt und durch Emission verstärkt. Jedes Volumenelement wird als homogen betrachtet, so daß Temperatur, Gaszusammensetzung und alle anderen Zustandseigenschaften des Gases an jedem Ort des Volumenelements gleich sind. Dann ändert sich die spektrale Strahldichte bei der Durchstrahlung des Volumenelements von $L_{\lambda,n}$ auf $L_{\lambda,n+1}$ mit

$$L_{\lambda,n+1} = L_{\lambda,n} \exp(-k_\lambda \delta s_n) + L_{\lambda,s} \left[1 - \exp(-k_\lambda \delta s_n)\right] \quad . \tag{3.106}$$

Die Weglänge δs_n eines jeden Verbindungsstrahles durch das Volumenelement muß man vorab aus der geometrischen Anordnung der Volumenelemente und der Begrenzungsflächen ermitteln. Trifft der Strahl auf die Begrenzungsfläche A_j auf, so endet dort die Strahlverfolgung. In A_j werden dort alle auftreffenden Strahlen aus allen Richtungen gesammelt und dann mit Hilfe des Absorptionsgrades der Fläche A_j der absorbierte und der reflektierte Anteil der auftreffenden Strahlung bestimmt.

Der Energieumsatz durch Strahlung wird in jedem Volumenelement dadurch ermittelt, daß man die dort registrierten Strahldichten mit den entsprechenden Raumwinkeln multipliziert und über alle Richtungen aufintegriert. Danach erhält man durch Integration über alle Wellenlängen den für einen nächsten Iterationsschritt der Strömungsberechung erforderlichen Quellterm.

Eine Linie zu Linie-Berechnung der über alle Wellenlängen integrierten Strahldichte ist bei der Komplexität der Rotations-Schwingungsspektren allerdings extrem aufwendig. Hier wird man die Molekülbanden in wenige für den Strahlungstransport wichtige Wellenlängenbereiche aufteilen müssen und für diese dann das beschriebene Iterationsverfahren anwenden.

4 Stoffgemische

4.1 Grundbegriffe

Stoffgemische bestehen im Gegensatz zu den reinen Stoffen aus mehreren Komponenten. Sie können homogen oder heterogen sein. Homogen sind sie dann, wenn in allen beliebig herausgegriffenen und beliebig kleinen Proben die gleiche Zusammensetzung vorliegt. Außerdem müssen auch alle anderen Eigenschaften wie Dichte, Temperatur, Druck in allen Proben dieselben sein, wenn ein Gemisch als homogen bezeichnet werden soll. Als einen typischen Vertreter können wir ein Gasgemisch anführen, weil es in der Natur der Gase liegt, schnell ineinander zu diffundieren. Selbstverständlich gibt es auch unter Flüssigkeiten und bei festen Körpern homogene Gemische.

Ein homogenes Gemisch läßt sich durch rein mechanische Hilfsmittel ohne Arbeitsverbrauch nicht in seine Bestandteile zerlegen[1]. So z.B. kann man ein Alkohol-Wassergemisch (z.B. den Wein) weder durch Zentrifugieren oder Filtrieren noch durch Stehenlassen und dergleichen in reines Wasser und Alkohol trennen.

Ein Gemisch, bei welchem eine der erwähnten Bedingungen für homogene Gemische nicht erfüllt ist, kann entweder inhomogen oder heterogen sein. Das bekannteste heterogene Gemisch dürfte wohl eine gewöhnliche Wolke (der Nebel) sein. In ihr finden wir ein homogenes Luft-Wasserdampf-Gemisch (gesättigte Luft) durchmengt mit winzigen, aber doch endlich großen Wassertropfen. Auch bei gleichem Druck und gleicher Temperatur in der ganzen Wolke ist die Dichte der Tropfen (flüssiges Wasser) verschieden von der Dichte der feuchten Luft, in welcher sie schweben. Außerdem ist die Zusammensetzung des Wassertröpfchens eine andere als diejenige der feuchten Luft, weil im flüssigen Wasser nur sehr wenig Luft aufgelöst werden kann, während in der feuchten Luft nur eine geringe Menge Wasser enthalten ist.

Auch Flüssigkeiten und feste Körper können heterogene Gemische bilden. Ein heterogenes Gemisch läßt sich durch rein mechanische Maßnahmen in diejenigen Teile trennen, aus denen es aufgebaut wird. Diese homogenen Teile eines heterogenen Gemisches bezeichnet man als Phasen. So z.B. gelingt es, aus dem Nebel durch einfaches Stehenlassen und durch Einwirkung der Schwerkraft die Tropfen herauszufällen. So trennt man rein mechanisch das Wasser als die eine Phase und die gesättigte feuchte Luft als die andere homogene Phase voneinander. Dagegen läßt

---

[1] Allgemeiner ausgedrückt: Man kann ein homogenes Gemisch nur dann in seine Bestandteile zerlegen (entmischen), wenn zugleich in der Umgebung eine merkliche und verbleibende Änderung eintritt. Die Mindestgröße einer solchen Änderung wird jeweils durch den Zustand des Gemisches und durch die aufgezwungenen Außenbedingungen eindeutig bestimmt.

sich der in der feuchten Luft noch vorhandene Wasserdampf nicht so einfach abscheiden.

In der chemischen Industrie stellt das Trennen von Gemischen einen fast nie zu umgehenden Teil des Gewinnungsverfahrens reiner Stoffe dar. Als Beispiele sollen erwähnt werden: Erdölverarbeitung, Spiritusfabrikation, Zuckerindustrie, Gewinnung reiner Chemikalien, Kaliindustrie, Sauerstoff- und Stickstoffgewinnung aus der Luft. Dabei sind das Eindampfen, Auflösen, Auskristallisieren, Destillieren, Rektifizieren einige der wichtigsten Prozesse. In der Wärme- und Kältetechnik werden Stoffgemische als Arbeitsmittel in Absorptionskältemaschinen, Wärmetransformatoren und Absorptionswärmepumpen eingesetzt. Das Wasserdampf-Luft-Gemisch spielt als Zweistoffgemisch in der Klimatechnik, in Verflüssigern (Kondensatoren) und natürlich in der Meteorologie eine entscheidende Rolle.

Der Zustand eines homogenen Gemisches ist nicht wie bei reinen Stoffen allein durch die Stoffmenge, den Druck p und die Temperatur T bestimmt. Es muß vielmehr noch die Zusammensetzung bekannt sein. Diese kann auf recht verschiedene Weise angegeben werden. Besteht ein Zweistoffgemisch aus den reinen Komponenten 1 und 2 (z.B. 1 = Wasser, 2 = Ethanol), so sind in m kg Gemisch m_1 kg des Stoffes 1 und m_2 kg des Stoffes 2 enthalten. Der Massenanteil des Stoffes 2 im Gemisch wird wie folgt definiert (s. Band I, S.57)

$$\xi = \frac{m_2}{m_1 + m_2} = \frac{m_2}{m} \quad \text{in kg/kg} \ . \tag{4.1}$$

Es ist also ξ die Stoffmenge von 2, die gerade in 1 kg des Gemisches vorhanden ist. Der Rest ist der Stoff 1, so daß dessen Massenanteil

$$1 - \xi = \frac{m_1}{m_1 + m_2} = \frac{m_1}{m} \quad \text{in kg/kg} \tag{4.2}$$

ist. Diese Zusammensetzungsangabe bezieht sich also auf 1 kg der Gemischmenge. Der reine Stoff 1 wird hierbei mit $\xi = 0$, der reine Stoff 2 mit $\xi = 1$ gekennzeichnet. Das Rechnen mit „Molanteilen" hat manchen Vorteil. Der Molanteil ψ_2 des Stoffes 2 wird durch das Verhältnis der Molmenge $n_2 = m_2/M_2$ dieses Stoffes zu der gesamten Molmenge des Gemisches $n = n_1 + n_2$ dargestellt[2]

$$\psi_2 = \psi = \frac{n_2}{n} = \frac{\frac{m_2}{M_2}}{\frac{m_1}{M_1} + \frac{m_2}{M_2}} \quad \text{in Mol/Mol} \ , \tag{4.3}$$

worin M_1 und M_2 die Molmassen der Komponenten 1 und 2 bedeuten. Der Molanteil von 1 ist dagegen

$$\psi_1 = 1 - \psi = \frac{n_1}{n} = \frac{\frac{m_1}{M_1}}{\frac{m_1}{M_1} + \frac{m_2}{M_2}} \quad \text{in Mol/Mol} \ . \tag{4.4}$$

---

[2] In der chemischen Thermodynamik werden die Molanteile häufig mit x_i und y_i bezeichnet, wobei x_i für den Molanteil der Komponente i in der Flüssigphase und y_i für den in der Dampfphase verwendet wird. Wir bevorzugen die Bezeichnung ψ, um eine Verwechslung mit der in der Klimatechnik üblichen Angabe des Massenanteils x auszuschließen.

4.1 Grundbegriffe

Für viele Rechnungen ist es zweckmäßig, diejenige Menge des einen Bestandteiles anzugeben, die im Gemisch auf die Mengeneinheit des anderen Bestandteiles und nicht auf die des Gemisches entfällt. So wird z.B. bei feuchter Luft die Masse des in ihr enthaltenen Wassers m_2 auf die Masse m_1 der trockenen Luft bezogen

$$x = \frac{m_2}{m_1} \quad \text{in kg/kg} \;, \tag{4.5}$$

wobei der Wassergehalt x die Menge des Stoffes 2 je kg des Stoffes 1 oder, was dasselbe ist, je $1 + x$ kg des Gemisches angibt.

Chemiker rechnen gern mit „Konzentrationen". So ist z.B. die Volumenkonzentration des Stoffes 2, die auch als Partialdichte bezeichnet wird

$$\varrho_2 = \frac{m_2}{V} \quad \text{in kg/m}^3 \quad \text{oder} \quad \text{g/l} \;, \tag{4.6}$$

wo V in m^3 das Volumen des Gemisches darstellt. Ebenso wird noch die Molkonzentration

$$c_2 = \frac{n}{V} = \frac{m_2/M_2}{V} \quad \text{in} \quad \text{kmol/m}^3 \quad \text{oder} \quad \text{mol/l} \tag{4.7}$$

mit entsprechender Bedeutung verwendet.

Für Mehrstoffgemische, bestehend aus k unabhängigen Stoffen (Komponenten), ist der Massenanteil des i-ten Stoffes

$$\xi_i = \frac{m_i}{m_1 + m_2 + \ldots m_k} \tag{4.8}$$

und dessen Molanteil

$$\psi_i = \frac{n_i}{n_1 + n_2 + \ldots + n_k} = \frac{m_i/M_i}{\sum_{j=1}^{k} m_j/M_j} \;. \tag{4.9}$$

Entsprechend ihrer Definition muß für die Massen- bzw. Molanteile immer gelten

$$\xi_1 + \xi_2 + \ldots + \xi_k = 1 \;, \tag{4.10}$$

$$\psi_1 + \psi_2 + \ldots + \psi_k = 1 \;. \tag{4.11}$$

Zwischen den Massenanteilen ξ_i und den Molanteilen ψ_i gelten die Beziehungen

$$\xi_i = \frac{M_i \psi_i}{M_1 \psi_1 + M_2 \psi_2 + \ldots M_k \psi_k} \tag{4.12}$$

und

$$\psi_i = \frac{\frac{\xi_i}{M_i}}{\frac{\xi_1}{M_1} + \frac{\xi_2}{M_2} + \ldots \frac{\xi_k}{M_k}} \;. \tag{4.13}$$

4.2 Feuchte Luft als Zweistoffgemisch

4.2.1 Zustandseigenschaften feuchter Luft

Als Gas-Dampf-Gemische bezeichnen wir Gemische, bei denen der eine Bestandteil, z.B. die Trockenluft[3] nur in gasförmiger Form auftritt, während der andere Bestandteil sowohl gasförmig als auch flüssig (oder fest) vorkommen kann. Deren wichtigster Vertreter ist die feuchte Luft. Die wasserfreie Trockenluft ist zwar nicht ein einheitlicher Stoff, aber da sich ihr Gehalt an O_2, N_2 und den anderen Gasen bei den zu besprechenden Problemen nicht ändert, so kann sie als der eine unabhängige Bestandteil, dagegen der Wasserdampf (und das Wasser) als der andere angesehen werden. Im flüssigen Wasser können bei üblichen Temperaturen und Drücken geringe Mengen Luft aufgelöst werden, aber diese sind so klein, daß sie bei unseren Betrachtungen ganz vernachlässigt werden können. Überdies hat die in Wasser gelöste Luft keinen merkbaren Einfluß auf die Siedeeigenschaften des Wassers, außer bei ganz geringen Siededrücken.

Solange der Teildruck des Wasserdampfes in der Luft geringer ist als der Sättigungsdruck des Wassers bei der betreffenden Temperatur, taut das Wasser aus der Luft nicht aus, und man hat es mit einem reinen Gasgemisch zu tun. Dieses Gasgemisch aus Luft und Wasserdampf verhält sich praktisch wie ein ideales Gas, und wir werden im folgenden nicht nur die Trockenluft, sondern auch den Wasserdampf als ideales Gas behandeln. Dazu sind wir berechtigt, weil der Teildruck des Wasserdampfes meist nur wenige hPa beträgt, bei den meisten technischen Problemen jedenfalls weit unter Atmosphärendruck bleibt. Dabei die geringfügigen Abweichungen von der Zustandsgleichung idealer Gase zu erfassen, wäre nicht nur überflüssig, sondern könnte einen falschen Anschein über die Genauigkeit der Berechnungen erwecken. Denn dann dürfte man auch nicht mehr das DALTONsche Gesetz anwenden, sondern müßte vielmehr die Löslichkeit der Luft in Wasser, den Gehalt der Luft an anderen Stoffen, die den Sättigungsdruck des Wassers beeinflussen können, und andere Erscheinungen berücksichtigen.

Die nachfolgenden Betrachtungen erstrecken sich auf die Stoff- und Wärmeübertragung in technischen Apparaten, in denen Abweichungen der Eigenschaften feuchter Gase von denen idealer Gase vernachlässigt werden können.

Da sich bei den zu untersuchenden Problemen die Zusammensetzung der gasförmigen Trockenluft nicht ändert, dagegen Wasser kondensieren oder verdampfen kann, so ist es zweckmäßig, als Bezugsgröße die Trockenluft und nicht die feuchte Luft zu wählen. So verstehen wir unter dem Wassergehalt der Luft

$$x = \frac{m_W}{m_L} \quad \text{in kg Wasser je kg Trockenluft} \tag{4.14}$$

diejenige Wassermenge x, die in $(1 + x)$ kg feuchter Luft bzw. in 1 kg Trockenluft enthalten ist. Für manche Zwecke ist es nützlich, in Molen zu rechnen; dann ist der

---

[3]Mit Trockenluft ist derjenige Teil des Dampf-Luft-Gemisches gemeint, der bei vollkommener Abscheidung des Dampfes verbleiben würde. Bei Wasserdampf-Luft-Gemischen ist dies die H_2O-freie trockene Luft. Bei Benzol-Luft-Gemischen ist dies eine C_6H_6-freie Luft.

molare Wassergehalt

$$\zeta = \frac{m_W/M_W}{m_L/M_L} \quad \text{in kmol Wasser je kmol Trockenluft.} \tag{4.15}$$

Hierin bedeuten M_W und M_L die Molmassen des Wassers bzw. der Trockenluft. Es ist

$$\zeta = x\frac{M_L}{M_W} = 1{,}61\,x \quad \text{bzw.} \quad x = \zeta\frac{M_W}{M_L} = 0{,}622\,\zeta \; . \tag{4.16}$$

Bezeichnet man mit p den Gesamtdruck des Gemisches, mit p_d den Teildruck des Wasserdampfes, so ist $(p - p_d)$ der Teildruck der Trockenluft im Gemisch. Da sich im Gemisch idealer Gase die Molmengen wie die Teildrücke verhalten, so ist nach Gl. (4.15) und (4.16)

$$\zeta_d = \frac{p_d}{p - p_d} \quad \text{und} \quad x_d = \frac{M_W}{M_L}\frac{p_d}{p - p_d} = 0{,}622\,\frac{p_d}{p - p_d} \; . \tag{4.17}$$

Durch den Index d soll der Gehalt an Wasserdampf in der Luft gekennzeichnet werden, denn auf flüssiges Wasser ist das Gesetz idealer Gase nicht anzuwenden. Wenn der Teildruck p_d dem Sättigungsdruck p_s des Wasserdampfes bei der herrschenden Temperatur gleich wird, so ist der Sättigungsgehalt

$$\zeta_s = \frac{p_s}{p - p_s} \quad \text{bzw.} \quad x_s = \frac{M_W}{M_L}\frac{p_s}{p - p_s} = 0{,}622\frac{p_s}{p - p_s} \; . \tag{4.18}$$

1 kg Trockenluft kann beim Gesamtdruck p und der Temperatur T nur soviel Wasser dampfförmig aufnehmen, wie Gl. (4.18) angibt. Der Sättigungsdruck p_s in Gl. (4.18) kann für die Temperatur T einer Dampftafel für Wasserdampf entnommen werden[4]. Der maximale Dampfgehalt x_s hängt außer von p nur noch von der Lufttemperatur T ab. Für wasserdampffreie Luft (Trockenluft) ist $x = 0$, für reines Wasser (oder Wasserdampf) ist $x = \infty$. Der Dampfgehalt x_d wird nach Gl. (4.17) unendlich groß, wenn der Teildruck des Wasserdampfes p_d gleich dem Gesamtdruck p wird, d.h. der Partialdruck der Luft gleich null wird. Dies ist nur möglich, wenn die Temperatur T so hoch ist, daß auch der Sättigungsdruck p_s gleich dem Gesamtdruck p wird. Bei einem Gesamtdruck $p = 1013$ hPa ist dies bei Wasserdampf erst bei einer Temperatur von 100 °C der Fall.
In der Meteorologie und in der Klimatechnik wird anstelle des Wassergehaltes vielfach die „relative Feuchtigkeit"

$$\varphi = \frac{p_d}{p_s} \tag{4.19}$$

gemessen und angegeben. Sie ist das Verhältnis des wirklichen Teildrucks p_d des Dampfes zum bei der Temperatur T maximal möglichen Teildruck, dem Sättigungsdruck p_s. Bei $\varphi = 0$ ist die Luft ganz trocken, bei $\varphi = 1$ ist sie mit Wasserdampf gesättigt.

---

[4]Dies ist, streng genommen, nur näherungsweise richtig. Die Unterschiede gegenüber einer exakten Bestimmung sind aber vernachlässigbar klein; s. hierzu Abschn. 8.3.3.

Anstelle der relativen Feuchtigkeit φ wird zuweilen auch der sog. „Sättigungsgrad" χ verwendet

$$\chi = \frac{x_d}{x_s} \; . \tag{4.20}$$

Zwischen dem Sättigungsgrad χ und der relativen Feuchte φ besteht die Beziehung

$$\chi = \varphi \frac{p - p_s}{p - \varphi p_s} \; . \tag{4.21}$$

Wenn bei nicht zu hohen Temperaturen p_s klein gegen p ist, gilt mit ausreichender Genauigkeit

$$\chi \approx \varphi \; . \tag{4.22}$$

h,x-Diagramm von Mollier

Um bei Zustandsänderungen mit feuchter Luft die ausgetauschten Wärmen berechnen zu können, muß man die Enthalpie des Gemisches kennen. Die Enthalpie ist für 1 kg Trockenluft

$$h_L = c_{p_L} \vartheta \quad \text{in kJ/kg} \; , \tag{4.23}$$

wenn die Temperatur ϑ in °C eingesetzt und der Enthalpie-Nullpunkt der Trockenluft bei 0 °C gewählt wird. Bei Temperaturen bis 100 °C kann die spezifische Wärmekapazität der Trockenluft mit hinreichender Genauigkeit als konstant angesehen werden

$$c_{p_L} = 1,0 \, \text{kJ/(kg K)} \; .$$

Die Enthalpie des Dampfes ist

$$h_d = c_{p_d} \vartheta + r_0 \; , \tag{4.24}$$

wobei r_0 die Verdampfungswärme bei 0 °C bedeutet. Der Enthalpie-Nullpunkt wurde dabei so gewählt, daß in Übereinstimmung mit den Wasserdampftafeln die Enthalpie des flüssigen Wassers bei 0 °C zu null gesetzt wird. Da der Wasserdampf als ideales Gas betrachtet wird, ist die Enthalpie des Dampfes h_d vom Druck unabhängig; außerdem kann auch für Wasserdampf bis 100 °C die spezifische Wärmekapazität als konstant angesehen werden. Es ist für Wasserdampf

$$r_0 = 2500 \, \text{kJ/kg} \quad \text{und} \quad c_{p_d} = 1,87 \, \text{kJ/(kg K)} \; . \tag{4.25}$$

Sind in 1 kg Trockenluft x_d kg Wasserdampf vorhanden, so ist die Enthalpie des ungesättigten Dampf-Luftgemisches

$$h = h_L + x_d h_d = c_{p_L} \vartheta + x_d(c_{p_d} \vartheta + r_0) \quad \text{in kJ je kg Trockenluft} \tag{4.26}$$

und im Sättigungszustand

$$h_s = c_{p_L} \vartheta + x_s(c_{p_d} \vartheta + r_0) \; . \tag{4.27}$$

4.2 Feuchte Luft als Zweistoffgemisch

Übersättigte Luft enthält neben der gesättigten Luft auch noch Wasser entweder in flüssiger Form z.B. als Nebel oder in fester Form als Eiskristalle oder Schneeflocken. Die Enthalpie des flüssigen Wassers

$$h_w = c_w \vartheta \qquad (4.28)$$

wird aus der spezifischen Wärmekapazität des Wassers $c_w = 4,187$ kJ/(kg K) und der Temperatur ermittelt. Die Enthalpie des Eises (Schnee) ist $h_e = -r_e + c_e \vartheta$, worin $r_e = 333$ kJ/kg die Schmelzwärme und $c_e = 2,05$ kJ/(kg K) die spezifische Wärmekapazität des Eises bedeuten. Sind je kg Trockenluft in der feuchten Luft x_w kg Wasser in flüssiger und x_e kg in fester Form enthalten, so ist die Enthalpie der feuchten Luft je kg Trockenluft

$$\begin{aligned} h &= h_L + x_d h_d + x_w h_w + x_e h_e \\ &= c_{p_L}\vartheta + (x - x_w - x_e)(c_{p_d}\vartheta + r_0) + x_w c_w \vartheta + x_e(c_e \vartheta - r_e) \ . \end{aligned} \qquad (4.29)$$

Ist in der feuchten Luft Wasser weder in flüssiger ($x_w = 0$) noch in fester Form ($x_e = 0$) enthalten, so kann der Wassergehalt der feuchten Luft höchstens dem Wassergehalt im Sättigungszustand gleich sein $x = x_d \leq x_s$. Ist dagegen in der Luft flüssiges Wasser in Form von Nebel oder festes Wasser in Form von Eis bzw. Schnee enthalten ($x_w > 0$) oder ($x_e > 0$), so muß der in der Luft enthaltene Dampf gesättigt vorliegen, $x_d = x_s$.

In der Atmosphäre kommt es ab und zu vor, z.B. bei Gewittern, daß der Dampfgehalt größer als der Sättigungsgehalt wird, $x_d > x_s$. In diesem Fall ist die Luft mit Wasserdampf übersättigt, was jedoch einen metastabilen Zustand darstellt.

Wenn auch die Formeln für die Enthalpie der feuchten Luft einfach sind, so ist es doch sehr zweckmäßig, die Enthalpie h über dem Wassergehalt x aufzutragen, Bild 4.1.

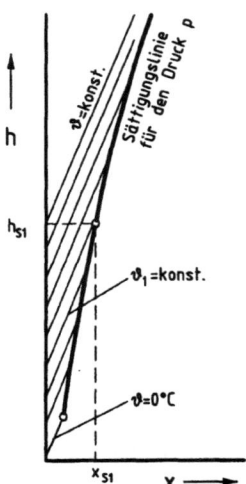

Bild 4.1: h, x-Diagramm für feuchte Luft

Die Isothermen im Gebiet der ungesättigten Luft sind Geraden, denn es ist nach Gl. (4.26) die Steigung jeder Isothermen konstant

$$\left(\frac{\partial h}{\partial x_d}\right)_\vartheta = h_d \quad \text{im Gebiet der ungesättigten feuchten Luft}. \tag{4.30}$$

Die Steigung nimmt mit der Temperatur etwas zu. Trägt man auf jeder Isothermen den zur Temperatur ϑ gehörenden Sättigungsgehalt x_s ab, so erhält man die Sättigungslinie für den gegebenen Druck p. Weil in der Enthalpie des Dampfes nach Gl. (4.24) die Verdampfungswärme r_0 bei 0 °C einen sehr großen Zahlenwert besitzt, verlaufen die Isothermen im h,x-Diagramm sehr steil, und das wichtige Gebiet der ungesättigten Luft schrumpft zu einem schmalen Streifen zusammen, was bei Berechnungen nicht sehr vorteilhaft ist. Das kann behoben werden, indem man für Wasserdampf einen anderen Enthalpie-Nullpunkt wählt, nämlich bei 0 °C anstelle der Enthalpie des flüssigen Wassers die des Wasserdampfes zu null setzt oder, was auf dasselbe hinausläuft, indem man die Enthalpien in einem schiefwinkligen Koordinatensystem aufträgt. Dieses wählt man zweckmäßigerweise so, daß die Isotherme für 0 °C im Gebiet der ungesättigten feuchten Luft horizontal liegt. Da nach Gl. (4.26) für $\vartheta_0 = 0$ °C

$$\left(\frac{\partial h}{\partial x_d}\right)_{\vartheta_0} = r_0 \tag{4.31}$$

ist, müssen die Linien konstanter Enthalpie mit der Steigung $-r_0$ abgetragen werden, wofür man bei einem beliebigen Wert des Wassergehaltes x die Strecke $x\,r_0$ nach unten abträgt.
Wie verlaufen die Isothermen des Nebelgebietes? Nach Gl. (4.29) ist bei $x > x_s$ und $\vartheta > 0$ °C die Steigung der Nebelisotherme

$$\left(\frac{\partial h}{\partial x}\right)_\vartheta = h_w \quad \text{(Nebelgebiet)}, \tag{4.32}$$

weil für $\vartheta = $ konst auch $x_s = $ konst ist. Da die Enthalpie des flüssigen Wassers h_w verhältnismäßig klein ist, fallen die Nebelisothermen fast mit den Linien konstanter Enthalpie $h = $ konst zusammen, s. Bild 4.2
Zu höheren Temperaturen hin nähert sich die Sättigungslinie für den Druck $p = 1013$ hPa asymptotisch der Isotherme $\vartheta = 100$ °C.
Für einen Punkt A, Bild 4.2, ermittelt man den Sättigungsgrad χ_A nach Gl. (4.20) aus dem eingetragenen Streckenverhältnis auf der Isothermen durch A. Man könnte die Linien $\chi = $ konst in das Diagramm einzeichnen, was aber im allgemeinen nicht getan wird, weil sich die Sättigungsgrade χ jeweils sehr einfach ermitteln lassen.
Das Gebiet um 0 °C ist in Bild 4.3 vergrößert dargestellt. Wird vernebelte Luft auf Temperaturen unter 0 °C abgekühlt, so gefrieren die Wassertröpfchen zu Eis, und die Enthalpie wird entsprechend der entzogenen Schmelzwärme geringer. Deswegen ist die Eisnebelisotherme von 0 °C stärker nach unten geneigt als die Feuchtnebelisotherme. Das schraffierte Zwickelgebiet stellt vernebelte Luft dar, in der sowohl flüssiges Wasser als auch Eis enthalten ist (z.B. Luft mit nassen Schneeflocken). Die Sättigungslinie hat bei 0 °C einen Knick entsprechend der unterschiedlichen

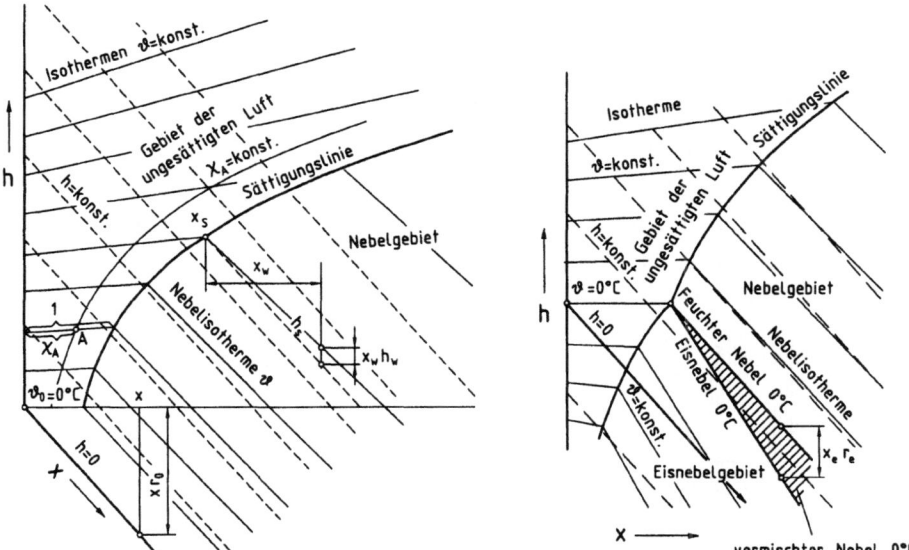

Bild 4.2: Schiefwinkliges h, x-Diagramm für feuchte Luft

Bild 4.3: Dreiphasengebiet im h, x-Diagramm

Temperaturabhängigkeit des Dampfdrucks über verdampfendem Wasser und sublimierendem Eis.

Bild 4.4 zeigt ein maßstäbliches h, x-Diagramm für feuchte Luft mit Isothermen, Linien konstanter relativer Feuchte φ, sowie Sättigungslinien für 1, 0,9, 0,8, 0,7, 0,6 und 0,5 bar (siehe Abschn. 4.2.6). Der Randmaßstab gibt die Steigung der Isothermen an. Das Diagrammfeld im unteren Teil des Bildes ermöglicht, gemäß Gl. (4.17) auf bequeme Weise Dampfdrücke p_d in Wassergehalte x_d umzurechnen und umgekehrt; es gilt für einen Gesamtdruck von 1 bar.

Dichte feuchter Luft

Für manche Zwecke ist die Kenntnis der Dichte ϱ der feuchten Luft erwünscht. Berücksichtigt man von den etwa anwesenden Nebeltropfen nur deren Masse, nicht aber ihren winzigen Rauminhalt[5], so ist die Dichte der feuchten Luft

$$\varrho = \frac{1}{v} = \frac{1+x}{\frac{M_W}{M_L} + x_d} \cdot \frac{p}{R_d T} \quad , \tag{4.33}$$

worin x den gesamten Wassergehalt der Luft und x_d nur dessen dampfförmigen Teil bezeichnen.

---

[5] Diese Vernachlässigung bedingt nur einen verschwindenden Fehler in der Dichte vernebelter Luft, der selbst bei 10 bar weit unter 0,1% liegt.

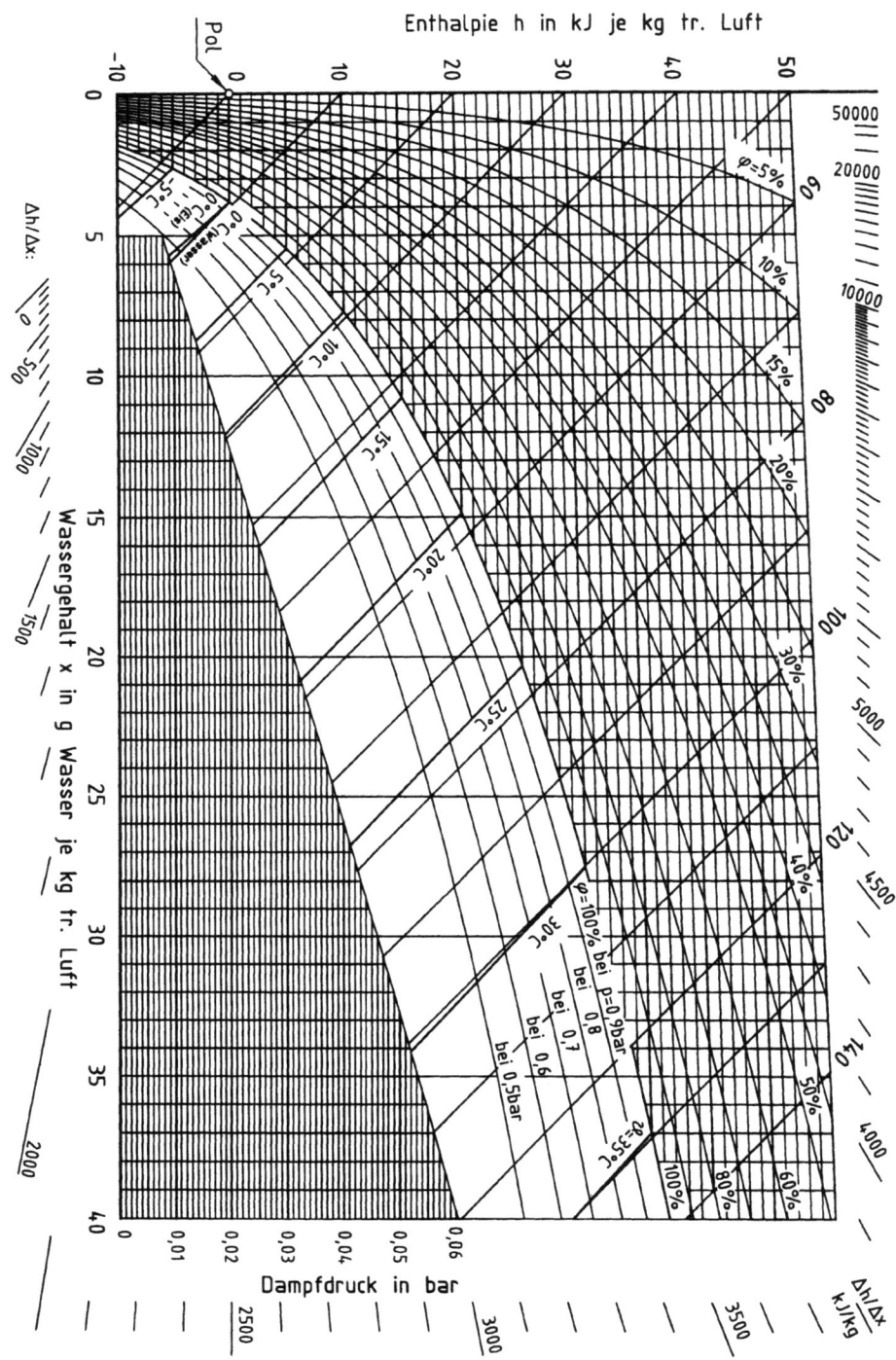

Bild 4.4: Maßstäbliches h, x-Diagramm für feuchte Luft

4.2.2 Zustandsänderungen feuchter Luft

Abkühlung feuchter Luft

Kühlt man feuchte Luft vom Zustand 1 (ϑ_1, x_1) (Bild 4.5) ab, so ändert sich der Wassergehalt x_1 nicht, d.h. man erreicht im Punkt 2 ($x_2 = x_1$) die Sättigungslinie. Punkt 2 wird der Taupunkt, ϑ_2 die Tautemperatur der Luft 1 genannt.

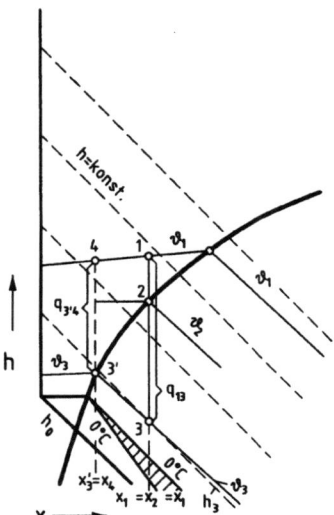

Bild 4.5: Abkühlung mit Entfeuchtung der Luft, Taupunkt

Bei der weiteren Abkühlung schlägt sich nämlich Wasserdampf nieder, was in der Nebelbildung, oder am Betauen der Gefäßwandungen beobachtet werden kann. Bei der Abkühlung bis zur Temperatur ϑ_3 wird der Zustand 3 im Nebelgebiet erreicht. Dieses Gemisch ist zusammengesetzt aus gesättigter Luft, Zustand 3', und aus reinem Wasser, dessen Zustandspunkt auf der Isotherme ϑ_3 bei $x = \infty$, d.h. im Unendlichen liegt. Die ausgefallene Wassermenge ist

$$x_w = x_3 - x_3' = x_1 - x_3' \ . \tag{4.34}$$

Entfernt man das ausgefallene Wasser und erwärmt man das übriggebliebene Gemisch von 3' auf die ursprüngliche Temperatur bis 4, so sieht man, daß ein solcher Vorgang ein einfaches Mittel zur Luftentfeuchtung (Lufttrocknung) liefert. Die umgesetzten Wärmemengen können sofort aus dem Diagramm abgelesen werden. Es ist wegen $p =$ konst

$$q_{13} = h_1 - h_3; \quad q_{3'4} = h_4 - h_{3'} \ , \tag{4.35}$$

was man als Strecken im h,x-Diagramm abmessen kann. Diese Wärmen beziehen sich auf die Entfeuchtung von 1 kg Trockenluft.

Mischen von Luftströmen

Diesen wichtigen Grundprozeß kann man im h,x-Diagramm einfach untersuchen. Führt man bei unveränderten Drücken dem Mischraum MR (Bild 4.6), die zwei Ströme 1 und 2 mit den Massenströmen $\dot{m}_{L_1}$ und $\dot{m}_{L_2}$ der Trockenluft zu, deren Zustandsgrößen mit x_1, ϑ_1, h_1 und x_2, ϑ_2, h_2 gegeben sind, so vermischen sich die beiden und man hat nach vollständiger Vermischung Luft mit dem Zustand x_M, ϑ_M, h_M.

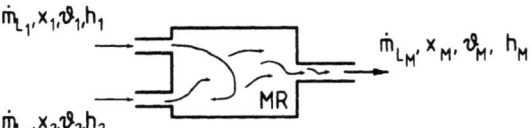

Bild 4.6: Mischen von Luftströmen

Die zu- und abgeführten Mengenströme der Trockenluft müssen gleich sein

$$\dot{m}_{L_1} + \dot{m}_{L_2} = \dot{m}_{L_M} \; . \tag{4.36}$$

Dasselbe gilt auch für das Wasser

$$x_1 \dot{m}_{L_1} + x_2 \dot{m}_{L_2} = x_M \dot{m}_{L_M} \; . \tag{4.37}$$

Daraus folgt der Endwassergehalt

$$x_M = \frac{x_1 \dot{m}_{L_1} + x_2 \dot{m}_{L_2}}{\dot{m}_{L_1} + \dot{m}_{L_2}} \; . \tag{4.38}$$

Wenn bei der Vermischung nach außen keine Wärme ausgetauscht und keine Arbeit zugeführt oder abgegeben wird, so lautet die Energiebilanz

$$\dot{m}_{L_1} h_1 + \dot{m}_{L_2} h_2 = \dot{m}_{L_M} h_M \; , \tag{4.39}$$

woraus mit Gl. (4.36) folgt

$$h_M = \frac{\dot{m}_{L_1} h_1 + \dot{m}_{L_2} h_2}{\dot{m}_{L_1} + \dot{m}_{L_2}} \; . \tag{4.40}$$

Die Gleichungen gelten für wärmedichte Vorgänge ohne Arbeitsabgabe ganz allgemein, d.h. ohne Rücksicht auf die Vorgänge im Mischraum, insbesondere ohne Rücksicht auf etwaige Wasserausscheidung in Form von Nebel und dergleichen.
Aus den zwei Gleichungen (4.38) und (4.40) kann man z.B. die Größen $\dot{m}_{L_1}$ und $\dot{m}_{L_2}$ eliminieren und wir bekommen

$$\frac{h_2 - h_M}{x_2 - x_M} = \frac{h_M - h_1}{x_M - x_1} \; . \tag{4.41}$$

Daraus sehen wir, daß in einem h,x-Diagramm (Bild 4.7) der Zustandspunkt M (x_M, h_M) des erhaltenen Gemisches auf der Verbindungslinie der Zustandspunkte 1 (x_1, h_1) und 2 (x_2, h_2) der Ausgangsgemische liegen muß. Denn nur so kann die lineare Beziehung (4.41) befriedigt werden. Das ist die „Regel der Mischgeraden".

4.2 Feuchte Luft als Zweistoffgemisch 249

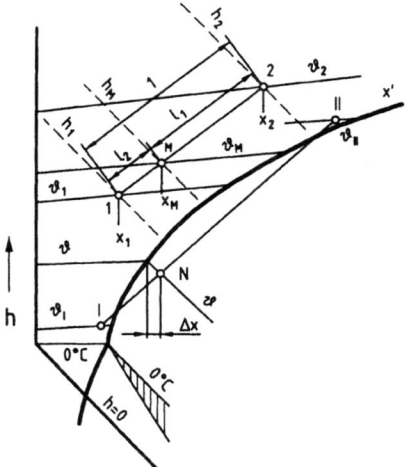

Bild 4.7: Mischen von Luftströmen

Die Anteile der beiden Zuströme mögen durch

$$l_1 = \frac{\dot{m}_{L_1}}{\dot{m}_{L_1} + \dot{m}_{L_2}} \quad ; \quad l_2 = \frac{\dot{m}_{L_2}}{\dot{m}_{L_1} + \dot{m}_{L_2}} \tag{4.42}$$

bezeichnet werden. Es ist

$$l_1 + l_2 = 1 \; , \tag{4.43}$$

so daß mit Gl. (4.37) folgt

$$l_1 = \frac{x_2 - x_M}{x_2 - x_1}; \quad l_2 = \frac{x_M - x_1}{x_2 - x_1} \; . \tag{4.44}$$

Dies bedeutet, daß der Zustandspunkt M gemäß Bild 4.7 die Mischgerade im Verhältnis $l_1 : l_2$ teilt. Wenn z.B. die Mengen $\dot{m}_{L_1}$ und $\dot{m}_{L_2}$ und deren Zustände 1 und 2 bekannt sind, so kann man den Zustand M nach (4.44) ermitteln, indem man l_1 oder l_2 auf der Mischgeraden aufträgt. Beim Vermischen der Zustände I und II (Bild 4.7) fällt der Mischungspunkt N in das Nebelgebiet. Man sieht, daß eine Nebelbildung auch durch Vermischung nichtgesättigter Luft verschiedener Temperatur entstehen kann. Als Beispiele sind die Nebelbildung über Flußläufen, der „sichtbare Atem" im Winter und dergleichen zu erwähnen. Die Wolken in der Atmosphäre werden dagegen vornehmlich durch Expansion feuchter Luft gebildet, wie im Abschnitt „Aufsteigende Luftmassen und Wolkenbildung" dargelegt wird. Wird die Mischluft N mit noch mehr Luft I vermischt, so rückt der Mischpunkt immer mehr nach I und der Nebel verschwindet allmählich. Eine „Entnebelung" kann man also auch mit kalter Luft erreichen.

Mischen mit Wärmezufuhr

Führt man während des Mischens den Wärmestrom $\dot{Q}$ zu, so wird die Enthalpie des Gemisches um $\dot{Q}/\dot{m}_{L_M}$ größer (Bild 4.8). Man erhält den Zustandspunkt M'. Dasselbe Ergebnis muß man bekommen, wenn derselbe Wärmestrom $\dot{Q}$ nicht der Mischluft, sondern etwa dem Zustrom 1 zugeführt wird. Dann wird die Enthalpie h_1 um $\dot{Q}/\dot{m}_{L_1}$ bis zum Punkt $1'$ erhöht (s. Bild 4.8).

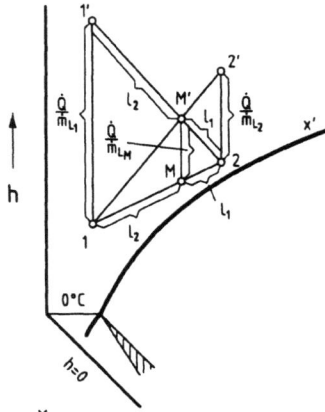

Bild 4.8: Mischen von Luftströmen mit Wärmezufuhr

Zumischung von Wasser oder Wasserdampf

Ein Sonderfall des eben betrachteten Mischvorganges ergibt sich, wenn man Wasser oder Wasserdampf ($x_2 = \infty$) der Luft zusetzt. Hier fällt der Zustandspunkt 2 wegen $x_2 = \infty$ ins Unendliche, so daß wir diesen Zustandspunkt im Diagramm nicht eintragen können. Wir helfen uns aber durch folgende Überlegung. Wird dem Luftmengenstrom $\dot{m}_{L_1} = \dot{m}_L$ der Mengenstrom $\dot{m}_W$ an Wasser zugesetzt mit der Enthalpie h_W, so ist

$$\dot{m}_L(x_M - x_1) = \dot{m}_W \tag{4.45}$$

und

$$\dot{m}_L(h_M - h_1) = \dot{m}_W h_W \ , \tag{4.46}$$

woraus folgt

$$\frac{h_M - h_1}{x_M - x_1} = h_W \ . \tag{4.47}$$

Wird nicht Wasser, sondern Dampf mit der Enthalpie h_D zugeführt, so ist in Gl. (4.47) anstelle der Enthalpie h_W die Enthalpie des Dampfes h_D einzusetzen. Der Quotient auf der linken Seite bedeutet aber den Neigungskoeffizienten der Mischgeraden im h,x-Diagramm (Bild 4.9)

$$\frac{h_M - h_1}{x_M - x_1} = \frac{\mathrm{d}h}{\mathrm{d}x} \ . \tag{4.48}$$

Die Mischgerade ist also durch 1 so zu verlegen, daß ihr Neigungskoeffizient gerade der Enthalpie des zugesetzten Dampfes (oder Wassers) entspricht. Zum schnellen Aufsuchen der Mischgerade ist auf dem Rand des Diagramms eine Richtungsskala für die Enthalpien des reinen Dampfes oder Wassers angebracht (Bild 4.9). Dabei verläuft die Richtungsgerade für die Enthalpie $h_{D_0} = 2500$ kJ/kg eines Dampfes von 0 °C horizontal, denn um diesen Betrag haben wir früher die Abszissenachse nach unten geschwenkt.

Um bei der Beimengung des Dampfes von der Enthalpie h_D den Mischpunkt M zu finden, suche man den Punkt h_D auf der Skala auf, verbinde ihn mit dem Koordinatennullpunkt 0 als Pol, und man hat die Richtung dh/dx gewonnen. Eine Parallele durch 1 liefert die Mischgerade. Auf ihr findet man den Punkt M, wenn man von 1 aus die Strecke $(x_M - x_1) = \dot{m}_W / \dot{m}_L$ horizontal nach rechts geht.

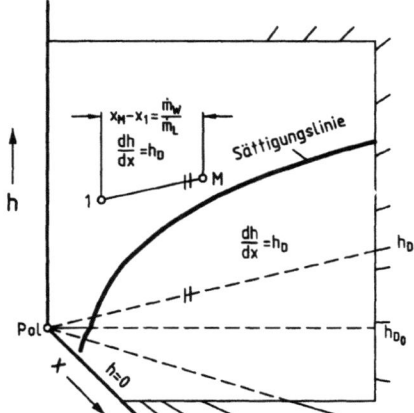
Bild 4.9: Einblasen des Dampfes

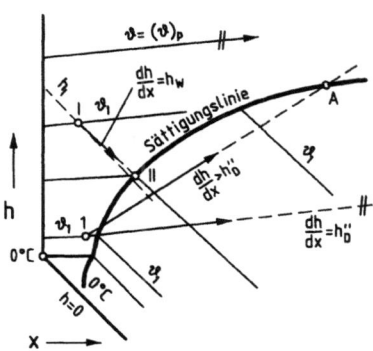
Bild 4.10: Einblasen des Dampfes und Einspritzen des Wassers

In Bild 4.10 sind einige wichtige Fälle vermerkt. Wird in die Luft, Zustand I, gesättigter Wasserdampf unter dem Druck p mit der Enthalpie h''_D eingeblasen, so genügen schon geringe Dampfmengen, um die Luft zu vernebeln. Je mehr Dampf eingeblasen wird, um so dichter wird der Nebel. Da in diesem Fall die Mischgerade parallel zur Asymptote $\vartheta = (\vartheta_s)_p$ der Sättigungslinie verläuft, so gelangt man nicht mehr aus dem Nebelgebiet. Wird dagegen überhitzter Dampf mit $h_D > h''_D$ eingeblasen, so kann man durch genügend großen Dampfzusatz die Luft wieder entnebeln, Punkt A.

Sehr interessant ist die Wasserzugabe. Spritzt man in die Luft vom Zustand I flüssiges Wasser mit der Temperatur ϑ_W (der Enthalpie h_W) ein, so wird die Richtung der Zustandsänderung $dh/dx = h_W$ nach Maßgabe des Randmaßstabes nur wenig von der Richtung h = konst abweichen. Die Luft wird bei dieser Zustandsänderung gemäß Bild 4.10 intensiv gekühlt. Bei der Sättigung in II kann die Temperatur ϑ_{II} wesentlich niedriger als die Lufttemperatur ϑ_I und als die Wassertemperatur ϑ_W sein. Die Luft kann man also auch mit Wasser, welches bedeutend wärmer als die Luft ist, stark abkühlen, denn die Verdampfungswärme des Wassers muß von den

252   4 Stoffgemische

Luftteilchen geliefert werden. Beim Überschreiten der Sättigung erfolgt praktisch keine Abkühlung mehr, es sei denn, daß man sehr große Mengen kalten Wassers zusetzt.

Nichtumkehrbarkeit des Mischungsvorgangs

Um die Nichtumkehrbarkeit des Mischungsvorganges beurteilen zu können, bedienen wir uns eines Entropie-Zusammensetzungs(s,x)-Diagramms.
Für die ungesättigte feuchte Luft bestimmt man die Entropie nach den Gesetzen für ideale Gase mit Hilfe der Gl. (4.17)

$$\begin{aligned}
s &= s_L + x_d s_d \\
&= c_{pL} \ln \frac{T}{T_0} - R_L \ln \frac{p - p_d}{p_0} + x_d \left\{ c_{pd} \ln \frac{T}{T_0} + \frac{r_0}{T_0} - R_d \ln \frac{p_d}{p_{0d}} \right\} \\
&= (c_{pL} + x_d\, c_{pd}) \ln \frac{T}{T_0} - R_L \left(1 + \frac{x_d}{M_W/M_L}\right) \ln \frac{p}{p_0} \\
&\quad + R_L \ln \left(1 + \frac{x_d}{M_W/M_L}\right) - x_d R_d \ln \frac{x_d}{x_d + M_W/M_L} \\
&\quad + x_d \left(\frac{r_0}{T_0} - R_d \ln \frac{p_0}{p_{0d}} \right) \quad ,
\end{aligned} \tag{4.49}$$

wenn man sowohl die Entropie der Trockenluft $s_L(T_0, p_0)$ als auch die Entropie des flüssigen Wassers $s_W(T_0, p_0)$ bei der Bezugstemperatur T_0 und dem Bezugsdruck p_0 zu null setzt und den geringfügigen Entropieunterschied $s_W(T_0, p_0) - s_W(T_0, p_{0d})$ des flüssigen Wassers vernachlässigt (p_{0d} ist der Dampfdruck des Wasserdampfes bei der Bezugstemperatur T_0)[6].
Für das vollständige Differential der Entropie erhält man mit Gl. (4.26) und (4.30)

$$\begin{aligned}
\mathrm{d}s &= \left(\frac{\partial s}{\partial T}\right)_{x_d} \mathrm{d}T + \left(\frac{\partial s}{\partial x_d}\right)_T \mathrm{d}x_d = \frac{c_{pL} + x_d c_{pd}}{T} \mathrm{d}T + s_d\, \mathrm{d}x_d \\
&= \frac{\mathrm{d}h}{T} + \left(s_d - \frac{h_d}{T}\right) \mathrm{d}x_d \quad .
\end{aligned} \tag{4.50}$$

Weil der Wassergehalt x_d nach einer logarithmischen Funktion in den Ausdruck (4.49) für die Entropie eingeht, sind die Isothermen der ungesättigten feuchten Luft im s,x-Diagramm gekrümmt.
Im Nebelgebiet muß man analog zum h,x-Diagramm noch anteilmäßig die Entropie des flüssigen Wassers hinzurechnen. Hier verlaufen die Nebelisothermen im s,x-Diagramm gerade.

---
[6]Für die Bezugstemperatur $T_0 = 273$ K und den Bezugsdruck $p_0 = 1013$ hPa erhält man $r_0/T_0 - R_d \ln(p_0/p_{0d}) = 6{,}80$ kJ/(kg K).

Im Bild 4.11 ist die adiabate Mischung zweier Luftströme einmal im h, x-Diagramm (unten) und im s, x-Diagramm (oben) dargestellt. Den Zustandspunkt M der adiabaten Mischung sucht man im s, x-Diagramm bei der Temperatur ϑ_M und dem Wassergehalt x_M auf, welche man aus dem h, x-Diagramm entnimmt; er liegt oberhalb des Punktes M_r, welcher im s, x-Diagramm auf der Verbindungsgeraden von 1 und 2 liegt. Die Strecke $\overline{MM_r}$ entspricht der Entropieproduktion der adiabaten Mischung

$$s_{pr} = \frac{\dot{S}_{pr}}{\dot{m}_{L_1} + \dot{m}_{L_2}} = s_M - s_{M_r} = s_M - \frac{\dot{m}_{L_1}}{\dot{m}_{L_1} + \dot{m}_{L_2}} s_1 - \frac{\dot{m}_{L_2}}{\dot{m}_{L_1} + \dot{m}_{L_2}} s_2 \; .$$

Erst bei größeren Unterschieden der Zustände der zu mischenden Ströme macht sich die Nichtumkehrbarkeit des Mischungsvorgangs in einer merklichen Entropieproduktion bemerkbar. Trotzdem kann der daraus resultierende Exergieverlust, gemessen an der ohnehin nur geringen Arbeitsfähigkeit der Luft, beträchtlich sein.

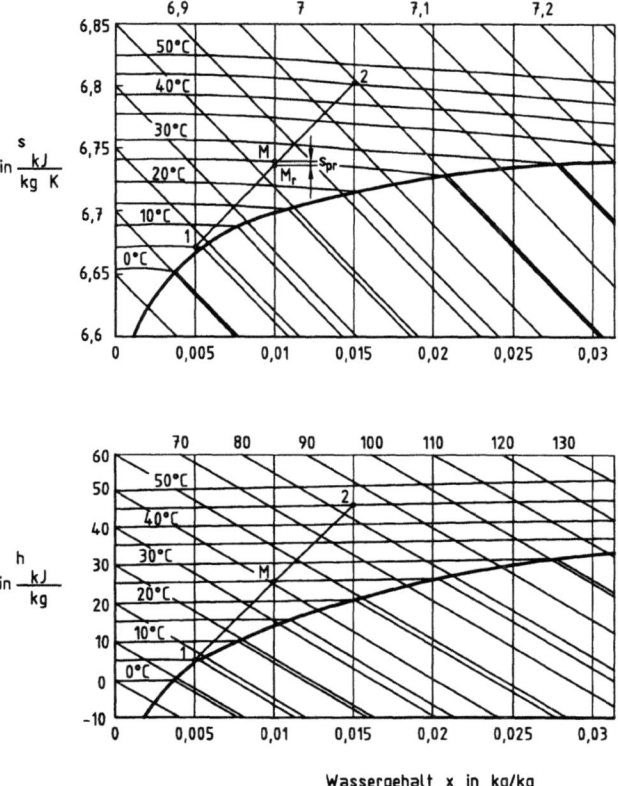

Bild 4.11: Adiabate Mischung zweier Ströme feuchter Luft im h, x-Diagramm (unten) und s, x-Diagramm (oben)

4.2.3 Grundlagen der Klimatechnik

Eine Klimaanlage soll unabhängig von den Wetterverhältnissen und anderen Randbedingungen die Raumluftzustände, d.h. die Raumlufttemperatur und die Luftfeuchte innerhalb vorgegebener Grenzen einstellen. Klimaanlagen enthalten daher Apparate zur Be- und Entfeuchtung sowie zur Heizung und Kühlung, die je nach Bedarf zu- oder abgeschaltet werden. Bild 4.12 zeigt das Schaltbild einer solchen Anlage und Bild 4.13 sowie Bild 4.14 das zugehörige h,x-Diagramm. Die Anlage besteht im wesentlichen aus einer Mischkammer, in der ein Teil der aus dem zu klimatisierenden Raum abgeführten Abluft vom Zustand 1 als Umluft zurückgeführt und mit frischer Außenluft vom Zustand 0 gemischt wird. Anschließend wird die Mischluft im Filter gereinigt. Kann man den Druckabfall im Filter in erster Näherung vernachlässigen, so hat sich der Zustand der Luft nach dem Filter gegenüber dem Mischungszustand 2 nicht geändert.

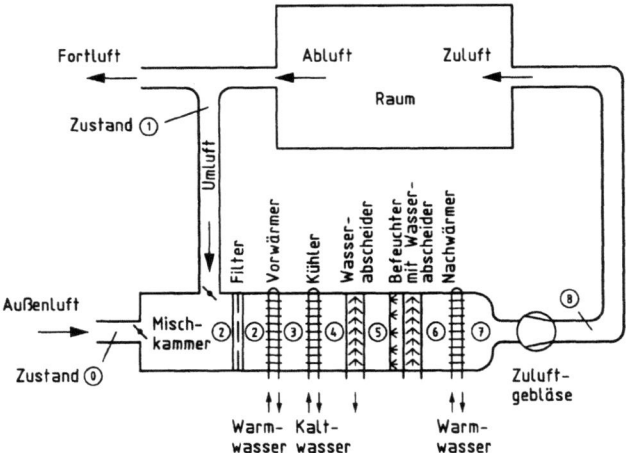

Bild 4.12: Schema einer Klimaanlage (nach RECKNAGEL/SPRENGER)

Im Winterbetrieb wird die Mischluft 2 im Vorwärmer mit Warmwasser aus dem Heizungskreislauf auf die Temperatur T_3 vorgewärmt und im Befeuchter durch die Zugabe von Wasser oder Wasserdampf die gewünschte Luftfeuchtigkeit eingestellt (Zustand 6). Kühler und Wasserabscheider bleiben dabei außer Betrieb. Im Nachwärmer wird die Luft schließlich auf die erforderliche Zulufttemperatur T_7 aufgeheizt und über das Zuluftgebläse dem zu klimatisierenden Raum zugeführt, wobei sich der Luftzustand im Zuluftgebläse nur unwesentlich ändert, $x_8 = x_7$, $T_8 \approx T_7$. Im Winterbetrieb wird die Zulufttemperatur etwas höher als die Raumlufttemperatur eingestellt, $T_8 > T_1$ und die Zuluftfeuchte etwas niedriger, $x_8 < x_1$, damit die im Raum durch Verdunstung abgegebene Wassermenge von der Luft aufgenommen werden kann. Der gesamte auf 1 kg trockene Zuluft bezogene Wärmebedarf q_{Zu} setzt sich aus der Wärmezufuhr im Vorwärmer und im Nachwärmer zusammen

$$q_{Zu} = q_V + q_N = h_3 - h_2 + h_7 - h_6 \ . \tag{4.51}$$

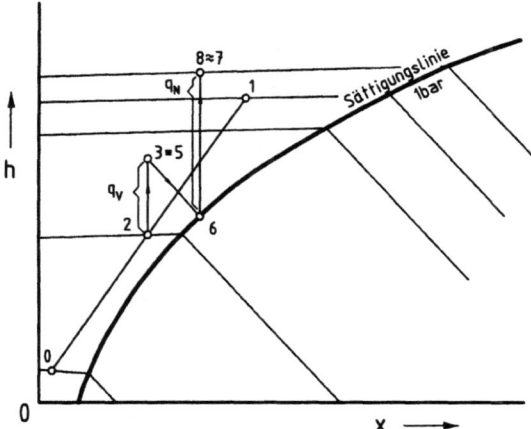

Bild 4.13: Arbeitsweise einer Klimaanlage im Winterbetrieb

Er läßt sich reduzieren, wenn die Außenluft vor Eintritt in die Mischkammer im Gegenstrom mit der Fortluft vorgewärmt wird.

Im Sommerbetrieb muß die Klimaanlage auch bei sehr warmer und feuchter Außenluft noch angenehme Raumluftzustände ermöglichen. Dazu wird der Luft Feuchtigkeit entzogen, indem man die Mischluft vom Zustand $2 \equiv 3$ im Kühler auf den Zustand 4 soweit abkühlt, daß nach Abscheiden des Kondensats der Wassergehalt x_6 der verbleibenden gesättigten Luft dem gewünschten Wassergehalt der Zuluft $x_7 = x_6$ entspricht, Bild 4.14. Wird die Zulufttemperatur auf etwas unterhalb der Raumtemperatur ϑ_1 eingestellt, so muß die Luft vom Zustand 6 im Nachwärmer noch auf die gewünschte Temperatur $\vartheta_7 < \vartheta_1$ aufgeheizt werden.

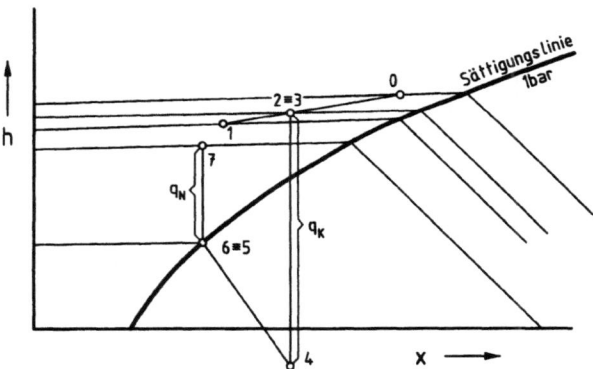

Bild 4.14: Arbeitsweise einer Klimaanlage im Sommerbetrieb

Dazu ist je kg Zuluft die Wärme

$$q_N = h_7 - h_6 \tag{4.52}$$

zuzuführen. Zur Abkühlung der Mischluft muß dagegen die Wärme $q_K = h_3 - h_4$ abgeführt werden, wozu wegen der erforderlichen niedrigen Temperaturen im allgemeinen Kältemaschinen eingesetzt werden. Dem energiebewußten Ingenieur muß ein derartiger Prozeß, bei dem zunächst für die Abkühlung der

Luft teure Kälteleistung erbracht und die Luft anschließend mit Heißwasser aus dem Heizungskreislauf wieder aufgeheizt wird, widerstreben. Zwar ließe sich theoretisch die Luft vom Zustand 6 im Gegenstrom mit der Mischluft vom Zustand 3 aufheizen und dabei sowohl Kälte- als auch Heizleistung einsparen, allerdings werden für viele Betriebszustände die Temperaturdifferenzen in einem solchen Gegenstromwärmeübertrager so klein, daß wegen zu großer Wärmeübertragerflächen auf diese energetisch vorteilhafte Maßnahme verzichtet wird.

Energetisch günstiger ist dagegen die Anordnung nach Bild 4.15 und Bild 4.16. Hier wird die Außenluft im Gegenstrom mit der Fortluft zunächst vorgekühlt, wobei die für den Winterbetrieb ohnehin sinnvolle Wärmerückgewinnung angewendet wird, sodann gelangt die vorgekühlte Außenluft mit dem Zustand 1 in den Kälteaustauscher und wird hier weiter bis auf den Zustand 2 und schließlich im Kühler auf den Zustand 3 abgekühlt und das gebildete Kondensat abgeschieden (Zustand 4). Im Gegenstrom mit der ankommenden Außenluft wird sie auf den Zustand 5 vorgewärmt und mit der Umluft 6 auf den Zuluftzustand 7 gemischt; auf eine Nachwärmung kann dabei völlig verzichtet werden.

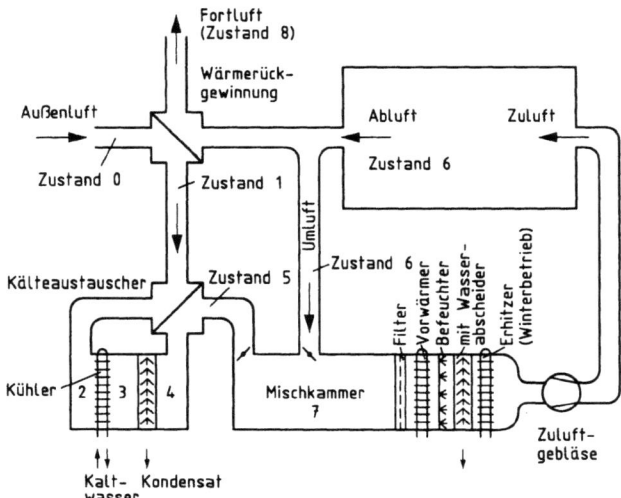

Bild 4.15: Klimaanlage mit Wärmerückgewinnung, Außenluftkühlung und Kälteaustauscher

Auf den Massenstrom $\dot{m}_{L_A}$ der Außenluft bezogen ist die erforderliche Kälteleistung

$$\frac{\dot{Q}_K}{\dot{m}_{L_A}} = h_2 - h_3 \tag{4.53}$$

auf den Massenstrom $\dot{m}_L$ der Zuluft bezogen dagegen

$$q_K = \frac{\dot{Q}_K}{\dot{m}_L} = h_7 - h_K \quad, \tag{4.54}$$

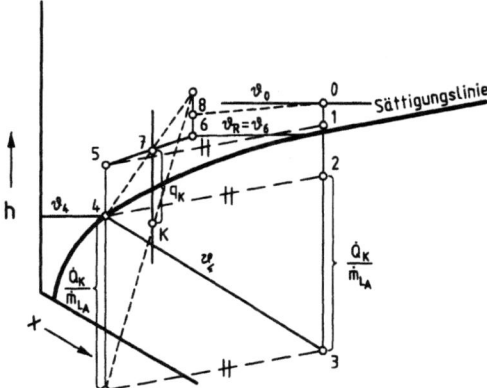

Bild 4.16: Klimaanlage nach Bild 4.15 im Kühlbetrieb

wobei der Punkt K durch die im Bild 4.15 dargelegten geometrischen Verhältnisse bestimmt wird. Verglichen mit der Anlage nach Bild 4.11 ist die notwendige Kälteleistung beträchtlich kleiner.

4.2.4 Verdunstung

Beim Verdampfungsvorgang in Abwesenheit von Luft stehen der Dampf und die Flüssigkeitsoberfläche unter gleichem Druck, und zwar dem Sättigungsdruck p_s des Dampfes. Der Druck im Innern der Flüssigkeit ist nur unwesentlich, d.h. um den hydrostatischen Druck der darüberliegenden Flüssigkeitssäule größer, und es genügt eine nur geringfügige Flüssigkeitsüberhitzung zur Bildung von Verdampfungsflächen auch im Innern der Flüssigkeit. Es bilden sich die für den Kochvorgang charakteristischen Dampfblasen.

Beim Verdunstungsvorgang dagegen steht die Flüssigkeit unter einem Gesamtdruck p, der um den Teildruck $(p - p_s)$ des neutralen Gases größer als der Teildruck p_s des gesättigten Dampfes ist. Hier können sich keine Dampfblasen bilden, solange p wesentlich größer als p_s ist, und die Flüssigkeit verdampft nur am Flüssigkeitsspiegel (Verdunstung).

Bild 4.17 stellt die Verhältnisse in der Nähe der Wasseroberfläche dar, die wir auch als Phasengrenze bezeichnen. Der Zustand im Innern des Luftstromes sei durch die Temperatur T, den Wassergehalt x und die Enthalpie h und derjenige des Wasserstromes durch T_W, h_W gekennzeichnet. An der Phasengrenze selbst stehen die anliegenden Luft- und Wasserteilchen im Gleichgewicht, und es ist die Temperatur T_g der angrenzenden Luftteilchen gleich derjenigen T_{Wg} der angrenzenden Wasserteilchen, $T_g = T_{Wg}$. Ebenso ist der Dampfdruck p_g in den angrenzenden Luftteilchen gleich dem Druck des Dampfes, den die Flüssigkeitsoberfläche aussendet, und das ist der Sättigungsdruck, der zur Temperatur T_g gehört. Allenfalls kann man die Frage stellen, ob der Gleichgewichtsdampf bei einer Wasseroberfläche gegebener Temperatur T_g in Anwesenheit eines neutralen Gases den gleichen Sättigungsdruck (Teildruck) aufweist, wie in Abwesenheit des Gases. Die Versuche zeigen, daß bei nicht zu hohen Drücken diese Gleichheit erfüllt ist[7]. Die zweite Frage wäre, ob beim lebhaften dynamischen Vorgang der Dampfdruck des die Oberfläche verlassenden Dampfes gleich dem Gleichgewichtsdruck für die betreffende Oberflächentemperatur bleibt. Gewisse Versuche scheinen darauf hinzuweisen, daß bei lebhafter Verdampfung bzw. Verdunstung eine geringfügige Absenkung des Oberflächendampfdruckes eintritt, als ob die Wasseroberfläche drosselnd auf den austretenden Dampf wirkt, aber der Effekt ist so unbedeutend, daß er für technische Probleme bei den üblichen Verhältnissen ohne Interesse ist.

Wenn dagegen die Wasseroberfläche z.B. durch Ölspuren verunreinigt ist, können Abweichungen auftreten, die auch technisch bedeutsam sind.

Zusammenfassend kann man sagen, daß Luftteilchen, die an einer sauberen Wasseroberfläche unmittelbar anliegen, immer gesättigt sind, $x_g = x_s$, und die Grenzflächentemperatur T_g annehmen ohne Rücksicht auf den sonstigen Zustand des Luftstromes. In Bild 4.17 ist ein Beispiel des Verlaufes der Temperaturen T und der Wassergehalte x in der Nähe der Phasengrenze dargestellt.

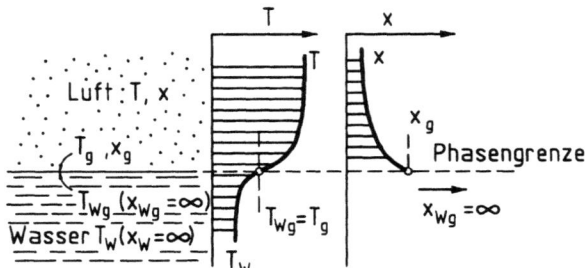

Bild 4.17: Verhältnisse in der Nähe der Verdunstungsfläche

Die Steilheit des Temperatur- bzw. Wassergehalt-Profiles in Bild 4.17 hängt in erster Linie vom Strömungszustand der Luft gegenüber der Wasseroberfläche ab. Es wird luftseitig immer eine Grenzschicht vorliegen, durch welche die Wärme und das verdunstende Wasser transportiert werden müssen.

Bereits DALTON hat durch Versuche gefunden, daß die von einer Oberfläche stündlich verdunstende Wassermenge verhältnisgleich ist dem Unterschied $(p_g - p_d)$ der Dampfteildrücke in der Grenzfläche und weit von der Oberfläche, und zwar nach der Beziehung

$$- \mathrm{d}\dot{m}_W = b(p_g - p_d)\mathrm{d}A \quad \text{in kg/h} \;, \tag{4.55}$$

worin $\mathrm{d}A$ ein Flächenelement der Verdunstungsfläche und $-\mathrm{d}\dot{m}_W$ die durch dieses Flächenelement stündlich hindurchtretende verdunstete Wassermenge bedeuten. Das negative Vorzeichen berücksichtigt, daß eine Verdunstung den Wasserstrom $\dot{m}_W$ verkleinert. Der Proportionalitätsfaktor b hängt vom Strömungszustand der Luft längs der Oberfläche ab. Die einfache Beziehung Gl. (4.55) gilt für nicht allzu große Teildruckunterschiede.

Zur Darstellung der Vorgänge im h,x-Diagramm ist es vorteilhafter, mit den Wassergehalten x anstelle der Partialdrücke p_d zu rechnen. Zu diesem Zweck setzen wir

---
[7] siehe hierzu Abschn. 8.3.3

nach Lewis

$$- \mathrm{d}\dot{m}_W = \sigma(x_g - x)\mathrm{d}A_g \quad \text{in kg/h} ,\tag{4.56}$$

worin σ (in kg Trockenluft je m² und Stunde) einen Verdunstungskoeffizienten bezeichnet, der vornehmlich vom Strömungszustand der Luft abhängt. Die Dimension von σ weist seltsamerweise auf eine Trockenluftmenge hin, obwohl durch σ gerade die ausgetauschte Dampfmenge $\mathrm{d}\dot{m}_W$ erfaßt werden soll. Das hängt mit der Dimension des Wassergehaltes x in Gl. (4.56) zusammen. Der Verdunstungskoeffizient σ stellt diejenige stündliche Trockenluftmenge des feuchten Luftstromes dar, die sich auf 1 m² Verdunstungsfläche mit Wasserdampf sättigen müßte, um die verdunstende Wassermenge abführen zu können (konvektive Querbewegung der Luft).

Die Teildrücke p_d in Gl. (4.55) und die Wassergehalte x in Gl. (4.56) sind nach Gl. (4.17) eindeutig einander zugeordnet. Deswegen muß auch zwischen σ und b ein eindeutiger Zusammenhang bestehen, was wir später nochmals streifen wollen. Hier mag nur hervorgehoben werden, daß Gl. (4.56) den Verdunstungsvorgang ebenso richtig wiedergeben kann, wie Gl. (4.55), wenn man dafür sorgt, daß für σ immer richtige, wenn auch veränderliche Werte eingesetzt werden. Zwischen dem Verdunstungskoeffizienten σ und dem konvektiven Wärmeübergangskoeffizienten α werden wir einen engen Zusammenhang finden, so daß bei Kenntnis des letzteren der Zahlenwert von σ jeweils ermittelt werden kann. Bei $x_g > x$ findet nach Gl. (4.56) eine Verdunstung, bei $x_g < x$ ein Tauvorgang an der Grenzfläche statt.

In Bild 4.18 ist der Verdunstungsvorgang in einem Kanal dargestellt. Zwischen zwei nahegelegenen Querschnitten p und q liegt die kleine Verdunstungsfläche $\mathrm{d}A_g$. Von dieser verdunstet in der Zeiteinheit die Wassermenge $-\mathrm{d}\dot{m}_W$, die zur Erhöhung des Wassergehaltes des Luftstromes $\dot{m}_L$ dient

$$- \mathrm{d}\dot{m}_W = \dot{m}_L \mathrm{d}x \tag{4.57}$$

und mit Gl. (4.56)

$$- \mathrm{d}\dot{m}_W = \dot{m}_L \mathrm{d}x = \sigma(x_g - x)\mathrm{d}A_g . \tag{4.58}$$

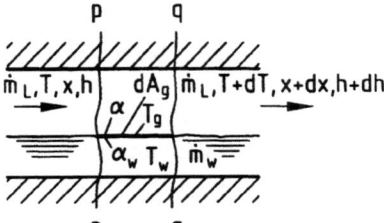

Bild 4.18: Verdunstung in einer differentiellen Wasseroberfläche $\mathrm{d}A_g$ zwischen den Kanalquerschnitten p und q

Adiabater Verdunstungsvorgang

Bei einem nach außen adiabaten Verdunstungskanal wird der Luftstrom durch die trockenen Seitenwände des Kanals nicht beheizt; dann ändert sich seine Enthalpie nur infolge des Austausches mit der Wasseroberfläche. Verlegt man luftseitig eine Kontrollgrenze unmittelbar über die Wasserfläche, so gilt zwischen den Querschnitten p und q die Wärmebilanz

$$\dot{m}_L \mathrm{d}h = \alpha(T_g - T)\mathrm{d}A_g + h_{dg}\dot{m}_L \mathrm{d}x \ . \tag{4.59}$$

Links steht die Enthalpiezunahme des Luftstromes. Das erste Glied rechts ist durch den rein konvektiven Wärmeübergang von der Wasseroberfläche an die Luft bedingt, der auch an einer trockenen Fläche von der Temperatur T_g herrschen würde. Der Wärmeübergangskoeffizient α kann dabei aus den üblichen Wärmeübergangsgleichungen ermittelt werden. Das zweite Glied rechts ist die Enthalpie, welche der verdunstete Dampfstrom $\dot{m}_L \mathrm{d}x$ in den Luftstrom mitbringt, wenn h_{dg} die Enthalpie des gesättigten Dampfes von der Temperatur T_g ist.

Man kann aber die Kontrollgrenze auch unmittelbar unter die Wasserfläche verlegen. Der Wasserfläche wird wasserseitig ein Wärmestrom $\alpha_W(T_W - T_g)$ zugeführt, wenn α_W den wasserseitigen Wärmeübergangskoeffizienten an der Phasengrenze darstellt. Dann lautet die zweite Wärmebilanz zwischen den Querschnitten p und q

$$\dot{m}_L \mathrm{d}h = \alpha_W(T_W - T_g)\mathrm{d}A_g + h_{Wg}\dot{m}_L \mathrm{d}x \ , \tag{4.60}$$

worin das zweite Glied rechts die Enthalpie derjenigen Portion des Oberflächenwassers berücksichtigt, die eben verdunsten wird.

Drückt man $\mathrm{d}A_g$ mit Gl. (4.58) aus, so folgt aus (4.59) und (4.60) entweder

$$\alpha_W(T_W - T_g) = \alpha(T_g - T) + \sigma(x_g - x)(h_{dg} - h_{Wg}) \tag{4.61}$$

oder durch eine kleine Umformung und Multiplikation der Gleichung mit der spezifischen Wärmekapazität c_p der feuchten Luft

$$c_p(T_W - T_g) = \frac{\alpha}{\alpha + \alpha_W} \left[c_p(T_W - T) + \frac{\sigma c_p}{\alpha}(x_g - x)(h_{dg} - h_{Wg}) \right] \ . \tag{4.62}$$

Gewöhnlich wird $\alpha_W \gg \alpha$ sein, weswegen man nach Gl. (4.62) für viele technische Aufgaben genügend genau $T_W \approx T_g$ wird setzen dürfen. Bei subtilsten Untersuchungen kann man den Unterschied von T_g und T_W beobachten.
Bei einem nach außen adiabaten Verdunstungskanal wird auch das Wasser von außen nicht nachgeheizt; in diesem Falle gleicht sich die Wasserinnentemperatur T_W mit der Oberflächentemperatur T_g allmählich aus. Beim stehenden Wasser im Kanal wird dieser Ausgleich nach gewisser Zeit erfolgen. Bei fließendem Wasser wird der Ausgleich mehr oder weniger weit von der Eintrittstelle des Wasserstromes erreicht.

Von diesem entweder zeitlich oder örtlich erreichten Ausgleich $T_W = T_g$ an wird wasserseitig keine Wärme mehr der Wasseroberfläche zugeleitet

$$\alpha_W(T_W - T_g) = 0 \quad \text{für} \quad T_W = T_g \;, \tag{4.63}$$

womit dann nach Gl. (4.61)

$$\alpha(T - T_g) = \sigma(x_g - x)(h_{dg} - h_{Wg}) = \sigma(x_g - x)r_{dg} \tag{4.64}$$

oder nach Gl. (4.62)

$$c_p(T - T_g) = \frac{\sigma c_p}{\alpha}(x_g - x)(h_{dg} - h_{Wg}) \;. \tag{4.65}$$

Wohlgemerkt, die Beziehungen (4.64) und (4.65) gelten nur unter der Voraussetzung von Gl. (4.63). In diesem und nur in diesem Fall, wenn $T_W = T_g$, wird nach Gl. (4.64) die gesamte Verdunstungswärme des Wassers (rechte Seite), gerade durch den konvektiven Wärmeübergang aus der Luft (linke Seite) gedeckt. Die Luft muß sich abkühlen.

Lewisscher Faktor $\sigma c_p/\alpha$

Streicht die Luft nur langsam durch den Verdunstungskanal, so liegt an der Wasseroberfläche eine laminare Grenzschicht der feuchten Luft vor, durch welche der verdunstende oder austauende Wasserdampf hindurchdiffundieren muß. Dabei setzt sich der Massenstrom des von der Flüssigkeitsoberfläche dA_g verdunstenden Wassers aus einem konvektiven Anteil $dA_g \varrho \xi_{dg} w_{yg}$ und dem Diffusionsstrom $-dA_g \varrho D(\partial \xi_d/\partial y)_g$ zusammen[8]

$$-d\dot{m}_W = dA_g \left[\varrho \xi_{dg} w_{yg} - \varrho D \left(\frac{\partial \xi_d}{\partial y}\right)_g\right] \tag{4.66}$$

Da das Wasser keine Luft lösen kann, zumindest nicht in nennenswerten Mengen, muß der Luftmassenstrom durch die Wasseroberfläche

$$d\dot{m}_L = dA_g \left[\varrho \xi_{Lg} w_{yg} - \varrho D \left(\frac{\partial \xi_L}{\partial y}\right)_g\right] = dA_g \left[\varrho(1 - \xi_{dg}) w_{yg} + \varrho D \left(\frac{\partial \xi_d}{\partial y}\right)_g\right] = 0 \tag{4.67}$$

sein. Daraus erhält man die Strömungsgeschwindigkeit senkrecht zur Wasseroberfläche

$$w_{yg} = -\frac{D}{1 - \xi_{dg}} \left(\frac{\partial \xi_d}{\partial y}\right)_g \tag{4.68}$$

---

[8]siehe Abschn. 1.5.4

und den Massenstrom des verdunsteten Wassers nach Gl. (4.66) mit dem Stoffübergangskoeffizient β nach Gl. (1.347), sowie Gl. (1.341) und Gl. (4.56) zu

$$-\mathrm{d}\dot{m}_W = -\mathrm{d}A_g \frac{\varrho D}{1-\xi_{dg}}\left(\frac{\partial \xi_d}{\partial y}\right)_g = \mathrm{d}A_g \varrho \beta \frac{\xi_{dg} - \xi_d}{1-\xi_{dg}} = \mathrm{d}A_g \sigma (x_g - x) \qquad (4.69)$$

Dieser ist wegen des geringen Dampfgehaltes der Luft ($\xi_{dg} \ll 1$) nur wenig größer als der reine Diffusionsstrom in Gl. (4.66).

Daher wird das Strömungsprofil in der Grenzschicht durch den Massenstrom des verdunstenden Wassers nur unwesentlich beeinflußt. Wegen der geringen Wasserdampfkonzentrationen $\xi_{1\infty}$ und ξ_{1W} ist nach Gl. (1.356) der Einfluß des Massentransports auf das Temperaturprofil vernachlässigbar klein und es gelten daher die NUSSELT-Beziehung (1.340) und die SHERWOOD-Beziehung (1.349). Für Wasserdampf-Luft-Gemische von 40 °C geben BAEHR UND STEPHAN[9] einen Diffusionskoeffizienten $D = 0,292 * 10^{-4}$ m^2/s an. Mit der kinematischen Zähigkeit der Luft[10] $\nu = 0,174 * 10^{-4}$ m^2/s ergibt dies eine SCHMIDT-Zahl $Sc = 0,595$, wobei die PRANDTL-Zahl der Luft bei derselben Temperatur $Pr = 0,712$ beträgt. Für diese Werte können nach Bild 1.45 die dimensionslosen Temperatur- und Konzentrationsgradienten genügend genau durch die Näherungen $\Theta'(0) = 0,399\sqrt[3]{Pr}$ und $\Xi'(0) = 0,399\sqrt[3]{Sc}$ angegeben werden. Mit der Umrechnung der Dampfkonzentration ξ_d in Dampfgehalt x, $\xi_d = x/(1+x)$, sowie mit der NUSSELTschen Kennzahl $Nu = \alpha L/\lambda$ und der SHERWOODschen Kennzahl $Sh = \beta L/D$ erhalten wir schließlich aus Gl. (4.69) mit $Pr = \nu \varrho c_p/\lambda$ und $Sc = \nu/D$ für laminare Grenzschicht

$$\frac{\sigma c_p}{\alpha} = \frac{\varrho c_p D}{\lambda} \frac{Sh}{Nu} \cdot \frac{1}{1+x} = \frac{1}{1+x}\left(\frac{Pr}{Sc}\right)^{2/3} \quad \text{(laminar)} \; . \qquad (4.70)$$

Mit den Zahlenwerten für Sc und Pr wird $\sigma c_p/\alpha \approx 1,13/(1+x)$. Für turbulente Strömungen wird dagegen im VDI-Wärmeatlas angegeben:

$$\frac{\sigma c_p}{\alpha} = \frac{1}{1+x}\left(\frac{Pr}{Sc}\right)^{0,58} \quad \text{(turbulent)} \; , \qquad (4.71)$$

was mit den obigen Zahlenwerten für Sc und Pr $\sigma c_p/\alpha \approx 1,11/(1+x)$ ergibt.

Psychrometerproblem

Ein Beispiel für den adiabaten Verdunstungsvorgang ist das wichtige Psychrometerproblem. Zur genauen Feuchtigkeitsbestimmung der Luft benutzt man nach AUGUST (1825) zwei Thermometer, ein trockenes und ein solches, dessen Fühler in einen feuchten Docht eingehüllt ist. Wird das Psychrometer mit der zu untersuchenden Luft angeblasen, so sinkt infolge Verdunstung die Temperatur des feuchten Thermometers. Ein Psychrometer, welches vom sonstigen Wärmeaustausch mit der Umgebung gut geschützt wird (Strahlungsschutz), soll adiabat genannt werden. Im Beharrungszustand wird das adiabate Psychrometer am feuchten Thermometer die

---
[9] BAEHR H D UND STEPHAN K (1994) Wärme- und Stoffübertragung. Springer-Verlag
[10] VDI-Wärmeatlas (1988) 5. Aufl., Abschn. A42. VDI-Verlag

Temperatur T_f annehmen. Das trockene Thermometer zeigt die wahre Lufttemperatur T an. Aufgrund dieser Angaben findet man den Luftzustand L bzw. dessen x-Gehalt leicht aus dem h,x-Diagramm. Man vermerkt die beiden gemessenen Isothermen T und $T_f = T_g$ im h,x-Diagramm, Bild 4.19. Eine beliebig bei x_A gewählte Ordinate liefert auf der Verlängerung der Isothermen $T_f = T_g$ Punkt A_1 und auf der zugehörigen Nebelisothermen $T_{Wf} = T_{Wg}$ den Punkt A_2. Punkt A_3 bekommt man, wenn die Strecke $\overline{A_1 A_2}$ mit dem Faktor $\sigma c_p/\alpha$ vergrößert wird

$$\overline{A_1 A_3} = \frac{\sigma c_p}{\alpha} \overline{A_1 A_2} \;, \tag{4.72}$$

worin allerdings Angaben für $\sigma c_p/\alpha$ vorliegen müssen. Die Verbindungslinie $\overline{A_3 G_f}$ liefert auf der bekannten Isotherme T des trockenen Thermometers den gesuchten Luftzustand L mit seinem Wassergehalt x.

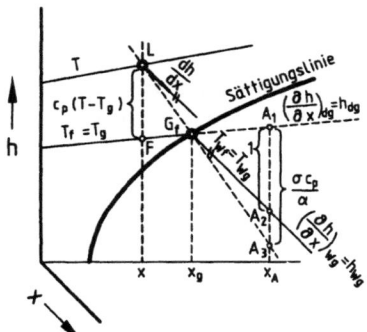

Bild 4.19: Ermittlung des Luftzustandes L aus den Anzeigen T und T_f eines Psychrometers

Zum Beweis dieser Konstruktion sei erwähnt, daß die Strecke $\overline{FL}$ die linke Seite der Gl. (4.65) darstellt, d.h.

$$\overline{FL} = c_p(T - T_g) \;. \tag{4.73}$$

Da der Neigungskoeffizient der Isotherme T_g der ungesättigten Luft nach Gl. (4.30)

$$\left(\frac{\partial h}{\partial x}\right)_{dg} = h_{dg} \tag{4.74}$$

und der der Nebelisotherme T_{Wg} nach Gl. (4.32)

$$\left(\frac{\partial h}{\partial x}\right)_{dW} = h_{Wg} \tag{4.75}$$

ist, so ist die Strecke

$$\overline{A_1 A_2} = (x_A - x_g)(h_{dg} - h_{Wg}) \tag{4.76}$$

und

$$\overline{A_1 A_3} = \frac{\sigma c_p}{\alpha}(x_A - x_g)(h_{dg} - h_{Wg}) \;. \tag{4.77}$$

Mit Bezug auf die Eigenschaften eines Strahlenbündels mit dem Scheitel in G_f ist dann die Strecke

$$\overline{FL} = \frac{\sigma c_p}{\alpha}(x_g - x)(h_{dg} - h_{Wg}) \; , \qquad (4.78)$$

was der rechten Seite der Gl. (4.65) entspricht, so daß diese durch die Konstruktion im Diagramm exakt befriedigt wird.

Die Genauigkeit der Auswertung der Psychrometeranzeige wird nur durch die Meßgenauigkeit von T und T_g begrenzt, was wiederum von der Erfüllung der Adiabasie und der Erreichung des Beharrungszustandes abhängt. Außerdem ist die Zuverlässigkeit des Zahlenwertes für $\sigma c_p/\alpha$ von Bedeutung.

Oft, und besonders bei kleineren Unterschieden der Temperaturen des trockenen und des feuchten Thermometers $(T - T_f)$, kann der Luftzustand L genügend genau unter der Annahme $\sigma c_p/\alpha \approx 1$ bestimmt werden. Dann wird die Konstruktion in Bild 4.19 einfacher, da man nur die Nebelisotherme T_{W_f} nach oben zu verlängern hat, um im Schnittpunkt mit der Isotherme T den gesuchten Luftzustand L zu finden, Bild 4.20. Diese einfachere Ermittlung hat bereits R. MOLLIER angegeben.

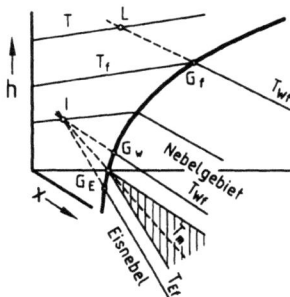

Bild 4.20: Lösung des Psychrometerproblems nach MOLLIER für $\sigma c_p/\alpha \approx 1$. Unbestimmtheit in der Nähe von 0 °C

Bei $T_f = 273$ K ($\vartheta_f = 0$ °C) wird die Ermittlung des Luftzustandes unzuverlässig, Bild 4.20, da das befeuchtete Thermometer bei dieser Temperatur entweder naß oder vereist oder teils naß und teils vereist sein kann. In diesem Fall können für den gleichen Luftzustand I nach Bild 4.20 drei Feuchtetemperaturen maßgebend sein, und zwar $T_{W_f} > 273$ K, $T_m = 273$ K und $T_{E_f} < 273$ K. Davon entspricht jedoch T_m einem unstabilen Zustand an dem teils nassen, teils vereisten Docht des Thermofühlers. Die nassen Flächenteile ihrerseits werden nämlich dem stabileren Grenzzustand G_W zustreben, die vereisten wiederum dem Grenzzustand G_E, wobei $T_{W_f} > 273$ K und $T_{E_f} < 273$ K wird, und der Docht kann nebeneinanderliegende nasse und vereiste Stellen ungleichmäßiger Temperatur aufweisen. Der Fühler des feuchten Thermometers zeigt dann irgendeine dazwischen liegende Durchschnittstemperatur an. Diese Brutto-Anzeige ist für die Auswertung wertlos. Die Unsicherheit in diesem Meßgebiet läßt sich beheben, indem man sich z.B. durch nochmaliges Befeuchten des Dochtes mit warmem Wasser vergewissert, daß dessen Abkühlung auf die Kühlgrenze G_W monoton erfolgt, was die Bildung einer Eiskruste G_E ausschließt.

Richtungsänderung des Luftzustandes

Eliminiert man aus den für die Verdunstung im Kanal gültigen Gln. (4.58) und (4.59) die Verdunstungsfläche dA_g, so erhält man

$$\frac{dh}{dx} = \frac{c_p(T_g - T)}{\frac{\sigma c_p}{\alpha}(x_g - x)} + h_{dg} \quad . \tag{4.79}$$

Führt man dasselbe mit Gl. (4.58) und (4.60) durch, so folgt nach kleiner Ergänzung

$$\frac{dh}{dx} = \frac{\alpha_W}{\alpha} \frac{c_p(T_W - T_g)}{\frac{\sigma c_p}{\alpha}(x_g - x)} + h_{Wg} \quad . \tag{4.80}$$

Im h,x-Diagramm bestimmt dh/dx die Richtungsänderung des Zustandspunkts L der Luft, die durch den Verdunstungsvorgang hervorgerufen wird. Man kann diese Richtung nach Bild 4.21 ermitteln, sobald der Zustandspunkt L der Luft und der Grenzzustand G irgendwie bekannt sind. Man sucht Punkt F unterhalb L auf der Isothermen T_g auf und findet G_α, indem man die Strecke $\overline{FG}$ mit dem Faktor $\sigma c_p/\alpha$ vergrößert

$$\frac{\overline{FG_\alpha}}{\overline{FG}} = \frac{\sigma c_p}{\alpha} \quad . \tag{4.81}$$

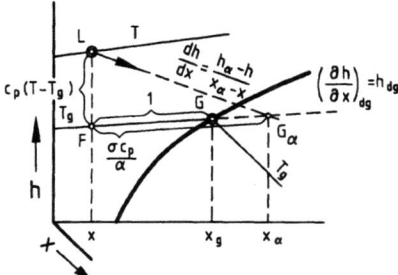

Bild 4.21: Richtungsänderung dh/dx des Luftzustandes L entlang einer Verdunstungsfläche mit dem Grenzzustand G

Die Verbindung $\overline{LG_\alpha}$ liefert bereits die gesuchte Richtungsänderung dh/dx des Zustandes L, wie eingezeichnet. Die Richtungsänderung von L zielt also genau auf Punkt G_α. Der geometrische Beweis ist anhand der Gl. (4.79) leicht zu bringen. Der Wassergehalt x_α und die Enthalpie h_α des ziehenden fiktiven Luftzustandes G_α ist nämlich nach Bild 4.21 durch die Beziehungen bestimmt

$$x_\alpha - x = \frac{\sigma c_p}{\alpha}(x_g - x) \quad , \tag{4.82}$$

$$h_\alpha - h = c_p(T_g - T) + (x_\alpha - x)h_{dg} = c_p(T_g - T) + \frac{\sigma c_p}{\alpha}(x_g - x)h_{dg} \tag{4.83}$$

und

$$h_\alpha - h_g = \left(\frac{\sigma c_p}{\alpha} - 1\right)(x_g - x)h_{dg} \quad . \tag{4.84}$$

Natürlich entspricht die Richtungsänderung des Luftzustandes dh/dx dem Quotienten

$$\frac{dh}{dx} = \frac{h_\alpha - h}{x_\alpha - x} \; . \qquad (4.85)$$

Der gewonnene neue Punkt G_α, den wir noch wiederholt gebrauchen werden, stellt zwar keinen wirklich vorhandenen Zustand der Luft dar. Die Luft vom Zustand L ändert sich aber unter Einwirkung der Luftteilchen G in der Phasengrenze, als ob ihr die gedachten Luftteilchen G_α adiabat beigemischt worden wären (Mischgerade $\overline{LG_\alpha}$). Der fiktive Zustand G_α kann bildlich als der ziehende Punkt für die Zustandsänderung von L aufgefaßt werden.

Für Gemische, für welche $\sigma c_p/\alpha \approx 1$ ist, fällt G_α mit dem Grenzpunkt G zusammen. In diesem, und nur in diesem Fall, wird der Zustand G der Luftteilchen in der Phasengrenze auch zum ziehenden Punkt, d.h. die Luft L verändert sich in Richtung G.

Gl. (4.79) und Bild 4.21 gelten allgemein, also auch, wenn das Wasser noch nicht durchtemperiert sein sollte und sogar dann, wenn das Wasser von außen beheizt oder gekühlt wird. Allerdings ist der Ausdruck (4.79) zunächst auf Fälle beschränkt, wo die Luft nur mit der Wasseroberfläche in Stoff- und Wärmeaustausch steht und nicht etwa durch den trockenen Teil der Kanalwandung zusätzlich beheizt oder gekühlt wird.

Nach Gl. (4.80) wird die Richtungsänderung des Luftzustandes stark durch die Beheizung (oder Kühlung) der Oberfläche von der Wasserseite her beeinflußt, was durch den Faktor $\alpha_W(T_W - T_g)$ ausgedrückt wird. Unterbleibt ein solcher wasserseitiger Wärmeübergang, $\alpha_W(T_W - T_g) \approx 0$, was bei durchtemperierter Wasserschicht eintreten wird, so wird nach Gl. (4.80)

$$\frac{dh}{dx} = h_{Wg} \quad \text{für} \quad \alpha_W(T_W - T_g) = 0 \; , \qquad (4.86)$$

solange der Luftzustand L sich noch hinreichend vom Grenzzustand G unterscheidet ($x \neq x_g$). In diesem Fall ändert sich der Zustand der Luft bei Verdunstung, als ob man ihr Wasser von der Temperatur T_g eingespritzt hätte.

Psychrometrische Kühlgrenze

Denkt man sich die Wasserfläche im Kanal, Bild 4.18, unbewegt und von der Luft längere Zeit angeblasen, so wird sich das Wasser allmählich bis in die tieferen Schichten durchtemperieren und einem Beharrungszustand zustreben. Die geringe verdunstende Wassermenge kann man, wenn man will, dauernd ersetzen, um den Wasservorrat konstant zu halten. Am Eintritt in den Kanal möge die Luft den Zustand L_1 aufweisen, Bild 4.22.

Dann wird das Wasser an dieser Stelle mit der Zeit die Temperatur T_{W_1} annehmen, die derjenigen eines feuchten Thermometers entspricht. Sie ist mit dem Punkt G_1 nach Vorschrift des Bildes 4.19 in Bild 4.22 vermerkt. Hat das Wasser am Kanaleintritt diese Temperatur T_{W_1} angenommen, so verläuft die Änderung des Luftzustandes nach Gl. (4.86) in Richtung der Nebelisotherme T_{W_1}, so daß

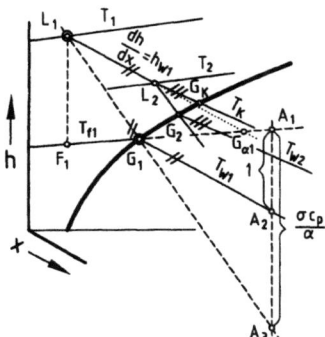

Bild 4.22: Einstellung der Wassertemperaturen zu G_{f1}, G_{f2}, G_K längs eines Verdunstungskanals bei $\sigma c_p/\alpha > 1$

man etwas weiter im Kanal den Luftzustand L_2 vorfindet. Diesem entspricht im Beharrungszustand eine andere Wassertemperatur T_{W_2} des Punktes G_2. Bei noch längerem Kanal würde sich die Luft allmählich sättigen und dem Zustand G_K von der Temperatur T_K zustreben, während das darunterliegende Wasser die nämliche Temperatur T_K annehmen würde. Demnach stellt sich im Beharrungszustand eine Temperaturverteilung im Wasser ein, die für $\sigma c_p/\alpha > 1$ längs des Kanals bis T_K monoton zunimmt. Hätte man ein Gasgemisch mit $\sigma c_p/\alpha < 1$ betrachtet, so würde die Wassertemperatur längs des Kanals abnehmen.

Wenn $\sigma c_p/\alpha \approx 1$ ist, fallen nach Konstruktion in Bild 4.22 alle Punkte $G_1, G_2, \ldots$ mit G_K zusammen, d.h. das Wasser strebt längs des ganzen Kanals derselben gleichmäßigen Temperatur T_K entsprechend dem Punkt G_K in Bild 4.23 zu. Diese Temperatur nennt man die psychrometrische Kühlgrenztemperatur T_K der Luft und den Punkt G_K die Kühlgrenze. Alle durchlaufenen Zustände L_1, L_2 der Luft im Kanal weisen dieselbe Kühlgrenze auf, die durch diejenige Nebelisotherme T_K bestimmt wird, welche auf den Anfangszustand L_1 der Luft zielt. Die so definierte Kühlgrenze hat einen Sinn nur bei Gemischen mit $\sigma c_p/\alpha \approx 1$, also annähernd auch bei feuchter Luft. Anderenfalls kann sich im Beharrungszustand nach Bild 4.22 keine gleichmäßige Wassertemperatur im Kanal einstellen.

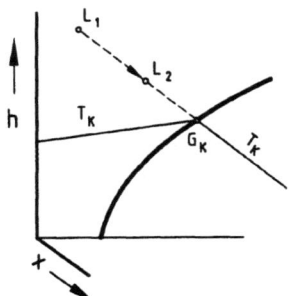

Bild 4.23: Kühlgrenze bei $\sigma c_p/\alpha \approx 1$

Wärmeumsatz an der Phasengrenze

Den je m² Verdunstungsfläche wasserseitig zugeführten Wärmestrom

$$\dot{q}_g = \alpha_W(T_W - T_g) \tag{4.87}$$

kann man nach Gl. (4.61) aufteilen in einen Anteil

$$\dot{q}_\alpha = \alpha(T_g - T) \;, \tag{4.88}$$

welcher die konvektive (trockene) Wärmeabgabe der Wasseroberfläche an die vorbeistreichende Luft darstellt und einen zweiten Anteil

$$\dot{q}_\sigma = \sigma(x_g - x)(h_{dg} - h_{Wg}) \tag{4.89}$$

zur Deckung der Verdampfungswärme des verdunstenden Wasserstromes. Dieser wird auch als nasse oder durch Stoffaustausch bedingte Wärmeabgabe bezeichnet. Es ist nach Gl. (4.61) der wasserseitig je m² Verdunstungsfläche zugeführte Wärmestrom

$$\dot{q}_g = \dot{q}_\alpha + \dot{q}_\sigma \;. \tag{4.90}$$

Multipliziert man die Größen $\dot{q}_g$, $\dot{q}_\alpha$ und $\dot{q}_\sigma$ mit c_p/α, so werden die entsprechenden Wärmen auf die Mengeneinheit der Trockenluft bezogen und können im h, x-Diagramm der feuchten Luft abgegriffen werden. Es ist

$$q_\alpha = c_p(T_g - T) \tag{4.91}$$

die je kg Trockenluft von der Phasengrenze an die Luft konvektiv abgegebene Wärme und

$$q_\sigma = \frac{\sigma c_p}{\alpha}(x_g - x)(h_{dg} - h_{Wg}) \;, \tag{4.92}$$

die ebenso bezogene Wärmeabgabe durch Verdunstung. Für den auf die Mengeneinheit der Trockenluft bezogenen, wasserseitig zugeführten Wärmestrom erhält man dann mit Gl. (4.82) und (4.83)

$$\begin{aligned}
q_g &= q_\alpha + q_\sigma = c_p(T_g - T) + \frac{\sigma c_p}{\alpha}(x_g - x)(h_{dg} - h_{Wg}) \\
&= h_\alpha - h - (x_\alpha - x)h_{Wg} \;.
\end{aligned} \tag{4.93}$$

In Bild 4.24 ist die Ermittlung der Diagrammwerte q_g, q_α und q_σ gezeigt, wenn die Zustandspunkte L der Luft und G der Phasengrenze bekannt sind. Nach Gl. (4.91) ist q_α sofort als Strecke $\overline{LF}$ abzugreifen. Um q_σ zu finden, suche man Punkt G_α auf, indem man die Strecke $\overline{FG}$ mit dem Faktor $\sigma c_p/\alpha$ verlängert

$$\overline{FG_\alpha} = \frac{\sigma c_p}{\alpha}\,\overline{FG} \;. \tag{4.94}$$

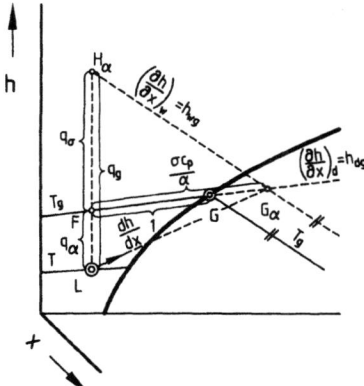

Bild 4.24: Diagrammwerte des gesamten Wärmeflusses q_g, des konvektiven Anteiles q_α und des durch Stoffaustausch bedingten Anteils q_σ bei $\sigma c_p/\alpha > 1$

Eine Parallele durch G_α mit der Steigung h_{Wg} der Nebelisothermen T_g liefert Punkt H_α oberhalb L, und man kann leicht zeigen, daß q_σ nach Gl. (4.92) durch die Strecke $\overline{FH_\alpha}$ des Bildes 4.24 wiedergegeben wird.

Die bezogene Wärme q_g ist nach Bild 4.24

$$q_g = h_{H_\alpha} - h_L = h_{G_\alpha} - h_L - (x_\alpha - x)h_{Wg} \ . \tag{4.95}$$

Bezüglich der Vorzeichen gilt folgende Regel: Es ist $q > 0$, wenn die betreffenden Wärmeströme vom Wasser in Richtung zur Luft fließen und $q < 0$ für die entgegengesetzte Richtung. In Bezug auf Bild 4.24 ist

$$q_g > 0 \quad \text{wenn} \quad H_\alpha \quad \text{oberhalb} \quad L$$

$$q_\alpha > 0 \quad \text{wenn} \quad F \quad \text{oberhalb} \quad L \tag{4.96}$$

$$q_\sigma > 0 \quad \text{wenn} \quad H_\alpha \quad \text{oberhalb} \quad F$$

liegt. Andernfalls wird der eine oder andere Betrag negativ.
Die Zahlenwerte von q_g, q_α und q_σ können ebenso wie die zugehörigen Flächenbelastungen untereinander sehr verschieden sein und auch entgegengesetzte Vorzeichen haben, was allein von der gegenseitigen Lage der Punkte L und G im h,x-Diagramm abhängt. Deswegen hätte es wenig Zweck, einen auf den gesamten Wärmeübergang $\dot{q}_g$ bezogenen Wärmeübergangskoeffizienten α_g einzuführen, weil dieser außer von den Strömungsverhältnissen auch noch von den jeweilig veränderlichen Zuständen L und G abhängen müßte und auch negative Werte haben könnte. Übersichtlicher werden die Verhältnisse, wenn man $\sigma c_p/\alpha = 1$ setzen darf, wie das bei feuchter Luft in guter Annäherung der Fall ist. Dann fallen in Bild 4.24 die Punkte G_α und G ineinander. Zur Diskussion verschiedener Fälle genügt diese Vereinfachung durchaus. In Bild 4.25 bis 4.28 sind vier verschiedene Beispiele dargestellt.
Bild 4.25 stellt einen Verdunstungsvorgang dar, wenn die Luft kälter als das Wasser ist, $T < T_g$. Der Zustand der Luft L ändert sich in der Richtung des Pfeiles zu G hin, die Luft wird feuchter und wärmer. Sowohl der trockene Wärmeübergang q_α als auch der nasse q_σ sind nach Gl. (4.91) und (4.92) positiv, d.h. vom Wasser zur

Luft gerichtet. Dasselbe gilt für die Wärme q_g, welche wasserseitig der Oberfläche zugeführt wird. Luft wird erwärmt, Wasser abgekühlt.

Bild 4.26 zeigt auch einen Verdunstungsvorgang, wobei jedoch die Luft wärmer als das Wasser ist, $T > T_g$. Es ist $q_\alpha < 0$, $q_\sigma > 0$, $q_g > 0$. Deswegen werden sowohl die Luft als auch das Wasser abgekühlt.

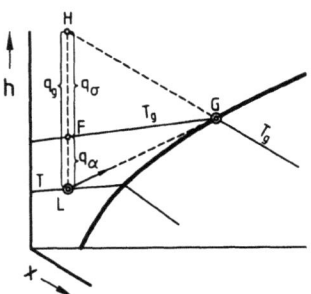

Bild 4.25: Wie Bild 4.24, nur für $\sigma c_p/\alpha = 1$. Verdunstende Oberfläche G wird luftseitig gekühlt, wasserseitig beheizt

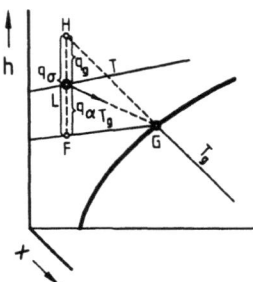

Bild 4.26: Verdunstende Oberfläche G wird luftseitig und wasserseitig beheizt

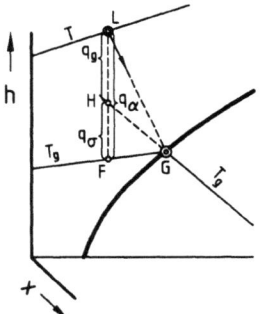

Bild 4.27: Verdunstende Oberfläche G wird luftseitig beheizt, wasserseitig gekühlt

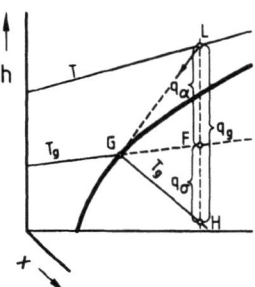

Bild 4.28: Tauniederschlag auf einer luftseitig beheizten, wasserseitig gekühlten Oberfläche G

Beim Verdunstungsvorgang nach Bild 4.27 ist die Luft so viel wärmer als das Wasser, $T > T_g$, daß $q_\alpha < 0$, $q_\sigma > 0$ und $q_g < 0$, so daß die Luft abgekühlt, das Wasser aber erwärmt wird. Bei $q_g = 0$ wird dem Wasser keine Wärme entzogen, seine Temperatur bleibt unverändert. Das liegt vor, wenn nach Bild 4.27 der Punkt H in L fällt, d.h. wenn L in der Verlängerung der Nebelisotherme T_g liegt. Dann entspricht aber G der Kühlgrenze G_K des Luftzustandes L nach Bild 4.23.

In Bild 4.28 ist endlich ein Tauvorgang an kalter Oberfläche dargestellt, wenn $T_g < T$ und außerdem $x_g < x$ ist. Hier sind alle Wärmeströme negativ, $q_\alpha < 0$, $q_\sigma < 0$, $q_g < 0$. Die Luft wird entfeuchtet und kühlt sich ab, während das Wasser erwärmt wird.

Nach MOLLIER kann man eine gute Übersicht über verschiedene charakteristische Fälle beim Verdunstungsvorgang im h,x-Diagramm geben. In Bild 4.29 ist für $\sigma c_p/\alpha \approx 1$ und für einen gegebenen Grenzzustand G der Luftteilchen an der Wasseroberfläche das ungesättigte Gebiet in einzelne Gebiete a bis i unterteilt.

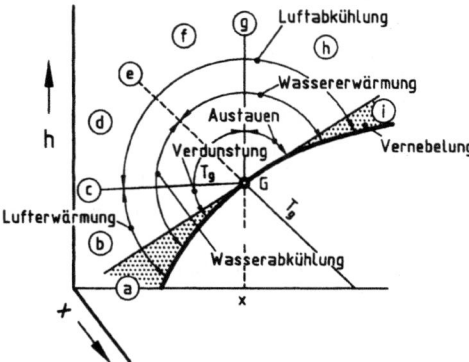

Bild 4.29: Der Oberflächengrenzzustand G löst verschiedene Änderungen des Wasserzustandes und des Luftzustandes L aus, je nachdem in welchem Diagrammgebiet a bis i dieser liegt. S. auch das zugehörige Bild 4.30

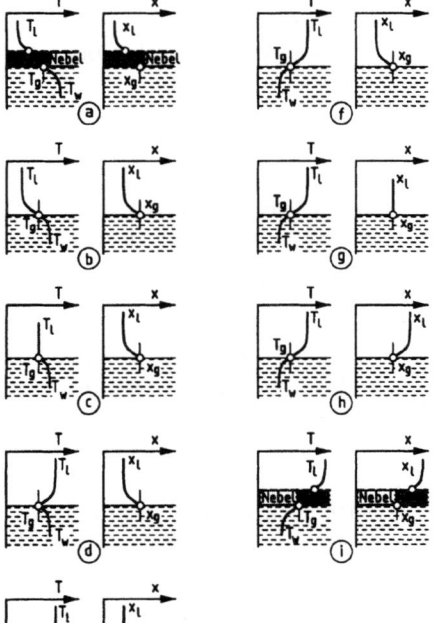

Bild 4.30: Temperatur- und Feuchtigkeitsverteilung in der Nähe der Wasseroberfläche für verschiedene relative Lagen des Luftzustandes L und Grenzzustandes G nach Bild 4.29

Bilder a) bis f): Verdunstung ($x < x_g$)
a) Lufterwärmung und Wasserabkühlung mit Nebelbildung
b) Lufterwärmung und Wasserabkühlung
c) Wasserabkühlung bei unveränderter Lufttemperatur
d) Wasserabkühlung und Luftabkühlung
e) Luftabkühlung bei unveränderter Wassertemperatur
f) Luftabkühlung und Wassererwärmung

Bild g):
Luftabkühlung und Wassererwärmung bei unverändertem Wassergehalt der Luft

Bilder h) bis i): Austauen ($x > x_g$)
h) Luftabkühlung und Wassererwärmung
i) Luftabkühlung und Wassererwärmung mit Nebelbildung

Je nachdem, in welchem Gebiet der Zustandspunkt L der vorbeistreichenden Luft liegt, werden Effekte hervorgerufen, wie sie im Diagramm angedeutet sind. So würde z.B. ein Luftzustand L im Diagrammbereich f einen Verdunstungsvorgang mit Abkühlung der Luft und Erwärmung des Wassers auslösen.

Ein Luftzustand L im Diagrammbereich i würde einen Tauvorgang mit Abkühlung der Luft, Erwärmung des Wassers und zusätzlich Nebelbildung hervorrufen. Die Nebelbildung setzt deswegen ein, weil die Mischgerade $\overline{LG}$ im Bereich i (ebenso wie im Bereich a) die Sättigungslinie schneidet.

Das Bild 4.29 gilt für $\sigma c_p/\alpha \approx 1$. Für $\sigma c_p/\alpha > 1$ wäre die Linie $\overline{LG}$ steiler zu verlegen, und zwar nach Maßgabe der Linie $\overline{LG_f}$ in Bild 4.19. Da als ziehender Punkt nicht mehr G sondern G_α nach Bild 4.21 maßgebend ist, so wird in diesem Fall das Zwickelgebiet i etwas verengt, das Gebiet a etwas verbreitert gegenüber jenen in Bild 4.29.

In Bild 4.30a bis i sind im Anschluß an Bild 4.29 die möglichen Feuchte- und Temperaturverteilungen in der Nähe der Wasseroberfläche dargestellt. So erkennt man z.B. aus Bild 4.30, daß die für den Fall d geltende gleichzeitige Abkühlung der Luft und des Wassers durch die merkwürdige Schnabelform des Temperaturverlaufs bedingt ist [11].

Adiabate Verdunstung im Gleichstrom

Der bisher als bekannt angenommene ziehende Punkt G_α für die Zustandsänderung der Luft hängt sowohl vom lokalen Zustand der vorbeistreichenden Luft als auch vom Zustand des verdunstenden Wassers ab. Wie sich diese längs des Verdunstungskanals ändern, wird durch die Art der Stromführung (Gleichstrom oder Gegenstrom) beeinflußt.

Bei Gleichstrom ist die Strömungsrichtung von Luft und verdunstendem Wasser gleich, bei Gegenstrom entgegengesetzt gerichtet.

Bild 4.31 stellt schematisch einen aufrecht durchströmten Verdunstungskanal dar. Oben wird der Mengenstrom $\dot{m}_{W_o}$ des Wassers mit der aufgezwungenen Enthalpie h_{W_o} aufgegeben; davon verdunstet ein Teil, so daß unten nur noch der Mengenstrom $\dot{m}_{W_u}$ mit der Austrittsenthalpie h_{W_u} abfließt.

Im Gleichstrom (linke Seite des Bildes 4.31) wird auch der Luftstrom $\dot{m}_L$ mit dem aufgezwungenen Zustand x_o, h_o oben zugeführt, welcher sich bis zum Austritt auf die Werte x_u, h_u verändert. $\dot{m}_L$ bezeichnet hier den Mengenstrom der Trockenluft.

Im Gegenstrom (rechte Seite des Bildes 4.31) wird dagegen der Luftstrom $\dot{m}_L$ mit dem aufgezwungenen Zustand x_u und h_u unten zugeführt. Die Luft nimmt Wasser auf und verläßt oben den Kanal im Zustand x_o, h_o. Die Werte x_o, h_o bzw. x_u, h_u sind im Gleichstrom und Gegenstrom natürlich verschieden.

Der Verdunstungskanal sei von außen weder beheizt noch gekühlt, also adiabat. Legt man durch den Querschnitt $q-q$ eine Bilanzhülle, wie in Bild 4.31 gestrichelt angedeutet, so liefert die Wasserbilanz bei Gleichstrom

$$x + \frac{\dot{m}_W}{\dot{m}_L} = x_o + \frac{\dot{m}_{W_o}}{\dot{m}_L} = x_u + \frac{\dot{m}_{W_u}}{\dot{m}_L} = x_{\Pi_{gl}} = \text{konst} \ . \tag{4.97}$$

---
[11] Eine ausgezeichnete Bestätigung dieser Überlegungen durch Versuche s. bei HÄUSSLER W (1957) Über die Temperaturprofile beiderseits einer verdunstenden Wasseroberfläche. Technik, Berlin, 12:3 und 12:66.

4.2 Feuchte Luft als Zweistoffgemisch 273

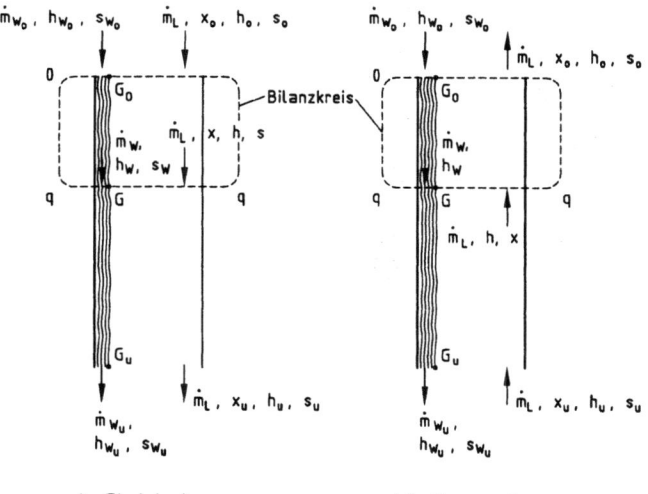

a) Gleichstrom   b) Gegenstrom

Bild 4.31: Verdunstung im Gleichstrom bzw. Gegenstrom

Die Wärmebilanz ergibt

$$h + \frac{\dot{m}_W}{\dot{m}_L} h_W = h_o + \frac{\dot{m}_{W_o}}{\dot{m}_L} h_{W_o} = h_u + \frac{\dot{m}_{W_u}}{\dot{m}_L} h_{W_u} = h_{\Pi_{gl}} = \text{konst} , \qquad (4.98)$$

wo für h, h_W usw. die Durchschnittswerte[12] für den betreffenden Querschnitt $q-q$ einzusetzen sind. Daraus folgt, daß man auch für beliebige andere Querschnitte immer dieselben Werte der Konstanten $x_{\Pi_{gl}}$ und $h_{\Pi_{gl}}$ erhält. In einem h, x-Diagramm für feuchte Luft (Bild 4.32) müssen aber $x_{\Pi_{gl}}$ und $h_{\Pi_{gl}}$ die Koordinaten eines Punktes sein, der als Verdunstungspol Π_{gl} der Gleichstromverdunstung bezeichnet werden soll[13]. Man findet ihn, wenn man in Bild 4.32 nach Vorschrift der Gln. (4.97) und (4.98) vom aufgezwungenen Luftzustand L_o aus nach rechts den Wert $\dot{m}_{W_o}/\dot{m}_L$ und nach oben den Wert $\dot{m}_{W_o} h_{W_o}/\dot{m}_L$ aufträgt. Der Verdunstungspol Π_{gl} des Gleichstromes liegt immer zwischen dem Luftzustandspunkt L und und dem Wasserzustandspunkt W, welcher bei $x = \infty$ im Unendlichen liegt.
Aus Gl. (4.97) folgt

$$\dot{m}_W/\dot{m}_L = x_{\Pi_{gl}} - x \qquad (4.99)$$

und aus Gl. (4.98) und (4.99)

$$\frac{h_{\Pi_{gl}} - h}{x_{\Pi_{gl}} - x} = h_W . \qquad (4.100)$$

---

[12] Als Durchschnittswert der Enthalpie eines Stromes wird ein solcher bezeichnet, den man nach gründlicher Durchmischung des Stromes hinter dem betreffenden Querschnitt erhalten würde.
[13] BOŠNJAKOVIĆ F (1961) Verdunstungspol im MOLLIERschen I, x-Diagramm feuchter Luft. Kältetechnik 13:2; vorgetragen auf der Sitzung der Arbeitsabteilung I des DKV in Karlsruhe am 3. Juni 1960

274   4 Stoffgemische

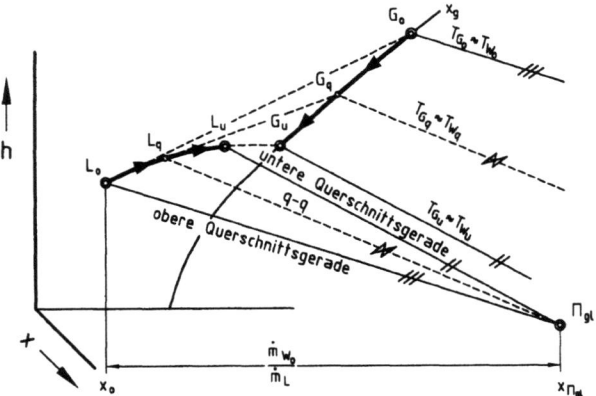

Bild 4.32: Adiabate Verdunstung im Gleichstrom, dargestellt im h, x-Diagramm der feuchten Luft; Verdunstungspol Π_{gl} mit einigen Querschnittsgeraden

Der Ausdruck auf der linken Seite von Gl. (4.100) bedeutet den Neigungskoeffizienten der Verbindungslinie $L\Pi_{gl}$, die den Luftzustandspunkt L mit dem Verdunstungspol Π_{gl} verbindet. Wir nennen sie Querschnittsgerade des betrachteten Kanalquerschnittes im h, x-Diagramm. Anderseits ist der Neigungskoeffizient $(\partial h/\partial x)_{T_W}$ der Nebelisotherme T_W gleich der Enthalpie h_W des flüssigen Wassers

$$\left(\frac{\partial h}{\partial x}\right)_{T_W} = h_W \ . \qquad (4.101)$$

Deswegen muß in Bild 4.32 die Querschnittsgerade $L\Pi_{gl}$ eines beliebigen Kanalquerschnittes $q - q$ nach Gl. (4.100) und (4.101) parallel zu derjenigen Nebelisotherme verlaufen, die für die durchschnittliche Wassertemperatur T_{W_q} dieses Querschnittes eingezeichnet wurde.

Darf man annehmen, daß der Wärmewiderstand auf der Wasserseite vernachlässigbar klein gegenüber jenem auf der Luftseite ist, d.h. der Wärmeübergangskoeffizient α_W auf der Wasserseite groß gegenüber dem auf der Luftseite, $\alpha_W \gg \alpha_L$, so wird die Wasseroberflächentemperatur (Temperatur der Phasengrenze T_g) nahezu gleich der Wassertemperatur sein, $T_g \approx T_W$. Diejenigen Teilchen der Luft, die an die Wasseroberfläche angrenzen, werden ebenfalls diese Temperatur haben und zudem mit Wasserdampf gesättigt sein, womit deren Zustandspunkt G auf die Sättigungslinie bei der Wassertemperatur T_W fällt.

Der Wasserzustand W wird im h, x-Diagramm durch den zugehörigen Grenzluftzustand G derselben Temperatur vertreten. Das gilt allerdings nur unter der Annahme, daß die an der Wasseroberfläche anliegenden Luftteilchen mit dem Wasser im Gleichgewicht, d.h. gesättigt sind. Für eine saubere und freie Wasseroberfläche ist das immer genügend genau erfüllt.

Durch die Verdunstung kühlt sich der herabrieselnde Wasserfilm von der Eintrittstemperatur T_{W_o} bis zur Austrittstemperatur T_{W_u} ab. Entsprechend ändern die unmittelbar an der Filmgrenze anliegenden, mit Wasserdampf gesättigten Luftteilchen ihren Zustand entlang der Sättigungslinie von G_o über G_q nach G_u. Dabei erwärmt sich die herabströmende Luft im Kanal und reichert sich mit Wasserdampf an; deren Zustand ändert sich von L_o über L_q nach L_u.

Den genauen Verlauf der Zustandsänderung $L_o L_q L_u$ erhält man wie folgt: Bei gegebenem Verhältnis der Massenströme $\dot{m}_{W_o}/\dot{m}_L$ und gegebenen Zuständen L_o bzw. G_o am Eintritt in den Verdunstungskanal sind die obere Querschnittsgerade und die Lage des Verdunstungspols Π_{gl} eindeutig festgelegt. Außerdem bestimmt der ziehende Punkt G_o (bzw. $G_{\alpha o}$ für $\sigma c_p/\alpha \neq 1$) nach Gl. (4.79) die Richtung der Zustandsänderung von L_o aus. Die Verbindungsgerade $\overline{L_o G_o}$ (bzw. $L_o G_{\alpha o}$ für $\sigma c_p/\alpha \neq 1$) tangiert daher die Linie der Zustandsänderung im Ausgangszustand L_o. Indem sich das herabrieselnde Wasser von der Temperatur T_{W_o} auf T_{W_q} abkühlt, verschiebt sich der Zustand der Phasengrenze von G_o nach G_q, und mit der Steigung der neuen Nebelisothermen $(\partial h/\partial x)_{T_{W_q}} = h_{W_q}$ läßt sich die Querschnittsgerade $q - q$ ermitteln. Auf dieser muß der neue Luftzustand L_q liegen, dessen Richtungsänderung $L_q G_q$ sich um so weniger von der alten $L_o G_o$ unterscheidet, je kleiner die Temperaturänderung $T_{W_o} - T_{W_q}$ des Wassers gewählt wurde. Bei genügend kleiner Schrittweite $T_{W_o} - T_{W_q}$ läßt sich der neue Luftzustand L_q dann hinreichend genau festlegen. Durch Wiederholen des Verfahrens kann die Zustandslinie $L_o L_q L_u$ Punkt für Punkt ermittelt werden.

Welcher Endzustand u dabei am unteren Ende des Verdunstungskanals erreicht wird, hängt von der zur Verfügung stehenden Austauschfläche ab.

Für die differentiellen Änderungen der Zustände zwischen zwei eng benachbarten Querschnitten des Verdunstungskanals kann man aus Gl. (4.97) und (4.98) noch die folgenden Beziehungen ableiten:

$$\dot{m}_L \mathrm{d}x + \mathrm{d}\dot{m}_W = 0 \tag{4.102}$$

und

$$\dot{m}_L \mathrm{d}h + \mathrm{d}\dot{m}_W h_W + \dot{m}_W \mathrm{d}h_W = 0 \ . \tag{4.103}$$

Die Gln. (4.102) und (4.103) können wie folgt umgeformt werden

$$\frac{\mathrm{d}h}{\mathrm{d}h_W} = -\frac{\dot{m}_W}{\dot{m}_L} - \frac{h_W}{\dot{m}_L}\frac{\mathrm{d}\dot{m}_W}{\mathrm{d}h_W} = -\frac{\dot{m}_W}{\dot{m}_L} + h_W \frac{\mathrm{d}x}{\mathrm{d}h_W} \tag{4.104}$$

oder auch

$$\frac{\mathrm{d}h}{\mathrm{d}h_W} = -\frac{\dot{m}_W}{\dot{m}_L} \cdot \frac{1}{1 - h_W \cdot \frac{\mathrm{d}x}{\mathrm{d}h}} \tag{4.105}$$

und

$$\frac{\mathrm{d}x}{\mathrm{d}h_W} = \frac{\mathrm{d}x}{\mathrm{d}h} \cdot \frac{\mathrm{d}h}{\mathrm{d}h_W} = -\frac{\dot{m}_W}{\dot{m}_L} \cdot \frac{1}{\frac{\mathrm{d}h}{\mathrm{d}x} - h_W} \ . \tag{4.106}$$

Mit diesen Beziehungen kann aus der Richtungsänderung des Luftzustandes $\mathrm{d}h/\mathrm{d}x$ etwa nach Gl. (4.79) der Verlauf der Zustandsänderung $L_o L_q L_u$ analog zum graphischen Verfahren numerisch bestimmt werden, indem man die Wassertemperatur T_W und damit die Enthalpie h_W des Wassers in kleinen Schritten ändert[14].

---

[14]siehe z.B. VDI-Wärmeatlas, 5. Auflage. (1988) Abschn. Mi, VDI-Verlag, Düsseldorf

276   4 Stoffgemische

Bei einer sehr großen Austauschfläche $A \to \infty$ (sehr langer Kanal) könnte sich die unten abströmende Luft L_u mit Wasserdampf sättigen und dort ins Gleichgewicht mit dem abströmenden Wasser W_u kommen, $L_u = G_u$, vorausgesetzt, daß die Wassermenge genügend groß war, um nicht bereits vorher vollkommen zu verdunsten. Das wird immer dann der Fall sein, wenn $x_{\Pi_{gl}} > x_u$ ist. Für den Grenzfall $A \to \infty$ werden am Austritt sowohl die Luft als auch das Wasser die „wahre Kühlgrenztemperatur" $T_{gl} = T_{W_u}$ der Gleichstromverdunstung annehmen, die der Temperatur derjenigen Nebelisotherme entspricht, welche durch den Pol Π_{gl} verläuft (Bild 4.33).

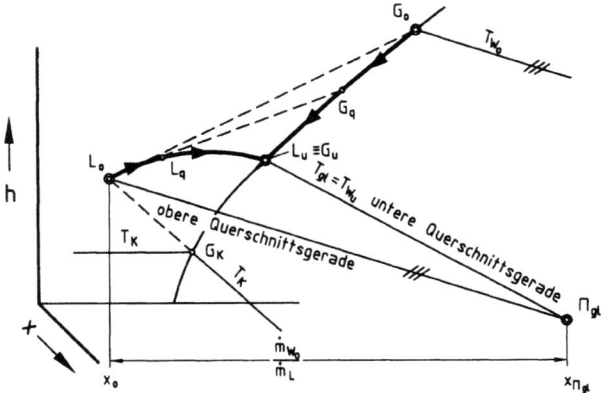

Bild 4.33: Wahre Kühlgrenze T_{gl} bei Gleichstrom und psychrometrische Kühlgrenze T_K

Die wahre Kühlgrenztemperatur $T_{gl} \equiv T_{W_u}$ der Gleichstromverdunstung unterscheidet sich merklich von der „psychrometrischen" Kühlgrenztemperatur T_K, welche man sonst als die Kühlgrenztemperatur schlechthin bezeichnet, die bei Gleichstromverdunstung überhaupt nicht erreichbar ist, es sei denn, das Wasser wurde von vornherein zufällig mit der Temperatur $T_{W_o} = T_K$ aufgegeben.
Ist der Mengenstrom $\dot m_{W_o}$ des aufgegebenen Wassers so gering, daß dieses im Kanal vollständig verdunstet, so muß

$$\dot m_{W_o} = \dot m_L (x_o - x_u) \tag{4.107}$$

und

$$\dot m_{W_o} h_{W_o} = \dot m_L (h_o - h_u) \tag{4.108}$$

sein, d.h. der Pol der Verdunstung Π_{gl} muß nach Gl. (4.97) und (4.98) mit dem Zustandspunkt L_u der Luft am Austritt aus dem Kanal zusammenfallen, Bild 4.34. In diesem Fall ist die Zustandsänderung $L_o \to L_u$ nur innerhalb des durch die Steigungen der Nebelisothermen T_{W_o} und T_{W_u} sehr eng begrenzten, schraffierten Zwickels möglich. Da die Steigungen der Nebelisothermen sich nur wenig unterscheiden, folgt die Änderung des Luftzustandes $L_o \to L_u$ nahezu einer Geraden.

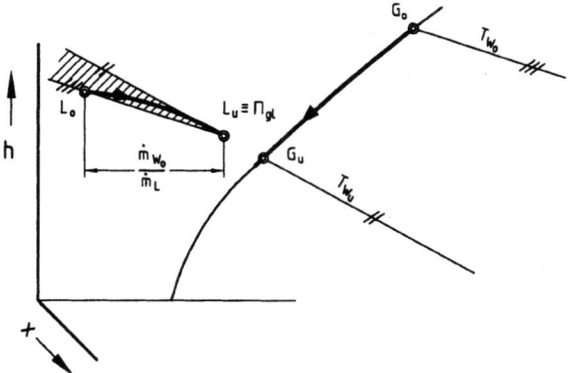

Bild 4.34: Restlose adiabate Verdunstung im Gleichstrom bei endlichem Kanal; Verdunstungspol Π_{gl} und Abluftzustand L_u fallen ineinander

Irreversibilität des Verdunstungsvorganges

Die Verdunstung ist infolge des irreversiblen Wärme- und Stoffaustausches ein typischer nichtumkehrbarer Prozeß. Bei adiabater Verdunstung kann die dadurch verursachte Entropieproduktion aus einer Entropiebilanz ermittelt werden. Für den ganzen Verdunstungskanal aufgestellt, ergibt dies bei Gleichstrom nach Bild 4.31

$$\dot{S}_{pr} = \dot{m}_L(s_u - s_o) + \dot{m}_{W_u} s_{W_u} - \dot{m}_{W_o} s_{W_o} \quad . \tag{4.109}$$

Auf den Luftmengenstrom $\dot{m}_L$ bezogen, erhält man die spezifische Entropieproduktion

$$\begin{aligned} s_{pr} &= \frac{\dot{S}_{pr}}{\dot{m}_L} = s_u + \frac{\dot{m}_{W_u}}{\dot{m}_L} s_{W_u} - \left(s_o + \frac{\dot{m}_{W_o}}{\dot{m}_L} s_{W_o} \right) \\ &= s_{\Pi_u} - s_{\Pi_o} \quad . \end{aligned} \tag{4.110}$$

Trägt man in einem s, x-Diagramm, Bild 4.35, an der Abszisse $x_{\Pi_{gl}}$ mit Hilfe der Steigungen der Nebelisothermen s_{W_u} und s_{W_o} die „Polentropien"

$$s_{\Pi u} = s_u + \frac{\dot{m}_{W_u}}{\dot{m}_L} s_{W_u} \tag{4.111}$$

und

$$s_{\Pi o} = s_o + \frac{\dot{m}_{W_o}}{\dot{m}_L} s_{W_o} \tag{4.112}$$

ab, so stellt die Differenz $s_{\Pi_u} - s_{\Pi_o}$ die auf 1 kg trockene Luft bezogene Entropieproduktion im gesamten Verdunstungskanal dar. Diese erfaßt sowohl die Nichtumkehrbarkeiten durch Wärmeübergang bei endlichen Temperaturdifferenzen als auch solche, die durch den nichtumkehrbaren Stoffaustausch bedingt sind.

278   4 Stoffgemische

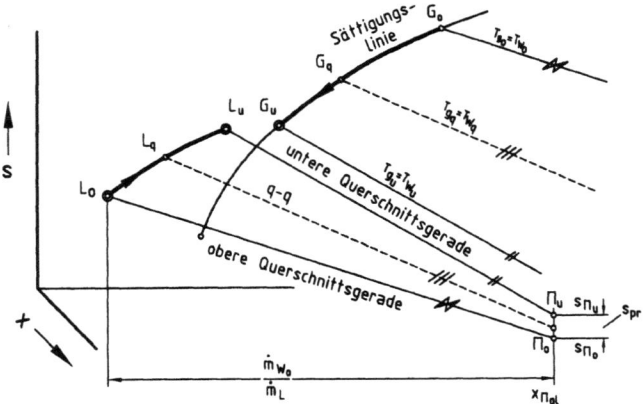

Bild 4.35: Entropieproduktion der adiabaten Verdunstung im Gleichstrom

Anstelle der unteren und oberen Querschnittsgeraden hätte man natürlich auch jede andere wählen können und damit die Entropieproduktion zwischen den entsprechenden Kanalabschnitten erfaßt. Die Entropieproduktion in einem Kanalabschnitt ist um so größer, je weiter die Zustände L der Luft und die zugehörigen Zustände G an der Phasengrenze auseinanderliegen, bei Gleichstrom also am Kopf des Verdunstungskanals.

Adiabate Verdunstung im Gegenstrom

Bei Gegenstrom sind die Strömungsrichtungen des verdunstenden Wassers und der Luft entgegengesetzt, Bild 4.31. Gegenstromverdunstung liegt z.B. bei allen Naturzugkühltürmen vor, in denen das im Kondensator des Kraftwerks erwärmte Kühlwasser versprüht wird und im Gegenstrom zur aufsteigenden Luft an Einbauten herunterrieselt, dabei teilweise verdunstet und sich abkühlt, Bild 4.36.

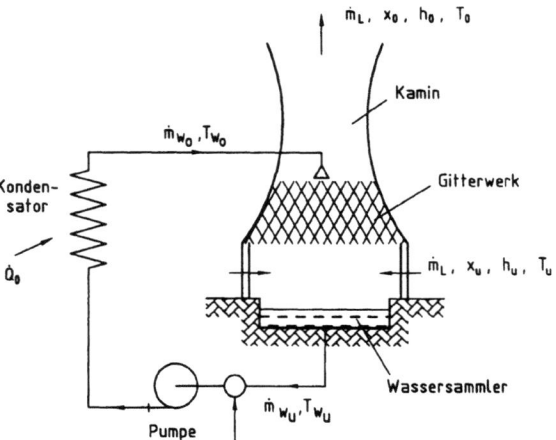

Bild 4.36: Gegenstromverdunstung im Kühlturm

4.2 Feuchte Luft als Zweistoffgemisch

Das verdunstende Wasser muß durch Frischwasser ersetzt werden, dessen Mengenstrom $\dot{m}_{FW}$ aus der Wasserbilanz bestimmt werden kann

$$\dot{m}_{FW} = \dot{m}_L(x_o - x_u) \ . \tag{4.113}$$

Aus der Energiebilanz für den gesamten Kühlturm erhält man die Kühlleistung

$$\dot{Q}_0 = \dot{m}_L(h_o - h_u) - \dot{m}_{FW} \, h_{FW} \tag{4.114}$$

und mit Gl. (4.113) die auf den Mengenstrom $\dot{m}_L$ der trockenen Luft bezogene spezifische Kühlleistung

$$q_0 = h_o - h_u - (x_o - x_u) h_{FW} = h_o - h_F \ . \tag{4.115}$$

Zeichnet man im h, x-Diagramm, Bild 4.37, eine Parallele zur Nebelisotherme T_{FW} des Frischwassers durch den Eintrittszustand L_u der Luft und sucht auf dieser beim Wassergehalt x_o den Zustandspunkt F auf, so stellt die Enthalpiedifferenz

$$h_o - h_F = q_o$$

nach Gl. (4.115) gerade die spezifische Kühlleistung q_0 dar.

Um die Zustandsänderungen der Luft und des Wassers im Kühlturm verfolgen zu können, betrachten wir einen Querschnitt $q - q$, Bild 4.37 und 4.31, in dem die jeweiligen Zustände über den Querschnitt als konstant angenommen werden.

Für Gegenstrom ergeben die Wasserbilanz und die Energiebilanz für einen Bilanzkreis, der sich vom Kopf des Kanals bis zum Querschnitt $q - q$ erstreckt, Bild 4.31,

$$x - \frac{\dot{m}_W}{\dot{m}_L} = x_o - \frac{\dot{m}_{W_o}}{\dot{m}_L} = x_u - \frac{\dot{m}_{W_u}}{\dot{m}_L} = x_{\Pi gn} = \text{konst} \ , \tag{4.116}$$

$$h - \frac{\dot{m}_W}{\dot{m}_L} h_W = h_o - \frac{\dot{m}_{W_o}}{\dot{m}_L} h_{W_o} = h_u - \frac{\dot{m}_{W_u}}{\dot{m}_L} h_{W_u} = h_{\Pi gn} = \text{konst} \ . \tag{4.117}$$

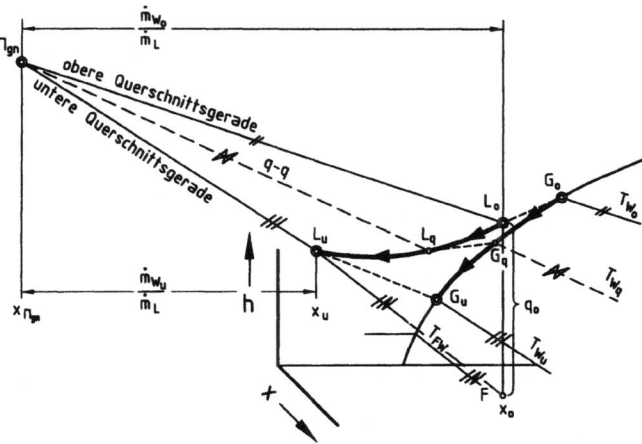

Bild 4.37: Adiabate Verdunstung im Gegenstrom mit Verdunstungspol Π_{gn} und einigen Querschnittsgeraden

Hier sind $x_{\Pi gn}$ und $h_{\Pi gn}$ wiederum Koordinaten eines Verdunstungspols Π für Gegenstrom, der nach Gl. (4.116) um den Betrag $\dot{m}_W/\dot{m}_L$ von x aus nach links abgetragen wird und nach Gl. (4.117) um $h_W \dot{m}_W/\dot{m}_L$ von der Isenthalpe h des Punktes L_q nach unten (Bild 4.37). Die Größen $\dot{m}_W, h, x, h_W$ und Punkt L_q beziehen sich auf den Querschnitt $q-q$. Für den obersten Querschnitt sind entsprechend die Größen $\dot{m}_{W_o}, h_o, x_o, h_{W_o}$ mit dem Punkt L_o einzusetzen. Ähnliches gilt für den untersten Querschnitt. Für die Querschnittsgeraden $\Pi_{gn} L$ gilt nach Gl. (4.116) die Bedingung

$$\frac{\dot{m}_W}{\dot{m}_L} = x - x_{\Pi gn} \quad , \tag{4.118}$$

wonach man mit Hilfe der Energiebilanz (Gl. (4.117)) die Koordinaten des Verdunstungspols

$$x_{\Pi gn} = -\frac{h - h_u - x\, h_W + x_u h_{W_u}}{h_W - h_{W_u}} = -\frac{h_o - h - x_o h_{W_o} + x\, h_W}{h_{W_o} - h_W} \tag{4.119}$$

und

$$h_{\Pi gn} = h - h_W \frac{h - h_u - h_{W_u}(x - x_u)}{h_W - h_{W_u}} = h_o - h_{W_o} \frac{h_o - h - h_W(x_o - x)}{h_{W_o} - h_W} \quad , \tag{4.120}$$

sowie die Steigung der Querschnittsgeraden

$$\frac{h - h_{\Pi gn}}{x - x_{\Pi gn}} = h_W \tag{4.121}$$

bestimmt. Unter Berücksichtigung von Gl. (4.101) folgt dann, daß jede Querschnittsgerade $\Pi_{gn} L$ parallel zu derjenigen Nebelisotherme T_W sein muß, die der durchschnittlichen Wassertemperatur des betreffenden Kanalquerschnittes entspricht. Diese wird genügend genau mit der Wasseroberflächentemperatur, d.h. der Phasengrenztemperatur $T_g \approx T_W$ übereinstimmen, wodurch der Zustand G der anliegenden gesättigten Luft in diesem Querschnitt gegeben ist.

Für die differentiellen Änderungen der Zustände zwischen zwei eng benachbarten Querschnitten des Verdunstungskanals erhält man aus Gl. (4.116) und (4.117)

$$\dot{m}_L \mathrm{d}x - \mathrm{d}\dot{m}_W = 0 \tag{4.122}$$

$$\dot{m}_L \mathrm{d}h - h_W \mathrm{d}\dot{m}_W - \dot{m}_W \mathrm{d}h_W = 0 \quad . \tag{4.123}$$

Die der Gl. (4.105) und (4.106) analoge Umformung ergibt

$$\frac{\mathrm{d}h}{\mathrm{d}h_W} = \frac{\dot{m}_W}{\dot{m}_L} \cdot \frac{1}{1 - h_W \frac{\mathrm{d}x}{\mathrm{d}h}} \quad \text{und} \quad \frac{\mathrm{d}x}{\mathrm{d}h_W} = \frac{\dot{m}_W}{\dot{m}_L} \cdot \frac{1}{\frac{\mathrm{d}h}{\mathrm{d}x} - h_W} \quad . \tag{4.124}$$

Bei Verdunstung im Gegenstrom werden außer den Mengenströmen $\dot{m}_L$ und $\dot{m}_{W_o}$ der Zuluftzustand L_u am Eintritt in den Kanal, sowie die Kühlwassereintrittstemperatur T_{W_o} und bei gegebener Kühlleistung auch die Kühlwasseraustrittstemperatur T_{W_u} bekannt sein. Damit können der Grenzzustand G_u, der Verdunstungspol Π_{gn} und die untere Querschnittsgerade $\Pi_{gn} L_u$ bestimmt werden. Der Luftzustand L_u ändert sich in Richtung des ziehenden Punktes G_u bzw. $G_{\alpha u}$ (s. Bild 4.21).

Indem man die Wassertemperatur schrittweise von T_{W_u} auf T_{W_q} ändert, findet man den neuen Phasengrenzpunkt G_q auf der Sättigungslinie, sowie den neuen Luftzustand L_q aus dem zuvor bereits ermittelten Verlauf der Zustandsänderung $L_u \to L_q$, der Änderung des Luftzustandes dh/dx und der Richtung der neuen Querschnittsgeraden $\Pi_{gn}L_q$.

Das Verfahren wird Punkt für Punkt fortgeführt, bis man schließlich beim Phasengrenzpunkt G_o am Kopf des Verdunstungskanals angekommen ist. Die obere Querschnittsgerade legt dann auch den Luftaustrittszustand L_o fest.

Mit Hilfe der Richtungsänderung des Luftzustandes dh/dx etwa nach Gl. (4.79) und der Gl. (4.118) kann der Verlauf der Zustandsänderung $L_u L_q L_o$ auch durch numerische Integration der Gl. (4.124) erhalten werden, indem man die Wasserenthalpie h_W in kleinen Schritten ändert[15].

Ist die aufgegebene Wassermenge $\dot{m}_{W_o}$ so gering, daß sie innerhalb des Verdunstungskanals vollkommen verdunstet, so muß bei Gegenstrom

$$\frac{\dot{m}_{W_o}}{\dot{m}_L} = x_o - x_u \qquad (4.125)$$

sein, womit der Verdunstungspol Π_{gn} in den Punkt L_u fällt, $L_u = \Pi_{gn}$. Für restlose Verdunstung im Gegenstrom sind die Verhältnisse in Bild 4.38 eingetragen.

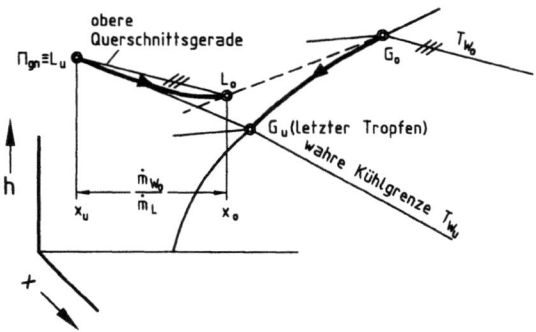

Bild 4.38: Restlose adiabate Verdunstung im Gegenstrom; Verdunstungspol Π_{gn} und Frischluftzustand L_u fallen ineinander

Die obere Querschnittsgerade $\Pi_{gn}L_o$ muß zur Nebelisothermen T_{W_o} parallel sein. L_o liegt rechts von L_u in einer Richtung wie bei der Befeuchtung der Luft mit eingespritztem Wasser der Temperatur T_{W_o}. Demgegenüber ist die Lage der Querschnittsgeraden $\Pi_{gn}L_u$ zunächst unbestimmt, da ja die beiden Punkte Π_{gn} und L_u ineinander fallen. Sie läßt sich jedoch nach dem oben angegebenen Verfahren iterativ ermitteln, indem man mit dem ziehenden Punkt G_o zunächst die Änderung des Luftzustandes dh/dx im Austrittszustand L_o bestimmt, dann von G_o ausgehend die Wasserenthalpie in kleinen Schritten ändert und dabei jedesmal die neue Richtungsänderung und die neue Querschnittsgerade bestimmt und das Verfahren solange wiederholt, bis die Richtungsänderung der Luft gleich der Steigung der Nebelisotherme T_{W_u} wird.

---

[15] z.B. VDI-Wärmeatlas, 5. Auflage (1988) Abschn. Mi, VDI-Verlag, Düsseldorf

Entropieproduktion bei Gegenstromverdunstung

Nach Bild 4.31 erhält man für die adiabate Gegenstromverdunstung die Entropieproduktion bezogen auf die Menge der Trockenluft

$$s_{pr} = \frac{\dot{S}_{pr}}{\dot{m}_L} = s_o - \frac{\dot{m}_{W_o}}{\dot{m}_L} s_{W_o} - \left(s_u - \frac{\dot{m}_{W_u}}{\dot{m}_L} s_{W_u}\right) = s_{\Pi_o} - s_{\Pi_u} \geq 0 \ . \tag{4.126}$$

Die hierin auftretenden „Polentropien"

$$s_{\Pi_o} = s_o - \frac{\dot{m}_{W_o}}{\dot{m}_L} s_{W_o} \quad ; \quad s_{\Pi_u} = s_u - \frac{\dot{m}_{W_u}}{\dot{m}_L} s_{W_u} \tag{4.127}$$

können in einem s,x-Diagramm im Schnittpunkt der oberen bzw. unteren Querschnittsgerade mit der Linie konstanten Polabstandes $x_{\Pi_{gn}}$ abgelesen werden, Bild 4.39.

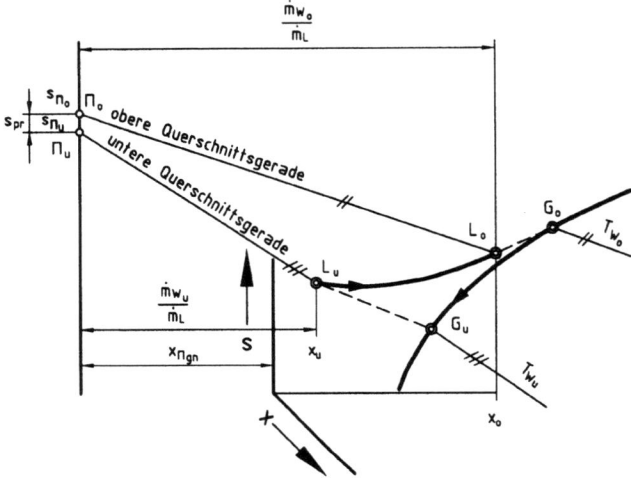

Bild 4.39: Entropieproduktion bei Gegenstromverdunstung

Mit den Beziehungen (4.119) und (4.120) erhalten wir für die Entropieproduktion im gesamten Kühlturm

$$\begin{aligned}
s_{pr} &= \frac{\dot{S}_{pr}}{\dot{m}_L} \\
&= s_o - s_u - x_o s_{W_o} + x_u s_{W_u} - \frac{s_{W_o} - s_{W_u}}{h_{W_o} - h_{W_u}}(h_o - h_u - x_o h_{W_o} + x_u h_{W_u}) \\
&= s_o - s_u - s_{W_u}(x_o - x_u) - \frac{s_{W_o} - s_{W_u}}{h_{W_o} - h_{W_u}}[h_o - h_u - h_{W_u}(x_o - x_u)]
\end{aligned}$$

$$\tag{4.128}$$

und für die Entropieproduktion zwischen zwei eng benachbarten Querschnitten

$$ds_{pr} = ds - s_W dx - \frac{1}{T_W}(dh - h_W dx) \quad , \tag{4.129}$$

wenn wir anstelle von dh_W/ds_W die Wassertemperatur T_W einsetzen. Die Differentiale der Luftenthalpie und -entropie können wir noch mit Hilfe der Gln. (4.26), (4.30) und (4.50) und der spezifischen Wärmekapazität feuchter Luft

$$c_p = c_{pL} + x\, c_{pd} \tag{4.130}$$

ausdrücken und erhalten

$$\begin{aligned}ds_{pr} &= dx\left\{c_p\left(\frac{1}{T} - \frac{1}{T_W}\right)\frac{dT}{dx} + s_d - s_W - \frac{h_d}{T_W} + \frac{h_W}{T_W}\right\} \\ &= dx\left\{\left(\frac{1}{T} - \frac{1}{T_W}\right)\left(\frac{dh}{dx} - h_W\right) + (h_d - h_W)\left(\frac{s_d - s_W}{h_d - h_W} - \frac{1}{T}\right)\right\}.\end{aligned} \tag{4.131}$$

Der Ausdruck

$$\frac{h_d - h_W}{s_d - s_W} = T_m \tag{4.132}$$

stellt die thermodynamische Mitteltemperatur der Wasserverdunstung dar, welche immer dann kleiner als die Lufttemperatur T sein muß, wenn diese niedriger ist als die Wassertemperatur T_W

$$T_m \leq T \quad \text{für} \quad T \leq T_W \quad , \tag{4.133}$$

wovon man sich leicht anhand eines h,s-Diagramms für Wasserdampf überzeugen kann.
Wenn sich das Kühlwasser beim Herabrieseln durch den Kühlturm durch Verdunstung abkühlen soll ($dx/dh_W > 0$), so muß nach Gl. (4.124) die Richtungsänderung des Luftzustandes dh/dx größer sein als die Enthalpie h_W des Kühlwassers

$$\frac{dh}{dx} > h_W \quad \text{für} \quad \frac{dx}{dh_W} > 0 \quad . \tag{4.134}$$

Da außerdem immer

$$h_d > h_W \tag{4.135}$$

ist, wird für alle Kühlturmquerschnitte, in denen die Lufttemperatur T niedriger als die Wassertemperatur T_W ist, die Entropieproduktion zwischen zwei eng benachbarten Querschnitten bei Verdunstung ($dx > 0$) positiv

$$ds_{pr} \geq 0 \quad \text{für} \quad dx > 0,\ T < T_W \quad . \tag{4.136}$$

Daß die Lufttemperatur T niedriger sein sollte als die Wassertemperatur T_W in demselben Querschnitt, ist eine hinreichende, aber keine notwendige Bedingung,

denn bei genügend trockener Luft kann auch für $T > T_W$ der Ausdruck in der geschweiften Klammer von Gl. (4.131) positiv, d.h. eine Verdunstung ($dx > 0$) möglich sein. Ist dagegen die Luft im betrachteten Querschnitt bereits mit Wasserdampf gesättigt, so würde mit $T > T_W$ auch $T_m > T$ sein, d.h. der Ausdruck in der geschweiften Klammer wäre negativ und die Verdunstung ($dx > 0$) müßte mit negativer Entropieproduktion erfolgen, was nach dem Zweiten Hauptsatz der Thermodynamik verboten ist. Für gesättigte Luft muß daher notwendigerweise in jedem Kühlturmquerschnitt die Lufttemperatur T niedriger als die zugehörige Wassertemperatur T_W sein, d.h. auch $h_W(T) < h_W(T_W)$. Weil die Steigung der Querschnittsgeraden nach Gl. (4.121) der Enthalpie des herabrieselnden Wassers im betrachteten Querschnitt entspricht, erhält man die folgende einfache Regel:
Ist in einem Kühlturmabschnitt die Luft bereits mit Wasserdampf gesättigt, so ist eine Wasserverdunstung nur möglich, wenn die Querschnittsgerade des betrachteten Querschnitts steiler verläuft als die zugehörige Nebelisotherme[16].

Der Pinch

Als nächstes betrachten wir den hypothetischen Grenzfall eines Verdunstungskanals mit sehr großer Austauschfläche ($A \to \infty$). Dann kann irgendwo zwischen dem unteren und oberen Kanalende das Gleichgewicht zwischen Luft- und Wasserstrom erreicht werden; z.B. $L_q = G_q$ in Bild 4.40.
Wählt man nun die Wassermenge $\dot{m}_{W_q}$ gerade so groß, daß auch in einem eng benachbarten Querschnitt oberhalb des betrachteten sich das Gleichgewicht zwischen Luft- und Wasserstrom einstellt, $L_p = G_p$, so fällt der Verdunstungspol Π in den Schnittpunkt der beiden verlängerten Nebelisothermen T_{W_q} und T_{W_p}.
Dessen Polabstand ist nach Gl. (4.119)

$$x_{\Pi_{pq}} = -\frac{h_p - x_p h_{W_p} - h_q + x_q h_{W_q}}{h_{W_p} - h_{W_q}} = -\frac{h_p - h_q - h_{W_q}(x_p - x_q)}{h_{W_p} - h_{W_q}} + x_p$$

$$= -\frac{h_p - h_q - h_{W_p}(x_p - x_q)}{h_{W_p} - h_{W_q}} + x_q \qquad (4.137)$$

und dessen Polenthalpie nach Gl. (4.120)

$$h_\Pi = h_q - h_{W_q} \frac{h_p - h_{W_p}(x_p - x_q)}{h_{W_p} - h_{W_q}} \quad . \qquad (4.138)$$

Für die eng benachbarten Querschnitte $q - q$ und $p - p$ ist nach den Gln. (4.126), (4.30) und (4.130)

$$h_p - h_q = c_p(T_p - T_q) + h_{d_q}(x_p - x_q) \qquad (4.139)$$

und mit Gl. (4.28) wird der Polabstand für $T_p = T_{W_p}$ und $T_q = T_{W_q}$

$$x_\Pi = -\frac{c_p}{c_W} - \frac{h_{d_q} - h_{W_q}}{c_W} \frac{x_p - x_q}{T_p - T_q} + x_p \quad , \qquad (4.140)$$

---

[16] Auch für ungesättigte Luft gilt diese Regel, wenn man als Temperatur der „zugehörigen Nebelisotherme" die Kühlgrenztemperatur ansieht.

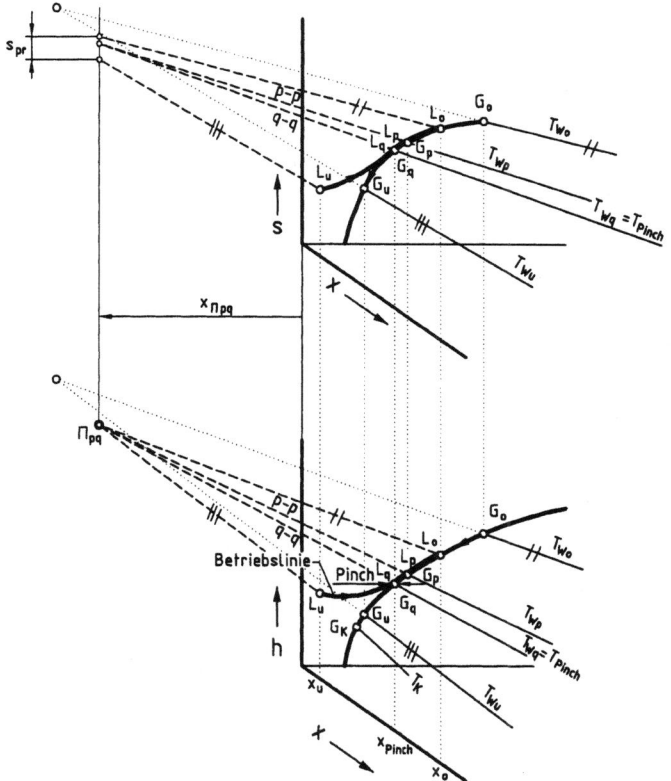

Bild 4.40: Zustandsänderungen im Kühlturm bei unendlich großer Austauschfläche

sowie die Polenthalpie

$$h_\Pi = h_q - h_{W_q}\left(\frac{c_p}{c_W} + \frac{x_p - x_q}{T_p - T_q}\frac{h_{d_q} - h_{W_q}}{c_W} - x_p + x_q\right) \quad . \tag{4.141}$$

Zwischen den beiden benachbarten Querschnitten $p-q$ und $q-q$ ist die Entropieproduktion nach Gl. (4.50) und (4.128)

$$s_{pr,pq} = \frac{\dot{S}_{pr,pq}}{\dot{m}_L} = \frac{h_p - h_q}{T_q} + (s_{d_q} - s_{W_q})(x_p - x_q) - \frac{h_{d_q}}{T_q}(x_F - x_q)$$

$$-\frac{s_{W_p} - s_{W_q}}{h_{W_p} - h_{W_q}}\left[h_p - h_q - h_{W_q}(x_p - x_q)\right] \quad . \tag{4.142}$$

Weil die Luftzustände L_q und L_p auf der Sättigungslinie liegen und dort mit den entsprechenden Grenzzuständen zusammenfallen, $L_q = G_q$, $L_p = G_p$, ist

$$s_{d_q} - s_{W_q} = \frac{h_{d_q} - h_{W_q}}{T_q} = \frac{r_q}{T_q} \quad , \tag{4.143}$$

und außerdem gilt für eng beieinander liegende Zustände G_p und G_q

$$s_{W_p} - s_{W_q} \approx c_W \frac{T_p - T_q}{T_q} = \frac{h_{W_p} - h_{W_q}}{T_q} \; . \tag{4.144}$$

Setzt man diese Beziehungen in Gl. (4.142) ein, so sieht man, daß die Entropieproduktion $s_{pr,pq}$ verschwindet

$$s_{pr,pq} = 0 \; , \tag{4.145}$$

was auch unmittelbar einleuchtet, weil zwischen den eng benachbarten Querschnitten $q-q$ und $p-p$ der Wärme- und Stoffaustausch bei verschwindenden Temperatur- und Konzentrationsunterschieden, also bei gleitendem Gleichgewicht, erfolgt

$$T_q = T_{W_q} \; , \; T_p = T_{W_p} \quad \text{bzw.} \quad x_q = x_{G_q} \; , \; x_p = x_{G_p} \; .$$

In diesem Fall schneiden sich im s,x-Diagramm die Querschnittsgeraden $p-p$ und $q-q$ bei demselben Polabstand x_Π wie im h,x-Diagramm. Dies ist natürlich nur unter der erwähnten Bedingung unendlich großer Austauschfläche ($A \to \infty$) denkbar.
Den Kühlturmquerschnitt $q-q$, zu dem sich bei unendlich großer Austauschfläche gerade das Gleichgewicht zwischen Luft- und Wasserstrom einstellt, wollen wir den Pinchquerschnitt nennen, die zugehörigen Werte der Temperatur und des Wassergehaltes Pinch-Temperatur bzw. Pinch-Konzentration.
Durch Grenzübergang $T_p \to T_q$, $x_p \to x_q$ erhält man für die Koordinaten des zum Pinch gehörenden Verdunstungspols

$$x_{\Pi_{\text{Pinch}}} = -\frac{c_{pL}}{c_W} + x_s\left(1 - \frac{c_{pd}}{c_W}\right) - \frac{r(T_s)}{c_W}\frac{\mathrm{d}x_s}{\mathrm{d}T_s} \tag{4.146}$$

$$\begin{aligned} h_{\Pi_{\text{Pinch}}} &= h(T_s) - h_W(T_s)(x_s - x_{\Pi_{\text{Pinch}}}) \\ &= h(T_s) - h_W(T_s)\left\{\frac{c_{pL}}{c_W} + x_s\frac{c_{pd}}{c_W} + \frac{r(T_s)}{c_W}\frac{\mathrm{d}x_s}{\mathrm{d}T_s}\right\} \end{aligned} \tag{4.147}$$

$$\begin{aligned} s_{\Pi_{\text{Pinch}}} &= s(T_s) - s_W(T_s)(x_s - x_{\Pi_{\text{Pinch}}}) \\ &= s(T_s) - s_W(T_s)\left\{\frac{c_{pL}}{c_W} + x_s\frac{c_{pd}}{c_W} + \frac{r(T_s)}{c_W}\frac{\mathrm{d}x_s}{\mathrm{d}T_s}\right\} \end{aligned} \tag{4.148}$$

Die Koordinaten des „Pinch-Pols" hängen somit ausschließlich von den Zustandsgrößen der feuchten Luft im Sättigungszustand ab. Beispielsweise ist bei einer Sättigungstemperatur $\vartheta_s = 5\,°\text{C}$ $x_{\Pi_{\text{Pinch}}} = -0,474$ und $h_{\Pi_{\text{Pinch}}} = 8,66$ kJ/kg und bei $\vartheta_s = 30\,°\text{C}$ $x_{\Pi_{\text{Pinch}}} = -1,211$ und $h_{\Pi_{\text{Pinch}}} = -55,28$ kJ/kg. Wie man an diesen Zahlenwerten erkennt, liegt der „Pinch-Pol" immer weit außerhalb des Diagrammbereichs gewöhnlicher h,x-Diagramme für feuchte Luft, nämlich bei Werten für x_Π, deren Betrag um mehr als zwei Größenordnungen die Wassergehalte bei Sättigung

4.2 Feuchte Luft als Zweistoffgemisch 287

übersteigt. Wird ein Kühlturm in der Nähe des Pinchs betrieben, was — wie wir noch sehen werden — anzustreben ist, so ändert sich der Massenstrom des Kühlwassers zwischen dem oberen und dem unteren Kühlturmende nach Gl. (4.118) nur wenig, d.h. die verdunstende Wassermenge beträgt nur etwa 1% der aufgegebenen. In den Kühlturmquerschnitten oberhalb des Pinchs ändern sich die Luftzustände entlang der Sättigungslinie bis zum Austrittszustand L_o am oberen Ende des Kühlturms, Bild 4.40. Dabei verlaufen die Querschnittsgeraden oberhalb des Pinchs steiler als die von den jeweiligen Luftzuständen ausgehenden Nebelisothermen, d.h. die Lufttemperatur ist niedriger als die Wassertemperatur in demselben Kühlturmquerschnitt. Die den Wasserzuständen (z.B. G_o) zuzuordnenden Luftzustände (z.B. L_o) findet man einfach, indem man durch den „Pinch-Pol" Π die Querschnittsgerade mit der Steigung h_{W_o} zeichnet und deren Schnittpunkt (z.B. L_o) mit der Sättigungslinie aufsucht.

Unterhalb des Pinchquerschnitts $L_q = G_q$ findet man die Luftzustände auf der Betriebslinie $L_u L_q$, die man erhält, wenn man vom Pinch ausgehend schrittweise die Wassertemperatur absenkt und den zugehörigen Luftzustand nach der im vorigen Abschnitt beschriebenen Methode aus der Richtungsänderung des Luftzustandes dh/dx und der zum jeweils neuen Grenzzustand gehörenden neuen Querschnittsgeraden ermittelt. Der geometrische Ort aller Luftzustände unterhalb des Pinches ist somit auf die vom Pinch ausgehende Betriebslinie $L_u L_q$ beschränkt; durch andere Luftzustände L_u am Kühlturmeintritt wird auch die Lage des Pinchs verändert.

Die Querschnittsgeraden verlaufen bis zum unteren Ende des Kühlturms zunehmend flacher, d.h. das Kühlwasser kühlt sich nach Maßgabe der Luft des Verdunstungspols weiter ab, allerdings höchstens bis zu der dem Eintrittszustand der Luft L_u zugehörigen Kühlgrenze G_K, Bild 4.40.

Die Verbindungslinie aller Pinchpole ist eine leicht gekrümmte Linie, deren Steigung nach Gl. (4.146), (4.147) und (4.148) zu

$$\frac{dh_{\Pi_{\text{Pinch}}}}{dx_{\Pi_{\text{Pinch}}}} = h_W \quad \text{bzw.} \quad \frac{ds_{\Pi_{\text{Pinch}}}}{dx_{\Pi_{\text{Pinch}}}} = s_W \tag{4.149}$$

bestimmt wird, also der Steigung der Querschnittsgeraden des jeweiligen Pinchquerschnitts entspricht, Bild 4.41.

Wir wollen nun untersuchen, wie unterschiedliche Einstellungen der Betriebsparameter sich auf das Verhalten des Naturzug-Kühlturms eines Kraftwerks auswirken. Dessen Kühlleistung Q_o ist durch den Kraftwerksprozeß vorgegeben. Der Massendurchsatz $\dot{m}_L$ der Luft wird dabei durch die geometrischen Abmessungen des Kühlturms bestimmt und außerdem durch den Auftrieb, d.h. durch die Luftzustände L_u und L_o am Eintritt bzw. Austritt des Kühlturms. Bei gegebener Lage der Luftzustände L_u und L_o und gegebener Frischwassertemperatur T_{FW} ist somit nicht nur die spezifische Kühlleistung q_o (vgl. Bild 4.37), sondern auch die gesamte Kühlleistung $\dot{Q}_o$ eindeutig festgelegt. Variabel sind noch die Eintrittstemperatur T_{W_o} und die Austrittstemperatur T_{W_u} bzw. der Massenstrom des Kühlwassers. Letzterer kann im Betrieb durch Kühlwasserpumpen mit verstellbaren Laufschaufeln reguliert werden[17].

---

[17] BEER S (1996) Überwachung und Optimierung des Betriebes von Kondensationsanlagen in thermischen Kraftwerken. Vortrag „Kraftwerkskomponenten", VGB Essen, April 1996

288   4 Stoffgemische

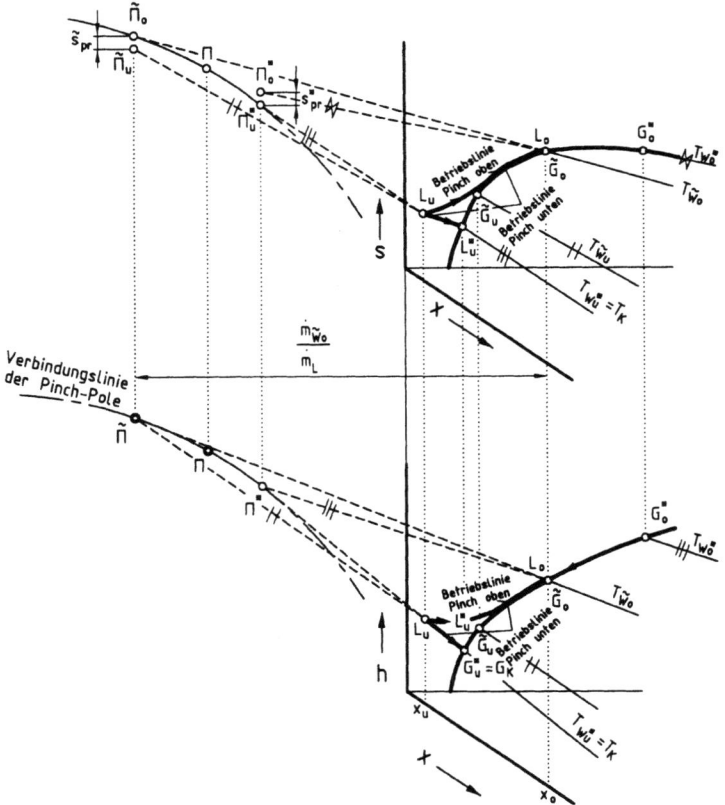

Bild 4.41: Pinch im oberen bzw. unteren Kühlturmquerschnitt

Wie wirkt sich nun eine Änderung des Kühlwassermassenstroms auf den Kühlturm- und damit auf den Kraftwerksbetrieb aus?

Verkleinert man z.B. bei unveränderten Luftzuständen L_u und L_o den Kühlwassermassenstrom $\dot{m}_W$ im Vergleich mit den Verhältnissen nach Bild 4.40[18], so verlagert sich bei unendlich großer Austauschfläche der Pinchpol auf der strichpunktierten Verbindungslinie nach rechts, und entsprechend verschiebt sich der Pinch mit abnehmender Steigung der unteren Querschnittsgeraden nach Gl. (4.149) zum unteren Kühlturmende hin. Damit verbunden ist auch eine Absenkung der Kühlwassertemperatur T_{W_u} am unteren Ende des Kühlturms. Die niedrigste erreichbare Austrittstemperatur des Kühlwassers ist allerdings die zum Eintrittszustand L_u der Luft gehörende Kühlgrenztemperatur T_K, $T_{W_u^*} = T_K$ in Bild 4.41. In diesem Grenzfall fällt der Pinch mit der Kühlgrenze $G_K = G_u^*$ zusammen, und die Luft ändert ihren Zustand beim Aufstieg durch den Kühlturm von L_u zunächst bei unveränderter Wassertemperatur T_{W_u} (vergl. auch Bild 4.29) bis zum Zustand

---

[18] In Bild 4.41 wurde deshalb der Pinchpol Π entsprechend den Zuständen in Bild 4.40 zum Vergleich mit eingezeichnet.

$L_u^{\star}$ auf der Sättigungslinie und darüber hinaus längs der Sättigungslinie bis zum (unverändert angenommenen) Luftaustrittszustand L_o.
Die Steigung der oberen Querschnittsgerade nimmt mit der Verlagerung des Pinchpols nach rechts deutlich zu, d.h. der Kühlturmbetrieb ist unter den angenommenen Voraussetzungen nur mit einer erhöhten Kühlwassereintrittstemperatur $T_{W_o^{\star}}$ möglich, was sich ungünstig auf den Kondensatordruck des Kraftwerks auswirkt und den Wirkungsgrad des Kraftwerksprozesses verschlechtert.
Vergrößert man dagegen im Vergleich mit Bild 4.40 den Kühlwassermassenstrom, so bewegt sich bei unendlich großer Austauschfläche der Pinchpol auf der strichpunktierten Verbindungslinie nach links, und der Pinch verlagert sich zum oberen Kühlturmende hin. In Bild 4.41 ist der Grenzfall eingetragen, bei dem der Pinch gerade in den Austrittszustand der Luft $L_o = \widetilde{G}_o$ fällt und die Kühlwasser-Eintrittstemperatur unter den vorgegebenen Bedingungen auf ihren kleinstmöglichen Wert $T_{\widetilde{W}_o}$ absinkt. Weil der Kondensatordruck im wesentlichen durch die Eintrittstemperatur des Kühlwassers T_{W_o} und nur in sehr viel geringerem Maße durch die Austrittstemperatur T_{W_u} bestimmt wird, kann mit Annäherung des Betriebszustandes an den Pinch im oberen Ende des Kühlturms der Wirkungsgrad des Kraftwerks gesteigert werden, selbst, wenn man die mit höheren Massendurchsatz vergrößerte Leistung der Kühlwasserpumpen berücksichtigt.
Erhöht man den Kühlwassermassenstrom über den zum Pinchpol $\widetilde{\Pi}$ gehörenden Wert $\dot{m}_{\widetilde{W}_o}/\dot{m}_L$ hinaus, so kann damit die Eintrittstemperatur $T_{\widetilde{W}_o}$ nicht weiter abgesenkt werden, denn sonst müßte ja die Querschnittsgerade im oberen Querschnitt flacher verlaufen als die Nebelisotherme, was nach dem Zweiten Hauptsatz verboten ist.
Bemerkenswert ist noch die Entropieproduktion s_{pr} zwischen dem unteren und dem oberen Kühlturmquerschnitt, die sich für die beiden Betriebsfälle „Pinch oben" (Pinchpol $\widetilde{\Pi}$) und „Pinch unten" (Pinchpol $\Pi^{\star}$), gar nicht so sehr unterscheidet, $\widetilde{s_{pr}} \approx s_{pr}^{\star}$. Dies wird verständlich, wenn man bedenkt, daß auch die thermodynamische Mitteltemperatur für die Abkühlung des Kühlwassers in beiden Betriebsfällen in etwa vergleichbar ist. Betrachtet man den Kühlturm für sich allein, so ist es also fast unerheblich, ob er in der Nähe des Pinch am oberen oder am unteren Ende betrieben wird. Erst in Verbindung mit dem Kondensator stellt sich der Vorteil eines Betriebs in der Nähe des Pinch am oberen Ende heraus, weil die geringere Abkühlspanne $T_{\widetilde{W}_o} - T_{\widetilde{W}_u}$ bei vergleichbarer thermodynamischer Mitteltemperatur die mittlere Temperaturdifferenz zwischen dem bei konstantem Druck und konstanter Temperatur kondensierenden Wasserdampf und dem Kühlwasser verkleinert, wodurch die Irreversibilitätsverluste bei der Wärmeübertragung im Kondensator verringert werden.
Nun können wir auch noch die eingangs gemachte Voraussetzung unendlich großer Austauschfläche fallen lassen, denn auch bei jeder endlich großen Austauschfläche A gibt es für den Kühlturmbetrieb in der Nähe des Pinch am oberen Kühlturmende ein optimales Mengenverhältnis, welches sich für die jeweils gegebenen Randbedingungen durch die kleinstmögliche Entropieproduktion auszeichnet und den günstigsten Betriebsfall für Kühlturm und Kondensator kennzeichnet.
Die betrachteten Fälle finden eine gewisse Ähnlichkeit bei Gegenstrom-Wärmeübertragern. Der optimale Verdunstungsbetrieb in der Nähe des Pinch, Bild 4.40 und

Bild 4.41, ähnelt dem Fall eines Wärmeübertragers mit gleich großen Wasserwerten der beiden Ströme.

Bemessung der Austauschfläche

Die für den Verdunstungsvorgang erforderliche Austauschfläche A_g läßt sich zusammen mit der Zustandslinie $L_u L_q L_o$ (Bild 4.37) bestimmen.
Nach Gl. (4.58) gilt nämlich

$$\frac{\mathrm{d}A_g}{\mathrm{d}h_W} = \frac{\dot{m}_L}{\sigma(x_g - x)} \frac{\mathrm{d}x}{\mathrm{d}h_W} \ .$$

Daraus erhält man durch Integration von h_{W_u} nach h_{W_o} die gesamte Austauschfläche

$$A_g = \frac{\dot{m}_L}{\sigma} \int\limits_{h_{W_u}}^{h_{W_o}} \frac{\mathrm{d}x/\mathrm{d}h_W}{x_g - x} \mathrm{d}h_W = \frac{\dot{m}_L}{\sigma} \int\limits_{x_u}^{x_o} \frac{\mathrm{d}x}{x_g - x} \ . \tag{4.150}$$

Hierin hat der Quotient

$$A_e = \dot{m}_L/\sigma \tag{4.151}$$

die Dimension einer Fläche; er wird Einheitsfläche genannt. Der Integralausdruck

$$\int\limits_{h_{W_u}}^{h_{W_o}} \frac{\mathrm{d}x/\mathrm{d}h_W}{x_g - x} \mathrm{d}h_W = \int\limits_{x_u}^{x_o} \frac{\mathrm{d}x}{x_g - x} = NTU \tag{4.152}$$

ist dann das Verhältnis der wirklichen Verdunstungsfläche A_g zur Einheitsfläche A_e. Es wird deshalb als „Anzahl der Übertragungseinheiten" bezeichnet[19]. Ermittelt man die Betriebslinie $L_u L_q L_o$ durch numerische Integration der Gl. (4.124) mit Hilfe der Gl. (4.118), so wird die Anzahl der Übertragungseinheiten am besten gleich durch numerische Integration der Gl. (4.152) mitbestimmt.
Die Anzahl der Übertragungseinheiten läßt sich auch direkt dem h, x-Diagramm entnehmen. Dabei gehen wir zunächst davon aus, daß die Betriebslinie zwischen den Querschnitten $p - p$ und $q - q$ nahezu geradlinig verläuft, d.h. daß sich der ziehende Punkt G_α auf diesem Teilstück nur wenig ändert, Bild 4.42.
Dann ist nach Gl. (4.82), (4.85) und Bild 4.42 die Anzahl der Übertragungseinheiten zwischen L_p und L_q

$$NTU2_{pq} = \int\limits_{x_p}^{x_q} \frac{\mathrm{d}x}{x_g - x} = -\frac{\sigma c_p}{\alpha} \int\limits_{y_p}^{y_q} \frac{\mathrm{d}y}{y} = \frac{\sigma c_p}{\alpha} \int\limits_{h_p}^{h_q} \frac{\mathrm{d}h}{h_\alpha - h} \ , \tag{4.153}$$

---
[19]auch Übertragungszahl; im Englischen: NTU = Number of Transfer Units

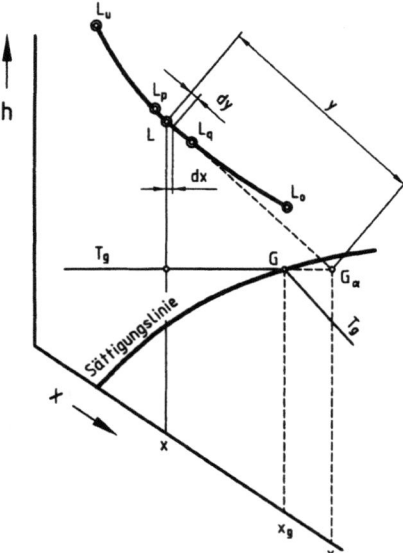

Bild 4.42: Zur Bestimmung der Übertragungseinheiten im h, x-Diagramm

wenn mit y der der Abstand des Luftzustandes vom ziehenden Punkt G_α bezeichnet wird. Bei unverändertem ziehenden Punkt G_α ergibt die Integration der Gl. (4.153)

$$NTU_{pq} = \frac{\sigma c_p}{\alpha} \ln \frac{y_p}{y_q} \ . \tag{4.154}$$

Der Quotient

$$NTU^\star_{pq} = \ln \frac{y_p}{y_q} = NTU_{pq} \cdot \frac{\alpha}{\sigma c_p} \tag{4.155}$$

kann ebenfalls als eine „Anzahl von Übertragungseinheiten" aufgefaßt werden, die sich allerdings auf die Einheitsfläche

$$A^\star_e = \frac{\sigma c_p}{\alpha} A_e$$

bezieht. Nur wenn $\sigma c_p/\alpha = 1$ ist, wird $A^\star_e = A_e$.
Wählt man die Lage der Punkte L_p und L_q gerade so, daß $y_p/y_q = e = 2,718$ ist, so würde die Anzahl der Übertragungseinheiten zwischen L_p und L_q gerade $NTU^\star_{pq} = 1$, und der Abstand des Luftzustandes L zum ziehenden Punkt G_α würde sich auf $1/e = 0,368$ des ursprünglichen Wertes verkleinern. Diese Änderung ist allerdings so beträchtlich, daß zugleich auch eine merklichere Verlagerung des ziehenden Punktes G_α erfolgen wird. Die Integration der Gl. (4.153) ergibt dann nicht mehr die Gl. (4.154), weil sich im Integrationsbereich auch x_g merklich ändert. In diesem Fall empfiehlt es sich, kleinere Intervalle zu wählen und zwar zweckmäßigerweise so, daß echte Bruchteile der Übertragungseinheiten herauskommen. So z.B. ist für ein Verhältnis der Abstände $y_p/y_q = \sqrt{e} = 1,65$ die Zahl der Übertragungseinheitn $NTU^\star_{pq} = 1/2$. Tabelle 4.1 gibt für die verschiedenen Bruchteile der Übergangseinheiten die zugehörigen Streckenverhältnisse y_p/y_q bzw. y_q/y_p wieder.

Tabelle 4.1: Streckenverhältnisse y_q/y_p in Abhängigkeit von der Anzahl NTU der Übertragungseinheiten

NTU	y_p/y_q	y_q/y_p
1	2,718	0,368
1/2	1,649	0,607
1/3	1,396	0,717
1/4	1,284	0,779
1/5	1,221	0,819
1/6	1,181	0,846

Will man die Anzahl der Übergangseinheiten graphisch aus dem h,x-Diagramm ermitteln, so wird man die Zustandslinie $L_u L_q L_o$ nicht wie in Bild 4.37 angegeben, durch schrittweise Änderung der Wassertemperatur T_W konstruieren, sondern die Schrittweite entsprechend der Tabelle 4.1 so wählen, daß sie echten Bruchteilen der Übertragungseinheit NTU entsprechen. Dann muß man allerdings die zugehörigen Grenzzustände G am besten aus der Wasserenthalpie (Gl. (4.116)) und der Energiegleichung (4.117) rechnerisch bestimmen

$$h_{W_q} = \frac{h_q - h_p + (x_p - x_\Pi)h_{W_p}}{x_q - x_\Pi}$$

und die der Wasserenthalpie h_{W_q} entsprechende Temperatur T_{W_q} auf der Sättigungslinie abtragen.

Kühlturmberechnung nach Sherwood

Näherungsweise kann die Austauschfläche A_g nach SHERWOOD auch ohne Kenntnis des genauen Verlaufs der Zustandslinie $L_u L_q L_o$ berechnet werden. Für die Anzahl der Übertragungseinheiten erhält man nämlich für $\sigma c_p/\alpha = 1$ nach Gl. (4.153) und (4.155)

$$NTU = \int_{h_u}^{h_o} \frac{dh}{h_g - h} \ . \tag{4.156}$$

Sind der Zustand L_u der eintretenden Luft, die Eintrittstemperatur T_{W_o} und die gewünschte Austrittstemperatur T_{W_u} des Wassers sowie das Verhältnis der Mengenströme $\dot{m}_{W_u}/\dot{m}_L$ gegeben, so kann nach Bild 4.37 für jeden Querschnitt $q - q$ des Verdunstungskanals sowohl die Enthalpie h der Luft als auch die Grenzenthalpie h_g eindeutig als Funktion der Wassertemperatur T_W und damit der Wasserenthalpie h_W dargestellt werden. Die Enthalpie h_u der eintretenden Luft und die gewünschte Austrittstemperatur T_{W_u} des Wassers bzw. seiner Austrittsenthalpie h_{W_u} kennzeichnen den Betriebspunkt L_u auf der unteren Querschnittsgeraden, sowie den Wasserzustand G_u in demselben Kühlturmquerschnitt.

Die Änderung der Luftzustände ergibt sich nach Gl. (4.124) zu

$$\frac{dh}{dh_W} = \frac{\dot{m}_W/\dot{m}_L}{1 - \dfrac{h_W}{dh/dx}} \ . \tag{4.157}$$

Wenn, wie in Bild 4.37, die Richtungsänderung der Luftzustände dh/dx erheblich größer ist als die Steigung h_W der zugehörigen Nebelisotherme

$$dh/dx \gg h_W \qquad (4.158)$$

wird

$$dh/dh_W = \dot{m}_W/\dot{m}_L \qquad (4.159)$$

und aus Gl. (4.159), (4.58) und (4.85) erhält man für $\sigma c_p/\alpha = 1$ die MERKELsche Hauptgleichung

$$\dot{m}_W dh_W = \sigma(h_g - h)dA_g \quad . \qquad (4.160)$$

Darin hängt die Abkühlung des Wassers $\dot{m}_W dh_W$ nur noch von der Enthalpiedifferenz $h_g - h$ und nicht mehr vom Wassergehalt der Luft ab, was die Berechnung vereinfacht.

Die Integration der Gl. (4.160) läßt sich besonders anschaulich in dem von SHERWOOD verwendeten h, h_W-Diagramm (Bild 4.43) verfolgen. Darin wird die Enthalpie h der Luft über die Enthalpie h_W des durch denselben Querschnitt herabrieselnden Wassers aufgetragen. Außerdem ist im Diagramm auch die zur Wassertemperatur T_W gehörige Sättigungsenthalpie h_g der Luft eingetragen.

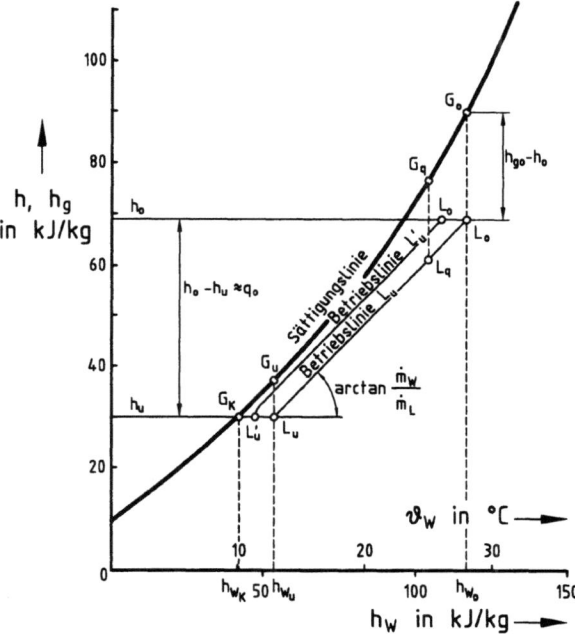

Bild 4.43: Kühlturmbetrieb im h, h_W-Diagramm nach SHERWOOD

Die Enthalpiedifferenz $h_o - h_u$ entspricht nach Gl. (4.115) recht genau der auf die Mengeneinheit der Luft bezogenen Kühlleistung q_o, weil wegen der geringen verdunstenden Wassermenge deren Enthalpie vernachlässigt werden kann.

Die verdunstende Wassermenge beträgt nämlich bei Kühltürmen im allgemeinen nur ein bis zwei Prozent der aufgegebenen. Daher ändert sich auch der Massenstrom $\dot{m}_W$ des herabrieselnden Wassers nur wenig, und es ist mit Gl. (4.157) und (4.158)

$$\frac{\mathrm{d}h}{\mathrm{d}h_W} = \frac{\dot{m}_W}{\dot{m}_L} = \text{konst}. \qquad (4.161)$$

Die Verbindungslinie der Luftzustände L_u, L_q, L_o, die sogenannte Betriebslinie, muß unter den Annahmen (4.158) und (4.161) im h, h_W-Diagramm eine Gerade mit der Steigung $\dot{m}_W/\dot{m}_L$ darstellen. Die Ordinatenabschnitte $G_u L_u, G_q L_q, G_o L_o$ usw. geben die jeweiligen Enthalpieunterschiede $h_g - h$ an, die zur Integration der Gl. (4.160) benötigt werden, Bild 4.43.

Die für die SHERWOODsche Methode wesentliche Vernachlässigung (4.158) ist nicht mehr zulässig, wenn man mit der Wassertemperatur T_W in die Nähe der psychrometrischen Kühlgrenztemperatur T_K kommt. In diesem Fall werden beide Seiten von (4.158) von gleicher Größenordnung und an der Kühlgrenze selbst sogar gleich. Nach (4.157) muß dann die Steigung der Betriebslinie größer sein als (4.159); an der Kühlgrenze sogar unendlich. Mit zunehmendem Abstand der Wassertemperatur T_W von der Kühlgrenztemperatur T_K geht die Betriebslinie wieder in eine Gerade über. Dies ist in Bild 4.43 für die Betriebslinie durch L'_u angedeutet. Die Vernachlässigung des Quotienten im Nenner der Gl. (4.157) hätte dann zur Folge, daß die Enthalpiedifferenzen $h_g - h$ systematisch zu groß und deshalb die Verdunstungsfläche zu klein bestimmt würde.

An der Kühlgrenze fällt der Luftzustand L_u praktisch mit dem Zustand G_K an der Phasengrenze zusammen.

In Bild 4.44 sind die beiden Betriebsfälle nach Bild 4.41 im h, h_W-Diagramm eingetragen mit einem Pinch entweder im oberen oder unteren Kühlturmquerschnitt. Im h, h_W-Diagramm ist der Pinch dadurch ausgezeichnet, daß dort die Betriebslinie gerade die Sättigungslinie berührt. Man erkennt aus dem maßstäblich gezeichneten Diagramm 4.44, daß bei gleichbleibendem Luftdurchsatz $\dot{m}_L$ der Massenstrom $\dot{m}_{\bar{W}}$ im Betriebszustand „Pinch oben" nahezu um 1/3 gegenüber dem Massendurchsatz im Betriebszustand „Pinch unten" vergrößert werden muß.

Die Methode von SHERWOOD ist sehr einfach anzuwenden und gibt eine sehr gute Übersicht über die Wirkungsweise des Kühlturmbetriebs.

Der grundsätzlich berechtigte Einwand, daß durch die Vernachlässigung (4.158) die Ergebnisse von der Wahl der Enthalpienullpunkte abhängig werden, macht sich bei praktischen Rechnungen kaum bemerkbar, wenn — wie üblich — die Enthalpie des flüssigen Wassers bei 0 °C zu null gesetzt wird. Dann ist in der Tat für alle praktisch vorkommenden Kühlwassertemperaturen T_W Gl. (4.158) gut erfüllt, sofern man nur hinreichend von der psychrometrischen Kühlgrenze entfernt bleibt. Falls diese Bedingung — um eine möglichst niedrige Kühlwasseraustrittstemperatur zu erreichen — verletzt wird, muß man die Betriebslinie nach den oben angegebenen Überlegungen Punkt für Punkt genau berechnen.

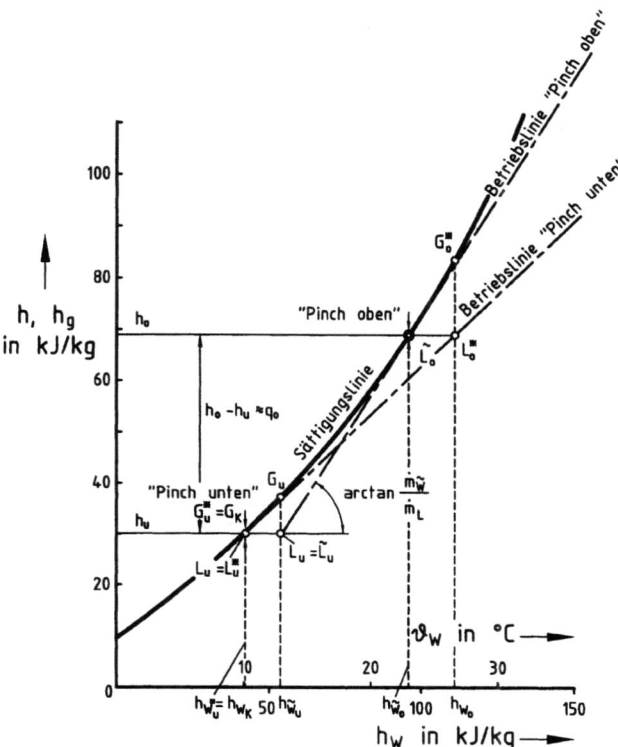

Bild 4.44: Kühlturmbetrieb im h, h_W-Diagramm nach SHERWOOD mit Pinch im oberen bzw. unteren Kühlturmquerschnitt

Nichtadiabate Verdunstung

Neben der adiabaten Verdunstung hat auch der nichtadiabate Verdunstungs- oder Tauvorgang technisch eine große Bedeutung. Als Beispiel kann die Entfeuchtung der Luft an einer mit Kühlwasser gekühlten Wandung dienen, oder das Eindicken flüssiger Papiermasse an dampfbeheizten Zylindern einer Papiermaschine.

Der zusätzliche Wärmeübergang nach außen kann sowohl durch die benetzten als auch durch die unbenetzten Teile der Kanalwand erfolgen. Technisch treten beide Fälle auf. Wird z.B. Luft an gekühlten Rohren entfeuchtet, so findet der Wärmeentzug nur durch die vom Niederschlag benetzte Rohrfläche statt. In einem Trocknerkanal dagegen wird oft nur die Luft und nicht das feuchte Trocknungsgut durch Heizkörper beheizt. Im Falle der gekühlten Rohre wird die Temperatur T_g der Phasengrenze durch den Wärmeentzug unmittelbar beeinflußt, im Falle des Trocknungsgutes nur auf dem Umwege über die Luft. Es gibt Fälle, wo beide Arten des Austausches vorkommen, so z.B. im Verdampferrohr eines Kälteapparates nach von PLATEN-MUNTERS, wo flüssiges Ammoniak in Wasserstoffgas verdunstet, wozu der Kühlraum des Kühlschrankes Wärme sowohl durch die benetzte als auch durch die unbenetzte Innenfläche des Rohres überträgt.

Für die Richtungsänderung des Luftzustandes dh/dx ist bei gegebenem Luftzustand L und gegebenem Zustand G an der Phasengrenze nur der Wärmestrom $\dot{q}_t$ im unbenetzten (trockenen) Teil des Verdunstungskanals von Einfluß, während der

Wärmestrom $\dot{q}_b$ im benetzten Teil sich ausschließlich in einer Verlagerung des Phasengrenzzustandes G bemerkbar macht.

In Bild 4.45 ist der allgemeine Fall des Verdunstungsvorgangs dargestellt. Durch einen Rohrkanal strömt der Luftstrom $\dot{m}_L$ vom Zustand T,x,h über einen verdunstenden Wasserstrom $\dot{m}_W$ von der Temperatur T_W. Es sei zunächst offen gelasssen, ob Luft und Wasser im Gleich- oder Gegenstrom zueinander strömen. Das Rohr möge von außen mit einem Heiz- oder Kühlmittel H von der örtlichen Temperatur T_H beheizt oder gekühlt werden. Das Außenmedium H kann z.B. als Heizmedium eine zu kühlende Flüssigkeit oder ein zu kondensierender Dampf sein (Verdunstungskühlung) oder Kühlwasser (bei Entfeuchtung der Luft L). Die Anordnung könnte ebenso gut umgekehrt sein, indem man das Kühlmittel durch das Rohr strömen läßt und die feuchte Luft um das Rohr herum, wobei sich der Niederschlag $d\dot{m}_W$ an der Außenwand des Rohres bilden würde.

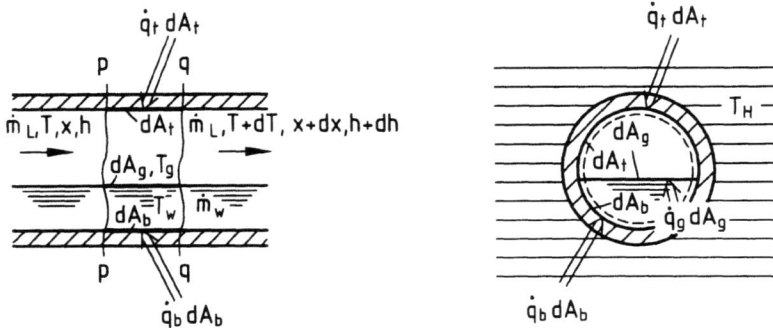

Bild 4.45: Verdunstung in einem Kanal, dessen Wandungen sowohl am benetzten als auch am unbenetzten Umfang beheizt werden

In der Anordnung nach Bild 4.45 steht das Wasser im Austausch mit der Luft über die Phasengrenzfläche dA_g und mit dem Heiz- oder Kühlmittel H über die benetzte Wandfläche dA_b. Die Luft L steht im Austausch mit dem Wasser W über die Phasengrenzfläche dA_g und mit dem Heiz- oder Kühlmittel H über die unbenetzte Wandfläche dA_t.

Die Zustandsänderung der Luft L wird durch Austausch mit der Verdunstungsfläche dA_g, als auch mit dem unbenetzten Teil dA_t der Wandfläche hervorgerufen, Bild 4.45.

Die Enthalpiezunahme des Luftstromes $\dot{m}_L dh$ ergibt sich nach Gl. (4.59) aus dem rein konvektiven Wärmeübergang $\alpha(T_g - T)dA_g$ und dem Enthalpiestrom $h_{dg}\dot{m}_L dx$, welcher das verdunstete Wasser in den Luftstrom mitbringt, zuzüglich des über den unbenetzten Kanalteil übertragenen Wärmestroms $\dot{q}_t dA_t$, zusammen

$$\dot{m}_L dh = \alpha(T_g - T)dA_g + h_{dg}\dot{m}_L dx + \dot{q}_t dA_t \ . \tag{4.162}$$

Hieraus erhält man mit Gl. (4.58) und (4.93)

$$\left(\frac{dh}{dx}\right)_Q = \frac{q_g + q_t}{\frac{\sigma c_p}{\alpha}(x_g - x)} + h_{W_g} = \frac{q_g + q_t}{x_\alpha - x} + h_{W_g} \ , \tag{4.163}$$

worin q_g nach Gl. (4.93) den auf die Einheit des Massenstroms der Trockenluft bezogenen, wasserseitig der Phasengrenze zugeführten Wärmestrom und

$$q_t = \frac{\mathrm{d}A_t}{\mathrm{d}A_g} \frac{c_p}{\alpha} \dot{q}_t \qquad (4.164)$$

ganz analog zu Gl. (4.93) den auf die Einheit des Massenstroms der Trockenluft bezogenen, über den unbenetzten (trockenen) Teil der Kanalwand übertragenen Wärmestrom darstellt.

In Gl. (4.163) bedeutet $(\mathrm{d}h/\mathrm{d}x)_Q$ die Richtungsänderung des Luftzustandes L im h,x-Diagramm. Mit dem Index Q wird darauf hingewiesen, daß diese Zustandsänderung aus dem Verdunstungsvorgang und aus der Erwärmung der Luft durch die unbenetzte Wandung resultiert. Mit den Gln. (4.79), (4.82), (4.93) und (4.58) kann man Gl. (4.162) umschreiben in

$$\left(\frac{\mathrm{d}h}{\mathrm{d}x}\right)_Q = \left(\frac{\mathrm{d}h}{\mathrm{d}x}\right)_{ad} + \frac{q_t}{x_\alpha - x} \quad . \qquad (4.165)$$

Hierin ist $(\mathrm{d}h/\mathrm{d}x)_{ad}$ nach den früheren Darlegungen von L nach G_α gerichtet, wogegen die resultierende Zustandsrichtung $(\mathrm{d}h/\mathrm{d}x)_Q$ von L nach G_Q zielt, wie in Bild 4.46 gezeigt wird. Diese Richtung bzw. den Punkt G_Q kann man finden, wenn die Zustandspunkte L und G und damit G_α bekannt sind und außerdem Angaben über die im unbenetzten Teil des Kanals übertragene Wärme q_t vorliegen oder diese geschätzt werden kann.

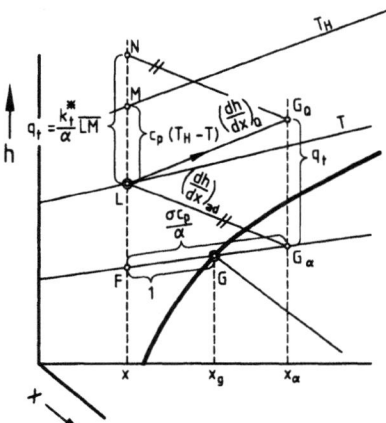

Bild 4.46: Der „ziehende" Punkt für die Zustandsänderung $(\mathrm{d}h/\mathrm{d}x)_Q$ der Luft L bei Wärmeübertragung im unbenetzten (trockenen) Teil des Verdunstungskanals

Sind der Wärmedurchgangskoeffizient k_t durch die unbenetzte Wand sowie die Temperatur T_H des Heiz- bzw. Kühlmediums bekannt, so ist der Wärmestrom, der über die unbeheizte Wand der Luft zugeführt wird

$$\dot{q}_t \mathrm{d}A_t = \mathrm{d}A_t k_t (T_H - T) \quad .$$

Auf die Phasengrenzfläche bezogen ist dann der Wärmedurchgangskoeffizient

$$k_t^\star = k_t \mathrm{d}A_t / \mathrm{d}A_g \quad . \qquad (4.166)$$

298   4 Stoffgemische

Daraus erhält man mit Gl. (4.164) die auf die Mengeneinheit der Trockenluft bezogene, über den unbenetzten Teil der Kanalwand übertragene Wärme

$$q_t = \frac{k_t^\star}{\alpha} c_p (T_H - T) \ . \tag{4.167}$$

Man sucht Punkt N auf, Bild 4.46, indem man die Strecke $\overline{LM} = c_p(T_H - T)$ mit dem Faktor $k_t^\star/\alpha$ multipliziert. Eine Parallele durch N zur Linie $\overline{LG_\alpha}$ liefert Punkt G_Q oberhalb G_α. Die Zustandsrichtung $\overline{LG_Q}$ befriedigt den Ausdruck (4.165) für $(dh/dx)_Q$, wie man sich leicht überzeugen kann. Der ziehende Punkt für L ist nicht mehr G_α sondern G_Q.

Bild 4.46 stellt den sehr allgemeinen Fall eines Verdunstungsvorgangs mit allseitiger Beheizung oder Kühlung des Verdunstungskanals und zwar für Gemische mit $\sigma c_p/\alpha > 1$ dar. Bei gegebenem Luftzustand L und gegebenem Grenzzustand G wird die Lage des ziehenden Punktes ausschließlich durch die Zusatzheizung q_t über die unbenetzten Kanalwände beeinflußt.

Ist der Kanal isoliert, $k_t = 0$, oder ist er ganz benetzt, $A_t = 0$, so wird nach Gl. (4.166) $k_t^\star = 0$ und nach (4.167) $q_t = 0$, und Punkt G_Q deckt sich mit G_α. Wird über den benetzten Teil der Kanalwandung noch der Wärmestrom $\dot{q}_b dA_b$ zugeführt, so ist der insgesamt zwischen den Querschnitten $p-p$ und $q-q$ übertragene Wärmestrom

$$\dot{q}_{pq}(dA_t + dA_b) = \dot{q}_t dA_t + \dot{q}_b dA_b$$

oder auf den Mengenstrom $\dot{m}_L$ der trockenen Luft bezogen

$$q_{pq} = \frac{c_p}{\alpha} \frac{dA_t + dA_b}{dA_g} \dot{q}_{pq} \ .$$

Um diesen Wert wird im Polabstand x_Π die Polenthalpie h_Π verschoben, Bild 4.47, wie man leicht aus den Bilanzgleichungen entsprechend Bild 4.45 erkennen kann. Es ist nämlich

$$q_{pq} = h_{\Pi q} - h_{\Pi p}$$

$$x_{\Pi gl} = x_p + \frac{\dot{m}_{Wp}}{\dot{m}_L} = x_q + \frac{\dot{m}_{Wq}}{\dot{m}_L} \qquad\qquad x_{\Pi gn} = x_p - \frac{\dot{m}_{Wp}}{\dot{m}_L} = x_q - \frac{\dot{m}_{Wq}}{\dot{m}_L}$$

mit

$$h_{\Pi p} = h_p + \frac{\dot{m}_{Wp}}{\dot{m}_L} h_{Wp} \qquad\qquad h_{\Pi p} = h_p - \frac{\dot{m}_{Wp}}{\dot{m}_L} h_{Wp}$$

$$h_{\Pi q} = h_q + \frac{\dot{m}_{Wq}}{\dot{m}_L} h_{Wq} \qquad\qquad h_{\Pi q} = h_q - \frac{\dot{m}_{Wq}}{\dot{m}_L} h_{Wq}$$

für Gleichstrom   für Gegenstrom

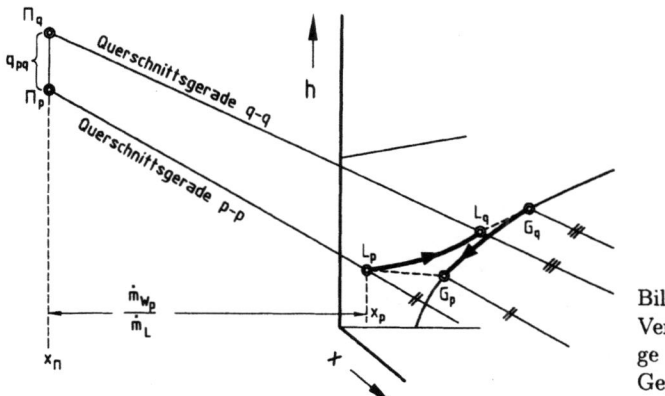

Bild 4.47: Wanderung des Verdunstungspols Π infolge von Wärmezufuhr bei Gegenstrom

Berieselungskühlung

Einen Sonderfall der nichtadiabaten Verdunstung stellt die Berieselungskühlung des Kondensators einer Kältemaschine nach Bild 4.48 dar. Die Temperatur des in den Kondensatorrohren kondensierenden Kältemittels ist entlang des ganzen Apparates konstant

$$T_H = \text{konst} \ . \tag{4.168}$$

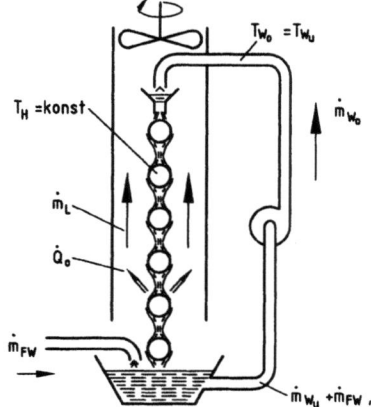

Bild 4.48: Berieselungskondensator mit Wasserumlauf

Das Kühlwasser wird mit einer Umwälzpumpe umgepumpt. Das hat zur Folge, daß oben und unten dieselbe Wassertemperatur herrschen muß[20]

$$T_{W_o} = T_{W_u} \ , \tag{4.169}$$

so daß die Grenzzustände oben und unten (G_u und G_o) ineinander fallen, Bild 4.49. Aus dem gleichen Grunde müssen im h, x-Diagramm die obere und untere Querschnittsgerade zueinander und mit der Nebelisotherme $T_{W_u} = T_{W_o}$ parallel sein.

---

[20] Die geringfügige Frischwassermenge FW möge etwa die Temperatur T_{W_u} haben.

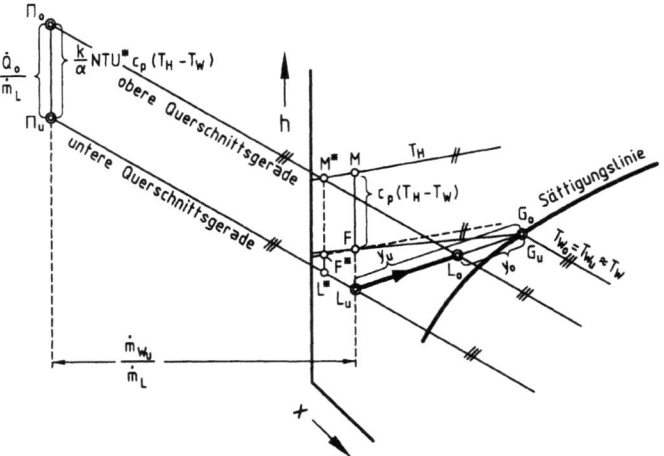

Bild 4.49: Berieselungskühlung im h, x-Diagramm

Die Eintrittsbedingung $T_{W_o} = T_{W_u}$ ist nicht gleichbedeutend mit konstanter Wassertemperatur entlang des Kondensators. Im allgemeinen wird vielmehr T_W veränderlich sein, indem sich das Wasser im oberen Teil zunächst etwas erwärmen wird, um sich im unteren Teil wieder auf die Ausgangstemperatur abzukühlen. Über diesen Temperaturgang des Wassers (und der Luft) kann erst eine eingehende Analyse Auskunft geben. Man kann aber für Überschlagsrechnungen mit einer mittleren Wassertemperatur T_W rechnen, wobei dann der nachfolgend verwendete Wärmedurchgangskoeffizient k auf die mittlere Temperaturdifferenz $(T_H - T_W)$ zu beziehen ist.

Die Kondensationswärme $\dot{Q}_0$ ist dann

$$\dot{Q}_0 = k(T_H - T_W)A \ , \tag{4.170}$$

wenn A die Kondensatorfläche bedeutet.

Erweitert man die Beziehung (4.170) mit dem Faktor $1/\dot{m}_L$ und berücksichtigt, daß bei der Berieselungskühlung die Phasengrenzfläche A_g in etwa der Wärmeübertragungsfläche A entspricht

$$A_g \approx A \ , \tag{4.171}$$

so kann man Gl. (4.170) mit den Gln. (4.152), (4.150) und (4.155) auch in der Form schreiben

$$\frac{\dot{Q}_0}{\dot{m}_L} = \frac{k}{\alpha} NTU^\star c_p(T_H - T_W) \ , \tag{4.172}$$

wobei c_p die spezifische Wärmekapazität der Frischluft L_u ist.

Damit erhält man für den senkrechten Abstand $\overline{L^\star M^\star}$ der oberen und unteren Querschnittsgeraden in Bild 4.49

$$\frac{\overline{F^\star M^\star}}{\overline{L^\star M^\star}} = \frac{\alpha}{k\, NTU^\star} \ . \tag{4.173}$$

Gewöhnlich wird die Kondensationswärme $\dot{Q}_0$ gegeben sein und eine Kondensationstemperatur T_H gewünscht werden. Außerdem ist der Frischluftzustand L_u aufgezwungen. Wählen kann man die Luftmenge $\dot{m}_L$ durch entsprechende Dimensionierung des Lüfters und die umgewälzte Wassermenge $\dot{m}_{W_o}$ durch die Bemessung der Umwälzpumpe. Dann wird sich eine solche Wassertemperatur T_W einstellen, daß die obigen Beziehungen befriedigt werden. Man schätzt zunächst die Wassertemperatur $T_W \approx T_{W_o} = T_{W_u}$, wobei mit diesem Schätzwert die untere Querschnittsgerade und der untere Verdunstungspol Π_u in Bild 4.49 eingezeichnet werden können.

Bei vorgegebener Kondensationswärme $\dot{Q}_0$ und gewählter Luftmenge $\dot{m}_L$ ist dann auch $\dot{Q}_0/\dot{m}_L$ bekannt, womit der obere Pol Π_o in Bild 4.49 zu ermitteln und die obere Querschnittsgerade einzuzeichnen ist. Auf dieser müßte der noch unbekannte obere Luftzustandspunkt L_o liegen. Wären die über den Berieselungskondensator konstant angenommene Wassertemperatur $T_W \approx$ konst und der Punkt $G_o = G_u$ richtig geschätzt, so müßte sich L_u in Richtung auf G_u ändern und L_o im Schnittpunkt der oberen Querschnittsgerade mit der Zustandsänderung $\overline{L_u G_u}$ liegen. Es muß dabei sowohl die Gl. (4.173) befriedigt werden als auch die Beziehung (4.155), welche sich bei unverändertem ziehenden Punkt G zu

$$NTU^\star = \ln(y_o/y_u) \tag{4.174}$$

vereinfacht. Den ziehenden Punkt $G_u = G_o$ muß man daher durch Probieren finden, so daß sowohl Gl. (4.174) als auch Gl. (4.173) erfüllt werden. Dabei brauchen die Querschnittsgeraden nicht jedesmal neu bestimmt zu werden, weil sich auch bei veränderter Steigung der Querschnittsgeraden deren senkrechter Abstand nicht ändert.

Hat man so schließlich den richtigen Punkt $G_o = G_u$ gefunden, so sind wowohl die Wassertemperatur $T_{W_o} = T_{W_u}$ als auch die notwendige Austauschfläche A eindeutig festgelegt.

Nebenbei sei erwähnt, daß man in Bild 4.49 die Pole Π_u und Π_o gar nicht erst zu zeichnen braucht, sondern wegen der Parallelität der beiden Querschnittsgeraden den Betrag $\dot{Q}_0/\dot{m}_L$ irgendwo, z.B. bei L_u nach oben auftragen kann. Der linke Teil des Diagramms wird dann überflüssig.

Luftkühlung durch Berieselungsverdampfer

Wird beim Berieselungsvorgang nach Bild 4.48 nicht ein Kondensator, sondern ein Verdampfer mit der niedrigen Verdampfungstemperatur T_H angeordnet, wobei $T_H < T_W < T_u$ ist, so hat man es mit einem gekühlten Verdunstungsvorgang nach Bild 4.50 zu tun. Es sind hier zwei Betriebsfälle A und B eingetragen, die für dieselbe Verdampfungstemperatur T_H, Kühlleistung $\dot{Q}_0$, Austauschfläche A, Luftmenge $\dot{m}_L$, Wassermenge $\dot{m}_{W_o}$, Wärmeübergangskoeffizienten α und Wärmedurchgangskoeffizienten k, aber für zwei verschiedene Frischluftzustände L_{uA} und L_{uB} gelten mögen. Vernachlässigt man den kleinen Unterschied der Strecken $\overline{F_A M_A}$ und $\overline{F_B M_B}$ (die Isothermen T_W und T_H sind ja nahezu parallel), so gelten für beide Fälle dieselben Verdunstungspole Π_o und Π_u. Dann befriedigt aber dieselbe Wassertemperatur T_W die Bedingungen der beiden Fälle A und B. Wegen

302   4 Stoffgemische

der Parallelität der Querschnittsgeraden sind nämlich die Abstandsverhältnisse $y_{uA}/y_{oA} = y_{uB}/y_{oB}$ und somit nach Gl. (4.150) und (4.154) auch die Austauschflächen gleich, $A_A = A_B$.

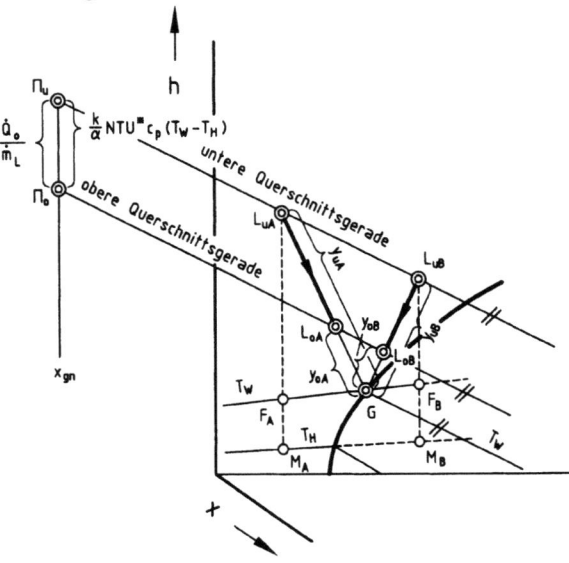

Bild 4.50: Luftkühlung am berieselten Verdampfer; Fall A mit Befeuchtung, Fall B mit Entfeuchtung der Luft bei sonst gleichen Betriebsbedingungen

Man sieht, daß alle Frischluftzustände L_{uA}, L_{uB} usw., die auf einer zur Nebelisothermen T_W parallelen Geraden liegen, die Einstellung derselben Wassertemperatur T_W des umlaufenden Rieselwassers bedingen, bei sonst gleichen Betriebsbedingungen. Der Effekt einer solchen Anordnung äußert sich entweder in einer Abkühlung mit Befeuchtung der Luft (Fall A) oder in einer Abkühlung mit Entfeuchtung derselben (Fall B).

4.2.5 Grundzüge der Trocknungstechnik

Oft wird die Aufgabe gestellt, feuchtes Gut mit nichtgesättigter Luft zu trocknen. Dabei müssen wir unterscheiden zwischen einem Gut, in dem das Wasser nur mechanisch gebunden ist, und einem Gut, das hygroskopisch ist. Bei nur mechanischer Bindung des Wassers bleiben die Siedeeigenschaften unverändert, d.h. der Dampfdruck und die Verdampfungswärme der im Gut enthaltenen Feuchtigkeit entsprechen denen des reinen Wassers. Hygroskopisches Gut ist dadurch gekennzeichnet, daß seine Feuchtigkeit einen Dampfdruck erzeugt, der geringer ist als der Dampfdruck über einer ebenen Wasserfläche gleicher Temperatur. Das wird z.B. dann der Fall sein, wenn das Wasser im Gut kapillar gebunden wird, oder wenn sich Gut und Wasser gegenseitig lösen (z.B. feuchtes Salz, kolloidale Lösung usw.). Über dem hygroskopischen Gut wird die Luftsättigung bereits bei geringeren Dampfdrücken erreicht als über reinem Wasser, was beim Trocknungsvorgang zu berücksichtigen sein wird.

Bei der Trocknung ist es zweckmäßig, zwei Teilvorgänge zu unterscheiden: An denjenigen feuchten Stellen der Oberfläche des Gutes, die der Luft gut zugänglich sind, findet gewöhnliche Verdunstung statt, die eine Auftrocknung der Oberflächenschicht des Gutes zur Folge hat. Dieser eine Teilvorgang löst einen zweiten aus, indem im Innern des Gutes ein Feuchtigkeitsgefälle entsteht, welches eine Wanderung der Feuchtigkeit zur Oberfläche hervorruft. Dieser Vorgang ist vom ersten grundverschieden, denn hier ist die Diffusionsgeschwindigkeit des Dampfes im Gut, oder die Kapillaritätswirkung in porösem Gut ausschlaggebend, während bei der Verdunstung von der Oberfläche in erster Linie der Bewegungszustand der Luft maßgebend ist.

Wir betrachten die Trocknung eines nichthygroskopischen Gutes.

Der Trockenkammer (Bild 4.51) werden $(\dot{m}_G + \dot{m}_W)$ kg/h feuchtes Gut mit der Temperatur T' zugeleitet, wobei $\dot{m}_W$ kg/h den Mengenstrom des aufzutrocknenden Wassers (Gutsfeuchtigkeit) darstellt. Der Kammer werden $\dot{m}_G$ kg/h getrocknetes Gut mit der Temperatur T'' entzogen. Die Trocknung erfolgt so, daß $\dot{m}_L$ kg/h der Luft vom Zustand 1 (x_1, h_1, T_1) der Kammer zugeführt werden, die im Zustand 2 (x_2, h_2, T_2) die Kammer verläßt. Dabei geht der Mengenstrom des aufzutrocknenden Wassers

$$\dot{m}_W = \dot{m}_L(x_2 - x_1) \tag{4.175}$$

in die Trockenluft über. Der Wassergehalt der Luft muß bei der Trocknung zugenommen haben.

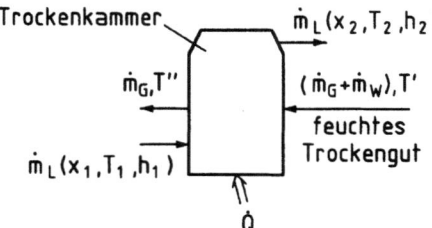

Bild 4.51: Schemabild eines Trockners

Zur Unterstützung der Trocknung wird irgendwo dem Prozeß der Wärmestrom $\dot{Q}$ zugeführt. Die Wärmebilanz lautet

$$\dot{Q} = \dot{m}_L(h_2 - h_1) + \dot{m}_G c(T'' - T') - \dot{m}_W h_W \quad, \tag{4.176}$$

wo c in kJ/(kg K) die spezifische Wärmekapazität des Trocknungsgutes bedeutet, während im letzten Glied h_W die spezifische Enthalpie des Wassers ist. Mit Gl. (4.175) ist dann die je kg aufgetrockneten Wassers erforderliche Wärme

$$\frac{\dot{Q}}{\dot{m}_W} = \frac{h_2 - h_1}{x_2 - x_1} + c\frac{\dot{m}_G}{\dot{m}_W}(T'' - T') - h_W \tag{4.177}$$

oder

$$\frac{\dot{Q}}{\dot{m}_W} = \frac{h_2 - h_1}{x_2 - x_1} + q \quad \text{in kJ/kg} \quad, \tag{4.178}$$

worin das Glied

$$q = c\frac{\dot{m}_G}{\dot{m}_W}(T'' - T') - h_W \tag{4.179}$$

die Erwärmung des Gutes und die Enthalpie der zugeführten Feuchtigkeit erfaßt. Im allgemeinen ist das Glied $q \geq 0$, aber oft so gering ($q \approx 0$), daß man es vernachlässigen kann.

Der Verlauf der Zustandsänderung der Luft im Trockner wird im allgemeinen unbekannt sein. Dessen ungeachtet kann man aus dem bekannten Anfangszustand 1 und Endzustand 2 der Luft sofort den spezifischen Luftverbrauch $\dot{m}_L/\dot{m}_W$ nach Gl. (4.175) und den Wärmeverbrauch $\dot{Q}/\dot{m}_W$ nach (4.178) ermitteln. Im h,x-Diagramm (Bild 4.52) liegt der Zustand 2 nach (4.175) bei

$$x_2 = \frac{\dot{m}_W}{\dot{m}_L} + x_1 \tag{4.180}$$

und zwar in der Richtung

$$\frac{\mathrm{d}h}{\mathrm{d}x} = \frac{h_2 - h_1}{x_2 - x_1} = \frac{\dot{Q}}{\dot{m}_W} - q \approx \frac{\dot{Q}}{\dot{m}_W} \ ,$$

die man mit Hilfe des Randmaßstabes sofort ermitteln kann (Bild 4.52).

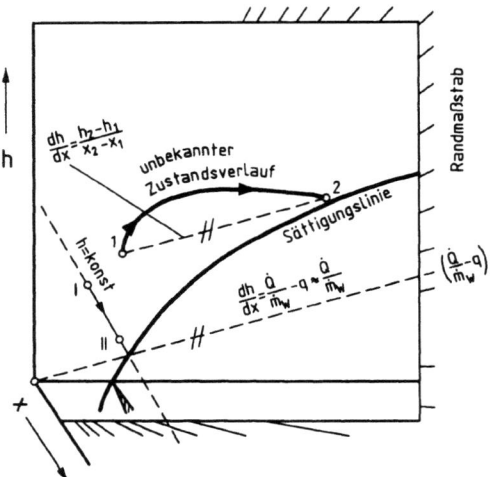

Bild 4.52: Trocknungsvorgang im h, x-Diagramm

Die Linie $\overline{12}$ wird parallel zur Randmaßstabrichtung ($\dot{Q}/\dot{m}_W - q$) gezogen. Je flacher die Linie $\overline{12}$ zu liegen kommt, um so kleiner ist der Wärmeverbrauch, und je weiter 2 rechts liegt, um so geringer der Luftbedarf (kleinere Ventilatorleistung). Den Endzustand 2 der Luft kann man aber bei Entwürfen nicht beliebig wählen. Die Luft kann nur so lange trocknend wirken, solange sie noch nicht gesättigt ist, d.h. solange noch 2 oberhalb der Taulinie bleibt. Aus diesem Grunde kann man bei einer einigermaßen großen Wasseraufnahme ($x_2 - x_1$) die Neigung der Linie $\overline{12}$ und damit auch den Wärmeverbrauch $\dot{Q}/\dot{m}_W$ eines Trockners nicht beliebig klein wählen, mag der Trockner noch so vortrefflich konstruiert werden, es sei denn, daß Maßnahmen getroffen werden, durch welche die verschiedenen Nichtumkehrbarkeiten vermieden werden (s. Abschn.: Die Nichtumkehrbarkeit des Trocknungsvorganges). Nur für den Fall, daß man sehr große Luftmengen in Kauf nimmt, kommt man auch ohne Wärmeverbrauch aus, z.B. bei natürlicher Trocknung in freier Luft, Zustandsrichtung $\overline{I\,II}$ (Bild 4.52) ($dh/dx \approx 0$).

Zur Wärmezufuhr wird technisch die Luft in einem besonderen Vorwärmer erhitzt (Bild 4.53 und 4.54). Die Luft wird bei $x_1 = $ konst auf die Temperatur T_{1v} (Punkt $1v$) vorgewärmt und tritt mit dieser Temperatur in den Trockner. Da im Trockner selbst von außen keine Wärme zugeführt wird ($\dot Q/\dot m_W)_{tr} = 0$, verläuft nach Gl. (4.178) die Zustandsänderung der Luft von $1v$ in der Richtung

$$\frac{h_2 - h_{1v}}{x_2 - x_1} = -q \approx 0 \,, \qquad (4.181)$$

d.h. die Punkte $1v$ und 2 liegen ungefähr auf der gleichen Linie $h_{1v} \approx h_2 = $ konst.

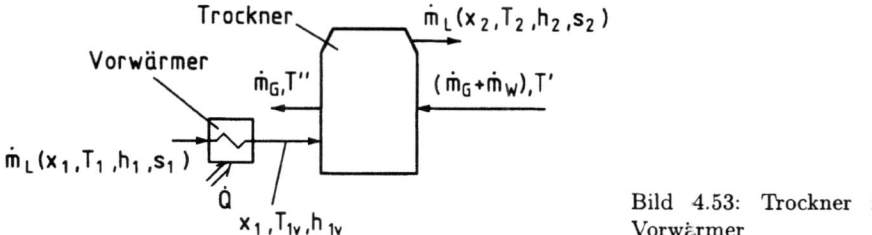

Bild 4.53: Trockner mit Vorwärmer

Der Wärmebedarf zur Auftrocknung von 1 kg Wasser ist dann

$$\frac{\dot Q}{\dot m_W} = \frac{h_{1v} - h_1}{x_2 - x_1} \approx \frac{h_2 - h_1}{x_2 - x_1} \qquad (4.182)$$

(s. die Darstellung in Bild 4.54).

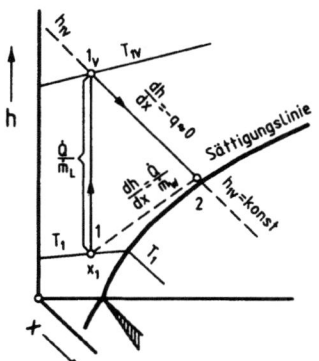

Bild 4.54: Trocknung mit Vorwärmung der Trocknerluft

Treten infolge mangelnder Isolierung des Trockners Wärmeverluste nach außen auf, so sind diese von $\dot Q$ einfach abzuziehen. Die obigen Ausführungen gelten dann wieder streng, wenn an Stelle von $\dot Q$ die um die Wärmeverluste verringerte Heizleistung eingesetzt wird.

Stufentrocknung

Solange das Gut feucht ist, wird seine Temperatur der Kühlgrenze der Luft zustreben. Diejenigen Teile jedoch, die bereits getrocknet sind, können gegen Ende des Trocknungsvorganges annähernd die Temperatur der heißen Eintrittsluft erreichen. Oft ist aber eine zu hohe Temperatur schädlich, was man entweder durch Gleichstrombetrieb oder durch eine Mehrstufentrocknung vermeiden kann. Bei Gleichstrombetrieb wird die heiße Luft im Gegensatz zu Bild 4.53 zuerst dem feuchten Gut zugeführt, so daß das getrocknete Gut beim Verlassen des Trockners mit einer bereits abgekühlten Luft in Berührung steht. Zuverlässiger ist jedoch eine Mehrstufentrocknung nach Bild 4.55, wo hohe Temperaturen überhaupt vermieden werden, und man trotzdem mit geringen Luftmengen und kleinem Wärmeverbrauch auskommt. Das feuchte Gut wird der Reihe nach den einzelnen Trocknungsstufen zugeführt, während die Luft entweder im Gegenstrom (wie in Bild 4.55) oder im Gleichstrom mit dem Gut geführt und vor jeder Trockenstufe von neuem erwärmt wird.

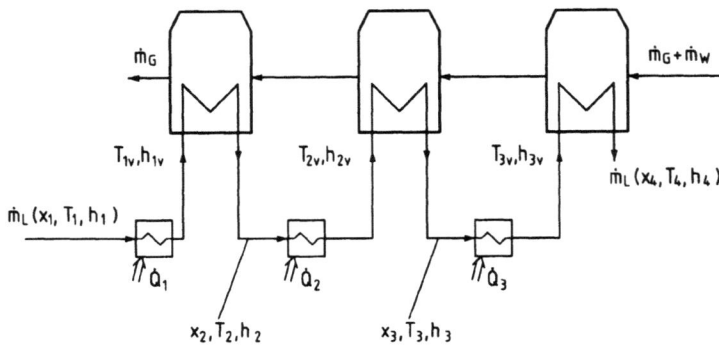

Bild 4.55: Stufentrockner

In Bild 4.56 ist der Verlauf der Zustandsänderung der Luft eingezeichnet. Die Vorwärmung erfolgt jeweils bis zu der zulässigen Temperatur T_v (Punkte $1_v, 2_v, 3_v$), woraus sich die Austrittszustände 2, 3, 4 der Luft an den Linien $h = $ konst ergeben.

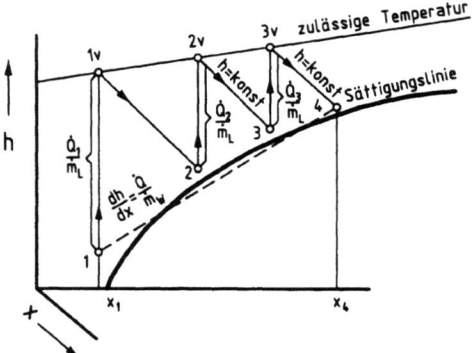

Bild 4.56: Stufentrocknung im h, x-Diagramm

Auch hier liegen 2, 3, 4 um so näher der Taulinie, je größer die Austauschoberfläche zwischen Gut und Luft ist, und je besser der Stoffaustausch ist. Der Abstand der Punkte 2, 3, 4 von der Taulinie wird also durch die konstruktive Ausführung des Trockners und durch den Bewegungszustand der Luft wesentlich beeinflußt.
Der Gesamtwärmeverbrauch ist nach Gl. (4.178)

$$\frac{\dot{Q}}{\dot{m}_W} = \frac{\dot{Q}_1 + \dot{Q}_2 + \dot{Q}_3}{\dot{m}_W} \approx \frac{h_4 - h_1}{x_4 - x_1} \tag{4.183}$$

durch die Zustände der Luft bei Ein- und Austritt bestimmt, ohne Rücksicht auf die Zwischenvorgänge. Die in den einzelnen Vorwärmern zuzuführenden Wärmemengen können, wie eingezeichnet, aus dem Diagramm entnommen werden.
Bei der Stufentrocknung ist der Wärmebedarf kleiner als bei einfacher Trocknung, vorausgesetzt, daß in beiden Fällen die gleiche Höchsttemperatur der Luft zugelassen wird. Die Linie $\overline{14}$ liegt nämlich flacher als die Linie $\overline{12}$ des einfachen Trockners.

Umlufttrocknung

Empfindliches Gut verlangt manchmal, daß der Zustand der Trocknungsluft, insbesondere deren Wassergehalt, nicht durch das Wetter oder durch die Jahreszeiten beeinflußt wird. Dieser Forderung kann durch die Anordnung des Bildes 4.57 Rechnung getragen werden.

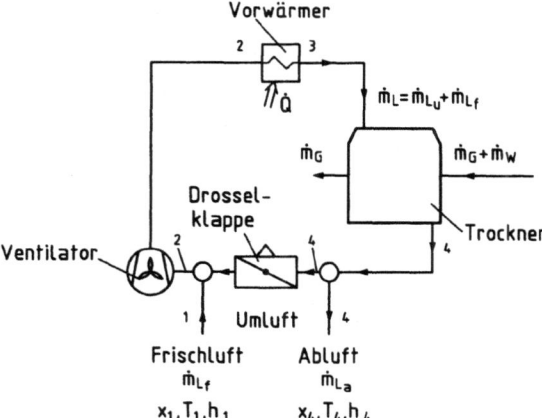

Bild 4.57: Umlufttrockner

Der Ventilator wälzt eine große Luftmenge $\dot{m}_L$ vom Zustand 2 um, die im Vorwärmer bis 3 erwärmt wird (Bild 4.58). Nach erfolgter Trocknung des Gutes verläßt die Umluft den Trockner mit dem Zustand 4. Davon wird nur ein Teil als Abluft $\dot{m}_{L_a}$ in die Umgebung geblasen, die restliche Umluft $\dot{m}_{L_u} = \dot{m}_L - \dot{m}_{L_a}$ wird mit Frischluft $\dot{m}_{L_f} = \dot{m}_{L_a}$ vom Zustand 1 gemischt, wobei man die Trocknungsluft $\dot{m}_L = \dot{m}_{L_u} + \dot{m}_{L_f}$ mit dem Zustand 2 gewinnt, die wieder in den Vorwärmer geschickt wird. Punkt 2 liegt auf der Mischgeraden $\overline{14}$, und teilt diese im Verhältnis der Mengenströme $\dot{m}_{L_u}$ und $\dot{m}_{L_f}$ (Bild 4.58). Auch hier wird der Wärmeverbrauch $\dot{Q}/\dot{m}_W$ nur durch den Anfangs- und Endzustand der Luft, d.h. durch die Richtung der Geraden $\overline{14}$ bestimmt.

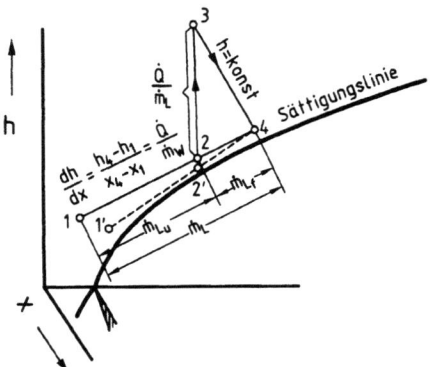

Bild 4.58: Umlufttrocknung im h, x-Diagramm

Die erforderlichen Luftmengen sind

die Frischluftmenge

$$\dot{m}_{L_f} = \frac{\dot{m}_W}{x_4 - x_1} \;,$$

die Trocknungsluftmenge

$$\dot{m}_L = \frac{\dot{m}_W}{x_4 - x_2} \;.$$

Der Frischluftzustand 1 kann infolge der Witterungsverhältnisse sehr schwanken. Will man dennoch am Eingang des Trockners denselben Luftzustand haben, so muß nur die Drosselklappe in Bild 4.57 etwas verstellt und die Heizung nachgeregelt werden. So z.B. ergibt sich aus der Mischregel bei dem neuen Zustand 1' der Frischluft ein anderes Verhältnis

$$\frac{\dot{m}_{L'_f}}{\dot{m}_L} = \frac{\overline{2'4}}{\overline{1'4}} \;,$$

welches durch die Drosselklappe sehr leicht eingestellt wird. Je weiter im Diagramm der Punkt 4 nach rechts rückt, um so geringer wird der Wärmeverbrauch.

Wärmerückgewinnung

Man kann den Wärmeverbrauch bei der Trocknung vermindern, wenn man die Enthalpie der abziehenden Luft zur Vorwärmung der Frischluft verwendet (Bild 4.59 und 4.60). Im Wärmerückgewinner kann die Frischluft (Zustand 1) bestenfalls bis zur Temperatur T_2 erwärmt werden; sie nimmt dabei je kg Trockenluft die Wärme

$$\frac{\dot{Q}_r}{\dot{m}_L} = h_{1r} - h_1$$

auf. Diese Wärme wird von der abziehenden Luft 2 abgegeben, wobei

$$\frac{\dot{Q}_r}{\dot{m}_L} = h_2 - h_3 \qquad (4.184)$$

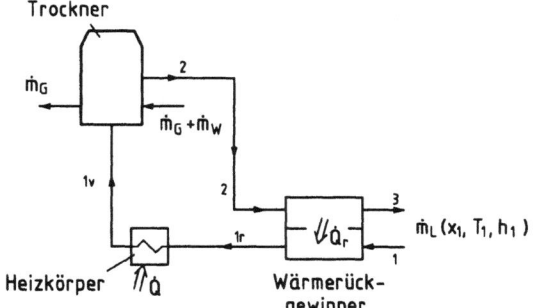

Bild 4.59: Trockner mit Wärmerückgewinnung

ist. Man sieht, daß $T_3 > T_1$ ist, d.h. mit der Abluft geht auch in diesem Falle ein ziemlich großer Teil der Heizwärme verloren. Immerhin ist der Wärmestrom $\dot{Q}$ um $\dot{Q}_r$ geringer als ohne Wärmerückgewinnung. Die Verhältnisse werden jedoch in der Praxis nicht so günstig wie in Bild 4.60 dargestellt, da des schlechten Wärmeüberganges wegen die Temperatur T_{1r} gewöhnlich wesentlich niedriger als T_2 sein muß $T_{1r} < T_2$.

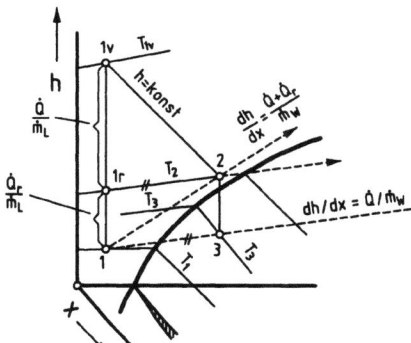

Bild 4.60: Wärmerückgewinnung im h, x-Diagramm

Trocknungsgeschwindigkeit

Solange das zu trocknende Gut bis an seine Oberfläche gleichmäßig mit der Gutsfeuchte durchtränkt ist, wird die Trocknungsgeschwindigkeit wesentlich durch die Verdunstung an der Oberfläche, d.h. durch den Wärme- und Stoffaustausch zwischen dem zu trocknenden Gut und der Trocknungsluft bestimmt. Diese Phase des Trocknungsvorgangs bezeichnet man als den I. Trocknungsabschnitt[21].
In dieser wichtigen Hauptphase der Trocknung des nassen Gutes sei das Trocknungsgut bereits einigermaßen durchtemperiert, und seine Oberflächentemperatur T_g ändere sich nicht. Die anliegenden Luftteilchen sind praktisch gesättigt, $x_g \approx$ konst. Dann bleibt der ziehende Punkt G während des gesamten Trocknungsvorganges unverändert. Ändert sich dabei der Wassergehalt der Trocknungsluft von

---
[21] MERSMANN A (1980) Thermische Verfahrentechnik. Springer Verlag, Berlin, Heidelberg, New York

x_1 nach x_2, so erhält man die für die aufzutrocknende Wassermenge

$$\dot{m}_W = \dot{m}_L(x_2 - x_1)$$

notwendige Trocknerfläche A aus (4.150), (4.152) und (4.154) für $\sigma c_p/\alpha = 1$ zu

$$A = \frac{\dot{m}_L}{\sigma} \ln \frac{y_1}{y_2} = \frac{\dot{m}_L}{\sigma} \ln \frac{x_g - x_1}{x_g - x_2} \; .$$

Damit erhält man die je m² Trocknerfläche aufzutrocknende Wassermenge

$$\frac{\dot{m}_W}{A} = \frac{\sigma(x_2 - x_1)}{\ln \frac{x_g - x_1}{x_g - x_2}} = -\sigma(x_g - x_1) \frac{(x_2 - x_1)(x_g - x_1)}{\ln\left(1 - \frac{x_2 - x_1}{x_g - x_1}\right)} \; .$$

Mit zunehmender Annäherung des Zustandes 2 der Trocknungsluft an den Grenzzustand G ($x_2 \to x_g$) geht dieser Quotient gegen null, weil für $x_2 = x_g$ die Trocknerfläche über alle Grenzen zunehmen müßte. Ändert sich dagegen der Wassergehalt der Luft nur wenig im Verhältnis zum Grenzabstand

$$x_2 - x_1 \ll x_g - x_1 \; ,$$

so strebt der Quotient in W/A gegen den Grenzwert

$$\left(\frac{\dot{m}_W}{A}\right)_{\max} = \sigma(x_g - x_1) \; ,$$

welcher durch keine Steigerung des Luftmengenstromes $\dot{m}_L$ überschritten werden kann. In diesem Fall muß zur Steigerung der Trocknerleistung $\dot{m}_W$ die Trocknungsfläche A vergrößert werden, sei es durch zweckmäßigere räumliche Verteilung des Trocknungsgutes, sei es durch Vergrößerung des Trockners. In gleichem Sinne wirkt auch eine Vergrößerung des Stoffaustauschkoeffizienten σ, etwa durch eine höhere Strömungsgeschwindigkeit der Trocknungsluft.

Nichtumkehrbarkeit des Trocknungsvorganges

Der Trocknungsvorgang ist immer nichtumkehrbar, weswegen er mit merklichen Verlusten verknüpft ist. Diese kommen in dem hohen Wärmeverbrauch einer Trocknungseinrichtung zum Vorschein. Die Aufgabe des Wärmeingenieurs wird u.a. auch darin liegen, die Nichtumkehrbarkeiten des Trocknungsvorganges zu verringern.
Mit Hilfe von Entropiebilanzen kann man die einzelnen Nichtumkehrbarkeiten und die durch diese verursachten Verluste auch zahlenmäßig erfassen, so daß man Hinweise auf diejenigen Teile der Trocknungsvorrichtung bekommen kann, in welchen die größten Verluste auftreten und die am ehesten verbessert werden sollen.
Betrachtet man die Entropien der Stoffe, die dem Trockner in Bild 4.53 zugeführt und entzogen werden, so muß die Summe der Entropien der entzogenen Stoffe größer als die der zugeführten sein, wobei man natürlich die Entropieänderung des heizenden Mittels (z.B. des Heizdampfes) nicht außer acht lassen darf. Die Entropie der Trockenluft nimmt je kg Trockenluft von s_1 auf s_2 zu. Zur Aufrechterhaltung

des Trocknungsvorganges gibt ein Heizmittel (Heizdampf) die Heizleistung $\dot{Q}$ ab, wobei dessen zeitliche Entropieabnahme $\Delta \dot{S}_h$ beträgt. Findet die Wärmeabgabe bei überwiegend unveränderlicher Temperatur T_h des Heizmittels statt, so ist

$$\Delta \dot{S}_h = \frac{\dot{Q}}{T_h} \; , \qquad (4.185)$$

andernfalls ist mit der thermodynamischen Mitteltemperatur T_h des Heizmittels zu rechnen. Mit Gl. (4.182), (4.175) und (4.178) ist die Entropieabnahme des Heizmittels je kg Trockenluft

$$\Delta s_h = \frac{\Delta \dot{S}_h}{\dot{m}_L} = \frac{h_{1v} - h_1}{T_h} = \frac{h_2 - h_1}{T_h} + \frac{q}{T_h}\frac{\dot{m}_W}{\dot{m}_L} \approx \frac{h_2 - h_1}{T_h} \; . \qquad (4.186)$$

Die Entropie des Trocknungsgutes ist vor dem Trockner $\dot{m}_G s' + \dot{m}_W s_W$, nach dem Trocknen $\dot{m}_G s''$, wobei s' und s'' die Entropien des wasserfreien Trocknungsgutes je kg Reingut und s_W die Entropie je kg des aufzutrocknenden Wassers bedeuten[22]. Dann ist die durch Nichtumkehrbarkeiten hervorgerufene Entropieproduktion je kg Trockenluft

$$s_{pr} = \frac{\dot{S}_{pr}}{\dot{m}_L} = s_2 - s_1 - \Delta s_h + \frac{\dot{m}_G}{\dot{m}_L}(s'' - s') - \frac{\dot{m}_W}{\dot{m}_L} s_W \qquad (4.187)$$

und je 1 kg aufzutrocknenden Wassers

$$\frac{\dot{S}_{pr}}{\dot{m}_W} = s^\star_{pr} = \frac{s_{pr}}{x_2 - x_1} = \frac{s_2 - s_1}{x_2 - x_1} - \frac{\Delta s_h}{x_2 - x_1} + \frac{\dot{m}_G}{\dot{m}_W}(s'' - s') - s_W \; . \qquad (4.188)$$

Hieraus erhält man mit Gl. (4.186), (4.176) und (4.179)

$$\frac{\dot{S}_{pr}}{\dot{m}_W} = s^\star_{pr} = \frac{s_2 - s_1}{x_2 - x_1} - \frac{h_2 - h_1}{x_2 - x_1}\frac{1}{T_h} - \frac{q}{T_h} - \left\{ s_W - \frac{\dot{m}_G}{\dot{m}_W}(s'' - s') \right\} \; . \qquad (4.189)$$

Ist nach Gl. (4.179) $q \approx 0$, so wird auch die Entropieänderung des Trocknungsgutes vernachlässigbar klein sein, und der Klammerausdruck reduziert sich auf die Entropie s_W des aufzutrocknenden Wassers

$$\left\{ s_W - \frac{\dot{m}_G}{\dot{m}_W}(s'' - s') \right\} \approx s_W \; . \qquad (4.190)$$

Zeichnet man den Trocknungsvorgang aus dem h,x-Diagramm (Bild 4.54) in das Entropie-Zusammensetzungs-(s,x)-Diagramm (Bild 4.61) um, so stellt das Glied $(s_2 - s_1)/(x_2 - x_1)$ aus Gl. (4.189) den Neigungskoeffizienten der Verbindungsgeraden $\overline{12}$ des Anfangs- und Endzustandes dar.
Man kann ähnlich wie im h,x-Diagramm (Bild 4.54) einen Randmaßstab zum Ablesen dieser Koeffizienten anbringen. Den Wert von $(s_2 - s_1)/(x_2 - x_1)$ ermittelt

---

[22]Dies gilt in dieser einfachen Form nur für Trocknungsgut, bei dem das im Gut enthaltene Wasser lediglich mechanisch gebunden ist.

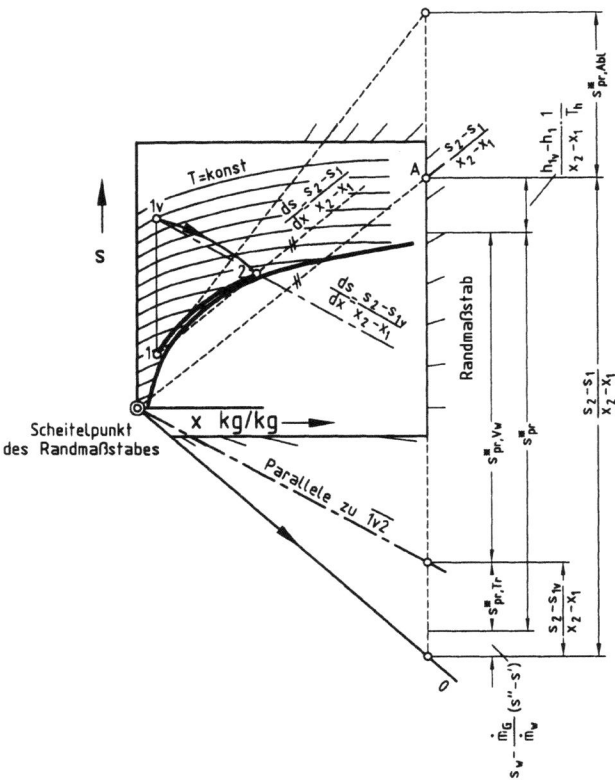

Bild 4.61: Ermittlung der Einzelverluste beim Trocknen

man dann durch Ziehen einer Parallelen zu $\overline{12}$ durch den Scheitelpunkt des Randmaßstabes (s. Bild 4.61) und erhält Punkt A. Zieht man davon die Strecken

$$\frac{\Delta s_h}{x_2 - x_1} = \frac{h_{1v} - h_1}{x_2 - x_1}\frac{1}{T_h} = \left(\frac{h_2 - h_1}{x_2 - x_1} + q\right)\frac{1}{T_h}$$

und

$$s_W - \frac{\dot{m}_G}{\dot{m}_W}(s'' - s')$$

ab, so gewinnt man nach (4.189) die Entropieproduktion $s_{pr}^\star$, die ein unmittelbares Maß für die Wärmevergeudung, die durch die Nichtumkehrbarkeiten verursacht wird, darstellt[23].

---

[23]siehe hierzu den Abschn. 5.2.4. Wärmeverbrauch und Nichtumkehrbarkeit des Zerlegungsvorgangs. Dort wird gezeigt, daß die infolge von Nichtumkehrbarkeiten verursachten Heizwärmeverluste, die sog. „Wärmepoenalien" durch

$$q_p = T_u \frac{T_h}{T_h - T_u} s_{pr}$$

gegeben sind, wobei T_h die Temperatur des Heizmediums, T_u die Umgebungstemperatur und

4.2 Feuchte Luft als Zweistoffgemisch

Man kann bei der Trocknung auch die einzelnen Teilvorgänge auf ihre Güte prüfen, so z.B. den Trocknungsvorgang selbst, die Zustandsänderung $\overline{1_v 2}$ (Bild 4.54 und 4.61). Es ist hier die Entropiezunahme $s^\star_{pr,Tr}$ infolge von Nichtumkehrbarkeiten bei dem eigentlichen Trocknen, gerechnet auf 1 kg aufgetrocknetes Wasser

$$s^\star_{pr,Tr} = \frac{s_2 - s_{1v}}{x_2 - x_1} + \frac{\dot{m}_G}{\dot{m}_W}(s'' - s') - s_W \ .$$

Man findet mit Hilfe der Zustandspunkte $1v$ und 2 des s,x-Diagramms den Wert $(s_2 - s_{1v})/(x_2 - x_1)$ am Randmaßstab, zieht davon

$$s_W - \frac{\dot{m}_G}{\dot{m}_W}(s'' - s')$$

ab (welches Glied oft der Entropie s_W des aufzutrocknenden Wassers gleich ist) und erhält die gesuchte Entropieproduktion $s^\star_{pr,Tr}$ je 1 kg aufgetrockneten Wassers. Nach ähnlichen Überlegungen wie im Abschn. 4.2.4 werden die Entropieproduktion $s^\star_{pr,Tr}$ und damit die Nichtumkehrbarkeit um so geringer, je näher der Punkt $1v$ an der Sättigungslinie des h,x-Diagramms liegt.

Die Differenz $s^\star_{pr} - s^\star_{pr,Tr}$ stellt die Entropieproduktion $s^\star_{pr,Vw}$ im Vorwärmer dar, ebenfalls je kg des aufzutrocknenden Wassers. Nach Bild 4.61 macht diese den überwiegenden Teil der gesamten Entropieproduktion aus. Dies ist im wesentlichen darauf zurückzuführen, daß die Temperatur T_h des Heizmittels sehr viel höher angenommen wurde als die Temperatur der aufzuheizenden Luft, wie das z.B. bei gasbeheizten Trocknern der Fall ist.

Die Entropieproduktion $s^\star_{pr,Abl}$ infolge der Vermischung der Abluft 2 mit der Umgebungsluft 1 erhält man im s,x-Diagramm, Bild 4.61, auf folgende Weise: Da die Umgebungsluft in beliebigen Mengen zur Verfügung steht, so liegt der Mischungszustand der Abluft 2 mit der Umgebungsluft 1 im h,x-Diagramm, Bild 4.54, auf der Mischgeraden $\overline{12}$ sehr nahe am Punkt 1. Überträgt man die Mischgerade aus dem h,x-Diagramm Punkt für Punkt in das s,x-Diagramm, so erhält man dort eine leicht gekrümmte Linie, welche die Punkte 1 und 2 verbindet. An diese zeichne man im Punkt 1 die Tangente; deren Steigung $(ds/dx)_1$ bestimmt die Entropieproduktion der Vermischung

$$s^\star_{pr,Abl} = \left(\frac{ds}{dx}\right)_1 - \frac{s_2 - s_1}{x_2 - x_1}$$

je kg des aufzutrocknenden Wassers. Da die Verbindungslinie der Punkte 1 und 2 im s,x-Diagramm nur sehr schwach gekrümmt ist, unterscheidet sich deren Steigung im Punkt 1 nur wenig von der Verbindungsgeraden $(s_2 - s_1)/(x_2 - x_1)$. Infolgedessen sind auch die Verluste durch die Abluftvermischung verhältnismäßig klein (beträchtlich kleiner als in dem nicht maßstäblich gezeichneten Bild 4.61 dargestellt).

---

s_{pr} die Entropieproduktion bedeuten. Beim Trocknungsvorgang ist die Summe aller dieser Heizwärmeverluste i.a. sogar größer als der Wärmebedarf nach Gl. (4.182). Das wird verständlich, wenn man bedenkt, daß die ungesättigte Luft und das aufzutrocknende Wasser eigentlich zur Arbeitsleistung herangezogen werden könnten, wenn das Wasser auf umkehrbare Weise in die Umgebungsluft verdunsten würde. Nicht nur, daß man in dem Trockner diese Arbeit (bzw. die entsprechende Heizwärme) nicht gewinnt, sondern zusätzlich noch die Heizwärme nach Gl. (4.182) verbraucht!

4.2.6 Feuchte Luft bei verschiedenen Drücken

Bei einer Reihe von Problemen ändert sich außer Temperatur und Feuchte auch noch der äußere Druck. Hierzu gehört z.B. die Bestimmung des Taupunktes bei Druckluft, die Bewetterung von Kohlegruben in sehr großen Teufen, die Wolkenbildung im Gebirge und viele andere.

Will man auch solche Prozesse in Enthalpie- und Entropiezusammensetzungs-Diagrammen verfolgen, so muß man diese auf andere Drücke erweitern. Dies ist für das h,x-Diagramm von MOLLIER sehr einfach, denn solange man die ungesättigte, feuchte Luft als ein ideales Gas auffassen kann, bleibt ihre Enthalpie vom Druck unabhängig. Somit ist das Isothermennetz im Gebiet der ungesättigten Luft für verschiedene Drücke gleich dem für 1 bar. Man muß nur jeweils nach Gl. (4.18) die Sättigungslinien neu berechnen und einzeichnen[24]. Dadurch wird auch das Netz der Nebelisothermen für jeden Druck anders liegen. Jedoch läßt sich jede Nebelisotherme für einen anderen Druck leicht einzeichnen, indem man die im Diagramm für den Druck 1 bar eingetragenen Nebelisothermen in den Schnittpunkt der Isothermen für ungesättigte Luft und der Sättigungslinie für den neuen Druck parallel verschiebt.

Für die Entropie gilt im Bereich ungesättigter Luft die Gl. (4.49), d.h. die Isothermen für einen anderen Druck p als der Bezugsdruck p_0 sind um

$$R_L \left(1 + \frac{x_d}{M_W/M_L}\right) \ln \frac{p}{p_0} \qquad (4.191)$$

verschoben und zwar in der Richtung, daß dem kleineren Druck die größeren Entropiewerte zukommen. Infolge der Abhängigkeit vom Dampfgehalt x_d sind die Isothermennetze für einen anderen Druck nicht nur parallel verschoben, sondern auch noch fächerartig gespreizt.

Für verschiedene Drücke können analog zum h,x-Diagramm auch im s,x-Diagramm die Sättigungslinien eingezeichnet werden, auf denen die Punkte konstanter Sättigungstemperatur zu „Sättigungsisothermen" verbunden werden können, Bild 4.62. Damit, sowie mit dem für 1 bar eingetragenen Isothermennetz und der Beziehung (4.191) können beliebige Isothermen der ungesättigten Luft relativ schnell eingezeichnet werden.

Zum schnellen Auffinden der Nebelisothermen ist wie im h,x-Diagramm ein Randmaßstab vorgesehen, der die Steigung der Nebelisothermen angibt.

Im folgenden werden einige Beispiele für die Anwendung dieser Diagramme gegeben.

---

[24] Im Bild 4.4 wurden so einige Sättigungslinien für Unterdruck eingezeichnet. Sättigungslinien für Drücke größer als 1 bar lassen sich dagegen mit Hilfe der Linien konstanter relativer Feuchte φ leicht bestimmen. Nach Gl. (4.17) und (4.19) ist nämlich $x_d = 0,622 p_s/(p/\varphi - p_s)$. Die Sättigungslinie $\varphi = 1$ für den höheren Druck p fällt danach mit der Linie konstanter relativer Feuchte φ_0 beim Druck p_0 zusammen; $\varphi_0 = p_0/p$.

4.2 Feuchte Luft als Zweistoffgemisch 315

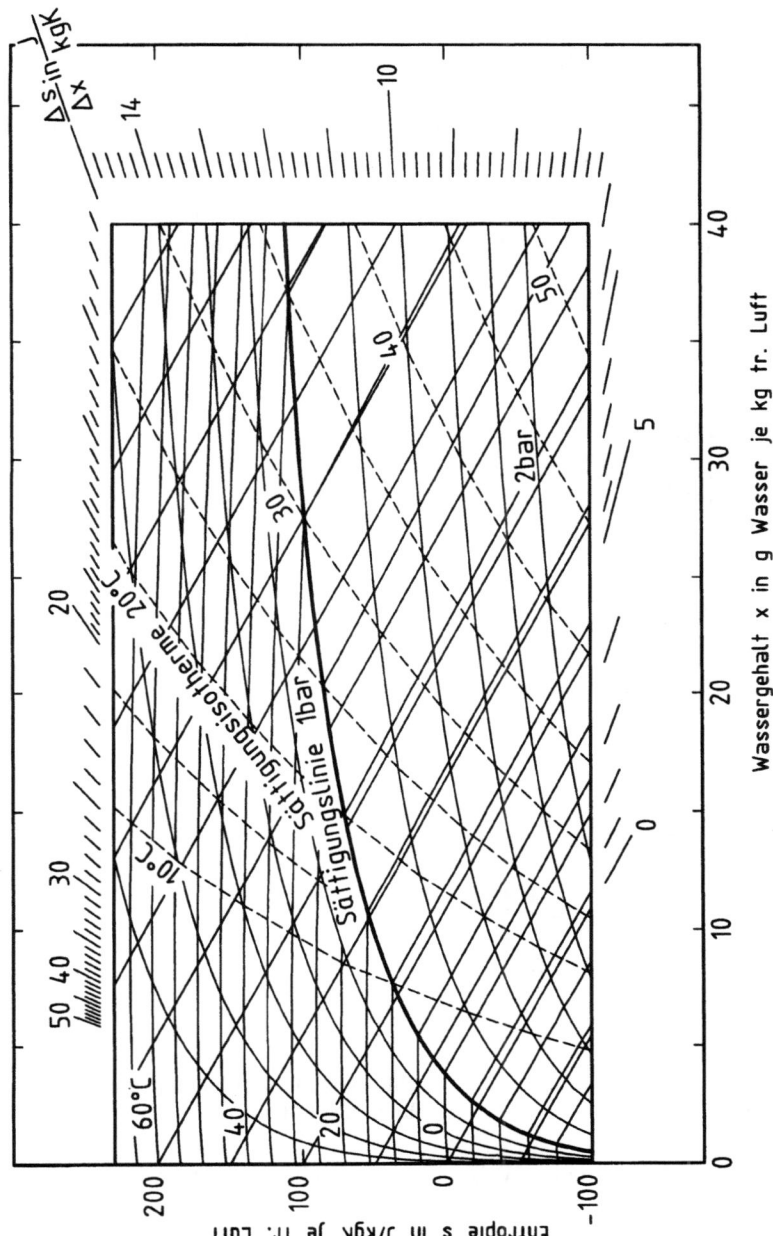

Bild 4.62: s, x-Diagramm für feuchte Luft mit Isothermennetz für den Druck $p_0 = 1$ bar und Sättigungslinien für verschiedene Drücke. Die gestrichelt eingezeichneten „Sättigungsisothermen" verbinden Punkte gleicher Temperatur auf den Sättigungslinien.

4 Stoffgemische

Aufsteigende Luftmassen und Wolkenbildung

Feuchte Luft, die an der Erdoberfläche bei $p_1 = 1$ bar die Temperatur T_1 und den Wassergehalt x_1 hat (Punkt 1, Bild 4.63), steigt in die Höhe, wo der kleinere Luftdruck p_2 herrscht. Infolge der Verringerung des Luftdruckes dehnt sich die Luft aus, was überwiegend adiabatisch erfolgt, da von keiner Seite Wärme zugeführt wird und auch die geringe Absorption der Sonnenstrahlung in der verhältnismäßig kurzen Aufstiegszeit keine Rolle spielt. Bei adiabatischer Expansion ändert sich die Entropie nicht, so daß der in größerer Höhe beim Druck p_2 erreichte Zustandspunkt 2 des s,x-Diagramms mit dem Punkt 1 zusammenfallen muß.

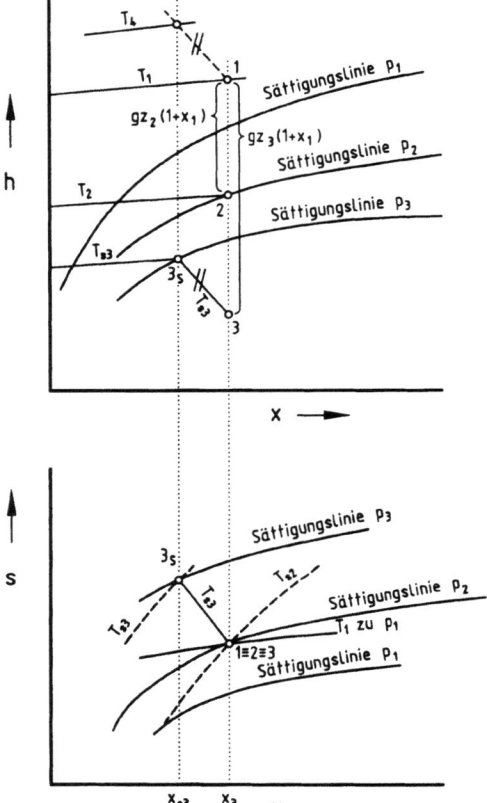

Bild 4.63: Wolkenbildung und Entstehung des Föhns

In welcher Höhe z_2 fängt die erste Wolke an sich zu bilden? Dort, wo ein solcher Luftdruck p_2 herrscht, daß die Sättigungslinie für p_2 gerade durch Punkt 1 verläuft. Diese Sättigungslinie kann man aus dem s,x-Diagramm des Bildes 4.63 sofort ermitteln und darauf die Sättigungstemperatur T_{s2} ablesen. Diese überträgt man in das h,x-Diagramm. Nach dem Ersten Hauptsatz muß die Änderung der Enthalpie gleich der Änderung der potentiellen Energie sein

$$h_1 - h_2 = gz_2(1 + x_1) \ . \tag{4.192}$$

Aus Gl. (4.192) läßt sich dann die Höhe z_2 der Basis der Wolkendecke bestimmen. Man erkennt, daß diese Höhe sowohl von der Temperatur als auch vom Sättigungsgrad der Luft am Erdboden abhängig ist. Darüber hinaus sieht man, daß z.B. im Gebirge scheinbar unbewegte oder nur wenig bewegte Wolken keinesfalls als Zeichen für ruhige Luft dienen können, sondern daß sie im Gegenteil meistens auf eine mehr- oder weniger stark auf- oder abwärtsgerichtete Luftströmung hinweisen.

Steigt die Luft in noch größere Höhen, z.B. auf die Höhe z_3, so kondensiert immer mehr flüssiges Wasser aus und kann als Regen niedergehen. Wieviel Regen kann bis zur Höhe z_3 höchstens abgeschieden werden? Hierzu tragen wir im h, x-Diagramm von 1 aus die Strecke $gz_3(1 + x_1)$ nach unten ab und erhalten die Enthalpie h_3. Wir kennen nur noch nicht den dazugehörigen Druck. Um ihn zu finden, schätzen wir zunächst die Temperatur T_{s3} und zeichnen sowohl im s, x- als auch im h, x-Diagramm die Nebelisotherme durch den Zustandspunkt 3. Sodann versuchen wir durch Parallelverschiebung denjenigen Wassergehalt x_{s3} zu finden, bei dem die Nebelisotherme zugleich die Isotherme $T_3 = T_{s3}$ im h, x-Diagramm als auch die Sättigungsisotherme T_{s3} im s, x-Diagramm schneidet. Der so gefundene Punkt 3_s stellt den Zustand der abgeregneten Luft dar. Durch ihn ist auch der Druck p_3 festgelegt.

Steigt die Luft in größere Höhen, so kann es vorkommen, daß der Punkt 3 in das Eisnebelgebiet fällt ($\vartheta_3 < 0$ °C). In diesem Fall kann Schnee oder Hagel entstehen. Sinkt die so getrocknete Luft wieder auf ihre ursprüngliche Höhe herab, indem sie z.B. hinter dem Gebirge, durch welches sie zum Aufsteigen gezwungen wurde, wieder zu Tal strömt, so wird sie hier wieder auf den ursprünglichen Druck p_1 verdichtet und die potentielle Energie $gz_3(1 + x_{s3}) \approx gz_3(1 + x_1)$ wieder zurückgewonnen. Dabei kommt die Luft in der Niederung hinter dem Gebirge mit einer wesentlich höheren Temperatur T_4 an, als sie aus der gleichhoch liegenden Ebene vor dem Gebirge aufgestiegen war, ohne daß ihr von außen Wärme zugeführt worden wäre. Diese Erscheinung ist als Föhn bekannt.

Kompressorkühlung durch Wassereinspritzung

Spritzt man bei Luftverdichtern in die zu komprimierende Luft fein verteiltes Wasser ein, so wird dieses durch seine Verdampfungswärme die adiabatische Temperatursteigerung wesentlich hemmen. Dadurch wird die erforderliche Verdichtungsarbeit je Trockenluft merklich kleiner als bei einem gewöhnlichen, adiabatisch arbeitenden Kompressor. Das kann man anhand der h, x- und s, x-Diagramme sehen.

Der Kompressor sauge beim Druck p die Luft vom Zustand 1 an, Bild 4.64, um sie auf den höheren Druck p_h zu verdichten. Vor dem Verdichten wird eine bestimmte Wassermenge $\dot{m}_W$ von der Temperatur T_W in die Saugleitung eingespritzt, wobei der Zustand 2 beim Druck p erreicht werden mag. Es ist dabei $\dot{m}_W/\dot{m}_L = x_2 - x_1$, und der Punkt 2 liegt im h, x-Diagramm, Bild 4.65, auf der Geraden durch 1, welche die Neigung $dh/dx = h_W$ hat. Durch Übertragung findet man den entsprechenden Zustandspunkt 2 auch im unteren s, x-Diagramm. Bei der adiabatischen Kompression dieser nassen Luft wird der Zustand 3 erreicht, wobei die Punkte 2 und 3 im s, x-Diagramm ineinanderfallen, da bei isentroper Verdichtung $s_2 = s_3$ sein muß. Die Temperatur T_3 am Ende der Kompression findet man im s, x-Diagramm indem

318   4 Stoffgemische

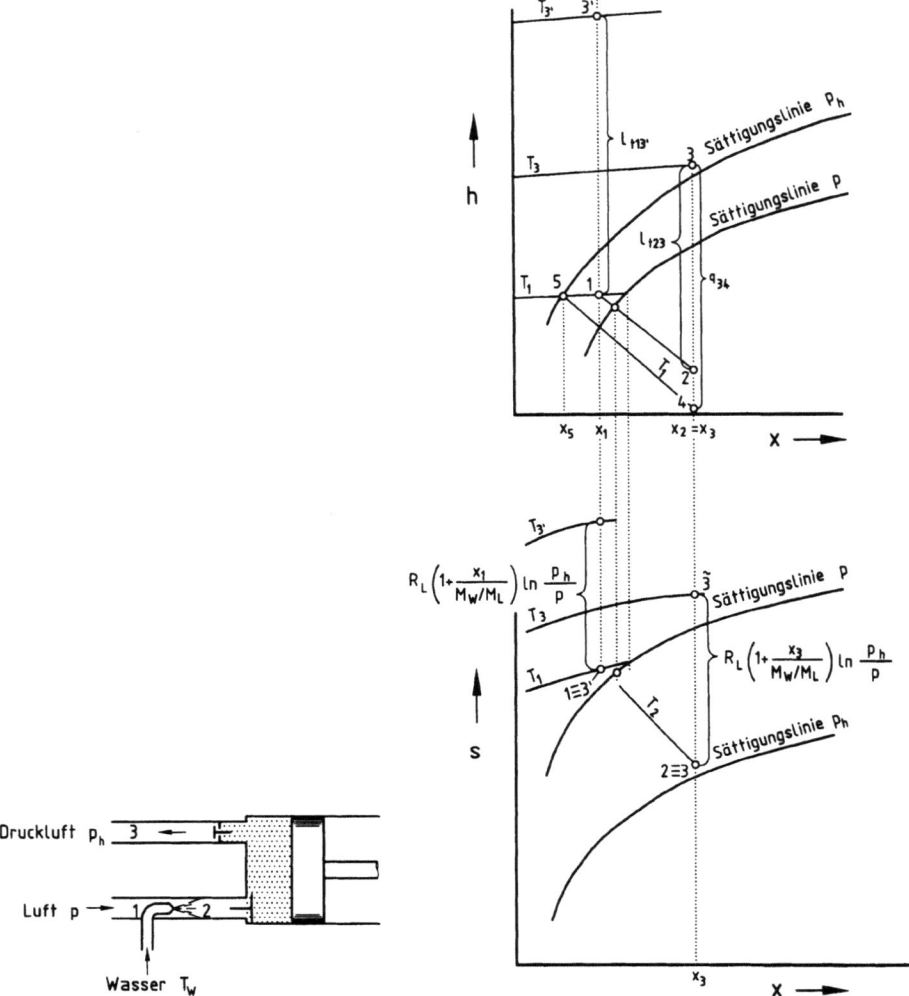

Bild 4.64: Kompressorkühlung durch Wassereinspritzung

Bild 4.65: Einfluß der Wassereinspritzung auf die Kompressorarbeit

man vom Punkt $2 \equiv 3$ aus die Strecke

$$R_L \left(1 + \frac{x_3}{M_W/M_L}\right) \ln p_h/p$$

nach oben abträgt und im Isothermennetz für den Bezugsdruck $p = p_0$ die Temperatur T_3 abliest. Mit Hilfe der Temperatur T_3 findet man den Punkt 3 auch im h, x-Diagramm, woraus sich die für die isentrope Verdichtung notwendige technische Arbeit des Kompressors unmittelbar ergibt. Wird die erhaltene Druckluft wieder auf die Umgebungstemperatur T_1 abgekühlt, so muß im h, x-Diagramm der

Punkt 4 auf der Nebelisotherme $T_5 = T_1$ für den Druck p_h aufgesucht werden, und man findet die dabei freiwerdende Wärme q_{34} wie eingezeichnet. Dabei fällt die Wassermenge $(x_4 - x_5) = (x_2 - x_5)$ aus, und die abgekühlte Druckluft steht beim Druck p_h mit dem Zustand 5 zur Verfügung.

Würde man die Frischluft 1 ohne Wassereinspritzung auf den Druck p_h verdichten, so ergäbe sich hinter dem Kompressor der Druckluftzustand $3'$, wobei im s,x-Diagramm die Punkte 1 und $3'$ ineinander fallen. Die Temperatur $T_{3'}$ dieser Druckluft ist wesentlich höher als diejenige T_3 bei Wassereinspritzung. Das hat zur Folge, daß die adiabatische Verdichtungsarbeit $l_{t13'}$ ohne Wassereinspritzung merklich höher ist als die adiabatische Verdichtungsarbeit l_{t23} mit Wassereinspritzung. Die erzielbaren Ersparnisse sind von der Menge des eingespritzten Wassers und vom Drucksteigerungsverhältnis abhängig. Dabei ist eine praktische Grenze gesetzt. Sobald nämlich soviel Wasser eingespritzt wird, daß der Endzustand 3 in das Nebelgebiet zu liegen kommt, bleibt ein weiterer Zusatz von Wasser praktisch wirkungslos, wovon man sich leicht überzeugen kann.

Luftverdichtung im Dampfstrahlgebläse

In einem Dampfstrahlgebläse, Bild 4.66, werden $\dot{m}_L$ kg/s Luft vom Zustand 1 aus einem Raum geringen Druckes p_1 abgesaugt und mit Hilfe von $\dot{m}_D$ kg/s Treibdampf (Zustand 0D) auf den Umgebungsdruck $p_4 = p_u$ verdichtet.

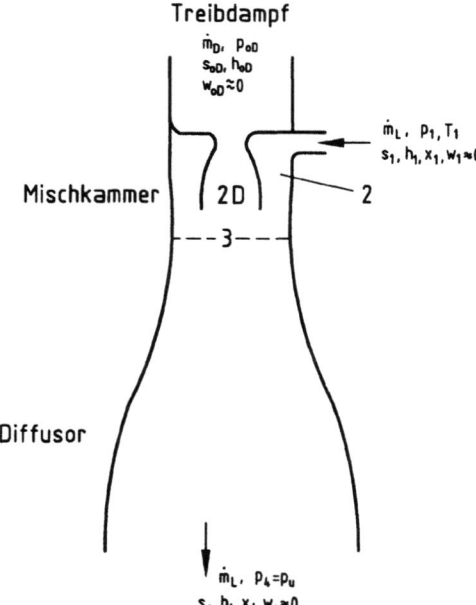

Bild 4.66: Luftverdichtung im Dampfstrahlgebläse

Sind die Geschwindigkeiten von Dampf und Luft sowohl am Eintritt in den Apparat als auch am Austritt so klein, daß die kinetischen Energien vernachlässigt werden können

$$w_{0D}^2 = w_1^2 = w_4^2 \approx 0 \quad,$$

so ergibt die Enthalpiebilanz für das als adiabat angenommene Strahlgebläse

$$\dot{m}_L h_4 = \dot{m}_L h_1 + \dot{m}_D h_{0D} \quad,$$

woraus mit der Wasserbilanz

$$\dot{m}_D = \dot{m}_L (x_4 - x_1) \tag{4.193}$$

folgt

$$\frac{h_4 - h_1}{x_4 - x_1} = h_{0D} \quad.$$

Im h, x-Diagramm (oberer Teil des Bildes 4.67) muß daher die Enthalpie h_4 am Austritt aus dem Strahlgebläse in Abhängigkeit vom Dampfgehalt x_4 auf einer Geraden durch den Punkt 1 liegen, welche die Steigung h_{0D} hat (strichpunktierte Gerade im h, x-Diagramm).
Überträgt man diese für den Druck $p_4 = p_u$ Punkt für Punkt in das s, x-Diagramm, so erhält man die strichpunktierte Kurve, welche sich bei x_1 mit der zum Druck $p_4 = p_u$ gehörigen Isotherme T_1 schneidet. Auf ihr muß der Endzustand 4 liegen, aber auch der Zustand 3 am Eintritt in den Diffusor, wenn man die Zustandsänderung von 3 nach 4 isentrop annimmt

$$s_3 = s_4 \quad.$$

Auch ohne die genaue Lage des Zustandes 4 auf der Linie des Austrittszustandes zu kennen, gibt es hierfür gewisse, durch den Zweiten Hauptsatz bedingte Einschränkungen. Da der ganze Strahlapparat als adiabat angesehen werden kann, ist die Entropieproduktion für den Gesamtprozeß, bezogen auf 1 kg Trockenluft

$$s_{pr} = \frac{\dot{S}_{pr}}{\dot{m}_L} = s_4 - [s_1 + (x_4 - x_1)s_{0D}] \quad.$$

Diese ergibt sich im s, x-Diagramm als senkrechter Abstand der Linie des Austrittszustandes 4 von der doppelt punktierten Geraden durch den Punkt 1, welche die Steigung der Dampfentropie s_{0D} besitzt. Diese ist durch Temperatur und Druck des Dampfes eindeutig bestimmt. Der Schnittpunkt $4r$ dieser Geraden mit der Linie des Austrittszustandes 4 würde einem völlig reversiblen Vermischungsprozeß entsprechen, links davon sind keine realen Mischungszustände möglich; es sei denn, man verschiebt den Punkt $4r$, etwa durch Erhöhen des Dampfdruckes, d.h. Verringerung der Dampfentropie s_{0d}. Durch die Lage des Punktes $4r$ ist auch der minimale Dampfverbrauch

$$\dot{m}_{D,\min} = \dot{m}_L (x_{4r} - x_1)$$

festgelegt, der im Grenzfall eines völlig reversiblen Mischungsprozesses notwendig wäre.
Der wirkliche Mischvorgang ist aber alles andere als reversibel, und infolgedessen muß auch der wirkliche Austrittszustand 4 und damit auch der Zustand 3 nach der Mischung rechts von $4r$ liegen. Wie kann seine genaue Lage bestimmt werden?

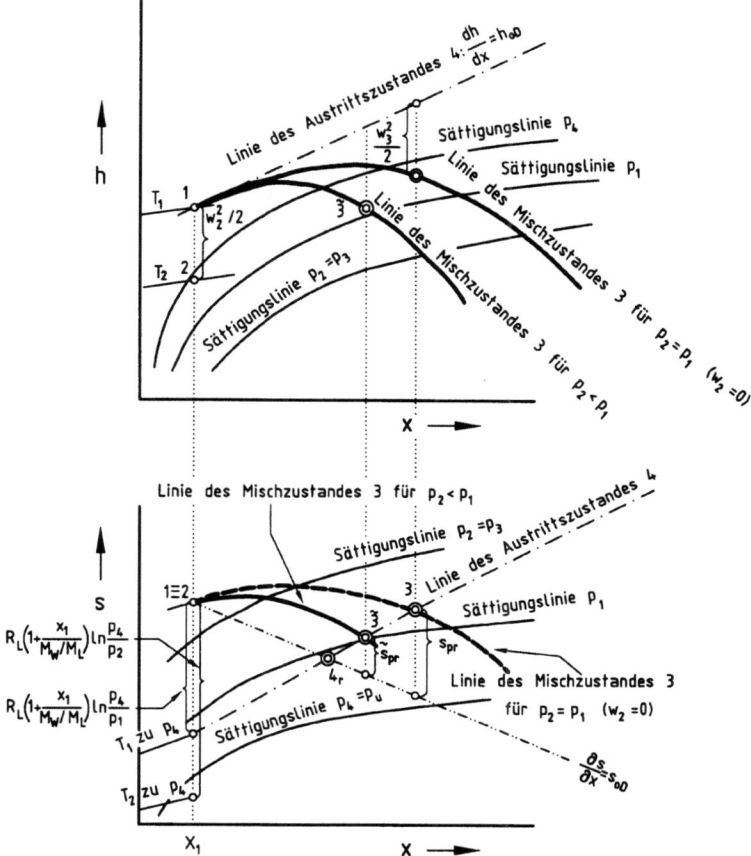

Bild 4.67: Luftverdichtung im Dampfstrahlgebläse, dargestellt im h, x- und s, x-Diagramm für feuchte Luft

Hierzu müssen wir die Vorgänge in der eigentlichen Mischkammer etwas genauer untersuchen. Dabei setzen wir voraus, daß die Abmessungen der Dampfdüse, des Luftzufuhrkanals und die Mischkammer so gewählt wurden, daß überall in der Mischkammer derselbe Druck $p = p_2 = p_3$ herrscht. Dann lautet der Impulssatz[25]

$$\dot{m}_D \dot{w}_{2D} + \dot{m}_L(1 + x_1)w_2 = \dot{m}_L(1 + x_3)w_3 \quad , \tag{4.194}$$

woraus mit Gl. (4.193) und $x_3 = x_4$ folgt

$$w_3 = w_{2D}\frac{x_3 - x_1}{1 + x_3} + w_2\frac{1 + x_1}{1 + x_3} \quad . \tag{4.195}$$

---

[25]Gl. (4.194) gibt den Impulssatz nur annähernd richtig wieder, indem angenommen wurde, daß die Vermischung sowohl bei $p =$ konst als auch bei gleichbleibendem Querschnitt vor und hinter der Vermischung möglich sei, was nicht zutrifft. Dadurch ist das Druckglied des Impulssatzes unterdrückt worden. Auf die mehr qualitativen Überlegungen dieses Abschnittes hat dies aber praktisch keinen Einfluß.

Zunächst betrachten wir den Fall, daß die Luft vor Eintritt in die Mischkammer nicht beschleunigt wurde. Dann ist

$$w_2 = w_1 \approx 0 \quad \text{und} \quad p_2 = p_1 ,$$

und aus dem Druckverhältnis $p_{0D}/p_{2D} = p_{0D}/p_2$ kann die Dampfgeschwindigkeit w_{2D} ermittelt werden. Nach Gl. (4.195) nimmt dann die kinetische Energie $w_3^2/2$ der Mischung quadratisch mit $(x_3 - x_1)/(1 + x_3)$ zu, und die Gemischenthalpie

$$h_3 = h_4 - w_3^2/2$$

kann in Abhängigkeit von x_3 im h,x-Diagramm eingetragen werden (Linie des Mischungszustandes 3 für $p_2 = p_1$). Diese läßt sich mit Hilfe des zum Druck p_1 gehörigen Isothermennetzes Punkt für Punkt in das s,x-Diagramm übertragen. Ihr Schnittpunkt 3 mit der Linie des Austrittszustandes 4 stellt wegen $s_4 = s_3$ den gesuchten Gemischzustand 3 dar. Die je kg geförderter Luft notwendige Treibdampfmenge kann dann sofort dem Diagramm entnommen werden

$$\frac{\dot{m}_D}{\dot{m}_L} = x_3 - x_1 .$$

Entropieproduktion und Dampfverbrauch lassen sich erheblich verkleinern, wenn man die Luft vor Eintritt in die Mischkammer beschleunigt, $p_2 < p_1$. Natürlich muß dann auch die Dampfdüse stärker erweitert werden, damit sich an ihrem Austritt auch der entsprechend erniedrigte Dampfdruck $p_{2D} = p_2$ einstellen kann, wobei die Dampfgeschwindigkeit gegenüber dem ersten Fall zunimmt.
Erfolgt die Entspannung der Luft vor Eintritt in die Mischkammer isentrop, $s_2 = s_1$, so fällt im s,x-Diagramm der Zustandspunkt 2 mit dem Punkt 1 zusammen, und die Expansionsendtemperatur T_2 kann mit

$$R_L \left(1 + \frac{x_1}{M_W/M_L}\right) \ln \frac{p_4}{p_2}$$

im Isothermenfeld zum Druck $p_4 = p_u$ abgelesen und in das h,x-Diagramm übertragen werden. Dort liest man die Geschwindigkeit w_2 ab.
Berechnet man mit w_{2D} und w_2 die Gemischgeschwindigkeit w_3 nach Gl. (4.195), so erhält man für gleiche x_3 wesentlich größere Werte als im ersten Fall ($p_2 = p_1$). Entsprechend stärker gekrümmt verläuft die Linie des Mischungszustandes 3 im h,x- und im s,x-Diagramm, d.h. der neue Mischpunkt $\tilde{3}$, den man als Schnittpunkt mit der Linie des Austrittszustandes 4 im s,x-Diagramm erhält, liegt bei kleineren Dampfgehalten

$$\tilde{x}_3 < x_3 .$$

Entsprechend kleiner ist auch der Dampfverbrauch.
Entropieproduktion und Dampfverbrauch werden demnach um so kleiner, je höher die Luftgeschwindigkeit beim Eintritt in die Mischkammer gewählt wird. Um so mehr gleichen sich dann nämlich die Geschwindigkeiten der zu vermischenden

Strahlen an und um so geringer werden die Nichtumkehrbarkeiten der Vermischung. Strahlgebläse, in denen beide Ströme auf Überschallgeschwindigkeit beschleunigt werden, können daher vorteilhafter sein als solche, bei denen die Luft nur Unterschallgeschwindigkeit annimmt[26].

4.3 Eigenschaften von Zweistoffgemischen

4.3.1 Phänomene beim Mischen

Volumenänderung beim Vermischen

Die Erscheinungen beim Vermischen idealer Gase, bei welchen keine chemischen Reaktionen auftreten, haben wir am Beispiel der feuchten Luft im Abschn. 4.2 dieses Buches besprochen. Insbesondere wurde dort gezeigt, welche Temperatur, Volumen usw. das Gemisch annimmt, wenn die entsprechenden Größen und das Mischungsverhältnis der Komponenten bekannt und die äußeren Mischbedingungen (z.B. wärmedichte Vermischung bei $p =$ konst oder bei $V =$ konst) gegeben sind. Mischt man z.B. $1-\xi$ kg eines idealen Gases 1 mit ξ kg eines zweiten Gases 2 gleicher Temperatur T und gleichen Druckes p, so erhält man das spezifische Volumen des Gemisches mit der Zustandsgleichung idealer Gase

$$v_{id}(T,p) = (1-\xi)v_{01}(T,p) + \xi\, v_{02}(T,p) \quad \text{(ideale Gase)} \tag{4.196}$$

anteilmäßig aus den spezifischen Volumina v_{01} und v_{02} der reinen Stoffe vor ihrer Vermischung. Nach Gl. (4.196) ändert sich bei der Mischung idealer Gase vorgegebenen Druckes p und vorgegebener Temperatur T das Volumen nicht.

Wir betrachten nun die Vorgänge bei der Vermischung von Flüssigkeiten. Im Gefäß (Bild 4.68) sind die zu mischenden Flüssigkeiten zunächst durch eine Wand voneinander getrennt. $(1-\xi)$ kg Flüssigkeit 1 vom Volumen $(1-\xi)\,v_{01}$ und ξ kg der Flüssigkeit 2 vom Volumen ξv_{02} nehmen vor der Mischung den Raum v_0 ein

$$v_0 = (1-\xi)\,v_{01} + \xi\, v_{02} \quad \text{in m}^3/\text{kg}. \tag{4.197}$$

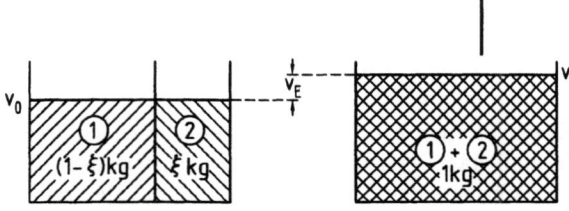

Bild 4.63: Volumenänderung beim Vermischen von Flüssigkeiten

Entfernt man die Wand, so tritt die Mischung ein, und es entsteht 1 kg Gemisch von der Zusammensetzung ξ. Es zeigt sich, daß i.a. das spez. Volumen v des gebildeten

---

[26] siehe hierzu: BAUER B (1966) Theoretische und experimentelle Untersuchungen an Strahlapparaten für kompressible Strömungsmittel (Strahlverdichter) VDI-Forschungsheft 514

homogenen Gemisches (gemessen bei gleicher Temperatur und gleichem Druck) von v_0 verschieden ist

$$v^E = v - v_0 \neq 0 \ . \tag{4.198}$$

v^E wird als Überschuß- oder Exzeßvolumen bezeichnet. In vielen Fällen wird das Volumen kleiner, d.h. es tritt eine Volumenkontraktion

$$v^E = v - v_0 < 0 \tag{4.199}$$

ein, die von dem Mischungsverhältnis abhängt (Bild 4.69). Bei manchen Gemischen kommen aber auch Volumenzunahmen vor. Es gibt auch Gemische, bei denen sogar v^E in einem Bereich positiv, im anderen negativ ist. Eine allgemeine Regel gibt es nicht, und man ist von Fall zu Fall auf direkte Messungen angewiesen. Die Volumenkurven sind für viele Gemische recht genau ermittelt worden, weil sie im Betrieb eine äußerst einfache Bestimmung der Zusammensetzung ermöglichen. Man muß nur mit einem Aräometer oder Pyknometer die Dichte eines solchen Gemisches ermitteln und kann dann aus Zahlentafeln oder Diagrammen die zugehörige Konzentration ablesen. Dabei ist natürlich der oft erhebliche Temperatureinfluß zu berücksichtigen.

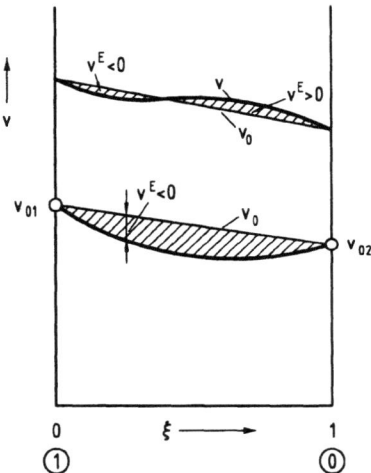

Bild 4.69: Änderung des Volumens beim Vermischen von Flüssigkeiten

Bei vielen Gemischen ist das Exzeßvolumen sehr klein und kann vernachlässigt werden. In diesem Fall ermittelt man das Gemischvolumen $v = v_0$ wie bei idealen Gasen nach Gl. (4.197) anteilmäßig aus den Volumina v_{01} und v_{02} der reinen Komponenten vor der Mischung.

Eine Mischung, bei der das Volumen und auch alle anderen Zustandsgrößen nach denselben Gesetzmäßigkeiten aus den Zustandsgrößen der reinen Komponenten bestimmt werden können wie bei Mischungen idealer Gase, nennt man eine ideale Mischung.

Temperaturänderung beim Vermischen, Mischungswärme

Wir haben bereits erwähnt, daß sich die Temperatur beim Vermischen gleichwarmer idealer Gase nicht ändert. Beim Vermischen von realen Gasen und Flüssigkeiten ist das im allgemeinen nicht der Fall. Gießt man reinen Alkohol in Wasser, so merkt man eine deutliche Erwärmung des Gemisches. Bei manchen Gemischen kann diese Erwärmung so bedeutend sein, daß das Gemisch zum Sieden kommt. Bei anderen Gemischen tritt dagegen eine Temperaturerniedrigung ein (Kältemischungen).

Führt man einem Mischgefäß $(1-\xi)$ kg des Stoffes 1 und ξ kg des Stoffes 2 bei gleicher Temperatur T zu, so entsteht 1 kg des Gemisches von der Zusammensetzung ξ, (Bild 4.70).

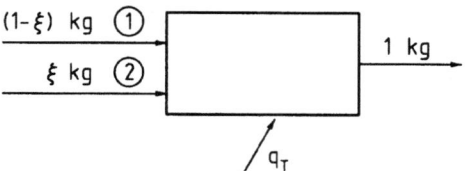

Bild 4.70: Mischung von Strömen reiner Stoffe

Handelt es sich bei den zu mischenden Stoffen um ideale Gase, so wird bei adiabater Mischung das Gemisch dieselbe Temperatur T annehmen. Im allgemeinen wird jedoch die Temperatur des Gemisches von der Anfangstemperatur abweichen.

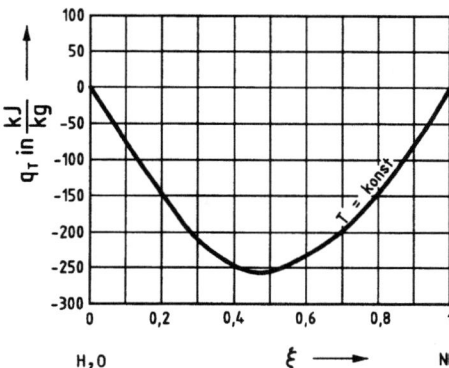

Bild 4.71: Mischungswärme bei flüssigem H_2O-NH_3-Gemisch

Will man den Mischvorgang so regeln, daß die Temperatur des abziehenden Gemisches gleich der Temperatur der zugeführten Stoffe wird (isothermer Mischvorgang), so muß man dem Gefäß für jedes kg des erzeugten Gemisches eine bestimmte Wärme q_T zuführen (oder entziehen, je nach der Art des Gemisches). Diese „isotherme Mischungswärme" q_T hängt von der Zusammensetzung ab (s. Bild 4.71), bei manchen Gemischen darüber hinaus in starkem Maße von der Temperatur. Bei Ethanol-Wasser-Gemischen, Bild 4.72, wechselt bei höheren Temperaturen sogar das Vorzeichen von q_T. Ist $q_T < 0$, so heißt dies, daß bei einer wärmedichten Vermischung im isolierten Gefäß die Temperatur des Gemisches steigt. In diesem Falle muß Wärme entzogen werden, wenn eine Temperaturzunahme vermieden werden soll. Bei $q_T > 0$ wird bei adiabater Vermischung das Gemisch kälter (Anwendung bei Kältemischungen).

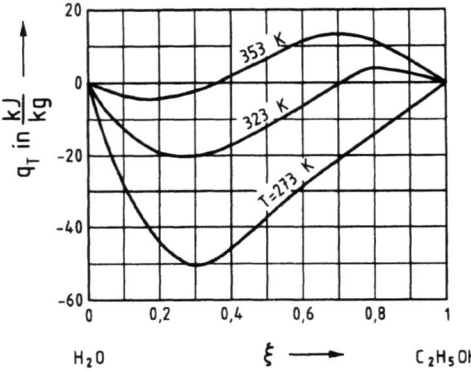

Bild 4.72: Mischungswärme bei flüssigem Ethanol-Wasser-Gemisch

Findet die Vermischung bei $p = $ konst statt, worauf wir uns wegen der technischen Bedeutung solcher Mischungsvorgänge fast ausschließlich beschränken werden, so ist nach dem Ersten Hauptsatz die isotherme Mischungswärme je kg Gemisch

$$q_T = h - [(1-\xi)\,h_{01} + \xi\,h_{02}] = h^E \quad . \tag{4.200}$$

Hier bedeuten die Größen h_{01} und h_{02} die spezifischen Enthalpien der unvermischten Ausgangsstoffe bei derselben Temperatur wie der des Gemisches. Die Größe h^E wird spezifische integrale Mischungsenthalpie oder spezifische Exzeßenthalpie genannt; sie stellt den Unterschied der spezifischen Enthalpie h der Mischung gegenüber der spezifischen Enthalpie einer idealen Mischung dar

$$h_{id} = (1-\xi)\,h_{01} + \xi\,h_{02} \quad . \tag{4.201}$$

Wird die Zusammensetzung des Gemisches nicht in Massenanteilen, sondern in Molanteilen angegeben, ist es zweckmäßig, anstelle der spezifischen Enthalpie h die molare Enthalpie h_m zu verwenden. Wird auch die Mischungswärme nicht auf die Masseneinheit, sondern auf die Mengeneinheit Mol bezogen, so erhält man

$$q_{mT} = h_m - [(1-\psi)h_{0m1} + \psi h_{0m2}] = h_m^E \quad . \tag{4.202}$$

Die molare Mischungsenthalpie h_m^E wird auch als molare Überschuß- oder Exzeßenthalpie bezeichnet, womit der Unterschied gegenüber einer idealen Mischung gekennzeichnet werden soll.

Trägt man in einem Diagramm die Enthalpien h über der Zusammensetzung ξ (oder h_m über ψ) auf, wie das M. PONCHON[27] und unabhängig davon F. MERKEL[28] vorgeschlagen haben, so erhält man das h, ξ- bzw. h_m, ψ-Diagramm (Bild 4.73 und 4.74), welches uns von nun an außerordentliche Dienste leisten wird [29].

---

[27] PONCHON M (1921) Étude graphique de la distillation fractionnée industrielle. Technique Moderne 13:20 und 13:55.

[28] MERKEL F (1928) Zweistoffgemische in der Dampftechnik. Z VDI 72:109 und 72:1150; derselbe (1928) Die Berechnung der Absorptionskältemaschine. Z f d ges Kälte-Ind 35:130; derselbe: Die Rektifikation (1929) Arch Wärmew 10:13.

[29] Wie im h, ξ- oder h, ψ-Diagramm die Komponenten des Zweistoffgemisches angeordnet werden, ist willkürlich. Wir wollen jedoch hier und in den folgenden Abschnitten Anordnungen bevorzugen, bei denen die leichter flüchtige Komponente an der rechten Ordinate aufgetragen wird.

4.3 Eigenschaften von Zweistoffgemischen

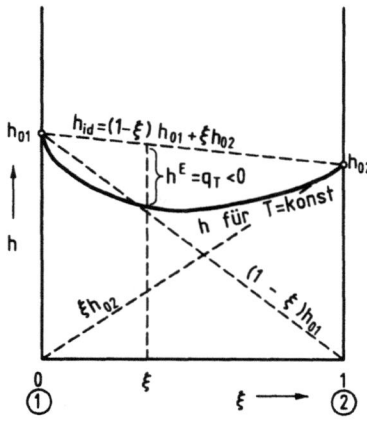

Bild 4.73: Mischungswärme im h,ξ-Diagramm

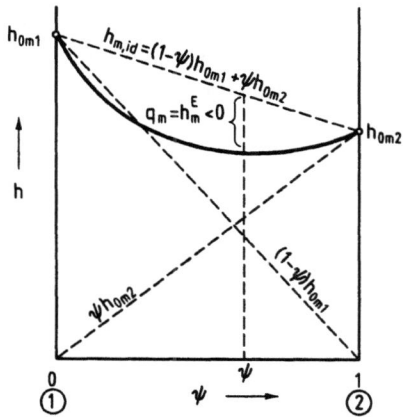

Bild 4.74: Mischungswärme im h,ψ-Diagramm

Nach Gl. (4.200) und nach Bild 4.73 findet man bei bekanntem h_{01} und h_{02} und gemessener Mischungswärme q_T die Enthalpie h des Gemisches sehr einfach. Von der Verbindungsgeraden $\overline{h_{01}h_{02}}$ trägt man q_T bei der Zusammensetzung ξ nach oben oder unten ab, je nachdem ob $q_T > 0$ oder $q_T < 0$ ist, und findet sofort h. Wiederholt man dieses Verfahren für alle Zusammensetzungen bei der Versuchstemperatur T, so erhält man eine gekrümmte Linie. Diese verbindet diejenigen Zustandspunkte des Diagramms, welche der Temperatur T entsprechen, und das ist eine Isotherme. Wiederholt man dies für verschiedene Isothermen der Flüssigkeit, so folgt z.B. für Ethanol-Wasser die Isothermenschar des Bildes 4.75.

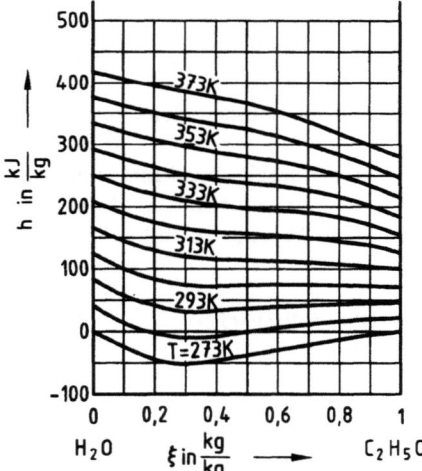

Bild 4.75: h,ξ-Diagramm für flüssiges Ethanol-Wasser-Gemisch

Zur Wahl der Enthalpienullpunkte ist folgendes zu bemerken: Bei einem reinen Stoff kann für die Enthalpieskala ein willkürlicher Nullpunkt gewählt werden, was für Rechnungen ohne Bedeutung bleibt, da man ja immer mit Enthalpieunterschieden

328   4 Stoffgemische

rechnet. Hat man sich jedoch bei einem Gemisch über die Lage der Nullpunkte für die beiden reinen Stoffe geeinigt, so ist der Nullpunkt für jede Zusammensetzung durch die Mischungswärme q_T festgelegt und nicht mehr frei wählbar.

Mischregel und Mischungstemperatur

Wir wollen sofort eine Nutzanwendung des Diagramms zeigen. Es wird nach der Temperatur des Gemisches gefragt, die sich einstellt, wenn nach Bild 4.76 zwei Ströme A und B wärmedicht so vermischt werden, daß ein Gemisch von der Zusammensetzung ξ_M entsteht. Es werden $\dot{m}_A$ kg des ersten Gemisches mit den Zustandsgrößen ξ_A, T_A, p_A, h_A und $\dot{m}_B$ kg des zweiten Gemisches mit ξ_B, T_B, p_B, h_B zugeführt[30].
Das abziehende Gemisch ist durch den Zustand ξ_M, T_M, p_M, h_M gekennzeichnet. Die Drücke, Temperaturen und die übrigen Zustandsgrößen haben für jeden Strom einen anderen Zahlenwert, sollen sich aber zeitlich nicht ändern. Diese adiabate Mischung ist daher ein stationärer Fließprozeß.
Zur Lösung der Aufgabe stellen wir Mengen- und Energiebilanzen auf, eine Methode, die wir noch sehr oft erfolgreich anwenden werden.
Erste Bilanzbedingung: Der Massenstrom $\dot{m}_M$ des abziehenden Gemisches muß genau so groß sein wie die Summe der zuströmenden Massenströme $\dot{m}_A$ und $\dot{m}_B$ (die zugeführten und erhaltenen Gesamtmengen müssen gleich sein)

$$\dot{m}_M = \dot{m}_A + \dot{m}_B \ . \tag{4.203}$$

Zweite Bilanzbedingung: Die in der Zeiteinheit abgeführte Menge $\dot{m}_M \xi_M$ des Stoffes 2 muß genauso groß sein wie die Summe der in der Zeiteinheit zugeführten Mengen

$$\dot{m}_M \, \xi_M = \dot{m}_A \, \xi_A + \dot{m}_B \, \xi_B \ . \tag{4.204}$$

Die Bilanz des Stoffes 1 liefert nichts Neues, sondern eine Gleichung, die bereits in Gl. (4.203) und (4.204) enthalten ist.
Dritte Bilanzgleichung: Die zugeführten Energieströme müssen dem entzogenen Energiestrom gleich sein.
Mit dem Strom A wird ein Strom $\dot{m}_A u_A$ an innerer Energie zugeführt, und zum Einschieben bei $p_A = $ konst wird die Einschubarbeit $\dot{m}_A p_A v_A$ benötigt. Analog für den Strom B und das erzeugte Gemisch. Wenn keine Wärme zu- oder abgeführt wird, muß gelten

$$\dot{m}_A \, u_A + \dot{m}_B \, u_B + \dot{m}_A \, p_A v_A + \dot{m}_B \, p_B v_B = \dot{m}_M (u_M + p_M v_M) \ . \tag{4.205}$$

Da nach Definition die Enthalpie h

$$h = u + pv \tag{4.206}$$

ist, so folgt als dritte Bilanzgleichung

$$\dot{m}_A h_A + \dot{m}_B h_B = \dot{m}_M h_M \quad \text{(wärmedichte stationäre Mischung)} \ . \tag{4.207}$$

---
[30] Die Vermischung reiner Stoffe ist in diesem allgemeinen Fall inbegriffen, wenn man $\xi_A = 0$ und $\xi_B = 1$ einsetzt.

4.3 Eigenschaften von Zweistoffgemischen

Die Gln. (4.203) und (4.204) lassen sich umformen zu

$$\frac{\dot{m}_B}{\dot{m}_M} = \frac{\xi_M - \xi_A}{\xi_B - \xi_A} \; ; \; \frac{\dot{m}_A}{\dot{m}_M} = 1 - \frac{\dot{m}_B}{\dot{m}_M} = \frac{\xi_B - \xi_M}{\xi_B - \xi_A} \; . \tag{4.208}$$

Setzt man dies in Gl. (4.207) ein, erhält man die Enthalpie des Gemisches

$$h_M = h_A + \frac{\xi_M - \xi_A}{\xi_B - \xi_A}(h_B - h_A) \; , \tag{4.209}$$

eine Beziehung, die im h, ξ-Diagramm zeichnerisch einfach wiedergegeben wird (Bild 4.77).

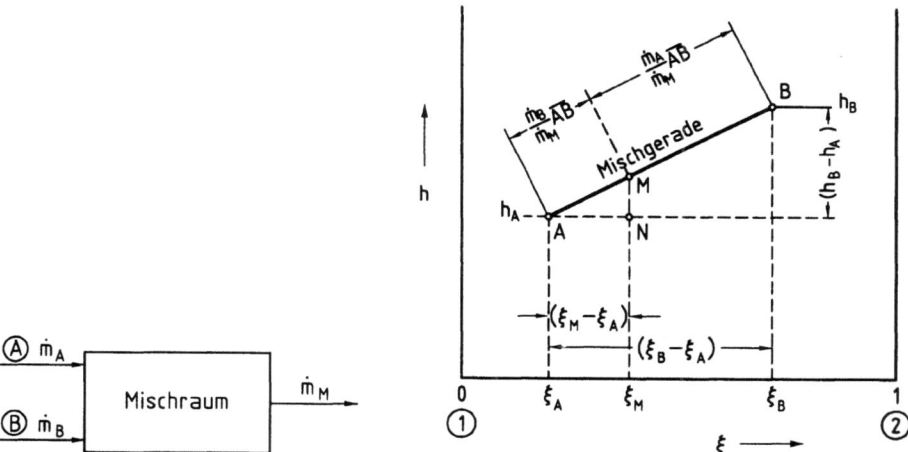

Bild 4.76: Adiabate Mischung zweier Gemischströme

Bild 4.77: Mischungsregel im h, ξ-Diagramm

Sucht man nämlich die Zustandspunkte der beiden Ausgangsgemische A und B auf (mit den zugehörigen Werten ξ_A, h_A und ξ_B, h_B), so sieht man, daß der Punkt M auf der Verbindungsgeraden von A und B bei der erhaltenen Gemischzusammensetzung ξ_M liegt und folgende Bedingung erfüllt: Nach Bild 4.77 ist die Länge der Strecke $\overline{MN}$ gleich der Enthalpiedifferenz

$$h_M - h_N = h_M - h_A = \frac{\xi_M - \xi_A}{\xi_B - \xi_A}(h_B - h_A) \; . \tag{4.210}$$

Der Zustandspunkt M stellt also den gesuchten Zustand des erzeugten Gemisches dar.
Aus Gl. (4.208) und nach Bild 4.77 folgt außerdem, daß die Strecke $\overline{AB}$ durch den Zustandspunkt M im Verhältnis der Massenströme $\dot{m}_A$ und $\dot{m}_B$ geteilt wird.
Das vereinfacht die Ermittlung von M, da man bei bekanntem Verhältnis der Massenströme $\dot{m}_A$ und $\dot{m}_B$ nicht erst ξ_M berechnen muß. Man teilt vielmehr die

Strecke $\overline{AB}$ im Verhältnis $\dot{m}_A/\dot{m}_B$, findet M und damit gleichzeitig ξ_M und h_M.
Für wärmedichte Vorgänge gilt also die wichtige Mischungsregel:
Im h,ξ-Diagramm liegt der Zustandspunkt M des wärmedicht erzeugten Gemisches immer auf der Mischgeraden, die durch die Zustandspunkte der Ausgangsgemische geht.
Diese Mischungsregel umfaßt ihrer Ableitung gemäß das Gesetz der Erhaltung der Massen und dasjenige der Erhaltung der Energie (Erster Hauptsatz).
Für die Gültigkeit dieser Regel ist es unwesentlich, in welchem Aggregatzustand die Gemische zu- und abgeführt werden. Denn bei der Ableitung der Gl. (4.209) haben wir darüber nichts vorausgesetzt, so daß die Regel sowohl bei der Vermischung von Flüssigkeiten als auch von Gasen oder Salzen oder auch z.B. beim Auflösen von Salzen in Flüssigkeiten (Kältemischungen!) gilt. Die Form des Aggregatzustandes kommt dagegen beim Aufzeichnen des h,ξ-Diagramms zur Geltung, wie später gezeigt werden soll.

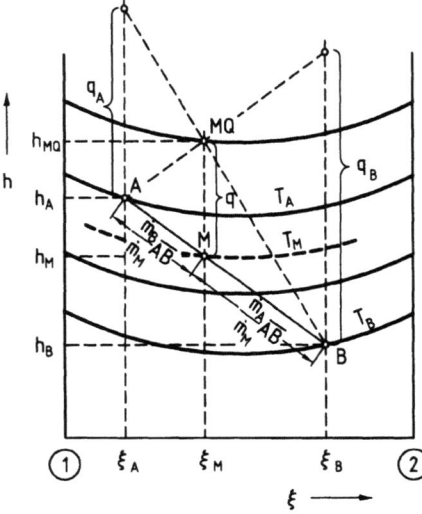

Bild 4.78: Ermittlung der Mischungstemperatur

Nun können wir auch die Frage nach der sich einstellenden Gemischtemperatur beantworten, sobald die Isothermen des h,ξ-Diagramms bekannt sind. In Bild 4.78 wird dies gezeigt. Die Zustandspunkte der gegebenen Ausgangsgemische A und B werden ins Diagramm eingetragen und ihre Verbindungsgerade $\overline{AB}$ im Verhältnis der Massenströme $\dot{m}_A$ und $\dot{m}_B$ unterteilt. So findet man den Zustandspunkt M des Gemisches. Dann sucht man durch einfache Interpolation diejenige Isotherme T_M auf, die durch den Punkt M verläuft.

Mischung mit Wärmeumsatz

Findet der Mischungsvorgang nicht wärmedicht statt, so wird die Enthalpie des erzeugten Gemisches größer oder kleiner als bei adiabater Mischung, je nachdem, ob Wärme zu- oder abgeführt wird. Wird je Mengeneinheit des Gemisches die

Wärmemenge $q = \dot{Q}/\dot{m}_M$ zugeführt, so ist

$$h_{MQ} = h_M + q \tag{4.211}$$

und der Zustandspunkt MQ des erhaltenen Gemisches liegt im h,ξ-Diagramm um die Strecke q über oder unter M, je nachdem ob $q > 0$ oder $q < 0$ ist (Bild 4.78),

$$h_{MQ} = h_A + \frac{\xi_M - \xi_A}{\xi_B - \xi_A}(h_B - h_A) + q \quad \text{(Mischung mit Wärmeumsatz)}. \tag{4.212}$$

Bezieht man die zugeführte Wärme nicht auf die Mengeneinheit des Gemisches, sondern auf die des Stoffes B bzw. des Stoffes A, so erhält man für die so bezogenen Wärmen nach Gl. (4.208)

$$q_A = \frac{\dot{Q}}{\dot{m}_A} = q\frac{\dot{m}_M}{\dot{m}_A} = q\frac{\xi_B - \xi_A}{\xi_B - \xi_M}, \tag{4.213}$$

bzw.

$$q_B = \frac{\dot{Q}}{\dot{m}_B} = q\frac{\dot{m}_M}{\dot{m}_B} = q\frac{\xi_B - \xi_A}{\xi_M - \xi_A}, \tag{4.214}$$

die man nach dem Strahlensatz sehr leicht aus dem h,ξ-Diagramm entnehmen kann, indem man die Verbindungslinien $\overline{BMQ}$ und $\overline{AMQ}$ über MQ hinaus verlängert und mit den Linien konstanter Konzentration ξ_A und ξ_B zum Schnitt bringt, Bild 4.78.

Integrale und partielle Mischungswärme

Die oben besprochene isotherme Mischungswärme q_T ist die sog. totale oder auch integrale Mischungswärme, die bei der isothermen Vermischung reiner Komponenten je kg des Gemischs zu- bzw. abgeführt werden muß.
Für viele physikalische und technische Probleme ist jedoch auch der Begriff der „partiellen" isothermen Mischungswärme q wichtig. Setzt man nämlich einer großen Menge eines Gemisches von der Zusammensetzung ξ_0 etwas von dem reinen Stoff 2 zu, so wird sich die Zusammensetzung kaum merklich ändern. Je größer die Gemischmenge, um so geringer ist die Änderung der Zusammensetzung ξ_0, im Grenzfalle nur $d\xi$. Will man die Temperatur bei der Vermischung konstant halten, so muß mit jedem zugesetzten kg des Stoffes 2 die partielle Mischungswärme q_2 zu- bzw. abgeführt werden. Würde man dem Gemisch von der Zusammensetzung ξ_0 nicht den Stoff 2 sondern den Stoff 1 zusetzen, so müßte zur Aufrechterhaltung der Temperatur die partielle Mischungswärme q_1 ausgetauscht werden.
Nun bestehen zwischen den integralen und partiellen Mischungswärmen Beziehungen, die zur Auswertung von Versuchen und zur Verwertung von Zahlenangaben der Fachliteratur nützlich sind.
Um die Mischungswärme eines Gemisches von der Zusammensetzung ξ_0 zu bestimmen, kann man verschiedentlich vorgehen:
1. Man kann in das Gefäß A (Bild 4.79), in dem sich $m_1 = m_{10}$ kg des Stoffes 1 befinden, noch $m_{20} = m_1\xi_0/(1-\xi_0)$ kg des Stoffes 2 zugießen und Wärme Q_T messen, die notwendig ist, um die Temperatur konstant zu halten.

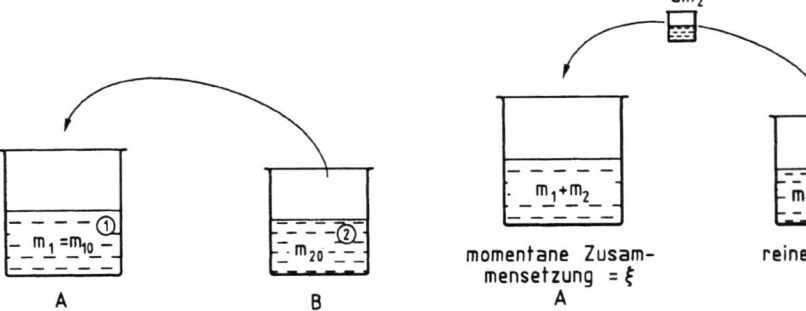

Bild 4.79: Integrales Ansetzen eines Gemisches

Bild 4.80: Partielles Ansetzen eines Gemisches

2. Man kann der Menge $m_1 = m_{10}$ kg des Stoffes 1 ganz geringe Portionen des Stoffes 2 nacheinander (Bild 4.80) zusetzen und jedesmal die erforderliche Mischungswärme messen, bis man m_{20} kg des Stoffes 2 verbraucht, d.h. die gewünschte Zusammensetzung erreicht hat. In beiden Fällen müssen die insgesamt zugeführten Wärmen gleich sein.

Ist beim zweiten Verfahren bereits die Menge $m_2 < m_{20}$ kg des Stoffes 2 zugesetzt worden, so liegt im Gefäß A die augenblickliche Zusammensetzung vor

$$\xi = \frac{m_2}{m_1 + m_2} = 1 - \frac{m_1}{m_1 + m_2} \ . \tag{4.215}$$

Die nächste zuzugebende Portion dm_2 des Stoffes 2 wird die Zusammensetzung ξ um $d\xi$ ändern. Die Beziehung zwischen dm_2 und $d\xi$ finden wir durch Differentiation des letzten Ausdruckes

$$\frac{d\xi}{dm_2} = \frac{m_1}{(m_1 + m_2)^2} = \frac{(1 - \xi)^2}{m_1} \ . \tag{4.216}$$

Damit die Temperatur konstant bleibt, muß die geringe Wärme dQ zu- bzw. abgeführt werden. Nach dem Ersten Hauptsatz muß für Mischungsvorgänge bei konstantem Druck die Wärme dQ der Differenz der Enthalpien nach bzw. vor der Mischung entsprechen

$$\begin{aligned} dQ &= (m_1 + m_2 + dm_2)\, h(T, p, \xi + d\xi) \\ &\quad - (m_1 + m_2)\, h(T, p, \xi) - dm_2\, h_{02}(T, p) \ . \end{aligned} \tag{4.217}$$

Da sich bei der Zumischung von wenig Stoff dm_2 die Zusammensetzung nur wenig ändert $|d\xi| \ll \xi$, können wir die Enthalpie $h(T, p, \xi + d\xi)$ in eine TAYLOR-Reihe entwickeln und nach dem ersten Glied abbrechen

$$h(T, p, \xi + d\xi) = h(T, p, \xi) + d\xi \frac{\partial h(T, p, \xi)}{\partial \xi} \ . \tag{4.218}$$

Setzen wir Gl. (4.218) in (4.217) ein und vernachlässigen wir Terme kleinerer Größenordnung gegenüber den anderen, so erhält man daraus mit Gl. (4.215) und (4.216) die sog. partielle spezifische Mischungswärme

$$q_2 = \frac{\mathrm{d}Q}{\mathrm{d}m_2} = h(T,p,\xi) + (1-\xi)\frac{\partial h(T,p,\xi)}{\partial \xi} - h_{02}(T,p) \ . \tag{4.219}$$

Diese ist eine Zustandsgröße des Gemisches und wird deshalb auch als partielle spezifische Mischungsenthalpie

$$\Delta h_2 = q_2$$

bezeichnet.
Die Summe aller Wärmemengen $\mathrm{d}Q$ muß der Wärme Q_T gleich sein, d.h.

$$Q_T = \int_0^{\xi_0} \mathrm{d}Q \ . \tag{4.220}$$

Dasselbe Gemisch kann man auch durch allmähliches Zusetzen des Stoffes 1 in $m_2 = m_{20}$ kg des Stoffes 2 erhalten, indem man immer die erforderliche partielle spezifische Mischungswärme q_1 des Stoffes 1 zuführt und man bekommt durch eine ähnliche Betrachtung wie bei Gl. (4.219)

$$\Delta h_1 = q_1 = \frac{\mathrm{d}Q}{\mathrm{d}m_1} = h(T,p,\xi) - \xi\frac{\partial h(T,p,\xi)}{\partial \xi} - h_{01}(T,p) \ . \tag{4.221}$$

Den Zusammenhang zwischen den partiellen Mischungswärmen q_1 und q_2 einerseits und der integralen Mischungswärme $q_T = h^E$ andererseits erhält man, indem die Enthalpie $h(T,p,\xi)$ des Gemisches nach Gl. (4.200) in Gl. (4.219) eingesetzt wird

$$q_2 = \Delta h_2 = h^E + (1-\xi)\frac{\partial h^E}{\partial \xi} \tag{4.222}$$

und ganz analog

$$q_1 = \Delta h_1 = h^E - \xi\frac{\partial h^E}{\partial \xi} \ . \tag{4.223}$$

Aus Bild 4.81 sieht man, daß eine einfache Konstruktion die Gl. (4.222) und (4.223) befriedigt. Wenn die integralen Mischungswärmen $q_T = h^E$ für jeden Wert von ξ bekannt sind und in einem h^E, ξ-Diagramm aufgetragen werden, so findet man die partiellen spezifischen Mischungswärmen als Strecken auf den zugehörigen Ordinatenachsen, die von der Tangente durch A abgeschnitten werden. Die Konstruktion im h, ξ-Diagramm ist aus Bild 4.82 ersichtlich und wohl ohne weiteres verständlich. Durch Elimination des Differentialquotienten aus Gl. (4.222) und (4.223) folgt unmittelbar die verblüffend einfache Beziehung

$$h^E = (1-\xi)\Delta h_1 + \xi\Delta h_2 \ . \tag{4.224}$$

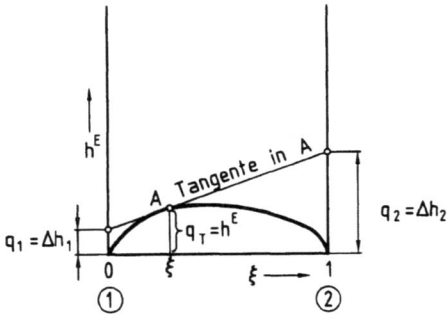 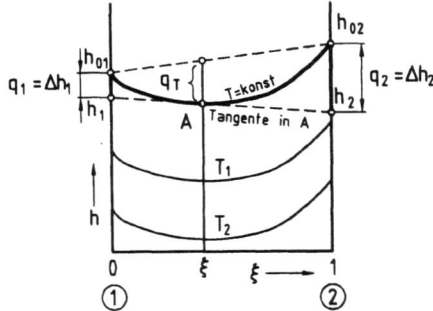

Bild 4.81: Beziehung zwischen den integralen und partiellen Mischungswärmen

Bild 4.82: Integrale Mischungswärme q_T und partielle spezifische Enthalpien h_1 und h_2 im h,ξ-Diagramm

Die Ordinatenabschnitte h_1 und h_2 im h,ξ-Diagramm (Bild 4.82) haben folgende Bedeutung. Nach Bild 4.82 ist

$$h_2 = h(T,p,\xi) + (1-\xi)\frac{\partial h(T,p,\xi)}{\partial \xi} \;;\; h_1 = h(T,p,\xi) - \xi\frac{\partial h(T,p,\xi)}{\partial \xi} \;, \qquad (4.225)$$

worin die spezifische Enthalpie

$$h(T,p,\xi) = \frac{H(T,p,m_1,m_2)}{m} \qquad (4.226)$$

die auf die gesamte Masse $m = m_1 + m_2$ bezogene Enthalpie bedeutet. Mit den Gln. (4.215) und (4.216) erkennt man leicht, daß

$$h_2 = \left[\frac{\partial H(T,p,m_1,m_2)}{\partial m_2}\right]_{T,p,m_1} \;;\; h_1 = \left[\frac{\partial H(T,p,m_1,m_2)}{\partial m_1}\right]_{T,p,m_2} \;, \qquad (4.227)$$

d.h. h_2 die partielle Ableitung der Gemischenthalpie H nach der Masse m_2 bei konstanter Masse m_1 ist; h_2 wird deshalb auch partielle spezifische Enthalpie des Stoffes 2 genannt. Ganz analog ist dann h_1 die partielle spezifische Enthalpie des Stoffes 1. Aus Gl. (4.215), (4.225) und (4.226) folgt die sehr einfache Beziehung

$$H = m_1 h_1 + m_2 h_2 \quad \text{bzw.} \quad h = (1-\xi)h_1 + \xi h_2 \;, \qquad (4.228)$$

welche auch unmittelbar aus Bild 4.82 abgelesen werden kann.
Dieselben Beziehungen gelten auch im h,ψ-Diagramm, wobei sich alle kalorischen Größen wie h, q usw. jeweils auf 1 Mol des betreffenden Stoffes oder Gemisches zu beziehen haben

$$q_{mT} = h_m^E = (1-\psi)\Delta h_{m1} + \psi \Delta h_{m2} \;. \qquad (4.229)$$

Die auf das Mol bezogenen Größen Δh_{m1} und Δh_{m2} werden als partielle molare Mischungsenthalpien bezeichnet, s. Bild 4.83.

4.3 Eigenschaften von Zweistoffgemischen 335

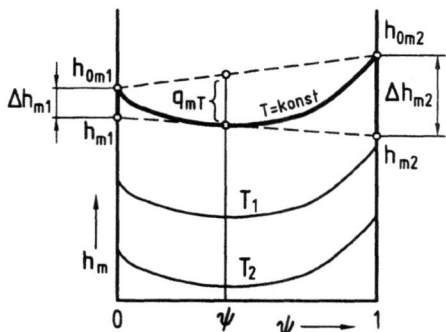

Bild 4.83: Molare Mischungswärmen h_m und partielle molare Enthalpien h_m im h, ψ-Diagramm

Ganz analog zu Bild 4.82 und zu Gl. (4.227) sind die partiellen molaren Enthalpien

$$h_{m1} = \left[\frac{\partial H(T,p,n_1,n_2)}{\partial n_1}\right]_{T,p,n_2} = h_m(T,p,\psi) - \psi \frac{\partial h_m(T,p,\psi)}{\partial \psi} \quad (4.230)$$

und

$$h_{m2} = \left[\frac{\partial H(T,p,n_1,n_2)}{\partial n_2}\right]_{T,p,n_1} = h_m(T,p,\psi) + (1-\psi)\frac{\partial h_m(T,p,\psi)}{\partial \psi} \ . \quad (4.231)$$

Analog zu Gl. (4.228) ergibt sich die Gesamtenthalpie H einfach als die Summe der mit den Molzahlen n_i multiplizierten partiellen molaren Enthalpien h_{mi}.
Die Gln. (4.227) und (4.228) bzw. (4.230) und (4.231) gelten im übrigen nicht nur für die partielle spezifische bzw. die partielle molare Enthalpie, sondern in derselben Form auch für alle anderen partiellen Zustandsgrößen.

Spezifische Wärmekapazität eines Gemisches

In manchen Fällen wird es nützlich sein, die spezifische Wärmekapazität eines Gemisches von gegebener Zusammensetzung ξ zu berechnen. Es ist allgemein

$$c_p = \left(\frac{\partial h}{\partial T}\right)_{\xi,p} \ , \quad (4.232)$$

wobei die Änderung $\partial h/\partial T$ sowohl bei $\xi =$ konst als auch bei $p =$ konst gemeint ist. Nun kann man die Enthalpie der Lösung durch die Exzeßenthalpie und die Enthalpien der reinen Komponenten bei derselben Temperatur ausdrücken, vgl. Gl. (4.200) und erhält damit

$$\left(\frac{\partial h}{\partial T}\right)_{\xi,p} = \left(\frac{\partial h^E}{\partial T}\right)_{\xi,p} + (1-\xi)\left(\frac{\partial h_{01}}{\partial T}\right)_p + \xi\left(\frac{\partial h_{02}}{\partial T}\right)_p \ . \quad (4.233)$$

Da

$$\left(\frac{\partial h_{01}}{\partial T}\right)_p = c_{p01} \ ; \ \left(\frac{\partial h_{02}}{\partial T}\right)_p = c_{p02} \quad (4.234)$$

die spezifischen Wärmekapazitäten der reinen Komponenten bedeuten, so ist mit Gl. (4.233) die spezifische Wärmekapazität des Gemisches

$$c_p = \left(\frac{\partial h^E}{\partial T}\right)_{\xi,p} + (1-\xi)\, c_{p01} + \xi\, c_{p02}\ . \tag{4.235}$$

Die Exzeßenthalpie h^E kann mit der Temperatur sowohl zunehmen als auch abnehmen; deswegen kann je nach Gemischart auch die spezifische Wärmekapazität des Gemisches größer oder kleiner sein, als sie sich nach der Summationsregel $(1-\xi)\, c_{p01} + \xi\, c_{p02}$ berechnen würde. Nur für ideale Gemische ist $h^E = 0$ und $\partial(h^E)/\partial T = 0$, so daß man hier die spezifische Wärmekapazität des Gemisches nach der einfachen Summationsregel berechnen darf.

4.3.2 Gemische mit mehreren Phasen

Bisher haben wir hauptsächlich die Eigenschaften der homogenen Phasen der Gemische besprochen. Für die technischen Prozesse sind aber gerade die Übergänge aus der einen Phase in die andere von besonderer Bedeutung. Bei solchen Übergängen müssen zwei Phasen, z.B. Flüssigkeit-Dampf in dauerndem oder zumindest im zeitweiligen Austausch stehen. Es kann sich dabei natürlich um recht verschiedene Systeme handeln, so z.B. um Zweiphasensysteme fest-flüssig (Kristallisation, Salzlösung usw.), flüssig-dampfförmig (Destillation usw.), flüssig-flüssig, fest-fest (Legierung usw.), fest-dampfförmig (Adsorption der Gase durch feste Adsorptionsmittel usw.). Aber oft kommen bei Zweistoffgemischen auch Dreiphasensysteme vor wie z.B. flüssig-flüssig-dampfförmig (Eindampfen eines heterogenen Flüssigkeitsgemisches), fest-flüssig-dampfförmig (Auskristallisieren durch Eindampfen), womit alle Möglichkeiten keineswegs erschöpft sind.

Mischbarkeit, Ausbildung von Phasen

Bekanntlich lassen sich zwei Gase in jedem beliebigen Mischungsverhältnis zu einem homogenen Gemisch vermischen. Das ist auch bei vielen Flüssigkeiten und manchen festen Körpern der Fall. So z.B. ergibt Ethanol und Wasser in jedem beliebigen Mischungsverhältnis ein homogenes Gemisch. Bei einer Reihe von Flüssigkeitspaaren trifft das jedoch nicht zu. Z.B. lösen sich Benzol und Wasser gegenseitig in nur so geringen Mengen, daß sie praktisch als nicht mischbar angesprochen werden. Bei 25 °C kann Wasser höchstens 0,113 Massenprozent Benzol aufnehmen und Benzol bei derselben Temperatur höchstens 0,013 Massenprozent Wasser. Was geschieht, wenn man etwa gleiche Mengen Wasser und Benzol vermischt und das Gemisch durchrührt? Es bilden sich zwei gesättigte Flüssigkeitsschichten, von denen die eine überwiegend aus Wasser, die andere überwiegend aus Benzol besteht. Die spezifisch schwerere Wasserschicht hat gerade soviel Benzol aufgelöst, als es der Sättigungszusammensetzung entspricht, während die spezifisch leichtere Benzolschicht ihrerseits an Wasser gesättigt ist. Alles Rühren kann diese Löslichkeiten nicht verschieben, die beiden Schichten scheiden sich immer wieder voneinander.

Die gegenseitige Löslichkeit kann durch die Temperatur wesentlich beeinflußt werden. In den Bildern 4.84 bis 4.86 sind einige Fälle wiedergegeben. So sind z.B. nach Bild 4.84 Nikotin und Wasser unterhalb 61 °C und oberhalb von 208 °C in allen Verhältnissen, bei den Zwischentemperaturen dagegen nur beschränkt mischbar. Die „Mischungslücke" umfaßt diejenigen Zusammensetzungen, bei welchen ein homogenes Gemisch nicht gebildet werden kann. Ein mit der Zusammensetzung ξ_A (Punkt A) angesetztes Gemisch spaltet sich bei gleichbleibender Temperatur T in zwei jeweils gesättigte Gemische B und C auf, die untereinander im Gleichgewicht stehen.

Bei anderen Stoffpaaren ist die Mischungslücke innerhalb des Versuchsbereiches nicht geschlossen, sondern oben oder unten oder beiderseits offen, vgl. Bild 4.85 für Phenol-Wasser, und Bild 4.86 für Triethylamin-Wasser.

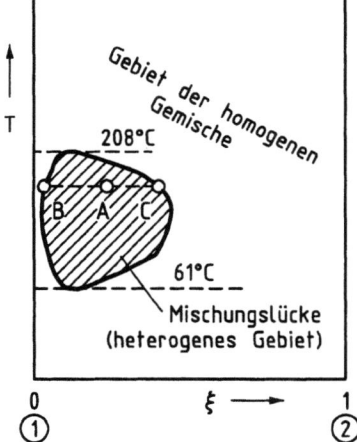

Bild 4.84: Mischungslücke, Typ Nikotin-Wasser

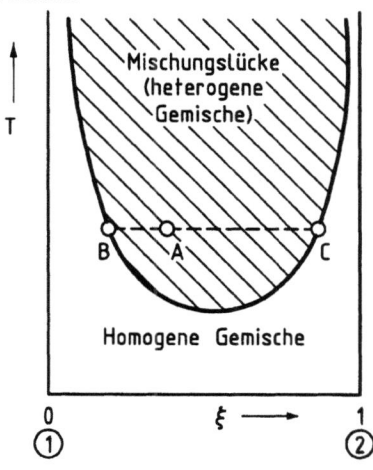

Bild 4.85: Mischungslücke, Typ Phenol-Wasser

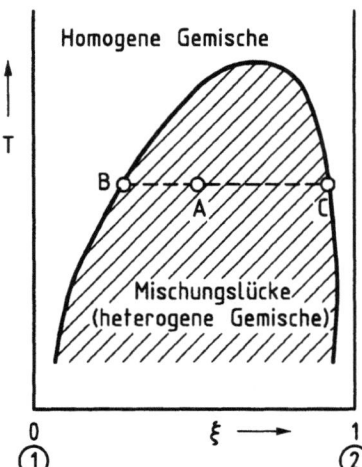

Bild 4.86: Mischungslücke, Typ Triethylamin-Wasser

Mischungswärme und Mischungslücke

Bei Gemischen nach der Art der Bilder 4.84 bis 4.86[31] verläuft die Enthalpie innerhalb der Mischungslücke geradlinig etwa wie im h, ξ-Diagramm des Bildes 4.87. Dieser Verlauf ist dadurch bedingt, daß man die beiden homogenen Gemische B und C aus dem heterogenen Gemisch A rein mechanisch, ohne Arbeits- und Wärmeaufwand trennen kann (z.B. durch Stehenlassen, Zentrifugieren und dgl.). Man kann also die Gemische B und C vermengen, ohne daß sich die Temperatur ändert, und das bedingt nach der Mischungsregel (Bild 4.77) einen geradlinigen Verlauf der Isothermen zwischen B und C. In den Zustandspunkten B und C (Bild 4.87) ändern sich die partiellen Mischungswärmen q_1 und q_2 sprunghaft, was man mit Hilfe der in Bild 4.82 angegebenen Konstruktion ersehen kann.

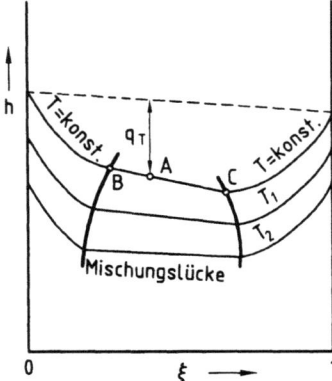

Bild 4.87: Verlauf der Isothermen im h, ξ-Diagramm für Gemische mit Mischungslücke

Verdampfung und Kondensation von Zweistoffgemischen

Die Verdampfung eines Zweistoffgemisches verläuft wesentlich anders als die eines einfachen Stoffes. Beim Versuch nach Bild 4.88 kann man folgendes beobachten.
Das zu untersuchende flüssige Gemisch mag zunächst keine Mischungslücken haben. Wir wählen z.B. eine Wasser-Ammoniaklösung (H_2O-NH_3) von der Anfangszusammensetzung ξ_1 und der Temperatur T_1 (im T, ξ-Diagramm, Bild 4.89, Zustandspunkt 1). Die Flüssigkeit wird unter konstant belastetem Kolben bei konstantem Druck erwärmt. Ihre Temperatur steigt bis zur Siedetemperatur T_2, wo sie zu sieden beginnt (Punkt 2), indem sich die ersten Dampfblasen 3 bilden. Die Temperatur des Dampfes ist gleich der Flüssigkeitstemperatur. Unterwirft man jedoch diese Dampfblasen einer chemischen Analyse, so findet man, daß die Zusammensetzung des Dampfes eine wesentlich andere ist als die der Flüssigkeit, nämlich ξ_3. Dasselbe Ergebnis bekommt man, so oft das Gemisch ξ_1 beim gleichen Druck zum Sieden gebracht wird und solange man den Dampf über der Flüssigkeit verweilen läßt. Es ist also ξ_3 die Gleichgewichtszusammensetzung des Dampfes für die Flüssigkeitszusammensetzung $\xi_2 = \xi_1$ bei dem gewählten Versuchsdruck p. Setzt man nun den

---
[31] Allgemeiner: innerhalb des heterogenen Gebietes eines Gemisches, ohne Rücksicht auf die Aggregatform.

4.3 Eigenschaften von Zweistoffgemischen

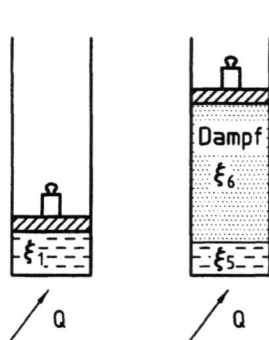

Bild 4.88: Verdampfung eines Gemisches bei $p = $ konst ohne Dampfentnahme

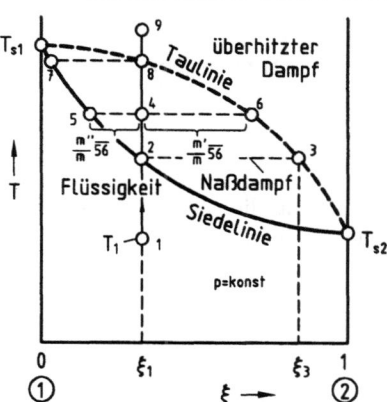

Bild 4.89: Vorgang aus Bild 4.88 im T, ξ-Diagramm

Erwärmungsvorgang fort, so dampft, da $\xi_3 > \xi_2$ ist, mehr vom Stoff 2 als vom Stoff 1 aus. Nach einiger Zeit ist die verbliebene Flüssigkeit ärmer an 2 geworden und hat nun die Zusammensetzung ξ_5 (Punkt 5). Zugleich zeigen uns die Thermometer, daß die Temperatur allmählich auf T_5 gestiegen ist, obgleich der Siededruck sich nicht geändert hat. Sorgt man durch Rühren oder durch genügend langsame Erwärmung, daß der Dampf über der Flüssigkeit immer homogen bleibt, so findet man bei der Analyse dessen Konzentration ξ_6. Es sind also ξ_5 und ξ_6 die „Gleichgewichtszusammensetzungen" der Flüssigkeit und des Dampfes beim Druck p und bei der Siedetemperatur $T_5 = T_6$. Durch weitere Wärmezufuhr werden auch die letzten Tropfen verdampfen, und der erhaltene Dampf (Punkt 8) muß nun dieselbe Zusammensetzung haben wie das Ausgangsgemisch $\xi_8 = \xi_1$. Denn während des Siedevorganges ist weder vom Stoff 2 noch von 1 etwas entnommen worden[32]. Die letzten noch verdampfenden Flüssigkeitstropfen haben die Zusammensetzung ξ_7, d.h. auch die letzten Tropfen sind noch ein Gemisch und nicht etwa reiner Stoff 1. Durch weitere Erwärmung wird der Dampf überhitzt (Punkt 9), ändert seine Zusammensetzung nicht mehr und verhält sich wie ein gewöhnliches Gasgemisch. Durch Verbindung der Punkte 2,5,7 erhält man die sog. Siedelinie, durch Verbindung von 3,6,8 die Kondensations- oder Taulinie.

Man kann nun den Verdampfungsversuch mit verschiedenen Anfangszusammensetzungen ξ_1 wiederholen, und man wird so die Kurvenzweige 72 und 83 über die ganze Diagrammbreite erweitern. Die Taulinie und Siedelinie schneiden sich in den beiden Ordinatenachsen, weil bei reinen Stoffen kein Unterschied in der Zusammensetzung des Dampfes und der Flüssigkeit besteht. T_{s1} und T_{s2} sind die Sättigungstemperaturen von 1 bzw. 2 für den Druck p.

Im Gefäß mag eben die Temperatur $T_5 = T_4 = T_6$ erreicht worden sein. Dann kann

---

[32] Die Analysenproben mögen verschwindend klein gewesen sein, oder aber es kann die Analyse z.B. auf optischem Wege mit Hilfe der Lichtbrechung durchgeführt worden sein, wozu eine Probeentnahme überhaupt überflüssig wird.

man aus Bild 4.89 sofort den Anteil der ausgedampften Menge bestimmen. Von m kg des Anfangsgemisches mögen m'' kg verdampft worden sein, während m' kg flüssig geblieben sind. Es ist

$$m = m' + m'' \ . \tag{4.236}$$

Dabei muß die Menge des Stoffes 2 vor und während der Verdampfung im Gefäß gleich bleiben, d.h.

$$m\xi_1 = m\xi_4 = m''\xi_6 + m'\xi_5 \ , \tag{4.237}$$

so daß mit Gl.(4.236) folgt

$$\frac{m'}{m} = \frac{\xi_6 - \xi_4}{\xi_6 - \xi_5} \quad ; \quad \frac{m''}{m} = \frac{\xi_4 - \xi_5}{\xi_6 - \xi_5} \ . \tag{4.238}$$

Mit anderen Worten, der Punkt 4 auf der Linie konstanter Konzentration $\xi_4 = \xi_1$ teilt die Strecke $\overline{56}$ im Verhältnis der Dampf- und Flüssigkeitsmengen, wie in Bild 4.89 eingetragen.

Die Zweistoffgemische haben somit im Gegensatz zu einfachen Stoffen bei einem gegebenen Druck nicht eine einzige, sondern eine Reihe von der Zusammensetzung abhängige Siedetemperaturen. Dampf und Flüssigkeit, die bei gleichem Druck im Gleichgewicht stehen, haben im allgemeinen verschiedene Zusammensetzungen, die in der Regel experimentell ermittelt werden müssen. Wir wollen die Zusammensetzung der siedenden Flüssigkeit (z.B. ξ_5 des Bildes 4.89), die im Gleichgewicht mit Dampf steht, mit ξ' (oder ψ'), dagegen die Zusammensetzung des austauenden (kondensierenden) Dampfes, der im Gleichgewicht mit siedender Flüssigkeit steht mit ξ'' (ψ'') bezeichnen (z.B. die Zusammensetzung ξ_6 des Bildes 4.89).

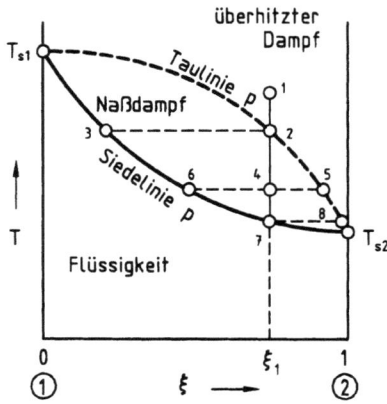

Bild 4.90: Kondensation eines Gemischdampfes bei $p = $ konst ohne Flüssigkeitsentnahme

Ein Kondensationsvorgang verläuft wie folgt. Dampf vom Zustand 1 (Bild 4.90) kühlt sich bei $\xi_1 = $ konst so lange ab, bis die Tautemperatur T_2 erreicht wird (Punkt 2). In diesem Augenblick tauen die ersten Tropfen mit der Zusammensetzung ξ_3 aus (Punkt 3). Der Dampf wird dadurch ärmer an Stoff 1, so daß bei weiterer Kühlung seine Zusammensetzung sich längs der Taulinie in Richtung des

Punktes 5 ändert. Mischt man die ausgefallene Flüssigkeit gut durch, so daß sie immer homogen bleibt, so wird sie, nachdem alles kondensiert, die Zusammensetzung $\xi_7 = \xi_1$ haben (Punkt 7). Die zuletzt kondensierende winzige Dampfmenge hat die Zusammensetzung ξ_8, also auch in diesem Falle handelt es sich noch um ein Gemisch und nicht etwa um einen reinen Stoff 2.

Mit Veränderung des Druckes p ändern sich nicht nur die Siedetemperaturen $T_{s1}(p)$ und $T_{s2}(p)$ der reinen Komponenten, sondern auch die Verläufe der Siedelinien und der Taulinien. In das Diagramm des Bildes 4.91 sind die Tau- und Siedelinien für drei verschiedene Drücke p_0, p_1 und p_2 eingezeichnet.

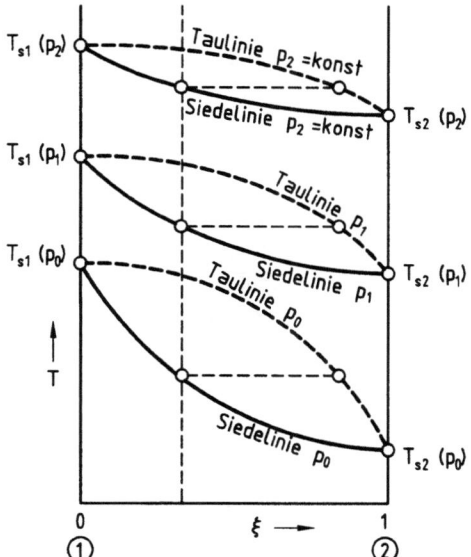

Bild 4.91: T,ξ-Diagramm für verschiedene Drücke

Übersteigt der Druck p den kritischen Druck einer oder beider Komponenten, so treten einige Besonderheiten auf. Dies soll anhand des Bildes 4.92 für das Zweistoffgemisch Ethan/n-Butan[33] erläutert werden.

Im Quadranten links oben ist analog zu Bild 4.91 das T,ξ-Diagramm dieses Gemisches dargestellt mit Siedelinien und Taulinien für die Drücke 20, 40 und 50 bar. Der Druck $p = 20$ bar ist unterkritisch, Siede- und Taulinie verlaufen so wie in Bild 4.91. Beim Druck von $p = 40$ bar, der etwas höher ist als der kritische Druck des schwerer siedenden n-Butans, haben sich Siede- und Taulinie von der linken Ordinate ($\xi = 0$) abgelöst; beim Druck $p = 50$ bar von beiden ($\xi = 0$ und $\xi = 1$), weil bei diesem Druck der kritische Druck sowohl der Komponente 1, als auch der Komponente 2 überschritten ist. Im Punkt Π_m liegt der höchste überhaupt mögliche Druck im Zweiphasengebiet von etwa 57 bar vor; hier sind Taulinie und Siedelinie zu einem Punkt zusammengeschrumpft.

Im Bildteil rechts oben ist die Sättigungstemperatur über dem Sättigungsdruck aufgetragen mit dem Massenanteil ξ der leichter flüchtigen Komponente Ethan als Parameter. Die Kurven $\xi = 0$ (n-Butan) und $\xi = 1$ (Ethan) stellen die Siedelinien

---

[33] Nach Meßwerten von KAY W B (1940) Ind. Eng. Chem. 32:353

342   4 Stoffgemische

für die reinen Stoffe bis zu deren kritischen Punkten K_1 und K_2 dar. Nur bei Temperaturen unterhalb der kritischen Temperatur und bei Drücken unterhalb des kritischen Druckes ist bei den reinen Komponenten eine Trennung in zwei Phasen (flüssig und dampfförmig) möglich.

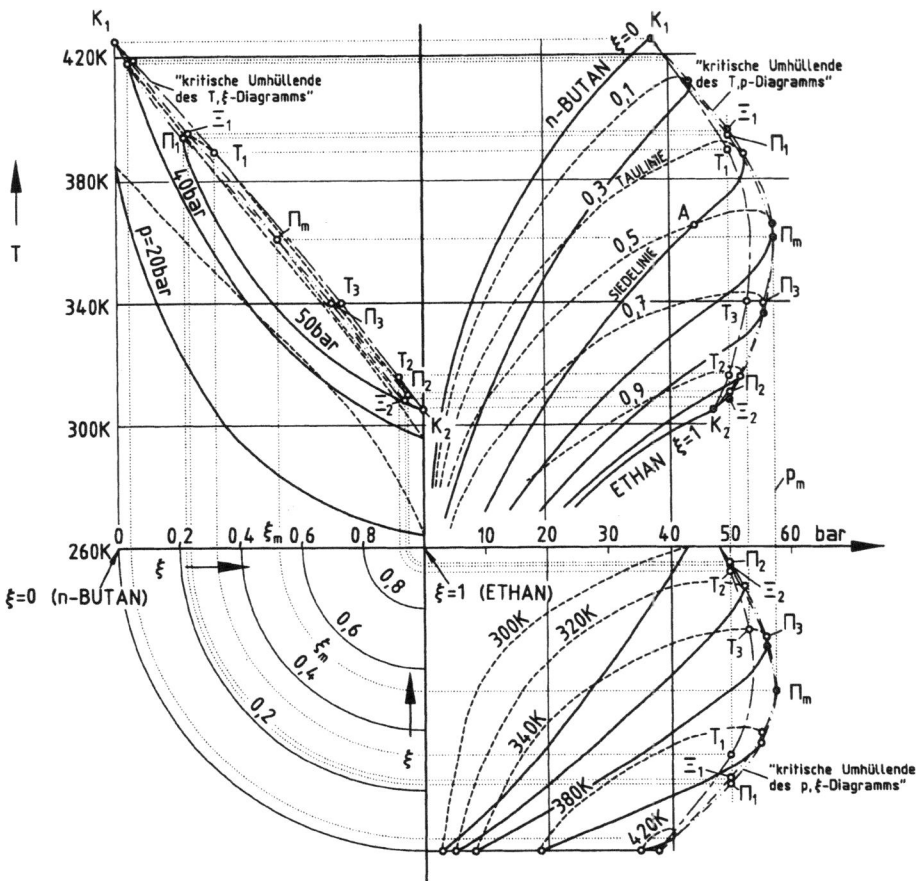

Bild 4.92: Kritischer Bereich bei n-Butan,Ethan-Gemischen

Bei den Zweistoffgemischen vorgegebener Zusammensetzung ξ müssen wir zwischen den Siedelinien (in Bild 4.92 ausgezogen gezeichnet) und den Taulinien (in Bild 4.92 gestrichelt gezeichnet) unterscheiden, vgl. auch die Bilder 4.90 und 4.91. In der „kritischen Umhüllenden des T,p-Diagramms" (in Bild 4.92 strichpunktiert gezeichnet) laufen diese zusammen. Auf dieser haben die Dampfphase und die Flüssigphase neben derselben Temperatur T und demselben Druck p auch noch dieselbe Zusammensetzung. Innerhalb dieser „kritischen Umhüllenden" des T,p-Diagramms ist nämlich jeder Punkt zugleich Schnittpunkt einer „Siedelinie" und einer „Taulinie" unterschiedlicher Konzentrationen (wie z.B. der Punkt A im rechten oberen Quadranten des Bildes 4.92 mit $\xi'_A = 0,3$ und $\xi''_A = 0,5$), wobei die Flüssigphase ärmer an leichter Siedendem ist als die Dampfphase ($\xi' < \xi''$). Nur auf der kritischen Umhüllenden des T, p-Diagramms fallen Siede- und Taulinie gleicher Konzentration zusammen. Dort sind die Dampf- und die Flüssigphase des Gemisches auch in ihren anderen Eigenschaften nicht zu unterscheiden. Daher bezeichnet man die Zustandspunkte auf der „kritischen Umhüllenden des T,p-Diagramms" als kritische Punkte. Außerhalb dieser Begrenzung zu höheren Drücken hin ist das Zweistoffgemisch völlig homogen; d.h. einphasig.

Das Druck-Zusammensetzungs-(p, ξ)-Diagramm, dargestellt im unteren Diagrammteil des Bildes 4.92, erhält man, indem die Isothermen des T, p-Diagramms nach unten abgetragen werden.

In den Bereichen des p, ξ-Diagramms, in denen die Temperatur niedriger ist als die kritischen Temperaturen

$$T < T_{K1} \, , \, T < T_{K2}$$

erstrecken sich die Siede- und Taulinie über den gesamten Konzentrationsbereich. Übersteigt dagegen die Temperatur die kritische Temperatur einer Komponente, so ziehen sich die Siede- und Taulinien von der entsprechenden Seite des p, ξ-Diagramms zurück.

Die „kritische Umhüllende im T, ξ-Diagramm" (unterschiedlich lang gestrichelte Linien in Bild 4.92) und die „kritische Umhüllende im p, ξ-Diagramm" (doppeltpunktierte Linien in Bild 4.92) verbinden die Zustände der maximalen Temperatur bzw. des maximalen Druckes, bei denen gerade noch eine Trennung in zwei Phasen erfolgt.

Im T, p-Diagramm ist die „kritische Umhüllende des T, ξ-Diagramms" zugleich die Verbindungslinie der Maxima aller Taulinien, z.B. die Punkte T_1 und T_2 auf der Isobaren $p = 50$ bar oder der Punkt T_3 auf der Isothermen $T = 340$ K in Bild 4.92. Diese Punkte kennzeichnen zugleich die größtmögliche Konzentration der leichter flüchtigen Komponente bei vorgegebener Temperatur, z.B. der Punkt T_3 auf der Isothermen $T = 340$ K.

Dort, wo im T, p-Diagramm die Linien konstanter Zusammensetzung eine senkrechte Tangente besitzen, herrscht für diese Zusammensetzung der höchste Druck, bei dem gerade noch ein Phasenzerfall auftreten kann. Die Verbindungslinie dieser Punkte ist im p, ξ-Diagramm die „kritische Umhüllende des p, ξ-Diagramms". Als ein Beispiel sind darauf im Bild 4.92 die Punkte Π_1 und Π_2 eingetragen, die den Konzentrationsbereich der Isobare $p = 50$ bar eingrenzen, wie man leicht aus dem p, ξ-Diagramm erkennt. Der Punkt Π_1 liegt auf der Siedelinie und der Punkt Π auf der Taulinie, weil im T,p-Diagramm bei Temperaturen $> T_m$ nur die Siedelinien und bei Temperaturen $< T_m$ nur die Taulinien vertikal verlaufende Tangenten besitzen.

Die kritischen Punkte Ξ_1 und Ξ_2, die als Schnittpunkte der Isobaren $p = 50$ bar mit der „kritischen Umhüllenden des T,p-Diagramms" erhalten werden, stellen im T, ξ-Diagramm die Zustandspunkte maximaler bzw. minimaler Temperatur dieser Isobaren dar. Sie unterteilen diese Isobare in die Siedelinie und die Taulinie. Im p, T-Diagramm ergeben die Punkte auf der „kritischen Umhüllenden des T, p-Diagramms" für jede Isotherme den Höchstwert des Druckes.

Erhöht man bei konstantem Druck vom Punkt Ξ_1 aus die Temperatur, so kommt man in das Gebiet der überkritischen Zustände, wie man das auch von einfachen Stoffen her kennt (s. den Diagrammteil rechts oben im Bild 4.92). Bei gegebenem Druck ist nämlich oberhalb der Temperatur $T_{\Xi 1}$ eine Aufspaltung in zwei Phasen nicht möglich.

Wird ausgehend von Ξ_1 der Druck um Δp erhöht, so kann sich das Zweistoffgemisch in zwei Phasen ' und '' aufspalten, s. Bild 4.93, wenn gleichzeitig die Temperatur um ΔT gesenkt wird. Bei gleich bleibender oder höherer Temperatur ist von Ξ_1 aus nur ein Übergang in das Gebiet überkritischer d.h. einphasiger Zustände möglich. Eine interessante Erscheinung soll noch erwähnt werden. Die Kondensation des Dampfes im Gebiet links von der Ξ_1-Ordinate, d.h. $\xi < \xi_{\Xi_1}$ (Bild 4.93) verläuft normal. Verdichtet man nämlich bei $T = $ konst z.B. den Dampf vom Zustand 1, so fällt bei einer Druckerhöhung immer mehr Flüssigkeit aus, so daß sich z.B. beim Druck p_2 das Naßdampfgemenge 2 in die Flüssigkeit 2' und in den Dampf 2'' aufspaltet. Im Punkt 3 ist beim Druck p_3 bereits alles verflüssigt. Nicht so im Gebiet rechts von Ξ_1. Die isotherme Kompression des Dampfes 4 hat hier zunächst eine Ausscheidung der Flüssigkeit zur Folge, so daß im Naßdampfzustand 5 die beiden Phasen 5' und 5'' vorgefunden werden. Bei einer weiteren isothermen Kompression verschwindet aber allmählich die vorher ausgetaute Flüssigkeit, so daß zuletzt in 6, trotz des höheren Druckes, nur wieder trockener Dampf vorhanden ist. Diese Erscheinung wird als „retrograde" (rückläufige) Kondensation bezeichnet.

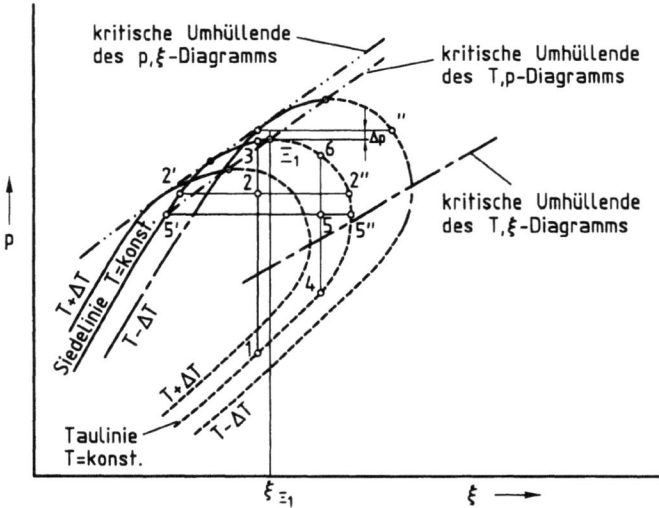

Bild 4.93: Einfluß einer Druckerhöhung im Zweiphasengebiet nahe dem kritischen Punkt

Die vorstehenden Überlegungen gelten für den Fall, daß die Konzentration der leichter siedenden Komponente im kritischen Punkt Ξ_1 kleiner ist als die Konzentration ξ_m, die im Punkt Π_m beim Maximalwert des kritischen Druckes p_m vorliegt.

Ist dagegen die Konzentration im kritischen Punkt Ξ_2 größer als ξ_m, so nimmt bei vorgegebenem Druck im kritischen Zustand Ξ_2 die Temperatur $T_{\Xi 2}$ den kleinstmöglichen Wert ein, Bild 4.92 und 4.94. Erhöht man bei konstantem Druck p vom kritischen Punkt Ξ_2 ausgehend die Temperatur etwa bis zum Punkt 1 in Bild 4.94, so gelangt man nicht ins Gebiet der überkritischen Zustände, sondern beobachtet zunächst einen Zerfall in die flüssige Phase $1'$ und die dampfförmige Phase $1''$. Bei weiterer Erwärmung nimmt der Anteil der Flüssigkeit ab, um im Punkt 2 schließlich ganz zu verschwinden. Erhöht man die Temperatur eines Dampfes 3 rechts vom kritischen Punkt Ξ_2, z.B. bis T_4, so taut aus diesem die Flüssigkeit $4'$ aus. Erst bei der noch höheren Temperatur T_5 liegt dann wieder reiner Dampf vor. Diese Erscheinung bezeichnet man als retrograde (rückläufige) Verdampfung, den umgekehrten Vorgang (von 5 nach 3) retrograde Kondensation.

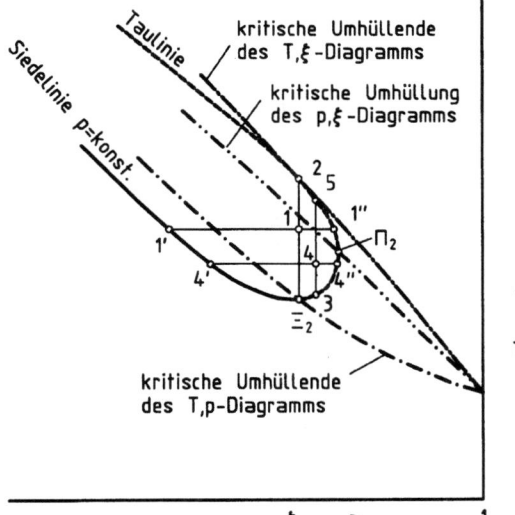

Bild 4.94: Retrograde Verdampfung und Kondensation

Die Verhältnisse im kritischen Gebiet von Zweistoffgemischen sind also wesentlich verwickelter als im kritischen Gebiet einfacher Stoffe. Dabei soll nicht übersehen werden, daß wir hier nur den einfachsten Fall der Gemische betrachtet haben, und zwar solche, die in der flüssigen Phase vollkommen mischbar sind und die außerdem keine Maxima oder Minima in den Siedekurven haben.

Maximum- und Minimum-Gemische

Nicht alle Gemische zeigen den Verlauf der Siedelinien zwischen den Siedetemperaturen T_{s1} oder T_{s2} der reinen Stoffe, wie in Bild 4.90 dargestellt. Es gibt eine Reihe von Gemischen, bei denen dieser Temperaturverlauf nicht monoton ist, sondern die diese Grenzwerte T_{s1} und T_{s2} nach oben oder unten überschreiten. In Bild 4.95 ist ein Gemisch mit Temperaturminimum, in Bild 4.96 ein solches mit Temperaturmaximum dargestellt.

Punkt A wird als der azeotropische oder ausgezeichnete Punkt bezeichnet. In ihm berühren sich die Siede- und Taulinie, d.h. in diesem Punkt des Extremwertes der

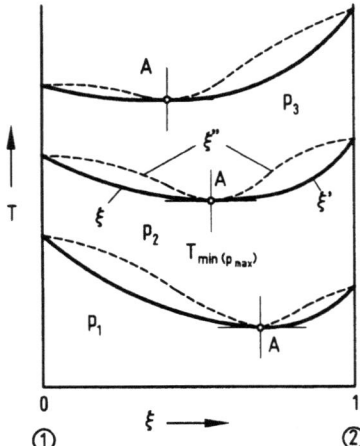

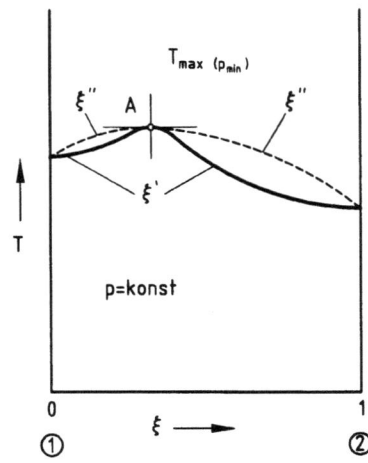

Bild 4.95: Gemisch mit Temperaturminimum

Bild 4.96: Gemisch mit Temperaturmaximum

Temperatur haben Flüssigkeit und Dampf dieselbe Zusammensetzung ($\xi' = \xi''$). Ein solches Gemisch siedet wie ein einfacher Stoff bei konstanter Temperatur, da die Zusammensetzungen beim Siedevorgang dauernd den gleichen Wert behalten. Aus den Diagrammen ersieht man, daß der Unterschied ($\xi'' - \xi'$) links und rechts des azeotropischen Punktes das Vorzeichen wechselt.

Wenn ein Stoff eine höherliegende Siedetemperatur als der andere beim gleichen Druck hat, so ist bei gleicher Temperatur sein Siededruck kleiner als der des anderen Stoffes. Aus gleichem Grunde entspricht einem T_{min} des T, ξ-Diagramms ein p_{max} im p, ξ-Diagramm, Bild 4.95 und 4.97, und umgekehrt, Bild 4.96 und 4.98.

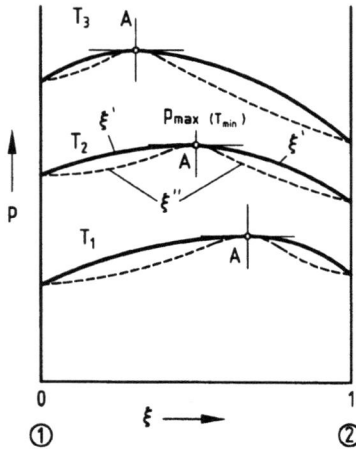

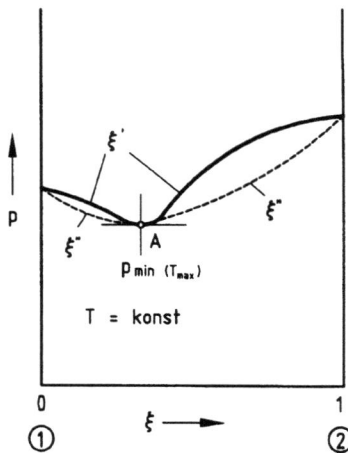

Bild 4.97: Gemisch mit Druckmaximum

Bild 4.98: Gemisch mit Druckminimum

Bei anderen Drücken und Temperaturen verschiebt sich im allgemeinen die Zusammensetzung des azeotropischen Punktes A (Bild 4.95 und 4.97). Bei manchen Gemischen kann der Punkt A sogar ab einer bestimmten Temperatur oder einem bestimmten Druck in einer Ordinatenachse verschwinden, so daß das Gemisch von diesem Druck oder dieser Temperatur an keinen azeotropen Punkt mehr aufweist.

Verdampfen heterogener Flüssigkeitsgemische

Verdampft man ein heterogenes Flüssigkeitsgemisch (z.B. ein Benzol-Wasser-Gemisch), so ergibt sich ein etwas anderes T, ξ-Diagramm (Bild 4.99). Da jedoch links und rechts von der Mischungslücke die Flüssigkeitsgemische homogen sind, so findet man für diese Gebiete grundätzlich dasselbe Bild wie bei einer vollkommen mischbaren Flüssigkeit. Beim Sieden bildet die Flüssigkeit (Punkt 1) den Gleichgewichtsdampf 2, und es ergeben sich für das linke Gebiet die Siedelinie $E1B$ und die Taulinie $E2D$. Die Flüssigkeit 3 (rechts von der Mischungslücke) gibt dagegen den Gleichgewichtsdampf 4 ab, entsprechend der Siedelinie $F3C$ und der Taulinie $F4D$.

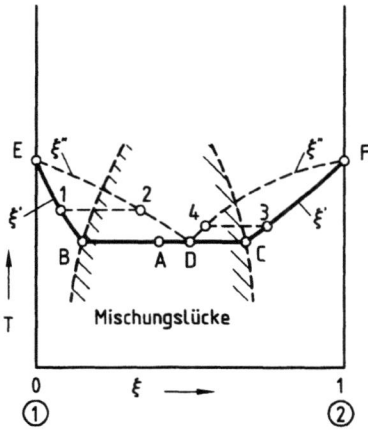
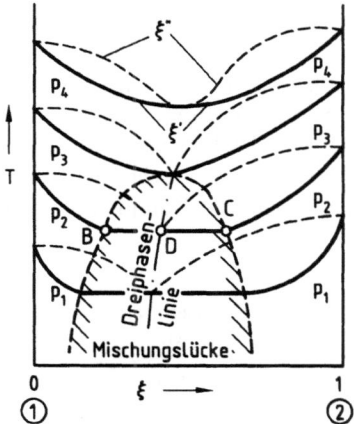

Bild 4.99: Verdampfung eines heterogenen Flüssigkeitsgemisches bei $p = $ konst

Bild 4.100: Verdampfung eines heterogenen Flüssigkeitsgemisches bei verschiedenen Drücken

Da die Flüssigkeit B einerseits mit der Flüssigkeit C, andererseits aber mit dem erzeugten Dampf D im Gleichgewicht steht, so müssen auch D und C im Gleichgewicht sein. Dies bedeutet, daß sich die beiden Taulinien im Punkt D schneiden, welcher auf der Isothermen $T = T_B = T_C$ liegt. Mit anderen Worten, die beiden flüssigen Phasen (B und C) eines Benzol-Wasser-Gemenges (z.B. Punkt A) stehen mit demselben Dampf von der Zusammensetzung ξ_D im Gleichgewicht. Es liegt also ein Dreiphasengemisch vor, bestehend aus den Phasen B, D und C. In Bild 4.100 sind die Siede- und Taulinien für verschiedene Drücke unter der Annahme dargestellt, daß sich die Mischungslücke bei höheren Temperaturen schließt.
Grundsätzlich kann das T, ξ-Diagramm auch die Form des Bildes 4.101 erhalten, welcher Fall jedoch technisch von untergeordneter Bedeutung ist.

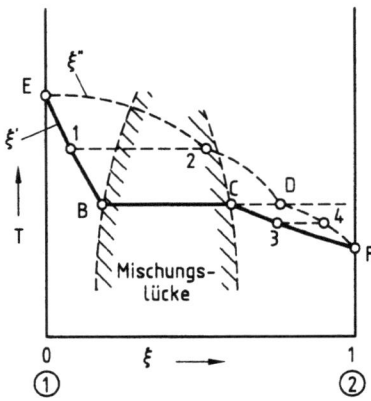

Bild 4.101: Verdampfung eines heterogenen Flüssigkeitsgemisches bei $p =$ konst

Wärmeerscheinungen beim Verdampfen

Phasenübergänge sind bei Gemischen mit Wärmeerscheinungen verknüpft, die verwickelter sind als bei einfachen Stoffen. Um sie übersichtlich verfolgen zu können, greifen wir zum h,ξ-Diagramm.

In das h,ξ-Diagramm können wir bei Kenntnis der kalorischen Eigenschaften der reinen Stoffe 1 und 2 und der Mischungswärmen die Isothermenscharen der Flüssigkeit und des Dampfes einzeichnen (s. Bild 4.102). Im Gebiet des überhitzten Dampfes werden die Isothermen gerade Linien, weil, wie erwähnt, die Mischungswärme bei Gasen und Dämpfen gewöhnlich zu vernachlässigen ist ($q_t \approx 0$).

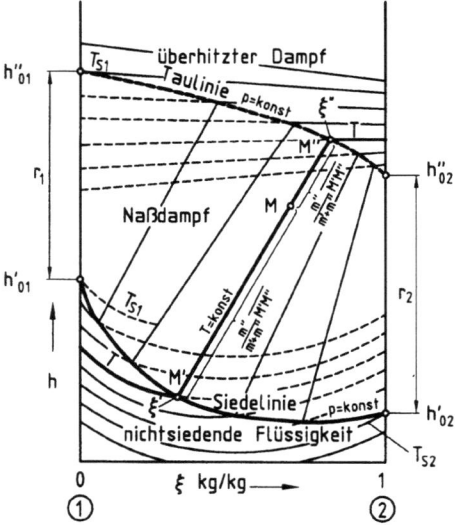

Bild 4.102: Das h,ξ-Diagramm des Verdampfungsgebietes für $p =$ konst

Beim Druck p, für welchen das Diagramm gelten soll, ist T_{s1} die Siedetemperatur des Stoffes 1. Die Isotherme T_{s1} des überhitzten Dampfes schneidet die Ordinatenachse $\xi = 0$ bei der Enthalpie h''_{01} des trocken gesättigten Dampfes von 1. Die

Flüssigkeitsisotherme T_{s1} geht von der Enthalpie h'_{01} des siedenden Stoffes 1 aus, wobei

$$r_1 = h''_{01} - h'_{01} \qquad (4.239)$$

die Verdampfungswärme des Stoffes 1 beim Druck p und der entsprechenden Temperatur T_{s1} ist (s. Bild 4.102). Dasselbe gilt auch für Stoff 2

$$r_2 = h''_{02} - h'_{02} \ . \qquad (4.240)$$

Wenn die spezifischen Wärmekapazitäten c''_{p01} und c''_{p02} der reinen Stoffe in der Dampfphase bekannt sind, so lassen sich die Enthalpien des überhitzten Dampfes bestimmen und die geradlinigen Isothermen für das überhitzte Gebiet der Gemische ohne weiteres einzeichnen.

Nun kann man die Siede- und Taulinie für den Druck p aus dem T, ξ-Diagramm (Bild 4.89) übertragen, indem man die zugehörigen ξ'- und ξ''-Werte auf den entsprechenden Flüssigkeits- bzw. Dampfisothermen des h, ξ-Diagramms (Bild 4.102) abträgt. So bekommt man auch hier eine Siede- und Taulinie, die sich allerdings nicht mehr in den Ordinatenachsen schneiden.

Das Gebiet unterhalb der Siedelinie stellt die nichtsiedende Flüssigkeit, das Gebiet oberhalb der Taulinie den überhitzten Dampf des Gemisches dar.

Zwischen der Tau- und Siedelinie liegt das Naßdampfgebiet. Naßdampf ist ein heterogenes Gemisch von siedender Flüssigkeit und kondensierendem Dampf, welche im Gleichgewicht stehen. Mischt man trocken gesättigten Dampf, Zustandspunkt M'' (T, p, ξ'') mit siedender Flüssigkeit, Punkt $M'(T, p, \xi')$, so ändern sich weder die Temperatur $T = T_{M''} = T_{M'}$ noch die Zusammensetzung ξ' der Flüssigkeit, noch die des Dampfes ξ'', denn sonst wären die Flüssigkeit M' und der Dampf M'' nicht im Gleichgewicht gewesen. Der Zustandspunkt M des erhaltenen Gemisches, d.h. des Naßdampfes, muß nach der Mischungsregel (Bild 4.77) auf der Verbindungsstrecke von M'' und M' liegen. Wie erwähnt, herrscht in M dieselbe Temperatur wie in M' und M''. Die Naßdampfisotherme $T = $ konst muß also von M' nach M'' geradlinig über M verlaufen.

Man kann nun die verschiedenen Isothermen einzeichnen. Verbindet man noch im Naßdampfgebiet die Punkte M für $m''/m = $ konst, so gewinnt man die Linien gleichen Dampfgehaltes $m''/m = $ konst (Bild 4.103). Das sind zugleich auch Linien gleicher Dampffeuchte m'/m, da $m' + m'' = m$ ist und zwar so, daß die Strecke $\overline{M'M''}$ nach dem Gesetz der abgewandten Hebelarme im Verhältnis der Massen m'' des Trockendampfes und m' der Flüssigkeit unterteilt wird. Die Naßdampfisothermen sind um so steiler, je näher sie den beiden Ordinatenachsen $\xi = 0$ und $\xi = 1$ liegen. Für die reinen Stoffe 1 und 2 fallen sie in diese Ordinatenachsen. Den Verdampfungsvorgang des Bildes 4.89 kann man vorteilhafter im h, ξ-Diagramm (Bild 4.104) darstellen, weil man hier neben den Zustandsgrößen T, ξ usw. auch noch die umgesetzten Wärmemengen sofort abgreifen kann.

Beim Erwärmen der Flüssigkeit vom Zustand ξ_1, T_1 (Punkt 1) erreicht man den Zustand 2 auf der Siedelinie $(T_2, \xi' = \xi_2 = \xi_1)$, wobei die ersten Dampfblasen von der Zusammensetzung $\xi'' = \xi_3$ entstehen. Bei weiterem Verdampfen erreicht man den Zustand des Dampfflüssigkeitsgemisches 4, welches aus m'' kg trockenen Dampfes

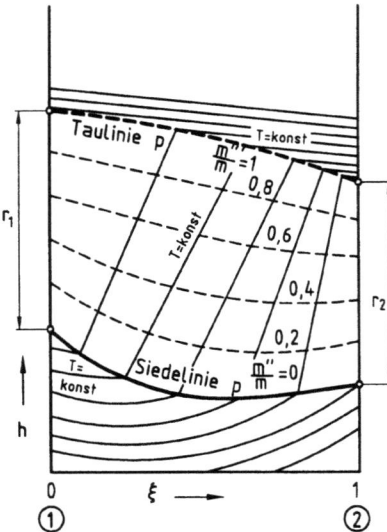

Bild 4.103: Linien gleichen Dampfgehaltes m''/m gleicher Dampffeuchtigkeit

von der Zusammensetzung $\xi'' = \xi_6$ und aus m' kg siedender Flüssigkeit mit $\xi' = \xi_5$ zusammengesetzt ist. Beim weiteren Verdampfen verschwindet die Flüssigkeit, so daß zuletzt nur noch Spuren der Flüssigkeit vom Zustand 7 übrigbleiben, alles übrige dagegen zu Dampf vom Zustand 8 geworden ist, wobei $T_8 > T_2$ ist. Bei weiterer Erwärmung erreicht man zuletzt den Dampfzustand 9 im überhitzten Gebiet. Da die Verdampfung bei konstantem Druck $p =$ konst erfolgen soll (für diesen Druck sei auch das Diagramm entworfen worden), so ist je kg Gemisch die erforderliche Wärme zur Erwärmung der Flüssigkeit bis zur Siedetemperatur T_2

$q_{12} = h_2 - h_1$,

zur Verdampfung von m''_4 kg Dampf

$q_{24} = h_4 - h_2$,

zur restlosen Verdampfung der Flüssigkeit

$q_{28} = h_8 - h_2$,

und zur Überhitzung des Dampfes

$q_{89} = h_9 - h_8$.

Insgesamt wird die Wärme $q_{19} = h_9 - h_1$ benötigt, s. Bild 4.104.

Man kann dasselbe Diagrammblatt für verschiedene Drücke p_1, p_2 usw. verwenden, wenn man die entsprechenden Siede- und Taulinien einzeichnet (Bild 4.105). Die Enthalpie der Flüssigkeit ist so wenig vom Druck abhängig, daß die Flüssigkeitsisothermen bei verschiedenen Drücken sich im h, ξ-Diagramm nicht voneinander unterscheiden. Bei niedrigen Drücken gilt dasselbe auch für die Isothermen des überhitzten Dampfes. Die Isothermen des Naßdampfgebietes liegen jedoch für jeden Druck anders (Bild 4.105).

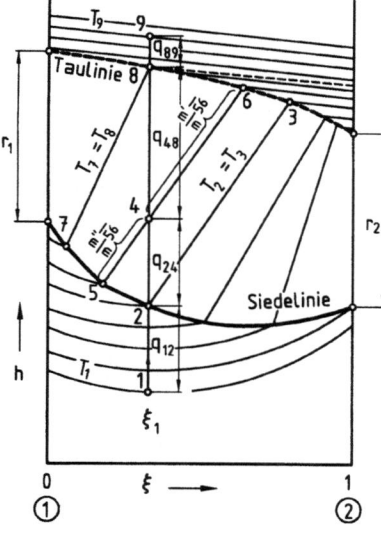

Bild 4.104: Wärmeumsatz bei Verdampfung nach Bild 4.89

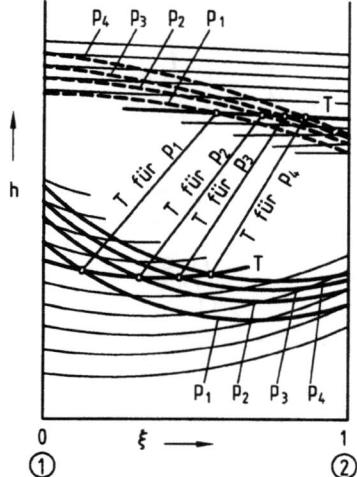

Bild 4.105: Naßdampfgebiet bei verschiedenen Drücken

Mischungslücke im h, ξ-Diagramm

Das h, ξ-Diagramm für ein Gemisch mit Mischungslücke vom Typus nach Bild 4.99 ist für das Verdampfungsgebiet in Bild 4.106 dargestellt. Innerhalb der Mischungslücke verlaufen die Flüssigkeitsisothermen geradlinig (s. auch Bild 4.87). Die Siedelinie $p = $ konst und die Flüssigkeitsisotherme $T = T_A = T_B$ fallen in diesem Gebiet zusammen. Jedes flüssige Gemisch zwischen A und B steht mit dem Dampf D der Zusammensetzung ξ_D im Gleichgewicht, wie das aus Bild 4.99 hervorgeht. So z.B. setzen sich m kg Naßdampf vom Zustand M aus m'' kg Dampf D und m' kg Flüssigkeit F zusammen (s. Bild 4.106). Die Flüssigkeit F ist selbst in die beiden Phasen

352   4 Stoffgemische

A und B zerfallen. Im h, ξ-Diagramm kann man nach Bild 4.107 die Anteile

$$\frac{m''}{m} = \frac{\overline{FM}}{\overline{DF}} \; ; \; \frac{m'_A}{m} = \frac{\overline{DE}}{\overline{DF}} \; ; \; \frac{m'_B}{m} = \frac{\overline{EM}}{\overline{DF}} \qquad (4.241)$$

unmittelbar als Streckenverhältnisse abgreifen, indem man durch M eine Parallele zu $\overline{DB}$ zeichnet und durch deren Schnittpunkt A' mit $\overline{DA}$ eine Parallele zu $\overline{AB}$; diese schneidet $\overline{DF}$ im Punkt E.

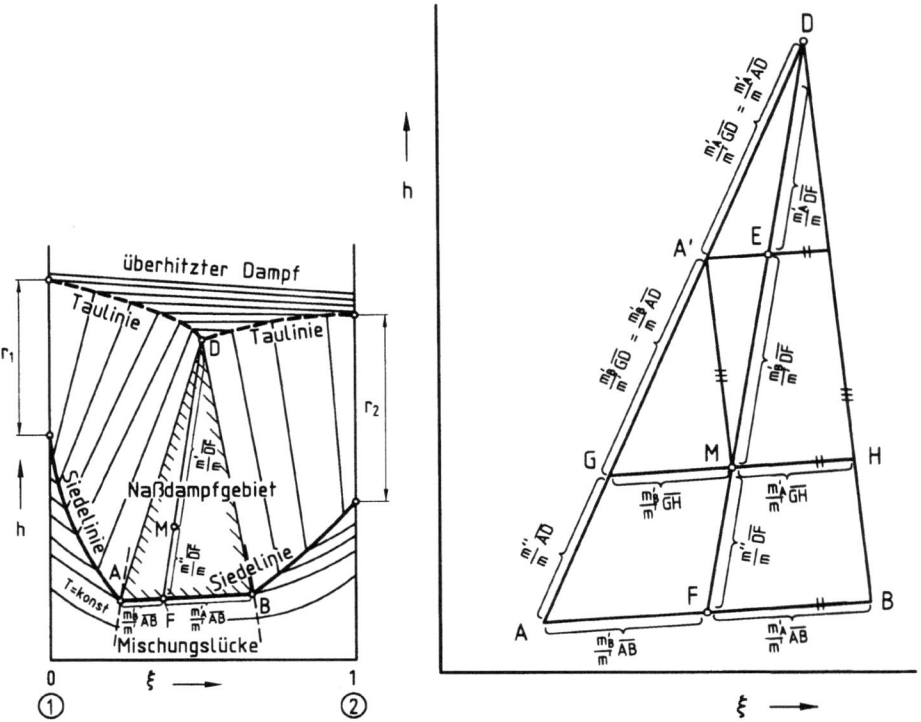

Bild 4.106: h, ξ-Diagramm für ein Gemisch nach Bild 4.99

Bild 4.107: Mengenanteile der drei Phasen A, B, D im heterogenen Dreiphasenzustand M

Innerhalb des sog. Dreiphasengebietes (das Dreieck ABD des Bildes 4.106) herrscht überall dieselbe Siedetemperatur $T = T_A = T_B = T_D$. In den Gebieten außerhalb der Mischungslücke verhält sich das Gemisch wie ein homogenes Gemisch.

Ist die gegenseitige Löslichkeit der beiden Stoffe 1 und 2 so gering, daß man sie praktisch vernachlässigen kann (z.B. Wasser-Benzol), so degeneriert das Diagramm des Bildes 4.106 zu Bild 4.108, indem die Punkte A und B nahezu in die Ordinatenachsen fallen.

Für ein Gemisch vom Typus nach Bild 4.101 ist das h, ξ-Diagramm in Bild 4.109 dargestellt.

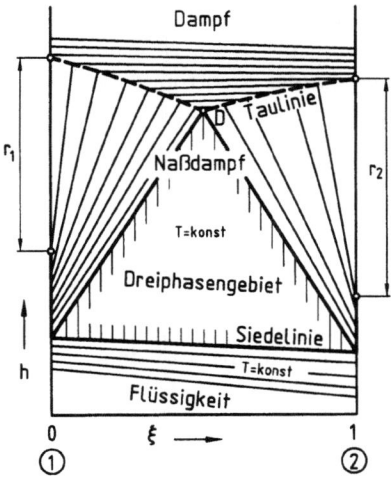

Bild 4.108: h, ξ-Diagramm eines Gemisches mit im flüssigen Gebiet praktisch unlöslichen Komponenten (Typ Wasser-Benzol)

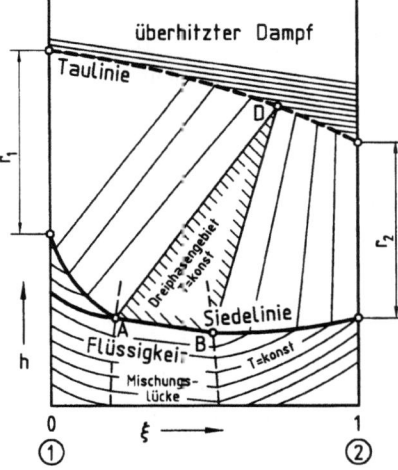

Bild 4.109: h, ξ-Diagramm für ein Gemisch nach Bild 4.101

h, ξ-Diagramm für Gemische mit azeotropischem Punkt

Das h, ξ-Diagramm eines Gemisches mit Siedetemperaturminimum (d.h. mit Druckmaximum) nach Bild 4.95 und 4.97 (z.B. Wasser-Ethanol) zeigt Bild 4.110. Für ein Gemisch mit Temperaturmaximum (d.h. mit Druckminimum), nach Bild 4.96 und 4.98 ist das h, ξ-Diagramm in Bild 4.111 wiedergegeben.

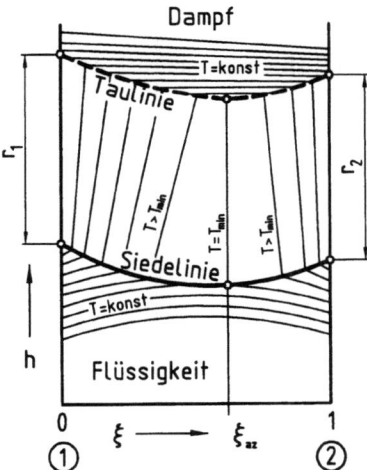

Bild 4.110: h, ξ-Diagramm eines Gemisches mit Temperaturminimum nach Bild 4.95

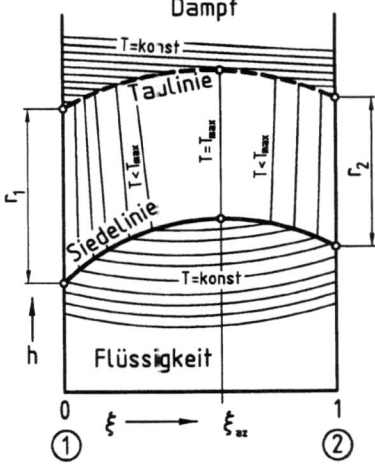

Bild 4.111: h, ξ-Diagramm eines Gemisches mit Temperaturmaximum nach Bild 4.96

Kennzeichnend ist für solche Gemische mit azeotropischem Punkt, daß die Naßdampfisothermen bei Temperaturminimum nach oben, bei Temperaturmaximum nach unten zusammenlaufen. Die Naßdampfisotherme des azeotropischen Gemisches fällt genau in die Ordinatenrichtung, weil dafür $\xi' = \xi'' = \xi_{az}$ ist. Man sieht aus dem Diagramm, daß sich bei der Verdampfung eines Gemisches mit Temperaturminimum nach Bild 4.110 die Flüssigkeitszusammensetzung immer in Richtung der reinen Komponenten 1 oder 2 ändert, je nachdem, ob die Ausgangszusammensetzung ξ größer oder kleiner als die azeotrope Zusammensetzung ξ_{az} ist. Beim Typus nach Bild 4.111 strebt dagegen die Flüssigkeitszusammensetzung bei der Verdampfung immer in Richtung der Zusammensetzung ξ_{az} des azeotropen Gemisches. Dampft man dagegen die Flüssigkeit $\xi = \xi_{az}$ ein, so bleibt wegen $\xi'' = \xi'$ die Flüssigkeitszusammensetzung unverändert. Da auch die Temperatur dabei gleich bleibt, so unterscheidet sich in diesem Falle dieser Siedevorgang in keiner Weise von demjenigen eines einfachen Stoffes.

Schmelzen und Gefrieren

Wärmetechnisch ist der Schmelz- und Gefriervorgang vom Verdampfungsvorgang weniger verschieden als man zunächst glauben sollte. Begrifflich unterscheidet sich auch der Erstarrungsvorgang von Legierungen grundsätzlich in keiner Weise von den Vorgängen beim Auskristallisieren von Feststoffen aus Lösungen. Der praktische Unterschied liegt darin, daß man bei metallurgischen Prozessen mehr an den Änderungen der technologischen und der Festigkeitseigenschaften durch die Wärmebehandlung interessiert ist und weniger am Wärmeumsatz. Dagegen ist bei Kristallisationsanlagen und dergleichen im Fabrikationsprozeß neben der „Kristalltracht" auch der Wärmebedarf oft von wesentlicher Bedeutung.

Kühlt man ein flüssiges Zweistoffgemisch von der Zusammensetzung ξ_1 ab, so wird bei der Temperatur T_2 (s. Punkt 2 im T, ξ-Diagramm, Bild 4.112) die Gefriertemperatur für die betreffende Zusammensetzung erreicht. Hier scheiden sich die ersten Kristalle in fester Form aus. Ihre Zusammensetzung ist ξ_3.

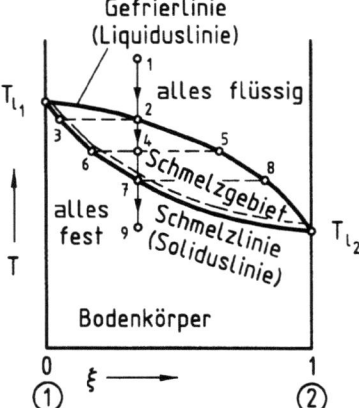

Bild 4.112: Schmelzen und Gefrieren eines Gemisches

Erniedrigt man die Temperatur weiter, so findet man im Gefäß zwei Phasen: die noch nicht erstarrte Flüssigkeit mit der Zusammensetzung ξ_5 und die bereits ausgefallenen Kristalle mit der Zusammensetzung ξ_6. Dieses heterogene Gemisch aus Flüssigkeit und Kristallen hat die mittlere Zusammensetzung $\xi_4 = \xi_1$. Die ausgefallene Solidusphase (feste Phase) wird auch Bodenkörper genannt (weil die Kristalle meist zu Boden sinken). Bei einer weiteren Abkühlung friert die ganze Lösung bis auf den letzten Flüssigkeitstropfen (von der Zusammensetzung ξ_8) ein. Bei der Temperatur T_9 ist alles gefroren. Verbindet man die Punkte 2, 5, 8 usw., so gewinnt man die Erstarrungs- oder Liquiduslinie, an der man zu jeder Flüssigkeitszusammensetzung sofort die Temperatur des ersten Ausfrierens ablesen kann. Die Schmelzlinie (Solidus- oder auch Eislinie) gibt die Temperatur an, bei welcher Kristalle von gegebener Zusammensetzung beim Erwärmen zu schmelzen beginnen. Analog wie beim Verdampfungsvorgang ist im Schmelzgebiet bei gegebener Temperatur $T_5 = T_6 = T_4$ z.B. ξ_6 die Zusammensetzung des Bodenkörpers, welcher mit der Schmelze der Zusammensetzung ξ_5 im Gleichgewicht steht (und umgekehrt).

Die Gleichgewichte beim Gefrieren stellen sich im vorliegenden Fall viel langsamer ein als beim Verdampfungsvorgang. Der Grund liegt darin, daß die zuerst ausgefrorenen Kristallkerne die Zusammensetzung $\xi_3 < \xi_6$ haben. Bei fortschreitendem Ausfrieren lagern sich um diese Kristallkerne Schichten anderer Zusammensetzung ab, so daß die äußeren Kristallschichten immer reicher an Stoff 2 werden. Die Zusammensetzung der einzelnen Kristalle wird dadurch inhomogen. Allerdings findet auch im festen Körper ein Stoffaustausch durch Diffusion statt, nur verläuft dieser unvergleichlich langsamer als etwa in Flüssigkeiten oder in Gasen. Aus diesem Grunde muß man auf die Einstellung eines Gleichgewichtszustandes sehr viel länger warten als z.B. bei einem Kondensationsvorgang. So erklärt es sich auch, daß bei experimentellen Untersuchungen von Schmelz- und Erstarrungvorgängen viel leichter falsche Gleichgewichte vorgetäuscht werden als in Systemen flüssig-dampfförmig.

In Bild 4.112 wurde ein Gemisch betrachtet, bei dem beide Komponenten sowohl in der flüssigen als auch in der festen Phase vollkommen mischbar sind. Die vollkommene Mischbarkeit tritt dann auf, wenn die Atome der einen Komponente in jedem Verhältnis in das Kristallgitter der anderen eintreten können (und umgekehrt), ohne daß die Stabilität des Gitters gestört wird. Wenn dagegen im Raumgitter der einen Komponente die Atome nur teilweise durch die der anderen ersetzt werden können und bei Überschreiten dieses Verhältnisses das Raumgitter unstabil wird, so sind die beiden Komponenten in der festen Phase nur teilweise mischbar. In diesem Fall müssen sich zwei verschiedene Kristallarten bilden, was man z.B. an geschliffenen Flächen oft schon mit bloßem Auge oder sonst mikroskopisch beobachten kann. Solche Gemische, die übrigens in der Technik sehr häufig auftreten, besitzen somit eine Mischungslücke in der festen Phase.

In Bild 4.113 ist das Schmelzdiagramm eines Zweistoffgemisches mit Mischungslücke dargestellt. Bei der Abkühlung der Flüssigkeit vom Zustand 1 wird die Liquiduslinie in 2 erreicht. Es fallen einheitliche Mischkristalle 3 aus. Bei weiterer Abkühlung reichert sich die übrigbleibende Flüssigkeit allmählich bis zur Zusammensetzung $\xi_8 = \xi_E$ an, während die Mischkristalle die Zusammensetzung ξ_9 erreichen. Bei weiterer Wärmeentziehung scheiden sich bei nun unveränderlicher Temperatur $T_9 = T_{10} = T_E$ (eutektische Temperatur) zwei Arten der Kristalle mit den

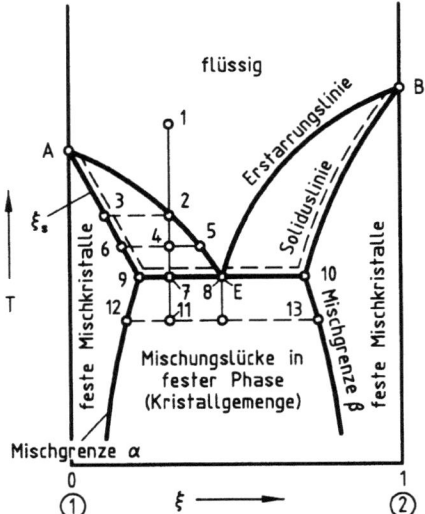

Bild 4.113: Schmelzgebiet mit teilweiser Löslichkeit in der festen Phase

verschiedenen Zusammensetzungen ξ_9 und ξ_{10} so lange aus, bis der letzte Rest der Flüssigkeit der Zusammensetzung ξ_E verschwindet. Bei der eutektischen Temperatur T_E wird die feste Phase aus dichtgemengten Kristallen der Zusammensetzung ξ_9 und ξ_{10} gebildet, und zwar in einem solchen Mengenverhältnis, daß deren mittlere Zusammensetzung ξ_E ist. Daneben bestehen die bereits vorher ausgeschiedenen Kristalle der Zusammensetzung ξ_9. Die mittlere Zusammensetzung der festen Phasen muß natürlich gleich der Ausgangszusammensetzung ξ_1 sein.

Eine weitere Abkühlung bis 11 hat eine weitere Änderung der Mischkristallzusammensetzung zu ξ_{12} und ξ_{13} zur Folge. Diese Entmischung vollzieht sich nach Maßgabe der Mischgrenzen α und β, deren Lage in Abhängigkeit von der Temperatur für jedes Gemisch eindeutig festliegt. Allerdings stellt sich der jeweilige Gleichgewichtszustand nur sehr langsam ein, entsprechend der kleinen Diffusionsgeschwindigkeit in festen Körpern.

Links vom Linienzug $A, 9, 12$ findet man homogene Mischkristalle von der Zusammensetzung ξ, wobei $0 \leq \xi \leq \xi_9$ ist. Rechts vom Linienzug $B, 10, 13$ ist die Zusammensetzung ξ der Mischkristalle $\xi_{10} \leq \xi \leq 1$. Unterhalb der Linie 12, 9, 10, 13 ist die feste Phase ein heterogenes Gemisch zweier Mischkristallarten von den Gleichgewichtszusammensetzungen ξ_α und ξ_β, welche Werte von der Temperatur abhängen (z.B ξ_{12} und ξ_{13}).

Punkt E ist der sogenannte eutektische Punkt und ξ_E die eutektische Zusammensetzung.

Ganz analoge Betrachtungen gelten für den Fall, daß das Ausgangsgemisch eine Zusammensetzung $\xi_1 > \xi_E$ hat. In diesem Fall scheidet sich ein Bodenkörper aus, dessen Zusammensetzung für die jeweilige Temperatur an dem Soliduszweig $B\,10$ abgelesen werden kann.

h, ξ-Diagramm des Schmelzgebietes

Ist der Verlauf der Flüssigkeitsisothermen im h, ξ-Diagramm z.B. durch Versuche ermittelt worden, so kann man die Erstarrungslinien aus dem T, ξ-Diagramm (Bild 4.113) übertragen (Bild 4.114). Die Enthalpie h_{01}'''' der schmelzenden Kristalle des reinen Stoffes 1 (des Eises von 1), Punkt A'''', ist um den Betrag seiner Schmelzwärme r_{s1} geringer als die Enthalpie h_{01}''' der gefrierenden Flüssigkeit in A''', d.h.

$$r_{s1} = h_{01}''' - h_{01}'''' , \tag{4.242}$$

und analog für 2

$$r_{s2} = h_{02}''' - h_{02}'''' . \tag{4.243}$$

Dabei ist die Temperatur $T_{A''''} = T_{A'''} = T_{sm1}$ die Schmelztemperatur der unvermischten Komponente 1 und $T_{B''''} = T_{B'''} = T_{sm2}$ diejenige von 2. T_{sm1} und T_{sm2} können natürlich recht verschieden sein. Die Enthalpie h_{01} der Kristalle von 1 unterhalb der Gefriertemperatur, d.h. bei $T < T_{sm1}$ (z.B. Punkt C) findet man mit Hilfe der spezifischen Wärmekapazität c_{s01} der Kristalle zu

$$h_{01} = h_{01}'''' - c_{s01}(T_{sm1} - T) , \tag{4.244}$$

und analog für 2 (Punkt D)

$$h_{02} = h_{02}'''' - c_{s02}(T_{sm2} - T) . \tag{4.245}$$

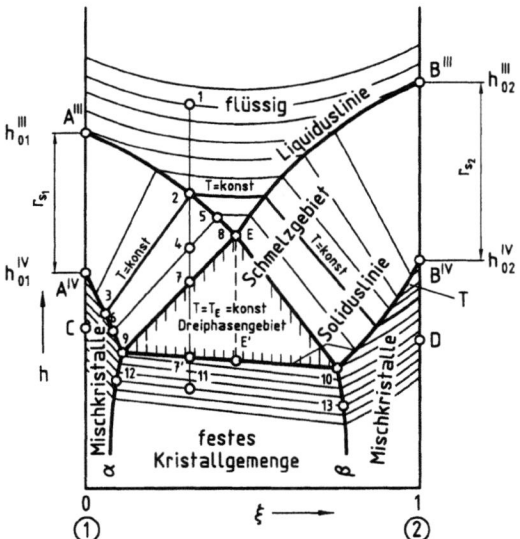

Bild 4.114: h, ξ-Diagramm eines Gemisches mit eutektischem Punkt

Der Verlauf der Isothermen $T = $ konst hängt von der Mischungswärme q_t in der festen Phase ab. Da jedoch für die heterogenen Gemische innerhalb der Mischungslücke die partielle Mischungswärme gleich null ist, so sind die Isothermen

in der Mischungslücke gerade Linien (ebenso wie bei Flüssigkeiten, Bild 4.87 und 4.106; man beachte die große Ähnlichkeit der Wärmediagramme für die Verdampfung, Bild 4.106, und für das Schmelzen, Bild 4.114!).
An den Mischgrenzen α und β weisen die Isothermen einen Knick auf und sind außerhalb der Mischungslücke mehr oder weniger gekrümmt. Hat man diese Isothermen des festen Gebietes im h, ξ-Diagramm irgendwie ermittelt, so kann man auch die Soliduslinie aus Bild 4.113 für die entsprechenden Temperaturen übertragen. Die Isothermen des Schmelzgebietes sind wie die des Naßdampfgebietes (Bild 4.106) gerade Linien und verbinden die Punkte der jeweils im heterogenen Gleichgewicht stehenden Zustände auf der Liquidus- und Soliduslinie.

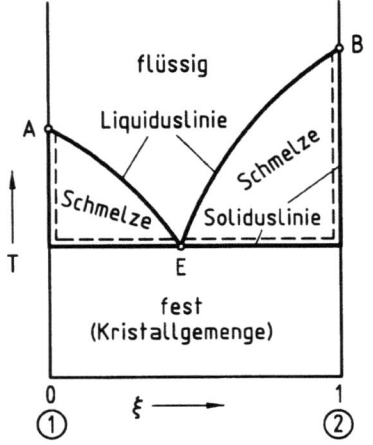

Bild 4.115: Schmelzdiagramm eines Gemisches mit praktisch nicht mischbaren Kristallen

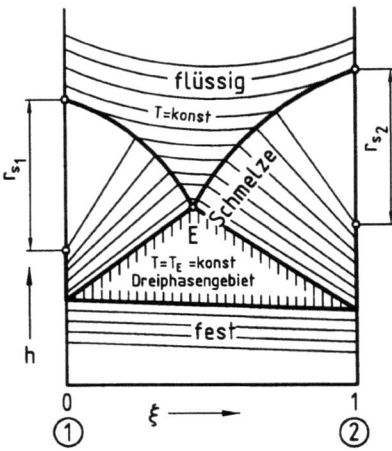

Bild 4.116: h, ξ-Diagramm des Gemisches nach Bild 4.115

Sind die Kristalle von 1 und 2 praktisch nicht ineinander löslich, so erstreckt sich die Mischungslücke (heterogenes Gebiet) der festen Phase fast bis an die beiden Ordinatenachsen, s. Bild 4.115 und 4.116. Beim Ausfrieren eines solchen Gemisches scheiden sich zunächst Kristalle des praktisch reinen Stoffes 1 oder 2 aus. Erst beim Abkühlen bis zur eutektischen Temperatur T_E fallen sowohl Kristalle des einen als auch Kristalle des anderen Stoffes gleichzeitig und dicht nebeneinander aus.

Chemische Bindungen im Bodenkörper

Oft treten im Bodenkörper chemische Bindungen auf, die man auch als ausgezeichnete (singuläre) Mischkristalle auffassen kann. Das Kennzeichen solcher ausgezeichneten Mischkristalle ist, daß sie in einer Lösung nur innerhalb eines beschränkten Zusammensetzungsbereiches beständig sind. Als Beispiel greifen wir das Gemisch von Wasser und Chlorcalcium (H_2O-$CaCl_2$) heraus. $CaCl_2$ bildet mit Wasser folgende Hydrate: $CaCl_2 \cdot 1\,H_2O$; $CaCl_2 \cdot 2\,H_2O$; $CaCl_2 \cdot 4\,H_2O$; $CaCl_2 \cdot 6\,H_2O$.
Bei Bildung der Hydrate aus den reinen Komponenten tritt eine Wärmetönung auf. So z.B. werden bei Bildung von 1 kg $CaCl_2 \cdot 6\,H_2O$ (aus 0,507 kg $CaCl_2$ und

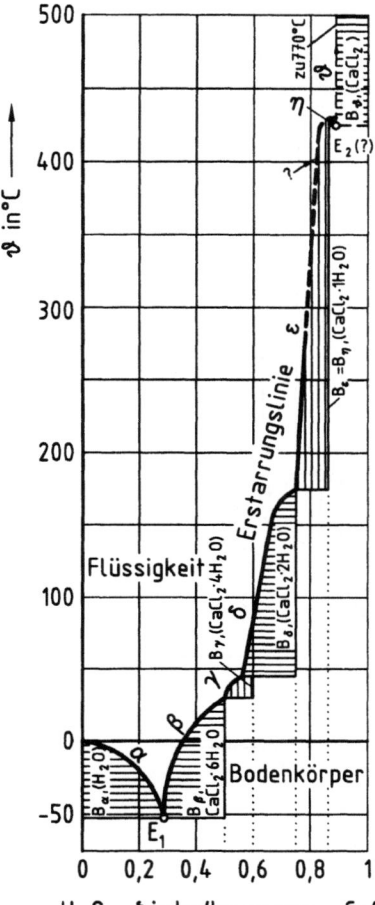

Bild 4.117: Schmelzdiagramm für H_2O-$CaCl_2$-Gemische

0,493 kg H_2O bei 0 °C) etwa 400 kJ frei. Die totale Mischungswärme von 1 kg $CaCl_2 \cdot 6\, H_2O$ ist also $q_T = -400$ kJ/kg. Die Erstarrungslinie ist im T, ξ-Diagramm (Bild 4.117) dargestellt. Sie besteht aus den Zweigen α, β bis ε. Jedem dieser Zweige entspricht je ein Bodenkörper B (Salzhydrat) bestimmter Zusammensetzung. So ist z.B. für den Flüssigkeitszweig β der Bodenkörper $B_\beta = CaCl_2 \cdot 6\, H_2O$ für δ ist er $B_\delta = CaCl_2 \cdot 2\, H_2O$ usw. Bild 4.117 gibt nur die stabilen Gleichgewichtsverhältnisse wieder. Die metastabilen Gleichgewichte sind weder in Bild 4.117 noch 4.118 berücksichtigt.

In Bild 4.118 ist das h, ξ-Diagramm für H_2O-$CaCl_2$-Gemische dargestellt. Neben der stabilen Erstarrungslinie sind auch einige Siedelinien für verschiedene Drücke eingezeichnet. Bei genügend hohem Diagramm hätte man auch die Kondensationslinien des gesättigten Gleichgewichtsdampfes eintragen können. Diese fallen nahezu in die Ordinatenachse $\xi = 0$, da der Salzgehalt des Gleichgewichtsdampfes bei nicht allzu hohen Drücken verschwindend klein ist. Die im Diagramm gestrichelten Bereiche sind unsicher und beruhen mehr auf Vermutungen.

360   4 Stoffgemische

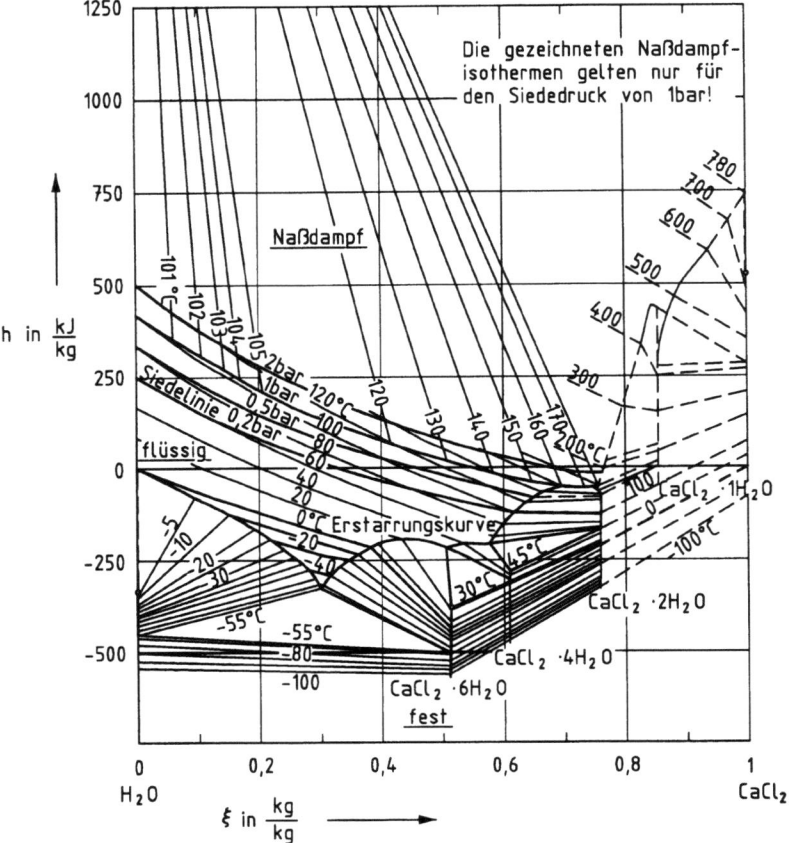

Bild 4.118: h, ξ-Diagramm für H_2O-$CaCl_2$-Gemische

Kältemischungen

In Laboratorien und im Kleingewerbe wird zur Erzeugung von Temperaturen unter 0 °C oft ein Kältegemisch angesetzt. Man vermischt ein geeignetes Salz mit zerkleinertem Wassereis oder mit Schnee, wobei unter Umständen die Temperatur weit unter 0 °C sinken kann. Von der Kältemischung wird gefordert, daß sie eine Temperatur liefert, die tiefer ist als die Temperatur T_0 des zu kühlenden Körpers. Außerdem muß ein Gemisch in der Lage sein, bei der Erwärmung auf die Temperatur T_0 eine möglichst große Wärmemenge aufzunehmen, um die geforderte Kühlwirkung auszuüben und um die Verluste zu decken. Für das wärmedichte Ansetzen eines Gemisches aus Wasser und Chlorcalciumhexahydrat ($CaCl_2 \cdot 6H_2O$) sind die Wärmeverhältnisse in Bild 4.119 dargestellt.

Das Hexahydrat wurde deswegen als eine Gemischkomponente gewählt, weil es die üblicherweise käufliche Form des Chlorcalciums ist. Aus den Molmassen des wasserfreien Chlorcalciums und des Wassers ermittelt man für das Hexahydrat

4.3 Eigenschaften von Zweistoffgemischen

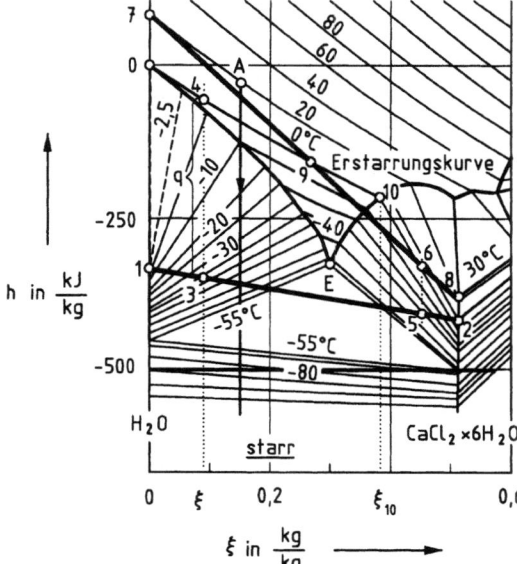

Bild 4.119: Kältemischungen aus Wasser und Calciumhexahydrat

einen Massenanteil an $CaCl_2$ von $\xi = 0,503$. Mischt man Eis von 0 °C (Punkt 1) mit Salz von gleicher Temperatur (Punkt 2), so liegt der Gemischzustandspunkt irgendwo auf der Linie $\overline{12}$, je nachdem, wieviel Salz man zugesetzt hat. Setzt man eine Zusammensetzung $\xi_3 = 0,08$ an (Punkt 3), so sieht man sofort, daß sich bei adiabatischer Mischung eine Gemischtemperatur von $\vartheta_3 = -30$ °C einstellt und je kg Gemisch die Wärme

$$q = h_4 - h_3 \approx 300 \text{ kJ/kg}$$

als „Kühlvermögen" bei Erwärmung bis an die Kühltemperatur $\vartheta_0 = 0$ °C zur Verfügung steht. Außerdem kann man leicht diejenige anzusetzende Gemischzusammensetzung finden, bei welcher diese Wärme am größten wird. Für eine Kühltemperatur $\vartheta_0 = 0$ °C wird das größte Kühlvermögen für reines Eis von 0 °C erreicht ($\xi = 0$), für $\vartheta_0 = -5$ °C bei einer Gemischzusammensetzung von $\xi = 0,09$. Je nach Mischungsverhältnis ξ wird die erreichte Gemischtemperatur verschieden sein. Man kann mit wenig Salz (ξ_3, Punkt 3) dieselbe Endtemperatur erreichen wie mit viel Salz (ξ_5, Punkt 5). 1 kg Gemisch von der Zusammensetzung ξ_3 kann bei der Erwärmung auf T_0 die Wärmemenge $h_4 - h_3$ aufnehmen; bei ξ_5 dagegen nur $h_6 - h_5$, also viel weniger. Im vorliegenden Beispiel ist es demnach viel günstiger, ein salzarmes Gemisch, d.h. ξ_3, als ein salzreiches, d.h. ξ_5, anzusetzen, was von Bedeutung für den Salzverbrauch ist.

In keinem Fall kann durch Mischen von Salz und Schnee eine Temperatur unterhalb der eutektischen Temperatur $\vartheta_E = -55$ °C erreicht werden.

Mischt man flüssiges Wasser von 20 °C, Zustand 7 in Bild 4.119 mit Hexahydrat von 20 °C, Zustand 8, so stellt sich eine Kühltemperatur unter 0 °C nur für Gemische mit $\xi_9 \leq \xi \leq \xi_6$ ein, und das (recht bescheidene) Kühlvermögen ist für $\xi_{10} = 0,37$ am größten.

Aus dem Diagramm kann man auch ohne weiteres die Abkühlungskurve eines gefrierenden Gemisches ablesen. Trägt man nämlich diejenigen Wärmemengen q, die bei der Abkühlung des Gemisches, Zustand A, zu entziehen sind, um verschieden tiefe Temperaturen zu erreichen, als Abszissen und die erreichten Temperaturen als Ordinaten auf, so ergibt sich das Bild 4.120.

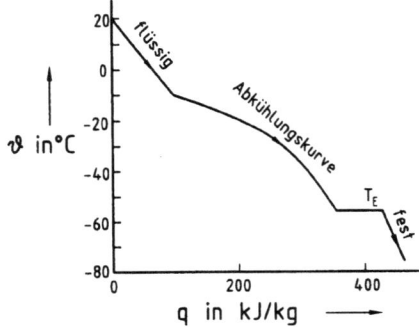

Bild 4.120: Abkühlung eines erstarrenden Gemisches, gezeichnet für eine H_2O-$CaCl_2$-Lösung der Konzentration ξ_A (in Bild 4.119), welche bei -10 °C zu gefrieren beginnt

Wird das Gemisch von der Temperatur T von außen mit Hilfe eines Kältebades von der Temperatur T_b gekühlt, so ist die erforderliche Kühlzeit $d\tau$ proportional der zu entziehenden Wärme dQ und umgekehrt proportional dem augenblicklichen Temperaturgefälle $(T - T_b)$

$$d\tau = \frac{dQ}{k(T - T_b)} \quad ,$$

worin k einen Wärmedurchgangskoeffizienten darstellt. Der Nenner auf der rechten Seite ist bei bekannter Kühlbadtemperatur T_b aus Bild 4.120 zu ermitteln. Durch Integration findet man dann unter Annahme des Wärmedurchgangskoeffizienten k den zeitlichen Verlauf der Temperaturen, eine Kurve, die sehr ähnlich der Kurve in Bild 4.120 ist und die z.B. beim Abkühlen von Legierungen als Haltepunktkurve, bei Gefrieren von Fleisch und Lebensmitteln, beim Auskristallisieren von Salzlösungen usw. eine wichtige Rolle spielt.

4.4 Eigenschaften von Dreistoffgemischen

4.4.1 Dreiecksdiagramm

Die spezifischen Eigenschaften von Dreistoffgemischen lassen sich nicht so anschaulich darstellen wie die der Zweistoffgemische, weil sie außer durch Druck und Temperatur noch von zwei voneinander unabhängigen Konzentrationsangaben bestimmt sind. Man ist daher zur vollständigen Beschreibung solcher Gemische auf rechnerische Methoden angewiesen und kann graphische Verfahren allenfalls zum besseren Verständnis einzelner Teilvorgänge heranziehen.

4.4 Eigenschaften von Dreistoffgemischen

Die Konzentrationen eines Dreistoffgemisches werden häufig als Molanteile ψ_i der Komponenten im Gemisch angegeben, anstelle der bisher vorwiegend verwendeten Massenanteile ξ_i; sie werden zweckmäßigerweise in einem gleichseitigen Dreieck[34] abgetragen und zwar so, daß auf jeder Parallele zu einer Dreiecksseite die Konzentration des auf der gegenüberliegenden Ecke dargestellten Stoffes konstant ist, s. Bild 4.121.

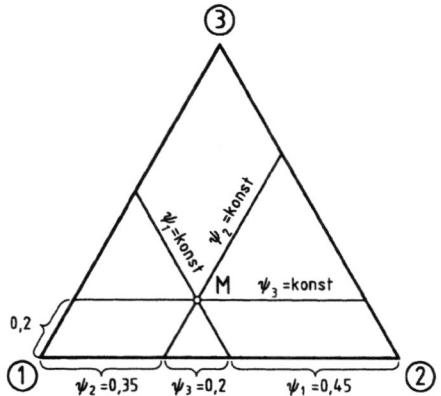

Bild 4.121: Zusammensetzung eines Dreistoffgemisches, dargestellt im Dreiecksdiagramm; der Punkt M stellt ein Gemisch mit der Zusammensetzung $\psi_1 = 0,45; \psi_2 = 0,35; \psi_3 = 0,2$ dar

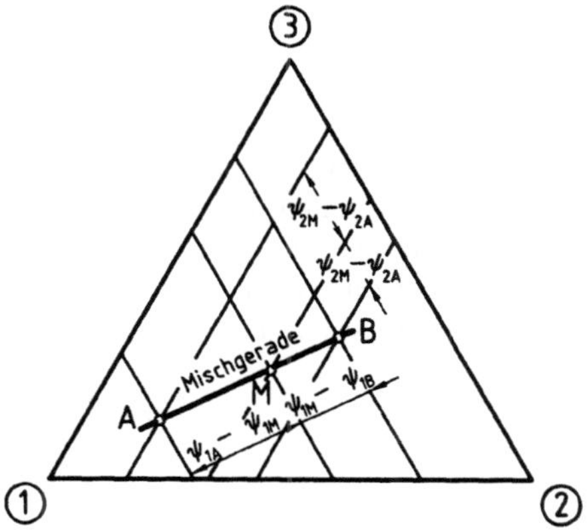

Bild 4.122: Mischung zweier Stoffmengen A und B, dargestellt im Dreiecksdiagramm

Aus der Auftragung ist sofort ersichtlich, daß für jeden beliebigen Punkt M im Dreiecksfeld immer

$$\psi_1 + \psi_2 + \psi_3 = 1 \tag{4.246}$$

sein muß, so wie es auch für die Gemischzusammensetzung gilt.

Mischungsregel im Dreiecksdiagramm

Im Dreiecksdiagramm gelten dieselben Mischungsregeln wie im h, ξ-Diagramm. Wird eine Menge n_A des Gemisches A mit der Menge n_B des Gemisches B zusammengebracht, so liegt der Zustandspunkt M des entstehenden Gemisches M im Dreiecksdiagramm auf der „Mischgeraden" AB und unterteilt diese im Verhältnis der Mengen n_A und n_B nach dem Gesetz der abgewandten Hebelarme. Aus der Mengenbilanz insgesamt und den Mengenbilanzen für die Komponenten 1 und 2 folgt nämlich

$$n_M = n_A + n_B \,, \tag{4.247}$$

$$n_M \psi_{1M} = n_A \psi_{1A} + n_B \psi_{1B} \,, \tag{4.248}$$

$$n_M \psi_{2M} = n_A \psi_{2A} + n_B \psi_{2B} \,. \tag{4.249}$$

---

[34] Im amerikanischen Schrifttum werden auch Dreiecksdiagramme mit ungleichen Seitenlängen verwendet.

364   4 Stoffgemische

Daraus erhält man durch Umformung

$$\frac{n_A}{n_B} = \frac{\psi_{1M} - \psi_{1B}}{\psi_{1A} - \psi_{1M}} = \frac{\psi_{2B} - \psi_{2M}}{\psi_{2M} - \psi_{2A}} \quad . \tag{4.250}$$

Nach dem Strahlensatz, s. Bild 4.122, werden diese Bedingungen durch die „Mischgerade" $\overline{AB}$ erfüllt.

4.4.2 Phasengleichgewicht bei Dreistoffgemischen

Dampf-Flüssigkeits-Gleichgewichte lassen sich bei Dreistoffsystemen auf verschiedene Weise darstellen. Eine Möglichkeit besteht z.B. darin, Linien konstanter Flüssigkeitszusammensetzung in einem Dreiecksdiagramm für die Dampfzustände einzutragen und durch Linien konstanter Siedetemperatur zu ergänzen, wie z.B. für das System m-Xylol, Toluol, Benzol im Bild 4.123.

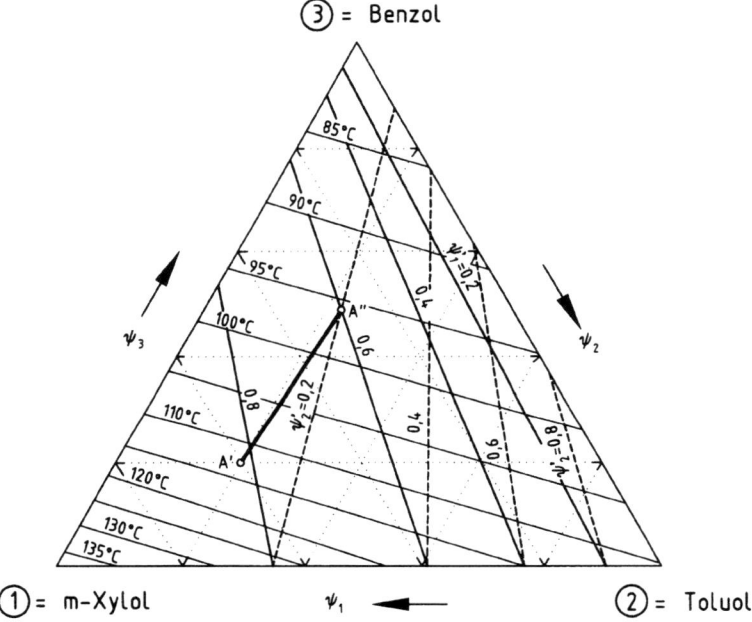

Bild 4.123: Gleichgewichtszusammensetzung des Gemisches m-Xylol, Toluol, Benzol für einen Druck von 1 bar.
Als Beispiel ist eine Naßdampfisotherme $A'A''$ eingezeichnet mit einer Dampfzusammensetzung $\psi_1'' \approx 28$ mol% m-Xylol; $\psi_2'' \approx 23$ mol% Toluol und der folgenden Zusammensetzung der Flüssigkeit: $\psi_1' = 60$ mol% m-Xylol; $\psi_2' = 20$ mol% Toluol.
(nach KIRSCHBAUM E (1960), Destillier- und Rektifiziertechnik. 3. neubarbeitete Auflage, Springer-Verlag, Berlin, Göttingen, Heidelberg)

Eingetragen sind die Siedelinien als dünn ausgezogene gerade Linien. Die dick ausgezogenen bzw. dick gestrichelten Linien kennzeichnen im Dreiecksdiagramm die

Lage derjenigen Dampfzustände, denen im Gleichgewicht die durch die Zahlenwerte angegebenen Flüssigkeitskonzentrationen an m-Xylol (ψ_1' an der ausgezogenen dicken Linie) bzw. an Toluol (ψ_2' an der getrichelten dicken Linie) zuzuordnen sind. Die Dampfzusammensetzung selbst wird dann wie auch die Flüssigkeitszusammensetzung im (gepunkteten) Konzentrationsnetz des Dreiecksdiagramms abgelesen. Übersichtlicher ist es jedoch, Linien konstanter Siedetemperatur (ausgezogene Linie in Bild 4.123) und Linien konstanter Tautemperatur (gestrichelte Linien in Bild 4.123) einzutragen und durch sogenannte Destillationslinien zu ergänzen. Diese verbinden die Gleichgewichtszustände von Flüssigkeit und Dampf auf den Linien der Siede- und Tautemperatur. In dieser Darstellung ist die Richtungsänderung der Konzentration bei der Verdampfung sofort zu erkennen, was im Diagramm nach Bild 4.123 erst durch Einzeichnen einzelner Naßdampfisothermen möglich ist.
Destillationslinien verlaufen ausgehend von der schwerer siedenden Komponente immer in Richtung der leichter siedenden, was in Bild 4.124 durch die Pfeile an den Destillationslinien angedeutet ist.

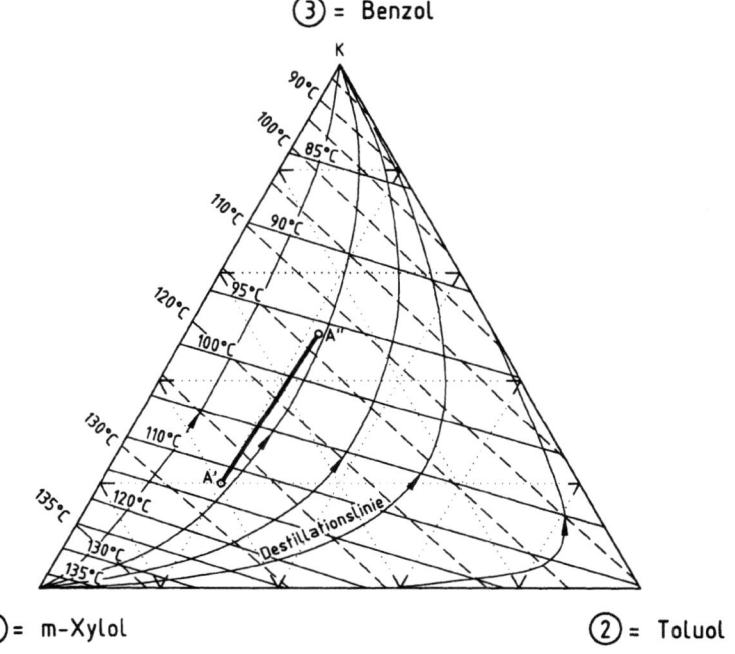

Bild 4.124: Gleichgewichtszusammensetzung des Gemisches m-Xylol, Toluol, Benzol für einen Druck von 1 bar (nach KIRSCHBAUM E (1960), Destillier- und Rektifiziertechnik. 3. neubarbeitete Auflage, Springer-Verlag, Berlin, Göttingen, Heidelberg).
Eingetragen sind Siedelinien konstanter Siedetemperatur (ausgezogene Linien) und Linien konstanter Tautemperatur (gestrichelt). Die von links unten nach oben verlaufenden gekrümmten „Destillationslinien" verbinden die Zustände siedender Flüssigkeit auf einer Linie konstanter Siedetemperatur mit den zugehörigen (Gleichgewichts-) Dampfzuständen auf den Linien derselben Tautemperatur.

366   4 Stoffgemische

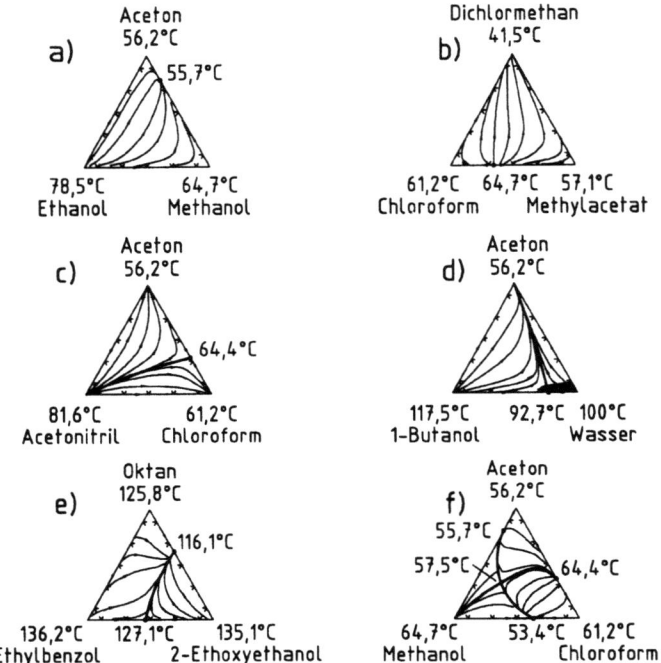

Bild 4.125: Verschiedene Verläufe der Destillationslinien bei azeotropen Gemischen
 a) alle Destillationslinien enden im Temperaturminimum
 b) alle Destillationslinien beginnen im Temperaturmaximum
 c) Temperaturkamm zwischen dem Höchstsieder und einem Temperaturmaximum
 d) Temperaturtal zwischen dem Niedrigsieder und einem Temperaturminimum
 e) Temperaturtal zwischen zwei Temperaturminima
 f) Temperaturkamm und Temperaturtal schneiden sich in einem Sattelpunkt
(nach STICHLMAIR J (1983) Destillation and Rectification in Ullmanns Encyclopedia of Industrial Chemistry, Vol. 33 Unit operations II, Weinheim)

Die Destillationslinien sind besonders hilfreich zur Beurteilung von azeotropen Gemischen. Beim Dreistoffgemisch Ethanol-Methanol-Aceton enden alle Destillationslinien im Temperaturminimum des Zweistoffgemischs Methanol-Aceton, Bild 4.125a, während beim Dreistoffgemisch Chloroform-Methylacetat-Dichlormethan alle Destillationslinien vom Temperaturmaximum des binären Gemisches Chloroform-Methylacetat ausgehen und beim Niedrigsieder Dichlormethan enden, Bild 4.125b.
Die Gemische nach Bild 4.125c bis e bilden entweder einen Temperaturkamm (Bild 4.125c) oder ein Temperaturtal aus (Bild 4.125d und e), welches das Temperaturminimum der beiden höher siedenden Komponenten entweder mit dem Niedrigsieder (Bild 4.125d) oder mit dem Temperaturminimum der beiden niedrigsiedenden Komponenten verbindet (Bild 4.125e). Beim Temperaturkamm nach Bild 4.125c verlaufen die Destillationslinien zu beiden Seiten des Kamms vom Höchstsieder entweder zum Mittelsieder oder zum Niedrigsieder, beim Temperatur-

tal nach Bild 4.125d bzw. 4.125e treffen alle Destillationslinien, die entweder vom Höchstsieder oder vom Mittelsieder ausgehen, im Tal zusammen, Bilder 4.125d und 4.125e.

Schließlich kann ein Gemisch sowohl einen Temperaturkamm als auch ein Temperaturtal ausbilden, wie im Bild 4.125f, deren Schnittpunkt einen Sattelpunkt im ternären Gemisch darstellt.

Gemische mit Temperaturkamm oder Temperaturtal oder beidem teilen das Dreistoffsystem in Destillationsbereiche ein, deren Grenzen bei Destillierprozessen nicht überschritten werden können. Destillationsgrenzen zu kennen, ist daher eine wesentliche Voraussetzung für die Auslegung von Trennverfahren.

5 Trennung von Gemischen

5.1 Destillation von Zweistoffgemischen

Der Destillationsvorgang stellt eines der ältesten Verfahren zur Trennung der Gemische dar und wird auch heute von der Industrie in großem Umfang angewendet. In Bild 5.1 ist eine einfache Destillationsanlage dargestellt, wie sie für die Auftrennung von flüssigen Mischungen verwendet werden kann. Das zu trennende flüssige Gemisch wird in eine Blase (Bild 5.1) gebracht, wo es unter Wärmezufuhr verdampft (abdestilliert). Der entstehende Dampf (Kopfprodukt) hat in jedem Augenblick die der Flüssigkeitskonzentration ξ' entsprechende Gleichgewichtszusammensetzung ξ''. Der Dampf wird in einem Kondensator bei $p = $ konst (z.B. Umgebungsdruck) verflüssigt und in einem Behälter als Destillat in flüssiger Form aufgefangen. Zur Verflüssigung muß je Kilogramm Dampf die Wärme q_K entzogen werden.

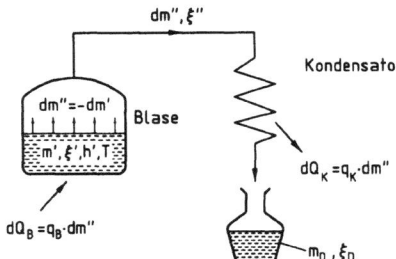

Bild 5.1: Einfache Destillationsanlage

Die in jedem Augenblick entstehende Dampfmenge dm'' muß gleich der verschwindenden Flüssigkeitsmenge $-dm'$ sein

$$dm'' + dm' = 0 \ . \tag{5.1}$$

Da dasselbe auch für Stoff 2 gilt

$$\xi'' \, dm'' + d(m' \, \xi') = 0 \ , \tag{5.2}$$

so folgt

$$\frac{dm'}{m'} = \frac{d\xi'}{\xi'' - \xi'} \ , \tag{5.3}$$

oder durch Integration

$$\ln \varphi = \ln \frac{m'}{m'_1} = \int_{\xi'_1}^{\xi'} \frac{\mathrm{d}\xi'}{\xi'' - \xi'} \ . \tag{5.4}$$

Hierin bedeuten m'_1 und ξ'_1 die Menge und Zusammensetzung der Flüssigkeit zu Beginn des Destillierens (Ausgangsflüssigkeit), während

$$\varphi = \frac{m'}{m'_1} = \exp\left[\int_{\xi'_1}^{\xi'} \frac{\mathrm{d}\xi'}{\xi'' - \xi'}\right] \ ; \ (0 \le \varphi \le 1) \tag{5.5}$$

die noch nicht verdampfte Flüssigkeit in Bruchteilen der Anfangsmenge angibt. Der Anteil der bereits erzeugten Kondensatmenge ist dann

$$\delta = 1 - \varphi = \frac{m_K}{m'_1} = \frac{m'_1 - m'}{m'_1} \ . \tag{5.6}$$

Im Integral des Ausdrucks (5.4) bzw. (5.5) treten die Flüssigkeitskonzentration ξ' und die Dampfkonzentration ξ'' auf, die durch die Gemischart und durch den Druck p und die Temperatur T eindeutig festliegen und vom Verlauf der Destillation unabhängig sind.

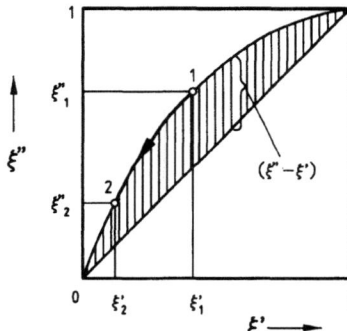

Bild 5.2: Gleichgewichtsdiagramm eines normalen Gemisches für $p = $ konst

Für ein Dampf-Flüssigkeits-Gemisch im Gleichgewicht von der Art nach Bild 4.89 trägt man für $p = $ konst, Bild 5.2, die Dampfkonzentration ξ'' über der Konzentration der Flüssigkeit ξ' auf. Die schraffierten Höhenunterschiede geben sofort die Differenzen $(\xi'' - \xi')$ an. Da immer $\varphi < 1$ ist, so muß die Destillation nach Bild 5.2 immer in Richtung von einer höheren Flüssigkeitskonzentration, Punkt 1, zu einer niedrigeren, Punkt 2, verlaufen, wie mit dem Pfeil angedeutet. Dadurch ist für die Restflüssigkeit zwangsläufig die Änderung der Zusammensetzung von ξ'_1 bis ξ'_2 gegeben.

In Bild 5.3 und 5.4 sind solche Diagramme für azeotrope Gemische mit einem Temperaturminimum und mit einem Temperaturmaximum dargestellt.

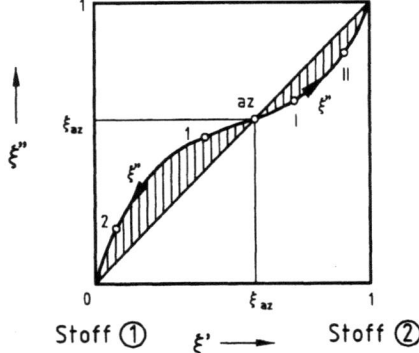 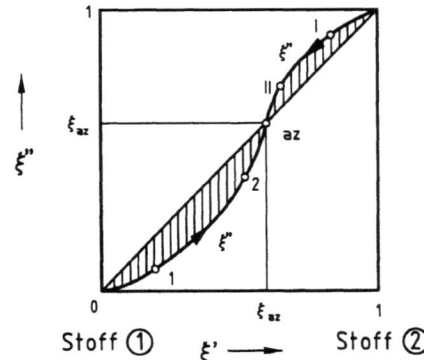

Bild 5.3: Gleichgewichtsdiagramm eines azeotropen Gemisches mit Temperaturminimum für $p = $ konst

Bild 5.4: Gleichgewichtsdiagramm eines azeotropen Gemisches mit Temperaturmaximum für $p = $ konst

Bei der Destillation eines azeotropen Temperatur-Minimum-Gemisches wird die Restflüssigkeit in der Blase an Stoff 2 verarmen oder angereichert werden je nachdem, ob die Ausgangszusammensetzung ξ' des Punktes 1 bzw. I links oder rechts von ξ_{az} liegt, Bild 5.3. Bei einem Temperatur-Maximum-Gemisch strebt nach Bild 5.4 die Restflüssigkeit immer der azeotropen Zusammensetzung zu, die aber niemals unter- bzw. überschritten werden kann ($2 \to 1$ bzw. $II \to I$ in Bild 5.4).

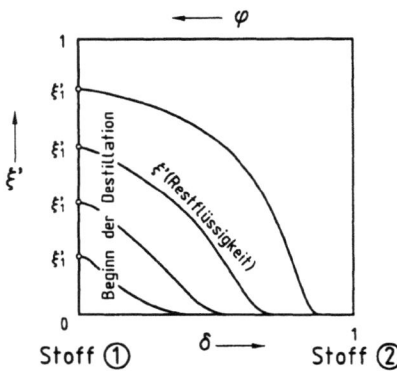

Bild 5.5: Zusammensetzung ξ' der Restflüssigkeit bei verschiedenen Anfangszusammensetzungen; die Destillation beginnt bei $\delta = 0$

Trägt man bei einem Gemisch nach Bild 5.2 die Konzentration ξ' der restlichen Flüssigkeit über der Flüssigkeitsmenge φ oder auch über der Dampfmenge $\delta = 1 - \varphi$ auf (Bild 5.5), so beginnt jede Linie in der linken Ordinate ($\delta_1 = 0$ oder $\varphi_1 = 1$) bei dem ihr zukommenden ξ'_1-Wert. Je mehr Dampf δ ausgetrieben wird, um so ärmer wird die Restflüssigkeit nach Maßgabe der entsprechenden ξ'-Linie des Bildes 5.5. Man sieht, daß für $\delta = 1$ ($\varphi = 0$), d.h. für die letzten Tropfen, $\xi' = 0$ wird. Die letzten Tropfen bestehen zwar aus reinem Stoff 1, aber ihre Menge ist verschwindend klein.

Die Zusammensetzung ξ_D des hinter dem Kondensator erhaltenen Destillates ist nicht so eindeutig bestimmt, wie die der Restflüssigkeit; ξ_D wird vielmehr durch die Art des Auffangens des Destillates beeinflußt.

In Bild 5.6 ist der Verlauf der Zusammensetzung ξ_D des Destillates über dessen Menge δ aufgetragen. Außerdem ist die Konzentration ξ' der Restflüssigkeit sowie die zugehörige Gleichgewichtszusammensetzung ξ'' des entstehenden Dampfes eingetragen. Wird alles überdestilliert ($\delta = 1$), so muß das so erhaltene Destillat identisch mit der Ausgangsflüssigkeit (ξ'_1) sein (s. Bild 5.6). Das kann natürlich nicht der Zweck der Destillation sein. Bricht man dagegen die Destillation z.B. bei $\delta = 0,6$ kg/kg ab, so hat man 0,6 kg Destillat mit der Konzentration ξ_{D_2} und 0,4 kg arme Restflüssigkeit (Blasenprodukt) mit der Konzentration ξ'_2 erhalten, wobei $\xi_{D_2} > \xi'_1$ ist, d.h. das Destillat ist reicher an Stoff 2 als die Ausgangsflüssigkeit.

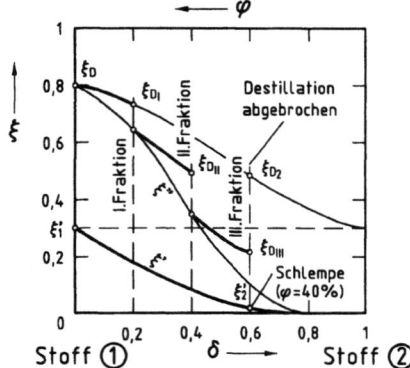
Bild 5.6: Fraktionierte Destillation

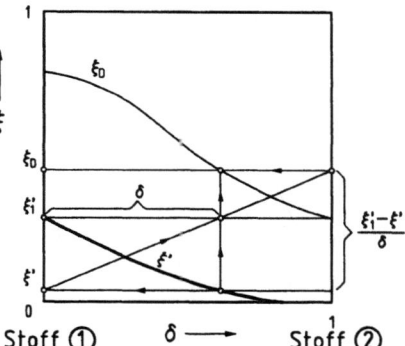
Bild 5.7: Ermittlung der Destillatzusammensetzung bei fortgeschrittener Destillation

Wenn man das Destillat dagegen nicht in einem einzigen Gefäß (Bild 5.1) sondern z.B. in drei Gefäßen nacheinander auffängt (ohne dabei irgend etwas am Prozeß zu ändern!), so werden drei Fraktionen des Destillates gewonnen, von denen die erste die reichste ist, $\xi_{D_I} > \xi_{D_2}$, während die letzte ärmer ist, $\xi_{D_{III}} < \xi_{D_2}$.

Da im gezeichneten Fall $\xi_{D_{III}} < \xi'_1$, d.h. die III. Fraktion ärmer als die Ausgangsflüssigkeit ist, so wird man sie wohl wieder mit frischer Füllung in die Blase zurückschütten, um sie noch einmal zu destillieren.

Den Verlauf der Linie ξ_D in Bild 5.6 kann man sehr einfach finden, wenn die Linie ξ' nach Bild 5.5 ermittelt worden ist. Vernachlässigt man nämlich die in den Kondensatorrohren befindlichen Dampf- und Flüssigkeitsmengen, so folgt als die Bilanz des Stoffes 2 in jedem Augenblick des Prozesses

$$\xi_D \delta + \xi' \varphi = \xi'_1 \,, \tag{5.7}$$

wobei

$$\xi_D = \frac{\xi'_1 - \xi'}{\delta} + \xi' \tag{5.8}$$

ist. Die zugehörige einfache graphische Konstruktion ist in Bild 5.7 gegeben.

5.1.1 Wärmebedarf beim Destillieren

Die für die Destillation erforderliche Wärme ermittelt man zweckmäßigerweise aus einem Enthalpie-Zusammensetzungs-(h, ξ)-Diagramm des Gemisches, Bild 5.8. Zunächst muß die Blasenfüllung von ihrem Ausgangszustand 0 bis 1′ erwärmt werden, bevor sie zu verdampfen beginnt, Bild 5.8. Wird die Destillation bis 2′ fortgesetzt, so werden δ kg Dampf der Zusammensetzung ξ_{D_2} und φ kg Restflüssigkeit der Zusammensetzung ξ_2' gebildet. Die mittlere Dampfzusammensetzung $\xi_3 = \xi_{D_2}$ kann man aus einem entsprechenden Diagramm nach Bild 5.7 ermitteln.

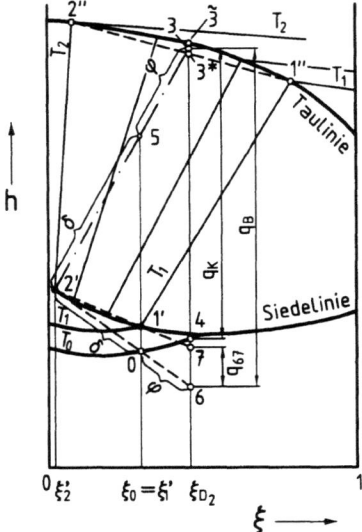

Bild 5.8: Wärmebedarf bei der Destillation

Da der Verdampfungsvorgang bei konstantem Druck abläuft, ist die insgesamt der Blase zugeführte Wärme

$$Q_B = m_2' h_2' + m_{D_2} h_3 - m_1' h_0 = \dot{m}_1'(\varphi h_2' + \delta h_3 - h_0) \ . \tag{5.9}$$

Die Dampfenthalpie h_3 ist der Mittelwert der Enthalpie aller zwischen 1″ und 2″ gebildeten Dampfmengen. Der Zustandspunkt 3 muß dabei irgendwo auf ξ_{D_2} zwischen dem Schnittpunkt 3* der Verbindungsgeraden $\overline{1''2''}$ mit ξ_{D_2} und der Taulinie bei ξ_{D_2} liegen. Der tiefstmöglichste Punkt 3* ergibt sich nämlich durch Vermischen des zuerst gebildeten Dampfes 1″ mit dem zuletzt gebildeten 2″ und der höchstmögliche auf der Taulinie bei $\tilde{3}$. Die genaue Lage des Punktes 3 kann man durch schrittweises Vorgehen bestimmen, was sogleich bei der fraktionierten Destillation erläutert wird.

Auf die Menge m_1' des Ausgangsgemisches bezogen ist

$$Q_B/m_1' = h_2' + \delta(h_3 - h_2') - h_0 = h_5 - h_0 \ . \tag{5.10}$$

Bezieht man dagegen die gesamte erforderliche Wärme Q_B auf die Menge m_{D_2} des erzeugten Kondensats, so ist mit Gl. (5.7)

$$q_B = Q_B/m_{D_2} = h_3 - h_2' + \frac{\xi_{D_2} - \xi_2'}{\xi_1' - \xi_2'}(h_2' - h_0) = h_3 - h_6 \ . \tag{5.11}$$

Der Anteil

$$q_{67} = h_7 - h_6 = \frac{Q_{01'}}{m_{D_2}} \tag{5.12}$$

wird benötigt, um die Flüssigkeit vom Zustand 0 auf ihre Siedetemperatur T_1 aufzuheizen, der Rest für die eigentliche Verdampfung.
Im Kondensator wird der Dampf verflüssigt und das entstandene Destillat weiter abgekühlt, gewöhnlich auf die Umgebungstemperatur $T_4 = T_0 = T_u$ (Punkt 4). Man sieht, daß die Kondensationswärme q_K und der Wärmebedarf q_B der Blase (beides bezogen auf 1 kg gewonnenes Destillat) auch nicht annähernd gleich sind. Sie unterscheiden sich zum Teil durch die Entmischungswärme der Flüssigkeit und zum Teil dadurch, daß die Restflüssigkeit im Vergleich mit der ursprünglichen Blasenfüllung eine beträchtlich höhere Temperatur angenommen hat ($T_2 > T_0$).

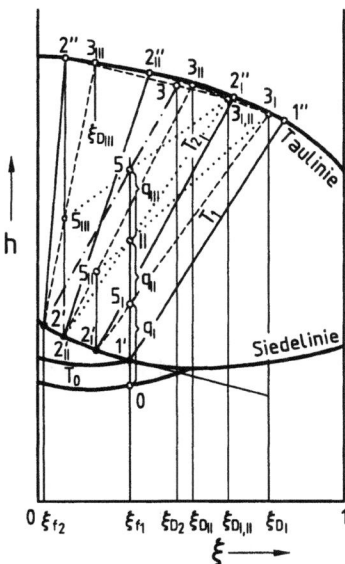

Bild 5.9: Wärmebedarf bei fraktionierter Destillation

Betrachten wir demgegenüber die fraktionierte Destillation nach Bild 5.6. Die Konzentrationen $\xi_{D_I}, \xi_{D_{II}}$ und $\xi_{D_{III}}$ der einzelnen Fraktionen wurden nach Bild 5.6 bzw. 5.7 ermittelt. Um die erste Fraktion abzudestillieren, wird je kg Ausgangsflüssigkeit der Zusammensetzung $\xi_0 = \xi_1'$ zunächst die Wärme

$$q_I = h_{5_I} - h_0 \tag{5.13}$$

zugeführt, Bild 5.9. Der Punkt 3_I liegt, wie bereits bei Bild 5.8 erläutert, auf der Linie der mittleren Konzentration ξ_{D_I} der ersten Fraktion und zwar zwischen der

Taulinie und dem Schnittpunkt der Verbindungsgeraden zwischen $1''$ und $2'_I$. Da diese mit der Taulinie nahezu zusammenfällt, kann 3_I im Rahmen der Zeichengenauigkeit direkt eingetragen werden. Um danach δ_{II} kg Dampf vom Zustand 3_{II} aus der Flüssigkeit $2'_I$ auszudampfen, muß je kg Flüssigkeit $2'_I$ soviel Wärme zugeführt werden, wie der Enthalpiedifferenz $h_{5_{II}} - h_{2'_I}$ entspricht. Bezogen auf 1 kg des Ausgangsgemisches 0 ist dies

$$q_{II} = \varphi_I(h_{5_{II}} - h_{2'_I}) = h_{II} - h_{5_I} \quad . \tag{5.14}$$

Im h, ξ-Diagramm findet man den Punkt II, indem man Punkt 5_{II} und Punkt 3_I durch eine Gerade verbindet, was aus Gl. (5.14) und dem Strahlensatz unmittelbar folgt, s. Bild 5.9.

Würde man die beiden Dampfmengen 3_I und 3_{II} adiabat mischen, so würde der Mischungszustand $3_{I,II}$ auf der Verbindungsgeraden von 3_I und 3_{II} unterhalb der Taulinie im Naßdampfgebiet liegen, weil sich bei der Mischung die Temperaturen des etwas kälteren Dampfes 3_I und des etwas wärmeren Dampfes 3_{II} ausgleichen müssen. Denselben Dampf $3_{I,II}$ würde man erhalten, wenn man die Ausgangsflüssigkeit 0 bis II abdestillert und den gesamten Dampf $3_{I,II}$ auffängt. Deswegen liegt der Punkt $3_{I,II}$ auch auf der Verbindungsgeraden durch $2'_{II}$ und den zuvor gefundenen Punkt II.

Für die dritte Dampffraktion 3_{III} wird je kg Flüssigkeit $2'_{II}$ die der Enthalpiedifferenz $h_{5_{III}} - h_{2'_I}$ entsprechende Wärme benötigt bzw. je kg Ausgangsgemisch

$$q_{III} = h_5 - h_{II} \quad , \tag{5.15}$$

wobei der Zustandspunkt 5 mit dem in Bild 5.8 übereinstimmt. Da die Konzentration $\xi_{D_{III}}$ der dritten Fraktion kleiner als die der Ausgangsflüssigkeit 0 ist, kann das Destillat dieser Fraktion bestenfalls frischer Ausgangsflüssigkeit zugemischt werden, wobei abgewogen werden muß, ob der zur Destillation von D_{III} erforderliche Energieaufwand kostspieliger ist als D_{III} zu verwerfen und durch frische Ausgangsflüssigkeit zu ersetzen.

Der Zustandspunkt 3 ist mit dem in Bild 5.8 identisch. In Bild 5.9 sucht man ihn auf der Verbindungsgeraden, welche den Zustand 3_{III} der dritten Dampffraktion mit dem Mischungszustand $3_{I,II}$ verbindet.

5.1.2 Rückflußkühlung (Dephlegmation)

Wie schon erwähnt, kann man durch einfache Destillation den Stoff 2 auch nicht annähernd rein in endlichen Mengen gewinnen. Eine wesentlich höhere Reinheit des Erzeugnisses ist indessen zu erzielen, wenn man einen Dephlegmator[1] oder Rückflußkühler (s. Bild 5.10) verwendet, in welchem durch Kühlung ein Teil des erzeugten Dampfes dm'' niedergeschlagen wird und als Rückfluß $dm_R = \varphi dm''$ in die Blase zurückgelangt. Der andere Teil $dm_K = \delta dm''$ des Dampfes, das Kopfprodukt, wird dem Kondensator zugeführt und dort zum Destillat verflüssigt.
Der Vorgang ist in Bild 5.10 und 5.11 dargestellt.

---

[1] Der Ausdruck leitet sich vom griechischen Wort $\varphi\lambda\epsilon\gamma\mu\alpha = \textit{Schleim}$ (als eine Körperflüssigkeit) ab; ein Dephlegmator ist also ein Apparat, in dem Flüssigkeit abgeschieden wird. Die Bezeichnung ist vor allem in der Alkohol- bzw. Spiritusfabrikation üblich.

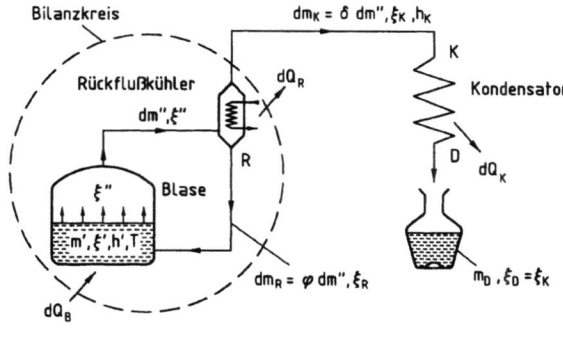

Bild 5.10: Destillationsanlage mit Rückflußkühler (Dephlegmator)

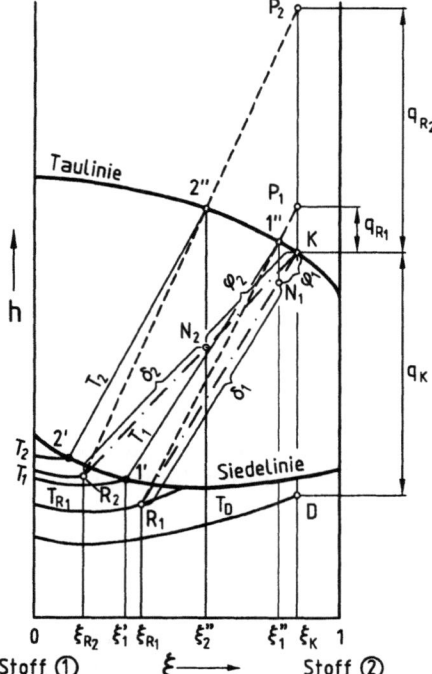

Bild 5.11: Wärmeumsatz bei Rückflußkühlung

Da dem aus der Blase austretenden Dampf 1″ im Rückflußkühler Wärme entzogen wird, so entsteht der Naßdampfzustand $N_1(\xi_{N_1} = \xi_{1''})$, wobei je Kilogramm des Dampfes 1″ die Wärme

$$\frac{dQ_{R_1}}{dm''} = h_1'' - h_{N_1} \qquad (5.16)$$

entzogen wird. Da N_1 im Sättigungsgebiet liegt, findet ein Zerfall in Dampf und Flüssigkeit statt. So entsteht das Kopfprodukt K und der flüssige Rückfluß R_1. Die Zustände K und R_1 liegen im allgemeinen nicht auf derselben Naßdampfisothermen. Sie werden vielmehr sehr durch die Bauart des Dephlegmators beeinflußt, wie noch besprochen werden soll. Jedenfalls liegt K irgendwo rechts von 1″ auf der Taulinie (vorausgesetzt, daß keine Flüssigkeitstropen mitgerissen werden), während die Flüssigkeit R_1 im allgemeinen etwas unter deren Siedetemperatur abgekühlt sein wird. Der Punkt N_1 auf der „Entmischungsgeraden" R_1K teilt die Strecke $\overline{R_1K}$ im Verhältnis der entstandenen Teilmengen δ_1 und φ_1 (vgl. die Bezeichnungen in Bild 5.10 und 5.11), wobei natürlich

$$\delta_1 + \varphi_1 = 1 \tag{5.17}$$

ist. Aus der Mengenbilanz des Stoffes 2 folgt außerdem

$$\xi_{N_1} = \xi_1'' = \delta_1 \xi_K + \varphi_1 \xi_{R_1} = \xi_{R_1} + \delta_1(\xi_K - \xi_{R_1}) \ . \tag{5.18}$$

Dabei wurde vorausgesetzt, daß das Speichervermögen des Dephlegmators nur gering im Vergleich zum Blaseninhalt ist.
Bezieht man die Dephlegmatorwärme dQ_{R_1} nicht auf 1 kg des Dampfes $1''$, sondern auf 1 kg des Kopfproduktes K und bezeichnet diese mit q_{R_1}, so ist

$$q_{R_1} = \frac{dQ_{R_1}}{\delta_1 dm''} = \frac{h_1'' - h_{N_1}}{\delta_1} \tag{5.19}$$

und mit Gl. (5.18)

$$q_{R_1} = \frac{\xi_K - \xi_{R_1}}{\xi_1'' - \xi_{R_1}}(h_1'' - h_{N_1}) \ . \tag{5.20}$$

Das ist in Bild 5.11 die Strecke $\overline{P_1K}$, wobei P_1 durch Verlängerung der Geraden $R_1 1''$ als Schnittpunkt mit der Linie $\xi_K =$ konst gewonnen wird. Im Diagramm ist auch die im Kondensator abgeführte Wärme

$$q_K = h_K - h_D \tag{5.21}$$

eingetragen, ebenfalls auf 1 kg des Kopfproduktes D bezogen. Dabei wird vorausgesetzt, daß das Kondensat im Kondensator auf die Temperatur T_D unterhalb der Kondensationstemperatur abgekühlt wird.
Die Rückflußkühlung q_R ist sehr von den Betriebsbedingungen abhängig. Wünscht man bei fortgeschrittener Destillation, z.B. bei der Flüssigkeitskonzentration ξ_2', dieselbe Güte des Erzeugnisses (Punkt D) zu erhalten, so muß sehr viel mehr dephlegmiert werden, weil der Punkt $2'$ im Vergleich weiter links liegt. Die Dephlegmationswärme q_R erreicht bei großen Apparaten oft das Vielfache der Kondensationswärme q_K, wie später noch dargelegt werden soll.
In Bild 5.11 haben wir vorausgesetzt, daß der Zustand R des Rückflusses und der Zustand K des gewonnenen Dampfes irgendwie bekannt sind. Durch die Bauart des Kühlers kann man die beiden Zustände merklich beeinflussen. Vor allem ist es wichtig, ob der Dampf und die niedergeschlagene Flüssigkeit in entgegengesetzter Richtung (Bild 5.12a) (Gegenstrom) oder in derselben Richtung (Bild 5.12b) (Gleichstrom) strömen.

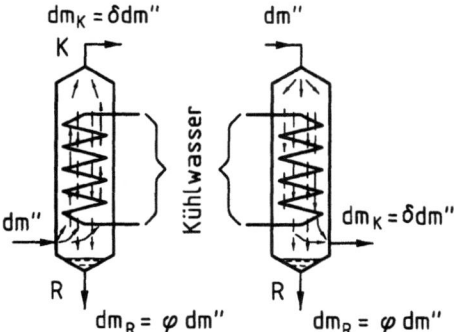

a) Gegenstrom-Dephlegmator   b) Gleichstrom-Dephlegmator

Bild 5.12: Gleich- und Gegenstrom-Dephlegmator

Gegenstromdephlegmator

Nach dieser Bauart (Bild 5.12a) kommt der Rücklauf $dm_R = \varphi dm''$ beim Verlassen des Rückflußkühlers zuletzt mit dem ankommenden Blasendampf in Berührung. Er kann also günstigenfalls die zur Temperatur des Dampfes $1''$ gehörige Gleichgewichtszusammensetzung $\xi_{R_1} = \xi'_1$ erreichen, das heißt, es würde wegen $\xi_{R_1} = \xi'_1$ und $T_{R_1} = T_1$ der Rückfluß denselben Zustand wie die Blasenfüllung haben, es wäre $R_1 \equiv 1'$ (s. Bild 5.13a). Dazu müßte erstens die Austauschoberfläche zwischen Dampf und Flüssigkeit sehr groß sein. Zweitens muß die Dephlegmatorwärme q_R jeweils gerade so groß sein, daß der Punkt P_1 auf der Verlängerung $1'1''$, d.h. auf der Verlängerung der Naßdampfisothermen T_1 liegt. In allen anderen Fällen wird unbedingt $\xi_{R_1} > \xi'_1$. Wird z.B. im Betrieb die Rückflußkühlung q_R verkleinert (z.B. bei Kühlwassermangel oder durch Verschmutzung des Wärmeübertragers), so verschiebt sich in Bild 5.13 der Dampfzustand K nach links, und das Erzeugnis wird niedriger konzentriert. Wird dagegen schärfer gekühlt, so rückt K nach rechts. Es gibt aber ein $(\xi_K)_{max}$, welches nicht überschritten werden kann, wenn der Rücklauf R_1 die Gleichgewichtszusammensetzung zum Dampf $1''$ einhalten soll. Die Ursache dieser Begrenzung für ξ_K werden wir bei der Rektifikation kennenlernen.

Der zunächst verlockende Gedanke, den Zustand K des Dampfes im Grenzfall so anzunehmen, daß seine Temperatur T_K der Temperatur T_D nach der Kondensation gleich wird, führt in die Irre, denn bei dieser Temperatur ist der ganze Dampf bereits verflüssigt und der Dephlegmator würde zu einem gewöhnlichen Kondensator verkümmern. Damit ein solcher Temperaturausgleich vereitelt wird, müssen entweder die wärmeübertragenden Oberflächen oder die Kühlwassermengen hinreichend klein bemessen werden.

Gleichstromdephlegmator

Wird im Rückflußkühler der Dampf so geführt, daß die niedergeschlagene Flüssigkeit in derselben Richtung herabrieselt (Bild 5.12b), so wird im Grenzfall die aus dem Dephlegmator austretende Flüssigkeit R im Gleichgewicht mit dem eben-

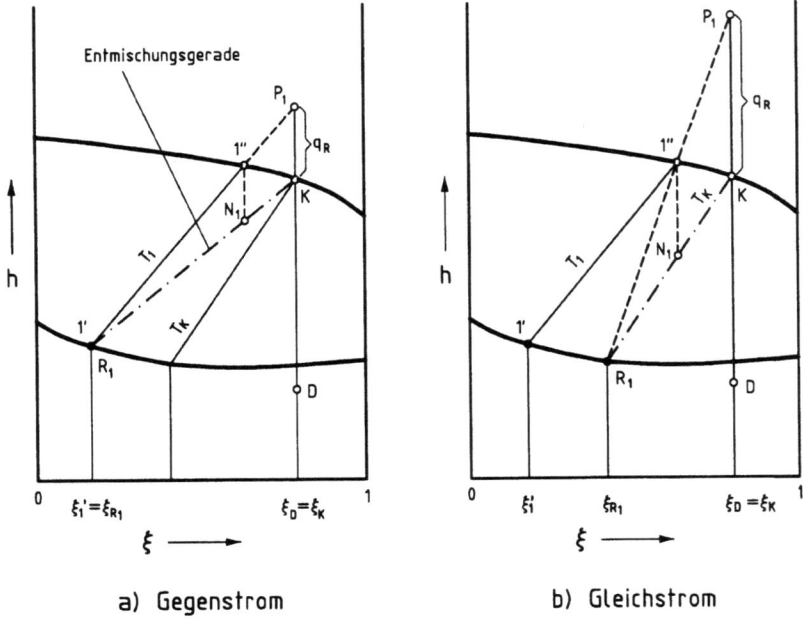

a) Gegenstrom   b) Gleichstrom

Bild 5.13: Dephlegmatorwärme bei a) Gegenstrom, b) Gleichstrom

falls austretenden Dampf K stehen (Bild 5.13b). Man sieht aus dem Vergleich mit Bild 5.13a (beide sind für dieselben ξ_1'' und ξ_K gezeichnet, die Qualität des Erzeugnisses ist also in beiden Fällen gleich), daß der Gegenstromdephlegmator in Hinsicht auf den Wärmeverbrauch merklich günstiger als der Gleichstromdephlegmator ist. Im praktischen Betrieb werden sich nicht diese extremen Grenzfälle einstellen, aber der Vorteil des Gegenstromdephlegmators ist trotzdem unverkennbar. Sein Vorteil tritt noch schärfer hervor bei Verschiebung des Blasendampfzustandes nach links (z.B. bei fortgeschrittener Destillation). Dann steigt der Kühlwasserbedarf (q_R) und damit der Heizbedarf der Blase nach Bild 5.13b sehr viel schneller an, als nach Bild 5.13a, dasselbe Erzeugnis vorausgesetzt.

Dephlegmation und Heizbedarf

Durch die Rückflußkühlung wird das Destillat wesentlich verbessert, jedoch auf Kosten eines größeren Wärmeverbrauchs. Den Wärmebedarf der Blase ermittelt man am besten mit Hilfe des Bilanzkreises in Bild 5.10.
Aus dem Rückflußkühler wird Stoff auf Kosten der Blasenfüllung entzogen

$$\mathrm{d}m_K = \delta \mathrm{d}m'' = -\mathrm{d}m' \;, \tag{5.22}$$

$$\xi_K \mathrm{d}m_K = \xi_K \delta \mathrm{d}m'' = -\mathrm{d}(m'\xi') = -\xi' \mathrm{d}m' - m' \mathrm{d}\xi' = \xi' \delta \mathrm{d}m'' - m' \mathrm{d}\xi' \;, \tag{5.23}$$

woraus

$$\frac{\mathrm{d}\xi'}{\mathrm{d}m''} = \frac{\delta}{m'}(\xi' - \xi_K) < 0 \tag{5.24}$$

folgt, d.h. mit fortschreitender Destillation muß die Flüssigkeitskonzentration ξ' abnehmen.

Die Heizwärme dQ_B muß die Erhöhung der Enthalpie der Füllung $d(m'h')$, die Dephlegmatorwärme dQ_R und die Enthalpie des Dampfes abdecken

$$dQ_B = d(m'h') + dQ_R + \delta dm'' h_K \ . \tag{5.25}$$

Bezieht man die Heizwärme dQ_B und auch die Dephlegmatorwärme dQ_R auf 1 kg des Kopfproduktes K, so wird mit Gl. (5.22) und (5.24)

$$q_B = \frac{dQ_B}{dm_K} = q_R + h_K - h' - (\xi_K - \xi') \frac{dh'}{d\xi'} \ . \tag{5.26}$$

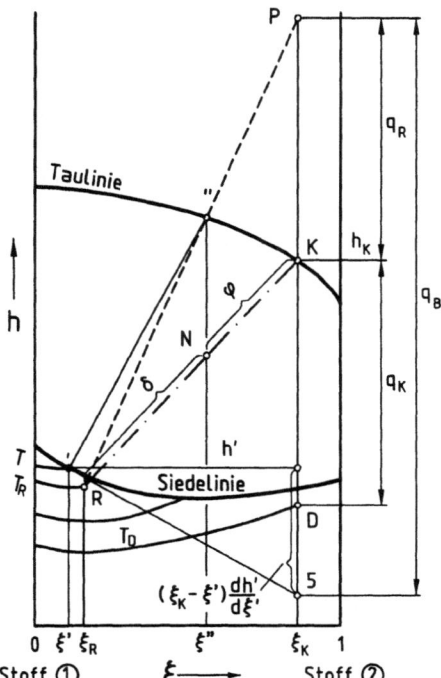

Bild 5.14: Wärmeumsatz einer Destillation mit Rückflußkühlung

Da die Zustandsänderung der Blasenfüllung längs der Siedelinie $p = $ konst erfolgt, so stellt $dh'/d\xi'$ im h,ξ-Diagramm eine Tangente an die Siedelinie dar. Damit ergibt sich dann nach Gl. (5.26) der augenblickliche Wärmeverbrauch der Blase im Diagramm (Bild 5.14) als die Strecke

$$q_B = h_P - h_5 \ , \tag{5.27}$$

da in Gl. (5.26) das Glied q_R durch die Strecke

$$q_R = h_P - h_K \tag{5.28}$$

380   5 Trennung von Gemischen

und die restlichen Glieder der rechten Seite von Gl. (5.26) durch $(h_K - h_5)$ dargestellt werden. Man sieht aus Bild 5.14, daß die Heizwärme q_B merklich größer als die Summe aus Dephlegmator- und Kondensatorwärme $(q_R + q_K)$ sein kann. Dabei wurde in q_B die Anwärmung der kalten Anfangsfüllung noch nicht einmal eingerechnet.

5.1.3 Kontinuierliche Destillation

Die eben besprochene Destillation verläuft absatzweise, indem die abdestillierte Blasenfüllung von Zeit zu Zeit abgelassen und frische Füllung in die Blase gebracht wird.

Man kann jedoch einen gleichmäßigen Vorgang erhalten, wenn man etwa nach Bild 5.15 den Betrieb kontinuierlich führt. Der Blase wird dann ein zeitlich konstanter Mengenstrom $\dot{m}_Z$ des Zulaufs[2] zugeführt und ein konstanter Mengenstrom $\dot{m}_B$ des Blasenproduktes B[3] entzogen. Die mit der Blase, sowie im Rückflußkühler und Kondensator ausgetauschten Wärmeströme $\dot{Q}_B, \dot{Q}_R$ und $\dot{Q}_K$ sind ebenfalls zeitlich konstant. Im übrigen gelten ganz ähnliche Betrachtungen wie bisher, mit der vereinfachenden Bedingung, daß alle Zustände zeitlich unverändert sind, weil die Blasenfüllung kontinuierlich erneuert wird.

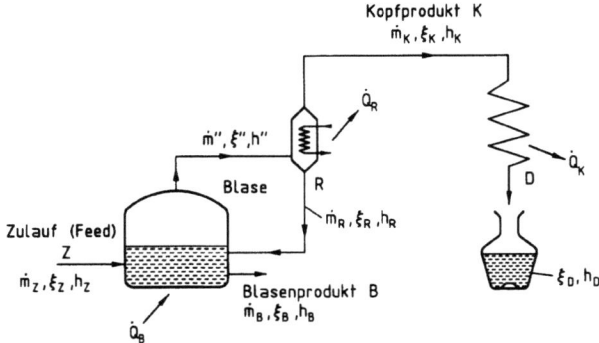

Bild 5.15: Kontinuierliche Destillationsanlage mit Rückflußkühlung

In der Praxis wird eine solche Anlage immer durch eine weitere Verbesserung ergänzt, nämlich durch eine Rektifiziersäule. Diese wollen wir im nächsten Abschnitt behandeln.

---

[2] Häufig auch als "Feed" bezeichnet; in der Alkohol- und Spiritusfabrikation ist auch der Ausdruck „Maische" geläufig.
[3] Auch Sumpfprodukt oder Schlempe.

5.2 Rektifikation (Läuterung) von Zweistoffgemischen

Wenn auch durch den Dephlegmator das Erzeugnis gegenüber einer einfachen Destillation wesentlich verbessert werden kann, so ist es auch damit im allgemeinen noch nicht möglich, die leichter flüchtige Komponente rein zu gewinnen. Erst durch Zwischenschaltung von Rektifikationsvorrichtungen (Läuterungsvorrichtungen) kann man diese in beliebiger Reinheit und dabei in endlichen Mengen erzeugen[4]. Wir wollen im folgenden die kontinuierliche Rektifikation betrachten.

Die Aufgabe einer jeden Läuterungsvorrichtung liegt darin, zwischen der Flüssigkeit und dem mit ihr im Stoff- und Wärmeaustausch stehenden Dampf eine möglichst große Oberfläche zu schaffen, einen zeitlich möglichst lange dauernden Austausch zuzulassen und dabei nach Möglichkeit alle Ursachen zu umgehen, durch welche Ungleichgewichte zwischen Dampf und Flüssigkeit geschaffen oder verstärkt werden könnten. Je vollkommener diese Forderungen erfüllt werden, um so besser und kostengünstiger werden der Stofftrennungsbetrieb und um so vollkommener die Trennung der Stoffe. Der Erfüllung dieser Forderungen stellen sich eine Reihe praktischer Bedingungen entgegen, als da sind: möglichst kompakte (also kostegüstige) Vorrichtung, gute Zugänglichkeit und Reinigungsmöglichkeit, möglichst großer Umsatz (also geringe Austauschzeiten), kleines Beharrungsvermögen (um evtl. Betriebsstörungen sofort zu bemerken und beheben zu können), Vermeidung von Schaumbildung usw. Es ist daher nicht verwunderlich, daß unter diesen Bedingungen mit der Zeit eine große Zahl von Konstruktionen entstanden sind, die man wohl in zwei große Gruppen unterteilen kann: solche, die einen reinen Gegenstrombetrieb möglichst vollkommen zu erreichen versuchen (Füllkörperkolonnen), und solche, die mit möglichst wenig festen Einbauten (Kolonnenböden) auszukommen trachten (Bodenkolonnen), die dann notwendigerweise von dem reinen Gegenstrombetrieb mehr oder weniger abweichen.

Eine Füllkörperkolonne besteht meistens aus einem zylinderförmigen Schacht, der mit regellos (ungeordneten) aufgeschütteten kleinen Körpern oder mit geordneten Packungen angefüllt ist. Die Füllkörper werden in verschiedensten Formen hergestellt, z.B. als einfache zylinderförmige Ringe aus Keramik oder Metall, entweder mit glatten Oberflächen (Raschigringe) oder eingelassenen Schikanen (Pallringe), oder als sattelförmig gestaltete Gebilde (z.B. Berlsättel).

Die geordneten Packungen, die einen wohldefinierten Aufbau haben, Bild 5.16, sind den ungeordneten Packungen hinsichtlich des Stoffaustauschverhaltens im allgemeinen überlegen.

In Bodenkolonnen wird durch geeignete Einbauten, wie z.B. Sieb- oder Glockenböden, Bild 5.17, ein intensiver Stoffaustausch zwischen der aufsteigenden Dampfphase und der abfließenden Flüssigphase angestrebt. Dies wird dadurch erreicht, daß der Dampf fein verteilt durch die Flüssigkeit hindurchgeleitet wird und sich dadurch eine große Phasengrenzfläche zwischen Dampf- und Flüssigphase ausbildet.

---

[4] Ausgenommen Gemische mit azeotropischem Punkt. Für diese s. weiter unten.

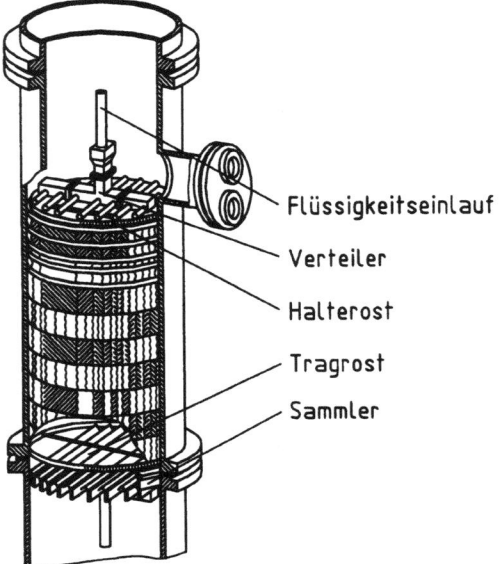 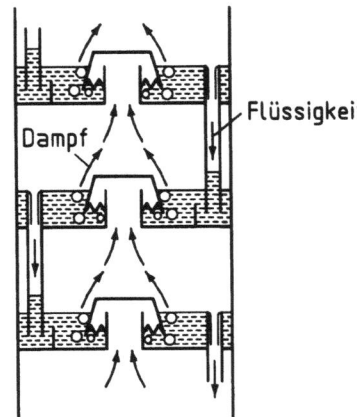

Bild 5.16: Teil einer Füllkörperkolonne mit geordneten Packungen (Sulzer)

Bild 5.17: Glockenböden einer Bodenkolonne

5.2.1 Verstärkungssäule

Wird bei einer kontinuierlichen Destillationsanlage wie in Bild 5.15 der Zulauf der Blase zugeführt, die Schlempe aus dieser abgezogen und zwischen Blase und Dephlegmator eine Rektifiziersäule (Läuterungssäule) eingeschaltet, so bezeichnet man diese als Verstärkungssäule. Auf jedem Boden sind Flüssigkeit und Dampf bestrebt, möglichst ins Gleichgewicht zu kommen, was zur Folge hat, daß sich der Dampf nach oben hin immer mehr mit der leichter flüchtigen Komponente anreichert, die Flüssigkeit nach unten hin immer mehr daran verarmt.

Aufgrund einer einfachen Betrachtung ergeben sich folgende, sehr wichtige Gesetzmäßigkeiten dieses Vorganges.

In Bild 5.19 wurde um den oberhalb eines Querschnittes $a - a$ liegenden Teil der Rektifiziersäule eine Bilanzhülle gelegt. Dabei kann der Querschnitt $a - a$ ganz beliebig irgendwo zwischen dem untersten Querschnitt $q - q$ und dem obersten $p - p$ des Bildes 5.18 angeordnet sein.

Im Beharrungszustand muß alles, was in den durch die Bilanzhülle begrenzten Säulenabschnitt eintritt, auch wieder heraustreten, und so erhalten wir

$$\dot{m}'' = \dot{m}' + \dot{m}_K \tag{5.29}$$

oder

$$\dot{m}'' - \dot{m}' = \dot{m}_K \ . \tag{5.30}$$

Hierin bedeuten $\dot{m}''$ den durch den betrachteten Querschnitt hindurchtretenden aufsteigenden Dampfmassenstrom, $\dot{m}'$ den durch denselben Querschnitt der Säule

5.2 Rektifikation (Läuterung) von Zweistoffgemischen

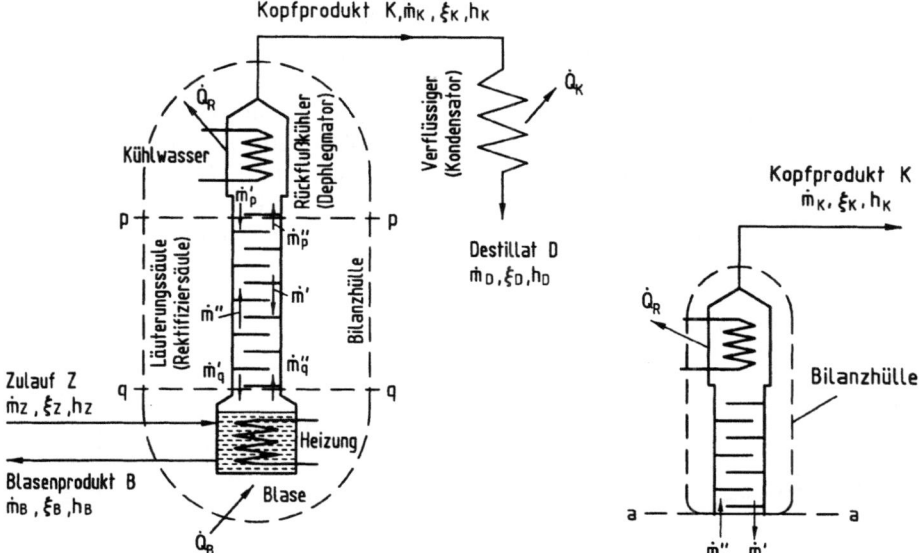

Bild 5.18: Verstärkungssäule

Bild 5.19: Bilanz der Rektifiziersäule oberhalb des Querschnitts $a - a$

herabrieselnden Flüssigkeitsmassenstrom und $\dot{m}_K$ den Massenstrom des oberhalb des Rückflußkühlers austretenden Kopfprodukts.

Da die Lage des Querschnitts $a - a$ dabei völlig beliebig angenommen wurde, muß für jeden wie auch immer gewählten Querschnitt im Beharrungszustand die Bedingung (5.29) bzw. (5.30) erfüllt sein.

Für dieselbe Bilanzhülle kann auch die Bilanz des Stoffes 2 aufgestellt werden

$$\dot{m}''\xi'' - \dot{m}'\xi' = \dot{m}_K \xi_K \ . \tag{5.31}$$

Indem die Massenströme $\dot{m}''$ und $\dot{m}'$ auf den Massenstrom $\dot{m}_K$ des Kopfprodukts bezogen werden, erhalten wir aus Gl. (5.30) und (5.31) für jeden Querschnitt die wichtigen Beziehungen

$$\frac{\dot{m}''}{\dot{m}_K} = \frac{\xi_K - \xi'}{\xi'' - \xi'} \ ; \ \frac{\dot{m}'}{\dot{m}_K} = \frac{\dot{m}''}{\dot{m}_K} - 1 = \frac{\xi_K - \xi''}{\xi'' - \xi'} \ . \tag{5.32}$$

Die Wärmebilanz liefert unter der Voraussetzung, daß der betrachtete Säulenabschnitt bis auf den Rückflußkühler wärmedicht (adiabat) ist

$$\dot{m}''h'' - \dot{m}'h' = \dot{m}_K h_K + \dot{Q}_R \ . \tag{5.33}$$

Bezogen auf die Mengeneinheit des Kopfprodukts erhält man mit Gl. (5.32) und $q_R = \dot{Q}_R/\dot{m}_K$

$$h' + \frac{\xi_K - \xi'}{\xi'' - \xi'}(h'' - h') = h'' + \frac{\xi_K - \xi''}{\xi'' - \xi'}(h'' - h') = h_K + q_R = h_\Pi \ . \tag{5.34}$$

Die Änderung des Dampf- und Flüssigkeitszustandes kann entlang der Säule nur so erfolgen, daß in jedem Querschnitt die Gl. (5.34) befriedigt wird. Diese Bedingung wird äußerst eindrucksvoll im h, ξ-Diagramm dargestellt. Verbindet man nämlich die Zustandspunkte des Dampf- und Flüssigkeitsstromes für ein- und denselben Querschnitt, z.B. a'' und a' durch eine Gerade (Bild 5.20), so geht diese durch den als Pol Π bezeichneten Punkt, dessen Koordinaten mit ξ_K (Konzentration des Kopfprodukts) und mit $h_\Pi = h_K + q_R$ (das ist der Ausdruck auf der rechten Seite von Gl. (5.34)) festgelegt sind. Das sieht man sofort aus den Streckenverhältnissen des Bildes 5.21.

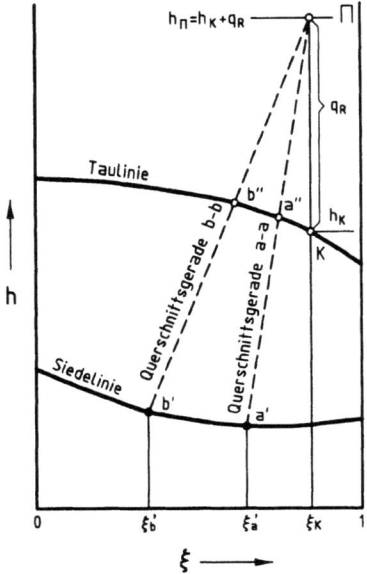

Bild 5.20: Verstärkungspol Π der Läuterung mit den Querschnittsgeraden im h, ξ-Diagramm

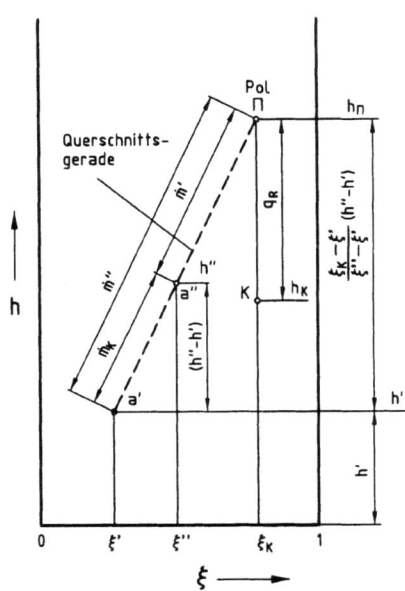

Bild 5.21: Querschnittsgerade im h, ξ-Diagramm

Es verhalten sich nämlich nach Bild 5.21 die Strecken

$$\frac{\overline{a'\Pi}}{\overline{a'a''}} = \frac{\dot{m}''}{\dot{m}_K} \quad \text{und} \quad \frac{\overline{a''\Pi}}{\overline{a'a''}} = \frac{\dot{m}'}{\dot{m}_K} \; , \tag{5.35}$$

wie es nach Gl. (5.32) und (5.34) auch sein muß[5].
Dasselbe gilt für jeden anderen Querschnitt z.B. b'' und b' (s. Bild 5.20). Alle „Querschnittsgeraden" einer Säule bilden also ein Strahlenbüschel mit einem gemeinsamen Schnittpunkt im „Pol Π der Läuterung".
In Bild 5.20 ist angenommen worden, daß sich der Dampf in jedem Querschnitt im Kondensationszustand und die Flüssigkeit im Siedezustand befinden (wobei diese

---

[5]Wenn in Bild 5.21 und einigen folgenden Bildern Massenströme eingetragen wurden, dann ist dies lediglich im Sinne der Gl. (5.35) zu verstehen, d.h. daß die dargestellten Strecken sich wie die entsprechenden Massenströme zueinander verhalten.

jedoch nicht als im Gleichgewicht stehend vorausgesetzt werden!). Das ist eine Annahme, die keinesfalls aus den Bilanzgleichungen (5.30) bis (5.33) folgt. Vielmehr kommt es vor, daß die Dampf- und Flüssigkeitszustände, z.B. a'' und a', nicht auf den Sättigungslinien liegen. So z.B. wird der hinaufströmende Dampf sehr oft naß sein, insbesondere bei schlechtkonstruierten Böden, wo stärkeres Schäumen oder Spritzen der Flüssigkeit auftritt und wenn dabei keine Maßnahmen für die Abscheidung der Tropfen vorgesehen worden sind. In diesem Fall fällt a'' im h, ξ-Diagramm mehr oder weniger tief in das Naßdampfgebiet. Anderseits werden überhitzter Dampf oder nichtsiedende Flüssigkeit nur selten beobachtet, obwohl diese durchaus vorkommen können. Eine merkliche Unterkühlung der Flüssigkeit ist z.B. in den obersten Böden der Säule durchaus möglich, denen aus dem Dephlegmator der vielleicht zu scharf gekühlte Rückfluß zuströmt.

Gl. (5.34) gilt natürlich für beliebige Kontrollschnitte einer Kolonne, die man außerhalb der Kolonnenwände zu einem Bilanzkreis schließen kann (s. Bild 5.19), also auch für solche Querschnitte, die nicht normal zur Säule verlegt werden. Die Bilanzen müssen dabei sämtliche Ströme und Wärmemengen umfassen, die irgendwo einen so geschlossenen Bilanzkreis durchbrechen. Wo und wie man solche Querschnitte verlegt, darin herrscht vollkommene Freiheit. Man wird jedoch die Querschnitte mit Vorliebe so verlegen, daß nach Möglichkeit einfach zu definierende Wärme- und Strömungszustände erfaßt werden. Das sind z.B. bei Kolonnenböden die Querschnitte $a - a$ und $b - b$ unmittelbar unter den Böden (s. Bild 5.22). In diesen Querschnitten sind der aufsteigende Strom (Dampf) und der absteigende Strom (Flüssigkeit) in Bezug auf Zusammensetzungen und Enthalpien jeweils einigermaßen einheitlich.

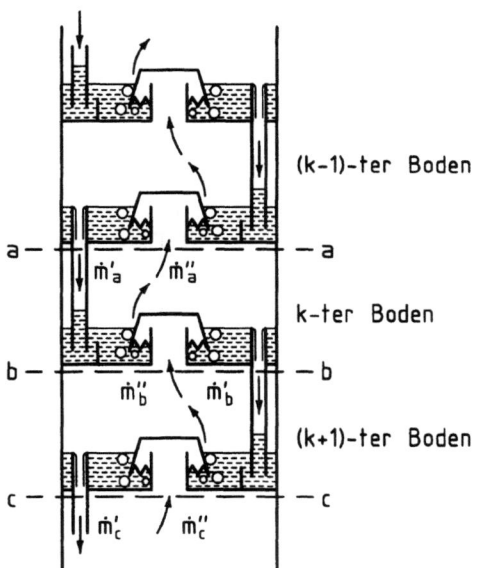

Bild 5.22: Schnitt durch die Säule

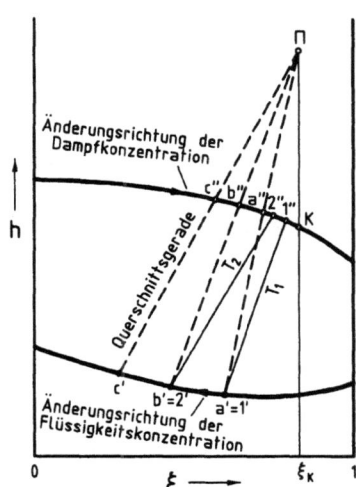

Bild 5.23: Richtung der Zustandsänderung bei der Läuterung

5.2.2 Läuterung und der Zweite Hauptsatz

Was geschieht nun auf dem Boden der Kolonne? Betrachten wir z.B. den k-ten Boden in Bild 5.22, der zwischen dem Querschnitt $a - a$ und dem Querschnitt $b - b$ liegt. Diesem Boden wird vom darunterliegenden Boden $k + 1$ der Dampf $\dot{m}_b''$ und vom darüberliegenden Boden $k - 1$ die Flüssigkeit $\dot{m}_a'$ zugeleitet. Im Boden k treten $\dot{m}_b''$ und $\dot{m}_a'$ in gegenseitigen Austausch, wobei sie einem Gleichgewichtszustand zustreben. Wo dieser mögliche (wenn auch vielleicht nicht erreichte) Gleichgewichtszustand liegt, wissen wir zunächst nicht, wir können jedoch die Grenzen angeben, innerhalb welcher er liegen müßte. Damit auf jedem Boden die herabrieselnde Flüssigkeit weiter entgeistet werden kann, muß der aufsteigende Dampf mehr an leichter Siedendem aufnehmen, d.h. seine Konzentration ξ'' muß zunehmen. Auf gar keinen Fall kann aber der vom k-ten Boden abziehende Dampf a'' über diejenige Zusammensetzung ξ_1'' angereichert werden, welche der Dampf im Gleichgewicht mit der zufließenden Flüssigkeit a' annehmen würde. Es muß also immer $\xi_a'' < \xi_1''$ bleiben, Bild 5.23. Mit anderen Worten, die Querschnittsgerade $a' - a''$, die durch die Punkte a' und a'' geht, muß auf jeden Fall steiler verlaufen als die zugehörige Naßdampfisotherme T_1. Das gilt selbstverständlich für jeden Querschnitt der Säule. Der in den k-ten Boden von unten eintretende Dampfstrom der Konzentration ξ_b'' wird auf diesem Boden bis zur Konzentration ξ_a'' angereichert. Bei nur mäßigem Stoffaustausch ist die erreichte Konzentrationsänderung $\xi_a'' - \xi_b''$ klein, s. Bild 5.23. Von einem „Gleichgewichts"- oder „theoretischen" Boden sprechen wir, wenn der vom Boden abziehende Dampfstrom mit dem von demselben Boden ablaufenden Flüssigkeitsstrom im Gleichgewicht steht. In Bild 5.23 müßte dann der Punkt a'' des abziehenden Dampfes mit dem Punkt $2''$ auf der Naßdampfisothermen T_2, welche durch den Siedezustand b' der ablaufenden Flüssigkeit führt, zusammenfallen. Es sind aber auch Dampfzustände mit $\xi_a'' > \xi_2''$ möglich, wenn nämlich der Dampf vor Verlassen des Bodens mehr mit der zulaufenden Flüssigkeit a' in Berührung kommt.

Die Regel, daß alle Querschnittsgeraden immer steiler verlaufen müssen als die zugehörigen Naßdampfisothermen, stellt eigentlich den Ausdruck des Zweiten Hauptsatzes für den Läuterungsvorgang dar, sie hat also den Rang eines Gesetzes. Dies erkennt man anhand des Bildes 5.24, in dem ein h, ξ- und ein s, ξ-Diagramm des Gemisches dargestellt sind.

Für die beiden Säulenquerschnitte $a - a$ und $b - b$ des Bildes 5.22 ergibt die Wärmebilanz (5.34) des als adiabat angenommenen k-ten Bodens

$$h_{\Pi a} = h_K + q_R = h_a' + \frac{\xi_K - \xi_a'}{\xi_a'' - \xi_a'}(h_a'' - h_a')$$

$$= h_{\Pi b} = h_b' + \frac{\xi_K - \xi_b'}{\xi_b'' - \xi_b'}(h_b'' - h_b') \ . \tag{5.36}$$

Danach schneiden sich die Querschnittsgeraden $a'a''$ und $b'b''$ auf der Linie $\xi_K = \text{konst}$ im gemeinsamen Pol $\Pi = \Pi_a = \Pi_b$, Bild 5.24. Für die Verhältnisse nach Bild 5.24 wurde außerdem angenommen, daß der vom Boden k abziehende

Dampf a'' und die ablaufende Flüssigkeit b' ins Gleichgewicht gekommen sind, d.h. die Punkte a'' und b' auf einer Naßdampfisothermen $T = \text{konst}$ liegen.
Aus der Entropiebilanz für den k-ten Boden, Bild 5.22, ermittelt man die Entropieproduktion

$$\dot{S}_{pr} = \dot{m}_a'' s_a'' + \dot{m}_b' s_b' - \dot{m}_b'' s_b'' - \dot{m}_a' s_a' \ . \tag{5.37}$$

Damit die Entropien s_a'', s_a', usw. vom h, ξ-Diagramm leicht in das zugehörige s, ξ-Diagramm übertragen werden können, wurde das s, ξ-Diagramm in Bild 5.24 unterhalb des h, ξ-Diagramms nach unten aufgetragen.
Bezieht man die Entropieproduktion $\dot{S}_{pr}$ auf den Massenstrom $\dot{m}_K$ des Kopfprodukts so erhält man mit den Beziehungen (5.32)

$$
\begin{aligned}
s_{pr} = \dot{S}_{pr}/\dot{m}_K &= s_a' + \frac{\xi_K - \xi_a'}{\xi_a'' - \xi_a'}(s_a'' - s_a') - \left[s_b' + \frac{\xi_K - \xi_b'}{\xi_b'' - \xi_b'}(s_b'' - s_b')\right] \\
&= s_{\Pi a} - s_{\Pi b} \geq 0 \ ,
\end{aligned}
\tag{5.38}
$$

wobei $s_{\Pi a}$ und $s_{\Pi b}$ in Anlehnung an Gl. (5.36) die den Querschnittsgeraden $a - a$ und $b - b$ bei der Konzentration ξ_K zuzuordnenden „Polentropien" darstellen. Im Gegensatz zu den „Polenthalpien" $h_{\Pi a} = h_{\Pi b}$ besitzen die „Polentropien" $s_{\Pi a}$ und $s_{\Pi b}$ i.a. nicht denselben Wert. Im s, ξ-Diagramm schneiden sich daher nach (5.38) die Querschnittsgeraden $a'a''$ und $b'b''$ auch nur bei verschwindender Entropieproduktion auf der Linie ξ_K.
Das ist dann der Fall, wenn bei festgehaltenen Punkten a'' und b' der Pol im h, ξ-Diagramm bis zum Punkt Π_T abgesenkt wird. Für diesen Grenzfall fallen beide Querschnittsgeraden $a'a''$ und $b'b''$ mit der Naßdampfisothermen zusammen, und die Ströme verlassen den Boden unverändert.
Querschnittsgeraden, deren Pol im h, ξ-Diagramm oberhalb von Π_T liegt, schneiden sich im s, ξ-Diagramm bei einer Konzentration, die kleiner als die des Kopfprodukts ist; liegt der Pol im h, ξ-Diagramm bei festgehaltenen Punkten a'' und b' unterhalb von Π_T, so erhält man den Schnittpunkt der Querschnittsgeraden im s, ξ-Diagramm bei einer Konzentration, welche größer ist als ξ_K, Bild 5.24. In diesem Fall liegt der Dampfzustand $\tilde{b}''$ des Querschnittes $b - b$ bei einer höheren Dampfkonzentration als ξ_a'' und der Flüssigkeitszustand $\tilde{a}'$ des Querschnittes $a - a$ bei einer niedrigeren Flüssigkeitskonzentration als ξ_b'.
Mit abnehmender Konzentration der leichter flüchtigen Komponente, d.h. zunehmender Temperatur wird nämlich der Abstand zwischen der Entropie des Sattdampfes und der Entropie der mit diesem Dampf im Gleichgewicht stehenden siedenden Flüssigkeit auf einer Naßdampfisothermen des s, ξ-Diagramms zunehmend kleiner als der entsprechende Abstand im h, ξ-Diagramm, weil ja im Gleichgewicht

$$s''(T) - s'(T) = \frac{h''(T) - h'(T)}{T} \tag{5.39}$$

sein muß[6]. Daher wandert der Schnittpunkt der Querschnittsgeraden, die sich im h, ξ-Diagramm bei derselben Konzentration ξ_K schneiden, im s, ξ-Diagramm mit

---
[6]Im Abschn. 8 wird gezeigt, daß diese im Band I, Abschn. 10 für reine Stoffe abgeleitete Beziehung auch für Gemische gilt.

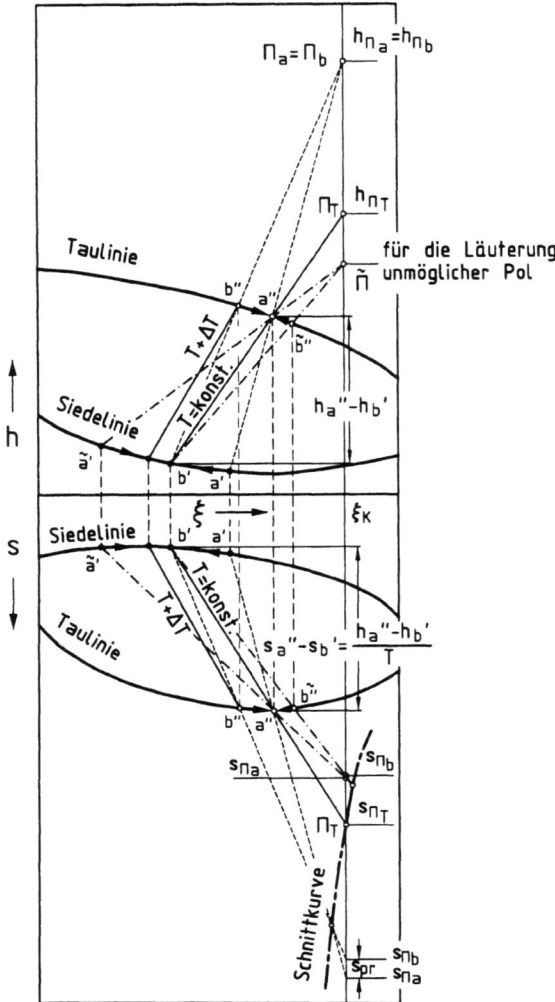

Bild 5.24: Querschnittsgeraden im h, ξ- und im s, ξ-Diagramm

zunehmender Temperatur zu immer größeren Konzentrationen der leichter flüchtigen Komponente, s. die strichpunktierte „Schnittkurve" in Bild 5.24. Die relative Lage dieser Schnittpunkte zur Konzentration ξ_K des Kopfprodukts ergibt sich durch den Punkt Π_T, der sowohl im h, ξ- als auch im s, ξ-Diagramm bei derselben Konzentration ξ_K angetroffen wird.

Sowohl für den Ast der Schnittkurve, der links von ξ_K, als auch für den, der rechts von ξ_K liegt, ist die Entropieproduktion

$$s_{pr} = s_{\Pi_a} - s_{\Pi_b} > 0 \ . \tag{5.40}$$

Sie wird um so größer, je weiter der Schnittpunkt der Querschnittsgeraden im s, ξ-Diagramm vom Punkt Π_T abgerückt ist, d.h. je mehr die Querschnittsgeraden in ihrer Richtung von der der Isothermen abweichen. Davon überzeugt man sich leicht anhand des s, ξ-Diagramms des Bildes 5.24. Weil Gl. (5.40) für alle Pole $\Pi, \tilde{\Pi}, \ldots$ gilt, ist gemäß Gl. (5.37) eine Änderung des Dampfzustandes von b'' nach a'' und die entsprechende Änderung des Flüssigkeitszustandes von a' nach b' mit dem Zweiten Hauptsatz vereinbar, s. die Pfeile in Bild 5.24, nicht aber die Läuterung mit dem Pol $\tilde{\Pi}$ unterhalb von Π_T, d.h. Anreicherung des Dampfes $\xi_a'' \to \xi_b''$ mit der leichter siedenden Komponente und die entsprechende Änderung der Flüssigkeitskonzentration $\xi_b' \to \xi_{\tilde{a}}'$, weil hierbei die Änderung der Polentropie $s_{\Pi_b} - s_{\Pi_a} < 0$ sein würde, was nach dem Zweiten Hauptsatz verboten ist. Daher ist die Läuterung nur möglich, wenn der Pol Π im h, ξ-Diagramm oberhalb von Π_T liegt, d.h. die Querschnittsgeraden im h, ξ-Diagramm steiler verlaufen als die Naßdampfisothermen. Liegt der Pol unterhalb von Π_T, wie z.B. $\tilde{\Pi}$, so müßte die Flüssigkeit mit der leichter siedenden Komponente angereichert werden und der Dampf daran verarmen, damit die Bedingung des Zweiten Hauptsatzes (Gl. (5.40)) erfüllt werden könnte. Das wäre aber keine Läuterung, sondern ein Absorptionsvorgang (s. Abschn. 5.5). Wir können die gewonnene Erkenntnis in den folgenden Sätzen zusammenfassen, die für jede Kolonne von ausschlaggebender Bedeutung sind:

1. Zwischen zwei Querschnitten einer Kolonne ist die Entropieproduktion um so größer, je mehr die Richtung der Querschnittsgeraden von der Isothermenrichtung abweicht.

2. Eine Läuterung ist nur innerhalb desjenigen Zusammensetzungsbereiches möglich, innerhalb dessen jede Querschnittsgerade steiler verläuft als die von ihr geschnittenen Naßdampfisothermen.

3. Die Läuterung verläuft immer in die Richtung, welche durch die kürzeste Drehung der Querschnittsgeraden zur Isothermen hin angegeben wird (s. Pfeile in Bild 5.23).

Die notwendige Steilheit der Querschnittsgeraden und die Lage des Poles Π der Rektifikation werden auch durch die gewünschte Konzentration des Sumpfprodukts oft sogar in sehr starkem Maße beeinflußt. Wird der Zulauf (die Maische) bis zu der Zusammensetzung ξ_{B_1} des Blasenprodukts entgeistet (Bild 5.25) und wird ein Kopfprodukt (Geist) von der Zusammensetzung ξ_K verlangt, so findet man die tiefste zulässige Lage des Poles Π_1 durch Verlängerung der Naßdampfisotherme T_{B_1}. Mit anderen Worten, im Dephlegmator muß mindestens die Wärme q_{R_1} je Kilogramm Kopfprodukt entzogen werden, wenn in der Kolonne die geforderte Trennung erfolgen soll. Für diesen Fall müßte im untersten Querschnitt ein Gleichgewicht zwischen aufsteigendem Dampf und herabrieselnder Flüssigkeit erreicht werden, da ja die Querschnittsgerade und die Naßdampfisotherme hier zusammenfallen. Zu diesem Zweck müßte die Kolonne mit unendlich großer Bodenzahl gebaut werden. Bei endlichen Abmessungen der Kolonne müssen die Querschnittsgeraden noch steiler verlaufen, d.h. der Pol muß noch höher liegen. Eine Analogie findet man im erforderlichen Temperaturgefälle eines Wärmeübertragers. Man sieht sofort, daß bei einer weiteren Austreibung das Blasenprodukt, z.B. bis ξ_{B_2}, der Mindestkühlbedarf im Dephlegmator wesentlich vergrößert wird, wenn dasselbe Kopfprodukt gewonnen werden soll. Aus Bild 5.25 ersieht man, daß die erforderliche Dephlegmatorwärme unter Umständen ein Vielfaches der Kondensatorwärme q_K betragen kann.

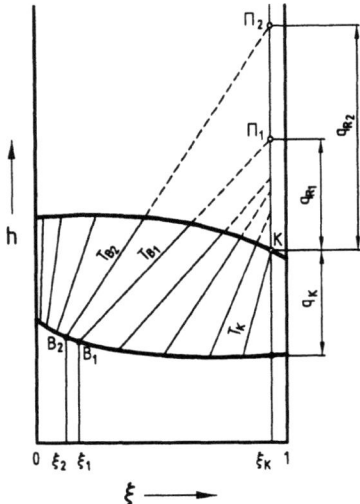

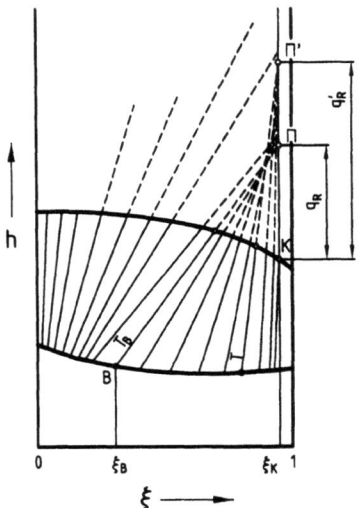

Bild 5.25: Die tiefstzulässige Lage des Verstärkungspols Π

Bild 5.26: Zur tiefstzulässigen Lage des Verstärkungspols Π

In Bild 5.25 ist stillschweigend angenommen worden, daß die Verlängerungen aller Naßdampfisothermen zwischen T_{B_1} und T_K die ξ_K-Ordinate unterhalb des Poles Π_1 schneiden. Das ist jedoch nicht immer der Fall. In Bild 5.26 z.B. würde bei der Zusammensetzung ξ_B des Sumpfprodukts die Verlängerung der Naßdampfisothermen T_B die Konzentration ξ_K im Punkt Π schneiden. Dies ist aber nicht der Pol der Läuterung, denn es gibt zwischen ξ_B und ξ_K noch Naßdampfisothermen, die die Ordinate ξ_K oberhalb von Π schneiden. Soll dieser Bereich überbrückt werden, so muß der Pol mindestens nach Π' verlegt, und im Dephlegmator muß entsprechend mehr gekühlt werden (q'_R). Nur so erreicht man, daß innerhalb des Trennungsbereiches alle Querschnittsgeraden steiler als die Naßdampfisothermen verlaufen. Dieser Fall ist z.B. für die Alkoholdestillation von Bedeutung.

5.2.3 Wärmeverbrauch

Die Heizwärme ermittelt man am besten, indem man in Bild 5.18 eine Bilanzhülle um die Rektifiziersäule (ohne Kondensator) zieht. Dann muß im Beharrungszustand der Mengenstrom $\dot{m}_Z$ des Zulaufs gleich den Mengenströmen $\dot{m}_B$ des Sumpf- oder Blasenprodukts (der Schlempe) und $\dot{m}_K$ des Kopfprodukts (des Geistes) sein

$$\dot{m}_Z = \dot{m}_B + \dot{m}_K \ . \tag{5.41}$$

Die Mengenbilanz des Stoffes 2 ergibt

$$\dot{m}_Z \xi_Z = \dot{m}_B \xi_B + \dot{m}_K \xi_K \ . \tag{5.42}$$

Beziehen wir $\dot{m}_Z$ und $\dot{m}_B$ auf den Mengenstrom $\dot{m}_K$ des Kopfprodukts, so erhalten wir aus Gl. (5.41) und (5.42)

$$\frac{\dot{m}_Z}{\dot{m}_K} = \frac{\xi_K - \xi_B}{\xi_Z - \xi_B} \; ; \; \frac{\dot{m}_B}{\dot{m}_K} = \frac{\xi_K - \xi_Z}{\xi_Z - \xi_B} \; . \tag{5.43}$$

Die Wärmebilanz für den in Bild 5.18 angegebenen Bilanzkreis lautet

$$\dot{Q}_B + \dot{m}_Z h_Z = \dot{m}_K h_K + \dot{m}_B h_B + \dot{Q}_R \; , \tag{5.44}$$

woraus man mit Gl. (5.43) durch eine kleine Umformung erhält

$$q_B = \frac{\dot{Q}_B}{\dot{m}_K} = h_K - h_B + \frac{\xi_K - \xi_B}{\xi_Z - \xi_B}(h_B - h_Z) + q_R \; . \tag{5.45}$$

Die Konstruktion hierfür ist in Bild 5.27 gegeben und wohl ohne weiteres verständlich.

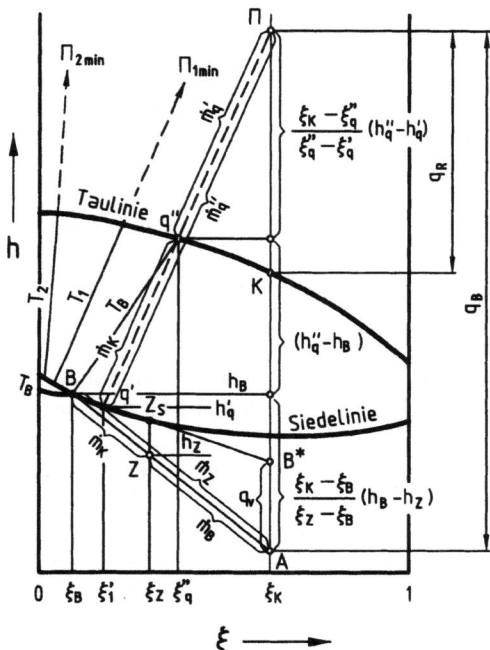

Bild 5.27: Wärmeumsatz bei der Rektifikation; Bilanz um die Blase

Man hätte natürlich ebensogut eine Bilanzhülle nur um die Blase legen können (unterhalb des Querschnitts $q-q$ in Bild 5.18) und alle hierüber austretenden und eintretenden Ströme registrieren können. In diesem Fall ist der der Blase zugeführte Wärmestrom

$$\dot{Q}_B = \dot{m}_q'' h_q'' + \dot{m}_B h_B - \dot{m}_Z h_Z - \dot{m}_q' h_q' \; . \tag{5.46}$$

Durch den Querschnitt $q-q$ unterhalb des untersten Kolonnenbodens werden dabei der Massenstrom $\dot{m}''_q$ des aus der Blase aufsteigenden Dampfes sowie der Massenstrom $\dot{m}'_q$ der vom untersten Boden in die Blase zurückfließenden Flüssigkeit registriert. Wird die der Blase zugeführte Wärme auf die Menge $\dot{m}_K$ des Kopfprodukts bezogen, so erhalten wir mit Gl. (5.32), (5.34) und (5.43)

$$q_B = \frac{\dot{Q}_B}{\dot{m}_K} = h''_q - h_B + \frac{\xi_K - \xi_B}{\xi_Z - \xi_B}(h_B - h_Z) + \frac{\xi_K - \xi''_q}{\xi''_q - \xi'_q}(h''_q - h'_q) = h_\Pi - h_A \,. \quad (5.47)$$

Die Konstruktion nach Bild 5.27 ist zwar etwas verwickelter als die vorige, führt aber natürlich zum selben Ergebnis.

Von der gesamten Wärme q_B wird bereits der Teil

$$q_V = \frac{\xi_K - \xi_B}{\xi_Z - \xi_B}(h_{ZS} - h_Z) = h_B^\star - h_A \quad (5.48)$$

benötigt, um den Zulauf vom Ausgangszustand Z auf den Siedezustand Z_S vorzuwärmen; der Rest ist für die Verdampfung und Rückkühlung erforderlich. Es mag nur erwähnt werden, daß in Bild 5.27 vorausgesetzt wurde, daß der aus der Blase aufsteigende Dampf q'' im Gleichgewicht mit dem abfließenden Sumpfprodukt B steht (auf der Naßdampfisotherme T_B). Das wird mit guter Annäherung der Fall sein, weil der Blaseninhalt groß ist und sich der Zulauf sofort mit diesem Inhalt vermischt. In die Blase rieselt vom untersten Boden die Flüssigkeit q' herunter, deren Zustand um so ähnlicher dem Zustand B des Sumpfprodukts wird, je mehr sich die Querschnittsgerade $\overline{q'q''}$ der Naßdampfisotherme T_B anschmiegt. Man sieht, daß es für einen gegebenen Zustand ξ_Z, h_Z des Zulaufs und für gegebene Zusammensetzung ξ_K des Kopfprodukts eine günstige Zusammensetzung ξ_B gibt, für welche die Heizwärme q_B am geringsten wird. Rückt nämlich Punkt B nach links, so kommt Punkt A höher zu liegen. Dadurch wird q_B kleiner, solange der Pol Π durch die Lage der Naßdampfisothermen (z.B. die Isotherme T_1) nicht gezwungen wird, auch höher zu rücken. Rückt der Punkt B dagegen nach rechts, so kann i.a. der Pol Π abgesenkt werden, dafür muß aber bei unverändertem Zulauf der Punkt A nach unten rücken. Entsprechend nimmt die erforderliche Heizwärme q_B zu oder ab.

Bei vielen Prozessen möchte man das Blasenprodukt so weit als möglich entgeisten, um einen möglichst geringen Abfallverlust des Stoffes 2 zu haben. Man müßte also etwa die Isotherme T_2 erreichen. Man sieht, daß der Wärmeverbrauch q_B je Kilogramm des Erzeugnisses enorm ansteigen würde, wollte man das Verfahren nach Bild 5.27 anwenden. Der Grund liegt in den großen Nichtumkehrbarkeiten, die man sich bei einer solchen Betriebsweise einhandeln würde.

5.2.4 Wärmeverbrauch und Nichtumkehrbarkeit des Zerlegungsvorganges

Alle technischen Zerlegungsprozesse sind mehr oder weniger nichtumkehrbar. Der Grad der Nichtumkehrbarkeiten bestimmt den Mehrverbrauch an Energie, sei es an Wärme oder an Arbeit, gegenüber der theoretischen Heizwärme oder der theoretischen Zerlegungsarbeit, die man im Grenzfall eines völlig umkehrbaren (reversiblen)

5.2 Rektifikation (Läuterung) von Zweistoffgemischen

Prozesses benötigen würde. Es ist von Fall zu Fall nützlich, sich über die Quellen der Nichtumkehrbarkeiten zu unterrichten, damit man etwaige Verbesserungen an Stellen ansetzt, wo die größte Aussicht auf Erfolg besteht.

Für solche Betrachtungen muß man die Entropie eines Gemisches kennen. Deren Berechnung behandeln wir in Abschn. 8, hier wollen wir voraussetzen, daß uns das s, ξ-Diagramm (Entropie-Zusammensetzungs-Diagramm) des Gemisches bekannt ist.

Für die in Bild 5.18 dargestellte Verstärkungssäule stellen wir außer der Wärmebilanz (5.44) noch die Entropiebilanz auf. Nach dem Zweiten Hauptsatz ergibt sich die gesamte Entropieproduktion $\dot{S}_{pr}$ in der Verstärkungssäule als Differenz der aus- und eintretenden Entropieströme zuzüglich der Entropiezunahme $\dot{Q}_R/T_W$, welche das Kühlmittel im Rückflußkühler erfährt und abzüglich der Entropieabnahme $\dot{Q}_B/T_H$ des Heizmittels in der Blase

$$\dot{S}_{pr} = \dot{m}_K s_K + \dot{m}_B s_B - \dot{m}_Z s_Z + \frac{\dot{Q}_R}{T_W} - \frac{\dot{Q}_B}{T_H} \ . \tag{5.49}$$

Hierin bedeuten T_W und T_H die mittleren Temperaturen des Kühlmittels im Rückflußkühler bzw. des Heizmittels in der Blase.

Bezieht man die Entropieproduktion $\dot{S}_{pr}$ auf die Mengeneinheit des Kopfprodukts

$$s_{pr} = \dot{S}_{pr}/\dot{m}_K \ , \tag{5.50}$$

so erhält man mit der Wärmebilanz (5.44) und den Beziehungen (5.43) den folgenden Zusammenhang zwischen Wärmebedarf q_B und Entropieproduktion s_{pr}

$$q_B = T_W \frac{T_H}{T_H - T_W} \left\{ \frac{h_K - h_B}{T_W} + \frac{\xi_K - \xi_B}{\xi_Z - \xi_B} \cdot \frac{h_B - h_Z}{T_W} \right.$$

$$\left. - \left[s_K - s_B + \frac{\xi_K - \xi_B}{\xi_Z - \xi_B}(s_B - s_Z) \right] \right\} + T_W \frac{T_H}{T_H - T_W} s_{pr} \ . \tag{5.51}$$

Da die Entropieproduktion stets positiv ist und außerdem $T_H > T_W$, so hat jede Entropieproduktion in irgendeinem Teil der Verstärkungssäule unvermeidlich eine entsprechende Erhöhung des Wärmebedarfs zur Folge.

Im Grenzfall $s_{pr} \to 0$ erhält man den Wärmebedarf

$$q_{\text{rev}} = T_W \frac{T_H}{T_H - T_W} \left\{ \frac{h_K - h_B}{T_W} + \frac{\xi_K - \xi_B}{\xi_Z - \xi_B} \cdot \frac{h_B - h_Z}{T_W} \right.$$

$$\left. - \left[s_K - s_Z + \frac{\xi_K - \xi_Z}{\xi_Z - \xi_B}(s_B - s_Z) \right] \right\} \ , \tag{5.52}$$

den man bei einem vollkommen reversiblen Trennprozeß, der zwischen einer Wärmequelle der Temperatur T_H und einer Wärmesenke der Temperatur T_W arbeitet, aufwenden muß.

Den Ausdruck

$$q_p = T_W \frac{T_H}{T_H - T_W} s_{pr} \tag{5.53}$$

kann man deshalb als eine „Wärmepoenalie" ansehen, die man als Tribut für die im Prozeß begangenen Nichtumkehrbarkeiten in der Form eines erhöhten Wärmebedarfs entrichten muß[7]. Dabei ist es unerheblich, welcher Art die Nichtumkehrbarkeiten im einzelnen sind, ob es sich z.B. um endlich große Temperaturunterschiede bei der Wärmeübertragung handelt oder ob die Konzentrationen der Stoffe in der Dampf- und Flüssigphase zu weit vom jeweiligen Gleichgewicht entfernt sind, in jedem Fall werden sie durch die Entropieproduktion quantitativ erfaßt.

Wir wollen nun die Nichtumkehrbarkeiten in den einzelnen Teilen der Verstärkungssäule untersuchen und deren Auswirkungen auf den Wärmebedarf ermitteln.

Entropieproduktion im adiabaten Teil der Rektifiziersäule

Zunächst prüfen wir die Vorgänge in der Säule selbst, d.h. in dem adiabaten Teil des Trennapparates, dem also von außen Wärme weder zugeführt noch entzogen wird, vgl. Bild 5.18. Im Abschn. 5.2.2 haben wir bereits die Entropieproduktion auf einem einzelnen Boden behandelt und hierfür eine einfache graphische Darstellung gefunden, s. Bild 5.24. Ganz analog erhält man auch die Entropieproduktion für die ganze Säule, indem man den Bilanzkreis zwischen den beiden Querschnittsgeraden $q-q$ unterhalb des tiefsten Bodens und $p-p$ unterhalb des Rückflußkühlers schließt, s. Bild 5.18. Für den Fall eines umkehrbaren Austausches wäre die Gesamtentropie der abziehenden Ströme gleich der der ankommenden Ströme. Bei einem nichtumkehrbaren Austausch ist dagegen die Gesamtentropie der abziehenden Ströme gegenüber der der eintretenden um die Entropieproduktion

$$\dot{S}_{pr,K} = \dot{m}_p'' s_p'' + \dot{m}_q' s_q' - \dot{m}_q'' s_q'' - \dot{m}_p' s_p' \tag{5.54}$$

größer geworden.

Beziehen wir die Entropieproduktion auf den Mengenstrom $\dot{m}_K$ des Kopfprodukts, so erhalten wir mit (5.38)

$$s_{pr,K} = \frac{\dot{S}_{pr}}{\dot{m}_K} = s_{\Pi_p} - s_{\Pi_q} \;, \tag{5.55}$$

worin die Werte der „Polentropien"

$$s_{\Pi_p} = s_p' + \frac{\xi_K - \xi_p'}{\xi_p'' - \xi_p'}(s_p'' - s_p') = s_p'' + \frac{\xi_K - \xi_p''}{\xi_p'' - \xi_p'}(s_p'' - s_p') \tag{5.56}$$

und

$$s_{\Pi_q} = s_q' + \frac{\xi_K - \xi_q'}{\xi_q'' - \xi_q'}(s_q'' - s_q') = s_q'' + \frac{\xi_K - \xi_q''}{\xi_q'' - \xi_q'}(s_q'' - s_q') \tag{5.57}$$

---

[7]Wird der Trennprozeß ausschließlich durch mechanische Arbeit betrieben, wie bei der Dampfkompression (Abschn. 5.2.7) oder der Luftzerlegung (Abschn. 5.2.8), so wird man zweckmäßigerweise anstelle von q_{rev} die sog. theoretische Mindestarbeit als Bezugsgröße verwenden und anstelle der Wärmepoenalie q_p den Arbeits- oder Exergieverlust.

5.2 Rektifikation (Läuterung) von Zweistoffgemischen

im s, ξ-Diagramm 5.28, mit Hilfe der Querschnittsgeraden durch p' und p'' bzw. q' und q'' abgelesen werden können[8]. Diese schneiden sich im Gegensatz zum h, ξ-Diagramm in zwei verschiedenen Punkten Π_p und Π_q, wobei die Entropiedifferenz $s_{\Pi_p} - s_{\Pi_q}$ nach Gl. (5.55) gerade die Entropieproduktion $s_{pr,K}$ durch Nichtumkehrbarkeiten in der Säule darstellt.

Selbstverständlich hätte man die Entropieproduktion $s_{pr,K}$ in der gesamten Säule auch durch Summation der Entropieproduktionen auf den einzelnen Böden erhalten können. In diesem Fall wäre die Strecke $s_{pr,K}$ entsprechend den Verlusten auf den einzelnen Böden unterteilt worden.

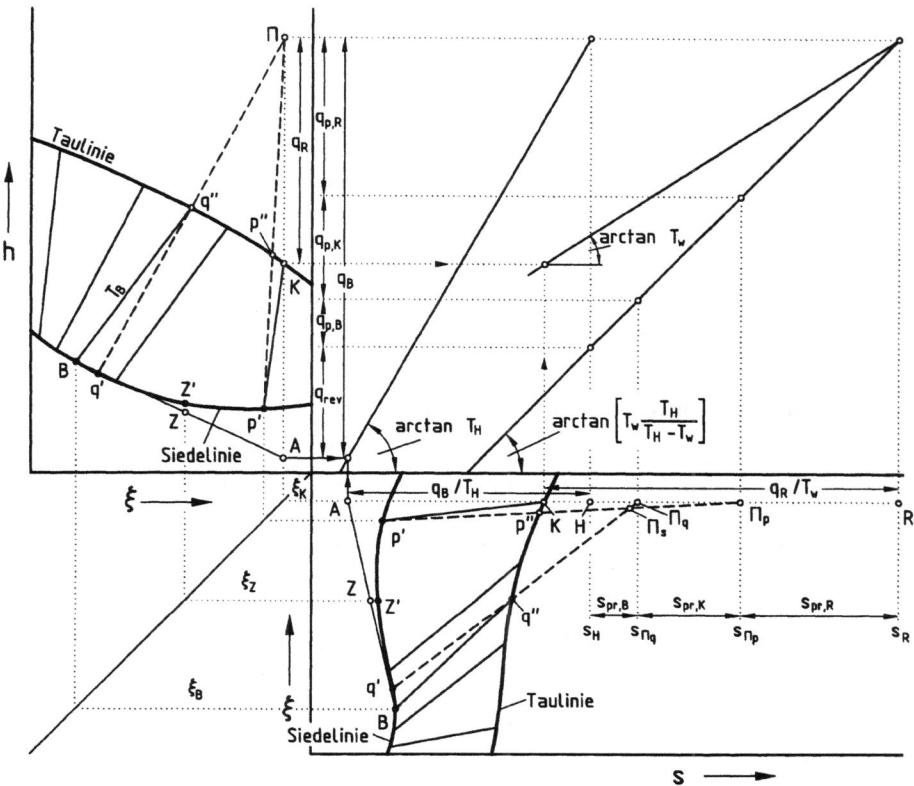

Bild 5.28: Nichtumkehrbarkeiten in der Verstärkungssäule

Durch Multiplikation mit $T_W T_H/(T_H - T_W)$ erhält man aus der Entropieproduktion $s_{pr,K}$ die Wärmepoenalien $q_{p,K}$, welche durch die Nichtumkehrbarkeiten in der Kolonne verursacht werden. Diese lassen sich im h, ξ-Diagramm des Bildes direkt ablesen, indem man mit Hilfe einer Geraden mit der Steigung $T_W T_H/(T_H - T_W)$ im oberen rechten Teil des Bildes die Entropiedifferenz $s_{pr,K}$ auf die entsprechenden

---

[8]Damit die Auswirkungen der Nichtumkehrbarkeiten auf den Wärmebedarf unmittelbar verfolgt werden können, wurde das s, ξ-Diagramm des Bildes 5.28 gegenüber dem Bild 5.24 um 90° gedreht.

Enthalpiedifferenzen $q_{p,K}$ abbildet.

Die Entropieproduktion durch Nichtumkehrbarkeiten wird um so größer, je mehr die Querschnittsgeraden von den zugehörigen Naßdampfisothermen abweichen, s. Bild 5.28. Deshalb können alle Maßnahmen, durch welche die Steigungen der Querschnittsgeraden und der zugehörigen Naßdampfisothermen besser angeglichen werden können, dazu beitragen, die Nichtumkehrbarkeiten der Rektifikation zu verkleinern.

Eine der möglichen Maßnahmen ist die in Abschn. 5.2.2 erörterte Absenkung des Pols auf seine tiefstzulässige Lage. Hierbei würde eine Querschnittsgerade mit der zugehörigen Naßdampfisotherme zusammenfallen und die Entropieproduktion auf dem zugehörigen Boden gegen null streben. Die Dephlegmatorwärme q_R und der Mengenstrom des Rückflusses vom Dephlegmator würden ihre kleinstmöglichen Werte annehmen, ebenso die gesamte Entropieproduktion im adiabaten Teil der Säule zwischen den Querschnitten $p-p$ und $q-q$. Obwohl eine Rektifikation mit tiefstzulässiger Lage des Pols nur in einer Kolonne mit unendlich vielen Böden realisiert werden könnte (s. den Abschn. „Erforderliche Bodenzahl der Säule" in Kap. 5.2.6), würde die Entropieproduktion nicht gegen null gehen, weil die Steigung zahlreicher Querschnittsgeraden sich z.T. beträchtlich von der der zugehörigen Naßdampfisotherme unterscheidet. Daher läßt sich eine reversible Rektifikation auch nicht mit einer adiabaten Kolonne annähern, sondern nur in einer solchen, bei der die einzelnen Böden in geeigneter Weise beheizt oder gekühlt werden.

Entropieproduktion im Rückflußkühler

Zur Ermittlung der Entropieproduktion im Rückflußkühler ist auch die Wärmeabgabe an das Kühlmittel (Kühlwasser) zu berücksichtigen. Dadurch nimmt die Entropie des Kühlmittels zu. In Bild 5.29 müssen die Entropieströme, die mit den Stoffen den Bilanzkreis des Rückflußkühlers verlassen, insgesamt um die Entropieproduktion $\dot{S}_{pr,R}$ größer sein als diejenigen, die in den Bilanzkreis eintreten.

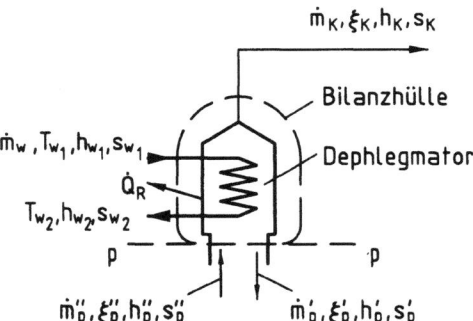

Bild 5.29: Entropiebilanz des Dephlegmators

Bezogen auf die Menge $\dot{m}_K$ des Kopfprodukts ist somit die spezifische Entropieproduktion

$$s_{pr,R} = \frac{\dot{S}_{pr,R}}{\dot{m}_K} = s_K + \frac{\dot{m}'_p}{\dot{m}_K} s'_p - \frac{\dot{m}''_p}{\dot{m}_K} s''_p + \frac{\dot{m}_w}{\dot{m}_K}(s_{w_2} - s_{w_1}) \ . \qquad (5.58)$$

Hierin bedeutet $(s_{w_2} - s_{w_1})$ die Änderung der spezifischen Entropie des Kühlmittels. Sie kann nach Band I, Abschn. 10.1.7 annähernd bestimmt werden zu

$$s_{w_2} - s_{w_1} = c_w \ln \frac{T_{w_2}}{T_{w_1}} \ .$$

Der zur Kühlung notwendige Wassermengenstrom $\dot{m}_w$ ergibt sich aus der Dephlegmatorwärme $\dot{Q}_R$

$$\dot{Q}_R = \dot{m}_w(h_{w_2} - h_{w_1}) = \dot{m}_w c_w (T_{w_2} - T_{w_1}) \ . \tag{5.59}$$

Mit Gl. (5.32) und (5.59) kann Gl. (5.58) wie folgt umgeformt werden

$$s_{pr,R} = \frac{q_R}{T_W} - \left[s_p' + \frac{\xi_K - \xi_p'}{\xi_p'' - \xi_p'}(s_p'' - s_p') - s_K \right] = s_K + \frac{q_R}{T_W} - s_{\Pi_p} \ , \tag{5.60}$$

worin

$$T_W = \frac{h_{w_2} - h_{w_1}}{s_{w_2} - s_{w_1}} = \frac{T_{w_2} - T_{w_1}}{\ln \dfrac{T_{w_2}}{T_{w_1}}} \tag{5.61}$$

die mittlere Wärmezufuhrtemperatur (thermodynamische Mitteltemperatur) des Kühlwassers bedeutet.
Der Ausdruck (5.60) wird durch die Konstruktion im s, ξ-Diagramm des Bildes 5.28 befriedigt. Die im Rückflußkühler zu entziehende Wärme q_R entnimmt man dem h, ξ-Diagramm als Streckendifferenz

$$q_R = h_\Pi - h_K \tag{5.62}$$

und trägt mit Hilfe der Steigung T_W die zugehörige Entropieänderung q_R/T_W im s, ξ-Diagramm vom Zustandspunkt K des Erzeugnisses aus nach rechts ab. So erhält man Punkt R und damit die gesuchte Entropieproduktion

$$s_{pr,R} = s_K + \frac{q_R}{T_W} - s_{\Pi_p} = s_R - s_{\Pi_p} \ .$$

Ihr entspricht die Wärmepoenalie des Rückflußkühlers

$$q_{p,R} = T_W \frac{T_H}{T_H - T_W} s_{pr,R} \ ,$$

die mit Hilfe der Steigung $T_W T_H/(T_H - T_W)$ ins h, ξ-Diagramm des Bildes 5.28 projiziert wurde.

Entropieproduktion in der Blase

Die Entropieproduktion in der Blase ermitteln wir aus einer Bilanz der Entropieströme, welche durch einen Bilanzkreis um die Blase (im Bild 5.18 unterhalb des Querschnitts $q - q$) hindurchtreten, s. Bild 5.30

$$\dot{S}_{pr,B} = \dot{m}_B s_B + \dot{m}_q'' s_q'' - \dot{m}_q' s_q' - \dot{m}_Z s_Z - \frac{\dot{Q}_B}{T_H} \,. \tag{5.63}$$

Dabei muß man die Heizwärme $\dot{Q}_B$ berücksichtigen, die bei der Temperatur T_H des Heizmittels (gewöhnlich gesättigter Wasserdampf) an den Blaseninhalt übertragen wird. Durch ähnliche Betrachtungen wie vorher bekommt man mit Gl. (5.32), (5.43) und (5.57) die auf die Menge des Kopfprodukts K bezogene Entropieproduktion

$$\begin{aligned} s_{pr,B} &= \frac{S_{pr,B}}{\dot{m}_K} = s_q'' + \frac{\xi_K - \xi_q''}{\xi_q'' - \xi_q'}(s_q'' - s_q') - s_B + \frac{\xi_K - \xi_B}{\xi_Z - \xi_B}(s_B - s_Z) - \frac{q_B}{T_H} \\ &= s_{\Pi q} - s_A - \frac{q_B}{T_H} = s_{\pi q} - s_H \,, \end{aligned} \tag{5.64}$$

worin q_B die aus dem h, ξ-Diagramm zu ermittelnde Heizwärme der Blase, s_B die spezifische Entropie des Blasenprodukts (der Schlempe) B und s_Z die des Zulaufs (der Maische) bedeuten. Die Verbindungslinie $\overline{q''q'}$ liefert im s, ξ-Diagramm den Pol Π_q und damit s_{Π_q}.

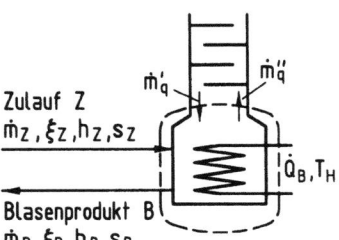

Bild 5.30: Entropiebilanz der Blase

Die Entropie s_A erhält man, indem man die Verbindungsgerade der Punkte B und Z über Z hinaus verlängert und mit der Linie $\xi_K = $ konst zum Schnitt bringt. Sodann projiziert man die der Heizwärme q_B entsprechende Strecke $\overline{\Pi A}$ aus dem h, ξ-Diagramm mit Hilfe der Steigung T_H auf die Entropieachse und trägt vom Punkt A aus den Betrag q_B/T_H nach rechts ab. So bekommt man Punkt H und damit die gesuchte Entropieproduktion $s_{pr,B}$ in der Blase.
Die ihr entsprechende Wärmepoenalie

$$q_{p,B} = T_W \frac{T_H}{T_H - T_W} s_{pr,B}$$

läßt sich mit Hilfe der Steigung $T_W T_H/(T_H - T_W)$ leicht vom s, ξ- in das h, ξ-Diagramm übertragen.

Der Zahlenwert der Entropieproduktion in der Blase hängt in erheblichem Maße vom notwendigen Wärmebedarf q_B und außerdem von der Prozeßführung ab. In Bild 5.28 wurde die Temperatur T_H des Heizdampfes höher als die Temperatur T_B des siedenden Blasenprodukts gewählt. Man könnte aber ebensogut den Zulauf Z zunächst auf die Siedetemperatur $T_{Z'}$ vorwärmen, diesen dann durch Wärmezufuhr bis zur Konzentration ξ'_q verdampfen und anschließend die noch verbliebene Blasenflüssigkeit zusammen mit dem Rücklauf q' bis auf die Konzentration ξ_B des Sumpfprodukts entgeisten. Im Gleichgewicht mit dem abfließenden Blasenprodukt könnte der so gebildete Dampf die Dampfkonzentration ξ''_q erreichen. Bei diesem Verdampfungsvorgang könnte die mittlere Wärmezufuhrtemperatur T_H wesentlich niedriger sein als bei der direkten Beheizung des Blasenprodukts und infolgedessen die Entropieproduktion kleiner ausfallen, vorausgesetzt, es steht ein Wärmeträger mit einem geeigneten Temperaturprofil zur Verfügung.

Anhand des Bildes 5.27 wurde bereits deutlich, daß der Wärmebedarf maßlos ansteigt, wollte man versuchen, das Blasenprodukt in der Verstärkungssäule möglichst vollständig zu entgeisten. Dies hat mehrere Gründe. Erstens vermischt man dann den ziemlich reichen Zulauf Z mit dem sehr armen Blasenprodukt B, was eine ausgesprochene Nichtumkehrbarkeit darstellt. Dann aber verlaufen die Querschnittsgeraden (wegen der hohen Lage des Pols Π_2) fast senkrecht, so daß die Naßdampfisothermen der Mittellage mit großem Winkel geschnitten werden. Dies bedeutet, daß auf jedem der zahlreichen Böden der Austausch zwischen Dampf und Flüssigkeit bei gewaltigem Gleichgewichtsabstand erfolgt, was wegen der Nichtumkehrbarkeit solcher Vorgänge den Heizbedarf vervielfältigen muß. Diese Verluste werden aber ganz besonders dadurch gesteigert, daß zur Gewinnung von 1 kg Destillat große Dampf- und Flüssigkeitsmengen durch die Säule strömen müssen (vgl. im Bild 5.27 die Strecken $\overline{\Pi q'}$ und $\overline{\Pi q''}$ im Verhältnis zu $\overline{q'q''}$!).

Heizwärme q_{rev}

Zieht man alle Wärmepoenalien vom Gesamtbetrag der Heizwärme q_B ab, so verbleibt als Differenz die Heizwärme q_{rev}, die im Grenzfall einer völlig reversiblen Trennung benötigt würde. Diese hätte natürlich ebensogut nach Gl. (5.52) ermittelt werden können.

5.2.5 Abtriebssäule

Ist schon im Zulauf die Konzentration der leichter flüchtigen Komponente sehr hoch, so sollte man den Zulauf Z vom Zustand ξ_Z, h_Z nicht dem untersten, sondern dem obersten Boden zuführen und im Gegenstrom zum aufsteigenden Dampf nach unten in die Blase rieseln lassen. Nach oben entweicht das angereicherte Kopfprodukt K vom Zustand ξ_K, h_K, das vielleicht in einer anderen Anlage noch weiter getrennt werden kann. In der Blase wird durch Beheizen ein Teil der Flüssigkeit verdampft, der entgeistete Rest wird als Blasenprodukt B (Schlempe) mit dem Zustand ξ_B, h_B entzogen.

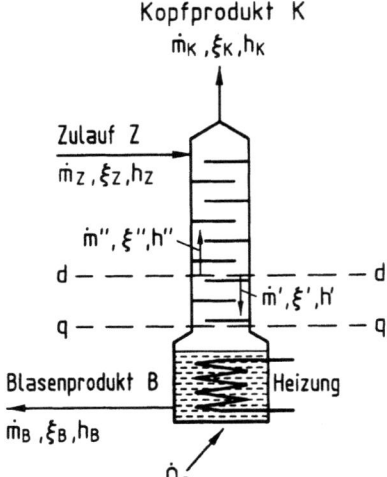

Bild 5.31: Abtriebssäule

Dann gilt für irgendeinen Säulenquerschnitt, z.B. den Querschnitt $d-d$ in Bild 5.31

$$\dot{m}' - \dot{m}'' = \dot{m}_B \quad , \tag{5.65}$$

$$\dot{m}'\xi' - \dot{m}''\xi'' = \dot{m}_B \xi_B \quad , \tag{5.66}$$

$$\dot{Q}_B = \dot{m}''h'' + \dot{m}_B h_B - \dot{m}'h' \quad . \tag{5.67}$$

Beziehen wir alle Mengen auf das Blasenprodukt B, so folgt aus Gl. (5.65) und (5.66)

$$\frac{\dot{m}'}{\dot{m}_B} = \frac{\xi'' - \xi_B}{\xi'' - \xi'} \; ; \; \frac{\dot{m}''}{\dot{m}_B} = \frac{\dot{m}'}{\dot{m}_B} - 1 = \frac{\xi' - \xi_B}{\xi'' - \xi'} \tag{5.68}$$

und damit aus Gl. (5.67)

$$\frac{\dot{Q}_B}{\dot{m}_B} = h_B - \left[h'' - \frac{\xi'' - \xi_B}{\xi'' - \xi'}(h'' - h') \right] = h_B - h_{\Pi_A} \quad . \tag{5.69}$$

Diese Gleichung muß für jeden beliebigen Säulenquerschnitt $d-d$ befriedigt werden. Im h,ξ-Diagramm, Bild 5.32, wird Gl. (5.69) durch ein Strahlenbüschel dargestellt, dessen Pol Π_A an der Ordinate bei ξ_B um $\dot{Q}_B/\dot{m}_B$ tiefer liegt als der Zustandspunkt B des Blasenprodukts B (der Schlempe).
Natürlich müssen Mengen- und Energiebilanzen auch für die Abtriebssäule insgesamt erfüllt sein

$$\dot{m}_Z = \dot{m}_K + \dot{m}_B \quad , \tag{5.70}$$

$$\dot{m}_Z \xi_Z = \dot{m}_K \xi_K + \dot{m}_B \xi_B \quad , \tag{5.71}$$

$$\dot{Q}_B = \dot{m}_K h_K + \dot{m}_B h_B - \dot{m}_Z h_Z \quad . \tag{5.72}$$

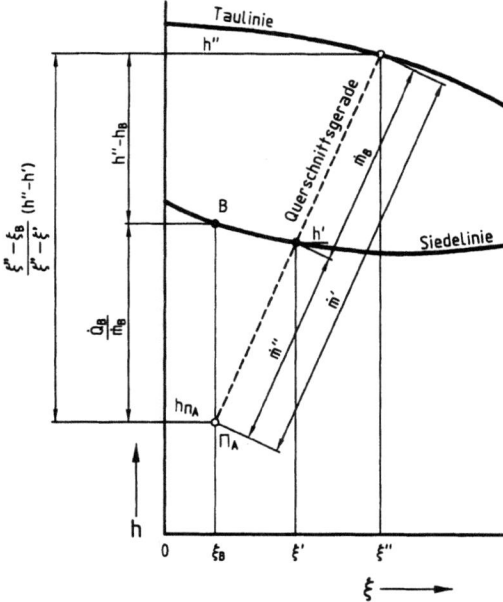

Bild 5.32: Abtriebspol Π_A und eine Querschnittsgerade $d-d$ im h, ξ-Diagramm

Bezieht man wieder alle Ströme auf die Menge des Blasenstroms, so wird

$$\frac{\dot{m}_K}{\dot{m}_B} = \frac{\xi_Z - \xi_B}{\xi_K - \xi_Z} \; ; \; \frac{\dot{m}_Z}{\dot{m}_B} = 1 + \frac{\dot{m}_K}{\dot{m}_B} = \frac{\xi_K - \xi_B}{\xi_K - \xi_Z} \tag{5.73}$$

und

$$\frac{\dot{Q}_B}{\dot{m}_B} = h_B - \left[h_Z - \frac{\xi_Z - \xi_B}{\xi_K - \xi_Z}(h_K - h_Z)\right] = h_B - h_{\Pi_A} \; . \tag{5.74}$$

Danach müssen der Zustand des Zulaufs Z und der des Kopfprodukts K auf einer Querschnittsgeraden durch den Pol Π_A liegen, s. Bild 5.33. In Bild 5.33 wurde der allgemeine Fall angenommen, daß der Zulauf Z beim Eintritt in die Säule nicht auf Siedetemperatur vorgewärmt worden ist.

Die höchste zulässige Lage des Abtriebspols $\Pi_{A,\min}$ findet man, indem man diejenige Naßdampfisotherme aufsucht, deren Verlängerung durch den Punkt Z geht. Diese Isotherme ist in Bild 5.33 mit T_∞ bezeichnet, um hinzuweisen, daß der Betrieb mit $\Pi_{A,\min}$ nur bei einer unendlich großen Kolonne möglich wäre und zwar auch nur dann, wenn auch in allen Querschnitten der Abtriebssäule die Querschnittsgeraden steiler verlaufen als die zugehörigen Naßdampfisothermen. Für alle anderen Fälle muß der wirkliche Pol Π_A tiefer liegen.

Die Flüssigkeit in der Blase wird durch das Sieden lebhaft umgerührt. Infolgedessen kann sich ihr Zustand nicht merklich von dem Zustand B des abziehenden Blasenprodukts unterscheiden. Der in der Blase erzeugte Dampf q'' wird also etwa dem Gleichgewichtsdampf des Blasenprodukts entsprechen, so daß B und q'' auf derselben Naßdampfisothermen T_B liegen (Bild 5.33). In die Blase fließt vom untersten

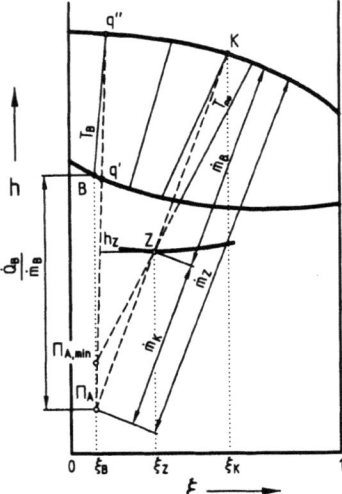

Bild 5.33: Wärmeumsatz in der Abtriebssäule

Boden die Flüssigkeit q' ab, deren Zustandspunkt q' auf der Querschnittsgeraden für q'' liegen muß. Die Nichtumkehrbarkeiten beim Vermischen der ungleichen Flüssigkeiten q' und B sind natürlich viel geringer, als dies beim direkten Vermischen des Zulaufs Z mit der Blasenflüssigkeit B nach dem Verfahren des Bild 5.18 der Fall ist.

Vorwärmung des Zulaufs

Eine Vorwärmung des Zulaufs verschiebt den Punkt Z bei der gleichen Konzentration ξ_Z nach Z_v (Bild 5.34), damit auch $\Pi_{A,\min}$ nach $\Pi_{A,\min,v}$. Der Betrieb ist dabei mit geringem Heizbedarf $\dot{Q}_{B,v}/\dot{m}_B$ durchführbar.

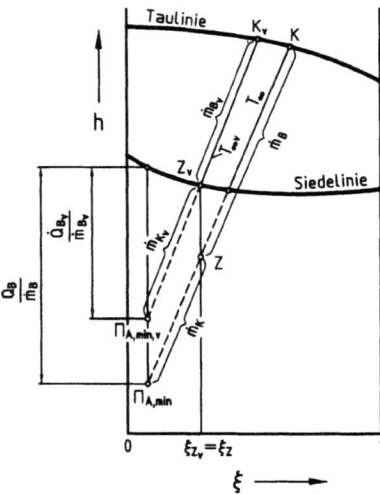

Bild 5.34: Vorwärmung des Zulaufs Z

5.2 Rektifikation (Läuterung) von Zweistoffgemischen

Allerdings wird zur Vorwärmung des Zulaufs Wärme benötigt, die jedoch zum großen Teil von dem heißen Blasenprodukt bezogen werden kann, wie noch gezeigt werden soll. Ohne Vorwärmung wird zwar ein Dampf K geliefert, der reicher ist als der Dampf K_v bei Vorwärmung, $\xi_K > \xi_{K_v}$, die Dampfmenge $\dot{m}_K$ ist aber merklich kleiner als die Dampfmenge $\dot{m}_{K_v}$, s. Bild 5.34.

Durch Vorwärmen des Zulaufs mit Fremdwärme kann zwar nach dem oben Gesagten die Dampfausbeute gesteigert werden, jedoch nur bei gleichzeitiger Verschlechterung der Dampfzusammensetzung. Deswegen lohnt es meist nicht, den Zulauf mit Frischdampf vorzuwärmen. Dagegen ist eine wesentliche Ersparnis zu verzeichnen, wenn man hierzu die Restwärme des Blasenprodukts B (der Schlempe) verwendet. Man läßt nach Bild 5.35 das abziehende Blasenprodukt B mit dem Zulauf Z im Gegenstrom Wärme austauschen.

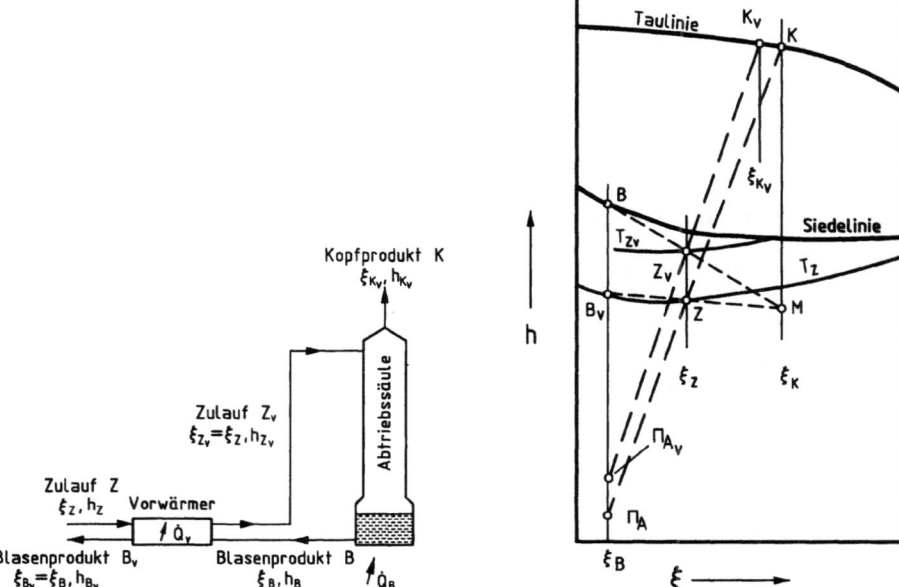

Bild 5.35: Vorwärmung des Zulaufs Z mit dem Blasenprodukt B

Bild 5.36: Vorwärmung des Zulaufs Z

Wenn Δh_B und Δh_Z die entsprechenden Enthalpieänderungen im Vorwärmer je Kilogramm Blasenprodukt bzw. je Kilogramm des Zulaufs darstellen, so wird vom Zulauf Z ebensoviel Wärme aufgenommen als vom Blasenprodukt B abgegeben wird. Es ist

$$\dot{m}_B \Delta h_B = \dot{m}_Z \Delta h_Z \ , \tag{5.75}$$

und daraus folgt mit Gl. (5.73)

$$\frac{\Delta h_Z}{\Delta h_B} = \frac{h_{Z_v} - h_Z}{h_B - h_{B_v}} = \frac{\dot{m}_B}{\dot{m}_Z} = \frac{\xi_K - \xi_Z}{\xi_K - \xi_B} \ . \tag{5.76}$$

404   5 Trennung von Gemischen

Da die Menge des Zulaufs größer ist als diejenige des Blasenprodukts (der Schlempe), so wird bei annähernd gleichen spezifischen Wärmekapazitäten die Temperaturerhöhung des Zulaufs geringer als die Temperaturerniedrigung des Blasenprodukts sein. Ist die Temperatur des Blasenprodukts T_{B_v} beim Austritt aus dem Vorwärmer bekannt, so kann man die Vorwärmtemperatur T_{Z_v} des Zulaufs sofort aus dem h,ξ-Diagramm (Bild 5.36) ermitteln. Die Temperatur des Blasenprodukts T_{B_v} beim Austritt aus dem Vorwärmer kann im Grenzfall die Eintrittstemperatur des Zulaufs T_Z erreichen. Dieser Fall ist in Bild 5.36 angenommen. Man verlängert die Strecke vom Zustandspunkt B_v über Z bis M auf der Ordinate ξ_K. Die Verbindungslinie $\overline{MB}$ liefert im Schnittpunkt mit der Ordinate ξ_Z den Zustand Z_v des vorgewärmten Zulaufs. Aus der Konstruktion kann man ersehen, daß sie die Gl. (5.76) befriedigt.

Man muß natürlich bedenken, daß bei Verlegung von Z nach Z_v auch K nach K_v und damit ξ_K nach ξ_{K_v} verlegt werden, so daß auch M nicht mehr richtig ist. Zu diesem Zweck finde man den neuen Punkt K_v und probiere mit der angegebenen Konstruktion so lange, bis die Punkte Π_{A_v}, Z_v und K_v in eine Gerade fallen (wobei diese Gerade immer steiler als die Naßdampfisotherme sein muß!)[9].

**Beispiel eines Trennverfahrens mit Abtriebssäule:
Die Konzentration von Schwefelsäure nach Pauling-Plinke**

In der chemischen Industrie fallen große Mengen verdünnter Schwefelsäure an, die entsorgt werden müssen. Oft ist diese noch mit organischen oder auch anorganischen Chemikalien verunreinigt. Solche Abfallsäuren können häufig durch Aufkonzentration regeneriert werden, z.B. nach dem Verfahren von PAULING-PLINKE, welches schematisch in Bild 5.37 dargestellt ist.

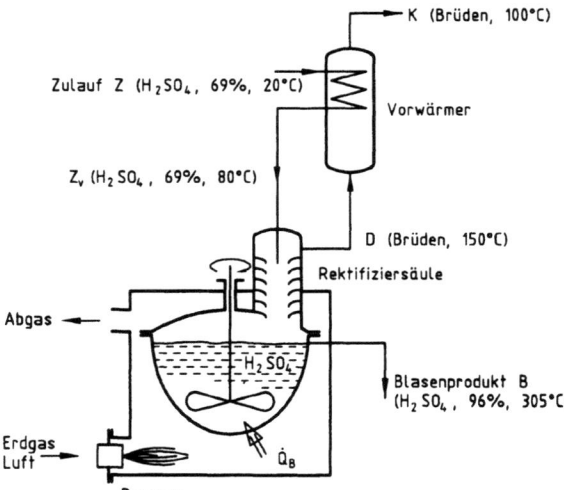

Bild 5.37: Konzentrierung von Schwefelsäure nach dem Verfahren von PAULING-PLINKE

---

[9]Siehe auch im Abschn. 5.2.6 „Dephlegmatorkühlung mit dem Zulauf".

5.2 Rektifikation (Läuterung) von Zweistoffgemischen

Nach diesem Verfahren wird hochkonzentrierte Schwefelsäure (∼ 96%) in gußeisernen Kesseln auf Siedetemperatur (∼ 305 °C) gehalten und verdampft. Infolge der hohen Siedetemperatur werden organische Verunreinigungen in der siedenden Schwefelsäure größtenteil verbrannt, andererseits kann die Korrosion des Behältermaterials in vertretbaren Grenzen gehalten werden, weil hochkonzentrierte Schwefelsäure selbst bei den hohen Temperaturen Eisen und andere Metalle nicht in dem Maße angreift wie verdünnte Schwefelsäure.

Die entweichenden Dämpfe bestehen aus Wasserdampf, aber auch in beträchtlichen Anteilen aus dampfförmiger Schwefelsäure (H_2SO_4) und Schwefeltrioxid (SO_3). Diese Bestandteile werden von der in der Rektifiziersäule herabrieselnden verdünnten Schwefelsäure aufgenommen und in den Siedebehälter zurückgeführt. Die Brüden, welche die Rektifiziersäule verlassen, sind nahezu frei von Schwefelsäure und können zur Vorwärmung des Vorlaufs verwendet werden. Die gasförmigen Bestandteile der Brüden, insbesondere die gasförmigen Verbrennungsprodukte der organischen Verunreinigungen, können am Kopf des Vorwärmers abgezogen werden.

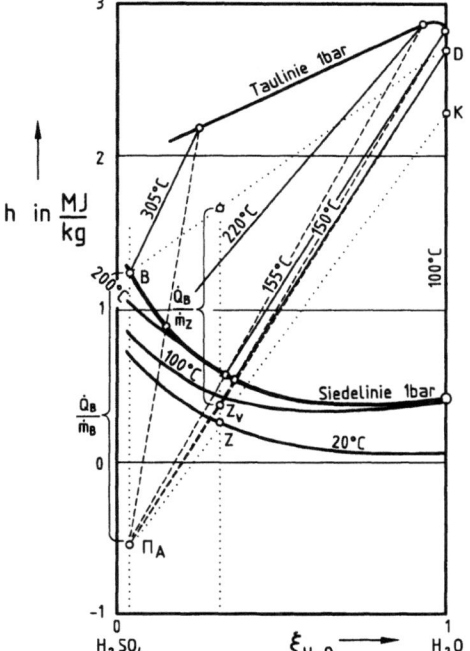

Bild 5.38: Konzentrierung von Schwefelsäure nach dem Verfahren von PAULING-PLINKE im h, ξ-Diagramm H_2SO_4/H_2O

Bild 5.38 zeigt die Zustandsänderungen im Enthalpie-Zusammensetzungs-(h, ξ)-Diagramm des Zweistoffgemisches Schwefelsäure-Wasser[10]. Die Abfallsäure wird als Zulauf Z mit einer Schwefelsäurekonzentration von 69% ($\xi_{H_2O} = 0,31$) und einer Temperatur von 20 °C zunächst dem Vorwärmer zugeführt und dort im Gegenstrom

---

[10]Hierin wurde die bei hohen Schwefelsäurekonzentrationen auftretende Schwefeltrioxidbildung nicht berücksichtigt. Auf die Konzentration der Schwefelsäure hat dies aber nur einen geringen Einfluß.

zu den auftretenden Brüden auf 80 °C vorgeheizt, Zustand Z_v.
Durch Zufuhr der Wärme $\dot Q_B$ kann der so vorgewärmte Zulauf in den fast vollständig schwefelfreien Dampf D und die hochkonzentrierte Schwefelsäure B getrennt werden, wobei in der Abtriebssäule bereits wenige Böden ausreichen, wie man aus Bild 5.38 erkennen kann. Der Dampf D liegt als überhitzter Wasserdampf vor, der im Wärmeaustausch mit dem Zulauf Z auf den Zustand K (nahezu Sättigungszustand) abgekühlt wird.

5.2.6 Gekoppelte Läuterungssäule

Man kann die Rektifiziersäule mit Dephlegmator (ohne Blase) des Bildes 5.18 auf die Abtriebssäule des Bildes 5.31 aufsetzen, und so entsteht die gekoppelte Läuterungssäule nach Bild 5.39. Der Zulauf Z wird dem Boden zwischen der Verstärkungs- und der Abtriebssäule, d.h. zwischen den Querschnitten $j-j$ und $k-k$, zugeführt. Dort vermischt er sich mit der aus der Verstärkungssäule ablaufenden Flüssigkeit j' und dem aus der Abtriebssäule aufsteigenden Dampf k''. Von diesem Boden fließt die Flüssigkeit k' in die Abtriebssäule ab, und der Dampf j'' tritt in den untersten Boden der Verstärkungssäule und wird in dieser weiter geläutert. In der Abtriebssäule fließt also mehr Flüssigkeit als in der Verstärkungssäule. Aus der Bilanz der gesamten Anlage erhalten wir mit Hilfe des Bilanzkreises des Bildes 5.39 folgende Beziehungen

$$\dot m_Z = \dot m_B + \dot m_K \;, \tag{5.77}$$

$$\dot m_Z \xi_Z = \dot m_B \xi_B + \dot m_K \xi_K \;. \tag{5.78}$$

Daraus folgt

$$\frac{\dot m_B}{\dot m_K} = \frac{\xi_K - \xi_Z}{\xi_Z - \xi_B} \;, \tag{5.79}$$

$$\frac{\dot m_Z}{\dot m_K} = 1 + \frac{\dot m_B}{\dot m_K} = \frac{\xi_K - \xi_B}{\xi_Z - \xi_B} \;. \tag{5.80}$$

Die Wärmebilanz lautet

$$\dot Q_B - \dot Q_R = \dot m_K h_K + \dot m_B h_B - \dot m_Z h_Z \tag{5.81}$$

oder mit Gl. (5.77) und $q_R = \dot Q_R / \dot m_K$

$$\dot m_B \left(\frac{\dot Q_B}{\dot m_B} + h_Z - h_B \right) = \dot m_K (h_K - h_Z + q_R) \;, \tag{5.82}$$

bzw. mit den Polenthalpien h_{Π_A} und h_Π nach Gl. (5.69) und (5.34)

$$\dot m_B (h_Z - h_{\Pi_A}) = \dot m_K (h_\Pi - h_Z) \;. \tag{5.83}$$

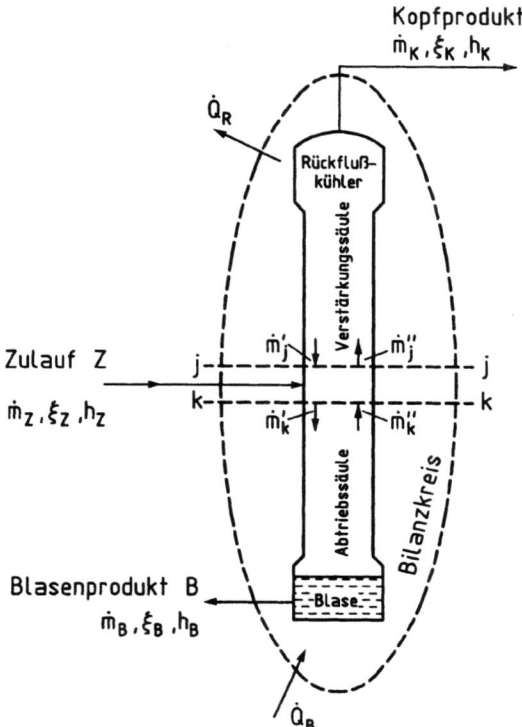

Bild 5.39: Gekoppelte Läuterungssäule

Mit Gl. (5.79) ergibt dies

$$\frac{h_\Pi - h_Z}{\xi_K - \xi_Z} = \frac{h_Z - h_{\Pi_A}}{\xi_Z - \xi_B} \ . \tag{5.84}$$

Da h_Z und ξ_Z die Koordinaten des Zulaufs Z, h_Π und ξ_K diejenigen des Pols Π der Verstärkungssäule, und h_{Π_A} und ξ_B diejenigen des Pols Π_A der Abtriebssäule darstellen, so ersieht man aus Gl. (5.84), daß der Pol Π der Verstärkungssäule, der Pol Π_A der Abtriebssäule und der Zustand Z des Zulaufs im h, ξ-Diagramm (Bild 5.40) immer auf eine Gerade, die „Hauptgerade", fallen müssen.

Für manche Überlegungen ist es wichtig zu wissen, welche Wärmemengen je Kilogramm Zulauf, $\dot{Q}_B/\dot{m}_Z$ und $\dot{Q}_R/\dot{m}_Z$, umgesetzt werden. Man findet diese durch einfache Projektion von q_B und q_R auf die Ordinate ξ_Z, wie aus Bild 5.40 wohl ohne weiteres verständlich.

Aus Gl. (5.83), (5.78) und (5.77) erhält man noch die folgenden Beziehungen

$$h_{\Pi_A} = h_\Pi - (h_\Pi - h_Z)\frac{\dot{m}_Z}{\dot{m}_B} \ , \tag{5.85}$$

$$\xi_B = \xi_K - (\xi_K - \xi_Z)\frac{\dot{m}_Z}{\dot{m}_B} \ . \tag{5.86}$$

Danach findet man den Pol Π_A der Abtriebssäule bei gegebenem Zustand Z des Zulaufs und gegebenem Pol Π der Verstärkungssäule, indem man die Hauptgerade

408 5 Trennung von Gemischen

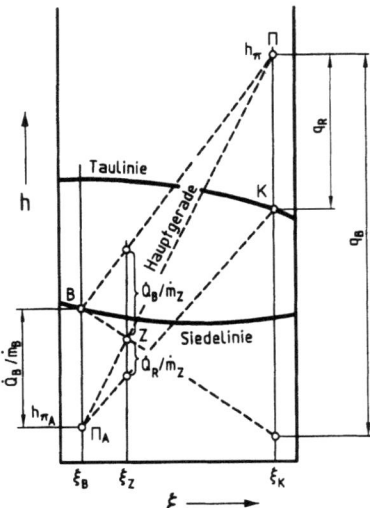

Bild 5.40: Hauptgerade der gekoppelten Läuterungssäule

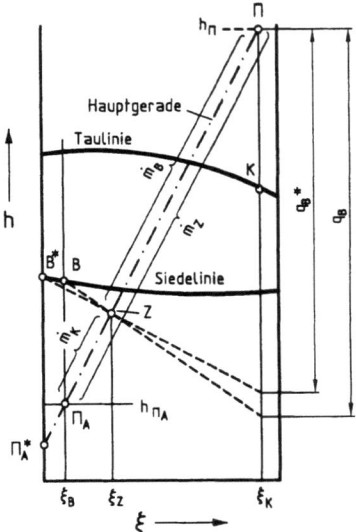

Bild 5.41: Zur Lage der Pole Π und Π_A auf der Hauptgeraden

$\overline{\Pi Z}$ über Z hinaus bis zur angestrebten Konzentration ξ_B des Blasenprodukts B verlängert, Bild 5.41. Die Streckenverhältnisse

$$\frac{\overline{Z\Pi}}{\overline{\Pi_A \Pi}} = \frac{\dot{m}_B}{\dot{m}_Z} \quad \text{und} \quad \frac{\overline{Z\Pi_A}}{\overline{\Pi_A \Pi}} = \frac{\dot{m}_K}{\dot{m}_Z} \tag{5.87}$$

stellen dann die Mengenanteile des Blasen- bzw. Kopfprodukts dar, die man aus dem Zulauf gewinnen kann. Je weiter man das Blasenprodukt B an der leichter flüchtigen Komponente verarmen läßt, $\xi_B \to 0$, um so größer ist der Mengenanteil $\dot{m}_K / \dot{m}_Z$ des Kopfprodukts. Dabei kann der Wärmebedarf je Mengeneinheit des erzeugten Kopfprodukts sogar geringer sein, z.B. ist $q_B^* < q_B$ (Bild 5.41). Das gleiche gilt für eine weitergehende Anreicherung des Kopfprodukts K, $\xi_K \to 1$. Voraussetzung hierfür ist allerdings, daß alle Querschnittsgeraden der Verstärkungs- und der Abtriebssäule steiler verlaufen als die zugehörigen Naßdampfisothermen.

Mindestwärmebedarf der Trennsäule und die Lage der Pole

Durch die Forderung, daß im h, ξ-Diagramm sowohl alle Querschnittsgeraden als auch die Hauptgerade steiler als die von ihnen geschnittenen Isothermen verlaufen müssen, sind für jede Trennaufgabe die mindestens erforderliche Heizwärme $q_{B,\min}$ und die kleinste zulässige Kühlwärme $q_{R,\min}$ im Dephlegmator durch die Pole Π und Π_A festgelegt und können dem h, ξ-Diagramm entnommen werden.
Verlaufen bei einem Gemisch die Naßdampfisothermen wie in Bild 5.42 so, daß deren Verlängerungen über die Tau- bzw. Siedelinie hinaus sich im gesamten Konzentrationsbereich nicht schneiden, so suche man diejenige Isotherme auf, deren Verlängerung durch den Zustandspunkt des gewöhnlich vorgegebenen Zulaufs geht.

5.2 Rektifikation (Läuterung) von Zweistoffgemischen

Diese stellt dann die „theoretische Hauptgerade" dar, auf der Π und Π_A liegen müssen. Denn einerseits kann durch Z keine Hauptgerade mit einer kleineren Steigung als die der Naßdampfisothermen gelegt werden, andererseits kann jeder Punkt Π_I, Π_{II} usw. auf der theoretischen Hauptgeraden der oberhalb der Taulinie liegt, Pol der Verstärkungssäule und jeder Punkt auf der „theoretischen Hauptgeraden" unterhalb der Siedelinie Pol der Abtriebssäule sein, weil mit Ausnahme der Hauptgeraden alle anderen durch diese Pole laufenden Querschnittsgeraden eine größere Steigung besitzen als die zugehörigen Naßdampfisothermen. Bei gegebenem Zustand B des Blasenprodukts ist der kleinste Wärmebedarf je Mengeneinheit des Kopfprodukts im h, ξ-Diagramm durch den senkrechten Abstand des Verstärkungspols Π von der durch B und Z laufenden Geraden gegeben. Bezogen auf die Mengeneinheit $\dot{m}_2$ des im Kopfprodukt enthaltenen Stoffes 2 ist dieser kleinste Wärmebedarf

$$\dot{Q}_B/\dot{m}_2$$

sogar unabhängig von der Konzentration ξ_K des Kopfprodukts, wie man aus Bild 5.42 ersehen kann.

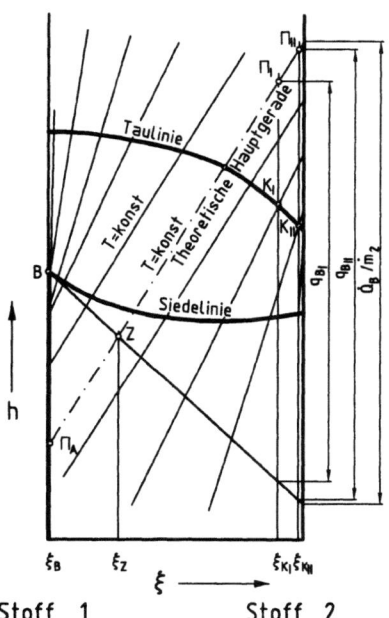

Bild 5.42: Mindestwärmebedarf der Trennsäule

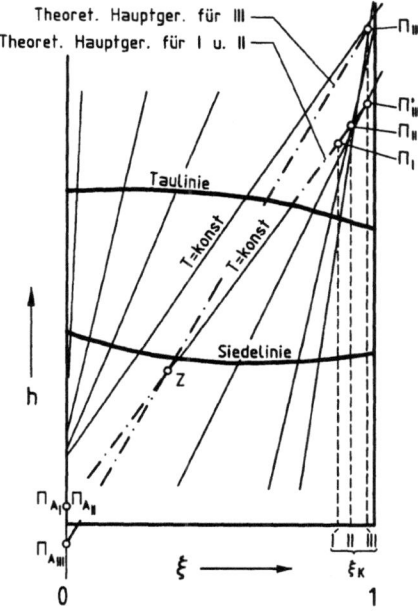

Bild 5.43: Mindestwärmebedarf für drei Fälle I, II und III

Verlaufen dagegen die Naßdampfisothermen wie in Bild 5.43, so gilt das zuvor Gesagte nur für die Konzentrationen $\xi_{K\,I}$ und $\xi_{K\,II}$ des Kopfprodukts. Für $\xi_{K\,III}$ liegt jedoch Π'_{III} zu niedrig, denn es gibt in einem, wenn auch nur engen Bereich, Isothermen, welche die Ordinate $\xi_{K\,III}$ oberhalb Π'_{III} schneiden. Diese Isothermen würden steiler verlaufen als die Querschnittsgeraden des Pols Π'_{III}, und eine

Rektifikation wäre im entsprechenden Bereich nicht möglich. Man muß also den Verstärkungspol mindestens bis Π_{III} heben, wenn die Verstärkung durchführbar sein soll. Die tiefste Lage von Π_{III} ist dadurch festgelegt, daß die Verlängerung keiner Naßdampfisotherme des Verstärkungsbereichs die Ordinate $\xi_{K\,III}$ oberhalb Π_{III} schneiden darf. Bei der Alkoholdestillation macht die Überbrückung des letzten, vor dem azeotropen Punkt liegenden Zusammensetzungsbereiches eine Vervielfachung des Wärmeverbrauchs erforderlich.

Was den Abtriebspol Π_A betrifft, so können dort ähnliche Erscheinungen auftreten. Allerdings ist in Bild 5.43 die Verlagerung von $\Pi_{A\,III}$ nach unten nicht durch den Isothermenverlauf im linken Teil des Diagramms erzwungen worden. Diese Verlagerung ist vielmehr dadurch bedingt, daß Z, Π_{III} und $\Pi_{A\,III}$ auf derselben Hauptgeraden liegen müssen.

Weil im h, ξ-Diagramm die Naßdampfisothermen der reinen Stoffe und azeotroper Mischungen senkrecht verlaufen, ist die Frage interessant, ob der Pol Π ins Unendliche rücken muß, wenn man im Grenzfall als Kopfprodukt die reine Komponente ($\xi_{Kg} = 1$) oder — bei azeotropen Gemischen — ein Produkt der azeotropen Zusammensetzung wünscht.

Nach Gl. (5.34) ist

$$h_{\Pi g} = h' + \frac{\xi_{Kg} - \xi'}{\xi'' - \xi'}(h'' - h') \; . \tag{5.88}$$

Für den betrachteten Grenzfall gehen die Flüssigkeits- bzw. Dampfkonzentrationen in die des Kopfprodukts über

$$\xi' \to \xi_{Kg} \quad ; \quad \xi'' \to \xi_{Kg} \; . \tag{5.89}$$

Eine TAYLORreihenentwicklung um ξ_{Kg} und Abbruch nach dem ersten Glied ergibt

$$\begin{aligned} \xi' &= \xi_{Kg} + \left(\frac{\partial \xi'}{\partial T}\right)_p dT \; , \\ \xi'' &= \xi_{Kg} + \left(\frac{\partial \xi''}{\partial T}\right)_p dT \; , \end{aligned} \tag{5.90}$$

bzw.

$$\frac{\xi_{Kg} - \xi'}{\xi'' - \xi'} = \frac{\left(\frac{\partial \xi'}{\partial T}\right)_p}{\left(\frac{\partial \xi'}{\partial T}\right)_p - \left(\frac{\partial \xi''}{\partial T}\right)_p} = \frac{1}{1 - \left(\frac{\partial \xi''}{\partial T}\right)_p \left(\frac{\partial T}{\partial \xi'}\right)_p} \; . \tag{5.91}$$

Außerdem geht im betrachteten Grenzfall die Enthalpiedifferenz $h'' - h'$ in die Verdampfungswärme r der reinen Komponente, bzw. des azeotropen Gemisches über. Damit erhält man aus Gl. (5.88)

$$h_{\Pi g} = h' + \frac{r}{1 - \left(\frac{\partial \xi''}{\partial T}\right)_p \left(\frac{\partial T}{\partial \xi'}\right)_p} = h' + \frac{r}{1 - \left(\frac{\partial \xi''}{\partial \xi'}\right)_p} \; . \tag{5.92}$$

5.2 Rektifikation (Läuterung) von Zweistoffgemischen

Für gewöhnliche, nicht azeotrope Gemische ist stets

$$-\left(\frac{\partial T}{\partial \xi'}\right)_{p,\xi\to 1} < -\left(\frac{\partial T}{\partial \xi''}\right)_{p,\xi\to 1}, \qquad (5.93)$$

wie man aus Bild 4.89 unmittelbar ablesen kann. Daher ist auch

$$\left(\frac{\partial \xi''}{\partial \xi'}\right)_p < 1, \qquad (5.94)$$

und der Verstärkungspol bleibt immer im Endlichen. Will man möglichst reinen Stoff 2 gewinnen, so ist es nicht erforderlich, die Wärmezufuhr ins Maßlose zu steigern, wohl aber muß man die Zahl der Böden, d.h. die Austauschoberfläche in der Kolonne entsprechend vergrößern. Könnte man die Kolonnen beliebig groß bauen, so ließen sich auch bei endlichem Wärmeverbrauch beliebig reine Stoffe gewinnen. Ähnliche Überlegungen gelten für den Abtriebspol.
Bei azeotropen Gemischen ist nach Bild 4.95 bzw. 4.96 im azeotropen Punkt

$$\left(\frac{\partial T}{\partial \xi'}\right)_{p,az} = \left(\frac{\partial T}{\partial \xi''}\right)_{p,az} = 0 \qquad (5.95)$$

und daher der Quotient der Steigungen ein unbestimmter Ausdruck. Nach der DE L'HOSPITALschen Regel ist aber

$$\lim_{\xi\to\xi_{az}} \frac{(\partial T/\partial \xi')_{p,az}}{(\partial T/\partial \xi'')_{p,az}} = \lim_{\xi\to\xi_{az}} \frac{(\partial^2 T/\partial \xi'^2)_{p,az}}{(\partial^2 T/\partial \xi''^2)_{p,az}}. \qquad (5.96)$$

Nach Bild 4.28 und Bild 4.29 ist im azeotropen Punkt für Gemische mit Temperaturminimum die Krümmung der Taulinie größer als diejenige der Siedelinie und für Gemische mit Temperaturmaximum umgekehrt. Daher ist auch im azeotropen Punkt der Quotient

$$\left(\frac{\partial T/\partial \xi'}{\partial T/\partial \xi''}\right)_{p,az} \neq 1, \qquad (5.97)$$

und der Pol liegt ebenfalls im Endlichen. Nur für den Sonderfall, daß der azeotrope Punkt in die Ordinate $\xi_{az} = 1$ fällt, würde der Quotient

$$\left(\frac{\partial T/\partial \xi'}{\partial T/\partial \xi''}\right)_{p,az} \approx 1 \qquad (5.98)$$

und der Pol würde gegen unendlich streben. Dieser Fall ist von Bedeutung bei Gemischen, die einen azeotropen Punkt in der Nähe von $\xi = 1$ haben. Hier ist für die Gewinnung eines azeotropen Gemisches sehr viel Wärme vonnöten, und es ist daher bei solchen Gemischen zu prüfen, ob die azeotrope Gemischkonzentration überhaupt erforderlich ist oder ob durch Veränderung z.B. des Prozeßdruckes der azeotrope Punkt verschoben werden kann.

Erforderliche Bodenzahl der Säule

Für den Konstrukteur ist es von größtem Interesse zu wissen, wieviel Böden in einer Kolonne vorzusehen sind, damit die gewünschte Läuterung auch stattfinden kann.

Auf einem Boden wird die Flüssigkeit durch aufsteigende Dampfblasen in heftiger Bewegung gehalten. So wird gewöhnlich der gesamte Flüssigkeitsinhalt des Bodens, ausgenommen die allernächste Umgebung der Zulaufstelle, dieselbe Zusammensetzung aufweisen, wie die vom Boden abziehende Flüssigkeit. Eine Ausnahme bilden solche Böden, in welchen die Flüssigkeit durch Einbau von Führungswänden zwangsläufig der Ablaufstelle zugeführt und dabei vermieden wird, daß sich die an der leichter siedenden Komponente ärmere Flüssigkeit mit der frischen Flüssigkeit vermischt.

Im günstigsten Grenzfall kann sich also der Dampf soweit anreichern, daß er mit der Bodenflüssigkeit ins Gleichgewicht kommt. Mit anderen Worten: Für die häufigste Bodenkonstruktion ohne besondere Führungswände kann der abziehende Dampf bestenfalls mit der Flüssigkeit, die den Boden verläßt, zum Ausgleich kommen. Der Flüssigkeitsstrom $\dot{m}'_1$, der durch den Querschnitt 1 dem obersten Boden der Säule zuströmt, Bild 5.44, kommt von dem darüberliegenden Rückflußkühler.

Befindet sich die Flüssigkeit 1' mit dem Kopfprodukt K im Gleichgewicht, so liegen K und 1' auf derselben Naßdampfisothermen T'_1, Bild 5.44. Hat man sich für den Pol Π der Läuterung entschlossen, so findet man den Zustand 1'' als Schnittpunkt der Taulinie mit der Querschnittsgeraden durch Π und 1'. Der Dampfstrom $\dot{m}''_1$ des Querschnittes 1 war zuletzt mit dem ablaufenden Flüssigkeitsstrom $\dot{m}'_2$ in Berührung, er konnte also im Grenzfall mit ihm ins Gleichgewicht gekommen sein. In diesem Fall findet man bei gegebenem Dampfzustand 1'' den Flüssigkeitszustand 2' des darunterliegenden Querschnitts auf der Naßdampfisothermen $T_{2'}$ durch 2'. Zieht man durch 2' die Querschnittsgerade 2'Π, so findet man 2''. Ganz analog erhält man die folgenden Querschnittsgeraden.

Wird, wie im linken Teil des Bildes 5.44 der Zulauf in den Boden unterhalb der dritten Querschnittsgeraden eingespeist, so wird dieser durch Absorption des aufsteigenden Dampfes 4'' auf Siedetemperatur gebracht und mit der Flüssigkeit 3' gemischt, wobei das Gemisch weiter an leichter Siedendem verarmt. Die von diesem Boden ablaufende Flüssigkeit 4' kann bestenfalls ins Gleichgewicht mit dem Dampf 3'' gekommen sein. Die Zustände 4' und 4'' liegen auf der Querschnittsgeraden der Abtriebssäule und der Zustand 4' auf der Naßdampfisothermen durch 3''.

Die vom untersten Boden ablaufende Flüssigkeit 6' wird in der Blase teilweise verdampft und zerfällt dabei in das Blasenprodukt B und den Dampf 6''.

Auf diese Weise hat man die Zahl der theoretischen Böden n_{th} bei gegebenem Pol Π und gegebenem Zustand Z des Zulaufs gefunden. Die letzte Isotherme durch 6'' bestimmt die erreichbare Konzentration ξ_B des Blasenprodukts. Wird eine weitergehende Verarmung des Blasenprodukts gewünscht, so muß die Abtriebssäule mit mehr Böden ausgestattet werden.

Die theoretische Bodenzahl n_{th} wird um so größer, je enger sich die Querschnittsgeraden an die Isothermen anschmiegen, d.h. je tiefer Π zu liegen kommt (je kleiner die Dephlegmationswärme gewählt wird). Wird Π so tief gewählt, daß an einer Stel-

5.2 Rektifikation (Läuterung) von Zweistoffgemischen   413

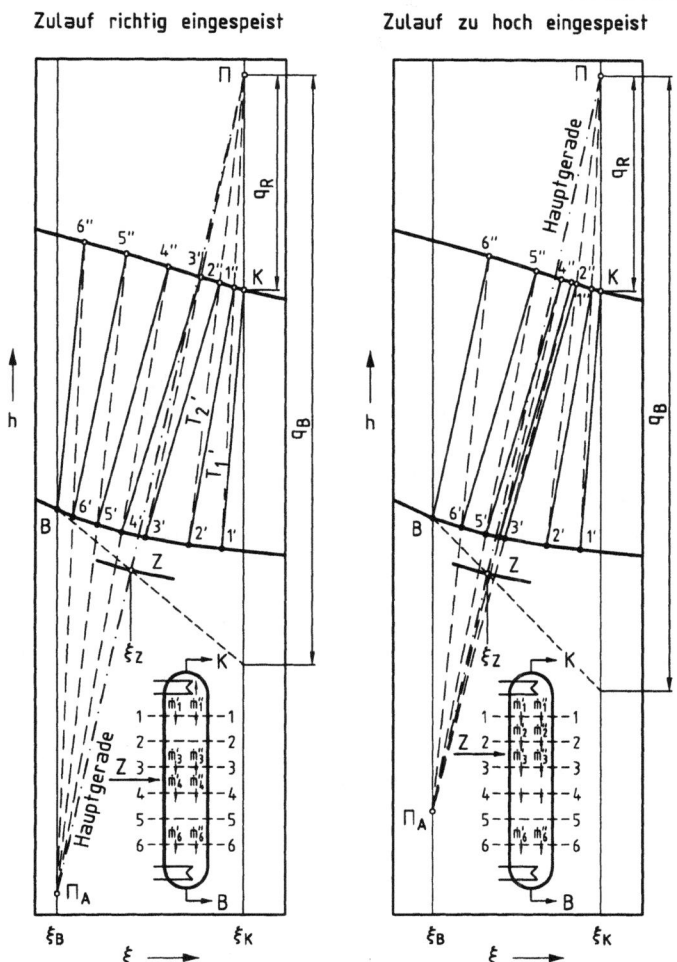

Bild 5.44: Gekoppelte Läuterungssäule, theoretische Bodenzahl und Einspeisung des Zulaufs

le die Querschnittsgeraden und die Naßdampfisothermen ineinander fallen, so wird $n_{th} = \infty$. In diesem Falle würde für den betreffenden Säulenquerschnitt die Entropieproduktion verschwinden und deswegen würde der Wärmebedarf der Säule unter den gegebenen Randbedingungen seinen kleinstmöglichen Wert annehmen. Außerdem würden in der Verstärkungssäule das Verhältnis des Dampfmengenstroms $\dot{m}''$ zum Mengenstrom $\dot{m}_K$ des Kopfprodukts

$$\frac{\dot{m}''}{\dot{m}_K} = \frac{\xi_K - \xi'}{\xi'' - \xi'} \; , \qquad (5.99)$$

sowie das sog. „äußere"[11] Rücklaufverhältnis φ_a das ist

$$\varphi_a = \frac{\dot{m}'}{\dot{m}_K} = \frac{\xi_K - \xi''}{\xi'' - \xi'} \tag{5.100}$$

ebenfalls minimal, d.h. die Säule könnte bei vorgegebenem Mengenstrom $\dot{m}_K$ des Kopfprodukts den kleinstmöglichen Durchmesser annehmen. Dafür würde sie aber unendlich lang sein müssen, um die unendliche Zahl der Böden darin unterbringen zu können.

Man sieht auch, daß die Zahl der theoretischen Böden n_{th} nicht null werden kann. Denn bei ungemein großem Wärmeverbrauch rückt Π ins Unendliche, und die Querschnittsgeraden verlaufen vertikal. Auch in diesem Falle muß eine bestimmte endliche Bodenzahl vorgesehen werden, soll die Läuterung wie gewünscht durchgeführt werden können. Die Mengenströme $\dot{m}''$ und $\dot{m}'$ des Dampfes und der Flüssigkeit müßten im Verhältnis zum Mengenstrom $\dot{m}_K$ des Kopfprodukts unendlich groß werden, d.h. das äußere Rücklaufverhältnis geht gegen unendlich und das innere Rücklaufverhältnis gegen eins. Für einen endlichen Mengenstrom des Kopfprodukts K müßten die Säulenquerschnitte unendlich groß werden.

Weder der Grenzfall des minimalen noch der des unendlichen Rücklaufverhältnisses sind praktisch realisierbar. Im ersten Fall würden zwar die Energiekosten minimal, dafür aber die Investitionskosten für die Trennsäule unendlich; im zweiten Grenzfall würden — immer bezogen auf das Kopfprodukt — sowohl die Energiekosten als auch die Kapitalkosten unendlich hoch.

Der planende Ingenieur muß daher bei der Auslegung einer Anlage versuchen, den wirklichen Betriebspunkt optimal zwischen die beiden hypothetischen Grenzfälle zu legen, so daß ein wirtschaftliches Optimum aus Kapital- und Energiekosten gefunden wird.

Günstigste Einspeisung des Zulaufs

Wenn die Lage der Hauptgeraden im h, ξ-Diagramm durch den Pol Π und den Zustand Z des Zulaufs festlegt, so bestehen noch gewisse, allerdings sehr eingeschränkte Freiheiten, auf welchem Boden man den Zulauf Z in die Läuterungssäule einspeisen will. Dies soll anhand der Bilder 5.44 und 5.45 erläutert werden. Dabei sind der Zustand Z des Zulaufs und die Konzentration ξ_K des Kopfprodukts vorgegeben.

Die Hauptgerade ist in den Bildern 5.44 und 5.45 jeweils strichpunktiert eingetragen. Sie wurde etwas steiler gewählt als die theoretische Hauptgerade, um die Zahl der Böden begrenzt halten zu können.

Am günstigsten ist es, wenn vom Kopf her gezählt die letzte Querschnittsgerade der Verstärkungssäule und die erste Querschnittsgerade der Abtriebssäule so dicht wie möglich an der Hauptgeraden liegen, d.h. in unserem Beispiel der Zulauf zwischen dem 3. und 4. Querschnitt eingespeist wird, linker Teil des Bildes 5.44.

Wird bei derselben Bodenzahl der Trennsäule der Zulauf zwischen dem Querschnitt 2—2 und 3—3 eingespeist, rechter Teil des Bildes 5.44, so muß eine höhere Restkon-

---

[11] Im Unterschied zum „inneren" Rücklaufverhältnis $\varphi = \dot{m}'/\dot{m}'' = \varphi_a/(1 + \varphi_a)$, welches das Verhältnis der Mengenströme des Dampfes und der Flüssigkeit in jedem Querschnitt kennzeichnet.

5.2 Rektifikation (Läuterung) von Zweistoffgemischen

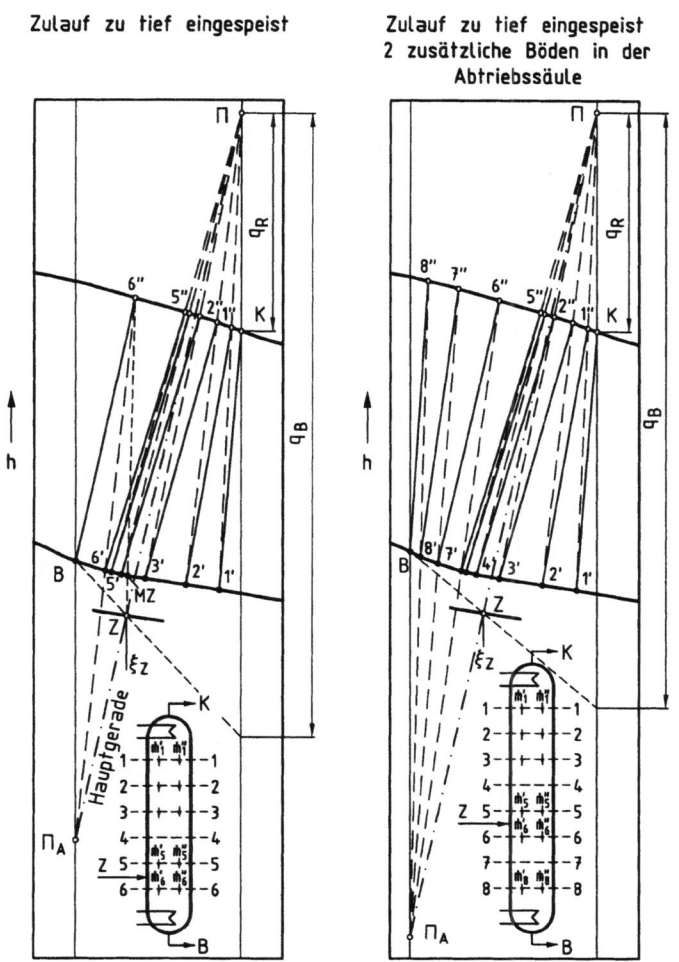

Bild 5.45: Zu tiefe Einspeisung des Zulaufs

zentration ξ_B des Blasenprodukts in Kauf genommen werden, weil die ersten Querschnittsgeraden der Abtriebssäule nur wenig steiler verlaufen als die zugehörigen Naßdampfisothermen und sich daher die Dampf- und Flüssigkeitskonzentrationen zwischen den ersten Querschnitten der Abtriebssäule nur langsam ändern.

Zwischen dem 2. und 3. Säulenquerschnitt einzuspeisen ist daher unter den gegebenen Randbedingungen ungünstiger als zwischen dem dem 3. und 4. Querschnitt, was sich auch durch einen etwas höheren Wärmebedarf q_B (bezogen auf die Mengeneinheit des Kopfprodukts) bemerkbar macht.

Eine Einspeisung des Zulaufs oberhalb des zweiten Bodens wäre bei derselben Lage des Verstärkungspols überhaupt nicht möglich, denn in diesem Falle würde die erste Querschnittsgerade der Abtriebssäule $\Pi_A 2'$ flacher verlaufen als die durch $2'$ gehende Naßdampfisotherme, was nach dem Zweiten Hauptsatz verboten ist.

Daher ließe sich ein Betriebszustand mit Einspeisung des Zulaufs Z zwischen den Querschnittsgeraden $1-1$ und $2-2$ nur mit einer steileren Hauptgeraden durch Z realisieren. Dies hätte zur Folge, daß sich der Verstärkungspol II verschieben müßte und zwar entweder zu kleineren Konzentrationen ξ_K des Kopfprodukts, wenn man q_R unverändert läßt oder unter Beibehaltung der Kopfproduktkonzentration ξ_K senkrecht nach oben, was nur durch eine schärfere Kühlung im Rückflußkühler und eine notwendigerweise größere Heizleistung erreicht werden kann.

Wird dagegen der Zulauf Z zu tief in die Kolonne eingeführt, wie in Bild 5.45 unterhalb des Querschnitts $5-5$, so nimmt bei gleicher Lage des Verstärkungspols II die Konzentration der leichter siedenden Komponente auf den unmittelbar über dem Zulauf liegenden Böden der Verstärkungssäule nur noch geringfügig ab, s. Bild 5.45. Durch Absorption des Dampfes $6''$ im Zulauf Z wird dieser auf den Siedezustand MZ gebracht, wobei die Konzentration ξ_{MZ} erheblich größer ist als die der vom darüberliegenden Böden herabrieselnden Flüssigkeit $5'$, ja fast sogar noch die der Flüssigkeit $3'$ erreicht. Die Konzentrationen des Zulaufs (nach Erreichen der Siedetemperatur) und der auf den Boden eintretenden Flüssigkeit sind nicht gut aufeinander angepaßt. Infolgedessen sind die in die Blase ablaufende Flüssigkeit $6'$ sowie das Blasenprodukt B im Vergleich zur richtigen Einspeisung (linker Teil des Bildes 5.44) noch erheblich reicher an leichter Siedendem. Wie bei zu hoher Einspeisung erhöht sich dadurch auch der auf die Mengeneinheit des Kopfprodukts bezogene Wärmebedarf q_B.

Eine ungünstige Einspeisung läßt sich korrigieren, indem man die Kolonne mit mehr Böden ausstattet. Mit zwei zusätzlichen Böden in der Abtriebssäule kann bei zu tiefer Einspeisung des Zulaufs nach Bild 5.45 die Restkonzentration ξ_B des Blasenprodukts auf etwa denselben Wert zurückgebracht werden wie bei richtiger Einspeisung des Zulaufs; ebenso der auf die Mengeneinheit des Kopfprodukts erforderliche Wärmebedarf q_B.

Mit anderen Worten: Wenn in einer Trennkolonne der Zulauf ungünstig eingespeist wird, müssen mehr Böden installiert werden, um bei vorgegebener Konzentration des Zulaufs, sowie des Kopf- bzw. Blasenprodukts mit derselben spezifischen Heizleistung q_B auskommen zu können wie bei richtiger Einspeisung.

Entropieproduktion auf dem Zulaufboden

Der zur Kompensation einer ungünstigen Einspeisung notwendige höhere Investitionsaufwand wird dadurch verursacht, daß auf dem Zulaufboden die Dampf- und Flüssigkeitskonzentrationen nicht hinreichend angepaßt werden konnten, wodurch größere Verluste durch die irreversible Vermischung der Stoffströme entstehen.

Diese können wir durch eine Entropiebilanz ermitteln. Hierzu betrachten wir den Säulenabschnitt zwischen dem j-ten und k-ten Querschnitt, dem der Zulauf Z zugeführt wird. Können wir diesen Säulenabschnitt als adiabat ansehen, Bild 5.46, so

5.2 Rektifikation (Läuterung) von Zweistoffgemischen

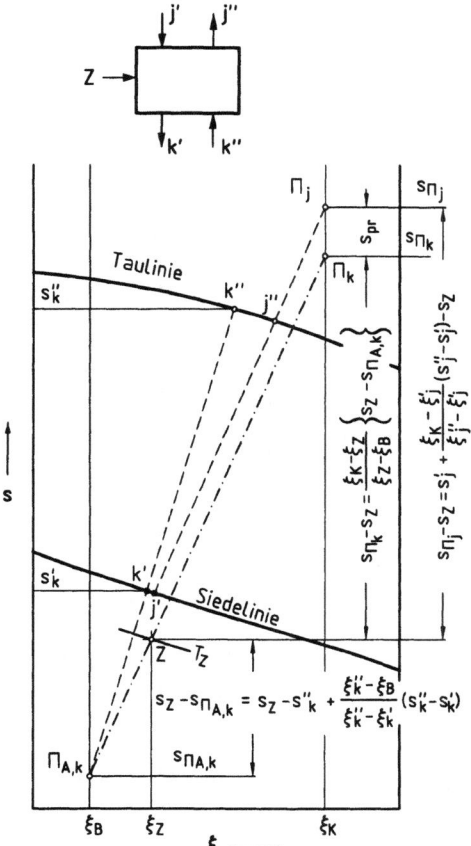

Bild 5.46: Entropieproduktion beim Einspeisen des Zulaufs nach Bild 5.45

ist die Entropieproduktion mit Gl. (5.32), (5.68) und (5.70)

$$\begin{aligned}\dot{S}_{pr} &= \dot{m}_j'' s_j'' + \dot{m}_k' s_k' - \dot{m}_j' s_j' - \dot{m}_k'' s_k'' - \dot{m}_Z s_Z \\ &= \dot{m}_K \left[s_j' + \frac{\xi_K - \xi_j'}{\xi_j'' - \xi_j'} (s_j'' - s_j') \right] + \dot{m}_B \left[s_k' - \frac{\xi_k' - \xi_B}{\xi_k'' - \xi_k'} (s_k'' - s_k') \right] \\ &\quad -(\dot{m}_K + \dot{m}_B) s_Z \;. \end{aligned} \quad (5.101)$$

Hierbei sind die Ausdrücke in eckigen Klammern die „Polentropie"

$$s_{\Pi_j} = s_j' + \frac{\xi_K - \xi_j'}{\xi_j'' - \xi_j'} (s_j'' - s_j') = s_j'' + \frac{\xi_K - \xi_j''}{\xi_j'' - \xi_j'} (s_j'' - s_j')$$

des Querschnitts j der Verstärkungssäule und die „Polentropie"

$$s_{\Pi_{A,k}} = s_k' - \frac{\xi_k' - \xi_B}{\xi_k'' - \xi_k'} (s_k'' - s_k') = s_k'' - \frac{\xi_k'' - \xi_B}{\xi_k'' - \xi_k'} (s_k'' - s_k')$$

des Querschnitts k der Abtriebssäule. Damit und mit Gl. (5.73) erhält man die auf die Mengeneinheit des Kopfprodukts bezogene Entropieproduktion[12]

$$s_{pr} = \frac{\dot{S}_{pr}}{\dot{m}_K} = s_{\Pi_j} - s_{\Pi_k} = s_{\Pi_j} - s_Z - \frac{\dot{m}_B}{\dot{m}_K}(s_Z - s_{\Pi_{A,k}})$$

$$= s_{\Pi_j} - s_Z - \frac{\xi_K - \xi_Z}{\xi_Z - \xi_B}(s_Z - s_{\Pi_{A,k}}) , \qquad (5.102)$$

welche in einem s,ξ-Diagramm auf einfache Weise ermittelt werden kann. Zunächst müssen aus dem h,ξ-Diagramm, z.B. nach Bild 5.45, die Zustandspunkte j'' und k'' auf der Taulinie, j' und k' auf der Siedelinie in das s,ξ-Diagramm, Bild 5.46 übertragen, sowie der Zustandspunkt Z bei der Temperatur T_Z und der Konzentration ξ_Z eingetragen werden. Die Verbindungsgerade der Zustände j' und j'' schneidet die Linie $\xi_K =$ konst im Punkt Π_j. Den Punkt $\Pi_{A,k}$ erhält man auf der Linie $\xi_B =$ konst, indem man die Querschnittsgerade $\overline{k''k'}$ über k' hinaus verlängert und mit der Linie $\xi_B =$ konst schneidet.
Nun müssen die Punkte $\Pi_{A,k}$ und Z durch eine Gerade verbunden und über Z hinaus verlängert werden. Der Schnittpunkt Π_k dieser Geraden mit der Linie $\xi_K =$ konst bestimmt den Pol Π_k und die Entropieproduktion s_{pr} auf dem Zulaufboden als Abstand der Punkte Π_j und Π_k.
Die strichpunktierte Linie $\Pi_{A,k}\Pi_k$, welche den Abtriebspol $\Pi_{A,k}$ des k-ten Querschnitts mit dem Zustandspunkt Z des Zulaufs verbindet, entspricht der Hauptgeraden im h,ξ-Diagramm.
Nur für den Grenzfall, daß in der Kolonne das minimale Rücklaufverhältnis eingestellt werden könnte und zudem der Zulauf bereits mit Siedetemperatur zugeführt und in seiner Zusammensetzung mit der Flüssigkeitszusammensetzung auf dem Zulaufboden übereinstimmen würde, fielen sowohl im h,ξ-Diagramm als auch im s,ξ-Diagramm die Hauptgerade und die benachbarten Querschnittsgeraden mit der zugehörigen Naßdampfisothermen zusammen. Dann stünden auf dem Zulaufboden alle zu- und abfließenden Ströme miteinander im Gleichgewicht, und die Entropieproduktion würde verschwinden. In allen anderen Fällen wird Entropie erzeugt und zwar umso mehr, je weiter die auf einem Boden zusammentreffenden Ströme von einem gemeinsamen Gleichgewichtszustand entfernt sind.
Bei vorgegebenen Randbedingungen sollte deshalb der Zulauf so in die Kolonne eingespeist werden, daß die Entropieproduktion auf dem Zulaufboden den kleinstmöglichen Wert annimmt.
Aus dieser Forderung nach kleinstmöglicher Entropieproduktion leiten sich folgende allgemeine Regeln ab:
Regel 1: Speise den Zulauf auf demjenigen Kolonnenboden ein, auf dem sich der Zustand j' der von der Verstärkungssäule abfließenden Flüssigkeit und der Zustand des auf Siedezustand gebrachten Zulaufs sich am wenigsten unterscheiden.
Regel 2: Lege die Hauptgerade so, daß ihre Richtung sich möglichst wenig von der Richtung der von ihr geschnittenen Naßdampfisothermen unterscheidet.

---

[12] Der Bezug auf die Mengeneinheit des Kopfprodukts ist willkürlich. Man hätte durch entsprechende Umformungen die Entropieproduktion ebenso gut auf die Mengeneinheit des Zulaufs oder des Blasenprodukts beziehen können.

5.2 Rektifikation (Läuterung) von Zweistoffgemischen

Interessant ist noch der Vergleich der beiden Trennprozesse nach Bild 5.44, linke Abbildung, und Bild 5.45, rechte Abbildung. Da in beiden Fällen in etwa derselbe Zustand B des Blasenprodukts erreicht wird und auch die Rückflußkühlung q_R gleich ist, stimmen die Pole der Verstärkungs- und der Abtriebssäule überein. Infolgedessen wird auch etwa dieselbe Heizwärme q_B benötigt, und es muß daher bei vergleichbarem Temperaturniveau der erforderlichen Wärmequelle bzw. Wärmesenke die Entropieproduktion der gesamten Säule $s_{pr,ges}$ in beiden Fällen in etwa gleich sein, s. Bild 5.47.

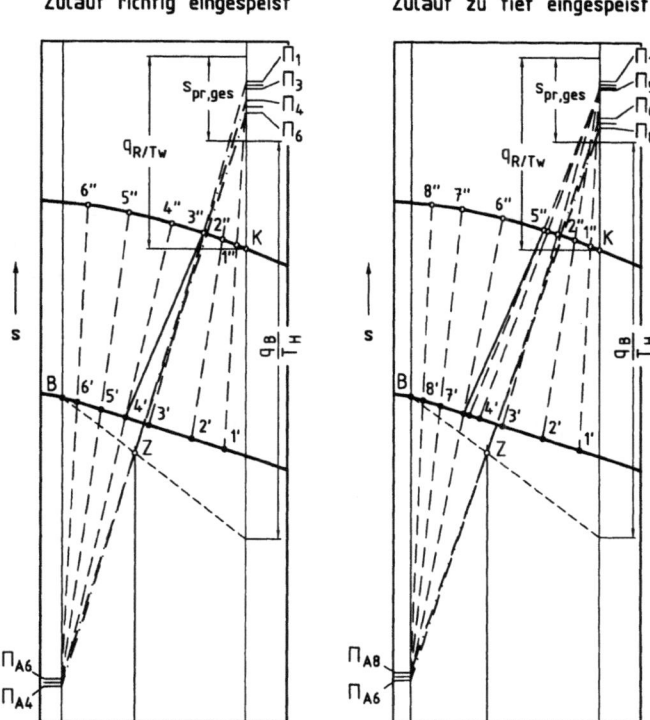

Bild 5.47: Entropieproduktion bei richtiger und zu tiefer Einspeisung des Zulaufs

Auf den ersten drei Böden der Verstärkungssäule (vom Kopf her gerechnet) sind Dampf- und Flüssigkeitszustände in beiden Fällen identisch, daher auch für jeden dieser Böden die Entropieproduktion, Bild 5.47. Die beiden weiteren Böden, die bei zu tiefer Einspeisung zur Verstärkungssäule gerechnet werden müssen, tragen nur wenig zur Entropieproduktion bei, weil sich hier Dampf und Flüssigkeit nahezu im Gleichgewicht befinden.

Die Entropieproduktion im Zulaufboden ist bei zu tiefer Einspeisung nach Bild 5.47, rechter Teil, etwa doppelt so groß wie bei richtiger Einspeisung, Bild 5.47, linker Teil. Diese höhere Entropieproduktion muß durch eine geringere auf den Böden der Abtriebssäule und in der Blase kompensiert werden, wenn man bei zu tiefer Einspeisung noch den denselben Wärmeverbrauch und dieselbe Blasenkonzentration erreichen will. Bei der Trennsäule mit der zu tiefen Einspeisung nach Bild 5.47, rechter Teil, wird dies dadurch erreicht, daß für das noch verbleibende kleinere Konzentrationsgefälle in der Abtriebssäule noch genauso viele Böden vorgesehen werden wie bei der Trennsäule mit richtiger Einspeisung. Gegenüber dieser wird daher die Entropieproduktion je Abtriebsboden verkleinert und ebenso in der Blase. Dieser fließt nämlich vom letzten Boden der Verstärkungssäule die Flüssigkeit mit einer geringeren Konzentration an leichter Siedendem zu als bei richtiger Einspeisung, wodurch geringere Mischungsverluste auftreten.

Die höhere Entropieproduktion bei ungünstiger Einspeisung des Zulaufs muß daher nicht notwendigerweise durch einen erhöhten Wärmebedarf, sondern kann in gewissen Grenzen auch durch einen erhöhten Materialaufwand (hier: mehr Böden) kompensiert werden.

Dephlegmatorkühlung mit dem Zulauf

Nach Bild 5.44 und 5.45 ist der Wärmeverbrauch der Blase q_B je Mengeneinheit des Kopfprodukts umso größer, je kälter der Zulauf ist, d.h. je tiefer der Punkt Z im h, ξ- Diagramm liegt. In Bild 5.36 wurde gezeigt, daß eine Vorwärmung des Zulaufs durch das abziehende Blasenprodukt möglich ist. Die Temperatur des so vorgewärmten Zulaufs liegt allerdings unter dessen Siedetemperatur, weil das Blasenprodukt gegenüber dem Zulauf um das Kopfprodukt verkleinert wurde. Durch geschickte Ausnützung der Dephlegmatorwärme kann der Zulauf noch weiter vorgewärmt werden. In Bild 5.48 ist das Schaltschema dargestellt.

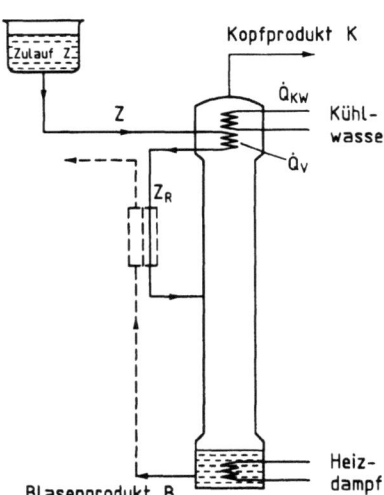
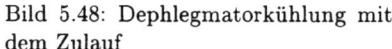
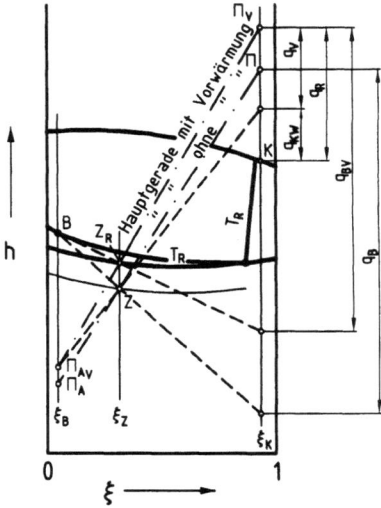

Bild 5.48: Dephlegmatorkühlung mit dem Zulauf

Bild 5.49: Wärmeumsatz bei Dephlegmatorkühlung mit dem Zulauf

Der kalte Zulauf Z wird durch den Dephlegmator geführt, übernimmt dort teilweise die Rolle des Kühlwassers und erwärmt sich auf den Zustand Z_R (s. auch Bild 5.49).

Die erreichte Vorwärmtemperatur kann nicht höher als diejenige Dephlegmatortemperatur T_R werden, bei der sich die ersten Flüssigkeitströpfchen aus dem vom obersten Boden aufsteigenden Dampf bilden. Die vom Zulauf aufzunehmende Wärme

$$\dot{Q}_V = \dot{m}_Z(h_{Z_R} - h_Z) \tag{5.103}$$

ist, bezogen auf die Mengeneinheit des Kopfprodukts, als Strecke q_V bei ξ_K eingetragen, was man aus der Konstruktion nach Bild 5.49 sieht.

Da $q_V < q_R$ ist, so reicht der Zulauf nicht zur Kühlung des Dephlegmators aus, sondern es muß noch die Wärme q_{KW} durch Kühlwasser entzogen werden.

Die Wärme q_V ist keinesfalls die tatsächliche Wärmeersparnis, wie es zunächst scheinen mag. Denn die flachste Lage der Hauptgeraden wird durch die Isothermenrichtung vorgeschrieben, so daß man die „Hauptgerade mit Vorwärmung" notwendigerweise über die „Hauptgerade ohne Vorwärmung" legen muß (s. Bild 5.49). Damit verschiebt sich aber auch der Pol II. So ergibt sich die tatsächliche Wärmeersparnis erst aus dem Vergleich der beiden Wärmemengen q_{B_V} und q_B, die ebenfalls eingezeichnet sind. Man sieht, daß der Gewinn $(q_B - q_{B_V}) < q_V$ ist.

Eine weitere Ersparnis kann man durch zusätzliche Vorwärmung des Zulaufs mit dem heißen Blasenprodukt erzielen, wofür das Schaltschema in Bild 5.48 gestrichelt gezeichnet worden ist. Für diese Vorwärmung gelten sinngemäß dieselben Überlegungen wie bei Bild 5.36.

Wärmeaustausch auf den Böden der Kolonne

Werden Trennkolonnen mangelhaft oder gar nicht mit einem Wärmeschutz versehen, so findet längs der Kolonne ein Wärmeaustausch mit der Umgebung statt. Bei Säulen, die wärmer als die Umgebung sind, wirkt sich dieser Austausch so aus, als ob auf jedem Boden eine zusätzliche Kühlung vorgesehen worden wäre, bei Säulen, die kälter als die Umgebung sind, wird jeder Boden von außen „beheizt". Es kann aber auch vorkommen, daß einzelne oder alle Böden absichtlich beheizt oder gekühlt werden, um den Trennprozeß zu verbessern. In jedem Fall werden durch diesen Wärmeaustausch sowohl der Wärmeverbrauch der Kolonne als auch die Güte der Erzeugnisse beeinflußt.

Der Wärmeaustausch muß in der Energiebilanz erfaßt werden. Wird zwischen den Querschnitten $j - j$ und $k - k$ der Verstärkungssäule, Bild 5.50, die Wärme

$$\dot{Q}_k = \dot{m}_j'' h_j'' + \dot{m}_k' h_k' - \dot{m}_k'' h_k'' - \dot{m}_j' h_j' \tag{5.104}$$

zugeführt, so bezieht man zweckmäßigerweise alle Mengenströme auf den Mengenstrom $\dot{m}_K$ des Kopfprodukts und erhält mit Gl. (5.32)

$$q_k = \frac{\dot{Q}_k}{\dot{m}_K} = h_j' + \frac{\xi_K - \xi_j'}{\xi_j'' - \xi_j'}(h_j'' - h_j') - \left[h_k' + \frac{\xi_K - \xi_k'}{\xi_k'' - \xi_k'}(h_k'' - h_k')\right]$$

$$= h_{\Pi_j} - h_{\Pi_k} \ . \tag{5.105}$$

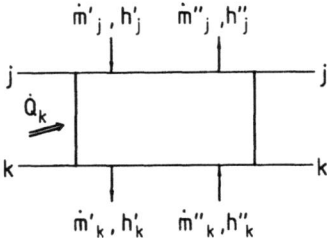

Bild 5.50: Berücksichtigung des Wärmeaustausches

Durch den Wärmeaustausch wird der Pol der Verstärkungssäule auf der Linie $\xi_K =$ konst um den Betrag der ausgetauschten Wärme q_k auseinandergezogen, Bild 5.51. Er wird von Π_k nach Π_j gehoben, Bild 5.51a, wenn zwischen den Querschnitten $k-k$ und $j-j$ Wärme zugeführt, und abgesenkt, Bild 5.51b, wenn Wärme entzogen wird. Für ein Gemisch nach Bild 5.42 können daher in der Verstärkungssäule Querschnittsgeraden und Naßdampfisothermen durch Kühlung der Böden besser angenähert werden, für ein Gemisch nach Bild 5.43 durch eine zusätzliche Beheizung der oberen Böden.

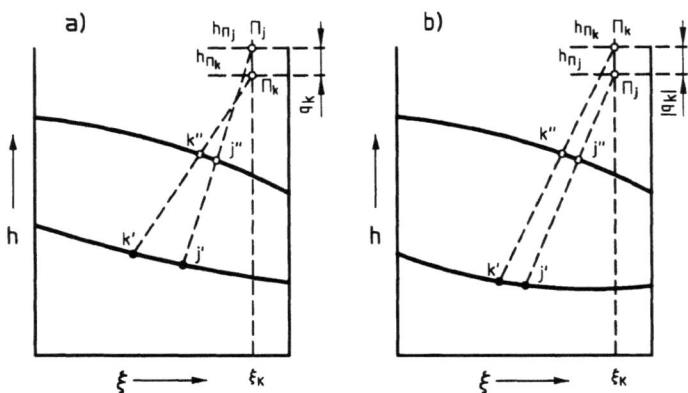

Bild 5.51: Verschiebung des Pols der Verstärkungssäule im h, ξ-Diagramm
a) bei Wärmezufuhr b) bei Wärmeentzug

Werden auch Säulenabschnitte der Abtriebssäule geheizt oder gekühlt und bezieht man die dabei ausgetauschte Wärme auf den Mengenstrom $\dot{m}_B$ des Blasenprodukts, so erhält man aus Gl. (5.104) mit Gl. (5.68)

$$\dot{Q}_k/\dot{m}_B = h'_k - \frac{\xi'_k - \xi_B}{\xi''_k - \xi'_k}(h''_k - h'_k) - \left[h'_j - \frac{\xi'_j - \xi_B}{\xi''_j - \xi'_j}(h''_j - h'_j)\right]$$

$$= h_{\Pi_{Ak}} - h_{\Pi_{Aj}} \ . \tag{5.106}$$

Wird Wärme zugeführt, so wird der Pol Π_{Aj} der Abtriebssäule im h, ξ-Diagramm um $\dot{Q}_k/\dot{m}_B$ auf Π_{Ak} angehoben, Bild 5.52.

5.2 Rektifikation (Läuterung) von Zweistoffgemischen

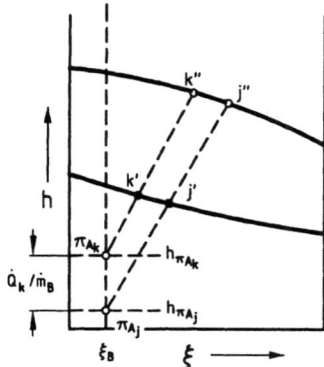

Bild 5.52: Verschiebung des Pols der Abtriebssäule im h, ξ-Diagramm

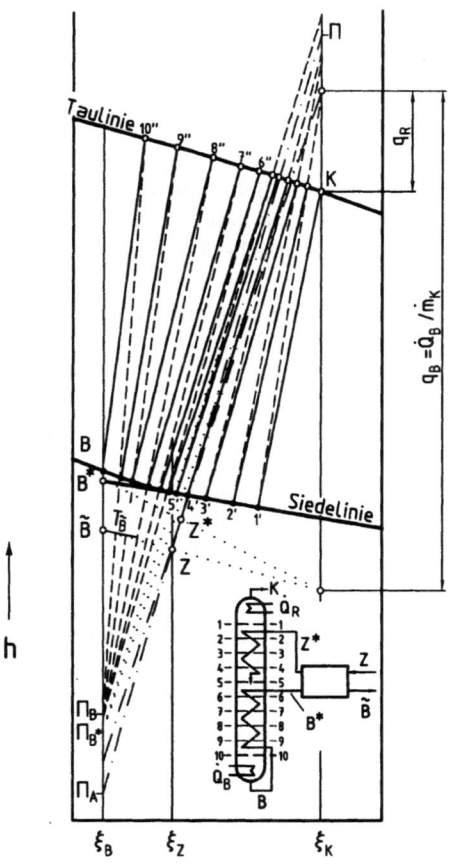

Bild 5.53: Beheizte Böden in der Abtriebssäule und gekühlte Böden in der Verstärkungssäule

424   5 Trennung von Gemischen

Für ein Gemisch nach Bild 5.42 können daher Querschnittsgeraden und zugehörige Naßdampfisothermen besser einander angenähert werden, wenn man die Böden der Abtriebssäule beheizt.

Ob eine Beheizung oder Kühlung der Böden die Verluste durch Irreversibilitäten wirklich mindert und so der Wärmebedarf gesenkt werden kann, hängt von der Art der Prozeßführung ab. Werden, wie in Bild 5.53, die unteren Böden der Abtriebssäule mit dem heißen Blasenprodukt beheizt und die oberen Böden der Verstärkungssäule mit dem bereits vorgewärmten Zulauf gekühlt, so kann in der Tat der Wärmebedarf je Mengeneinheit des Kopfprodukts q_B nach Bild 5.53 gegenüber einer adiabaten Trennsäule erheblich reduziert werden. Für diese gilt nämlich die in Bild 5.53 eingetragene Hauptgerade $\Pi_A \Pi$. Um denselben Trenneffekt wie in einer adiabaten Trennkolonne zu erreichen, muß die Trennsäule allerdings i.a. mit mehr Böden ausgestattet werden. Ob dieser Mehraufwand durch die eingesparten Brennstoffkosten kompensiert werden kann, muß von Fall zu Fall nach wirtschaftlichen Gesichtspunkten entschieden werden.

Rektifikationskolonne mit Seitenabzug

Bei manchen Trennaufgaben kann es zweckmäßig sein, neben dem Kopf- und dem Blasenprodukt noch einen weiteren Stoffstrom zu entnehmen. Dies kommt vor allem bei Gemischen vor, die mehr als zwei Komponenten enthalten, kann aber auch bei Zweistoffgemischen von Bedeutung sein.

Bild 5.54 zeigt eine Rektifikationskolonne, bei welcher der Seitenabzug S oberhalb des Zulaufs Z abgezweigt wird. Die Kolonnenabschnitte oberhalb des Seitenabzugs und unterhalb des Zulaufs sind die Verstärkungs- und Abtriebssäule, die bereits in den Abschnitten 5.2.1 und 5.2.5 behandelt wurden.

Wir stellen nun die Bilanzen für einen beliebigen Säulenquerschnitt auf, welcher zwischen dem Seitenabzug S und dem Zulauf Z liegt, Bild 5.54,

Massenbilanz : $\dot{m}'' - \dot{m}' = \dot{m}_K + \dot{m}_S$,   (5.107)

Massenbilanz des Stoffes 2 : $\dot{m}''\xi'' - \dot{m}'\xi' = \dot{m}_K \xi_K + \dot{m}_S \xi_S$,   (5.108)

Enthalpiebilanz : $\dot{m}''h'' - \dot{m}'h' = \dot{m}_K h_K + \dot{m}_S h_S + \dot{Q}_R$

$= \dot{m}_K h_\Pi + \dot{m}_S h_S$.   (5.109)

In der Enthalpiebilanz wurde die Enthalpie h_Π des Pols der Läuterung nach Gl. (5.34) verwendet. Führen wir nun zur Abkürzung die folgenden Größen ein

$$\xi_{\Pi S} = \frac{\dot{m}_K \xi_K + \dot{m}_S \xi_S}{\dot{m}_K + \dot{m}_S} ,$$ (5.110)

$$h_{\Pi S} = \frac{\dot{m}_K h_K + \dot{m}_S h_S + \dot{Q}_R}{\dot{m}_K + \dot{m}_S} = \frac{\dot{m}_K h_\Pi + \dot{m}_S h_S}{\dot{m}_K + \dot{m}_S} ,$$ (5.111)

so lassen sich die Gl. (5.107) bis (5.109) in folgender Weise umformen

$$h' + \frac{\xi_{\Pi S} - \xi'}{\xi'' - \xi'}(h'' - h') = h_{\Pi S} .$$ (5.112)

Gl. (5.112) stellt analog zu Gl. (5.34) die Bedingungsgleichung für jeden zwischen dem Seitenabzug S und dem Zulauf Z liegenden Säulenquerschnitt dar. Danach schneiden sich alle dazwischen liegenden Verbindungsgeraden der Dampf- und Flüssigkeitszustände in einem gemeinsamen Pol Π_S mit den Koordinaten ξ_{Π_S} und h_{Π_S} nach Gl. (5.110) und (5.111).

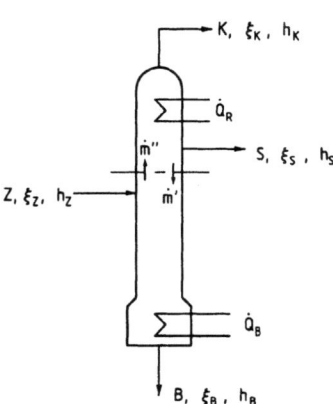

Bild 5.54: Rektifikationskolonne mit Seitenabzug

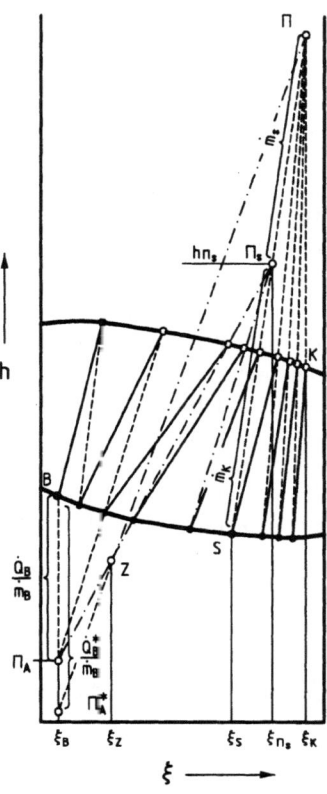

Bild 5.55: Rektifiziersäule mit Seitenabzug, dargestellt im h, ξ-Diagramm

Der Pol Π_S kennzeichnet zugleich den „Mischungszustand" der adiabaten Mischung des „Polprodukts" Π und des Seitenabzugs S, s. Bild 5.55, denn nach Gl. (5.110) und (5.111) liegt Π_S auf der Verbindungsgeraden des Punktes S und des Pols Π und unterteilt diese nach dem Gesetz der abgewandten Hebelarme im Verhältnis der Massenströme $\dot{m}_K$ des Kopfprodukts und $\dot{m}_S$ des Seitenabzugs.

Eine Rektifikation mit Seitenabzug ist besonders für solche Zweistoffgemische vorteilhaft, bei denen die Naßdampfisothermen in der Nähe der Kopfkonzentration ξ_K sehr viel steiler verlaufen als im Mittelfeld. Weil bei solchen Gemischen durch Seitenabzug die Steigungen der Querschnittsgeraden und der Naßdampfisothermen besser übereinstimmen als bei direkter Rektifikation, können die Nichtumkehrbarkeiten gemindert werden. Infolgedessen kann auch die Heizwärme je kg Blasenprodukt $\dot{Q}_B/\dot{m}_B$ gegenüber derjenigen $\dot{Q}_B^*/\dot{m}_B$, die bei direkter Rektifikation erforderlich wäre, beträchtlich verringert werden, vorausgesetzt, das Produkt S des Seitenabzugs läßt sich genau so gut verwerten wie das Kopfprodukt. Andernfalls muß der Seitenabzug in einer nachgeschalteten zweiten Kolonne weiter getrennt werden. Wird diese bei einem niedrigeren Druck betrieben als die erste, so kann man evtl. sogar die Kondensationswärme des Kopfprodukts der ersten Kolonne zur Beheizung der zweiten verwenden.

5.2.7 Adiabate Rektifikation und Dampfkompression

Schon lange hat man es als einen Nachteil empfunden, daß in der Blase große Wärmemengen verbraucht werden, die dann im Dephlegmator und Kondensator bei einer nur wenig tieferen Temperatur des dephlegmierenden und kondensierenden Dampfes (also nicht Umgebungstemperatur!) an das kalte Kühlwasser abgegeben werden. Die mit dem Kühlwasser abziehende Energie ist aber für uns wertlos geworden und muß als ein nicht mehr aufzuholender Verlust gebucht werden.
Theoretisch besteht jedoch die Möglichkeit, zwischen Dephlegmator bzw. Kondensator und Blase eine Wärmepumpe zu schalten, von der die Dephlegmator- bzw. Kondensatorwärme aufgenommen und bei höherer Temperatur an die Blase abgegeben wird. Man kann aber auch das die Rektifiziersäule verlassende dampfförmige Kopfprodukt K auf einen so hohen Druck verdichten, daß seine Kondensationstemperatur höher liegt als die Temperatur in der Blase. In beiden Fällen kann man die Dephlegmator- bzw. Kondensationswärme als Heizwärme wieder verwerten, und so den Heizbedarf bis auf den Anfahrvorgang ganz sparen, allerdings unter Verbrauch von Arbeit.

Verdichtung des dampfförmigen Kopfprodukts

Das Schaltungsschema einer Rektifikation mit Kompression des dampfförmigen Kopfprodukts ist in Bild 5.56 wiedergegeben. Der Kompressor verdichtet den am Kopf der Kolonne abziehenden Dampf K vom Druck p_0 (Zustand 1) auf den Druck p (Zustand 2). Dieser muß mindestens so hoch gewählt werden, daß die niedrigste Kondensationstemperatur T_3 des Dampfes etwas höher liegt als die Siedetemperatur T_B der Blasenflüssigkeit B (Schlempe). So kann der durch Kompression überhitzte Dampf 2 kondensieren und das Kondensat anschließend im Zulaufvorwärmer zusammen mit dem Blasenprodukt B auf eine Temperatur $T_4 = T_D \approx T_{\tilde{B}}$ abgekühlt werden, die höher als die Temperatur T_Z des eintretenden Zulaufs sein muß. Ein Teil dieses Kondensatstroms wird nach Drosselung auf den Druck p_0 (Zustand 5) als Rückfluß R dem Kopf der Kolonne zugeführt, der andere Teil als Destillat D gewonnen.
Für einen beliebigen Querschnitt der als adiabat angenommenen Verstärkungssäule findet man aus den Energie- und Mengenbilanzen analog zu Gl. (5.34) die folgende Beziehung

$$h' + \frac{\xi_D - \xi'}{\xi'' - \xi'}(h'' - h') = h_1 + \frac{\dot{m}_R}{\dot{m}_D}(h_1 - h_5) = h_5 + \frac{\dot{m}_K}{\dot{m}_D}(h_1 - h_5) = h_{II} \qquad (5.113)$$

5.2 Rektifikation (Läuterung) von Zweistoffgemischen

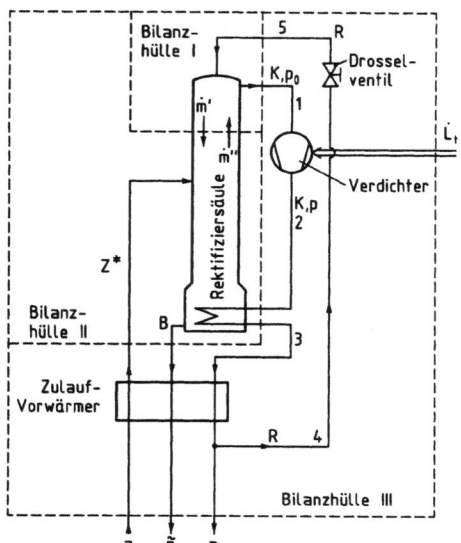

Bild 5.56: Rektifikation mit Dampfkompression des Kopfprodukts

(Bilanzhülle I in Bild 5.56). Der Quotient der Mengenströme $\dot{m}_R$ des Rücklaufs und $\dot{m}_D$ des gewünschten Destillats

$$\varphi_R = \dot{m}_R/\dot{m}_D = \dot{m}_K/\dot{m}_D - 1 = \frac{h_{II} - h_1}{h_1 - h_5} \qquad (5.114)$$

ist dabei das Rücklaufverhältnis (auch Rückflußverhältnis).
Den Zustandspunkt 2 nach der adiabaten Verdichtung des Dampfes erhält man durch Rechnung. Für eine polytrope Zustandsänderung ist die technische Verdichterarbeit je kg des zu verdichtenden Dampfes

$$l_t = \frac{\dot{L}_t}{\dot{m}_K} = h_2 - h_1 = \frac{k(n-m)}{(k-m)(n-1)} p_0 v_1 \left[\left(\frac{p}{p_0}\right)^{\frac{n-1}{n}} - 1 \right] \qquad (5.115)$$

aus dem Druckverhältnis p/p_0, dem spezifischen Volumen v_1 des Dampfes und dem Druck p_0 vor der Verdichtung, dem Isentropenexponenten k, dem Isenthalpenexponenten m sowie dem Polytropenexponenten n zu berechnen (vgl. Band I, Abschn. 13.1.5) und somit nach Festlegung des Kondensationsdruckes p der Punkt 2 zu bestimmen.
Aus den Mengenbilanzen und der Energiebilanz für den als adiabat angenommenen Gesamtprozeß (Bilanzhülle III) erhält man

$$\begin{aligned}\dot{L}_t &= \dot{m}_D h_4 + \dot{m}_B h_{\bar{B}} - \dot{m}_Z h_Z \\ &= \dot{m}_D \left\{ h_4 - h_Z + \frac{\xi_D - \xi_Z}{\xi_Z - \xi_B} (h_{\bar{B}} - h_Z) \right\} \ . \end{aligned} \qquad (5.116)$$

Schätzt man zunächst die Lage des Destillationszustandes 4, so läßt sich mit $h_4 = h_5$, sowie den Gln. (5.114) und (5.115) die Enthalpie $h_{\tilde{B}}$ nach Gl. (5.116) bestimmen. Hierzu muß man lediglich vom geschätzten Punkt 4 aus die Strecke

$$\frac{\dot{L}_t}{\dot{m}_D} = \frac{\dot{m}_K}{\dot{m}_D}(h_2 - h_1) = \frac{h_\Pi - h_5}{h_1 - h_5}(h_2 - h_1) \qquad (5.117)$$

senkrecht nach unten abtragen und den so erhaltenen Punkt 6 mit dem Zustandspunkt Z des Zulaufs durch eine Gerade zu verbinden, deren über Z hinausgehende Verlängerung die Linie $\xi_B = $ konst im gesuchten Punkt $\tilde{B}$ schneidet, Bild 5.57 und Gl. (5.116). Da $\tilde{B}$ den Zustand des Blasenprodukts und 4 den Zustand des Kopfprodukts jeweils beim Austritt aus dem Zulaufvorwärmer darstellen, sollte dort in etwa dieselbe Temperatur vorliegen, $T_{\tilde{B}} \approx T_4$, d.h. Punkt $\tilde{B}$ und Punkt 4 müßten auf derselben Flüssigkeitsisothermen liegen. Falls das für den geschätzten Punkt 4 nicht zutreffen sollte, müßte dessen Lage korrigiert und dann ein neuer Wert für $h_{\tilde{B}}$ bestimmt werden. In jedem Fall müssen $T_{\tilde{B}}$ und T_4 größer sein als die Zulauftemperatur T_Z.

Der Blase wird der Wärmestrom $\dot{Q}_B$ zugeführt. Aus einer Bilanz um die ganze Rektifiziersäule (Bilanzhülle II) erhält man entsprechend Gl. (5.69)

$$\dot{Q}_B = \dot{m}_B(h_B - h_{\Pi_A}) = \dot{m}_D \left\{ h_\Pi - h_Z^\star - \frac{\xi_D - \xi_Z}{\xi_Z - \xi_B}(h_Z^\star - h_B) \right\} \quad . \qquad (5.118)$$

Andererseits soll dieser Wärmestrom $\dot{Q}_B$ ausschließlich aus der Kondensation des Kopfprodukts K bestritten werden. Mit Gl. (5.114) erhält man

$$\dot{Q}_B = \dot{m}_K(h_2 - h_3) = \dot{m}_D \frac{h_\Pi - h_5}{h_1 - h_5}(h_2 - h_3) \quad . \qquad (5.119)$$

Wird das Kopfprodukt in der Blase gerade vollständig verflüssigt, so liegt der Zustand 3 auf der zum Druck p gehörigen Siedelinie.
Da nunmehr die Zustandspunkte 2, 3 und 5 bekannt sind, kann der Wärmebedarf je kg Destillat $\dot{Q}_B/\dot{m}_D$ nach Gl. (5.119) berechnet und somit der Fußpunkt 7 im h, ξ-Diagramm, Bild 5.57, bestimmt werden. Damit liegt dann nach Gl. (5.118) der Zustand $Z^\star$ des vorgewärmten Zulaufs auf der Verbindungsgeraden $\overline{7B}$. Dieser hätte genauso gut aus einer Energiebilanz um den Zulaufvorwärmer bestimmt werden können. $Z^\star$ liegt bereits im Naßdampfgebiet und zwar auf der Hauptgeraden, welche die Pole Π der Verstärkungssäule und Π_A der Abtriebssäule miteinander verbindet. Natürlich müssen die Pole Π und Π_A so gelegt werden, daß jede Querschnittsgerade steiler verläuft als die zugehörige Naßdampfisotherme. Dies ist die Bedingung des Zweiten Hauptsatzes, damit die Rektifiziersäule überhaupt in der gewünschten Weise arbeitet.
Wie man aus Bild 5.57 erkennt, beträgt die Antriebsleistung $\dot{L}_t$ für den Dampfkompressor in diesem Fall weniger als 1/10 der zur Beheizung der Säule erforderlichen Wärme $\dot{Q}_B$. Das Verhältnis der aufzuwendenden Kompressorleistung zur Heizleistung wird um so geringer, je kleiner der Temperaturunterschied zwischen dem Sumpf und dem Kopf der Kolonne ist, dieser muß letztendlich durch die Dampfkompression überbrückt werden.

5.2 Rektifikation (Läuterung) von Zweistoffgemischen

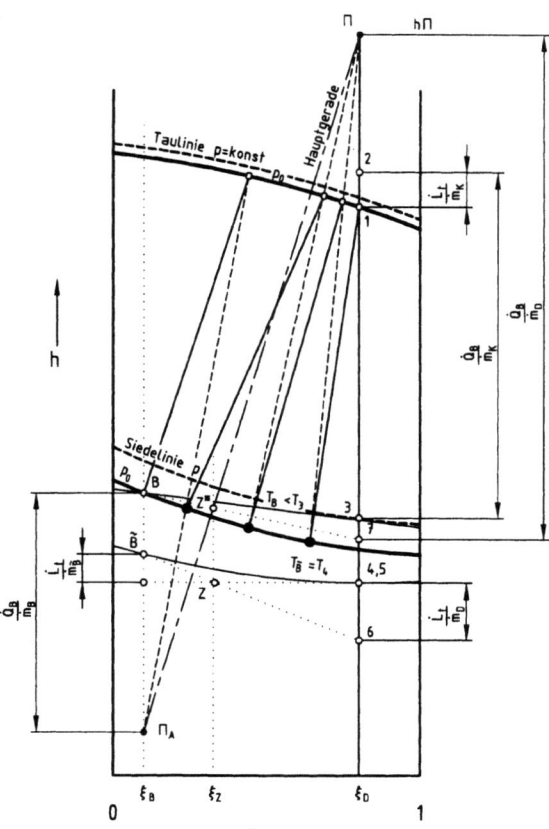

Bild 5.57: Rektifikation mit Kompression des dampfförmigen Kopfprodukts; h, ξ-Diagramm zu Bild 5.56

Entspannung und Verdampfung des Blasenprodukts

Anstatt das dampfförmige Kopfprodukt zu verdichten und die Kondensation des Dampfes zur Beheizung der Blase zu verwenden, kann man auch einen Teil des flüssigen Blasenprodukts B auf einen so niedrigen Druck abdrosseln, daß es im Kondensator und im Rückflußkühler verdampft werden kann, Bild 5.58 und Bild 5.59. Wird der Massenstrom $\dot{m}_R$ des Rücklaufs so bemessen, daß dieser vollständig verdampft, so liegt der Punkt 3 auf der Taulinie des Druckes p_0, und die im Rückflußkühler und Kondensator ausgetauschten, auf die Mengeneinheit des Rückflusses bezogenen Wärmen sind

$$(\dot{Q}_R + \dot{Q}_K)/\dot{m}_R = h_3 - h_1 \; . \tag{5.120}$$

Auf den Mengenstrom $\dot{m}_D = \dot{m}_K$ des Kopfprodukts bezogen, erhält man diese Wärmen aus dem h, ξ-Diagramm zu

$$\dot{Q}_R/\dot{m}_D = h_\Pi - h_K \; , \tag{5.121}$$

bzw.

$$\dot{Q}_K/\dot{m}_D = h_K - h_D \; , \tag{5.122}$$

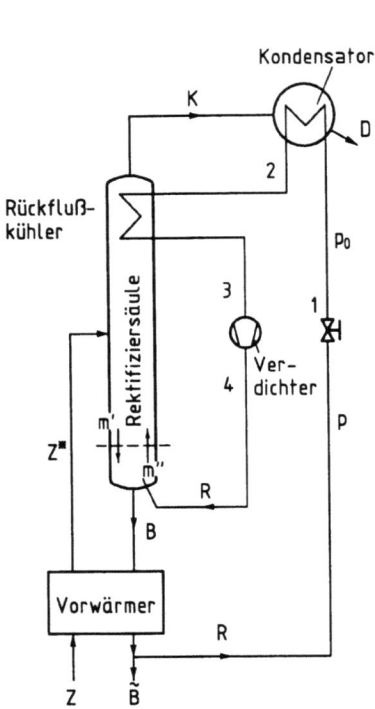
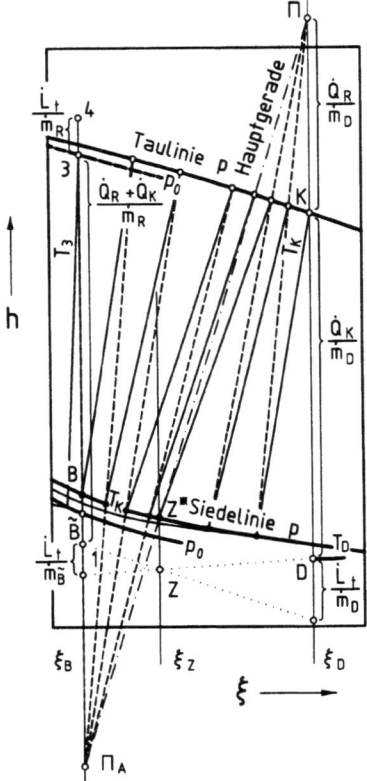

Bild 5.58: Rektifikation mit Verdampfung und Kompression des dampfförmigen Blasenprodukts

Bild 5.59: h, ξ-Diagramm zu Bild 5.58

wobei angenommen wurde, daß das Kopfprodukt D im Kondensator vollständig verflüssigt und auf die Temperatur $T_D > T_1$ abgekühlt wurde. Der Mengenstrom $\dot{m}_R$ des Rücklaufs verhält sich daher zu dem des Kopfprodukts $\dot{m}_D$ wie

$$\frac{\dot{m}_R}{\dot{m}_D} = \frac{h_\Pi - h_D}{h_3 - h_1} \; . \tag{5.123}$$

Der Dampf vom Zustand 3 wird im Verdichter auf den Ausgangsdruck p verdichtet (Zustand 4) und unten in die Rektifiziersäule eingespeist.
Den Zustandspunkt 4 findet man, indem man die zur Verdichtung des Dampfes erforderliche Arbeit berechnet; für eine polytrope Zustandsänderung gilt dann (s. Gl. (5.115))

$$h_4 = h_3 + l_t = h_3 + \frac{k}{k-1}\frac{n-m}{n-1} p_0 v_3 \left[\left(\frac{p}{p_0}\right)^{\frac{n-1}{n}} - 1 \right] \; . \tag{5.124}$$

Im allgemeinen wird der Zustandspunkt 4 im Bereich des überhitzten Dampfes liegen, nur bei stark überhängender Grenzkurve (vgl. Band I, Abschn. 10.4.3) kann er auf die Taulinie oder gar ins Naßdampfgebiet fallen.

Der gesamte Blasenablauf B steht zur Vorwärmung des Zulaufs zur Verfügung. Nach Verlassen des Vorwärmers wird dieser in das Blasenprodukt $\tilde{B}$ und den Rücklauf R aufgeteilt

$$\dot{m}_B = \dot{m}_{\tilde{B}} + \dot{m}_R \ . \tag{5.125}$$

Aus der Enthalpiebilanz für die Abtriebssäule, Bild 5.58,

$$\dot{m}'h' - \dot{m}''h'' = \dot{m}_B h_B - \dot{m}_R h_4 \tag{5.126}$$

und den Mengenbilanzen entsprechend Gl. (5.68) und (5.125) erhält man entweder die Enthalpie h_{Π_A} des Abtriebspols entsprechend Gl. (5.69)

$$h_{\Pi_A} = h'' - \frac{\xi'' - \xi_B}{\xi'' - \xi'}(h'' - h') = h_B - \frac{\dot{m}_R}{\dot{m}_{\tilde{B}}}(h_4 - h_B) \ , \tag{5.127}$$

oder — bei bekanntem Abtriebspol Π_x — das Verhältnis der Massenströme $\dot{m}_R$ des Rücklaufs und $\dot{m}_{\tilde{B}}$ des verbleibenden Blasenprodukts

$$\frac{\dot{m}_R}{\dot{m}_{\tilde{B}}} = \frac{h_B - h_{\Pi_A}}{h_4 - h_B} \ . \tag{5.128}$$

Schließlich läßt sich mit Gl. (5.128), (5.125), (5.80) und (5.95) noch das Verhältnis der Massenströme $\dot{m}_B$ des Blasenablaufs und $\dot{m}_Z$ des Zulaufs ermitteln

$$\frac{\dot{m}_B}{\dot{m}_Z} = \frac{\dot{m}_B}{\dot{m}_{\tilde{B}}} \cdot \frac{\dot{m}_{\tilde{B}}}{\dot{m}_Z} = \left(1 + \frac{\dot{m}_R}{\dot{m}_{\tilde{B}}}\right) \frac{\dot{m}_{\tilde{B}}}{\dot{m}_Z} = \frac{h_4 - h_{\Pi_A}}{h_4 - h_B} \cdot \frac{h_\Pi - h_x}{h_\Pi - h_{\Pi_A}} \ , \tag{5.129}$$

welches für die Vorwärmung des Zulaufs maßgeblich ist. Dadurch kann der Zustand Z^* des vorgewärmten Zulaufs ermittelt werden, wenn die Temperatur $T_{\tilde{B}}$ des aus dem Vorwärmer austretenden Blasenprodukts bereits bestimmt ist. Diese ist allerdings über die Energiebilanz des Gesamtprozesses mit der Destillattemperatur T_D korreliert.

Aus der Gesamtbilanz kann die erforderliche Arbeit für die Dampfkompression bezogen auf das gewünschte Produkt ermittelt werden. Da der gesamte Vorgang als adiabat angesehen wird, gilt mit Gl. (5.79) und (5.80)

$$\dot{L}_t = \dot{m}_D h_D + \dot{m}_{\tilde{B}} h_{\tilde{B}} - \dot{m}_Z h_Z = \dot{m}_D \left[h_D - h_Z + \frac{\xi_D - \xi_Z}{\xi_Z - \xi_B}(h_{\tilde{B}} - h_Z) \right]$$

$$= \dot{m}_{\tilde{B}} \left[h_{\tilde{B}} - h_Z + \frac{\xi_Z - \xi_B}{\xi_D - \xi_Z}(h_D - h_Z) \right] . \tag{5.130}$$

Damit kann die Verdichterarbeit $\dot{L}_t$ auf die Mengeneinheit des verbleibenden Blasenprodukts $\dot{m}_{\tilde{B}}$ umgerechnet und in Bild 5.59 abgetragen werden.

Dies gilt sowohl für die Rektifikation nach Bild 5.56 als auch für die nach Bild 5.58. Die graphische Konstruktion in den Bildern 5.57 und 5.59 ist wohl ohne weiteres verständlich.

Die auf die Destillatmenge bezogene Arbeit ist um so größer, je mehr sich die Enthalpien der Produktströme von der Enthalpie des Zulaufs unterscheiden. Daher sollte man bei Trennprozessen mit Dampfkompression besonderen Wert auf interne Wärmerückgewinnung legen, um die kostbare Antriebsenergie für den Dampfkompressor möglichst gut auszunutzen.

Hohe Produkttemperaturen werden bei gegebenem Zulauf und bei einem adiabatem Prozeß allein durch die Nichtumkehrbarkeiten verursacht. Ein Maß hierfür ist die Entropieproduktion des gesamten Prozesses

$$\dot{S}_{pr} = \dot{m}_D s_D(T_D) + \dot{m}_{\tilde{B}} s_{\tilde{B}}(T_{\tilde{B}}) - \dot{m}_Z s_Z(T_Z)$$

$$= \dot{m}_D \left[s_D(T_D) - s_Z(T_Z) + \frac{\xi_D - \xi_Z}{\xi_Z - \xi_B}(s_{\tilde{B}}(T_{\tilde{B}}) - s_Z(T_Z)) \right] , \qquad (5.131)$$

die man aus einem s, ξ-Diagramm direkt ablesen kann, s. Bild 5.60[13].

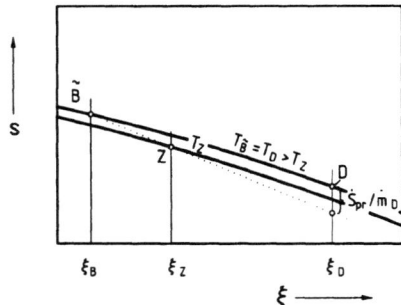

Bild 5.60: Entropieproduktion bei der Rektifikation nach Bild 5.56

Mindestarbeit bei reversibel-adiabaten Trennprozesses

Bei einem reversibel-adiabaten Trennprozeß muß die Entropieproduktion verschwinden, $\dot{S}_{pr} = 0$. Setzen wir zur Vereinfachung voraus, daß die Temperaturen des Blasenprodukts $T_{\tilde{B}}$ und des Destillats T_D gleich sind, so stellt Gl. (5.131) für $\dot{S}_{pr} = 0$ und vorgegebene Vorlauftemperatur T_Z eine Bestimmungsgleichung für die sich bei einem reversibel-adiabaten Trennprozeß einstellende Temperatur

$$T_{\text{rev}} = T_{\tilde{B}} = T_D \qquad (5.132)$$

dar. Sie läßt sich aus einem Entropie-Zusammensetzungs-(s, ξ)-Diagramm iterativ bestimmen.

---

[13]Die Abhängigkeit der Entropie (und auch der Enthalpie) der Flüssigkeit vom Druck ist in der Regel vernachlässigbar klein.

5.2 Rektifikation (Läuterung) von Zweistoffgemischen

Danach wäre auch die Verdichterleistung bei einem reversibel-adiabaten Trennprozeß durch die Temperaturen T_Z und T_{rev} eindeutig bestimmt

$$\dot{L}_{t,\text{rev}} = \dot{m}_{\tilde{B}} h_{\tilde{B}}(T_{\text{rev}}) + \dot{m}_D h_D(T_{\text{rev}}) - \dot{m}_Z h_Z(T_Z) \ . \tag{5.133}$$

und kann mit Hilfe der Mengenbilanzen Gl. (5.79) und (5.80) direkt aus einem Enthalpie-Zusammensetzungs-(h,ξ)-Diagramm entnommen werden, Bild 5.61.

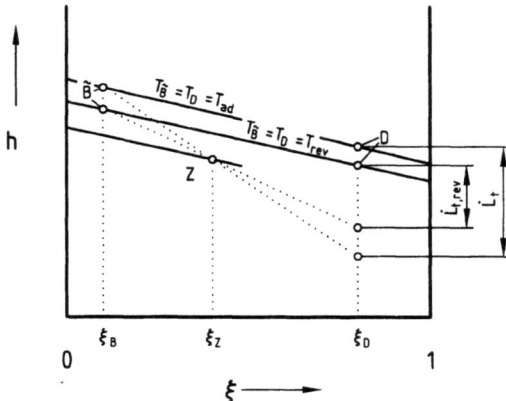

Bild 5.61: Verdichterarbeit bei adiabaten Trennprozessen

Nichtumkehrbarkeit und Verdichterleistung bei adiabaten Trennprozessen

Weil bei einem adiabaten Trennprozeß keinerlei Wärme ausgetauscht wird, können sich Irreversibilitäten innerhalb des Prozesses nur dahingehend auswirken, daß die Temperatur der Produkte

$$T_{\tilde{B}} = T_D = T_{\text{ad}} > T_{\text{rev}}$$

gegenüber T_{rev} zunimmt und zwar umso mehr, je größer die Entropieproduktion innerhalb des Prozesses ausfällt. Nach Gl. (5.131) besteht bei denselben Zulaufzustand Z zwischen T_{ad}, T_{rev} und der Entropieproduktion der folgende Zusammenhang

$$\dot{S}_{pr} = \dot{m}_D\left[s_D(T_{\text{ad}}) - s_D(T_{\text{rev}})\right] + \dot{m}_{\tilde{B}}\left[s_{\tilde{B}}(T_{\text{ad}}) - s_{\tilde{B}}(T_{\text{rev}})\right] \ . \tag{5.134}$$

Für die Verdichterleistung erhalten wir mit Gl. (5.133)

$$\dot{L}_t = \dot{L}_{t,\text{rev}} + \dot{m}_D\left[h_D(T_{\text{ad}}) - h_D(T_{\text{rev}})\right] + \dot{m}_{\tilde{B}}\left[h_{\tilde{B}}(T_{\text{ad}}) - h_{\tilde{B}}(T_{\text{rev}})\right] \ . \tag{5.135}$$

Definieren wir eine mittlere Temperatur zwischen T_{rev} und T_{ad} durch den Quotienten

$$T_m = \frac{\dot{m}_D[h_D(T_{\text{ad}}) - h_D(T_{\text{rev}})] + \dot{m}_{\tilde{B}}[h_{\tilde{B}}(T_{\text{ad}} - h_{\tilde{B}}(T_{\text{rev}})]}{\dot{m}_D[s_D(T_{\text{ad}}) - s_D(T_{\text{rev}})] + \dot{m}_{\tilde{B}}[s_{\tilde{B}}(T_{\text{ad}} - s_{\tilde{B}}(T_{\text{rev}})]} \ , \tag{5.136}$$

so erhält man für die Verdichterleistung eines adiabaten Trennprozesses mit Gl. (5.134) die folgende einfache Beziehung

$$\dot{L}_t = L_{t,\text{rev}} + T_m \dot{S}_{pr} \ . \tag{5.137}$$

Da die Entropieproduktion $\dot{S}_{pr}$ sich additiv aus den entsprechenden Beiträgen der Einzelprozesse zusammensetzt, kann die Auswirkung einer Nichtumkehrbarkeit eines Teilprozesses auf die erforderliche Verdichterleistung nach Gl. (5.137) unmittelbar bestimmt werden.

5.2.8 Luftzerlegung

Die Trennung von Gemischen verflüssigter Gase in deren Komponenten, wie z.B. der Luft in O_2 und N_2, erfolgt nach denselben Gesetzen wie bei irgendeinem anderen Gemisch. Schließt man an eine Luftverflüssigungsanlage[14] eine Läuterungssäule an, so ist es möglich, die Luft (oder ein anderes Gasgemisch) in ihre Bestandteile von beliebiger Reinheit zu trennen. Immerhin treten hier Besonderheiten auf, die im folgenden besprochen werden. In einer gewöhnlichen gekoppelten Läuterungssäule nach Bild 5.39 kann in der Blase die erforderliche Wärme $\dot{Q}_B$ ohne Schwierigkeit von außen (z.B. durch Dampfheizung) zugeführt werden. Im Dephlegmator kann zur Erzeugung des Rückflusses die Wärme $\dot{Q}_R$ in einfachster Weise durch das Kühlwasser bei der tieferen Temperatur entzogen werden. Nicht so in Läuterungssäulen für flüssige Gase. Hier würde jede direkt von außen vorgenommene Wärmezufuhr in die Blase einen gewaltigen Mehraufwand an Verflüssigungsarbeit erfordern, weil diese Wärme, wegen der sehr tiefen Temperaturen in der Säule, nur durch größeren Arbeitsaufwand wieder entzogen werden könnte. Aus diesem Grunde wird jede Wärmezufuhr von außen weitgehend unterbunden. Vielmehr wird die in der Blase erforderliche „Heizwärme" der im Gegenstromapparat vorgekühlten Luft entzogen, wodurch diese verflüssigt wird.

Luftzerlegung mit reiner Abtriebssäule

Zunächst wollen wir die Anordnung einer einfachen Abtriebssäule betrachten. Ein solcher Einsäulenapparat, Bild 5.62, reicht aus, wenn kein Wert auf die Gewinnung eines ganz reinen Stickstoffs gelegt wird. Zur Beheizung der Blase wird die aus dem Gegenstromapparat kommende, noch nicht ganz verflüssigte Luft $L2$ herangezogen. Dabei verflüssigt sie sich endgültig, Zustand $L3$. Damit in der Blase die Kondensationstemperatur der Luft höher ist als diejenige des zu verdampfenden reinen (abgetriebenen) Sauerstoffs, muß der Kondensationsdruck der Heizluft hinreichend hoch gewählt werden. Dieser Druck liegt nach Bild 5.63 bei $p_{\min} \approx 3,5$ bar, praktisch muß man jedoch einen Druck von etwa $p_1 = 5$ bar wählen, um ein genügend großes Temperaturgefälle zwischen kondensierender Luft und verdampfendem Sauerstoff aufbauen zu können. Mit diesem Druck $p_1 = 5$ bar liefert der Verdichter die Luft an, die nach der Verdichtung im Kühler K auf die Temperatur $T_1 \approx 300$ K zurückgekühlt wird.

---
[14]Siehe Band I, Abschn. 15: Verflüssigung von Gasen

5.2 Rektifikation (Läuterung) von Zweistoffgemischen

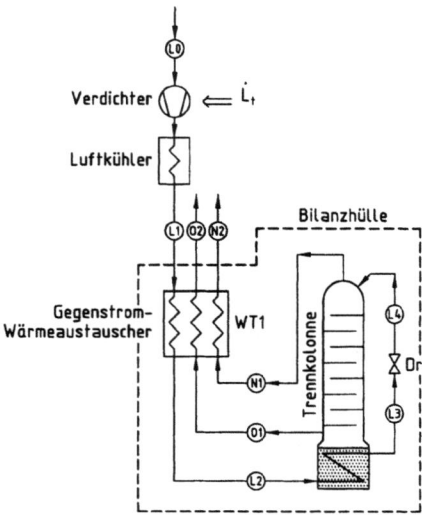

Bild 5.62: Schema eines Einsäulenapparates zur Luftzerlegung

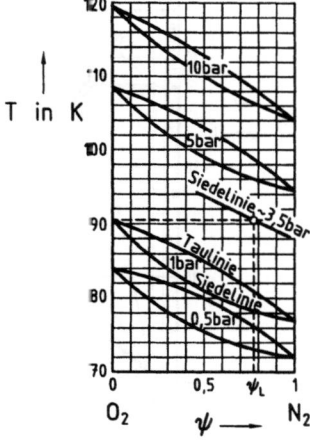

Bild 5.63: T, ψ-Diagramm für siedende O_2-N_2-Gemische

Danach wird ihre Temperatur im Gegenstromapparat durch Wärmeaustausch mit den kalten Produktgasen weiter abgesenkt. Kann der der gesamte Prozeß innerhalb der in Bild 5.62 eingetragenen Bilanzhülle in erster Näherung als adiabat angesehen werden und wird auch keine Arbeit zu- bzw. abgeführt, so müssen die eintretenden und austretenden Enthalpieströme gleich groß sein[15]

$$\dot{n}_L h_{L1} = \dot{n}_{O2} h_{O2} + \dot{n}_{N2} h_{N2} \;, \tag{5.138}$$

außerdem müssen auch die Mengenbilanzen erfüllt werden

$$\dot{n}_L = \dot{n}_{O2} + \dot{n}_{N2} \tag{5.139}$$

und

$$\dot{n}_L \psi_L = \dot{n}_{O2} \psi_O + \dot{n}_{N2} \psi_N \;. \tag{5.140}$$

Hierin ist $\psi_L = 0,79$ kmol Stickstoff je kmol Luft, ψ_O der sehr geringe Stickstoffgehalt im praktisch aus reinem Sauerstoff bestehenden Blasenprodukt ($\psi_O \to 0$) und ψ_N der Stickstoffgehalt des Kopfprodukts, welcher möglichst groß ($\psi_N \to 1$) angestrebt wird.
Nach Gl. (5.138) bis (5.140) muß unter den genannten Voraussetzungen

$$h_{L1} = h_{O2} + \frac{\psi_L - \psi_O}{\psi_N - \psi_O}(h_{N2} - h_{O2}) \tag{5.141}$$

sein, d.h. die Zustandspunkte $O2$, $L1$ und $N2$ müssen im h, ψ-Diagramm, Bild 5.64, auf einer Geraden liegen.

---

[15] Hier sind die Mengenströme abweichend von der bisherigen Gepflogenheit als Molenströme und die Enthalpien als molare Enthalpien angegeben; auf die Darstellungen in den Enthalpiezusammensetzungs-Diagrammen hatte dies jedoch keine Auswirkungen

436   5 Trennung von Gemischen

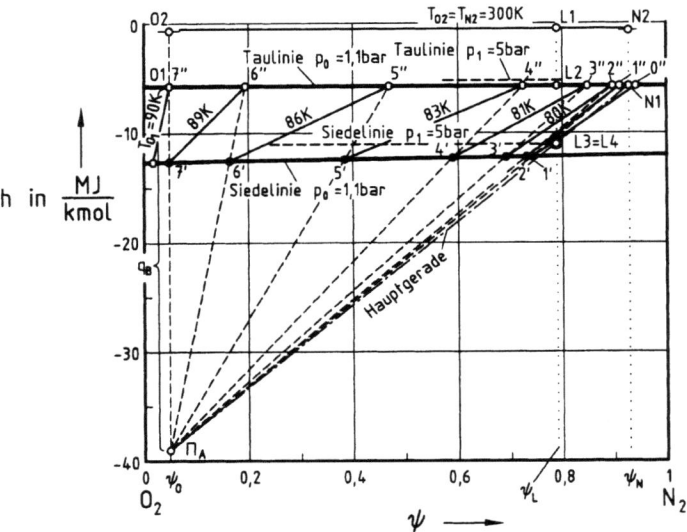

Bild 5.64: Luftzerlegung in einer einfachen Abtriebssäule, dargestellt im h, ψ-Diagramm der Sauerstoff-Stickstoff-Gemische

Dasselbe gilt auch für die Zustandspunkte $O1$, $L2$ und $N1$, denn auch für die Trennkolonne allein werden die genannten Voraussetzungen (Adiabasie, keine Arbeitsleistung) erfüllt

$$h_{L2} = h_{O1} + \frac{\psi_L - \psi_O}{\psi_N - \psi_O}(h_{N1} - h_{O1}) \ . \tag{5.142}$$

Das notwendige Temperaturgefälle zwischen dem abzukühlenden Luftstrom und den aufzuheizenden Produktströmen wird durch den Joule-Thomson-Effekt aufgeprägt.
Geht man davon aus, daß die Produktgase aus der Trennkolonne bei dem dort vorherrschenden Druck p_0 jeweils gesättigt austreten, so liegt der Luftzustand $L2$ beim höheren Druck p_1 im Naßdampfgebiet. Danach wird im Gegenstromapparat bereits ein (wenn auch kleiner) Teil der Luft verflüssigt.
Die im Gegenstromapparat vorgekühlte Luft $L2$ wird anschließend in der Blase durch Wärmeabgabe an den siedenden Sauerstoff weiter bis zum Zustand $L3$ abgekühlt und dabei verflüssigt. Die Lage des Punktes $L3$ ist dabei durch die Siedetemperatur T_{O1} des Sauerstoffs nach unten begrenzt, $T_{L3} > T_{O1}$[16]. Zweckmäßigerweise wird man zuvor den Druck p_1 so hoch gewählt haben, daß die Luft in $L3$ vollständig verflüssigt ist. Der Punkt $L3$ liegt dann auf der Siedelinie von p_1, und die abgegebene Wärme ist

$$\dot{Q}_B = \dot{n}_L(h_{L2} - h_{L3}) \ . \tag{5.143}$$

---

[16]In Bild 5.64 sind lediglich die Naßdampfisothermen beim Druck p_0 eingetragen. Daß $T_{L3}(p_1) > T_{O1}(p_0)$ ist, erkennt man aus Bild 5.63.

5.2 Rektifikation (Läuterung) von Zweistoffgemischen

Bezogen auf die Mengeneinheit des Blasenprodukts wird diese mit Gl. (5.139) und (5.140)

$$q_B = \frac{\dot{Q}_B}{\dot{n}_{O2}} = \frac{\dot{n}_L}{\dot{n}_{O2}}(h_{L2} - h_{L3}) = \frac{\psi_N - \psi_O}{\psi_N - \psi_L}(h_{L2} - h_{L3}) \ . \qquad (5.144)$$

Mit den Zahlenwerten, die Bild 5.64 zugrunde liegen, ist die auf die Mengeneinheit des Blasenprodukts bezogene Heizwärme $q_B = 32{,}9$ MJ/kmol[17].

Durch q_B ist zugleich die Lage des Abtriebspols Π_A festgelegt, indem man q_B vom (dampfförmigen) Blasenprodukt $O1$ ausgehend bei ψ_O nach unten abträgt[18], Bild 5.64. Nach Gl. (5.144) und (5.143) erhält man Π_A, indem man durch $N1$ und $L3$ die Hauptgerade einzeichnet und deren Schnittpunkt Π_A mit der Linie $\psi_O = $ konst aufsucht. Hierzu müssen allerdings die Konzentrationen ψ_O und ψ_N bekannt sein.

Vielfach ist der Sauerstoff das verkaufsfähige Produkt und seine erforderliche Reinheit, d.h. die Konzentration ψ_O, vom Kunden verlangt. Je geringer die geforderte Reinheit, um so niedriger liegt die Siedetemperatur des Blasenprodukts. Dadurch könnten Verdichtungsdruck p_1 und/oder die Verdampferflächen kleiner gewählt, also das Produkt preiswerter hergestellt werden. Dieser Vorteil ist gegenüber dem Nachteil geringerer Produktreinheit abzuwägen. Es gibt keine grundsätzlichen Beschränkungen hinsichtlich der erzielbaren Sauerstoffreinheit, die man mit einem entsprechenden Aufwand an Trennstufen und Energie beliebig steigern kann. Dagegen ist mit der gewählten Anordnung der Stickstoff, der am Kopf der Kolonne entweicht, nicht rein zu gewinnen.

Bei der Drosselung der verflüssigten Luft $L3$ auf den Kolonnendruck p_0 fällt der neue Zustandspunkt $L4$ im h, ψ-Diagramm zwar mit dem alten zusammen, $L4 = L3$, doch liegt er auf der zum Druck p_0 gehörigen Naßdampfisothermen $1'0''$, die natürlich etwas flacher verlaufen muß als die Hauptgerade durch $L3$. Das Kopfprodukt $N1$ entsteht dann durch Mischung des Dampfes $0''$ mit dem vom darunter liegenden Boden aufsteigenden Dampf $1''$.

Da der Stickstoff mit dem beschrieben Verfahren nicht rein zu gewinnen ist und noch etwa 7% O_2 enthält, so kann man nur etwa 2/3 des Luftsauerstoffs als reinen Sauerstoff erhalten, während der Rest als Verunreinigung des Stickstoffs verloren geht.

Betrachten wir nun noch die Entropiebilanz des Prozesses innerhalb der in Bild 5.62 eingetragenen Bilanzhülle, d.h. ausschließlich Verdichter und Luftkühler. Dieser Teil des Prozesses wurde als adiabat vorausgesetzt, so daß die Entropieproduktion ausschließlich aus der Entropieänderung aller Stoffströme ermittelt werden kann

$$\dot{S}_{pr} = \dot{n}_{O2}s_{O2} + \dot{n}_{N2}s_{N2} - \dot{n}_L s_{L1} \ . \qquad (5.145)$$

Bezogen auf den Mengenstrom des Blasenprodukts ist

$$s_{pr} = \frac{\dot{S}_{pr}}{\dot{n}_{O2}} = s_{O2} - s_{N2} + \frac{\psi_N - \psi_O}{\psi_N - \psi_L}(s_{N2} - s_{L1}) \ . \qquad (5.146)$$

---

[17] Die in Bild 5.64 angebene Konstruktion wurde ausführlich anhand des Bildes 5.32 erläutert.
[18] Die Berechnungen wurden von Herrn Dr.-Ing. F. Niermann und Herrn Dipl.-Ing. U. Eikelmann mit Hilfe des Programmpakets ASPEN$^+$ durchgeführt, wofür ich beiden Herren herzlich danken möchte.

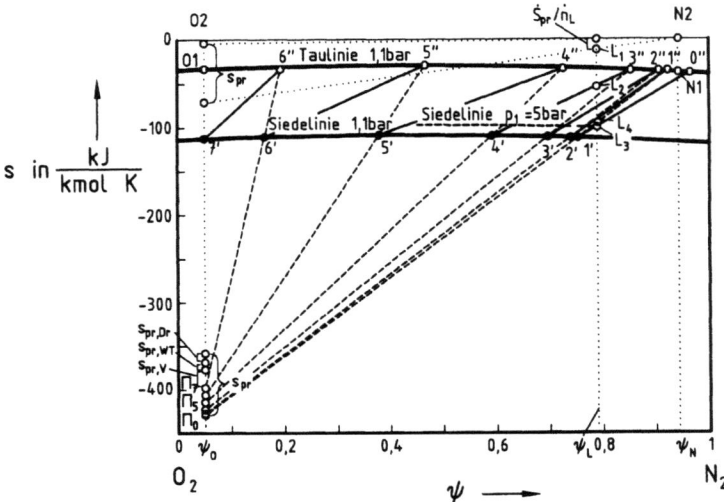

Bild 5.65: Entropieproduktion der Luftzerlegung nach Bild 5.62, dargestellt in im s, ψ-Diagramm der Sauerstoff-Stickstoff-Gemische

Mit den Zahlenwerten nach Bild 5.64 ist $s_{pr} = 70,9$ kJ/(kmol K), was direkt aus dem s, ψ-Diagramm, Bild 5.65, entnommen werden kann, wenn man die Punkte N_2 und L_1 durch eine Gerade verbindet und deren Schnittpunkt mit ψ_O aufsucht.
In Bild 5.65 sind außerdem die Querschnittsgeraden für die im zugehörigen h, ψ-Diagramm angegebenen Kolonnenquerschnitte eingetragen. Ihre Schnittpunkte mit der Linie ψ_O = konst ergeben die Polentropien s_{Π_k}, deren Differenz die Entropieproduktion zwischen den betreffenden Kolonnenquerschnitten, bezogen auf die Mengeneinheit des Blasenprodukts, darstellt. Man erkennt, daß von der gesamten Entropieproduktion s_{pr} nahezu die Hälfte nämlich $s_{pr,TK} = s_{\Pi_7} - s_{\Pi_0} = 30,6$ kJ/(kmol K) durch Nichtumkehrbarkeiten auf den einzelnen Kolonnenböden verursacht wird, besonders wenn die Konzentrationen der zu- und abströmenden Stoffe weit von den jeweiligen Gleichgewichtszuständen entfernt sind, d.h. wenn Querschnittsgeraden und zugehörige Naßdampfisothermen stark auseinanderklaffen.
Im Vergleich dazu sind die jeweils auf den Mengenstrom des Blasenprodukts bezogenen Entropieproduktionen im Gegenstrom-Wärmeübertrager

$$\begin{aligned} s_{pr,WT} &= (s_{O2} - s_{O1}) + \frac{\dot{n}_L - \dot{n}_{O2}}{\dot{n}_{O2}}(s_{N2} - s_{N1}) + \frac{\dot{n}_L}{\dot{n}_{O2}}(s_{L2} - s_{L1}) \\ &= (s_{O2} - s_{O1}) - (s_{N2} - s_{N1}) + \frac{\psi_N - \psi_O}{\psi_N - \psi_L}[s_{L2} - s_{L1} + s_{N2} - s_{N1}] \\ &= 8,5 \text{ kJ/(kmol K)} \end{aligned} \qquad (5.147)$$

5.2 Rektifikation (Läuterung) von Zweistoffgemischen

und im Drosselventil

$$s_{pr,Dr} = \frac{\dot{S}_{pr,Dr}}{\dot{n}_{O2}} = \frac{\psi_N - \psi_O}{\psi_N - \psi_L}(s_{L4} - s_{L3}) = 8,2 \text{ kJ/(kmol K)} \qquad (5.148)$$

relativ klein. Dagegen ist die entsprechende Entropieproduktion im Sauerstoffverdampfer

$$s_{pr,V} = \frac{\dot{n}_L}{\dot{n}_{O2}}(s_{L3} - s_{L2}) + \frac{q_B}{T_{O1}} = 23,5 \text{ kJ/(kmol K)} \qquad (5.149)$$

beachtlich, was auf die relativ großen Temperaturunterschiede zwischen kondensierender Luft und verdampfendem Sauerstoff zurückzuführen ist.

Die Zahlenwerte der Entropieproduktion und ihre Relationen untereinander hängen in starkem Maße von den Randbedingungen ab, unter denen der Prozeß abläuft; maßgeblich sind z.B. die Temperaturunterschiede am warmen Ende des Gegenstrom-Wärmeübertragers, sowie die zwischen der kondensierenden Luft und dem verdampfenden Sauerstoff in der Blase der Trennkolonne u.ä. Diese Größen können nur in gewissen Grenzen variiert und nur unter Abwägung der notwendigen Investitionskosten verändert werden.

Mindestarbeit bei reversibler Luftzerlegung und Irreversibilitätsverluste

Immerhin ist es nützlich, den durch Irreversibilitäten verursachten Mehraufwand an Verdichterleistung mit der im Grenzfall eines völlig reversiblen Prozesses mindestens erforderlichen Trennleistung zu vergleichen. Diese erhält man aus dem Ersten und Zweiten Hauptsatz, wenn man bedenkt, daß die verdichtete Luft vor ihrem Eintritt in den Gegenstrom-Wärmeübertrager gekühlt werden muß und die dabei abgegebene Wärme an die Umgebung der Temperatur T_u abgeführt wird. Auch läßt sich selbst bei noch so guter Isolierung ein gewisser Wärmeübergang von der Umgebung auf die Apparate nicht vermeiden. Bezeichnen wir mit $\dot{Q}_0$ die insgesamt der Umgebung zugeführte Wärme, also die Differenz zwischen der eigentlichen Kühlleistung und der von der Umgebung an die Apparate übergehenden Wärmeströme, so gilt nach dem Ersten Hauptsatz entsprechend Bild 5.62

$$\dot{L}_t = \dot{n}_{O2}h_{O2} + \dot{n}_{N2}h_{N2} - \dot{n}_L h_{L0} + \dot{Q}_0 \ . \qquad (5.150)$$

Die Entropieproduktion des Gesamtprozesses ermittelt man nach dem Zweiten Hauptsatz zu

$$\dot{S}_{pr} = \dot{n}_{O2}s_{O2} + \dot{n}_{N2}s_{N2} - \dot{n}_L s_{L0} + \frac{\dot{Q}_0}{T_u} \ . \qquad (5.151)$$

Wird aus Gl. (5.150) und (5.151) der an die Umgebung abgeführte Wärmestrom $\dot{Q}_0$ eliminiert, so läßt sich für die Verdichterleistung die folgende Beziehung angeben

$$\dot{L}_t = \dot{n}_{O2}(h_{O2} - T_u s_{O2}) + \dot{n}_{N2}(h_{N2} - T_u s_{N2}) - \dot{n}_L(h_{L0} - T_u s_{L0}) + T_u \dot{S}_{pr} \ . \qquad (5.152)$$

Die Ausdrücke in Klammern stellen dabei die molaren Exergien der Produkte bzw. der zu zerlegenden Luft dar (s. Band I, Kap. 12).

Der Grenzfall des reversiblen Zerlegungsvorganges ist dadurch ausgezeichnet, daß die Entropieproduktion gleich null ist, und die Produktströme den Prozeß mit Umgebungstemperatur und beim Umgebungsdruck verlassen; selbstverständlich wird auch die zu zerlegende Luft der Anlage beim Umgebungsdruck und mit Umgebungstemperatur zugeführt. Für diesen Grenzfall ist die Verdichterleistung eines reversiblen Trennprozesses

$$\dot{L}_{t,\text{rev}} = \dot{n}_{O2}[h_{O2}(T_u) - T_u s_{O2}(T_u, p_u)] + \dot{n}_{N2}[h_{N2}(T_u) - T_u s_{N2}(T_u, p_u)]$$

$$- \dot{n}_L[h_{L0}(T_u) - T_u s_{L0}(T_u, p_u)] \ . \tag{5.153}$$

Steht die zu zerlegende Luft bei einem Druck von 1 bar und einer Temperatur von $T_u = 300$ K zur Verfügung und möchte man auch die Produkte bei demselben Druck und derselben Temperatur erhalten, dann kann man alle beteiligten Stoffe als ideale Gase ansehen. In Gl. (5.153) heben sich alle Enthalpieterme und die von der Temperatur abhängigen Terme der Entropie heraus und man erhält mit Gl. (5.139) und (5.140)

$$\frac{\dot{L}_{t,\text{rev}}}{\dot{n}_{O2}} = R_m T_u \left\{ \ln \frac{1-\psi_O}{1-\psi_L} + \psi_O \ln \frac{\psi_O}{1-\psi_O} + \frac{\psi_N - \psi_O}{\psi_N - \psi_L} \psi_L \ln \frac{1-\psi_L}{\psi_L} \right.$$

$$\left. + \frac{\psi_L - \psi_O}{\psi_N - \psi_L} \left[\ln \frac{1-\psi_N}{1-\psi_L} + \psi_N \ln \frac{\psi_N}{1-\psi_N} \right] \right\} \tag{5.154}$$

Mit den Molanteilen des Stickstoffs $\psi_O = 0,05, \psi_N = 0,919$ und $\psi_L = 0,79$, welche den Annahmen der Anlage nach Bild 5.62 entsprechen, wird

$$\frac{\dot{L}_{t,\text{rev}}}{\dot{n}_{O2}} = 4,17 \quad \text{MJ/kmol} \ . \tag{5.155}$$

Demgegenüber verursachen die Irreversibilitäten im Gegenstrom-Wärmeübertrager und der Kolonne bereits einen Exergieverlust e_v, d.h. einen Mehraufwand an produktbezogener Verdichterleistung von

$$e_v = T_u s_{pr} = 300 \text{ K} * 70,9 \text{ kJ/(kmol K)} = 21,3 \text{ MJ/kmol} \ , \tag{5.156}$$

also ein Mehrfaches der reversiblen Trennarbeit. Hier sind die Verluste im Luftverdichter und Luftkühler noch gar nicht mit eingerechnet.
Man erkennt, wie wichtig es ist, die Nichtumkehrbarkeiten soweit wie möglich zu reduzieren.

Luftzerlegung nach Linde

In Bild 5.66 ist das Schema eines Verfahrens zur Luftzerlegung im Zweisäulenapparat nach LINDE dargestellt. Die im Gegenstrom-Wärmeübertrager $WT1$ vorgekühlte Luft $L2$ wird in die sogenannte Vorzerlegungssäule eingeführt. Diese steht unter dem hohen Druck p_m.

5.2 Rektifikation (Läuterung) von Zweistoffgemischen

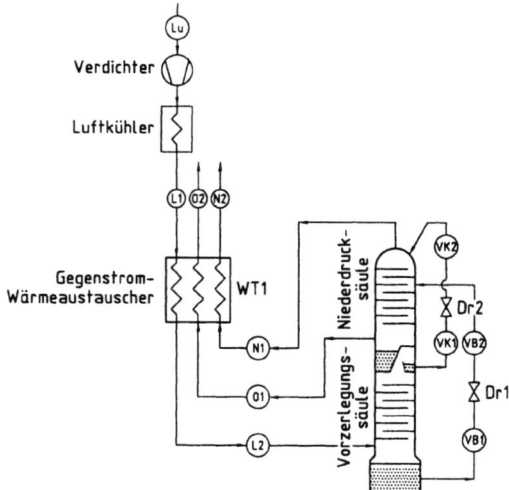

Bild 5.66: Luftzerlegung im Zweisäulenapparat nach Linde
- $VK1$: stickstoffreiches Kopfprodukt der Vorzerlegungssäule
- $VB1$: mit Sauerstoff angereichertes Bodenprodukt der Vorzerlegungssäule
- $O1$: Sauerstoffstrom als dampfförmiges Blasenprodukt der Niederdrucksäule
- $N1$: Stickstoffstrom als Kopfprodukt der Niederdrucksäule

Der Strom $L2$ ist nur zu einem geringen Teil verflüssigt, so daß der überwiegende Teil dampfförmig in der Kolonne aufsteigt und im Stoffaustausch mit der herabrieselnden Flüssigkeit an Sauerstoff verarmt.

Am Kopf der Vorzerlegungssäule ist der Dampfstrom nahezu sauerstofffrei und wird dort im Rückflußkühler vollständig kondensiert, wobei dieser zugleich als Heizkörper der Blase der oberen Kolonne dient. Zu diesem Zweck muß der Druck p_m in der unteren Kolonne höher als der Druck p in der oberen Kolonne sein, weil sonst der kondensierende Stickstoff eine tiefere Temperatur haben würde als der in der Blase der Niederdrucksäule verdampfende Sauerstoff. Ein Teil des Kondensates (fast reiner Stickstoff) fließt als Rücklauf in die untere Kolonne zurück, der andere Teil wird abgefangen und mit dem Zustand $VK1$ dem Drosselventil $DR2$ zugeführt. Mit dem Zustand $VK2$ wird dieser Stickstoff der oberen Kolonne als Rücklauf zugegeben. Als Zulauf wird der oberen Kolonne das Gemisch $VB2$ zugeführt, welches durch Drosselung des Blasenprodukts $VB1$ aus der unteren Blase entsteht. Stickstoff und Sauerstoff werden gasförmig gemäß Bild 5.66 der oberen Kolonne entnommen.

Wünscht man z.B. Sauerstoff mit einem Reststickstoffanteil ψ_O und Stickstoff von der Reinheit ψ_N zu gewinnen, dann liegen die Zustandspunkte $O1$ und $N1$ im h,ψ-Diagramm für Stickstoff-Sauerstoffgemische[19] gerade auf der Taulinie, die der

---

[19] Gewöhnliche Luft enthält neben Stickstoff und Sauerstoff noch andere schwer kondensierbare Bestandteile, u.a. Argon mit einer Konzentration von etwas weniger als 1%. Der Siedepunkt von Argon liegt zwischen dem vom Sauerstoff und Stickstoff. Dadurch muß die Luft bei genaueren Berechnungen als ein Dreistoffgemisch behandelt werden. S. hierzu: HAUSEN H, LINDE H (1985) Tieftemperaturtechnik, Springer-Verlag

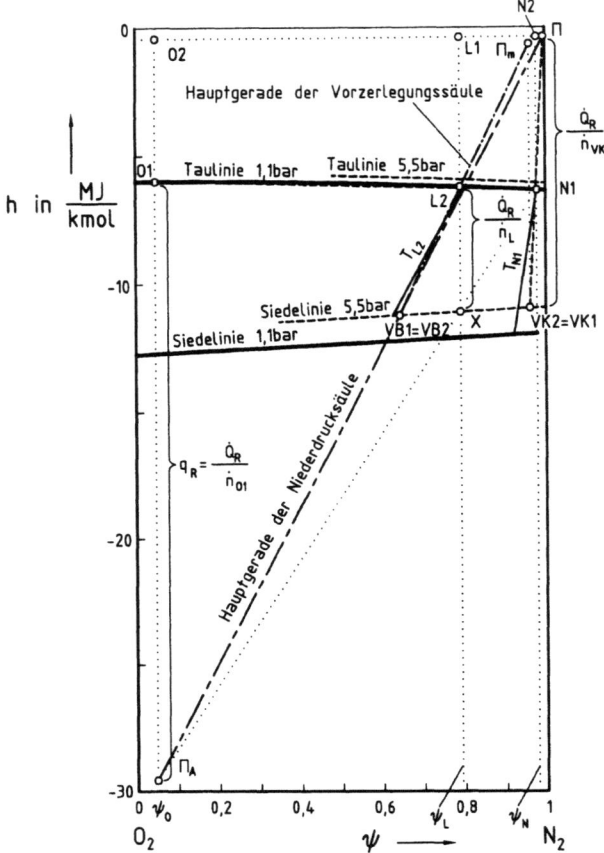

Bild 5.67: Wärmeumsatz im Zweisäulenapparat von Linde, dargestellt im h, ψ-Diagramm

Niederdrucksäule zuzuordnen ist. Da die Trennkolonne insgesamt als adiabat angesehen wird, ihr auch weder Arbeit zugeführt noch solche daraus entzogen wird, muß der Zustand $L2$ der dem Hochdruckteil zugeführten Luft bei der Konzentration ψ_L auf der „Mischgeraden" durch $O1$ und $N1$ liegen.

Wir suchen zunächst die beiden Hauptgeraden der zwei Säulen auf. Hier beachten wir, daß der Naßdampfzustand $VK2$ und der Zustand $N1$ des Kopfprodukts auf einer Querschnittsgeraden der oberen Säule liegen müssen. Diese muß wiederum etwas steiler verlaufen als die Naßdampfisotherme durch $N1$. Da der Naßdampf $VK2$ durch Drosselung der kondensierten Flüssigkeit $VK1$ entstanden ist, liegt der Punkt $VK1 = VK2$ auf der Siedelinie des höheren Druckes $p_m = 5,5$ bar. Die Konzentration ψ_{VK1} stellt zugleich eine Polkoordinate des Pol Π_m der Vorzerlegungssäule dar, denn $VK1$ ist deren Kopfprodukt.

Der Druck p_m in der Vorzerlegungssäule muß so hoch sein, daß die Kondensationstemperatur T_{VK1} des Kopfprodukts $VK1$ höher ist als die Siedetemperatur T_{O1} des flüssigen Sauerstoffs in der Blase der Niederdrucksäule.

Die Hauptgerade der Vorzerlegungssäule muß naturgemäß durch den Zustandspunkt $L2$ des Zulaufs gehen, wobei sie steiler verlaufen muß als die durch $L2$ bestimmte Naßdampfisotherme T_{L2} beim Druck p_m. Auf dieser Hauptgeraden und zugleich auf der Siedelinie des Druckes p_m kann dann der Zustandspunkt $VB1$ des Blasenprodukts der Vorzerlegungssäule gefunden werden. Dieses wird im Drosselventil $DR1$ auf den Druck $p = 1,1$ bar der Niederdrucksäule gedrosselt und als Zulauf $VB2$ in diese eingespeist. Daher muß die Hauptgerade der Niederdrucksäule (in Bild 5.67 mit unterschiedlich langen Strichen eingezeichnet) durch den Zustandspunkt $VB2 = VB1$ laufen. Außerdem muß sie eine größere Steigung besitzen als die Naßdampfisotherme T_{VB2} beim niedrigen Druck p (in Bild 5.67 aus Gründen besserer Übersichtlichkeit nicht eingezeichnet).

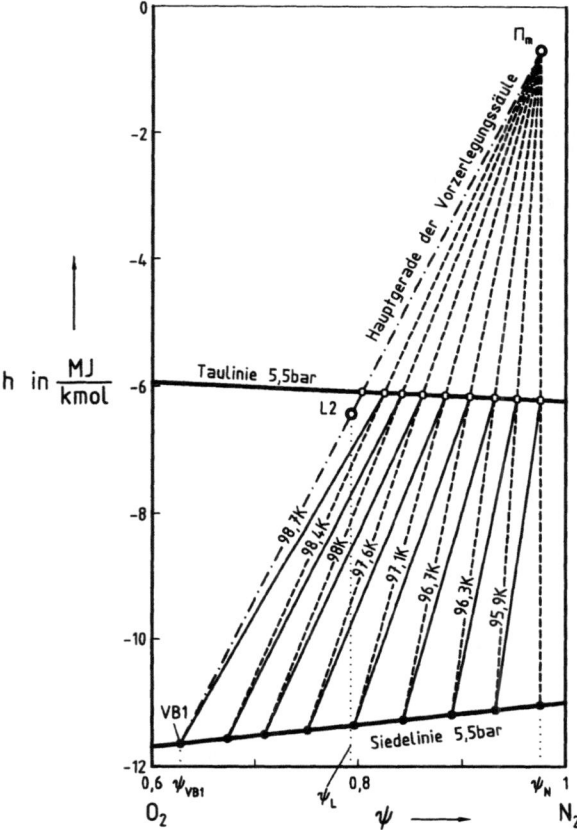

Bild 5.68: Zweisäulenapparat von Linde; Verhältnisse in der Vorzerlegungssäule, dargestellt im h, ψ-Diagramm

Schließlich muß noch berücksichtigt werden, daß die am Kopf der Vorzerlegungssäule entzogene Wärme $\dot{Q}_R$ zugleich als Heizwärme an die Blase der Niedertemperatursäule übertragen wird. Die auf den Mengenstrom $\dot{n}_L$ der Ausgangsluft bezogene Dephlegmationswärme $\dot{Q}_R$ erhält man im h, ψ-Diagramm als senkrechten

444   5 Trennung von Gemischen

Abstand des Zustandspunktes $L2$ vom Punkt X, der bei der Konzentration ψ_L auf der Verbindungsgeraden der Punkte $VB1$ und $VK1$ liegt, welche praktisch mit der Siedelinie $p_m = 5,5$ bar zusammenfällt. Dabei ist zu beachten, daß in der Vorzerlegungssäule das Kopfprodukt flüssig abgezogen wird. Projiziert man die Strecke $L2X$ auf die Linie konstanter Produktkonzentration ψ_O, so erhält man die je Mengeneinheit des Produkts ausgetauschte Wärme $q_R = \dot{Q}_R/\dot{n}_{O1}$. Mit den Zahlenwerten, die Bild 5.67 zugrunde liegen, ist $q_R = 23,5$ MJ/kmol.

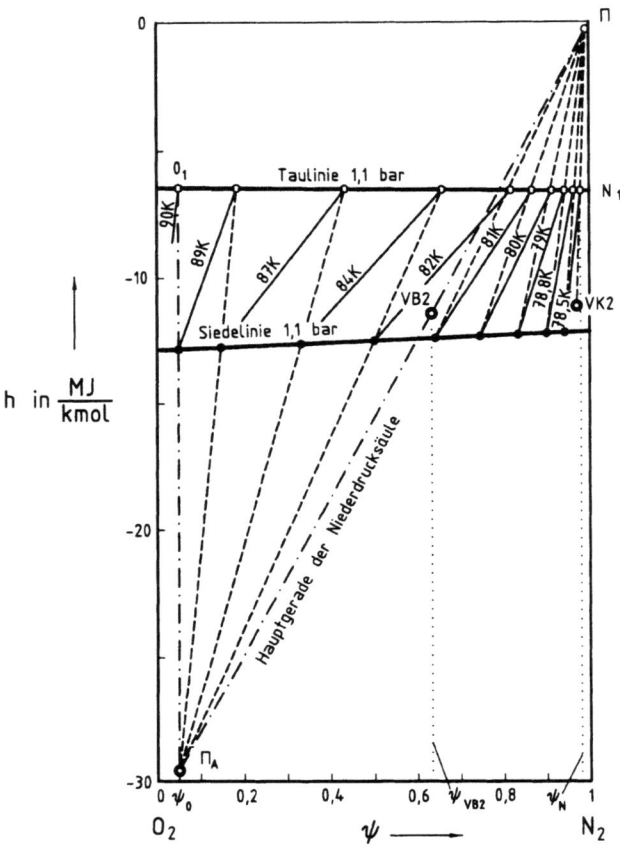

Bild 5.69: Zweisäulenapparat von Linde; Verhältnisse in der Niederdrucksäule, dargestellt im h, ψ-Diagramm

In der Niederdrucksäule wird das Blasenprodukt $O1$ dampfförmig abgezogen. Der der Blase zugeführte Wärmestrom $\dot{Q}_R$ ist — bezogen auf den Mengenstrom des Blasenprodukts — im h, ψ-Diagramm gleich dem senkrechten Abstand des Zustandspunktes $O1$ vom Pol Π_A der Abtriebssäule. Deshalb muß der Abtriebspol Π_A auf der Verlängerung der Geraden liegen, welche die Punkte $N1$ und X verbindet. Die in Bild 5.67 mit unterschiedlich langen Strichen eingezeichnete Hauptgerade durch den Abtriebspol Π_A und den Punkt $VB2$ schneidet die bereits zuvor festgelegte Querschnittsgerade durch $VK2$ und $N1$ im Verstärkungspol Π. Dieser kann durchaus auch außerhalb des Diagramms liegen, denn anders als bei der früher besprochenen Rückflußkühlung kann ja der Mengenstrom $\dot{n}_{VK2}$ durchaus größer sein als der des Kopfprodukts $\dot{n}_{N1}$, so daß nach der Mengenbilanz für die Niederdrucksäule

$$\dot{n}'' - \dot{n}' = \dot{n}_{N1} - \dot{n}_{VK2} \qquad (5.157)$$

$$\dot{n}''\psi'' - \dot{n}'\psi' = \dot{n}_{N1}\psi_{N1} - \dot{n}_{VK2}\psi_{VK2} = (\dot{n}_{N1} - \dot{n}_{VK2})\psi_\Pi \qquad (5.158)$$

die Polkonzentration

$$\psi_\Pi = \frac{\dot{n}_{N1}\psi_{N1} - \dot{n}_{VK2}\psi_{VK2}}{\dot{n}_{N1} - \dot{n}_{VK2}} \qquad (5.159)$$

durchaus Werte $\psi_\Pi > 1$ annehmen kann.
Außer den genannten Bedingungen, die aus den Mengen- und Energiebilanzen folgen, müssen noch die aus dem Zweiten Hauptsatz resultierenden Einschränkungen beachtet werden, wonach im h, ψ-Diagramm nicht nur die Hauptgerade, sondern jede Querschnittsgerade steiler verlaufen muß als die zugehörige Naßdampfisotherme. Daß dieses im hier betrachteten Zweisäulenapparat gewährleistet ist, zeigen das h, ψ-Diagramm der Vorzerlegung, Bild 5.68, und das der Niederdruckzerlegung, Bild 5.69.
Über die durch Nichtumkehrbarkeiten verursachten Verluste im Zweisäulenapparat gibt das s, ψ-Diagramm, Bild 5.70, Auskunft.
Die gesamte Entropieproduktion in der als adiabat angesehenen Anlage ist auf die Mengeneinheit der zu zerlegenden Luft bezogen

$$\frac{\dot{S}_{pr}}{\dot{n}_L} = \frac{\dot{n}_{O2}}{\dot{n}_L} s_{O2} + \frac{\dot{n}_{N2}}{\dot{n}_L} s_{N2} - s_L \qquad (5.160)$$

praktisch gleich derjenigen in einem Einsäulenapparat, weil sich in beiden Fällen die Zustände $L1$, $O2$ und $N2$ der ein- bzw. austretenden Stoffe kaum unterscheiden. Wohl aber ist beim Zweisäulenapparat wegen des geringeren Sauerstoffgehaltes $1 - \psi_N$ im erzeugten Stickstoffstrom der Mengenstrom $\dot{n}_{O2}$ des erzeugten Sauerstoffs größer als beim Einsäulenapparat und daher die auf das Produkt bezogene Entropieerzeugung

$$\begin{aligned} s_{pr} &= \frac{\dot{S}_{pr}}{\dot{n}_{O2}} = s_{O2} + \frac{\dot{n}_{N2}}{\dot{n}_{O2}} s_{N2} - \frac{\dot{n}_L}{\dot{n}_{O2}} s_L \\ &= 49{,}5 \text{ kJ/(kmol K)} \end{aligned} \qquad (5.161)$$

beträchtlich kleiner.

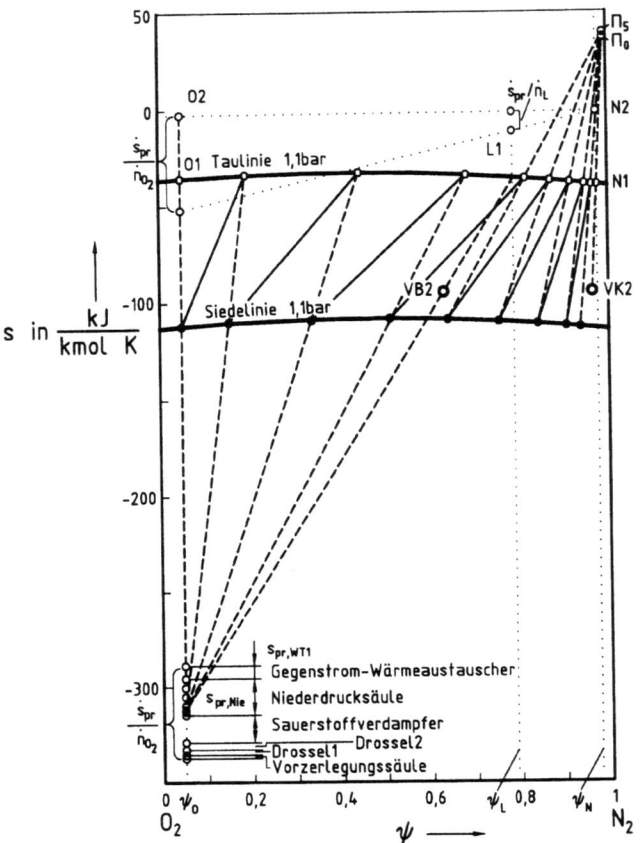

Bild 5.70: Entropieproduktion im Zweisäulenapparat, dargestellt im s, ψ-Diagramm

Dabei ist die auf den Mengenstrom des Sauerstoffs bezogene Entropieproduktion in der Vorzerlegungssäule

$$\begin{aligned}
s_{pr,\text{Vor}} &= \frac{\dot{n}_{VK1}}{\dot{n}_{O2}} s_{VK1} + \frac{\dot{n}_{VB1}}{\dot{n}_{O2}} s_{VB1} - \frac{\dot{n}_L}{\dot{n}_{O2}} s_{L2} + \frac{q_R}{T_{VK1}} \\
&= \frac{0,46}{0,2039}(-98,54) + \frac{0,54}{0,2039}(-95,82) \\
&\quad + \frac{1}{0,2039} 46,88 + \frac{23,5*10^3}{95,56} = 2,3 \text{ kJ/(kmol K)}
\end{aligned} \qquad (5.162)$$

und in der Niederdrucksäule

$$s_{pr,\text{Nie}} = -\frac{q_R}{T_{O1}} + s_{O1} + (\dot{n}_{N2}s_{N1} - \dot{n}_{VK2}s_{VK2} - \dot{n}_{VB2}s_{VB2})/\dot{n}_{O2}$$

$$= -\frac{23,5*10^3}{90,4} - 34,18 + (-0,7161*39,27 + 0,46*97,11$$

$$+ 0,54*93,63)/0,2039 = 19,6 \text{ kJ}/(\text{kmol K}) \tag{5.163}$$

also insgesamt in allen Trennstufen

$$s_{pr,\text{Tr}} = s_{pr,\text{Vor}} + s_{pr,\text{Nie}} = 21,9 \text{ kJ}/(\text{kmol K}) \tag{5.164}$$

um etwa 30% geringer als im Einsäulenapparat.
Hierfür gibt es verschiedene Gründe. Zum einen sind die Mengenströme der in der Vorzerlegersäule und der im Verstärkungsteil der Niederdruckkolonne herabrieselnden Flüssigkeit kleiner als im Einsäulenapparat und zum anderen verlaufen die Stoffaustauschvorgänge, zumindest in der Vorzerlegungssäule und im Verstärkungsteil der Niederdrucksäule mehr in der Nähe des jeweiligen Dampf-Flüssigkeits-Gleichgewichts. Dies erkennt man an dem geringeren Steigungsunterschied der Querschnittsgeraden und der zugehörigen Naßdampfisothermen.
Auch die Entropieproduktion im Sauerstoffverdampfer ist im Zweisäulenapparat deutlich kleiner als im Einsäulenapparat, weil je Mengeneinheit des Produkts etwa 30% weniger Wärme ausgetauscht wird.
Im Vergleich des Zweisäulenapparates mit dem Einsäulenapparat ist sehr gut zu erkennen, wie durch eine veränderte Prozeßführung die Nichtumkehrbarkeiten eines Verfahrens und damit der zur Herstellung des Produkts notwendige Energieaufwand verringert werden können. Für die Wirtschaftlichkeit des Produktionsprozesses sind aber noch andere Einflußfaktoren zu beachten, insbesondere die für die Anlage insgesamt aufzuwendenden Investitionen. Nur eine ganzheitliche Betrachtung kann letztlich zu einem besseren Prozeß führen.

Luftzerlegung nach Claude

Bereits vor der Entwicklung des Zweisäulenapparates von LINDE hatte G. CLAUDE eine Luftzerlegungsanlage mit zwei Druckniveaus gebaut. In Bild 5.71 ist das Schema der Anlage nach CLAUDE wiedergegeben.
Das Kennzeichnende seines Verfahrens besteht darin, daß bei der Beheizung der Blase durch die aus dem Gegenstrom-Wärmeübertrager kommende, zum Teil verflüssigte Druckluft $L2$ diese vorzerlegt wird. Die Druckluft $L2$ wird dem mittleren Sammler A unter der Blase zugeführt, strömt in das mittlere senkrechte Rohrbündel B und wird infolge Wärmeabgabe an die Blasenfüllung teilweise verflüssigt. Die wärmeabgebende Oberfläche ist so bemessen, daß im mittleren Rohrbündel nur ein Teil verflüssigt werden kann, während der Rest den seitlichen Röhren C von oben zuströmt, dort restlos verflüssigt und im besonderen Sammler D aufgefangen wird[20]. Im Rohrbündel B rieselt das Kondensat zurück in den Sammler A,

---

[20] Hier übernimmt das äußere Rohrbündel C in der Blase gewissermaßen die Rolle des Dephlegmators, weil es der Säule den erforderlichen „Rücklauf" liefert.

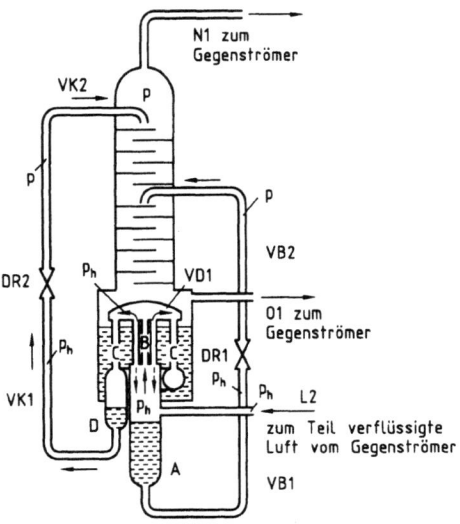

Bild 5.71: Schema der Luftzerlegung nach CLAUDE
- A: Sammler für die mit Sauerstoff angereicherte flüssige Luft
- B: Rohrbündel mit Rektifizierwirkung
- C: Kondensatorrohre zur Verflüssigung des stickstoffreichen Teils der Luft
- D: Sammler des stickstoffreichen Kondensats
- $VK1$: stickstoffreiches Produkt der Vorzerlegungssäule
- $VB1$: mit Sauerstoff angereichertes Bodenprodukt der Vorzerlegungssäule
- $O1$: Sauerstoffstrom als dampfförmiges Blasenprodukt der Niederdrucksäule
- $N1$: Stickstoffstrom als Kopfprodukt der Niederdrucksäule

d.h. im Gegenstrom zu der Druckluft, was zur Folge hat, daß die unten angesammelte Flüssigkeit im Grenzfall im Gleichgewicht mit der zuströmenden Druckluft steht und so einen Sauerstoffgehalt von etwa 42% (d.h. $\psi \cong 0,58$) erreichen kann. Diese so an Sauerstoff angereicherte Flüssigkeit $VB1$ wird im Ventil $DR1$ auf den Druck p (etwas mehr als 1 bar) abgedrosselt und gelangt als Zulauf $VB2$ in die Säule. Das in D angesammelte Kondensat $VK1$ ist wesentlich stickstoffreicher als die Luft und wird über das Ventil $DR2$ als Rücklauf dem Kopf der Kolonne zugeführt. Der reine Stickstoff entweicht oben. Der reine Sauerstoff wird gasförmig der Blase entnommen. Beide Gase werden getrennt dem nicht eingezeichneten Gegenströmer zugeführt, um die Druckluft vorzukühlen.

Auch hier muß der Druck p_h der zugeführten Luft einiges höher sein als der Siededruck p des umgebenden Sauerstoffbades, damit die Verflüssigungstemperatur der Luft höher ist als die des reinen Sauerstoffs.

Die Wärme- und Mengenverhältnisse dieses Verfahrens sind im h, ψ-Diagramm des Bildes 5.72 dargestellt. Die Siedelinie für p_h muß höher liegen als die Flüssigkeitsisotherme T_{O1} (Siedetemperatur des fast reinen Sauerstoffs bei niedrigerem Druck p in der Blase).

Da von außen her der Anlage weder Arbeit noch Wärme zugeführt wird, so muß

5.2 Rektifikation (Läuterung) von Zweistoffgemischen

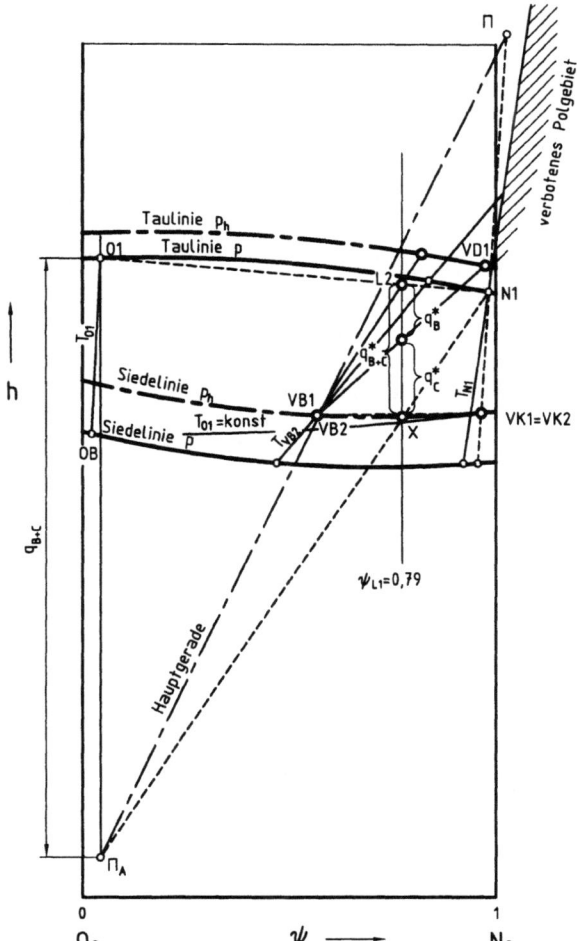

Bild 5.72: Luftzerlegung nach CLAUDE im h, ψ-Diagramm

die Enthalpie der zugeführten Druckluft, Punkt $L2$, sich in den getrennten Gasen N_2 und O_2 wiederfinden. Entsprechend den Bezeichnungen in Bild 5.72 muß der Zustandspunkt $L2$ der Druckluft auf der Verbindungsgeraden von $N1$ und $O1$ liegen (Entmischungsgerade!), Bild 5.72. Da $N1$ und $O1$ auf der Taulinie liegen, so kann man die Höhenlage von $L2$ durch Veränderung der Zusammensetzungen ψ_{N1} und ψ_{O1} kaum beeinflussen. Man erkennt die scharfe Vorschrift, nach welcher im Wärmeübertrager ein genau festgelegter Teil der Druckluft vorverflüssigt werden muß (Punkt $L2$ liegt im Sättigungsgebiet für den Druck p_h!).

Um den Läuterungsvorgang näher verfolgen zu können, entschließen wir uns zunächst für die gewünschte Reinheit des Sauerstoffs $O1$ und des Stickstoff $N1$ und tragen die entsprechenden Zustandspunkte auf der Taulinie p im h, ψ-Diagramm ein (Bild 5.72).

Ein Teil der Druckluft $L2$ wird im Innenbündel B in die Flüssigkeit $VB1$ und

den Dampf $VD1$ vorzerlegt (s. Bild 5.71 und 5.72). Bei genügend langen Rohren kann $VB1$ beliebig genau ins Gleichgewicht mit $L2$ gebracht werden, d.h. $VB1$ liegt fast auf der Naßdampfisotherme (für p_h) durch $L2$. Die Drosselung im Ventil $DR1$ liefert den Zustand $VB2$ des Zulaufs für die gekoppelte Läuterungssäule. Die Hauptgerade der Läuterung muß somit durch $VB2$ verlaufen. Der Abtriebspol Π_A liegt bei der Konzentration ψ_{O1} des Blasenprodukts, wobei zu beachten ist, daß das Blasenprodukt $O1$ gasförmig entnommen wird. Die Höhenlage von Π_A ermittelt man mit Hilfe der „Heizwärme" q_{B+C}, die ja von der Druckluft $L2$, welche in den Rohrbündeln kondensiert, geliefert wird. Da die Luft $L2$ in die Flüssigkeiten $VB1$ und $VK1$ vorzerlegt und verflüssigt wird[21], ist der Zustand X der vorzerlegten und verflüssigten Luft auf der Verbindungsgeraden von $VB1$ und $VK1$ zu finden. Die dabei je Mol Druckluft $L2$ abgegebene Wärme ist $q^\star_{B+C} = \dot{Q}_{B+C}/\dot{n}_{L2}$, (Bild 5.72). Die Menge des gewonnenen Sauerstoffs $O1$ ist kleiner als die der Luft $L2$, und das Mengenverhältnis ist durch ψ_{O1}, ψ_{N1} und ψ_{L2} festgelegt. Je Mol des gewonnenen Sauerstoffs $O1$ wird somit in der Blase die Wärme q_{B+C} zugeführt, die man findet, indem man von $N1$ aus die Wärme $q^\star_{B+C}$ in die Ordinate ψ_{O1} projiziert. So sind der Pol Π_A und damit auch die Hauptgerade eindeutig festgelegt.
Der Zustand OB des Sauerstoffbades in der Blase liegt auf der Naßdampfisothermen T_{O1} des entweichenden Dampfes $O1$.
Den Verstärkungspol Π, der auf der Hauptgeraden liegen muß, findet man als den Schnittpunkt mit der Querschnittsgeraden $\overline{N1VK2}$[22]. Es ist zu prüfen, ob alle Querschnittsgeraden durch Π steiler als die Naßdampfisothermen verlaufen. Damit dies gewährleistet ist, muß Π jedenfalls links von dem schraffierten verbotenen Polgebiet liegen, welches durch die Verlängerung der Naßdampfisotherme T_{N1} begrenzt wird. Ist dies nicht der Fall, so muß der Punkt $VK2$ (und damit auch $VK1$ und $VD1$) so weit verlegt werden, bis diese Bedingung erfüllt wird. Was bedeutet die Verlegung von $VK1$? Die Lage von $VK1$ wird durch die Abmessungen des inneren und äußeren Rohrbündels bestimmt, wobei zur Erzeugung des Kondensats $VB1$ die Wärme $q^\star_B = \dot{Q}_B/\dot{n}_{L2}$ und zur Erzeugung von $VK1$ die Wärme $q^\star_C = \dot{Q}_C/\dot{n}_{L2}$ je Mol der Luft $L2$ entzogen werden muß. Es ist natürlich $q^\star_B + q^\star_C = q^\star_{B+C}$. Man erkennt die große Bedeutung der richtigen Bemessung der beiden Rohrbündel.
Nachdem die beiden Pole Π und Π_A gefunden worden sind, kann man leicht die erforderliche Bodenzahl der Kolonne ermitteln.

5.2.9 McCabe-Thiele-Diagramm

Für Gemische, für die kein h, ξ- oder h, ψ-Diagramm vorliegt, werden aber wenigstens die Gleichgewichtszusammensetzungen ξ'' und ξ' bzw. ψ' und ψ'' bekannt sein, sei es durch Versuch, sei es durch Berechnung. Nach MCCABE und THIELE[23] kann man auch für solche Gemische unter gewissen vereinfachenden Annahmen den

---
[21] Punkt $VK1$ liegt im h, ψ-Diagramm, Bild 5.72, bei der Konzentration $\psi_{VK1} = \psi_{VD1}$ unterhalb $VD1$, denn die Dämpfe $VD1$, Bild 5.71, werden im äußeren Rohrbündel vollkommen zu $VK1$ verflüssigt.
[22] $VK1$ und $VK2$ fallen ineinander, da $VK2$ im Ventil $DR2$ durch Drosselung aus $VK1$ erhalten wird.
[23] MCCABE W L UND THIELE E W (1925) Ind Eng Chem 17:605

5.2 Rektifikation (Läuterung) von Zweistoffgemischen

Zerlegungsvorgang verfolgen. Dies soll anhand des Bildes 5.73 erläutert werden.
In der oberen Hälfte des Bildes 5.73 ist das Enthalpie-Zusammensetzungs-(h,ξ)-Diagramm eines Zweistoffgemisches dargestellt. Im zugehörigen MCCABE-THIELE-Diagramm, untere Hälfte des Bildes 5.73, ist die Dampfzusammensetzung ξ'' über der Flüssigkeitszusammensetzung ξ' aufgetragen. Im Gleichgewichtszustand ergibt das die Gleichgewichtslinie ξ'' über ξ'. Die Ordinatenstrecke $\overline{MN}$ bis zur Diagonale und die Abszissenstrecke $\overline{ML}$ geben den Unterschied der Gleichgewichtskonzentration von Dampf und Flüssigkeit wieder.

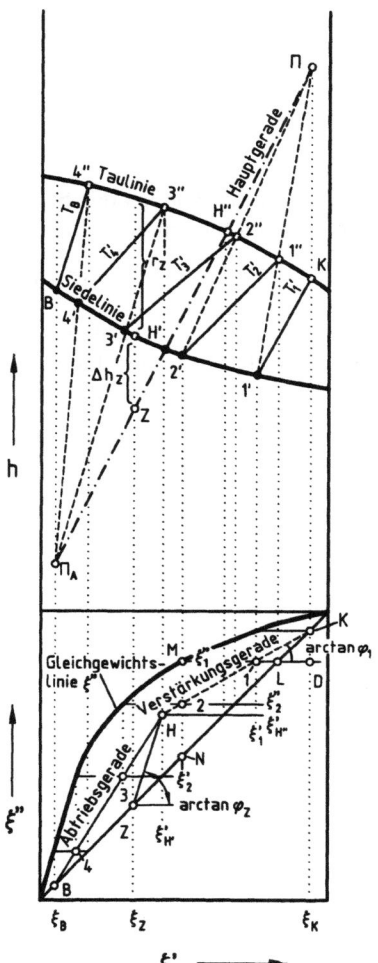

Bild 5.73: Rektifikation mit Verstärkungs- und Abtriebssäule, dargestellt im h,ξ- und im MC-CABE-THIELE-Diagramm

In das MCCABE-THIELE-Diagramm können ebensogut die Konzentrationen ξ' und ξ'' zweier Phasen, die nicht im Gleichgewicht sind, eingetragen werden. Wenn in einem Säulenquerschnitt 1 die Flüssigkeit die Konzentration ξ'_1, der Dampf die Konzentration ξ''_1 aufweist, so werden die Verhältnisse in diesem Säulenquerschnitt durch Punkt 1 des MCCABE-THIELE-Diagramms festgehalten. Dem Flüssigkeitszustand 1' und dem Dampfzustand 1″ auf der Querschnittsgeraden des h, ξ-Diagramms entspricht somit ein Querschnittspunkt 1 des McCabe-Thiele-Diagramms. In diesem Säulenquerschnitt gilt gemäß Gl. (5.32) für das Verhältnis der Flüssigkeitsmasse $\dot{m}'_1$ zur Dampfmasse $\dot{m}''_1$

$$\varphi_1 = \frac{\dot{m}'_1}{\dot{m}''_1} = \frac{\xi_K - \xi''_1}{\xi_K - \xi'_1} \; , \tag{5.165}$$

wobei ξ_K die Konzentration des Kopfprodukts der Verstärkungssäule bedeutet. φ wird als das „innere" Rücklaufverhältnis[24] bezeichnet. Im McCabe-Thiele-Diagramm wird φ_1 durch die Steigung der Verbindungsgeraden der Punkte 1 und K wiedergegeben, denn nach Bild 5.73 gilt

$$\frac{\overline{DK}}{\overline{1D}} = \frac{\xi_K - \xi''_1}{\xi_K - \xi'_1} = \varphi_1 \; . \tag{5.166}$$

Zerlegt man ein Gemisch, bei dem sich das Rücklaufverhältnis φ längs der Säule nicht, oder nur unwesentlich ändert, so wird in einem anderen Säulenquerschnitt 2

$$\varphi_2 = \varphi_1 \tag{5.167}$$

sein. Der zugehörige Querschnittspunkt 2 (ξ'_2, ξ''_2) muß dann auf der Verlängerung der Verbindungsgeraden $\overline{1K}$ liegen. Alle Querschnittspunkte 1, 2 usw. verschiedener Querschnitte einer Säule liegen dann auf derselben „Verstärkungsgeraden" $\overline{2K}$ der Verstärkungssäule, deren Steigung

$$\varphi_V = \varphi_2 = \varphi_1 = \frac{\xi_K - \xi''}{\xi_K - \xi'} = \frac{\dot{m}'}{\dot{m}''} = \text{konst} \tag{5.168}$$

ist.

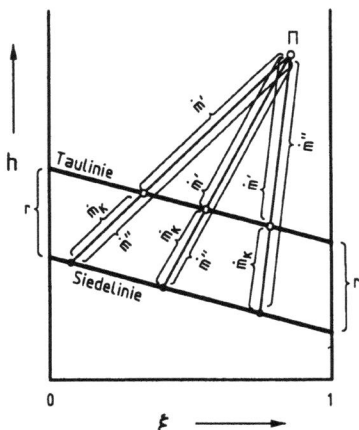

Bild 5.74: Bei annähernd geradlinigem und parallelem Verlauf der Siede- und Taulinie im h, ξ-Diagramm ändert sich das Rücklaufverhältnis $\varphi = \dot{m}'/\dot{m}''$ entlang der Verstärkungssäule nicht

Die wesentliche Voraussetzung eines unveränderlichen Rücklaufverhältnisses φ entlang der Säule wird nur bei solchen Gemischen streng erfüllt, deren Siede- und

---
[24]Im Gegensatz zum „äußeren" Rücklaufverhältnis φ_R nach Gl. (5.114)

Taulinie im h,ξ-Diagramm geradlinig und parallel verlaufen, Bild 5.74. Dies bedeutet unter anderem, daß die Verdampfungswärmen der beiden Komponenten gleich groß sein müssen. Für zahlreiche Zweistoffgemische trifft dies näherungsweise zu, besonders dann, wenn die Zustandsgrößen nicht auf die Mengeneinheit 1 kg, sondern auf 1 kmol bezogen werden (s. TROUTONsche Regel im 1. Band). Deswegen werden die Konzentrationen im MCCABE-THIELE-Diagramm in der Regel als Molanteile angegeben. Aber selbst, wenn Siede- und Taulinien im h,ξ-Diagramm nicht parallel verlaufen, wie in Bild 5.73, liegen die Querschnittspunkte $1, 2, K$ im MCCABE-THIELE-Diagramm meist hinreichend genau auf einer Geraden.
Die Verstärkungsgerade $\overline{HK}$ liegt um so flacher, je kleiner das Rücklaufverhältnis φ, d.h. je mäßiger die Kühlung im Dephlegmator der Verstärkungssäule ist.
Ganz ähnlich wie für die Verstärkungssäule bekommt man für irgendeinen Querschnitt der Abtriebssäule nach Gl. (5.68)

$$\frac{\dot{m}'}{\dot{m}''} = \frac{\xi'' - \xi_B}{\xi' - \xi_B} = \varphi_A \quad , \tag{5.169}$$

wobei ξ_B die Konzentration des Blasenprodukts ist. Der Zustandspunkt B des Blasenprodukts liegt auf der Diagonalen des MCCABE-THIELE-Diagramms, Bild 5.73.
Die Querschnitte der Abtriebssäule liegen auf einer „Abtriebsgeraden", wenn das Rücklaufverhältnis φ_A in der Abtriebssäule ebenfalls konstant ist.
Für die Steilheit der Abtriebsgeraden $\overline{BH}$ ist die aus der Blase aufsteigende Dampfmenge maßgebend, und damit die Blasenwärme $\dot{Q}_B/\dot{m}_B$.
Der Schnittpunkt H der Verstärkungsgeraden $\overline{HK}$ mit der Abtriebsgeraden $\overline{BH}$ entspricht den Flüssigkeits- und Dampfzuständen H' bzw. H'' auf der Hauptgeraden, denn diese kann sowohl dem Verstärkungsteil als auch dem Abtriebsteil der Rektifiziersäule zugeordnet werden.
Für die inneren Rücklaufverhältnisse φ_V bzw. φ_A der Verstärkungs- bzw. Abtriebssäule muß natürlich auch gelten

$$\varphi_V = \frac{\xi_K - \xi''_H}{\xi_K - \xi'_H} \quad \text{bzw.} \quad \varphi_A = \frac{\xi''_H - \xi_B}{\xi'_H - \xi_B} \quad . \tag{5.170}$$

Liegt der Zulauf Z bereits im Siedezustand vor, so findet man den Schnittpunkt H im MCCABE-THIELE-Diagramm auf der Linie $\xi_Z = $ konst oberhalb von Z aber noch unterhalb der Gleichgewichtslinie. Würde der Punkt H auf der Gleichgewichtslinie liegen, Bild 5.75 unten, so fiele die zugehörige Hauptgerade mit der Gleichgewichtsisothermen zusammen, s. „theoretische Hauptgerade" in Bild 5.42. In diesem Fall würde die Steigung der Verstärkungsgeraden den kleinstmöglichen Wert $\varphi_{\min}$ annehmen, d.h. auch die kleinste Rückflußmenge im Verhältnis zur Dampfmenge sich einstellen. Infolgedessen würde sich der Wärmebedarf der Trennsäule auf den Mindestbedarf reduzieren. Allerdings müßte eine solche Trennsäule unendlich viele Böden haben. Das erkennt man daran, daß in der Nähe des Punktes $H_{\min}$ unendlich viele Stufen vorliegen, s. Bild 5.75 unten. Es genügt aber schon ein geringfügiges Abrücken des Punktes H von der Gleichgewichtslinie (wodurch das Rücklaufverhältnis kaum verändert wird), um die Zahl der Böden endlich werden zu lassen.

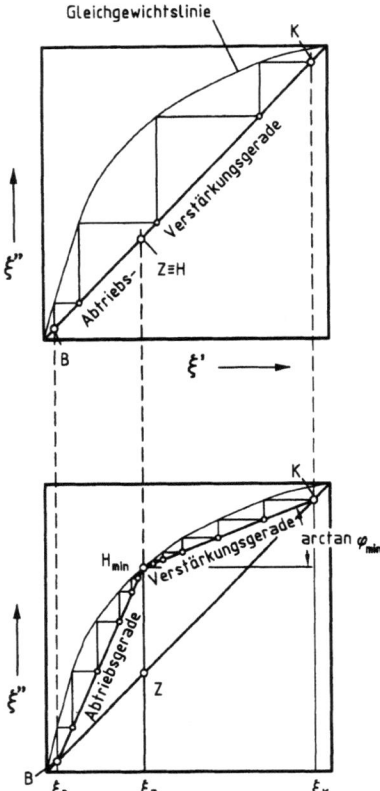

Bild 5.75: Unendliches (oben) und minimales (unten) Rücklaufverhältnis im MCCABE-THIELE-Diagramm

Im anderen Extremfall, nämlich dem eines unendlichen „äußeren" Rücklaufverhältnisses

$$\varphi_R = \frac{\dot{m}'}{\dot{m}_K} \to \infty \; , \tag{5.171}$$

was einem „inneren" Rücklaufverhältnis

$$\varphi = \frac{\dot{m}'}{\dot{m}''} = \frac{\varphi_R}{1+\varphi_R} = 1 \tag{5.172}$$

entspricht, fallen im MCCABE-THIELE-Diagramm die Verstärkungs- und die Abtriebsgerade mit der Diagonalen zusammen, s. Bild 5.75 oben. Man kommt in diesem Extremfall mit der geringsten Zahl theoretischer Böden aus, allerdings gehen dann, bezogen auf den verschwindend kleinen Mengenstrom $\dot{m}_K$ des Kopfprodukts, Säulendurchmesser und Energieaufwand gegen unendlich, s. auch Abschn. „Erforderliche Bodenzahl der Säule".

Ist der Zulauf Z beim Eintritt in die Rektifiziersäule, wie im Bild 5.73, noch nicht im Siedezustand, so muß ein Teil des aus der Abtriebssäule aufsteigenden Dampfes

5.2 Rektifikation (Läuterung) von Zweistoffgemischen

dazu dienen, den Zulauf vorzuwärmen. In diesem Fall erhält man den Punkt H aus der Steigung φ_Z der „Zulaufgeraden" $\overline{ZH}$. Es ist nämlich nach Bild 5.73

$$\begin{aligned}\varphi_Z &= \frac{\xi_H'' - \xi_Z}{\xi_H' - \xi_Z} = \frac{\xi_H'' - \xi_H'}{\xi_H' - \xi_Z} + 1 \\ &= \frac{h_H'' - h_H'}{h_H' - h_Z} + 1 \approx \frac{r_Z}{\Delta h_Z} + 1 \ .\end{aligned} \qquad (5.173)$$

In Ermangelung eines h, ξ-Diagramms, aus dem die Enthalpiedifferenzen sofort entnommen werden könnten, nimmt man für den vorletzten Quotienten in Gl. (5.173) näherungsweise das Verhältnis der Verdampfungswärme r_Z zur Aufheizwärme Δh_Z des Zulaufs, s. Bild 5.73, was vollkommen exakt wäre, wenn im h, ξ-Diagramm Tau- und Siedelinie parallel laufende Geraden wären, s. Bild 5.76.
Wird der Zulauf bereits siedend zugeführt, $h_Z = h_H'$, so strebt $\varphi_Z \to \infty$; wird er als gesättigter Dampf eingeführt, $h_Z = h_H''$, so wird $\varphi_Z = 0$.
Die Steigungen φ_Z der Zulaufgeraden, φ_V der Verstärkungsgeraden und φ_A der Abtriebsgeraden sind nicht unabhängig voneinander. Nach Gl. (5.173) und (5.170) ist nämlich

$$\frac{\xi_H' - \xi_Z}{\xi_H'' - \xi_H'} = \frac{1}{\varphi_Z - 1} \ ; \ \frac{\xi_K - \xi_H'}{\xi_H'' - \xi_H'} = \frac{1}{1 - \varphi_V} \ ; \ \frac{\xi_H' - \xi_B}{\xi_H'' - \xi_H'} = \frac{1}{\varphi_A - 1} \ . \qquad (5.174)$$

Daraus folgt

$$\frac{\xi_Z - \xi_B}{\xi_K - \xi_B} = \frac{\frac{1}{\varphi_A - 1} - \frac{1}{\varphi_Z - 1}}{\frac{1}{1 - \varphi_V} + \frac{1}{\varphi_A - 1}} = \frac{(1 - \varphi_V)(\varphi_Z - \varphi_A)}{(\varphi_A - \varphi_V)(\varphi_Z - 1)} \ . \qquad (5.175)$$

Bei gegebenen Konzentrationen ξ_Z des Zulaufs, ξ_B des Blasenprodukts und ξ_K des Kopfprodukts ist demnach eine der drei Steigungen im McCabe-Thiele-Diagramm φ_V, φ_A bzw. φ_Z durch die beiden anderen eindeutig festgelegt.
Beispielsweise erhält man für das innere Rücklaufverhältnis φ_A der Abtriebsgeraden nach (5.174) und (5.175)

$$\frac{1}{\varphi_A - 1} = \frac{\xi_Z - \xi_B}{\xi_K - \xi_Z} \frac{1}{1 - \varphi_V} + \frac{\xi_K - \xi_B}{\xi_K - \xi_Z} \frac{1}{\varphi_Z - 1} \ . \qquad (5.176)$$

Bei gleichen Konzentrationen ξ_K, ξ_B und ξ_Z des Kopf- und des Blasenprodukts, bzw. des Zulaufs muß das Rücklaufverhältnis φ_A der Abtriebssäule demnach immer zunehmen, wenn das Rücklaufverhältnis φ_V der Verstärkungssäule abnimmt und umgekehrt.
Für den Fall, daß der Zulauf Z bereits im Siedezustand in die Säule eingeführt wird ($\varphi_Z \to \infty$), vereinfacht sich Gl. (5.176) zu

$$\varphi_A = \frac{\xi_K - \xi_B}{\xi_Z - \xi_B} - \varphi_V \frac{\xi_K - \xi_Z}{\xi_Z - \xi_B} \ , \qquad (5.177)$$

ein Ergebnis, das man auch unmittelbar dem McCabe-Thiele-Diagramm entnehmen kann; wird der Zulauf dagegen als trocken gesättigter Dampf eingeführt, $\varphi_Z = 0$, so ist

$$\varphi_A = \varphi_V \frac{\xi_Z - \xi_B}{\varphi_V(\xi_K - \xi_B) - (\xi_K - \xi_Z)} \quad . \tag{5.178}$$

Näherungsweise Bestimmung des Wärmebedarfs

Sind die Siede- und Taulinie im h,ξ-Diagramm parallele Geraden, wie für die Aufstellung des McCabe-Thiele-Diagramms vorausgesetzt, so kann auch der Wärmebedarf für die Rektifikation auf einfache Weise allein aus der Verdampfungswärme r und den aus dem McCabe-Thiele-Diagramm zu entnehmenden Konzentrationen ermittelt werden. Nach dem h,ξ-Diagramm, Bild 5.76, ist nämlich mit Gl. (5.80)

$$\frac{\dot{Q}_B}{\dot{m}_K} = \Delta h_Z \frac{\xi_K - \xi_B}{\xi_Z - \xi_B} + r \frac{\xi_K - \xi'_H}{\xi''_H - \xi'_H} \quad . \tag{5.179}$$

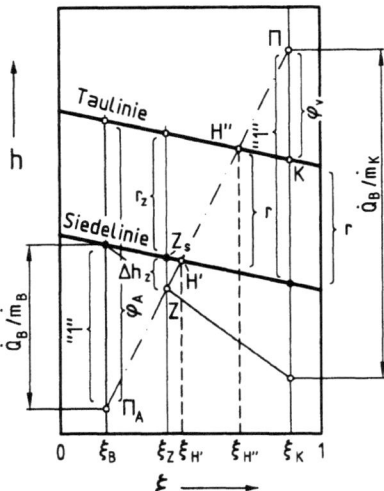

Bild 5.76: Näherungsweise Bestimmung des Wärmebedarfs $\dot{Q}_B$ der Rektifikation

Für die Enthalpiedifferenz Δh_Z, die zum Aufheizen des Zulaufs auf seinen Siedezustand Z_S erforderlich ist, liest man aus dem h,ξ-Diagramm ab

$$\Delta h_Z = r \frac{\xi'_H - \xi_Z}{\xi''_H - \xi'_H} \quad . \tag{5.180}$$

Somit erhält man für den auf die Mengeneinheit $\dot{m}_K$ des Kopfprodukts bezogenen Wärmebedarf $\dot{Q}_B$ der Rektifikation

$$\frac{\dot{Q}_B}{\dot{m}_K} = r \left\{ \frac{\xi_K - \xi_B}{\xi_Z - \xi_B} \cdot \frac{\xi'_H - \xi_Z}{\xi''_H - \xi'_H} + \frac{\xi_K - \xi'_H}{\xi''_H - \xi'_H} \right\} \quad . \tag{5.181}$$

5.2 Rektifikation (Läuterung) von Zweistoffgemischen

Mit den Gln. (5.174) und (5.175) kann der bezogene Wärmebedarf auch durch φ_Z sowie durch die Rücklaufverhältnisse φ_V und φ_A ausgedrückt werden

$$\frac{\dot{Q}_B}{\dot{m}_K} = \frac{r}{1-\varphi_V} \cdot \frac{\varphi_Z - \varphi_V}{\varphi_Z - \varphi_A} \ . \tag{5.182}$$

Bezieht man den Wärmebedarf auf den Mengenstrom $\dot{m}_B$ des Blasenprodukts, so erhält man aus Gl. (5.181), (5.174) und (5.176)

$$\frac{\dot{Q}_B}{\dot{m}_B} = \frac{\dot{Q}_B}{\dot{m}_K} \cdot \frac{\xi_Z - \xi_B}{\xi_K - \xi_Z} = r \left\{ \frac{\xi_K - \xi_B}{\xi_K - \xi_Z} \frac{1}{\varphi_Z - 1} + \frac{\xi_Z - \xi_B}{\xi_K - \xi_Z} \frac{1}{1-\varphi_V} \right\} = \frac{r}{\varphi_A - 1} \ , \tag{5.183}$$

was man auch unmittelbar aus Bild 5.76 ablesen kann.

Aus Gl. (5.183) wird der große Einfluß des inneren Rücklaufverhältnisses φ_A der Abtriebssäule auf den bezogenen Wärmebedarf deutlich. Geht $\varphi_A \to 1$, d.h. wird die in der Abtriebssäule herabrieselnde Flüssigkeit nahezu vollständig verdampft, so wächst der Wärmebedarf für das Blasenprodukt ins Unendliche.

Befindet sich der Zulauf bereits im Siedezustand, so wird $\xi'_H = \xi_Z$, bzw. $\varphi_Z \to \infty$, und der auf den Mengenstrom des Kopfprodukts bezogene Wärmebedarf wird nach Gl. (5.182) ausschließlich durch das Rücklaufverhältnis der Verstärkungssäule bestimmt

$$\frac{\dot{Q}_B}{\dot{m}_K} = \frac{r}{1-\varphi_V} \quad \text{(für siedenden Zulauf)} \ . \tag{5.184}$$

Der Pinch

Den kleinsten senkrechten Abstand zwischen dem Schnittpunkt H und der Gleichgewichtslinie im MCCABE-THIELE-Diagramm nennt man den Pinch, Bild 5.77. Je größer der Pinch, um so weiter sind die in einem Säulenquerschnitt anzutreffenden Konzentrationen von den jeweiligen Gleichgewichtskonzentrationen entfernt, um so größer infolgedessen die Verluste durch irreversiblen Stoffaustausch. Daher können die Abstände der Verstärkungs- und der Abtriebsgeraden von der Gleichgewichtslinie als ein — zunächst qualitatives — Maß für die Nichtumkehrbarkeiten des Stoffaustausches angesehen werden. Je kleiner die „Zwickel" zwischen Gleichgewichtslinie und Verstärkung- bzw. Abtriebsgerade ausfallen, um so geringer sind die Abstände der Konzentrationen zum Gleichgewicht und um so geringer ist die Entropieproduktion und damit der wirkliche Trennaufwand. Allerdings nimmt mit abnehmendem Pinch die Zahl der erforderlichen Böden zu und damit die Investitionskosten für die Kolonne.

Insofern kommt dem „Pinch" eine ähnliche Bedeutung zu wie dem Pinch bei Wärmeübertrager-Netzwerken, weil in beiden Fällen die Haupttriebkräfte — hier die Konzentrationsunterschiede, dort die Temperaturdifferenzen — anstelle der Entropieproduktion zur Bewertung der Nichtumkehrbarkeiten bei diesen Austauschprozessen herangezogen werden.

458   5 Trennung von Gemischen

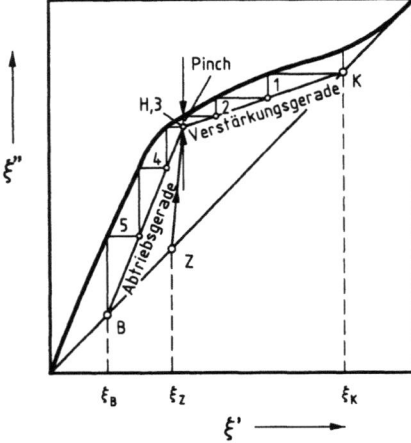

Bild 5.77: Pinch im McCabe-Thiele-Diagramm

Bemessung von Füllkörperkolonnen

Die Methode nach McCabe und Thiele kann man auch zur Bemessung von Füllkörperkolonnen heranziehen. Wir nehmen an, daß in der Füllkörperkolonne Dampf und Flüssigkeit im Gegenstrom strömen, und daß die Stoff- und Wärmeübertragung durch deren Trennfläche (Phasengrenze) erfolgt. Ähnlich wie in Bild 4.17 für feuchte Luft ist es vernünftig anzunehmen, daß die sich in der Phasengrenze berührenden Dampf- und Flüssigkeitsfilme im Gleichgewicht miteinander stehen und zwar bei der gemeinsamen Phasengrenztemperatur T_g. In der Phasengrenze herrschen also die Zusammensetzungen des Dampfes ξ_g'' und der Flüssigkeit ξ_g', beide bei der Temperatur T_g, während man weit von der Phasengrenze die entsprechenden Nichtgleichgewichtswerte ξ'' und ξ' vorfindet. Liegt bei der Rektifikation der Stoffaustauschwiderstand im wesentlichen in der Dampfphase, so ist der Unterschied $(\xi' - \xi_g')$ nicht allzu groß, und man kann für die Dampfseite analog der Gl.(4.121) setzen

$$dA_g = A_e \frac{d\xi''}{\xi_g'' - \xi''} \;, \tag{5.185}$$

worin der Unterschied der Dampfkonzentrationen ξ_g'' an der Phasengrenze und ξ'' im Dampf fernab von der Phasengrenze in erster Näherung als die treibende Kraft des Stoffaustausches angesetzt werden kann. In Gl. (5.185) bedeutet dA_g diejenige Oberfläche der Phasengrenze, die notwendig ist, um eine Änderung der Dampfkonzentration $d\xi''$ hervorzurufen, sowie A_e die in Gl. (4.151) definierte sog. „Einheitsfläche". Bei Füllkörperkolonnen ist eine Aussage über die Einheitsfläche A_e wenig zuverlässig, aber jedenfalls wird die Austauschfläche etwa proportional der Säulenhöhe Z sein. Deshalb wird auch

$$\frac{dA_g}{A_e} = \frac{dZ}{Z_e} = \frac{d\xi''}{\xi_g'' - \xi''} \;, \tag{5.186}$$

5.2 Rektifikation (Läuterung) von Zweistoffgemischen

und durch Integration bekommt man die erforderliche Höhe der Verstärkungssäule

$$Z = Z_e \int_{\xi_H''}^{\xi_K} \frac{d\xi''}{\xi_g'' - \xi''} \quad \text{in m} . \tag{5.187}$$

Darin ist der Erfahrungswert Z_e in m über die ganze Säulenhöhe Z als unveränderlich angenommen worden, womit man sich gegebenefalls in Ermangelung besserer Unterlagen begnügen muß. Die Einheitshöhe Z_e wird auch als die Höhe einer Übertragungseinheit oder als Height of a Transfer Unit (HTU) bezeichnet, worüber im Schrifttum Erfahrungswerte vorliegen[25]. Um Gl. (5.187) auswerten zu können, muß der Ausdruck

$$\int_{\xi_H''}^{\xi_K} \frac{d\xi''}{\xi_g'' - \xi''} \tag{5.188}$$

ermittelt werden. Die Konzentrationsdifferenz $\xi_g'' - \xi''$ kann in Bild 5.78 als die schraffierte Entfernung der Gleichgewichtslinie von der Verstärkungsgeraden abgegriffen werden. Bildet man daraus Kehrwerte $1/(\xi_g'' - \xi'')$ und trägt sie in einem Hilfsdiagramm über ξ'' auf wie in Bild 5.78 links, so liefert die schraffierte Fläche das gesuchte Integral (5.188).

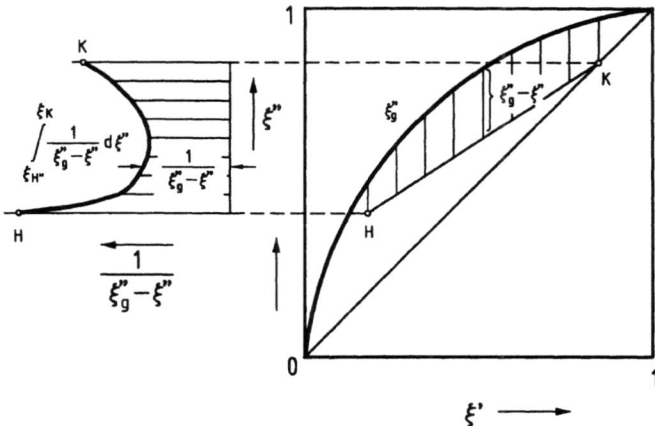

Bild 5.78: Zur Berechnung einer Verstärkungssäule mit Füllkörpern

---

[25]siehe z.B. PERRY J H Chemical Engineers-Handbook, McGraw-Hill Book Co., Inc. New York; SCHLÜNDER E-U UND THURNER F (1986) Destillation, Absorption, Extraktion. Georg Thieme Verlag, Stuttgart, New York

460   5 Trennung von Gemischen

5.3 Rektifikation von Drei- und Mehrstoffgemischen

Die für die Rektifikation von Zweistoffgemischen aufgestellten grundlegenden Regeln gelten auch für Drei- und Mehrstoffgemische, nur daß die Gemischeigenschaften wegen der zusätzlichen unabhängigen Parameter nicht so vollständig graphisch dargestellt werden können wie bei Zweistoffgemischen.

5.3.1 Mengen- und Energiebilanzen

Obwohl die Mengenströme der Stoffe genau so gut als Massenströme oder Molmengenströme angegeben werden können, bevorzugen wir in Abwandlung der bisherigen Betrachtungsweise die Mengenströme $\dot{n}$ in kmol/s, die Konzentrationen ψ als Molanteile im Gemisch und die Enthalpie h als molare Enthalpien anzugeben, weil existierende Diagramme für Dreistoffgemische meistens auf die Mengeneinheit kmol bezogen sind. Auf die Ergebnisse ist dies aber ohne Einfluß. Wir untersuchen zunächst eine einfache Rektifizierkolonne mit Verstärkungs- und Abtriebsteil, s. Bild 5.79 (vgl. auch Bild 5.39).

Verstärkungssäule

Für den Verstärkungsteil oberhalb eines beliebigen Querschnitts $j-j$ stellen wir wie in Abschn. 5.2.1 die Mengen- und Energiebilanzen auf (Bilanzhülle I in Bild 5.79)

$$\dot{n}_j'' - \dot{n}_j' = \dot{n}_K \tag{5.189}$$

$$\dot{n}_j'' \psi_{1j}'' - \dot{n}_j' \psi_{1j}' = \dot{n}_K \psi_{1K}$$

$$\dot{n}_j'' \psi_{2j}'' - \dot{n}_j' \psi_{2j}' = \dot{n}_K \psi_{2K} \tag{5.190}$$

$$\dots\dots\dots\dots\dots\dots$$

$$\dot{n}_j'' h_j'' - \dot{n}_j' h_j' = \dot{n}_K h_K + \dot{Q}_R \ . \tag{5.191}$$

Hierin sind $\dot{n}_j''$ und $\dot{n}_j'$ die Molenströme der im Querschnitt $j-j$ aufsteigenden bzw. abfließenden Phasen, ψ_{ij}'' bzw. ψ_{ij}' die Molanteile des Stoffes i in der Dampf- bzw. Flüssigphase, h_j'' bzw. h_j' die molaren Enthalpien des Dampfes bzw. der Flüssigkeit. Bei Dreistoffgemischen erhält man zwei Gleichungen (5.190) für die Molanteile, bei Gemischen mit insgesamt n Komponenten $n-1$ Gleichungen, weil definitionsgemäß die Summe aller Molanteile

$$\psi_{1j} + \psi_{2j} + \dots + \psi_{nj} = 1 \tag{5.192}$$

ergeben muß.
Ersetzt man in den Gln. (5.191) und (5.190) den Molenstrom $\dot{n}_K$ des Kopfprodukts durch Gl. (5.189) und führt noch die Polenthalpie

$$h_\Pi = h_K + \dot{Q}_R/\dot{n}_K \tag{5.193}$$

5.3 Rektifikation von Drei- und Mehrstoffgemischen

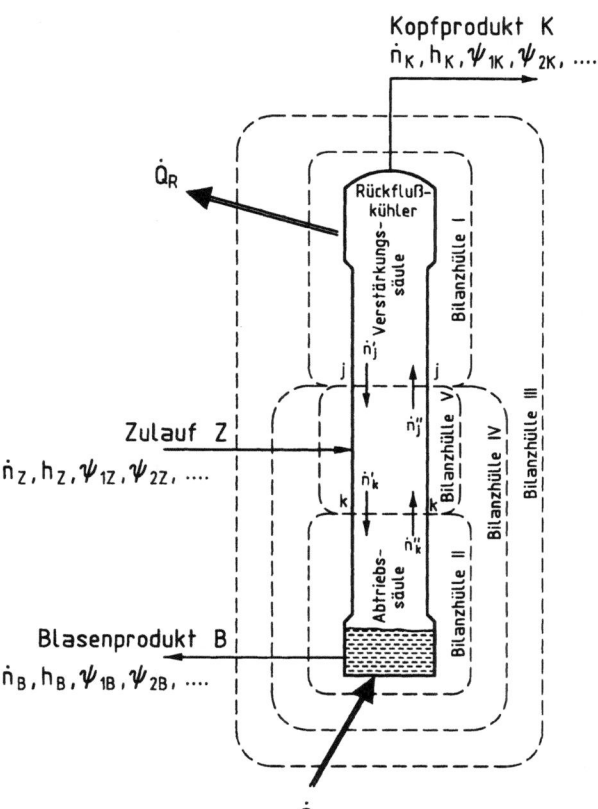

Bild 5.79: Kolonne zur Rektifikation von Drei- und Mehrstoffgemischen

ein, so erhält man für die Molanteile ψ''_{ij} und ψ'_{ij}, sowie die Enthalpien h''_j und h'_j in jedem Kolonnenquerschnitt die folgenden Beziehungen

$$\psi_{1K} - \psi''_{1j} = \frac{\dot{n}'_j}{\dot{n}''_j}(\psi_{1K} - \psi'_{1j})$$

$$\psi_{2K} - \psi''_{2j} = \frac{\dot{n}'_j}{\dot{n}''_j}(\psi_{2K} - \psi'_{2j}) \qquad (5.194)$$

$$\cdots\cdots\cdots\cdots\cdots\cdots\cdots\cdots$$

$$h_\Pi - h''_j = \frac{\dot{n}'_j}{\dot{n}''_j}(h_\Pi - h'_j) \ . \qquad (5.195)$$

Die Gln. (5.194) und (5.195) bedeuten geometrisch, daß jeder Zustandspunkt

$$X''_j = \begin{pmatrix} \psi''_{1j} \\ \psi''_{2j} \\ \vdots \\ h''_j \end{pmatrix} , \qquad (5.196)$$

welcher den Dampfzustand j'' in einem beliebigen Querschnitt der Verstärkungssäule kennzeichnet, auf der Verbindungsgeraden $\overline{X'_j \Pi}$ des demselben Querschnitt zuzuordnenden Flüssigkeitszustandes

$$X'_j = \begin{pmatrix} \psi'_{1j} \\ \psi'_{2j} \\ \vdots \\ h'_j \end{pmatrix} \tag{5.197}$$

und des Pols

$$\Pi = \begin{pmatrix} \psi_{1K} \\ \psi_{2K} \\ \vdots \\ h_\Pi \end{pmatrix} \tag{5.198}$$

liegen muß und zwar so, daß diese Verbindungsgerade nach Maßgabe des inneren Rücklaufverhältnisses

$$\varphi = \frac{\dot{n}'_j}{\dot{n}''_j} \tag{5.199}$$

unterteilt wird, Bild 5.80. Mit anderen Worten: Auch bei Mehrstoffgemischen schneiden sich alle Querschnittsgeraden $\overline{X'_j X''_j}$ in einem gemeinsamen Punkt Π, dem Pol der Läuterung.

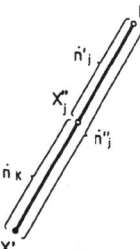

Bild 5.80: Pol der Verstärkungssäule bei Mehrstoffgemischen

Die Gln. (5.195) und (5.194) lassen sich formal auch zu einer Vektorgleichung

$$\Pi - X''_j = \frac{\dot{n}'_j}{\dot{n}''_j}(\Pi - X'_j) \tag{5.200}$$

zusammenfassen, die in Bild 5.80 dargestellt ist.

Abtriebssäule

Die Mengen- und Energiebilanzen für die Abtriebssäule unterhalb eines beliebigen Querschnitts $k - k$ ergeben (Bilanzhülle II, in Bild 5.79)

$$\dot{n}'_k - \dot{n}''_k = \dot{n}_B \tag{5.201}$$

5.3 Rektifikation von Drei- und Mehrstoffgemischen

$$\dot{n}'_k \psi'_{1k} - \dot{n}''_k \psi''_{1k} = \dot{n}_B \psi_{1B}$$

$$\dot{n}'_k \psi'_{2k} - \dot{n}''_k \psi''_{2k} = \dot{n}_B \psi_{2B} \tag{5.202}$$

. . . .

$$\dot{n}'_k h'_k - \dot{n}''_k h''_k = \dot{n}_B h_B - \dot{Q}_B \ . \tag{5.203}$$

Wird in den Gln. (5.203) und (5.202) der Molenstrom $\dot{n}_B$ des Blasenprodukts durch (5.201) eliminiert, und führt man analog zu (5.193) die Enthalpie des Abtriebspols

$$h_{\Pi A} = h_B - \dot{Q}_B / \dot{n}_B \tag{5.204}$$

ein, so erhält man aus den Gln. (5.203) und (5.202) die folgenden Beziehungen

$$\psi''_{1k} - \psi_{1B} = \frac{\dot{n}'_k}{\dot{n}''_k}(\psi'_{1k} - \psi_{1B})$$

$$\psi''_{2k} - \psi_{2B} = \frac{\dot{n}'_k}{\dot{n}''_k}(\psi'_{2k} - \psi_{2B}) \tag{5.205}$$

. . . .

$$h''_k - h_{\Pi A} = \frac{\dot{n}'_k}{\dot{n}''_k}(h'_k - h_{\Pi A}) \ . \tag{5.206}$$

Sie bedeuten geometrisch, daß sich alle Querschnittsgeraden $\overline{X'_k X''_k}$ der Abtriebssäule im Pol der Abtriebssäule

$$\Pi_A = \begin{pmatrix} \psi_{1B} \\ \psi_{2B} \\ \vdots \\ h_{\Pi A} \end{pmatrix} \tag{5.207}$$

schneiden müssen, s. Bild 5.81.

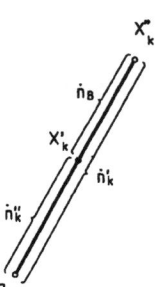

Bild 5.81: Pol der Abtriebssäule bei Mehrstoffgemischen

Auch für die Abtriebssäule können die Erhaltungsgleichungen (5.206) und (5.205) als Vektorgleichung geschrieben werden

$$X_k'' - \Pi_A = \frac{\dot{n}_k'}{\dot{n}_k''}(X_k' - \Pi_A) \tag{5.208}$$

die in Bild 5.81 veranschaulicht ist.

Gesamtbilanz

Schließlich kann man noch die Bilanzgleichungen für die gesamte Rektifiziersäule aufstellen (Bilanzhülle III in Bild 5.79). Danach ist der Mengenstrom $\dot{n}_Z$ des Zulaufs gleich der Summe der Mengenströme des Kopf- bzw. Blasenprodukts

$$\dot{n}_Z = \dot{n}_K + \dot{n}_B \ . \tag{5.209}$$

Entsprechende Beziehungen gelten für die einzelnen Komponenten

$$\begin{aligned} \dot{n}_Z \psi_{1Z} &= \dot{n}_K \psi_{1K} + \dot{n}_B \psi_{1B} \\ \dot{n}_Z \psi_{2Z} &= \dot{n}_K \psi_{2K} + \dot{n}_B \psi_{2B} \\ &\cdots\cdots\cdots\cdots\cdots\cdots \end{aligned} \tag{5.210}$$

Nach der Energiebilanz muß die der Blase zugeführte Wärme $\dot{Q}_B$ sowohl die im Rückflußkühler abgeführte Wärme $\dot{Q}_R$ als auch die Änderung der Enthalpieströme der ab- bzw. zugeführten Stoffe decken

$$\dot{Q}_B = \dot{Q}_R + \dot{n}_K h_K + \dot{n}_B h_B - \dot{n}_Z h_Z \ . \tag{5.211}$$

Mit den Polenthalpien h_Π und h_{Π_A} der Verstärkungs- bzw. Abtriebssäule nach Gl. (5.193) und (5.204) kann die Energiebilanz Gl. (5.211) auf dieselbe Form wie die Gl. (5.210) gebracht werden

$$\dot{n}_Z h_Z = \dot{n}_K h_\Pi + \dot{n}_B h_{\Pi_A} \ . \tag{5.212}$$

Man kann daher die Bilanzgleichungen (5.210) und (5.212) zu einer Vektorgleichung zusammenfassen

$$\dot{n}_Z Z = \dot{n}_K \Pi + \dot{n}_B \Pi_A \ . \tag{5.213}$$

Π und Π_A stellen nach Gl. (5.198) und (5.207) die Koordinaten des Pols der Läuterung und des Pols der Abtriebssäule dar,

$$Z = \begin{pmatrix} \psi_{1Z} \\ \psi_{2Z} \\ \vdots \\ h_Z \end{pmatrix} \tag{5.214}$$

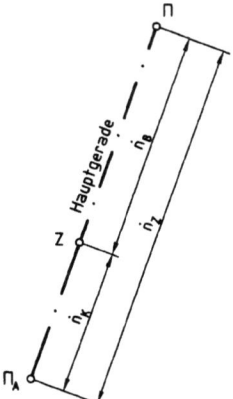

Bild 5.82: Hauptgerade der Rektifikation bei Mehrstoffgemischen

diejenigen des Zulaufs. Mit der Mengenbilanz (5.209) erhalten wir aus (5.213) schließlich

$$Z = \Pi_A + \frac{\dot{n}_K}{\dot{n}_Z}(\Pi - \Pi_A) \ . \tag{5.215}$$

Gl. (5.215) ist mit der Beziehung (5.83) für Zweistoffgemische identisch. Sie besagt, daß auch bei Mehrstoffgemischen die Pole Π der Läuterungssäule, Π_A der Abtriebssäule und der Zulauf Z immer auf einer Geraden, der Hauptgeraden, liegen müssen und zwar so, daß der Punkt Z die Verbindungsgerade $\overline{\Pi \Pi_A}$ im Verhältnis der Mengenströme $\dot{n}_K/\dot{n}_B$ unterteilt, Bild 5.82.

Aus Gl. (5.211) läßt sich mit der Mengenbilanz (5.209) und der Polenthalpie h_Π nach Gl. (5.193) auch der auf den Mengenstrom des Kopfprodukts bezogene Wärmebedarf q_B in der Blase ermitteln

$$\begin{aligned} q_B = \frac{\dot{Q}_B}{\dot{n}_K} &= h_\Pi - h_Z + \frac{\dot{n}_B}{\dot{n}_K}(h_B - h_Z) \\ &= h_\Pi - h_A \ , \end{aligned} \tag{5.216}$$

wobei

$$h_A = h_Z + \frac{\dot{n}_B}{\dot{n}_K}(h_Z - h_B) \tag{5.217}$$

die Enthalpie des Schnittpunktes A zwischen der über Z hinaus verlängerten Verbindungsgeraden $\overline{ZB}$ und der Linie konstanter Kopfproduktzusammensetzung darstellt, s. Bild 5.86.

Im Dreiecksdiagramm, Bild 5.83, kann natürlich nur die Projektion der Hauptgeraden in die Konzentrationsebene betrachtet werden. Hier fallen die Pole Π und Π_A mit den Zustandspunkten K des Kopf- bzw. B des Blasenprodukts zusammen. Bei der Rektifikation wird am Kopf der Kolonne immer die leichter siedende und aus der Blase die schwerer siedende Phase abgezogen. Bei gewöhnlichen, nicht azeotropen Gemischen kann deshalb bei gegebenem Zulauf Z die Hauptgerade nur in

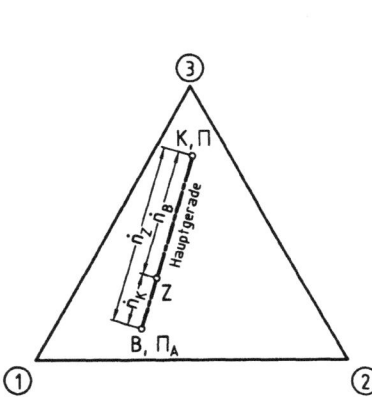

Bild 5.83: Hauptgerade im Dreiecksdiagramm

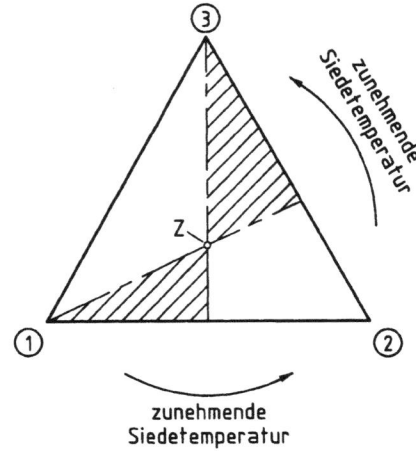

Bild 5.84: Zulässiger Bereich der Hauptgeraden bei nicht azeotropen Gemischen; die schraffierten Flächen geben die zulässigen Bereiche der Hauptgeraden durch den Zulauf Z an

dem in Bild 5.84 schraffiert eingetragenen Bereich liegen, weil das Kopfprodukt bestenfalls bis zur leichtesten flüchtigen Komponente (in Bild 5.84 Stoff 3) oder das Blasenprodukt bis zu der am schwersten flüchtigen Komponente (in Bild 5.84 Stoff 1) angereichert werden kann.

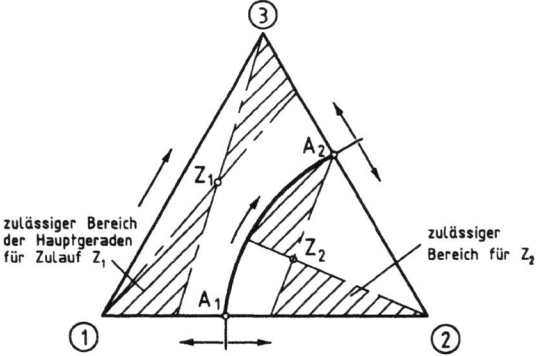

Bild 5.85: Bereich der Hauptgeraden bei einem Gemisch mit zwei azeotropen Punkten A_1 und A_2, in denen jeweils ein Temperaturminimum vorliegt. Die Pfeile geben die Richtung zunehmender Siedetemperatur an; die schraffierten Flächen kennzeichnen die für die Zuläufe Z_1 und Z_2 jeweils zulässigen Bereiche der Hauptgeraden. Die Verbindungslinie der Azeotrope A_1 und A_2 kann bei der Rektifikation nicht überschritten werden.

Besitzt das Dreistoffsystem azeotrope Punkte, wie z.B. in Bild 5.85 die Punkte A_1 und A_2, so wird die zulässige Lage der Hauptgeraden noch weiter eingeschränkt.

Das Diagramm wird dann durch die Verbindungslinie A_1A_2 der beiden azeotropen Punkte, die zugleich eine Destillationslinie darstellt, s. im Abschn. 4.4.2 „Phasengleichgewicht bei Dreistoffgemischen", in zwei Bereiche aufgeteilt, deren Grenzlinie A_1A_2 bei der Rektifikation nicht überschritten werden kann. In beiden Bereichen ist die zulässige Lage der Hauptgeraden durch die am leichtesten bzw. am schwersten siedende Phase begrenzt. Im linken Bereich des Bildes 5.85 sind dies die am leichtesten bzw. schwersten siedenden reinen Komponenten 3 bzw. 1, im rechten Bereich das azeotrope Gemisch A_2 bzw. die Komponente 2 (s. Kap. 4).

Bei komplexeren Gemischen mit z.B. ternären azeotropen Punkten muß das Konzentrationsfeld noch weiter unterteilt werden[26].

5.3.2 Entropieproduktion bei der Trennung von Mehrstoffgemischen

Die durch irreversible Austauschprozesse verursachte Entropieproduktion zwischen zwei beliebig gewählten Querschnitten k und j im adiabaten Teil der Trennkolonne erhält man aus der Entropiebilanz (vgl. Bild 5.79)

$$\dot{S}_{pr,k,j} = \dot{n}''_j s''_j + \dot{n}'_k s'_k - \dot{n}'_j s'_j - \dot{n}''_k s''_k \ . \tag{5.218}$$

Enthält der gewählte Säulenabschnitt den Zulauf Z, so muß dessen Entropie s_Z in die Bilanz einbezogen werden

$$\dot{S}_{pr,k,j} = \dot{n}''_j s''_j + \dot{n}'_k s'_k - \dot{n}'_j s'_j - \dot{n}''_k s''_k - \dot{n}_Z s_Z \quad \text{(Zulauf einbezogen)} \ . \tag{5.219}$$

Analog zur Polenthalpie h_Π nach Gl. (5.189), (5.191) und (5.193) führen wir eine Polentropie

$$s_{\Pi_j} = \frac{\dot{n}''_j}{\dot{n}_K} s''_j - \frac{\dot{n}'_j}{\dot{n}_K} s'_j = s''_j + \frac{\dot{n}'_j}{\dot{n}_K}(s''_j - s'_j) = s'_j + \frac{\dot{n}''_j}{\dot{n}_K}(s''_j - s'_j) \tag{5.220}$$

ein. Daraus folgt mit Gl. (5.189)

$$s_{\Pi_j} - s''_j = \frac{\dot{n}'_j}{\dot{n}''_j}(s_{\Pi_j} - s'_j) \ , \tag{5.221}$$

eine Beziehung, die mit den Mengenbilanzen nach Gl. (5.194) die Lage des Entropiepols des j-ten Querschnitts der Verstärkungssäule angibt

$$\Pi_j = \begin{pmatrix} \psi_{1K} \\ \psi_{2K} \\ \vdots \\ s_{\Pi_j} \end{pmatrix} \ . \tag{5.222}$$

Im Entropie-Zusammensetzungsraum liegt dieser auf der Geraden durch den Flüssigkeits- und den Dampfzustand im Querschnitt j und zwar bei der Zusammensetzung $\psi_{1K}, \psi_{2K}, \ldots$ des Kopfprodukts. Dort ist die Polentropie s_{Π_j} für jeden

---

[26] siehe hierzu z.B. STICHLMAIR J (1989) Destillation and Rectification in "Ullmanns Encyclopedia of Industrial Chemistry", Vol. 33. Unit Operations II

Querschnitt der Verstärkungssäule verschieden, wobei der Abstand zweier Pole Π_j und Π_k nach Gl. (5.218) und (5.220) genau der auf die Mengeneinheit des Kopfprodukts $\dot{n}_K$ bezogenen Entropieproduktion zwischen den Querschnitten j und k der Verstärkungssäule entspricht

$$\frac{\dot{S}_{pr,k,j}}{\dot{n}_K} = \overline{\Pi_k \Pi_j} = s_{\Pi_j} - s_{\Pi_k} \; . \tag{5.223}$$

Entsprechendes gilt für die Querschnittsgeraden der Abtriebssäule, welche bei der Zusammensetzung $\psi_{1B}, \psi_{2B} \ldots$ des Blasenprodukts die Lage der Abtriebspole Π_{Ak} bestimmen

$$\Pi_{Ak} = \begin{pmatrix} \psi_{1B} \\ \psi_{2B} \\ \vdots \\ s_{\Pi_{Ak}} \end{pmatrix} \; . \tag{5.224}$$

Hierin ist die Entropie des Abtriebspols

$$s_{\Pi_{Ak}} = \frac{\dot{n}'_k}{\dot{n}_B} s'_k - \frac{\dot{n}''_k}{\dot{n}_B} s''_k \; . \tag{5.225}$$

Mit der Mengenbilanz nach Gl. (5.201) erhält man daraus

$$s''_k - s_{\Pi_{Ak}} = \frac{\dot{n}'_k}{\dot{n}''_k}(s'_k - s_{\Pi_{Ak}}) \; , \tag{5.226}$$

die zur Gl. (5.206) analoge Beziehung.
Der Abstand zweier Abtriebspole Π_{Aj} und Π_{Ak} stellt die Entropieproduktion zwischen den entsprechenden Querschnitten der Abtriebssäule dar, nun aber auf die Mengeneinheit des Blasenprodukts bezogen

$$\frac{\dot{S}_{pr,k,j}}{\dot{n}_B} = \overline{\Pi_{Aj}\Pi_{Ak}} = s_{\Pi_{Ak}} - s_{\Pi_{Aj}} \; . \tag{5.227}$$

Liegt zwischen den Säulenquerschnitten j und k der Zulauf Z, so wird die Entropieproduktion nach Gl. (5.219) mit (5.220), (5.225) und der Mengenbilanz nach Gl. (5.209)

$$\begin{aligned}\dot{S}_{pr,k,j} &= \dot{n}_K(s_{\Pi_j} - s_Z) + \dot{n}_B(s_{\Pi_{Ak}} - s_Z) \\ &= \dot{n}_K(s_{\Pi_j} - s_{\Pi_k}) \; .\end{aligned} \tag{5.228}$$

Die Polentropie

$$s_{\Pi_k} = s_Z + \frac{\dot{n}_B}{\dot{n}_K}(s_Z - s_{\Pi_{Ak}}) \tag{5.229}$$

erhält man im Entropie-Zusammensetzungsraum, wenn man die „Hauptgerade" durch den Abtriebspol Π_{Ak} und den Zustandspunkt Z des Zulaufs über Z hinaus bis zur Zusammensetzung $\psi_{1K}, \psi_{2K}, \ldots$ des Kopfprodukts verlängert. Daß diese

5.3 Rektifikation von Drei- und Mehrstoffgemischen

Gerade die Zusammensetzung des Kopfprodukts trifft, folgt unmittelbar aus der Mengenbilanz (Gl. (5.209) und (5.210)) für die gesamte Säule. Die Abtriebspole Π_{Ak} lassen sich also durch Spiegelung am Zulaufpunkt Z auf die Linie konstanter Zusammensetzung $\psi_{1K}, \psi_{2K}, \ldots$ des Kopfprodukts projizieren. Umgekehrt können so auch die Verstärkungspole Π_j auf die Linie konstanter Zusammensetzung $\psi_{1B}, \psi_{2B}, \ldots$ des Blasenprodukts abgebildet werden. Schließlich kann die jeweilige Entropieproduktion auch auf die Mengeneinheit des Zulaufs bezogen und durch eine entsprechende Projektion auf die Zulaufzusammensetzung dargestellt werden.

5.3.3 Trennung eines Dreistoff-Gemisches aus Benzol, Toluol und m-Xylol

In diesem Abschnitt soll die Trennung eines Dreistoffgemisches, welches aus Benzol, Toluol und m-Xylol besteht, etwas eingehender untersucht werden. Dieses Gemisch verhält sich nahezu ideal; die Siedeeigenschaften der reinen Komponenten sind in Tabelle 5.1 zusammengefaßt.

Tabelle 5.1: Siedeeigenschaften von Benzol, Toluol und m-Xylol

Stoff	Druck in bar	Siedetemperatur in K	Enthalpie in MJ/kmol		Entropie in kJ/(kmol K)	
			h''	h'	s''	s'
Benzol	1	352,9	87,96	57,15	-141,5	-228,8
	2,35	383,3	91,11	61,95	-140,0	-216,1
	4,57	411,8	94,28	66,83	-137,6	-204,2
Toluol	0,38	352,9	56,31	21,39	-214,3	-313,3
	1	383,3	60,25	27,02	-211,6	-298,3
	2,11	411,8	64,20	32,70	-207,8	-284,3
m-Xylol	0,146	352,9	24,85	-15,22	-301,7	-415,2
	0,432	383,3	29,61	-8,64	-297,7	-397,5
	1	411,8	34,37	-2,05	-292,7	-381,2

Bei einem vorgegebenen Gesamtdruck p (hier 1 bar) sind durch zwei weitere Parameter (z.B. die Temperatur und die Benzolkonzentration in der Flüssigkeit) die Zusammensetzung der Flüssigkeit und des Dampfes im Siedezustand eindeutig bestimmt (s. die Darstellung im Dreiecksdiagramm, im Bild 4.122). Die zugehörigen Enthalpien h'' des gesättigten Dampfes und h' der siedenden Flüssigkeit liegen im Enthalpie-Zusammensetzungsraum, im Bild 5.86 auf der Taufläche bzw. der Siedefläche des Dreistoffgemisches.

Für den Zulauf Z wurde Siedezustand angenommen und eine Zulaufkonzentration von 37% Benzol, 37% Toluol und 26% m-Xylol vorausgesetzt. Als Kopfprodukt soll möglichst reines, dampfförmiges Benzol (Punkt K) der Kolonne entnommen werden, und das Blasenprodukt B soll möglichst wenig Benzol enthalten.

470 5 Trennung von Gemischen

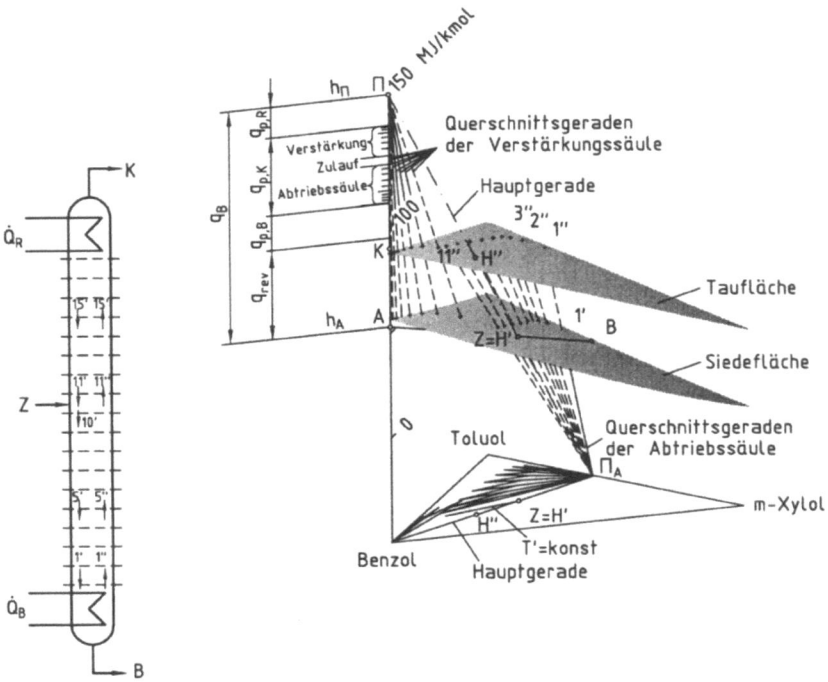

Bild 5.86: Rektifikation eines Dreistoffgemisches, dargestellt im Enthalpie-Zusammensetzungsraum für das Dreistoffgemisch Benzol/Toluol/m-Xylol bei einem Druck $p = 1$ bar

In der Blase wird je Mengeneinheit des gewünschten Kopfprodukts K die Wärme q_B (Gl. (5.216)) zugeführt und dabei Sattdampf vom Zustand $1''$ gebildet. Die durch den ersten Kolonnenquerschnitt herabrieselnde Flüssigkeit $1'$ vermischt sich mit dem Blaseninhalt. Auf dem ersten Boden oberhalb des ersten Säulenquerschnitts gleichen sich die Zustände des Dampfes und der Flüssigkeit einander an. Dabei wird angenommen, daß der vom ersten Boden aufsteigende Dampf $2''$ mit der herabrieselnden Flüssigkeit $1'$ ins Gleichgewicht gekommen ist; dieselbe Annahme wird auch für die übrigen Böden der Kolonne getroffen, d.h. die Zustände i' und $(i+1)''$ sind die Zustände siedender Flüssigkeit bzw. gesättigten Dampfes bei jeweils derselben Temperatur $T'_i = T''_{(i+1)}$.

Die Querschnittsgeraden der Abtriebssäule verbinden die jeweiligen Dampf- bzw. Flüssigkeitszustände i' bzw. i'' der Kolonnenquerschnitte der Abtriebssäule und schneiden sich alle im Abtriebspol Π_A.

Zwischen dem 10. und 11. Querschnitt (von der Blase aus gezählt) wird der siedende Zulauf Z eingespeist. Die Hauptgerade verbindet den Zustandspunkt Z des Zulaufs mit dem Abtriebspol Π_A und dem Verstärkungspol Π; sie durchstößt die Tau- bzw. Siedefläche in den Punkten H'' bzw. H', wobei der Punkt H' bei siedendem Zulauf mit Z zusammenfällt. Auch für den Zulaufboden wird Gleichgewicht zwischen dem abströmenden Dampf $11''$ und der ablaufenden Flüssigkeit $10'$ angenommen.

5.3 Rektifikation von Drei- und Mehrstoffgemischen   471

Verbindet man die die Flüssigkeits- bzw. Dampfzustände i' und i'' der Verstärkungssäule durch Geraden, die Querschnittsgeraden der Verstärkungssäule, so schneiden sich diese im Pol II der Läuterung bei der Konzentration des gewünschten Kopfprodukts.

Bild 5.87 zeigt die Dampf- und Flüssigkeitszustände in den Querschnitten der Kolonne nach Bild 5.86 nun im Entropie-Zusammensetzungsraum dargestellt.

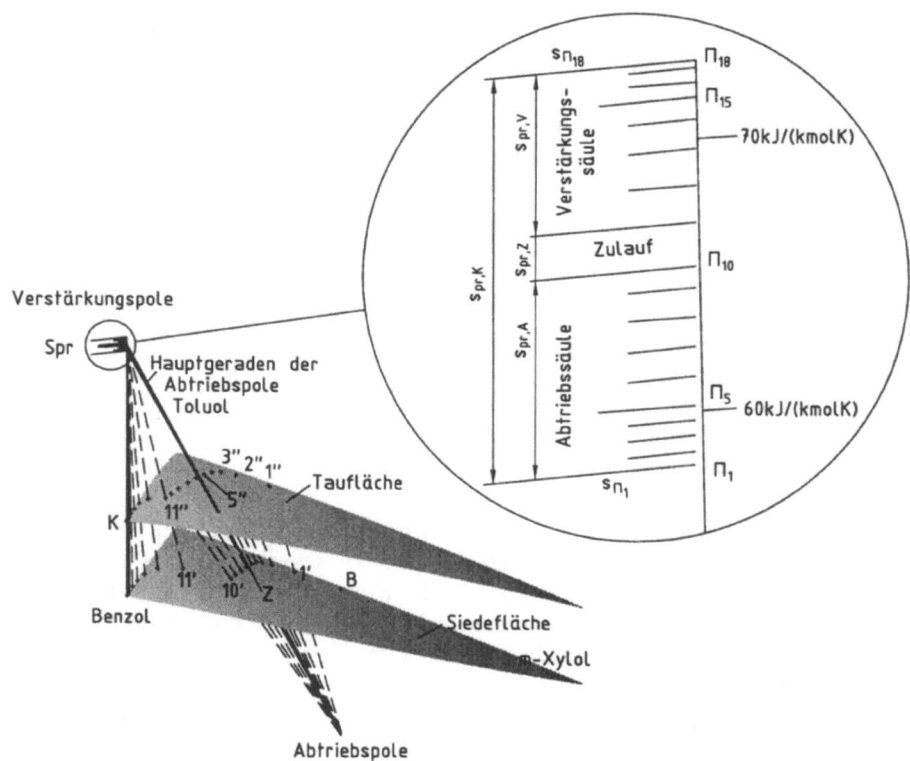

Bild 5.87: Rektifikation eines Dreistoffgemisches, dargestellt im Entropie-Zusammensetzungsraum für das Dreistoffgemisch Benzol/Toluol/m-Xylol bei einem Druck $p = 1$ bar

Die Verbindungslinien der Dampf- und Flüssigkeitszustände eines jeden Querschnitts der Abtriebssäule schneiden zwar alle die Linie konstanter Zusammensetzung des Blasenprodukts, allerdings nicht in einem, sondern verschiedenen Abtriebspolen, deren Abstand der auf die Menge des Blasenprodukts bezogenen Entropieproduktion zwischen den zugehörigen Querschnitten entspricht. Die geradlinigen Verbindungen dieser Abtriebspole mit dem Zulauf, die Hauptgeraden der Abtriebspole, projizieren diese auf die Linie konstanter Zusammensetzung des Kopfprodukts. Diese Linie schneidet auch die Querschnittsgeraden der Verstärkungssäule und zwar in den Verstärkungspolen Π_j.

Die Verstärkungspole und die projizierten Abtriebspole liegen im Entropie-Zusammensetzungsraum dicht beieinander, so daß sie in Bild 5.87 noch einmal vergrößert gezeichnet wurden, um die auf die Mengeneinheit des Kopfprodukts bezogenen Entropieproduktionen in den einzelnen Säulenabschnitten maßstäblich darstellen zu können. Auffällig ist die relativ große Entropieproduktion auf dem Zulaufboden, welche durch die irreversible Vermischung der in ihrer Zusammensetzung sehr unterschiedlichen Ströme des Zulaufs und des aus der Verstärkungssäule ablaufenden Rücklaufs mit dem aus der Abtriebssäule aufsteigenden Dampf hervorgerufen wird.

Aus der Entropieproduktion lassen sich nach Gl. (5.53) die entsprechenden Wärmepoenalien für die verschiedenen Kolonnenabschnitte ermitteln. Nimmt man z.B. die Temperatur T_H der Wärmequelle 10 K höher als die Siedetemperatur des Blasenprodukts und die Temperatur T_W der Wärmesenke um 10 K niedriger als die Kondensationstemperatur des Kopfprodukts an, so erhält man die in Bild 5.86 eingetragenen Werte der Wärmepoenalien und zwar $q_{P,K}$ für den adiabaten Teil der Kolonne unterteilt in die einzelnen Säulenabschnitte, $q_{P,B}$ nach Gl. (5.64) für die Blase und $q_{P,R}$ nach Gl. (5.60) für den Rückflußkühler. Außerdem kann auch für Mehrstoffgemische der Wärmebedarf für reversible Trennung q_{rev} ganz analog zur Gl. (5.52) berechnet und in Bild 5.86 eingetragen werden. Die Summe aller Beträge muß natürlich den tatsächlichen Wärmebedarf q_B je Mengeneinheit des Kopfprodukts ergeben.

Eine Darstellung des Enthalpie-Zusammensetzungsraums nach Bild 5.86 und des Entropie-Zusammensetzungsraums nach Bild 5.87 ist nur möglich, wenn die entsprechenden Zustandsgrößen als Funktion von Temperatur und Zusammensetzung bekannt sind[27].

Häufig wird man sich damit begnügen müssen, den Trennprozeß im Dreiecksdiagramm des betreffenden Stoffsystems zu verfolgen. Dieses erhält man als Projektion des Enthalpie-Zusammensetzungsraums in die Konzentrationsebene, s. Bild 5.86. Sind in einem solchen Dreiecksdiagramm, wie in Bild 4.123 die Flüssigkeits- und Dampfisothermen, sowie die Destillationslinien des Gemisches eingetragen, so läßt sich der Rektifikationsprozeß unter denselben vereinfachenden Annahmen, die dem McCabe-Thiele-Diagramm für Zweistoffgemische zugrunde liegen, auch rein graphisch verfolgen, wie im folgenden gezeigt wird.

Nach Bild 5.86 durchdringt die Hauptgerade die Siedefläche im Punkt H' und die Taufläche im Punkt H''. Obwohl diese Punkte i.a. keine Zustände in irgendeinem Querschnitt der Säule repräsentieren, geben sie doch nützliche Informationen z.B. über den Zusammenhang der Rücklaufverhältnisse φ_V der Verstärkungssäule und φ_A der Abtriebssäule. Unter der Voraussetzung, daß die Siede- und Taufläche näherungsweise als parallele Ebenen angesehen werden dürfen (vgl. die entsprechenden Bemerkungen zum McCabe-Thiele-Diagramm), sind nämlich die Rücklaufverhältnisse φ_V und φ_A entlang der betreffenden Säulenabschnitte konstant. Die Beziehungen (5.170) und (5.174) behalten daher mit den für das McCabe-Thiele-Diagramm angenommenen Vereinfachungen auch für jede Komponente eines Mehrstoffgemisches ihre Gültigkeit. Danach kann das Rücklaufverhältnis φ_V

---

[27]Die Zahlenwerte der Bilder 5.86 und 5.87 wurden von Dr.-Ing. F. Niermann mit dem ASPEN+ Prozeßsimulator ermittelt.

der Verstärkungssäule nach Bild 5.88 als Streckenverhältnis

$$\varphi_V = \frac{\overline{\Pi H''}}{\overline{\Pi H'}} \qquad (5.230)$$

abgegriffen werden, bzw.

$$\frac{1}{1 - \varphi_V} = \frac{\overline{\Pi H'}}{\overline{H' H''}} \ . \qquad (5.231)$$

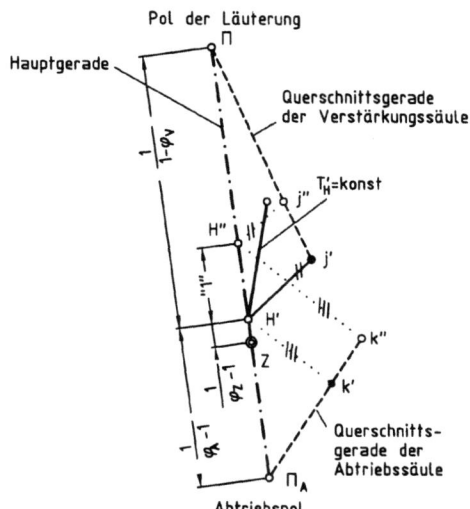

Bild 5.88: Zur Lage der Siede- und Tauzustände auf den Querschnittsgeraden des Verstärkungs- und Abtriebsteils

Entsprechend ergibt sich für das Rücklaufverhältnis φ_A der Abtriebssäule

$$\varphi_A = \frac{\overline{H'' \Pi_A}}{\overline{H' \Pi_A}} \quad \text{bzw.} \quad \frac{1}{\varphi_A - 1} = \frac{\overline{H' \Pi_A}}{\overline{H' H''}} \ . \qquad (5.232)$$

Wird der Zulauf Z bereits im Siedezustand zugeführt, so fallen H' und Z zusammen, andernfalls muß man analog zu Gl. (5.173) die „Steigung der Zulaufgeraden" φ_Z aus dem Verhältnis der Verdampfungswärme r_Z zur Aufheizwärme Δh_Z des Zulaufs näherungsweise bestimmen und daraus die Streckenverhältnisse

$$\frac{\overline{H'' H'}}{\overline{H' Z}} = \varphi_Z - 1 \approx \frac{r_Z}{\Delta h_Z} \ . \qquad (5.233)$$

Gibt man zunächst einen Schätzwert für das Rücklaufverhältnis φ_V vor, so erhält man aus Gl. (5.230) und (5.233) die Streckenverhältnisse

$$\frac{\overline{\Pi H'}}{\overline{\Pi Z}} = \frac{\varphi_Z - 1}{\varphi_Z - \varphi_V} \quad \text{und} \quad \frac{\overline{\Pi H''}}{\overline{\Pi Z}} = \varphi_V \frac{\varphi_Z - 1}{\varphi_Z - \varphi_V} \qquad (5.234)$$

und kann damit bei gegebenen Punkten Z und Π die Durchdringungspunkte H' und H'' eintragen. Mit Π_A liegt dann auch das Rücklaufverhältnis φ_A der Abtriebssäule

474   5 Trennung von Gemischen

fest. Natürlich kann man φ_A auch rein rechnerisch aus φ_V und φ_Z nach Gl. (5.176) ermitteln.

Einen ersten Anhaltspunkt für die richtige Wahl des Rücklaufverhältnisses φ_V gewinnt man schon, wenn man die Länge der Strecke $\overline{H''H'}$ mit der Länge der durch H' gehenden Naßdampfisothermen $T_{H'}$ vergleicht. Unter den genannten Voraussetzungen darf im Dreiecksdiagramm die Strecke $\overline{H''H'}$ auf keinen Fall länger sein als die Naßdampfisotherme, da sonst im Enthalpie-Zusammensetzungsraum die Querschnittsgeraden nicht genügend steil verlaufen würden und somit eine Läuterung nicht möglich wäre.

Mit Hilfe der Punkte H' und H'' können die Bedingungen der Mengenbilanzen für die Lage der Siedezustände ' und der Tauzustände '' auf den Querschnittsgeraden des Verstärkungs- bzw. Abtriebsteils auf einfache Weise graphisch ermittelt werden: Sind die Rücklaufverhältnisse φ_V des Verstärkungsteils und φ_A des Abtriebsteils entlang der Rektifiziersäule jeweils konstant, so müssen für jede Querschnittsgerade die Verbindungsgeraden der Siedezustände ' mit dem Punkt H' auf der Hauptgeraden und der Tauzustände '' mit H'' parallel verlaufen, Bild 5.88. Hiervon überzeugt man sich leicht durch Vergleich der Streckenverhältnisse in den Bildern 5.80, 5.81 und 5.88. Die Länge der jeweiligen Querschnittsgeraden wird durch diese Bedingung allerdings noch nicht festgelegt.

Die Erhaltungsgleichungen für den Zulaufboden zwischen den Säulenquerschnitten $j - j$ und $k - k$ aufzustellen (Bilanzhülle V in Bild 5.79), ergibt gegenüber den bisherigen Bilanzen keine neuen Bedingungen. Mischt man nämlich den Zulauf Z zunächst mit der vom darüberliegenden Boden ablaufenden Flüssigkeit j', Bild 5.89, so erhält man den Mischungszustand M' auf der Verbindungsgeraden von Z und j', Bild 5.89.

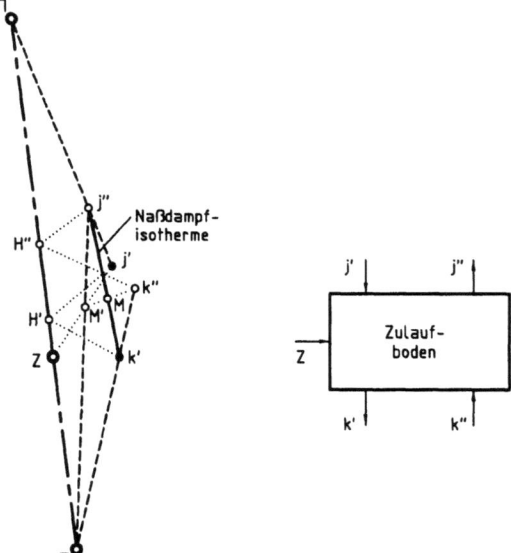

Bild 5.89: Bilanz um den Zulauf

Zugleich muß M' aber auch auf der Verbindungsgeraden des Punktes j'' mit dem Abtriebspol Π_A liegen, wie man aus einer Bilanz um den unteren Teil der Säule (Bilanzhülle IV in Bild 5.79) sofort erkennt. Steht die vom Zulaufboden abfließende Flüssigkeit k' mit dem Dampf j'' im Gleichgewicht, so müssen k' und j'' als Siede- bzw. Tauzustand auf derselben Naßdampfisothermen liegen. Den Dampfzustand k'' findet man dann auf der Abtriebsgeraden durch k' mit Hilfe der Punkte H' und H'''.
Verbindet man den Zustandspunkt M' des Flüssigkeitsgemisches mit dem Zustandspunkt k'' des aus dem Abtriebsteil des aufsteigenden Dampfes, so erhält man auf der Verbindungsgeraden $\overline{M'k''}$ den Mischungszustand M als Schnittpunkt mit der Naßdampfisothermen $k'j''$ (Bilanzhülle V in Bild 5.79). Mit anderen Worten: Aus den Erhaltungsgleichungen für den Zulaufboden lassen sich für die Zustände j', j'', k', k'' keine weiteren Bedingungen ableiten. Im übrigen gilt die Konstruktion nach Bild 5.89 ganz allgemein für beliebige Mehrstoffgemische.
Die Verbindungsgerade $\overline{j''\Pi_A}$ läßt sich auch als Querschnittsgerade der Abtriebssäule auffassen, welche den Flüssigkeitszustand M' unterhalb des Zulaufs Z und den Dampfzustand j'' erfaßt.
In den Bildern 5.90 bis 5.92 ist beispielhaft die Rektifikation eines Dreistoffgemisches bestehend aus m-Xylol, Toluol und Benzol im Dreiecksdiagramm dargestellt. Dabei wurde angenommen, daß der Zulauf Z bereits im Siedezustand vorliegt und die am leichtesten siedende Komponente als Kopfprodukt möglichst rein abgezogen wird und diese im Blasenprodukt nur in sehr geringen Konzentrationen enthalten ist. Dadurch sind die Lage der Hauptgeraden und die Zusammensetzung des Blasenprodukts bestimmt.
Wir nehmen außerdem an, daß der aus der Blase aufsteigende Dampf $1''$ im Gleichgewicht mit der siedenden Blasenflüssigkeit B steht. Daher fällt der Zustandspunkt $1''$ mit dem Zustand des trocken gesättigten Dampfes auf der zu B gehörenden Naßdampfisothermen zusammen. Die vom ersten Boden ablaufende Flüssigkeit $1'$ wird in der Blase durch Wärmezufuhr verdampft und dabei in den Dampfstrom $1''$ und den Blasenstrom B aufgespalten. Für die Verhältnisse der Bilder 5.90 bis 5.92 wurde in der Abtriebssäule ein Rücklaufverhältnis $\varphi_A = 1,52$ zugrunde gelegt.
Weil der Zulauf bereits im Siedezustand vorliegt, fallen die Punkte Z und H' auf der Hauptgeraden zusammen. Bei gegebenem Rücklaufverhältnis φ_A sind dann der Schnittpunkt H'' der Hauptgeraden mit der Tauebene, sowie unter den gegebenen Randbedingungen auch das Rücklaufverhältnis φ_V der Verstärkungssäule eindeutig bestimmt.
Die vom untersten Boden ablaufende Flüssigkeit $1'$ kann bestenfalls mit dem in den darüber liegenden Boden aufsteigenden Dampf $2''$ ins Gleichgewicht gekommen sein. Den Zustandspunkt $2''$ erhält man im Dreiecksdiagramm als Schnittpunkt der Destillationslinie durch $1'$ mit der Tauisothermen $T_2'' = T_1'$. Den zum 2. Säulenquerschnitt (von unten) gehörigen Flüssigkeitszustand $2'$ findet man auf der Querschnittsgeraden $\overline{B2''}$, indem man eine Parallele zur Verbindungsgeraden $\overline{H''2''}$ durch den Punkt H' zeichnet und deren Schnittpunkt $2'$ mit der Querschnittsgeraden $\overline{B2''}$ aufsucht. Den zu $2'$ gehörenden Gleichgewichtsdampfzustand $3''$ findet man wieder als Schnittpunkt der durch $2'$ verlaufenden Destillationslinie mit der Tauisothermen $T_3'' = T_2'$.
Auf diese Weise kann man von Boden zu Boden aufsteigend die Dampf- bzw.

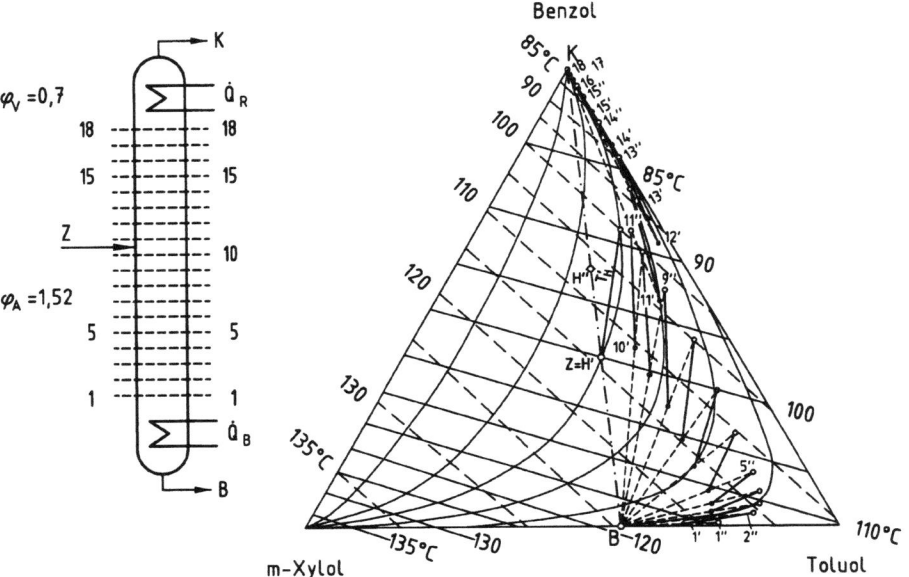

Bild 5.90: Rektifikation des Dreistoffgemisches Benzol/Toluol/m-Xylol nach Bild 5.86 bei konstantem Rücklaufverhältnis. Einspeisung des Zulaufs oberhalb des 10. Kolonnenquerschnitts.

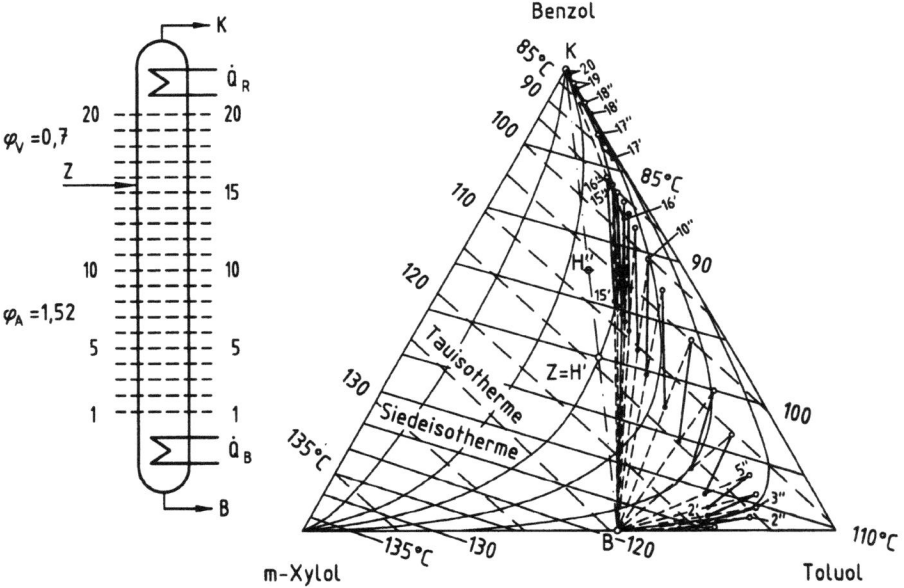

Bild 5.91: Rektifikation bei konstantem Rücklaufverhältnis, Einspeisung des Zulaufs oberhalb des 15. Kolonnenquerschnitts

5.3 Rektifikation von Drei- und Mehrstoffgemischen

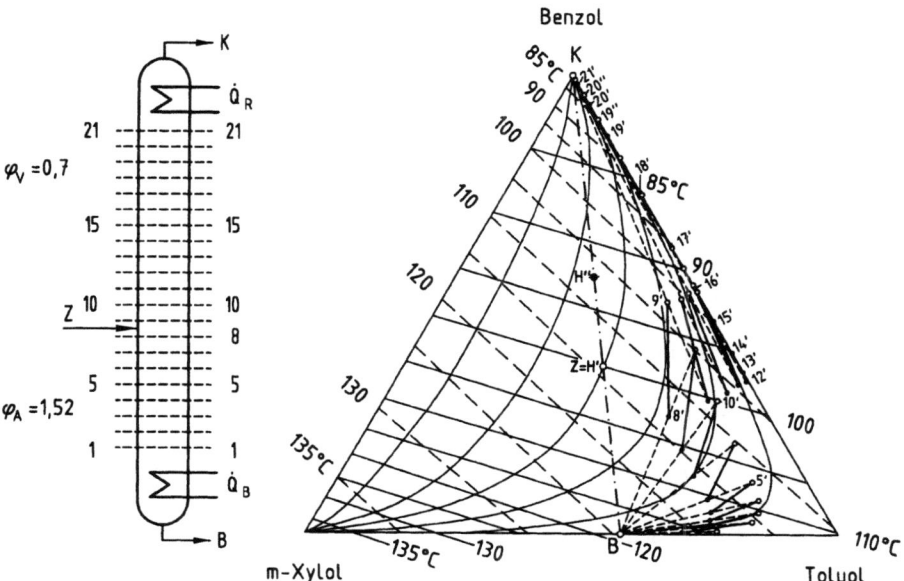

Bild 5.92: Rektifikation bei konstantem Rücklaufverhältnis, Zulauf oberhalb des 8. Querschnitts zu tief eingespeist

Flüssigkeitszustände in den einzelnen Säulenquerschnitten ermitteln.

Für die Verhältnisse nach Bild 5.90, welche der Rektifikation nach Bild 5.86 entsprechen, wird der Zulauf oberhalb des 10. Säulenquerschnitts eingespeist. Für den vom Zulaufboden aufsteigenden Dampf 11'' nehmen wir an, daß er mit der Flüssigkeit 10' ins Gleichgewicht gekommen ist; der Zustand 11'' ist daher der zum Flüssigkeitszustand 10' zugehörige Gleichgewichts-Dampfzustand. Die Verbindungsgerade dieses Dampfzustandes 11'' mit dem Zustandspunkt K des Kopfprodukts stellt die Querschnittgerade des untersten Querschnitts der Verstärkungssäule dar; darauf findet man den Flüssigkeitszustand 11' desselben Säulenquerschnitts als Schnittpunkt der Parallelen zur Verbindungsgeraden $\overline{H''11''}$ durch den Punkt H'.

Die Dampf- und Flüssigkeitszustände in den Querschnitten der Verstärkungssäule können ganz analog wie bei der Abtriebssäule bestimmt werden: Zum Flüssigkeitszustand 11' sucht man den zugehörigen Gleichgewichts-Dampfzustand 12'', zeichnet hierauf nach dem oben angegebenen Verfahren den Flüssigkeitszustand 12', usf., so lange, bis schließlich der Zustand K des gewünschten Kopfprodukts erreicht wird.

Die im oberen Teil der Verstärkungssäule herabrieselnde Flüssigkeit besteht praktisch nur aus dem Zweistoffgemisch Benzol/Toluol, erst auf den Böden unmittelbar über dem Zulauf ist die schwersiedende Komponente m-Xylol in nennenswerten Konzentrationen anzutreffen.

Insgesamt werden 18 theoretische Böden benötigt, um den Zulauf Z in das fast reine Kopfprodukt K und das nahezu vom Kopfprodukt befreite Blasenprodukt B zu trennen.

Günstigste Einspeisung des Zulaufs

Wird der Zulauf oberhalb des 15. Säulenquerschnitts eingespeist, so erhält man die Verhältnisse entsprechend Bild 5.91. In den oberen Querschnitten der Abtriebssäule ändern sich die Flüssigkeits- bzw. Dampfzustände nur langsam, weil die Querschnittsgeraden sich immer mehr den Naßdampfisothermen nähern und bei entsprechender Vergrößerung der Bodenzahl sowie noch höherer Einspeisung des Zulaufs im „Abtriebspinch" sich vollkommen den entsprechenden Naßdampfisothermen anschmiegen. Im Bild 5.91 ist der „Abtriebspinch" beim Zulauf oberhalb des 15. Bodens noch nicht erreicht; man erkennt aber einwandfrei die Tendenz dazu.

Für die Trennung ist die zu hohe Einspeisung ungünstig, weil mit insgesamt 18 theoretischen Böden wie in Bild 5.90 kein reines Kopfprodukt mehr gewonnen werden kann; hierzu wären mindestens 20 theoretische Böden erforderlich.

Bei der Rektifikation nach Bild 5.92 erfolgt der Zulauf im unteren Teil der Kolonne oberhalb des 8. Säulenquerschnitts. Für den Verstärkungsteil der Säule steht somit eine große Anzahl von Böden zur Verfügung, so daß bei dem vorgegebenen Rücklaufverhältnis die am schwersten siedende Komponente aus den obersten Böden der Verstärkungssäule praktisch völlig herausgeschwemmt werden kann und nur auf den Böden unmittelbar über dem Zulauf in größeren Konzentrationen auftritt. In der Abtriebssäule unterhalb des Zulaufs genügen dann relativ wenige Böden, um die am leichtesten siedende Komponente aus der Flüssigphase auszutreiben. Bei zu tiefer Einspeisung werden bei gleichem Rücklaufverhältnis ebenfalls mehr theoretische Böden benötigt als bei der Rektifikation nach Bild 5.90.

Eine noch weitere Absenkung des Zulaufs würde zu einem Pinch in der Verstärkungssäule führen, bei dem Querschnittsgeraden und Naßdampfisothermen des m-Xylol-freien Zweistoffgemisches zusammenfallen.

Da für die drei in den Bildern 5.90 bis 5.92 dargestellten Rektifikationsvorgänge dasselbe Rücklaufverhältnis zugrunde gelegt wurde, sind deshalb sowohl die Dephlegmatorwärme q_R je kg Kopfprodukt als auch der auf 1 kg Kopfprodukt bezogene Wärmebedarf der Rektifikation gleich groß. Infolgedessen muß bei gleichen Temperaturen T_H der Wärmequelle und T_W der Wärmesenke die Entropieproduktion je Mengeneinheit des Kopfprodukts ebenfalls gleich groß sein. Die drei Prozesse unterscheiden sich aber durch die unterschiedliche Entropieproduktion auf dem Zulaufboden, welche um so größer ist, je mehr sich die Konzentrationen der aus der Verstärkungssäule ablaufenden Flüssigkeit und des Zulaufs voneinander unterscheiden. Danach ist die Entropieproduktion bei der Rektifikation nach Bild 5.90 am kleinsten.

Da die Entropieproduktion in der gesamten Kolonne für alle drei betrachteten Fälle gleich groß ist, muß bei der Rektifikation nach Bild 5.91 und Bild 5.92 die größere Entropieproduktion auf dem Zulaufboden durch eine entsprechend geringere in den übrigen Kolonnenabschnitten kompensiert werden, was nur durch einen entsprechenden Mehraufwand an Böden d.h. einem höheren Investitionsaufwand erreicht werden kann.

Die Rektifikation nach Bild 5.90 kennzeichnet daher im Vergleich der drei Fälle die günstigste Einspeisung, bei der die Konzentrationen der aus der Verstärkungssäule ablaufenden Flüssigkeit und des Zulaufs am besten übereinstimmen, d.h. die Regel 1 (s. Abschn. „Die günstigste Einspeisung des Zulaufs") am besten erfüllt ist. Für diese Rektifikation kommt man bei gleichem Rücklaufverhältnis und daher gleichem bezogenen Wärmebedarf mit der kleinsten Zahl theoretischer Böden und deswegen mit dem kleinsten Investitionsaufwand aus[28].

Minimales Rücklaufverhältnis

Im vorigen Abschnitt wurde gezeigt, daß bei vorgegebenem Rücklaufverhältnis und einer hinreichend großen Anzahl von Böden, je nach Einspeisung des Zulaufs sich ein Pinch in der Abtriebssäule (Bild 5.91) oder in der Verstärkungssäule (Bild 5.92) einstellen kann.

Bei Verkleinerung des Rücklaufverhältnisses und einer ausreichenden Zahl von Böden kann der Grenzfall des minimalen Rücklaufverhältnisses $\varphi_{V,\min}$ angenähert werden, bei dem sowohl im Verstärkungs- als auch im Abtriebsteil der Kolonne je ein Pinch auftritt. Dieses minimale Rücklaufverhältnis kann selbst bei einer unendlichen Zahl von Böden nicht unterschritten werden, ohne daß die Zusammensetzung des Kopfprodukts und/oder des Blasenprodukts sich ändern.

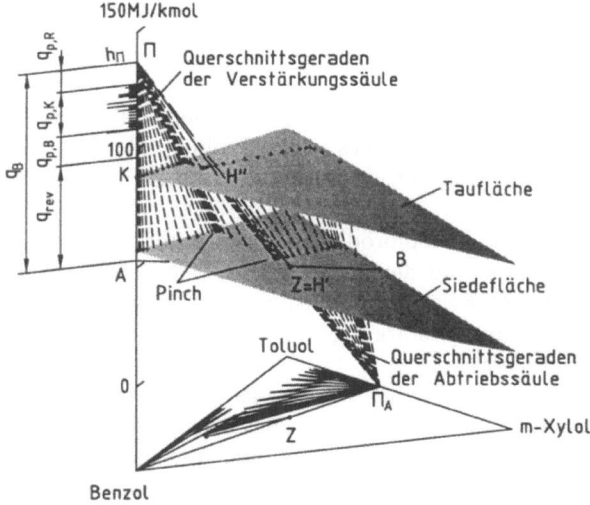

Bild 5.93: Rektifikation mit nahezu minimalem Rücklaufverhältnis im Enthalpie-Zusammensetzungsraum des Dreistoffgemisches Benzol/Toluol/m-Xylol

Bild 5.93 zeigt die Rektifikation nach Bild 5.86 bei nahezu minimalem Rücklaufverhältnis und günstigster Einspeisung des Zulaufs im Enthalpie-Zusammensetzungsraum und Bild 5.94 im Dreiecksdiagramm des Gemisches Benzol/Toluol/m-Xylol.

Man erkennt, daß sich sowohl in der Verstärkungssäule als auch in der Abtriebssäule jeweils ein „Pinch" ausbildet, in dem sich die Querschnittsgeraden beliebig den je-

---

[28] Vgl. hierzu auch die entsprechende Argumentation bei der Behandlung der Zweistoffgemische in Abschn. „Die günstige Einspeisung des Zulaufs".

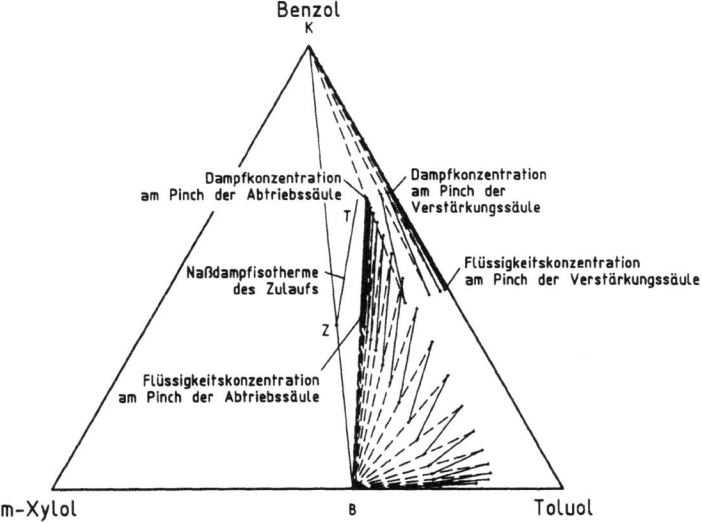

Bild 5.94: Rektifikation mit nahezu minimalem Rücklaufverhältnis im Dreiecksdiagramm des Gemisches Benzol/Toluol/m-Xylol

weiligen Naßdampfisothermen nähern. Der „Pinch" der Verstärkungssäule befindet sich dabei ganz auf der Seite des Zweistoffgemisches Benzol/Toluol, d.h. dort fallen die Querschnittsgeraden der Läuterung mit einer Naßdampfisothermen dieses Zweistoffgemisches zusammen.

Bei vorgegebener Zusammensetzung des Kopfproduktes K muß im allgemeinen auch bei minimalem Rücklaufverhältnis auf dem Zulaufboden eine beträchtliche Entropieproduktion in Kauf genommen werden, weil die dort zusammentreffenden Flüssigkeitsströme, der Rücklauf aus der Verstärkungssäule und der Zulauf Z, sehr verschiedene Zusammensetzung besitzen.

Nur, wenn Hauptgerade und Naßdampfisotherme des Zulaufs nahezu zusammenfallen wie bei der Rektifikation nach Bild 5.95 bzw. 5.96, geht bei genügend großer Anzahl von Böden die Entropieproduktion auf dem Zulaufboden gegen null, weil dann sowohl die Querschnittsgeraden der Verstärkungssäule als auch die der Abtriebssäule sich beliebig der Naßdampfisothermen des Zulaufs annähern können und daher in der Nähe des Zulaufbodens die Flüssigkeitskonzentrationen des Rücklaufs und des Zulaufs nahezu übereinstimmen. Soll hierbei das Kopfprodukt frei von der am schwersten siedenden Komponente bleiben, so muß der Zustand K des Kopfprodukts im Dreiecksdiagramm auf der Seite des Zweistoffgemischs Benzol/Toluol liegen. Allerdings kann das Kopfprodukt i.a. nicht als reine Komponente gewonnen werden.

Für den Betriebszustand mit verschwindender Entropieproduktion auf dem Zulaufboden erhält man somit ein sehr einfaches Kriterium: Der Kosinus des Winkels ϑ zwischen der Naßdampfisothermen des Zulaufs $Z'' - Z'$ und der Hauptgeraden $\Pi - Z'$ bzw. $Z' - \Pi_A$, welcher aus dem Skalarprodukt der Vektoren $Z'' - Z'$ und $\Pi - Z'$ (bzw. $Z' - \Pi_a$) und deren Absolutbeträgen gebildet wird, muß möglichst

5.3 Rektifikation von Drei- und Mehrstoffgemischen 481

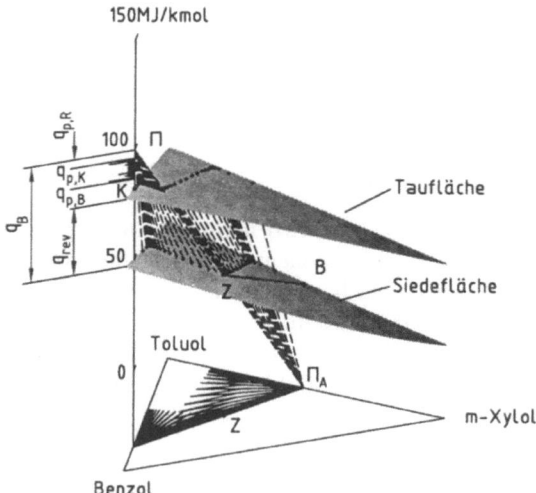

Bild 5.95: Rektifikation mit nahezu optimalem Rücklaufverhältnis im Enthalpie-Zusammensetzungsraum des Dreistoffgemisches Benzol/Toluol/m-Xylol

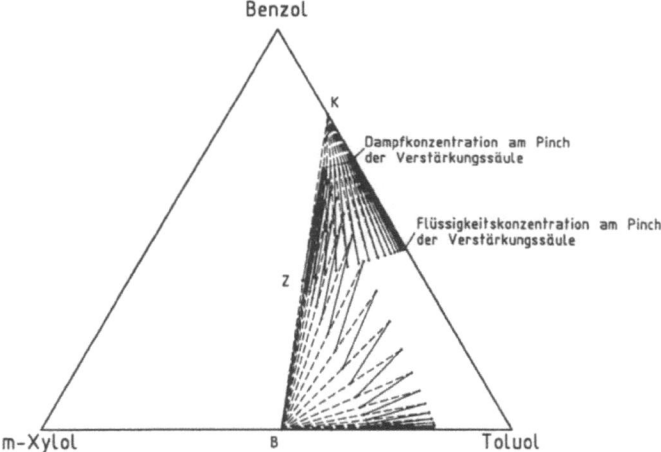

Bild 5.96: Rektifikation mit nahezu optimalem Rücklaufverhältnis im Dreiecksdiagramm des Gemisches Benzol/Toluol/m-Xylol

gleich eins sein

$$\cos\vartheta = \frac{(Z'' - Z') \cdot (\Pi - Z')}{|Z'' - Z'| \cdot |\Pi - Z'|} = \frac{(Z'' - Z') \cdot (Z' - \Pi_A)}{|Z'' - Z'| \cdot |Z' - \Pi_A|} \approx 1 \quad . \tag{5.235}$$

Diesen Betriebszustand wollen wir den optimalen Betriebszustand, das zu seiner Einstellung erforderliche Rücklaufverhältnis das optimale Rücklaufverhältnis nennen.

Günstigste Verschaltung von Trennkolonnen

Bei der Trennung von Drei- und Mehrstoffgemischen wird man sich i.a. nicht damit begnügen, nur die am leichtesten siedende Komponente abzuscheiden, wie in den Bildern 5.90 bis 5.92, sondern man wird auch bestrebt sein, das verbleibende Blasenprodukt weiter in seine Komponenten zu zerlegen.

Hierzu kann man dem in den Bildern 5.90 bis 5.92 dargestellten Trennprozeß noch eine zweite Kolonne nachschalten, in der das Blasenprodukt noch weiter verarbeitet wird, Bild 5.97.

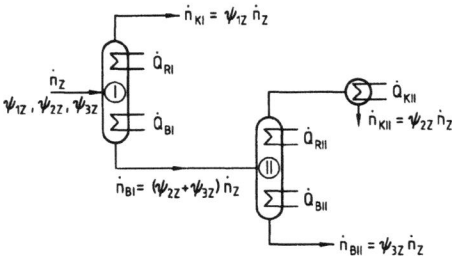

Bild 5.97: Trennung eines Dreistoffgemisches durch Abtrennung der am leichtesten siedenden Komponente als Kopfprodukt der ersten Trennkolonne I

Eine andere Möglichkeit, den Zulauf Z in seine Komponenten zu trennen, besteht darin, in der Zulaufkolonne zunächst die am schwersten siedende Komponente möglichst rein als Blasenprodukt abzuscheiden und das am Kopf der Kolonne anfallende Gemisch der leichter siedenden Komponenten in einer zweiten Kolonne weiter aufzuspalten. Das Schaltschema dieser Anordnung wird in Bild 5.98 gezeigt. Um beurteilen zu können, welche der beiden Schaltungen 5.97 bzw. 5.98 für den Trennprozeß günstiger ist, vergleichen wir zunächst den Wärmebedarf.
Unter der vereinfachenden Annahme, daß im Enthalpie-Zusammensetzungsraum die Siedefläche und die Taufläche parallele Ebenen sind, kann der Wärmebedarf wie für Zweistoffgemische nach Gl. (5.183) ermittelt werden. Auf die Zulaufmenge $\dot{n}_Z$ bezogen erhält man für die Schaltung nach Bild 5.97

$$\begin{aligned}\frac{\dot{Q}_B}{\dot{n}_Z} &= \frac{\dot{n}_{BI}}{\dot{n}_Z}\frac{\dot{Q}_{BI}}{\dot{n}_{BI}} + \frac{\dot{n}_{BII}}{\dot{n}_Z}\frac{\dot{Q}_{BII}}{\dot{n}_{BII}} = r\left\{\frac{\psi_{2Z} + \psi_{3Z}}{\varphi_{AI} - 1} + \frac{\psi_{3Z}}{\varphi_{AII} - 1}\right\} \\ &= r\left\{\frac{\psi_{2Z}}{\varphi_{AI} - 1} + \psi_{3Z}\left(\frac{1}{\varphi_{AI} - 1} + \frac{1}{\varphi_{AII} - 1}\right)\right\} \quad , \end{aligned} \tag{5.236}$$

5.3 Rektifikation von Drei- und Mehrstoffgemischen

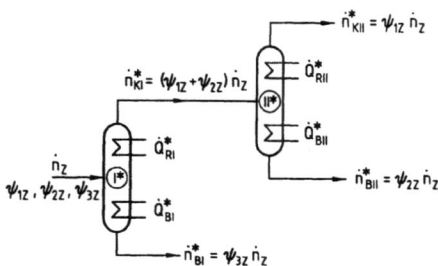

Bild 5.98: Trennung eines Dreistoffgemisches durch Abtrennung der am schwersten siedenden Komponente als Sumpfprodukt der ersten Trennkolonne I*

wobei r die für alle Komponenten gleiche Verdampfungswärme und φ_{AI} bzw. φ_{AII} die Rücklaufverhältnisse im Abtriebsteil der ersten bzw. zweiten Kolonne sind.
Für die Kolonnenschaltung nach Bild 5.98 ist die auf die Zulaufmenge $\dot{n}_Z$ bezogene Wärme

$$\frac{\dot{Q}_B^\star}{\dot{n}_Z} = \frac{\dot{n}_{BI}^\star}{\dot{n}_Z}\frac{\dot{Q}_{BI}^\star}{\dot{n}_{BI}^\star} + \frac{\dot{n}_{BII}^\star}{\dot{n}_Z}\frac{\dot{Q}_{BII}^\star}{\dot{n}_{BII}^\star} = r\left\{\frac{\psi_{3Z}}{\varphi_{AI}^\star - 1} + \frac{\psi_{2Z}}{\varphi_{AII}^\star - 1}\right\} . \qquad (5.237)$$

Wird — um beide Schaltungen miteinander vergleichen zu können — der gleiche auf den Zulauf bezogene Wärmebedarf zugrunde gelegt

$$\frac{\dot{Q}_B}{\dot{n}_Z} = \frac{\dot{Q}_B^\star}{\dot{n}_Z} , \qquad (5.238)$$

so ergeben sich nach Gl. (5.237) und (5.236) die folgenden Bedingungen für die Rücklaufverhältnisse der Abtriebssäulen

$$\varphi_{AII}^\star = \varphi_{AI} \quad \text{und} \quad \varphi_{AI}^\star = \frac{\varphi_{AI}\,\varphi_{AII} - 1}{\varphi_{AII} + \varphi_{AI} - 2} , \qquad (5.239)$$

wodurch auch die entsprechenden Rücklaufverhältnisse der Verstärkungssäulen festgelegt sind (vgl. die Beziehung (5.177) für Zweistoffgemische).
Bei diesen Rücklaufverhältnissen ist mit demselben Wärmebedarf auch die Summe der Dampfmengenströme, welche letztlich die Säulenquerschnitte bestimmen, für beide Schaltungen etwa gleich groß.
Beide Schaltungen unterscheiden sich aber erheblich in der erforderlichen Zahl der theoretischen Böden. Dies wird durch den Vergleich der Bilder 5.99 und 5.100 deutlich. In Bild 5.99 ist die Rektifikation entsprechend der Schaltung nach Bild 5.97 im Dreiecksdiagramm dargestellt. Wie in den Bildern 5.90 bis 5.92 wurden die inneren Rücklaufverhältnisse in der Trennkolonne I zu

$\varphi_{VI} = 0,7$ (Verstärkungssäule) und $\varphi_{AI} = 1,52$ (Abtriebssäule)

gewählt. Für die nachgeschaltete Trennkolonne II wurden Rücklaufverhältnisse

$\varphi_{VII} = 0,65$ und $\varphi_{AII} = 1,24$

angenommen.

484 5 Trennung von Gemischen

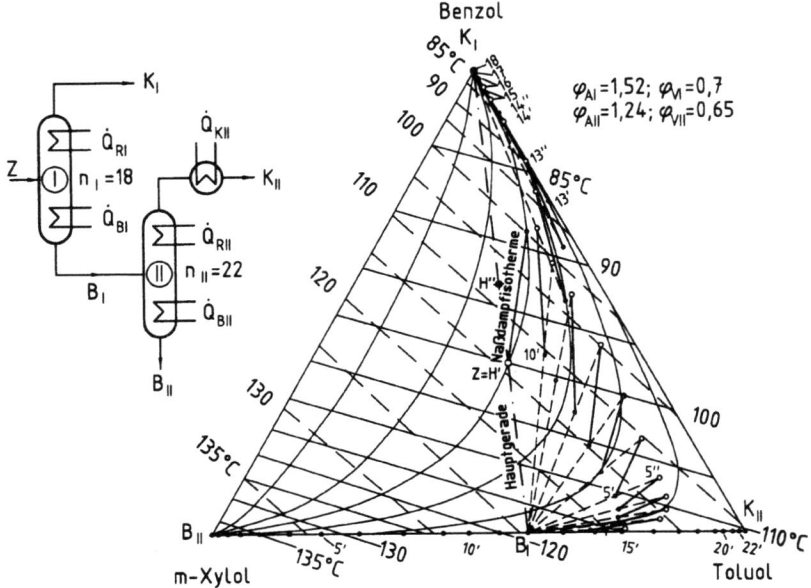

Bild 5.99: Trennung eines Dreistoffgemisches Z durch Abscheiden der am leichtesten siedenden Komponente als Kopfprodukt K_I der Kolonne I

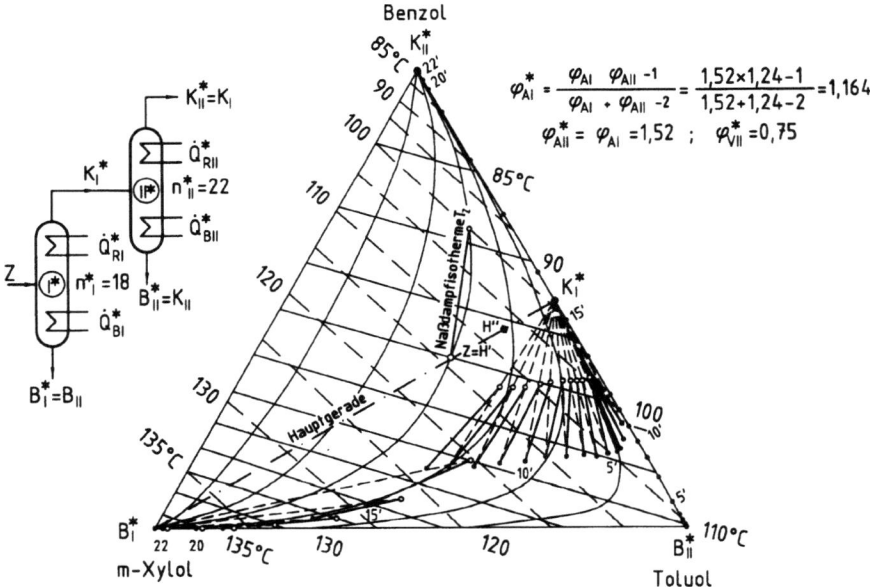

Bild 5.100: Trennung eines Dreistoffgemisches Z durch Abscheiden der am schwersten siedenden Komponente als Blasenprodukt B_I^* in der Trennkolonne I

5.3 Rektifikation von Drei- und Mehrstoffgemischen

Mit diesen Werten sind nach Bild 5.99 für die Trennkolonne I 18 und für die Kolonne II 22 theoretische Böden erforderlich, um das vorgegebene Gemisch möglichst vollständig in seine Komponenten zu trennen.
Bei gleichem, auf die Zulaufmenge $\dot{n}_Z$ bezogenen Wärmebedarf ermittelt man für die Schaltung entsprechend Bild 5.98 nach Gl. (5.239) folgende Werte für die inneren Rücklaufverhältnisse

$$\varphi^\star_{AI} = \frac{1,52 \cdot 1,24 - 1}{1,52 + 1,24 - 2} = 1,164; \quad \varphi^\star_{AII} = \varphi_{AI} = 1,52 \ .$$

In Bild 5.100 wurden mit diesen Werten die Dampf- und Flüssigkeitszustände in den beiden Säulen ermittelt. Danach müssen für die Kolonne I* insgesamt 22 und für die Kolonne II* ebenfalls 22 theoretische Böden vorgesehen werden.
Für die Schaltung nach Bild 5.98 sind daher bei gleichem Wärmebedarf deutlich mehr theoretische Böden notwendig als für die nach Bild 5.97. Der Grund hierfür ist in der unterschiedlichen Entropieproduktion auf dem Zulaufboden der ersten Trennkolonne zu sehen, denn nach Regel 1 des Abschnittes „Die günstigste Einspeisung des Zulaufs" ist die Entropieproduktion um so geringer, je besser die Hauptgerade mit der Naßdampfisothermen des Zulaufs übereinstimmt. Die Entropieproduktion auf dem Zulaufboden nach Schaltung 5.97 ist demnach kleiner als die nach Schaltung 5.98, wie man durch den Vergleich der Bilder 5.99 und 5.100 sofort erkennt.
Wird das Kopfprodukt KII nach Schaltung 5.97 kondensiert und sind außerdem die Temperaturen der Heiz- und Kühlmedien für beide Schaltungen gleich, so muß dagegen die gesamte Entropieproduktion für beide Schaltungen gleich groß sein, weil ja die Zustände der ein- und austretenden Stoffe gleich sind und für beide Schaltungen derselbe Wärmebedarf vorausgesetzt wurde.
Daher kann eine höhere Entropieproduktion auf dem Zulaufboden — wenn überhaupt — nur durch eine geringere Entropieproduktion in den nachfolgenden Stufen kompensiert werden, was durch eine höhere Stufenzahl erreicht werden kann.
Die Regel 1 liefert somit ein sehr einfaches Kriterium für die günstigste Verschaltung von Trennkolonnen. Danach sollte in jeder Trennkolonne die Hauptgerade möglichst gut mit der Naßdampfisothermen des Zulaufs übereinstimmen, damit die Entropieproduktion auf dem Zulaufboden so klein wie möglich ausfällt, d.h. der Kosinus des Winkels zwischen der Hauptgeraden und der Naßdampfisothermen des Zulaufs sollte möglichst gleich eins sein, s. Gl. (5.235).
Je nach der Zusammensetzung des Zulaufs ist entweder die Schaltung nach Bild 5.97 oder die nach Bild 5.98 günstiger. Dies soll anhand des Dreiecksdiagramms für das Dreistoffgemisch m-Xylol/Toluol/Benzol erläutert werden, Bild 5.101.
Im oberen, dem Leichtsieder zugewandten Bereich des Diagramms liegt die Naßdampfisotherme des Zulaufs näher an der Hauptgeraden durch das Kopfprodukt K, und daher ist hier die Schaltung nach Bild 5.97 günstiger.
Im unteren Bereich verläuft die Naßdampfisotherme des Zulaufs näher an der Hauptgeraden durch den Zustandspunkt B des Blasenprodukts; hier ist die Schaltung nach Bild 5.98 günstiger. Für diejenigen Zustandspunkte Z des Zulaufs, die auf der in Bild 5.101 als „Bereichsgrenze der günstigsten Schaltung" bezeichneten Linie liegen, halbieren die zu Z gehörigen Naßdampfisothermen den Winkel zwischen den

beiden Hauptgeraden durch das Kopfprodukt K und durch das Blasenprodukt B. Für diese Linie gibt es keine Präferenz für eine der beiden Schaltungen, oberhalb ist die nach Bild 5.97, unterhalb die nach Bild 5.98 günstiger.

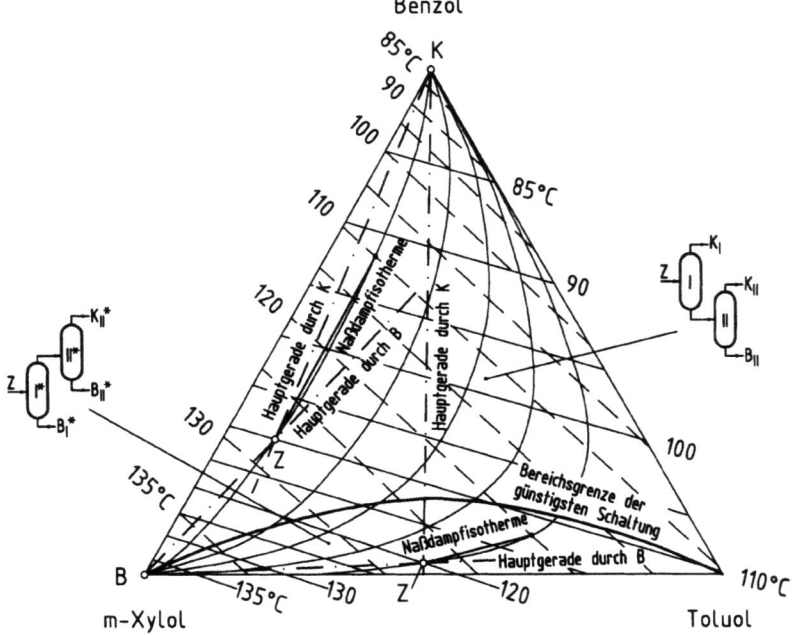

Bild 5.101: Zustandsbereiche im Dreiecksdiagramm, in denen die Schaltung nach Bild 5.98 oder die nach Bild 5.97 günstiger ist

5.3.4 Kolonne mit Seitenabzug

Bei der Trennung von Mehrstoffgemischen kann es zweckmäßig sein, einen oder mehrere Seitenabzüge vorzusehen. Damit lassen sich entweder die bei mittleren Temperaturen siedenden Komponenten des Gemisches gewinnen oder es kann die Schaltung gekoppelter Säulen günstiger gestaltet werden.
Die Energiebilanz und die Mengenbilanzen, die im Abschn. 5.2.6 bereits für Zweistoffgemische aufgestellt wurden, lassen sich ohne weiteres auf Mehrstoffgemische übertragen. Nach Bild 5.54 ergeben diese Bilanzen für einen beliebigen Säulenquerschnitt zwischen dem Seitenabzug S und dem Zulauf Z

$$\dot{n}'' - \dot{n}' = \dot{n}_K + \dot{n}_S \quad \text{(Mengenbilanz)} \tag{5.240}$$

$$\dot{n}''\psi_1'' - \dot{n}'\psi_1' = \dot{n}_K\psi_{1K} + \dot{n}_S\psi_{1S} \quad \text{(Mengenbilanz der Komponente 1)}$$

$$\dot{n}''\psi_2'' - \dot{n}'\psi_2' = \dot{n}_K\psi_{2K} + \dot{n}_S\psi_{2S} \quad \text{(Mengenbilanz der Komponente 2)} \tag{5.241}$$

$$\cdots\cdots\cdots\cdots\cdots\cdots\cdots\cdots\cdots\cdots\cdots\cdots\cdots\cdots\cdots\cdots\cdots\cdots\cdots\cdots\cdots\cdots$$

$$\dot{n}''h'' - \dot{n}'h' = \dot{n}_K h_K + \dot{n}_S h_S + \dot{Q}_R \quad \text{(Energiebilanz)} \; . \tag{5.242}$$

5.3 Rektifikation von Drei- und Mehrstoffgemischen

Dividiert man die zweite und die folgenden Gleichungen durch $(\dot{n}_K + \dot{n}_S)$, so erhält man

$$\frac{\dot{n}''}{\dot{n}_K + \dot{n}_S}\psi_1'' - \frac{\dot{n}'}{\dot{n}_K + \dot{n}_S}\psi_1' = \frac{\dot{n}_K}{\dot{n}_K + \dot{n}_S}\psi_{1K} + \frac{\dot{n}_S}{\dot{n}_K + \dot{n}_S}\psi_{1S} = \psi_{1\Pi_Z}$$

$$\frac{\dot{n}''}{\dot{n}_K + \dot{n}_S}\psi_2'' - \frac{\dot{n}'}{\dot{n}_K + \dot{n}_S}\psi_2' = \frac{\dot{n}_K}{\dot{n}_K + \dot{n}_S}\psi_{2K} + \frac{\dot{n}_S}{\dot{n}_K + \dot{n}_S}\psi_{2S} = \psi_{2\Pi_Z} \quad . \quad (5.243)$$

$$\cdots\cdots\cdots\cdots\cdots\cdots\cdots\cdots\cdots\cdots\cdots\cdots\cdots\cdots\cdots\cdots$$

$$\frac{\dot{n}''}{\dot{n}_K + \dot{n}_S}h'' - \frac{\dot{n}'}{\dot{n}_K + \dot{n}_S}h' = \frac{\dot{n}_K}{\dot{n}_K + \dot{n}_S}\left(h_K + \frac{\dot{Q}_R}{\dot{n}_K}\right) + \frac{\dot{n}_S}{\dot{n}_K + \dot{n}_S}h_S = h_{\Pi_Z} \quad (5.244)$$

Die Größen auf den rechten Seiten dieser Gleichungen stellen die Koordinaten eines „Zwischenpols"

$$\Pi_Z = \begin{pmatrix} \psi_{1\Pi_Z} \\ \psi_{2\Pi_Z} \\ \vdots \\ h_{\Pi_Z} \end{pmatrix} = \frac{\dot{n}_K}{\dot{n}_K + \dot{n}_S}\begin{pmatrix} \psi_{1K} \\ \psi_{2K} \\ \vdots \\ h_\Pi \end{pmatrix} + \frac{\dot{n}_S}{\dot{n}_K + \dot{n}_S}\begin{pmatrix} \psi_{1S} \\ \psi_{2S} \\ \vdots \\ h_S \end{pmatrix} \quad (5.245)$$

dar, welchen man als den Mischungszustand des Pols Π der Läuterung mit dem Zustandspunkt S des Seitenstromes auffassen kann

$$\Pi_Z = \frac{\dot{n}_K}{\dot{n}_K + \dot{n}_S}\Pi + \frac{\dot{n}_S}{\dot{n}_K + \dot{n}_S}S \quad . \quad (5.246)$$

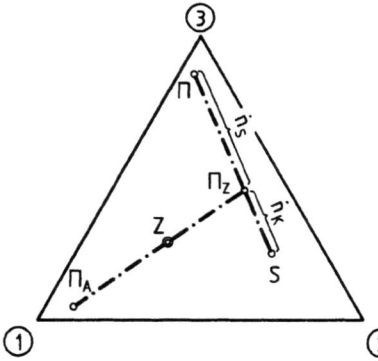

Bild 5.102: Hauptgeraden der Rektifikation mit Seitenabzug S

Daraus erhält man dann mit Gl. (5.196) und (5.197) die Vektorgleichung der Querschnittsgeraden für einen beliebigen Säulenquerschnitt zwischen dem Seitenabzug S und dem Zulauf Z

$$\dot{n}''X'' - \dot{n}'X' = (\dot{n}_K + \dot{n}_S)\Pi_Z \quad (5.247)$$

oder mit Gl. (5.240) umgeformt

$$\Pi_Z - X'' = \frac{\dot{n}'}{\dot{n}''}(\Pi_Z - X') \ . \tag{5.248}$$

Gl. (5.248) bedeutet, daß die Querschnittsgeraden aller zwischen dem Seitenabzug S und dem Zulauf Z liegenden Säulenquerschnitte sich im Zwischenpol Π_Z schneiden müssen. Für die Säulenquerschnitte oberhalb des Seitenabzugs und unterhalb des Zulaufs laufen die zugehörigen Querschnittsgeraden wie gewohnt im Pol Π der Läuterung bzw. im Abtriebspol Π_A zusammen.

Der Seitenabzug hat auf den Trennprozeß eine ähnliche Wirkung wie eine nachgeschaltete zweite Trennkolonne, welcher das „Polprodukt Π_Z" als „Zulauf" zugeführt wird, Bild 5.102. Dadurch kann über den Mengenstrom $\dot{n}_S$ des Seitenabzugs die Güte einer Trennkolonne positiv beeinflußt werden, indem Hauptgerade und Naßdampfisotherme des Zulaufs besser angepaßt werden.

5.4 Trennung azeotroper Gemische

Die Läuterung eines Zweistoffgemisches kann nur innerhalb eines Bereiches erfolgen, in dem jede Querschnittsgerade steiler als die von ihr geschnittenen Naßdampfisothermen verläuft. Aus diesem Grunde kann eine azeotrope Zusammensetzung in Kolonnen von der bisher beschriebenen Wirkungsweise nie überschritten werden. Denn bei $\psi' = \psi'' = \psi_{az}$ fällt die Naßdampfisotherme in die Ordinatenrichtung. Die Querschnittsgeraden können nur dann durchgehend steiler als die Naßdampfisothermen sein, wenn alle Dampf- und Flüssigkeitszustände auf diejenige Seite von ψ_{az} fallen, auf der auch der Läuterungspol Π und damit der Zustand K des Kopfprodukts liegt. Der Fall nach Bild 5.103 ist somit unmöglich. Mit azeotroper Zusammensetzung kann man bei Gemischen mit Temperaturminimum nur das Kopfprodukt oder bei Gemischen mit Temperaturmaximum nur das Blasenprodukt abziehen. Selbstverständlich kann der Läuterungsprozeß eines Zweistoffgemisches nach Bild 5.103 sowohl rechts als auch links von ψ_{az} stattfinden, aber nicht von einer Seite auf die andere wechseln.

Wünscht man trotz des azeotropen Punktes reinen Stoff 2 jenseits der azeotropen Zusammensetzung zu gewinnen, so kann man dies auf verschiedene Weise erreichen. Man kann versuchen, durch Druckänderung den azeotropen Punkt außerhalb des Diagramms zu rücken[29]. Ist das möglich, so kann man bei solchem Druck die Rektifikation wie bei jedem normalen Gemisch ohne weiteres bis $\xi = 1$ bzw. $\xi = 0$ führen.

Man kann auch durch Zusatz eines dritten Stoffes den azeotropen Punkt verschieben. Sobald man diesen Punkt nur etwas verschoben hat, kann man reine Stoffe gewinnen, wie man sich durch einfache Überlegung überzeugen kann.

Sehr oft werden auch chemische Mittel angewendet, wie z.B. Entfernung von Wasserresten aus azeotropen Gemischen durch Stoffe, die sehr hygroskopisch sind.

---

[29]VAN WIECHLE M (1967) Destillation. McGraw Hill

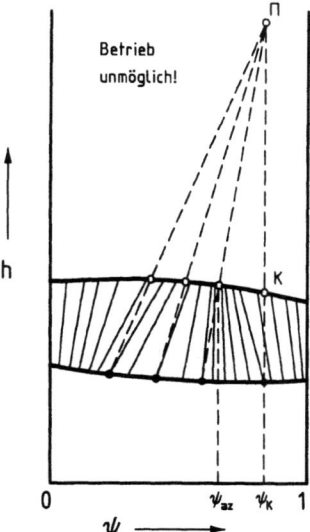

Bild 5.103: Unmögliche Läuterung eines Gemisches mit azeotropem Punkt

5.5 Extraktion und Absorption

Extraktion und Absorption sind wie die Rektifikation Trenntechniken, welche auf dem Stoffaustausch zwischen zwei Phasen beruhen. Bei der Extraktion wird der Stoff, den man gewinnen möchte, aus dem Trägerstoff, den man auch Raffinat nennt, mit Hilfe eines Lösungsmittels (Extraktionsmittel) extrahiert[30]. Der Trägerstoff kann fest (fest-flüssig-Extraktion) oder flüssig (flüssig-flüssig-Extraktion) sein. Raffinat und Extraktionsmittel müssen eine Mischungslücke besitzen, s. Abschn. 4.4 „Eigenschaften von Dreistoffgemischen".

Ist der Trägerstoff gasförmig und soll dieser entweder vollständig oder gewisse Gaskomponenten daraus von einem Lösungsmittel aufgenommen werden, so spricht man von Absorption.

Der umgekehrte Vorgang, bei dem Komponenten aus der Flüssigphase in die Gasphase übergehen, nennt man Desorption. Besteht die Flüssigkeit nur aus einer einzigen Komponente, so handelt es sich beim Stoffaustausch zwischen der flüssigen und der gasförmigen Phase um den schon besprochenen Verdunstungsvorgang.

Extraktions- und Absorptionskolonnen werden meist im Gegenstrom betrieben, Bild 5.104. Am Kopf wird die schwerere Phase K' aufgegeben, die infolge der Schwerkraft in der Kolonne nach unten wandert und als Blasenprodukt B' aus der Kolonne austritt. Im Gegenstrom dazu wird die leichtere Phase geführt, die als B'' unten in die Kolonne eingeführt wird, beim Aufstieg nach oben in innigen Kontakt mit der herablaufenden schweren Phase gebracht wird, und schließlich als leichteres Kopfprodukt K'' die Kolonne verläßt.

Schneiden wir die Kolonne in einem beliebigen Querschnitt $j - j$ oder $k - k$, so ergeben die Mengenbilanzen und die Energiebilanz für den oberen und den unteren

---

[30] vom Lateinischen extrahere herausziehen.

490   5 Trennung von Gemischen

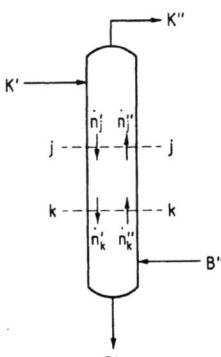

Bild 5.104: Extraktions- bzw. Absorptionskolonne (schematisch)

Teil der Kolonne

$$\dot{n}''_j - \dot{n}'_j = \dot{n}''_k - \dot{n}'_k = \dot{n}''_K - \dot{n}'_K = \dot{n}''_B - \dot{n}'_B \tag{5.249}$$

$$\dot{n}''_j \psi''_{1j} - \dot{n}'_j \psi'_{1j} = \dot{n}''_k \psi''_{1k} - \dot{n}'_k \psi'_{1k} = \dot{n}''_K \psi''_{1K} - \dot{n}'_K \psi'_{1K} = \dot{n}''_B \psi''_{1B} - \dot{n}'_B \psi'_{1B}$$

$$\dot{n}''_j \psi''_{2j} - \dot{n}'_j \psi'_{2j} = \dot{n}''_k \psi''_{2k} - \dot{n}'_k \psi'_{2k} = \dot{n}''_K \psi''_{2K} - \dot{n}'_K \psi'_{2K} = \dot{n}''_B \psi''_{2B} - \dot{n}'_B \psi'_{2B}$$

$$\tag{5.250}$$

. . . .

$$\dot{n}''_j h''_j - \dot{n}'_j h'_j = \dot{n}''_k h''_k - \dot{n}'_k h'_k = \dot{n}''_K h''_K - \dot{n}'_K h'_K = \dot{n}''_B h''_B - \dot{n}'_B h'_B \;. \tag{5.251}$$

Wenn die bei Extraktions- bzw. Absorptionsprozessen auftretenden Wärmetönungen nur gering sind und dadurch die Mengenströme kaum beeinflußt werden, kann man die Enthalpiebilanz auch weglassen.
Das trifft bei Extraktionsprozessen in der Regel, bei Absorptionsprozessen häufig zu. Die Gln. (5.249) bis (5.251) stimmen mit den Erhaltungsgleichungen für den Verstärkungs- und Abtriebsteil der Rektifiziersäule fast völlig überein, lediglich auf der rechten Seite stehen anstelle der Ströme des Kopf- bzw. Blasenprodukts in den Gln. (5.249) und (5.251) die Differenzen der Ströme der zu- bzw. abfließenden Stoffe.
Indem wir anstelle der Größen auf den rechten Seiten der Gl. (5.250) und (5.251) die Koordinaten des Pols Π einführen

$$\psi_{1\Pi} = \frac{\dot{n}''_K \psi''_{1K} - \dot{n}'_K \psi'_{1K}}{\dot{n}''_K - \dot{n}'_K} = \frac{\dot{n}''_B \psi''_{1B} - \dot{n}'_B \psi'_{1B}}{\dot{n}''_B - \dot{n}'_B}$$

$$\psi_{2\Pi} = \frac{\dot{n}''_K \psi''_{2K} - \dot{n}'_K \psi'_{2K}}{\dot{n}''_K - \dot{n}'_K} = \frac{\dot{n}''_B \psi''_{2B} - \dot{n}'_B \psi'_{2B}}{\dot{n}''_B - \dot{n}'_B} \tag{5.252}$$

. . . .

$$h_\Pi = \frac{\dot{n}''_K h''_K - \dot{n}'_K h'_K}{\dot{n}''_K - \dot{n}'_K} = \frac{\dot{n}''_B h''_B - \dot{n}'_B h'_B}{\dot{n}''_B - \dot{n}'_B} \;, \tag{5.253}$$

erhalten wir mit Gl. (5.249) dieselbe Vektorgleichung wie Gl. (5.200)

$$\Pi - X_j'' = \frac{\dot{n}_j'}{\dot{n}_j''}(\Pi - X_j') \tag{5.254}$$

mit dem Pol

$$\Pi = \begin{pmatrix} \psi_{1\Pi} \\ \psi_{2\Pi} \\ \vdots \\ h_\Pi \end{pmatrix} . \tag{5.255}$$

Im Gegensatz zur Rektifikation können bei der Extraktion und der Absorption einige der „Polkonzentrationen" $\psi_{1\Pi}, \psi_{2\Pi}, \ldots$ auch negative Werte annehmen. Bei der Extraktion ist dies sogar die Regel, denn der Raffinatstrom sollte ja kein oder nur wenig Lösungsmittel und das Lösungsmittel nur wenig Raffinat enthalten. Je nach Vorzeichen der Mengenstromdifferenz $\dot{n}_K'' - \dot{n}_K' = \dot{n}_B'' - \dot{n}_B'$ wird dann entweder die „Polkonzentration" ψ_Π des Raffinats oder des Lösungsmittel negativ. Natürlich haben solche negativen Konzentrationen keine physikalische Bedeutung; sie sagen lediglich aus, daß der Pol außerhalb des Diagrammfeldes liegt.
Schließlich wollen wir noch die Entropieproduktion zwischen zwei beliebigen Säulenquerschnitten $j - j$ und $k - k$ (im Bild 5.104) bestimmen:

$$\dot{S}_{pr} = \dot{n}_j'' s_j'' - \dot{n}_j' s_j' - (\dot{n}_k'' s_k'' - \dot{n}_k' s_k') = (\dot{n}_K'' - \dot{n}_K')(s_{\Pi j} - s_{\Pi k}) \ , \tag{5.256}$$

wenn wir analog zur Gl. (5.220) bzw. (5.221) die Polentropie

$$s_{\Pi j} = \frac{\dot{n}_j''}{\dot{n}_K'' - \dot{n}_K'} s_j'' - \frac{\dot{n}_j'}{\dot{n}_K'' - \dot{n}_K'} s_j' = s_j'' + \frac{\dot{n}_j'}{\dot{n}_j''}(s_{\Pi j} - s_j') \tag{5.257}$$

(bzw. $s_{\Pi k}$) einführen, welche die Lage des Entropiepols

$$\Pi_j = \begin{pmatrix} \psi_{1\Pi} \\ \psi_{2\Pi} \\ \vdots \\ s_{\Pi j} \end{pmatrix} . \tag{5.258}$$

bestimmt.

Extraktion von Essigsäure aus Essigsäure-Wassergemischen mit Benzol

In Bild 5.105 wird ein Extraktionsprozeß für das Dreistoffgemisch Wasser-Benzol-Essigsäure gezeigt. Wasser und Benzol sind praktisch nicht ineinander löslich. Deshalb schmiegt sich die Binodalkurve bei kleinen Essigsäurekonzentrationen an die Ränder des Dreiecksdiagramms an.
Essigsäure ist bei der Temperatur von 30 °C, für die das Diagramm aufgestellt wurde, sowohl in Benzol als auch in Wasser in jeder Menge löslich. Ihre Gleichgewichtskonzentrationen in beiden Phasen werden durch die Schnittpunkte der Konoden

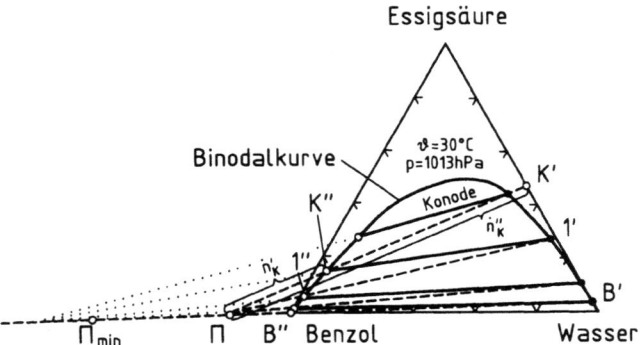

Bild 5.105: Extraktion von Essigsäure aus einem Essigsäure-Wasser-Gemisch K' mit Benzol B'' als Lösungsmittel. Die Lage des Pols Π bestimmt das Verhältnis des Lösungsmittel- zum Raffinatstrom $\dot{n}''/\dot{n}'$. Die geringste Lösungsmittelmenge ergibt sich für den Pol $\Pi_{\min}$, den man als den dem Dreiecksdiagramm nächstgelegenen Schnittpunkt der Konoden mit der Querschnittsgeraden $\overline{B''B'}$ erhält. Zahlenwerte aus Landolt-Börnstein, 6.Aufl. Bd.IV

mit der Binodalkurve angegeben. Man erkennt aus dem Diagramm, daß im Gleichgewicht zur Lösung der gleichen Menge Essigsäure mehr Benzol als Wasser benötigt wird. Will man also aus einem Essigsäure-Wasser-Gemisch die Essigsäure mit Benzol extrahieren, so wird der Lösungsmittelstrom größer als der Raffinatstrom. Da Benzol leichter als Wasser ist, wird man das schwerere Essigsäure-Wasser-Gemisch dem Kopf der Kolonne als schwere Phase K' zuführen. Es ist dann

$$\dot{n}''_K - \dot{n}'_K = \dot{n}''_B - \dot{n}'_B > 0$$

und bei vernachlässigbarem Wasseranteil im Benzol die „Polkonzentration" des Wassers nach (5.252)

$$\psi_{\text{Wasser } \Pi} = \frac{-\dot{n}'_K \psi'_{\text{Wasser},K}}{\dot{n}''_K - \dot{n}'_K} < 0 \;,$$

d.h. der Pol Π muß außerhalb des Dreiecksdiagramms auf der Seite des Benzols liegen.
Für die „Polkonzentration" der Essigsäure gilt folgendes: Ist das in der Kolonne eintretende Lösungsmittel reines Benzol, d.h. frei von Essigsäure, $\psi''_{\text{Essigsäure},B} = 0$, so muß nach Gl. (5.250) die „Polkonzentration" der Essigsäure

$$\psi_{\text{Essigsäure } \Pi} = \frac{-\dot{n}'_B \psi'_{\text{Essigsäure},B}}{\dot{n}''_B - \dot{n}'_B} \leq 0$$

sein. Könnte man den Extraktionsprozeß so weit treiben, daß in der abfließenden schweren Phase B' keine Essigsäure mehr enthalten ist, so würde der Pol auf der Verlängerung der Dreiecksseite Benzol/Wasser liegen. Enthält der Blasenablauf B' noch geringe Mengen an Essigsäure, so ist $\psi_{\text{Essigsäure} \Pi} < 0$, und der Pol Π liegt unterhalb der Dreiecksseite Benzol/Wasser.

Die Zahl der theoretischen Böden ermittelt man ganz ähnlich wie bei der Rektifikation: Durch den Pol II und den Zustandspunkt K' des eintretenden Wasser-Essigsäure-Gemisches, dessen Konzentration $\psi'_{\text{Essigsäure},K}$ vorgegeben sein wird, zeichnet man die erste Querschnittsgerade K'II. Durch sie ist auch schon die Essigsäurekonzentration $\psi''_{\text{Essigsäure},K}$ im Lösungsmittel am Kopf der Kolonne bestimmt, Zustand K''. Dann suche man die zu K'' gehörende Konode im Dreiecksdiagramm auf und darauf den Gleichgewichtszustand $1'$ auf der Raffinatseite. Durch $1'$ und II wird die nächste Querschnittsgerade gezogen und damit der Zustand $1''$ auf der Lösungsmittelseite gefunden. Dieses Verfahren wird so lange fortgesetzt, bis die letzte Querschnittsgerade durch den Zustand B'' des eintretenden Lösungsmittels führt. Falls dieser nicht genau getroffen wird, muß der Pol II ein wenig verlegt und das Verfahren wiederholt werden.

Durch die Lage des Pols II wird die erforderliche Lösungsmittelmenge bestimmt. Nach Gl. (5.254) wird nämlich das Verhältnis der Mengenströme von Lösungsmittel $\dot{n}''_j$ zu Raffinat $\dot{n}'_j$ in jedem Säulenquerschnitt j durch das Streckenverhältnis $\overline{IIj'}/\overline{IIj''}$ wiedergegeben, also auch für das Mengenverhältnis am Kopf der Kolonne, s. Bild 5.105. Nie kann in irgendeinem Säulenquerschnitt das Lösungsmittel über den dem Raffinatzustand zugehörigen Gleichgewichtszustand hinaus mit Essigsäure angereichert werden. Im Grenzfall könnte höchstens der Gleichgewichtszustand erreicht werden. Dieser Grenzfall wird durch den Pol II_{min} gekennzeichnet, den man als den dem Dreiecksdiagramm nächstgelegenen Schnittpunkt der Konoden mit der Verlängerung der Querschnittsgeraden $\overline{B''B'}$ erhält, s. Bild 5.105. Eine solche Extraktion könnte zwar mit der kleinsten Lösungsmittelmenge durchgeführt werden, benötigte aber eine Kolonne mit unendlich vielen Böden und entsprechend unendlich hohen Investitionskosten.

Rückt man andererseits den Pol II sehr nahe an den Zustandspunkt B'' des eintretenden Lösungsmittels heran, so wird zwar die Zahl der erforderlichen Böden minimal, aber die Menge des Lösungsmittels würde sehr stark zunehmen und infolgedessen die Konzentration des zu extrahierenden Stoffes abnehmen. Um diesen wiederum vom Lösungsmittel zu trennen, wäre ein sehr hoher Trennaufwand notwendig. Zwischen diesen beiden Grenzfällen das Optimum zu finden, ist Aufgabe des Anlagenplaners.

Adiabate Absorption von Chlorwasserstoff

Als ein Beispiel für Absorptionsprozesse soll die adiabate Absorption von gasförmigem Chlorwasserstoff (HCl) in einer Chlorwasserstoff/Wasser-Lösung betrachtet werden, ein Verfahren, welches in der chemischen Industrie für die Kreislaufwirtschaft des Chlors von Bedeutung ist.

Als Absorptionsmittel wird in der Regel eine schwach konzentrierte Salzsäure ($\sim$ 17 Massenprozent HCl in Wasser) am Kopf der Absorptionskolonne, Bild 5.106, zugeführt. Der zu absorbierende gasförmige Chlorwasserstoff wird am unteren Ende der Kolonne eingeführt und im Gegenstrom zur herabrieselnden Salzsäure vollständig absorbiert, weshalb am Kopf der Kolonne auch kein Kopfprodukt abgezogen werden muß ($\dot{n}''_K = 0$). Nach Gl. (5.252) und (5.253) fällt deshalb der Pol der Absorption mit dem Zustand K' der zulaufenden Säure zusammen, Bild 5.107.

494 5 Trennung von Gemischen

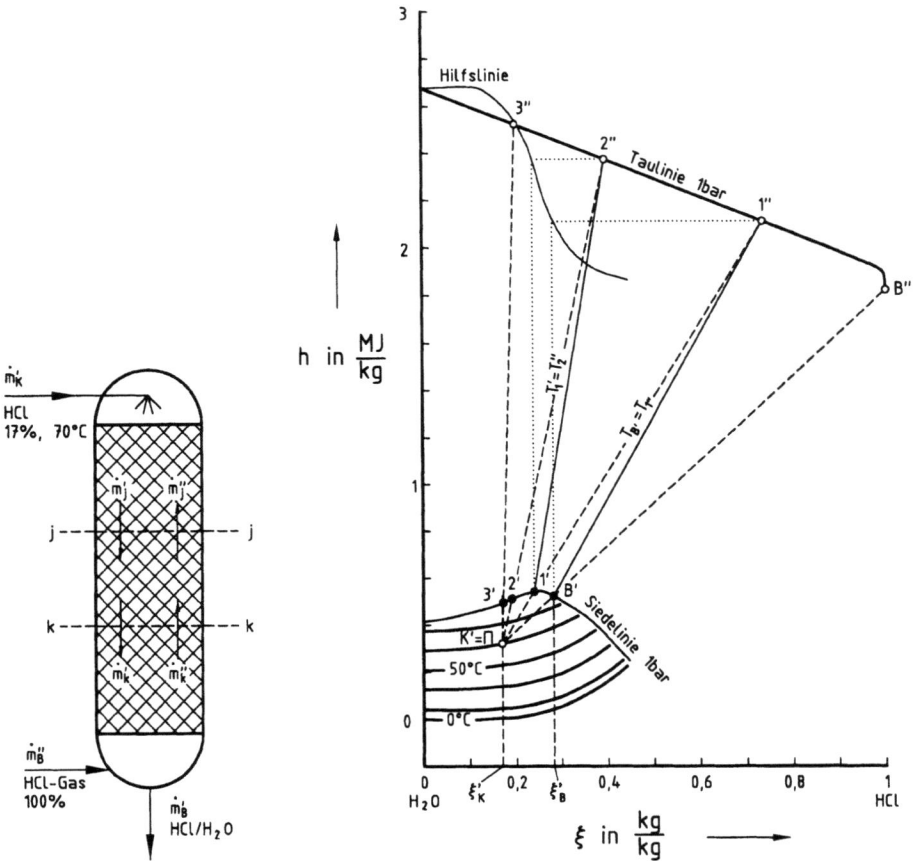

Bild 5.106: Absorption von HCl-Gas in HCl/H₂O-Gemisch

Bild 5.107: Absorption von HCl-Gas in HCl/H₂O-Gemischen, dargestellt im h,ξ-Diagramm

Den Zustand B' der abfließenden Salzsäure findet man dann auf der Querschnittsgeraden durch den Pol Π und den Zustand B'' des eintretenden gasförmigen HCl und zwar dort, wo diese die Siedelinie schneidet. Wie bei der Rektifikation legen wir das Konzept des theoretischen Bodens zugrunde, d.h. wir nehmen an, daß die am Boden der Kolonne austretende, siedende Salzsäure B' mit dem Dampf $1''$ im Gleichgewicht steht, welcher den ersten theoretischen Boden verläßt, d.h. B' und $1''$ liegen auf derselben Naßdampfisothermen $T_{B'} = T_{1''}$. Den Punkt $1''$ findet man unter Verwendung der Hilfslinie, indem man von B' senkrecht nach oben geht (senkrechte punktierte Linie) und vom Schnittpunkt mit der Hilfslinie horizontal bis zur Taulinie. Hat man so den Punkt $1''$ ermittelt, findet man den zum selben Querschnitt gehörenden Flüssigkeitspunkt $1'$ auf der Querschnittsgeraden durch $1''$, damit dann den Gleichgewichtszustand $2''$ auf der Naßdampfisothermen $T_{1'} = T_{2''}$, usw.

Die erreichbare HCl-Konzentration der ablaufenden Salzsäure ist umso höher, je niedriger die Temperatur T_K' ist, mit der die schwache Säure in die Kolonne eingeführt wird.

Das s, ξ-Diagramm, Bild 5.108, gibt Aufschluß über die Irreversibilität des Absorptionsprozesses. Die Entropieproduktion des als adiabat angesetzten Gesamtprozesses

$$\dot{S}_{pr} = \dot{m}_B' s_B' - \dot{m}_B'' s_B'' - \dot{m}_K' s_K' \tag{5.259}$$

können wir einmal auf den Mengenstrom $\dot{m}_K'$ der Dünnsäure beziehen

$$s_{pr} = \frac{\dot{S}_{pr}}{\dot{m}_K'} = s_{\Pi_B} - s_K' \tag{5.260}$$

mit der Polentropie

$$s_{\Pi_B} = s_B' - \frac{\dot{m}_B''}{\dot{m}_K'}(s_B'' - s_B') = s_B' - \frac{\xi_B' - \xi_K'}{\xi_B'' - \xi_B'}(s_B'' - s_B') \tag{5.261}$$

oder auf den Mengenstrom des absorbierten HCl

$$s_{pr}^\star = \frac{\dot{S}_{pr}}{\dot{m}_B''} = s_{\Pi_K}^\star - s_B'' \tag{5.262}$$

mit

$$s_{\Pi_K}^\star = s_K' + \frac{\dot{m}_B'}{\dot{m}_B''}(s_B' - s_K') = s_K' + \frac{\xi_B'' - \xi_K'}{\xi_B' - \xi_K'}(s_B' - s_K') \ . \tag{5.263}$$

Die Entropieproduktion zwischen zwei beliebig gewählten Kolonnenquerschnitten $j - j$ und $k - k$ in Bild 5.106 ist nach Gl. (5.256) unter Verwendung der Mengenbilanzen

$$S_{pr,j,k} = \dot{m}_j'' s_j'' - \dot{m}_j' s_j' - \dot{m}_k'' s_k'' + \dot{m}_k' s_k' = \dot{m}_K'(s_{\Pi_k} - s_{\Pi_j}) \ , \tag{5.264}$$

worin s_{Π_k} und s_{Π_j} die Polentropien für die Querschnitte $k - k$ und $j - j$ bedeuten. Diese erhält man aus dem s, ξ-Diagramm, wenn man die Querschnittsgeraden $k''k'$ bzw. $j''j'$ über k' bzw. j' hinaus verlängert, als deren Schnittpunkt mit der Linie $\xi_K' =$ konst. Da diese Polentropien im s, ξ-Diagramm des Bildes 5.108 zwischen s_{Π_B} und s_K' sehr dicht zusammen liegen, wurden deren Spiegelungen am Punkt B' auf der Linie $\xi_B''=$konst im Bild eingetragen

$$s_{\Pi_j}^\star = s_B' + \frac{\xi_B'' - \xi_B'}{\xi_B' - \xi_K'}(s_B' - s_{\Pi_j}) = \frac{\xi_B'' - \xi_K'}{\xi_B' - \xi_K'} s_B' - \frac{\xi_B'' - \xi_B'}{\xi_B' - \xi_K'} s_{\Pi_j} \ . \tag{5.265}$$

Weil nach den Mengenbilanzen

$$\frac{\xi_B'' - \xi_B'}{\xi_B' - \xi_K'} = \frac{\dot{m}_K}{\dot{m}_B''} \tag{5.266}$$

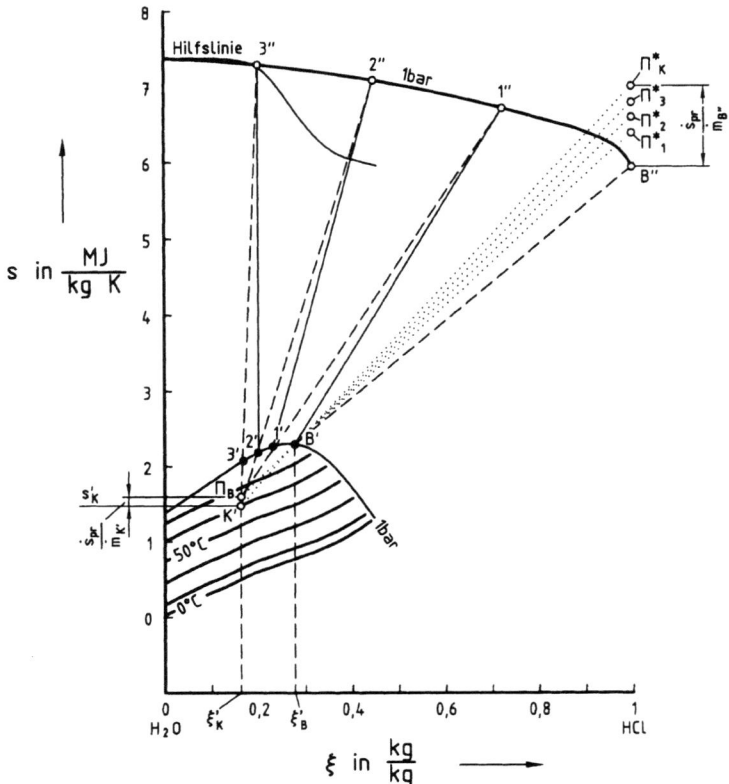

Bild 5.108: Entropieproduktion bei der HCl-Absorption, dargestellt im s, ξ-Diagramm

ist, stellt die Differenz nach Gl. (5.264)

$$s^\star_{\Pi_j} - s^\star_{\Pi_k} = \frac{\xi''_B - \xi'_B}{\xi'_B - \xi'_K}(s_{\Pi_k} - s_{\Pi_j}) = \frac{\dot{S}_{pr,j,k}}{\dot{m}''_B} > 0 \;, \qquad (5.267)$$

die auf den Mengenstrom $\dot{m}''_B$ des absorbierten HCl bezogene Entropieproduktion dar. Man beachte, daß im Gegensatz zur Rektifikation die Querschnittsgeraden der Absorption im h, ξ- und s, ξ-Diagramm flacher verlaufen müssen als die zugehörigen Naßdampfisothermen, damit die Einschränkungen des Zweiten Hauptsatzes erfüllt werden. Auf diesen Umstand wurde bereits im Abschn. 5.2.2 „Läuterung und der Zweite Hauptsatz" eingegangen.

Auf einen weiteren Unterschied zwischen der Rektifikation und der Absorption soll noch hingewiesen werden. Hierzu betrachten wir einen Absorptionsvorgang nach Bild 5.109, bei dem die schwache Säure K' bereits im Siedezustand zugeführt und dabei ein gewisser Dampfmengenstrom $\dot{m}''_K$ am Kopf der Kolonne abgeführt wird. Dieser kann bestenfalls mit der vom obersten Boden abfließenden Flüssigkeit $3'$ ins Gleichgewicht gekommen sein. Der Zustand $3'$ liegt aber bei einer kleineren HCl-Konzentration als ein Gemisch azeotroper Zusammensetzung $\xi_{az} = \xi'_2 = \xi''_3$,

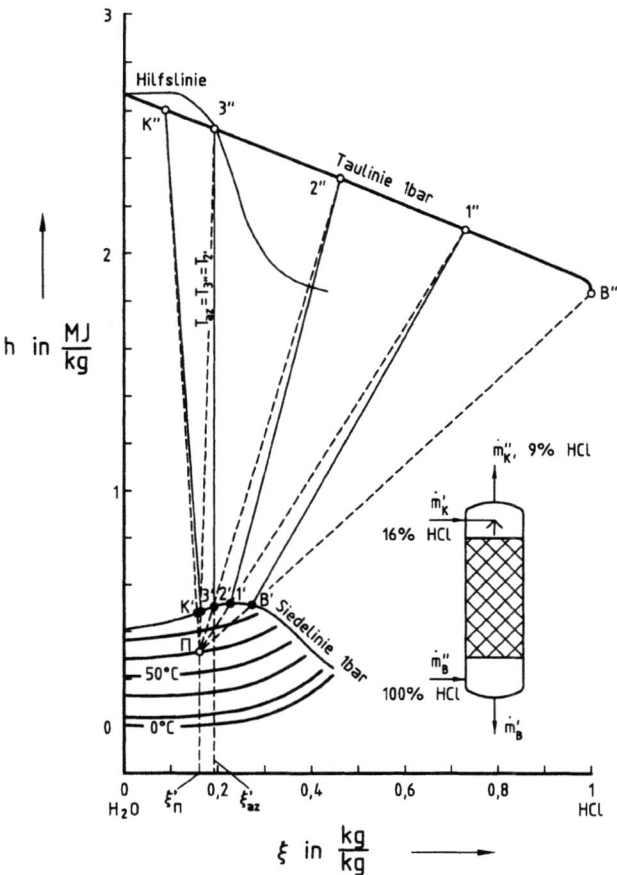

Bild 5.109: HCl-Absorption mit Kopfabzug

d.h. bei der Absorption kann man sehr wohl einen Zustand azeotroper Zusammensetzung überschreiten im Gegensatz zur Rektifikation, wo dies nach dem Zweiten Hauptsatz nicht möglich ist.

5.6 Kristallisation und Verdampfung

5.6.1 Auflösen und Kristallisation von Salzen

Die von der Temperatur abhängige Löslichkeit verschiedener Salze wird dazu ausgenutzt, die Salze durch Auflösen in heißem Wasser von unlöslichen Verunreinigungen zu befreien und sie anschließend durch Abkühlen der Lösung daraus zu kristallisieren.

Für die Auflösung des Rohsalzes wird Restlösung 6 aus dem Reinsalzabscheider verwendet und der nachgeschalteten Umwälzpumpe zugeführt. Dann wird das Lösungsmittel zunächst in einem Vorwärmer auf die Temperatur T_2 vorgewärmt und danach in einem Heizkörper auf die Temperatur T_3 aufgeheizt. Die Auflösung des Rohsalzes im Auflöser ist ein Mischvorgang, in dem Rohsalz vom Umgebungszustand 7 ($T_7 = T_1$) mit der Lösung 3 wärmedicht gemischt wird, wobei sich die Lösung bestenfalls bis zur Sättigung anreichern kann, Zustand 4 auf der Mischgeraden $\overline{37}$ des Bildes 5.111. Danach wird der aus Fremdstoffen bestehende Lösungsrückstand mechanisch entfernt. Die reiche Lösung ($\xi_r = \xi_4$) wird zunächst im Vorwärmer bis 5 und dann im nachfolgenden Kühler bis 6 ($T_6 \approx T_7$) in das Schmelzgebiet hinein abgekühlt, wobei sich Salzkristalle bilden, die abgeschieden werden müssen. Wie das nun praktisch erfolgt, ob durch Abschaben der gekühlten Wandungen oder sonstwie, ist hier nicht wesentlich. In Bild 5.110 ist schematisch ein Reinsalzabscheider vorgesehen, in welchem Salzkristalle von der Endtemperatur T_7 gewonnen werden[31].

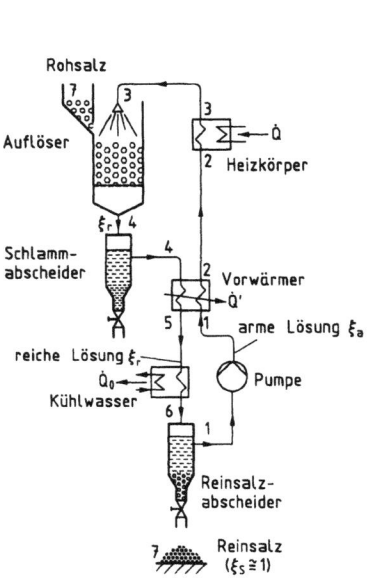

Bild 5.110: Auslaugen des Reinsalzes

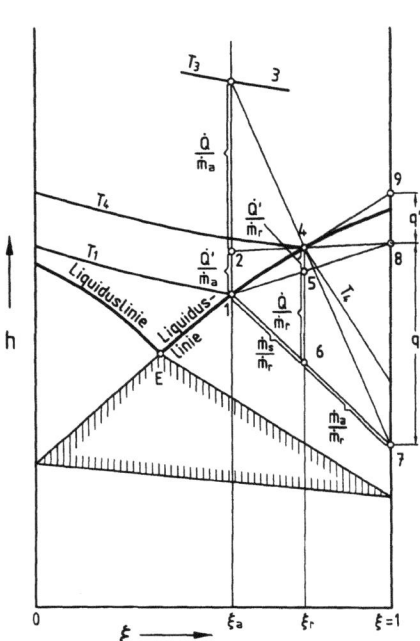

Bild 5.111: Wärmeumsatz beim Auslaugen von Reinsalz

Die Vorwärmtemperatur der armen Lösung im Wärmerückgewinner kann natürlich nicht die Temperatur der wärmeabgebenden reichen Lösung übersteigen, d.h. es

---

[31] Kann, wie in Bild 5.111, das Reinsalz wasserfrei gewonnen werden, so muß von außen kein Wasser zugeführt werden; man muß lediglich die zusammen mit dem Schlamm abgeführte Feuchtigkeit ersetzen. Häufig wird jedoch das Salz nicht wasserfrei, sondern in der Form von Salzhydrat abgeschieden, wodurch beträchtliche Mengen Wasser gebunden werden. In einem solchen Fall müßte Wasser von außen in den Prozeß eingebracht werden, z.B. vor der Pumpe.

muß $T_2 \leq T_4$ sein. Dadurch ist die Höchstlage von 2 durch die Isotherme T_4 festgelegt. Von der armen Lösung wird im Vorwärmer die Wärme

$$\dot{Q}' = \dot{m}_a(h_2 - h_1) \tag{5.268}$$

aufgenommen, und im Heizkörper die Wärme

$$\dot{Q} = \dot{m}_a(h_3 - h_2) \ . \tag{5.269}$$

Für die umlaufenden Mengen der armen Lösung $\dot{m}_a$, der reichen Lösung $\dot{m}_r$ und des gewonnenen Salzes $\dot{m}_s$ gilt

$$\dot{m}_r = \dot{m}_a + \dot{m}_s \ . \tag{5.270}$$

Aus der Salzbilanz des Reinsalzabscheiders folgt für den Beharrungszustand

$$\dot{m}_r \cdot \xi_r = \dot{m}_a \cdot \xi_a + \dot{m}_s \cdot \xi_s \tag{5.271}$$

und mit (5.270) die je kg Salz umzuwälzenden Lösungsmengen

$$\frac{\dot{m}_a}{\dot{m}_s} = \frac{\xi_s - \xi_r}{\xi_r - \xi_a} \quad ; \quad \frac{\dot{m}_r}{\dot{m}_s} = \frac{\xi_s - \xi_a}{\xi_r - \xi_a} \ , \tag{5.272}$$

sowie das Verhältnis der Mengenströme armer und reicher Lösung

$$\frac{\dot{m}_r}{\dot{m}_a} = \frac{\xi_s - \xi_a}{\xi_s - \xi_r} \ . \tag{5.273}$$

Den Zustand 5 der reichen Lösung nach Verlassen des Wärmerückgewinners findet man aus der Energiebilanz des nach außen adiabaten Vorwärmers

$$\dot{Q}' = \dot{m}_a(h_2 - h_1) = \dot{m}_r(h_4 - h_5) \ , \tag{5.274}$$

woraus mit (5.273) folgt

$$h_4 - h_5 = \frac{\xi_s - \xi_r}{\xi_s - \xi_a}(h_2 - h_1) \ . \tag{5.275}$$

Im h, ξ-Diagramm findet man Punkt 5, indem man zunächst die Linie $\overline{24}$ über 4 hinaus bis zur Linie konstanter Salzkonzentration ξ_s verlängert (Schnittpunkt 8) und dann diesen Punkt 8 mit dem Punkt 1 durch eine Gerade verbindet. Diese schneidet die Linie konstanter Konzentration ξ_r in 5. Für den Wärmeverbrauch ist es natürlich nicht maßgebend, wieviel Heizwärme Q überhaupt, sondern wieviel Wärme q je kg des gewonnenen Salzes verbraucht wird. Es ist nach (5.269) und (5.272)

$$q = \frac{\xi_s - \xi_r}{\xi_r - \xi_a}(h_3 - h_2) = h_8 - h_7 \ , \tag{5.276}$$

s. Bild 5.111.

Die mit dem Kühlwasser entzogene Wärme

$$\dot{Q}_0 = \dot{m}_r(h_5 - h_6) \qquad (5.277)$$

ist gleich der Heizwärme $\dot{Q}_0 = \dot{Q}$, wenn das Salz der Anlage mit gleicher Enthalpie sowohl zu- als auch abgeführt wird (die Enthalpie des Schlamms haben wir vernachlässigt) und keine Energie irgendwo gespeichert wird (Beharrungszustand). Durch die Änderung der Vorwärmtemperatur T_3 (Verlagerung des Punktes 3) ändern sich natürlich $\dot{Q}$ und $\dot{Q}'$. Je nach dem Verlauf der Schmelzlinie verschiebt sich damit der Punkt 4, und man kann von Fall zu Fall entscheiden, ob für den Wärmeverbrauch je kg Salz eine höhere oder tiefere Vorwärmtemperatur T_3 günstiger ist. Die Zusammensetzung der armen Lösung muß aber in jedem Fall größer als die eutektische sein ($\xi_1 > \xi_E$).

5.6.2 Eindampfen von Salzlösungen

Bei vielen Salzlösungen verläuft die Liquiduslinie nicht so flach wie in Bild 5.111 angedeutet, sondern — wie z.B. bei Kochsalzlösungen — sehr viel steiler, Bild 5.112. Wollte man aus solchen Lösungen das Salz durch Kristallisation abtrennen, so könnte man je Mengeneinheit Lösungsmittel nur sehr kleine Mengen Salz abscheiden, und der Trennaufwand wäre unverhältnismäßig hoch.

In einem solchen Fall ist es günstiger, das Salz durch Eindampfen der Lösung zu gewinnen.

Ist das h, ξ-Diagramm solcher Lösungen bekannt, so kann man diesen Vorgang sehr anschaulich qualitativ und quantitativ verfolgen. In Bild 5.112 ist ein solches Diagramm für Kochsalzlösungen mit eingezeichneten Liquidus- und Siedelinien dargestellt. Dabei soll bemerkt werden, daß bei den üblichen Temperaturen im Dampf praktisch kein Salz vorkommt, so daß die Taulinie in die Ordinate $\xi = 0$ fällt (wenn dem Salz die Ordinate $\xi = 1$ zukommt).

Will man das Salz aus der Lösung 1 (von Umgebungstemperatur) gewinnen, so wird diese in einem Gefäß bei $p =$ konst bis zum Siedezustand 2' erwärmt. Hier bildet sich der erste Dampf 2'' (Naßdampfisotherme T_2). Bei einer weiteren Wärmezufuhr dampft die Lösung immer mehr aus, und die Flüssigkeit wird dabei immer salzreicher. Ihr Zustand ändert sich nach Maßgabe der Siedelinie über 2' nach 3'. Hier ist die Erstarrungs- oder Liquiduslinie erreicht, so daß die ersten Salzkristalle 4 ausfallen. Die weitere Verdampfung erfolgt bei $T_3 = T_4 =$ konst, indem immer mehr Salz ausfällt, so daß man in 5 ein Gemisch aus Salz 4 und siedender Flüssigkeit 3' vorfindet, die mit dem Dampf 3'' im Gleichgewicht steht. Je kg der Ausgangslösung 1 mußte dafür die Wärme $Q_{17}/m_1 = h_7 - h_1$ aufgewendet werden. Durch Abkühlung bis auf die Umgebungstemperatur T_1 wird der Zustand 8 im Schmelzgebiet erreicht. In 8 sind $(\xi_5 - \xi_9)/(1 - \xi_9)$ kg/kg Salzkristalle je Kilogramm der Lösung 5 ausgefallen, der Rest, nämlich $(1 - \xi_5)/(1 - \xi_9)$ kg/kg ist als gesättigte Lösung vom Zustand 9 vorhanden. Diese kann wieder erwärmt und eingedampft werden. Der Prozeß ist zwar technisch sehr einfach durchzuführen, der Wärmeverbrauch je kg

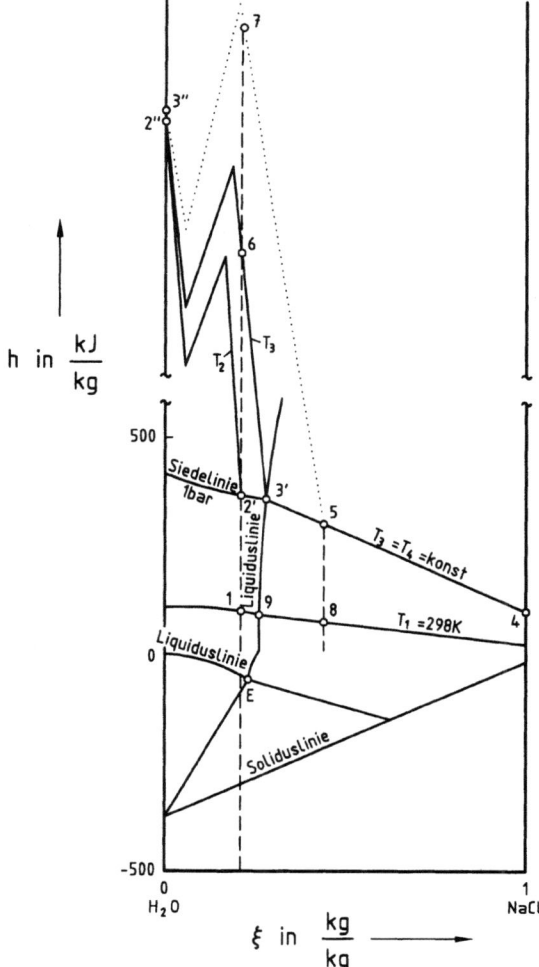

Bild 5.112: Eindampfen einer Salzlösung

erzeugten Salzes kann jedoch unter Umständen enorme Beträge annehmen. Es ist

$$q = \frac{Q}{m_4} = \frac{Q}{m_1} \cdot \frac{m_1}{m_5} \cdot \frac{m_5}{m_4} = (h_7 - h_1)\frac{\xi_5}{\xi_1}\frac{1-\xi_9}{\xi_5-\xi_9} \ . \tag{5.278}$$

Besonders ungünstig werden die Verhältnisse, wenn die Lösung 1 arm an Salz ist, d.h. wenn ξ_1 sehr klein ist.

Man übersieht aus dem h,ξ-Diagramm sofort die einfachsten Maßnahmen, durch welche q verkleinert werden kann. So wird z.B. durch Eindampfen über den Punkt 5 hinaus der Heizbedarf q wesentlich eingeschränkt. Des weiteren kann manchmal die Lösung 5 zur Vorwärmung der Lösung 1 verwertet werden, wodurch q wesentlich kleiner wird.

Der große Wärmeverbrauch ist bedingt einmal durch die bei der Abkühlung der Flüssigkeit abgegebene Wärme, wenn diese nicht weiter genutzt wird. Schwerer fällt jedoch die hohe Enthalpie des abziehenden Dampfes ins Gewicht, der bei einer von der Umgebungstemperatur verschiedenen Temperatur (z.B. 100 °C) entweicht.

Mehrfachverdampfung im h, ξ-Diagramm

Man kann den Wärmeverbrauch beim Eindampfen von Salzlösungen wesentlich herabdrücken, wenn man das Eindampfen in mehreren Stufen ausführt, wobei jede nächstfolgende Stufe von den Brüden (das sind die ausgetriebenen Dämpfe) der vorhergehenden Stufe beheizt wird. Das Schaltschema ist in Bild 5.113 dargestellt.

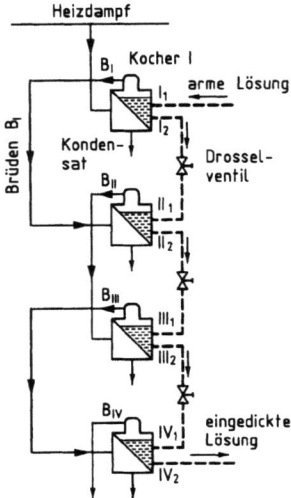

Bild 5.113: Mehrfachverdampfer im Gleichstrom

In den Kocher I tritt die einzudickende Lösung mit dem Zustand I_1 ein. Sie wird mit Heizdampf etwas eingedickt, aber bei weitem nicht bis auf das verlangte Endkonzentrat. Die Lösung verläßt den Kocher I mit dem Zustand I_2. Nachdem sie im Drosselventil auf den niedrigen Druck des Kochers II gedrosselt worden ist, tritt sie mit dem Zustand II_1 in den Kocher II ein. Die Brüden des Kochers I, die aus praktisch reinem Wasserdampf bestehen, werden zur Beheizung des Kochers II benutzt. Zu diesem Zweck muß die der Druck $p_I > p_{II}$ sein, denn der Kondensationsdruck des reinen Wasserdampfes ist auch bei gleichen Temperaturen größer als der einer Lösung, und erst recht dann, wenn seine Kondensationstemperatur zum Zwecke eines besseren Wärmeüberganges höher als die der zu beheizenden Lösung sein soll. Die verbrauchten Brüden mögen als reines Kondensat abziehen (s. Bild 5.113). In den folgenden Kochern spielt sich nun das gleiche ab, nur sind die Drücke immer tiefer ($p_I > p_{II} > p_{III} >$ usw.). Die Druckstufen können beliebig groß, aber nicht beliebig klein sein! Das soll anhand des h, ξ-Diagrammes dargelegt werden.

Wir beginnen unsere Betrachtungen vom letzten Kocher aus. Das Eindicken ist hier bis zur gewünschten Konzentration ξ_{IV2} (Bild 5.114) fortgeschritten.

Der Kocherdruck p_{IV} mag vorerst bekannt sein (es kann z.B. Atmosphärendruck sein). Die Entgasungsbreite $\xi_{IV2} - \xi_{IV1}$ dieses letzten Kochers wollen wir zunächst

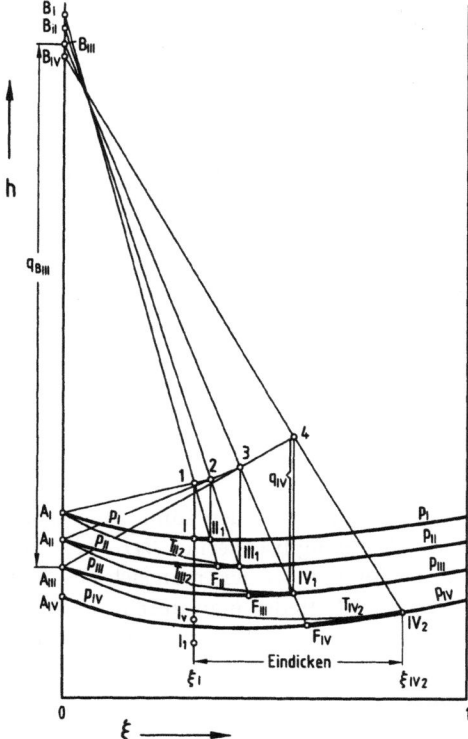

Bild 5.114: Wärmeverhältnisse bei Mehrfachverdampfung im Gleichstrom

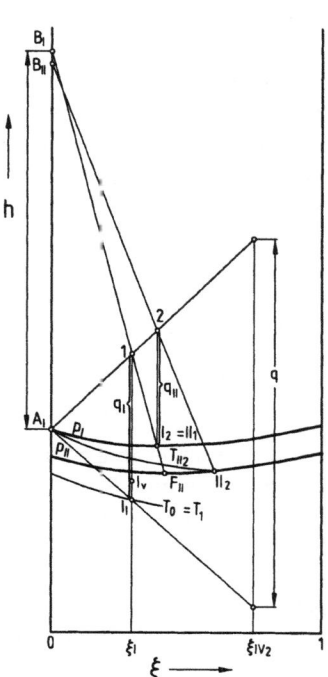

Bild 5.115: Zur Mehrfachverdampfung

schätzen. Der Eintrittszustand IV_1 (Druck p_{IV} entsteht durch Drosselung der austretenden Lösung III_2 (Druck p_{III}) des vorangehenden Kochers (s. Bild 5.113). Daher fallen die Zustandspunkte III_2 und IV_1 ineinander. Allerdings liegt III_2 auf der Siedelinie p_{III}, während IV_1 oberalb der Siedelinie des zugehörigen Druckes p_{IV}, also im Naßdampfgebiet liegt. Bei der Drosselung verdampft also ein kleiner Teil der Flüssigkeit III_2, so daß der Naßdampf vom Zustand IV_1 aus der siedenden Flüssigkeit F_{IV} (die man durch Verlegung der Naßdampfisotherme durch IV_1 findet) und dem Dampf, dessen Zustand am anderen Ende der Naßdampfisotherme liegt, besteht.

Um nun die Salzlösung IV_1 bis zum Zustand IV_2 einzudicken, muß man Dampf austreiben, der die Lösung im Gleichgewichtszustand B_{IV} (Brüden IV, Bild 5.113) verläßt. Die dazu je kg des Gemisches IV_1 erforderliche Wärme

$$q_{IV} = h_4 - h_{IV} \tag{5.279}$$

ist dem h,ξ-Diagramm zu entnehmen (s. Bild 5.114), wo der Zustand 4 auf der entsprechenden Naßdampfisotherme liegt. Als Heizdampf werden die Brüden B_{III} verwertet (Bild 5.113), bei deren Kondensation gerade die Wärme $q_{IV} \cdot \dot{m}_{IV1}$ abgegeben wird. Der Zustand B_{III} liegt auf der Naßdampfisotherme durch III_2, denn die Brüden sind aus dieser Lösung entstanden. Hier ergibt sich sofort die untere Grenze für die Wahl des Druckes p_{III}. Wenn nämlich die Brüden heizen sollen, so darf ihre Temperatur nicht unter die Temperatur T_{IV2} fallen. Der Siededruck p_{III} muß also so hoch gewählt werden, daß die Siedelinie p_{III} die Ordinatenachse oberhalb oder im Grenzfall bei der Temperatur T_{IV2} schneidet (Punkt A_{III}, Bild 5.114). Bei diesem Siededruck ist die Heizfähigkeit q_{BIII} (je Kilogramm der Brüden B_{III}) eingezeichnet. Wird der Druck p_{III} höher gewählt, so wird q_{BIII} kaum beeinflußt, wird er niedriger gewählt, so können die Brüden nicht bei $T_{B\,III} \geq T_{IV2}$ kondensieren, und eine Eindickung bis IV_2 ist eben nicht möglich.

q_{IV} und q_{BIII} stellen dieselbe Wärmemenge dar, nur wird diese im ersten Fall auf 1 kg Gemisch IV_1 (ξ_{IV1}), im zweiten Fall auf 1 kg der Brüden B_{III} ($\xi_{BIII} = 0$) bezogen. Da sowohl die Lösung III_2 als auch die Brüden B_{III} aus dem Gemisch III_1 entstanden sind, so müssen sich verhalten

$$\frac{q_{IV}}{q_{BIII}} = \frac{\dot{m}_{B\,III}}{\dot{m}_{IV1}} = \frac{\xi_{III1} - \xi_{BIII}}{\xi_{III2} - \xi_{III1}}, \tag{5.280}$$

womit die unbekannte Zusammensetzung ξ_{III1} gefunden werden kann. Man sucht den Schnittpunkt 3 der Linie $\overline{A_{III}4}$ und der Naßdampfisotherme $\overline{B_{III}III_2}$ auf. Dieser Punkt liegt gemäß Gl. (5.280) auf der Ordinate ξ_{III1}, wie man sich aus dem Streckenverhältnis überzeugen kann. Den Punkt III_1 findet man durch Verlängerung der Isotherme durch III_2 bis Punkt A_{II}, durch welchen die Siedelinie p_{II} gehen muß. Punkt $III_1 = II_2$ liegt auf p_{II} unterhalb 3. Diese Konstruktion kann man nun weiter fortsetzen für alle vier (oder mehrere) Kocher. So findet man auch zuletzt die Anfangszusammensetzung ξ_I. Wenn diese mit der gegebenen Zusammensetzung der armen Lösung nicht übereinstimmt, so ist die Entgasungsbreite ($\xi_{IV2} - \xi_{IV1}$) des letzten Kochers nicht richtig geschätzt worden. Man wiederholt die Konstruktion mit veränderten ($\xi_{IV2} - \xi_{IV1}$), bis das Ergebnis befriedigt.

Der Eintrittszustand I_1 liegt auf der Ordinate ξ_I bei der gegebenen Lösungstemperatur $T_0 = T_1$ (vielleicht Umgebungstemperatur). Der Wärmeverbrauch ist dann

$$q_I = h_1 - h_{I1} \tag{5.281}$$

je Kilogramm Frischlösung, oder q je Kilogramm austretender, eingedickter Lösung IV_2 (s. Bild 5.115).

Wenn die Lösung I_1 etwa bis I_v vorgewärmt wird (etwa durch die abziehende Lösung IV_2), so wird q_1 und damit auch q kleiner. Aber auch ohne Vorwärmung ist der Wärmeverbrauch q eines Mehrfachverdampfers ganz wesentlich niedriger als der bei der einfachen Verdampfung nach Gl. (5.278), natürlich dieselbe Entgasungsbreite vorausgesetzt.

Der beschriebene Prozeß stellt die „Gleichstrommehrfachverdampfung" dar, da sowohl die Brüden als auch die Lösung im gleichen Sinne, d.h. beide im Sinn des fallenden Druckes strömen. Kehrt man die Strömungsrichtung der Lösung mit Hilfe von Flüssigkeitspumpen um, so bekommt man die Gegenstromverdampfung, die wärmetechnisch noch günstiger ist, aber aus rein technischen Gründen weniger angewendet wird. Aus diesem Grund wollen wir sie hier nicht näher besprechen, obwohl ihre Darstellung im h, ξ-Diagramm einfacher ist als bei der betrachteten Gleichstromverdampfung.

5.6.3 Eindampfen von Zuckerlösungen

Zuckerlösungen werden bei der Verarbeitung von Zuckerrüben oder Zuckerrohr durch Extraktion des Zuckers aus den Rüben- oder Rohrschnitzeln in großer Menge gebildet und weiter verarbeitet. Der aus der Extraktion kommende sogenannte Dünnsaft hat einen Massenanteil Zucker zwischen 13 und 18%. Das bedeutet, daß je kg Zucker 4,6 bis 6,7 kg Wasser abgetrennt werden müssen. Dies geschieht in Zuckerfabriken durch Verdampfen des Wassers, wobei eine möglichst effektive Ausnutzung der dafür aufgewendeten Energie auf die Wirtschaftlichkeit des Herstellungverfahrens einen wesentlichen Einfluß hat.

Die Vorgänge können besonders anschaulich in einem h,x-Diagramm für Zucker-Wasser-Lösungen verfolgt werden. Als Abszisse wird der Wassergehalt x gewählt, das ist die auf 1 kg Zucker entfallende Wassermenge der Lösung

$$x = m_W/m_Z \ . \tag{5.282}$$

Für reinen Zucker ist $x = 0$, für reines Wasser $x = \infty$. Als Ordinate wählt man die Enthalpie h derjenigen Lösungsmenge, in welcher gerade 1 kg Zucker und x kg Wasser enthalten sind. Die Lösungsmenge $m_W + m_Z$, in der sich m_Z kg Zucker befinden, mag die Enthalpie H haben. Dann ist

$$h = \frac{H}{m_Z} \ . \tag{5.283}$$

Die Zuckermenge m_Z bleibt im Verlaufe der meisten Vorgänge die gleiche, während sich die Menge des Wassers durch Eindampfen u. dgl. ändern wird. Das ist ein Grund, weswegen es günstig ist, die Größen x und h auf 1 kg Zucker und nicht auf 1 kg Wasser oder Lösung zu beziehen.

In das h,x-Diagramm (Bild 5.116) wurden einige wichtige Linienscharen eingetragen, wobei die Isothermen als Ausgang dienen. Wären Zucker-Wasser-Lösungen ideale Mischungen, so würden die Isothermen wie im h,x-Diagramm für feuchte Luft Geraden sein und mit zunehmendem Wassergehalt x fächerartig auseinanderlaufen. Infolge der auftretenden Mischungswärme sind sie jedoch leicht gekrümmt. Um eine bessere Ausnutzung des Blattes zu bekommen, wurden für das h,x-Diagramm des Bildes 5.116 schiefwinklige Koordinaten gewählt[32].

Schmelzgebiet

Man kann eine Lösung von der Temperatur T_A nicht nach Belieben mit Zucker anreichern. Wird durch Ausdampfen von Wasser oder durch Zugabe von Zucker die Lösung eingedickt, wobei der Wassergehalt x abnimmt, so gelangt man von A zum Zustand B, wo die Lösung an Zucker gesättigt ist, Bild 5.116. Eine weitere Anreicherung hat zur Folge, daß Zuckerkristalle C ausfallen, so daß das Gemenge in D ($T_D = T_C = T_B = T_A$) aus Zuckerkristallen C und aus gesättigter Lösung B

---

[32] Ein maßstäbliches h,x-Diagramm für Zuckerlösung findet sich in LANDOLT-BÖRNSTEIN (1972) Zahlenwerte und Funktionen aus Physik, Chemie, Astronomie, Geophysik, Technik, 6.Aufl., IV.Band Technik, 4.Teil Wärmetechnik, S. 188-244

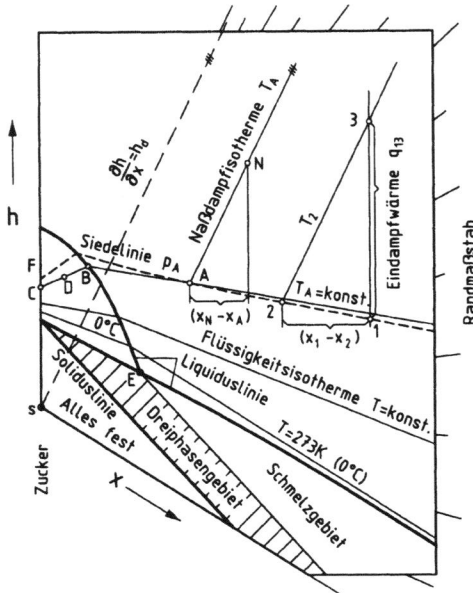

Bild 5.116: Aufbau des h,x-Diagramms für Zuckerlösungen und Darstellung eines Eindampfvorganges

zusammengesetzt ist. Es verhalten sich die Zuckermengen m_{ZC} und m_{ZB}, welche in den Kristallen C bzw. in der noch flüssigen Lösung B enthalten sind, wie

$$\frac{m_{ZC}}{m_{ZB}} = \frac{\overline{DB}}{\overline{DC}} \qquad (5.284)$$

oder die Zuckermenge m_{ZB} in ausgefallenen Kristallen zur Gesamtzuckermenge m_{ZD} des Gesamtgemenges D

$$z = \frac{m_{ZC}}{m_{ZD}} = \frac{\overline{DB}}{\overline{CB}} \ . \qquad (5.285)$$

Die Verbindung aller Zustände gesättigter Lösung, die Liquiduslinie, besteht aus zwei Ästen, die sich im eutektischen Punkt E schneiden. Die hier herrschende Temperatur $T_E = -12$ °C ist die tiefstmöglichste, die eine flüssige Zuckerwasserlösung erreichen kann, ohne zu erstarren — von metastabilen Unterkühlungserscheinungen abgesehen. Im Schmelzgebiet rechts von E ($x > x_E$) scheiden bei Abkühlung reine Wasserkristalle aus gesättigter Lösung aus, und die übriggebliebene Lösung reichert sich an Zucker an in der Richtung zu E hin. Der rechte Ast der Liquiduslinie strebt asymptotisch der Isotherme $T = 273$ K (0 °C) zu, weil reines Wasser ($x \to \infty$!) bei dieser Temperatur gefriert. Im linken Schmelzgebiet ($x < x_E$, wie z.B. Punkt B) fallen bei der Abkühlung Zuckerkristalle aus, und die Lösung verarmt an Zucker, wieder in der Richtung zu E hin.

Im schraffierten Dreiphasengebiet trifft man ein Gemenge der eutektischen flüssigen Lösung E mit feinst vermischten Wassereis- und Zuckerkristallen an. Unterhalb der Schmelz- oder Soliduslinie ist alles auskristallisiert.

Naßdampfgebiet

Bringt man eine Zuckerwasserlösung zum Sieden, so bildet sich praktisch reiner Wasserdampf. Der Dampf hat eine Temperatur, welche der sogenannten statischen Siedetemperatur[33] (Sättigungstemperatur) der Lösung entspricht.

Die statische Siedetemperatur liegt gegenüber reinem Wasser um so höher, je größer der Zuckergehalt der Lösung ist, d.h. je kleiner x ist. Bei Wassergehalten $x > 2$ kg/kg bleibt diese „Siedetemperaturerhöhung" gegenüber reinem Wasser unter 1 K, ist also zu vernachlässigen. Zeichnet man somit in das Diagramm eine Siedelinie durch den Punkt A für den Druck $p_A =$ konst ein (in Bild 5.116 gestrichelt gezeichnet), so wird diese für höhere Wassergehalte nahezu mit der Isothermen $T_A =$ konst zusammenfallen. Bei kleineren x-Werten schneidet die Siedelinie $p =$ konst die Isothermen, weil hier die Siedepunktserhöhung merklich wird, während bei großen x-Werten die Siedelinie asymptotisch der Isothermen für die Siedetemperatur des reinen Wassers gleichen Drucks zustrebt.

Befindet sich in einem Gefäß über der siedenden Zuckerlösung A der Dampf gleicher Temperatur T_A, so findet man die Enthalpie h_N des gesamten Flüssigkeits-Dampfgemenges vom Zustand N, indem man der Enthalpie der siedenden Lösung h_A in A noch anteilig die Enthalpie des Dampfes h_d hinzuzählt. Je größer die Dampfmenge, um so größer die Enthalpie. Es ist die auf 1 kg Zucker entfallene Dampfmenge $(x_N - x_A)$ und damit

$$h_N = h_A + (x_N - x_A)h_d \ , \tag{5.286}$$

was bei gegebenem Zustand A eine gerade Linie in Abhängigkeit von x_N darstellt. Differenziert man h_N nach x_N bei unverändertem Zustand A ($h_A =$ konst, $x_A =$ konst, $h_d =$ konst), so bekommt man den Neigungskoeffizient der Naßdampfisotherme zu

$$\left(\frac{dh}{dx}\right)_{p,T} = h_d \ . \tag{5.287}$$

Er ist also gleich der Enthalpie h_d des entweichenden Dampfes. Diese Richtung kann man einfach mit Hilfe eines Randmaßstabes ermitteln, wenn man am Randmaßstab den Zahlenwert für h_d aufsucht und diese Marke mit dem Scheitelpunkt S des Randmaßstabes verbindet. Die Naßdampfisotherme durch A zieht man parallel zu dieser dreimal durchstrichenen Linie (Bild 5.116).

Eindampfen

Wird die Zuckerlösung bei gleichbleibendem Druck so eingedampft, daß sich der erzeugte Dampf am Ende im Gleichgewicht mit der Lösung 2 befindet, so entsteht

---

[33]Das ist die Temperatur, die sich in Dampf und Flüssigkeit in einem Gefäß beim Siededruck p einstellt, wenn kein Dampf gebildet wird. Beim dynamischen Siedevorgang, d.h. bei lebhafter Dampfbildung, steigt die Flüssigkeitstemperatur sowohl bei reinem Wasser als auch bei Lösungen etwas über die statische Siedetemperatur an, was mit der Wärmeübertragung an die verdampfenden Flüssigkeitsteilchen an den Blasenoberflächen zusammenhängt. Diese dynamische „Flüssigkeitsüberhitzung" ist verschieden groß und kann Werte von wenigen Zehnteln bis zu mehreren Graden annehmen. Die Dampftemperatur bleibt aber auch in diesem Fall erfahrungsgemäß der statischen Siedetemperatur gleich.

aus $(1 + x_1)$ kg Ausgangslösung ein Gemenge, welches aus $(1 + x_2)$ kg eingedickter Lösung vom Zustand 2 und von $(x_1 - x_2)$ kg ausgetriebenen Dampfes der Enthalpie h_{d2} besteht. Der Gesamtzustand dieses Gemenges ist durch den Naßdampfzustand 3 dargestellt, so daß die zuzuführende Wärmemenge

$$q_{13} = h_3 - h_1 \qquad (5.288)$$

als Strecke aus dem h, x-Diagramm abgegriffen werden kann[34], Bild 5.116. Wollte man auf diese Weise das gesamte im Dünnsaft ($x \approx 6$ kg/kg) enthaltene Wasser durch einstufiges Eindampfen abtrennen, so müßten dafür etwa $6 * 0,63 = 3,8$ kWh je kg Zucker aufgewendet werden, was vollkommen unwirtschaftlich wäre.

Mehrfachverdampfung im h, x-Diagramm

Einen wirtschaftlicheren Betrieb erhält man, wenn die Eindampfung des aus den Rüben gewonnenen Dünnsaftes auf mehrere Verdampferstufen verteilt wird. Der Siededruck und damit auch die Sättigungstemperatur nehmen von Stufe zu Stufe ab, so daß der ausgetriebene Dampf (die Brüden) der höheren Stufe zur Beheizung der nachfolgenden Verdampferstufe herangezogen werden kann[35]. In Bild 5.117 ist eine solche Mehrfachverdampfungsanlage in Gleichstromschaltung dargestellt.
Der Dünnsaft tritt mit einer Konzentration $\xi_0 = 0,14$ (entsprechend $x_0 = 6,14$) nach Vorwärmung in den Dünnsaftvorwärmern D_I bis D_{IV} in den ersten Verdampfer I ein und wird dort durch Eindampfen bis $\xi_{5'} = 0,185$ (entsprechend $x_{5'} = 4,41$) eingedickt. Dann tritt er durch ein Ventil in die nächstfolgende Stufe II über, wobei er auf den tieferen Druck p_6 abgedrosselt wird, usw. Die aus dem ersten Verdampfer austretenden Brüden B_I werden zur Beheizung des zweiten Verdampfers verwertet. Der Heizdampf HD beheizt nur den ersten Verdampfer, während die übrigen mit Brüden beheizt werden.
Die Drücke in den einzelnen Verdampfern werden in erster Linie durch die Wärmeübergangsverhältnisse vorgeschrieben. In allen Verdampfern wird der ausgetriebene Brüdendampf vollständig zur Beheizung der folgenden Verdampferstufe ausgenutzt, falls nicht Brüdendampf auch zu anderen Zwecken, wie Dünnsaftvorwärmung oder Wärmeversorgung der Kochstation, abgegeben wird. Da der Wärmeübergang u.a. auch durch die Zähigkeit der beteiligten Lösung beeinflußt wird, so müssen die Temperaturgefälle zwischen Heizdampf und Lösung mit zunehmender Zähigkeit, das ist mit fortschreitender Eindickung, zunehmen, wenn man in allen Stufen ungefähr die gleichen Wärmemengen bei gleicher Heizfläche umsetzen will.

---

[34] Wird der erzeugte Dampf nicht in Kontakt mit der Flüssigkeit belassen, sondern bei $p =$ konst abgezogen, so ändert sich im Verlauf des Eindampfens etwas seine Temperatur entsprechend der sich ändernden Zusammensetzung der Lösung zwischen 1 und 2. Will man in diesem Fall q_{13} ermitteln, so muß, streng genommen, durch 2 statt der Naßdampfisotherme eine Linie gezogen werden, deren Richtung durch die mittlere Enthalpie h_{dm} des Dampfes bestimmt wird. Obwohl nun die genaue Ermittlung von h_{dm} durchaus möglich ist, so genügt es doch, hierfür immer nur den Mittelwert der Enthalpien der beiden Dämpfe über der Lösung 1 und 2 einzusetzen

[35] Das Prinzip der Mehrfachverdampfung wurde bereits 1843 von Rillieux in der Zuckerindustrie von Louisiana angewendet. S. hierzu: Schliephake D, Bruhns M, Bunert U, Perspektiven der Zuckertechnologie, drei Technische Perspektiven für die Energiewirtschaft, Zuckerind. 117 (1992), Nr. 11, S. 883–892

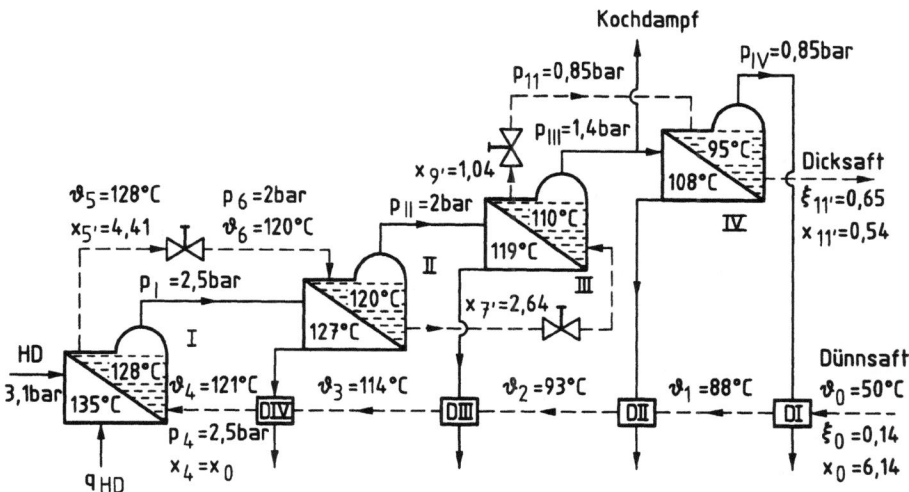

Bild 5.117: Vereinfachtes Schaltschema einer Anlage zum Eindampfen von Dünnsaft bei der Zuckerherstellung
- - - Dünnsaft; —— Dampf bzw. Brüden
I, II, III, IV Dünnsaftverdampfer
$DI, DII, DIII, DIV$ Dünnsaftvorwärmer

Hat man die Temperaturgefälle für die einzelnen Stufen gewählt, so sind damit und mit gegebenem Druck des Frischdampfes auch die Siededrücke p_I bis p_{IV} festgelegt und man kann sie in das h, x-Diagramm (Bild 5.118) einzeichnen.
Unsere Absicht ist es, die gewünschte Eindickung mit möglichst wenig Heizdampf durchzuführen. Das wird dann der Fall sein, wenn die Brüden einer jeden vorherigen Stufe möglichst vollkommen in der nachfolgenden Stufe (oder anderswo) ausgenutzt werden.
Wir beginnen mit der Betrachtung der letzten Stufe. Hier ist die Lösung bis auf den Siedezustand 11′ mit dem gewünschten Zuckergehalt $\xi_{11'} = 0,65$ ($x_{11'} = 0,54$) eingedickt worden. Der Brüden dieser letzten Stufe wird hauptsächlich zur Vorwärmung des Dünnsafts verwendet, der mit einer Temperatur $\vartheta_0 = 50$ °C aus der Rübenextraktion kommt. Bei einem Druck von $p_{IV} = p_{11} = 0,85$ bar in der letzten Verdampferstufe entsprechend einer Kondensationstemperatur der Brüden von 95 °C kann der Dünnsaft auf eine Temperatur $\vartheta_1 = 88$°C vorgewärmt werden, wofür je kg Reinzucker die Wärme

$$q_{01} = h_1 - h_0 = (x'_9 - x'_{11})(h_{11d} - h_{11w}) \tag{5.289}$$

aufgewendet werden muß, wobei h_{11d} die Enthalpie des aus der letzten Stufe abziehenden Brüdens und h_{11w} die Enthalpie des aus dem Dünnsaftvorwärmer DI abfließenden Brüdenkondensats ist.
Will man nun die Menge des Brüdendampfes aus der letzten Verdampferstufe gerade so bemessen, daß damit der Dünnsaft von T_0 auf T_1 vorgewärmt werden kann, so trage man vom Punkt 11′ die dafür notwendige Wärme $q_{01} = h_1 - h_0$ nach oben

510   5 Trennung von Gemischen

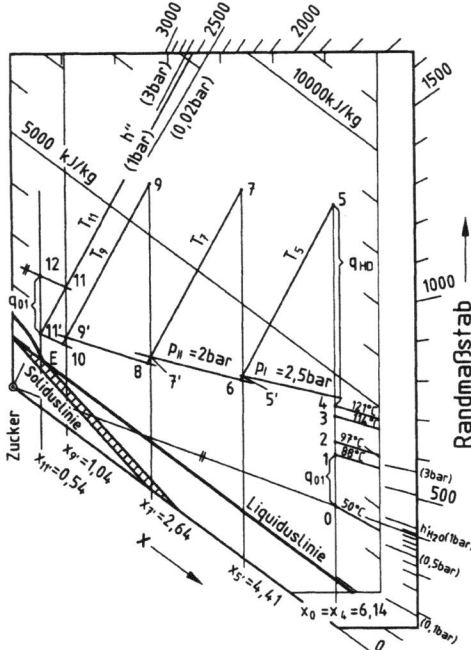

Bild 5.118: Mehrfachverdampfung von Zuckerlösungen, dargestellt im h, x-Diagramm für Zucker-Wasser-Lösungen

ab und zeichne durch den so gefundenen Punkt 12 mit Hilfe des Randmaßstabs eine Gerade mit der Steigung $\partial h/\partial x = h_{11w}$. Diese schneidet die zum Siedepunkt 11' gehörige Naßdampfisotherme T_{11} im Punkt 11, durch den die Saftkonzentration $x_{9'}$ der vorangehenden Verdampferstufe III festgelegt wird. Dieser Saft verläßt die Verdampferstufe III mit der dort vorherrschenden Siedetemperatur $\vartheta_9 = 110$ °C und dem Druck $p_9 = p_{III} = 1,4$ bar, wird im Drosselventil auf den Druck p_{11} gedrosselt, wobei bereits ein Teil der Flüssigkeit verdampft und der Rest bei der neuen Siedetemperatur $\vartheta_{11} = 95$ °C auf den Wassergehalt $x_{11'}$ konzentriert wird. Dazu muß der Verdampferstufe IV je kg Reinzucker noch die Wärme

$$q_{IV} = h_{11} - h'_9 \tag{5.290}$$

zugeführt werden. Sie wird aus der Kondensation der Brüden aus Verdampferstufe III gewonnen. Deren Menge ist ausreichend groß, um zusätzlich noch den Wärmebedarf der Kochstation und der nächsten Vorwärmstufe $D\,II$ abdecken zu können. Letzterer kann aus der im Vorwärmer $D\,III$ möglichen Temperaturerhöhung des Dünnsaftes bestimmt werden. Ist auch die zur Deckung der Kochwärme erwünschte Menge des Kochdampfes bekannt, so kann die Eindickungsbreite $x'_7 - x'_9$ in der Verdampferstufe III genau so wie für die Stufe IV ermittelt werden. Dasselbe trifft auch für die Verdampferstufen II und I zu. Ist man bei der Durchrechnung schließlich bei der Verdampferstufe I angekommen und hat für diese die Dünnsaftkonzentration ξ'_1 am Eintritt ermittelt, dann wird diese zunächst nicht mit der wirklich vorliegenden übereinstimmen. Man muß dann das ganze Verfahren wiederholen, bis schließlich die reale Dünnsaftkonzentration am Eintritt richtig

5.6 Kristallisation und Verdampfung

getroffen wurde. Dann läßt sich auch die Heizwärme

$$q_{HD} = h_5 - h_4 \tag{5.291}$$

bestimmen, die je kg Reinzucker von außen dem Prozeß zugeführt werden muß. Für die Verhältnisse nach Bild 5.118 ist dies

$$q_{HD} = 4 \text{ MJ} \quad \text{je kg Reinzucker} ,$$

also weniger als 1/3 der insgesamt zur Verdampfung des Wassers insgesamt benötigten Wärme; mehr als 2/3 der Verdampfungswärme werden bei der Mehrfachverdampfung aus interner Wärmerückgewinnung bestritten.

Eindampfen im Schmelzgebiet

Der Dicksaft aus dem letzten Verdampfer (Zustand 11') wird dem Kochapparat zugeführt und dort zunächst auf den dort herrschenden Druck von etwa $p_{11} = 0,15$ bis 0,25 bar abgedrosselt, Bild 5.119.

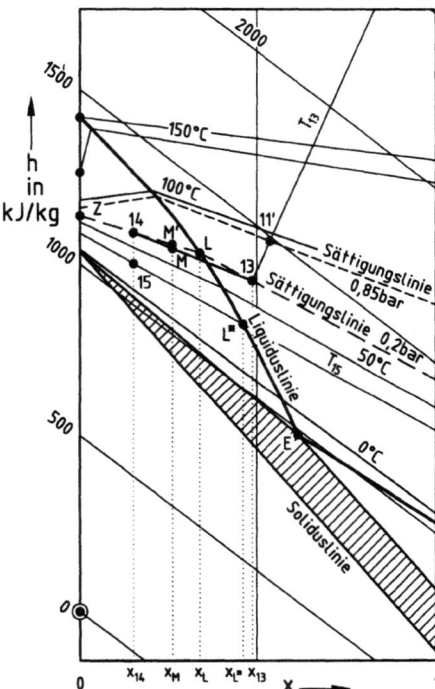

Bild 5.119: Einziehen des Dicksaftes 12 im Kristallkocher

Dabei verdampft ein Teil des Wassers, und die verbleibende Lösung 13 reichert sich bis auf den Restwassergehalt x_{13} an. Verläuft der Drosselvorgang adiabat, so muß der neue Lösungspunkt 13 auf derjenigen Naßdampfisothermen T_{13} durch 11' liegen, die zum Kocherdruck p_{13} gehört. Vom Punkt 13 aus wird die Lösung durch Wärmezufuhr bei gleichbleibendem Druck p_{13} weiter konzentriert. Beim Erreichen des Zustandes L auf der Sättigungslinie nach Austreiben der Wassermenge

$(x_{13} - x_L)$ wird die Lösung gesättigt, und es beginnen die ersten Zuckerkristalle vom Zustand Z auszufallen. Beim weiteren Verkochen wird im Schmelzgebiet der Zustand 14 der Schmelze erreicht. Eine Zuckerschmelze etwa dieses Zustandes nennt man Füllmasse. Man könnte den Eindampfvorgang theoretisch bis zum reinen Zucker Z treiben, wenn hier die Zähigkeit der kochenden Masse nicht zu groß wäre, wodurch die Dampfbildung sehr erschwert würde. Das könnte örtliche Überhitzungen der Lösung zur Folge haben, die sich schädlich auf die Qualität des Produktes auswirken (Verfärbung).

Der auskristallisierte Zucker Z ist nahezu wasserfrei ($x_Z \approx 0$). Sein Mengenanteil m_Z am gesamten, in der Lösung 14 enthaltenen Zucker m_{Z14} ist daher

$$\frac{m_Z}{m_{Z14}} = \frac{x_L - x_{14}}{x_L} \; .$$

Kühlt man die kristallisierende Lösung 14 auf die Temperatur T_{15} ab, so fällt weiter Zucker aus und zwar von der ursprünglich in der Lösung 14 enthaltenen Zuckermenge insgesamt

$$\frac{m_Z^\star}{m_{Z14}} = \frac{x_L^\star - x_{14}}{x_L^\star} \; ,$$

wobei je kg Zucker von der Lösung 14 die Kühlwärme

$$q_0 = h_{14} - h_{15}$$

abgeführt werden muß.

Kristallkochen

Um ein gleichmäßiges Kristallkorn zu erreichen, führt man gewöhnlich einer bereits verkochten Menge der kristallisierenden Lösung 14 dauernd kleinere Mengen der ungesättigten Lösung 13 zu, Bild 5.119. Durch Vermischen von $m_{Z14}(1 + x_{14})$ kg Füllmasse 14 mit $m_{Z13}(1 + x_{13})$ kg Lösung 13 erhält man

$$m_{ZM}(1 + x_M) = m_{Z14}(1 + x_{14}) + m_{Z13}(1 + x_{13}) \tag{5.292}$$

kg Lösungsgemisch M mit einer gesamten Zuckermenge

$$m_{ZM} = m_{Z14} + m_{Z13} \; . \tag{5.293}$$

Bei einer adiabaten Vermischung muß die Enthalpie $m_{ZM} h_M$ der Mischung gleich der Summe der Enthalpien der zu mischenden Lösungen sein

$$m_{MZ} h_M = m_{Z14} h_{14} + m_{Z13} h_{13} \tag{5.294}$$

und mit (5.292) und (5.293) ist

$$\frac{h_{14} - h_M}{h_M - h_{13}} = \frac{x_{14} - x_M}{x_M - x_{13}} = \frac{m_{Z13}}{m_{Z14}} \; . \tag{5.295}$$

Daher muß der Mischungszustand M bei adiabater Vermischung auf der „Mischgeraden" liegen, welche die Lösungszustände 14 und 13 miteinander verbindet, wobei die Gesamtstrecke gerade im Verhältnis der in den Lösungen 14 und 13 enthaltenen Zuckermengen unterteilt wird. Das ist die Mischungsregel im h, x-Diagramm.

Da im Fall des Kristallkochens der Punkt M näher an der Sättigungslinie liegt als 14, so bedeutet dies, daß ein Teil des in 14 enthaltenen Kristallzuckers durch Hinzufügen der ungesättigten Lösung 13 wieder aufgelöst wird. Unter den Kristallkörnchen werden aber immer zuerst die kleinsten Körnchen aufgelöst, wodurch ein größeres und gleichmäßigeres Korn erzielt wird. Durch sofortige weitere Wärmezufuhr wird die Lösung M bis M' auf der Siedelinie erwärmt, und durch Eindampfen und Auskristallisieren wird wieder etwa der ursprüngliche Zustand 14 erreicht. Danach wird wieder etwas Lösung 13 beigemengt.

6 Absorptionskältemaschinen und Absorptionswärmepumpen

Bei Kältemaschinen und Wärmepumpen wird Wärme auf einem niedrigen Temperaturniveau aufgenommen und auf einem höheren Temperaturniveau abgegeben. Dazu muß nach dem Zweiten Hauptsatz ein Kompensationsprozeß eingeschaltet werden und zwar so, daß die Gesamtentropie aller beteiligten Stoffe nicht abnimmt[1].
Über die Art des Zusatzprozesses spricht sich der Zweite Hauptsatz nicht aus, so daß hierin die größte Wahlfreiheit besteht. Man kann z.B. einen linkslaufenden CARNOT-Prozeß mit Arbeitsverbrauch (Kompressionskältemaschine oder Kompressionswärmepumpe), aber ebensogut Prozesse ohne Arbeitsverbrauch wählen, wie z.B. das Ansetzen von Kältemischungen (s. Abschn. 4.3.2), die Verdunstungskühlung (s. Abschn. 4.2.4) und die Absorptionsmaschinen.
Die Wirkungsweise der Absorptionsmaschinen beruht darauf, daß als Arbeitsstoffe Zwei- oder Mehrstoffgemische verwendet werden, deren Siedepunkt beträchtlich von der Konzentration abhängt, wie z.B. das Zweistoffgemisch Ammoniak-Wasser (NH_3-H_2O)[2].
Bild 6.1 zeigt die Dampfdruckkurven von Ammoniak-Wasser-Gemischen in Abhängigkeit von der Ammoniakkonzentration. Hierzu wurde die bereits im Band I, Abschn. 10, erörterte Darstellung $\log p, \frac{1}{T}$ gewählt, in der die Dampfdruckkurven nahezu linear verlaufen. Wird beispielsweise Ammoniak (Zustand 8) beim Druck p_0 und der Temperatur T_8 unter Wärmeaufnahme verdampft, so kann dieser Dampf in einer Lösung der Ammoniakkonzentration ξ_3 bei demselben Druck p_0, aber bei der höheren Temperatur T_3 unter Wärmeabgabe absorbiert werden. Dabei reichert sich die Lösung mit Ammoniak an (z.B. bis zum Zustand 4) und verliert so nach und nach ihre Absorptionsfähigkeit. Um sie zu regenerieren, wird sie beim höheren Druck p in den Siedezustand 1 gebracht und so lange gekocht, bis die Ausgangskonzentration $\xi_2 = \xi_3$ wieder erreicht ist. Der gebildete Dampf vom Zustand 5 wird im Kondensator unter Wärmeabgabe kondensiert.
Zwischen einer Absorptionskältemaschine und einer Absorptionswärmepumpe besteht kein grundsätzlicher Unterschied insofern, als mit beiden Wärme bei einem niedrigen Temperaturniveau aufgenommen und bei einem höheren abgegeben wird. Praktisch unterscheiden sich die beiden Maschinen vor allem dadurch, daß bei Absorptionskältemaschinen immer eine vorgegebene Kühlraumtemperatur eingehalten werden muß, während es für Absorptionswärmepumpen sinnvoll (aber nicht

---
[1]siehe Band I, Abschn. 14, Kältemaschinen
[2]Wenn in den folgenden Ausführungen vorwiegend auf dieses Gemisch Bezug genommen wird, so soll damit jedoch nicht die Allgemeingültigkeit der Betrachtungen eingeschränkt werden.

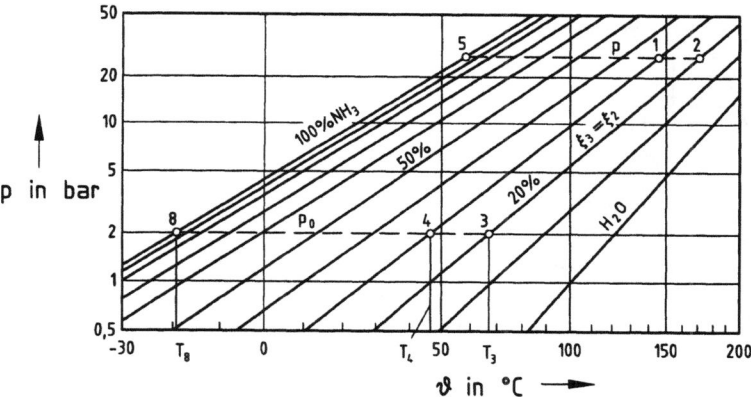

Bild 6.1: Dampfdruckkurven von Ammoniak-Wasser-Gemischen

leicht zu realisieren) ist, die Verdampfer- und Absorber-/Kondensatortemperatur gleitend den Außentemperaturen entsprechend anzupassen.

Da wir uns hier auf thermodynamische Fragestellungen beschränken, wollen wir Absorptionswärmepumpen und Absorptionskältemaschinen soweit wie möglich einheitlich abhandeln.

6.1 Einfache (einstufige) Absorptionsmaschine

Das Schaltschema einer einfachen Absorptionsmaschine ist in Bild 6.2 dargestellt. Das Zweistoffgemisch (z.B. NH_3-H_2O) wird im Austreiber oder Generator unter Zuführung des Wärmestroms $\dot{Q}_G$ bei konstantem Austreiberdruck p teilweise verdampft, wobei mehr oder weniger reiner Dampf mit der Konzentration ξ_d des leichter siedenden Stoffes, z.B. Ammoniak, entsteht. Wir setzen für reines Ammoniak $\xi = 1$ und für reines Wasser $\xi = 0$. Der Druck p wird so hoch gewählt, daß im Kondensator der ganze Dampf unter Wärmeabgabe $\dot{Q}_K$ verflüssigt werden kann. Im Drosselventil $DR1$ wird die erhaltene Flüssigkeit auf den niedrigeren Verdampferdruck p_0 gedrosselt, wobei die Siedetemperatur sinkt. Dadurch ist die Flüssigkeit in der Lage, bei der tieferen Verdampfungstemperatur T_8 unter Aufnahme der Kälteleistung $\dot{Q}_V$ zu verdampfen. Die Vorgänge im Kondensator und im Verdampfer einer Absorptionsmaschine entsprechen denen in einer Kompressionsmaschine, mit dem Unterschied, daß bei reinem NH_3 die Kondensations- und die Verdampfungstemperatur bei gegebenen Drücken konstant und bei H_2O-NH_3-Gemischen in Abhängigkeit von der Ammoniakkonzentration veränderlich sind.

Der aus dem Verdampfer kommende kalte Dampf 8 wird in den Absorber geleitet, wo er von der gekühlten Lösung unter Wärmeabgabe $\dot{Q}_A$ aufgesaugt (absorbiert) wird. Eben diese Eigenschaft der Zweistoffgemische, daß der kalte Dampf in einer wärmeren Flüssigkeit absorbiert werden kann, ist für den Absorptionsprozeß ausschlaggebend.

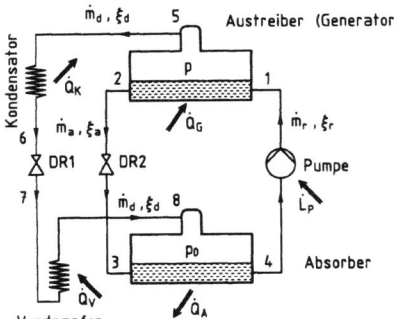

Bild 6.2: Einfache Absorptionsmaschine (AKM)

Der Kreislauf der Lösung ist auch sehr einfach. Die im Generator entgeistete arme Lösung der Zusammensetzung ξ_a wird im Drosselventil $DR2$ auf den Absorberdruck p_0 gedrosselt, gelangt in den Absorber und wird hier durch Kühlwasser gekühlt. Gleichzeitig wird ihr der Kaltdampf vom Zustand 8 zugeleitet, den sie gierig aufsaugt und sich hierbei auf ξ_r anreichert. Die so angereicherte kalte Lösung wird mit Hilfe einer Pumpe auf den höheren Generatordruck p gepumpt, um im Generator wieder entgeistet zu werden. Die Anlage arbeitet so ununterbrochen.

Der Prozeß läßt sich vortrefflich in einem Enthalpie-Konzentrations-Diagramm (h-ξ-Diagramm) verfolgen. Dazu stellen wir die Stoff- und Energiebilanzen auf.

6.1.1 Stoffbilanzen

Im Beharrungszustand müssen die dem Generator zugeführten und entzogenen Massenströme gleich sein. Das bezieht sich sowohl auf die Gesamtmassenströme des Gemisches

$$\dot{m}_r = \dot{m}_a + \dot{m}_d \tag{6.1}$$

als auch auf die Massenströme der einzelnen Bestandteile, wie z.B. das Ammoniak (NH_3)

$$\dot{m}_r \xi_r = \dot{m}_a \xi_a + \dot{m}_d \xi_d \;, \tag{6.2}$$

worin wir den Massenstrom der dem Generator zufließenden reichen Lösung $\dot{m}_r$, den Massenstrom der austretenden armen Lösung $\dot{m}_a$ und den Dampfmassenstrom mit $\dot{m}_d$ bezeichnen, entsprechend auch die Konzentrationen $\xi_r = \xi_1$; $\xi_a = \xi_2$; $\xi_d = \xi_5$.

Der spezifische Lösungsmittelumlauf f ist die von der Pumpe aus dem Absorber in den Generator geförderte Lösungsmittelmenge und zwar bezogen auf die erzeugte Dampfmenge

$$f = \frac{\dot{m}_r}{\dot{m}_d} = \frac{\xi_d - \xi_a}{\xi_r - \xi_a} \;. \tag{6.3}$$

In den Absorber strömt je Kilogramm des ausgetriebenen Dampfes die spezifische Flüssigkeitsmenge

$$f - 1 = \frac{\dot{m}_a}{\dot{m}_d} = \frac{\xi_d - \xi_r}{\xi_r - \xi_a} \quad . \tag{6.4}$$

Die Größe $(\xi_r - \xi_a)$ nennen wir Entgasungsbreite. Je enger die Entgasungsbreite, um so größer muß der spezifische Lösungsmittelumlauf f sein.

6.1.2 Energiebilanzen

Gesamtbilanz

Die der Anlage zugeführten und entzogenen Energieströme müssen gleich sein. Im Beharrungszustand gilt daher für die gesamte Anlage, s. Bild 6.2

$$\dot{Q}_G + \dot{Q}_V + \dot{L}_P = \dot{Q}_A + \dot{Q}_K \quad , \tag{6.5}$$

sofern Wärmeverluste vernachlässigt werden können. Bezieht man diese Energieströme auf den Dampfmengenstrom $\dot{m}_d$

$$q_G = \dot{Q}_G/\dot{m}_d; \quad q_V = \dot{Q}_V/\dot{m}_d; \quad l_P = \dot{L}_P/\dot{m}_d; \quad q_A = \dot{Q}_A/\dot{m}_d; \quad q_K = \dot{Q}_K/\dot{m}_d \quad , \tag{6.6}$$

so ist auch

$$q_G + q_V + l_P = q_A + q_K \quad . \tag{6.7}$$

Um einen bessseren Einblick in die Einzelvorgänge zu gewinnen, stellen wir die Bilanzen für die verschiedenen Apparateteile auf.

Wärmebilanz des Austreibers (Generators)

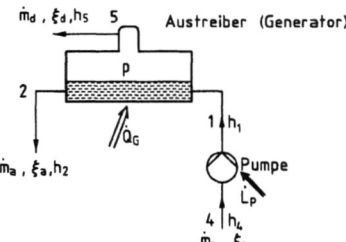

Bild 6.3: Bilanz des Austreibers (Generators)

Die auf den Mengenstrom $\dot{m}_d$ bezogene Austreiberwärme $\dot{Q}_G$ ist nach Bild 6.3 und Gl. (6.3) und (6.4)

$$\begin{aligned} q_G &= \frac{\dot{Q}_G}{\dot{m}_d} = h_5 + \frac{\dot{m}_a}{\dot{m}_d}h_2 - \frac{\dot{m}_r}{\dot{m}_d}h_1 = h_5 - h_2 + f(h_2 - h_1) \\ &= h_5 - h_2 + \frac{\xi_d - \xi_a}{\xi_r - \xi_a}(h_2 - h_1) \quad . \end{aligned} \tag{6.8}$$

Führen wir hier die Hilfsgröße

$$h_G = \frac{\dot{m}_r}{\dot{m}_d}h_1 - \frac{\dot{m}_a}{\dot{m}_d}h_2$$

$$= h_2 - \frac{\xi_d - \xi_a}{\xi_r - \xi_a}(h_2 - h_1) \tag{6.9}$$

ein, s. Bild 6.5, so wird die auf den Mengenstrom $\dot{m}_d$ des ausgetriebenen Dampfes bezogene Wärme

$$q_G = h_5 - h_G \ . \tag{6.10}$$

Pumpenleistung

Die auf den Mengenstrom $\dot{m}_d$ des ausgetriebenen Dampfes bezogene spezifische Pumpenleistung

$$l_P = \frac{\dot{L}_P}{\dot{m}_d} = f(h_1 - h_4) = \frac{\xi_d - \xi_a}{\xi_r - \xi_a}(h_1 - h_4) \tag{6.11}$$

ist im Vergleich mit den umgesetzten Wärmen gering. So z.B. wird für den verhältnismäßig großen Lösungsmittelumlauf $f = 20$ kg/kg, den Drücken $p = 20$ bar und $p_0 = 1$ bar, dem spezifischen Volumen des Lösungsmittels $v_f \approx 0,001$ m³/kg und einem angenommenen Pumpenwirkungsgrad $\eta_P = 0,5$ die spezifische Pumpenleistung (s. Band I, Abschn. 11.5).

$$l_P = f(p - p_0)v_f/\eta_P = 20 \cdot (20 - 1) * 10^5 \frac{N}{m^2} * 0,001 \frac{m^3}{kg}/0,5 = 76 \text{ kJ/kg} \ ,$$

wogegen die spezifische Generatorwärme q_G in der Größenordnung von mehreren hundert kJ/kg liegt. Obwohl der Anteil der Pumpenarbeit am Wärmeverbrauch nur wenige Prozent beträgt, muß man berücksichtigen, daß zum Antrieb der Lösungsmittelpumpe meistens hochwertige elektrische Energie benötigt wird, während man den Austreiber mit fossilen Brennstoffen oder sogar mit niedrig gespanntem Dampf beheizen kann.

Wärmebilanz des Absorbers

Die im Absorber abzuführende spezifische Absorberwärme ergibt sich nach Bild 6.4 und den Gln. (6.3) und (6.4) zu

$$q_A = h_8 + \frac{\dot{m}_a}{\dot{m}_d}h_3 - \frac{\dot{m}_r}{\dot{m}_d}h_4 = h_8 - h_3 + f(h_3 - h_4)$$

$$= h_8 - h_3 + \frac{\xi_d - \xi_a}{\xi_r - \xi_a}(h_3 - h_4) \ . \tag{6.12}$$

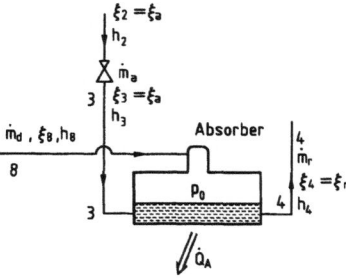

Bild 6.4: Bilanz des Absorbers

Führt man analog zu Gl. (6.9) für den Absorber die Hilfsgröße

$$h_A = h_3 - f(h_3 - h_4) = h_3 - \frac{\xi_d - \xi_a}{\xi_r - \xi_a}(h_3 - h_4) \tag{6.13}$$

ein, so wird die abzuführende spezifische Absorberwärme

$$q_A = h_8 - h_A \; . \tag{6.14}$$

Bei der Drosselung der armen Lösung im Drosselventil $DR2$ bleibt die Enthalpie unverändert, $h_3 = h_2$. Ist die Temperatur T_2 der Lösung höher als die Siedetemperatur T_{s2} beim Absorberdruck p_0, so liegt Punkt 3 auf der Naßdampfisothermen $T_3 = T_{s3}$, Bild 6.5.

Wärmebilanzen für Kondensator und Verdampfer

Im Kondensator muß je Kilogramm Dampf die Wärme

$$q_K = h_5 - h_6 \tag{6.15}$$

entzogen und im Verdampfer die Niedertemperaturwärme

$$q_V = h_8 - h_7 \tag{6.16}$$

zugeführt werden (s. Bild 6.2 und 6.5).

6.2 Absorptionsprozeß im h, ξ-Diagramm

Bei der Untersuchung von Absorptionsprozessen leistet das h, ξ-Diagramm des Arbeitsgemisches ganz hervorragende Dienste. In Bild 6.5 ist der Arbeitsprozeß gemäß der Schaltung nach Bild 6.2 dargestellt. Wird der Austreiber (Generator) mit Heizdampf beheizt, so ist gewöhnlich dessen Temperatur T_H vorgegeben; außerdem seien die für den Betrieb des Verdampfers erforderliche Kühltemperatur T_0 sowie die Temperatur T_K des Wärmeträgers zur Wärmeabfuhr in Kondensator und Absorber bekannt. Man suche zunächst im h, ξ-Diagramm, Bild 6.5, die entsprechenden Isothermen T_H, T_K und T_0 der Flüssigkeit auf. Damit der Dampf im Kondensator bei der Wärmeträgertemperatur T_K verflüssigt werden kann, muß der Druck p in Austreiber und Kondensator so hoch gewählt werden, daß die Siedelinie $p =$ konst. auch an der rechten Ordinatenachse noch höher liegt liegt als die Isotherme T_K, wobei die Temperatur T_6, mit der das verflüssigte und unter seine Siedetemperatur abgekühlte Kältemittel aus dem Kondensator austritt, selbst auch noch höher als die Wärmeträgertemperatur T_K sein muß.

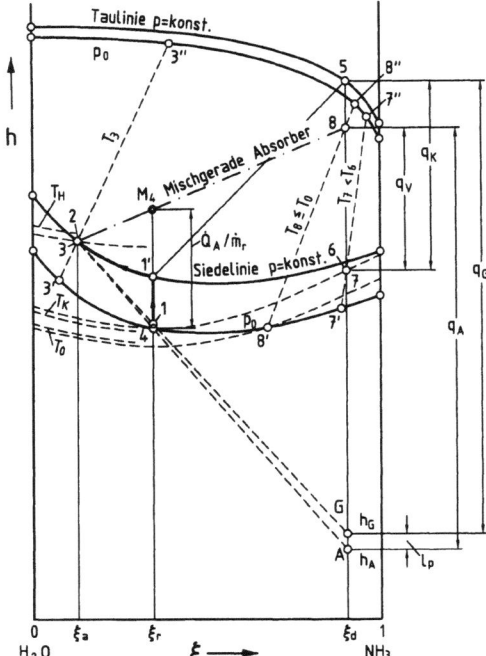

Bild 6.5: Darstellung des Absorptionsprozesses im Enthalpie/Zusammensetzungs-(h, ξ)-Diagramm

Der Druck p_0 in Verdampfer und Absorber wird aufgrund der folgenden Betrachtungen festgelegt. Die reiche Lösung 1, die mit der Temperatur $T_1 > T_K$ von der Pumpe angeliefert wird, muß im Austreiber beim Druck p bis zum Siedezustand $1'$ erwärmt und durch Verdampfung bis zum Zustand 2 entgeistet werden. Die Lage des Zustandes 5 des erzeugten Dampfes (auf der Taulinie für den Druck p) ist von der Führung des Verdampfungsprozesses im Austreiber abhängig, was noch näher besprochen werden soll. Vorläufig nehmen wir an, daß der Dampf 5 im Gleichgewicht mit der siedenden reichen Lösung, Punkt $1'$, steht. Im Kondensator wird der Dampf verflüssigt, Punkt 6, wobei das Kondensat im günstigsten Fall auf die Temperatur $T_6 \approx T_K$ abgekühlt werden kann.

Da vor und hinter dem Drosselventil $DR1$ $\xi_6 = \xi_7$ und $h_6 = h_7$ sein muß, fallen die beiden Zustandspunkte 6 und 7 im h, ξ-Diagramm aufeinander. Da jedoch $p_7 = p_0$ ist, liegt Punkt 7 im Naßdampfgebiet für den Verdampferdruck p_0. Das Kondensat zerfällt also hier in wenig Dampf $7''$ und viel Flüssigkeit $7'$. Dabei ist die erreichte Temperatur T_7 wesentlich niedriger als T_6. Das Dampf-Flüssigkeitsgemisch 7 gelangt mit der tieferen Temperatur T_7 in den Verdampfer, wo es unter Aufnahme der Niedertemperaturwärme q_V beim konstanten Druck p_0 verdampft. Während der isobaren Verdampfung steigt die Temperatur des Gemisches etwas an, und zwar bis T_8, wobei T_8 immer noch kleiner als die Kühltemperatur T_0 sein muß. Der Verdampferdruck p_0 muß also unter Umständen wesentlich niedriger gewählt werden als der Sättigungsdruck des reinen Ammoniaks bei derselben Verdampfertemperatur T_0.

Der aus dem Verdampfer abziehende Dampf 8 muß im Beharrungszustand natürlich dieselbe Zusammensetzung haben wie das ankommende Gemisch 7, d.h.

$$\xi_8 = \xi_7 = \xi_6 = \xi_5 = \xi_d \ .$$

In Bild 6.5 wurde angenommen, daß der abziehende Dampf Flüssigkeitstropfen mitreißt, so daß der Naßdampf 8 aus trockenem Dampf 8″ und Flüssigkeit 8′ besteht. Der Dampfgehalt $\dot{m}_8''/\dot{m}_8$ und die sich dabei einstellende Temperatur T_8 werden einmal durch den Betriebsdruck p_0 und zum anderen durch die Verdampferkonstruktion bedingt.

Der Dampf 8 wird im Absorber der armen Lösung 3 zugesetzt, die ihn absorbieren soll. Der Zustand 3 der armen Lösung entstand durch Drosselung der heißen Flüssigkeit 2, weswegen die Diagrammpunkte 2 und 3 ineinanderfallen. Allerdings verdampft bei tieferem Druck p_0 nach der Drosselung ein Teil der Flüssigkeit, so daß der Zustand 3 ein Gemenge von viel Flüssigkeit 3′ und wenig Dampf 3″ darstellt. Würde man im Absorber den Dampf 8 und die Lösung (richtiger: das Gemenge) 3 ohne Wärmeentziehung vermischen, so würde nach der Mischregel der Zustand M_4 entstehen, der in das Naßdampfgebiet fällt. Im Beharrungszustand muß $\xi_{M4} = \xi_r$ sein, denn mit dieser Zusammensetzung soll das Gemisch in den Austreiber gepumpt werden. Will man aber mit der Flüssigkeitspumpe ohne Dampfkompressor auskommen, so muß das Gemisch vom Zustand M_4 erst verflüssigt werden. Zu diesem Zweck muß je Kilogramm des Gemisches die Wärme

$$\frac{\dot{Q}_A}{\dot{m}_r} = \frac{q_A}{f} = h_{M4} - h_4 \tag{6.17}$$

entzogen werden (s. Bild 6.5). Der Zustand 4 muß auf oder unter der Siedelinie des Absorberdruckes p_0 liegen. Dabei muß jedoch $T_4 \geq T_K$ sein, wenn der Wärmeträger noch in der Lage sein soll, kühlend zu wirken. Die Lösung 4 wird in der Pumpe auf den Druck p, Zustand 1 gebracht, wobei

$$h_1 - h_4 = \frac{\dot{L}_P}{\dot{m}_r} = \frac{l_P}{f} \tag{6.18}$$

sehr gering ist, so daß 1 und 4 nahezu ineinander fallen.

Die umgesetzten Wärmen kann man sofort aus dem h, ξ-Diagramm ablesen. Im Austreiber zerfällt der Zustrom 1 (reiche Lösung) infolge Wärmezufuhr in die beiden Ströme 5 (Dampf) und 2 (arme Lösung). Die Zustandspunkte 1, 2, 4 und 5 bestimmen den Heizbedarf nach Gl. (6.8) bzw. nach Gl. (6.10), sowie die spezifische Pumpleistung l_P nach Gl. (6.11). Verlängert man die Linie $\overline{21}$ über den Punkt 1 hinaus, so erhält man auf der ξ_d-Ordinate den Hilfspunkt G mit der Enthalpie h_G. Man kann sich leicht aus der Konstruktion überzeugen, daß diese Enthalpie mit derjenigen der Gl. (6.9) übereinstimmt. Nach Gl. (6.10) wird dann der Heizbedarf

des Austreibers je Kilogramm Dampf durch die eingezeichnete Strecke dargestellt und nach Gl. (6.11) die spezifische Pumpenleistung.
Ganz ähnlich ergibt sich die spezifische Absorberwärme q_A, wenn man den Hilfspunkt A mit der Enthalpie h_A aufsucht (vgl. die Gln. (6.12), (6.13) und (6.14)). In Bild 6.5 sind auch die spezifische Kondensatorwärme q_K und die spezifische Niedertemperaturwärme q_V eingetragen.

6.2.1 Läuterung des Austreiberdampfes

Will man im Stationärbetrieb eine gleichbleibend tiefe Verdampfertemperatur aufrecht erhalten, so muß man somit immer bestrebt sein, den Dampfgehalt ξ_d möglichst groß zu halten, was zum Teil schon durch eine entsprechende Führung des Verdampfungsvorganges im Austreiber erreicht werden kann. Reicht dies nicht aus, den Kühlmitteldampf hinreichend rein zu erhalten, so ist es zweckmäßig, den Austreiber mit einer Läuterungssäule und einem gekühlten Dephlegmator zu versehen (Bild 6.6).

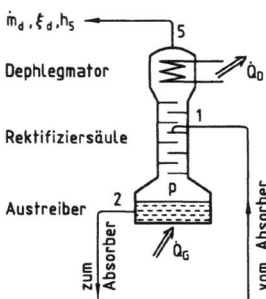
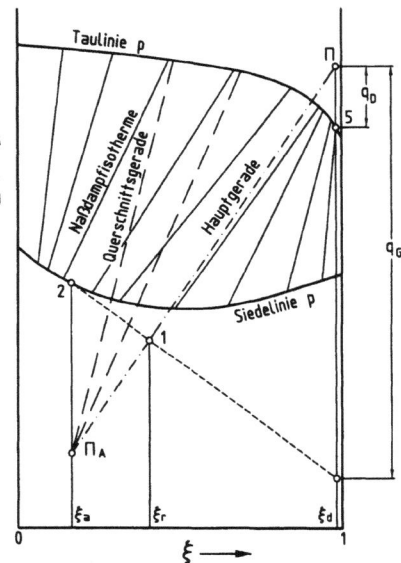

Bild 6.6: Läuterung des Austreiberdampfes

Bild 6.7: Läuterung des Austreiberdampfes, dargestellt im h, ξ-Diagramm

Die in Bild 6.7 strichpunktierte Hauptgerade der Rektifikation[3] verlegt man durch den Zustandspunkt 1 der zugeführten reichen Lösung, und zwar so, daß sie nur wenig steiler als die von ihr geschnittenen Naßdampfisothermen verläuft. Die Läuterung des Dampfes kann mit wenigen Böden bis fast $\xi_d \approx 1$ durchgeführt werden, so daß durch den Pol Π sofort die zu entziehende Dephlegmatorwärme q_D festgelegt

---
[3]siehe Abschn. 5, Die gekoppelte Läuterungssäule.

ist. Diese muß man möglichst klein halten (d.h. die Hauptgerade ist möglichst flach zu verlegen), damit der Heizbedarf q_G nicht unnötig vergrößert wird (richtige Bemessung und Kühlung des Dephlegmators!). Unter Umständen kann man die kalte reiche Lösung zur teilweisen Kühlung des Dephlegmators heranziehen.

Bei größerer Entgasungsbreite kann es unter Umständen auch sinnvoll sein, die vom Absorber kommende reiche Lösung irgendwo in der Mitte der Rektifiziersäule einzuspeisen und so, wie in Bild 6.6 und 6.7 einen Verstärkungs- und einen Abtriebsteil der Rektifiziersäule vorzusehen, s. auch Abschn. 5.2.6.

6.2.2 Temperaturwechsler

Den erforderlichen Heizwärmestrom $\dot{Q}_G$ einer Absorptionsmaschine kann man merklich vermindern, wenn man die heiße arme Lösung zur Vorwärmung der kalten reichen Lösung, etwa nach Bild 6.8, ausnutzt. Ebenso kann man das aus dem Kondensator kommende noch warme Kondensat dazu verwenden, den Kühlmitteldampf aus dem Verdampfer vor Eintritt in den Absorber vorzuwärmen. Die dazu notwendigen Wärmeübertrager nennt man auch „Temperaturwechsler".

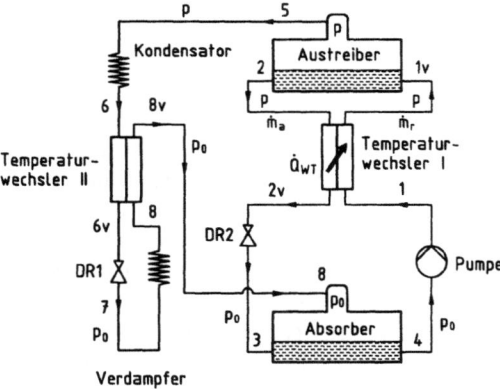

Bild 6.8: Absorptionskältemaschine mit Temperaturwechslern

Im Temperaturwechsler I wird die reiche Lösung 1 auf den Zustand $1v$ vorgewärmt. Da der Mengenstrom $\dot{m}_r$ der reichen Lösung größer ist als derjenige der armen, so wird die Temperaturzunahme der reichen Lösung geringer als die Temperaturabnahme der armen sein, d.h. $(T_{1v} - T_1) < (T_2 - T_{2v})$. Dabei muß natürlich

$$\dot{m}_r(h_{1v} - h_1) = \dot{m}_a(h_2 - h_{2v})$$

oder mit Gl. (6.3) und (6.4)

$$\frac{h_{1v} - h_1}{h_2 - h_{2v}} = \frac{\dot{m}_a}{\dot{m}_r} = \frac{f-1}{f} = \frac{\xi_d - \xi_r}{\xi_d - \xi_a} \qquad (6.19)$$

sein.

524   6 Absorptionskältemaschinen und Absorptionswärmepumpen

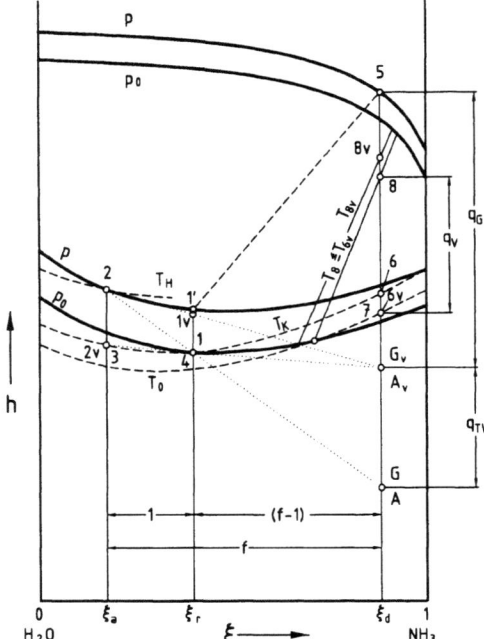

Bild 6.9: Wirkungsweise der Temperaturwechsler, dargestellt im h, ξ-Diagramm

Andererseits muß im Temperaturwechsler immer ein Temperaturgefälle zwischen der wärmeabgebenden armen und der wärmeaufnehmenden reichen Lösung bestehen; insbesondere muß $T_{2v} \geq T_1$ sein. Für den Grenzfall $T_{2v} = T_1$ ist Bild 6.9 gezeichnet. Man findet $1v$, indem durch Verlängerung der Linie $\overline{2v1}$ über Punkt 1 hinaus der Punkt G_v auf der ξ_d-Ordinate gefunden wird. $1v$ liegt dann auf der Verbindungslinie $\overline{2G_v}$. Man überzeugt sich leicht, daß diese Konstruktion der Gl. (6.19) genügt. Da der Eintrittszustand für den Austreiber nicht mehr 1 sondern $1v$ ist, ergibt sich die Heizwärme q_G mit Hilfe des Punktes G_v wie eingezeichnet. Der Gewinn Δq_G gegenüber einer Anlage ohne Temperaturwechsler ist als Enthalpiedifferenz

$$h_{G_v} - h_G = \Delta q_G = q_{TW} \tag{6.20}$$

auch sofort abzulesen. Um denselben Betrag wird auch die Absorberwärme geringer, denn der Zustand der in den Absorber eintretenden Lösung ist nicht mehr 2 sondern $2v$, so daß der Absorberhilfspunkt A nach A_v gerückt wird.

In Bild 6.8 ist noch der Temperaturwechsler II hinter dem Verdampfer eingeschaltet. Hier werden die kalten Dämpfe 8 zur Unterkühlung des Kondensates 6 verwendet. Dabei muß

$$h_6 - h_{6v} = h_{8v} - h_8 \quad \text{und} \quad T_{6v} \geq T_8 \tag{6.21}$$

sein. Man zeichnet die Flüssigkeitsisotherme T_{6v} (Bild 6.9) so ein, daß $T_{6v} = T_8$ ist (oder $T_{6v} > T_8$, wenn man das Temperaturgefälle zwecks besserer Wärmeübertragung berücksichtigen will). Dadurch ist der Punkt $6v$ gegeben und damit auch

$h_6 - h_{6v} = \overline{6\,6v}$. Der Punkt $8v$ liegt über 8, und zwar um die Strecke $\overline{8v\,8} = \overline{6\,6v}$. Damit ist auch die Temperatur T_{8v} festgelegt. Die spezifische Verdampferleistung q_V der Anlage mit Temperaturwechsler II ist also um den Betrag $(h_6 - h_{6v}) = \overline{6\,6v}$ größer als bei der einfachen Anlage. Man sieht, daß der Gewinn durch den Temperaturwechsler II viel geringer ist als der durch Temperaturwechsler I.

6.3 Heizbedarf von Absorptionsmaschinen

Wir wollen nun untersuchen, wieviel Wärme dem Generator einer Absorptionsmaschine zugeführt werden muß, um bei der Absorptionskältemaschine eine gewünschte Kälteleistung oder bei der Absorptionswärmepumpe eine gewünschte Wärmeleistung zu erreichen.

Dazu ist es zweckmäßig, außer der Bilanz der Energieströme nach Gl. (6.5), auch noch eine Bilanz der Entropieströme aufzustellen.

Dabei genügt es, die zwischen der Absorptionsmaschine und deren Außenwelt ausgetauschten Wärmeströme zu untersuchen, weil im Beharrungszustand die Drücke, Temperaturen und Zusammensetzungen sich an den einzelnen Stellen der Maschine zeitlich nicht ändern und damit auch nicht die Entropien der in der Maschine enthaltenen Stoffe.

Das Heizmittel (z.B. Heizdampf) gibt den zum Betrieb des Generators erforderlichen Wärmestrom $\dot{Q}_G$ an diesen ab. Infolgedessen nimmt die Heizmittelentropie in der Zeiteinheit ständig um $\dot{Q}_G/T_H$ ab. Steht zur Beheizung des Generators Sattdampf zur Verfügung, welcher bei konstantem Druck verflüssigt wird, so ist die Temperatur T_H des Heizmittels gleich der Kondensationstemperatur des Sattdampfes, wenn man von einer merklichen Unterkühlung des Kondensats absieht. Ändert das Heizmittel während der Wärmeabgabe seine Temperatur, so ist für T_H die thermodynamische Mitteltemperatur des Heizmittels einzusetzen (s. Band I, Abschn. 11.1).

Bei unseren weiteren Überlegungen müssen wir nun zwischen dem Betrieb einer Absorptionskältemaschine und dem einer Absorptionswärmepumpe unterscheiden.

6.3.1 Absorptionskältemaschine

Bei einer Absorptionskältemaschine wird nämlich die Kälteleistung $\dot{Q}_0 = \dot{Q}_V$ einem Kühlraum entzogen, dessen Temperatur T_0 beträchtlich unter der Temperatur T_u der verfügbaren Umgebung liegt, während die Wärmeströme $\dot{Q}_A$ und $\dot{Q}_K$ an die Umgebung abgegeben werden.

Damit wird die Entropieproduktion einer Absorptionskältemaschine

$$\dot{S}_{pr} = \frac{\dot{Q}_A + \dot{Q}_K}{T_u} - \frac{\dot{Q}_V}{T_0} - \frac{\dot{Q}_G}{T_H} \ . \tag{6.22}$$

Elimieren wir hieraus die an die Umgebung abgegebenen Wärmeströme $\dot{Q}_A$ und $\dot{Q}_K$ mit Hilfe der Energiebilanz (6.5), so erhalten wir

$$\dot{Q}_G \frac{T_H - T_u}{T_H} + \dot{L}_P = \dot{Q}_V \frac{T_u - T_0}{T_0} + T_u \dot{S}_{pr} \,, \tag{6.23}$$

worin

$$\frac{T_0}{T_u - T_0} = \varepsilon_c \,, \tag{6.24}$$

die aus Band I, Abschn. 14.2 bekannte Leistungsziffer eines zwischen den Temperaturen T_u und T_0 reversibel arbeitenden Kälteprozesses mit mechanischer Antriebsleistung ist, während

$$\frac{T_H - T_u}{T_H} = \eta_c \tag{6.25}$$

den thermischen Wirkungsgrad einer zwischen den Temperaturen T_H und T_u reversibel arbeitenden Kraftmaschine darstellt.
Der Ausdruck

$$\dot{E}_G = \eta_c \dot{Q}_G = \frac{T_H - T_u}{T_H} \dot{Q}_G \tag{6.26}$$

stellt somit den Exergiestrom dar, welcher dem Heizwärmestrom $\dot{Q}_G$ zuzuordnen ist (Band I, Abschn. 12), sowie

$$\dot{E}_0 = \frac{\dot{Q}_0}{\varepsilon_c} = \frac{\dot{Q}_V}{\varepsilon_c} = \dot{Q}_V \frac{T_u - T_0}{T_0} \tag{6.27}$$

den Exergiestrom der Kälteleistung. Damit ergibt sich der exergetische Gütegrad des Absorptionskältemaschinenprozesses als Quotient der gewonnenen zur aufgewendeten Exergie mit den Gln. (6.23) bis (6.27) wie folgt

$$\zeta_K = \frac{\dot{E}_0}{\dot{E}_G + \dot{L}_P} = \frac{\dot{Q}_V/\varepsilon_c}{\eta_c \dot{Q}_G + \dot{L}_P} = 1 - \frac{T_u \dot{S}_{pr}}{\eta_c \dot{Q}_G + \dot{L}_P} \,. \tag{6.28}$$

Für den Grenzfall eines reversiblen Prozesses ($\dot{S}_{pr} = 0$) ist der exergetische Gütegrad $\zeta_K = 1$.
Der letzte Term in Gl. (6.28), der Quotient aus Exergieverlust $T_u \dot{S}_{pr}$ und aufgewendeter Exergie $\eta_c \dot{Q}_G + \dot{L}_P$, kennzeichnet dabei die Exergieverluste, die in der Maschine durch Irreversibilitäten verursacht werden, im Verhältnis zur aufgewendeten Exergie; er wird deshalb „exergetischer Verlustgrad" oder einfach „Verlustgrad"

$$\nu = \frac{T_u \dot{S}_{pr}}{\eta_c \dot{Q}_G + \dot{L}_P} \tag{6.29}$$

genannt. Anstelle des Verlustgrades wird in der Kältetechnik häufig das Wärmeverhältnis ε_K zur Bewertung von Kältemaschinen verwendet. Es ist als der Quotient der Kälteleistung $\dot{Q}_V$ und des „aufgewendeten Wärmestroms"

$$\dot{Q}_W = \dot{Q}_G + \frac{\dot{L}_P}{\eta_c} \;, \tag{6.30}$$

definiert, wobei der „aufgewendete Wärmestrom" $\dot{Q}_W$ so verstanden wird, daß man zum eigentlichen Heizwärmestrom $\dot{Q}_G$ anstelle der Pumpenleistung $\dot{L}_P$ den nach dem Zweiten Hauptsatz äquivalenten Wärmestrom $\dot{L}_P/\eta_c$ addiert. Damit ergibt sich ein einfacher Zusammenhang zwischen dem Wärmeverhältnis ε_K und dem exergetischen Gütegrad ζ_K nach Gl. (6.28) bzw. dem Verlustgrad ν nach Gl. (6.29)

$$\varepsilon_K = \frac{\dot{Q}_V}{\dot{Q}_W} = \frac{\dot{Q}_V}{\dot{Q}_G + \frac{\dot{L}_P}{\eta_c}} = \varepsilon_c \eta_c \zeta_K = \varepsilon_c \eta_c \left(1 - \frac{T_u \dot{S}_{pr}}{\dot{Q}_W}\right) = \varepsilon_c \eta_c (1 - \nu) \;. \tag{6.31}$$

Das Wärmeverhältnis ε_K der Absorptionskältemaschine kann im Grenzfall vollkommener Reversibilität ($\dot{S}_{pr} = 0$) den Grenzwert

$$\varepsilon_{K\,\mathrm{rev}} = \varepsilon_c \eta_c \tag{6.32}$$

erreichen, d.h. einen Wert, welcher der Kopplung einer reversiblen, d.h. mit dem Wirkungsgrad η_c, arbeitenden Kraftmaschine und einer reversibel zwischen den Temperaturen T_0 und T_u arbeitenden Kompressionskältemaschine (Leistungsziffer ε_c) entspricht. Je nach den Temperaturen T_H, T_0 und T_u kann $\varepsilon_{K\,\mathrm{rev}}$ größer, gleich oder kleiner eins sein. Für diesen Grenzfall ist der aufgewendete Heizwärmestrom bei vorgegebener Heizleistung $\dot{Q}_V$

$$\dot{Q}_{W\,\mathrm{rev}} = \frac{\dot{Q}_V}{\varepsilon_c \eta_c} \;. \tag{6.33}$$

Den Ausdruck

$$\dot{Q}_p = \frac{T_u \dot{S}_{pr}}{\eta_c} = \dot{Q}_W - \dot{Q}_{W\,\mathrm{rev}} \tag{6.34}$$

kann man nach Gl. (6.34) auch als Heizstrompoenalie verstehen, d.h. als Mehraufwand an Heizwärmestrom im Vergleich zu $\dot{Q}_{W\,\mathrm{rev}}$, welcher durch die Nichtumkehrbarkeiten innerhalb des Prozesses verursacht wird.

Geht man nicht von einer vorgegebenen Kälteleistung $\dot{Q}_V$ aus, sondern von einem gegebenen aufzuwendenden Heizwärmestrom $\dot{Q}_W$, so kann man fragen, welchen Verlust an Kälteleistung

$$\Delta \dot{Q}_V = \dot{Q}_{V\,\mathrm{rev}} - \dot{Q}_V = \varepsilon_c \eta_c \dot{Q}_W - \dot{Q}_V \tag{6.35}$$

man bei der wirklichen Maschine gegenüber einer reversiblen Maschine bei gleichem aufgewendeten Heizwärmestrom $\dot{Q}_W$ in Kauf nehmen muß. Durch ganz ähnliche Betrachtungen wie vorher ermittelt man diesen Verlust an Kälteleistung zu

$$\Delta \dot{Q}_V = \varepsilon_c \cdot T_u \dot{S}_{pr} \;. \tag{6.36}$$

Bezieht man den Verlust an Kälteleistung auf die bei einem reversiblen Prozeß erforderliche Kälteleistung $\dot{Q}_{V\,\text{rev}}$, so erhält man mit Gl. (6.31) und (6.30) wieder den Verlustgrad ν nach Gl. (6.29)

$$\frac{\Delta \dot{Q}_V}{\dot{Q}_{V\,\text{rev}}} = \frac{T_u \dot{S}_{pr}}{\eta_c \dot{Q}_W} = \nu \ . \tag{6.37}$$

Beim Vergleich einer Absorptionskältemaschine und einer Kompressionskältemaschine darf man nicht unmittelbar das Wärmeverhältnis ε_K der ersteren und die Leistungsziffer ε_K^* der letzteren betrachten[4], weil für den Antrieb einer Kompressionswärmepumpe hochwertige mechanische oder elektrische Energie benötigt wird, während für Absorptionsmaschinen qualitativ weniger wertvolle Heizenergie (z.B. Heizdampf) verwendet werden kann.

Rechnet man z.B. mit einem mittleren Wirkungsgrad der Stromerzeugung von $\eta_{el} = 0,35$, so würde einer Leistungsziffer $\varepsilon_K^* = 4$ der Kompressionskältemaschine ein Wärmeverhältnis $\varepsilon_K = 4*0,35 = 1,4$ der Absorptionskältemaschine thermodynamisch vergleichbar sein.

Dies bedeutet, daß rein wärmetechnisch betrachtet, eine Absorptionskältemaschine erst mit einem Wert $\varepsilon_K \geq 1,4$ konkurrenzfähig wird zu einer Kompressionskältemaschine mit der Leistungsziffer $\varepsilon_K^* \approx 4$.

Beim Vergleich werden selbstverständlich nicht nur thermodynamische Argumente maßgebend sein. So z.B. verbraucht die Absorptionskältemaschine mehr Kühlwasser als die Kompressionskältemaschine, da neben dem Kondensator auch der Absorber gekühlt werden muß, es sei denn, daß man dasselbe Kühlwasser hintereinander den Absorber und dann den Kondensator kühlen läßt. Auch die Wärmeübertrager werden bei der Absorptionskältemaschine zahlreicher und umfangreicher.

Andererseits kann die Absorptionskältemaschine wegen fehlender bewegter Teile viel robuster gebaut werden und unterliegt einem geringeren Verschleiß als eine Kompressionskältemaschine.

Steht für die Heizung der Absorptionskältemaschine der Heizwärmestrom $\dot{Q}_G$ nicht in Form von Heizdampf oder Heizgasen zur Verfügung, sondern wird hierzu eine elektrische Widerstandsheizung verwendet, so sind die obigen Vergleiche der Leistungsziffern hinfällig. In diesem Falle ist ε_K der Absorptionskältemaschine unmittelbar mit ε_K^* der Kompressionskältemaschine zu vergleichen. Wegen der irreversiblen Widerstandsheizung wird eine solche Absorptionsmaschine wärmetechnisch immer ungünstig abschneiden. Bei Kleinkältemaschinen mag dieser Nachteil nicht allzusehr ins Gewicht fallen, insbesondere, wenn er durch andere Vorteile mehr als ausgeglichen wird.

Bevor wir die Nichtumkehrbarkeiten in den einzelnen Aggregaten einer Absorptionsmaschine im einzelnen besprechen, wollen wir noch auf den Wärmebedarf und die Bewertung einer Absorptionswärmepumpe eingehen.

---

[4]Unglücklicherweise wird für beide oft dieselbe Bezeichnung verwendet, nämlich ε.

6.3.2 Absorptionswärmepumpe

Der einzige, allerdings wesentliche Unterschied zwischen einer Absorptionskältemaschine und einer Absorptionswärmepumpe besteht darin, daß bei der Absorptionswärmepumpe die Wärmeströme $\dot{Q}_K$ und $\dot{Q}_A$ im Kondensator und Absorber als Nutzwärmeströme gewertet werden, die dem zu beheizenden Raum bei der Raumtemperatur T_R zugeführt werden, während die Verdampferleistung $\dot{Q}_V$ der Umgebung bei der Umgebungstemperatur T_u entnommen wird. Damit erhält man für die Entropieproduktion einer Absorptionswärmepumpe anstelle von Gl. (6.22)

$$\dot{S}_{pr} = \frac{\dot{Q}_A + \dot{Q}_K}{T_R} - \frac{\dot{Q}_V}{T_u} - \frac{\dot{Q}_G}{T_H} \ . \tag{6.38}$$

Eliminiert man nun in Gl. (6.38) die Verdampferwärme $\dot{Q}_V$ mit Hilfe der Energiebilanz (6.5), so ergibt dies

$$\dot{Q}_G \frac{T_H - T_u}{T_H} + \dot{L}_P = (\dot{Q}_K + \dot{Q}_A)\frac{T_R - T_u}{T_R} + T_u \dot{S}_{pr} \ . \tag{6.39}$$

Der Ausdruck

$$\frac{T_R}{T_R - T_u} = \varepsilon_{w\,\mathrm{rev}} \tag{6.40}$$

stellt hierbei die Leistungsziffer einer nach einem reversiblen Kreisprozeß zwischen den Temperaturen T_u und T_R arbeitenden Kompressionswärmepumpe dar (s. Band I, Abschn. 14.11) und

$$\dot{E}_N = \frac{\dot{Q}_A + \dot{Q}_K}{\varepsilon_{w\,\mathrm{rev}}} = (\dot{Q}_A + \dot{Q}_K)\frac{T_R - T_u}{T_R} \tag{6.41}$$

den im Absorber und Kondensator abgegebenen Exergiestrom. Mit Gl. (6.25), (6.26) und (6.30) erhält man den exergetischen Gütegrad der Absorptionswärmepumpe

$$\zeta_{WP} = \frac{\dot{E}_N}{\dot{E}_G + \dot{L}_P} = \frac{\frac{(\dot{Q}_A + \dot{Q}_K)}{\varepsilon_{w\,\mathrm{rev}}}}{\eta_c \dot{Q}_G + \dot{L}_P} = 1 - \frac{T_u \dot{S}_{pr}}{\eta_c \dot{Q}_W} \tag{6.42}$$

und das Wärmeverhältnis

$$\varepsilon_{WP} = \frac{\dot{Q}_A + \dot{Q}_K}{\dot{Q}_G + \frac{\dot{L}_P}{\eta_c}} = \varepsilon_{w\,\mathrm{rev}}\,\eta_c\,\zeta_{WP} = \varepsilon_{w\,\mathrm{rev}}\,\eta_c\left(1 - \frac{\frac{T_u \dot{S}_{pr}}{\eta_c}}{\dot{Q}_W}\right) \ , \tag{6.43}$$

wobei wie bei der Absorptionskältemaschine die Nichtumkehrbarkeiten des Prozesses entweder nach Gl. (6.42) als Exergieverlust oder nach Gl. (6.43) als Wärmepoenalie dargestellt werden können.

Ebensogut kann man natürlich den im vorigen Abschnitt definierten Nichtumkehrbarkeitsgrad auf Absorptionswärmepumpen übertragen und zu deren Bewertung heranziehen.

6.4 Nichtumkehrbarkeiten in den Anlageteilen

Die Entropieproduktion $\dot{S}_{pr}$ kann man für den Prozeß als Ganzes einsetzen, was dann seine Gesamtverluste bzw. seinen gesamten Verlustgrad ν_K liefert. Ebensogut kann man aber auch ein Einzelteil der Maschine, wie z.B. den Austreiber, oder sogar Ausschnitte daraus einer Analyse unterwerfen. Die Entropiebilanz eines solchen k-ten Einzelteils liefert die ihm zukommende Entropieproduktion $\dot{S}_{pr,k}$, wobei die Summe über alle Maschinenteile die gesamte Entropieproduktion ergeben muß

$$\sum_k \dot{S}_{pr,k} = \dot{S}_{pr} \ . \tag{6.44}$$

Setzt man in den Beziehungen (6.34), (6.36) bzw. (6.37) anstelle von $\dot{S}_{pr}$ die Einzelwerte $\dot{S}_{pr,k}$ ein, so bekommt man das Maß der Nichtumkehrbarkeit bzw. den Verlustgrad $\nu_{K,k}$ des betreffenden Einzelteils, wobei dann

$$\sum_k \nu_{K,k} = \nu_K \tag{6.45}$$

sein muß.
Durch eine solche Analyse entdeckt man dann die wichtigsten Verlustherde der Anlage an Stellen, wo Verbesserungen am nötigsten wären. Zu diesem Zweck muß man aber wissen, wie man die Entropieproduktion $\dot{S}_{pr,k}$ der einzelnen Teilprozesse am besten findet. Dazu dienen die folgenden Abschnitte.

6.4.1 Entropieproduktion in Generator und Absorber

Die Nichtumkehrbarkeiten im Generator und Absorber haben ihren Grund einmal im endlichen Temperaturgefälle, mit welchem die Wärme zu- bzw. abgeführt wird. Außerdem wird die Entropiezunahme im Generator sehr durch die Führung des Verdampfungsvorganges bedingt, ob z.B. die zugeführte reiche Lösung mit der entgeisteten armen Lösung im Generator unmittelbar vermischt oder vorher in einer aufgebauten Säule geläutert wird. Je weniger sich die Zustände der sich vermischenden Stoffe unterscheiden, um so geringer sind auch die Verluste.
Im Absorber wird der kalte Dampf von einer Flüssigkeit absorbiert, die mit dem Dampf nicht im Gleichgewicht steht. Je größer der Gleichgewichtsabstand ist, um so größer sind die Verluste.
In vielen Fällen wird der geübte Ingenieur die nichtumkehrbaren Teilprozesse auch nach Gefühl ermitteln können. Eine quantitative Beurteilung ist jedoch auch für ihn nur mit Hilfe der Entropie möglich.
Wird der Strom I durch Wärmezufuhr in die Ströme II und III getrennt (z.B. der Vorgang im Generator), so wird je Kilogramm des Stroms III die Wärmemenge

$$q = h_{III} - h_{IV} = h_{III} - h_{II} + f(h_{II} - h_I)$$

zugeführt, worin f entsprechend Gl. (6.3) den spezifischen Lösungsmittelumlauf bezeichnet. Für den Generator entsprechen die Zustände I, II, III und IV des

Bildes 6.10 den Zuständen 1, 2, 5 und G in den Bildern 6.2, 6.3 und 6.5, bzw. den Zuständen $1v$, 2, 5 und G_v in den Bildern 6.8 und 6.9.

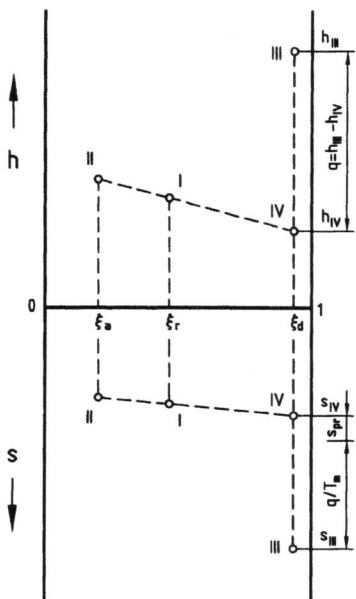

Bild 6.10: Entropieproduktion im Generator bzw. Absorber

Die Zustandspunkte I, II und III des Entropie/Zusammensetzungs-(s, ξ)-Diagrammes findet man bei den jeweils entsprechenden, aus dem darüber liegenden h, ξ-Diagramm abzulesenden Temperaturen und Konzentrationen.

Durch die Wärmezufuhr ändert sich die Entropie des Stroms I (gerechnet je Kilogramm des Stroms III) um

$$s_{III} + (f-1)s_{II} - f s_I = s_{III} - s_{IV} \tag{6.46}$$

wobei die Entropie

$$s_{IV} = s_{II} + f(s_I - s_{II}) = s_{II} + \frac{\xi_d - \xi_a}{\xi_r - \xi_a}(s_I - s_{II}) \tag{6.47}$$

gemäß Bild 6.10 auf der Verlängerung der Verbindungsgeraden durch die Zustandspunkte I und II und der Linie konstanter Dampfkonzentration ξ_d gefunden wird. Um die Entropieproduktion s_{pr} je kg Dampf bestimmen zu können, müssen wir noch die Entropieänderung des Heizmittels (oder Kühlmittels) berücksichtigen. Diese erhalten wir, indem wir die ausgetauschte Wärme q durch die thermodynamische Mitteltemperatur T_m des Heiz- oder Kühlmittels dividieren. Die Entropieproduktion wird damit je kg Dampf

$$s_{pr} = \frac{\dot{S}_{pr}}{\dot{m}_d} = s_{III} - s_{IV} - \frac{q}{T_m} . \tag{6.48}$$

So hat man den Anteil der Entropieproduktion s_{pr} gefunden, den dieser Teilprozeß an der Nichtumkehrbarkeit des Gesamtprozesses einer Absorptionsmaschine

einnimmt. Der gefundene Wert s_{pr} in Gl. (6.34) eingesetzt, liefert sofort den Mehrbetrag an Heizwärme, den diese Nichtumkehrbarkeit verschluckt.
Eine ganz ähnliche Überlegung gilt für den Absorptionsvorgang mit dem einzigen Unterschied, daß q und $s_{III} - s_{IV}$ das Vorzeichen ändern, wobei jedoch der Betrag

$$\left|\frac{q}{T_m}\right| > s_{IV} - s_{III}$$

ist und somit die Entropieproduktion $s_{pr} > 0$ wird. Auch die absoluten Werte sind natürlich verschieden von denen des Generators. Bei der Absorption entsprechen die Zustände I, II, III und IV des Bildes 6.10 den Zuständen 4, 3, 8 und A in den Bildern 6.2, 6.4, 6.5, 6.8 und 6.9.

6.4.2 Entropieproduktion in Temperaturwechsler und Drosselventil

Am Vorgang des im Gegenstrom arbeitenden Temperaturwechslers sind nur die beiden wärmeübertragenden Ströme $\dot{m}_r$ und $\dot{m}_a$ beteiligt, so daß sich die Entropieproduktion als Differenz der abziehenden und der zugeführten Entropieströme ergibt, s. Bild 6.8

$$\dot{S}_{pr,TW} = \dot{m}_a s_{2v} + \dot{m}_r s_{1v} - \dot{m}_a s_2 - \dot{m}_r s_1 \ . \tag{6.49}$$

Bezogen auf den Dampfmengenstrom wird mit Gl. (6.1) bis (6.4) die spezifische Entropieproduktion im Temperaturwechsler

$$s_{pr,TW} = s_2 + f(s_{1v} - s_2) - [s_{2v} + f(s_1 - s_{2v})] = s_G - s_A \ . \tag{6.50}$$

Man findet $s_{pr,TW}$, indem man mit Hilfe des h, ξ-Diagramms die Punkte 1, 1v, 2, 2v in das s, ξ-Diagramm, Bild 6.11, überträgt und die Punkte 1v und 2 einerseits, und 1 und 2v andererseits jeweils durch eine Gerade verbindet. (Man verbindet immer die Punkte, die für den gleichen Querschnitt des Temperaturwechslers gelten.) Die Größe $s_{pr,TW}$ findet man dann als die Streckendifferenz $s_G - s_A$ zwischen den Schnittpunkten dieser Verbindungsgeraden mit der Linie gleicher Dampfkonzentration ξ_d.

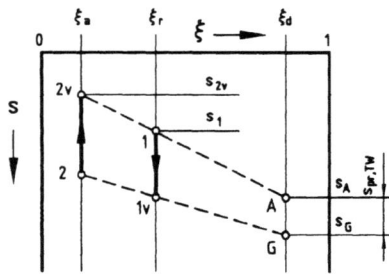

Bild 6.11: Entropieproduktion im Temperaturwechsler

Die Entropieproduktion $s_{pr,TW}$ im Temperaturwechsler ist umso kleiner, je geringer die Temperaturunterschiede zwischen der armen und der reichen Lösung sind. Bei guter Wärmeübertragung wird dabei die arme Lösung unter die Siedetemperatur beim Absorberdruck p_0 abgekühlt, siehe Bild 6.9.

6.4 Nichtumkehrbarkeiten in den Anlageteilen

Dies wirkt sich positiv auf den nachfolgenden Drosselvorgang im Drosselventil $DR2$ (Bild 6.8) aus, denn der Zustand 3 nach der Drosselung liegt nicht im Naßdampfgebiet wie bei der Drosselung der noch siedenden Flüssigkeit 2 nach Bild 6.2 und 6.5, sondern im Flüssigkeitsgebiet. Dadurch fallen die Punkte $2v$ und 3 des h,ξ-Diagramms (Bild 6.9) auch im s,ξ-Diagramm nahezu aufeinander, und der Drosselverlust wird vernachlässigbar klein.

Bei der Anlage nach Bild 6.2 entsteht demgegenüber im Drosselventil $DR2$ ein merklicher Drosselverlust. Dies wird anhand des Bildes 6.12 deutlich.

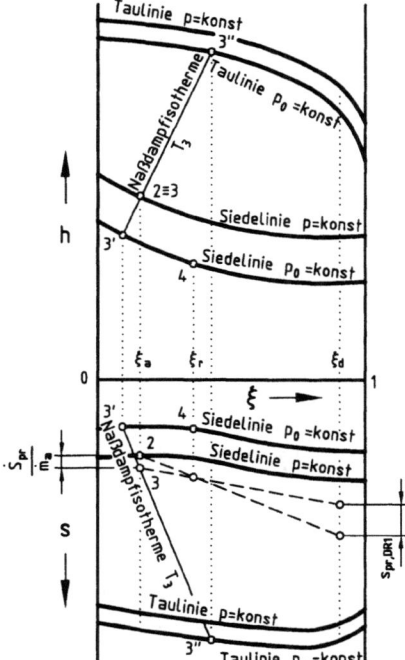

Bild 6.12: Entropieproduktion bei der Drosselung der siedenden armen Lösung (Zustand 2) im Drosselventil $DR2$ des Bildes 6.2

Der Zustand 2 der armen Lösung liegt im h,ξ- und im s,ξ-Diagramm auf der Siedelinie beim höheren Druck p. Durch den adiabaten Drosselvorgang ändert sich die Enthalpie nicht, $h_3 = h_2$, wobei der Punkt 3 sowohl im h,ξ- als auch im s,ξ-Diagramm auf der Naßdampfisothermen T_3 liegen muß, welcher die Zustände $3'$ der siedenden Flüssigkeit und $3''$ des trockenen gesättigten Dampfes miteinander verbindet. Nun ist

$$s_3 - s_2 = \frac{\dot{S}_{pr,DR2}}{\dot{m}_a} \qquad (6.51)$$

die spezifische Entropieproduktion im Drosselventil $DR2$, bezogen auf den Massenstrom $\dot{m}_a$ der armen Lösung oder mit Gl. (6.4)

$$s_{pr,DR2} = \frac{\dot{S}_{pr,DR2}}{\dot{m}_d} = \frac{\dot{m}_a}{\dot{m}_d}(s_3 - s_2) = (f-1)(s_3 - s_2) = \frac{\xi_d - \xi_r}{\xi_r - \xi_a}(s_3 - s_2) \qquad (6.52)$$

dieselbe Entropieproduktion, aber bezogen auf den Massenstrom $\dot{m}_d$ des Dampfes. Diese findet man auf der Linie $\xi_d = $ konst, wenn man die Punkte 2 und 3 im s, ξ-Diagramm mit einem beliebigen Schnittpunkt auf $\xi_r = $ konst durch Geraden verbindet und diese über ξ_r hinaus bis ξ_d verlängert, s. Bild 6.12.

6.4.3 Entropieproduktion in Verdampfer und Kondensator

Die Nichtumkehrbarkeit im Verdampfer wird hauptsächlich durch das Temperaturgefälle zwischen der Niedertemperaturquelle (Kühlraum bei der Absorptionskältemaschine bzw. Umgebung bei der Absorptionswärmepumpe) und dem verdampfenden Kältemittel hervorgerufen. Mit den Bezeichnungen nach Bild 6.2, 6.5, 6.8 und 6.9 ist die Entropieproduktion im Verdampfer bezogen auf den Massenstrom $\dot{m}_d$ des Kühlmittels

$$s_{pr,V} = s_8 - s_7 - \frac{q_V}{T_0} \quad , \tag{6.53}$$

wobei q_V die dem Verdampfer je kg verdampften Kältemittel zugeführte Wärme darstellt und die niedrigste Temperatur T_0 des Absorptionsprozesses bei der Absorptionskältemaschine der Kühlraumtemperatur und bei der Absorptionswärmepumpe der Umgebungstemperatur T_u gleichzusetzen ist. Das negative Vorzeichen bei q_V ist dadurch bedingt, daß die Verdampferleistung dem Kühlraum bzw. der Umgebung entzogen wird, wodurch deren Entropie abnimmt.
Die Entropieproduktion im Kondensator erhält man ganz analog zu

$$s_{pr,K} = \frac{q_K}{T_m} + (s_6 - s_5) \quad , \tag{6.54}$$

siehe die Bilder 6.2, 6.5, 6.8, 6.9, wobei q_K die dem Kondensator je kg Kältemittel entzogene Wärme und T_m die thermodynamische Mitteltemperatur des Kondensatorkühlmittels darstellt.

6.4.4 Entropieproduktion der Absorptionsmaschine im Vergleich

In Bild 6.13 wurden die Nichtumkehrbarkeiten für eine Absorptionsmaschine mit dem Temperaturwechsler I aber ohne Temperaturwechsler II (s. Bild 6.8) ermittelt, die Strecken

$$\frac{q_V}{T_0}, \frac{q_G}{T_H}, \frac{q_A}{T_m}, \frac{q_K}{T_m}$$

berechnet und in das s, ξ-Diagramm des Bildes 6.13 eingetragen, wobei die einzelnen Wärmen dem darüberliegenden h, ξ-Diagramm entnommen wurden. Die gesamte Entropieproduktion infolge der Nichtumkehrbarkeiten in den einzelnen Teilprozessen ist dann bezogen auf 1 kg Dampf

$$s_{pr} = s_{pr,G} + s_{pr,TW} + s_{pr,A} + s_{pr,K} + s_{pr,V} + s_{pr,DR1} + s_{pr,DR2} \quad , \tag{6.55}$$

wobei im Bild 6.13 der Drosselverlust im Ventil $DR2$ nicht erscheint, weil die Punkte $2v$ und 3 auch im s, ξ-Diagramm nahezu aufeinanderfallen und damit die Entropiedifferenz $s_3 - s_{2v}$ vernachlässigbar klein ist. Dagegen macht sich der Verlust im Drosselventil $DR1$ wegen des fehlenden Temperaturwechslers II durchaus bemerkbar.

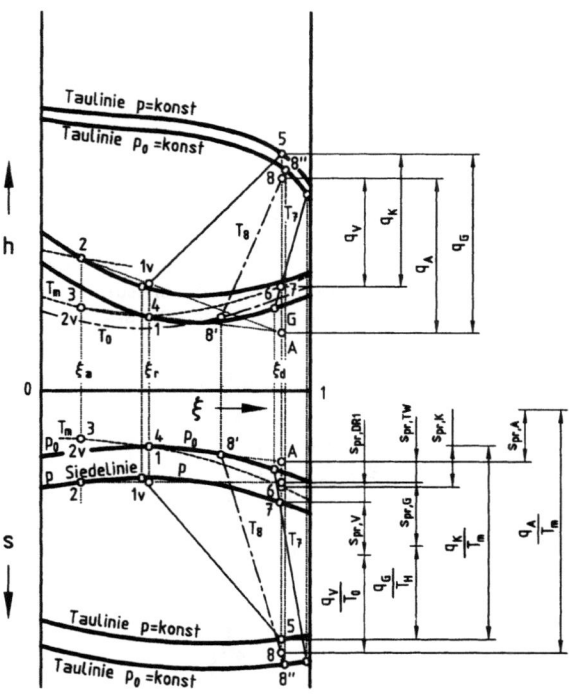

Bild 6.13: Entropieproduktion in den einzelnen Anlageteilen einer Absorptionsmaschine

Die aus dem s, ξ-Diagramm (Bild 6.13) abgelesenen Werte der Entropieproduktion hängen in sehr starkem Maße von den Temperaturen T_0, T_H und T_m ab, die durch die Betriebsbedingungen des Prozesses vorgegeben sein müssen. Daran muß sich auch die Frage orientieren, ob Nichtumkehrbarkeiten in dem einen oder anderen Anlageteil reduziert werden können.

Dabei ist zu beachten, daß eine Maßnahme, welche die Entropieproduktion in einem Anlageteil verkleinert, sekundär auch andere Teilvorgänge beeinflußt. So z.B. verringert die Anwendung eines Temperaturwechslers die Verluste im Generator und dadurch auch die Heizwärme, was sekundär bei gleicher Heizfläche ein geringeres Temperaturgefälle für den Wärmeübergang fordert. Dadurch wird auch die Entropieproduktion beim Wärmeübergang verkleinert. Die Verbesserung an einer Stelle kann aber auch eine Verschlechterung an einer anderen Stelle zur Folge haben, was man von Fall zu Fall überprüfen muß.

6.5 Mehrstufige Absorptionsmaschinen

Absorptionsmaschinen können in einer Vielzahl von Varianten ausgeführt werden, die den jeweiligen Anforderungen sehr flexibel angepaßt werden können.

Viele wurden bereits von ALTENKIRCH[5] vorgeschlagen. Eine ausgezeichnete Übersicht über die älteren Vorschläge findet man bei NIEBERGALL[6]. In neuerer Zeit konzentrierte sich das Interesse auf Absorptionsmaschinen zur Heizung und Kühlung von Gebäuden[7].

Von den zahlreichen möglichen Schaltungsvarianten der Absorptionsmaschinen wollen wir hier nur zwei etwas ausführlicher behandeln, nämlich die Doppelhub-Anlage und die Doppeleffekt-Anlage.

6.5.1 Zweistufige Absorptionsmaschine mit vergrößertem Temperaturhub (Doppelhub-Anlage)

Bei niedriger Heiztemperatur T_H oder bei großen Temperaturunterschieden zwischen der tiefsten Prozeßtemperatur T_u und der mittleren Temperatur T_m der Wärmeabgabe müßte die Entgasungsbreite der einfachen Maschine sehr eng gewählt werden oder der Betrieb ist sogar überhaupt nicht möglich. Diesem kann man begegnen, wenn eine zweistufige Maschine nach Bild 6.14 gewählt wird.

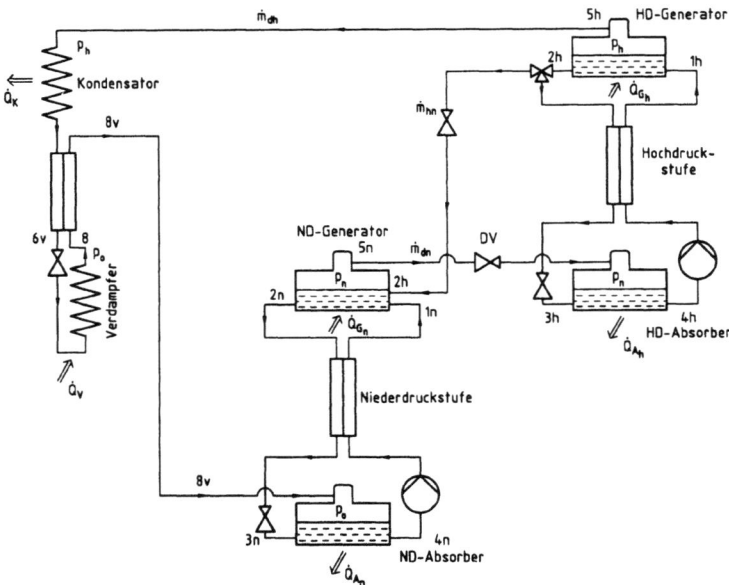

Bild 6.14: Doppelhub-Absorptionsmaschine

---

[5] ALTENKIRCH E (1954) Absorptionskältemaschinen. Berlin
[6] NIEBERGALL W (1959) Sorptions-Kältemaschinen, Bd. VII des Handbuchs der Kältetechnik. Herausgegeben von R. Plank, Berlin/Göttingen/Heidelberg
[7] LOEWER H (Hrsg.) (1987) Absorptionswärmepumpen. Verlag C.F. Müller, Karlsruhe
ALEFELD et al. (1992) Untersuchung fortgeschrittener Absorptionswärmepumpen IZW-Berichte 3/92

Der Dampf 8v aus dem Verdampfer wird im Absorber der Niederdruckstufe beim Druck p_0 aufgesaugt. Im Generator der ND-Stufe wird beim Druck p_n der Dampf $5n$ ausgetrieben, welcher im Absorber der Hochdruckstufe bei dem gleichen Druck p_n aufgenommen wird. Der Kondensator bezieht den Dampf $5h$, der im Generator der HD-Stufe beim Druck p_h ausgetrieben wird. Da die Dampfströme $5n$ und $5h$ im allgemeinen eine verschiedene Zusammensetzung haben (s. Bild 6.15), so könnte der Betrieb nicht dauernd aufrecht erhalten werden, wenn nicht z.B. etwas Flüssigkeit $\dot{m}_{hn}$ vom Generator der HD-Stufe zum Generator der ND-Stufe dauernd abgelassen wird. Auf den Wärmebedarf hat dies einen kaum nennenswerten Einfluß, da der Mengenstrom $\dot{m}_{hn}$ nur gering ist. Der Dampfumlauf kann durch das eingezeichnete Dampfventil DV geregelt werden. Die sonstige Wirkungsweise der Anlage ist wohl aus Bild 6.14 zu ersehen.

Aus der Mengenbilanz für die Hochdruckstufe folgt

$$\dot{m}_{dh} + \dot{m}_{hn} = \dot{m}_{dn} \ , \tag{6.56}$$

$$\dot{m}_{dh}\xi_{5h} + \dot{m}_{hn}\xi_{2h} = \dot{m}_{dn}\xi_{5n} \ . \tag{6.57}$$

Daraus folgt

$$\dot{m}_{dn} = \dot{m}_{dh}\frac{\xi_{5h} - \xi_{2h}}{\xi_{5n} - \xi_{2k}} \ , \tag{6.58}$$

$$\dot{m}_{hn} = \dot{m}_{dh}\frac{\xi_{5h} - \xi_{5n}}{\xi_{5n} - \xi_{2k}} \ . \tag{6.59}$$

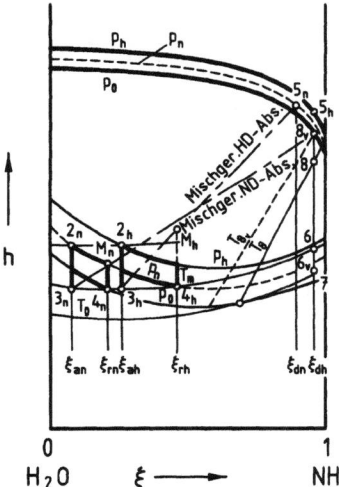

Bild 6.15: Doppelhub-Absorptionsmaschine im h, ξ-Diagramm

Die Zustandsänderungen dieses Prozesses sind in Bild 6.15 dargestellt. Der Kondensatordruck p_h wird durch die Kühlmitteltemperatur T_m, der Verdampferdruck p_0 durch die niedrigste Prozeßtemperatur T_0 festgelegt, ebenso wie das bei der einstufigen Maschine der Fall war. Den mittleren Druck p_n verlegt man so, daß die Entgasungsbreiten in beiden Stufen von derselben Größenordnung werden. Die Heizleistungen $\dot{Q}_{G_h}$ und $\dot{Q}_{G_n}$ der beiden Austreiber bestimmt man für die beiden Stufen genau so wie bei der einfachen Maschine, ebenso die Wärmeströme $\dot{Q}_{A_h}$ und $\dot{Q}_{A_n}$ in Hochdruck- und Niederdruckabsorber. Das gleiche gilt für die Verdampferleistung $\dot{Q}_V$ und den Wärmestrom $\dot{Q}_K$ im Kondensator. Die gesamte Heizleistung ist dann

$$\dot{Q}_G = \dot{Q}_{G_h} + \dot{Q}_{G_n} \tag{6.60}$$

und die in den beiden Absorbern entzogenen Wärmeströme

$$\dot{Q}_A = \dot{Q}_{A_h} + \dot{Q}_{A_n} \quad . \tag{6.61}$$

Das Wärmeverhältnis ist bei dieser zweistufigen Absorptionsmaschine beträchtlich kleiner als bei einer einstufigen Anlage, dafür können aber größere Temperaturunterschiede $T_m - T_0$ überbrückt werden.

6.5.2 Zweistufige Absorptionsanlage mit vergrößerter Kälteleistung (Doppeleffekt-Anlage)

Größere Wärmeverhältnisse lassen sich mit einer Doppeleffekt-Anlage erzielen. Bild 6.16 zeigt deren Funktionsweise.

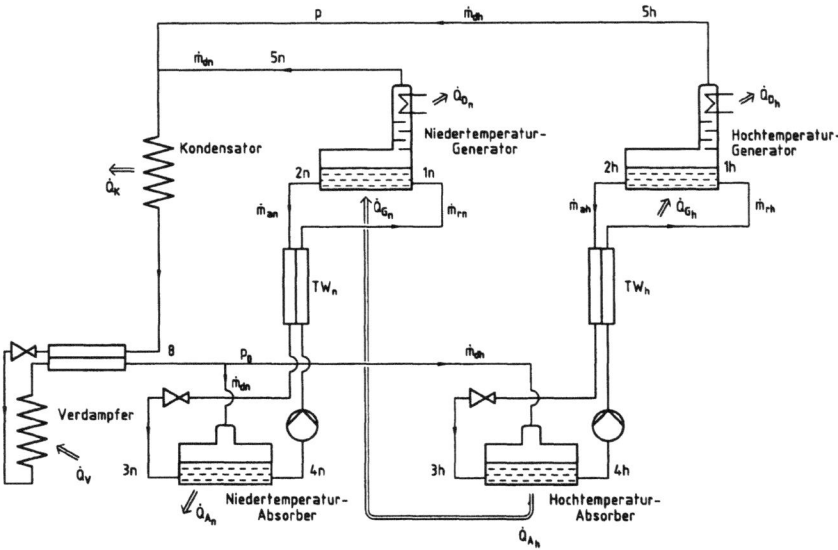

Bild 6.16: Doppeleffekt-Absorptionsmaschine

Die Hochtemperaturstufe wird mit einem Lösungkreislauf niedriger, die Niedertemperaturstufe mit einem solchen höherer Ammoniakkonzentration betrieben. Dadurch kann im Kondensator, Niedertemperatur- und Hochtemperaturgenerator überall derselbe Druck p, sowie im Verdampfer, Niedertemperatur- und Hochtemperaturabsorber überall derselbe Druck p_0 eingestellt werden. Die Konzentrationen in der Hochtemperaturstufe und in der Niedertemperaturstufe werden so aufeinander abgestimmt, daß die Temperatur im Hochtemperaturabsorber beim Druck p_0 höher ist als die Temperatur im Niedertemperaturgenerator beim Druck p, so daß dieser mit der Absorptionswärme aus dem Hochtemperaturabsorber beheizt werden kann. Es kann so nur mit der Heizwärme im Hochtemperaturgenerator zweimal Kältemitteldampf gebildet werden, nämlich einmal im Hoch- und einmal im Niedertemperaturgenerator, der dann insgesamt nach seiner Kondensation die Niedertemperaturwärme im Verdampfer aufnehmen kann. Daher der Name Doppeleffekt-Anlage. Dies ist allerdings nur möglich, wenn die Drücke p und p_0 nicht allzu weit auseinander liegen, was wiederum zur Folge hat, daß die erreichbare Differenz zwischen den Temperaturen im Kondensator und Verdampfer begrenzt ist.

Infolge der niedrigen Ammoniakkonzentration in der Hochtemperaturstufe ist hier eine Läuterung des Dampfes unumgänglich. Hierzu sind allerdings nur wenige theoretische Böden erforderlich, wie man aus Bild 6.17 erkennen kann[8].

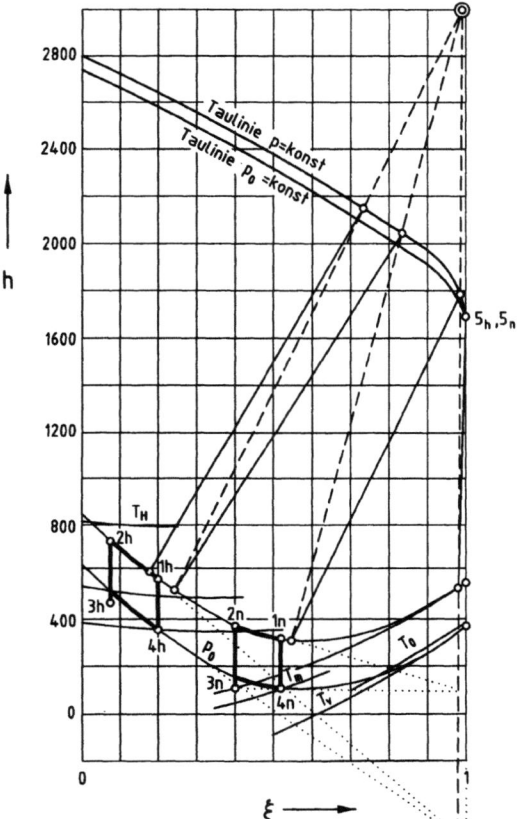

Bild 6.17: Doppeleffekt-Anlage dargestellt im h, ξ-Diagramm

---

[8] Für die Verhältnisse nach Bild 6.16 und 6.17 wurde auch im Niedertemperatur-Generator eine Läuterung vorgesehen.

Für die Schaltung nach Bild 6.16 gilt

$$\dot{Q}_{G_n} = \dot{m}_{an}h_{2n} + \dot{m}_{dn}h_{5n} - \dot{m}_{rn}h_{1n}$$

$$= \dot{Q}_{A_h} = \dot{m}_{dh}h_8 + \dot{m}_{ah}h_{3h} - \dot{m}_{rh}h_{4h} \quad , \tag{6.62}$$

was mit den Mengenbilanzen die folgende Bedingung für die Dampfmengenströme der beiden Stufen ergibt

$$\frac{\dot{m}_{dn}}{\dot{m}_{dh}} = \frac{h_8 - h_{3h} + f_h(h_{3h} - h_{4h})}{h_{5n} - h_{2n} + f_n(h_{2n} - h_{1n})} \quad , \tag{6.63}$$

worin f_h und f_n die spezifischen Lösungsmittelumläufe in der Hoch- und Niedertemperaturstufe bedeuten.

Die Darstellung des Prozesses ist im h, ξ-Diagramm (Bild 6.17) ist nach den bisherigen Erläuterungen wohl ohne weiteres verständlich.

7 Thermodynamische Grundlagen chemischer Reaktionen

Bei den Verbrennungs- und Vergasungsprozessen haben wir im ersten Teil des Buches zwei Gesetze mit großem Erfolg angewendet: Das Gesetz der Erhaltung der Masse und den Ersten Hauptsatz der Thermodynamik (Gesetz der Erhaltung der Energie). Das erste kam in den stöchiometrischen Gleichungen, das zweite in der Aufstellung der Wärmebilanzen zum Vorschein. Beide Gesetze werden streng und ohne Kompromiß bei allen Vorgängen befolgt. Es ist eine andere Frage, ob wir immer in der Lage sind, die beiden Gesetze durch Formeln exakt darzustellen. Denn dies hängt nicht von der Strenge der Gesetze, sondern von unserer Geschicklichkeit ab, die betrachteten Prozesse zu analysieren. Wenn wir z.B. bei der Kohlevergasung die Bildung von höheren Kohlenwasserstoffen vernachlässigen, so können die aufgestellten stöchiometrischen Gleichungen und die Wärmebilanzen nur innerhalb gewisser Fehlergrenzen mit den etwa ausgeführten Messungen übereinstimmen. Daran ist aber nicht das Gesetz, sondern unsere Vernachlässigung schuld.

Aber auch bei sorgfältiger Aufstellung der genannten Gleichungen können diese nichts anderes geben als Bilanzergebnisse. Mit anderen Worten, wir können aufgrund dieser Gleichungen wohl aussagen: Falls aus den gegebenen Anfangsstoffen diese und jene Bestandteile in den Produkten enthalten sind, so müssen die Erhaltungsgleichungen immer streng erfüllt sein. Das erlaubt uns, den Betrieb eines Prozesses prüfen zu können, ohne daß wir alle Zustandsgrößen, die uns interessieren, messen müssen. Bei der Vergasung von Kohle (s. Band I, Abschn. 16.2) z.B. genügt es, nur die Konzentrationen von zwei Komponenten im erzeugten Gas zu kennen (z.B. CO_2 und CO), denn damit sind alle übrigen Größen wie H_2, N_2, der Heizwert, der Kohleverbrauch je m³ Gas und dgl. festgelegt. Wie sich jedoch bei einem gegebenen Betriebszustand die beiden Größen CO_2 und CO und damit alle übrigen einstellen werden, wieviel von dem eingeblasenen Dampf H_2O zersetzt wird und wieviel als Gasfeuchtigkeit im Generatorgas wiedergefunden wird, darüber können die Bilanzgleichungen nichts aussagen.

Als ein weiteres Beispiel betrachten wir die Reduktion von Magnetit (Fe_3O_4) mit Wasserstoff

$$Fe_3O_4 + 4H_2 \rightarrow 3Fe + 4H_2O \ . \tag{7.1}$$

Dabei denken wir uns jeweils eine bestimmte Menge Magnetit $n^0_{Fe_3O_4}$ und Wasserstoff $n^0_{H_2}$ in einem Reaktionsgefäß unter konstantem Druck p eingeschlossen und auf konstanter Temperatur T gehalten. Infolge der chemischen Umsetzung finden wir nach einer gewissen Zeit im Reaktionsgefäß noch die Mengen $n_{Fe_3O_4}$ Magnetit und n_{H_2} Wasserstoff sowie n_{Fe} Eisen und n_{H_2O} Wasserdampf vor. Damit bei fortschreitender Reaktion die Temperatur konstant gehalten werden kann, muß bei jeder kleinen Änderung der Zusammensetzung die Wärme dQ übertragen werden. Bei konstantem Druck ist die zugeführte Wärme dQ gleich der Änderung der Enthalpie der im Reaktionsgefäß enthaltenen Stoffe

$$dQ = dH \ . \tag{7.2}$$

Wird die Wärme dQ von einem Wärmebad der kostanten Temperatur T_R übertragen, so setzt sich die Entropieproduktion dS_p aus der Entropieänderung dS der im Reaktionsgefäß eingeschlossenen Stoffe und der Entropieänderung des Wärmebades dQ/T_R zusammen

$$dS_p = dS - dQ/T_R \ . \tag{7.3}$$

Mit Gl. (7.2) folgt daraus

$$dS_p = dS - \frac{dH}{T_R} = dS - \frac{dH}{T} + dQ \left(\frac{1}{T} - \frac{1}{T_R} \right) \ . \tag{7.4}$$

Nach dem Zweiten Hauptsatz der Thermodynamik kann die Entropieproduktion nur positiv sein oder im Grenzfall verschwinden. Letzteres ist dann der Fall, wenn sowohl die Temperatur T der reagierenden Stoffe mit der konstanten Temperatur T_R des Wärmebads übereinstimmt als auch für $T = $ konst die Bedingung

$$dS - dH/T = d(S - H/T) = 0 \tag{7.5}$$

erfüllt ist. Somit kann Gl. (7.5) auch als Bedingungsgleichung für das chemische Gleichgewicht verstanden werden.

Die Enthalpie H und die Entropie S in Gl. (7.4) bzw. (7.5) werden anteilmäßig über die Molzahlen der im Reaktionsgefäß enthaltenen Stoffe aufsummiert (s. Abschn. 4.3.1).

$$H = n_{Fe_3O_4} \, h_{m,Fe_3O_4} + n_{H_2} \, h_{m,H_2} + n_{Fe} \, h_{m,Fe} + n_{H_2O} \, h_{m,H_2O} \ , \tag{7.6}$$

$$S = n_{Fe_3O_4} \, s_{m,Fe_3O_4} + n_{H_2} \, s_{m,H_2} + n_{Fe} \, s_{m,Fe} + n_{H_2O} \, s_{m,H_2O} \ . \tag{7.7}$$

Darin sind die auf die Mengeneinheit kmol bezogenen Größen h_m und s_m diejenigen Werte der Enthalpie und Entropie, die 1 kmol der betreffenden Stoffe unter den Bedingungen des jeweiligen Gemisches annehmen, die sog. partiellen molaren Enthalpien bzw. Entropien.
Setzt man Gl. (7.6) und (7.7) in Gl. (7.5) ein, so erhält man die folgende Bedingung

$$(s_{m,Fe_3O_4} - h_{m,Fe_3O_4}/T)dn_{Fe_3O_4} + (s_{m,H_2} - h_{m,H_2}/T)dn_{H_2}$$

$$+ (s_{m,Fe} - h_{m,Fe}/T)dn_{Fe} + (s_{m,H_2O} - h_{m,H_2O}/T)dn_{H_2O}$$

$$+ n_{Fe_3O_4}(ds_{m,Fe_3O_4} - dh_{m,Fe_3O_4}/T) + n_{H_2}(ds_{m,H_2} - dh_{m,H_2}/T)$$

$$+ n_{Fe}(ds_{m,Fe} - dh_{m,Fe}/T) + n_{H_2O}(ds_{m,H_2O} - dh_{m,H_2O}/T) = 0 \ . \tag{7.8}$$

Wir wollen nun im folgenden vereinfachend annehmen, daß die gasförmigen Bestandteile sich wie ideale Gase verhalten und daß weder Gase und Feststoffe noch die Feststoffe untereinander Lösungen bilden. Für jeden unvermischten Stoff konstanter Menge ist ja bekanntlich (s. Band I, Abschn. 8.2)

$$ds_m - dh_m/T = -(v_m/T)dp \quad . \tag{7.9}$$

Bei konstantem Druck p verschwinden deshalb in den beiden letzten Zeilen der Gl. (7.8) die Klammerausdrücke für die Feststoffe Fe_3O_4 und Fe. Die gasförmigen Komponenten H_2 und H_2O bilden ein Gemisch idealer Gase; dafür wird mit der Zustandsgleichung idealer Gase $p_i = n_i R_m T / V_g$ und den Änderungen der Enthalpie bzw. Entropie (Band I, Abschn. 3.10 und 7.6)

$$n_{H_2}(ds_{m,H_2} - dh_{m,H_2}/T) + n_{H_2O}(ds_{m,H_2O} - dh_{m,H_2O}/T)$$
$$= -\frac{V_g}{T}(dp_{H_2} + dp_{H_2O}) = -\frac{V_g}{T}dp = 0 \tag{7.10}$$

wenn, wie eingangs vorausgesetzt wurde, der Druck p konstant gehalten werden soll.

Bei der Änderung der Molzahlen in den beiden ersten Zeilen der Gl. (7.8) ist zu berücksichtigen, daß durch die chemische Reaktion zwar die Molzahlen der chemischen Verbindungen sich ändern, nicht aber die der Elemente, aus denen diese bestehen. Deshalb können auch die Molzahlen der reagierenden Stoffe nicht unabhängig voneinander zu- oder abnehmen. Beispielsweise entstehen bei der Reaktion nach Gl. (7.1) immer gerade soviel Mole Wasser, wie Mole Wasserstoff verbraucht werden (Bilanz des Elements Wasserstoff). Dagegen werden dreimal soviel Mole Eisen (Bilanz des Elements Eisen) und viermal soviel Mole Wasser (Bilanz des Elements Sauerstoff) gebildet, wie Mole Magnetit verschwinden.

$$dn_{Fe} = -3\, dn_{Fe_3O_4}$$
$$dn_{H_2O} = -4\, dn_{Fe_3O_4}$$
$$dn_{H_2} = +4\, dn_{Fe_3O_4} \quad . \tag{7.11}$$

Setzt man Gl. (7.11) in Gl. (7.8) ein, so erhält man als Bedingung für chemisches Gleichgewicht bei konstantem Druck p und konstanter Temperatur T

$$dn_{Fe_3O_4}\left[(s_{m,Fe_3O_4} - h_{m,Fe_3O_4}/T) + 4(s_{m,H_2} - h_{m,H_2}/T)\right.$$
$$\left. -3(s_{m,Fe} - h_{m,Fe}/T) - 4(s_{m,H_2O} - h_{m,H_2O}/T)\right] = 0 \quad . \tag{7.12}$$

Das bedeutet, daß wenn überhaupt eine chemische Reaktion ablaufen soll, der Ausdruck in eckigen Klammern null werden muß. Diese Bedingung für chemisches Gleichgewicht läßt sich überaus anschaulich in einem MOLLIER-h_m, s_m-Diagramm verfolgen, in dem sowohl die Zustandsgrößen der Reaktanten $Fe_3O_4 + 4H_2$ als auch die der Produkte $3Fe + 4H_2O$ aufgetragen wurden, s. Bild 7.1.[1] In einem solchen

---

[1] Die Enthalpien und Entropien wurden dem Tabellenwerk von KNACKE entnommen.
KNACKE O, KUBASCHEWSKI O, HESSELMANN K (1991) Thermochemical Properties of Inorganic Substances. Springer-Verlag

Diagramm ergibt sich aus der Gleichgewichtsbedingung folgender geometrischer Zusammenhang: Zeichnet man die Tangente an die Isobare $p = 1$ bar der Reaktanten $Fe_3O_4+4H_2$ bei der Temperatur $T = 1000$ K, Zustand A, so berührt diese auch eine Isobare der Produkte $3Fe+4H_2O$, nämlich die bei 0,6 bar, und zwar bei derselben Temperatur $T = 1000$ K im Zustand E. Wie man sich leicht klarmachen kann, erfüllen die Zustandsgrößen in den Zuständen E und A die Gleichgewichtsbedingungen (7.12), d.h. über den Bodenkörpern Fe und Fe_3O_4 befinden sich Wasserstoff unter einem Partialdruck von 1 bar und Wasserdampf unter einem Partialdruck von 0,6 bar im Gleichgewicht. Der Gesamtdruck würde in diesem Fall

$$p_{ges} = p_{H_2} + p_{H_2O} = 1,6 \text{ bar}$$

betragen. Unterteilt man die Verbindungslinie der Zustände A und E nach dem Gesetz der abgewandten Hebelarme entsprechend dem Verhältnis der Partialdrücke von H_2 und H_2O, so stellt der so erhaltene Zustand M den Zustand des Gleichgewichtsgemisches dar, welches beim Druck $p_{ges} = 1,6$ bar und bei der Temperatur $T = 1000$ K aus

$$\frac{p_{H_2}}{p_{ges}} \text{ Mol } Fe_3O_4, \quad 4\frac{p_{H_2}}{p_{ges}} \text{ Mol } H_2, \quad 3\left(1 - \frac{p_{H_2}}{p_{ges}}\right) \text{ Mol Fe und } 4\left(1 - \frac{p_{H_2}}{p_{ges}}\right) \text{ Mol } H_2O$$

besteht. Durch die Lage des Punktes M ist somit die Zusammensetzung des Gasgemisches H_2, H_2O über den Bodenkörpern Fe und Fe_3O_4 eindeutig festgelegt.

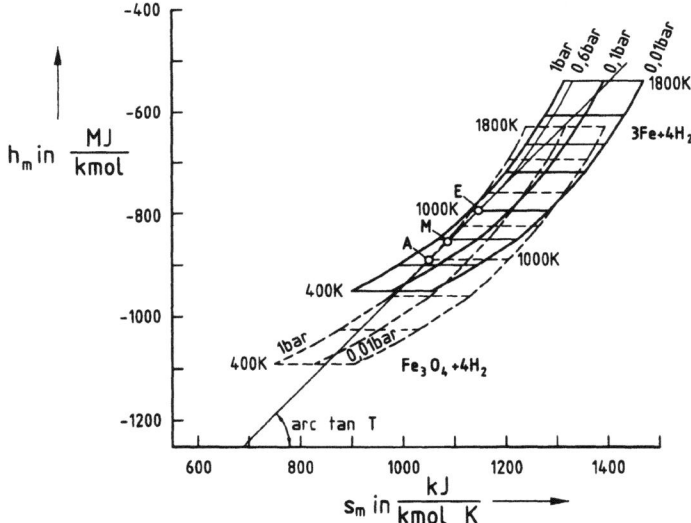

Bild 7.1: Gleichgewicht bei der Reduktion von Magnetit mit Wasserstoff

Bei der Reduktion des Magnetits mit Wasserstoff nach Gl. (7.1) bleibt die Molzahl der gasförmigen Komponenten unverändert; es entstehen nämlich genau so viel Mole Wasserdampf, wie Mole Wasserstoff verbraucht werden. Daher sind im h_m, s_m-Diagramm die horizontalen Abstände zweier Isobaren p_0 und p im Diagramm der Reaktanten und im Diagramm der Produkte gleich groß. Bei einer Veränderung des Gesamtdruckes und konstant gehaltener Temperatur ($T = $ konst) verschiebt sich der Zustandspunkt M des Gleichgewichtsgemisches daher nur in horizontaler Richtung, und die Gleichgewichtszusammensetzung ändert sich nicht.

Wie man aus Bild 7.1 erkennt, verlagert sich das Gleichgewicht mit zunehmender Temperatur mehr auf die Seite der Produkte, so daß der Anteil an Wasserstoff im Produktgas immer kleiner wird.

7.1 Das chemische Gleichgewicht

Die Größe

$$\phi = S - H/T \tag{7.13}$$

in Gl. (7.5) wird das thermodynamische Potential nach PLANCK (auch PLANCK-Funktion) genannt, sowie

$$\varphi_{mi} = s_{mi} - h_{mi}/T \tag{7.14}$$

das partielle molare PLANCKsche Potential der Komponente i. Definitionsgemäß besteht zwischen ϕ und φ_{mi} der Zusammenhang

$$\phi = \sum_i n_i \varphi_{mi} \tag{7.15}$$

mit

$$d\phi = \sum_i n_i d\varphi_{mi} + \sum_i \varphi_{mi} dn_i \ . \tag{7.16}$$

Wir gehen davon aus, daß die gasförmigen Komponenten sich wie ideale Gase verhalten, daß außer diesen höchstens noch Feststoffe vorhanden sind, wobei weder gasförmige noch feste Teilnehmer in den Feststoffen gelöst sein sollen. Im Gas über diesen Feststoffen, den „Bodenkörpern", befindet sich auch immer mehr oder weniger viel Dampf derselben Stoffe. Deren Dampfdruck hängt im Gleichgewicht nur von der Temperatur ab (Sättigungsdruck der Bodenkörper). Dieser wird oft verschwindend gering sein, er ist aber immer vorhanden. Wird im Gasraum ein Teil des Dampfes durch chemische Reaktionen verbraucht, so verdampft (oder sublimiert) aus dem Bodenkörper immer soviel Dampf nach, daß wieder der zur Temperatur T zugehörige Sättigungsdruck hergestellt wird. Die reagierende Stoffmenge wird somit nicht vom Dampf, sondern vom Bodenkörper bestritten[2], so daß letzten Endes

---
[2]sofern dieser vorhanden ist.

dieser den eigentlichen Reaktionsteilnehmer darstellt. Seine Dampfphase wirkt nur als Vermittler und ändert im Gleichgewicht weder ihre Menge noch ihren Zustand. Für konstanten Druck p und konstante Temperatur T ist unter den gegebenen Annahmen für alle festen Bestandteile

$$\mathrm{d}\varphi_{mi} = \mathrm{d}s_{mi} - \frac{\mathrm{d}h_{mi}}{T} = -\frac{v_{mi}}{T}\mathrm{d}p = 0 \ . \tag{7.17}$$

Für die gasförmigen Komponenten gilt für $p = $ konst und $T = $ konst mit

$$p_i = R_m T/V_g \tag{7.18}$$

und

$$\mathrm{d}p = \sum_{i,g} \mathrm{d}p_i \tag{7.19}$$

$$\sum_{i,g} n_i \mathrm{d}\varphi_{mi} = \sum_{i,g} n_i \left(\mathrm{d}s_{mi} - \frac{\mathrm{d}h_{mi}}{T}\right) = -\frac{V_g}{T}\mathrm{d}p = 0 \ . \tag{7.20}$$

Daher verschwindet in Gl. (7.16) der erste Term.

Die Molzahlen n_i der Komponenten B_i können sich bei chemischen Reaktionen nicht unabhängig voneinander ändern. Die Reaktionsgleichung

$$\sum_i \nu_i B_i = 0 \tag{7.21}$$

gibt an, wieviel Mole der Produkte gebildet werden, wenn eine bestimmte Anzahl Mole der Reaktanten verschwinden (wie z.B. Fe_3O_4 oder H_2O in Gl. (7.1)). Die stöchiometrischen Koeffizienten ν_i der Stoffe B_i werden üblicherweise für Produkte positiv und für Reaktanten negativ angenommen. Nicht an der Reaktion beteiligte Stoffe (wie z.B. Stickstoff) können durch stöchiometrische Koeffizienten $\nu = 0$ erfaßt werden.

Der Fortschrittsgrad χ der chemischen Reaktion gibt den bereits erzielten Umsatz an: $\chi = 0$ bedeutet, daß keine chemische Reaktion stattgefunden hat, so daß alle Reaktanten in ihrer ursprünglichen Form vorhanden sind; $\chi = 1$ kennzeichnet den vollkommenen Umsatz, was bedeutet, daß mindestens einer der Reaktanten vollständig aufgebraucht ist.

Da die Änderung der Molzahlen durch die stöchiometrischen Koeffizienten und die Änderung des Fortschrittsgrads bestimmt ist

$$\mathrm{d}n_i = \nu_i \mathrm{d}\chi \ , \tag{7.22}$$

erhält man schließlich aus den Gln. (7.16), (7.17), (7.20) und (7.22) die Bedingung für chemisches Gleichgewicht

$$\sum_i \nu_i \varphi_{mi} = \sum_i \nu_i \left(s_{mi} - \frac{h_{mi}}{T}\right) = \sum_i \nu_i s_{mi} - \frac{1}{T}\sum_i \nu_i h_{mi} = 0 \ . \tag{7.23}$$

Gl. (7.23) ist die Erweiterung von Gl. (7.12) auf beliebige Reaktionen, durch welche im Gleichgewichtszustand die Mengenanteile der Reaktionsteilnehmer bestimmt sind.

7.2 Reaktionswärme, Energietönung

Der Ausdruck $\sum \nu_i h_{mi}$ in Gl. (7.23) bedeutet die resultierende Enthalpieänderungen beim isotherm-isobaren Verlauf der Reaktion. Damit die Temperatur konstant gehalten werden kann, muß bei exothermen Reaktionen Wärme abgeführt und bei endothermen Reaktionen Wärme zugeführt werden.
Als Reaktionswärme oder Wärmetönung der Reaktion bezeichnet man diejenige Wärme

$$q = \sum_i \nu_i h_{mi} \;, \tag{7.24}$$

die bei konstantem Druck p und konstanter Temperatur T zugeführt werden muß, wenn die Reaktanten vollständig in die Produkte umgewandelt werden. Die Reaktionswärme ist negativ für exotherme und positiv für endotherme Reaktionen.
Werden Energien in anderer Form als Wärme ausgetauscht, wie z.B. elektrische Energie, so müssen diese berücksichtigt werden. In diesem Fall ist es richtiger, von einer Energietönung der Reaktion zu sprechen.
Die partiellen molaren Enthalpien idealer Gase hängen nur von der Temperatur ab. Bei nicht allzu hohen Drücken trifft dies auch für die Bodenkörper zu. Die partiellen molaren Enthalpien h_{mi} sind für diesen Fall gleich den Enthalpien h_{0mi} der unvermischten Komponenten und die Reaktionswärme

$$q(T) = \sum_i \nu_i h_{0mi}(T) \tag{7.25}$$

eine reine Temperaturfunktion. Sie wird entweder direkt in einem Kalorimeter gemessen oder aus spektroskopischen Daten bestimmt. Meist wird sie nur für eine einzige Temperatur, die Standardtemperatur $T_0 = 298$ K (25 °C) angegeben. Diese wird auch (Standard-) Reaktionsenthalpie genannt[3]. Bei der Reaktion fossiler Brennstoffe mit Sauerstoff ist diese dem Betrag nach mit dem Heizwert H_u bzw. mit dem Brennwert H_o (s. Band I, Abschn. 16.1.7) identisch, $|\Delta H^0| = H_u$ bzw. $|\Delta H^0| = H_o$.

Da die Reaktionswärme nach Gl. (7.24) nicht von der zufälligen Wahl der Enthalpienullpunkte abhängen kann, dürfen diese nicht für alle Stoffe willkürlich gewählt werden. Setzt man z.B. die Enthalpien der reinen Stoffe Fe und O_2 bei der Standardtemperatur $T_0 = 298$ K zu null, so ist die Enthalpie von Magnetit (Fe_3O_4) bei 298 K durch die Reaktionswärme der Reaktion

$$3\,Fe + 2\,O_2 \rightarrow Fe_3O_4 \tag{7.26}$$

eindeutig bestimmt. Wird außerdem die Enthalpie von Wasserstoff bei 298 K zu null angenommen, so ist die Enthalpie von Wasser bei der Standardtemperatur nicht frei wählbar, sondern durch die Wärmetönung der Knallgasreaktion festgelegt, wobei man allerdings unterscheiden muß, ob Wasser in flüssiger oder — bei

---

[3]Für die (Standard-) Reaktionsenthalpie wird in der Fachliteratur häufig die Bezeichnung ΔH^0 verwendet.

großer Verdünnung mit inerten Gasen — in dampfförmiger Form vorliegt. Selbstverständlich kann dann die Enthalpie von Magnetit auch nach der Reaktionsgleichung (7.1) ermittelt werden, wobei natürlich derselbe Wert herauskommen muß wie nach Gl. (7.26).

Die Summation der Gln. (7.1) und (7.26) ergibt nämlich als Bruttoreaktion gerade die Knallgasreaktion

$$3\,Fe + 2\,O_2 = Fe_3O_4$$

$$Fe_3O_4 + 4\,H_2 = 3\,Fe + 4\,H_2O$$

$$4\,H_2 + 2\,O_2 = 4\,H_2O \ . \tag{7.27}$$

Nach dem Energieerhaltungsprinzip muß bei konstantem Druck der Enthalpieunterschied zwischen Produkt und Reaktanten bei der Knallgasreaktion genauso groß sein wie die Summe der Enthalpieunterschiede der Reaktionen nach Gl. (7.26) und (7.1).

Allgemein können beliebig viele Reaktionen der Form

$$\nu_{a1}B_1 + \nu_{a2}B_2 + \ldots = 0$$

$$\nu_{b1}B_1 + \nu_{b2}B_2 + \ldots = 0 \tag{7.28}$$

$$\ldots$$

immer zu einer Bruttoreaktion

$$\nu_1 B_1 + \nu_2 B_2 + \ldots = 0 \tag{7.29}$$

zusammengefaßt werden mit

$$\nu_1 = \nu_{a1} + \nu_{b1} + \ldots$$

$$\nu_2 = \nu_{a2} + \nu_{b2} + \ldots \tag{7.30}$$

$$\ldots \ .$$

Sind die Wärmetönungen der Einzelreaktionen gegeben

$$q_a = \nu_{a1}h_{m1} + \nu_{a2}h_{m2} + \ldots$$

$$q_b = \nu_{b1}h_{m1} + \nu_{b2}h_{m2} + \ldots \tag{7.31}$$

$$\ldots \ ,$$

so ermittelt man daraus die Wärmetönung q der Bruttoreaktion durch Summation

$$q = q_a + q_b + \ldots = (\nu_{a1} + \nu_{b1} + \ldots)h_{m1} + (\nu_{a2} + \nu_{b2} + \ldots)h_{m2} + \ldots$$

$$= \nu_1 h_{m1} + \nu_2 h_{m2} + \ldots \ . \tag{7.32}$$

Die Beziehung (7.32) stellt das von H. HESS (1840) aufgestellte Gesetz der konstanten Wärmesummen dar, welches für Prozesse bei konstanten Drücken so formuliert werden kann:
Der gesamte Energiebedarf eines Vorgangs, bei dem die Drücke aller Stoffe gleich und unveränderlich sind, ist gleich dem Enthalpieunterschied der abgeführten und zugeführten Stoffe; er hängt nicht vom Verlauf der Reaktion ab.
Der Satz gilt nur für den gesamten Energiebedarf und ist im allgemeinen nicht getrennt für Wärmetönungen und etwa auftretende Arbeiten anwendbar.
In der Sprache des Ingenieurs ist der Satz von HESS nichts anderes als die Anwendung des Ersten Hauptsatzes auf den besonderen Fall der chemischen Reaktionen. Insofern unterscheidet er sich in keiner Weise von den Energiebilanzen, die bei allen Energieumwandlungsprozessen ohnehin durchgeführt werden müssen. Bemerkenswert ist allerdings, daß HESS den nach ihm benannten Satz schon zu einer Zeit formulierte, als der Erste Hauptsatz noch gar nicht bekannt war.

7.3 Gleichgewichtskonstante der chemischen Reaktion

Um die Gleichgewichtsbedingung (7.23) auswerten zu können, müssen außer der Reaktionswärme auch die Entropien s_{mi} der Komponenten im Gemisch bekannt sein. Solange die „Bodenkörper" weder untereinander noch mit den gasförmigen Reaktionsteilnehmern Lösungen eingehen, ist bei gleichem Druck p und gleicher Temperatur T deren Entropie s_{mi} in der Mischung genau so groß wie die Entropie s_{0mi} des Bodenkörpers im unvermischten Zustand. Dagegen stehen die gasförmigen Reaktionsteilnehmer im Gemisch unter ihrem jeweiligen Partialdruck p_i, daher ist deren Entropie im Gemisch s_{mi} von der Entropie $s_{0mi}(T,p)$ der unvermischten Komponenten verschieden

$$s_{mi}(T,p_i) = s_{0mi}(T,p) - R_m \ln \frac{p_i}{p} \quad \text{(ideale Gase)} \; . \tag{7.33}$$

Nach der Zustandsgleichung idealer Gase ist das Verhältnis des Partialdrucks p_i einer gasförmigen Komponente zum Gesamtdruck gleich deren Molanteil ψ_i im Gemisch

$$\psi_i = p_i/p \; . \tag{7.34}$$

Setzt man Gl. (7.25) in (7.23) ein, so erhält man als Bedingung für chemisches Gleichgewicht

$$\sum_i \nu_i \varphi_{mi} = \sum_i \nu_i s_{0mi} - \frac{1}{T} \sum_i \nu_i h_{0mi} - R_m \sum_{i,g} \ln(\psi_i^{\nu_i}) = 0 \; . \tag{7.35}$$

Darin sind die beiden ersten Summen über alle, die letzte dagegen nur über die gasförmigen Reaktionsteilnehmer zu erstrecken (Index g). Mit Gl. (7.24) läßt sich (7.35) noch in der folgenden Weise umformen

$$R_m \ln K = \sum_i \nu_i s_{0mi} - \frac{1}{T} \sum_i \nu_i h_{0mi} = \sum_i \nu_i s_{0mi} - \frac{q}{T} \; . \tag{7.36}$$

Hierin ist

$$K = \prod_{i,g} \psi_i^{\nu_i} \;, \tag{7.37}$$

die durch die Molanteile ψ_i definierte Gleichgewichtskonstante der chemischen Reaktion. Diese ist keine Konstante, sondern nach Gl. (7.36) eine Funktion der Temperatur T und des Druckes p.

Für manche Berechnungen ist es zweckmäßig, die Gleichgewichtskonstante nicht durch die Molanteile ψ_i, sondern durch die Partialdrücke p_i der gasförmigen Komponenten auszudrücken. Die so definierte Gleichgewichtskonstante wird durch den Index p von der durch die Molanteile definierten unterschieden

$$K_p = \prod_{i,g}\left(\frac{p_i}{p_0}\right)^{\nu_i} = \prod_{i,g}\left(\psi_i\frac{p}{p_0}\right)^{\nu_i} = K\left(\frac{p}{p_0}\right)^{\sum_{i,g}\nu_i} \;, \tag{7.38}$$

wobei p_0 ein zweckmäßig zu wählender Bezugsdruck ist (z.B. $p_0 = 1$ bar). Mit Gl. (7.33) und (7.36) erhält man für diesen Bezugsdruck p_0

$$R_m \ln K_p = \sum_i \nu_i s_{0mi}(T, p_0) - \frac{q}{T} \;, \tag{7.39}$$

wenn auch die Entropien der Bodenkörper bei demselben Bezugsdruck p_0 genommen werden.

Einfluß des Druckes und der Temperatur auf die Gleichgewichtskonstante K

Die Gleichgewichtskonstante K_p ist nicht vom Druck abhängig, weil alle auf der rechten Seite der Gl. (7.39) stehenden Größen reine Temperaturfunktionen sind. Dagegen ergibt sich für die Druckabhängigkeit von K nach Gl. (7.38) der einfache Zusammenhang

$$\left(\frac{\partial \ln K}{\partial p}\right)_T = -\sum_{i,g}\nu_i/p \;. \tag{7.40}$$

Bei steigendem Druck $dp > 0$ kann $\ln K$ und damit die Gleichgewichtskonstante K nur dann zunehmen, wenn $\sum_{i,g}\nu_i < 0$ ist, für $\sum_{i,g}\nu_i > 0$ muß sie abnehmen. Nun bedeutet aber eine Zunahme der Gleichgewichtskonstante, daß sich die Gleichgewichtszusammensetzung in Richtung zunehmender Produkte, eine Abnahme, daß sie sich in Richtung zunehmender Ausgangsstoffe ändert. Bei einer Erhöhung des Druckes kann sich daher die Gleichgewichtszusammensetzung nur dann in Richtung zunehmender Produkte ändern ($d \ln K > 0$), wenn die gesamte Molzahl abnimmt ($\sum_{i,g}\nu_i < 0$), d.h. bei einer Volumenkontraktion.

Mit anderen Worten: Bei zunehmendem Druck verschiebt sich die Gleichgewichtszusammensetzung in Richtung der raumvermindernden, bei abnehmendem Druck in Richtung der raumvergrößernden Reaktion.

Die Temperaturabhängigkeit der Gleichgewichtskonstanten erhält man durch partielle Differentiation der Gl. (7.36) nach T und der Beziehung $(\partial h_{0mi}/\partial s_{0mi})_p = T$ (Band I, Abschn. 11.5.2)

$$\left(\frac{\partial \ln K}{\partial T}\right)_p = \frac{\sum_i \nu_i h_{0mi}}{R_m T^2} = \frac{1}{R_m}\frac{q}{T^2} \ . \tag{7.41}$$

Danach kann mit zunehmender Temperatur, $dT > 0$, die Gleichgewichtskonstante K nur zunehmen, wenn $q > 0$ ist, d.h. die Reaktion endotherm verläuft. Bei einer exothermen Reaktion, $q < 0$, muß mit zunehmender Temperatur die Gleichgewichtskonstante abnehmen, d.h. die Gleichgewichtszusammensetzung sich in die Richtung der Ausgangsstoffe (Reaktanten) verschieben.

Sowohl bei einer Änderung der Temperatur als auch bei Änderung des Druckes kann man bezüglich der Gleichgewichtsverschiebung folgendes sagen: Bei einer Änderung der äußeren Bedingungen verschiebt sich die Gleichgewichtszusammensetzung jeweils in der Reaktionsrichtung, durch welche die beabsichtigte Änderung erschwert wird (Prinzip des kleinsten Zwanges von LE CHATELIER und BRAUN).

Bei Reaktionen mit nur geringer Reaktionswärme, $q \approx 0$, hängt die Gleichgewichtszusammensetzung nur wenig von der Temperatur ab. Bei Reaktionen, die ohne Änderung der Molzahl der gasförmigen Komponenten, d.h. ohne Volumenänderung verlaufen, $\sum_{i,g} \nu_i = 0$ hat der Druck keinen Einfluß auf die Gleichgewichtszusammensetzung.

Nach Gl. (7.39) kann es keine von null verschiedenen Werte von T oder p geben, bei denen K unendlich groß oder null werden könnte. Das bedeutet, daß im Gleichgewicht immer alle gasförmigen Reaktionsteilnehmer mit endlichen, wenn auch noch so kleinen Molanteilen im Gemisch vertreten sein müssen. Es ist deswegen auch nicht möglich, einen chemisch vollkommen reinen Stoff zu erhalten.

Gleichgewichtskonstante zusammengesetzter Reaktionen

Wendet man bei zusammengesetzten Reaktionen Gl. (7.39) sinngemäß auf die einzelnen Teilreaktionen an, so folgt für die Bruttoreaktion

$$K = K_a K_b \ . \tag{7.42}$$

Der Vorteil der Beziehung (7.42) liegt darin, daß man die unbekannte Gleichgewichtskonstante K einer noch nicht untersuchten Reaktion u.U. aus Gleichgewichtskonstanten K_a, K_b usw. bekannter Teilreaktionen ermitteln kann.

Absolute kalorische Daten und Gleichgewichtskonstante

Bei vorgegebenem Druck p und vorgegebener Temperatur T kann man die Gleichgewichtskonstante K_p aus Gl. (7.38) berechnen, soweit nur die Reaktionswärme q und die Entropien s_{0mi} aller an der Reaktion beteiligten Komponenten im unvermischten Zustand bekannt sind. Für die Wärmetönung q liegen in der Regel experimentell ermittelte Werte vor. Dagegen stecken in den Entropien der Teilnehmer zunächst noch unbestimmte Integrationskonstanten, ohne deren Kenntnis die Gl. (7.38) nicht auszuwerten ist.

Diese noch unbestimmten Integrationkonstanten können nicht willkürlich sein, da sonst K und damit auch die Gleichgewichtszusammensetzung von den zufällig gewählten Konstanten abhängen würden, was nicht möglich ist. Den Entropien s_{0mi} der Teilnehmer bei gegebenen p und T kommen also ganz bestimmte, endlich große Zahlenwerte zu, die man als Absolutwerte der Entropie bezeichnet, und bei denen die Willkür in der Wahl der Nullpunkte zumindest soweit eingeschränkt ist, daß dem Summenausdruck in Gl. (7.36) bei bestimmtem Druck und bestimmter Temperatur ein fester Wert zukommt.

Bei idealen Gasen können solche Absolutwerte der Entropie mit Methoden der Statistischen Thermodynamik ermittelt werden, s. Band I, Abschn. 9.

Wenn man die Temperatur genügend hoch wählt, gehen alle Körper irgendwann in den gasförmigen Zustand über. Daher können auch die absoluten Entropien von Flüssigkeiten und festen Körpern aus denen der Gase berechnet werden. Hierzu muß man nur von einem angenommenen Zustand A ausgehen, in welchem der Stoff mit Sicherheit als ideales Gas vorliegt (s. das T,s-Diagramm des Bildes 7.2). Das ist immer möglich, wenn nur eine ausreichend hohe Temperatur T_A und ein hinreichend niedriger Druck p_A angenommen werden.

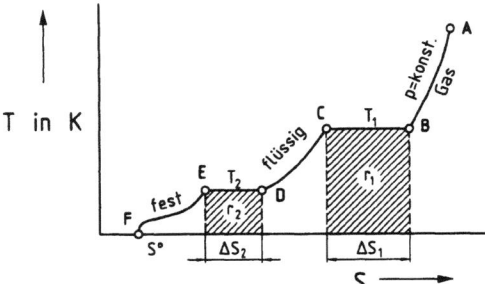

Bild 7.2: T,s-Diagramm eines einfachen Stoffes bis zu tiefsten Temperaturen

Kühlt man das Gas bei $p =$ konst ab, so wird in B die Sättigungstemperatur $T_1 = T_1(p)$ erreicht, und das Gas B kondensiert bei $T_1 =$ konst zur Flüssigkeit C. Durch Abkühlung der Flüssigkeit erreicht man Zustand D, wo bei konstanter Temperatur $T_2 =$ konst der Gefriervorgang einsetzt. Der eingefrorene (kristallisierte) Stoff kann weiter abgekühlt werden, und so erreicht man den Zustand F bei der Temperatur T. Oberhalb des kritischen Druckes würde man zwar das Verflüssigungsgebiet, nicht aber das Schmelzgebiet umgehen, bei einem etwa sehr geringen Druck p bleibt zwar die Flüssigkeitsbildung aus, aber das Gas kondensiert unmittelbar zum festen Stoff (Desublimation) im Gebiet. Gibt es beim Druck p mehrere feste Modifikationen (Kristallarten), so verläuft jede Umwandlung zwischen zwei benachbarten Modifikationen wieder bei konstanter Temperatur, und das Bild im T,s-Diagramm ist nur insofern zu ergänzen, als sich noch die eine oder andere Stufe konstanter Temperatur zwischen E und F in die Linie $p =$ konst einfügt.

Bezeichnet man nun mit r_n die Umwandlungswärme (Schmelzwärme, Verdampfungswärme usw.) bei der n-ten Umwandlung beim Druck p, so gilt zwischen den Entropien $s(T_A)$ des Gases in Punkt A (bei T_A und p) und der Entropie $s(T)$ des festen Stoffes in Punkt F bei der Temperatur T die Beziehung

$$s(T) = s(T_A) + \int_{T_A}^{T_1} \frac{c_p}{T} dT - \frac{r_1}{T_1} + \int_{T_1}^{T_2} \frac{c_p}{T} dT - \frac{r_2}{T_2} + \ldots + \int_{T_n}^{T} \frac{c_p}{T} dT \quad . \tag{7.43}$$

Bei der Auswertung der Integrale ist zu beachten, daß die Temperaturen an den Obergrenzen niedriger sind als an den Untergrenzen und somit die Integralausdrücke negative Zahlenwerte annehmen.

Nach den in Band I angegebenen statistischen Betrachtungen sind die Entropien der gasförmigen und nach Gl. (7.42) damit auch die der flüssigen und festen Komponenten als Funktion der Temperatur und Druck eindeutig festgelegt. Sie werden als absolute Entropien bezeichnet und sind für zahlreiche Stoffe in Abhängigkeit von der Temperatur — üblicherweise für den Standarddruck $p_0 = 1013$ hPa — tabelliert[4][5]. In den zitierten Tabellenwerken finden sich außerdem die Enthalpien dieser Stoffe so aufeinander abgestimmt, daß für alle denkbaren Reaktionen die Wärmetönungen richtig wiedergegeben werden.

Nachdem so die kalorischen Werte h_{0mi} und s_{0mi} für die Reaktionsteilnehmer bekannt sind und unmittelbar einer Tafel entnommen werden können, lassen sich die Gleichgewichtskonstanten nach Gl. (7.36) berechnen.

7.4 Das Wärmetheorem von Nernst

Eine andere Möglichkeit, absolute Entropien zu bestimmen, bietet das von W. NERNST aufgestellte Wärmetheorem. Dieses macht grundsätzliche Aussagen über das Verhalten der Stoffe in der Nähe des absoluten Nullpunktes, $T \to 0$ K, der selbst unseren Experimenten nicht zugänglich ist.

Zunächst ist hervorzuheben, daß für Temperaturen $T \to 0$ Stoffe in gasförmigem Zustand nur noch bei verschwindendem Druck $p \approx 0$ auftreten können, weil nach der Dampfdruckkurve alle Gase bei endlichen Drücken bereits weit oberhalb von $T = 0$ K hätten kondensieren müssen.

Grundsätzlich läßt sich die Entropie in der Nähe des absoluten Nullpunktes nach Gl. (7.43) ermitteln. Dabei sind jedoch einige Besonderheiten zu beachten. Zunächst muß mit der Annäherung an den absoluten Nullpunkt die spezifische Wärmekapazität der festen Stoffe gegen null gehen

$$\lim_{T \to 0} c_F = 0 \quad . \tag{7.44}$$

Würde nämlich c_F auch bei tiefsten Temperaturen einen endlichen Wert aufweisen, so müßte

$$\lim_{T \to 0} \frac{c_F}{T} \tag{7.45}$$

---

[4] Z.B. KNACKE O, KUBASCHEWSKI O, HESSELMANN K (1991) Thermochemical Properties of Inorganic Substances. Springer-Verlag

[5] JANAF (1971), Thermochemical Tables (Stull D R et al.) National Bureau of Standards, US Government. Printing office

gegen unendlich streben und damit nach Gl. (7.43) auch die Entropie. Dies wäre aber mit aller Erfahrung und den Ergebnissen der Quantentheorie nicht vereinbar. Nun zeigen die Messungen der spezifischen Wärmekapazität bei allen untersuchten festen (und flüssigen) Stoffen bei genügend tiefen Temperaturen den Verlauf nach Bild 7.3. Sehr wesentlich ist es, daß die spezifische Wärmekapazität c_f der kondensierenden Stoffe bei $T \to 0$ zu $c_f \to 0$ konvergiert. Nach P. DEBEYE ändert sich bei Temperaturen in der Nähe von 0 K die spezifische Wärmekapazität aller Stoffe mit der 3. Potenz der Temperatur

$$c_f \sim T^3 , \tag{7.46}$$

so daß auch der Ausdruck

$$\lim_{T \to 0} \frac{c_f}{T} = 0 \tag{7.47}$$

wird. Nach den bisherigen Überlegungen ist es bei Kenntnis aller Umwandlungswärmen und der spezifischen Wärmekapazitäten möglich, nach Gl. (7.43) Entropieänderungen von der Gasphase bis in die Nähe des absoluten Nullpunktes zu berechnen. Über den Grenzwert der Entropie für $T \to 0$ gibt das NERNSTsche Wärmetheorem Auskunft. Es lautet in der allgemeinen Fassung nach PLANCK:[6]

Die Entropie eines jeden chemisch homogenen, dauernd ungehemmt im inneren Gleichgewicht befindlichen Körpers von endlicher Dichte nähert sich bei bis zum Nullpunkt abnehmender Temperatur einen bestimmten, vom Druck, vom Aggregatzustand usw. sowie von der speziellen chemischen Modifikation unabhängigen Wert. Da die Entropie bisher nur bis auf eine willkürliche additive Konstante definiert ist, können wir unbeschadet der Allgemeinheit diesen Grenzwert gleich null setzen.
Danach gilt für alle Stoffe

$$\lim_{T \to 0} s = 0 . \tag{7.48}$$

Für ein Gas verläuft nach der Dampfdruckkurve der Grenzübergang $p \to 0$ immer schneller als $T \to 0$. Damit wird für $T \to 0$ das Volumen $v \to \infty$, und die Bedingung einer endlichen Dichte ist nicht mehr erfüllt.

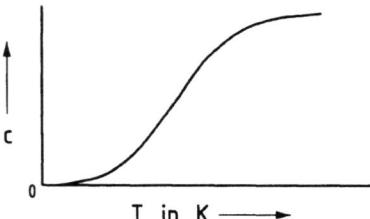

Bild 7.3: Spezifische Wärmekapazität c eines kondensierendes Stoffes bei tiefsten Temperaturen

Die Beziehung (7.47) gilt sowohl für reine Elemente als auch für chemische Verbindungen, soweit sie im ungehemmten Gleichgewichtszustand vorliegen. Das können

---

[6] Über eine Verallgemeinerung des NERNSTschen Wärmetheorems insbesondere für Mischungen s. R. HAASE: Über den Satz von der Unerreichbarkeit des absoluten Nullpunktes, Z Phys Chem, Neue Folge (1956) 9:355-372

gemäß den Ausführungen zu Gl. (7.41) nur solche Verbindungen sein, deren Zerfall in einfachere Bestandteile endotherm verlaufen müßte. So kann z.B. H_2O für $T \to 0$ im ungehemmten Gleichgewicht bestehen, nicht aber H_2O_2 oder NO_2, weil diese exotherm zerfallen.

Erreichbarkeit des Nullpunktes und der Temperaturbegriff $T = 0$ K

Mit Absicht wurde bisher die Schreibweise $T = 0$ vermieden und nur vom Grenzübergang $T \to 0$ gesprochen. Der Grund liegt darin, daß das bei gewöhnlichen Umgebungsbedingungen gültige fundamentale Gleichgewichtspostulat[7] bei genügender Annäherung an den absoluten Nullpunkt durch die Erfahrung erst bestätigt werden müßte, bevor man es auch dort ansetzt.

Die Nichterfüllung eines solchen Gleichgewichtspostulats bei Körpern endlicher Abmessungen schaltet aber am absoluten Nullpunkt nicht nur die Möglichkeit einer genauen Temperaturmessung, sondern vor allem auch die Festlegung eines Temperaturbegriffs an sich aus. Konnte doch der Temperaturbegriff in der Einführung zum I. Band erst unter Heranziehen des Gleichgewichtspostulats makroskopischer Gebilde aufgestellt werden! Die so oft diskutierte Frage nach der Erreichbarkeit des absoluten Temperaturnullpunktes wird unter diesem Gesichtswinkel insofern gegenstandslos, als man sich einen Körperzustand bei $T = 0$ K gar nicht vorstellen darf, da der Temperaturbegriff $T = 0$ K an sich physikalisch sinnlos ist. Damit soll nicht bestritten werden, daß es in jenem Bereich des versagenden Temperaturbegriffs ein reales Dasein der Materie geben kann, sondern nur, daß dieses nicht mehr durch den geläufigen Temperaturbegriff und die klassische thermodynamische Betrachtungsweise beschrieben werden kann. Diese wird um so unzuverlässiger, je verschwommener der Temperaturbegriff wird, d.h. je tiefer T liegt.

Beachtenswert sind noch die Verhältnisse in der unmittelbaren Nähe des absoluten Nullpunktes, $T \to 0$. Nach dem NERNSTschen Wärmetheorem verschwindet mit $s_{0mi} \to 0$ die Summe $\sum_i \nu_i s_{0mi}$ in Gl. (7.36), und die Gleichgewichtskonstante vereinfacht sich zu

$$\ln K_p = -\frac{1}{T} \sum_i \nu_i h_{0mi} = -\frac{q}{T} \;.$$

Mit $T \to 0$ wächst deshalb die Gleichgewichtskonstante über alle Grenzen, wenn die Wärmetönung q selbst am absoluten Nullpunkt einen von null verschiedenen Wert annimmt. Falls in der Nähe des absoluten Nullpunktes überhaupt Reaktionen mit von null verschiedener Wärmetönung ablaufen können, führen sie zum vollständigen Verschwinden wenigstens eines, wenn nicht aller Teilnehmer.

---

[7] Als Gleichgewichtspostulat wird hier der Erfahrungssatz bezeichnet, wonach ein jedes isolierte makroskopische Gebilde einem Wärmegleichgewicht zustrebt, nach dessen Erreichen keine weiteren Änderungen des Gebildes auftreten. Dieser scheinbar so selbstverständliche Fundamentalsatz stellt die Grundlage und Voraussetzung für die gesamte klassische Thermodynamik dar. Diese ist nur innerhalb des durch Erfahrungen belegten Gültigkeitsbereichs des Gleichgewichtspostulats, das ist bei Gebilden endlicher Abmessungen, innerhalb endlicher Beobachtungszeiten und innerhalb überprüfter Zustandsbereiche (Temperaturgebiete) anwendbar. Siehe auch im I. Teil des Abschn. 1.2 „Erstes Gleichgewichtspostulat".

7.5 Berechnung der Gleichgewichtszusammensetzung

Für einfache Reaktionen kann aus den Gleichgewichtskonstanten die Gaszusammensetzung sofort durch algebraische Umformungen bestimmt werden. Greifen wir auf das Beispiel der Magnetitreduktion nach Gl. (7.1) zurück, so ermittelt man nach Gl. (7.39) und für eine Temperatur $T = 1000$ K nach den Tabellenwerten von KNACKE[8]

$$\ln K = [3\,(66,915 - 24,577) + 4\,(233,761 + 215,152) - (390,1 + 967,47)$$
$$- 4\,(166,263 - 20,746)]/8,314 = -2,041 \;;$$

es ist daher

$$K_p = (p_{H_2O}/p_{H_2})^4 = 0,1298$$

und

$$p_{H_2O}/p_{H_2} = 0,600 \;.$$

Bei einem Gesamtdruck von 1,6 bar ist

$$p_{H_2} + p_{H_2O} = 1,6\,\text{bar} \;,$$

woraus $p_{H_2} = 1$ bar und $p_{H_2O} = 0,6$ bar folgt. In vielen Fällen führt aber die Berechnung der Gleichgewichtszusammensetzung aus den Gleichgewichtskonstanten zu algebraischen Gleichungen höherer Ordnung, die häufig nur auf iterativem Weg gelöst werden können.
Wenn ohnehin iteriert werden muß, ist es unter Umständen einfacher, auf die Bestimmung der Gleichgewichtskonstanten ganz zu verzichten und direkt das Maximum des PLANCKschen Potentials nach Gl. (7.13) oder — was auf dasselbe hinausläuft — das Minimum der freien Enthalpie nach GIBBS mit Hilfe eines geeigneten numerischen Verfahrens aufzusuchen.
Hier soll noch ein Berechnungsverfahren beschrieben werden, das im wesentlichen auf HORN und SCHÜLLER[9] zurückgeht. Dieses Verfahren läßt den Rechnungsgang noch recht übersichtlich erkennen; es soll zudem an einem Beispiel erläutert werden. Es werde ein Brennstoff bekannter Zusammensetzung $C_m H_n$ unter Zusatz von Verbrennungsluft verbrannt. Dabei entstehen Verbrennungsprodukte, die bei niedrigen Temperaturen und überstöchiometrischer Verbrennung ($\lambda > 1$) außer Stickstoff und Sauerstoff nahezu ausschließlich CO_2 und H_2O enthalten. Bei hohen Temperaturen von mehreren Tausend Grad dissoziieren sowohl die bei tiefen Temperaturen stabilen Verbrennungsprodukte als auch Sauerstoff und Wasserstoff in Atome und Radikale. Dann hat man im Gasgemisch mit folgenden Bestandteilen zu rechnen

$$\psi_{CO_2} + \psi_{CO} + \psi_{H_2O} + \psi_{H_2} + \psi_{O_2} + \psi_{N_2} + \psi_{OH} + \psi_{NO}$$
$$+ \psi_{CN} + \psi_O + \psi_H + \psi_N + \psi_C = 1 \;. \tag{7.49}$$

---
[8]KNACKE O, KUBASCHEWSKI O, HESSELMANN K (1991) Thermochemical Properties of Inorganic Substances. Springer-Verlag
[9]HORN F UND SCHÜLLER W (1957) Dechema Monogr 29:143

7.5 Berechnung der Gleichgewichtszusammensetzung

Auch Kohlenstoff C kann bei hohen Temperaturen als einatomiges Gas unter merklichem Teildruck anwesend sein, da bei festem Kohlenstoff der Sublimationsdruck $p = 1$ bar bei etwa 4200 K liegen dürfte. Dann können sich in der Dampfphase auch mehratomige Kohlenstoffmoleküle, wie C_2, C_3, ... bilden, die wir hier aber nicht weiter berücksichtigen wollen.

Immerhin soll die Verbrennungsluftmenge so groß sein, daß kein fester Kohlenstoff in Form von Ruß ausfällt, das heißt, es sollen nur homogene Reaktionen behandelt werden. Die Verbrennung kann entweder mit Luftüberschuß oder mit Luftmangel betrieben werden, jedenfalls soll der Luftfaktor bekannt und für den betrachteten Berechnungsfall unveränderlich angenommen werden. Dann sind für die gewählte Brennstoff- und Luftmenge auch die Mengen der beteiligten Elemente gegeben. Wir wollen hier diese Elementmengen in Elementmolen angeben. Darunter verstehen wir diejenigen Mengen $n_{E,i}$ des i-ten Elements — ausgedrückt in Molen — die sowohl in freier als auch in gebundener Form vorliegen. Im Verlauf der Reaktion muß die Anzahl der Elementmole der einzelnen Elemente unverändert bleiben, solange Kernreaktionen außer acht gelassen werden können. Durch die Angabe der Elementmole der verschiedenen an der Reaktion beteiligten Elemente ist die Zusammensetzung schon in gewisser Weise festgelegt. Das Verhältnis der Molzahlen zweier Elemente $n_{E,i}/n_{E,k}$ gibt nämlich an, wieviel Elementmole des i-ten Elements auf wieviel Elementmole des k-ten Elements kommen.

Sind insgesamt q verschiedene Elemente in den an der Reaktion beteiligten Komponenten vorhanden, so können aus den Bilanzen der Elemente insgesamt $q - 1$ derartige Quotienten gebildet werden.

Außer diesen Zusammensetzungsangaben liefern die Gleichgewichtsbedingungen die noch fehlenden Bestimmungsgleichungen für die unbekannten Molanteile des Gleichgewichtsgemisches. So gilt z.B. für den Zerfall bzw. die Bildung von CO_2

$$CO + \frac{1}{2} O_2 \rightleftharpoons CO_2 \quad ; \quad K_{CO_2} = \frac{\psi_{CO_2}}{\psi_{CO}\, \psi_{O_2}^{1/2}} \tag{7.50}$$

und entsprechende Gleichungen für die anderen möglichen Reaktionen. Das in den Verbrennungsgasen enthaltene CO_2 können wir uns aber auch statt aus CO und O_2 direkt aus den Elementen gebildet denken und für diese Reaktion

$$CO_2 \rightleftharpoons C + 2\, O \tag{7.51}$$

die Gleichgewichtskonstante angeben

$$K^{\star}_{CO_2} = \frac{\psi_{CO_2}}{\psi_C\, \psi_O^2} \; . \tag{7.52}$$

Die Reaktionsgleichung (7.51) gibt sicherlich ein falsches Bild, wenn man etwas über den tatsächlichen Reaktionsablauf wissen möchte, da der wirkliche Reaktionsablauf in einem reagierenden Gemisch nach Gl. (7.50) viel wahrscheinlicher ist als nach Gl. (7.51). Für die Berechnung der Gleichgewichtszusammensetzung ist dies aber belanglos, da es gleichgültig ist, auf welchem Wege man zum Gleichgewichtszustand gekommen ist, wenn dieser einmal vorliegt. Die Schreibweise nach Gl. (7.51) erlaubt eine übersichtliche Darstellung der Gleichgewichtsbeziehungen aller an der Reaktion beteiligten Komponenten. In unserem gewählten Beispiel müssen folgende Reaktionen berücksichtigt werden

$$
\begin{aligned}
CO_2 &\rightleftharpoons 1C + 2O \\
H_2O &\rightleftharpoons 1O + 2H \\
NO &\rightleftharpoons 1O + 1N \\
O_2 &\rightleftharpoons 2O \\
H_2 &\rightleftharpoons 2H \\
N_2 &\rightleftharpoons 2N \\
OH &\rightleftharpoons 1O + 1H \\
CO &\rightleftharpoons 1C + 1O \\
CN &\rightleftharpoons 1C + 1N \quad .
\end{aligned}
\tag{7.53}
$$

Ergänzt man diese Reaktionsgleichungen durch die vier identisch erfüllten „Reaktionsgleichungen"

$$
\begin{aligned}
C &\rightleftharpoons 1C \\
O &\rightleftharpoons 1O \\
N &\rightleftharpoons 1N \\
H &\rightleftharpoons 1H \quad ,
\end{aligned}
\tag{7.54}
$$

so erhält man ein vollständiges Schema der stöchiometrischen Koeffizienten der beteiligten Elemente und deren möglichen Reaktionen

$$
\begin{array}{r|cccc}
 & C & O & N & H \\
C &\rightleftharpoons 1 & 0 & 0 & 0 \\
O &\rightleftharpoons 0 & 1 & 0 & 0 \\
N &\rightleftharpoons 0 & 0 & 1 & 0 \\
H &\rightleftharpoons 0 & 0 & 0 & 1 \\
CO_2 &\rightleftharpoons 1 & 2 & 0 & 0 \\
H_2O &\rightleftharpoons 0 & 1 & 0 & 2 \\
NO &\rightleftharpoons 0 & 1 & 1 & 0 \\
O_2 &\rightleftharpoons 0 & 2 & 0 & 0 \\
H_2 &\rightleftharpoons 0 & 0 & 0 & 2 \\
N_2 &\rightleftharpoons 0 & 0 & 2 & 0 \\
OH &\rightleftharpoons 0 & 1 & 0 & 1 \\
CO &\rightleftharpoons 1 & 1 & 0 & 0 \\
CN &\rightleftharpoons 1 & 0 & 1 & 0 \quad .
\end{array}
\tag{7.55}
$$

Sind allgemein p Komponenten $B_1, B_2, \ldots B_p$ in einem reagierenden Gasgemisch enthalten und darunter $B_1, B_2, \ldots B_q$ Elemente wie in (7.55) in den obersten Zeilen angeführt, so kann man die Gln. (7.53) und (7.54) allgemein schreiben

$$B_j = \nu_{1,j} B_1 + \nu_{2,j} B_2 + \ldots + \nu_{q,j} B_q \quad (j = 1, 2, \ldots p) \quad , \tag{7.56}$$

wobei Gl. (7.56) ebenso wie die Anordnung nach Gl. (7.55) q Identitäten der Form Gl. (7.54) enthält.

Das Mitschleppen der Identitäten Gl. (7.54) ist deshalb von Nutzen, weil so das Schema Gl. (7.55) — senkrecht gelesen — angibt, wie sich die im Reaktionsgemisch

7.5 Berechnung der Gleichgewichtszusammensetzung

enthaltenen Elemente auf die Verbrennungsprodukte verteilen. Im Beispiel: Sauerstoff ist enthalten im atomaren Sauerstoff mit einem Atom, im CO_2 mit zwei Atomen, im H_2O mit einem Atom usw. Multipliziert man die stöchiometrischen Koeffizienten — senkrecht gelesen — mit den zugehörigen Molanteilen der Komponenten und addiert diese

$$\psi_O + 2\psi_{CO_2} + \psi_{H_2O} + \psi_{NO} + 2\psi_{O_2} + \psi_{OH} + \psi_{CO} \,, \tag{7.57}$$

so gibt diese Summe an, wieviel Elementmole Sauerstoff in einem Mol Verbrennungsgas frei oder gebunden vorliegen. Das Verhältnis zweier solcher Summen ist daher gleich dem Verhältnis der Zahl der Elementmole; so gilt z.B. für das Verhältnis der Elementmole Sauerstoff zu Stickstoff

$$\frac{n_{E,O}}{n_{E,N}} = \frac{\psi_O + 2\psi_{CO_2} + \psi_{H_2O} + \psi_{NO} + 2\psi_{O_2} + \psi_{OH} + \psi_{CO}}{\psi_N + \psi_{NO} + 2\psi_{N_2} + \psi_{CN}} \tag{7.58}$$

oder allgemein

$$\frac{\nu_{k,1}\psi_1 + \nu_{k,2}\psi_2 + \ldots + \nu_{k,p}\psi_p}{\nu_{l,1}\psi_1 + \nu_{l,2}\psi_2 + \ldots + \nu_{l,p}\psi_p} = \frac{\sum_{j=1}^{p} \nu_{k,j}\psi_j}{\sum_{j=1}^{p} \nu_{l,j}\psi_j} = \frac{n_{E,k}}{n_{E,l}} \,. \tag{7.59}$$

Im allgemeinen Fall gibt es $(q-1)$ unabhängige Gleichungen der Form (7.59), in unserem Beispiel also drei. Diese Gleichungen sind linear in den Molanteilen ψ_j, wie man leicht durch Ausmultiplizieren erkennt

$$\sum_{j=1}^{p}(\nu_{l,j}n_{E,k} - \nu_{k,j}n_{E,l})\psi_j = 0 \,. \tag{7.60}$$

Es ist dabei völlig willkürlich, auf welches Element l man sich bezieht. Nimmt man noch die ebenfalls lineare Gl. (7.49) hinzu, so erhält man insgesamt q lineare Gleichungen der Form

$$\sum_{j=1}^{p} a_{k,j}\psi_j = b_k \quad (k=1,\ldots,q) \,, \tag{7.61}$$

worin

$$a_{k,j} = \begin{cases} \nu_{l,j}n_{E,k} - \nu_{k,j}n_{E,l} & \text{für} \quad k \neq l \\ 1 & \text{für} \quad k = l \end{cases} \tag{7.62}$$

und

$$b_k = \begin{cases} 0 & \text{für} \quad k \neq l \\ 1 & \text{für} \quad k = l \end{cases} \tag{7.63}$$

ist. Zur eindeutigen Bestimmung der Molanteile ψ_j kommen noch $(p-q)$ im allgemeinen nichtlineare Gleichgewichtsbeziehungen, die sich aus demselben Schema der Reaktionszahlen ablesen lassen

$$\begin{aligned} K_{CO_2} &= \psi_{CO_2}/(\psi_C \, \psi_O^2) \\ K_{H_2O} &= \psi_{H_2O}/(\psi_H^2 \, \psi_O) \\ &\vdots \\ K_{CN} &= \psi_{CN}/(\psi_C \, \psi_N) \end{aligned} \tag{7.64}$$

oder allgemein

$$K_j = \frac{\psi_j}{\prod_{i=1}^{q} \psi_i^{\nu_{i,j}}} \quad (j = q+1, q+2, \ldots, p) \; . \tag{7.65}$$

Diese Gleichungen lassen sich — durch die besondere Anordnung der Komponenten — immer nach ψ_j auflösen

$$\psi_j = K_j \prod_{i=1}^{q} \psi_i^{\nu_{i,j}} \quad (j = q+1, q+2 \ldots, p) \; . \tag{7.66}$$

Setzt man Gl. (7.66) in (7.61) ein, so ergeben sich q nichtlineare Gleichungen, jetzt nur noch für die unbekannten Molanteile der Elemente in freier Form

$$\sum_{j=1}^{p} a_{k,j} K_j \prod_{i=1}^{q} \psi_i^{\nu_{i,j}} = b_k \quad (k = 1, \ldots, q) \; . \tag{7.67}$$

Die Einführung der Elemente des Reaktionssystems als Bezugskomponenten ist an sich willkürlich und für viele Berechnungen auch nicht zweckmäßig, weil deren Konzentration u.U. extrem klein werden können. Statt C, O, N, H hätte man ebensogut eine andere Auswahl der Komponenten, z.B.

CO, O, N_2, H_2

als Bezugskomponenten wählen können.[10]
In diesem Fall würde das Schema nach Gl. (7.55) folgendes Aussehen haben

		CO	O	N_2	H_2
CO	$\rightleftharpoons$	1	0	0	0
O	$\rightleftharpoons$	0	1	0	0
N_2	$\rightleftharpoons$	0	0	1	0
H_2	$\rightleftharpoons$	0	0	0	1
CO_2	$\rightleftharpoons$	1	1	0	0
H_2O	$\rightleftharpoons$	0	1	0	1
NO	$\rightleftharpoons$	0	1	$\frac{1}{2}$	0
O_2	$\rightleftharpoons$	0	2	0	0
H	$\rightleftharpoons$	0	0	0	$\frac{1}{2}$
N	$\rightleftharpoons$	0	0	$\frac{1}{2}$	0
OH	$\rightleftharpoons$	0	1	0	$\frac{1}{2}$
CN	$\rightleftharpoons$	1	-1	$\frac{1}{2}$	0
C	$\rightleftharpoons$	1	-1	0	0 .

(7.68)

Dabei können also auch negative Koeffizienten auftreten, die so zu interpretieren sind, daß die betreffende Komponente üblicherweise auf der linken Seite der Reaktionsgleichung stehen würde. Im übrigen ist der weitere Verlauf der Rechnung

---

[10] Die Bezugskomponenten müssen nur unabhängig voneinander sein, d.h. es dürfen nicht zwei Komponenten als verschiedene Bezugskomponenten gewählt werden, die nur die gleichen Elemente enthalten, wie z.B. CO und CO_2.

7.5 Berechnung der Gleichgewichtszusammensetzung

genauso wie bei den Elementen als Bezugskomponenten. Auf diese Weise lassen sich chemische Gleichgewichte für Gasgemische, in denen die Elemente in freier Form nur in vernachlässigbar kleinen Konzentrationen vorkommen, mit Bezugskomponenten berechnen, deren Raumanteile bei den betreffenden Gasgemischen in beträchtlicher Konzentration vorliegen.

Das Koeffizientenschema (7.68) erhält man aus (7.55), indem man zunächst in der Ausgangsmatrix durch Vertauschen der Zeilen die neuen Bezugskomponenten CO, O, N_2, H_2 im Schema ganz oben anordnet, sodann von dieser Teilmatrix die inverse bildet und schließlich die erste Matrix mit der inversen multipliziert

$$\begin{pmatrix} 1 & 1 & 0 & 0 \\ 0 & 1 & 0 & 0 \\ 0 & 0 & 2 & 0 \\ 0 & 0 & 0 & 2 \\ 1 & 2 & 0 & 0 \\ 0 & 1 & 0 & 2 \\ 0 & 1 & 1 & 0 \\ 0 & 2 & 0 & 0 \\ 0 & 0 & 0 & 1 \\ 0 & 0 & 1 & 0 \\ 0 & 1 & 0 & 1 \\ 1 & 0 & 1 & 0 \\ 1 & 0 & 0 & 0 \end{pmatrix} * \begin{pmatrix} 1 & -1 & 0 & 0 \\ 0 & 1 & 0 & 0 \\ 0 & 0 & \frac{1}{2} & 0 \\ 0 & 0 & 0 & \frac{1}{2} \end{pmatrix} = \begin{pmatrix} 1 & 0 & 0 & 0 \\ 0 & 1 & 0 & 0 \\ 0 & 0 & 1 & 0 \\ 0 & 0 & 0 & 1 \\ 1 & 1 & 0 & 0 \\ 0 & 1 & 0 & 1 \\ 0 & 1 & \frac{1}{2} & 0 \\ 0 & 2 & 0 & 0 \\ 0 & 0 & 0 & \frac{1}{2} \\ 0 & 0 & \frac{1}{2} & 0 \\ 0 & 1 & 0 & \frac{1}{2} \\ 1 & -1 & \frac{1}{2} & 0 \\ 1 & -1 & 0 & 0 \end{pmatrix}. \qquad (7.69)$$

Schließlich bleibt noch zu klären, nach welchen Kriterien die Bezugskomponenten am zweckmäßigsten ausgewählt werden sollten. Eine Bedingung hierfür ist, daß diese unabhängig voneinander sein müssen, denn sonst ließe sich die inverse Matrix ihrer Koeffizienten gar nicht bilden. Sodann wird man zweckmäßigerweise solche Komponenten als Bezugskomponenten suchen, deren Gleichgewichtskonzentrationen unter den gegebenen Bedingungen möglichst groß werden. Das wird der Fall sein, wenn wir unter den möglichen linear unabhängigen Kombinationen von Komponenten zu neuen Bezugskomponenten diejenigen aussuchen, die unter Berücksichtigung der stöchiometrischen Randbedingungen zu einem Maximum des PLANCKschen Potentials führen. Vernachlässigen wir hierbei den Unterschied der Partialdrücke vom Gesamtdruck[11], so kann diese Suche auf ein Grundproblem der linearen Optimierung zurückgeführt werden, welches nach bekannten Methoden, wie z.B. dem SIMPLEX-Algorithmus[12] gelöst werden kann.

---

[11] Die dadurch verursachte Unsicherheit ist für die Bestimmung der Bezugskomponenten bedeutungslos.
[12] siehe z.B. COLLATZ L, WETTERLING W (1971) Optimierungsaufgaben, 2.Aufl. Springer-Verlag

8 Gleichgewichtsbedingungen für Mehrstoffgemische

Bei irgendeiner Zustandsänderung eines Gebildes, mag dieses von der Umwelt wärmedicht abgeschlossen sein oder nicht, gehen wir davon aus, daß der thermodynamische Zustand aller seiner Teile zu jedem Zeitpunkt durch nur wenige voneinander unabhängige Zustandsgrößen eindeutig beschrieben wird.

Die Mannigfaltigkeit der Zustände, die ein Gebilde annehmen kann, wird dabei durch aufgezwungene Außenbedingungen eingeschränkt. So können z.B. die Temperatur oder der Druck aufgeprägt sein oder beides, aber auch andere Vorschriften sind möglich. So kann dem Gebilde ein Gefäß von unveränderlichem Volumen zur Verfügung gestellt werden, welches von der Umwelt wärme- und stoffdicht abgeschirmt ist usw.

Soll sich das Gebilde außerdem im Gleichgewicht befinden, so ist die zulässige Anzahl der voneinander unabhängigen Außenbedingungen beschränkt. Sie darf höchstens so groß sein, daß der Zustand dadurch thermodynamisch nicht überbestimmt, d.h. physikalisch nicht sinnlos wird. Bei einer kleineren Anzahl der aufgeprägten Außenbedingungen ist wiederum eine Reihe von Gleichgewichtszuständen des Gebildes möglich, wobei dann ein oder mehrere Freiheitsgrade offen stehen.

Als Beispiel sei eine gegebene Menge n eines einfachen Gases im Gleichgewicht angeführt. Der Gaszustand ist eindeutig durch zwei unabhängige Bedingungen, z.B. durch den Druck p und die Temperatur T festgelegt, und die Vorgabe jeder weiteren Außenbedingung, wie z.B. des Gefäßvolumens V, würde den Zustand überbestimmt machen. Schreibt man nur eine Außenbedingung, z.B. den Druck p vor, so kann man eine Reihe von Gleichgewichtszuständen bei verschiedenen Temperaturen T realisieren (ein Freiheitsgrad). Schreibt man außer Art und Menge des Gases keine weitere Bedingung vor, so ist eine zweifache Mannigfaltigkeit an Gleichgewichtszuständen bei verschiedenen Drücken und Temperaturen möglich (zwei Freiheitsgrade). Bei Gemischen sind auch mehrere Freiheitsgrade möglich.

Die Aussage, ob sich ein Gebilde im Gleichgewicht befindet, ist verhältnismäßig einfach, wenn dieses stofflich und energetisch von der übrigen Umwelt abgeschlossen ist (abgeschlossenes oder isoliertes System).

Zur Klärung des Gleichgewichtsbegriffes auch bei Gebilden, die Energie oder Stoffe oder beides mit der Umwelt austauschen können, oder die zeitlichen Änderungen unterliegen und dabei noch besonderen Außenbedingungen genügen müssen, sind eingehendere Betrachtungen notwendig. Man wird dann auch zwischen einem Gleichgewichtszustand und einem Beharrungszustand eines Gebildes unterscheiden müssen und finden, daß keiner dieser beiden Begriffe die notwendige Bedingung für

das Auftreten des anderen ist. Im Beharrungszustand braucht ein Gleichgewicht
ebensowenig zu herrschen, wie sich im Gleichgewicht ein Körper im Beharrungszustand befinden muß. Zwei einfache Beispiele mögen das erläutern.

Eine leitende und infolge eines von außen aufgezwungenen Temperaturgefälles
wärmedurchflossene Wand kann sich im Beharrungszustand befinden, obwohl in
ihr kein Temperaturgleichgewicht herrscht.

Andererseits kann ein Gas, welches im Zylinder einer Maschine expandiert, gleitend
eine Reihe von Gleichgewichtszuständen durchlaufen (gleitende Gleichgewichte) obwohl sich das Gas nicht im Beharrungszustand befindet.

Ein Beharrungszustand liegt dann vor, wenn sich die örtlichen Zustände eines Gebildes zeitlich nicht ändern, mögen sie untereinander im Gleichgewicht stehen oder
nicht. Eine Aussage über den Beharrungszustand hängt allerdings vom gewählten
Standpunkt des Betrachters ab. In einer Düsenströmung herrscht nur vom Standpunkt eines Beobachters außerhalb der Düse ein Beharrungszustand, nicht aber
vom Standpunkt eines Beobachters, welcher sich mit den strömenden und expandierenden Gasteilchen mitbewegt.

Der Gleichgewichtszustand ist demgegenüber in Bezug auf den gewählten ruhenden
oder bewegten Standpunkt invariant.

Unsere Aufmerksamkeit lenken wir zunächst auf ein abgeschlossenes (isoliertes)
Gebilde, von dessen Zustand A wir nicht wissen, ob er ein Gleichgewichtszustand
ist oder nicht. Weil das Gebilde nach außen abgeschlossen ist, muß seine innere
Energie bei allen Veränderungen konstant bleiben.

Befindet sich das Gebilde in einem Zustand A, der im allgemeinen kein Gleichgewichtszustand zu sein braucht, so gibt es eine Unzahl von denkbaren Nachbarzuständen $B_1, B_2 \ldots$ usw. des Gebildes, die sich von A nur verschwindend wenig
unterscheiden. Dann kann man alle Nachbarzustände B in drei interessante Gruppen einordnen, und zwar:

a) in solche Nachbarzustände B_1, die von A aus nur unter Zunahme der Entropie S
des Gebildes erreicht werden können

$$\delta S > 0 \quad \text{für} \quad A \to B_1 \; . \tag{8.1}$$

Ein solcher Übergang ist verträglich mit dem Zweiten Hauptsatz und gilt für eine
nichtumkehrbare Zustandsänderung, die nicht nur möglich ist, sondern auch von
selbst ablaufen könnte;

b) in solche Nachbarzustände B_2, zu denen der Übergang $A \to B_2$ die Gleichung

$$\delta S = 0 \tag{8.2}$$

befriedigen würde, was auch noch zulässig ist; dieser Übergang wäre umkehrbar, ist
aber wegen des Gleichheitszeichens sowohl in Richtung $A \to B_2$ als auch rückwärts
in die Richtung $B_2 \to A$ denkbar und möglich;

c) in solche Nachbarzustände B_3, zu denen der Übergang $A \to B_3$ nur unter Abnahme der Entropie erfolgen könnte

$$\delta S < 0 \quad \text{für} \quad A \to B_3 \tag{8.3}$$

und der deshalb nach dem Zweiten Hauptsatz verboten ist. Die Zustände B_3 sind zwar denkbar und unter anderen Randbedingungen auch realisierbar, aber bei der vorgegebenen Bedingung eines abgeschlossenen Systems vom Zustand A aus nicht erreichbar. Wohl wäre der umgekehrte Übergang $B_3 \to A$ möglich.

Es soll nun untersucht werden, welche Nachbarschaft an Zuständen B ein Zustand A haben darf, damit er als Gleichgewichtszustand bei den gegebenen Außenbedingungen angesprochen werden kann.

Das wird nur dann der Fall sein, wenn das Gebilde bei beliebiger differentieller (geringfügiger) Veränderung von A nach B immer wieder von selbst nach A zurückkehren kann und auf keine Weise in einen Zustand B_1 gelangen kann, von wo eine Rückkehr nach A nicht möglich wäre.

Daraus folgt, daß ein Zustand A nur dann ein Gleichgewichtszustand sein kann, wenn in seiner Nachbarschaft nur Zustände B_2 und B_3 der Gruppe b) und c) vorhanden sind und nicht Zustände B_1 der Gruppe a).

Wenn also der Zustand A eines abgeschlossenen Gebildes ein Gleichgewichtszustand sein soll, so muß die Entropie S eines jeden Zustandes in unmittelbarer Nachbarschaft von A kleiner als S_A oder höchstens gleich groß sein.

Diese für das Gleichgewicht notwendige Bedingung ist aber noch keineswegs hinreichend, denn es könnte ja auch dann, wenn in unmittelbarer Nachbarschaft von A keine Zustände B_1 der Gruppe a) liegen, in größerem Abstand von A durchaus Zustände mit einer größeren Entropie als in A geben. In einem solchen Fall liegt in A ein metastabiles Gleichgewicht vor.

Im stabilen Gleichgewichtszustand eines abgeschlossenen Gebildes besitzt dagegen die Entropie den größtmöglichen Wert.

Von einem stabilen Gleichgewichtszustand aus sind Zustandsänderungen nur zu Zuständen B_2 der Gruppe b) möglich, denn gäbe es von A aus zugängliche Zustände B_1 der Gruppe a), so wäre A kein Gleichgewichtszustand, und Übergänge zu Zuständen B_3 der Gruppe c) sind nach dem II. Hauptsatz ohnehin nicht erlaubt. Übergänge zu Zuständen B_2 der Gruppe b) sind aber sowohl in der einen Richtung $A \to B_2$ als auch in der umgekehrten $B_2 \to A$ möglich, d.h. reversibel.

Wir gelangen zu folgenden grundlegenden Aussagen über das Gleichgewicht in geschlossenen Gebilden:

Ein abgeschlossenes (isoliertes) Gebilde befindet sich dann und nur dann im stabilen Gleichgewicht, wenn es in der näheren und weiteren Nachbarschaft des Gleichgewichtszustandes A nur Zustände mit kleinerer oder höchstens gleichgroßer Entropie gibt. Im Gleichgewicht kann es nur noch solchen Zustandsänderungen ausgesetzt werden, die ausnahmslos reversibel sind.

Damit ist zugleich der Beweis erbracht, daß jede umkehrbare Zustandsänderung identisch ist mit einer ununterbrochenen Folge von nur stabilen (allenfalls metastabilen) Gleichgewichtszuständen und *vice versa*.

Für nicht abgeschlossene Gebilde muß die obige Gleichgewichtsbedingung entsprechend den aufgezwungenen Außenbedingungen modifiziert werden. Einige technisch wichtige Fälle werden nachfolgend besprochen.

Außenbedingung $T = \text{konst}, V = \text{konst}$

Will man in einem Gebilde konstanten Volumens V auch die Temperatur T konstant halten, so muß man es mit einem Wärmebad B derselben Temperatur T in Kontakt bringen. Das Wärmebad soll aus einem einheitlichen Stoff bestehen, außerdem soll es homogen[1] und so groß sein, daß seine Temperatur durch etwaige Zustandsänderungen im betrachteten Gebilde nicht verändert wird. Darüber hinaus soll auch das Wärmebad ein konstantes Volumen V_B einnehmen. Steht das Wärmebad einzig und allein mit unserem betrachteten Gebilde in Kontakt, so stellt die Kombination der beiden ein neues Gesamtgebilde dar, welches nunmehr abgeschlossen ist.
Die Entropie S_G des Gesamtgebildes, welche sich aus den Entropien S des betrachteten Gebildes und S_B des Wärmebades zusammensetzt

$$S_G = S + S_B \ , \tag{8.4}$$

muß im Gleichgewichtszustand ihren Maximalwert $S_{\max}$ angenommen haben. Das bedeutet, daß in unmittelbarer Nachbarschaft des Gleichgewichtszustandes nur solche Zustände des Gesamtgebildes liegen können, zu denen ein Übergang nur unter Abnahme der Entropie oder bei gleichbleibender Entropie erfolgen könnte

$$\delta S_G = \delta S + \delta S_B \leq 0 \ . \tag{8.5}$$

Die Entropieänderung des Wärmebades läßt sich aber unter den getroffenen Annahmen (homogenes Wärmebad konstanten Volumens und konstanter Temperatur) aus der Änderung seiner inneren Energie δU_B ermitteln[2]

$$\delta S_B = \frac{1}{T} \delta U_B = -\frac{1}{T} \delta U \ . \tag{8.6}$$

Dabei entspricht die Änderung der inneren Energie δU_B des Wärmebades der negativen Änderung der inneren Energie $-\delta U$ des betrachteten Gebildes, weil ja das Gesamtgebilde als abgeschlossen angesehen wurde.
Aus Gl. (8.5) und (8.6) erhält man für $T = \text{konst}$

$$T\delta S - \delta U = \delta(TS - U) \leq 0 \tag{8.7}$$

als notwendige Bedingung dafür, daß unser betrachtetes System in einem Gleichgewichtszustand vorliegt.
Anstelle der Zustandsgrößen in der Klammer der Gl. (8.7) führt man nach HELMHOLTZ[3] die freie Energie

$$F = U - TS \tag{8.8}$$

ein. Dann erhält man anstelle von Gl. (8.7)

$$\delta F = \delta(U - TS) \geq 0 \ , \tag{8.9}$$

---

[1] Über den Begriff der Homogenität s. Band I, Abschn. 1.8
[2] siehe Band I, Abschn. 6.8
[3] HERMANN LUDWIG FERDINAND VON HELMHOLTZ, 1821-1894, war Physiologe und Physiker. Er lehrte an den Universitäten Königsberg, Bonn, Heidelberg und Berlin.

was bedeutet, daß bei konstanter Temperatur und konstantem Volumen ein Gleichgewichtszustand des betrachteten Gebildes nur dann vorliegen kann, wenn die freie Energie jedes beliebigen Nachbarzustandes einen größeren oder höchstens gleich großen Wert besitzt wie im Gleichgewichtszustand. Mit anderen Worten:
In einem Gebilde konstanten Volumens und konstanter Temperatur nimmt im Gleichgewicht die freie Energie den kleinstmöglichen Wert an.

Außenbedingung $T = \text{konst}, p = \text{konst}$

Technisch besonders wichtig sind solche Fälle, bei denen das Gebilde unter konstantem Druck p steht, wie z.B. in Reaktoren, Trennapparaten und ähnliche Anlagen. Wird auch noch die Temperatur T konstant gehalten, so erhält man die Gleichgewichtsbedingung auf folgende Weise: Wir denken uns das betrachtete Gebilde im Kontakt mit einem großen homogenen, aus einem einzigen Stoff bestehenden Wärmebad, das so beschaffen sein soll, daß Wärmebad und unser betrachtetes Gebilde ein nach außen abgeschlossenes Gesamtgebilde darstellen.
Damit in unserem betrachteten Gebilde Druck und Temperatur konstant gehalten werden können, müssen wir Änderungen seines Volumens und seiner inneren Energie zulassen, welche durch das Wärmebad ausgeglichen werden. Das Wärmebad nehmen wir wieder so groß an, daß die erwähnten Änderungen der inneren Energie und des Volumens seine Temperatur $T_B = T$ und seinen Druck $p_B = p$ nicht beeinflussen.
Befindet sich das Gesamtgebilde im Gleichgewicht, so kann man in der Nachbarschaft des Gleichgewichtszustandes nur solche Zustände antreffen, zu denen im Übergang vom Gleichgewichtszustand nur mit abnehmender oder allenfalls gleichbleibender Entropie erfolgen könnte

$$\delta S_G = \delta S + \delta S_B \leq 0 \;, \tag{8.10}$$

wobei für die Entropieänderung des Wärmebades bei $p_B = p = \text{konst}$ gilt[4]

$$\delta S_B = \frac{\delta U_B + p_B\,\delta V_B}{T_B} = -\frac{\delta U + \delta(pV)}{T} \;. \tag{8.11}$$

Eingesetzt in Gl. (8.10) ergibt dies für $T = \text{konst}$ und $p = \text{konst}$

$$\delta S - \delta\left(\frac{U + pV}{T}\right) \leq 0 \;. \tag{8.12}$$

Indem man nach GIBBS[5] die freie Enthalpie

$$G = U + pV - TS = H - TS \tag{8.13}$$

---
[4] siehe Band I, Abschn. 6.8
[5] JOSIAH WILLARD GIBBS, 1839-1903, war Professor für Mathematische Physik an der Yale University. Seine Arbeit "On the Equilibrium of Heterogeneous Substances", erschien zwischen 1875 und 1877 in den Tranactions of the Connecticut Academy und ist die Grundlage der heutigen Mehrstoffthermodynamik.

einführt, erhält man aus Gl. (8.12)

$$\delta G = \delta(U + pV - TS) \geq 0 \quad . \tag{8.14}$$

Danach ist der Gleichgewichtszustand unter den genannten Außenbedingungen dadurch ausgezeichnet, daß in jedem ganz beliebigen Nachbarzustand die freie Enthalpie einen größeren oder höchstens gleich großen Wert besitzt wie im Gleichgewichtszustand. Mit anderen Worten:
Werden in einem Gebilde Druck p und Temperatur T konstant gehalten, so nimmt seine freie Enthalpie im Gleichgewichtszustand den kleinstmöglichen Wert an.

8.1 Gleichgewichtsbedingungen bei homogenen Gemischen

Die besprochenen Gleichgewichtsbedingungen müssen selbstverständlich auch bei Gemischen erfüllt sein, welche aus mehreren Teilchensorten (Komponenten) zusammengesetzt sind. Bei Zustandsänderungen von Gemischen können dann auch die Mengen einzelner Komponenten, etwa durch chemische Reaktionen, zu- oder abnehmen.
Wir wollen unsere Betrachtungen zunächst auf homogene[6] Gemische beschränken. Die für die Technik besonders wichtigen Phasengleichgewichte werden wir erst in Abschn. 8.3 behandeln. Allerdings sind die Überlegungen, die wir für homogene Gemische anstellen wollen, für das Verständnis der Phasengleichgewichte unbedingt notwendig.

8.1.1 Gibbssche Fundamentalgleichung für homogene Gemische

Der Zustand eines homogenen Gebildes, welches nur aus einer einzigen Teilchensorte besteht, läßt sich durch zwei unabhängige Zustandsgrößen beschreiben. So ist z.B. bei gegebener Molmenge n der Druck p durch das Volumen V und die Temperatur T eindeutig festgelegt. Dieser Zusammenhang wird durch die thermische Zustandsgleichung

$$p = p(n, V, T) \tag{8.15}$$

wiedergegeben. Ebenso kann die innere Energie U als Funktion der unabhängigen Variablen n, V und T angegeben werden. Diesen Zusammenhang nennen wir die kalorische Zustandsgleichung

$$U = U(n, V, T) \tag{8.16}$$

---
[6]siehe Band I, Abschn. 1.8

Die thermische und die kalorische Zustandsgleichung lassen sich auch zu einer einzigen Gleichung zusammenfassen, indem man z.B. die Entropie S als Funktion der inneren Energie U, des Volumens V und der Molmenge n versteht

$$S = S(U,V,n) \ . \tag{8.17}$$

Deren vollständiges Differential dS ist

$$dS = \left(\frac{\partial S}{\partial U}\right)_{V,n} dU + \left(\frac{\partial S}{\partial V}\right)_{U,n} dV + \left(\frac{\partial S}{\partial n}\right)_{U,V} dn \ . \tag{8.18}$$

Nach dem Zweiten Hauptsatz der Thermodynamik muß aber für Gebilde konstanter Menge (geschlossene Systeme) stets gelten (vgl. Band I, Abschn. 6.15)

$$dS = \frac{1}{T} dU + \frac{p}{T} dV \ . \tag{8.19}$$

Daher müssen die partiellen Ableitungen in Gl. (8.18) mit dem Reziprokwert der Temperatur bzw. dem Quotienten aus Druck und Temperatur identisch sein

$$\left(\frac{\partial S}{\partial U}\right)_{V,n} = \frac{1}{T} \ , \tag{8.20}$$

$$\left(\frac{\partial S}{\partial V}\right)_{U,n} = \frac{p}{T} \ . \tag{8.21}$$

Die Formulierung der Zustandsgleichung (8.17) mit der Entropie als Funktion der inneren Energie und des Volumens enthält nach Gl. (8.20) und (8.21) zugleich auch die vollständige Information über die Temperatur und den Druck des Gebildes.
Bei Gemischen müssen wir zusätzlich zur inneren Energie U und zum Volumen V noch die Molmengen n_i der einzelnen Komponenten als unabhängige Zustandsvariablen zur vollständigen Beschreibung des homogenen Gebildes heranziehen.
In Erweiterung der Gl. (8.17) gehen wir davon aus, daß für jedes homogene Gemisch eine Zustandsgröße „Entropie" als Funktion der inneren Energie U, des Volumens V und der Molzahlen n_i ihrer Komponenten existiert

$$S = S(U,V,n_1,\ldots n_k) \tag{8.22}$$

und somit deren vollständiges Differential

$$dS = \left(\frac{\partial S}{\partial U}\right)_{V,n_i} dU + \left(\frac{\partial S}{\partial V}\right)_{U,n_i} dV + \sum_i \left(\frac{\partial S}{\partial n_i}\right)_{U,V,n_{j \neq i}} dn_i \tag{8.23}$$

gebildet werden kann. Hierin kommen außer den partiellen Ableitungen der Entropie S nach der inneren Energie U und nach dem Volumen V noch solche nach den Molzahlen n_i der einzelnen Komponenten vor. Multipliziert man die partiellen Ableitungen nach den Molzahlen mit der negativen Temperatur, so wird dadurch eine

8.1 Gleichgewichtsbedingungen bei homogenen Gemischen

neue Zustandsgröße μ_i definiert, die nach GIBBS das chemische Potential[7] genannt wird

$$\mu_i = -T\left(\frac{\partial S}{\partial n_i}\right)_{U,V,n_{j\neq i}} . \tag{8.24}$$

Mit (8.20), (8.21) und (8.24) erhalten wir aus (8.23) die sog. GIBBSsche Fundamentalgleichung

$$dS = \frac{1}{T}dU + \frac{p}{T}dV - \sum_{i=1}^{k}\frac{\mu_i}{T}dn_i . \tag{8.25}$$

Auch die integrierte Form, nämlich die Gl. (8.22), wird GIBBSsche Fundamentalgleichung genannt.

Zunächst sollen einige Besonderheiten der integrierten Form der GIBBSschen Fundamentalgleichung (8.22) besprochen werden. Als unabhängige Zustandsvariable enthält diese nur extensive, d.h. von der Menge abhängige, Zustandsgrößen. Betrachtet man einen Bruchteil α der Gesamtmenge eines homogenen Gemisches, so ist dessen innere Energie αU, sein Volumen αV, seine Entropie αS und die Molzahl der darin enthaltenen Komponenten αn_i. Die Entropie dieser Teilmenge des Gemisches ist daher

$$\alpha S = S(\alpha U, \alpha V, \alpha n_1, \ldots, \alpha n_k) . \tag{8.26}$$

Eine Funktion, welche der Bedingung (8.26) genügt, nennt man homogen ersten Grades. Differenziert man Gl. (8.26) nach α, so erhält man

$$S = \frac{\partial S}{\partial(\alpha U)}U + \frac{\partial S}{\partial(\alpha V)}V + \sum_{i=1}^{k}\frac{\partial S}{\partial(\alpha n_i)}n_i . \tag{8.27}$$

Gl. (8.27) muß für jeden beliebigen Wert von α gelten, also auch für $\alpha = 1$. In diesem Fall wird

$$S = \left(\frac{\partial S}{\partial U}\right)_{V,n_i}U + \left(\frac{\partial S}{\partial V}\right)_{U,n_i}V + \sum_{i=1}^{k}\left(\frac{\partial S}{\partial n_i}\right)_{U,V,n_{j\neq i}}n_i . \tag{8.28}$$

Der Zusammenhang nach Gl. (8.28) ist in der Mathematik als EULERscher Satz über homogene Funktionen ersten Grades bekannt.

Die Gl. (8.28) kann man sich auch aus Gl. (8.25) entstanden denken, wenn man die infinitesimal kleinen Molmengen dn_i eines homogenen Gemisches zu n_i aufintegriert. Weil sowohl die innere Energie U als auch das Volumen V direkt der Molmenge proportional sind, liefert diese Integration für dU bzw. dV die gesamte innere Energie U und das gesamte Volumen V.

Setzt man die Beziehungen (8.20), (8.21) und (8.24) in Gl. (8.28) ein, so erhält man die wichtige EULER-Gleichung

$$S = \frac{U}{T} + \frac{pV}{T} - \sum_{i=1}^{k}\frac{\mu_i}{T}n_i , \tag{8.29}$$

---
[7]siehe hierzu auch Abschn. 8.1.7

welche der Fundamentalgleichung in ihrer integrierten Form (8.22) völlig äquivalent ist.

Die Fundamentalgleichung ist eine charakteristische Funktion, was besagt, daß sie die vollständige Information über alle thermodynamischen Eigenschaften des Gemisches enthält[8]. Mit der Entropie $S(U, V, n_1, \ldots, n_k)$ sind nämlich auch die intensiven Zustandsgrößen T, p und μ_i nach Gl. (8.20),(8.21) und (8.24) Funktionen der extensiven Zustandsgrößen U, V, n_i

$$T = T(U, V, n_1, \ldots, n_k) \;, \tag{8.30}$$

$$p = p(U, V, n_1, \ldots, n_k) \;, \tag{8.31}$$

$$\mu_i = \mu_i(U, V, n_1, \ldots, n_k) \quad i = 1, \ldots, k \;. \tag{8.32}$$

Diese $k + 2$ Beziehungen werden als die Zustandsgleichungen des Gemisches bezeichnet. Sie sind ebenfalls der Fundamentalgleichung äquivalent, was man sofort einsieht, wenn man sie in die EULER-Gleichung (8.29) einsetzt.

Die Zustandsgleichungen (8.30) bis (8.32) nennt man auch homogen nullten Grades, weil bei einer Verkleinerung der Gesamtmenge auf den Bruchteil α die Ableitungen (8.20), (8.21) und (8.24) unverändert bleiben

$$\frac{1}{T} = \frac{\partial(\alpha S)}{\partial(\alpha U)} = \frac{\partial S}{\partial U} \;;\; \frac{1}{p} = \frac{\partial(\alpha S)}{\partial(\alpha V)} = \frac{\partial S}{\partial V} \;;\; \mu_i = -T\frac{\partial(\alpha S)}{\partial(\alpha n_i)} = -T\frac{\partial S}{\partial n_i} \;. \tag{8.33}$$

Daher ist

$$T = T(\alpha U, \alpha V, \alpha n_1, \ldots, \alpha n_k) = T(U, V, n_1, \ldots, n_k) = T(u_m, v_m, \psi_1, \ldots, \psi_k) \tag{8.34}$$

$$p = p(\alpha U, \alpha V, \alpha n_1, \ldots, \alpha n_k) = p(U, V, n_1, \ldots, n_k) = p(u_m, v_m, \psi_1, \ldots, \psi_k) \tag{8.35}$$

$$\mu_i = \mu_i(\alpha U, \alpha V, \alpha n_1, \ldots, \alpha n_k) = \mu_i(U, V, n_1, \ldots, n_k) = \mu_i(u_m, v_m, \psi_1, \ldots, \psi_k) \;, \tag{8.36}$$

wobei in der letzten Gleichung $\alpha = 1/n$ gesetzt wird und damit die Temperatur T, der Druck p und die chemischen Potentiale μ_i als Funktion der molaren Größen $u_m = U/n$, $v_m = V/n$ und der Molanteile ψ_i angegeben werden.

8.1.2 Gibbs-Duhem-Beziehung

Die intensiven Zustandsgrößen sind nicht unabhängig voneinander. Durch Differentiation der Gl. (8.29) erhält man nämlich

$$dS = \frac{dU}{T} + U d\left(\frac{1}{T}\right) + \frac{p}{T}dV + V d\left(\frac{p}{T}\right) - \sum_{i=1}^{k}\frac{\mu_i}{T}dn_i - \sum_{i=1}^{k}n_i d\left(\frac{\mu_i}{T}\right) \;. \tag{8.37}$$

---
[8]Die Bezeichnung „charakteristische Funktion" geht auf M.F. MASSIEU zurück (MASSIEU M F (1969) Sur les fonctions characteristiques des divers fluides. Comptes Rendus Sci Paris 69:858 und 69:1057

8.1 Gleichgewichtsbedingungen bei homogenen Gemischen

Mit der Fundamentalgleichung (8.25) folgt daraus die wichtige GIBBS-DUHEM-Beziehung

$$U \mathrm{d}\left(\frac{1}{T}\right) + V \mathrm{d}\left(\frac{p}{T}\right) - \sum_{i=1}^{k} n_i \mathrm{d}\left(\frac{\mu_i}{T}\right) = 0 \; , \tag{8.38}$$

welche man mit Gl. (8.29) auch in der folgenden Weise umformen kann

$$S \, \mathrm{d}T - V \, \mathrm{d}p + \sum n_i \mathrm{d}\mu_i = 0 \; . \tag{8.39}$$

Die GIBBS-DUHEM-Beziehung wird bei Phasengleichgewichten in zahlreichen Variationen angewendet, insbesondere um die Konsistenz von Meßdaten zu überprüfen.

8.1.3 Fundamentalgleichung in der Energiedarstellung

Anstelle der Fundamentalgleichung (8.22) kann die innere Energie auch in Abhängigkeit der extensiven Zustandsgrößen S, V und n_i formuliert werden

$$U = U(S, V, n_1, \ldots, n_k) \; . \tag{8.40}$$

Die differentielle Form dieser Gleichung ist für jedes homogene Gemisch

$$\mathrm{d}U = \left(\frac{\partial U}{\partial S}\right)_{V, n_i} \mathrm{d}S + \left(\frac{\partial U}{\partial V}\right)_{S, n_i} \mathrm{d}V + \sum_i \left(\frac{\partial U}{\partial n_i}\right)_{S, V, n_{j \neq i}} \mathrm{d}n_i \; , \tag{8.41}$$

was im Vergleich mit Gl. (8.25) auch in der Form

$$\mathrm{d}U = T \mathrm{d}S - p \mathrm{d}V + \sum_i \mu_i \mathrm{d}n_i \tag{8.42}$$

geschrieben werden kann. Die Gl. (8.40) bzw. (8.42) werden ebenfalls GIBBSsche Fundamentalgleichung genannt. Wie Gl. (8.25) ist die entsprechend Gl. (8.40) definierte innere Energie eine homogene Funktion ersten Grades aller unabhängigen Variablen. Die zugehörige EULER-Gleichung ist

$$U = TS - pV + \sum_i \mu_i n_i \; , \tag{8.43}$$

und die daraus abzuleitende GIBBS-DUHEM-Gleichung ist mit Gl. (8.39) identisch. Allerdings bringt ein Übergang auf die in Gl. (8.40) enthaltenen Variablen für praktische Anwendungen wenig Vorteile, weil die unabhängige Variable „Entropie" einer direkten Messung nicht zugänglich ist.

Grundsätzlich läßt sich die innere Energie eines homogenen Gemisches auch als Funktion der Temperatur T, des Volumens V und der Molzahlen n_i angeben

$$U = U(T, V, n_1, \ldots, n_k) \tag{8.44}$$

und dafür das vollständige Differential bilden

$$dU = \left(\frac{\partial U}{\partial T}\right)_{V,n_i} dT + \left(\frac{\partial U}{\partial V}\right)_{T,n_i} dV + \sum_i \left(\frac{\partial U}{\partial n_i}\right)_{T,V,n_{j\neq i}} dn_i \ . \tag{8.45}$$

Im Vergleich mit der Fundamentalgleichung (8.40) ist in Gl. (8.44) nur die Entropie S gegen die Temperatur T oder — was dasselbe bedeutet — gegen den Differentialausdruck $T = 1/(\partial S/\partial U)_{V,n_i}$ ausgetauscht worden. Diejenigen Terme der Entropie S, die nur vom Volumen V und/oder den Molzahlen n_i abhängen, gehen bei dieser Differentiation unwiederbringlich verloren. Daher ist der Informationsgehalt der Gl. (8.44) geringer als der der Fundamentalgleichung (8.40). Die Gl. (8.44) ist daher auch keine charakteristische Funktion. In der Tat ist es nicht möglich, z.B. das chemische Potential oder den Druck aus Gl. (8.44) abzuleiten. Die Eigenschaft einer charakteristischen Funktion kann deshalb nicht der inneren Energie als Zustandsgröße allein zugemessen werden, wie der Vergleich von Gl. (8.40) und (8.44) zeigt. Vielmehr kommt ihr diese Eigenschaft erst mit dem Satz der zugehörigen unabhängigen Variablen zu.

Im folgenden wollen wir nun noch einige andere charakteristische Funktionen besprechen, die sich aus der Fundamentalgleichung in der Energiedarstellung ableiten lassen; diese werden auch als thermodynamische Potentiale bezeichnet[9].

8.1.4 Enthalpie als charakteristische Funktion

Nach Band I, Kap. 8.1 ist die Enthalpie wie folgt definiert

$$H = U + pV \quad \text{bzw.} \quad dH = dU + pdV + Vdp \ . \tag{8.46}$$

Ersetzen wir in Gl. (8.46) dU durch Gl. (8.42), so wird für jedes homogene Gemisch

$$dH = T\,dS + V\,dp + \sum \mu_i dn_i \ . \tag{8.47}$$

Fassen wir die Enthalpie H als Funktion der unabhängigen Variablen S, p und n_i auf

$$H = H(S, p, n_1, \ldots, n_k) \ , \tag{8.48}$$

so ist deren vollständiges Differential

$$dH = \left(\frac{\partial H}{\partial S}\right)_{p,n_i} dS + \left(\frac{\partial H}{\partial p}\right)_{S,n_i} dp + \sum_{i=1}^{k} \left(\frac{\partial H}{\partial n_i}\right)_{S,p,n_{j\neq i}} dn_i \ , \tag{8.49}$$

und für die partiellen Ableitungen gilt

$$\left(\frac{\partial H}{\partial S}\right)_{p,n_i} = T \ ; \ \left(\frac{\partial H}{\partial p}\right)_{S,n_i} = V \ ; \ \left(\frac{\partial H}{\partial n_i}\right)_{S,p,n_{j\neq i}} = \mu_i \ . \tag{8.50}$$

---
[9] MÜNSTER A (1969) Chemische Thermodynamik. Verlag Chemie GmbH, S. 84

Aus der Definitionsgleichung der Enthalpie (8.46) und Gl. (3.50) läßt sich eine Bestimmungsgleichung für die innere Energie ableiten

$$U = H - pV = H - p\left(\frac{\partial H}{\partial p}\right)_{S,n_i} = -p^2 \frac{\partial}{\partial p}\left(\frac{H}{p}\right)_{S,n_i} \tag{8.51}$$

Häufig wird die Enthalpie als Funktion der Temperatur, des Druckes und der Molzahlen angegeben

$$H = H(T, p, n_1, \ldots, n_k) \ . \tag{8.52}$$

Das vollständige Differential dieser Funktion ist

$$dH = \left(\frac{\partial H}{\partial T}\right)_{p,n_i} dT + \left(\frac{\partial H}{\partial p}\right)_{T,n_i} dp + \left(\frac{\partial H}{\partial n_i}\right)_{p,T,n_{j \neq i}} dn_i \ . \tag{8.53}$$

Die darin auftretenden partiellen Ableitungen

$$\left(\frac{\partial H}{\partial T}\right)_{p,n_i} = C_p \tag{8.54}$$

und

$$\left(\frac{\partial H}{\partial n_i}\right)_{T,p,n_{j \neq i}} = h_{mi} \tag{8.55}$$

haben wir bereits früher als die Wärmekapazität bei konstantem Druck C_p und die partielle molare Enthalpie h_{mi} kennengelernt, vgl. Gl. (4.30) und (4.31).
In Gl. (8.53) wurde im Vergleich zu (8.48) die Temperatur T anstelle der Entropie S als unabhängige Variable eingesetzt, die nach Gl. (8.50) ja auch als partielle Ableitung der Enthalpie nach der Entropie verstanden werden kann. Dabei gehen allerdings wesentliche Abhängigkeiten verloren, so daß auch die Funktion (8.53) nicht denselben Informationsgehalt wie Gl. (8.48) besitzt; sie ist deshalb auch keine charakteristische Funktion.

8.1.5 Helmholtz-Potential oder die freie Energie

Das HELMHOLTZ-Potential oder die freie Energie wurde definiert als (s. Gl. (8.8))

$$F = U - TS \quad \text{bzw.} \quad dF = dU - TdS - SdT \ . \tag{8.56}$$

Ihr vollständiges Differential ist mit Gl. (8.25) für jedes homogene Gemisch

$$dF = -p\,dV - S\,dT + \sum \mu_i dn_i \ , \tag{8.57}$$

d.h. die freie Energie

$$F = F(V, T, n_1, \ldots, n_k) \tag{8.58}$$

ist charakteristische Funktion der Variablen V, T und n_i mit

$$p = -\left(\frac{\partial F}{\partial V}\right)_{T,n_i} \; ; \; S = -\left(\frac{\partial F}{\partial T}\right)_{V,n_i} \; ; \; \mu_i = \left(\frac{\partial F}{\partial n_i}\right)_{T,V,n_{j \neq i}} \tag{8.59}$$

Nach Gl. (8.56) und (8.59) kann auch die innere Energie

$$U = F + TS = F - T\left(\frac{\partial F}{\partial T}\right)_{V,n_i} = -T^2 \frac{\partial}{\partial T}\left(\frac{F}{T}\right)_{V,n_i} \tag{8.60}$$

unmittelbar aus der freien Energie berechnet werden.
Ganz analog erhält man für die Enthalpie

$$H = U + pV = -T^2 \frac{\partial}{\partial T}\left(\frac{F}{T}\right)_{V,n_i} - V\left(\frac{\partial F}{\partial V}\right)_{T,n_i} \; . \tag{8.61}$$

8.1.6 Planck-Funktion

Von M. PLANCK wurde eine weitere charakteristische Funktion eingeführt, welche sich aus der Entropiedarstellung der Fundamentalgleichung ableitet und welche besonders einfache Zusammenhänge für das Gleichgewicht bei chemischen Reaktionen ergibt, s. Kapitel 7. Sie ist definiert als

$$\phi = S - \frac{U + pV}{T} = S - \frac{H}{T} \; , \tag{8.62}$$

bzw.

$$d\phi = dS - \frac{dU}{T} - \frac{p}{T}dV - U\,d\left(\frac{1}{T}\right) - V\,d\left(\frac{p}{T}\right) = dS - \frac{dH}{T} + \frac{H}{T^2}dT \; . \tag{8.63}$$

Für das vollständige Differential von ϕ ergibt sich mit Gl. (8.25)

$$d\phi = -U\,d\left(\frac{1}{T}\right) - V\,d\left(\frac{p}{T}\right) - \sum_i \frac{\mu_i}{T}dn_i \; . \tag{8.64}$$

8.1.7 Freie Enthalpie

Die am häufigsten verwendete charakteristische Funktion ist die freie Enthalpie, im englischen Schrifttum auch als GIBBS free energy bezeichnet. Sie ist definiert als (s. Gl. (8.13))

$$G = H - TS = U + pV - TS = F + pV \quad \text{bzw.}$$

$$dG = dH - TdS - SdT = dU + pdV + Vdp - TdS - SdT \; . \tag{8.65}$$

Indem wir die GIBBSsche Fundamentalgleichung Gl. (8.25) verwenden, erhalten wir für jedes homogene Gemisch

$$dG = -S\,dT + V\,dp + \sum_i \mu_i dn_i \; . \tag{8.66}$$

8.1 Gleichgewichtsbedingungen bei homogenen Gemischen

Fassen wir die freie Enthalpie als Funktion der Temperatur T, des Druckes p und der Molzahlen n_i auf, so ist für jedes homogene Gemisch das vollständige Differential der freien Enthalpie

$$dG = \left(\frac{\partial G}{\partial T}\right)_{p,n_i} dT + \left(\frac{\partial G}{\partial p}\right)_{T,n_i} dp + \sum_i \left(\frac{\partial G}{\partial n_i}\right)_{T,p,n_{j \neq i}} dn_i \ . \tag{8.67}$$

Durch Vergleich der partiellen Ableitungen in Gl. (8.67) mit (8.66) erhält man

$$\left(\frac{\partial G}{\partial T}\right)_{p,n_i} = -S \ ; \ \left(\frac{\partial G}{\partial p}\right)_{T,n_i} = V \ ; \ \left(\frac{\partial G}{\partial n_i}\right)_{T,p,n_{j \neq i}} = \mu_i \ , \tag{8.68}$$

d.h. das Volumen V, die Entropie S und die chemischen Potentiale μ_i können direkt aus den partiellen Ableitungen der freien Enthalpie erhalten werden. Auch die Enthalpie H läßt sich direkt aus der freien Enthalpie G ermitteln; es ist nämlich nach Gl. (8.65) und (8.68)

$$H = G + TS = G - T(\partial G/\partial T)_{p,n_i} = -T^2 \left[\partial (G/T)/\partial T\right]_{p,n_i} \ . \tag{8.69}$$

Diese Beziehungen wurden zuerst von GIBBS und später unabhängig von HELMHOLTZ abgeleitet. Sie werden deshalb GIBBS-HELMHOLTZ-Gleichungen genannt.
Die innere Energie U erhält man ganz analog aus Gl. (8.46) und (8.68)

$$U = H - pV = -T^2 \frac{\partial}{\partial T}\left(\frac{G}{T}\right)_{p,n_i} - p\left(\frac{\partial G}{\partial p}\right)_{T,n_i} \ , \tag{8.70}$$

und schließlich bekommt man aus Gl. (8.65) und (8.68) die freie Energie

$$F = G - pV = G - p\left(\frac{\partial G}{\partial p}\right)_{T,n_i} = -p^2 \frac{\partial}{\partial p}\left(\frac{G}{p}\right)_{T,n_i} \ . \tag{8.71}$$

Umgekehrt läßt sich die freie Enthalpie auch nach Gl. (8.59) aus der freien Energie berechnen

$$G = F + pV = F - V\left(\frac{\partial F}{\partial V}\right)_{T,n_i} = -V^2 \frac{\partial}{\partial V}\left(\frac{F}{V}\right)_{T,n_i} \ . \tag{8.72}$$

Aus den Beziehungen (8.59) bis (8.61), (8.68) und (8.70) bis (8.72) wird die vorteilhafte Eigenschaft der freien Energie und der freien Enthalpie als charakteristische Funktionen ihrer zugehörigen unabhängigen Variablen deutlich, daß nämlich alle anderen Zustandsgrößen durch partielle Ableitung nach den relativ leicht zu messenden unabhängigen Variablen Temperatur T und Volumen V bzw. Druck p berechnet werden können.
Ein besonders enger Zusammenhang besteht zwischen der freien Enthalpie G und den chemischen Potentialen μ_i.
Nach Gl. (8.65) und der EULER-Gleichung (8.29) ist nämlich

$$G = \sum_{i=1}^{k} n_i \mu_i \ , \tag{8.73}$$

d.h. die freie Enthalpie ist eine homogene Funktion ersten Grades in Bezug auf die Molzahlen n_i.

Die partielle molare freie Enthalpie eines jeden homogenen Gemisches ist dabei nach Gl. (8.68) mit dem chemischen Potential identisch

$$\left(\frac{\partial G}{\partial n_i}\right)_{T,p,n_{j\neq i}} = \mu_i \; . \tag{8.74}$$

Daher kann man nach Gl. (8.65) das chemische Potential μ_i auch direkt aus der partiellen molaren Enthalpie $h_{mi} = (\partial H/\partial n_i)_{T,p,n_{j\neq i}}$, (Gl. (4.30) bzw. (4.31)) und der partiellen molaren Entropie $s_{mi} = (\partial S/\partial n_i)_{T,p,n_{j\neq i}}$ ableiten

$$\mu_i = \left(\frac{\partial G}{\partial n_i}\right)_{T,p,n_{j\neq i}} = \left(\frac{\partial H}{\partial n_i}\right)_{T,p,n_{j\neq i}} - T\left(\frac{\partial S}{\partial n_i}\right)_{T,p,n_{j\neq i}}, \tag{8.75}$$

d.h. das chemische Potential μ_i einer Komponente i im Gemisch ist

$$\mu_i = h_{mi} - T\, s_{mi} \; . \tag{8.76}$$

Dabei muß allerdings beachtet werden, daß die partiellen molaren Enthalpien h_{mi} und Entropien s_{mi} im allgemeinen noch von der Gemischzusammensetzung abhängen und daher nicht mit den molaren Größen $h_{0\,mi}$ und $s_{0\,mi}$ der reinen Komponenten verwechselt werden dürfen.

8.1.8 Molare und partielle molare Zustandsgrößen

Nach Gl. (8.68) und (8.69) können die extensiven Zustandsgrößen S, V und H aus der freien Enthalpie bzw. ihrer Ableitungen und damit als Funktion der unabhängigen Variablen T, p und n_i berechnet werden. So z.B. erhalten wir für die Entropie mit Gl. (8.68), (8.73) und (8.74)

$$\begin{aligned}
S = -\left(\frac{\partial G}{\partial T}\right)_{p,n_i} &= -\left[\frac{\partial}{\partial T}\sum_{i=1}^{k} n_i \left(\frac{\partial G}{\partial n_i}\right)_{p,T,n_{j\neq i}}\right]_{p,n_i} \\
&= -\sum_{i=1}^{k} n_i \left[\frac{\partial}{\partial T}\left(\frac{\partial G}{\partial n_i}\right)_{p,T,n_{j\neq i}}\right]_{p,n_i} .
\end{aligned} \tag{8.77}$$

Vertauschen wir hierin die Reihenfolge der Differentiationen, so ergibt dies wiederum mit Gl. (8.68)

$$S = +\sum_{i=1}^{k} n_i \left(\frac{\partial S}{\partial n_i}\right)_{p,T,n_{j\neq i}} = \sum_{i=1}^{k} n_i s_{mi} \; . \tag{8.78}$$

Hierin wird

$$s_{mi} = \left(\frac{\partial S}{\partial n_i}\right)_{p,T,n_{j\neq i}} \tag{8.79}$$

8.1 Gleichgewichtsbedingungen bei homogenen Gemischen

als die partielle molare Entropie bezeichnet. Entsprechend erhält man für das Volumen V nach Gl. (8.68), die Enthalpie nach Gl. (8.69) und die innere Energie nach Gl. (8.70)

$$V = \sum_{i=1}^{k} n_i v_{mi} \;, \tag{8.80}$$

$$H = \sum_{i=1}^{k} n_i h_{mi} \;, \tag{8.81}$$

$$U = \sum_{i=1}^{k} n_i u_{mi} \tag{8.82}$$

mit dem partiellen molaren Volumen

$$v_{mi} = \left(\frac{\partial V}{\partial n_i}\right)_{p,T,n_{j \neq i}} \;, \tag{8.83}$$

der partiellen molaren Enthalpie (nach Gl. (4.230) und (4.213))

$$h_{mi} = \left(\frac{\partial H}{\partial n_i}\right)_{p,T,n_{j \neq i}} \tag{8.84}$$

und der partiellen molaren inneren Energie[10]

$$u_{mi} = \left(\frac{\partial U}{\partial n_i}\right)_{p,T,n_{j \neq i}} \;. \tag{8.85}$$

Die Gln. (8.80) bis (8.85) resultieren direkt aus dem EULERschen Satz für homogene Funktionen ersten Grades. Danach gilt für jede extensive Zustandsgröße Z (Z steht für $S, V, \ldots$), wenn sie als Funktion der unabhängigen Variablen Druck p, Temperatur T und der Molzahlen n_i beschrieben wird (vgl. Gl. (8.26))

$$\alpha Z = Z(p, T, \alpha n_1, \ldots, \alpha n_k) \tag{8.86}$$

und

$$Z(p, T, n_1, \ldots, n_k) = \sum_{i=1}^{k} n_i z_{mi} \;, \tag{8.87}$$

worin

$$z_{mi} = \left(\frac{\partial Z}{\partial n_i}\right)_{p,T,n_{j \neq i}} \tag{8.88}$$

---

[10]Diese ist nicht zu verwechseln mit der partiellen Ableitung $(\partial U/\partial n_i)_{T,V,n_{j \neq i}}$ in Gl. (8.45)

als die partielle molare Größe der Komponente i bezeichnet wird. Aus dem vollständigen Differential der Größe Z nach Gl. (8.87)

$$\mathrm{d}Z = \left(\frac{\partial Z}{\partial p}\right)_{T,n_i} \mathrm{d}p + \left(\frac{\partial Z}{\partial T}\right)_{T,n_i} \mathrm{d}T + \sum_{i=1}^{k} z_{mi}\mathrm{d}n_i = \sum_{i=1}^{k} n_i \mathrm{d}z_{mi} + \sum_{i=1}^{k} z_{mi}\mathrm{d}n_i \tag{8.89}$$

folgt die Beziehung

$$-\left(\frac{\partial Z}{\partial p}\right)_{T,n_i} \mathrm{d}p - \left(\frac{\partial Z}{\partial T}\right)_{p,n_i} \mathrm{d}T + \sum_{i=1}^{k} n_i \mathrm{d}z_{mi} = 0 \;, \tag{8.90}$$

welche formal mit Gl. (8.39) übereinstimmt und die deshalb verallgemeinerte GIBBS-DUHEM-Gleichung genannt wird[11]. Setzt man in Gl. (8.86)

$$\alpha = \frac{1}{n} = \frac{1}{\sum_{i=1}^{k} n_i} \;, \tag{8.91}$$

so erhält man die auf ein Mol bezogenen Zustandsgrößen

$$z_m = \frac{Z}{n} = Z(p, T, \psi_1, \ldots, \psi_k) \;. \tag{8.92}$$

Diese werden „mittlere molare Größen" oder einfach „molare Größen" genannt. Dividiert man Gl. (8.87) durch die Gesamtmolzahl n, so ergibt sich mit der Beziehung

$$\sum_{i=1}^{k} \frac{n_i}{n} = \sum_{i=1}^{k} \psi_i = 1 \tag{8.93}$$

der folgende Zusammenhang zwischen mittleren molaren und partiellen molaren Größen

$$z_m = \sum_{i=1}^{k} \psi_i z_{mi} = z_{mj} + \sum_{i=1}^{k} \psi_i(z_{mi} - z_{mj}) \;, \tag{8.94}$$

wenn wir (willkürlich) die Konzentration ψ_j der Komponente j nach Gl. (8.93) durch die Konzentrationen der restlichen Komponenten ausdrücken.
Nun sind aber in Gl. (8.92) von den k Konzentrationen ψ_i wegen Gl. (8.93) nur $k-1$ voneinander unabhängig. Daher ist das vollständige Differential der molaren Größe nach Gl. (8.92) und Gl. (8.94)

$$\begin{aligned}\mathrm{d}z_m &= \left(\frac{\partial z_m}{\partial p}\right)_{T,\psi_i} \mathrm{d}p + \left(\frac{\partial z_m}{\partial T}\right)_{T,\psi_i} \mathrm{d}T + \sum_{\substack{i=1\\i\neq j}}^{k} \left(\frac{\partial z_m}{\partial \psi_i}\right)_{p,T,\psi_{l\neq i}} \mathrm{d}\psi_i \\ &= \mathrm{d}z_{mj} + \sum_{i=1}^{k} \psi_i(\mathrm{d}z_{mi} - \mathrm{d}z_{mj}) + \sum_{i=1}^{k} (z_{mi} - z_{mj})\mathrm{d}\psi_i \;.\end{aligned} \tag{8.95}$$

---
[11] MÜNSTER A (1969) Chemische Thermodynamik. Weinheim

Andererseits ergibt die Division der Gl. (8.90) durch $n = \sum_{i=1}^{k} n_i$, wenn man noch Gl. (8.93) verwendet

$$-\left(\frac{\partial z_m}{\partial p}\right)_{T,\psi_i} dp - \left(\frac{\partial z_m}{\partial T}\right)_{p,\psi_i} dT + dz_{mj} + \sum_{i=1}^{k} \psi_i (dz_{mi} - dz_{mj}) = 0 \;, \quad (8.96)$$

so daß man schließlich durch Koeffizientenvergleich aus (8.95) und (8.96)

$$z_{mi} - z_{mj} = \left(\frac{\partial z_m}{\partial \psi_i}\right)_{p,T,\psi_{l \neq i}} \quad (8.97)$$

und aus Gl. (8.94) mit (8.97)

$$z_{mj} = z_m - \sum_{i=1}^{k} \psi_i \left(\frac{\partial z_m}{\partial \psi_i}\right)_{p,T,\psi_{l \neq i}} \quad (8.98)$$

erhält[12]. Diese Abhängigkeit der partiellen molaren Größe z_{mj} von der mittleren molaren Größe z_m haben wir für die partielle molare Enthalpie von Zweistoffgemischen bereits im Abschn. 4.3.1 (Formel (4.230) und (4.231)) kennengelernt.

8.1.9 Legendre-Transformationen

Die Fundamentalgleichungen (8.22) und (8.40), sowie die in den vorigen Abschnitten besprochenen Potentiale und die PLANCK-Funktion unterscheiden sich lediglich in den unabhängigen Variablen, durch welche sie bestimmt sind. Während die Fundamentalgleichungen nur extensive Zustandsgrößen als unabhängige Veränderliche enthalten, treten bei den Potentialen auch intensive Zustandsgrößen auf.

Allen gemeinsam ist, daß sie die vollständige Information über die thermodynamischen Eigenschaften des Gebildes beinhalten. Das bedeutet, daß eine Transformation von einem Satz unabhängiger Variablen zu einem anderen und der umgekehrte Vorgang, die Rücktransformation möglich sind, ohne den Gehalt an Information zu schmälern.

Dabei werden einige der neuen unabhängigen Variablen durch partielle Ableitungen der alten gebildet. Vergleicht man z.B. die freie Energie nach Gl. (8.58)

$$F = F(T, V, n_1, \ldots, n_k) \quad (8.99)$$

mit der inneren Energie, Gl. (8.40)

$$U = U(S, V, n_1, \ldots, n_k) \;, \quad (8.100)$$

so erkennt man, daß beide vom Volumen V und den Molmengen n_i abhängen, daß aber im Variablensatz der freien Energie die Ableitung

$$T = \left(\frac{\partial U}{\partial S}\right)_{V, n_i} \quad (8.101)$$

---

[12] Hierbei ist nach Gl. (8.97) $(\partial z_m / \partial \psi_j)_{p,T,\psi_{l \neq i}} = 0$!

an die Stelle der Entropie S im Variablensatz der inneren Energie U getreten ist. Im Variablensatz der freien Enthalpie

$$G = G(T, p, n_1, \ldots n_k) \tag{8.102}$$

ist gegenüber dem der inneren Energie nach Gl. (8.100) die Entropie S durch die Temperatur

$$T = \left(\frac{\partial U}{\partial S}\right)_{V, n_i} \tag{8.103}$$

und das Volumen V durch den Druck

$$p = -\left(\frac{\partial U}{\partial V}\right)_{S, n_i} \tag{8.104}$$

ersetzt. Transformationen, bei denen die neuen unabhängigen Variablen durch Ableitung der alten gebildet werden und die dabei trotzdem die gesamte thermodynamische Information erhalten, werden LEGENDRE-Transformationen genannt.

8.1.10 Ideale Gemische

Bei idealen Gasen läßt sich das chemische Potential μ_i jeder Komponente i des Gemisches sehr leicht ermitteln. Die partielle molare Enthalpie h_{mi} der Komponente i im Gemisch ist wie deren molare Enthalpie h_{0mi} im unvermischten Zustand eine reine Temperaturfunktion

$$h_{mi}^{id} = h_{mi}(T) = h_{0mi}(T) = h_{0mi}(T_0) + \int\limits_{T_0}^{T} c_{p_i} \, dT \quad , \tag{8.105}$$

während die partielle molare Entropie s_{mi}^{id} im Gemisch idealer Gase von der Temperatur T und dem Partialdruck p_i der Komponente i abhängt

$$s_{mi}^{id} = s_{0mi}(p_0, T_0) + \int\limits_{T_0}^{T} \frac{c_{p_i}}{T} dT - R \ln \frac{p_i}{p_0} \quad . \tag{8.106}$$

T_0 und p_0 sind hierin Bezugsgrößen der Temperatur und des Druckes, für welche die Bezugsentropien $s_{0mi}(p_0, T_0)$ und die Bezugsenthalpien $h_{0mi}(T_0)$ der unvermischten Komponente festgelegt werden[13].

Für ein Gemisch idealer Gase läßt sich der Partialdruck p_i einer Komponente nach dem Gesetz von DALTON[14] durch den Gesamtdruck p und den Molanteil ψ_i ausdrücken

$$p_i = \psi_i \, p = \frac{n_i}{n_1 + n_2 + \ldots + n_k} \, p \quad . \tag{8.107}$$

---
[13] siehe Band I, Abschn. 7.6
[14] siehe Band I, Abschn. 3.10

Damit wird die partielle molare Entropie der Komponente i in einem Gemisch idealer Gase

$$s_{mi}^{id} = s_{0mi}(T,p) - R \ln \frac{p_i}{p} = s_{0mi}(T,p) - R \ln \psi_i \quad , \tag{8.108}$$

worin

$$s_{0mi}(T,p) = s_{0mi}(p_0, T_0) + \int_{T_0}^{T} \frac{c_{p_i}}{T} \, \mathrm{d}T - R \ln \frac{p}{p_0} \tag{8.109}$$

die Entropie der unvermischten Komponente i beim Druck p und der Temperatur T darstellt.
Aus den Gln. (8.76), (8.105) und (8.108) folgt für das chemische Potential der Komponente i in einem Gemisch idealer Gase

$$\mu_i^{id}(T,p,n_1,\ldots,n_k) = h_{mi} - Ts_{mi} = \mu_{0i}(T,p) + RT \ln \psi_i \quad , \tag{8.110}$$

worin der erste Summand

$$\mu_{0i}(T,p) = h_{0mi} - Ts_{0mi} \tag{8.111}$$

das chemische Potential der unvermischten Komponente i beim Druck p und der Temperatur T bedeutet, welches nicht von der Zusammensetzung abhängt.
Mischungen, bei denen das chemische Potential aller ihrer Komponenten gemäß Gl. (8.110) in einen Anteil $\mu_{0i}(T,p)$ der unvermischten Komponente und in $RT \ln \psi_i$ aufgespalten werden kann, wollen wir als ideale Mischungen bezeichnen, auch dann, wenn es sich nicht um Mischungen idealer Gase handelt; ihre freie Enthalpie ist nach Gl. (8.73)

$$G^{id} = \sum_i n_i \, \mu_{0i}(T,p) + RT \sum_i n_i \ln \psi_i \quad . \tag{8.112}$$

Da Gl. (8.111) nicht auf ideale Gase beschränkt ist, sondern ganz allgemein gilt (s. Gl. (8.76)), erhält man mit $T \mathrm{d}s_{0mi} = \mathrm{d}h_{0mi} - v_{0mi}\mathrm{d}p$ (s. Band I, Abschn. 8.2) aus dem vollständigen Differential

$$\mathrm{d}\mu_{0i} = \mathrm{d}h_{0mi} - T\mathrm{d}s_{0mi} - s_{0mi}\,\mathrm{d}T = v_{0mi}\mathrm{d}p - s_{0mi}\,\mathrm{d}T \tag{8.113}$$

als dessen partielle Ableitung nach dem Druck p

$$\left[\frac{\partial \mu_{0i}}{\partial p}\right]_T = v_{0mi} \tag{8.114}$$

das Volumen, welches 1 kmol der Komponente i im unvermischten Zustand beim Druck p einnimmt. Daraus ergibt sich dann mit den Gl. (8.68), (8.73) und (8.110) das Volumen einer idealen Mischung

$$V^{id} = \left(\frac{\partial G^{id}}{\partial p}\right)_{T,n_i} = \sum_i n_i \left[\frac{\partial \mu_i^{id}}{\partial p}\right]_{T,n_i} = \sum_i n_i \left(\frac{\partial \mu_{0i}}{\partial p}\right)_T = \sum_i n_i v_{0mi} \tag{8.115}$$

als die Summe der Volumina $n_i v_{0mi}$ ihrer Komponenten.
Aus den Gln. (8.71), (8.112) und (8.115) erhält man dann auch die freie Energie einer idealen Mischung

$$F^{id} = G^{id} - pV^{id} = \sum_i n_i \mu_{0i} - p \sum_i n_i v_{0mi} + RT \sum_i n_i \ln \psi_i \; . \tag{8.116}$$

Die Enthalpie einer idealen Mischung bestimmt man aus Gl. (8.69) und (8.110) zu

$$\begin{aligned}
H^{id} &= G^{id} - T(\partial G^{id}/\partial T)_{p,n_i} \\
&= \sum_i n_i [\mu_{0i}(T,p) + RT \ln \psi_i] - T \sum_i n_i \left\{ \left[\frac{\partial \mu_{0i}(T,p)}{\partial T}\right]_p + R \ln \psi_i \right\} \\
&= \sum_i n_i h_{0mi} \; ,
\end{aligned} \tag{8.117}$$

wobei nach Gl. (8.111) und (8.113)

$$h_{0mi} = \mu_{0i}(T,p) + T s_{0mi} = \mu_{0i}(T,p) - T \left[\frac{\partial \mu_{0i}(T,p)}{\partial T}\right]_p \tag{8.118}$$

die molaren Enthalpien der unvermischten Komponenten bedeuten.
Ideale Mischungen zeichnen sich dadurch aus, daß bei der Mischung weder eine Volumenänderung noch eine Mischungswärme auftreten.
Die Entropie einer idealen Mischung

$$S^{id} = \sum_i n_i s_{0mi} - R \sum_i n_i \ln \psi_i \tag{8.119}$$

setzt sich ähnlich wie die freie Enthalpie zusammen aus einem Anteil

$$\sum_i n_i s_{0mi} \; , \tag{8.120}$$

der durch anteilmäßige Aufsummierung der molaren Entropien s_{0mi} der unvermischten Komponenten gebildet wird, und einem Mischungsanteil der Entropie

$$S^{\text{misch}} = -R \sum_i n_i \ln \psi_i \; . \tag{8.121}$$

Hiervon überzeugt man sich leicht, indem man die freie Enthalpie G^{id}, Gl. (8.112), partiell nach der Temperatur ableitet

$$S^{id} = -\left(\frac{\partial G^{id}}{\partial T}\right)_{p,n_i} = -\sum_i n_i \left(\frac{\partial \mu_{0i}}{\partial T}\right)_p - R \sum_i n_i \ln \psi_i \tag{8.122}$$

und für die partielle Ableitung $(\partial \mu_{0i}/\partial T)_p$ gemäß Gl. (8.113) die negative molare Entropie $-s_{0mi}$ einsetzt.

8.1.11 Reale Gemische

Während Gasgemische bei nicht allzu hohen Drücken häufig als ideale Mischungen angesehen werden können, trifft dies für Gase unter hohen Drücken und für Flüssigkeitsgemische nur in den wenigsten Fällen zu.

Im Abschn. 4.3.1 hatten wir bereits die Unterschiede zwischen idealen und realen Gemischen besprochen und diese durch die Exzeßfunktionen ausgedrückt, wie z.B. durch das Exzeßvolumen V^E oder die Exzeßenthalpie H^E.

Um Gleichgewichtszustände allgemein beschreiben zu können, liegt es nahe, auch für das chemische Potential μ, die freie Energie F und die freie Enthalpie G Exzeßfunktionen einzuführen und hierfür Berechnungsmodelle zu entwickeln.

Diese Exzeßfunktionen sind so definiert, daß sie den Unterschied der Funktionen zwischen realen und idealen Mischungen wiedergeben. So ist z.B. die Exzeßfunktion für das chemische Potential der i-ten Komponente im Gemisch

$$\mu_i^E(T, p, n_1, \ldots n_k) = \mu_i(T, p, n_1, \ldots n_k) - \mu_i^{id}(T, p, n_1, \ldots, n_k) \tag{8.123}$$

und die freie Exzeßenthalpie

$$G^E(T, p, n_1, \ldots n_k) = G - G^{id} = \sum_i n_i \left(\mu_i - \mu_i^{id} \right) = \sum_i n_i \mu_i^E \ . \tag{8.124}$$

Für den Grenzfall $\psi_i \to 1$ wird nach Gl. (8.110)

$$\mu_i(T, p, 0, \ldots, n_i = n, 0, \ldots, 0) =$$

$$\mu_i^{id}(T, p, 0, \ldots, n_i = n, 0, \ldots, 0) = \mu_{0i}(T, p) \quad \text{und} \quad \mu_i^E = 0 \quad \text{für} \quad \psi_i \to 1 \tag{8.125}$$

Fugazität und Fugazitätskoeffizient

Vielfach ist es üblich, die Eigenschaften realer Gemische mit Hilfe der Fugazität zu beschreiben. Dieser Begriff wurde von G.N. LEWIS[15] in die Thermodynamik eingeführt. Ausgehend vom chemischen Potential der Komponente i in einem Gemisch idealer Gase nach Gl. (8.110) und (8.107)

$$\mu_i^{id} = \mu_{0i}(T, p) + RT \ln \frac{p_i}{p} \tag{8.126}$$

führte er die Fugazität $p_i^\star$ der Komponente i als einen „fiktiven Druck" ein, mit dem das chemische Potential μ_i eines realen Stoffes i in einer realen Mischung beschrieben wird

$$\mu_i = \mu_{0i}^{id}(T, p_0) + RT \ln \frac{p_i^\star}{p_0} \ . \tag{8.127}$$

---

[15] GILBERT NEWTON LEWIS (1875 — 1946) war Professor der Physikalischen Chemie an der University of California. Er entwickelte u.a. die Theorie der chemischen Bindungen.

584　8 Gleichgewichtsbedingungen für Mehrstoffgemische

Dabei wählt man den Bezugsdruck p_0 so niedrig, daß bei der Temperatur T und diesem Bezugsdruck p_0 jede Komponente des Gemisches sich wie ein ideales Gas verhält[16]. Gl. (8.127) kann auch wie folgt umgeformt werden

$$\mu_i = \mu_i^{id}(T, \psi_i p) + RT \ln \frac{p_i^\star}{\psi_i p} \tag{8.128}$$

mit

$$\mu_i^{id}(T, \psi_i p) = \mu_{0i}^{id}(T, p_0) + RT \ln \frac{\psi_i p}{p_0} \quad, \tag{8.129}$$

dem chemischen Potential der Komponente i, wenn diese beim Druck p den Gesetzmäßigkeiten eines idealen Gases gehorchen würde. Der Ausdruck

$$\varphi_i = \frac{p_i^\star}{\psi_i p} \tag{8.130}$$

wird Fugazitätskoeffizient genannt. Er beschreibt die Abweichung des chemischen Potentials eines realen Fluids von dem eines idealen Gases

$$\mu_i - \mu_i^{id} = RT \ln \varphi_i \quad . \tag{8.131}$$

Entsprechend der Definition des Fugazitätskoeffizienten ist

$$\lim_{p \to 0} \varphi_i = 1 \quad . \tag{8.132}$$

Aus Gl. (8.131) und (8.132) läßt sich eine einfache Berechnungsvorschrift für den Logarithmus des Fugazitätskoeffizienten φ_i ableiten, wenn dieser als Funktion von Druck, Temperatur und Zusammensetzung verstanden wird

$$\ln \varphi_i = \ln \varphi_i(p, T, n_1, \ldots, n_k)$$

Dessen vollständiges Differential

$$d \ln \varphi_i = d \frac{\mu_i - \mu_i^{id}}{RT} \tag{8.133}$$

integrieren wir von einem beliebigen Bezugszustand

$$p_0, T_0, n_{10}, \ldots, n_{k0}$$

im idealen Gasbereich ausgehend bis zum gewünschten Zustand

$$p, T, n_1, \ldots, n_k \quad ,$$

---
[16] Dies ist immer möglich, weil bei sehr niedrigen Drücken ($p_0 \to 0$) das Verhalten aller Stoffe in das der idealen Gase übergeht.

8.1 Gleichgewichtsbedingungen bei homogenen Gemischen

wobei Druck, Temperatur und Zusammensetzung verändert werden. Da im Ausgangszustand der Logarithmus des Fugazitätskoeffizient definitionsgemäß null ist, erhält man

$$\ln \varphi_i(p,T,n_1,\ldots,n_k) = \int_{p_0,T_0,n_{10},\ldots,n_{k0}}^{p,T,n_1,\ldots,n_k} d\left(\frac{\mu_i - \mu_i^{id}}{RT}\right) . \tag{8.134}$$

Nun wählen wir den Integrationsweg so, daß zunächst bei konstant gehaltenem (niedrigen) Druck p_0 die Temperatur von T_0 auf T und alle Molzahlen von n_{i0} auf n_i geändert werden und danach bei konstanter Temperatur T und unveränderten Molzahlen n_i der Druck von p_0 bis p

$$\ln \varphi_i(p,T,n_1,\ldots,n_k)$$

$$= \int_{p_0,T_0,n_{10},\ldots,n_{k0}}^{p_0,T,n_1,\ldots,n_k} d\left(\frac{\mu_i - \mu_i^{id}}{RT}\right) + \frac{1}{RT}\int_{p_0,T,n_1,\ldots,n_k}^{p,T,n_1,\ldots,n_k} \left(\frac{\partial \mu_i}{\partial p} - \frac{\partial \mu_i^{id}}{\partial p}\right) dp . \tag{8.135}$$

Darin verschwindet das erste Integral nach Gl. (8.131) und (8.132), während das zweite mit den Gln. (8.68), (8.83) und der Zustandsgleichung idealer Gase

$$V^{id} = \frac{RT}{p} \sum_{i=1}^{k} n_i \tag{8.136}$$

umgeformt werden kann zu

$$\begin{aligned}
\ln \varphi_i &= \frac{1}{RT} \int_{p_0,T,n_1,\ldots,n_k}^{p,T,n_1,\ldots,n_k} \left(\frac{\partial \mu_i}{\partial p} - \frac{\partial \mu_i^{id}}{\partial p}\right) dp \\
&= \frac{1}{RT} \int_{p_0}^{p} \left[\left(\frac{\partial V}{\partial n_i}\right)_{p,T,n_{j\neq i}} - \frac{RT}{p}\right] dp = \int_{p_0}^{p} \left(\frac{v_{mi}}{RT} - \frac{1}{p}\right) dp .
\end{aligned} \tag{8.137}$$

Zur Auswertung des Integrals in Gl. (8.137) muß das partielle molare Volumen $v_{mi} = (\partial V/\partial n_i)_{p,T,n_{j\neq i}}$ bekannt sein. Bei mäßigen Drücken kann dieses aus der Virialform der Zustandsgleichung (s. Band I, Abschn. 10.5.4.4) ermittelt werden

$$\left(\frac{\partial V}{\partial n_i}\right)_{p,T,n_{j\neq i}} = RT \frac{\partial}{\partial n_i}\left[\frac{\sum_{i=1}^{k} n_i}{p}(1 + B'p + C'p^2 + \ldots)\right] \text{ (für mäßige Drücke).}$$

$$\tag{8.138}$$

von der wir nur die ersten beiden Glieder berücksichtigen wollen. Man erhält damit aus Gl. (8.137)

$$\ln \varphi_i = \int_{p_0}^{p} \left[B' + n \left(\frac{\partial B'}{\partial n_i} \right)_{p,T,n_{j \neq i}} \right] dp$$

$$= \int_{p_0}^{p} \left[\frac{1}{n} \frac{\partial}{\partial n_i} (n^2 B')_{p,T,n_{j \neq i}} - B' \right] dp \quad . \tag{8.139}$$

Nun wird in der Statistischen Thermodynamik[17] gezeigt, daß der zweite Virialkoeffizient einer Gasmischung wie folgt von der Zusammensetzung abhängt

$$B' = \frac{1}{RT} \sum_{i,j=1}^{k} \psi_i \psi_j B_{ij}(T) \quad , \tag{8.140}$$

wobei die B_{ij} die Wechselwirkungen zwischen zwei gleichen oder ungleichen Molekülen beschreiben. Die B_{ii} sind demnach die zweiten Virialkoeffizienten der reinen Komponenten i. Die B_{ij} hängen ausschließlich von der Temperatur ab und sind z.B. für das LENNARD-JONES-Potential in[17] vertafelt.

Nach Ausführung der Differentiationen und der Integration in Gl. (8.139) erhalten wir für den Fugazitätskoeffizienten

$$\ln \varphi_i = \frac{p - p_0}{RT} \left[2 \sum_{j=1}^{k} \psi_j B_{ij} - B' \right] = \frac{p - p_0}{RT} \left[\sum_{j=1}^{k} \psi_j \left(2 B_{ij} - \sum_{l=1}^{k} \psi_l B_{l,j} \right) \right], \tag{8.141}$$

wonach dieser bei bekannten B_{ij} berechnet werden kann. Wählt man den Bezugsdruck $p_0 \ll p$, so kann man diesen in Gl. (8.141) auch weglassen.

---

[17]siehe z.B. HIRSCHFELDER J O, CURTISS C F AND BIRD R B (1954) Molecular Gases and Liquids. John Wiley

Aktivitätskoeffizien

Anstelle der Exzeßfunktion für das chemische Potential wird häufig auch der sog. Aktivitätskoeffizient γ_i verwendet, der wie μ_i^E die Abweichungen des chemischen Potentials der Komponente i in der realen Mischung von dem in der idealen Mischung kennzeichnet. Dieser steht definitionsgemäß mit der Exzeßfunktion für das chemische Potential in folgendem Zusammenhang

$$\mu_i^E(T,p,n_1,\ldots,n_k) = RT \ln \gamma_i(T,p,n_1,\ldots,n_k) \ . \tag{8.142}$$

Für den Grenzfall $\psi_i \to 1$ geht nach Gl. (8.125) auch der Aktivitätskoeffizient gegen eins

$$\lim_{\psi_i \to 1} \gamma_i = 1 \ . \tag{8.143}$$

Außerdem gilt für ideale Gemische

$$\gamma_i = 1 \quad \text{bzw.} \quad \mu_i^E = 0 \quad \text{(ideale Gemische)} \ . \tag{8.144}$$

Mit den Aktivitätskoeffizienten γ_i nach Gl. (8.142) läßt sich mit Gl. (8.110) und (8.123) das chemische Potential μ_i der Komponente i einer realen Mischung auch in folgender Weise angeben

$$\mu_i(T,p,n_i,\ldots,n_k) = \mu_{0i}(T,P) + RT \ln(\psi_i \gamma_i) \ . \tag{8.145}$$

Danach kann der Aktivitätskoeffizient γ_i als ein Korrekturfaktor angesehen werden, mit dem die Molanteile ψ_i multipliziert werden müssen, um das chemische Potential der realen Mischung nach Gl. (8.145) aus den chemischen Potentialen der unvermischten Komponenten μ_{0i} zu erhalten. Der Aktivitätskoeffizient $\gamma_i(T,p,n_1,\ldots,n_k)$ hängt dabei nicht nur von den Eigenschaften der Komponente i ab, sondern auch von denen des Gemisches, insbesondere von der Gemischzusammensetzung. Dasselbe gilt für die Exzeßfunktion des chemischen Potentials μ_i^E. Sind die Zusammenhänge $\gamma_i(T,p,n_1,\ldots,n_k)$ bzw. $\mu_i^E(T,p,n_1,\ldots,n_k)$ bekannt, so lassen sich alle anderen Exzeßgrößen daraus ableiten. So erhält man nach Gl. (8.68), (8.124) und (8.142) das Exzeßvolumen

$$V^E = \left(\frac{\partial G^E}{\partial p}\right)_{T,n_i} = \sum_i n_i \left(\frac{\partial \mu_i^E}{\partial p}\right)_{T,n_i} = RT \sum_i n_i \left(\frac{\partial \ln \gamma_i}{\partial p}\right)_{T,n_i} \ , \tag{8.146}$$

nach Gl. (8.69), (8.124) und (8.142) die Exzeßenthalpie

$$\begin{aligned} H^E &= -T^2 \left[\frac{\partial (G^E/T)}{\partial T}\right]_{p,n_i} = -T^2 \sum_i n_i \left[\frac{\partial (\mu_i^E/T)}{\partial T}\right]_{p,n_i} \\ &= -RT^2 \sum_i n_i \left(\frac{\partial \ln \gamma_i}{\partial T}\right)_{p,n_i} \end{aligned} \tag{8.147}$$

oder die Exzeßentropie nach Gl. (8.68), (8.124) und (8.142)

$$S^E = -\left(\frac{\partial G^E}{\partial T}\right)_{p,n_i} = -\sum_i n_i \left(\frac{\partial \mu_i^E}{\partial T}\right)_{p,n_i}$$

$$= -R\sum_i n_i \left[\ln \gamma_i + T\left(\frac{\partial \ln \gamma_i}{\partial T}\right)_{p,n_i}\right] \quad . \tag{8.148}$$

Schließlich ergibt sich die Exzeßfunktion für die freie Energie nach Gl. (8.71) zu

$$F^E = F - F^{id} = G - G^{id} - p(V - V_{id}) = G^E - pV^E = -p^2\left[\frac{\partial(G^E/p)}{\partial p}\right]_{T,n_i}$$

$$= -p^2 RT \left[\frac{\partial}{\partial p}\left(\frac{\sum_i n_i \ln \gamma_i}{p}\right)\right]_{T,n_i} \quad . \tag{8.149}$$

Danach sind für Stoffgemische mit verschwindendem Exzeßvolumen $V^E = 0$ die freie Exzeßenergie F^E und die freie Exzeßenthalpie G^E identisch

$$G^E = F^E \quad \text{für} \quad V^E = 0 \quad . \tag{8.150}$$

8.1.12 Empirische Ansätze für die freie Exzeßenthalpie von Flüssigkeitsgemischen

Bei zahlreichen Zweistoffgemischen ändern sich das Exzeßvolumen und die Exzeßenthalpie recht gleichförmig mit der Flüssigkeitszusammensetzung, siehe z.B. die Bilder 4.69, 4.73 und 4.74. Daher ist es naheliegend, für die freie Exzeßenthalpie G^E hinsichtlich der Zusammensetzung relativ einfach aufgebaute Ansätze zu verwenden und an experimentelle Ergebnisse anzupassen. Diese Ansätze müssen allerdings so beschaffen sein, daß die freie Exzeßenthalpie für die reinen Stoffe verschwindet

$$G^E = 0 \quad \text{für } n_i = n, n_{j \neq i} = 0 \quad . \tag{8.151}$$

Sonst können sie ganz beliebig aufgebaut sein, nur wird man darauf bedacht sein, mit möglichst wenig anpaßbaren Parametern die Eigenschaften der Gemische möglichst gut beschreiben zu können.

Ansatz von Porter

Der sicherlich einfachste Ansatz für die freie Exzeßenthalpie wurde für Zweistoffgemische von PORTER[18] angegeben

$$\frac{G^E}{RT} = \frac{n_1 n_2}{n_1 + n_2} A = n\,\psi_1\psi_2 A = n\,\psi_1(1-\psi_1)\,A = n(1-\psi_2)\psi_2 A \quad , \tag{8.152}$$

---
[18]PORTER A W (1920) Trans Faraday Soc 18:336

8.1 Gleichgewichtsbedingungen bei homogenen Gemischen

wobei A sowohl temperatur-, als auch druckabhängig gewählt werden kann.
Aus dem PORTER-Ansatz lassen sich die Exzeßgrößen der chemischen Potentiale ableiten

$$\mu_1^E = \left(\frac{\partial G^E}{\partial n_1}\right)_{T,p,n_2} = \frac{n_2^2}{(n_1+n_2)^2}\, ART = \psi_2^2\, ART \;, \tag{8.153}$$

$$\mu_2^E = \left(\frac{\partial G^E}{\partial n_2}\right)_{T,p,n_1} = \frac{n_1^2}{(n_1+n_2)^2}\, ART = \psi_1^2\, ART \;. \tag{8.154}$$

Schließlich erhalten wir mit der freien Enthalpie der idealen Mischung (Gl. (8.112)) die freie Enthalpie für 1 kmol des Zweistoffgemisches

$$\begin{aligned}\frac{G}{n} &= \frac{G^{id}}{n} + \frac{G^E}{n} \\ &= \psi_1\mu_{01} + (1-\psi_1)\mu_{02} \\ &\quad + RT\left[\psi_1 \ln\psi_1 + (1-\psi_1)\ln(1-\psi_1) + \psi_1(1-\psi_1)\,A\right] \;. \end{aligned} \tag{8.155}$$

Darin sind die beiden ersten Terme linear von der Zusammensetzung abhängig, während der Mischungsanteil der freien Enthalpie

$$\frac{G^{\text{misch}}}{n} = RT[\psi_1 \ln\psi_1 + (1-\psi_1)\ln(1-\psi_1) + \psi_1(1-\psi_1)\,A] \tag{8.156}$$

sich nicht linear mit der Zusammensetzung ändert. In Bild 8.1 ist dieser Mischungsanteil — dividiert durch RT — als Funktion der Zusammensetzung mit A als Parameter aufgetragen. Für $A = 0$ erhält man den Mischungsanteil für ideale Gemische. Mit steigenden Werten von A verlaufen die Kurven bis $A = 2$ zunehmend flacher, sie sind aber im gesamten Konzentrationsbereich überall noch gleich gekrümmt

$$\frac{\partial^2 (G^{\text{misch}}/n)}{\partial \psi^2} > 0 \quad \text{für} \quad A < 2 \;. \tag{8.157}$$

Für $A > 2$ besitzen die Kurven zwei Minima, es wechseln also Konzentrationsbereiche mit positiver und negativer Krümmung von G^{misch} einander ab. Die physikalische Bedeutung dieses Kurvenverlaufs wollen wir im Abschn. 8.3 erläutern.

Ansatz von Wohl

Nur bei sehr wenigen Gemischen ist der Mischungsanteil der freien Enthalpie symmetrisch, wie in Bild 8.1. Unsymmetrische Abhängigkeiten des Mischungsanteils der freien Enthalpie von der Zusammensetzung beschreiben andere empirische Ansätze, wie der von MARGULES[19], REDLICH-KISTER[20], VAN LAAR[21]. Diese Ansätze lassen sich sogar auf eine gemeinsame Form bringen, die von WOHL[22] angegeben wurde. WOHL

---
[19] MARGULES M (1825) Sitzungsber. Akad. Wiss. Math. Naturwiss. Klasse II, 104:1243
[20] REDLICH O, KISTER A T (1948) Ind Eng Chem 40:345
[21] VAN LAAR J J (1929) Z phys Chem 72:72
[22] WOHL K (1946) Trans Amer Inst Chem Ing 42:215

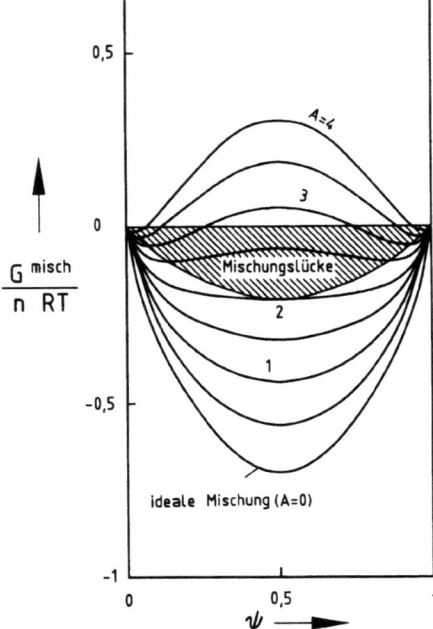

Bild 8.1: Mischungsanteil der freien Enthalpie nach dem PORTER-Ansatz

geht von der Vorstellung aus, daß im Mischungsansatz die unterschiedliche Größe der Moleküle verschiedener Komponenten berücksichtigt werden müsse. Er führt daher für jede Komponente i anstelle des Molanteils ψ_i einen effektiven Volumenanteil ϕ_i im Gemisch ein

$$\phi_i = \frac{\psi_i r_i}{\sum_\ell \psi_\ell r_\ell} = \frac{n_i r_i}{\sum_\ell n_\ell r_\ell} \quad . \tag{8.158}$$

Die hierin enthaltenen, sog. „effektiven" Volumina r_i sind für die Komponente i charakteristische Parameter, welche die Größe der Moleküle i kennzeichnen und die zusammen mit den übrigen Parametern des Ansatzes an vorhandene Meßwerte angepaßt werden müssen. Können die „effektiven" Volumina r_i für alle Komponenten gleich groß angenommen werden, so gehen die effektiven Volumanteile ϕ_i in die gewöhnlichen Molanteile ψ_i über

$$\phi_i = \psi_i \quad \text{für} \quad r_1 = r_2 = \ldots = r \quad . \tag{8.159}$$

Für die freie Exzeßenthalpie hat WOHL nun den folgenden Ansatz vorgeschlagen

$$\frac{G^E}{RT \sum_\ell n_\ell r_\ell} = \sum_{i,j} \phi_i \phi_j a_{ij} + \sum_{i,j,k} \phi_i \phi_j \phi_k a_{ijk} + \ldots \quad . \tag{8.160}$$

Damit für jede reine Komponente λ die freie Exzeßenthalpie definitionsgemäß verschwindet, müssen in der Reihenentwicklung alle Koeffizienten $a_{i,j}, \ldots$ mit nur gleichen Indizes zu null gesetzt werden

$$a_{\lambda\lambda} = a_{\lambda\lambda\lambda} = \ldots = 0 \quad . \tag{8.161}$$

8.1 Gleichgewichtsbedingungen bei homogenen Gemischen

Außerdem müssen die Koeffizienten $a_{i,j}, \ldots$ symmetrisch sein

$$a_{ij} = a_{ji} \quad ; \quad a_{ijk} = a_{jik} = a_{kji} = a_{kij} = a_{ikj} = a_{jki} \ . \tag{8.162}$$

Durch partielle Differentiation der Gl. (8.160) nach der Molzahl n_λ erhält man unter Berücksichtigung von

$$\left(\frac{\partial \phi_\kappa}{\partial n_\lambda}\right)_{T,p,n_{j\neq\lambda}} = r_\lambda \frac{\delta_{\kappa\lambda} - \phi_\kappa}{\sum n_\ell r_\ell} \tag{8.163}$$

nach Gl. (8.158) und

$$\sum_i \phi_i = 1 \tag{8.164}$$

die Exzeßfunktion des chemischen Potentials der Komponente λ

$$\mu_\lambda^E = r_\lambda RT \sum_{i,j} \phi_i \phi_j \left(a_{i\lambda} + a_{\lambda j} - a_{ij} + 3a_{\lambda ij} - 2\sum_k \phi_k a_{ijk}\right) \ . \tag{8.165}$$

Die aus dem Ansatz für die freie Exzeßenthalpie nach Gl. (8.120) abzuleitenden Beziehungen für die Exzeßenthalpie H^E, die Exzeßentropie S^E und das Exzeßvolumen V^E sind in Tab. 8.1 zusammengefaßt.

Die Exzeßenthalpie H^E enthält nur die Ableitungen der Koeffizienten a_{ij} bzw. a_{ijk} nach der Temperatur. Deswegen lassen sich die Koeffizienten a_{ij}, a_{ijk} selbst nicht allein durch Anpassen von H^E an Meßwerte bestimmen, vielmehr müssen noch weitere Informationen, z.B. über das Dampf-Flüssigkeitsgleichgewicht herangezogen werden.

Um das Exzeßvolumen V^E des Flüssigkeitsgemisches mit dem Ansatz von Wohl erfassen zu können, müssen die Koeffizienten a_{ij}, a_{ijk} als druckabhängig aufgefaßt werden.

Für Zweistoffgemische vereinfachen sich die Beziehungen für die Exzeßfunktionen der chemischen Potentiale und der freien Enthalpie zu

$$\mu_1^E = r_1 RT \phi_2^2 [2a_{12} + 3a_{122} + 6\phi_1(a_{112} - a_{122})] \ , \tag{8.166}$$

$$\mu_2^E = r_2 RT \phi_1^2 [2a_{12} + 3a_{112} + 6\phi_2(a_{122} - a_{112})] \ , \tag{8.167}$$

$$G^E = (n_1 r_1 + n_2 r_2) RT \left[2\phi_1 \phi_2 \, a_{12} + 3\phi_1^2 \phi_2 a_{112} + 3\phi_1 \phi_2^2 a_{122}\right] \ . \tag{8.168}$$

Für $r_1 = r_2 = 1$, $a_{12} = A_0/2$, $a_{112} = A_1/3$ und $a_{122} = -A_1/3$ folgt hieraus der Ansatz von MARGULES

$$G^E = nRT \, \psi_1 \psi_2 [A_0 + A_1(\psi_1 - \psi_2)] \quad \text{MARGULES} \tag{8.169}$$

für $a_{112} = a_{122} = 0$, $a_{12} = A/2$ der Ansatz von VAN LAAR

$$G^E = nRT \, \psi_1 \psi_1 \frac{A}{\frac{\psi_1}{r_2} + \frac{\psi_2}{r_1}} \quad \text{VAN LAAR} \tag{8.170}$$

8 Gleichgewichtsbedingungen für Mehrstoffgemische

Diese Ansätze wurden zur Beschreibung zahlreicher Zweistoffgemische erfolgreich verwendet. Sie lassen sich prinzipiell auch für Gemische mit mehr als zwei Komponenten verwenden, s. Gl. (8.160). Allerdings treten dann neben den Koeffizienten

$$a_{ij}, \; a_{iij}, \; a_{ijj}$$

welche allein durch Anpassung an Meßwerte für Zweistoffgemische gewonnen werden können, auch Parameter a_{ijk} auf, für die Meßwerte aus ternären Systemen vorliegen müssen.

Tabelle 8.1: Exzeßgrößen nach dem Ansatz von WOHL

freie Enthalpie
$$G = RT \sum_\ell n_\ell r_\ell \left\{ \sum_{i,j} \phi_i \phi_j a_{ij} + \sum_{i,j,k} \phi_i \phi_j \phi_k a_{ijk} + \ldots \right\}$$

chemisches Potential
$$\mu_\lambda^E = r_\lambda RT \sum_{i,j} \phi_i \phi_j \left(a_{i\lambda} + a_{\lambda j} + a_{ij} + 3\, a_{\lambda ij} - 2 \sum_k \phi_k a_{ijk} \right)$$

Exzeßenthalpie
$$H^E = -RT \sum_\lambda n_\lambda r_\lambda \sum_{i,j} \phi_i \phi_j \left[\frac{\partial}{\partial T}(a_{i\lambda} + a_{\lambda j} + a_{ij} + 3\, a_{\lambda ij}) - 2 \sum_k \phi_k \frac{\partial a_{ijk}}{\partial T} \right]$$

Exzeßentropie
$$S^E = -R \sum_\lambda \frac{n_\lambda \mu_\lambda^E}{T} - RT \sum_\lambda n_\lambda r_\lambda \sum_{i,j} \phi_i \phi_j$$
$$\left[\frac{\partial}{\partial T}(a_{i\lambda} + a_{\lambda j} + a_{ij} + 3\, a_{\lambda ij}) - 2 \sum_k \phi_k \frac{\partial a_{ijk}}{\partial T} \right]$$

Exzeßvolumen
$$V^E = RT \sum_\lambda n_\lambda r_\lambda \sum_{i,j} \phi_i \phi_j \left[\frac{\partial}{\partial p}(a_{i\lambda} + a_{\lambda j} + a_{ij} + 3\, a_{\lambda ij}) - 2 \sum_k \phi_k \frac{\partial a_{ijk}}{\partial p} \right]$$

8.2 Das Gittermodell der Flüssigkeitsgemische

Die bisher besprochenen Ansätze zur Beschreibung der thermodynamischen Eigenschaften von Flüssigkeitsgemischen wurden empirisch ermittelt. Sie haben daher in der Regel auch nur einen begrenzten Gültigkeitsbereich. Eine weit größere Allgemeingültigkeit besitzen dagegen Beziehungen, die auf Modellvorstellungen über die molekulare Struktur von Flüssigkeitsgemischen aufbauen. Als besonders leistungsfähig hat sich dabei das Gittermodell[23] herausgestellt. Ihm liegt die Vorstellung zugrunde, daß die Moleküle in Flüssigkeiten und Flüssigkeitsgemischen nahezu mit derselben Regelmäßigkeit wie in Kristallgittern angeordnet sind. Bei in etwa kugelförmigen Molekülen gleicher Größe wird dies für die nächsten Nachbarmoleküle recht gut zutreffen, während weiter entfernt liegende Moleküle schon unregelmäßiger verteilt sein werden. Da aber in einem Flüssigkeitsgemisch die Wechselwirkungen zwischen unmittelbar benachbarten Molekülen vorherrschen, sind diese offensichtlichen Unzulänglichkeiten des Gittermodells vertretbar.

Wir betrachten zunächst ein ebenes, hexagonales Gitter, bestehend aus insgesamt $M = 63$ Gitterplätzen, welche mit $N_1 = 18$ dunklen und $N_2 = 45$ hellen Kugeln belegt sind, Bild 8.2. In einem lückenlos belegten hexagonalen Gitter hat bis auf die Randmoleküle jedes Molekül $z = 6$ nächste Nachbarn[24], und zwar entweder Moleküle derselben oder der anderen Sorte.

Eine Anordnung der Moleküle nach Bild 8.2a (unten) wird man erwarten, wenn die Anziehungskräfte zwischen zwei gleichen Molekülen größer sind als zwischen ungleichen, was dazu führt, daß sich zwei Phasen ausbilden, eine, welche praktisch nur dunkle und eine, die praktisch nur helle Moleküle enthält.

Sind dagegen die Anziehungskräfte zwischen ungleichen Molekülen vergleichbar oder sogar größer als die zwischen gleichen, so werden Anordnungen wie in den Bildern 8.2b und 8.2c bevorzugt. Das wird durch die Anzahl der mit Molekülen der jeweils anderen Sorte belegten Gitterplätze deutlich. In Bild 8.2c gibt es nämlich $N_{21} = 100$ helle Moleküle als nächste Nachbarn zu dunklen und ebenso viele, nämlich $N_{12} = 100$ dunkle Moleküle als nächste Nachbarn zu hellen; dagegen gibt es keine dunklen Nachbarn zu dunklen Molekülen ($N_{11} = 0$) und $N_{22} = 116$ helle Nachbarn zu hellen Molekülen. Für die in Bild 8.2b dargestellte Anordnung ist $N_{21} = N_{12} = 86$ und $N_{11} = 18$, $N_{22} = 126$, und für die Anordnung in Bild 8.2a $N_{21} = N_{12} = 17$ und $N_{11} = 66$, $N_{22} = 216$.

Die Belegungszahlen N_{ij} sind nicht unabhängig voneinander, sondern durch die Gesamtzahl der verfügbaren Gitterplätze eingeschränkt. In einem unendlich ausgedehnten Gitter ist die gesamte Anzahl der Gitterplätze um 1-Moleküle $N_1 z$ und die um 2-Moleküle $N_2 z$. Moleküle am Rande sind im Vergleich zu denen im Innern des Gitters von weniger nächsten Nachbarn umgeben, daher ist in Bild 8.2 die Zahl

---

[23] ABRAMS D AND PRAUSNITZ J M (1975) Statistical Thermodynamics of Liquid Mixtures: A New Expression for the Excess Gibbs Energy of Partly or Completely Miscible Systems. AIChE 21:116

[24] Die sog. Koordinationszahl z gibt in einem Kristallgitter die Zahl der nächsten Nachbarplätze eines betrachteten Gitterplatzes an. Sie hängt von der Gitterstruktur ab und beträgt höchstens $z = 12$, nämlich bei einem kubisch flächenzentrierten oder räumlich hexagonalen Gitter.

594 8 Gleichgewichtsbedingungen für Mehrstoffgemische

c)

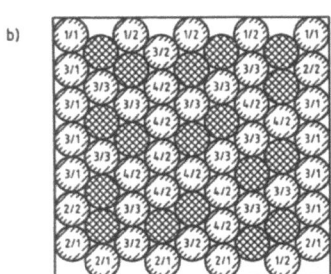

b)

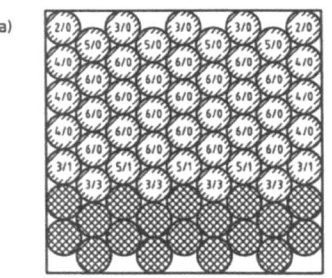

a)

Bild 8.2: Verschiedene Verteilungen von 18 dunklen und 45 hellen Molekülen auf 63 Gitterplätze eines ebenen hexagonalen Gitters.
Die ersten Ziffern in den hellen Molekülen geben die Zahl der hellen, die zweiten die Zahl der dunklen nächsten Nachbarn an.

a) Vollständige Trennung von dunklen und hellen Molekülen mit Ausnahme der Grenzschicht zwischen beiden, d.h.
$N_{12} = 21 = 4 \cdot 3 + 5 \cdot 1 = 17$;
$N_{22} = 21 \cdot 6 + 7 \cdot 5 + 6 \cdot 4 + 9 \cdot 3 + 2 \cdot 2 = 216$
$N_{11} = 7 \cdot 5 + 9 \cdot 3 + 2 \cdot 2 = 66$

b) Dunkle Moleküle sind mit jeweils nur einem dunklen nächsten Nachbarn umgeben.
Insgesamt gibt es
$N_{11} = 18$ dunkle nächste Nachbarn um dunkle Moleküle
$N_{21} = 4 \cdot 4 + 14 \cdot 5 = 86$ helle nächste Nachbarn um dunkle Moleküle
$N_{22} = 6 \cdot 1 + 7 \cdot 2 + 22 \cdot 3 + 10 \cdot 4 = 126$ helle nächste Nachbarn um helle Moleküle
$N_{12} = 15 \cdot 1 + 19 \cdot 2 + 11 \cdot 3 = 96$ dunkle nächste Nachbarn um helle Moleküle

c) Dunkle Moleküle sind nur von hellen nächsten Nachbarn umgeben, helle Moleküle (bis auf die Ränder) mit je 3 dunklen und 3 hellen.
Insgesamt gibt es keine, d.h. $N_{11} = 0$ dunkle Nachbarn um dunkle Moleküle.
$N_{21} = 4 \cdot 4 + 14 \cdot 6 = 100$ helle nächste Nachbarn um dunkle Moleküle
$N_{22} = 2 \cdot 1 + 15 \cdot 2 + 18 \cdot 3 = 116$ helle nächste Nachbarn um helle Moleküle
$N_{12} = 11 \cdot 1 + 13 \cdot 2 + 21 \cdot 3 = 100$ dunkle nächste Nachbarn um helle Moleküle

der nächsten Nachbarn um (dunkle) Moleküle der Sorte 1

$N_1 z_{a1} = 7 \cdot 6 + 3 \cdot 5 + 2 \cdot 4 + 6 \cdot 3 = 83$
$N_1 z_{b1} = 4 \cdot 5 + 14 \cdot 6 = 104$
$N_1 z_{c1} = 4 \cdot 4 + 14 \cdot 6 = 100$

und die Zahl der nächsten Nachbarn um Moleküle der Sorte 2

$N_2 z_{a2} = 28 \cdot 6 + 4 \cdot 5 + 8 \cdot 4 + 3 \cdot 3 + 2 \cdot 2 = 233$
$N_2 z_{b2} = 21 \cdot 6 + 3 \cdot 5 + 10 \cdot 4 + 9 \cdot 3 + 2 \cdot 2 = 212$
$N_2 z_{c2} = 21 \cdot 6 + 7 \cdot 5 + 6 \cdot 4 + 9 \cdot 3 + 2 \cdot 2 = 216$.

In jedem Fall muß bei einer vollständigen Belegung der Gitterplätze gelten

$$N_{11} + N_{21} = N_1 z_1 \tag{8.171}$$

$$N_{12} + N_{22} = N_2 z_2 \ . \tag{8.172}$$

Außerdem muß die Zahl der nächst benachbarten Gitterplätze, welche mit Molekülen der jeweils anderen Sorte belegt sind, für Moleküle der Sorte 1 genauso groß sein wie für Moleküle der Sorte 2, $N_{21} = N_{12}$.

Das bedeutet, daß bei gegebener Zahl der Teilchen N_1 und N_2 und bei gegebener Koordinationszahl z von den makroskopisch erfaßbaren Gruppierungen der Teilchen mit ihren nächsten Nachbarn N_{11}, N_{12}, N_{22} bereits zwei durch die Gleichungen (8.171) und (8.172) festgelegt sind, und somit der Makrozustand[25] durch nur einen weiteren Parameter, z.B. durch die Anzahl ungleicher Kombinationen $N_{12} = N_{21}$ eindeutig bestimmt ist.

Wenngleich das makroskopische Verhalten eines Gemisches im Rahmen der Gittertheorie durch nur wenige oder wie im angeführten Beispiel durch einen Parameter, nämlich N_{12}, beschrieben werden kann, gibt es doch eine ungeheuer große Anzahl von Mikrozuständen, die denselben Makrozustand repräsentieren. Die Anzahl der zu einem Makrozustand gehörigen Mikrozustände liefert eine Aussage über die Wahrscheinlichkeit dieses Makrozustandes. Sie zu bestimmen, ist selbst bei ebenen Gittern exakt nur mit großem mathematischen Aufwand möglich.

8.2.1 Näherungslösung von Guggenheim

Sind die Gitterplätze wie in Bild 8.2 vollständig nur mit Molekülen der Sorte 1 oder der Sorte 2 besetzt, gibt es $N_{11}/2 = N_1 z/2 - N_{21}/2$ und $N_{22}/2 = N_2 z/2 - N_{12}/2$ Molekülpaare mit nur gleichen Molekülen (1 bzw. 2), sowie $N_{12}/2 + N_{21}/2 = N_{12}$ Molekülpaare mit nur ungleichen Molekülen. Insgesamt enthält das Gitter dann $(N_1 + N_2)z/2$ Molekülpaare.

Wären die Molekülpaare auf den Gitterplätzen unabhängig voneinander, so ließe sich die Anzahl der möglichen Anordnungen bei vorgegebener Anzahl nächster Nachbarplätze N_{11}, N_{22}, N_{21} nach den Grundregeln der Kombinatorik[26] bestimmen zu

$$\frac{[z(N_1 + N_2)/2]!}{(N_{11}/2)!(N_{22}/2)!(N_{12}/2)!(N_{21}/2)!} \tag{8.173}$$

Damit wird bei zwei- und dreidimensionalen Gittern die wirkliche Anzahl möglicher Anordnungen beträchtlich überschätzt, weil nicht alle Molekülpaare völlig unabhängig voneinander vertauscht werden können. Werden z.B. drei Molekülpaare $1-1, 1-2$ und $2-1$ wie in Bild 8.3 angeordnet, so ist das vierte (gestrichelt eingezeichnete) nicht mehr frei wählbar, sondern durch die Anordnung der anderen bereits festgelegt. GUGGENHEIM[27] korrigiert den bei der Abzählung der Mikrozustände

---

[25] siehe Band I, Kap. 9
[26] siehe z.B. BRONSTEIN I N, SEMENDJAJEW K A(1969) Taschenbuch der Mathematik, Leipzig
[27] GUGGENHEIM E A (1952) Mixtures. Clarendon Press, Oxford; siehe auch HILL T L (1960) An Introduction Statistical Mechanics. Addison-Wesley Publ. Company, Reading, London

nach Gl. (8.173) entstehenden Fehler durch einen Normierungsfaktor $C(N_1, N_2)$, welcher nur von den Teilchenzahlen N_1 und N_2, aber nicht von der Verteilung N_{12} abhängig angesehen wird.

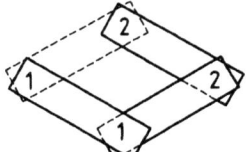

Bild 8.3: Einander überlappende Molekülpaare in einem ebenen hexagonalen Gitter

Damit wird die Anzahl der möglichen Anordnungen[28]

$$\Omega = C(N_1, N_2) \frac{[z(N_1 + N_2)/2]!}{(N_{11}/2)!(N_{22}/2)!(N_{12}/2)!(N_{21}/2)!} \ . \tag{8.174}$$

Diese ist zugleich ein Maß für die Wahrscheinlichkeit des durch die N_{12} gekennzeichneten Makrozustandes, denn je größer die Zahl Ω der möglichen Anordnungen für einen gegebenen Makrozustand ausfällt, um so häufiger wird dieser in der Folge sich einstellender Mikrozustände auftreten, d.h. um so wahrscheinlicher wird dieser Makrozustand im Vergleich mit anderen sein.

Zum bequemeren Rechnen wollen wir nicht den Wert Ω selbst nach Gl. (8.174) ermitteln, sondern dessen Logarithmus $\ln \Omega$, was wegen der monotonen Abhängigkeit dieser Funktion von ihrem Argument auf dasselbe hinausläuft. Unter Verwendung der STIRLINGschen Formel

$$\ln x! \approx x(\ln x - 1) \tag{8.175}$$

erhalten wir aus Gl. (8.174) mit $N_{12} = N_{21}$ und den Beziehungen (8.171) und (8.172)

$$\begin{aligned}
\ln \Omega &= \ln C + [z(N_1 + N_2)/2] \ln[z(N_1 + N_2)/2] \\
&\quad - \frac{N_{11}}{2} \ln \frac{N_{11}}{2} - N_{12} \ln \frac{N_{12}}{2} - \frac{N_{22}}{2} \ln \frac{N_{22}}{2} \\
&= \ln C - N_1 \frac{z}{2} \ln \frac{N_1 - \frac{N_{12}}{z}}{N_1 + N_2} - N_2 \frac{z}{2} \ln \frac{N_2 - \frac{N_{12}}{z}}{N_1 + N_2} \\
&\quad + \frac{N_{12}}{2} \ln \left[\left(\frac{N_1 z}{N_{12}} - 1\right)\left(\frac{N_2 z}{N_{12}} - 1\right)\right] \ .
\end{aligned} \tag{8.176}$$

Bei gegebener Teilchenzahl N_1, N_2 und gegebener Koordinationszahl z besteht somit zwischen der Anzahl Ω der möglichen Anordnungen und der Verteilung N_{12} ein eindeutiger Zusammenhang, der lediglich noch durch von außen aufgezwungene Randbedingungen, wie z.B. die Vorgabe einer konstanten Temperatur beeinflußt wird.

---

[28] Abweichend zu Band I wird hier für die Anzahl der möglichen Anordnungen das Zeichen Ω verwendet, um eine mögliche Verwechslung mit der Gibbsschen freien Enthalpie zu vermeiden.

Proportionalverteilung gleichgroßer Moleküle

Zunächst wollen wir voraussetzen, daß die Wechselwirkungskräfte zwischen verschiedenen Molekülen genauso groß sind wie zwischen gleichen. Dann sind die möglichen Gitterplatzpaarungen $1-2$, $1-1$ und $2-2$ gleich wahrscheinlich, d.h. keine ist gegenüber der anderen durch eine erhöhte bzw. verminderte Affinität der Moleküle untereinander bevorzugt oder benachteiligt.

In diesem Fall ist die innere Energie des betrachteten Systems für jede beliebige Verteilung N_{12} dieselbe, sofern das System nach außen isoliert ist. Wir ermitteln den Zustand größter Wahrscheinlichkeit unseres Systems, indem wir unter den verschiedenen, durch N_{12} gekennzeichneten Makrozuständen denjenigen mit dem Maximalwert von Ω suchen. Die zugehörige Verteilung $\overline{N_{12}}$ können wir mit Hilfe der Gl. (8.176) ermitteln, ohne den genauen Wert des Normierungsfaktors $C(N_1, N_2)$ zunächst kennen zu müssen, weil dieser ja von der Verteilung N_{12} nicht abhängen soll.

Wenn $\overline{N_{12}}$ diejenige Verteilung mit dem Maximalwert $\overline{\Omega}$ der Anzahl der möglichen Anordnungen sein soll, muß für jede davon abweichende Verteilung

$$N_{12a} = \overline{N_{12}} + \Delta N_{12} \tag{8.177}$$

die zugehörige Anzahl Ω_a der möglichen Anordnungen kleiner als der Maximalwert $\overline{\Omega}$ sein, d.h.

$$\ln \frac{\Omega_a}{\overline{\Omega}} < 0 \ . \tag{8.178}$$

Den Quotienten in Gl. (8.178) erhält man, indem in Gl. (8.176) die Anzahl nächstbenachbarter Gitterplätze einmal für den zunächst noch unbekannten Zustand größter Wahrscheinlichkeit und einmal für einen davon abweichenden Zustand eingesetzt und $\ln \overline{\Omega}$ von $\ln \Omega_a$ abgezogen wird

$$\ln \frac{\Omega_a}{\overline{\Omega}} = -\frac{N_{11a}}{2} \ln \frac{N_{11a}}{\overline{N_{11}}} - N_{12a} \ln \frac{N_{12a}}{\overline{N_{12}}} - \frac{N_{22a}}{2} \ln \frac{N_{22a}}{\overline{N_{22}}}$$

$$-\frac{1}{2}(N_{11a} - \overline{N_{11}}) \ln \overline{N_{11}} - (N_{12a} - \overline{N_{12}}) \ln \overline{N_{12}}$$

$$-\frac{1}{2}(N_{22a} - \overline{N_{22}}) \ln \overline{N_{22}} \ . \tag{8.179}$$

Dabei müssen die Einschränkungen nach Gl. (8.171) und (8.172) sowie Gl. (8.177) berücksichtigt werden

$$\begin{aligned}
N_{11a} &= N_1 z - N_{12a} = N_1 z - \overline{N_{12}} - \Delta N_{12} = \overline{N_{11}} - \Delta N_{12} \\
N_{22a} &= N_2 z - N_{12a} = N_2 z - \overline{N_{12}} - \Delta N_{12} = \overline{N_{22}} - \Delta N_{12} \ .
\end{aligned} \tag{8.180}$$

Damit wird Gl. (8.179)

$$\ln \frac{\Omega_a}{\Omega} = -\frac{\overline{N_{11}} - \Delta N_{12}}{2} \ln\left(1 - \frac{\Delta N_{12}}{\overline{N_{11}}}\right) - (\overline{N_{12}} + \Delta N_{12}) \ln\left(1 + \frac{\Delta N_{12}}{\overline{N_{12}}}\right)$$

$$-\frac{\overline{N_{22}} - \Delta N_{12}}{2} \ln\left(1 - \frac{\Delta N_{12}}{\overline{N_{22}}}\right) + \frac{\Delta N_{12}}{2} \ln \frac{\overline{N_{11}}\,\overline{N_{22}}}{\overline{N_{12}}^2} \; . \tag{8.181}$$

Mit der für $|x| \ll 1$ gültigen Näherung $\ln(1+x) \approx x - x^2/2$ und der Gesamtzahl der Teilchen

$$N = N_1 + N_2 \tag{8.182}$$

läßt sich Gl. (8.181) in der folgenden Weise umformen, wenn Terme bis ΔN_{12}^2 berücksichtigt werden

$$\ln \frac{\Omega_a}{\Omega} = N\left\{-\left(\frac{\Delta N_{12}}{2N}\right)^2 \left(\frac{N}{\overline{N_{11}}} + \frac{N}{\overline{N_{22}}} + \frac{2N}{\overline{N_{12}}}\right) + \frac{\Delta N_{12}}{2N} \ln \frac{\overline{N_{11}}\,\overline{N_{22}}}{\overline{N_{12}}^2}\right\} \; . \tag{8.183}$$

Die Bedingung (8.178) muß für alle positiven und negativen Werte von ΔN_{12} erfüllt sein, wenn $\overline{\Omega}$ den Zustand größter Wahrscheinlichkeit repräsentieren soll. Da der erste Term auf der rechten Seite der Gl. (8.183) immer kleiner als null und zudem für kleine Abweichungen $\Delta N_{12} \leq N$ klein gegen den Betrag des zweiten Terms ist, läßt sich die Bedingung (8.178) für den Maximalwert $\overline{\Omega}$ für jeden beliebigen Wert von ΔN_{12} nur dann befriedigen, wenn

$$\frac{\overline{N_{11}}\,\overline{N_{22}}}{\overline{N_{21}}^2} = 1 \; . \tag{8.184}$$

Mit den einschränkenden Bedingungen nach Gl. (8.171) und (8.172) ergibt dies

$$(N_1 z - \overline{N_{12}})(N_2 z - \overline{N_{12}}) = \overline{N_{12}}^2 \tag{8.185}$$

oder nach $\overline{N_{12}}$ aufgelöst

$$\overline{N_{12}} = \frac{N_1 N_2}{N_1 + N_2} z \; . \tag{8.186}$$

Mit den Gleichungen (8.171) und (8.172) erhält man noch die folgenden Beziehungen

$$\overline{N_{11}} = \frac{N_1^2}{N_1 + N_2} z \quad ; \quad \overline{N_{22}} = \frac{N_2^2}{N_1 + N_2} z \tag{8.187}$$

$$\frac{\overline{N_{21}}}{\overline{N_{11}}} = \frac{\overline{N_{22}}}{\overline{N_{12}}} = \frac{N_2}{N_1} \; . \tag{8.188}$$

8.2 Das Gittermodell der Flüssigkeitsgemische

Gl. (8.188) liefert das unmittelbar einleuchtende Ergebnis, daß die einem Gitterplatz benachbarten Gitterplätze im Mittel entsprechend der Anzahl der vorhandenen Teilchen belegt sind. Eine solche Verteilung kann daher als Proportionalverteilung[29] bezeichnet werden.

Um die Wahrscheinlichkeit $\overline{\Omega}$ und damit die Entropie

$$S = k \ln \overline{\Omega} \tag{8.189}$$

zu bestimmen, müssen wir allerdings noch den Maximalwert der Wahrscheinlichkeit $\overline{\Omega}$ ermitteln. Bei gleich großen Molekülen ist dies relativ leicht möglich, weil hier die Anzahl aller überhaupt möglichen Anordnungen durch die Anzahl der Vertauschungsmöglichkeiten aller Teilchen, dividiert durch die Anzahl der Vertauschungsmöglichkeiten der Teilchen jeder Gruppe gegeben ist

$$\frac{(N_1 + N_2)!}{N_1! \, N_2!} = \sum_{N_{12}} \Omega \ . \tag{8.190}$$

Diese erhält man, wenn man über die Wahrscheinlichkeiten Ω aller möglichen Makrozustände entsprechend Gl.(8.176) summiert. Dabei ist unter den möglichen Verteilungen N_{12} praktisch nur $\overline{N_{12}}$, d.h. diejenige mit der größten Wahrscheinlichkeit $\overline{\Omega}$, zu berücksichtigen, weil für jede davon abweichende Verteilung N_{12a}

$$\Omega_a \ll \overline{\Omega} \tag{8.191}$$

wird[30]. Daher wird nach Gl. (8.190) unter Verwendung der STIRLINGschen Formel

$$\ln \overline{\Omega} = \ln \left(\sum_{N_{12}} \Omega \right) = (N_1 + N_2) \ln(N_1 + N_2) - N_1 \ln N_1 - N_2 \ln N_2 \tag{8.192}$$

und mit Gl. (8.189) die Entropie

$$\begin{aligned} S &= k \ln \overline{\Omega}(N_1, N_2) \\ &= -k(N_1 + N_2) \left\{ \frac{N_1}{N_1 + N_2} \ln \frac{N_1}{N_1 + N_2} + \frac{N_2}{N_1 + N_2} \ln \frac{N_2}{N_1 + N_2} \right\} \ . \end{aligned} \tag{8.193}$$

Bei gleich großen Molekülen und gleicher Wechselwirkung zwischen gleichen oder verschiedenen Molekülen ist die Entropie nach Gl. (8.193) daher identisch mit der Mischungsentropie S^{misch} einer idealen Mischung nach Gl. (8.121), denn die Anzahl möglicher Anordnungen der reinen Komponenten ist nach (8.192)

$$\overline{\Omega}(0, N_2) = \overline{\Omega}(N_1, 0) = 1 \tag{8.194}$$

und daher

$$S^{\text{misch}} = k \ln \frac{\overline{\Omega}(N_1, N_2)}{\overline{\Omega}(N_1, 0)\overline{\Omega}(0, N_2)} = k \ln \overline{\Omega}(N_1, N_2) \ . \tag{8.195}$$

---

[29]Im englischen Schrifttum (z.B. PRAUSNITZ J M, LICHTENTHALER R N, DE AZEVEDO E G (1986) Molecular Thermodynamics of Fluid-Phase Equilibria. Prentice Hall Inc.) wird dafür der Begriff "complete randomness" verwendet und von dem Begriff "incomplete randomness" unterschieden, mit welchem in einer bestimmten Weise bevorzugte Molekülanordnungen, wie z.B. die quasichemische Verteilung (Abschn. 8.2.3), gekennzeichnet werden.

[30]siehe auch die entsprechenden Erläuterungen in Band I, Kap. 9

Proportionalverteilung bei nicht gleich großen Molekülen

Bei unterschiedlich großen Molekülen denkt man sich diese in gleich große Segmente unterteilt, die jeweils einen Gitterplatz ausfüllen. Die Anzahl r_i der von einem Molekül der Sorte i belegten Gitterplätze, welche die Größe des Moleküls kennzeichnet, entspricht dem bereits vorher im Ansatz von WOHL eingeführten „effektiven" Volumen (Gl. (8.158)).

Die Wechselwirkung gleicher oder verschiedener Moleküle untereinander findet nur über Oberflächenkontakte statt, d.h. die Wechselwirkungen zwischen Segmenten desselben Moleküls sollen in unserem Modell nicht berücksichtigt werden. Mit anderen Worten: Von den $r_i z$ Gitterplätzen, welche den Segmenten eines Moleküls i benachbart sind, stehen nur $q_i z$ für Außenkontakte zur Verfügung, während über die restlichen $(r_i - q_i)z$ nächst benachbarten Gitterplätze der innere Zusammenhalt des Moleküls erfolgt. Für gestreckte und verzweigte Moleküle (ohne geschlossene Ringe) besteht zwischen r_i und q_i der Zusammenhang

$$q_i z = (r_i - 2)(z - 2) + 2(z - 1) = r_i z - 2(r_i - 1) \tag{8.196}$$

bzw.

$$\frac{z}{2} = \frac{r_i - 1}{r_i - q_i} \ . \tag{8.197}$$

Für die N_{21} Gitterplätze, welche den Molekülen der Sorte 1 nächst benachbart sind und mit Segmenten von Molekülen der Sorte 2 belegt sind, und die N_{11} den Molekülen der Sorte 1 nächst benachbarten Gitterplätzen, welche Segmente jeweils anderer Moleküle 1 enthalten, gilt entsprechend Gl. (8.171)

$$N_{21} + N_{11} = N_1 q_1 z \ . \tag{8.198}$$

Für die den Molekülen der Sorte 2 nächst benachbarten Gitterplätze gilt ganz analog zu Gl. (8.172)

$$N_{12} + N_{22} = N_2 q_2 z \ . \tag{8.199}$$

Approximiert man wie bei gleich großen Molekülen die Anzahl verschiedener, zu einem durch N_{12} gekennzeichneten Makrozustand gehöriger Mikrozustände durch[31]

$$\Omega = \frac{[(N_1 q_1 + N_2 q_2) \cdot z/2]!}{(N_{11}/2)! \, (N_{12}/2)!^2 \, (N_{22}/2)!} C^\star(N_1, N_2) \ , \tag{8.200}$$

so ist der Zustand größter Wahrscheinlichkeit, gekennzeichnet durch $\overline{N_{12}}$, dadurch gegenüber jedem davon abweichenden Zustand $N_{12a} = \overline{N_{12}} + \Delta N_{12}$ ausgezeichnet, daß immer für jedes beliebige ΔN_{12}

$$\ln \frac{\Omega_a}{\overline{\Omega}} < 0 \tag{8.201}$$

---

[31] Hierbei ist die Anzahl der Vertauschungsmöglichkeiten von Gitterplatzpaaren nicht nur durch die in Bild 8.3 angedeutete Überlappung eingeschränkt, sondern auch dadurch, daß die von jedem Molekül eingenommenen Gitterplätze wegen des Zusammenhalts der Moleküle nicht beliebig verschoben werden können. Wie bei der Proportionalverteilung gleich großer Moleküle wird hier der diese Einschränkungen berücksichtigende Faktor $C^\star(N_1, N_2)$ als unabhängig von der Verteilung angenommen.

8.2 Das Gittermodell der Flüssigkeitsgemische

sein muß. Mit denselben Umformungen wie bei den Gln. (8.179) bis (8.183) führt dies für die wahrscheinlichste Verteilung $\overline{N_{12}}$ wieder zur Bedingung (8.184), und mit den Beziehungen (8.198) und (8.199) zu

$$\overline{N_{12}} = \frac{N_1 q_1 \, N_2 q_2}{N_1 q_1 + N_2 q_2} z \quad ; \quad \overline{N_{11}} = \frac{N_1^2 q_1^2}{N_1 q_1 + N_2 q_2} z \quad ; \quad \overline{N_{22}} = \frac{N_2^2 q_2^2}{N_1 q_1 + N_2 q_2} z \tag{8.202}$$

und

$$\frac{\overline{N_{21}}}{\overline{N_{11}}} = \frac{\overline{N_{22}}}{\overline{N_{12}}} = \frac{N_2 q_2}{N_1 q_1} \; . \tag{8.203}$$

Zur Vereinfachung führen wir noch die mittleren Oberflächenanteile

$$\vartheta_1 = \frac{N_1 q_1}{N_1 q_1 + N_2 q_2} \quad \text{bzw.} \quad \vartheta_2 = \frac{N_2 q_2}{N_1 q_1 + N_2 q_2} \tag{8.204}$$

ein und erhalten aus Gl. (8.202) und (8.203)

$$\overline{N_{12}} = N_1 q_1 z \vartheta_2 = N_2 q_2 z \vartheta_1 \quad ; \quad \overline{N_{11}} = N_1 q_1 z \vartheta_1 \quad ; \quad \overline{N_{22}} = N_2 q_2 z \vartheta_2 \; , \tag{8.205}$$

sowie

$$\frac{\overline{N_{21}}}{\overline{N_{11}}} = \frac{\overline{N_{22}}}{\overline{N_{12}}} = \frac{\vartheta_2}{\vartheta_1} \; . \tag{8.206}$$

Die den Molekülen der Sorte 1 bzw. der Sorte 2 nächst benachbarten Gitterplätze werden danach im Zustand größter Wahrscheinlichkeit in einem solchen Verhältnis $\overline{N_{21}}/\overline{N_{11}}$ bzw. $\overline{N_{22}}/\overline{N_{12}}$ mit Segmenten von Molekülen der Sorte 2 und anderen Molekülen der Sorte 1 belegt, wie das Verhältnis der mittleren Oberflächenanteile ϑ_2/ϑ_1 angibt.

Im Zustand größter Wahrscheinlichkeit läßt sich die Anzahl $\overline{\Omega}$ der möglichen Mikrozustände nicht so einfach wie nach Gl. (8.190) berechnen. Wir folgen vielmehr einer Vorgehensweise, wie sie zuerst von FLORY[32] und HUGGINS[33] für Polymermoleküle entwickelt und später von STAVERMANN[34] und von PRIGOGINE[35] verfeinert wurde. Dabei wird zunächst ein Zweistoffgemisch betrachtet, das aus Polymermolekülen und Lösungsmittelmolekülen besteht. Jedes Lösungsmittelmolekül benötigt genau einen Gitterplatz, während jedes Polymermolekül r Gitterplätze einnimmt. Die Polymermoleküle stellen wir uns als sehr flexibel vor, Bild 8.4. Um für den Zustand größter Wahrscheinlichkeit die Anzahl möglicher Mikrozustände $\overline{\Omega}$ abzählen zu können, nehmen wir an, daß bereits i Polymermoleküle auf die insgesamt verfügbaren Gitterplätze verteilt worden sind. Dann gibt es $M - ir$ Möglichkeiten, das erste Segment des $i + 1$-ten Moleküls auf den noch freien Gitterplätzen unterzubringen.

---

[32] FLORY P (1942) Thermodynamics of High Polymer Solutions. J Chem Phys 10:51
[33] HUGGINS M L (1942) Annals N.Y. Acad Sci 43:1
[34] STAVERMANN A J (1950) The Entropy of High Polymer Solutions. Rec Trov Chim Pays-bas 69:163
[35] PRIGOGINE I (1957) The molecular Theory of Solutions. Amsterdam.

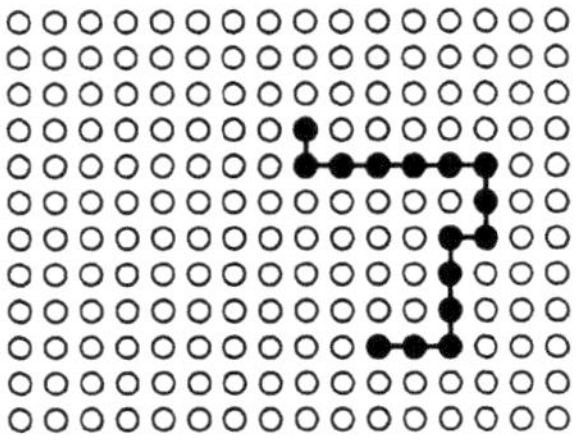

602   8 Gleichgewichtsbedingungen für Mehrstoffgemische

Bild 8.4: Zweidimensionales Gitter als Modell zur Beschreibung eines Polymermoleküls in Lösung
Zahl der Gitterplätze $N = 16 \cdot 12$
Zahl der Gitterplätze, welches 1 Polymermolekül einnimmt: $r = 15$

Dieses erste Segment hat z nächst benachbarte Gitterplätze. Wir fragen danach, mit welcher Wahrscheinlichkeit diese nächst benachbarten Gitterplätze besetzt sind oder nicht besetzt sind. Liegt für die i bereits auf dem Gitter verteilten Moleküle eine Proportionalverteilung vor, so ist die Wahrscheinlichkeit, daß der betrachtete nächst benachbarte Gitterplatz noch nicht belegt ist, gleich dem Verhältnis der insgesamt noch nicht belegten nächst benachbarten Gitterplätze $z(M - ir)$ zur Anzahl der insgesamt für eine Belegung geeigneten. Diese ist aber nicht Mz, sondern nur $[M - (r-q)i]z$, weil bei jedem Polymermolekül $(r-q)z$ nächst benachbarte Gitterplätze mit Segmenten desselben Moleküls belegt sind. Somit ist die Wahrscheinlichkeit, für das zweite Segment des $(i+1)$-ten Polymermoleküls einen noch freien nächst benachbarten Gitterplatz anzutreffen[36]

$$z \frac{M - ir}{M - i(r-q)} \;.$$

Die Zahl der Möglichkeiten, die weiteren Segmente des $(i+1)$-ten Polymermoleküls auf dem Gitter zu plazieren, ist noch weiter eingeschränkt. Ist nämlich y_j die Anzahl der Möglichkeiten, bei feststehenden $j-1$ Segmenten das j-te zu plazieren, so kann dieses auf $y_j(M-ir)/[M-i(r-q)]$ im Mittel noch verfügbarer nächst benachbarter Gitterplätze untergebracht werden, und für die folgenden Segmente gilt das gleiche. Bei dieser Betrachtung wurde allerdings die (geringfügige) Abnahme der verfügbaren Gitterplätze durch die bereits mit Segmenten desselben Moleküls belegten Gitterplätze vernachlässigt[37]. Insgesamt gibt es demnach

$$\Omega_{i+1} = (M - ir) \cdot \underbrace{\left[z \frac{M-ir}{M-i(r-q)}\right]\left[y_3 \frac{M-ir}{M-i(r-q)}\right] \cdots \left[y_r \frac{M-ir}{M-i(r-q)}\right]}_{r-1 \text{ Faktoren}}$$

$$= \frac{\varrho}{\sigma} \frac{(M-ir)^r}{[M-i(r-q)]^{r-1}} \qquad (8.207)$$

---

[36] Das ist nur richtig, solange sich Segmente desselben Polymermoleküls nicht berühren. Bilden sich bei hohen Polymerkonzentrationen „Knäuel" aus, in denen Segmente desselben Polymermoleküls aneinander liegen, so liefert die hier angegebene Methode keine hinreichend genauen Ergebnisse; s. hierzu PFENNIG A (1994) Thermodynamic Modelling of Polymer Solutions with a Modified STAVERMANN equation. Macromol Theory Simul 3:389-407

[37] Eine detailliertere Ableitung wurde von LICHTENTHALER, ABRAMS UND PRAUSNITZ durchgeführt (LICHTENTHALER R N, ABRAMS D S AND PRAUSNITZ J M (1973) Combinatorial Entropy of Mixing for Molecules Differing in Size and Shape. Canad J Chem 51:3071-3080)

verschiedene Möglichkeiten, die Segmente des $(i+1)$-ten Moleküls auf die im Mittel verfügbaren Gitterplätze zu verteilen. Hierin ist

$$\varrho = 1 \cdot z \cdot y_3 \ldots y_r \tag{8.208}$$

die Anzahl der Möglichkeiten, ein Polymermolekül auf freie Gitterplätze zu plazieren, wenn sein erstes Segment bereits fixiert ist. Für beliebig flexible Polymermoleküle ist $y_3 = y_4 = \ldots = z - 1$. Die Symmetriezahl σ berücksichtigt die Ununterscheidbarkeit symmetrischer Anordnungen des Moleküls.

Die Gesamtzahl verschiedener Möglichkeiten, alle N_2 Polymermoleküle zu verteilen, erhält man durch Multiplikation aller Ω_i

$$\overline{\Omega} = \frac{1}{N_2!} \prod_{i=0}^{N_2} \Omega_{i+1} \, , \tag{8.209}$$

wobei allerdings noch durch die Anzahl der Vertauschungsmöglichkeiten $N_2!$ der Polymermoleküle dividiert werden muß.
Mit Gl. (8.207) wird

$$\overline{\Omega} = \frac{1}{N_2!} \left(\frac{\varrho}{\sigma}\right)^{N_2} \prod_{i=0}^{N_2} \frac{(M - ir)^r}{[M - i(r-q)]^{r-1}} \, . \tag{8.210}$$

Durch Logarithmieren erhält man unter Verwendung der STIRLINGschen Formel

$$\ln \overline{\Omega} = N_2 \ln \left(\frac{\varrho e}{N_2 \sigma}\right) + r \sum_{i=0}^{N_2} \ln(M - ir) - (r-1) \sum_{i=0}^{N_2} \ln[M - i(r-q)] \, . \tag{8.211}$$

Hierin approximieren wir die Summen durch Integrale und erhalten mit der Gesamtzahl $M = N_1 + rN_2$ aller belegten Gitterplätze

$$\sum_{i=0}^{N_2} \ln[M - i(r-q)] \approx \int_0^{N_2} \ln[M - i(r-q)] \mathrm{d}i = \frac{1}{r-q} \int_{N_1+qN_2}^{M} \ln x \, \mathrm{d}x$$

$$= \frac{1}{r-q} \{M \ln M - M - (N_1 + qN_2) \ln(N_1 + qN_2) + N_1 + qN_2\} \tag{8.212}$$

$$\sum_{i=0}^{N_2} \ln(M - ir) \approx \frac{1}{r} \int_{N_1}^{M} \ln x \, \mathrm{d}x = \frac{1}{r} \{M \ln M - M - N_1 \ln N_1 + N_1\} \tag{8.213}$$

und erhalten mit $M = N_1 + rN_2$

$$\begin{aligned}\ln \overline{\Omega}(N_1, N_2) = & N_2 \ln\left(\frac{\varrho e}{N_2 \sigma}\right) + N_1 \ln M + rN_2 \ln M - rN_2 - N_1 \ln N_1 \\ & -\frac{r-1}{r-q}\{N_1 \ln M + rN_2 \ln M - N_2(r-q) \\ & -(N_1 + qN_2)\ln(N_1 + qN_2)\} \, . \end{aligned} \tag{8.214}$$

Berücksichtigen wir, daß $\overline{\Omega}(N_1, 0) = 1$ ist, weil es nur eine einzige Möglichkeit gibt, N_1 Lösungsmittelmoleküle auf N_1 Gitterplätze zu verteilen, und ermitteln aus Gl. (8.214) für $N_1 = 0$

$$\ln \overline{\Omega}(0, N_2) = N_2 \ln \left(\frac{\varrho e}{N_2 \sigma}\right) + rN_2 \ln(rN_2) - rN_2$$

$$- \frac{r-1}{r-q} \{rN_2 \ln(rN_2) - N_2(r-q) - qN_2 \ln(qN_2)\} \qquad (8.215)$$

für die reinen Polymermoleküle, so wird die Mischungsentropie

$$S^{\text{misch}} = k \ln \frac{\overline{\Omega}(N_1, N_2)}{\overline{\Omega}(0, N_2)}$$

$$= -kN_1 \ln \phi_1 - kN_2 \ln \phi_2 - k\frac{r-1}{r-q} \left\{N_1 \ln \frac{\vartheta_1}{\phi_1} + qN_2 \ln \frac{\vartheta_2}{\phi_2}\right\} , \qquad (8.216)$$

wobei

$$\phi_1 = \frac{N_1}{N_1 + rN_2} \quad \text{bzw.} \quad \phi_2 = \frac{rN_2}{N_1 + rN_2} \qquad (8.217)$$

die schon beim Ansatz von WOHL eingeführten Volumenanteile und

$$\vartheta_1 = \frac{N_1}{N_1 + qN_2} \quad \text{bzw.} \quad \vartheta_2 = \frac{qN_2}{N_1 + qN_2} \qquad (8.218)$$

die sog. Oberflächenanteile der Moleküle bezeichnen.
Sind die Moleküle der Sorte 2 genauso groß wie die Lösungsmittelmoleküle 1, d.h. $r = q = 1$, so geht Gl. (8.216) in die Beziehung (8.193) für ideale Mischungen über. Wenn dagegen bei großen Werten der Koordinationszahl z die Zahl der von einem Polymermolekül belegten Gitterplätze r sich nur wenig von der Zahl der Außenkontakte q unterscheidet, wird der Klammerausdruck in Gl. (8.216) vernachlässigbar klein. Mit Gl. (8.216) und (8.218) wird dieser nämlich, wenn man die Logarithmen in eine Reihe entwickelt und nach dem zweiten Glied abbricht

$$\frac{r-1}{r-q}\left\{(N_1 + qN_2)\ln\left[1 + \frac{N_2(r-q)}{N_1 + N_2q}\right] - qN_2 \ln\left[1 + \frac{r-q}{q}\right]\right\}$$

$$= (r-1)\left\{-\frac{1}{2}\frac{N_2^2(r-q)}{N_1 + qN_2} + \frac{1}{2}N_2\frac{r-q}{q}\right\} = \frac{(r-1)(r-q)}{2q}\frac{N_1 N_2}{N_1 + qN_2} , \qquad (8.219)$$

was in der Tat unter den genannten Annahmen klein gegen das erste Glied von

Gl. (8.216) ist. In diesem Fall erhält man aus Gl. (8.216)

$$S^{\text{misch}} = -kN_1 \ln \phi_1 - kN_2 \ln \phi_2 \ . \tag{8.220}$$

Diese Beziehung wurde schon von FLORY[38] für Polymerlösungen abgeleitet.
In Bild 8.5 ist die Mischungsentropie S^{misch} nach Gl. (8.220) in Abhängigkeit von der Lösungsmittelkonzentration ψ_1 aufgetragen mit r als Parameter.
Man sieht, daß bei großen Polymermolekülen die Mischungsentropie S^{misch} beträchtlich größer ist als bei einer idealen Mischung, obwohl keine Mischungswärme auftreten kann, weil ja die Wechselwirkungsenergien zwischen gleichen und verschiedenen Teilchen als gleich groß angenommen wurden. Solche Mischungen, die keine Mischungswärme aufweisen und sich doch nicht ideal verhalten, werden auch athermale Mischungen genannt.

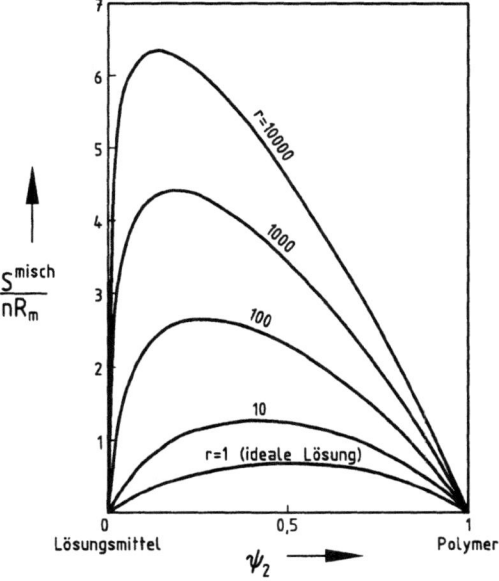

Bild 8.5: Mischungsentropie von Polymerlösungen nach der Theorie von FLORY UND HUGGINS. r ist die Zahl der Gitterplätze, welche 1 Polymermolekül einnimmt

Nun wollen wir noch die eingangs gemachte Einschränkung fallen lassen, daß jedes Lösungsmittelmolekül nur einen Gitterplatz beansprucht und statt dessen annehmen, daß es r_1 Gitterplätze belegt und $q_1 z$ nächste Nachbarplätze besitzt. Jedes Polymermolekül nimmt dagegen r_2 Gitterplätze ein und hat zq_2 Außenkontakte[39]. Die Gesamtzahl verschiedener Möglichkeiten $\overline{\Omega_2}$ die N_2 Polymermoleküle auf die M Gitterplätze zu verteilen, ist durch Gl. (8.210) gegeben. Für jede dieser Anord-

---

[38] FLORY P (1942) Thermodynamics of High Polymer Solutions. J Chem 10:51
[39] Die durchaus berechtigte Frage, ob es grundsätzlich immer möglich ist, Moleküle unterschiedlicher Größe lückenlos auf ein Gitter zu verteilen, wollen wir hier nicht behandeln und statt dessen auf Abschn. 8.2.2 verweisen.

nungen gibt es dann noch

$$\overline{\Omega_1} = \frac{1}{N_1!}\left(\frac{\varrho_1}{\sigma_1}\right)^{N_1} \prod_{i=0}^{N_1} \frac{(M - N_2 r_2 - i r_1)^{r_1}}{[M - N_2(r_2 - q_2) - i(r_1 - q_1)]^{r_1-1}}$$

$$= \frac{1}{N_1!}\left(\frac{\varrho_1}{\sigma_1}\right)^{N_1} \prod_{i=0}^{N_1} \frac{(N_1 r_1 - i r_1)^{r_1}}{[N_1 r_1 + N_2 q_2 - i(r_1 - q_1)]^{r_1-1}} \qquad (8.221)$$

Möglichkeiten, die N_1 Moleküle auf den $M = N_1 r_1 + N_2 r_2$ Gitterplätzen anzuordnen, also insgesamt

$$\overline{\Omega}(N_1, N_2) = \overline{\Omega_1} \cdot \overline{\Omega_2} = \frac{1}{N_1!}\frac{1}{N_2!}\left(\frac{\varrho_1}{\sigma_1}\right)^{N_1}\left(\frac{\varrho_2}{\sigma_2}\right)^{N_2}$$

$$\cdot \prod_{i=0}^{N_1} \frac{(N_1 r_1 - i r_1)^{r_1}}{[N_1 r_1 + N_2 q_2 - i(r_1 - q_1)]^{r_1-1}} \prod_{i=0}^{N_2} \frac{(N_1 r_1 + N_2 r_2 - i r_2)^{r_2}}{[N_1 r_1 + N_2 r_2 - i(r_2 - q_2)]^{r_2-1}} \qquad (8.222)$$

Möglichkeiten. Bildet man den Logarithmus $\ln \overline{\Omega}$ und ersetzt dabei die auftretenden Summen durch Integrale, so erhält man mit der STIRLINGschen Formel

$$\ln \overline{\Omega}(N_1, N_2) =$$

$$N_1 \ln\left(\frac{\varrho_1 e}{N_1 \sigma_1}\right) + N_2 \ln\left(\frac{\varrho_2 e}{N_1 \sigma_2}\right) + \int_0^{N_1 r_1} \ln x \, dx + \int_{N_1 r_1}^{N_1 r_1 + N_2 r_2} \ln x \, dx$$

$$- \frac{r_1 - 1}{r_1 - q_1} \int_{N_1 q_1 + N_2 q_2}^{N_1 r_1 + N_2 q_2} \ln x \, dx - \frac{r_2 - 1}{r_2 - q_2} \int_{N_1 q_1 + N_2 q_2}^{N_1 r_1 + N_2 r_2} \ln x \, dx \quad . \qquad (8.223)$$

Diese Gleichung läßt sich für Moleküle ohne geschlossene Ringe mit Gl. (8.196) noch wie folgt vereinfachen

$$\ln \overline{\Omega}(N_1, N_2) =$$

$$N_1 \ln\left(\frac{\varrho_1 e}{N_1 \sigma_1}\right) + N_2 \ln\left(\frac{\varrho_2 e}{N_2 \sigma_2}\right) + (N_1 r_1 + N_2 r_2)[\ln(N_1 r_1 + N_2 r_2) - 1]$$

$$- \frac{z}{2}(N_1 r_1 + N_2 r_2)[\ln(N_1 r_1 + N_2 r_2) - 1] + \frac{z}{2}(N_1 q_1 + N_2 q_2)[\ln(N_1 q_1 + N_2 q_2) - 1] \quad .(8.224)$$

Damit erhält man für die Mischungsentropie eines Zweistoffgemisches mit ungleich großen Molekülen

$$S^{\text{misch}} = k \ln \frac{\overline{\Omega}(N_1, N_2)}{\overline{\Omega}(N_1, 0)\overline{\Omega}(0, N_2)}$$

$$= -k\left[N_1 \ln \phi_1 + N_2 \ln \phi_2 + \frac{z}{2}\left(N_1 q_1 \ln \frac{\vartheta_1}{\phi_1} + N_2 q_2 \ln \frac{\vartheta_2}{\phi_2}\right)\right] \quad . \qquad (8.225)$$

Quasichemische Verteilung nach Guggenheim

Im Gegensatz zu den bisherigen Überlegungen wollen wir nun annehmen, daß unterschiedliche Wechselwirkungskräfte zwischen den Molekülen bestehen, je nachdem, ob gleiche oder ungleiche Moleküle aneinandergrenzen. Beim Gittermodell werden dabei ausschließlich paarweise Wechselwirkungen zwischen nächsten Nachbarn berücksichtigt. Ist Γ_{ij} die Wechselwirkungsenergie eines $i-j$ Paares, so ergibt sich die gesamte potentielle Energie des Gitters aus der Summation aller Paarbeiträge

$$U = \frac{N_{11}}{2}\Gamma_{11} + \frac{N_{22}}{2}\Gamma_{22} + N_{12}\Gamma_{12} \tag{8.226}$$

oder mit Gl. (8.198), (8.199) und $N_{12} = N_{21}$

$$\begin{aligned}U &= N_1 q_1 \frac{z}{2}\Gamma_{11} + N_2 q_2 \frac{z}{2}\Gamma_{22} + N_{12}\left[\Gamma_{12} - \frac{\Gamma_{11}+\Gamma_{22}}{2}\right] \\ &= N_1 q_1 \frac{z}{2}\Gamma_{11} + N_2 q_2 \frac{z}{2}\Gamma_{22} + N_{12}\Gamma \;,\end{aligned} \tag{8.227}$$

wobei

$$2\Gamma = 2\Gamma_{12} - \Gamma_{11} - \Gamma_{22} \tag{8.228}$$

diejenige Energie darstellt, die notwendig ist, um ein Paar gleicher Moleküle der Sorte 1 und ein Paar gleicher Moleküle der Sorte 2 in zwei Paare ungleicher Moleküle zu überführen.

Auch hier wollen wir nach derjenigen Verteilung $N_{12}^{\star}$ suchen, welche dem Zustand größter Wahrscheinlichkeit entspricht. Sie wird i.a. von der Proportionalverteilung $\overline{N_{12}}$ verschieden sein.

Wird die Anzahl ungleicher Kontakte N_{12} etwa von $N_{12}^{\star}$ auf $N_{12a} = N_{12}^{\star} + \Delta N_{12}$ geändert, so ändert sich die potentielle Energie des Gitters um

$$\Delta U = U_a - U^{\star} = \Delta N_{12} \cdot \Gamma \;. \tag{8.229}$$

Soll dabei die Temperatur konstant bleiben, so muß diese Energie ΔU von außen zugeführt werden. Als Energiespender denken wir uns ein Wärmebad konstanten Volumens und so großen Ausmaßes, daß dessen Temperatur T durch diesen Energieaustausch nicht verändert wird. Infolge des Wärmeaustausches ändert sich die Entropie des Wärmebads dann um

$$\Delta S_R = -\Delta U/T \tag{8.230}$$

Wollen wir unter der Randbedingung konstanter Temperatur den Zustand größter Wahrscheinlichkeit bestimmen, so müssen wir außer der Entropieänderung des Wärmebads noch die des Gitters berücksichtigen. Dabei verwenden wir den allgemeinen Zusammenhang zwischen Entropie und Wahrscheinlichkeit nach BOLTZMANN.

Wird für den vorliegenden Fall die wahrscheinlichste Verteilung der Moleküle im Gitter durch die Anzahl ungleicher Kontakte $N_{12}^{\star}$ gekennzeichnet, so muß das aus

Gitter und Wärmebad bestehende Gesamtsystem für jede von der wahrscheinlichsten abweichende Verteilung

$$N_{12a} = N_{12}^\star + \Delta N_{12} \tag{8.231}$$

eine geringere Wahrscheinlichkeit besitzen als im wahrscheinlichsten Zustand; es muß also stets gelten

$$-\frac{\Delta U}{kT} + \ln\frac{\Omega_a}{\Omega^\star} < 0 \; . \tag{8.232}$$

Natürlich behalten die Beziehungen (8.179) und (8.183) ihre Gültigkeit, wenn dort anstelle von $\overline{N_{12}}, \overline{N_{11}}, \overline{N_{22}}$ die entsprechenden Größen $N_{12}^\star, N_{11}^\star$ und $N_{22}^\star$ eingesetzt werden. Mit Gl. (8.183) erhält man dann aus Gl. (8.232) und (8.229) als Bedingung für den wahrscheinlichsten Zustand

$$\frac{\Delta N_{12}}{2}\left\{-\frac{2\Gamma}{kT} + \ln\frac{N_{11}^\star N_{22}^\star}{N_{12}^{\star 2}}\right\} - \left(\frac{\Delta N_{12}}{2}\right)^2\left\{\frac{1}{N_{11}^\star} + \frac{1}{N_{22}^\star} + \frac{2}{N_{12}^\star}\right\} < 0 \; . \tag{8.233}$$

Der zweite Term erfüllt die Bedingung (8.232) für jeden beliebigen Wert (positiven oder negativen) von ΔN_{12}, der erste nur dann, wenn stets

$$\frac{N_{11}^\star N_{22}^\star}{N_{12}^{\star 2}} = \exp\left(\frac{2\Gamma}{kT}\right) = \tau \tag{8.234}$$

ist.

Gl. (8.234) hat die Form einer „Gleichgewichtskonstanten" einer chemischen Reaktion, bei der ungleiche in gleiche Molekülpaare umgewandelt werden. Die durch $N_{12}^\star$ gekennzeichnete Verteilung der Moleküle auf die Gitterplätze wird deswegen nach Guggenheim als „quasichemische Verteilung" bezeichnet[40].
Ist $\Gamma > 0$, so wird die Bildung gleicher Molekülpaare begünstigt; bei $\Gamma < 0$ die Bildung ungleicher Molekülpaare.

Gl. (8.234) ergibt mit (8.198) und (8.199) eine quadratische Gleichung für $N_{12}^\star$

$$(N_1 q_1 z - N_{12}^\star)(N_2 q_2 z - N_{12}^\star) = N_{12}^{\star 2} \cdot \tau \tag{8.235}$$

mit der Lösung

$$N_{12}^\star = \frac{z}{2}\frac{N_1 q_1 + N_2 q_2}{\tau - 1}\left(\pm\sqrt{1 + 4(\tau-1)\vartheta_1\vartheta_2} - 1\right) \; , \tag{8.236}$$

was mit (8.204) und (8.202) auch in der folgenden Form angegeben werden kann

$$N_{12}^\star = \overline{N_{12}}\frac{\pm\sqrt{1 + 4(\tau-1)\vartheta_1\vartheta_2} - 1}{2\vartheta_1\vartheta_2(\tau-1)} \; . \tag{8.237}$$

Die Anzahl $N_{12}^\star$ nächst benachbarter, mit jeweils anderen Teilchen belegter Gitterplätze muß immer positiv sein; deshalb gilt das obere Vorzeichen in Gl. (8.236) und

---

[40] GUGGENHEIM E A (1952) Mixtures. Clarendon Press, Oxford

8.2 Das Gittermodell der Flüssigkeitsgemische

(8.237) für $\tau > 1$ ($\Gamma > 0$) und das untere für $\tau < 1$ ($\Gamma < 0$). Für $\tau = 1$ ($\Gamma = 0$) geht die quasichemische Verteilung in die Proportionalverteilung über ($N_{12}^\star = \overline{N_{12}}$). Mit Gl. (8.198) und (8.199) erhalten wir aus Gl. (8.236) und (8.237) für die Anzahl der nächsten Nachbarplätze $N_{11}^\star$ und $N_{22}^\star$

$$N_{11}^\star = z(N_1 q_1 + N_2 q_2)\left(\vartheta_1 - \frac{\pm\sqrt{1 + 4\vartheta_1\vartheta_2(\tau-1)} - 1}{2(\tau-1)}\right)$$

$$= \overline{N_{11}}\left(\frac{1}{\vartheta_1} - \frac{\pm\sqrt{1 + 4\vartheta_1\vartheta_2(\tau-1)} - 1}{2\vartheta_1^2(\tau-1)}\right) \tag{8.238}$$

und

$$N_{22}^\star = z(N_1 q_1 + N_2 q_2)\left(\vartheta_2 - \frac{\pm\sqrt{1 + 4\vartheta_1\vartheta_2(\tau-1)} - 1}{2(\tau-1)}\right)$$

$$= \overline{N_{22}}\left(\frac{1}{\vartheta_2} - \frac{\pm\sqrt{1 + 4\vartheta_1\vartheta_2(\tau-1)} - 1}{2\vartheta_2^2(\tau-1)}\right) . \tag{8.239}$$

Mit diesen Beziehungen kann auch die Wahrscheinlichkeit $\Omega^\star$ der quasichemischen Verteilung in Relation zu $\overline{\Omega}$ der Proportionalverteilung ermittelt werden. Es ist nämlich nach Gl. (8.176)

$$\ln\frac{\Omega^\star}{\overline{\Omega}} = \frac{\overline{N_{11}}}{2}\ln\frac{\overline{N_{11}}}{2} + \overline{N_{12}}\ln\frac{\overline{N_{12}}}{2} + \frac{\overline{N_{22}}}{2}\ln\frac{\overline{N_{22}}}{2}$$

$$-\frac{N_{11}^\star}{2}\ln\frac{N_{11}^\star}{2} - N_{12}^\star\ln\frac{N_{12}^\star}{2} - \frac{N_{22}^\star}{2}\ln\frac{N_{22}^\star}{2} . \tag{8.240}$$

Indem wir die Größen $\overline{N_{11}}, \overline{N_{22}}, N_{11}^\star$ und $N_{22}^\star$ vor den Logarithmen mit Hilfe der Gl. (8.198) und (8.199) durch $\overline{N_{12}} = \overline{N_{21}}$ und $N_{12}^\star = N_{21}^\star$ ersetzen, erhalten wir nach Umformung

$$\ln\frac{\Omega^\star}{\overline{\Omega}} = \frac{z}{2}\left(N_1 q_1 \ln\frac{\overline{N_{11}}}{N_{11}^\star} + N_2 q_2 \ln\frac{\overline{N_{22}}}{N_{22}^\star}\right)$$

$$+\frac{N_{12}^\star}{2}\ln\frac{N_{11}^\star N_{22}^\star}{N_{12}^{\star 2}} - \frac{\overline{N_{12}}}{2}\ln\frac{\overline{N_{11}}\,\overline{N_{22}}}{\overline{N_{12}}^2} . \tag{8.241}$$

Wegen Gl. (8.203) verschwindet der letzte Term in Gl. (8.241), und der vorletzte ist nach Gl. (8.227) und (8.234) gleich der durch kT dividierten Mischungsenergie

$$\frac{U^{\text{misch}}}{kT} = \frac{1}{kT}\left(U^\star - N_1 q_1 \frac{z}{2}\Gamma_{11} - N_2 q_2 \frac{z}{2}\Gamma_{22}\right) = N_{12}^\star \frac{\Gamma}{kT} . \tag{8.242}$$

610   8 Gleichgewichtsbedingungen für Mehrstoffgemische

Somit erhalten wir aus Gl. (8.241) mit (8.242), (8.238) und (8.239) den Unterschied der Entropie bei quasichemischer Verteilung und bei Proportionalverteilung, welcher nach PRAUSNITZ als Residuumsentropie bezeichnet wird

$$\begin{aligned} S^{\text{res}} = S^\star - \overline{S} &= k \ln \frac{\Omega^\star}{\overline{\Omega}} \\ &= -k\frac{z}{2} \left\{ N_1 q_1 \ln \left(\frac{1}{\vartheta_1} - \frac{\pm\sqrt{1+4\vartheta_1\vartheta_2(\tau-1)}-1}{2\vartheta_1^2(\tau-1)} \right) \right. \\ &\quad \left. + N_2 q_2 \ln \left(\frac{1}{\vartheta_2} - \frac{\pm\sqrt{1+4\vartheta_1\vartheta_2(\tau-1)}-1}{2\vartheta_2^2(\tau-1)} \right) \right\} + \frac{U^{\text{misch}}}{T} \,. \end{aligned}$$

(8.243)

Die entsprechende Differenz der freien Energie ist

$$\begin{aligned} F^{\text{res}} = F^\star - \overline{F} &= U^\star - \overline{U} - T(S^\star - \overline{S}) = U^{\text{misch}} - T(S^\star - \overline{S}) \\ &= kT\frac{z}{2} \left\{ N_1 q_1 \ln \left(\frac{1}{\vartheta_1} - \frac{\pm\sqrt{1+4\vartheta_1\vartheta_2(\tau-1)}-1}{2\vartheta_1^2(\tau-1)} \right) \right. \\ &\quad \left. + N_2 q_2 \ln \left(\frac{1}{\vartheta_2} - \frac{\pm\sqrt{1+4\vartheta_1\vartheta_2(\tau-1)}-1}{2\vartheta_2^2(\tau-1)} \right) \right\} \,, \end{aligned} \quad (8.244)$$

und schließlich erhalten wir mit Gl. (8.225) für die Exzeßfunktion der freien Energie

$$\begin{aligned} \frac{F^E}{T} &= kN_1 \ln \frac{\phi_1}{\psi_1} + kN_2 \ln \frac{\phi_2}{\psi_2} + k\frac{z}{2} \left\{ N_1 q_1 \ln \frac{\vartheta_1}{\phi_1} + N_2 q_2 \ln \frac{\vartheta_2}{\phi_2} \right\} \\ &\quad + k\frac{z}{2} \left\{ N_1 q_1 \ln \left(\frac{1}{\vartheta_1} - \frac{\pm\sqrt{1+4\vartheta_1\vartheta_2(\tau-1)}-1}{2\vartheta_1^2(\tau-1)} \right) \right. \\ &\quad \left. + N_2 q_2 \ln \left(\frac{1}{\vartheta_2} - \frac{\pm\sqrt{1+4\vartheta_1\vartheta_2(\tau-1)}-1}{2\vartheta_2^2(\tau-1)} \right) \right\} \,. \end{aligned} \quad (8.245)$$

Für kleine Werte von τ (etwa $0 < \tau < 2$) kann man die Reihenentwicklung der Wurzel nach dem quadratischen Glied abbrechen und erhält nach Umformung

$$\begin{aligned} \frac{F^E}{T} &= kN_1 \ln \frac{\phi_1}{\psi_1} + kN_2 \ln \frac{\phi_2}{\psi_2} + k\frac{z}{2} \left\{ N_1 q_1 \ln \frac{\vartheta_1}{\phi_1} + N_2 q_2 \ln \frac{\vartheta_2}{\phi_2} \right\} \\ &\quad + \frac{z}{2} \left\{ N_1 q_2 \ln [\vartheta_1 + \vartheta_2(\vartheta_1 + \vartheta_2 \tau)] + N_2 q_2 \ln [\vartheta_2 + \vartheta_1(\vartheta_2 + \vartheta_1 \tau)] \right\} . \end{aligned} \quad (8.246)$$

Setzt man hier formal $\tau_{12} = \vartheta_2 + \vartheta_1\tau$ und $\tau_{21} = \vartheta_1 + \vartheta_2\tau$, so stimmt Gl. (8.246) bis auf den Faktor $z/2$ in der zweiten Zeile formal mit der bekannten UNIQUAC-Gleichung[41] überein, allerdings mit dem wesentlichen Unterschied, daß von den Parametern τ_{12} und τ_{21} nur einer beliebig angepaßt werden kann, während der andere dann durch die Zusammensetzung des Gemisches bestimmt ist[42].

Für die Parameter q und r, welche die Größe und Struktur der Moleküle kennzeichnen, gibt es in der Literatur Werte aus der Strukturanalyse[43]. Dagegen muß der Wechselwirkungsparameter τ (bzw. τ_{12} und τ_{21}) an Meßwerte angepaßt werden. Für nicht polare Stoffe genügt in vielen Fällen schon ein einziger Parameter, um die Eigenschaften des Flüssigkeitsgemisches zufriedenstellend beschreiben zu können, für Mischungen polarer Stoffe reicht dagegen eine einparametrige Darstellung i.a. nicht aus.

8.2.2 Lückenhafte Gitterbelegung bei Zweistoffgemischen

Will man im Rahmen der hier behandelten einfachen Gittertheorie binärer Gemische zu einer zweiparametrigen Beschreibung der Verteilung kommen, so muß von einer lückenlosen Besetzung aller Gitterplätze abgesehen werden[44]. Die nicht besetzten Gitterplätze können dann vorzugsweise um Moleküle einer Teilchensorte angeordnet sein oder sich in etwa gleichmäßig verteilen, Bild 8.6.

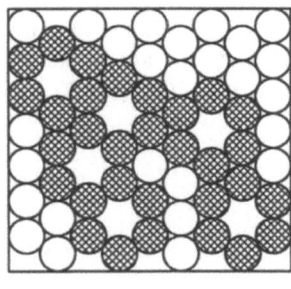 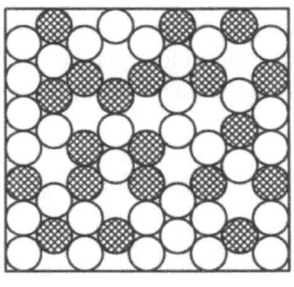

a) b)

Bild 8.6: Verteilung von dunklen und hellen Molekülen sowie Leerstellen in einem ebenen hexagonalen Gitter; a) Leerstellen sind nur von dunklen Teilchen umgeben, b) Leerstellen sind in etwa gleichmäßig verteilt

---

[41] ABRAMS D AND PRAUSNITZ J M (1975) Statistical Thermodynamics of Liquid Mixtures: A New Expression for the Excess Gibbs Energy of Partly or Completely Miscible Systems. AIChE Journal 21:116

[42] MCDERMOTT C AND ASHTON N (1977) Note on the Definition of Local Composition. Fluid Phase Equil 1:35; Flemr V (1976) A Note on Excess Gibbs Energy Equations Based on Local Composition Concept. Collection Czechoslov Commun 41:3347

[43] z.B. BONDI A (1968) Physical Properties of Molecular Crystals, Liquids and Glasses. Wiley, New York

[44] siehe auch LACOMBE R H, SANCHEZ I C (1976) Statistical Thermodynamics of Fluid Mixtures. J Phys Chem 80, 23:2568-2580

8 Gleichgewichtsbedingungen für Mehrstoffgemische

Die insgesamt $N_1 q_1 z$ nächst benachbarten Gitterplätze um Moleküle der Sorte 1 sind nun entweder mit Segmenten anderer Moleküle der Sorte 1 oder mit Segmenten von Molekülen der Sorte 2 belegt oder leer

$$N_1 q_1 z = N_{11} + N_{21} + N_{01} \; , \tag{8.247}$$

N_{01} bezeichnet hierbei die den Molekülen der Sorte 1 nächst benachbarten leeren Gitterplätze. Für die nächsten Nachbarn der 2-er Moleküle gilt entsprechend

$$N_2 q_2 z = N_{22} + N_{12} + N_{02} \; . \tag{8.248}$$

Wir nehmen außerdem an, daß die Anzahl der leeren Gitterplätze, gemessen an der gesamten Anzahl klein ist, so daß um die leeren Gitterplätze praktisch nur Segmente von Molekülen der Sorte 1 oder 2 angelagert sind und nicht etwa weitere leere Gitterplätze[45]. Ist N_0 die Gesamtzahl aller leeren Gitterplätze, so muß gelten

$$N_0 z = N_{10} + N_{20} \; . \tag{8.249}$$

Außerdem muß für Teilchen wie für leere Gitterplätze die Anzahl nächster Nachbarplätze N_{ij} um die Gitterplätze j, welche mit Segmenten i belegt sind, genau so groß sein wie die um die Gitterplätze i, die von Segmenten j eingenommen werden

$$N_{ij} = N_{ji} \; . \tag{8.250}$$

Bei vorgegebener Zahl der Teilchen N_1 und N_2 und der leeren Gitterplätze N_0 kennzeichnen bei Berücksichtigung der Gl. (8.247) bis (8.249) somit zwei der Besetzungszahlen $N_{01} = N_{10}, N_{02} = N_{20}, N_{12} = N_{21}, N_{11}$ und N_{22} den Makrozustand des Gemisches in eindeutiger Weise. Wählt man z.B. N_{11} und N_{22} als die kennzeichnenden Besetzungszahlen, so ergeben sich die übrigen nach Gl. (8.247) bis (8.249) zu

$$N_{12} = \frac{z}{2}(N_1 q_1 + N_2 q_2 - N_0) - \frac{N_{11}}{2} - \frac{N_{22}}{2} \; , \tag{8.251}$$

$$N_{01} = \frac{z}{2}(N_1 q_1 - N_2 q_2 + N_0) - \frac{N_{11}}{2} + \frac{N_{22}}{2} \; , \tag{8.252}$$

$$N_{02} = \frac{z}{2}(N_2 q_2 - N_1 q_1 + N_0) - \frac{N_{22}}{2} + \frac{N_{11}}{2} \; . \tag{8.253}$$

Die Zahl der zu einem Makrozustand zugehörigen Mikrozustände erhält man wie bei der quasichemischen Verteilung aus der Anzahl verschiedener Möglichkeiten, die $(N_1 q_1 + N_2 q_2 + N_0)z/2$ Paare von Gitterplätzen auf die Gruppen 01, 10, 02, 20, 12, 21, 11 und 22 zu verteilen

$$\Omega = \frac{\overline{C}(N_1, N_2, N_0) \left[\frac{(N_1 q_1 + N_2 q_2 + N_0)z}{2}\right]!}{\left(\frac{N_{01}}{2}\right)! \left(\frac{N_{10}}{2}\right)! \left(\frac{N_{02}}{2}\right)! \left(\frac{N_{20}}{2}\right)! \left(\frac{N_{12}}{2}\right)! \left(\frac{N_{21}}{2}\right)! \left(\frac{N_{11}}{2}\right)! \left(\frac{N_{22}}{2}\right)!} \; , \tag{8.254}$$

---

[45]Durch diese Annahme kommt man zu der erwähnten zweiparametrigen Beschreibung des Zweistoffgemisches. Würde man statt dessen auch leere Gitterplatzpaare N_{00} zulassen, was für manche Gemische durchaus sinnvoll sein könnte, so erhielte man drei anpaßbare Wechselwirkungsparameter. Wir wollen hier diese Möglichkeit andeuten, aber nicht weiter vertiefen.

wobei der Korrekturfaktor $\overline{C}$, welcher die Überschätzung von Ω berücksichtigen soll, als von der Verteilung unabhängig angesehen wird.
Die der Beziehung (8.176) entsprechende Umformung der Gl. (8.254) ergibt mit den Gln. (8.247) bis (8.250)

$$\ln \Omega = \ln \overline{C} + \frac{z(N_1 q_1 + N_2 q_2 + N_0)}{2} \ln \left[\frac{z(N_1 q_1 + N_2 q_2 + N_0)}{2} \right]$$

$$- N_{01} \ln \frac{N_{01}}{2} - N_{02} \ln \frac{N_{02}}{2} - N_{12} \ln \frac{N_{12}}{2}$$

$$- \frac{N_{11}}{2} \ln \frac{N_{11}}{2} - \frac{N_{22}}{2} \ln \frac{N_{22}}{2} \ . \tag{8.255}$$

Die gesamte Energie der Mischung ermitteln wir analog zu Gl. (8.226) aus der Summe der Paarbeiträge der Wechselwirkungsenergien aller externen Segmentbindungen

$$U = N_{01} \Gamma_{01} + N_{02} \Gamma_{02} + N_{12} \Gamma_{12} + \frac{N_{11}}{2} \Gamma_{11} + \frac{N_{22}}{2} \Gamma_{22} \ . \tag{8.256}$$

Die Wechselwirkungsenergien Γ_{01} und Γ_{02} zwischen Teilchensegmenten und leeren Gitterplätzen können dabei als die über die leeren Gitterplätze hinausreichenden Wechselwirkungsenergien zwischen Segmenten verstanden werden, z.B. $\Gamma_{01} + \Gamma_{02}$ bei ungleichen Molekülpaaren, bzw. $\Gamma_{01} + \Gamma_{01}$ oder $\Gamma_{02} + \Gamma_{02}$ bei gleichen Molekülpaaren.
Die Mischungsenergie U^{misch} erhalten wir als Differenz der inneren Energien U der Mischung und U^0 der unvermischten Komponenten ($N_{12}^{(0)} = 0$)

$$U^{\text{misch}} = U - U^0 = (N_{01} - N_{01}^{(0)}) \Gamma_{01} + (N_{02} - N_{02}^{(0)}) \Gamma_{02} + N_{12} \Gamma_{12}$$

$$+ \frac{N_{11} - N_{11}^{(0)}}{2} \Gamma_{11} + \frac{N_{22} - N_{22}^{(0)}}{2} \Gamma_{22} \ . \tag{8.257}$$

Ersetzt man hierin $N_{01} - N_{01}^{(0)}$, $N_{02} - N_{02}^{(0)}$ und N_{12} mit Hilfe der Gl. (8.247), (8.248) und (8.249) so erhält man für die Mischungsenergie

$$U^{\text{misch}} = \frac{N_{11} - N_{11}^{(0)}}{2} (\Gamma_{11} - \Gamma_{12} + \Gamma_{02} - \Gamma_{01})$$

$$+ \frac{N_{22} - N_{22}^{(0)}}{2} (\Gamma_{22} - \Gamma_{12} + \Gamma_{01} - \Gamma_{02}) \ , \tag{8.258}$$

wonach die Mischungsenergie nur noch von der Anzahl nächster Nachbarplätze abhängt, welche mit gleichen Segmenten belegt sind, N_{11} und N_{22} bzw. $N_{11}^{(0)}$ und $N_{22}^{(0)}$.

Der kombinatorische Term

Sind die Wechselwirkungsenergien zwischen Segmenten gleicher und ungleicher Moleküle gleich groß

$$\Gamma_{11} = \Gamma_{12} = \Gamma_{22} \tag{8.259}$$

und außerdem

$$\Gamma_{01} = \Gamma_{02} \;, \tag{8.260}$$

so ist die Mischungsenergie nach Gl. (8.258) null. In diesem Fall wird der Zustand größter Wahrscheinlichkeit bei einer Proportionalverteilung $\overline{N_{11}}, \overline{N_{22}}$ erreicht. Um diese zu ermitteln, suchen wir das Maximum von Ω, indem wir eine von der Proportionalverteilung $\overline{N_{11}}, \overline{N_{22}}$ abweichende Verteilung betrachten

$$N_{11a} = \overline{N_{11}} + \Delta N_{11} \tag{8.261}$$

$$N_{22a} = \overline{N_{22}} + \Delta N_{22} \;, \tag{8.262}$$

dann die entsprechenden Größen N_{12a}, N_{01a} und N_{02a} mit Hilfe der Gl. (8.251), (8.252) und (8.253) berechnen

$$N_{12a} = \overline{N_{12}} - \frac{\Delta N_{11}}{2} - \frac{\Delta N_{22}}{2} \;, \tag{8.263}$$

$$N_{01a} = \overline{N_{01}} + \frac{\Delta N_{22}}{2} - \frac{\Delta N_{11}}{2} \;, \tag{8.264}$$

$$N_{02a} = \overline{N_{02}} + \frac{\Delta N_{11}}{2} - \frac{\Delta N_{22}}{2} \tag{8.265}$$

und schließlich den Logarithmus des Quotienten $\Omega_a/\overline{\Omega}$ bestimmen. Man erhält nach einigen Umformungen

$$\begin{aligned}\ln \frac{\Omega_a}{\overline{\Omega}} =& -\frac{(\Delta N_{22} - \Delta N_{11})^2}{8} \left(\frac{1}{\overline{N_{01}}} + \frac{1}{\overline{N_{02}}} \right) \\ & - \frac{(\Delta N_{11} + \Delta N_{22})^2}{8} \frac{1}{\overline{N_{12}}} - \frac{(\Delta N_{11})^2}{4} \frac{1}{\overline{N_{11}}} - \frac{\Delta(N_{22})^2}{4} \frac{1}{\overline{N_{22}}} \\ & + \frac{\Delta N_{11}}{2} \ln \frac{\overline{N_{01}}}{\overline{N_{02}}} \cdot \frac{\overline{N_{12}}}{\overline{N_{11}}} + \frac{\Delta N_{22}}{2} \ln \frac{\overline{N_{02}}}{\overline{N_{01}}} \cdot \frac{\overline{N_{12}}}{\overline{N_{22}}} \;. \end{aligned} \tag{8.266}$$

Da die Anzahl $\overline{N_{ij}}$ der nächsten Nachbarn niemals negativ sein kann, sind die vier ersten Terme der Gl. (8.266) immer kleiner als null. Damit für jede beliebige positive oder negative Abweichung $\Delta N_{11}, \Delta N_{22}$ immer

$$\ln \frac{\Omega_a}{\overline{\Omega}} < 0 \tag{8.267}$$

wird, muß im Zustand größter Wahrscheinlichkeit

$$\frac{\overline{N_{01}}}{\overline{N_{02}}} \cdot \frac{\overline{N_{12}}}{\overline{N_{11}}} = \frac{\overline{N_{02}}}{\overline{N_{01}}} \cdot \frac{\overline{N_{12}}}{\overline{N_{22}}} = 1 \tag{8.268}$$

sein. Mit den Gln. (8.247) und (8.248) erhält man aus (8.268) die Proportionalverteilung

$$\frac{\overline{N_{22}}}{\overline{N_{12}}} = \frac{\overline{N_{12}}}{\overline{N_{11}}} = \frac{\overline{N_{02}}}{\overline{N_{01}}} = \frac{N_2 q_2}{N_1 q_1} \ . \tag{8.269}$$

Danach sind die nächstbenachbarten Gitterplätze um Moleküle und Leerstellen im Verhältnis der mittleren Oberflächenanteile $N_2 q_2/(N_1 q_1)$ mit Segmenten der Moleküle 1 bzw. 2 besetzt.
Aus den Gln. (8.247) bis (8.249) und den Oberflächenanteilen der Moleküle

$$\vartheta_1 = \frac{N_1 q_1}{N_1 q_1 + N_2 q_2} \quad \text{und} \quad \vartheta_2 = \frac{N_2 q_2}{N_1 q_1 + N_2 q_2} \tag{8.270}$$

können für die Anzahl der nächsten Nachbarplätze die folgenden Beziehungen abgeleitet werden

$$N_{01} = z \, N_0 \, \vartheta_1 \quad ; \quad N_{02} = z \, N_0 \, \vartheta_2 \tag{8.271}$$

$$N_{12} = z \, (N_1 q_1 + N_2 q_2 - N_0) \, \vartheta_1 \, \vartheta_2 \tag{8.272}$$

$$N_{11} = z \, (N_1 q_1 + N_2 q_2 - N_0) \, \vartheta_1^2 \quad ; \quad N_{22} = z \, (N_1 q_1 + N_2 q_2 - N_0) \, \vartheta_2^2 \ . \tag{8.273}$$

Wir wollen nun für die Proportionalverteilung in einem Gitter mit Leerstellen die Entropie bestimmen. Hierzu wiederholen wir die Überlegungen des vorletzten Abschnitts und denken uns auf den insgesamt

$$M = N_0 + N_1 r_1 + N_2 r_2 \tag{8.274}$$

Gitterplätzen bereits i Moleküle der Sorte 1 plaziert. Dabei möge N_0 die Zahl der leeren Gitterplätze, N_1 bzw. N_2 die Zahl der Moleküle 1 bzw. 2 und r_1 bzw. r_2 die von jedem Molekül der Sorte 1 bzw. 2 benötigten Gitterplätze bedeuten. Auf jedem der insgesamt

$$M - i \, r_1$$

noch freien Gitterplätze kann dann das erste Segment des $(i+1)$-ten Moleküls der Sorte 1 untergebracht werden. Dieses wiederum hat z nächst benachbarte Gitterplätze für das zweite Segment. Allerdings sind diese nicht alle verfügbar, denn bei Belegung des Gitters mit i Molekülen ist die Wahrscheinlichkeit, in unmittelbarer Nachbarschaft des ersten Segments noch einen freien Gitterplatz für die Anlagerung des zweiten zu finden, durch den Quotienten

$$\frac{M - i r_1}{N_1 r_1 + N_2 r_2 - i(r_1 - q_1)} \tag{8.275}$$

gegeben. Diesen erhält man, indem man die Anzahl $(M - i r_1)z$ noch freier nächst benachbarter Gitterplätze durch die Anzahl der um die Moleküle 1 und 2 insgesamt verfügbaren, d.h. nicht durch innere Bindungen der i Moleküle bereits okkupierten Gitterplätze dividiert.

Sind die beiden ersten Segmente plaziert, so ist die Position des dritten und jedes weiteren Segments durch die Struktur des Moleküls weitgehend festgelegt und durch den Faktor y_j gekennzeichnet. Es ist stets

$$1 \leq y_j \leq z - 1 \; . \tag{8.276}$$

Die Wahrscheinlichkeit, hierbei einen noch freien Gitterplatz vorzufinden, ist durch den Quotienten (8.275) gegeben, wobei die geringfügige Abnahme der verfügbaren Gitterplätze durch die zuvor mit Segmenten desselben Moleküls belegten Gitterplätze vernachlässigt wird.

Die Anzahl der Möglichkeiten Ω_{i+1}, das $(i + 1)$-te Molekül in dem bereits von i Molekülen der Sorte 1 okkupierten Gitter unterzubringen, ist danach

$$\begin{aligned}\Omega_{1,i+1} &= (M - i r_1) \left[z \frac{M - i r_1}{N_1 r_1 + N_2 r_2 - i(r_1 - q_1)} \right] \\ &\quad \left[y_{3_1} \frac{M - i r_1}{N_1 r_1 + N_2 r_2 - i(r_1 - q_1)} \right] \cdots \left[y_{r_1} \frac{M - i r_1}{N_1 r_1 + N_2 r_2 - i(r_1 - q_1)} \right] \\ &= \frac{\varrho_1}{\sigma_1} \frac{(M - i r_1)^{r_1}}{[N_1 r_1 + N_2 r_2 - i(r_1 - q_1)]^{r_1 - 1}} \; , \end{aligned} \tag{8.277}$$

wobei ϱ_1 den bereits in Gl. (8.208) eingeführten Strukturparameter der Moleküle der Sorte 1 und σ_1 deren Symmetriezahl bedeuten.

Die Anzahl der Möglichkeiten, alle N_1 Moleküle der Sorte 1 auf das Gitter zu verteilen, ergibt sich analog zu (8.210)

$$\overline{\Omega_1} = \frac{1}{N_1!} \left(\frac{\varrho_1}{\sigma_1} \right)^{N_1} \prod_{i=0}^{N_1} \frac{(M - i r_1)^{r_1}}{[N_1 r_1 + N_2 r_2 - i(r_1 - q_1)]^{r_1 - 1}} \; . \tag{8.278}$$

Nachdem alle Moleküle der Sorte 1 plaziert sind, können wir nun die Anzahl der Möglichkeiten für die Plazierung der 2-er Moleküle bestimmen. Wir erhalten anstelle von Gl. (8.278) die Anzahl der Möglichkeiten, die N_2 Moleküle der Sorte 2 unterzubringen

$$\overline{\Omega_2} = \frac{1}{N_2!} \left(\frac{\varrho_2}{\sigma_2}\right)^{N_2} \prod_{i=0}^{N_2} \frac{[M - N_1 r_1 - i r_2]^{r_2}}{[N_1 r_1 + N_2 r_2 - N_1(r_1 - q_1) - i(r_2 - q_2)]^{r_2 - 1}} \quad , \tag{8.279}$$

und für die gesamte Anzahl $\overline{\Omega} = \overline{\Omega_1}\,\overline{\Omega_2}$ erhalten wir analog zu Gl. (8.211), wenn wir die nach dem Logarithmieren auftretenden Summen noch durch die untenstehenden Integrale ersetzen

$$\begin{aligned}
\ln \overline{\Omega} &= N_1 \ln\left(\frac{\varrho_1 e}{N_1 \sigma_1}\right) + N_2 \ln\left(\frac{\varrho_2 e}{N_2 \sigma_2}\right) \\
&\quad + \int_{M-N_1 r_1}^{M} \ln x \, dx \; - \; \frac{r_1 - 1}{r_1 - q_1} \int_{N_2 r_2 + N_1 q_1}^{N_1 r_1 + N_2 r_2} \ln x \, dx \\
&\quad + \int_{N_0}^{M-N_1 r_1} \ln x \, dx \; - \; \frac{r_2 - 1}{r_2 - q_2} \int_{N_1 q_1 + N_2 q_2}^{N_1 q_1 + N_2 r_2} \ln x \, dx \quad .
\end{aligned} \tag{8.280}$$

Für Moleküle ohne Ringe ist nach Gl. (8.197)

$$\frac{r_1 - 1}{r_1 - q_1} = \frac{r_2 - 1}{r_2 - q_2} = \frac{z}{2} \quad ,$$

und Gl. (8.280) wird dann zu

$$\begin{aligned}
\ln \overline{\Omega}(N_1, N_2, N_0) &= N_1 \ln\left(\frac{\varrho_1 e}{N_1 \sigma_1}\right) + N_2 \ln\left(\frac{\varrho_2 e}{N_2 \sigma_2}\right) \\
&\quad + \int_{N_0}^{M} \ln x \, dx - \frac{z}{2} \int_{N_1 q_1 + N_2 q_2}^{N_1 r_1 + N_2 r_2} \ln x \, dx \\
&= N_1 \ln\left(\frac{\varrho_1 e}{N_1 \sigma_1}\right) + N_2 \ln\left(\frac{\varrho_2 e}{N_2 \sigma_2}\right) \\
&\quad + M(\ln M - 1) - N_0(\ln N_0 - 1) \\
&\quad - \frac{z}{2} \{(N_1 r_1 + N_2 r_2)[\ln(N_1 r_1 + N_2 r_2) - 1] \\
&\quad - (N_1 q_1 + N_2 q_2)[\ln(N_1 q_1 + N_2 q_2) - 1]\} \quad .
\end{aligned} \tag{8.281}$$

618   8 Gleichgewichtsbedingungen für Mehrstoffgemische

Für die Mischungsentropie S^{misch} erhält man mit Gl. (8.274) analog zu Gl. (8.225)

$$\begin{aligned}\frac{\overline{S^{\text{misch}}}}{k} = \frac{\overline{S} - S^0}{k} &= \ln \frac{\overline{\Omega}(N_1, N_2, N_0)}{\overline{\Omega}(N_1, 0, N_0^{(0)})\overline{\Omega}(0, N_2, N_0^{(0)})} \\ &= (N_0 + N_1 r_1 + N_2 r_2)\ln(N_0 + N_1 r_1 + N_2 r_2) - N_0 \ln N_0 \\ &\quad -(N_0^{(1)} + N_1 r_1)\ln(N_0^{(1)} + N_1 r_1) + N_0^{(1)} \ln N_0^{(1)} \\ &\quad -(N_0^{(2)} + N_2 r_2)\ln(N_0^{(2)} + N_2 r_2) + N_0^{(2)} \ln N_0^{(2)} \\ &\quad -\frac{z}{2}\{N_1(r_1 - q_1)\ln(1/\phi_1) + N_2(r_2 - q_2)\ln(1/\phi_2)\} \\ &\quad -\frac{z}{2}\left\{N_1 q_1 \ln \frac{\vartheta_1}{\phi_1} + N_2 q_2 \ln \frac{\vartheta_2}{\phi_2}\right\} \ . \end{aligned} \quad (8.282)$$

Hierin bezeichnen S^0 die Entropie der unvermischten Komponente, sowie

$$\phi_1 = \frac{N_1 r_1}{N_1 r_1 + N_2 r_2} \quad \text{bzw.} \quad \phi_2 = \frac{N_2 r_2}{N_1 r_1 + N_2 r_2} \quad (8.283)$$

und

$$\vartheta_1 = \frac{N_1 q_1}{N_1 q_1 + N_2 q_2} \quad \text{bzw.} \quad \vartheta_2 = \frac{N_2 q_2}{N_1 q_1 + N_2 q_2} \quad (8.284)$$

die bereits in Gl. (8.217) und (8.218) eingeführten Volumenanteile bzw. Oberflächenanteile der Komponenten 1 und 2. Für die Anzahl der leeren Gitterplätze N_0 des Gemisches, bzw. $N_0^{(1)}$ und $N_0^{(2)}$ der unvermischten Komponenten nehmen wir an, daß sie zur entsprechenden Teilchenzahl proportional sind[46]

$$N_0 = \alpha(N_1 + N_2) \ ; \quad N_0^{(1)} = \alpha_1 N_1 \ ; \quad N_0^{(2)} = \alpha_2 N_2 \ . \quad (8.285)$$

Analog zu den Beziehungen (8.247) bis (8.249) muß für die Belegung der nächst benachbarten Gitterplätze in den unvermischten Substanzen gelten

$$z N_0^{(1)} = N_{10}^{(0)} = N_{01}^{(0)} \ ; \quad z N_0^{(2)} = N_{20}^{(0)} = N_{02}^{(0)}$$

und

$$z N_1 q_1 = N_{01}^{(0)} + N_{11}^{(0)} \ ; \quad z N_2 q_2 = N_{02}^{(0)} + N_{22}^{(0)} \ , \quad (8.286)$$

weil wir ja davon ausgingen, daß um leere Gitterplätze nur mit Molekülsegmenten besetzte angeordnet sind und nicht etwa weitere leere.

---

[46] Die durch diesen Ansatz definierten Parameter α_i können aus dem Unterschied der Flüssigkeitsdichte und der Dichte eines mit den Flüssigkeitsmolekülen lückenlos aufgefüllten Gitters ermittelt werden.

8.2 Das Gittermodell der Flüssigkeitsgemische

Für unveränderliches Volumen muß die Zahl der leeren Gitterplätze im Gemisch genauso groß sein wie insgesamt in den unvermischten Komponenten

$$N_0 = \alpha(N_1 + N_2) = N_0^{(1)} + N_0^{(2)} = \alpha_1 N_1 + \alpha_2 N_2 \ . \tag{8.287}$$

Damit läßt sich Gl. (8.282) nach einigen Umformungen wie folgt schreiben

$$\overline{\frac{S^{\text{misch}}}{k}} = -N_1 \ln \phi_1' - N_2 \ln \phi_2' - \frac{z}{2} \left\{ N_1 q_1 \ln \frac{\vartheta_1}{\phi_1} + N_2 q_2 \ln \frac{\vartheta_2}{\phi_2} \right\} \tag{8.288}$$

mit

$$\phi_1' = \phi_1 \left(\frac{r_1 + \alpha_1}{r_1 + \alpha \frac{\phi_1}{\psi_1}} \right)^{r_1} \left(\frac{1 + \frac{r_1}{\alpha_1}}{1 + \frac{r_1}{\alpha} \frac{\psi_1}{\phi_1}} \right)^{\alpha_1} \tag{8.289}$$

und

$$\phi_2' = \phi_2 \left(\frac{r_2 + \alpha_2}{r_2 + \alpha \frac{\phi_2}{\psi_2}} \right)^{r_2} \left(\frac{1 + \frac{r_2}{\alpha_2}}{1 + \frac{r_2}{\alpha} \frac{\psi_2}{\phi_2}} \right)^{\alpha_2} . \tag{8.290}$$

Für $r_i = 1$ geht der Volumanteil ϕ_i in den gewöhnlichen Molanteil ψ_i über und damit wird für $\alpha_1 = \alpha_2 = \alpha$

$$\phi_1' = \phi_1 \quad \text{und} \quad \phi_2' = \phi_2 \quad \text{für} \quad r_1 = r_2 = 1 \quad \text{und} \quad \alpha_1 = \alpha_2 = \alpha \ . \tag{8.291}$$

Die Größen ϕ_i' und ϕ_i unterscheiden sich umso mehr voneinander, je größer die Anzahl r_i der von Molekülen der Sorte i belegten Gitterplätze und je größer der Anteil α_i der Leerstellen ist.

Gl. (8.288) stimmt mit dem kombinatorischen Anteil der Mischungsentropie nach dem bekannten UNIQUAC-Ansatz überein, allerdings in der von WEIDLICH UND GMEHLING modifizierten Form[47].

Lokale Zusammensetzung und Residuumsterm

Wir wollen nun den weitergehenden Fall untersuchen, bei dem in Gl. (8.258) die Klammerausdrücke und damit auch die Mischungsenergie U^{misch} von null verschieden sind.

Soll die Temperatur der Mischung im Vergleich mit der Temperatur T der unvermischten Komponenten unverändert bleiben, so muß einem Wärmebad die Mischungswärme U^{misch} entzogen werden. Das Wärmebad denken wir uns so groß, daß dessen Temperatur T sich durch den Wärmeentzug nicht merklich ändert. Seine Entropie nimmt dann um

$$U^{\text{misch}}/T$$

---

[47] WEIDLICH U AND GMEHLING J (1987) A Modified UNIFAC Model. 1. Prediction of VLE, h^E and γ^∞. Ind Eng Chem Res 26:1372. Anstelle der Gl. (8.289) und (8.290) geben diese Autoren die folgende empirisch gefundene Beziehung an: $\phi_i' = r_i^{3/4}/(\psi_1 r_1^{3/4} + \psi_2 r_2^{3/4}) \ldots i = 1, 2$

8 Gleichgewichtsbedingungen für Mehrstoffgemische

ab. Damit im Zustand größter Wahrscheinlichkeit die Entropie des Gesamtsystems, bestehend aus dem Gemisch und dem Wärmebad, ihren Maximalwert annimmt, muß immer gelten

$$k \ln \frac{\Omega_a}{\widetilde{\Omega}} - \frac{U^{\mathrm{misch},a} - \widetilde{U^{\mathrm{misch}}}}{T} < 0 \; . \tag{8.292}$$

Hierin ist $\widetilde{\Omega}$ die Zahl der Mikrozustände, die der Verteilung $\widetilde{N_{11}}, \widetilde{N_{22}}$ im Zustand größter Wahrscheinlichkeit zukommt, und Ω_a die Zahl der Mikrozustände für eine von der wahrscheinlichsten Verteilung abweichende Verteilung

$$N_{11a} = \widetilde{N_{11}} + \Delta N_{11} \quad , \quad N_{22a} = \widetilde{N_{22}} + \Delta N_{22} \; . \tag{8.293}$$

Die Beziehungen (8.263) bis (8.266) bleiben erhalten, wenn man darin anstelle der $\overline{N_{ij}}$ nun die Größen $\widetilde{N_{ij}}$ einsetzt, und für die Änderung der Mischungsenergie gegenüber dem wahrscheinlichsten Zustand erhält man dann in sinngemäßer Abwandlung von Gl. (8.258)

$$U^{\mathrm{misch},a} - \widetilde{U^{\mathrm{misch}}} =$$

$$\frac{\Delta N_{11}}{2}(\Gamma_{11} - \Gamma_{12} + \Gamma_{02} - \Gamma_{01}) + \frac{\Delta N_{22}}{2}(\Gamma_{22} - \Gamma_{12} + \Gamma_{01} - \Gamma_{02}) \; . \tag{8.294}$$

Aus (8.292), (8.294) und (8.266) folgt dann als notwendige Bedingung für den Zustand größter Wahrscheinlichkeit

$$\frac{\widetilde{N_{01}}}{\widetilde{N_{02}}} \cdot \frac{\widetilde{N_{12}}}{\widetilde{N_{11}}} \cdot e^{-\frac{\Gamma_{11} - \Gamma_{12} + \Gamma_{02} - \Gamma_{01}}{kT}} = 1 \; ;$$

$$\frac{\widetilde{N_{02}}}{\widetilde{N_{01}}} \cdot \frac{\widetilde{N_{12}}}{\widetilde{N_{22}}} \cdot e^{-\frac{\Gamma_{22} - \Gamma_{12} + \Gamma_{01} - \Gamma_{02}}{kT}} = 1 \; . \tag{8.295}$$

Führt man die folgenden Abkürzungen ein

$$\tau_{21} = e^{-\frac{\Gamma_{12} - \Gamma_{11} + \Gamma_{01} - \Gamma_{02}}{kT}} \; ; \; \tau_{12} = e^{-\frac{\Gamma_{12} - \Gamma_{22} + \Gamma_{02} - \Gamma_{01}}{kT}} \tag{8.296}$$

und

$$y = \frac{\widetilde{N_{02}}/\overline{N_{02}}}{\widetilde{N_{01}}/\overline{N_{01}}} \; , \tag{8.297}$$

so wird (8.295) mit Gl. (8.269)

$$\frac{\widetilde{N_{12}}}{\widetilde{N_{11}}} = y \frac{\vartheta_2}{\vartheta_1} \tau_{21} \quad ; \quad \frac{\widetilde{N_{12}}}{\widetilde{N_{22}}} = \frac{1}{y} \frac{\vartheta_1}{\vartheta_2} \tau_{12} \; . \tag{8.298}$$

Der Korrekturfaktor y drückt die Abweichung der Leerstellenverteilung $\widetilde{N_{02}}/\widetilde{N_{01}}$ gegenüber der Proportionalverteilung $\overline{N_{02}}/\overline{N_{01}}$ aus. Ist diese geringfügig, so wird $y = 1$, und Gl. (8.298) geht in die bekannte WILSON[48]-Gleichung

$$\frac{\widetilde{N_{12}}}{\widetilde{N_{11}}} = \frac{\vartheta_2}{\vartheta_1} \tau_{21} \quad ; \quad \frac{\widetilde{N_{12}}}{\widetilde{N_{22}}} = \frac{\vartheta_1}{\vartheta_2} \tau_{12} \quad \text{für} \quad y = 1 \tag{8.299}$$

über. Ist die Anzahl der insgesamt belegten Gitterplätze bei der hier betrachteten Verteilung $\widetilde{N_{01}}, \widetilde{N_{02}}, \widetilde{N_{12}}, \widetilde{N_{11}}, \widetilde{N_{22}}$ genau so groß wie bei der Proportionalverteilung $\overline{N_{01}}, \overline{N_{02}}, \overline{N_{12}}, \overline{N_{11}}, \overline{N_{22}}$, so gilt nach (8.247) bis (8.250)

$$N_0 z = \widetilde{N_{01}} + \widetilde{N_{02}} = \overline{N_{01}} + \overline{N_{02}} \tag{8.300}$$

$$(N_1 q_1 - N_2 q_2 + N_0) z = \widetilde{N_{11}} - \widetilde{N_{22}} + 2\widetilde{N_{01}} = \overline{N_{11}} - \overline{N_{22}} + 2\overline{N_{01}} \tag{8.301}$$

$$(N_2 q_2 - N_1 q_1 + N_0) z = \widetilde{N_{22}} - \widetilde{N_{11}} + 2\widetilde{N_{02}} = \overline{N_{22}} - \overline{N_{11}} + 2\overline{N_{02}} \tag{8.302}$$

$$(N_1 q_1 + N_2 q_2 - N_0) z = \widetilde{N_{11}} + \widetilde{N_{22}} + 2\widetilde{N_{12}} = \overline{N_{11}} + \overline{N_{22}} + 2\overline{N_{12}} \;. \tag{8.303}$$

Aus (8.297) und (8.300) erhält man dann

$$\widetilde{N_{01}} = \frac{\vartheta_1}{\vartheta_1 + y\vartheta_2} N_0 z \quad ; \quad \widetilde{N_{02}} = \frac{y\vartheta_2}{\vartheta_1 + y\vartheta_2} N_0 z \tag{8.304}$$

Ersetzt man nun in Gl. (8.301) und (8.302) $\widetilde{N_{01}}$ und $\widetilde{N_{02}}$ durch (8.304), sowie in Gl. (8.303) $\widetilde{N_{11}}$ und $\widetilde{N_{22}}$ durch (8.298) und eliminiert danach aus Gl. (8.301) und (8.302) $\widetilde{N_{12}}$, so erhält man mit Gl. (8.287) und (8.284) eine Gleichung 3. Grades für y

$$\frac{N_1 q_1 - \frac{\vartheta_1}{\vartheta_1 + y\vartheta_2} N_0}{N_2 q_2 - \frac{y\vartheta_2}{\vartheta_1 + y\vartheta_2} N_0} = \frac{\vartheta_1}{\vartheta_2} \frac{\vartheta_1 + y\vartheta_2 - \left(\vartheta_1 \frac{\alpha_1}{q_1} + \vartheta_2 \frac{\alpha_2}{q_2}\right)}{\vartheta_1 + y\vartheta_2 - y\left(\vartheta_1 \frac{\alpha_1}{q_1} + \vartheta_2 \frac{\alpha_2}{q_2}\right)} = \frac{1 + \frac{\vartheta_1}{y\vartheta_2 \tau_{21}}}{1 + \frac{y\vartheta_2}{\vartheta_1 \tau_{12}}} \;, \tag{8.305}$$

deren analytische Lösung allerdings zu einer unübersichtlich langen Formel führt, so daß eine numerische Lösung zu bevorzugen ist.

Für den Fall, daß die Anzahl der Leerstellen N_0 klein gegenüber der Anzahl der Gitterplätze an der Oberfläche der 1-Moleküle bzw. der 2-Moleküle ist, geht (8.305) in die quadratische Gleichung

$$\frac{\vartheta_1}{\vartheta_2} + \frac{y}{\tau_{12}} = 1 + \frac{\vartheta_1}{y\vartheta_2 \tau_{21}} \tag{8.306}$$

über mit der Lösung

$$y = \frac{\vartheta_1 - \vartheta_2}{2\vartheta_2} \tau_{12} \left\{ \pm \sqrt{1 + \frac{4\vartheta_1 \vartheta_2}{(\vartheta_1 - \vartheta_2)^2 \tau_{12} \tau_{21}}} - 1 \right\} = \frac{\tau_{12}}{2\vartheta_2} (\pm \beta + \vartheta_2 - \vartheta_1) \;, \tag{8.307}$$

---

[48] WILSON G M (1964) Vapour-liquid equilibrium XI. A new expression for the excess free energy of mixing. J Am Chem Soc 86:127

wobei

$$\beta = \sqrt{(\vartheta_1 - \vartheta_2)^2 + \frac{4\vartheta_1\vartheta_2}{\tau_{12}\tau_{21}}} = \sqrt{1 + 4\vartheta_1\vartheta_2\left(\frac{1}{\tau_{12}\tau_{21}} - 1\right)} \; . \tag{8.308}$$

Da y niemals negativ werden kann, gilt das obere Vorzeichen vor dem Wurzelausdruck in Gl. (8.307) für $\vartheta_1 > \vartheta_2$ und das untere für $\vartheta_1 < \vartheta_2$.

Ist y erst einmal ermittelt, entweder aus der kubischen Gl. (8.305) oder näherungsweise nach Gl. (8.307), so können die Belegungen der nächsten Nachbarplätze $\widetilde{N_{01}}, \widetilde{N_{02}}, \widetilde{N_{11}}, \widetilde{N_{22}}$ und $\widetilde{N_{12}}$ bestimmt werden. Man erhält z.B. aus $\widetilde{N_{01}}$ und $\widetilde{N_{02}}$ nach Gl. (8.304) sowie aus den Gln. (8.300) bis (8.304)

$$\widetilde{N_{11}} = \frac{N_1 q_1 - \frac{\vartheta_1}{\vartheta_1 + y\vartheta_2} N_0}{1 + y\frac{\vartheta_2}{\vartheta_1}\tau_{21}} z = \vartheta_1 N_1 q_1 z \frac{\vartheta_1\left(1 - \frac{\alpha_1}{q_1}\right) + \vartheta_2\left(y - \frac{\alpha_2}{q_2}\right)}{(\vartheta_1 + y\vartheta_2\tau_{21})(\vartheta_1 + y\vartheta_2)} \tag{8.309}$$

und

$$\widetilde{N_{22}} = \frac{N_2 q_2 - \frac{y\vartheta_2}{\vartheta_1 + y\vartheta_2} N_0}{1 + \frac{\vartheta_1}{\vartheta_2}\tau_{12}/y} z = \vartheta_2 N_2 q_2 z \frac{\vartheta_1\left(1 - y\frac{\alpha_1}{q_1}\right) + y\vartheta_2\left(1 - \frac{\alpha_2}{q_2}\right)}{(\vartheta_1 + y\vartheta_2)(\vartheta_2 + \vartheta_1\tau_{12}/y)} \; , \tag{8.310}$$

womit dann auch $\widetilde{N_{12}}$ direkt nach (8.298) berechnet werden kann.

Außerdem lassen sich aus (8.269), (8.300), (8.284), (8.304) und (8.287) noch die folgenden Beziehungen ableiten, welche für die folgenden Betrachtungen nützlich sind

$$\overline{N_{01}} = \vartheta_1 N_0 z = N_1 q_1 z \left(\vartheta_1\frac{\alpha_1}{q_1} + \vartheta_2\frac{\alpha_2}{q_2}\right); \overline{N_{02}} = \vartheta_2 N_0 z = N_2 q_2 z \left(\vartheta_1\frac{\alpha_1}{q_1} + \vartheta_2\frac{\alpha_2}{q_2}\right). \tag{8.311}$$

$$\frac{\overline{N_{01}}}{\widetilde{N_{01}}} = \vartheta_1 + y\vartheta_2 \quad ; \quad \frac{\overline{N_{02}}}{\widetilde{N_{02}}} = \vartheta_2 + \vartheta_1/y \tag{8.312}$$

sowie aus Gl. (8.269), (8.311), (8.247) und (8.248)

$$\overline{N_{11}} = zN_1 q_1 \vartheta_1 \left(1 - \vartheta_1\frac{\alpha_1}{q_1} - \vartheta_2\frac{\alpha_2}{q_2}\right) \; ; \; \overline{N_{22}} = zN_2 q_2 \vartheta_2 \left(1 - \vartheta_1\frac{\alpha_1}{q_1} - \vartheta_2\frac{\alpha_2}{q_2}\right) \; . \tag{8.313}$$

Das ergibt mit Gl. (8.309) und (8.310)

$$\frac{\overline{N_{11}}}{\widetilde{N_{11}}} = \frac{\left(1 - \vartheta_1\frac{\alpha_1}{q_1} - \vartheta_2\frac{\alpha_2}{q_2}\right)(\vartheta_1 + y\vartheta_2)(\vartheta_1 + y\vartheta_2\tau_{21})}{\vartheta_1 + y\vartheta_2 - \vartheta_1\frac{\alpha_1}{q_1} - \vartheta_2\frac{\alpha_2}{q_2}} \; , \tag{8.314}$$

$$\frac{\overline{N_{22}}}{\widetilde{N_{22}}} = \frac{\left(1 - \vartheta_1\frac{\alpha_1}{q_1} - \vartheta_2\frac{\alpha_2}{q_2}\right)(\vartheta_1 + y\vartheta_2)(\vartheta_2 + \vartheta_1\tau_{12}/y)}{\vartheta_1 + y\vartheta_2 - y\left(\vartheta_1\frac{\alpha_1}{q_1} + \vartheta_2\frac{\alpha_2}{q_2}\right)} \; . \tag{8.315}$$

Für den Grenzfall einer verschwindend kleinen Anzahl leerer Gitterplätze ($N_0 = 0$, $\alpha_1 = \alpha_2 = 0$) gehen die Gln. (8.309) und (8.310) bzw. Gl. (8.314) und (8.315) in die quasichemische Verteilung $N_{11}^\star$ und $N_{22}^\star$ nach Gl. (8.238) und (8.239) mit nur einem einzigen Wechselwirkungsparameter $\tau = 1/(\tau_{12}\tau_{21})$ über. Dies erkennt man, wenn man in den Gln. (8.309) und (8.310) $\alpha_1 = \alpha_2 = 0$ setzt, den Korrekturfaktor y nach Gl. (8.307) und $\tau = 1/(\tau_{12}\tau_{21}) = 1 + (\beta^2 - 1)/(4\vartheta_1\vartheta_2)$ nach Gl. (8.308) verwendet. Der Logarithmus der Anzahl der Mikrozustände unterscheidet sich gegenüber dem der Proportionalverteilung nach Gl. (8.255)

$$\ln \frac{\widetilde{\Omega}}{\Omega} = \overline{N_{01}} \ln \frac{\overline{N_{01}}}{2} + \overline{N_{02}} \ln \frac{\overline{N_{02}}}{2} + \overline{N_{12}} \ln \frac{\overline{N_{12}}}{2} + \frac{\overline{N_{11}}}{2} \ln \frac{\overline{N_{11}}}{2} + \frac{\overline{N_{22}}}{2} \ln \frac{\overline{N_{22}}}{2}$$

$$- \widetilde{N_{01}} \ln \frac{\widetilde{N_{01}}}{2} - \widetilde{N_{02}} \ln \frac{\widetilde{N_{02}}}{2} - \widetilde{N_{12}} \ln \frac{\widetilde{N_{12}}}{2} - \frac{\widetilde{N_{11}}}{2} \ln \frac{\widetilde{N_{11}}}{2} - \frac{\widetilde{N_{22}}}{2} \ln \frac{\widetilde{N_{22}}}{2} \ .$$

(8.316)

Das ergibt mit Gl. (8.301) bis (8.303)

$$\ln \frac{\widetilde{\Omega}}{\Omega} = \frac{z}{2}(N_1 q_1 - N_2 q_2 + N_0) \ln \frac{\overline{N_{01}}}{\widetilde{N_{01}}} + \frac{z}{2}(N_2 q_2 - N_1 q_1 + N_0) \ln \frac{\overline{N_{02}}}{\widetilde{N_{02}}}$$

$$+ \frac{z}{2}(N_1 q_1 + N_2 q_2 - N_0) \ln \frac{\overline{N_{12}}}{\widetilde{N_{12}}}$$

$$+ \frac{\overline{N_{11}}}{2} \ln \left(\frac{\overline{N_{02}}\,\overline{N_{11}}}{\overline{N_{01}}\,\overline{N_{12}}} \right) + \frac{\overline{N_{22}}}{2} \ln \left(\frac{\overline{N_{01}}\,\overline{N_{22}}}{\overline{N_{02}}\,\overline{N_{12}}} \right)$$

$$- \frac{\widetilde{N_{11}}}{2} \ln \left(\frac{\widetilde{N_{02}}\,\widetilde{N_{11}}}{\widetilde{N_{01}}\,\widetilde{N_{12}}} \right) - \frac{\widetilde{N_{22}}}{2} \ln \left(\frac{\widetilde{N_{01}}\,\widetilde{N_{22}}}{\widetilde{N_{02}}\,\widetilde{N_{12}}} \right) \ . \qquad (8.317)$$

Wegen Gl. (8.269) verschwinden der 4. und der 5. Term, und man erhält mit (8.295) und (8.296)

$$\ln \frac{\widetilde{\Omega}}{\Omega} = \frac{z}{2} N_1 q_1 \ln \left(\frac{\overline{N_{01}}\,\overline{N_{02}}\,\overline{N_{12}}}{\widetilde{N_{01}}\,\widetilde{N_{02}}\,\widetilde{N_{12}}} \right) + \frac{z}{2} N_2 q_2 \ln \left(\frac{\overline{N_{01}}\,\overline{N_{02}}\,\overline{N_{12}}}{\widetilde{N_{01}}\,\widetilde{N_{02}}\,\widetilde{N_{12}}} \right)$$

$$+ \frac{z}{2} N_0 \ln \left(\frac{\overline{N_{01}}\,\overline{N_{02}}\,\overline{N_{12}}}{\widetilde{N_{01}}\,\widetilde{N_{02}}\,\widetilde{N_{12}}} \right) + \frac{\widetilde{N_{11}}}{2} \ln \tau_{21} + \frac{\widetilde{N_{22}}}{2} \ln \tau_{12} \qquad (8.318)$$

Hierin formen wir zunächst die ersten drei Terme mit Hilfe der Gl. (8.295), (8.296), (8.286), (8.287), (8.269) um zu

$$-\frac{z}{2} N_1 q_1 \ln \tau_{21} + \frac{z}{2} N_1 q_1 \ln \frac{\overline{N_{11}}}{\widetilde{N_{11}}} - \frac{z}{2} N_2 q_2 \ln \tau_{12} + \frac{z}{2} \ln \frac{\overline{N_{22}}}{\widetilde{N_{22}}}$$

$$+ \frac{N_{01}^{(0)}}{2} \ln \tau_{21} + \frac{N_{02}^{(0)}}{2} \ln \tau_{12} + \frac{N_{01}^{(0)}}{2} \ln \left(\frac{\overline{N_{01}}^2}{\widetilde{N_{01}}^2} \cdot \frac{\widetilde{N_{11}}}{\overline{N_{11}}} \right) + \frac{N_{02}^{(0)}}{2} \ln \left(\frac{\overline{N_{02}}^2}{\widetilde{N_{02}}^2} \cdot \frac{\widetilde{N_{22}}}{\overline{N_{22}}} \right)$$

ersetzen darin in den Termen mit $\ln \tau_{21}$ und $\ln \tau_{12}$ die Differenz $zN_1 q_1 - N_{01}^{(0)}$ und $zN_2 q_2 - N_{02}^{(0)}$ nach (8.286) durch $N_{11}^{(0)}$ bzw. $N_{22}^{(0)}$ und fassen dann die verbleibenden Terme mit Hilfe der Beziehungen (8.285), (8.286) und (8.287) zusammen. Dies ergibt dann für die Änderung der Entropie gegenüber der bei Proportionalverteilung

$$\frac{\widetilde{S} - \overline{S}}{k} = \ln \frac{\widetilde{\Omega}}{\overline{\Omega}} = \frac{\widetilde{N_{11}} - N_{11}^0}{2} \cdot \frac{\Gamma_{11} - \Gamma_{12} + \Gamma_{02} - \Gamma_{01}}{kT}$$

$$+ \frac{\widetilde{N_{22}} - N_{22}^0}{2} \cdot \frac{\Gamma_{22} - \Gamma_{12} + \Gamma_{01} - \Gamma_{02}}{kT}$$

$$+ \frac{z}{2} N_1 q_1 \left[\left(1 - \frac{\alpha_1}{q_1}\right) \ln \frac{\overline{N_{11}}}{\widetilde{N_{11}}} + 2\frac{\alpha_1}{q_1} \ln \frac{\overline{N_{01}}}{\widetilde{N_{01}}} \right]$$

$$+ \frac{z}{2} N_2 q_2 \left[\left(1 - \frac{\alpha_2}{q_2}\right) \ln \frac{\overline{N_{22}}}{\widetilde{N_{22}}} + 2\frac{\alpha_2}{q_2} \ln \frac{\overline{N_{02}}}{\widetilde{N_{02}}} \right] \tag{8.319}$$

wobei die Quotienten $\overline{N_{01}}/\widetilde{N_{01}}$, $\overline{N_{02}}/\widetilde{N_{02}}$, $\overline{N_{11}}/\widetilde{N_{11}}$ und $\overline{N_{22}}/\widetilde{N_{22}}$ nach Gl. (8.312), (8.314) und (8.315) einzusetzen sind.
Addiert man zu Gl. (8.319) den kombinatorischen Anteil der Mischungsentropie $\overline{S^{\text{misch}}} = \overline{S} - S^0$ nach Gl. (8.288), so erhält man mit der Mischungsenergie nach (8.258) die Exzeßfunktion der freien Energie der Mischung

$$F^E = \widetilde{F^{\text{misch}}} - F^{id} = \widetilde{U^{\text{misch}}} - T(\widetilde{S} - \overline{S} + \overline{S^{\text{misch}}}) - kT(N_1 \ln \psi_1 + N_2 \ln \psi_2)$$

und

$$\frac{F^E}{kT} = N_1 \ln \frac{\phi_1'}{\psi_1} + N_2 \ln \frac{\phi_2'}{\psi_2} + \frac{z}{2} \left\{ N_1 q_1 \ln \frac{\vartheta_1}{\phi_1} + N_2 q_2 \ln \frac{\vartheta_2}{\phi_2} \right\}$$

$$- \frac{z}{2} N_1 q_1 \left[\left(1 - \frac{\alpha_1}{q_1}\right) \ln \frac{\overline{N_{11}}}{\widetilde{N_{11}}} + 2\frac{\alpha_1}{q_1} \ln \frac{\overline{N_{01}}}{\widetilde{N_{01}}} \right]$$

$$- \frac{z}{2} N_2 q_2 \left[\left(1 - \frac{\alpha_2}{q_2}\right) \ln \frac{\overline{N_{22}}}{\widetilde{N_{22}}} + 2\frac{\alpha_2}{q_2} \ln \frac{\overline{N_{02}}}{\widetilde{N_{02}}} \right] \tag{8.320}$$

Die Terme der ersten Zeile in Gl. (8.320) stellen den sog. kombinatorischen Anteil der freien Exzeßenergie dar und die beiden letzten Terme den sog. Residuumsanteil. Wären die Leerstellen proportional verteilt ($\widetilde{N_{01}} = \overline{N_{01}}$; $\widetilde{N_{02}} = \overline{N_{02}}$), so wäre nach Gl. (8.297) $y = 1$ und nach Gl. (8.314) und (8.315)

$$\frac{\overline{N_{11}}}{\widetilde{N_{11}}} = \vartheta_1 + \vartheta_2 \tau_{21} \quad ; \quad \frac{\overline{N_{22}}}{\widetilde{N_{22}}} = \vartheta_2 + \vartheta_1 \tau_{12} \quad \text{für} \quad y = 1 \ . \tag{8.321}$$

In diesem Fall ginge der Residuumsanteil für $\alpha_1 \ll q_1$ und $\alpha_2 \ll q_2$ in den bekannten UNIQUAC-Term

$$\frac{F^{E,\text{res}}}{kT} = -\frac{z}{2}N_1 q_1 \ln(\vartheta_1 + \vartheta_2 \tau_{21}) - \frac{z}{2}N_2 q_2 \ln(\vartheta_2 + \vartheta_1 \tau_{12})$$
$$\text{für} \quad y = 1 \,,\, \alpha_1 \ll q_1 \,,\, \alpha_2 \ll q_2 \qquad (8.322)$$

über. Für $y \neq 1$ und nicht vernachlässigbare Leerstellenanteile α_1 und α_2 wird der Residuumsanteil der freien Exzeßenergie über die exponentielle Abhängigkeit nach Gl. (8.296) hinaus von der Temperatur und sogar von der Zusammensetzung abhängig.

Bisher wurden nur für einige Zweistoffgemische (Methanol/Benzol; Methanol/Butanol; Chloroform/Methanol; Methanol/Chlorbenzol; Methanol/Hexan) Meßwerte des Dampfdruckes mit Gl. (8.320) angepaßt. [49]

Dabei stellte sich heraus, daß bei allen untersuchten Systemen mit dem von ABRAMS UND PRAUSNITZ[50] angegebenen „Standard-Segment-Volumen" 15,17 cm^3/mol und $z/2=1$ im Residuumsterm der Gl. (8.320) die Meßwerte mit Gl. (8.320) ähnlich gut angepaßt werden konnten wie mit der Original UNIQUAC-Gleichung, daß aber mit $z/2=5$ keine befriedigende Anpassung möglich war. Dieser „Schönheitsfehler" kann aber behoben werden, wenn das Standard-Segment-Volumen verändert wird[51].

8.2.3 Gittermodell für beliebig viele Komponenten

Die Überlegungen des vorigen Abschnittes lassen sich ohne weiteres auf beliebig viele Komponenten ausdehnen. Die $N_i q_i z$ nächst benachbarten Gitterplätze um die N_i Moleküle der Sorte i sind dann entweder mit Segmenten anderer Moleküle j belegt oder leer

$$N_i q_i z = \sum_{j=1}^{k} N_{ji} + N_{0i} \,. \qquad (8.323)$$

Die Summation ist dabei über alle k Komponenten des Gemisches zu erstrecken. Um die N_0 leeren Gitterplätze sollen nur Segmente von Molekülen als nächste Nachbarn angeordnet sein und nicht etwa weitere leere Gitterplätze. Dann erhält man aus Gl. (8.323)

$$N_0 z = \sum_{i=1}^{k} N_{i0} = z\sum_{i=1}^{k} N_i q_i - \sum_{i,j=1}^{k} N_{ij} \,. \qquad (8.324)$$

---

[49] NÖLKER K UND RÜTTEN P (1996) unveröffentlichte Mitteilung.

[50] ABRAMS D AND PRAUSNITZ J M (1975) Statistical Thermodynamics of Liquid Mixtures: A New Expression for the Excess Gibbs Energy of Partly or Completely Miscible Systems. AIChE 21:116

[51] Auf diese Möglichkeit hat A. PFENNIG aufmerksam gemacht (PFENNIG A (1995) Habilitationsschrift, TH Darmstadt)

Schließlich muß noch $N_{ij} = N_{ji}$ sein (Gl. (8.250)); dies gilt für nächste Nachbarplätze sowohl von Teilchen als auch von Leerstellen.

Die Zahl der zu einem durch alle N_{0i} und N_{ji} bestimmten Makrozustand zugehörigen Mikrozustände ist analog zu Gl. (8.254)

$$\Omega = \frac{C(N_0, N_1, N_2, \ldots N_k) \left[\frac{z}{2}\left(N_0 + \sum_{i=1}^{k} N_i q_i\right)\right]!}{\prod_{j=1}^{k}\left[\left(\frac{N_{0j}}{2}\right)!\left(\frac{N_{j0}}{2}\right)!\right] \prod_{i,j=1}^{k}\left(\frac{N_{ij}}{2}\right)!} \,. \tag{8.325}$$

Mit den Gln. (8.323), (8.324), der STIRLINGschen Formel (8.175) und $N_{0i} = N_{i0}$ wird daraus

$$\begin{aligned}\ln \Omega &= \ln C + \frac{z}{2}\left(N_0 + \sum_{i=1}^{k} N_i q_i\right) \ln\left[\frac{z}{2}\left(N_0 + \sum_{i=1}^{k} N_i q_i\right)\right] \\ &\quad - \sum_{i=1}^{k} N_{0i} \ln \frac{N_{0i}}{2} - \sum_{i,j=1}^{k} \frac{N_{ij}}{2} \ln \frac{N_{ij}}{2} \,.\end{aligned} \tag{8.326}$$

Ein Makrozustand, der von dem durch die N_{0i} und N_{ij} bestimmten abweicht, werde durch die veränderte Anzahl

$$N_{0i\,a} = N_{0i} + \Delta N_{0i} \tag{8.327}$$

$$N_{ij\,a} = N_{ij} + \Delta N_{ij} \tag{8.328}$$

nächst benachbarter Gitterplätze gekennzeichnet, wobei zunächst offengelassen werden soll, ob der durch die N_{0j} und N_{ij} festgelegte Makrozustand dem Makrozustand mit der größten Wahrscheinlichkeit entspricht oder nicht. Aus Gl. (8.326), (8.327) und (8.328) erhält man

$$\begin{aligned}\ln \frac{\Omega_a}{\Omega} &= -\sum_{i=1}^{k}(N_{0i} + \Delta N_{0i})\ln\left(1 + \frac{\Delta N_{0i}}{N_{0i}}\right) - \sum_{i,j=1}^{k} \frac{N_{ij}+\Delta N_{ij}}{2}\ln\left(1+\frac{\Delta N_{ij}}{N_{ij}}\right) \\ &\quad - \sum_{i=1}^{k} \Delta N_{0i} \ln \frac{N_{0i}}{2} - \sum_{i,j=1}^{k} \frac{\Delta N_{ij}}{2} \ln \frac{N_{ij}}{2} \,.\end{aligned} \tag{8.329}$$

Dabei muß nach Gl. (8.323) gelten

$$\Delta N_{0i} + \sum_{j=1}^{k} \Delta N_{ji} = 0 \quad i = 1, \ldots, k \tag{8.330}$$

und nach Gl. (8.324) mit Gl. (8.330) und $\Delta N_{ji} = \Delta N_{ij}$ (Gl. (8.250))

$$\sum_{i=1}^{k} \Delta N_{i0} = -\sum_{i,j=1}^{k} \Delta N_{ji} = -2\sum_{i,j \leq i} \frac{\Delta N_{ij}}{1+\delta_{ij}} = 0 \tag{8.331}$$

mit dem KRONECKERsymbol

$$\delta_{ij} = \begin{cases} 1 & \text{für} \quad i = j \\ 0 & \text{für} \quad i \neq j \end{cases}$$

Nach Gl. (8.331) läßt sich ein ΔN_{nm} (z.B. ΔN_{12}) durch die übrigen ersetzen

$$\Delta N_{nm} = -\sum_{\substack{i,j \leq i \\ i,j \neq n,m}} \frac{1 + \delta_{nm}}{1 + \delta_{ij}} \Delta N_{ij} \ . \tag{8.332}$$

Eliminiert man dann im ersten Term der zweiten Zeile Gl. (8.329) die ΔN_{0i} mit Hilfe der Gl. (8.330), verwendet außerdem die Näherung $\ln(1 + x) \approx x - x^2/2$ und berücksichtigt höchstens in ΔN_{ij} quadratische Glieder, so erhält man mit Gl. (8.332)

$$\ln \frac{\Omega_a}{\Omega} = -\frac{1}{2} \left\{ \sum_{j=1}^{k} \frac{(\Delta N_{0i})^2}{N_{0i}} + \frac{1}{2} \sum_{i,j=1}^{k} \frac{(\Delta N_{ij})^2}{N_{ij}} \right\}$$

$$+ \sum_{i,j \leq i} \frac{\Delta N_{ij}}{1 + \delta_{ij}} \ln \left(\frac{N_{0i} N_{0j}}{N_{ij}} \frac{N_{nm}}{N_{0n} N_{0m}} \right) \ . \tag{8.333}$$

Die innere Energie des Gemisches ermittelt man aus der Summe der Paarbeiträge der Wechselwirkungsenergien aller externen Segmentbindungen. Dann unterscheidet sich die innere Energie der beiden Makrozustände um

$$U_a - U = \sum_{i=1}^{k} \Delta N_{0i} \Gamma_{0i} + \sum_{i,j=1}^{k} \frac{\Delta N_{ij}}{2} \Gamma_{ij} \ , \tag{8.334}$$

was mit Gl. (8.330) bis (8.332)

$$U_a - U = \sum_{i,j \leq i} \frac{\Delta N_{ij}}{1 + \delta_{ij}} (\Gamma^\star_{ij} - \Gamma^\star_{nm}) \tag{8.335}$$

ergibt, mit der Abkürzung

$$\Gamma^\star_{ij} = \Gamma_{ij} - \Gamma_{0j} - \Gamma_{0i} \ . \tag{8.336}$$

Proportionalverteilung

Betrachten wir zunächst den Fall, bei dem die Wechselwirkungsenergien zwischen gleichen und ungleichen Segmenten sich nicht unterscheiden

$$\Gamma_{ij} = \Gamma \quad ; \quad \Gamma_{0j} = \Gamma_0 \quad i,j = 1,\ldots,k \ . \tag{8.337}$$

Dann ist der Unterschied der inneren Energien der beiden Makrozustände nach Gl. (8.335) gleich null. Für den Makrozustand mit der größten Wahrscheinlichkeit, welcher durch die Verteilung $\overline{N_{0i}}$ und $\overline{N_{ij}}$ gekennzeichnet ist, muß immer

$$\ln \frac{\Omega_a}{\Omega} \leq 0$$

sein. Für jede beliebige Änderung ΔN_{0i} und ΔN_{ij} erfüllt der erste Term in Gl. (8.333) die Bedingung $\ln(\Omega_a/\Omega) < 0$ immer, der zweite nur dann, wenn alle Logarithmen verschwinden. Dies führt nach Gl. (8.333) zu den folgenden Bestimmungsgleichungen für die unbekannten Verteilungen $\overline{N_{0i}}, \overline{N_{ij}}$

$$\ln \left(\frac{\overline{N_{0i}} \, \overline{N_{0j}}}{\overline{N_{ij}}} \cdot \frac{\overline{N_{nm}}}{\overline{N_{0n}} \, \overline{N_{0m}}} \right) = 0 \quad , \quad i = 1, \ldots, k; j = 1, \ldots, i \,. \tag{8.338}$$

Durch Differenzbildung erhalten wir

$$\ln \frac{\overline{N_{ii}}}{\overline{N_{ij}}} \cdot \frac{\overline{N_{0j}}}{\overline{N_{0i}}} = 0 \tag{8.339}$$

oder mit Gl. (8.323)

$$\frac{\overline{N_{ij}}}{\overline{N_{ii}}} = \frac{\overline{N_{0j}}}{\overline{N_{0i}}} = \frac{N_j q_j z - \sum_{l=1}^k \overline{N_{lj}}}{N_i q_i z - \sum_{l=1}^k \overline{N_{li}}} \,. \tag{8.340}$$

Ersetzen wir in den Summen die $\overline{N_{lj}}$ nach Gl. (8.339) durch $\overline{N_{lj}} = \overline{N_{ll}} \cdot \overline{N_{0j}}/\overline{N_{0l}}$, so wird nach Ausmultiplizieren

$$\overline{N_{0j}} \left(N_i q_i z - \overline{N_{0i}} \sum_{l=1}^k \overline{N_{ll}}/\overline{N_{0l}} \right) = \overline{N_{0i}} \left(N_j q_j z - \overline{N_{0j}} \sum_{l=1}^k \overline{N_{ll}}/\overline{N_{0l}} \right) \,, \tag{8.341}$$

und nach Gl. (8.340) wird

$$\frac{\overline{N_{ji}}}{\overline{N_{ii}}} = \frac{\overline{N_{j0}}}{\overline{N_{i0}}} = \frac{N_j q_j}{N_i q_i} \,, \tag{8.342}$$

weil die Summen in Gl. (8.341) sich wegheben. Führen wir analog zu Gl. (8.270) den Oberflächenanteil

$$\vartheta_i = \frac{N_i q_i}{\sum_{l=1}^k N_l q_l} \tag{8.343}$$

ein, so ergibt die Summation der $\overline{N_{0j}}$ nach Gl. (8.324) und (8.342)

$$\overline{N_{0i}} = \vartheta_i N_0 z \,. \tag{8.344}$$

Außerdem erhält man aus Gl. (8.323), (8.342) und (8.344)

$$\overline{N_{ii}} = \vartheta_i (N_i q_i - \vartheta_i N_0) z \tag{8.345}$$

8.2 Das Gittermodell der Flüssigkeitsgemische

sowie die den Gln. (8.272) und (8.273) analogen Beziehungen

$$\overline{N_{ji}} = \vartheta_j(N_i q_i - \vartheta_i N_0)z = \vartheta_j \vartheta_i \left(\sum_{l=1}^{k} N_l q_l - N_0 \right) z \ , \tag{8.346}$$

welche die Proportionalverteilung kennzeichnen.
Zur Berechnung der Entropie bei Proportionalverteilung verallgemeinern wir zunächst die Gl. (8.281) des vorigen Abschnitts, indem wir das dort für zwei Komponenten angewendete Verfahren auf mehr Komponenten erweitern. Man erhält als Ergebnis

$$\ln \overline{\Omega}(N_0, N_1, N_2, \ldots, N_k) = \sum_{i=1}^{k} N_i \ln \left(\frac{\varrho_i l}{N_i \sigma_i} \right) + M(\ln M - 1) - N_0(\ln N_0 - 1)$$

$$- \frac{z}{2} \left\{ \sum_{i=1}^{k} N_i r_i \left[\ln \left(\sum_l N_l r_l \right) - 1 \right] - \sum_{i=1}^{k} N_i q_i \left[\ln \left(\sum_l N_l q_l \right) - 1 \right] \right\} \ , \tag{8.347}$$

wobei $M = N_0 + \Sigma N_i r_i$ die Gesamtzahl aller Gitterplätze bedeutet. Für die Mischungsentropie entsprechend Gl. (8.282) folgt dann

$$\frac{\overline{S^{\text{misch}}}}{k} = \frac{\overline{S} - S^0}{k}$$

$$= \ln \frac{\overline{\Omega}(N_0, N_1, N_2, \ldots, N_k)}{\overline{\Omega}(N_0^{(1)}, N_1, 0, 0 \ldots, 0)\overline{\Omega}(N_0^{(2)}, 0, N_2, 0, \ldots, 0) \ldots \overline{\Omega}(N_0^{(k)}, 0, 0, \ldots, N_k)}$$

$$= \left(N_0 + \sum_{i=1}^{k} N_i r_i \right) \ln \left(N_0 + \sum_{i=1}^{k} N_i r_i \right) - \sum_{i=1}^{k} \left(N_0^{(i)} + N_i r_i \right) \ln \left(N_0^{(i)} + N_i r_i \right)$$

$$- N_0 \ln N_0 + \sum_{i=1}^{k} N_0^{(i)} \ln N_0^{(i)} + \frac{z}{2} \left(\sum_{i=1}^{k} N_i r_i \ln \phi_i - \sum_{i=1}^{k} N_i q_i \ln \vartheta_i \right) \ .$$

$$\tag{8.348}$$

Hierin ist S^0 die Entropie der unvermischten Komponenten, sowie

$$\phi_i = \frac{N_i r_i}{\sum_{l=1}^{k} N_l r_l} \quad \text{und} \quad \vartheta_i = \frac{N_i q_i}{\sum_{l=1}^{k} N_l q_l} \tag{8.349}$$

die Volumenanteile bzw. Oberflächenanteile der Komponente i.
Die Anzahl der Leerstellen N_0 im Gemisch, bzw. $N_0^{(i)}$ in den unvermischten Komponenten nehmen wir analog zu Gl. (8.285) proportional der entsprechenden Teilchenzahl an

$$N_0 = \alpha \sum_{i=1}^{k} N_i \quad ; \quad N_0^{(i)} = \alpha_i N_i \ . \tag{8.350}$$

Bei unverändertem Gittervolumen ist dabei die Gesamtzahl der Leerstellen im Gemisch und in den unvermischten Komponenten gleich groß

$$N_0 = \alpha \sum_{i=1}^{k} N_i = \sum_{i=0}^{k} N_0^{(i)} = \sum_{i=1}^{k} \alpha_i N_i \ . \tag{8.351}$$

Mit der für gestreckte und für verzweigte Moleküle (ohne geschlossene Ringe) gültigen Beziehung $z/2 = (r_i - 1)/(r_i - q_i)$ (Gl. (8.196)), sowie den Gln. (8.349) bis (8.351) wird aus Gl. (8.348)

$$\frac{\overline{S^{\text{misch}}}}{k} = \frac{\overline{S} - S^0}{k} = -\sum_{i=1}^{k} N_i \ln \phi'_i - \frac{z}{2} \sum_{i=1}^{k} N_i q_i \ln \frac{\vartheta_i}{\phi_i} \tag{8.352}$$

mit

$$\phi'_i = \phi_i \left(\frac{r_i + \alpha_i}{r_i + \alpha \frac{\phi_i}{\psi_i}} \right)^{r_i} \left(\frac{1 + \frac{r_i}{\alpha_i}}{1 + \frac{\alpha_i}{\alpha} \frac{\psi_i}{\phi_i}} \right)^{\alpha_i} . \tag{8.353}$$

Lokale Zusammensetzung

Sind die Wechselwirkungsparameter zwischen gleichen und ungleichen Segmenten unterschiedlich, so wird auch die innere Energie des Gemisches je nach Verteilung der nächsten benachbarten Gitterplätze verschiedene Werte annehmen. Bei einer isothermen Mischung muß dabei der Unterschied der inneren Energien des Gemisches und der unvermischten Komponenten, die Mischungswärme U^{misch}, einem Wärmebad entzogen werden. Ist dieses so groß, daß sich seine Temperatur T infolge des Wärmeaustausches mit dem Gemisch nicht merklich ändert, so nimmt die Entropie des Wärmebades um

$$\frac{U^{\text{misch}}}{T} = \frac{U}{T} - \sum_{i=1}^{k} \frac{U_i^0}{T} \tag{8.354}$$

ab. Die innere Energie der Mischung

$$U = \sum_{i=1}^{k} N_{0i} \Gamma_{0i} + \sum_{i,j} \frac{N_{ji}}{2} \Gamma_{ji} \tag{8.355}$$

denkt man sich dabei aus der Summe der Paarbeiträge der Wechselwirkungsenergien aller externen Segmentbindungen Γ_{ji} bzw. Γ_{ij} zusammengesetzt, wobei deren Anzahl N_{0i} bzw. N_{ji} zunächst noch unbekannt ist. Die Wechselwirkungsenergie Γ_{0i} zwischen einem Segment und einer Leerstelle wollen wir dabei als Teil der über die Leerstelle hinausreichenden Wechselwirkungsenergie zwischen zwei Segmenten verstehen, wobei wir unterstellen, daß um Leerstellen nur Segmente von Molekülen und nicht weitere Leerstellen angeordnet sind. Bei genügendem Abstand vom kritischen Punkt dürfte diese Annahme sicher gerechtfertigt sein.

Die innere Energie der unvermischten Komponenten ermittelt man ebenfalls aus der Summe der Paarbeiträge

$$U^0 = \sum_{i=1}^{k} N_{0i}^{(0)} \Gamma_{0i} + \sum_{i=1}^{k} \frac{N_{ii}^{(0)}}{2} \Gamma_{ii} \tag{8.356}$$

und erhält für die Mischungsenergie nach Gl. (8.355) und (8.356)

$$U^{\text{misch}} = U - U^0 = \sum_{i=1}^{k} \left(N_{0i} - N_{0i}^{(0)} \right) \Gamma_{0i} - \frac{1}{2} \sum_{i=1}^{k} \left(N_{ii}^{(0)} \Gamma_{ii} - \sum_{j=1}^{k} N_{ij} \Gamma_{ij} \right) . \tag{8.357}$$

Analog zu den Gln. (8.285) bis (8.287) gilt für die Belegung der Gitterplätze mit den unvermischten Komponenten

$$z N_0^{(i)} = N_{i0}^{(0)} = N_{0i}^{(0)} = z \alpha_i N_i , \tag{8.358}$$

$$z N_i q_i = N_{ii}^{(0)} + N_{0i}^{(0)} , \tag{8.359}$$

$$N_0 = \sum_{i=1}^{k} N_0^{(i)} = \sum_{i=1}^{k} \alpha_i N_i . \tag{8.360}$$

Für die Mischungsenergie erhält man dann nach Gl. (8.357), (8.250), (8.323), (8.358), (8.362) und (8.360)

$$U^{\text{misch}} = U - U^0 = z \sum_i N_i q_i \left(1 - \frac{\alpha_i}{q_i} \right) \Gamma_{0i} - \frac{z}{2} \sum_i N_i q_i \left(1 - \frac{\alpha_i}{q_i} \right) \Gamma_{ii}$$

$$+ \sum_{i,j \leq i} \frac{N_{ij}}{1 + \delta_{ij}} (\Gamma_{ij} - \Gamma_{0i} - \Gamma_{0j}) . \tag{8.361}$$

Löst man Gl. (8.324) unter Verwendung von Gl. (8.351) nach einem N_{nm} (z.B. N_{12}) auf, so kann Gl. (8.361) mit (8.336) noch weiter umgeformt werden

$$U^{\text{misch}} = U - U^0 = \frac{z}{2} \sum_i N_i q_i \left(1 - \frac{\alpha_i}{q_i} \right) (\Gamma_{nm}^\star - \Gamma_{ii}^\star) + \sum_{i,j \leq i} \frac{N_{ij}}{1 + \delta_{ij}} (\Gamma_{ij}^\star - \Gamma_{nm}^\star) . \tag{8.362}$$

Um den Zustand größter Wahrscheinlichkeit zu finden, betrachten wir eine von der zunächst noch unbekannten wahrscheinlichsten Verteilung $\widetilde{N_{0i}}$ und $\widetilde{N_{ij}}$ abweichende Verteilung

$$N_{0i\,a} = \widetilde{N_{0i}} + \Delta N_{0i} \quad ; \quad N_{ij\,a} = \widetilde{N_{ij}} + \Delta N_{ij} \ ,$$

wobei nach den Erörterungen dieses Problems im Abschn. 8.2.3 für den Zustand größter Wahrscheinlichkeit immer

$$k \ln \frac{\Omega_a}{\Omega} - \frac{U^{\text{misch},a} - \widetilde{U^{\text{misch}}}}{T} \leq 0 \tag{8.363}$$

sein muß, unabhängig davon, wie die Abweichungen ΔN_{0i} bzw. ΔN_{ij} gewählt wurden. Mit Gl. (8.333) und (8.335) erhalten wir

$$-\frac{1}{2}\left\{\sum_{i=1}^{k}\frac{(\Delta N_{0i})^2}{\widetilde{N_{0i}}}+\frac{1}{2}\sum_{i,j=1}^{k}\frac{(\Delta N_{ij})^2}{\widetilde{N_{ij}}}\right\}$$

$$+\sum_{i,j\leq i}\frac{\Delta N_{ij}}{1+\delta_{ij}}\left[\ln\left(\frac{\widetilde{N_{0i}}\widetilde{N_{0j}}}{\widetilde{N_{ij}}}\frac{\widetilde{N_{nm}}}{\widetilde{N_{0n}}\widetilde{N_{0m}}}\right)-\frac{\Gamma^\star_{ij}-\Gamma^\star_{nm}}{kT}\right]\leq 0 \ . \qquad (8.364)$$

Für jede beliebige Änderung ΔN_{ij} bzw. ΔN_{0j} der Gitterplatzbelegung erfüllt der erste Term in Gl. (8.364) die Bedingung des Zustandes größter Wahrscheinlichkeit immer, der zweite Term nur, wenn

$$\ln\left(\frac{\widetilde{N_{0i}}\widetilde{N_{0j}}}{\widetilde{N_{ij}}}\frac{\widetilde{N_{nm}}}{\widetilde{N_{0n}}\widetilde{N_{0m}}}\right)-\frac{\Gamma^\star_{ij}-\Gamma^\star_{nm}}{kT}=0 \quad i=1,\ldots,k \ ; \ j=1,\ldots,i \qquad (8.365)$$

ist. Ersetzt man in Gl. (8.365) $\widetilde{N_{nm}}$ mit Gl. (8.139) und die Anzahl der leeren Gitterplätze N_{0i} durch Gl. (8.323), so ergeben sich insgesamt $k(k+1)/2-1$ nichtlineare Bestimmungsgleichungen für die $k(k+1)/2-1$ unbekannten Gitterplatzbelegungen $\widetilde{N_{ij}}$. Das Gleichungssystem kann mit bekannten Verfahren iterativ gelöst und danach auch die Gitterplatzbelegung $\widetilde{N_{nm}}$ nach Gl. (8.139), sowie die Leerstellenverteilung $\widetilde{N_{0i}}$ mit Hilfe der Gl. (8.323) ermittelt werden. Setzt man in Gl. (8.365) $m=n=i$, so erhält man

$$\frac{\widetilde{N_{ij}}}{\widetilde{N_{ii}}}=\frac{\widetilde{N_{0j}}}{\widetilde{N_{0i}}}e^{-\frac{\Gamma^\star_{ij}-\Gamma^\star_{ii}}{kT}} \ . \qquad (8.366)$$

Diese Beziehung würde mit der bekannten WILSON-Gleichung[52] übereinstimmen, wenn die den Leerstellen benachbarten Gitterplätze proportional verteilt wären: $\widetilde{N_{0j}}/\widetilde{N_{0i}}=\overline{N_{0j}}/\overline{N_{0i}}=\vartheta_j/\vartheta_i$.

Der Residuumsterm

Hat man nach den Überlegungen des vorigen Abschnitts die Verteilung $\widetilde{N_{ij}}$ und $\widetilde{N_{0i}}$ ermittelt, so kann nach Gl. (8.326) auch die Entropiedifferenz

$$\widetilde{S}-\overline{S}=k\ln\frac{\widetilde{\Omega}}{\overline{\Omega}} \ = \ k\left[\sum_{i=1}^{k}\overline{N_{0i}}\ln\frac{\overline{N_{0i}}}{2}+\sum_{i,j=1}^{k}\frac{\overline{N_{ij}}}{2}\ln\frac{\overline{N_{ij}}}{2}\right.$$

$$\left.-\sum_{i=1}^{k}\widetilde{N_{0i}}\ln\frac{\widetilde{N_{0i}}}{2}-\sum_{i,j=1}^{k}\frac{\widetilde{N_{ij}}}{2}\ln\frac{\widetilde{N_{ij}}}{2}\right] \qquad (8.367)$$

---

[52] WILSON G M (1964) Vapor-Liquid Equilibrium XI. A New Expression for the Excess Free Energy of Mixing. J Am Chem Soc 86:127

8.2 Das Gittermodell der Flüssigkeitsgemische

bestimmt werden. Eliminiert man hierin von den vor den Logarithmen stehenden Größen die $\overline{N_{0i}}$ bzw. $\widetilde{N_{0i}}$ und ein $\overline{N_{nm}}$ bzw. $\widetilde{N_{nm}}$ mit Hilfe der Gl. (8.323), (8.360) und (8.324), so wird aus Gl. (8.367)

$$\frac{\widetilde{S}-\overline{S}}{k} = z\left\{\sum_{i=1}^{k} N_i q_i \ln\frac{\overline{N_{0i}}}{\widetilde{N_{0i}}} - \frac{1}{2}\sum_{i=1}^{k} N_i q_i \left(1-\frac{\alpha_i}{q_i}\right)\ln\left(\frac{\widetilde{N_{nm}}}{\overline{N_{nm}}} \cdot \frac{\overline{N_{0n}}}{\widetilde{N_{0n}}}\frac{\overline{N_{0m}}}{\widetilde{N_{0m}}}\right)\right\}$$

$$+ \sum_{i,j\leq i}\frac{\overline{N_{ij}}}{1+\delta_{ij}}\ln\left(\frac{\overline{N_{ij}}}{\overline{N_{nm}}} \cdot \frac{\overline{N_{0n}}}{\overline{N_{0i}}}\frac{\overline{N_{0m}}}{\overline{N_{0j}}}\right)$$

$$- \sum_{i,j\leq i}\frac{\widetilde{N_{ij}}}{1+\delta_{ij}}\ln\left(\frac{\widetilde{N_{ij}}}{\widetilde{N_{nm}}} \cdot \frac{\widetilde{N_{0n}}}{\widetilde{N_{0i}}}\frac{\widetilde{N_{0m}}}{\widetilde{N_{0j}}}\right) . \tag{8.368}$$

Hierin verschwindet der Term in der zweiten Zeile wegen Gl. (8.338). Die restlichen lassen sich mit Gl. (8.365), (8.338) und (8.362) wie folgt umformen

$$\frac{\widetilde{S}-\overline{S}}{k} = \frac{z}{2}\left\{\sum_{i=1}^{k} N_i q_i \left(1-\frac{\alpha_i}{q_i}\right)\frac{\Gamma^\star_{nm}-\Gamma^\star_{ii}}{kT}\right.$$

$$\left.+ \sum_{i=1}^{k} N_i q_i \left[\left(1-\frac{\alpha_i}{q_i}\right)\ln\frac{\overline{N_{ii}}}{\widetilde{N_{ii}}} + 2\frac{\alpha_i}{q_i}\ln\frac{\overline{N_{0i}}}{\widetilde{N_{0i}}}\right]\right\}$$

$$- \sum_{i,j\leq i}\frac{\widetilde{N_{ij}}}{1+\delta_{ij}}\frac{\Gamma^\star_{nm}-\Gamma^\star_{ij}}{kT}$$

$$= \frac{\widetilde{U}-U^0}{kT} + \frac{z}{2}\sum_{i=1}^{k} N_i q_i \left[\left(1-\frac{\alpha_i}{q_i}\right)\ln\frac{\overline{N_{ii}}}{\widetilde{N_{ii}}} + 2\frac{\alpha_i}{q_i}\ln\frac{\overline{N_{0i}}}{\widetilde{N_{0i}}}\right] . \tag{8.369}$$

Mit Gl. (8.352) erhält man hieraus für die freie Exzeßenergie analog zu Gl. (8.320)

$$\frac{F^E}{kT} = \frac{\widetilde{U}-U^0}{kT} - \frac{\widetilde{S}-\overline{S}+\overline{S}-S^0}{k} - \sum_{i=1}^{k} N_i \ln\psi_i$$

$$= \sum_{i=1}^{k} N_i \ln\frac{\phi'_i}{\psi_i} + \frac{z}{2}\sum_{i=1}^{k} N_i q_i \ln\frac{\vartheta_i}{\phi_i}$$

$$- \frac{z}{2}\sum_{i=1}^{k} N_i q_i \left[\left(1-\frac{\alpha_i}{q_i}\right)\ln\frac{\overline{N_{ii}}}{\widetilde{N_{ii}}} + 2\frac{\alpha_i}{q_i}\ln\frac{\overline{N_{0i}}}{\widetilde{N_{0i}}}\right] . \tag{8.370}$$

Nach Gl. (8.323), (8.344), (8.345) und (8.366) ist

$$\frac{\overline{N_{ii}}}{\widetilde{N_{ii}}} = \frac{N_i q_i - \vartheta_i N_0}{N_i q_i - \frac{\overline{N_{0i}}}{\widetilde{N_{0i}}}\vartheta_i N_0}\sum_{j=1}^{k}\frac{\widetilde{N_{0j}}/\overline{N_{0j}}}{\overline{N_{0i}}/\widetilde{N_{0i}}}\vartheta_j\tau_{ji} \tag{8.371}$$

mit

$$\tau_{ji} = e^{-\frac{\Gamma^{\star}_{ij} - \Gamma^{\star}_{ii}}{kT}} .$$

Nach Gl. (8.371), (8.360) und (8.349) erhält man für den Residuumsterm nach Gl. (8.370)

$$\frac{F^{E,\text{res}}}{kT} = -\frac{z}{2} \sum_{i=1}^{k} N_i q_i \left[\left(1 - \frac{\alpha_i}{q_i}\right) \ln \frac{\overline{N_{ii}}}{\widetilde{N_{ii}}} + 2\frac{\alpha_i}{q_i} \ln \frac{\overline{N_{0i}}}{\widetilde{N_{0i}}} \right] =$$

$$-\frac{z}{2} \sum_{i=1}^{k} N_i q_i \left[\left(1 - \frac{\alpha_i}{q_i}\right) \ln \left(\frac{1 - \sum_l \vartheta_l \frac{\alpha_l}{q_l}}{1 - \frac{\widetilde{N_{0i}}}{\overline{N_{0i}}} \sum_l \vartheta_l \frac{\alpha_l}{q_l}} \cdot \frac{\overline{N_{0i}}}{\widetilde{N_{0i}}} \sum_{j=1}^{k} \frac{\widetilde{N_{0j}}}{\overline{N_{0j}}} \vartheta_j \tau_{ji} \right) + 2\frac{\alpha_i}{q_i} \ln \frac{\overline{N_{0i}}}{\widetilde{N_{0i}}} \right]$$

(8.372)

Wären die Leerstellen proportional verteilt ($\widetilde{N_{0i}} = \overline{N_{0i}}$), so vereinfachte sich der Residuumsterm zu

$$\frac{F^{E,\text{res}}}{kT} = -\frac{z}{2} \sum_{i=1}^{k} N_i q_i \left(1 - \frac{\alpha_i}{q_i}\right) \ln \sum_{j=1}^{k} \vartheta_j \tau_{ji} \quad \text{für} \quad \widetilde{N_{01}} = \overline{N_{0i}} , \qquad (8.373)$$

was für $\alpha_i \ll q_i$ mit dem Residuumsterm der UNIQUAC-Gleichung übereinstimmt[53]. Sind die Leerstellen dagegen nicht proportional verteilt, so muß zunächst die Leerstellenverteilung $\widetilde{N_{0i}}$ aus der Lösung der Gl. (8.365) ermittelt und danach der Residuumsterm berechnet werden.

8.3 Phasengleichgewichte

Die in Abschn. 8.1 besprochenen Gleichgewichtsbedingungen müssen selbstverständlich auch bei Gemischen, bei denen verschiedene Phasen im Gleichgewicht stehen, erfüllt werden. Unter einer Phase wollen wir einen solchen homogenen Teil eines Gebildes bezeichnen (z.B. den Dampf oder die Flüssigkeit usw.), der sich trotz des vorhandenen Gleichgewichts in einer oder mehrerer seiner physikalischen Eigenschaften wesentlich von den anderen angrenzenden Teilen des Gebildes unterscheidet. Am auffälligsten sind hierbei die Dichteunterschiede, z.B. die dampfförmigen gegenüber der flüssigen bzw. festen Phase. In den verschiedenen Phasen eines

---

[53] In der Originalarbeit (ABRAMS D AND PRAUSNITZ J (1975) Statistical Thermodynamics of Liquid Mixtures: A New Expression for the Excess Gibbs Energy of Partly or Commpletely Miscible Systems. AICHE Journal 21:116) fehlt der Faktor z/2 ebenso wie in der Arbeit von MAURER UND PRAUSNITZ (MAURER G AND PRAUSNITZ J (1978) On the Derivation and Extension of the UNIQUAC Equation. J Fluid Phase Equilibria 2:91); in der letzteren deshalb, weil überall auf dem dort angesetzten Integrationsweg vom Flüssigkeitsgemisch bis zum idealen Gas die Gültigkeit der WILSON-Gleichung angenommen wurde.

Gemisches werden wir i.a. auch unterschiedliche Zusammensetzungen vorfinden. Wenn sich zwei Phasen in einer Eigenschaft wesentlich unterscheiden, so ist damit nicht gesagt, daß sie es auch in allen anderen Eigenschaften tun. So haben z.B. bei azeotropen Gemischen Flüssigkeit und Dampf zwar ganz verschiedene Dichten, aber die gleiche Zusammensetzung. Umgekehrt können nicht oder nur teilweise mischbare Flüssigkeiten die im Gleichgewicht ganz verschiedene Zusammensetzungen aufweisen, vielleicht dieselbe Dichte haben.

Der Gleichgewichtszustand eines Gebildes wird in entscheidender Weise durch die aufgezwungenen Randbedingungen bestimmt. So z.B. ist es wichtig zu wissen, ob etwa durch Wärmeaustausch mit der Umgebung seine Temperatur konstant gehalten wird oder ob es so gut isoliert ist, daß es als adiabat angesehen werden kann. Außerdem kann sich bei einer beweglichen Hülle im Innern des Gebildes ein konstanter Druck einstellen, z.B. durch einen beweglichen, konstant belasteten Kolben im Zylinder; die Außenbedingungen können aber auch der Art sein, daß dem Gebilde ein unveränderlicher Raum zur Verfügung steht, V = konst.

In der Technik werden häufig Prozesse bei konstant gehaltenem Druck p und unveränderlicher Temperatur untersucht. Unter diesen Randbedingungen muß in jedem Gebilde die auf die Mengeneinheit bezogene freie Enthalpie G ihren kleinstmöglichen Wert annehmen, wenn ein Gleichgewichtszustand vorliegen soll. Im Gleichgewicht muß daher die freie Enthalpie als Funktion der Zusammensetzung immer positiv gekrümmt sein[54]

$$\left[\frac{\partial^2 (G/n)}{\partial \psi_i^2}\right]_{p,T} > 0 \ . \tag{8.374}$$

Ist dagegen in irgendeinem beliebigen Zustandspunkt

$$\left[\frac{\partial^2 (G/n)}{\partial \psi_i^2}\right]_{p,T} < 0 \ ,$$

so gibt es in seiner Nachbarschaft mindestens zwei Zustände mit i.a. unterschiedlicher Zusammensetzung, die zusammen einen kleineren Wert von G/n bei gleichem Druck p und gleicher Temperatur T eine größere Wahrscheinlichkeit besitzen als der betrachtete Zustand selbst. Das Gebilde wird dann das Bestreben haben, vom betrachteten Zustand aus in diese benachbarten Zustände überzugehen, d.h. in unterschiedliche Bereiche (Phasen) zu zerfallen. Dies soll im nächsten Abschnitt für Zweistoffgemische eingehender erläutert werden.

---

[54] Die Ungleichung ((8.374)) ist eine notwendige, aber i.a. keine hinreichende Bedingung für die Stabilität eines Gemisches gegen den Zerfall in verschiedene Phasen. Eine ausführliche Diskussion der Stabilitätskriterien findet sich in HAASE R (1956) Thermodynamik der Mischphasen. Springer-Verlag

8.3.1 Mischbarkeit und Mischungslücke

Bringt man n_A Mole der Mischung A bei derselben Temperatur T und desselben Druckes p mit n_B Molen der Mischung B zusammen, so ist die gesamte Stoffmenge

$$n = n_A + n_B \qquad (8.375)$$

und die Menge des Stoffes 1 insgesamt

$$n\psi_M = n_A\,\psi_A + n_B\,\psi_B\ . \qquad (8.376)$$

Vor der Mischung ist die freie Enthalpie der beiden Stoffe

$$\begin{aligned} G_{M^*} &= G_A + G_B \\ &= n_A\left\{\psi_A\mu_{02} + (1-\psi_A)\mu_{01} + \frac{G_A^{\mathrm{misch}}}{n_A}\right\} \\ &\quad + n_B\left\{\psi_B\mu_{02} + (1-\psi_B)\mu_{01} + \frac{G_B^{\mathrm{misch}}}{n_B}\right\}\ . \end{aligned} \qquad (8.377)$$

Hierin sind μ_{01} und μ_{02} die chemischen Potentiale der unvermischten Komponenten 1 und 2, sowie G_A^{misch} und G_B^{misch} die Mischungsanteile der freien Enthalpien des Gemisches A bzw. des Gemisches B. Man erhält mit Gl. (8.375) und (8.376)

$$G_{M^*} = n\left\{\psi_M\mu_{02} + (1-\psi_M)\mu_{01} + \frac{\psi_B - \psi_M}{\psi_B - \psi_A}\frac{G_A^{\mathrm{misch}}}{n_A} + \frac{\psi_M - \psi_A}{\psi_B - \psi_A}\frac{G_B^{\mathrm{misch}}}{n_B}\right\}\ . \qquad (8.378)$$

In den folgenden Bildern 8.7 bis 8.9 ist von der freien Enthalpie lediglich der Mischungsanteil G^{misch} dargestellt. Aus Bild 8.7 ist sofort zu ersehen, daß der Punkt M^* die auf die Gesamtmenge n bezogene Mischungsanteile der freien Enthalpien G_A^{misch} und G_B^{misch} der beiden Ausgangsgemische darstellt,

$$\frac{G_{M^*}^{\mathrm{misch}}}{n} = \frac{\psi_B - \psi_M}{\psi_B - \psi_A}\cdot\frac{G_A^{\mathrm{misch}}}{n_A} + \frac{\psi_M - \psi_A}{\psi_B - \psi_A}\cdot\frac{G_B^{\mathrm{misch}}}{n_B}\ , \qquad (8.379)$$

und die Verbindungsgerade der Punkte A und B entsprechend dem Verhältnis der Stoffmengen unterteilt. Der Punkt M in Bild 8.7 kennzeichnet dagegen den Zustand eines homogenen Gemisches derselben Temperatur T, desselben Druckes p und der derselben Bruttozusammensetzung ψ_M wie die Ausgangsgemische. Im Vergleich mit M^* ist der Mischungsanteil der freien Enthalpie G_M^{misch} kleiner als der der Ausgangsgemische $G_{M^*}^{\mathrm{misch}}$ und damit auch die freie Enthalpie

$$G_M < G_{M^*}\ . \qquad (8.380)$$

Das bedeutet, daß der Zustand M gegenüber M^* wahrscheinlicher ist, d.h. daß die beiden Ausgangsgemische A und B, in Kontakt gebracht das Bestreben haben, ihre ursprünglich verschiedenen Zusammensetzungen einander auszugleichen, so lange, bis ein homogenes Gemisch der Zusammensetzung M vorliegt.

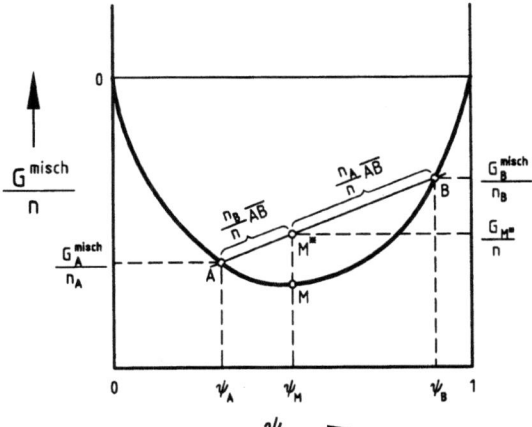

Bild 8.7: Mischung zweier Gemische A und B

Ganz anders verhält sich ein Gemisch, bei dem der Mischungsanteil der freien Enthalpie in Abhängigkeit von der Zusammensetzung einem Kurvenverlauf entsprechend Bild 8.8 zeigt, vgl. auch die Kurven $A/RT > 2$ in Bild 8.1. Ist der Kurvenverlauf wie in Bild 8.8 und Bild 8.1 symmetrisch, so stellen alle Punkte auf der Verbindungsgeraden durch die Minimalpunkte ' und '' die thermodynamisch stabilen Zustände dar. Mit anderen Worten: Ein Gemenge aus n' Molen des Stoffes der Zusammensetzung ψ' und n'' Molen der verschiedenen Zusammensetzung ψ'' (Punkt B* in Bild 8.8) ist stabiler als ein homogenes Gemisch derselben Bruttozusammensetzung ψ_B (Punkt B in Bild 8.8). Im Konzentrationsbereich zwischen ψ' und ψ'' besitzt das System eine Mischungslücke, d.h. es zerfällt in zwei Phasen. Zwischen den beiden Wendepunkten der Kurven ist überall

$$\frac{\partial^2 (G^{\text{misch}}/n)}{\partial \psi^2} < 0 \quad \text{(Bedingung für den Zerfall in Phasen)} \tag{8.381}$$

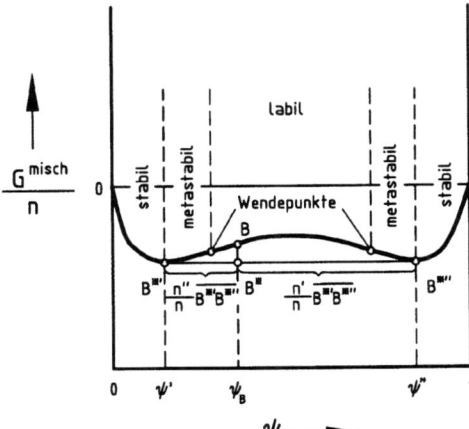

Bild 8.8: Zerfall eines Flüssigkeitsgemisches in zwei Phasen

Das System ist instabil (labil). Gemische, deren Konzentration im Bereich zwischen ψ' bzw. ψ'' und dem nächstliegenden Wendepunkt liegt, werden demgegenüber als metastabil bezeichnet, weil diese schon in der Mischungslücke liegen und daher in die stabilen Phasen ' und " zerfallen können, aber ihre freie Enthalpie als Funktion der Zusammensetzung noch eine positive Krümmung besitzt und somit homogene Mischungen aus instabilen homogenen Ausgangsgemischen in diesem Konzentrationsbereich zumindest theoretisch möglich sind.

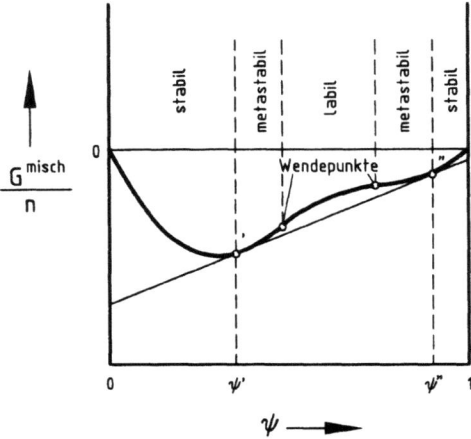

Bild 8.9: Unsymmetrischer Verlauf des Mischungsanteils der freien Enthalpie

Ist der Mischungsanteil der freien Enthalpie hinsichtlich der Zusammensetzung nicht symmetrisch, wie z.B. in Bild 8.9, so gelten die vorangegangenen Überlegungen ganz analog. Voraussetzung für den Zerfall in zwei Phasen ' und " ist, daß die freie Enthalpie bzw. deren Mischungsanteil als Funktion der Zusammensetzung zumindest abschnittsweise negativ gekrümmt ist, Gl. (8.381). Für die Phasengrenzen gelten nach Bild 8.9 die Bedingungen

$$\left[\frac{\partial(G/n)}{\partial\psi}\right]_{\psi=\psi'} = \left[\frac{\partial(G/n)}{\partial\psi}\right]_{\psi=\psi''} \tag{8.382}$$

und

$$G''/n - \psi''\left[\frac{\partial(G/n)}{\partial\psi}\right]_{\psi=\psi''} = G'/n - \psi'\left[\frac{\partial(G/n)}{\partial\psi}\right]_{\psi=\psi'} \tag{8.383}$$

und zwar nicht nur für den Mischungsanteil der freien Enthalpie, sondern auch für die freie Enthalpie selbst. Nach den Überlegungen des Abschnittes 8.1.6 stellt Gl. (8.383) nämlich nichts anderes dar als die partielle molare freie Enthalpie der Komponente 1

$$g_{m1} = \left(\frac{\partial G}{\partial n_1}\right)_{T,p,n_2} = \frac{G}{n} - \psi\left[\frac{\partial(G/n)}{\partial\psi}\right]_{T,p} = \mu_1 \quad , \tag{8.384}$$

die nach Gl. (8.74) mit dem chemischen Potential der Komponente 1 identisch ist. Gl. (8.383) entpuppt sich daher als eine allgemeine Gleichgewichtsbedingung, wonach im Gleichgewicht das chemische Potential der Komponente 1 in jeder Phase gleich sein muß. Entsprechendes gilt für die Komponente 2.

Wir wollen nun die Bedingungen untersuchen, die für den Gleichgewichtszustand des Gebildes hinsichtlich der Eigenschaften seiner einzelnen Phasen gelten. Ehe wir uns dabei allgemeineren Fällen zuwenden, wollen wir zunächst das Dampf-Flüssigkeitsgleichgewicht in Systemen mit nur einem einzigen Stoff (z.B. Wasser) behandeln.

8.3.2 Dampf-Flüssigkeitsgleichgewicht in Einkomponentensystemen

In einem nach außen abgeschlossenen Gefäß konstanten Volumens, Bild 8.10, befinden sich n Mole eines nur aus einer Komponente bestehenden Stoffes (z.B. Wasser) in zwei verschiedenen Aggregatzuständen, nämlich n' Mole flüssig und n'' Mole dampfförmig. Die Flüssigkeit nehme das Volumen V' und der Dampf das Volumen V'' ein; die innere Energie der Flüssigkeit sei U', die des Dampfes U''. Dann gilt für das gesamte Gebilde (System), bestehend aus Dampf und Flüssigkeit

$$n = n' + n'' = \text{konst} , \qquad (8.385)$$

$$V = V' + V'' = \text{konst} , \qquad (8.386)$$

$$U = U' + U'' = \text{konst} . \qquad (8.387)$$

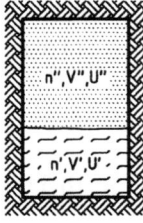

Bild 8.10: Phasengleichgewicht zwischen Flüssigkeit ' und Dampf "

Wie das Volumen V und die innere Energie setzt sich die Entropie S des Gesamtsystems additiv aus den Entropien der beiden Teile (Flüssigkeit und Dampf) zusammen

$$S = S' + S'' . \qquad (8.388)$$

Wir wollen darüber hinaus annehmen, daß Flüssigkeit und Dampf jeweils als homogen angesehen werden können, d.h. zumindest innerhalb einer jeden Phase überall dieselbe Temperatur T' bzw. T'' und derselbe Druck p' bzw. p'' vorliegen.

640   8 Gleichgewichtsbedingungen für Mehrstoffgemische

Wenn wir die extensiven Zustandsgrößen jeder homogenen Phase durch die entsprechenden Molzahlen dividieren, erhalten wir die molare innere Energie u'_m bzw. u''_m, das molare Volumen v'_m bzw. v''_m, sowie die molare Entropie s'_m bzw. s''_m

$$u'_m = U'/n' \quad \text{bzw.} \quad u''_m = U''/n'' \; , \tag{8.389}$$

$$v'_m = V'/n' \quad \text{bzw.} \quad v''_m = V''/n'' \; , \tag{8.390}$$

$$s'_m = S'/n' \quad \text{bzw.} \quad s''_m = S''/n'' \; . \tag{8.391}$$

Nach Band I, Abschn. 6 kann die Änderung der molaren Entropie s_m in Abhängigkeit von der Änderung der molaren inneren Energie u_m und des molaren Volumens v_m angegeben werden

$$\mathrm{d}s'_m = \frac{\mathrm{d}u'_m}{T'} + \frac{p'}{T'} \mathrm{d}v'_m \quad \text{bzw.} \quad \mathrm{d}s''_m = \frac{\mathrm{d}u''_m}{T''} + \frac{p''}{T''} \mathrm{d}v''_m \; . \tag{8.392}$$

Durch Differentiation der Gln. (8.389) bis (8.391) erhalten wir mit Gl. (8.392)

$$\mathrm{d}S' = s'_m \mathrm{d}n' + n' \mathrm{d}s'_m = \frac{\mathrm{d}U'}{T'} + \frac{p'}{T'} \mathrm{d}V' + \left(s'_m - \frac{u'_m + p' v'_m}{T'}\right) \mathrm{d}n' \; , \tag{8.393}$$

$$\mathrm{d}S'' = s''_m \mathrm{d}n'' + n'' \mathrm{d}s''_m = \frac{\mathrm{d}U''}{T''} + \frac{p''}{T''} \mathrm{d}V'' + \left(s''_m - \frac{u''_m + p'' v''_m}{T''}\right) \mathrm{d}n'' \; . \tag{8.394}$$

Andererseits können wir die Entropie der beiden Phasen S' und S'' auch als Funktionen der jeweiligen inneren Energie, des jeweiligen Volumens und der jeweiligen Molzahl auffassen

$$S' = S'(U', V', n') \; , \tag{8.395}$$

$$S'' = S''(U'', V'', n'') \; . \tag{8.396}$$

Deren vollständige Differentiale sind

$$\mathrm{d}S' = \left(\frac{\partial S'}{\partial U'}\right)_{V',n'} \mathrm{d}U' + \left(\frac{\partial S'}{\partial V'}\right)_{U',n'} \mathrm{d}V' + \left(\frac{\partial S'}{\partial n'}\right)_{U',V'} \mathrm{d}n' \; , \tag{8.397}$$

und

$$\mathrm{d}S'' = \left(\frac{\partial S''}{\partial U''}\right)_{V'',n''} \mathrm{d}U'' + \left(\frac{\partial S''}{\partial V''}\right)_{U'',n''} \mathrm{d}V'' + \left(\frac{\partial S''}{\partial n''}\right)_{U'',V''} \mathrm{d}n'' \; . \tag{8.398}$$

Durch Vergleich mit Gl. (8.393) und (8.394) sehen wir, daß die partiellen Ableitungen der Entropie nach der inneren Energie dem Reziprokwert der Temperatur

$$\left(\frac{\partial S'}{\partial U'}\right)_{V',n'} = \frac{1}{T'} \quad ; \quad \left(\frac{\partial S''}{\partial U''}\right)_{V'',n''} = \frac{1}{T''} \tag{8.399}$$

und die partiellen Ableitungen der Entropie nach dem Volumen dem Quotienten aus Druck und Temperatur entsprechen

$$\left(\frac{\partial S'}{\partial V'}\right)_{U',n'} = \frac{p'}{T'} \quad ; \quad \left(\frac{\partial S''}{\partial V''}\right)_{U'',n''} = \frac{p''}{T''} \; . \tag{8.400}$$

Die negativen, mit der Temperatur T multiplizierten partiellen Ableitungen der Entropie nach den Molzahlen ergeben nach Gl. (8.24) die chemischen Potentiale μ' der flüssigen Phase und μ'' der Dampfphase

$$\mu' = -T' \left(\frac{\partial S'}{\partial n'}\right)_{U',V'} \quad ; \quad \mu'' = -T'' \left(\frac{\partial S''}{\partial n''}\right)_{U'',V''} \; . \tag{8.401}$$

Durch Vergleich mit Gl. (8.393) bzw. (8.394) finden wir

$$\begin{aligned} \mu' &= u'_m + p' v'_m - T' s'_m = h'_m - T' s'_m \quad \text{bzw.} \\ \mu'' &= u''_m + p'' v''_m - T'' s''_m = h''_m - T'' s''_m \end{aligned} \tag{8.402}$$

Damit erhalten wir für jede Phase die GIBBSsche Fundamentalgleichung

$$dS' = \frac{1}{T'} dU' + \frac{p'}{T'} dV' - \frac{\mu'}{T'} dn' \; , \tag{8.403}$$

$$dS'' = \frac{1}{T''} dU'' + \frac{p''}{T''} dV'' - \frac{\mu''}{T''} dn'' \; . \tag{8.404}$$

Deren Addition ergibt unter Verwendung von Gl. (8.385) bis (8.387) für die Änderung der Entropie des Gesamtsystems

$$dS = dS' + dS'' = \left[\frac{1}{T'} - \frac{1}{T''}\right] dU' + \left[\frac{p'}{T'} - \frac{p''}{T''}\right] dV' + \left[\frac{\mu'}{T'} - \frac{\mu''}{T''}\right] dn' . \tag{8.405}$$

Diese kann in einem abgeschlossenen System nur positiv sein und ist im Gleichgewicht gleich null unabhängig von der Änderung der unabhängigen Variablen dU', dV' und dn'. Für den Gleichgewichtszustand gelten somit die folgenden Bedingungen

$$\begin{aligned} T' &= T'' = T \\ p' &= p'' = p \\ \mu' &= \mu'' \; . \end{aligned} \tag{8.406}$$

Befinden sich Flüssigkeit und Dampf im Gleichgewicht, so müssen eben in beiden Phasen Temperatur und Druck übereinstimmen und außerdem muß das chemische Potential gleich groß sein, $\mu' = \mu''$.

Dampf-Flüssigkeits-Gleichgewicht in Einkomponentensystemen mit idealem Dampf

Viele technische Prozesse werden bei mäßigen Drücken durchgeführt, so daß die Dampfphase als ideal angesehen werden kann. In diesem Fall lassen sich die Bedingungen für das Phasengleichgewicht sehr vereinfachen.

Ist z.B. die Temperatur T vorgegeben, so ist auch der zugehörige Dampfdruck (Sättigungsdruck) p_s eindeutig durch die Gleichgewichtsbedingung

$$\mu''(T,p_s) = \mu'(T,p_s) \tag{8.407}$$

festgelegt. Dies gilt sowohl für den durch T und p_s bestimmten Zustand als auch für einen durch T_0 und p_0 definierten Bezugszustand, sofern auch für diesen Flüssigkeit und Dampf miteinander im Gleichgewicht stehen.
Nach (8.113) erhält man für die Änderungen der chemischen Potentiale

$$\mu'(T,p_s) - \mu'(T_0,p_0) = - {}^{(p_0)}\!\!\int_{T_0}^{T} s'_m dT + {}^{(T)}\!\!\int_{p_0}^{p_s} v'_m dp \tag{8.408}$$

$$\mu''(T,p_s) - \mu''(T_0,p_0) = - {}^{(p_0)}\!\!\int_{T_0}^{T} s''_m dT + {}^{(T)}\!\!\int_{p_0}^{p_s} v''_m dp \tag{8.409}$$

Die Entropien in Gl. (8.408) und (8.409) drücken wir mit Hilfe der Entropien $s'_m(T_0,p_0)$ bzw. $s''_m(T_0,p_0)$ beim Bezugszustand T_0,p_0 und den molaren Wärmekapazitäten c'_{mp_0} bzw. c''_{mp_0} aus

$$s'_m(T,p_0) = s'_m(T_0,p_0) + {}^{(p_0)}\!\!\int_{T_0}^{T} \frac{c'_{mp_0}}{T} dT$$

bzw.

$$s''_m(T,p_0) = s''_m(T_0,p_0) + {}^{(p_0)}\!\!\int_{T_0}^{T} \frac{c''_{mp_0}}{T} dT \quad . \tag{8.410}$$

Das molare Volumen v''_m des Dampfes ersetzen wir mit Hilfe der Zustandsgleichung idealer Gase und erhalten aus (8.408) und (8.409) nach partieller Integration der Integrale ${}^{(p_0)}\!\!\int_{T_0}^{T} \frac{c'_{mp_0}}{T} dT$ bzw. ${}^{(p_0)}\!\!\int_{T_0}^{T} \frac{c''_{mp_0}}{T} dT$

$$\mu''(T,p_s) - \mu''(T_0,p_0) - \mu'(T,p_s) + \mu'(T_0,p_0)$$

$$= -[s''_m(T_0,p_0) - s'_m(T_0,p_0)](T - T_0) - T\int_{T_0}^{T} \frac{c''_{mp_0} - c'_{mp_0}}{T} dT$$

$$+ \int_{T_0}^{T} (c''_{mp_0} - c'_{mp_0}) dT + R_m T \ln \frac{p_s}{p_0} - \int_{p_0}^{p_s} v'_m dp \quad . \tag{8.411}$$

Im Gleichgewicht ist $\mu''(T,p_s) = \mu'(T,p_s)$ und $\mu''(T_0,p_0) = \mu'(T_0,p_0)$, so daß die linke Seite der Gl. (8.411) zu null wird. Mit der Verdampfungswärme

$$r_0 = T_0 [s''_m(T_0,p_0) - s'_m(T_0,p_0)] \tag{8.412}$$

beim Bezugsdruck p_0 erhalten wir als Beziehung für die Temperaturabhängigkeit des Dampfdruckes

$$\ln\frac{p_s}{p_0} = \frac{r_0}{R_m}\left(\frac{1}{T_0} - \frac{1}{T}\right) + \int_{T_0}^{T}\frac{c''_{mp_0} - c'_{mp_0}}{R_m T}\mathrm{d}T - \frac{1}{T}\int_{T_0}^{T}\frac{c''_{mp_0} - c'_{mp_0}}{R_m}\mathrm{d}T + \frac{\int_{p_0}^{p_s} v'_m\,\mathrm{d}p}{R_m T}.$$

(8.413)

Weil das Flüssigkeitsvolumen v'_m gegenüber dem Gasvolumen v''_m sehr klein ist, kann in der Regel das letzte Integral in Gl. (8.413) gegenüber den anderen Termen vernachlässigt werden. Gl. (8.413) läßt sich dann integrieren, wenn die Temperaturabhängigkeit der spezifischen Wärmekapazitäten von Dampf und Flüssigkeit bekannt ist. Verwendet man für die spezifische Wärmekapazität einen Ansatz der Form

$$c_{mp} = A + \frac{B}{1000}T + \frac{C\,10^6}{T^2} + D\frac{T^2}{10^6} \tag{8.414}$$

(vgl. Band I, Abschn. 3.7), so ergibt die Integration der Gl. (8.413) bei Vernachlässigung des Terms $\int_{p_0}^{p_s} v'_m/(RT)\mathrm{d}p$

$$\ln\frac{p_s}{p_0} = A^\star\frac{1000}{T} + B^\star \ln T + C^\star\frac{T}{1000} + D^\star + E^\star\frac{10^6}{T^2} + F^\star\frac{T^2}{10^6} \tag{8.415}$$

mit

$$R_m A^\star = -r_0 + (A'' - A')\frac{T_0}{1000} + \frac{B'' - B'}{2}\frac{T_0^2}{10^6} - \frac{C'' - C'}{2}\frac{1000}{T_0} + \frac{D'' - D'}{3}\frac{T_0^3}{10^9}$$

$$R_m D^\star = \frac{r_0}{T_0} - (A'' - A')(1 + \ln T_0) - (B'' - B')\frac{T_0}{1000}$$

$$\qquad + \frac{C'' - C'}{2}\frac{10^6}{T_0^2} - \frac{D'' - D'}{2}\frac{T_0^2}{10^6}$$

$$R_m B^\star = A'' - A';\quad R_m C^\star = \frac{B'' - B'}{2};\quad R_m E^\star = \frac{C'' - C'}{2};\quad R_m F^\star = \frac{D'' - D'}{6}$$

(8.416)

d.h. die Koeffizienten der Dampfdruckgleichung (8.415) sind eindeutig durch die Verdampfungswärme r_0, die Bezugstemperatur T_0 und die Koeffizienten A, B, C und D der molaren Wärmekapazitäten c''_{mp} und c'_{mp} bestimmt.

Gl. (8.416) oder entsprechende Gleichungen für den Dampfdruck werden häufig herangezogen, um aus genauen Dampfdruckmessungen kalorische Größen zu bestimmen.

8.3.3 Allgemeine Bedingungen für Phasengleichgewichte in Systemen mit mehreren Komponenten

Durch die Fundamentalgleichung (Gl. (8.23) und (8.42)) sind die Gesetzmäßigkeiten auch für Phasengleichgewichte vollständig bestimmt. Besteht ein nach außen abgeschlossenes System aus mehreren Phasen (z.B. Dampf-Flüssigphase, usw.), über deren Grenzen ein ungehinderter Wärme- und Stoffaustausch[55] möglich ist, und können chemische Reaktionen außer acht gelassen werden, so gelten für die extensiven Zustandsgrößen die Bedingungen (vgl. Abschn. 8.1)

$$U = U' + U'' + \ldots = \text{konst} \quad \text{bzw.} \quad dU = dU' + dU'' + \ldots = 0 \, , \tag{8.417}$$

$$V = V' + V'' + \ldots = \text{konst} \quad \text{bzw.} \quad dV = dV' + dV'' + \ldots = 0 \, , \tag{8.418}$$

$$n_i = n_i' + n_i'' + \ldots = \text{konst} \quad \text{bzw.} \quad dn_i = dn_i' + dn_i'' + \ldots = 0 \, ,$$

$$i = 1, \ldots, k \, , \tag{8.419}$$

wobei die einfach, zweifach bzw. mehrfach gestrichenen Größen die extensiven Zustandsgrößen der einzelnen Phasen (z.B. Flüssigphase und Dampfphase) kennzeichnen, nämlich die innere Energie $U', U'', \ldots$, das Volumen $V', V'', \ldots$ und die Molzahlen $n_i', n_i'', \ldots$ der in der jeweiligen Phase enthaltenen Komponenten.

Die Entropie des Gesamtsystems setzt sich ebenfalls additiv aus den Entropien der einzelnen Phasen zusammen

$$S = S' + S'' + \ldots \quad \text{bzw.} \quad dS = dS' + dS'' + \ldots \, , \tag{8.420}$$

wobei für die Entropie jeder Phase die GIBBSsche Fundamentalgleichung ((8.25)) gilt

$$dS' = \frac{1}{T'} dU' + \frac{p'}{T'} dV' - \sum_i \frac{\mu_i'}{T'} dn_i' \, ,$$

$$dS'' = \frac{1}{T''} dU'' + \frac{p''}{T''} dV'' - \sum_i \frac{\mu_i''}{T''} dn_i'' \, ,$$

$$\ldots\ldots\ldots\ldots\ldots\ldots\ldots\ldots\ldots\ldots\ldots\ldots\ldots \tag{8.421}$$

Im Gleichgewicht muß die Entropie des abgeschlossenen Gesamtsystems ihren Maximalwert $S_{\max}$ erreicht haben, d.h.

$$dS_{\max} = dS' + dS'' + \ldots = 0 \tag{8.422}$$

sein. Dabei müssen die Nebenbedingungen (8.417) bis (8.419) berücksichtigt werden. Hierzu wenden wir die Methode der LAGRANGEschen Multiplikatoren an, d.h.

---

[55] Das trifft z.B. für Membrangleichgewichte nicht zu. Für solche Probleme müssen daher die Nebenbedingungen Gl. (8.419) modifiziert werden, s. z.B. HAASE R (1956) Thermodynamik der Mischphasen. Springer-Verlag

wir multiplizieren Gl. (8.417) mit λ_U, Gl. (8.418) mit λ_V, die Gln. (8.419) mit λ_i und addieren die so multiplizierten Gleichungen zu der Gl. (8.422). Mit Gl. (8.421) erhalten wir

$$\begin{aligned} dS_{max} = & \left(\frac{1}{T'} + \lambda_U\right) dU' + \left(\frac{p'}{T'} + \lambda_V\right) dV' - \sum_i \left(\frac{\mu_i'}{T'} - \lambda_i\right) dn_i' \\ & \left(\frac{1}{T''} + \lambda_U\right) dU'' + \left(\frac{p''}{T''} + \lambda_V\right) dV'' - \sum_i \left(\frac{\mu_i''}{T''} - \lambda_i\right) dn_i'' \\ & + \ldots = 0 \; . \end{aligned} \qquad (8.423)$$

Halten wir nun alle extensiven Zustandsgrößen bis auf eine konstant, so muß der zugehörige Klammerausdruck verschwinden. Dieses Verfahren wiederholen wir der Reihe nach mit allen unabhängigen Zustandsgrößen.
Wir erhalten so die Bedingungen für das Phasengleichgewicht

$$T' = T'' = \ldots = T = -1/\lambda_U \; , \qquad (8.424)$$

$$p' = p'' = \ldots = p = -T\lambda_V \; , \qquad (8.425)$$

$$\mu_i' = \mu_i'' = \ldots = \mu_i = T\lambda_i \quad i = 1, \ldots, k \; . \qquad (8.426)$$

Danach müssen im Gleichgewicht alle Phasen eines abgeschlossenen Systems nicht nur gleiche Temperatur und gleichen Druck besitzen, sondern es müssen auch die chemischen Potentiale μ_i einer jeden Komponente i in allen Phasen gleich sein.

Gibbssche Phasenregel

Für ein Gebilde, das aus k verschiedenen Komponenten besteht und insgesamt σ koexistierende Phasen bildet, wollen wir nun die Frage untersuchen, wieviele der intensiven Zustandsgrößen Druck p, Temperatur T und chemische Potentiale μ_i unabhängig variiert werden können, wenn die Anzahl der koexistierenden Phasen unverändert bleiben soll.
Nach der GIBBSschen Fundamentalgleichung (8.25) müssen die intensiven Zustandsgrößen in jeder der als homogen angenommenen Phasen die GIBBS-DUHEM-Beziehung (Gl. (8.39)) befriedigen

$$S' dT' - V' dp' + \sum_{i=1}^{k} n_i' d\mu_i' = 0 \; ,$$

$$S'' dT'' - V'' dp'' + \sum_{i=1}^{k} n_i'' d\mu_i'' = 0 \; ,$$

$$\ldots\ldots\ldots\ldots\ldots\ldots\ldots\ldots\ldots \qquad (8.427)$$

Mit den Bedingungen (8.424) bis (8.426) für das Phasengleichgewicht erhalten wir daraus das Gleichungssystem

$$S' dT - V' dp + \sum_{i=1}^{k} n'_i d\mu_i = 0 ,$$

$$S'' dT - V'' dp + \sum_{i=1}^{k} n''_i d\mu_i = 0 ,$$

.... (8.428)

also insgesamt ebensoviele Gleichungen wie im System Phasen vorhanden sind. Besteht das System insgesamt aus σ verschiedenen Phasen und k chemisch unabhängigen Komponenten, so werden die $k+2$ unabhängigen Variablen T, p, μ_i durch die σ Bestimmungsgleichungen (8.428) eingeschränkt. Das System hat also

$$n = k + 2 - \sigma \qquad (8.429)$$

Freiheitsgrade, d.h. es können n intensive Zustandsgrößen willkürlich vorgeschrieben werden, wodurch dann alle übrigen festgelegt sind. Dies ist die Phasenregel von GIBBS.

Bei einphasigen (homogenen) Stoffen ($\sigma = 1$) mit nur einer Komponente ($k = 1$) ist $n = 2$, d.h. deren Zustand ist durch zwei unabhängig wählbare Variablen (z.B. den Druck p und die Temperatur T) eindeutig bestimmt. Ein solches System nennt man auch bivariant. Bilden einfache Stoffe ($k = 1$) zwei Phasen aus, z.B. Flüssigkeit und Dampf, so ist nur noch eine unabhängige Zustandsgröße frei wählbar, z.B. der Druck p oder die Temperatur T (univariantes System). Bei einem einfachen Stoff können höchstens drei Phasen ($\sigma = 3$) gleichzeitig im Gleichgewicht stehen, dann ist nämlich $n = 0$ (nonvariantes System), und alle Zustandsgrößen sind für den betreffenden Stoff festgelegt (Tripelpunkt). Dabei kann die Lösung der Gleichgewichtsbedingungen (8.428) durchaus mehrdeutig sein, denn diese Gleichungen werden i.a. nicht linear sein. So z.B. kennt man bei dem einfachen Stoff Wasser (H_2O) bis heute nicht weniger als sieben stabile Tripelpunkte bei ebenso vielen Drücken und Temperaturen.

Zweistoffgemische ($k = 2$) besitzen drei Freiheitsgrade, wenn sie homogen sind ($\sigma = 1$), und können höchstens vier Phasen ($\sigma = 4$) ausbilden, die miteinander im Gleichgewicht stehen (Quadrupelpunkt). Das wird z.B. bei $H_2O/CaCl_2$ dann eintreten, wenn der Siededruck so niedrig gewählt wird, daß die Siedelinie in Bild 4.118 sich an das eutektische Dreieck anschmiegt. Dann stehen nämlich Dampf, Flüssigkeit im eutektischen Punkt und zwei feste Bodenkörper (in Bild 4.118 z.B. Eis und Calciumhexahydrat, $CaCl_2 \cdot 6H_2O$) bei gemeinsamem p und T im Gleichgewicht, weil bei -55 °C Eis und $CaCl_2 \cdot 6H_2O$ koexistierende Bodenkörper sind. Dabei kann auch hier die Lösung der Gleichgewichtsbedingungen (8.428) durchaus mehrdeutig sein, d.h. es können mehrere Quadrupelpunkte vorkommen.

8.3 Phasengleichgewichte

Differentialgleichungen für koexistierende Phasen

Wir wollen nun die Gesetzmäßigkeiten untersuchen, die bei Änderungen des Phasengleichgewichtes befolgt werden müssen. Wir beschränken uns dabei auf zwei Phasen, die miteinander im Gleichgewicht stehen [56], wie z.B. eine Flüssigphase (') und eine Dampfphase ("). Dividiert man die Gl. (8.428) durch die Gesamtmolzahlen n' und n'', so erhalten wir aus der Differenz der ersten beiden Gleichungen (8.428)

$$(s_m'' - s_m')\mathrm{d}T - (v_m'' - v_m')\mathrm{d}T + \sum_{i=1}^{k}(\psi_i'' - \psi_i')\mathrm{d}\mu_i = 0 \ . \tag{8.430}$$

Hierin schreiben wir die letzte Summe mit $\sum_{i=1}^{k}\psi_i = 1$ (Gl. (8.93)) und Gl. (8.97) in der folgenden Form[57]

$$\begin{aligned}\sum_{i=1}^{k}(\psi_i'' - \psi_i')\,\mathrm{d}\mu_i &= \sum_{\substack{i=1\\i\neq j}}^{k}(\psi_i'' - \psi_i')\mathrm{d}(\mu_i - \mu_j)\\ &= \sum_{\substack{i=1\\i\neq j}}^{k}(\psi_i'' - \psi_i')\,\mathrm{d}\left[\left(\frac{\partial(G/n)}{\partial\psi_i}\right)_{p,T,\psi_{l\neq i}}\right] \ . \end{aligned} \tag{8.431}$$

In der letzten Summe vertauschen wir die Reihenfolge der Differentiationen und erhalten mit Gl. (8.95) und Gl. (8.67)

$$\sum_{i=1}^{k}(\psi_i'' - \psi_i')\mathrm{d}\mu_i =$$

$$\sum_{\substack{i=1\\i\neq j}}^{k}(\psi_i'' - \psi_i')\left\{-\left(\frac{\partial s_m}{\partial\psi_i}\right)_{p,T,\psi_{l\neq i}}\mathrm{d}T + \left(\frac{\partial v_m}{\partial\psi_i}\right)_{p,T,\psi_{l\neq i}}\mathrm{d}p + \sum_{\substack{l=1\\l\neq j}}^{k}\frac{\partial^2(G/n)}{\partial\psi_i\partial\psi_l}\mathrm{d}\psi_l\right\} \ .$$

$$\tag{8.432}$$

---

[56] HAASE R (1956) Thermodynamik der Mischphasen. Springer-Verlag. Dort ist auch der allgemeine Fall beliebig vieler Phasen abgehandelt.
[57] Hierbei wird die Konzentration ψ_j der Komponente j mit Hilfe der Gl. (8.93) durch die Konzentrationen der übrigen Komponenten ausgedrückt.

Die Beziehung (8.432) gilt sowohl für die Flüssigphase (') als auch für die Dampfphase ("). Mit Gl. (8.430) erhalten wir die beiden Beziehungen

$$\left[s_m'' - s_m' - \sum_{\substack{i=1\\i\neq j}}^{k}(\psi_i'' - \psi_i')\left(\frac{\partial s_m'}{\partial \psi_i'}\right)_{p,T,\psi_{l\neq i}'}\right]\mathrm{d}T$$

$$-\left[v_m'' - v_m' - \sum_{\substack{i=1\\i\neq j}}^{k}(\psi_i'' - \psi_i')\left(\frac{\partial v_m'}{\partial \psi_i'}\right)_{p,T,\psi_{l\neq i}'}\right]\mathrm{d}p$$

$$= \sum_{\substack{i=1\\i\neq j}}^{k}\sum_{\substack{l=1\\l\neq j}}^{k}(\psi_i'' - \psi_i')\frac{\partial^2 (G'/n')}{\partial \psi_i' \partial \psi_l'}\mathrm{d}\psi_l' \tag{8.433}$$

$$\left[s_m'' - s_m' - \sum_{\substack{i=1\\i\neq j}}^{k}(\psi_i'' - \psi_i')\left(\frac{\partial s_m''}{\partial \psi_i''}\right)_{p,T,\psi_{l\neq i}''}\right]\mathrm{d}T$$

$$-\left[v_m'' - v_m' - \sum_{\substack{i=1\\i\neq j}}^{k}(\psi_i'' - \psi_i')\left(\frac{\partial v_m''}{\partial \psi_i''}\right)_{p,T,\psi_{l\neq i}''}\right]\mathrm{d}p$$

$$= -\sum_{\substack{i=1\\i\neq j}}^{k}\sum_{\substack{l=1\\l\neq j}}^{k}(\psi_i'' - \psi_i')\frac{\partial^2 (G''/n'')}{\partial \psi_i'' \partial \psi_l''}\mathrm{d}\psi_l'' \quad . \tag{8.434}$$

Den Ausdrücken in den eckigen Klammern der Gln. (8.433) und (8.434) kommt eine begrifflich einleuchtende Bedeutung zu. Wird nämlich aus n' Molen der flüssigen Phase die geringe Menge $\mathrm{d}n''$ der Dampfphase ausgetrieben, wobei $n' - \mathrm{d}n''$ der flüssigen Phase zurückbleibt, so vergrößert sich insgesamt das Volumen um

$$\begin{aligned}\mathrm{d}V'^{\to''} &= v_m''\mathrm{d}n'' + (n' - \mathrm{d}n'')(v_m' + \mathrm{d}v_m') - n'v_m' \\ &= (v_m'' - v_m')\mathrm{d}n'' + n'\mathrm{d}v_m' \end{aligned} \tag{8.435}$$

Das mittlere molare Flüssigkeitsvolumen v_m' ändert sich dabei um

$$\mathrm{d}v_m' = \sum_{\substack{i=1\\i\neq j}}^{k}\left(\frac{\partial v_m'}{\partial \psi_i'}\right)_{p,T,\psi_{l\neq i}}\mathrm{d}\psi_i' \quad , \tag{8.436}$$

wenn Druck und Temperatur in der Flüssigphase bei Entnahme der kleinen Dampfmenge dn'' praktisch unverändert bleiben. Schließlich muß man noch berücksichtigen, daß die Molmenge einer jeden Komponente, in beiden Phasen zusammen genommen, konstant bleibt

$$\psi_i'' dn'' + (n' - dn'')(\psi_i' + d\psi_i') - n'\psi_i' = (\psi_i'' - \psi_i')dn'' + n'd\psi_i' = 0 \ . \qquad (8.437)$$

Setzt man Gl. (8.437) und (8.436) in Gl. (8.435) ein und bezieht man die Volumenänderung $dV'^{\rightarrow''}$ auf die ausgedampfte Menge dn'', so folgt

$$\Delta v_m'^{\rightarrow''} = \frac{dV'^{\rightarrow''}}{dn''} = v_m'' - v_m' - \sum_{\substack{i=1 \\ i \neq j}}^{k} (\psi_i'' - \psi_i') \left(\frac{\partial v_m'}{\partial \psi_i'} \right)_{p,T,\psi_{l \neq i}} \qquad (8.438)$$

Dieser Ausdruck ist jedoch mit dem in der zweiten eckigen Klammer in Gl. (8.433) identisch; er stellt die Volumenzunahme bei Austreibung von 1 kmol Dampf aus sehr viel Flüssigkeit dar und zwar bei konstant gehaltenem Druck und konstant gehaltener Temperatur. Er wird deshalb auch „molare Volumenänderung bei Überführung" genannt. Wird Dampf nicht aus der Flüssigphase ausgetrieben, sondern von dieser aufgelöst, so wird $\Delta v'^{\leftarrow''}$ zahlenmäßig genauso groß, jedoch negativ sein.
Für die Entropiezunahme beim Austreiben von wenig Dampf aus viel Flüssigkeit erhält man entsprechend

$$\Delta s_m'^{\rightarrow''} = s_m'' - s_m' - \sum_{\substack{i=1 \\ i \neq j}}^{k} (\psi_i'' - \psi_i') \left(\frac{\partial s_m'}{\partial \psi_i'} \right)_{p,T,\psi_{l \neq i}} \ , \qquad (8.439)$$

diese wird als „molare Entropieänderung bei Überführung" oder abgekürzt „molare Überführungsentropie" genannt.
Nur wenn die Zusammensetzungen der Dampfphase und der Flüssigphase gleich sind ($\psi_i' = \psi_i''$ für alle i), d.h. ein azeotropes Gemisch vorliegt, stimmen die molaren Überführungsgrößen $\Delta v_m'^{\rightarrow''}$ und $\Delta s_m'^{\rightarrow''}$ mit den Differenzen der entsprechenden mittleren molaren Größen $v_m'' - v_m'$ bzw. $s_m'' - s_m'$ überein, in allen anderen Fällen unterscheiden sie sich von diesen, z.T. sogar beträchtlich.
Auf der linken Seite der Gl. (8.433) ersetzen wir die mittleren molaren Größen z_m[58] mit Gl. (8.94) sowie deren partielle Ableitungen $(\partial z_m / \partial \psi_i)_{p,T,\psi_{l \neq i}}$ mit Gl. (8.97)

$$z_m'' - z_m' - \sum_{\substack{i=1 \\ i \neq j}}^{k} (\psi_i'' - \psi_i') \left(\frac{\partial z_m'}{\partial \psi_i'} \right)_{p,T,\psi_{l \neq i}} = \sum_{i=1}^{k} \psi_i'' (z_{mi}'' - z_{mi}') \ , \qquad (8.440)$$

---

[58] z_m steht hier für die mittleren molaren Zustandsgrößen $s_m, v_m, \ldots$

und man erhält anstelle der Gl. (8.433)

$$\sum_{i=1}^{k} \psi_i''(s_{mi}'' - s_{mi}')\mathrm{d}T - \sum_{i=1}^{k} \psi_i''(v_{mi}'' - v_{mi}')\mathrm{d}p$$

$$= \sum_{\substack{l=1 \\ i\neq j}}^{k} \sum_{\substack{l=1 \\ l\neq j}}^{k} (\psi_i'' - \psi_i') \frac{\partial^2 (G'/n')}{\partial \psi_i' \partial \psi_l'} \mathrm{d}\psi_l' \; . \tag{8.441}$$

Entsprechend wird aus Gl. (8.434)

$$\sum_{i=1}^{k} \psi_i'(s_{mi}'' - s_{mi}')\mathrm{d}T - \sum_{i=1}^{k} \psi_i'(v_{mi}'' - v_{mi}')\mathrm{d}p$$

$$= -\sum_{\substack{l=1 \\ i\neq j}}^{k} \sum_{\substack{l=1 \\ l\neq j}}^{k} (\psi_i'' - \psi_i') \frac{\partial^2 (G''/n'')}{\partial \psi_i'' \partial \psi_l''} \mathrm{d}\psi_l'' \; . \tag{8.442}$$

Hierin können wir die Differenzen der partiellen molaren Entropien $s_{mi}'' - s_{mi}'$ mit Hilfe der Gleichgewichtsbedingung $\mu_i' = \mu_i'' = \mu_i$ (Gl. (8.426)) und der Gl. (8.76) durch die entsprechenden Differenzen der partiellen molaren Enthalpien ausdrücken

$$s_{mi}'' - s_{mi}' = \frac{1}{T}(h_{mi}'' - h_{mi}') \; . \tag{8.443}$$

Mit Hilfe der Gl. (8.440) und (8.443) läßt sich dann eine „molare Enthalpieänderung bei Überführung", kurz Überführungsenthalpie angeben und durch die Überführungsentropie ausdrücken

$$\Delta h_m'^{\rightarrow ''} = h_m'' - h_m' - \sum_{\substack{l=1 \\ i\neq j}}^{k} (\psi_i'' - \psi_i') \left(\frac{\partial h_m'}{\partial \psi_i'}\right)_{p,T,\psi_{l\neq i}} = \sum_{i=1}^{k} \psi_i''(h_{mi}'' - h_{mi}') = T\Delta s_m'^{\rightarrow ''}. \tag{8.444}$$

Mit Gl. (8.444), (8.439) und (8.438) erhält man schließlich aus Gl. (8.433)

$$\Delta h_m'^{\rightarrow ''} \frac{\mathrm{d}T}{T} - \Delta v_m'^{\rightarrow ''} \mathrm{d}p = \sum_{\substack{l=1 \\ i\neq j}}^{k} \sum_{\substack{l=1 \\ l\neq j}}^{k} (\psi_i'' - \psi_i') \frac{\partial^2 (G'/n')}{\partial \psi_i' \partial \psi_l'} \mathrm{d}\psi_i' \; , \tag{8.445}$$

ganz analog wird aus Gl. (8.434)

$$\Delta h_m''^{\rightarrow '} \frac{\mathrm{d}T}{T} - \Delta v_m''^{\rightarrow '} \mathrm{d}p = \sum_{\substack{l=1 \\ i\neq j}}^{k} \sum_{\substack{l=1 \\ l\neq j}}^{k} (\psi_i'' - \psi_i') \frac{\partial^2 (G''/n'')}{\partial \psi_i'' \partial \psi_l''} \mathrm{d}\psi_i'' \; . \tag{8.446}$$

Hierin sind die molaren Überführungsgrößen

$$\Delta z_m^{''\to'} = z_m'' - z_m' - \sum_{\substack{l=1 \\ i\neq j}}^{k} (\psi_i'' - \psi_i') \left(\frac{\partial z_m''}{\partial \psi_i''}\right)_{p,T,\psi_{l\neq i}} = \sum_{i=1}^{k} \psi_i'(z_{mi}'' - z_{mi}') \qquad (8.447)$$

für den Übergang aus sehr viel Dampf in sehr wenig Flüssigkeit maßgebend. Im allgemeinen sind die molaren Überführungsgrößen $\Delta z_m^{''\to'}$ und $\Delta z_m^{'\to''}$ recht verschieden und dürfen daher nicht verwechselt werden.

Für die Verdampfung von wenig Dampf aus viel Flüssigphase ist $\psi_i' =$ konst ($i = 1, \ldots, k$) und daher nach Gl. (8.445)

$$\frac{dp}{dT} = \frac{1}{T} \frac{\Delta h_m^{'\to''}}{\Delta v_m^{'\to''}} \qquad (8.448)$$

dagegen für die Kondensation von wenig Flüssigkeit aus viel Dampf nach Gl. (8.446)

$$\frac{dp}{dT} = \frac{1}{T} \frac{\Delta h_m^{''\to'}}{\Delta v_m^{''\to'}} \ . \qquad (8.449)$$

Die Gl. (8.448) und (8.449) entsprechen der CLAPEYRON-CLAUSIUS-Gleichung für reine Stoffe (s. Band 1, Abschn. 10.3), man kann sie daher mit voller Berechtigung als verallgemeinerte CLAPEYRON-CLAUSIUS-Gleichung bezeichnen.

Aus Gl. (8.445) und (8.446) lassen sich noch weitere allgemeine Regeln ableiten. In hinreichender Entfernung vom kritischen Gebiet sind nämlich die molaren Überführungsgrößen von null verschieden und daher folgt für konstanten Druck, daß bei azeotropen Gemischen ($\psi_i' = \psi_i''$) alle Temperaturgradienten

$$\frac{\partial T}{\partial \psi_i'} = \frac{\partial T}{\partial \psi_i''} = 0 \quad i = 1, \ldots, k \qquad (8.450)$$

sein müssen und umgekehrt, wenn Gl. (8.450) gilt, ein azeotropes Gemisch vorliegen muß (s. Abschn. 4.3 Eigenschaften von Zweistoffgemischen).
Wird dagegen das Gemisch bei konstanter Temperatur gehalten ($T =$ konst), so sind die Bedingungen

$$\frac{\partial p}{\partial \psi_i'} = \frac{\partial p}{\partial \psi_i''} = 0 \quad i = 1, \ldots, k \qquad (8.451)$$

notwendig und hinreichend dafür, daß ein azeotropes Gemisch vorliegt. Die Bedingungen (8.450) und (8.451) für azeotrope Gemische sind auch als „Regel von KONOWALOW" bekannt.

Anwendung auf Zweistoffgemische

Wir wollen die gewonnenen Erkenntnisse bei Zweistoffgemischen anwenden. Dabei wollen wir wie im Kap. 4 die Konzentration der Komponente 2 mit ψ und die

Komponente 1 mit $1 - \psi$ bezeichnen. Die Gln. (8.445) und (8.446) vereinfachen sich dann zu

$$\Delta h_m^{'\rightarrow''} \frac{\mathrm{d}T}{T} - \Delta v_m^{'\rightarrow''} \mathrm{d}p = -(\psi'' - \psi')\frac{\partial^2 (G'/n')}{\partial \psi'^2}\mathrm{d}\psi' \tag{8.452}$$

$$\Delta h_m^{''\rightarrow'} \frac{\mathrm{d}T}{T} - \Delta v_m^{''\rightarrow'} \mathrm{d}p = -(\psi'' - \psi')\frac{\partial^2 (G''/n'')}{\partial \psi''^2}\mathrm{d}\psi'' \tag{8.453}$$

mit den molaren Überführungsgrößen

$$\Delta h_m^{'\rightarrow''} = h_m'' - h_m' - (\psi'' - \psi')\frac{\partial h_m'}{\partial \psi'} = (1 - \psi'')(h_{m1}'' - h_{m1}') + \psi''(h_{m2}'' - h_{m2}') \tag{8.454}$$

$$\Delta v_m^{'\rightarrow''} = v_m'' - v_m' - (\psi'' - \psi')\frac{\partial v_m'}{\partial \psi'} = (1 - \psi'')(v_{m1}'' - v_{m1}') + \psi''(v_{m2}'' - v_{m2}') \tag{8.455}$$

und

$$\Delta h_m^{''\rightarrow'} = h_m'' - h_m' - (\psi'' - \psi')\frac{\partial h_m''}{\partial \psi''} = (1 - \psi')(h_{m1}'' - h_{m1}') + \psi'(h_m'' - h_m') \tag{8.456}$$

$$\Delta v_m^{''\rightarrow'} = v_m'' - v_m' - (\psi'' - \psi')\frac{\partial v_m''}{\partial \psi''} = (1 - \psi')(v_{m1}'' - v_{m1}') + \psi'(v_m'' - v_m') \ . \tag{8.457}$$

Die Überführungsenthalpien $\Delta h_m^{'\rightarrow''}$ und $\Delta h_m^{''\rightarrow'}$ lassen sich einem Enthalpie-Zusammensetzungs(h,ψ)-Diagramm entnehmen, wenn an die Isotherme $T =$ konst sowohl im Siedezustand ' als auch im zugehörigen (Gleichgewichts-)Dampfzustand " jeweils eine Tangente zeichnet (im Bild 8.11 gestrichelt eingetragen). Nach Bild 4.83 legen diese auf den Ordinaten die partiellen molaren Enthalpien h_{m1}', h_{m1}'', h_{m2}' und h_{m2}'' fest. Die Tangente an die Isotherme des Dampfzustandes " schneidet die Linie ψ' im Punkt A und die Tangente an die Isotherme des Siedezustandes ' schneidet die Linie ψ'' in B. Dann ist die Überführungsenthalpie

$$\Delta h_m^{''\rightarrow'} = h_{mA} - h_m'$$

und die Überführungsenthalpie

$$\Delta h_m^{'\rightarrow''} = h_m'' - h_{mB} \ ,$$

was aus der Konstruktion in Bild 8.11 ohne Schwierigkeit entnommen werden kann. Die Gln. (8.452) und (8.453) geben uns auch wichtige allgemeine Hinweise über den Verlauf der Siede- und Taulinien in einem Temperatur-Zusammensetzungs(T,ψ)-Diagramm und in einem Druck-Zusammensetzungs(p,ψ)-Diagramm, Bilder 4.95 bis 4.98.

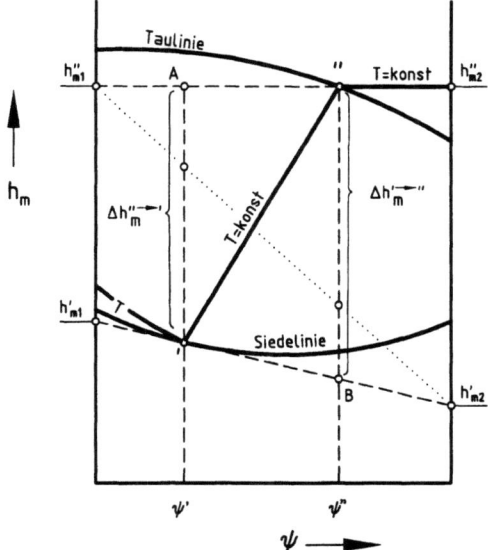

Bild 8.11: Überführungsenthalpien $\Delta h'^{\to''}_m$ und $\Delta h''^{\to'}_m$, dargestellt im Enthalpie-Zusammensetzungs-(h,ψ)-Diagramm

Nach Gl. (8.452) und (8.453) ist für $p = $ konst

$$\left(\frac{\partial T}{\partial \psi'}\right)_p = -\frac{T(\psi'' - \psi')}{\Delta h'^{\to''}_m} \frac{\partial^2 (G'/n')}{\partial \psi'^2} \tag{8.458}$$

$$\left(\frac{\partial T}{\partial \psi''}\right)_p = -\frac{T(\psi'' - \psi')}{\Delta h''^{\to'}_m} \frac{\partial^2 (G''/n'')}{\partial \psi''^2} \tag{8.459}$$

und für $T = $ konst

$$\left(\frac{\partial p}{\partial \psi'}\right)_T = \frac{\psi'' - \psi'}{\Delta v'^{\to''}_m} \frac{\partial^2 (G'/n')}{\partial \psi'^2} \tag{8.460}$$

$$\left(\frac{\partial p}{\partial \psi''}\right)_T = \frac{\psi'' - \psi'}{\Delta v''^{\to'}_m} \frac{\partial^2 (G''/n'')}{\partial \psi''^2} \ . \tag{8.461}$$

Für stabile homogene Phasen muß $\partial^2(G/n)/\partial \psi^2$ immer positiv sein (s. Gl. (8.324)) und in hinreichendem Abstand vom kritischen Gebiet auch die molaren Überführungsgrößen.

Danach haben in hinreichendem Abstand vom kritischen Punkt die Steigung der Siedelinie und der Taulinie in einem T, ψ-Diagramm dasselbe Vorzeichen wie die Differenz $\psi' - \psi''$ der Flüssigkeits- und Dampfkonzentrationen und in einem p, ψ-Diagramm das umgekehrte. Diese Aussage ist auch als zweite Regel von KONOWALOW bekannt.

Indem man Gl. (8.458) durch (8.459) und Gl. (8.460) durch (8.461) dividiert, erhält man diese KONOWALOWsche Regel auch in der folgenden Form

$$\left(\frac{\partial \psi''}{\partial \psi'}\right)_p > 0 \quad \text{und} \quad \left(\frac{\partial \psi''}{\partial \psi'}\right)_T > 0 \ .$$

654　8　Gleichgewichtsbedingungen für Mehrstoffgemische

Damit dürfen weder die isobaren Gleichgewichtskurven $(\partial \psi''/\partial \psi')_p$ bzw. $(\partial \xi''/\partial \xi')_p$ in einem MCCABE-THIELE-Diagramm (s. Bild 5.73 bzw. Bild 5.77), noch die isothermen Siedelinien $(\partial \psi''/\partial \psi')_T$ in einem ψ'', ψ'-Diagramm an irgendeiner Stelle eine negative Steigung besitzen, s. Bild 8.12.

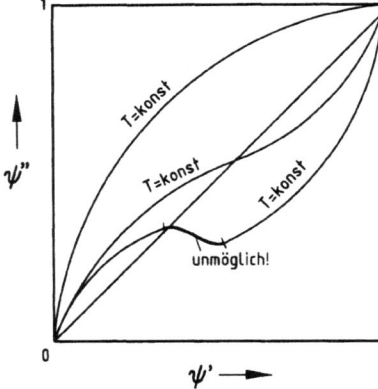

Bild 8.12: Zulässige und nicht erlaubte Verläufe isothermer Siedelinien in einem ψ'', ψ'-Diagramm

8.3.4　Dampf-Flüssigkeitsgleichgewichte in Systemen mit mehreren Komponenten

In der Technik haben die Dampf-Flüssigkeitsgleichgewichte eine besondere Bedeutung, weil viele Trennprozesse, wie z.B. die Rektifikation oder die Absorption, die unterschiedliche Zusammensetzungen in der Dampf- und in der Flüssigphase für den Trennvorgang nutzen. Zur Auslegung und Beurteilung derartiger Prozesse sollte daher für alle möglichen Betriebszustände die Zusammensetzung der Dampfphase bei gegebenem Flüssigkeitszustand bestimmt werden können und umgekehrt. Dies ist im Prinzip möglich, wenn für die zu trennenden Stoffgemische entweder eine charakteristische Funktion oder ein Satz äquivalenter Zustandgleichungen vorliegt, welche die Eigenschaften des Gemisches im gesamten technisch interessanten Bereich der unabhängigen Variablen hinreichend gut beschreiben, einschließlich seiner Fähigkeit, in verschiedene Phasen zu zerfallen. Solche umfassenden Gleichungen sind nur für wenige Gemische bekannt[59] und oft auch für praktische Berechnungen zu aufwendig. Deswegen begnügt man sich meistens damit, Zustandsgleichungen für die Flüssigphase und die Gasphase jeweils getrennt aufzustellen und durch die Bedingungen des Phasengleichgewichtes miteinander zu verknüpfen. Am einfachsten sind die Verhältnisse bei idealen Gemischen, die wir nun besprechen wollen.

---

[59] BENDER E (1973) The Calculation of Phase Equilibria from a Thermal Equation of State Applied to the Pure Fluids Argon, Nitrogen, Oxygen and their Mixtures. C.F. Müller-Verlag, Karlsruhe

**Dampf-Flüssigkeitsgleichgewicht
bei idealer Flüssigkeit und idealem Dampf**

Können sowohl die Flüssigphase (') als auch die Dampfphase ('') als ideale Mischungen angesehen werden, so gilt für den Gleichgewichtszustand nach Gl. (8.110)

$$\mu'_i(T, p, \psi'_1, \ldots, \psi'_k) = \mu'_{0i}(T, p) + RT \ln \psi'_i$$
$$= \mu''_i(T, p, \psi''_1, \ldots, \psi''_k) = \mu''_{0i}(T, p) + RT \ln \psi''_i \tag{8.462}$$

oder

$$\psi''_i = \psi'_i \exp \frac{\mu'_{0i}(T, p) - \mu''_{0i}(T, p)}{RT} \quad, \tag{8.463}$$

worin $\mu'_{0i}(T, p)$ und $\mu''_{0i}(T, p)$ die chemischen Potentiale der unvermischten Komponenten bei der Temperatur T und dem Druck p bedeuten.
Für diese gilt aber bei der Temperatur T die Gleichgewichtsbedingung (8.407)

$$\mu'_{0i}(T, p_{0si}) = \mu''_{0i}(T, p_{0si}) \tag{8.464}$$

mit dem Sättigungsdruck $p_{0si}(T)$ der unvermischten Komponente i. Damit wird nach Gl. (8.113)

$$\exp \frac{\mu'_{0i}(T, p) - \mu''_{0i}(T, p)}{RT} = \exp \frac{\int\limits_{p_{0si}}^{p} v'_{0mi} \mathrm{d}p - \int\limits_{p_{0si}}^{p} v''_{0mi} \mathrm{d}p}{RT} \quad, \tag{8.465}$$

woraus mit der Zustandsgleichung idealer Gase $v''_{0mi} = RT/p$ folgt

$$\exp \frac{\mu'_{0i}(T, p) - \mu''_{0i}(T, p)}{RT} = \frac{p_{0si}(T)}{p} \exp \int\limits_{p_{0si}}^{p} \frac{v'_{0mi}}{RT} \mathrm{d}p \quad. \tag{8.466}$$

Dies eingesetzt in Gl. (8.463) ergibt für den Molanteil ψ''_i der Komponente i im Dampf

$$\psi''_i = \psi'_i \frac{p_{0si}(T)}{p} \exp \int\limits_{p_{0si}}^{p} \frac{v'_{0mi}}{RT} \mathrm{d}p \tag{8.467}$$

oder für deren Partialdruck

$$p_i = p \psi''_i = \psi'_i p_{0si}(T) \exp \int\limits_{p_{0si}}^{p} \frac{v'_{0mi}}{RT} \mathrm{d}p \quad. \tag{8.468}$$

Besteht die Flüssigphase ausschließlich aus der Komponente i ($\psi'_i = 1$), so nimmt der Partialdruck p_i den Sättigungsdruck

$$p_{si}(T, p) = p_{0si}(T) \exp \int_{p_{0si}}^{p} \frac{v'_{0mi}}{RT} \mathrm{d}p \tag{8.469}$$

an. Dieser stimmt nur dann mit dem Sättigungsdruck p_{0si} der unvermischten Komponente überein, wenn der Druck p gleich dem Sättigungsdruck p_{0si} ist. Unterschiede zwischen dem Gesamtdruck p und dem Sättigungsdruck p_{0si} der unvermischten Komponente i können für $\psi'_i = 1$ nur dann auftreten, wenn in der Dampfphase Komponenten vorkommen, deren Konzentrationen in der Flüssigphase vernachlässigbar klein sind ($\psi_{j \neq i} \approx 0$), wie z.B. bei der feuchten Luft. Selbst dann sind aber die Unterschiede zwischen dem Sättigungsdruck p_{0si} der unvermischten Komponenten und dem Sättigungsdruck p_{si} im Gemisch wegen der kleinen Werte der molaren Flüssigkeitsvolumina v'_{0mi} in der Regel sehr klein, so daß man ohne merklichen Fehler $p_{si}(T,p) = p_{0si}(T)$ setzen kann.
Mit dieser Vernachlässigung folgt aus Gl. (8.468) und Gl. (8.469) das RAOULTsche Gesetz

$$p_i = \psi'_i \, p_{si}(T) \;, \tag{8.470}$$

wonach bei idealen Gemischen der Partialdruck p_i der Komponente i in der Dampfphase dem Produkt aus der Flüssigkeitskonzentration ψ'_i dieser Komponente und deren Sättigungsdruck p_{si} gleich ist.
In Bild 8.13 ist als ein Beispiel für ein (nahezu) ideales Gemisch der Dampfdruck p des Zweistoffgemisches Benzol/Toluol (C_6H_6/C_6H_5OH) und die Partialdrücke der Komponenten in Abhängigkeit von der Benzolkonzentration $\psi'_{C_6H_6}$ in der Flüssigkeit aufgetragen. Das Diagramm gilt für eine konstante Temperatur von 120 °C.

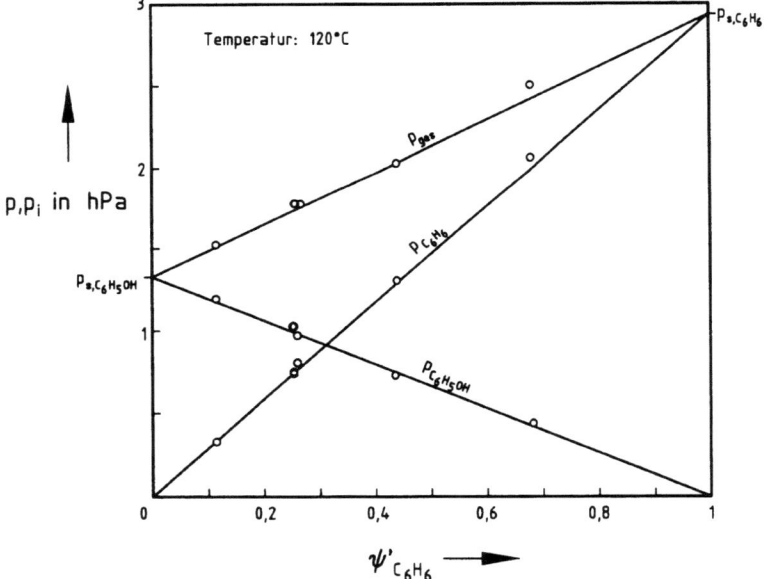

Bild 8.13: Dampfdruck p und Partialdrücke p_i der Komponenten im Dampf des (nahezu) idealen Gemisches Benzol/Toluol als Funktion der Benzolkonzentration $\psi'_{C_6H_6}$ in der Flüssigkeit

Nach Abschn. 8.2.1 können Flüssigkeitsgemische als ideale Mischungen angesehen werden, wenn die Moleküle aller Komponenten etwa gleich groß sind und außerdem die Wechselwirkungsenergien zwischen den Segmenten gleicher und ungleicher Moleküle sich nicht allzu sehr unterscheiden.

**Dampf-Flüssigkeitsgleichgewichte
bei realer Flüssigkeit und idealem oder schwach realem Dampf**

Die meisten Gemische sind nicht ideal. Trotzdem kann bei geringen Drücken oft die Dampfphase noch als ideale Mischung angesehen werden, die Flüssigphase dagegen als reale. In diesem Fall kann das chemische Potential μ_i' der Komponente i nach Gl. (8.145) mit Hilfe des Aktivitätskoeffizienten γ_i bestimmt werden. Dieser hängt vom Druck p, der Temperatur T und der Flüssigkeitszusammensetzung ψ_i' ab. Er wird in der Regel entweder nach empirischen Ansätzen (s. Abschn. 8.1.12) oder mit Hilfe von Modellgleichungen (s. Abschn. 8.2) berechnet.

Die Beziehungen des vorigen Abschnitts bleiben erhalten, wenn man nach Gl. (8.145) anstelle der Flüssigkeitskonzentration ψ_i' deren Produkt mit dem Aktivitätskoeffizienten einsetzt. Wir erhalten für den Partialdruck der Komponente i im Dampf

$$p_i = \psi_i' \gamma_i p_{si}(T,p) \ , \tag{8.471}$$

worin $p_{si}(T,p)$ nach Gl. (8.469) den Sättigungsdruck der Komponente i im Gemisch bedeutet.

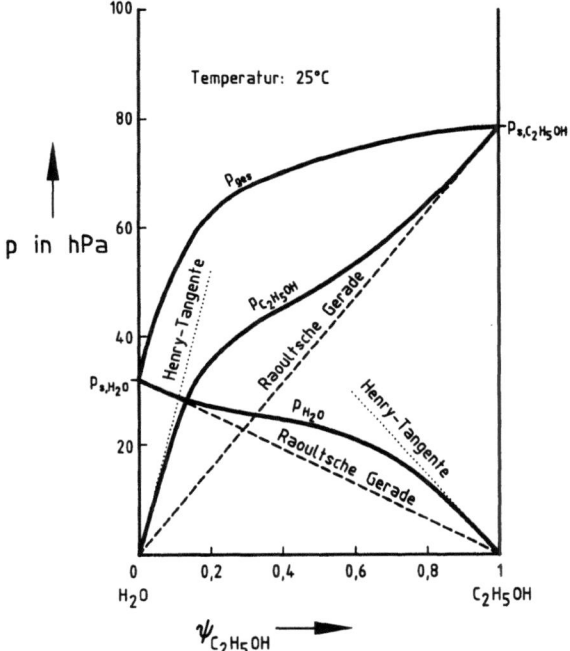

Bild 8.14: Gesamtdruck und Partialdrücke der Komponenten in der Gasphase von Ethanol/Wasser-Gemischen (nach E. A. GUGGENHEIM)

Bild 8.14 zeigt als Beispiel den Dampfdruck eines Ethanol-Wasser-Gemisches sowie die Partialdrücke der Komponenten als Funktion der Ethanol-Konzentration $\psi'_{C_2H_5OH}$ in der Flüssigkeit bei einer Temperatur von 25 °C. Anders als bei idealen Gemischen steigt der Dampfdruck p_{ges} mit zunehmender Ethanolkonzentration zunächst überproportional an und nimmt danach langsamer zu. Der Partialdruck des Ethanols steigt mit zunehmender Flüssigkeitskonzentration $\psi'_{C_2H_5O}$ zunächst überproportional, danach langsamer an und nähert sich bei hohen Ethanolkonzentrationen asymptotisch der RAOULTschen Gerade; entsprechend verläuft der Partialdruck des Wasserdampfs bei kleinen Ethanolkonzentraionen zunächst entlang der RAOULTschen Geraden, steigt dann stärker an und fällt dann wieder ab, bis er für $\psi'_{C_2H_5OH} = 1$ den Wert null erreicht.

Duhem-Margules-Gleichung und Grenzgesetze bei unendlich großer Verdünnung

Aus der GIBBS-DUHEM-Gleichung (8.39) lassen sich noch einige Gesetze ableiten, welche für die Diskussion der Phasengleichgewichte von Bedeutung sind. Für konstanten Druck p und konstante Temperatur T folgt nämlich aus Gl. (8.39)

$$\sum_{i=1}^{k} \psi_i \mathrm{d}\mu_i = 0 \quad (p = \text{konst}, T = \text{konst}) \ . \tag{8.472}$$

Dies gilt sowohl für die Dampfphase ($''$) als auch für die Flüssigphase ($'$)

$$\sum_{i=1}^{k} \psi''_i \mathrm{d}\mu''_i = 0; \quad \sum_{i=1}^{k} \psi'_i \mathrm{d}\mu'_i = 0 \ . \tag{8.473}$$

Nun ist aber im Phasengleichgewicht $\mu'_i = \mu''_i$ und damit auch $\mathrm{d}\mu'_i = \mathrm{d}\mu''_i$. Dann gilt für die Dampfphase, wenn diese als ideal angenommen werden kann, bei $p = $ konst und $T = $ konst nach Gl. (8.110)

$$\mathrm{d}\mu''_i = RT \mathrm{d}\ln \psi_i = RT \mathrm{d}\ln p_i \ . \tag{8.474}$$

Damit wird Gl. (8.473)

$$\sum_{i=1}^{k} \psi'_i \mathrm{d}\ln p_i = 0 \quad (p, T = \text{konst}) \ . \tag{8.475}$$

Diese Beziehung ist als DUHEM-MARGULES-Beziehung bekannt. Bei Zweistoffgemischen kann der Partialdruck als Funktion von p, T und ψ' angegeben werden, so daß

$$\mathrm{d}\ln p_i = \left(\frac{\partial \ln p_i}{\partial \psi}\right)_{T,p} \mathrm{d}\psi \quad (p, T = \text{konst}) \tag{8.476}$$

und man erhält aus Gl. (8.475) die DUHEM-MARGULES-Gleichung für Zweistoffgemische

$$(1 - \psi') \frac{\partial \ln p_1}{\partial \psi'} + \psi' \frac{\partial \ln p_2}{\partial \psi'} = 0 \quad (p, T = \text{konst}) \ . \tag{8.477}$$

8.3 Phasengleichgewichte

Ist eine der beiden Komponenten nur mit sehr geringer Konzentration im Gemisch vorhanden, etwa $\psi' \to 0$. so wird auch deren Partialdruck p_2 gegen null gehen, während der Partialdruck p_1 der anderen Komponente deren Sättigungsdruck p_{1s} zustrebt

$$p_2 \to 0, \; p_1 \to p_{1s} \quad \text{für} \quad \psi' = \psi'_2 \to 0 \; . \tag{8.478}$$

Für kleine Konzentrationen ψ' erhält man dann aus der TAYLOR-Entwicklung von p_2 mit der Bedingung (8.478)

$$p_2(\psi') = p_2(0) + \left(\frac{\partial p_2}{\partial \psi'}\right)_{\psi'=0} \psi' = k_1 \psi' = \left(\frac{\partial p_2}{\partial \psi'}\right)_{\psi'=0} \psi' \; . \tag{8.479}$$

Nach Gl. (8.471) kann $\partial p_2/\partial \psi'$ noch durch den Aktivitätskoeffizienten γ_2 ausgedrückt werden. Danach ist für kleine Flüssigkeitskonzentrationen ($\psi'_2 \to 0$) der Partialdruck

$$p_2(\psi') = \gamma_2(T, p, \psi' = 0) \, p_{s2}(p, T) \, \psi' \tag{8.480}$$

der Flüssigkeitskonzentration ψ' direkt proportional, wobei der Proportionalitätsfaktor

$$k_1 = \gamma_2(T, p, \psi' = 0) \, p_{s2}(T, p) \tag{8.481}$$

nur von der Temperatur T und (in geringem Maße) auch vom Gesamtdruck p abhängt; er wird HENRY-Konstante genannt[60]; der Aktivitätskoeffizient bei unendlich großer Verdünnung $\gamma_2(T, p, \psi' = 0)$ heißt Grenzaktivitätskoeffizient. Den Partialdruck der Komponente 1 erhält man aus der DUHEM-MARGULES-Gleichung (8.477) mit Gl. (8.479)

$$(1-\psi') \frac{\partial \ln p_1}{\partial \psi'} + 1 = 0 \; . \tag{8.482}$$

Nach Integration von $\psi' = 0$ (mit $p_1 = p_{s1}$) bis ψ' wird

$$p_1 = p_{s1}(1 - \psi') \; , \tag{8.483}$$

d.h. der Partialdruck der im Überschuß vorhandenen Komponente folgt der RAOULTschen Geraden, s. Bild 8.14.

Verhält sich die Gasphase nicht ideal, sondern real, so bleiben alle in diesem Abschnitt angegebenen Beziehungen erhalten, wenn man darin anstelle der Partialdrücke p_i die Fugazitäten $p_i^\star$ nach Gl. (8.127) bzw. (8.130) einsetzt. Bei mäßigen Drücken können diese aus einer Virialentwicklung der Zustandsgleichung ermittelt werden, die man nach dem zweiten Glied abbricht (s. Gl. (8.141)). Eingesetzt in Gl. (8.471) ergibt dies für $p_0 \to 0$

$$\psi'_i \gamma'_i = \psi''_i \frac{p}{p_{si}(T,p)} \exp \left\{ \frac{p}{RT} \sum_{j=1}^k \psi''_j \left(2B_{ij} - \sum_{l=1}^k \psi''_l B_{lj} \right) \right\} \tag{8.484}$$

---
[60] HENRY W (1803) Experiments on the Quantity of Gases absorbed by Water at different Temperatures and under Different Pressures. Phil Trans Roy Soc 93, 29-42 and 274-276, London

mit dem Sättigungsdruck p_{si} (Gl. (8.469)) und dem noch von den Flüssigkeitskonzentrationen ψ_i' abhängigen Aktivitätskoeffizienten γ_i der Komponente i im Gemisch, sowie den nur von der Temperatur abhängigen Virialkoeffizienten B_{ij}. Gl. (8.484) stellt ein nichtlineares Gleichungssystem dar, welches bei gegebenen Flüssigkeitskonzentrationen ψ_i' iterativ nach den Dampfkonzentrationen ψ_i'' aufgelöst werden kann und umgekehrt bei gegebenen Dampfkonzentrationen ψ_i'' nach den Flüssigkeitskonzentrationen ψ_i'.

Dampf-Flüssigkeitsgleichgewichte bei hohen Drücken

Bei hohen, vor allem überkritischen Drücken reicht die Virialform einer Zustandsgleichung zur Beschreibung der Dampfeigenschaften nicht aus. Hier muß man auf Zustandsgleichungen zurückgreifen, welche den gesamten, technisch interessanten Zustandsbereich, einschließlich des überkritischen, hinreichend genau wiedergeben (s. Band I, Abschn. 10.5.4). Gerade in den letzten Jahren wurden Zustandsgleichungen für zahlreiche Einkomponentensysteme angegeben, welche höchsten Genauigkeitsansprüchen gerecht werden[61]. Will man solche Zustandsgleichungen für Systeme mit nur einer Komponente auf Gemische übertragen, so müssen die Parameter der Zustandsgleichung konzentrationsabhängig angegeben werden. Weil es unmöglich ist, für alle vorkommenden Gemische diese Parameter in den interessierenden Zustandsbereichen zu messen, werden Mischungsregeln verwendet, welche die Gemischparameter mit den Parametern der Einstoffsysteme und evtl. zusätzlichen Parametern für die im Gemisch vorkommenden Binärsysteme verknüpfen. Solche Mischungsregeln sind empirisch gefunden worden und daher auch nicht allgemein gültig[62]. Bei Gemischen mit stark polaren Komponenten können diese sogar versagen.

Daher scheint es interessant, aus der Gittertheorie der Flüssigkeitsgemische abgeleitete Gleichungen für die Exzeßfunktionen mit Zustandsgleichungen zu kombinieren. Diese Methode wurde in jüngster Zeit von GMEHLING[63] erfolgreich eingesetzt und weiterentwickelt. Die Vorgehensweise sei im folgenden für die Zustandsgleichung nach REDLICH-KWONG erläutert.

Die Zustandsgleichung nach REDLICH-KWONG (s. Band I, Abschn. 10.5.4.1) lautet in der von SOAVE[64] modifizierten Form

$$p = \frac{RT}{v-b} - \frac{a(T)}{v(v+b)} \ . \tag{8.485}$$

---

[61] SETZMANN U UND WAGNER W (1989) Thermodynamic Correlation Equations. Int J Thermophys 10, 6:1103-1126,
SETZMANN U UND WAGNER W (1991) A New Equation of State and Tables of Thermodynami Properties of Methane. J Phys Chem Ref Data 20, 6:1061-1155
[62] siehe hierzu auch REID R C, PRAUSNITZ J M AND SHERWOOD (1977) The Properties of Gases and Liquids. 3rd ed., McGraw Hill
[63] GMEHLING J (1995) Fluid Phase Equilibria 107:1-29,
FISCHER K, GMEHLING J (1996) Fluid Phase Equilibria 121:185-206
[64] Die Modifikation besteht lediglich darin, daß der Ausdruck $a/\sqrt{T}$ der originalen REDLICH-KWONG-Gleichung durch eine Temperaturfunktion $a(T)$ ersetzt wurde (SOAVE G (1972) Equilibrium Constants from a Modified REDLICH-KWONG-Equation of State. Chem Eng Sci 27:1197

Diese kann man einmal für das Gemisch ansetzen mit noch unbekannter Konzentrationsabhängigkeit der Parameter $a(T, n_1, \ldots, n_k)$ und $b(T, n_1, \ldots, n_k)$

$$p = \frac{nRT}{V - nb} - \frac{n^2 a}{V(V + nb)} \qquad (8.486)$$

und zum anderen für jede der noch unvermischten Komponenten

$$p = \frac{n_i RT}{V_i - n_i b_i} - \frac{n_i^2 a_i(T)}{V_i(V_i + n_i b_i)} \; . \qquad (8.487)$$

Integrieren wir die Zustandsgleichung (8.486) bei konstanter Temperatur und konstanter Zusammensetzung von $V^\infty \to \infty$ bis zum Volumen V' der Flüssigkeit, so erhalten wir nach Gl. (8.59) für den Unterschied zwischen der freien Energie F' des Flüssigkeitsgemisches und der freien Energie F^∞ des Gemisches bei derselben Temperatur und derselben Zusammensetzung, aber sehr großem Volumen $V^\infty \to \infty$

$$F'(T, V', n_1, \ldots, n_k) - F^\infty(T, V^\infty, n_1, \ldots, n_k)$$

$$= \int_{V^\infty}^{V'} p \, dV = -nRT \ln \frac{V' - nb}{V^\infty - nb} - n\frac{a}{b} \ln \left(\frac{V' + nb}{V'} \frac{V^\infty}{V^\infty + nb} \right) \; , \qquad (8.488)$$

wobei der Quotient $V^\infty/(V^\infty + nb) \to 1$ geht. Die entsprechende Integration für die reine Komponente i ergibt dann

$$F_i'(T, V_i', n_i) - F_i^\infty(T, V_i^\infty, n_i)$$

$$= -n_i RT \ln \frac{V_{0i}' - n_i b_i}{V_i^\infty - n_i b_i} - n_i \frac{a_i}{b_i} \ln \frac{V_{0i}' + n_i b_i}{V_{0i}'} \; , \qquad (8.489)$$

wobei die V_{0i}' die Flüssigkeitsvolumina der unvermischten Komponenten bedeuten. Nun ist aber der Unterschied der freien Energie $F^\infty - \sum_{i=1}^{k} F_i^\infty$ bei sehr großen Volumina ($V^\infty \to \infty$) gleich der Differenz zwischen der freien Energie eines Gemisches idealer Gase und der Summe der freien Energie der einzelnen Komponenten, ebenfalls im Zustand idealer Gase, d.h. nach Gl. (8.116)

$$F^\infty - \sum_{i=1}^{k} F_i^\infty = RT \sum_{i=1}^{k} n_i \ln \psi_i \; . \qquad (8.490)$$

Daher stellt der Ausdruck

$$F' - \sum_{i=1}^{k} F_i' - F^\infty + \sum_{i=1}^{k} F_i^\infty = F^E \qquad (8.491)$$

nichts anderes als die Exzeßfunktion der freien Energie dar. Zur weiteren Vereinfachung der Gl. (8.488) verwenden wir den Satz von AVOGADRO (s. Band I, Abschn. 3.2), nach dem die Molvolumina aller idealen Gase bei gleichem Druck und gleicher Temperatur gleich groß sein müssen, also $V_i^\infty = \psi_i V^\infty$. Außerdem ist $V^\infty \gg nb$ und $V_i^\infty \gg n_i b_i$; damit wird nach Gl. (8.488) und (8.489)

$$\frac{a}{b} = \sum_{i=1}^{k} \psi_i' \frac{a_i}{b_i} \frac{\ln(1 + n_i b_i/V_{0i}')}{\ln(1 + nb/V')} - \frac{F^E/n}{\ln(1 + nb/V')}$$

$$- RT \sum_{i=1}^{k} \psi_i' \frac{\ln\left[\dfrac{1 - \frac{nb}{V'}}{1 - \frac{n_i b_i}{V_{0i}'}} \cdot \dfrac{\psi_i V'}{V_{0i}'}\right]}{\ln(1 + nb/V')} \quad . \tag{8.492}$$

Dieser Ausdruck für die „Exzeß"-Mischungsregel läßt sich noch erheblich vereinfachen, wenn man alle $n_i b_i/V_{0i}' = nb/V' = $ konst setzt, was für die meisten Stoffe mit hinreichender Genauigkeit zutrifft. Man erhält

$$\frac{a}{b} = \sum_{i=1}^{k} \psi_i' \frac{a_i}{b_i} - \frac{F^E/n}{\ln(1 + nb/V')} - \frac{RT}{\ln(1 + nb/V')} \sum_{i=1}^{k} \psi_i' \ln \frac{\psi_i' V'}{V_{0i}'} \quad , \tag{8.493}$$

wobei der letzte Term gegenüber den übrigen vernachlässigt werden kann. In der Gl. (8.493) bestimmt man den Parameter b aus der „empirischen" Mischungsregel $b = \sum_{i=1}^{k} \psi_i b_i$ und verwendet für die freie Exzeßenergie F^E (bzw. die freie Exzeßenthalpie G^E) Ansätze, wie z.B. UNIQUAC oder UNIFAC.

Sachwörterverzeichnis

A

Abkühlkurve
    zusammengesetzte, 183 ff.
Abkühlungsgeschwindigkeit, 29
Abluft, 254
Abrams, D., 593, 602, 611, 625, 634
Absorber, 515, 518, 519 ff., 536 ff.
    Entropieproduktion, 530, 531
Absorption, 489 ff., 493 ff.
    Entropieproduktion, 495
    Strahlungs-, 202, 203 ff., 220 ff.
Absorptionsbande
    Kohlendioxid-, 210 ff.
    Kohlenmonoxid-, 230
    Wasserdampf-, 212 ff.
Absorptionsgrad, 193 ff.
    hemisphärischer, 193
    spektraler, 193, 222 ff.
Absorptionskältemaschine, 514 ff., 523, 525 ff.
    Entropieproduktion, 525
    exergetischer Gütegrad, 526
Absorptionskoeffizient
    Linien-, 221
    spektraler, 220 ff.
Absorptionskolonne, 489 ff., 493
Absorptionsmaschine, 514 ff., 515
    Entropieproduktion, 530 ff.
    mehrstufige, 536 ff.
Absorptionsspektrum, 229, 232, 233
Absorptionsverhältnis, 193 ff.
    hemisphärisches, 193
    spektrales, 193, 222 ff.
Absorptionswärmepumpe, 514 ff., 529
    Entropieproduktion, 529
    exergetischer Gütegrad, 529
    Wärmeverhältnis, 529
Abtriebsgerade, 451, 452 ff.
Abtriebspinch, 478
Abtriebspol, 400, 450
Abtriebssäule, 399 ff., 451
Abwärme, 180
Ähnlichkeitstheorem, 16, 125 ff.
Äquivalentbreite, 223 ff.
Aktivitätskoeffizient, 587, 587 ff.
Altenkirch, E., 536
Archimedes-Zahl, 129
Arpaci, V., 22, 23, 25
Ashton, N., 611
Außenluft, 254
Aufheizkurve
    zusammengesetzte, 183 ff.
Auftriebskraft, 129
Ausbrennbelastung, 142 ff.
Austreiber, 515, 517
Azevedo, de, E. G., 599

B

Baehr, H. D., 63, 68, 140, 262
Balmer-Serie, 201
Bauer, B., 323
Beer, S., 287
Beharrungszustand, 562
Bender, E., 654
Berieselungskühlung, 299 ff.
Berieselungsverdampfer, 301
Betriebscharakteristik, 152–154, 157, 172, 173
Betriebslinie, 287, 294
Binder-Schmidt-Verfahren, 36 ff.

Binodalkurve, 491
Biot-Zahl, 19, 22, 23, 25, 32, 34
Bird, R. B., 56, 58, 63, 586
bivariant, 646
Blase, 368, 380
    Entropieproduktion, 398
Blasius, H. J., 76
Blasius-Funktion, 77, 82
Boden
    Entropieproduktion, 387
    theoretischer, 386
    Wärmeaustausch, 421 ff.
Bodenkörper, 355, 356, 358, 544, 545, 646
Bodenkolonne, 381
Bodenzahl
    theoretische, 412 ff.
Bohrsches Atommodell, 201
Bondi, A., 611
Bonka, H., 12
Boussinesq, J., 116
Boussinesq-Ansatz, 116
Brackett-Serie, 201
Bradshaw, P., 101, 106, 111, 115
Bretsznajder, S., 59
Bronstein, I. N., 595
Brüggemann, D., 110

C

Cebeci, T., 101, 106, 111, 115
Cess, R. D., 192
charakteristische Funktion, 570, 572, 574
chemisches Potential, 588 ff., 591 ff., 641, 642
Chrien, K., 180
Clapeyron-Clausius-Gleichung, 651
Claude, G., 447
Corripio, A., 180
Curtiss, C. F., 63, 586

D

Dampf-Flüssigkeits-Gleichgewicht, 639 ff., 654 ff., 660 ff.
Dampfkompression, 426 ff.
Dampfstrahlgebläse, 319 ff.
Debeyes T^3-Gesetz, 554
Dephlegmator, 374, 420, 522
    Entropieproduktion, 396
    Gegenstrom-, 376
    Gleichstrom-, 377
Desorption, 489
Destillation, 368 ff.
    fraktionierte, 371, 373
    kontinuierliche, 380
    Wärmebedarf, 372 ff., 373
Destillationslinie, 365, 366, 467
Diagramm
    h,ψ-, 326
    h,ξ-, 326
    h,h_W-, 293
    h,x-, 242 ff., 314, 505
    s,ξ-, 387
    s,x-, 252 ff., 314
    McCabe-Thiele-, 450 ff.
Dichte-Geschwindigkeits-Korrelation, 107, 115
Diffusion, 56 ff., 115
Diffusionsgeschwindigkeit, 57, 303
Diffusionskoeffizient, 58, 59, 87
Diffusionsstromdichte, 57, 58, 87, 88
    effektive, 103
diskrete Transfer-Methode, 235
Dissipation, 108, 114
    direkte, 108, 109
    turbulente, 109
Dissipationsfunktion, 66, 68, 108
Doppler-Verbreiterung, 216, 217 ff.
Dopplerprofil, 217
Dreiecksdiagramm, 362 ff., 465
Dreistoffgemisch, 362 ff., 460 ff., 469 ff.
Duhem-Margules-Gleichung, 658 ff.

E

Eckert, E. R. G., 74, 89, 90, 100, 129, 191, 192, 210, 213, 227
Eckert-Zahl, 129
Edwards, D. K., 211
Eikelmann, U., 437
Einheitsfläche, 290
Einstrahlzahl, 195 ff.
Eisnebelgebiet, 317
Elektronenanregungszustand, 206 ff.
Emission
    induzierte, 203 ff.
    spontane, 203 ff.
Emissionsgrad, 190 ff.
    hemisphärischer, 192
Emissionskoeffizient
    Linien-, 204
    spektraler, 219 ff.
Emissionsverhältnis, 190 ff.
    hemisphärisches, 192
Energie
    freie, 565, 573, 575, 579, 582
    innere, 627
    innere, molare, 640
    innere, partielle molare, 577
    potentielle, 316
Energiedichte
    spektrale, 204, 205
Energiegleichung, 47, 63 ff., 72, 94, 107 ff., 119, 120, 127
    Enthalpieform, 70
    Temperaturform, 69, 90, 110
Energiegleichung der Mechanik, 67
Energiekosten, 180 ff., 414
Energiequalitätsgrad, 180
Ensemble-Mittelung, 101
Entgasungsbreite, 517
Enthalpie, 125, 242, 314, 335, 357, 469, 505, 542, 572 ff., 573–575, 577, 582
    feuchter Luft, 242, 243
    freie, 566, 574 ff., 575, 581, 589, 591 ff., 635
    freie, partielle molare, 576
    Gemisch-, 327, 329, 331
    molare, 326
    partielle molare, 334, 577, 580
    partielle spezifische, 68, 333, 334
    spezifische, 68, 69, 326, 334
Entropie, 68, 311, 542, 549, 553, 554, 563, 565, 568, 569, 576, 582, 599 ff., 615, 619, 629, 639–641, 644
    absolute, 551 ff.
    feuchter Luft, 252, 283
    molare, 640
    partielle molare, 577, 581
Entropieproduktion
    auf dem Boden, 387
    auf dem Zulaufboden, 416 ff., 419 ff., 472, 478, 480, 482, 485
    bei adiabaten Trennprozessen, 433
    bei der Absorption, 495
    bei der Extraktion, 491
    bei der Gemischtrennung, 467 ff.
    bei der Luftzerlegung, 437 ff., 446 ff.
    bei der Trocknung, 310 ff.
    bei der Verdunstung, 277 ff., 282 ff.
    bei der Wärmeübertragung, 179 ff., 183 ff., 184, 289
    durch Mischung, 253
    im Absorber, 530, 531
    im Dephlegmator, 396
    im Drosselventil, 532
    im Generator, 530, 531
    im Kondensator, 534
    im Rückflußkühler, 396
    im Strahlapparat, 320
    im Temperaturwechsler, 532
    im Verdampfer, 534
    im Zulaufteil der Kolonne, 468
    in der Absorptionskältemaschine, 525
    in der Absorptionsmaschine, 530 ff.

in der Absorptionswärmepumpe, 529
in der Abtriebssäule, 468
in der Blase, 398
in der Rektifiziersäule, 394 ff.
in der Verstärkungssäule, 393, 467, 468, 471
Wärmebedarf und -, 393
Erk, S., 17, 25
Erstarrungslinie, 354, 500, 506
Eucken, A., 131
Euler, L., 128
Euler-Gleichung, 569, 571
Euler-Zahl, 128
Eulerscher Satz, 569
eutektische Temperatur, 355
eutektischer Punkt, 356, 357, 646
Evans, L., 180
Exergieverlust, *siehe* Entropieproduktion
Extraktion, 489
Extraktionsmittel, 489
Exzeßenergie
freie, 588, 610, 624, 625, 633, 661
Exzeßenthalpie, 587, 591
freie, 583, 588 ff.
molare, 326
spezifische, 326
Exzeßentropie, 588, 591
Exzeßfunktion, 583
für das chemische Potential, 583, 587
Exzeßvolumen, 324, 587, 591

F

Feuchtigkeit
relative, 241
Ficksches Gesetz, 58
Filmkondensation, 131, 132 ff.
Filmverdampfung, 140 ff., 142
Fischer, K., 660
Flächenhelligkeit, 196
Flemr, V., 611
Flory, P., 601, 605

Flüssigkeitsgemisch, 347, 347 ff., 588 ff., 593, 625, 637, 660
Föhn, 316
Fortluft, 255
Fortschrittsgrad, 546
Fourier-Zahl, 16, 31, 37
Fouriersche Wärmeleitungsgleichung, 12, 15, 16, 71
Fritz, W., 135
Füllkörper, 381
Füllkörperkolonne, 381, 458
Fugazität, 583 ff., 659
Fugazitätskoeffizient, 583 ff.
Fundamentalgleichung
Energiedarstellung, 571 ff.
Entropiedarstellung, 567 ff., 641
Funktion
charakteristische, 570, 572, 574
homogene, 569

G

Gasstrahlung, 201 ff.
Gefrierlinie, 354, 500, 506
Gegensinnschaltung, 173
Gegenströmer, 156, 157, 168, 180, 434
Gegenstromverdunstung, 278 ff.
Gemisch, 56 ff., 68, 69, 87, 90, 237 ff.
Ammoniak-Wasser-, 514 ff.
azeotropes, 345, 353, 366, 369, 411, 466, 488 ff., 649, 651
Dampf-Luft-, 240 ff.
Dreiphasen-, 347
Dreistoff-, 362 ff., 460 ff., 469 ff.
Ethanol-Wasser-, 658
Flüssigkeits-, 588 ff., 593, 625, 637, 660
Gas-Dampf-, 240 ff.
heterogenes, 237
homogenes, 237, 567, 567 ff.
ideales, 580 ff., 654
Mehrphasen-, 336
Mehrstoff-, 58, 460, 467 ff., 562 ff.
mit Druckmaximum, 346
mit Druckminimum, 346

mit Temperaturmaximum, 345, 353, 369, 411
mit Temperaturminimum, 345, 353, 369, 411
reales, 583 ff., 657
Sauerstoff-Stickstoff-, 435 ff.
Wasserdampf-Kohlendioxid-, 233
Zweistoff-, 58, 323 ff., 338 ff., 368 ff., 381 ff., 651 ff.
Generator, 515, 517
    Entropieproduktion, 530, 531
Gesamt-Emissionsgrad, 226–228, 231, 233
Gesamt-Emissionsverhältnis, 226–228, 231, 233
Gibbs, J. W., 566
Gibbs-Duhem-Beziehung, 570, 578, 645
Gibbs-Helmholtz-Gleichungen, 575
Gibbssche Fundamentalgleichung, 567 ff., 641
Gibbssche Phasenregel, 645
Gittermodell der Flüssigkeitsgemische, 593 ff., 625 ff.
Gleichgewicht, 135, 205, 257, 337, 338, 340, 347, 352, 355, 356, 359, 364, 365, 386, 387, 555, 562 ff., 565–567, 567 ff., 634, 635, 639, 641, 642, 644, 646, 647
    chemisches, 542, 543, 545 ff., 546, 549, 556 ff.
    Dampf-Flüssigkeits-, 654 ff., 660 ff.
    Kräfte-, 59
    metastabiles, 564
    Phasen-, 364 ff., 634 ff., 639, 644
    stabiles, 564
Gleichgewichtskonstante, 549 ff.
Gleichgewichtslinie, 451
Gleichgewichtsstrahlung, 205
Gleichsinnschaltung, 172
Gleichströmer, 151, 153, 155, 168
Gleichstromverdunstung, 272 ff.
Gmehling, J., 619, 660
Goody, R. M., 210, 211

Graetz, L., 51
Grashof, F., 129
Grashof-Zahl, 95, 100
Grenzaktivitätskoeffizient, 659
Grenzschicht, 41 ff.
    laminare, 70 ff.
    turbulente, 42, 43
Grenzschichtabsaugung, 90
Grenzschichtdicke, 43, 72, 75, 95
Grenzschichtgleichungen, 70 ff., 118 ff., 120 ff.
Gröber, H., 17, 25
Gütegrad
    der Absorptionskältemaschine, 526
    der Absorptionswärmepumpe, 529
    des Wärmeübertragers, 171
Guggenheim
    Näherungslösung von, 595 ff.
Guggenheim, E. A., 595, 608, 657

H

Haase, R., 56, 63, 554, 635, 644, 647
Hagen-Poiseuillesches Gesetz, 47
Hartnett, J. P., 198
Haug, M., 110
Hauptgerade, 407, 418, 464–466, 469 ff., 472, 480, 485, 487
    theoretische, 409
Hauptgleichung
    Merkelsche, 293
Hausen, H., 149, 441
Heisenbergsche Unschärferelation, 214
Heizflächenbelastung, 140, 142, 144
Heizpresse, 29 ff.
Heizstrompoenalie, 527
Held, van der, E. M. F., 224
Helmholtz-Potential, 573
Henry-Konstante, 659
Herzberg, G., 208, 210
Hess, H., 549
Hesselmann, K., 543, 553, 556

Hirschfelder, J. O., 63, 586
Horn, F., 556
Hottel, H. C., 227, 231, 235
Howell, J. R., 235
HTU, 459
Huggins, M. L., 601

I

Impulsgleichung, 59 ff., 72, 73, 93, 94, 104 ff., 118, 120, 127
instabil, 638
Investitionskosten, 174, 180, 414
Irreversibilität, *siehe* Entropieproduktion

J

Jakob, M., 135, 140
Janaf-tables, 553
Jischa, M., 63, 68, 106, 117
Jones, W., 117
Jost, W., 125

K

k, ε-Modell, 117
Kältemischung, 360
Kirchhoffscher Satz, 193, 220
Kirschbaum, E., 364
Kister, A. T., 589
Klimaanlage, 254 ff.
Knacke, O., 543, 553, 556
Knopp, S., 177
Koeffizient
    stöchiometrischer, 546, 558, 559
Kolmogorov, A. N., 116
kombinatorischer Term, 614 ff.
Kondensation, 131 ff., 132, 338 ff., 340, 651
    retrograde, 344, 345
Kondensationslinie, 339, 341, 345, 347, 349, 411, 653

Kondensationswärme, 300, 373
Kondensator, 515, 519
Konowalow
    Regel von, 651, 653
Kontinuitätsgleichung, 54, 93, 102, 118
Konvektion, 2, 140
    freie, 41, 91 ff., 141
Konzentrationsgrenzschicht, 87
Koordinationszahl, 593
Kopfprodukt, 368, 374, 375, 399, 426, 426 ff., 437, 441, 447, 469, 475, 485
Kostengerade, 181
Kostenkennzahl, 155, 157, 162, 175 ff., 177
Kreuzströmer, 159 ff., 162, 168
Kristallisation, 497 ff.
Kristallkochen, 511 ff.
kritische Umhüllende, 342, 343
Kubaschewski, O., 543, 553, 556
Kühlgrenze, 287, 306
    psychrometrische, 266 ff.
Kühlleistung, 184, 279, 293
Kühlturm, 278
    optimaler Betrieb, 287 ff.

L

Laar, van, J. J., 589
    Ansatz von, 591
labil, 638
Lacombe, R. H., 611
Ladenburg, R., 225
Läuterungssäule, 522
    gekoppelte, 406
Lambertsches Kosinusgesetz, 195
Landolt-Börnstein, 505
Launder, B., 117
Le Fevre, E. J., 100
Leckner, B., 227
Legendre-Transformation, 579
Leidenfrost, J. G., 141
Leidenfrostsches Phänomen, 141
Lennard-Jones-Potential, 586

Lewis, G. N., 583
Lewisscher Faktor, 261 ff.
Lichtenthaler, R. N., 599, 602
Lightfoot, E. N., 56, 58
Linienbreite
   natürliche, 214
Linienemissionskoeffizient, 204
Linke, W., 140
Linnhoff, W., 183
Liquiduslinie, 354, 500, 506
Lockwood, S. C., 235
Lösungsmittel, 489
Lösungsmittelpumpe, 518
Lösungsmittelumlauf, 516
lokale Zusammensetzung, 619 ff., 630 ff.
Lorentz-Profil, 215
Lorentz-Verbreiterung, 215
Luftentfeuchtung, 247
Luftzerlegung, 434 ff.
   Entropieproduktion, 437 ff., 446 ff.
   nach Claude, 447
   nach Linde, 440 ff.
Lyman-Serie, 201

M

Makrozustand, 595
Mangelsdorf, H. G. M., 227
Margules-Ansatz, 591
Massenanteil, 56, 238, 239
Massieu, M. F., 570
Maurer, G., 634
McCabe, W. L., 450
McDermott, C., 611
Mehrfachverdampfung, 502 ff., 508 ff.
Mehrstoffgemisch, 58, 460, 467 ff., 562 ff.
Merkel, F., 326
Merker, G. P., 63, 108, 116
Mersmann, A., 309
metastabil, 638
Mikrozustand, 595

Mischen
   von Fluiden, 323 ff., 329
   von Luftströmen, 248 ff.
   von Salz und Schnee, 360
Mischgerade, 248, 330, 363
Mischregel, 308, 328 ff.
Mischung
   ideale, 324
Mischungsenergie, 609, 613, 619, 620, 631
Mischungsenthalpie
   molare, 326
   partielle molare, 334
   partielle spezifische, 333
   spezifische integrale, 326
Mischungsentropie, 599, 604–606, 618, 629
Mischungslücke, 337 ff., 347, 351, 355, 358, 636
Mischungstemperatur, 328 ff.
Mischungswärme, 325 ff., 630
   integrale, 331 ff.
   partielle, 331 ff.
Mischungsweglänge, 112, 130
Mitteltemperatur, 50, 52
   thermodynamische, 283, 289, 311, 397
Mittelwert
   zeitlicher, 101
Molanteil, 59, 238
Molekülspektren, 206 ff.
Molkonzentration, 239

N

Nachbar
   nächster, 593
Navier-Stokes-Gleichungen, 63, 115, 117
Nebelgebiet, 244
Nernst
   Wärmetheorem von, 553 ff.
Niebergall, W., 536
Niehörster, C., 224
Niermann, F., 437, 472

nonvariant, 646
Normalspannung, 61
NTU, 153, 290
Nußelt, W., 51, 132, 160
Nußelt-Zahl, 49, 51, 53, 86, 100, 134
Nußeltsche Wasserhauttheorie, 132

O

Oberflächenanteil, 601, 629
Oberflächenkraft, 61 ff.
Oberflächenstrahler, 188, 198
Ostrach, S., 100

P

P-Zweig, 207, 209, 231
Packung, 381
Partialdichte, 239
Paschen-Serie, 201
Patankar, S. V., 112, 120
Pauling-Plinke-Verfahren, 404
Peclet, J. C., 128
Peclet-Zahl, 128
Penner, S. S., 208, 210, 225
Pfennig, A., 602
Pfund-Serie, 201
Phase, 237, 336, 634, 637
Phasen
 koexistierende, 647
Phasengleichgewicht, 364 ff., 634 ff., 639, 644
Phasengrenze, 257 ff., 458, 638
Phasenregel
 Gibbssche, 645
Pinch, 185, 284 ff., 286, 287, 294, 457, 479
Pinchpol, 286, 287
Pinchtechnologie, 182
Planck-Funktion, 545, 556, 574
Plancksches Potential, 545, 556, 574
Plancksches Strahlungsgesetz, 189, 205
Platen-Munters, 295

Platte
 ebene, 17 ff., 43, 70 ff., 91, 118 ff.
Pol
 der Absorption, 490
 der Extraktion, 490
 der Läuterung, 384, 390, 410, 444, 450, 462, 469, 471
 der Verdunstung, 273 ff., 279, 284
Polenthalpie, 284, 298, 406, 460
Polentropie, 277, 282, 387, 394, 417, 438, 467 ff.
Polymerlösung, 601 ff.
Ponchon, M., 326
Porter-Ansatz, 588
Potential
 chemisches, 588 ff., 591 ff., 641, 642
 thermodynamisches, 545, 572
Prandtl, L., 72, 111, 116
Prandtl-Zahl, 79, 80, 100
 turbulente, 113
Prandtlsche Mischungsweghypothese, 111
Prausnitz, J. M., 5, 42, 59, 593, 599, 602, 610, 611, 625, 634, 660
Prigogine, I., 601
Prinzip des kleinsten Zwanges, 551
Profil
 Doppler-, 216, 217
 Lorentz, 215
 Voigt-, 224
Profilfunktion, 214 ff., 217 ff.
Proportionalverteilung, 597 ff., 600 ff., 614 ff., 627 ff.
Psychrometer-Problem, 262 ff.

Q

Q-Zweig, 207, 231
Quadrupelpunkt, 646
Quasichemische Verteilung, 607 ff., 609, 612

Querschnittsgerade, 274 ff., 277, 279 ff., 282, 284, 299, 302, 384 ff., 386, 387, 389, 400, 422, 462, 463, 469 ff., 491, 493, 495, 496

R

R-Zweig, 207, 209, 231
Raffinat, 489
Raoultsche Gerade, 658
Raoultsches Gesetz, 656
Raumwinkel, 189
Reaktion
    chemische, 56, 110, 541 ff., 546
Reaktionsenthalpie, 547
Reaktionsterm, 56
Reaktionswärme, 547 ff.
Reflexionsgrad, 193 ff.
Reflexionsverhältnis, 193 ff.
Regenerator, 149
Reibungskraft, 128
Rektifikation, 381 ff., 451, 460, 469 ff., 475 ff.
    azeotroper Gemische, 488
    Entropieproduktion, 396, 432, 471, 478 ff.
    mit Seitenabzug, 424, 487
    Wärmebedarf, 391, 456
Rektifiziersäule, 406
    Entropieproduktion, 394 ff.
Rekuperator, 149, 150, 163 ff.
    Gegenstrom-, 156 ff., 157, 168, 180, 434 ff.
    Gleichstrom-, 151 ff., 153, 155, 168
    Kreuzstrom-, 159 ff., 162, 168
Residuumsentropie, 610
Residuumsterm, 619 ff., 632
Reynolds-Zahl, 43
    kritische, 44
    turbulente, 116
Reziprozitätsbeziehung, 197
Rohrströmung
    ausgebildete, 44 ff.
    laminare, 44 ff.
Rohsenow, W. M., 198
Rotations-Schwingungsbande, 207 ff., 226, 228 ff.
Rotationsbande, 207
Rotationszustand, 206 ff., 208, 209
Rothman, L. S., 212, 228
Rotta, J. C., 109
Rückflußkühler, 374 ff.
    Entropieproduktion, 396
Rücklaufverhältnis, 414, 427, 452 ff., 462, 472 ff., 473, 479 ff., 480, 483
Rydberg, J. R., 201

S

Sättigungsgehalt, 241
Sättigungsgrad, 242
Sättigungslinie, 244, 314
Salzlösung, 500
Sanchez, I. C., 611
Sarofim, A. F., 235
Schlichting, H., 63, 85, 101, 130
Schliephake, D., 508
Schlünder, E.-U., 459
Schmelzlinie, 354, 500, 506
Schmidt, E., 38, 88, 131
Schmidt-Zahl, 88
Schubspannung, 61
    effektive, 106
    mittlere, 104
    Reynoldssche, 106, 112–114, 130
    scheinbare, 106, 112–114, 130
Schubspannungsansatz
    Newtonscher, 42, 43, 45
    Stokesscher, 63, 71
Schwankungsgröße, 102
Schwerkraft, 61, 133
Schwingungszustand, 206 ff., 208–212, 231
Seitenabzug, 424, 486
selektive Schicht, 190
Setzmann, U., 660

Sherwood, T. K., 5, 42, 59, 88, 292, 660
Sherwood-Zahl, 88
Shih, T. M., 98
Sichtfaktor, 195 ff.
Siedefläche, 469
Siedekondensation, 143 ff.
Siedelinie, 339, 341, 345, 347, 349, 359, 365, 411, 653, 654
Smith, D. M., 154
Soave, G., 660
Soliduslinie, 354, 500, 506
Spalding, D. B., 112, 120
Sparrow, E. M., 192
Sponer, H., 208, 210
Springe, W., 144
Stavermann, A. J., 601
Stefan-Boltzmannsches Strahlungsgesetz, 189
Stephan, K., 63, 68, 140, 262
Stichlmair, J., 365, 467
Stiebels, B., 110
Stoßprofil, 215
Stoßverbreiterung, 215
Stofferhaltungsgleichung, 56 ff., 103, 120
Stoffübergang, 87 ff.
Stoffübergangskoeffizient, 88, 262
Stokes, G. G., 62
Strahldichte, 189, 221 ff.
    spektrale, 205, 233, 236
Strahler
    grauer, 190
    kontinuierliche, 188
    Oberflächen-, 188, 198
    schwarzer, 189
    Volumen-, 188
Strahlungsaustausch, 188, 189 ff., 235 ff.
Strahlungsfluß, 189, 195, 199, 204, 219
    spektraler, 192, 194
Strahlungstransport, 231
Strahlungstransportgleichung, 221 ff., 222, 236
Strömung
    freie, 41
    laminare, 41, 46
    turbulente, 41, 101 ff.
Stromfunktion, 72, 78, 93, 120 ff.
Stufentrocknung, 306
Stull, D. R., 553

T

Taufläche, 469
Taulinie, 339, 341, 345, 347, 349, 411, 653
Taupunkt, 247
Tautemperatur, 247, 365
Temperaturgrenzschicht, 79 ff., 139
Temperaturkamm, 365
Temperaturleitfähigkeit, 15
Temperaturtal, 365
Temperaturwechsler, 523
thermodynamisches Potential, 545, 572
Trägheitskraft, 59, 128, 129
Transmissionsgrad
    spektraler, 222
Transmissionsverhältnis
    spektrales, 222
Trennarbeit
    minimale, 432
Trennkolonnen
    Verschaltung von, 482 ff.
Trennprozeß
    reversibel adiabater, 432
Tripelpunkt, 646
Trockenluft, 240
Trocknung, 302 ff.
    Stufen-, 306
    Umluft-, 307
    Wärmerückgewinnung, 308
Trocknungsgeschwindigkeit, 309
Tropfenkondensation, 131
Turbulenzenergie, 102, 109, 116, 117
Turbulenzmodell, 111 ff.
    Prandtlsches, 111, 116
    von Kolmogorov, 116

U

Überführung
  molare Volumenänderung, 649
Überführungsenthalpie
  molare, 650
Überführungsentropie
  molare, 649
Übergangswahrscheinlichkeit, 203 ff., 209
Übertragungseinheit
  Anzahl, 153, 290
  Höhe, 459
Übertragungszahl, 153, 290
Umluft, 254
Umlufttrocknung, 307
UNIQUAC-Gleichung, 611, 634
univariant, 646
Unsöld, A., 218, 224
Usiskin, C. M., 144

V

Verdampfer, 515, 519
Verdampfung, 338 ff., 347, 348 ff., 497 ff., 500, 505
  retrograde, 345
Verdrängungsdicke, 78
Verdunstung, 257 ff., 260 ff., 271
  nichtadiabate, 295 ff.
  thermodynamische Mitteltemperatur, 283
Verdunstungsfläche, 258 ff., 290 ff.
Verdunstungskoeffizient, 259
Verdunstungspol, 273 ff., 279, 284
Verlustgrad, 526
  der Absorptionsmaschine, 527
Verstärkungsgerade, 451, 452 ff.
Verstärkungspol, 384, 390, 410, 444, 450, 462, 469, 471
Verstärkungssäule, 382 ff., 421, 426, 451, 459, 460 ff., 473
  Entropieproduktion, 393 ff., 467
Viskosität
  dynamische, 42
  kinematische, 42
Voigt-Funktion, 218
Volumen
  partielles molares, 577
Volumenanteil, 590, 604, 629
Volumenkonzentration, 239
Volumenstrahler, 188
von Mises-Transformation, 120

W

Wachstumskurve, 223
Wärmebad, 542, 565, 566, 607, 619, 630
Wärmedurchgang, 145 ff.
Wärmedurchgangskoeffizient, 8, 145, 297
Wärmekapazität
  spezifische, 69, 335
Wärmeleitfähigkeit, 3, 4
  effektive, 109
  turbulente, 113
Wärmeleitung
  instationäre, 12 ff.
  stationäre, 3 ff.
Wärmeleitungsgleichung
  Fouriersche, 12 ff., 15, 16, 71
Wärmepoenalie, 312, 394, 395, 472, 529
Wärmerückgewinnung, 174 ff., 256, 432
Wärmestrom, 3
Wärmestromdichte, 3
  effektive, 109
  Reynoldssche, 111
Wärmetheorem
  Nernstsches, 553 ff.
Wärmeübergangskoeffizient, 4, 51, 86, 90, 100, 131, 134, 141, 259
Wärmeübertragung
  Entropieproduktion, 179 ff., 183 ff., 184, 289
  konvektive, 2, 41 ff., 84 ff., 125 ff.
Wärmeverhältnis, 527
Wärmewiderstand, 5 ff.

Wärmewiderstandskoeffizient, 5
Wärmewirkungsgrad, 169 ff.
Wagner, W., 660
Wandschubspannung, 78
Wassereinspritzung, 317 ff.
Wassergehalt, 239, 240
Weidlich, U., 619
Wilson-Gleichung, 621, 632
Winkelverhältnis, 195 ff.
Wirbelviskosität, 116
Wohl
    Ansatz von, 589 ff.
Wohl, K., 589
Wolf, T., 227
Wolkenbildung, 316

Z

Zähigkeit
    dynamische, 42
    kinematische, 42
Zuckerlösung, 505 ff.
Zulauf, 380, 407, 418
    -Einspeisung, 412 ff., 478 ff.
Zulaufboden, 474
    Entropieproduktion, 416 ff., 472, 478, 480, 482, 485
Zulaufvorwärmung, 402 ff.
Zuluft, 254
Zustandsgleichung, 570
    kalorische, 567
    thermische, 567
Zustandsgrößen
    molare, 576 ff.
    partielle molare, 576 ff., 577
Zweistoffgemisch, 58, 323 ff., 338 ff., 368 ff., 381 ff., 651 ff.

MIX
Papier aus verantwortungsvollen Quellen
Paper from responsible sources
FSC® C105338

If you have any concerns about our products,
you can contact us on
ProductSafety@springernature.com

In case Publisher is established outside the EU,
the EU authorized representative is:
**Springer Nature Customer Service Center GmbH
Europaplatz 3, 69115 Heidelberg, Germany**

Printed by Libri Plureos GmbH
in Hamburg, Germany